Dr. Elke Schmidt-Wessel
Ute Lampert
Wolfram Küper
Dr. Jan Glockauer
Martina Zink
Karin Beck-Sprotte
Claudia Eichler

Personalfachkauffrau Personalfachkaufmann

Lehrbuch für die Weiterbildung

15. Auflage

Die Verfasserinnen und Verfasser und ihre Buchabschnitte

Elke Schmidt-Wessel	0.1–0.7
Ute Lampert und Wolfram Küper	1.1–1.8
Jan Glockauer	2.1; 2.2; 2.4
Martina Zink	2.3; 2.5–2.7
Karin Beck-Sprotte	3.1–3.5
Claudia Eichler	4.1–4.6

ISBN 978-3-88264-768-6

FELDHAUS VERLAG GmbH & Co. KG
Postfach 73 02 40
22122 Hamburg
Telefon +49 40 679430-0
Fax +49 40 67943030
post@feldhaus-verlag.de
www.feldhaus-verlag.de

Satz und Gestaltung: FELDHAUS VERLAG, Hamburg
Ausgewählte Grafiken: Amaya Mendizábal, Wolfram Küper
Umschlaggestaltung: Reinhardt Kommunikation, Hamburg
Druck und Verarbeitung: WERTDRUCK, Hamburg

Bibliografische Information der Deutschen Nationalbibliothek
Die Deutsche Nationalbibliothek verzeichnet diese Publikation in der Deutschen Nationalbibliografie; detaillierte bibliografische Daten sind im Internet über http://dnb.d-nb.de abrufbar.

Vorwort

Das Personalwesen – auch als Personalwirtschaft, Personalmanagement oder Human Resource Management bezeichnet – nimmt in der Unternehmensorganisation eine Schlüsselstellung ein. Dem heutigen Verständnis entsprechend erfüllt es neben verwaltenden und planerischen Aufgaben die Funktion einer Personaldienstleistung und steht sowohl der Unternehmensführung als auch den Mitarbeitern und der Personalvertretung beratend, gestaltend und vermittelnd zur Seite.

Menschen, die im Personalwesen tätig sind, benötigen ein hohes Maß an betriebswirtschaftlichem, juristischem und personalwirtschaftlichem Wissen, aber auch Einfühlsamkeit, Verständnis und Verhandlungsgeschick – Kenntnisse und Fähigkeiten, die in der Prüfung vor der Industrie- und Handelskammer nachzuweisen sind, um die Berufsbezeichnung »Geprüfter Personalfachkaufmann/Geprüfte Personalfachkauffrau« zu erwerben.

Das seit mehr als zwei Jahrzehnten bewährte und anerkannte Standardwerk »Personalfachkauffrau/Personalfachkaufmann« befasst sich ausführlich und umfassend mit allen Themen, die nach dem Rahmenplan des DIHK und der bundeseinheitlichen Prüfungsverordnung als Prüfungsstoff infrage kommen.

Begründet wurde das Werk von Helmut Stein und Horst Lase. Später hat ein Team anerkannter, engagierter und erfahrener Fachfrauen und Fachmänner die Aufgabe übernommen, die erfolgreiche und verdienstvolle Arbeit der Gründer fortzusetzen und weiterzuentwickeln.

Dr. Jan Glockauer, Wolfram Küper, Ute Lampert, Dr. Elke-H. Schmidt-Wessel, Martina Zink, Karin Beck-Sprotte und Claudia Eichler haben, jeweils in ihrem Fachgebiet, den gesamten Inhalt sehr gründlich bearbeitet und auf den neuesten Stand gebracht. Die vorliegende 15. Auflage wurde erneut sorgfältig durchgesehen und aktualisiert.

Die bewährte Gliederung nach dem Rahmenplan und der Prüfungsverordnung wurde beibehalten. Durch deren handlungsorientierten Aufbau kommt es gelegentlich zu thematischen Überschneidungen. Die gesetzlichen Grundlagen der Sozialversicherung beispielsweise werden in Abschnitt 2 »Personalarbeit auf Grundlage rechtlicher Bestimmungen durchführen« beschrieben, während ihre praktische Anwendung bei der Entgeltabrechnung in Abschnitt 2.7 »Administrative Aufgaben einschließlich der Entgeltabrechnung bearbeiten« dargestellt wird. In derartigen Fällen werden beide Teile durch Verweise (→) miteinander verknüpft.

Der Prüfungsteil umfasst neben einer ausführlichen Darstellung des Prüfungsablaufs mit nützlichen Tipps zur Vorbereitung und der erfolgreichen Teilnahme ein vollständiges, der Praxis entstammendes Beispiel für die Präsentation im Rahmen der mündlichen Prüfung sowie eine Liste der Prüfungsthemen aller schriftlichen Prüfungen der letzten Jahre.

Die Autoren haben sich von dem Ziel leiten lassen, nicht alleine »nacktes« Prüfungswissen zu vermitteln, sondern auch zum Verständnis notwenige Hintergrundkenntnisse sowie Grundlagen und nützliche Erfahrungen für die praktische Tätigkeit im Unternehmen darzustellen.

Wir wünschen Ihnen eine gelungene Prüfung und als künftige Personalfachkauffrau/-mann viel Erfolg in der Praxis. Denken Sie immer daran, ein guter Personaler kann immer noch besser werden!

Zum Schluss noch eine Anmerkung: Aus Gründen der besseren Lesbarkeit wird bei Personenbezeichnungen – wie Ausbilder oder Auszubildende – und personenbezogenen Hauptwörtern im Buch meist die männliche Form verwendet. Die verkürzte Sprachform hat allein redaktionelle Gründe – selbstverständlich sind alle geschlechtlichen Identitäten gemeint und mögen sich bitte angesprochen fühlen.

Inhaltsverzeichnis

Bedeutung der im Buch verwendeten Symbole

§ Bezug auf Gesetzestexte/Abdruck von Gesetzestexten

? Leitfragen, die zum Nachdenken anregen und Orientierungshilfen geben

! Kernaussagen und Handlungsanweisungen

+ Sinnvolle Handlungsmöglichkeiten und positive Beispiele

− Problembereiche und negative Beispiele

T Praxistipp

✓ Checkliste

Ausbildungsbetrieb

Berufsschule

Handlungsbereich

Lern- und Arbeitsmethodik 0

Der einführende Abschnitt »Lern- und Arbeitsmethodik« vermittelt praktische Hilfen für die Organisation und eine zielgerechte Planung des Lernens. Auf der Grundlage individueller Lernvoraussetzungen werden Strategien und Methoden vorgestellt, den Lernprozess zweckmäßig und erfolgreich zu gestalten.

Die »Lern- und Arbeitsmethodik«, wie hier beschrieben, ist nicht Gegenstand der Prüfung, allerdings überschneiden sich die Inhalte teilweise mit dem Prüfungsbereich 1.8 »Arbeitstechniken und Zeitmanagement anwenden«.

0.1 Die Lern- und Arbeitsmethodik in ihrer Bedeutung für das »Lernen zu lernen«

Was ist Lernen – und wie kann Lernen gelingen?

Die Lernpsychologie, die »Lehre vom Lernen«, definierte das Lernen lange Zeit als »Aneignung von Kenntnissen« und damit als reine Kopfarbeit. Lernen galt als Gedächtnisleistung, und der Lernprozess bestand in der bloßen Übernahme verbal dargebotener Informationen. Aus dieser Anschauung erklärt sich die traditionelle Form des Unterrichts als Vortragsveranstaltung, in der ein »Wissender« den (noch) Unwissenden, die sich bewusst und gezielt (wenn auch nicht unbedingt freiwillig) zum Zwecke des Lernens eingefunden haben, sein Wissen darbietet, auf dass es sich in den Köpfen seines Auditoriums dauerhaft festsetzen möge. Wir wissen aber, dass dies leider nicht funktioniert: Anderenfalls wäre der »Nürnberger Trichter« nicht weit. Dieses Gerät steht seit dem 17. Jahrhundert scherzhaft für die Idee, dem Schüler einen Trichter aufzusetzen und sein Hirn mit Wissen zu befüllen – das Wort »eintrichtern« hat hier vermutlich seinen Ursprung.

Lernen kann man nicht erzeugen – oder doch?

Das berühmte Experiment des russischen Physiologen PAWLOW, in dem ein Hund so lange sein Futter unter gleichzeitigem Läuten einer Glocke dargeboten bekommt, bis er auf das alleinige Anschlagen der Glocke mit Speichelfluss reagiert, scheint das Gegenteil zu belegen. Ein gewichtiger Unterschied zur Vorlesung oder zum »Trichter« besteht hier allerdings darin, dass der Hund keine Ahnung hat, dass er sich in einem eigens arrangierten Lern»setting« befindet. Vielmehr macht er eine Erfahrung (»Glockenton → Fressi kommt!«), auf die er mit einer dauerhaften Verhaltensänderung reagiert (»Fressi kommt gleich → Speichel bereithalten!«).

Wir sprechen in diesem Fall von Dressur, von Abrichten oder – in der Terminologie der Lernpsychologie – von »Konditionierung«, aber wie auch immer wir es nennen: Der Hund hat fraglos etwas »gelernt«!

Natürlich (hoffentlich!) werden Menschen nicht »dressiert«, aber Konditionierung kann auch hier sinnvoll sein, etwa wenn ein bestimmtes, vielleicht überlebenswichtiges Verhalten (»im Alarmfall unbedingt sofort Gasmaske überstreifen!«) so lange eingeübt wird, bis es »in Fleisch und Blut übergegangen« ist.

Nun können Erfahrungen, die Lernprozesse anstoßen, auf vielfältige Art erworben und gefestigt werden. Lernprozesse vollziehen sich häufig unbewusst und unbeabsichtigt sehr oft auch gegen den Willen des Lernenden – oder auch des Lehrenden, etwa wenn dieser durch Fehlverhalten zum schlechten Vorbild wird. Sie erstrecken sich sowohl auf motorische Fertigkeiten als auch auf soziale Verhaltensmuster, auf abstrakte theoretische Informationen ebenso wie auf – gute oder schlechte – Angewohnheiten.

Gegenstand der folgenden Betrachtungen sollen Methoden des gewollten, zielorientierten Lernens sein, das in unserer modernen Gesellschaft, die sich als **»Lernende Gesellschaft«** begreift, für jedes Lebensalter von Bedeutung ist. Galt früher die Anschauung, dass das Lernen für das Leben im Kindes- und Jugendalter stattfinde und spätere Lebensphasen vom einmal Gelernten profitieren könnten, so hat sich heute die Erkenntnis der Notwendigkeit des **lebenslangen Lernens** durchgesetzt. Ursache hierfür ist der in unserer Industriegesellschaft beschleunigte technische und soziale Fortschritt und die hierdurch notwendige Anpassung an geänderte Lebens- und Arbeitsbedingungen.

Was Hänschen nicht lernt – kann Hans immer noch lernen!

Die lange von der Lernpsychologie vertretene These, wonach die Lernfähigkeit eines Menschen allein vom Lebensalter abhänge und mit zunehmendem Alter mehr und mehr abhanden komme, ist inzwischen abgelöst von der Erkenntnis, dass auch soziale Faktoren wie Herkunft, Bildung und Berufsausübung einen erheblichen Einfluss auf den Lernerfolg des erwachsenen Menschen ausüben. Jedoch bestehen den Untersuchungen der Lernforschung zufolge zwischen dem Lernen im Kindesalter und dem Lernen des erwachsenen Menschen erhebliche Unterschiede: Während Kinder und Jugendliche Neues oft sehr schnell erfassen und häufig auch keine größeren Probleme damit haben, sich komplett sinnlose Lerninhalte zu merken, andererseits aber über wenige Erfahrungen verfügen, an die Lerninhalte »angedockt« werden können, lernen Menschen im Erwachsenenalter eher über Einsicht, über das Anknüpfen an Bekanntes und durch Wiederholung. Lerndefizite älterer Menschen werden häufig mit fehlender Lerntechnik erklärt (z. B. wird die Verknüpfung von Lerninhalten durch »Eselsbrücken« mit steigendem Alter abgelegt).

Besonders aus dem letztgenannten Aspekt ergibt sich für den erwachsenen Lernenden die Notwendigkeit, sich vor der Hinwendung zum eigentlichen Lernstoff mit der Technik des Lernens auseinanderzusetzen, gewissermaßen also »das Lernen zu lernen«. Hilfen hierzu bieten die von der modernen Lernpsychologie entwickelten und empirisch erforschten Methoden, Informationen zu sammeln, lerngerecht aufzubereiten und zu verarbeiten.

Hinweis: Auf die Beschreibung von Lerntheorien – also vornehmlich wissenschaftlich entwickelten Modellen zur Beschreibung von Lernvorgängen, zu denen auch die oben geschilderte Konditionierung des Pawlowschen Hundes zählt – wird nachfolgend zugunsten einer praxisorientierten Darstellung verzichtet. Dies gilt auch für das häufig in Zusammenhang mit Lernen genannte Neurolinguistische Programmieren (NLP), das sich – verkürzt und vereinfacht dargestellt – mit der Bewusstmachung und Veränderung menschlicher Wahrnehmungs-, Informationsverarbeitungs- und Kommunikationsprozesse beschäftigt. Dabei sollen neue Verhaltensweisen erlernt und verinnerlicht werden. NLP wird meist nicht als Wissenschaft aufgefasst und ist insgesamt eher dem Kommunikations- und Verhaltenstraining zuzurechnen. Gleichwohl werden viele der nachfolgend dargestellten Begriffe, Konzepte und Techniken im NLP aufgegriffen.

0.2 Subjektive und objektive Rahmenbedingungen und ihr Einfluss auf das Lernen

Lernpsychologen stimmen heute darin überein, dass Lernen dauerhaft nur in einem lernförderlichen »Setting« gelingen kann. Damit sind die Rahmenbedingungen gemeint, in denen sich das Lernen vollzieht. Einige dieser Bedingungen werden nachfolgend eingehender betrachtet.

Bedingung 1: Die Lerndarbietung muss motivierend sein!

Die Lust aufs Lernen – die Lernmotivation – muss geweckt und aufrechterhalten werden. Allerdings gibt es kein allgemein gültiges Rezept für die »Erzeugung« von Motivation, denn Menschen reagieren unterschiedlich auf Lernanreize.

Bedingung 2: Die Lerndarbietung muss den individuellen Lerntyp »bedienen«!

Jeder Mensch hat seine bevorzugten Eingangskanäle, über die er besonders aufnahmefähig ist. Wer am besten am echten Gegenstand lernt, indem er ihn buchstäblich »be - greift« oder wer ein eher »fotografisches Gedächtnis« hat, wird mit vorgelesener Theorie wenig anfangen können.

Bedingung 3: Der Lernstoff muss rhythmisiert angeboten und dabei auf den individuellen Leistungs- und Arbeitsrhythmus abgestimmt werden!

Rhythmisieren bedeutet, dass der Lernstoff ausgewogen über die Lernzeit verteilt wird – sowohl inhaltlich als auch hinsichtlich der Abwechslung von Phasen der Konzentration und Anspannung mit Phasen der Entspannung. Den individuellen Leistungs- und Arbeitsrhythmus hat der erwachsene Mensch meist bereits für sich herausgefunden und weiß, wann er topfit oder todmüde ist. Darauf gilt es sich einzustellen, denn beim »Morgenmuffel« wird die frühe Unterweisung bei Schul- oder Arbeitsbeginn wenig bleibenden Eindruck hinterlassen, während man beim »Morgentyp« mit der Unterweisung möglichst nicht bis kurz vor Feierabend wartet.

Bedingung 4: Die Lernumgebung muss lernunterstützend beschaffen sein!

Diese Forderung beschränkt sich nicht auf die Gestaltung des Arbeitsplatzes, sondern schließt viele andere Faktoren ein: etwa die Einstellung und das Verhalten der Familie, Freunde und Kollegen; die Umstände im besuchten Lehrgang vom Klassenzimmer über die Dozenten und Medien bis zu gruppendynamischen Prozessen im Lernerteam; den Zugang zu Lernmaterialien; den Rahmen, den familiäre Verpflichtungen und feste Arbeitszeiten abstecken usw.

Im Folgenden werden einige dieser Bedingungen näher beleuchtet.

0.2.1 (Lern)-Motivation

Was treibt einen Menschen zu einem Tun an? Pädagogen und Psychologen unterscheiden hier zunächst nach innengeleiteter (intrinsischer, primärer) und außengeleiteter (extrinsischer, sekundärer) Motivation:

- **Intrinsisch motiviert** ist, wer sich aus Interesse am Gegenstand mit eben diesem Gegenstand beschäftigt und Freude und Ansporn aus dieser Beschäftigung schöpft. Der Motivationsanreiz geht von der Aufgabe selbst aus.
- **Extrinsisch motiviert** ist, wer sich von der Aufgabenerfüllung die Erreichung eines bestimmten Ziels, einer »Belohnung«, verspricht, die nicht Teil des Aufgabenerfüllungsprozesses ist und insoweit einen externen Motivationsanreiz darstellt.

Häufig wird die intrinsische Motivation als »wertvoller« erachtet: Ihr wird nachgesagt, länger anzuhalten und bessere Ergebnisse zu erbringen. Dies ist insbesondere in Bezug auf **Lernmotivation** auch plausibel, denn bei echtem Interesse am Lerngegenstand kann ein tieferes, verstehenderes »Verinnerlichen« erwartet werden, als wenn ein dem Lernenden eigentlich gleichgültiger Sachverhalt nur um einer guten Zensur willen »gepaukt« wurde. Tatsächlich ist diese Wertung aber nicht allgemeingültig und für alle Lebensbereiche übertragbar, wie das folgende Beispiel zeigt:

Frau Meier löst für ihr Leben gern Kreuzworträtsel. Immer, wenn sie eines in einer Zeitschrift entdeckt, muss sie zum Kugelschreiber greifen und die Kästchen auszufüllen versuchen. Herr Müller hat dazu eigentlich keine Lust. In dieser Woche macht er sich aber doch an die Lösung des Kreuzworträtsels in der Fernsehzeitung, weil es ein Auto zu gewinnen gibt, das er gern besitzen würde. Im Gegensatz zu Frau Meier, die ihren Ehrgeiz dahinein legt, jedes einzelne Kästchen auszufüllen, beschränkt sich Herr Müller auf das Ausfüllen der für das Zusammensetzen des Lösungsspruches notwendigen Kästchen. Deswegen braucht Herr Müller, obschon weniger geübt im Rätsellösen, doch weniger Zeit für seine Lösung als Frau Meier. Ist seine Lösung nun weniger wert, weil ihm an einem »schnöden« materiellen Vorteil gelegen ist? Oder ist Frau Meiers Lösung weniger wert, weil sie ihre Zeit mit nicht-zielführenden Aufgabenteilen »vertrödelt«?

Möglicherweise ist intrinsische Motivation sogar anfälliger bei Störungen, denn während extrinsische Motivation durch Erhöhung der äußeren Anreize neu befeuert werden kann, ist der Verlust der intrinsischen Motivation etwa infolge von Misserfolgen kaum von außen zu »heilen«. Demotivation aber kann die lang anhaltende, gar endgültige Abkehr vom Lerngegenstand bedeuten.

0.2.2 Lerntypen, Lernstile und Lernrhythmus

Lerntypen

In der Didaktik, der »Theorie des Unterrichts«, wird häufig eine Einteilung von Lernenden in unterschiedliche **Lerntypen** vorgenommen. Kriterium für die Unterscheidung dieser Lerntypen sind die von den Lernenden bevorzugten Aufnahmekanäle (z. B. nach Frederic VESTER: visuell, auditiv, haptisch, intellektuell/abstrakt-verbal, wobei Mischformen, etwa der »audio-visuelle Typ« die Regel sein sollen). Es erscheint daher als günstig, den eigenen Lerntyp zu kennen und Lerninhalte über den bevorzugten Eingangskanal aufzunehmen: Also durch Anschauen (z. B. eines Schaubilds, eines Films), durch Anhören (einer Audio-Aufnahme), durch Anfassen und Abtasten (eines konkreten Gegenstands/Modells), durch gedankliches Durchdringen einer abstrakten Darstellung (z. B. einer mathematischen Formel). Eine Vielzahl von Tests in Büchern, Magazinen und Internet verspricht hier weiterführende Erkenntnisse.

Allerdings werden diese und andere Typologien heute wissenschaftlich angezweifelt, denn: Wie, wenn nicht intellektuell, werden Sinnesreize verarbeitet? Wie soll man z. B. eine Formel durch Anfassen lernen? Sollte es wirklich Sinn machen, einen durch ein Schaubild gut verdeutlichten Sachverhalt in eine Fließtext-Erklärung umzuwandeln und diese für »auditive Lerntypen« vorzulesen? Hier sind Zweifel angebracht; erst recht dann, wenn in manchen Auflistungen von Lerntypen auch der »gustatorische Typ« (der Lernstoff mit dem Geschmackssinn verbindet) und der geruchssinnorientierte »olfaktorische Typ« angeführt werden: Zwar hat sicherlich jeder schon einmal die Erfahrung gemacht, dass ein bestimmter Geruch oder Geschmack eine Erinnerung heraufzubeschwören vermag; die gezielte Einbindung des Geruchs- oder Geschmackssinns als Lerneingangskanal stößt jedoch rasch an Grenzen.

Anknüpfend an die Lerntypentheorie wird häufig empfohlen, einen Sachverhalt möglichst für mehrere Eingangskanäle aufzubereiten und entsprechend darzubieten – also nicht nur als Vorlesung

(»Frontalunterricht«), sondern ergänzt um Bild- und Textmaterial und, falls möglich, Erfahrungen am originären Gegenstand und anhand praktischer Experimente. Damit soll zum einen im Gruppenunterricht sichergestellt werden, dass dieser allen Lerntypen gerecht wird; zum anderen wird damit berücksichtigt, dass auch das Individuum über mehr als einen Kanal lernen kann. Dieser Ansatz ist sicherlich nicht verkehrt, aber es könnte sein, dass er, unabhängig vom Lerntyp, einfach deswegen funktioniert, weil dadurch der Lerninhalt mehrfach wiederholt wird.

Neben diesem »Mehrkanallernen«, bekannter als »Lernen mit allen Sinnen«, wird heute häufig ein »handlungsorientiertes Lernen« oder »ganzheitliches Lernen« vertreten. Letztere Formen stellen den Wert einer Vermischung von Praxishandeln/Aktivität und Theorie besonders heraus und fußen damit ebenfalls auf dem Grundgedanken der Ansprache unterschiedlicher Eingangskanäle in abwechslungsreicher Darbietung. Dabei sind sie sicherlich auch geeignet, Langeweile zu vermeiden und – in Schülergruppen – Disziplinierungsproblemen von Lehrkräften entgegenzuwirken.

Ob die Berücksichtigung des Lerntyps, dem ein Lernender vermeintlich angehört, durch den Lernenden selbst oder durch Lehrkräfte tatsächlich positive Effekte auf den Lernerfolg bedingt, ist in den Erziehungswissenschaften allerdings nicht unumstritten.

Lernstile

Die vornehmlich in den 1970er Jahren in der Lernpsychologie entwickelten Lernstile wollen sich von den Lernertypologien abgrenzen, indem sie nicht Lernende nach deren bevorzugten Eingangskanälen, sondern Arten des Lernens unterscheiden. Eine häufig anzutreffende Unterscheidung ist auch hier diejenige in visuelles, auditives und kinästhetisches (praktisches, durch Bewegung erfolgendes) Lernen, ergänzt um das Lernen durch die Verarbeitung von Texten (Lesen und Schreiben). Ein anderes, von David A. KOLB 1985 entwickeltes und im deutschsprachigen Raum sehr verbreitetes Modell unterscheidet Lernende nach ihren Lernstilen in

- **Divergierer** (»Entdecker«), bei denen das Lernen durch reflektierende (durchdenkende) Beobachtung und Erfahrung im Vordergrund steht. Typisch für diesen Lernstil gilt die Eigenschaft, Situationen und Sachverhalte aus verschiedenen Blickwinkeln zu betrachten, zu diskutieren und zu hinterfragen. Dies setzt Vorstellungskraft und Kreativität voraus. Menschen, die diesen Lernstil bevorzugen, sind häufig künstlerisch interessiert und, weil das Durchdenken eines Themas Zeit benötigt, wenig spontan.
- **Assimilierer** (»Denker«), die logisch, rational und strukturiert vorgehen und, indem sie beobachtete Situationen und Phänomene durchdenken, zur Abstraktion und zur Herausbildung theoretischer Modelle gelangen. Diese Vorgehensweise des Schließens vom Einzelfall auf das Allgemeingültige – etwa, wie Isaac Newton (1642–1726), vom fallenden Apfel auf das Gesetz der Schwerkraft – wird als Induktion bezeichnet, im Gegensatz zu einem Schließen vom Allgemeinen auf den Einzelfall, der Deduktion.
- **Konvergierer** (»Entscheider«), die von einem abstrakten Begriff – etwa einer Idee – zum aktiven Experimentieren übergehen. Ein Vorgehen, bei dem vom Allgemeingültigen auf den Einzelfall geschlossen wird, wird als Deduktion bezeichnet. Beim Konvergierer, der auf Basis einer Theorie eine abstrakte Idee entwickelt und anschließend im praktischen Experiment überprüft, liegt ein hypothetisch-deduktives Vorgehen vor, wie es für die Naturwissenschaften typisch ist.
- **Akkomodierer** (»Praktiker«), die bevorzugt durch aktives Experimentieren nach der Methode »Versuch und Irrtum« Erfahrungen sammeln. Ihre Stärken sind Intuition und die Fähigkeit, Aktivität so zu gestalten, dass sie zu Erkenntnisgewinnen führt.

KOLB will diese Lernstile aber nicht nur als Kennzeichnung individuellen Lernverhaltens verstanden wissen; vielmehr verbindet er sie in einem »Lernkreis« zu einer idealen Abfolge von Lernphasen. Dabei wird, ausgehend von der »Entdeckung« einer konkreten Erfahrung (Phase 1), eine Reflexion – ein »Durchdenken« (Phase 2) – angeregt, das in die Erkenntnis eines Konzepts und eine generalisierende Schlussfolgerung (Phase 3 der »abstrakten Begriffsbildung«) einmündet. In Phase 4 schließlich wird das Konzept praktisch erprobt. Zur Vertiefung des Gelernten werden diese Phasen zu einem »Lernkreis« verbunden und mehrfach durchlaufen.

Allgemein gilt, dass wohl kaum ein Individuum allein einem dieser Lernstile zugeordnet werden kann; vielmehr kann davon ausgegangen werden, dass jeder Mensch Eigenschaften jedes der oben angeführten Typen – in unterschiedlich starker Ausprägung – in sich vereinigt.

Aus der Vielzahl der in der Literatur beschriebenen Lernstile sind ferner die Unterscheidung nach Aktivisten, Nachdenkern, Theoretikern und Pragmatikern nach HONEY/MUMFORD und die Differenzierung nach FELDER/SILVERMAN zwischen aktiven vs. reflexiven Lernern, sensorischen vs. intuitiven Lernern, visuellen vs. auditiven/verbalen Lernern und sequenziellen vs. globalen (holistischen) Lernern besonders zu erwähnen.

0.2.3 Lernintensität und Lernrhythmus

Wie oft und wie viel soll man lernen?

In der beruflichen Aufstiegsfortbildung wird häufig die Faustregel angewandt, wonach die gleiche Zeit, die im Lehrgang verbracht wird, auch in die Vor- und Nachbereitung investiert werden soll: Für eine Weiterbildung zum Personalfachkaufmann/zur Personalfachkauffrau mit empfohlenen 580 Unterrichtsstunden zu je 45 Minuten wären danach weitere ca. 430 Stunden für eigene Lernaktivitäten zu veranschlagen. Eine Verallgemeinerung ist hier jedoch schwierig, da individuelle Vorkenntnisse, die Regelmäßigkeit der Unterrichtsbeteiligung und die individuelle Aufnahmefähigkeit wesentliche Rollen spielen. Nachbereitungen von Präsenzunterrichten sollten in jedem Falle zeitnah erfolgen, um einem Vergessen entgegenzuwirken. Ansonsten gilt, analog zu den Trainingsempfehlungen für Ausdauersportler, dass ein regelmäßiges, dabei abwechslungsreiches und mit Wiederholungen und Übungsaufgaben durchsetztes Lernen am besten geeignet ist, den Lernstoff frisch zu erhalten und Ängsten vor anstehenden Prüfungen entgegenzuwirken.

Lernen – erst unmittelbar vor der Prüfung?

Wer sich einer Prüfung unterziehen muss, wird umso nervöser, je näher der Prüfungstermin rückt. Manche Lerner benötigen diese Nervosität als Anregung für ihre Lernmotivation und steigern ihr Lernpensum (oder fangen im ungünstigsten Fall überhaupt erst dann an mit dem Lernen), wenn die Prüfung kurz bevorsteht. Gegen eine Erhöhung der Lernaktivität im Sinne eines häufigeren und intensiveren Lernens zur Prüfungsvorbereitung ist auch nichts einzuwenden – allerdings sollten dann Wiederholungen und Übungen im Vordergrund stehen. In dieser Phase klagen viele Lernende über das Problem, sich nicht »aufraffen« zu können. Die Erwartung, zu einem späteren Zeitpunkt besser »in Stimmung« und aufnahmefähiger zu sein, sollte aber nicht zu beharrlichem Aufschieben (ver)führen! »Aufschieberitis« als Verzögerungstaktik kann sogar krankhafte Züge annehmen; diese sogenannte **Prokrastination** (»Vertagung«) soll nach US-amerikanischen Studien bei mindestens 25 % der Studenten als chronisches Verhalten vorliegen. Ängste, Überforderungsgefühle und Lernunlust, die der Prokrastination zugrunde liegen, können durch eine verbesserte (Selbst-)Organisation aufgefangen werden.

Das beste Rezept ist ganz sicher das »Mitlernen von Anfang an«: Wenn die Nachbereitung des im Unterricht Erfahrenen fortlaufend erfolgt, ist dies allein schon deswegen von Vorteil, weil dann der Unterrichtsfortsetzung viel besser gefolgt werden kann – und in der Prüfungsvorbereitung zahlt es sich aus, wenn der Lernstoff bekannt ist und schon halbwegs beherrscht wird, so dass Wiederholungen und Übungen nicht zum Erschrecken darüber führen, »was man alles noch nicht kann«, sondern die Zuversicht in den eigenen Erfolg steigern.

Fortlaufend zu lernen bedeutet aber nicht, dass eine bestimmte Lern«routine« eingehalten werden muss; vielmehr können Wechsel im Lernort, in der Lernzeit (Wochentag, Zeitabstand, Tageszeit, Dauer) und in der Methodik erfrischend wirken.

Gibt es eine besonders günstige Tageszeit für das Lernen?

Von Natur aus sind Menschen tagaktiv. Allerdings machen viele Menschen in bestimmten Lebensphasen die Erfahrung, zu bestimmten Tageszeiten besonders aufnahmefähig und »wach« zu sein. Dementsprechend bezeichnen sich manche Menschen als »Frühstarter«, die abends auch früh zu Bett müssen, andere als »Morgenmuffel«, die spät abends zur Höchstform auflaufen. Leistungsbereitschaft und Leistungsvermögen werden häufig in biologischen Leistungskurven dargestellt, wobei fast allen Menschen ein relatives Leistungs»hoch« am Vormittag (10–12 Uhr) und Nachmittag (14–16 Uhr), ein Leistungs»tief« um die Mittagszeit und ein Leistungsabflauen am Spätnachmittag gemeinsam sind. Je nach Typ wird am früheren (19–21 Uhr) oder späteren Abend (21–23 Uhr) noch einmal eine Hochphase mit guter Konzentrations- und Merkfähigkeit erreicht. Ob diese für das Lernen genutzt werden kann, hängt aber natürlich auch von den Anstrengungen des vorangegangenen Arbeitstages ab.

Die voranstehenden Ausführungen haben klargemacht, dass es eine allgemeingültige Empfehlung, wie viel zu welchen Zeiten und in welchem Rhythmus gelernt werden soll, nicht geben kann: Der Lernende kann dies nur für sich selbst herausfinden!

0.2.4 Lernumgebung

Die Ergonomie, die Wissenschaft von den Gesetzmäßigkeiten der menschlichen Arbeit, definiert Anforderungen an die Helligkeit und Ausleuchtung, Temperatur, Luftfeuchtigkeit und Luftbewegung von Arbeitsräumen, die auf die Lernumgebung übertragen werden können. Jedoch sind manche Anforderungen an die Lernumgebung individuell durchaus unterschiedlich: Während Lernpsychologen häufig auf die Bedeutung einer ruhigen, ablenkungsarmen Umgebung hinweisen, schwören viele Menschen, bei Musik oder umgebenden Alltagsgeräuschen am besten lernen zu können.

Selbstverständlich sind extreme Umgebungsbedingungen (etwa große Hitze oder Kälte, Zugluft, ständig und arrhythmisch auf- und abschwellende Geräuschkulisse) und zu anderen Aktivitäten auffordernde Störungen (Besucher, Meldungen über eingehende E-Mails oder Telefonate) lernhinderlich, aber wer hat andererseits nicht schon über große Schriftsteller und Forscher gelesen, die ihre größten Werke im Café verfasst haben? Oben wurde bereits darauf hingewiesen, dass ein Durchbrechen von Lernroutinen erfrischende Wirkung haben kann: In diesem Sinne können auch außergewöhnliche Lernorte – eine ruhige Ecke im Café, eine Bank im Stadtpark, ein Sitzplatz in der Bahn – lernanregend sein. Grundsätzlich sollte es aber einen ständig nutzbaren Lernplatz geben, der unter ergonomischen Gesichtspunkten eingerichtet sein sollte. Einige Tipps zur Ausstattung dieses Lernplatzes enthalten die folgenden Abschnitte.

0.3 Lerntechniken anwenden

0.3.1 Lerntipps zur Prüfungsvorbereitung: Lernplanung, Arbeitsplatz, Hilfsmittel

Lernen als Vorbereitung auf eine Prüfung ist, im Nachhinein betrachtet, dann geglückt, wenn die aufgenommene Information zu einem späteren Zeitpunkt aus dem Gedächtnis abgerufen und richtig wiedergegeben werden kann. Voraussetzung hierfür ist eine systematische und gründliche Verarbeitung des Lernstoffes. Selbstverständlich ist es äußerst sachdienlich, wenn der Lernende dem Lernstoff Interesse abgewinnen kann; auch ist es wünschenswert, dass die aufzunehmende Information nicht nur »eingepaukt«, also auswendig gelernt, sondern vor allem verstanden wird. Interesse und Begreifen allein genügen jedoch nicht; vielmehr bedarf es der Anwendung verschiedener Techniken bei der richtigen **Verarbeitung** der Lerninhalte.

Hier einige Vorschläge zum »gelingenden« Lernen:

- **Lernzeit planen:** Nahezu jeder kennt aus der Schulzeit das Gefühl der Ohnmacht, das einen Examenskandidaten vor der Prüfung angesichts einer unüberschaubaren Fülle an unbewältigtem Lernstoff befällt. Unbestritten ist ein kontinuierliches Lernen vorteilhafter und stressfreier als jeder Gewaltakt. Hilfreich ist ein Terminkalender (am besten als Wandkalender), in den alle anstehenden Prüfungstermine, aber auch alle diejenigen Termine, an denen ein Lernen wegen anderweitiger Verpflichtungen unmöglich ist, eingetragen werden. Mit seiner Hilfe lassen sich Lernaktivitäten auf längere Zeiträume verteilen und so auf Prüfungs- oder Klausurtermine abstimmen, dass Engpässe und Versäumnisse vermieden werden.

- **Etappenziele setzen:** Auch die einzelnen Lerntage wollen geplant sein: Viele Menschen ermüden, wenn sie sich stundenlang mit der gleichen Thematik beschäftigen. Vor Klausuren wird dies kaum zu vermeiden sein, aber in prüfungsfreien Zeiten empfiehlt es sich, Abwechslung in den Lernalltag zu bringen. Es ist günstig, sich für jeden Lernabschnitt mehrere, möglichst nicht ähnliche Fächer vorzunehmen und sich vorab für jedes Fach ein Etappenziel zu setzen. Dieses kann in der Lösung einer bestimmten Aufgabe, dem aufmerksamen Lesen eines Abschnittes oder in der wiederholenden Kontrolle bereits gelernter Inhalte (Vokabeln, Paragraphen) bestehen. Am Anfang sollte ein Fach stehen, das dem Lernenden Spaß bereitet. Zwischendurch sollten unbedingt Pausen eingelegt werden – diese dienen der Regeneration und sorgen dafür, dass die Konzentration und der Spaß am Lernen nicht verloren gehen.

- **Das Lernen vorbereiten:** Häufig wird Lernzeit, die gerade dem erwachsenen, in vielerlei Verpflichtungen eingebundenen Lernenden nur sehr begrenzt zur Verfügung steht, mit dem Zusammensuchen der notwendigen Arbeits- und Hilfsmittel vertan. Optimal ist ein fester Arbeitsplatz, der nicht ständig geräumt und wieder hergerichtet werden muss und an dem die ständig benötigten Arbeitsmittel – Schreib- und Zeichengeräte, Taschenrechner, Lehrbücher, Gesetzeswerke etc. – griffbereit liegen.

- **Störungen ausschalten:** Unterbrechungen im Lernen sind nur dann positiv, wenn es sich um geplante, der Regeneration dienende Pausen handelt – ansonsten stellen sie Störungen dar, die der Konzentration abträglich sind. Zur Vorbereitung des Lernens gehört daher auch ein »Bitte nicht stören!« gegenüber der Familie oder anderen Mitbewohnern. Wesentliche Störquellen sind E-Mails, Smartphones und eingehende Telefonate: Wenn möglich, sollten alle zum Lernen nicht benötigten Geräte abgeschaltet werden.

- **Ordnungsmittel nutzen:** Es ist ratsam, für jedes Lernfach einen Aktenordner anzulegen oder, bei Nutzung eines Ordners für verschiedene Themenbereiche, Trennblätter anzulegen und Lernmaterialien nicht chronologisch, sondern nach Fachgebieten getrennt abzulegen. Aufzeichnungen sollten nicht als »Sammlung fliegender Blätter« angelegt werden, sondern von vornherein – etwa beim Mitschreiben von Vorlesungen – in gebundenen Heften oder Ringbüchern erfolgen. Für sogenannte »Faktenfächer«, wie Rechtskunde, Geografie oder Geschichte, empfiehlt sich das Arbeiten mit Karteikarten. Die genannten Ordnungsmittel können auch in digitaler Form genutzt werden, wobei im Unterricht erhaltene oder erstellte Papiere als Scan erfasst werden können. Bei der Speicherung, Verarbeitung und Weitergabe von Material etwa an andere Lernende ist selbstverständlich das Urheberrecht zu beachten.

Verschiedene Lernwege und unterschiedliche Medien nutzen: Mögliche Lernwege in der Nach- und Aufbereitung eines Lernstoffes sind z. B.:

- **Das konzentrierte Lesen,** das Sehen und Handeln vereinigt. Aktives Lesen beschränkt sich nicht auf das bloße Durchlesen eines Textes, sondern beinhaltet
  - das Unterstreichen oder Markieren wichtiger Textpassagen;
  - die Formulierung von Fragen zum gelesenen Text, deren Beantwortung ggf. das nochmalige, aufmerksame Lesen erfordert;
  - die Anfertigung von Zusammenfassungen in eigenen Worten (wichtig auch im Hinblick auf künftige Wiederholungen, denn nichts versteht der Lesende besser als eigene Formulierungen!);
  - das Herausschreiben von Fakten (Paragraphen, Formeln, Daten etc.), die in eine Kartei aufgenommen werden können.
- **Die Aufnahme über das Gehör** durch lautes Vorlesen von Texten, wobei der Effekt häufig größer ist, wenn der Lernende selbst laut rezitiert, statt sich den Text vorlesen zu lassen. Viele Schüler schwören auf die Methode, Lerninhalte auf Band zu sprechen und immer wieder abzuhören. Diese Methode führt jedoch häufig zum unfreiwilligen Auswendiglernen und ist immer dann mit Vorsicht zu genießen, wenn der Lernstoff später nicht im Zusammenhang wiedergegeben werden soll, sondern nach Einzelaspekten gefragt wird – in Prüfungssituationen ist meist nicht die Zeit vorhanden, »Litaneien herunterzubeten«.
- **Die Aufnahme über das Handeln,** die sich überall anbietet, wo der Lerngegenstand im Wortsinne »begreifbar« ist, also gegenständlichen Charakter aufweist oder der Lerninhalt selbst eine motorische Fähigkeit darstellt. Während das Nachvollziehen von Sachverhalten im technischen und handwerklichen Bereich im Allgemeinen einfach und unerlässlich ist, entzieht sich die abstrakte Theorie des Kaufmanns meist jeder gegenständlichen Darstellung und somit der Möglichkeit, Versuche durchzuführen. Hilfreich ist hier jedoch häufig die Anfertigung von Skizzen und Tabellen. Auch das oben im Abschnitt über konzentriertes Lesen beschriebene schriftliche Zusammenfassen von Texten mit eigenen Worten stellt ein gedächtnisförderndes Handeln dar.
- **Verschiedene Informationsquellen nutzen:** Das Lehrbuch sollte keineswegs einziges Lernmedium sein; vielmehr sollten andere Informationsquellen herangezogen werden. Diese sind nicht nur Sachbücher, sondern auch Artikel aus (Fach-)Zeitschriften, Mitschnitte aus Radio- oder Fernsehsendungen oder Filme, die in öffentlichen Bildstellen (bei der Gemeinde oder dem Landkreis zu erfragen) entliehen werden können. Fachpublikationen weisen häufig über Fußnoten auf sachverwandte Veröffentlichungen hin, aus denen wiederum auf gleichem Wege, gewissermaßen im »Schneeballsystem«, Hinweise auf weitere Quellen entnommen werden können. Dieses Vorgehen ist in Zusammenhang mit der heute meist zu den aktuellsten Ergebnissen führenden, allerdings hinsichtlich der Verlässlichkeit der Fundstellen auch besonders kritisch zu betrachtenden Internetrecherche als »Surfen« bekannt.
- **Gedächtnisbrücken bauen:** Manche Lerninhalte entziehen sich trotz vorhandenen Grundverständnisses der dauerhaften Speicherung. Hilfreich ist hier häufig die Nutzung sog. Memotechniken, im Volksmund besser als »Eselsbrücken« bekannt.

- Mit anderen Lernenden **interagieren,** wobei nicht nur an das ausdrückliche »gemeinsame Lernen« – das häufig auf ein gegenseitiges Abfragen hinausläuft – zu denken ist: Das Hinterfragen, Diskutieren, Ausleuchten, Weiterspinnen eines Themas kann einem tieferen Interesse und Verständnis zuträglich sein.

Wie schon erwähnt, stellen diese Lerntipps keine erschöpfende Aufzählung dar, sondern lediglich eine Anregung, die Problematik des Lernens bewusst wahrzunehmen, vielleicht aber auch eine Ermunterung, nach anfänglichen Startschwierigkeiten nicht zu kapitulieren, sondern gezielt veränderte Verhaltensmuster für ein auf die individuellen Bedürfnisse optimal abgestimmtes Lernverhalten zu entwickeln.

Allerdings: Den »Königsweg des Lernens« gibt es nicht!

0.3.2 Erfassen des Lernstoffs: Mindmapping und Protokolltechnik

Mindmapping

Wird ein Lehrstoff in der Form der Vorlesung dargebracht, so ist die Anfertigung einer Niederschrift unerlässlich. Diese wird nur selten in Form eines wörtlichen Protokolls erfolgen, denn dazu wäre die Beherrschung der Stenografie oder eine Tonaufnahme, auf deren Basis transkribiert werden kann, erforderlich; vielmehr wird die Mitschrift ein Kurzprotokoll sein, das die wesentlichen Inhalte wiedergibt. Dabei kommt es meist nicht darauf an, das Gesagte chronologisch festzuhalten; vielmehr sollen Sinnzusammenhänge verdeutlicht werden. Hierfür eignet sich in besonderer Weise die Methode des **Mind Mappings:**

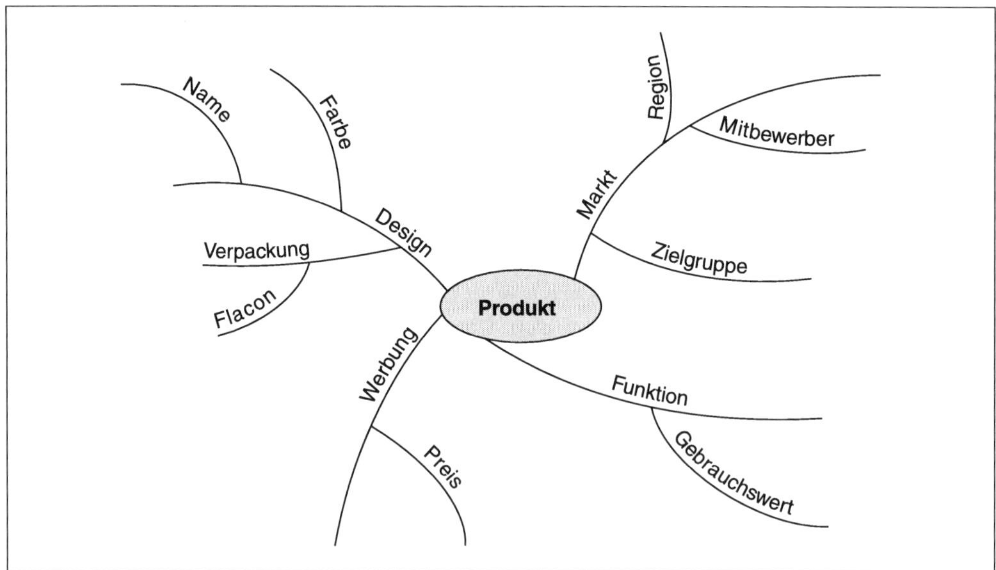

Mind Mapping

Das Beispiel zeigt ein Mind Map, das in einer Vorlesung zum Thema »Produktentwicklung« entstanden sein könnte.

Protokolle

Die Beherrschung der »klassischen« Protokolltechniken kann in vielen anderen Situationen von Nutzen sein, in denen es gilt, Sachverhalte zu dokumentieren (z. B. Gerichtsverhandlungen, Vertragsabschlüsse) oder Informationen festzuhalten bzw. weiterzugeben (z. B. Aktennotizen, Mitteilungen für Nichtanwesende). Daher werden die wesentlichen Protokollformen nachfolgend kurz vorgestellt. Zu unterscheiden sind

- das **wörtliche Protokoll**, dessen Anfertigung die Beherrschung der Stenografie erfordert: Diese Protokollform findet nur dort Anwendung, wo einerseits das Festhalten jedes einzelnen gesprochenen Wortes gefordert ist, andererseits eine Tonaufzeichnung nicht gewünscht wird (z. B. bei Gerichtsverhandlungen);
- das **Ergebnis- oder Beschlussprotokoll**, das lediglich das Resultat einer Verhandlung oder Sitzung sowie Abstimmungsergebnisse festhält;
- das **Verhandlungs- oder Verlaufsprotokoll**, das neben den Resultaten auch den Verlauf von Gesprächen, jedoch nicht den Wortlaut sämtlicher Äußerungen, festhält: Diese Form wird häufig gewünscht, wenn Beschlussfassungen Meinungsverschiedenheiten vorangehen;
- das **Kurzprotokoll** als Kurzform des Verhandlungsprotokolls, das die wesentlichen Argumente, jedoch nicht in chronologischer Folge der Wortbeiträge, wiedergibt.

Es empfiehlt sich, eine einheitliche äußere Form für Protokolle einzuhalten. Im Protokollkopf sind zunächst Thema, Referent(en), Datum, Ort, Uhrzeit, ggf. Teilnehmer (bei Sitzungen) sowie die Tagesordnung aufzuführen. Der eigentliche Text schließt unmittelbar an die Tagesordnung an.

Die Anfertigung eines Protokolls verlangt vom Protokollanten u. a. ein geübtes Kurzzeitgedächtnis sowie die Fähigkeit, Wesentliches zu erkennen und Unwesentliches wegzulassen. Werden Protokolle nicht für den Eigengebrauch (Notiz für eigene Akten, Mitschrift einer Lehrveranstaltung), sondern als Dokumentations-, Informations- und Beweismittel angefertigt, so kommen natürlich weitere Anforderungen hinzu.

Die einschlägige Literatur, besonders zur Sekretariatskunde, enthält hilfreiche Hinweise zur Anfertigung von Stichwort-Mitschriften unter Verwendung von Symbolen zur Herstellung von Gedankenverbindungen.

Protokolle im weiteren Sinne können auch Zusammenfassungen von im Ursprung schriftlichen Texten sein. In jedem Fall setzt sinnvolles Protokollieren voraus, dass Wichtiges von Unwichtigem unterschieden wird. Hier hilft nur aufmerksames Zuhören bzw. Lesen! Im Abschnitt über Zeitmanagement- und Themenplanungsmethoden werden einige Hinweise auf ein ökonomisches, auf das Wichtige konzentriertes Aufbereiten gegeben.

Berichte

Anders als das Protokoll ist der Bericht keine Mitschrift einer mündlichen Verhandlung, sondern eine schriftliche Zusammenstellung von Fakten nach Sammlung und Auswertung verschiedener Informationsquellen.

Berichte fallen z. B. an als Arbeitsberichte an Vorgesetzte oder Auftraggeber oder Unfallberichte für Versicherungen. Berichte müssen

- die wesentlichen Informationen enthalten,
- auf einen bestimmten Adressaten abgestimmt sein und dabei berücksichtigen, ob dieser Fachmann oder Laie ist,
- sinnvoll gegliedert, knapp und klar formuliert sein,
- objektiv sein.

Im Bericht verbietet sich die Verwendung wörtlicher Rede sowie der Gebrauch von Füllwörtern (»eigentlich, natürlich, schließlich« usw.). Dagegen empfiehlt sich, wann immer möglich, die Verwendung der Passivform. Auch zur Anfertigung von Berichten bietet die Literatur, wieder zum Themenkreis Sekretariatskunde, zahlreiche Hinweise und Beispiele.

0.3.3 Strukturierungs-, Darstellungs- und Gliederungstechniken

Zum Lernen gehört neben der Zusammenfassung auch die Fähigkeit zur Wiedergabe des Gelernten. Steht am Ende des Lernprozesses eine Prüfung, so wird häufig die schriftliche Abhandlung eines Themas verlangt, deren Abfassung nur in Ausnahmefällen, etwa bei Diplomarbeiten oder Dissertationen, langfristig vorbereitet werden kann. Standardsituation ist vielmehr die Vorgabe eines wenige Stunden umfassenden Zeitraumes, innerhalb dessen zu einem zuvor nicht bekannten Thema ein »**Aufsatz**« verfasst werden soll. Im Lernprozess kann es sinnvoll sein, diese Situation immer wieder selbst herzustellen und zur strukturierten Aufbereitung von Lerninhalten zu nutzen: Zum einen hilft dies dabei, den Lernstoff besser zu durchdringen und eigene Verständnislücken aufzudecken; zum anderen sind diese Aufbereitungen, ebenso wie die oben behandelten Protokolle, eine wertvolle Hilfe bei der Prüfungsvorbereitung: Schließlich versteht man kaum eine Erklärung so gut wie die, die man selbst, in eigenen Worten, zu Papier gebracht hat!

Die wenigsten Menschen allerdings – und dies gilt für Jugendliche ebenso wie für Erwachsene – sind imstande, ohne jede Vorbereitung eine Abhandlung niederzuschreiben, die alle sachwesentlichen Fakten enthält und zugleich eine klare Gliederung (den »roten Faden«)erkennen lässt. Daher sollten der Niederschrift einige Überlegungen und Vorbereitungen vorangehen.

- **Ideen sammeln:** Vor der Niederschrift sollte der Verfasser alle wichtigen Stichworte, die ihm zum Thema einfallen, zunächst ungeordnet aufschreiben. Sind alle für das Thema wichtigen Aspekte aufgedeckt, werden diese Stichworte in eine Ordnung gebracht: Zusammengehörende Begriffe werden einander zugeordnet, die hieraus resultierenden Gruppen werden in eine Reihenfolge gebracht, in der sie auch im Aufsatz abgehandelt werden sollen.
- **Gliederung aufstellen:** Dies fällt leichter, wenn die Ideensammlung vorweg stattgefunden hat. Entlang eines Grobgerüsts »Einleitung – Hauptteil – Schluss« werden Überschriften für einzelne Textabschnitte formuliert. Der Verfasser sollte während des Schreibens immer wieder Text und Gliederung vergleichen. Nur so ist gewährleistet, dass man entlang des roten Fadens arbeitet und das Thema nicht verfehlt.

Die äußere Form und Gliederung einer schriftlichen Abhandlung hängen vom Zweck, der Situation, dem Adressaten und zahlreichen anderen Faktoren ab, sodass hier keine pauschale und allumfassende Empfehlung abgegeben werden kann. Ist der Text tatsächlich nur für eigene Zwecke bestimmt, treten Formvorschriften und »Normen« in den Hintergrund, solange die Systematik der Themenbehandlung erkennbar bleibt. Längeren Texten, die für die Weitergabe an Dritte oder gar für eine Publizierung vorgesehen sind, sollte dagegen eine Gliederung nicht nur innewohnen, sondern auch in Form eines Inhaltsverzeichnisses vorangestellt werden. Dabei kommen jedoch einige elementare Einordnungsvorschriften zur Anwendung. Die folgende Darstellung enthält Gliederungsregeln, die für wissenschaftliche Arbeiten maßgeblich sind und sogar deren Beurteilung beeinflussen.

Gliederungen verwenden die **Dezimalklassifikation** (wie auch in diesem Buch) oder eines der in folgender Kurzübersicht dargestellten **Buchstaben-Ziffern-Systeme.**

Das am einfachsten zu durchschauende und logischste System ist das der Dezimalklassifikation. Wenn es 1. gibt, muss es auch 2. geben; kommt 1.1 vor, so muss zumindest auch 1.2 vorhanden sein:

1. Personalarbeit auf Grundlage rechtlicher Bestimmungen durchführen
    - 1.1 Personalbereich in die Gesamtorganisation des Unternehmens einbinden
    - 1.2 Personalwirtschaftliches Dienstleistungsangebot gestalten
        - 1.2.1 Entwicklung von der Funktions- zur Kundenorientierung
        - 1.2.2 Strategieentwicklung für Dienstleister
    - 1.3 Prozesse im Personalwesen gestalten
2. Personalarbeit auf Grundlage rechtlicher Bestimmungen durchführen

usw.

Inhaltsverzeichnisse sind mit der Angabe der Seitenzahlen zu versehen; fehlen diese, so liegt eine Gliederung vor. Materiell gliedern sich alle Ausführungen in eine Einleitung, einen Hauptteil und einen Schluss; letztere sind jedoch keinesfalls mit den Worten »Hauptteil« und »Schluss« zu überschreiben. Die Einleitung dagegen darf »Einleitung« heißen!

0.3.4 Lernstoff reduzieren, zusammenfassen, lernen und wiederholen

Bei der Aufbereitung des Lernstoffs kann wie oben unter »Lerntipps« beschrieben verfahren werden (siehe »Verschiedene Lernwege und unterschiedliche Medien nutzen«). Die Textreduktion kann dabei mehrschrittig erfolgen, indem das Material, ausgehend vom Originaltext, über mehrere Zwischenfassungen immer weiter verdichtet wird. Dies kann prüfungsnah oder regelmäßig im Verlauf einer längeren Weiterbildungsmaßnahme zur Wiederholung erfolgen. Eine Zusammenfassung, die sich auf die wesentlichen Aussagen eines Texts beschränkt, ohne dabei auf eine bloße Stichwortsammlung reduziert zu werden, wird auch als »Abstract« bezeichnet.

0.4 Zeit- und Themenplanung

Der persönliche Arbeitsstil ist geprägt von persönlichen Eigenschaften – hier könnte auch das etwas überkommene Wort »Tugenden« passen, worunter etwa Fleiß, Pünktlichkeit, Ordnungsliebe, Verantwortungsgefühl, Gewissenhaftigkeit, Ehrlichkeit usw. zu nennen wären. Vieles davon wird bereits in Kindheit und Jugend angelegt, aber auch im Erwachsenenalter können Umgebungseinflüsse den Arbeitsstil noch wesentlich beeinflussen. Wie jemand eine bestimmte Aufgabe erledigt, hängt vor allem ab

- von der Einstellung zur Aufgabe (→ Motivation),
- von der Fähigkeit, Wichtiges von Unwichtigem zu unterscheiden und die anstehenden Aufgaben entsprechend ihren Prioritäten zu erledigen und
- von der Fähigkeit, die verfügbare Zeit sinnvoll einzuteilen.

0.4.1 Zeitmanagement

Eine gute Zeitplanung besteht aus einer Reihenfolgeplanung (Was zuerst? Was als nächstes? Was überhaupt nicht?), einer Terminplanung und einer Feinplanung.

Für die **Reihenfolgeplanung** sind zunächst in Bezug auf jede einzelne anstehende Aufgabe folgende Fragen zu beantworten:

- Für welche anderen (eigenen) Aufgaben ist die Lösung dieser konkreten Aufgabe Voraussetzung?
- Welche anderen (eigenen) Aufgaben müssen erledigt sein, bevor diese konkrete Aufgabe begonnen werden kann?

Die Beantwortung lässt die anstehenden Aufgaben in unabhängige und voneinander abhängige Aufgaben zerfallen. Unter unabhängigen Aufgaben sollen dabei hier solche Aufgaben verstanden werden, die zu keiner anderen eigenen Aufgabe in direkter Reihenfolgebeziehung stehen – für die persönliche Lernplanung ist diese Sichtweise auch in Ordnung, aber bei der Zeitplanung in der Familie oder am Arbeitsplatz muss natürlich darauf geachtet werden, ob nicht an anderer Stelle dringend jemand auf das Ergebnis dieser Aufgabenerfüllung wartet.

In der Arbeitswelt würden die Beziehungen zwischen **abhängigen Aufgaben** in Flussplänen und Ablaufdiagrammen dargestellt werden; bei komplexerer Problematik käme zur Terminzuweisung die Netzplantechnik zum Einsatz. So kompliziert ist die Lernplanung im Allgemeinen aber nicht, denn wenn für das Verständnis einer Thematik ein Vorwissen erforderlich ist, wird diese Reihenfolge bereits im Unterricht, um dessen Nachbereitung es geht, entsprechend angelegt gewesen sein; dies gilt letztlich auch für Unterrichte, die stark auf induktives Lernen setzen (also das Lernen des Allgemeinen aus dem Speziellen, etwa indem ein Experiment vorgeführt und anschließend auf die Gesetzmäßigkeiten, die den Verlauf des Experiments bestimmt haben, geschlossen werden soll). Auch die Lehrbücher, die durchgearbeitet werden sollen, werden entsprechend didaktisch aufbereitet sein.

Bei der Planung **unabhängiger Lernaufgaben** geben häufig Prüfungs- oder Abgabetermine die Reihenfolge vor.

Eine Möglichkeit, Aufgaben für die Reihenfolgefindung und Terminplanung aufzubereiten, ist die Erstellung einer **Prioritäten-Matrix**, die alle unerledigten Aufgaben in Hinblick auf ihre Wichtigkeit und Dringlichkeit einteilt. Das folgende Beispiel zeigt eine solche Prioritäten-Matrix für Aufgaben am Arbeitsplatz – der darin enthaltene Punkt »Delegieren« ist bei der Lernplanung ja leider keine Option.

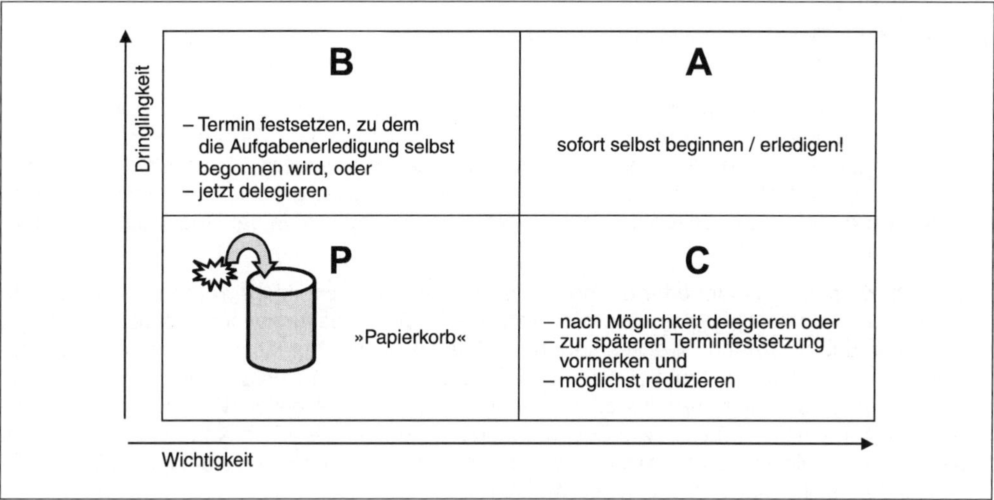

Prioritäten-Matrix

Der nächste Schritt wäre die Erstellung einer Liste, die die A-, B- und C-Aufgaben in dieser Reihenfolge enthält und Raum für Vermerke (wenigstens »abhaken« bei Erledigung: Diese Visualisierung des eigenen Fortschritts ist psychologisch nicht unwichtig!) enthält. Zeitplanungsexperten empfehlen, die einzelnen Aufgaben (alternativ oder zusätzlich zur Auflistung) auf Notizzetteln mit Stichworten zu umreißen und diese Notizen an einer unübersehbaren Stelle anzubringen.

Diese »**ABC-Analyse**« kann auch für andere Zwecke eingesetzt werden; in der Betriebswirtschaft ist sie z.B. verbreitet, wenn es gilt, zu beschaffende Materialien nach ihrer Wichtigkeit einzuteilen. Im Rahmen des Zeitmanagements und der Selbstorganisation ist sie eher unter dem Namen »**Eisenhower-Prinzip**« bekannt.

Oft wird in Zusammenhang mit Zeitmanagement auf das »**Pareto-Prinzip**« verwiesen: Wenn, wie von Vilfredo PARETO festgestellt, 80 % der anstehenden Aufgaben in 20 % der verfügbaren Zeit erledigt werden, während die restliche Zeit für lediglich 20 % der Aufgaben aufgewendet wird, soll eine Konzentration auf diejenigen »mehrwertschaffenden« Aufgaben erfolgen, die in vergleichsweise kurzer Zeit erledigt werden können, während die zeitfressenden Aufgaben, die meist in der Perfektionierung nebensächlicher Aspekte bestehen, überdacht werden sollen: Müssen wirklich 100 % der Aufgaben erfüllt werden, oder ist es effektiver, auf die »Zeitfresser« ganz zu verzichten?

Große Aufgaben werden oft handhabbarer, wenn sie in kleine, überschaubare Schritte zerlegt werden (»**Salami-Taktik**«).

Unerlässlich ist das Führen eines **Terminplaners:** Hierauf wurde bereits vorn (»Lerntipps«) hingewiesen. Terminplanungshilfen sind in digitaler Form verfügbar. Für diejenigen, die papierne Planer bevorzugen, sind diese in vielerlei Gestalt im Handel erhältlich. Das Angebot reicht von simplen Taschenkalendern über gebundene Kalender mit Jahres-, Monats-, Wochen- und Tageseinteilung bis zu aufwendig gestalteten Terminplanern in Ringbuchtechnik, die mit verschiedenen weiteren Planungshilfen (z. B. auch A-B-C-Rubriken gemäß der oben gezeigten Matrix) ausgestattet sind. Der Vielfalt des Angebots entspricht die Spanne in der Preisgestaltung, die von wenigen bis zu einigen hundert Euro reicht. Für die Lernplanung selbst genügt zwar in der Regel eine schlichte, am Computer rasch zu erstellende und leicht zu verwaltende Tabelle; es sollte aber nicht vergessen werden, zusammenhängende Zeitfenster für die Lernplanung in die sonstige Tagesplanung zu integrieren.

Die folgenden »Tipps und Tricks« wurden für die **Zeitplanung am Arbeitsplatz** zusammengestellt, sind aber überwiegend auch auf die individuelle Lernzeitplanung übertragbar.

- Es ist ein schönes Ziel, immer für seine Mitarbeiter oder Kollegen (bzw., wenn zuhause gearbeitet wird: für Familienmitglieder) ansprechbar sein zu wollen. Die **»Politik der offenen Tür«** kann aber ein eigenes konzentriertes Arbeiten nachhaltig verhindern. Eine freundliche Vereinbarung (»wenn die Tür offen ist, kann jeder hereinkommen; ist sie geschlossen, möchte ich nicht gestört werden«) schafft Zeiten für ungestörtes Arbeiten und wird in der Regel richtig verstanden werden.
- **Besucher,** ob angemeldet oder unangemeldet, können zu Zeitdieben werden. Der Besuchte kann dazu aber selbst beitragen, wenn er sich gern zu Abschweifungen im Gesprächsfluss und zu abseits des Gesprächszweckes liegenden Themen hinreißen lässt. Das beste Mittel, ein Gespräch von vornherein kurz zu halten oder abzukürzen, ist Selbstdisziplin und Ehrlichkeit. Einen Hinweis auf weitere Termine oder anstehende dringende Arbeiten wird kaum jemand übel nehmen. Auf gängige »Tricks« wie Besprechung im Stehen oder »Sich-Anrufen-lassen« muss man nur in Härtefällen zurückgreifen, und auf Ungeduldsgesten wie den ständigen Blick auf die Armbanduhr sollte man höflicherweise verzichten.
- Ein wesentlicher Zeitdieb ist das **Telefon.** Für ein zusammenhängendes, konzentriertes Arbeiten sind bisweilen telefonfreie Zeiten vonnöten, die mit den Mitarbeitern abgesprochen werden können: Moderne Kommunikationsanlagen lassen eine vorübergehende Gesprächsumleitung im allgemeinen problemlos zu. Mindestens ebenso zeiträuberisch allerdings sind **E-Mails,** die »schnell mal eben gecheckt« werden: Denn meist löst das »checken« weiterführende Aktivitäten aus, die ablenken und wertvolle Zeit kosten. Soweit vor oder mit einem eingeschalteten Rechner gelernt wird, sollte der Zeitabstand zwischen den E-Mail-Abrufen verlängert und die Funktion, die den Eingang einer E-Mail anzeigt, unbedingt deaktiviert werden.
- Auch **Zeitplanung kostet Zeit:** Deshalb sollte einmal in der Woche eine Stunde für die zeitliche Verplanung der nächsten Woche vorgesehen werden.
- **Erledigte Aufgaben** machen zufrieden: Ein sichtbarer Haken im Kalender oder auf der Aufgabenliste steigert die Laune und die Leistungsbereitschaft.
- Neben einem Terminkalender kann eine **Terminmappe,** in die die zu den zu erledigenden Arbeiten gehörenden Materialien (Korrespondenz, Protokolle, Verträge usw.) chronologisch einsortiert werden, sehr hilfreich sein.
- Die täglich eingehende **Post** kann direkt nach den im oben gezeigten Matrix-Schema enthaltenen Kriterien sortiert werden. Der oft gehörten Forderung, nach der jedes Schriftstück nur einmal angefasst werden soll, wird in der Praxis aber häufig nicht entsprochen werden können.
- Digitale Geräte **(Personal Computer, Tablets, Smartphones usw.)** können wichtige Hilfsmittel bei der Terminverfolgung sein: Programme wie MS-Outlook halten verschiedene nützliche Kalender- und Erinnerungsfunktionen bereit.

Vorgesetzte nehmen sich und ihre Zeitplanung häufig sehr ernst, vergessen dabei aber gern, dass ihre Kollegen, Mitarbeiter und Geschäftsfreunde ebenfalls einer Zeitknappheit unterliegen und deswegen ihrerseits eine Zeitplanung betreiben, die mit der eigenen Planung kollidieren kann. Ein Vorgesetzter, der sich bemüht, **seine Planungen mit den Planungen anderer zu koordinieren** bzw. nicht auf »sofortigem Bedientwerden« besteht, ist nicht nur rücksichtsvoll, sondern handelt damit auch im Sinne einer gesamtbetrieblichen Effizienzsteigerung.

0.4.2 Themenplanung

Zur Themenplanung wurde unter »Lerntipps« bereits auf den Nutzen von Themenwechseln innerhalb längerer Lernphasen hingewiesen: Der Wechsel von Neigungs- und weniger beliebten Themen vermeidet Langeweile, Überforderungsgefühle und Ermüdung ebenso wie ein Methodenwechsel (z.B. zwischen Lese-, Rechen-, Zeichen-, Schreibaufgaben; zwischen Einprägen – etwa von Vokabeln – und »tüfteln« – etwa an einer Textaufgabe), Medienwechsel (z. B. zwischen Buch, Video, Podcast) oder sogar Ortswechsel (zwischen verschiedenen Arbeitsplätzen; wenn möglich auch zwischen »drinnen« und »draußen«). Das Erreichen selbst gesetzter **Etappenziele** für jedes Fach verschafft die nötigen Erfolgserlebnisse; Voraussetzung dazu ist allerdings eine nicht schon im Vorfeld zu ambitionierte Planung, die sich später als unmöglich erfüllbar herausstellt und Frustration hervorruft. Der Neigung, »erst einmal das Unangenehme« zu erledigen, sollte widerstanden werden, weil sie zu oft dazu führen wird, dass mit dem Lernen gar nicht erst begonnen wird. Am Anfang einer jeden Lernphase sollte daher ein »Lieblings«fach stehen, das dem Lernenden leicht von der Hand geht.

Die thematische Feinplanung innerhalb eines Faches kann wiederum mittels **Mind Mapping** erfolgen. Es hilft, den ganzheitlichen Überblick über das Thema zu bewahren und zugleich keinen wichtigen Seitenaspekt zu vergessen.

Wichtig: Pausen nicht vergessen!

0.5 Lernmethoden und Lernmedien

Die meisten Leser dieser Zeilen werden sich in einem Lehrgang zusammen mit anderen auf die Weiterbildungsprüfung zum Personalfachkaufmann / zur Personalfachkauffrau vorbereiten und dabei mit den nachfolgend kurz dargestellten Lehr- und Lernmethoden sowie Lernmedien konfrontiert werden. Auch in der beruflichen Praxis spielen diese Methoden und Medien eine Rolle, nämlich immer dann, wenn eigenes Wissen, z.B. im Rahmen der Ausbildung von Berufsnachwuchs, weitergegeben werden soll.

0.5.1 Lehr- und Lernmethoden

Lehrgespräch, Rollen- und Planspiel

Lehrgespräch: Diese häufigste Unterrichtsform dient der konzentrierten Informationsvermittlung. Gesprächsführer ist der Lehrende, aber im Gegensatz zum klassischen Frontalunterricht – der »Vorlesung« – handelt es sich um einen Dialog, der häufig Arbeitsgegenstände und über Medien präsentierte Lernmittel (Texte, Formeln, Schaubilder...) einbezieht. Häufiges Mittel der Gesprächsanregung sind Fragen des Lehrenden oder Ausbilders an den Lernenden, etwa als

- Erkundungsfragen zur Wissensabfrage (»Wie nennt man diesen Gegenstand?«),
- Kontrollfragen zur Absicherung des Verständnisses (»Welche Arbeitsschritte erfordert dieser Vorgang?«),
- Beurteilungsfragen zur Denkanregung (»Warum ist dieser Arbeitsschritt zwingend erforderlich?«),
- Entwicklungsfragen zur Anregung des Weiterdenkens (»Was könnte mit diesem Bauteil als nächstes geschehen?«).

Das Lehrgespräch sollte mit einer Zusammenfassung der Ergebnisse enden, zu der idealerweise der Lernende aufgefordert wird, um das Gelernte zu festigen.

Rollenspiel: Der Lernende schlüpft – in der Sicherheit der geschützten Lernumgebung – in eine berufstypische Rolle und Situation, die vom Lehrenden vorgegeben wird. Häufig werden Rollenspiele als Gruppenübung angelegt, bei der andere Lernende korrespondierende Rollen einnehmen: Etwa wenn spezielle – meist kritische – Situationen zwischen Vorgesetztem und Mitarbeiter oder zwischen Verkäufer und Kunde simuliert werden. Videoaufzeichnungen helfen den Rollenspielern, ungünstige Verhaltensweisen oder kommunikative Fehler selbst zu erkennen. Lehrer/Ausbilder und andere Zuschauer bieten durch unmittelbares Feedback Hilfen für künftige Echtsituationen.

Planspiele sind Rollenspiele, die sich über einen längeren Zeitraum erstrecken. Häufig spielen verschiedene Spieler oder Gruppen gegeneinander, wobei die Entscheidungen eines Spielers bzw. einer Gruppe Auswirkungen auf andere Spieler und Gruppen haben. Auf diese Weise können komplexe Zusammenhänge – etwa ökonomische Abhängigkeiten auf einem simulierten Markt – veranschaulicht und in begleitenden Analysen nachvollziehbar gemacht werden.

Computergestütztes Lernen

In den letzten beiden Jahrzehnten haben elektronische, **computergestützte** Medien enorm an Bedeutung gewonnen. Digitale Geräte können zum einen als Hilfsmittel bei der Erstellung von Lernunterlagen dienen; zum anderen hält der Markt eine Fülle von **Lernsoftware** bereit, die zur

Aneignung oder Vertiefung von Lerninhalten genutzt werden kann. Vorreiter waren hier die Schulbuchverlage, die ab den 1990er-Jahren Lernprogramme für alle Schüleralters- und Klassenstufen und nahezu alle Unterrichtsfächer in ihr Angebot aufnahmen.

Ebenfalls ab Anfang der 1990er Jahre boten etliche Weiterbildungsinstitutionen eine Alternative zum häuslichen Lernen mit der Einrichtung von Lernzentren für **»Computer Based Training« (CBT).** Der Grundgedanke war, den Nutzern – nach dem Vorbild von Fitness-Centern – die vorhandenen Geräte und Programme nach einer Einweisung bei individueller Zeiteinteilung zur Verfügung zu stellen. Diese Angebote, die die körperliche Anwesenheit der Nutzer im Lernzentrum erforderten, konnten sich aber nicht gegen diejenigen Angebote durchsetzen, die mit aufkommender Internetnutzung den Zugang »online« anboten. Beim **»Blended Learning«** wechseln sich Online-Phasen mit konventionellen Angeboten – also Präsenzunterrichten oder klassischem Fernunterricht mittels Studienbriefen – ab; Präsenz kann dabei auch im Stil von Videokonferenzen unter Einsatz von Kameras, Mikrofonen und Lautsprechern hergestellt werden. Bei auftretenden Lernschwierigkeiten kann Kontakt mit den Dozenten oder Kommilitonen im Lernzentrum aufgenommen werden. Interaktive, über Internet verbreitete Seminare werden als **Webinare** bezeichnet.

Eine Flut von Informationen findet sich im **Internet.** »Suchmaschinen«, mit deren Hilfe das World Wide Web anhand von Stichwörtern nach Informationen »durchforstet« werden kann, ermöglichen eine umfangreiche Informationsbeschaffung. Die gezielte Suche im Internet erbringt oft hunderte Hinweise. Aber Achtung: Viele Anbieter belassen Seiten mit veralteten Daten im Netz, und man sollte sich immer vergegenwärtigen, dass jedermann – ob seriös und kompetent oder nicht – im Internet publizieren kann und sich entsprechend viel Unsinn im Netz findet.

Große Bedeutung haben **Erklärvideos** und **Tutorials** (Videos, in denen komplette Handlungen vorgeführt werden, die der Betrachtende mit- und nachmachen soll) erlangt. Sie werden inzwischen zu Hunderttausenden auf Videoplattformen angeboten, die teilweise durch Werbung finanziert sind und kostenfrei genutzt werden können. Hierunter finden sich zahlreiche Produktionen zu Themen, die für angehende Personalfachkaufleute von Interesse sein können. Allerdings findet auf derartigen Plattformen in der Regel keine Qualitätskontrolle statt, so dass auch hier eine gesunde Skepsis gegenüber dem Dargebotenen angebracht ist.

Viele Hochschulen und zunehmend auch Weiterbildungseinrichtungen setzen inzwischen zur Ergänzung der Präsenz-Vorlesungen **E-Learning-Plattformen** ein, auf denen »virtuelle Lernräume« für Lerngruppen eingerichtet werden. Über diese Plattformen, etwa die frei verfügbare, an Hochschulen und sonstigen Bildungseinrichtungen weitverbreitete Software **Moodle,** werden Lernmaterialien bereitgestellt und Lernaktivitäten (Aufgaben, an denen Teilnehmende allein oder in Gruppen arbeiten können) angeregt.

Für die Zukunft wird erwartet, dass sich die bisher vorwiegend auf den Hochschul- und Erwachsenenbildungsbereich beschränkten **MOOCs** (Massive Open Online Courses) auf andere Lernfelder ausdehnen werden. Hierunter sind meist kostenfrei angebotene, frei zugängliche Onlinekurse zu verstehen, die sich an eine hohe, theoretisch unbegrenzte Zahl von Teilnehmern wenden. Sie können Video-Vorlesungen, online ausführbare Testaufgaben und Prüfungssequenzen, Lesetexte und Aufgaben zum Download, Links auf weiterführende Angebote und weitere Elemente enthalten. Wegen der großen Teilnehmerzahl sind direkte Interaktionen mit den MOOC-»Machern« meist nicht vorgesehen; dagegen können sich Teilnehmende miteinander vernetzen, sich austauschen und sogar gegenseitig Aufgaben beurteilen.

0.5.2 Lernmedien und Hilfsmittel

Aus der Lerntheorie ist bekannt, dass die Aufnahme von Informationen leichter fällt, wenn mehrere »Eingangskanäle« des Informationsempfängers angesprochen werden. Ein bloßer Vortrag wird daher regelmäßig einen weniger nachhaltigen Eindruck hinterlassen als eine Vorstellung, die neben dem auditiven Kanal auch andere Sinne anspricht. Präsentationen setzen vor allem auf **Visualisie-**

rung, seltener auf kinästhetische (»begreifende«, das direkte Handeln fordernde) und so gut wie nie auf olfaktorische (den Geruchssinn ansprechende) oder gustatorische (geschmackliche) Reize.

Informationen können mittels Schriftzeichen, Symbolen und Bildern visuell erfassbar gemacht werden. Dazu bedarf es jeweils eines **Mediums,** das die Darstellungen aufnimmt, und häufig auch eines Hilfsmittels (z. B. eines Gerätes oder eines »Möbels«), das die Wiedergabe ermöglicht. Bei der Auswahl der Darstellungsform und des Mediums sollten folgende Faktoren berücksichtigt werden:

- **Texte** sollten sich auf Schlagworte beschränken und »plakativ« sein, also prägnant, gut lesbar und in aufgelockerter Verteilung (große Abstände, klare Gliederung; keine »Bleiwüste«) unter sparsamem Verbrauch von Hervorhebungen (Fettdruck, Farbe, Unterstreichung usw.) der besonders wichtigen Informationen (was nicht wichtig ist, muss überhaupt nicht erscheinen).
- Die verwendeten **Symbole** sollten ohne Erklärung ihrem Sinn nach erfassbar sein und »für sich sprechen«, wie dies etwa bei **Piktogrammen** der Fall ist.
- **Bilder** können statisch oder bewegt sein. Auf jeden Fall sollten sie mit den notwendigen Elementen und Farben auskommen, um keine Reizüberflutung auszulösen, und klar erkennbar sein.
- Das gewählte **Medium** sollte eine hinreichend große und deutliche Wiedergabe bei ungehinderter Sicht von allen Teilnehmerplätzen gewähren.
- Die visualisierten Informationen und der Vortrag des Präsentierenden müssen in jeder Phase der Präsentation zusammenpassen und aufeinander Bezug nehmen.
- Zwischen Präsentierendem und Publikum sollte ein ständiger **Blickkontakt** möglich sein; hiervon kann ausnahmsweise, etwa wenn der Raum für die Vorführung eines Films abgedunkelt wurde, abgewichen werden.
- Abwechslung erzeugt Aufmerksamkeit: Je nach Dauer der Präsentation sollten **verschiedene Medien und Hilfsmittel** zum Einsatz kommen. Aber: Zuviel Wechsel erzeugt Unruhe und kann zu Ermüdung der Augen führen!
- Vor der Präsentation vor dem Zielpublikum sollte ein **Probelauf** stattfinden, der sich mindestens auf die Prüfung der **Funktionstüchtigkeit** der eingesetzten Geräte und der **Erkennbarkeit** der vorbereiteten Medien erstreckt; vor bedeutenderen Veranstaltungen kann auch eine »Generalprobe« vor einem kritischen Testpublikum, z. B. den Mitgliedern des Projektteams, durchgeführt werden.

Die bekanntesten **Visualisierungsmedien und -hilfsmittel** sind

- **Whiteboard:** Viele dieser weißen Tafeln, die mit nicht-permanenten Filzschriften (»Boardmarkern«) beschriftet werden, können auch für die Anbringung magnetischer Kleingegenstände oder als Projektionsfläche genutzt werden. Sie haben die traditionelle schwarze oder grüne Kreidetafel als Instrument zur nicht-dauerhaften Aufnahme handschriftlicher Texte und Bilder fast überall abgelöst.
- **Flipchart:** Ein auf einem an einen Notenständer erinnernden Gestell am oberen Rand befestigter Papierblock wird mit Filzstiften Blatt für Blatt dauerhaft beschrieben. Flipcharts eignen sich besonders zur Vorbereitung von Präsentationen, in deren Verlauf ein Blatt nach dem anderen aufgeblättert wird. Vorteilhaft ist die Möglichkeit zum Rückgriff auf früher gezeigte Blätter, da deren Inhalt – im Gegensatz zu demjenigen von Tafel und Whiteboard – nicht verloren ist.
- **Pinnwand:** Pinnwände können wahlweise an Wandvorrichtungen eingehängt oder mittels Ständern frei im Raum aufgestellt werden. Ihre Oberfläche ist mit einem textilen Material vor einem weichen Untergrund ausgestattet, der das Einstecken von Stecknadeln, Reißzwecken oder Pins zur Befestigung von Papierkarten gestattet. Für Moderationen werden Pinnwände häufig beidseitig vorbereitet; oft werden sie mit Packpapier bespannt, damit ihre Oberfläche zusätzlich für Beschriftungen genutzt werden kann.

- **Dokumentenkamera (Visualizer):** Mit diesem Gerät können nicht nur flache Vorlagen wie Buchseiten oder Fotos, sondern auch dreidimensionale Gegenstände aufgenommen und zur Projektion an Beamer oder Monitore weitergeleitet werden. Das Gerät selbst besitzt keine unabhängige Projektionsmöglichkeit und ähnelt von daher am ehesten einem Scanner. Vorläufer war das **Episkop**, ein relativ großes und schweres Gerät zur Auflichtprojektion flacher, nicht durchscheinender Vorlagen. Visualizer haben auch die zuvor weit verbreiteten **Overheadprojektoren** abgelöst, die für die Projektion von Bildern und Schriften auf durchscheinenden Folien verwendet wurden.
- **Großbildschirme** und **Beamer** zur Bild- und Videovorführung: Die analoge Produktion von Fotos und Filmen auf belichtbarem Material ist außerhalb bestimmter künstlerischer Felder unüblich geworden und die Produktion von fotografischem Filmmaterial und klassischen Abspielgeräten (Dia- und Filmprojektoren) heute so gut wie eingestellt. Ein großer Nachteil dieser klassischen Medien war die Notwendigkeit, den Raum abzudunkeln. Dies ist heute kaum noch erforderlich: Digital aufgenommene Fotos und Videos werden über Großbildschirme oder Beamer bei Tageslicht gezeigt. „Erklärvideos“ sind zudem häufig vertont.
- **Computeranimierte Präsentation:** Mit Hilfe spezieller Software können Präsentationen vorbereitet werden, die – entweder automatisch oder durch Eingriff des Präsentierenden – auf einem Computermonitor ablaufen, dessen Inhalt wiederum mittels eines Beamers auf eine Leinwand projiziert werden kann. Gegenüber der konventionellen Overhead-Projektion weist dieses Verfahren den Vorteil auf, dass auch bewegte Bilder erzeugt und vorgeführt werden können und ein »Hantieren« mit Folien und Stiften überflüssig wird.
- **Interaktive Tafel/interaktives Whiteboard:** Dabei handelt es sich um eine weiße Tafel, auf die das Tafelbild mittels eines Beamers projiziert wird. Dazu werden alle Tafelaktionen entweder über die sensitive Oberfläche der Tafel selbst oder über spezielle »elektronische Stifte« erfasst, von einem angeschlossenen Computer gespeichert und verzögerungsfrei an den Beamer übermittelt. Vorbereitete Inhalte können abgerufen und präsentiert, aber auch – z. B. in Gruppenarbeit – weiterentwickelt werden; durch ständige Verbindung zum Internet kann im Unterrichtsverlauf spontan auf anfallenden Informationsbedarf reagiert werden. Die Wiedergabe bewegter Bilder ist unkompliziert möglich.
- **Interaktives Display:** Hochauflösender, auch bei Tageslicht problemlos nutzbarer Großmonitor mit berührungsempfindlicher Oberfläche (Touchscreen), der alle Einsatzmöglichkeiten eines interaktiven Whiteboards besitzt, aber ohne Beamer auskommt.

Interaktive Medien sind, auch dank verschiedener Förderprogramme von Bund und Ländern, inzwischen in den meisten Schulen und Weiterbildungseinrichtungen vorhanden. Ihr Einsatz ist zweifellos attraktiv, setzt aber neben dem Funktionieren der Technik ein sicheres Beherrschen durch die präsentierende Person voraus.

0.6 Lernen in der Gruppe, Gruppenarbeit praktizieren

In der Schule wie auch in der Erwachsenenbildung findet der überwiegende Unterricht in der Gruppe statt. Häufig finden sich auch für die Nachbereitung des Unterrichts mehrere Lernende zu einer Gruppe zusammen, in der z. B. Skripte und Lernhilfen erstellt und ausgetauscht, Aufgaben gemeinsam gelöst, einzuprägende Inhalte (Vokabeln, Formeln) gegenseitig abgefragt werden.

Gruppen zeichnen sich u. a. dadurch aus, dass

- zwischen den ihr angehörenden Individuen **Wechselwirkungen** auftreten (können),
- ihr Bestand über die Dauer des flüchtigen Augenblicks hinausgeht,
- die Gruppenmitglieder Interessen oder Ziele, aber auch Normvorstellungen teilen,
- den Gruppenmitgliedern **soziale Rollen** zuwachsen,
- ein System organisatorischer **Regeln** entsteht, nach denen Tätigkeiten ausgeübt und Mittel eingesetzt werden, die der Erreichung des Gruppenziels dienlich sein sollen.

Auf die Wechselwirkungen zwischen Gruppe und Individuum, auf Rollenfunktionen und Kommunikationsregeln in der Gruppe, soll an dieser Stelle nicht eingegangen werden, da diese Aspekte Gegenstand umfangreicher Betrachtungen im berufspädagogischen Bereich sind. Auch die Lehrform der Gruppenarbeit (hier: in der Erwachsenenbildung) wird hier nur kurz behandelt, da es dabei vorrangig um die Aufteilung eines Klassenverbandes in mehrere Lerngruppen geht, eine Problematik also, die sich in Lerngruppen so nicht stellt.

Viele Lernende schätzen es, wenn sie den Lernstoff nicht – oder nicht nur – allein aufbereiten müssen, sondern dies mit anderen gemeinsam tun können. In Weiterbildungslehrgängen bilden sich häufig nach einiger Zeit Gruppen von meist zwei bis fünf Personen heraus, die sich zum gemeinsamen Lernen verabreden. Die Vorteile sind:

- Die gegenseitige **Disziplinierung**
  Verabredungen mit anderen schaffen den Druck, den mancher Lernende braucht, um sich zum Lernen »aufzuraffen«.

- Die gegenseitige **Unterstützung**
  Einer kann dieses, der andere jenes besonders gut. In der Lerngruppe kann jeder von den Stärken anderer profitieren und eigene Stärken sogar weiterentwickeln: **»Lernen durch Lehren«** ist eine oft genannte Lernmethode.

- Erweiterte **Methodenvielfalt:**
  Beim Alleinlernen findet z. B. Sprechen so gut wie nicht statt (außer vielleicht beim Lernen mit Audioprogrammen, etwa bei Fremdsprachen). In der Gruppe können zusätzliche Methoden, z. B. Lernspiele oder Kreativitätsmethoden (Brainstorming, Brainwriting usw.) praktiziert werden.

- Die Chance auf hilfreiches **Feedback**
  Wenn eine Präsentation für eine Prüfung erprobt und verfeinert werden soll, ist eine Lerngruppe unverzichtbar. Verwandte und enge Freunde als Testpublikum können dagegen befangen machen und sind meist nicht objektiv.

- mehr **Spaß** am Lernen, weil zugleich Freundschaften geschlossen und gepflegt werden und die Pausen mit Gesprächen, vielleicht gemeinsamem Essen oder Sport angenehm verbracht werden können.

0.6.1 Organisation und Einsatz von Gruppenarbeit im Unterricht

Die **pädagogischen Ziele,** die Dozenten mit der Gruppenarbeit verfolgen, sind:

- Die Förderung der Selbstständigkeit der Lernenden
- Die Steigerung der Lernmotivation
- Die Bereicherung der Lerntechnik und -methodik
- Die Förderung sozialer Verhaltensweisen (»Schlüsselqualifikationen«), d. h.
- Koordination, Kooperation und Kommunikation auszubilden.

Die **Voraussetzungen** jeder Gruppenarbeit sind:

- Die Aufgabe und der Arbeitsauftrag sind klar definiert.
- Die zur Aufgabenerfüllung erforderlichen Arbeitsmittel stehen zur Verfügung.
- Die Gruppengröße ist der Aufgabe angemessen.
- Die verfügbare Zeit ist ausreichend und vorab bekannt.

Gruppenarbeit als Lehrveranstaltung vollzieht sich in drei Phasen, die aber mehr oder weniger ausgeprägt auch auf Lerngruppenarbeit übertragbar sind:

1. Phase: Themenstellung und Arbeitsanweisung
Vor dem Plenum (der Gesamtgruppe) wird das Problem benannt und die Aufgabe, die in die Kleingruppen delegiert werden soll, in Form einer präzisen Anweisung formuliert. Die Einteilung der Arbeitsgruppen kann vorher oder nachher geschehen.

2. Phase: Lösungsfindung in Kleingruppen
Die Kleingruppe identifiziert und diskutiert Fakten und Zusammenhänge und formuliert ein vorläufiges Arbeitsergebnis.

3. Phase: Ergebnissicherung
Die Kleingruppen präsentieren ihre Arbeitsergebnisse im Plenum. Sofern alle Gruppen mit der gleichen Aufgabe befasst waren (**konkurrierendes** im Gegensatz zum **arbeitsteiligen** Verfahren), finden Vergleiche und hieraus resultierende Ergänzungen, Korrekturen und kritische Äußerungen statt. Es wird versucht, ein gemeinsames Ergebnis als Problemlösung zu verabschieden.

Dabei ist Gruppenarbeit keineswegs ein »Selbstgänger«; vielmehr erfordert sie eine gründliche Vorbereitung durch den Dozenten hinsichtlich der einzusetzenden Arbeitsmittel und -techniken, aber auch hinsichtlich der Gruppenzusammensetzung sowie das Gespür, eventuell einzugreifen oder auch die eigene Person in den Hintergrund treten zu lassen.

0.6.2 Probleme der Gruppenarbeit und Lösungsmöglichkeiten

Rollen, Regeln und gruppendynamische Prozesse

Gruppen unterliegen aufgrund der inneren und äußeren Einflüsse einem ständigen Wandel. In jeder Gruppe existiert eine Rangordnung und jedem Gruppenmitglied ist eine bestimmte Rolle zugewiesen, die Einfluss und Status in der Gruppe regelt. Im Rahmen von Lernveranstaltungen wird bei Anwendung der Methode »Gruppenarbeit« zwar meist mit Gruppen von nur kurzem zeitlichem Bestand gearbeitet; jedoch sind die Teilnehmenden in aller Regel schon länger miteinander bekannt, und es haben sich innerhalb des Klassenverbandes bestimmte Strukturen herausgebildet. Dementsprechend sind, vor allem durch den Dozenten, gruppenpsychologische Effekte zu berücksichtigen:

- In jeder zielorientierten, **formellen Gruppe** bilden sich im Zeitablauf **informelle Beziehungen.** Bei der Bildung von Arbeitsgruppen innerhalb der Gesamtgruppe können diese Beziehungen beachtet werden, etwa indem formelle und informelle Kleingruppen miteinander in Deckung gebracht werden oder genau dieses vermieden wird. Die Frage, ob informelle Beziehungen dem Lernziel förderlich oder abträglich sind, kann kaum pauschal beantwortet werden.
- **Kleingruppen** neigen zur Herausbildung eines Zusammengehörigkeitsbewusstseins (»Wir-Gefühl«), das in der Beziehung zu Mitgliedern anderer Kleingruppen störend wirken kann. Der Dozent hat die Wahl, die Gruppenzusammensetzungen zu variieren oder an der einmal gewählten Zuordnung festzuhalten.
- Gruppen üben **Zwänge** in Form einer »sozialen Kontrolle« auf ihre einzelnen Mitglieder aus. Teilnehmer, die den Erwartungen der Gruppe nicht gerecht werden, drohen, zu Außenseitern zu avancieren und hierdurch hinsichtlich ihrer eigenen Zielerreichung auf der Strecke zu bleiben.

Die Gruppeneinteilung im Rahmen der Lehr-Lern-Methode »Gruppenarbeit« kann zufällig – durch Zulosen – oder gesteuert erfolgen. Es kann sinnvoll sein, leistungsstärkere und leistungsschwächere, kommunikationsstarke und zurückhaltende Teilnehmer gezielt im Sinne einer für alle Gruppenmitglieder förderlichen Mischung einander zuzuordnen. Wesentlich für das Gelingen der Gruppenarbeit ist – neben der Erfüllung der oben schon genannten Voraussetzungen – ein System von Regeln bezüglich der Arbeitsweise und Kommunikation, das vorab bekannt sein muss. Es beinhaltet z. B.

- Regeln für die Mitarbeit: Generell sollte gelten, dass jedes Gruppenmitglied gleichberechtigt und aktiv an der Zielerreichung mitwirken kann und soll. Ggf. werden besondere Rollen zugewiesen, z. B. kann ein Mitglied oder eine Untergruppe ausgewählt werden, die Ergebnisse zu protokollieren und/oder im Plenum vorzutragen.
- Regeln für die Kommunikation: In Gruppen mit dominanten Führungsfiguren kann durch eine »Meldeliste« sichergestellt werden, dass jedes Gruppenmitglied zu Wort kommt. Generell sollte gelten, dass jeder ausreden darf (ggf. mit Zeitbeschränkung) und Kritik respektvoll vorzutragen ist.

0.7 Grundlagen der Rede- und Präsentationstechnik

0.7.1 Rhetorik – Sprechtechniken und Artikulation

Sobald mindestens zwei Menschen zusammen sind, findet **Kommunikation** statt. Diese besteht nicht zwangsläufig im Austausch von sprachlichen Äußerungen, sondern beinhaltet auch die Körpersprache, also Körperhaltung, Mimik, Gestik, Blickkontakte und weitere »sprachlose« Verhaltensweisen.

Das Handwerkszeug der Kommunikation ist die Rhetorik, die als Teilgebiet der Stilistik die Lehre von der guten und wirkungsvollen Rede darstellt.

Rhetorische Fähigkeiten kommen nicht nur dem Lernenden in seiner Rolle als Schüler oder Student zugute, sondern sind in nahezu jeder Situation, sowohl im Arbeits- als auch im Privatleben, von Nutzen. Daher soll im Folgenden auf elementare rhetorische Techniken eingegangen werden.

Zweck einer jeden Rede ist es, die Zuhörer zu **überzeugen** und zu **fesseln.** Ob dies gelingt, hängt nicht nur vom Wortlaut des Vortrages ab, sondern in ebenso starkem Maße vom Verhalten des Vortragenden. Für die meisten Menschen ist die Situation des Redners, nämlich im Stehen vor einer Gruppe von Personen zu sprechen, unangenehm. Dies drückt sich vielfach in Nervositätsgesten, leiser oder sich überschlagender Stimme und in einer verkrampften Körperhaltung aus.

All diese Erscheinungen sind zwar menschlich verständlich, aber kaum günstig, wenn die Zuhörerschaft durch den Vortrag von einer Sache überzeugt werden soll. Außerdem lenken sie die Aufmerksamkeit der Zuhörer vom Inhalt des Vortrages in unerwünschter Weise auf die Person des Vortragenden. Eine schwer verständliche Artikulation strapaziert zudem die Konzentration der Zuhörer in einem Übermaße – geistiges »Abschalten« ist die Folge.

Ein ungeübter Redner sollte sich durch Atem- und Artikulationsübungen, wie sie in der einschlägigen Literatur beschrieben oder in speziellen Rhetorikkursen zu erlernen sind, auf seinen »Auftritt« vorbereiten. Eine Korrektur der eigenen Stimmführung setzt jedoch voraus, dass sich der Redner seiner stimmlichen Probleme bewusst ist. Dieses Bewusstsein erlangt er am besten mit Hilfe anderer Personen, die ihn auf Mängel im Vortrag hinweisen (z. B. Teilnehmer an einem Rhetorikkurs) oder auch mittels Tonband- oder Videoaufnahmen, die sich auch für Fortschrittskontrollen hervorragend eignen. Filmaufnahmen haben darüber hinaus den Vorteil, dem Redner die eigene Körpersprache bewusst und damit korrigierfähig zu machen.

Einige Ratschläge für (angehende) Redner:

- Zu Beginn des Vortrages sollte eine sichere und feste **Redeposition** (beidbeiniger Stand mit leicht gegrätschten Beinen, erhobener Kopf, gerade Haltung) eingenommen werden, da am Anfang die Nervosität des Redners am größten ist. Ist das erste Lampenfieber überwunden, kann die Position gewechselt, z. B. können auch – wenn weder Stehpult noch Mikrofon vorhanden sind – einige Schritte gegangen werden. Die Unsicherheit zu Beginn eines Vortrages kann dadurch gemindert werden, dass sich der Redner vor Beginn den Raum anschaut und die Lichtverhältnisse sowie die Mikrofone überprüft.
- Ein von den Betroffenen gefürchtetes Unsicherheitszeichen ist das **Rotwerden.** Leider gibt es hiergegen kein Patentrezept, aber den Trost, dass es mit wachsender Redepraxis meist verschwindet. Oft ist das subjektive Empfinden, einen unübersehbar roten Kopf zu haben, ohnehin überzogen; die Zuschauer nehmen allenfalls ein leichtes Erröten wahr.

- Die **Sprache** muss hinreichend laut und verständlich artikuliert sein. Echte Stimmprobleme, wie Heiserkeit oder pfeifender Atem, bedürfen der ärztlichen Behandlung. Sprech-Unarten, etwa das Verschlucken von Wortendungen, können dagegen – z. B. durch Tonband-Training – abgebaut werden.
- **Gestik,** also »Reden mit den Händen«, kann das gesprochene Wort wirkungsvoll unterstreichen, aber auch das Gegenteil bewirken. Ratschläge, wo der Redende seine Hände während des Vortrages lassen soll, können kaum pauschal erteilt werden. Es empfiehlt sich, die Gestik – wie überhaupt die gesamte Körperhaltung – per Videoaufzeichnung zu kontrollieren, um vor allem unerwünschte Nervositätsgesten wie Hantieren mit dem Kugelschreiber oder dem Ehering zu erkennen und zu vermeiden.
- Die Wirkung des Gesagten ist größer, wenn der Redner **Blickkontakt** zum Auditorium hält. Blickkontakt zum Publikum vermittelt dem Kontaktpartner das Gefühl, persönlich angesprochen und beachtet zu werden. Für den Redner bietet der direkte Blickkontakt die Chance, Reaktionen der Zuhörer wahrzunehmen. Bei Reden vor größerem Publikum bleibt der Blickkontakt zwangsläufig auf die ersten Reihen beschränkt. Dennoch sollte auch den weiter hinten Sitzenden durch Hineinschauen in die Menge das Gefühl gegeben werden, dass sie angesprochen sind. In jedem Falle verliert ein Redner, der bevorzugt nach unten, an die Decke oder aus dem Fenster starrt, auf Dauer mindestens die Aufmerksamkeit, wahrscheinlich aber auch die Sympathie der Zuhörerschaft.

0.7.2 Vorbereitung und Durchführung einer Präsentation

Ziel und Gegenstand einer Präsentation

Die Anlässe für eine Präsentation sind vielfältig. Im Arbeitsleben finden sich viele Beispiele:

- Regelmäßig enden Projekte (etwa die Umstellung einer Anlage auf ein neues Produkt oder die Einführung neuer Technologien) mit einer Präsentation der Arbeitsergebnisse. Bei dieser Art von Präsentation handelt es sich meist um eine betriebsinterne Veranstaltung, die vom Gruppen-, Abteilungs- oder Projektleiter geleitet und gestaltet wird. Aber auch schon im Verlauf eines Projekts besteht immer wieder die Notwendigkeit, das bisher Erreichte den Entscheidungsträgern vorzustellen, um deren Zustimmung für das weitere Vorgehen einzuholen.
- Interne Gruppen können in Präsentationen über Sachverhalte, die sich unter Einsatz visueller Medien besonders gut vermitteln lassen, informiert werden (z. B. über ein neues Schichtsystem).
- Präsentationen können sich aber auch an externe oder intern/extern-gemischte Gruppen wenden, etwa wenn es gilt, ein neues Produkt, ein neues Verfahren oder eine wichtige Veränderung in der Unternehmenspolitik mit Öffentlichkeitswirkung, z. B. den Börsengang des Unternehmens oder eine Fusion, vorzustellen.

Jeder der beispielhaft angeführten Anlässe stellt denjenigen, der die Präsentation durchführen wird, vor höchste Anforderungen: Die Präsentation soll die zu vermittelnden Informationen in logischer und konzentrierter Form transportieren, zugleich aber die Zuhörer von Anfang bis Ende fesseln, überzeugen und begeistern!

Ganz wesentlich ist, dass mit einer Präsentation meist – neben der Informationsvermittlung – ein Ziel erreicht werden soll, das nicht unbedingt benannt wird, dem Präsentierenden aber während seiner Aktivität stets im Bewusstsein sein muss, z. B. die Erreichung der Zustimmung von

Investoren zu einer kostenintensiven Maßnahme, die Überzeugung der Mitarbeiter von der Vorteilhaftigkeit des neuen Schichtsystems usw.

Die Kenntnis über Methoden der Rhetorik und Moderation und die Fähigkeit, diese auch anzuwenden, sind dabei unerlässlich.

Die Vorbereitung einer Präsentation

»In der Kürze liegt die Würze«, weiß schon der Volksmund. Häufig hat sich die Arbeit an dem zu präsentierenden Gegenstand über Jahre erstreckt; die Dokumentationen füllen Aktenschränke, und die Faktoren, die das zu präsentierende Arbeitsergebnis beeinflusst haben, sind in ihrer Komplexität und ihren Wechselwirkungen auch für mit der Thematik Vertraute kaum überschaubar. Die Hauptschwierigkeit bei der Vorbereitung einer Präsentation besteht daher im allgemeinen in der Auswahl derjenigen Informationen, die unbedingt vermittelt werden sollen – bzw. in der Identifikation derjenigen Informationen, die unerwähnt bleiben können, ohne dass die Verständlichkeit und Nachvollziehbarkeit der Präsentation leidet.

Welche Informationen transportiert werden müssen, hängt natürlich von der Zielgruppe, also von denjenigen Personen, für die und vor denen die Präsentation durchgeführt werden soll, und von den vom Präsentierenden bzw. der von ihm vertretenen Gruppe verfolgten Absichten ab:

- Zur **Zielgruppe:** Welches Interesse, welche Erwartungen und welche Vorkenntnisse sind vorhanden? Wie anspruchsvoll ist dieses Publikum hinsichtlich Hintergrundinformation, wissenschaftlicher Basis des Vortrags, Medieneinsatz im Vortrag?
- Zur **Absicht:** Soll das Publikum zu bestimmten Handlungen und Einstellungen (Zustimmung, Mittelgewährung, Mitarbeit an einer Projektrealisation, Anerkennung einer Leistung usw.) animiert werden?

Nach den Antworten auf diese Fragen richten sich die zu vermittelnden Schwerpunkte und die Intensität, mit der einzelne Aspekte behandelt werden.

Ansonsten entsprechen die vorbereitenden Arbeiten denjenigen, die an späterer Stelle unter dem Stichwort »Moderation« behandelt werden.

Ablauf einer Präsentation

Für den Ablauf einer Präsentation von Arbeitsergebnissen lassen sich keine allgemeingültigen Empfehlungen aussprechen: Häufig wird am Anfang und Ende der Veranstaltung das bloße gesprochene Wort des Präsentierenden stehen und ein Medieneinsatz dem Kernteil der Präsentation vorbehalten sein; gerade deswegen kann unter Umständen besondere Aufmerksamkeit erzeugt werden, wenn der Einstieg über ein Bild oder einen Film erfolgt. Meist werden Präsentationen zunächst »von Anfang bis Ende durchgezogen«, bevor sich das Publikum zu Wort melden darf; es kann aber besonders auflockernd sein, Fragen und Anmerkungen jederzeit zuzulassen. In jedem Fall muss der Ablauf vorab im Sinne einer **»Dramaturgie«,** eines gewünschten Spannungsbogens, sorgfältig geplant werden, damit die Veranstaltung zum gewünschten Erfolg führt.

Ansonsten sind auch hier die Parallelen zur Moderationstechnik, auf die noch ausführlich weiter unten eingegangen sind, derart ausgeprägt, dass hier auf eine Vorwegnahme verzichtet wird.

Störungsvermeidung

Mit Rücksicht auf die erwähnte Dramaturgie der Veranstaltung sollten **Störungen,** die zu Unterbrechungen führen können, möglichst schon im Vorwege ausgeschaltet werden:

- Der Vortragende selbst, aber auch die Zuhörer sind insbesondere dann der Gefahr von Störungen ausgesetzt, wenn die Präsentation in räumlicher Nähe zum eigenen Arbeitsplatz stattfindet. Wenn die Umstände es zulassen, sollte daher ein anderer Ort gewählt werden.
- Mitarbeiter sollten unbedingt in Kenntnis gesetzt werden, dass Störungen unerwünscht sind und nur in außergewöhnlichen und ernsten Notlagen erfolgen dürfen.
- Den Zuhörern sollte das Anliegen des Präsentierenden, seine Vorstellung ungestört durchführen zu können, nahegebracht werden. Durch ein entsprechendes Auftreten und Äußeres kann der Vortragende bereits signalisieren, dass er dem Ereignis große Ernsthaftigkeit entgegenbringt. Zusätzlich kann ein Hinweis auf die Dauer und den geplanten Ablauf zu Beginn der Präsentation hilfreich sein. Der Hinweis, dass von klingelnden Handys erhebliche Störungen ausgehen und ein eingeschaltetes Handy im allgemeinen (abgesehen von Notfalleinsatzpersonal wie Feuerwehr usw.) eine grobe Unhöflichkeit darstellt, sollte heute überflüssig sein, ist es aber leider oft nicht.

Nachbereitung einer Präsentation

Je nach Art und Absicht der Präsentation wird es notwendig sein, Ergebnisse festzuhalten, verabredete Maßnahmen und Termine zu notieren und Vorkehrungen zur Überwachung ihrer Einhaltung einzuleiten, wie dies bereits zum Abschluss der Darstellungen zur Moderationstechnik gezeigt wurde. In jedem Falle sollte ein **Protokoll** erstellt werden, dem die in der Präsentation verwendeten Unterlagen als Dokumentation beigefügt werden, ebenso wie Einladungen, Teilnehmerlisten usw.

Bisweilen ganz unmittelbar, manchmal aber auch erst nach einiger Zeit, werden Teilnehmer-Rückmeldungen eingehen, die sich auf die Art und Weise der Präsentation an sich oder auf die Inhalte derselben beziehen können. Dies wird vor allem dann der Fall sein, wenn die Teilnehmenden im Rahmen der Präsentation gezielt zum **»Feedback«** aufgefordert worden sind. Jede Rückmeldung sollte ernst genommen werden; während aber die Meldungen mit inhaltlichem Bezug ggf. in das Protokoll aufzunehmen sind, sind Hinweise auf gelungene oder weniger gelungene Durchführungselemente der Präsentation nur für den Präsentierenden selbst gedacht. Er sollte sie aufnehmen, durchdenken und ggf. auf eine Verhaltensänderung in Bezug auf folgende Präsentationen hinarbeiten.

0.7.3 Zielgruppenorientierte Vorbereitung eines Vortrags

Welcher Vorbereitung ein Vortrag bedarf, hängt vom Anlass, vom Thema und von der Zuhörerschaft ab. Wenn im Folgenden von Reden oder Vorträgen gesprochen wird, so sind damit **Sachvorträge** gemeint, die die Darstellung eines Themas zum Gegenstand und die Information oder Überzeugung der Zuhörer zum Ziel haben und damit der inhaltlichen Vorbereitung bedürfen. Das hier Dargestellte ist jedoch grundsätzlich auch auf andere Ansprachen (z. B. Jubiläums- und Begrüßungsrede, Geburtstags-Laudatio) anwendbar.

Vorträge kommen umso besser an, je mehr sie auf das jeweilige Publikum »maßgeschneidert« sind. Der erste Schritt bei der Vorbereitung eines Vortrags ist daher die **Zielgruppenanalyse,** die z. B. Bildungsstand, gesellschaftliche und berufliche Position sowie Vorkenntnisse der Zuhörer hinterfragt und daraus Interessenlage und Erwartungen abzuleiten versucht. Wer als Referent eingeladen ist, einen Vortrag vor unbekanntem Auditorium zu halten, sollte Informationen über die zu erwartende Zuhörerschaft vom Veranstalter abfordern. Die Festlegung des Vortragsinhalts kann erst erfolgen, wenn die Zielgruppenanalyse abgeschlossen ist.

Am Anfang der inhaltlichen Vorbereitung steht die Frage, warum der Vortrag überhaupt gehalten, welches **Anliegen** verfolgt werden soll. Dieses Anliegen, knapp formuliert, sollte während der sich anschließenden Stoffsammlung ständig im Blickfeld des sich Vorbereitenden liegen, um nicht in Vergessenheit zu geraten. Anschließend werden alle Gedanken zum Thema – Fakten, Fragen, Probleme, für die spezielle Zuhörerschaft besonders interessante Aspekte, überhaupt alles, was dem zukünftigen Redner zur Sache einfällt – zunächst in willkürlicher Reihenfolge notiert. Diese Notizen lassen sich anschließend am einfachsten ordnen, wenn sie auf einzelnen Zetteln vorgenommen wurden.

Die Ordnung der **Notizen** erfolgt entlang einer Gliederung, die etwa, wenn im Vortrag ein Problem beleuchtet und Lösungen präsentiert werden sollen, wie folgt aussehen kann (angelehnt an FEY):

- Sachverhalts- oder Problemschilderung,
- Analyse des Problems und Zielsetzung der Lösung,
- Vorstellung der Lösungsmöglichkeiten,
- Überprüfung verschiedener Lösungen,
- Vorstellung der Hauptlösung im Detail unter besonderer Herausstellung ihrer Vorteile,
- abschließende Zusammenfassung.

Sind die Stichworte aus der Stoffsammlung in diese Gliederung eingestellt, so kann die Ausformulierung des Vortrags in Angriff genommen werden. Dies kann schriftlich erfolgen; häufig klingen schriftliche Manuskripte, wenn sie abgelesen werden, jedoch wenig lebendig. Wenn es also nicht unbedingt auf jedes einzelne Wort ankommt, sollte anstelle einer Manuskriptrede eine lediglich durch **Stichworte** gestützte Rede gehalten werden. Bei längeren Vorträgen und komplexer Themenstellung wird kein Zuhörer ernsthaft einen freien Vortrag erwarten. Deshalb ist es legitim, das Konzept nicht nur in der Hand zu halten oder offen auf dem Rednerpult abzulegen, sondern auch hineinzuschauen.

Viele Ratgeber empfehlen, die Stichworte auf mehrfarbigen Kartonkarten zu notieren, damit abgearbeitete Punkte zur Seite gelegt werden können und die Chance kurzfristiger Variationen erhalten bleibt.

Größtes Problem der meisten Redner sind **Einleitung** und **Schluss** des Vortrags. Gemäß der Volksweisheit, dass der erste Eindruck entscheidend sei und der letzte Eindruck bleibe, kommt diesen beiden Phasen größte Bedeutung zu. Günstig ist ein Redeeinstieg, der die Zuhörerschaft auflockert und günstig einstimmt, etwa ein persönlicher Erlebnisbericht oder eine ins Thema führende Anekdote. Die Aufmerksamkeit der Zuhörer ist ebenfalls gesichert, wenn am Beginn des Vortrages eine provozierende These steht. In jedem Fall soll die Einleitung einen Ausblick auf die im Hauptteil erörterten Aspekte des Themas bieten. Notwendige Vorreden, wie etwa die Begrüßung von Ehrengästen, sollten so kurz wie möglich ausfallen und ohne pathetische Floskeln auskommen.

Der Schluss sollte unbedingt dazu genutzt werden, die Grundgedanken des vorangegangenen Vortrages **zusammenzufassen.** Viele Themenstellungen lassen auch einen Ausblick auf die Zukunft zu. Wann immer es das Thema zulässt, sollte der letzte Satz kurz und plakativ ausfallen und etwa ein Fazit, ein Motto oder eine Aufforderung zum Handeln enthalten. Ungünstig sind Schlusssätze, die den Schluss ankündigen. Auch die Anbringung von Dankesfloskeln ist nicht unumstritten. Wegen seiner besonderen Bedeutung sollte der Schlussteil, ebenso wie die Einleitung, schriftlich ausformuliert werden.

0.7.4 Diskussion und Moderation

Diskussionstechniken

Präsentationen können (müssen aber nicht!) Diskussionsphasen beinhalten, wobei Diskussionen entweder geplant und nach Aufforderung durch den Präsentierenden beginnen oder aber ungeplant durch »Einmischung« von Zuhörern in Gang gesetzt werden.

Geplante Diskussionen schließen sich häufig an einen Vortragsteil an, wenn das Ziel der Präsentation darin besteht, bestimmte Adressaten, etwa Entscheidungsträger, zu einem bestimmten Verhalten, etwa der Zustimmung zu einer Maßnahme, zu bewegen, oder wenn mit der Präsentation eine aktuelle Schwierigkeit in der Fortführung eines Projektes dargelegt wurde, über deren Bewältigung befunden werden muss.

Eine Diskussion ist eine geleitete Aussprache über ein Thema, zu dem kontroverse Ansichten bestehen (können). Der Diskussionsleiter kann durchaus selbst eine Ansicht vertreten, muss aber in erster Linie für einen geordneten, konstruktiven Ablauf der Diskussion sorgen und im allgemeinen auch eine – sachliche, nicht bereits von der persönlichen Meinung geprägte – Themeneinführung halten. Die vorab zu treffenden Vereinbarungen entsprechen denjenigen, die unter dem Stichwort »Gruppengespräche« bereits genannt wurden. Diskussionen bergen die Gefahr, dass einzelne Beteiligte durch Lautstärke oder durch beharrliche Wiederholung immer gleicher Argumente dominieren, andere in ihren Empfindungen verletzt werden oder die Veranstaltung mit dem Gefühl verlassen, nicht hinreichend zu Wort gekommen zu sein. Der Diskussionsleiter hat daher die Aufgabe, darauf zu achten, dass die Vertreter der unterschiedlichen Standpunkte gleichgewichtig gehört werden, persönliche Angriffe unterbleiben und der erzielte Diskussionsstand den Teilnehmenden immer wieder durch Zusammenfassungen verdeutlicht wird.

Handelt es sich um eine Diskussion über eine geplante betriebliche Maßnahme und ist der Diskussionsleiter zugleich der Vorgesetzte der Diskutierenden, steht er häufig vor dem Dilemma, dass die Diskussion nicht zu dem von ihm »gewünschten« Ergebnis führt – viele Vorgesetzte neigen dazu, Diskussionen anzuberaumen, um den Mitarbeitern das Gefühl der Beteiligung an einem Entscheidungsprozess zu vermitteln, obwohl bereits feststeht, wie die Entscheidung ausfallen wird. Wird diese Taktik durchschaut, kann dies nachhaltige negative Auswirkungen auf die Motivation der Mitarbeiter bedingen; eine Führungskraft sollte eine Diskussion daher nur dann anregen, wenn ihr eigener Meinungsfindungsprozess noch nicht abgeschlossen und eine Offenheit zur Auseinandersetzung mit anderen Argumenten vorhanden ist. Auf jeden Fall sollte vor Eintritt in die Diskussion klargestellt werden, ob das mögliche Ergebnis »verbindlich« ist (»so, wie es die Mehrheit der Diskussionsteilnehmer am Ende der Diskussion beschließt, wird es gemacht«) bzw. welchen Stellenwert der Vorgesetzte dem Ergebnis in seiner Entscheidungsfindung einräumt.

Moderation: Vorbereitung und Einstieg

Eng verbunden mit der – obendargestellten – Präsentation, dabei aber Elemente der Diskussion aufgreifend ist die Moderation. Sie kommt dort zum Einsatz, wo der Wille zum Einbezug aller von einem Problem Betroffenen in die Problemlösung besteht und verdeutlicht werden soll, und tatsächlich ist sie besonders geeignet, diesen Einbezug auch herzustellen. Die **Moderationsmethode** kann Kreativitätspotenziale freisetzen und die Zusammenarbeit der Gruppenmitglieder stärken – vor allem aber führt sie, richtig durchgeführt, zu verbindlichen Vereinbarungen und zu hoher Akzeptanz der Ergebnisse, an deren Findung schließlich alle Betroffenen mitgearbeitet haben.

Die Rolle des Moderators ist ähnlich definiert wie diejenige des Diskussionsleiters, jedoch mit dem Unterschied, dass der Moderator keine Stellung zu inhaltlichen Fragen bezieht, sondern »nur« seine Methodenkompetenz beisteuert. Er muss kein Fachexperte sein – unter Umständen ist es sogar für den Erfolg der Veranstaltung von Nutzen, wenn er der Thematik fachlich fernsteht. Seine

Aufgabe besteht darin, in das Thema einzuführen und den Diskussionsprozess zu leiten, vor allem aber die inhaltlichen Beiträge der Gruppenmitglieder festzuhalten, zu visualisieren und in Hinblick auf das angestrebte Ziel zu strukturieren, sie also gewissermaßen auf eine Problemlösung oder Entscheidungsfindung zu fokussieren. Den Abschluss einer moderierten Besprechung bildet die Zusammenfassung der von der Gruppe herausgearbeiteten Arbeitsergebnisse, die Verabredung von Maßnahmen zur Realisierung der gefundenen Lösung unter Festlegung von Terminen, die Verteilung von Aufgaben und – im Verlauf der Realisationsphase – die Überwachung der Einhaltung der getroffenen Vereinbarungen.

Die am häufigsten praktizierte Moderationsmethode ist die Metaplan® – oder Pinnwandtechnik, die eine Reihe von Hilfsmitteln erfordert:

- Bewegliche **Pinnwände** mit nachgiebigen Innenflächen, in die
- **Stecknadeln** oder Pins eingesteckt werden können und die mit
- **Packpapier** – am günstigsten von der Rolle – bespannt werden, außerdem
- verschiedenfarbige **Karten** oder »Wolken« aus Papier oder dünner Pappe,
- **Klebestifte,**
- breite **Faserschreiber** in verschiedenen Farben und
- farbige **Klebepunkte.**

Wenn die Pinnwände bespannt sind und die zunächst benötigte Anzahl im Sichtfeld der Teilnehmer aufgestellt ist, kann die Moderation beginnen. Die folgende Schilderung erfolgt entlang einer betrieblichen Fragestellung; die Übertragung auf andere Thematiken, auch die Moderation von Lerngruppen, sollte aber ohne weiteres möglich sein.

Die Moderation beginnt meist mit einer Vorstellungsrunde. Kennen sich die Teilnehmenden untereinander nicht oder nicht durchgängig, kann diese Vorstellungsrunde durchaus ausführlicher ausfallen: Gern werden Partnerinterviews durchgeführt, bei denen jeder Teilnehmer einen ihm zugelosten anderen Teilnehmer interviewt und anschließend im Plenum nicht sich selbst, sondern den Interviewpartner vorstellt. Häufig werden die Teilnehmer durch den Moderator aufgefordert, ihre Erwartungen, Hoffnungen, gegebenenfalls auch Befürchtungen in Bezug auf die vor ihnen liegende Veranstaltung zu formulieren.

Die Einführung in das Thema wird sich häufig auf dessen Nennung beschränken, zumal der Moderator, wie oben bereits dargelegt, kein Fachexperte sein muss. Denkbar ist auch ein Kurzvortrag zur Themeneinführung durch eine andere Person (meist: den Auftraggeber der Moderation). Außerdem ist es – vor allem, wenn einige Teilnehmer bisher noch nie an moderierten Besprechungen teilgenommen haben – sinnvoll, das weitere Vorgehen zu skizzieren.

Häufig beginnt die eigentliche Moderation mit einer Kartenabfrage zur Einstellung der Teilnehmer zum Thema.

Beispiel:

Das wichtigste und bisher erfolgreichste Produkt des Unternehmens weist seit einiger Zeit sinkende Absatzzahlen auf. Eine Gruppe aus insgesamt 15 Fachkräften der Abteilungen Produktion, Marketing, Vertrieb/Außendienst, Forschung/Entwicklung und Werbung soll gemeinsam mögliche Ursachen und Vorschläge zu ihrer Behebung erarbeiten. Der Moderator wählt den Diskussionseinstieg über die Frage: »Würden Sie unser Produkt für Ihren privaten Haushalt kaufen?«, die er aber nicht verbal in den Raum stellt, sondern auf einer Pinnwand zusammen mit einem vorbereiteten Antwortraster präsentiert. Die Teilnehmer werden gebeten, ihre Antwort durch einen Klebepunkt zu kennzeichnen.

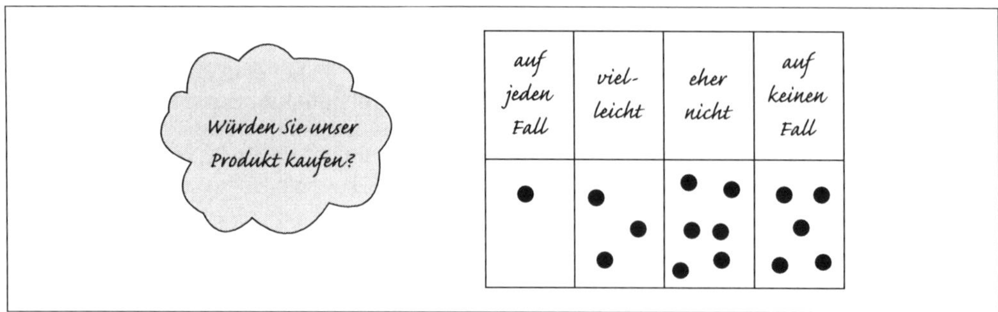

Die Antworten, die deutlich zum Negativen tendieren, machen nicht nur deutlich, dass mit dem Produkt tatsächlich »etwas nicht stimmt«, sondern auch, dass bei den Gruppenteilnehmern ein Problembewusstsein vorhanden ist, aus dem Verbesserungsvorschläge gewonnen werden können.

Identifizierung relevanter Themenbereiche

Der nächste Schritt besteht in der Einholung freier Äußerungen zu einer vom Moderator vorgegebenen Frage, die von den Teilnehmenden schriftlich in Stichworten auf Abfragekarten notiert werden. Diese Phase besitzt den Charakter eines **Brainstorming.**

Beispiel:

Ziel der Veranstaltung ist es, herauszufinden, welche Maßnahmen getroffen werden müssen, um den Absatz des Produktes wieder zu verbessern. Dazu ist es erforderlich, herauszuarbeiten, was den Kunden eigentlich zum Griff nach diesem Produkt veranlasst bzw. was ihn davon abhält. Die Frage, die der Moderator formuliert, muss einerseits eindeutig sein, darf aber andererseits die Überlegungen der Teilnehmenden nicht von vornherein auf bestimmte Bereiche beschränken. Der Moderator entschließt sich, folgende Frage zu stellen und an eine weitere Pinnwand zu hängen: »Welche Faktoren beeinflussen die Kaufentscheidung unserer Kunden?« Die Gruppenmitglieder haben zwanzig Minuten Zeit, um – jeder für sich – mögliche Antworten stichwortartig und gut leserlich auf jeweils einzelnen Karten zu notieren. Anschließend sammelt der Moderator alle Karten ein und befestigt sie – zunächst ungeordnet – mittels Pinnadeln neben der Ausgangsfrage. Letzteres können die Teilnehmer auch selbst tun, wenn nicht zuvor Wahrung der Anonymität vereinbart wurde. Die folgende Abbildung zeigt einen Ausschnitt aus der Pinnwand:

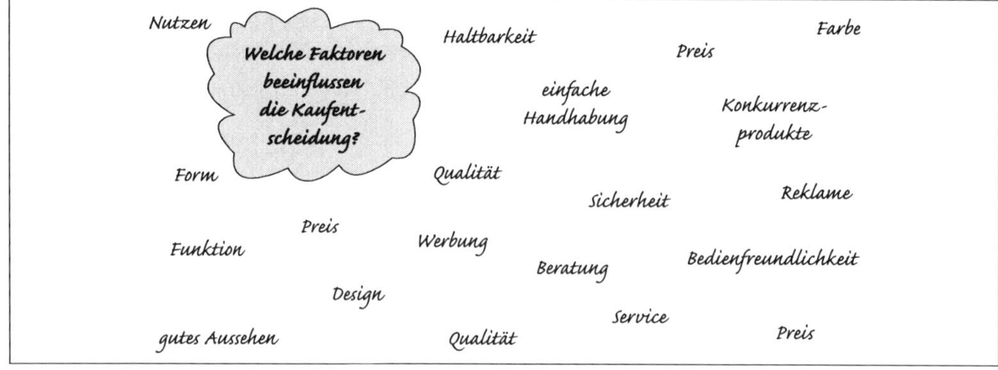

Ergebnis der Kartenabfrage

Dass einige Antworten doppelt erscheinen, verwundert nicht angesichts des Umstandes, dass jedes Gruppenmitglied allein gearbeitet hat. Im nächsten Schritt werden die Karten auf einer leeren, mit Packpapier bespannten Pinnwand nach Zusammengehörigkeit gruppiert: Es werden Cluster gebildet. Hierdurch sollen verschiedene Themenbereiche identifiziert werden. Alle Karten werden dabei verwendet, denn Mehrfachnennungen spiegeln die Bedeutung des Aspektes wider. Einige Antworten bedürfen möglicherweise der Erörterung, um ihre Zuordnung zu ermöglichen: Hier entscheidet der Verfasser – sofern er sich zu erkennen geben will –, welchem Bereich seine Karte zugeordnet werden soll. Die Antwort »Nutzen« etwa veranlasst den Moderator zu der Nachfrage, was damit gemeint sei; der Verfasser beschreibt daraufhin, dass er dabei an das problemlose Funktionieren des Produktes gedacht habe. Zweimal wurde die Antwort »Qualität« gegeben; während ein Teilnehmer dabei ebenfalls an die Funktion gedacht hat, erläutert der andere, dass er darunter vor allem »Haltbarkeit« verstehe. Die Antwort »Sicherheit« bezieht sich auf Gefährdungen, die mit der Bedienung einhergehen und durch gute Handhabbarkeit vermieden werden können. Der Moderator identifiziert mit Hilfe der Gruppe acht Cluster.

Die Clusterbildung erbringt verschiedene Themenbereiche, die für die Annäherung an das Kernproblem, um dessentwillen die Gruppe zusammengetreten ist, aber nicht gleichermaßen wichtig sind. In einem nächsten Schritt werden die Gruppenmitglieder daher gebeten, diejenigen Bereiche, die sie für besonders problemrelevant halten und die sie deshalb weiterbearbeiten möchten, durch das Einkleben von Wertungspunkten kenntlich zu machen. Meist erhält jedes Gruppenmitglied mehrere Punkte; ob eine Mehrfach-Bepunktung desselben Clusters zulässig sein soll, muss vorab vereinbart werden.

Der Moderator verteilt drei Klebepunkte je Gruppenmitglied und fordert die Teilnehmenden auf, diejenigen Bereiche kenntlich zu machen, die nach ihrer Ansicht die vorrangigen Ursachen für den Nachfragerückgang in sich tragen.

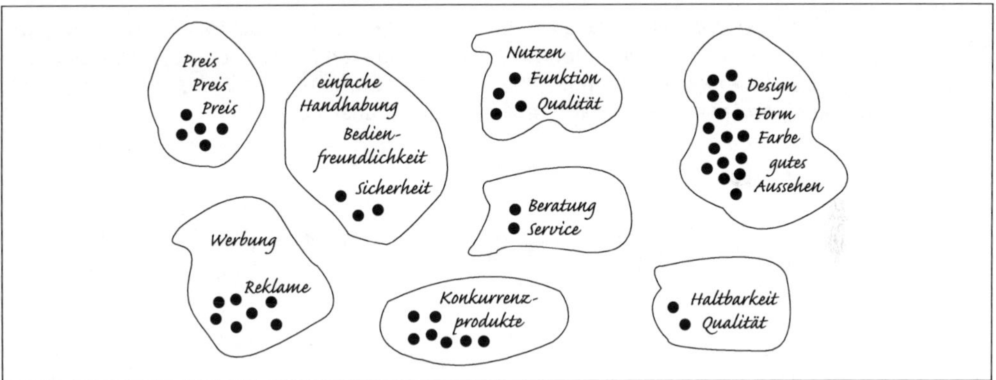

Clusterbildung und -bewertung

Die Nennungen konzentrieren sich offensichtlich auf die Bereiche »Design«, »Konkurrenzprodukte«, »Werbung« und – in geringerem Maße – »Preis«. Offensichtlich werden die Bereiche »Funktion«, »Haltbarkeit/Qualität«, »Beratung/Service« und »Bedienfreundlichkeit« also als wenig problemrelevant empfunden. Allein aus dieser Verteilung könnten jetzt bereits Schlussfolgerungen gezogen werden. Der Moderator muss nun entscheiden, ob die hoch bepunkteten Bereiche so weit in einem Zusammenhang stehen, dass sie simultan diskutiert werden können, oder ob die Erörterung sequenziell, etwa in der sich aus der Bepunktung ergebenden Reihenfolge, erfolgen soll. Er entscheidet sich, die Gruppe in vier Teilgruppen aufzuteilen, von denen sich jede mit einem der wesentlichen Themenbereiche beschäftigen soll. Jede Gruppe erhält den Auftrag, folgende Fragestellungen zu erörtern:

- *Welche Kritikpunkte resultieren aus dem betreffenden Bereich?*
- *Welche Maßnahmen können zur Verbesserung getroffen werden?*
- *Wer kann diese Maßnahmen durchführen?*

Anschließend stellen die Gruppen ihre Ergebnisse im Plenum vor und stellen sie dort zur Diskussion.

Verabredung von Maßnahmen

Aus den vorangegangenen Schritten werden sich Maßnahmenvorschläge ergeben haben, von denen einige, die allgemeinen Konsens erzielt haben, in der Folgezeit realisiert werden sollen. Abschließende Aufgabe des Moderators ist es, diese Maßnahmen und die verabredeten Zuständigkeiten, Termine und Ziele in einem ***Maßnahmenkatalog*** *festzuhalten, die Teilnehmenden zur fristgerechten Erledigung ihrer Aufgaben zu verpflichten und die Veranstaltung zu schließen.*

Nr.	Maßnahme	wer?	mit wem?	bis wann?	was?
1	Wertanalyse Konkurrenzprodukt	Hofer/MA	Marx/F&E	31.5.	Präsentation
2	Neue Verpackung	Meier/VT	Borg/WE	15.6.	Entwürfe
3	Neue Werbemittel	Broder/WE	Haß/MA	30.6.	Vorschlagsliste

Maßnahmenkatalog

Häufig wird der Moderator im Anschluss an die Veranstaltung ein Protokoll erstellen, das die Zwischenschritte – z. B. in Form von Fotografien der bestückten Pinwände –, die Arbeitsergebnisse und den Maßnahmenkatalog festhält. Dieses Protokoll erhalten alle Teilnehmenden, möglicherweise aber auch andere Interessenten, etwa die Geschäftsleitung.

Handlungsbereich

Personalarbeit organisieren und durchführen — 1

Im Handlungsbereich »Personalarbeit organisieren und durchführen« soll der Prüfungsteilnehmer nachweisen, dass er die Personalarbeit eines Unternehmens unter den Aspekten Wirtschaftlichkeit, Qualität und Kundenorientierung organisatorisch gestalten und in diesem Rahmen mit seinen Partnern innerhalb und außerhalb der Organisation zielgerecht kommunizieren und kooperieren kann.

1.1 Personalbereich in die Gesamtorganisation des Unternehmens einbinden

1.1.1 Begriff und Wesen der Unternehmensorganisation

In dem Maße, in dem sich seit dem frühen Mittelalter die Arbeitsteilung entwickelte, gewann die Organisation der Arbeit sowohl in der Praxis als auch in der theoretischen Betrachtung an Bedeutung. Als **Organisation** bezeichnet man heute auf Dauer angelegte Regelungen für sich ständig wiederholende Tätigkeiten. Ziel einer Organisation ist, Systeme zu schaffen, die durch die zweckentsprechende Integration von Menschen und Sachmitteln eine dauerhaft optimale Aufgabenerfüllung ermöglichen. Organisatorische Maßnahmen sind hierbei als zielorientierte, dauerhaft gültige, aber auch fallweise angewandte Regelungen zur gemeinsamen Bewältigung von Aufgaben zu verstehen.

Verbunden mit dem Aufbau der Organisation ist die Schaffung von Systemen, die personelle und sachliche Grundfunktionen zur Lösung von Aufgaben regeln. Im Gegensatz zum sich selbst regelnden »Organismus« in der Natur handelt es sich bei einer Organisation im betriebswirtschaftlichen Sinne um ein zu koordinierendes Gebilde. Ein Organ als Teil eines Lebewesens hat eine bestimmte Aufgabe zu erfüllen. Isoliert kann es nicht arbeiten und erfüllt keinen Zweck. Es funktioniert nur im Zusammenspiel mit anderen Organen, die in ihrer Gesamtheit den Organismus bilden. Übertragen auf Bereiche außerhalb der Biologie spricht man, wenn man einen entsprechenden Sachverhalt ausdrücken möchte, nicht vom Organismus, sondern von einer Organisation.

Merkmale einer Organisation sind:

- Offenes System
- Leistungsorientierung
- Netzwerk von Teilsystemen
- Nach außen abgrenzbar
- Zweckorientierung
- Langfristige Ausrichtung

Eine Organisation befindet sich immer in einem dynamischen Umfeld und ist von internen und externen Einflussgrößen abhängig.

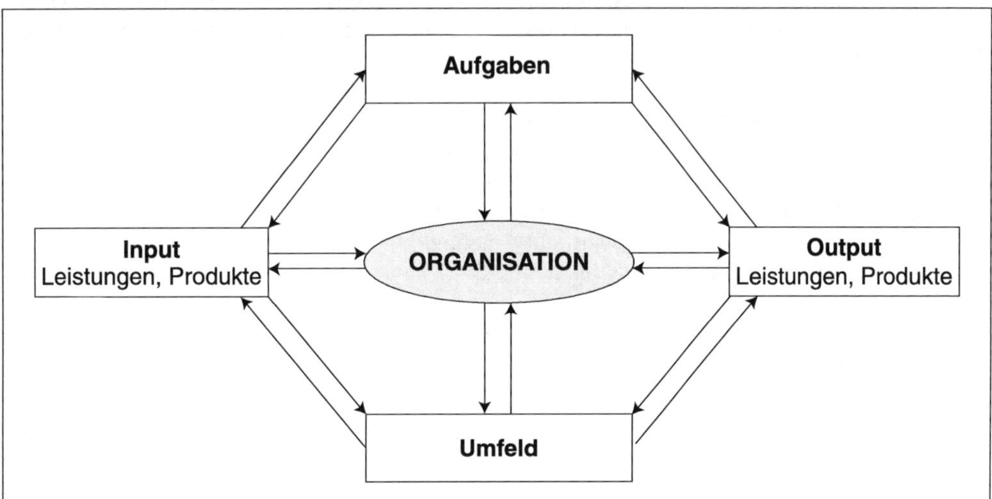

Organisation im dynamischen Umfeld

Interne Einflussgrößen sind:

- Art und Komplexität der Aufgaben
- Zahl der Aufgaben
- Zahl und Kompetenz der Mitarbeiter
- Betriebsgröße
- Stand der Technik
- Durchsetzbarkeit organisatorischer Maßnahmen

Externe Einflussgrößen sind:

- Rechtliche Rahmenbedingungen
- Standort und Umfeld
- Gesellschaftliche Rahmenbedingungen
- Aufstellung der Konkurrenz/Mitbewerber

Ziele des Organisierens sind:

- Herstellung von Zweckmäßigkeit
- Sicherung des Unternehmenserfolgs
- Herstellung einer Balance zwischen Stabilität und Flexibilität
- Wirtschaftlichkeit von Regelungen

Zu unterscheiden sind Sach- und Formalziele:

Das **Sachziel** der Organisation ist identisch mit der Marktaufgabe der Unternehmung. Aus dieser Aufgabe lassen sich Teilaufgaben ableiten (bspw. Mitarbeiter anwerben, Mitarbeiter einsetzen, Akquise betreiben), die letztlich die Struktur der Organisation prägen.

Formalziele werden mit der Erfüllung von Sachzielen angestrebt und können Gewinnmaximierung, Kostenreduzierung, Gewährleistung einer hohen Dienstleistungsqualität, Marktführerschaft, Zufriedenheit der Mitarbeiter oder Anpassungsfähigkeit des Unternehmens sein.

Der Begriff »Organisation« kann verstanden werden als:

- Tätigkeit (arbeiten)
- Ergebnis (die Organisation als solche)
- Sozialgebilde (Menschen treten miteinander in Beziehung)

Die **Organisation als Tätigkeit:**

Die Organisation der Tätigkeiten ist Grundlage und Problembereich für die Erreichung von Unternehmenszielen. Organisation bedeutet in diesem Zusammenhang das Herstellen einer Ordnung (Organisieren).

Um organisatorische Tätigkeiten auszuführen, ist festzulegen:

- Ziele, die mit der Organisation erreicht werden sollen
- Tätigkeiten (planend, ausführend oder kontrollierend), die zu verrichten sind
- Wer welche Entscheidungen zu treffen hat
- Welche Hilfs- und Arbeitsmittel zur Verfügung stehen
- Welche Räumlichkeiten genutzt werden können

Die **Organisation als Ergebnis:**

Jedes Unternehmen ist durch eine bestimmte Organisation und das damit verbundene Zusammenwirken von Menschen und Kapital gekennzeichnet. Dieses Organisationsgefüge ist das Ergebnis organisatorischer Tätigkeiten und sollte zielgerichtet gestaltet werden. Dabei sind bestimmte Gestaltungskriterien bzw. Grundsätze wie Zweckmäßigkeit, Stabilität, Flexibilität, Wirtschaftlichkeit, Koordination und Angemessenheit zu beachten. Das Ergebnis ist zufriedenstellend, wenn das angestrebte Organisationsziel erreicht wird.

Die **Organisation als Sozialgebilde:**

Um die angestrebten Organisationsziele zu erreichen, treten Menschen in unterschiedlicher Weise und in unterschiedlichen Funktionen als Teil der Organisation in Verbindung. Die Art der zwischenmenschlichen Beziehungen hängt stark von der Zusammensetzung der Gruppe als informelle (ungeplante) oder formelle (geplante) Gruppe sowie der Situation des Zusammentreffens ab. Von großer Bedeutung ist dabei, dass die Beteiligten harmonieren und konstruktiv kommunizieren und kooperieren.

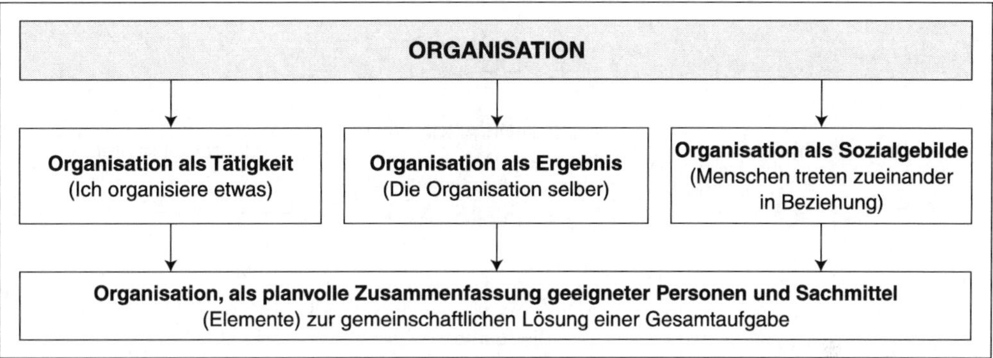

Organisation als Tätigkeit, Ergebnis und Sozialgebilde

Zu den **Aufgaben des Organisierens und der Organisation** zählen:

- Bildung, Aufteilung und Koordination von Teilaufgaben
- Schaffung von Gestaltungsspielräumen
- Steuerung der Aufgaben und des Verhaltens der Organisationseinheiten

Damit eine Organisation zweckmäßig und zielorientiert arbeiten kann, gilt es unterschiedliche **Gestaltungsprinzipien,** die teilweise auch zueinander in Konkurrenz stehen, zu beachten.

Zu den Gestaltungsprinzipien bzw. Grundsätzen einer Organisation zählen:

- Gleichgewicht: Die Organisation muss langfristig arbeits- und wettbewerbsfähig sein. Dabei sind Stabilität und Flexibilität gegeneinander abzuwägen.
- Zweckmäßigkeit: Die sachlichen Mittel und personellen Kapazitäten sind im Sinne der Gesamtziele der Organisation und deren Umfeld aufeinander abzustimmen.
- Koordination: Die Aufteilung der Gesamtaufgaben in Teilaufgaben ist ausgewogen vorzunehmen. Dabei geht es um das Verhältnis von Überordnung, Gleichordnung und Unterordnung.
- Wirtschaftlichkeit: Aufwand und Ertrag müssen in einem angemessenen Verhältnis stehen.

Im Zusammenhang mit der Unternehmensorganisation spielen auch Begriffe wie Improvisation, Disposition, Über- und Unterorganisation eine Rolle:

Improvisation ist notwendig bei Situationen, die nicht vorausschaubar, aber planbar sind. Es handelt sich um eine vorläufige Regelung, die noch (nicht) im Rahmen einer organisatorischen Struktur erfasst ist.

Disposition soll Einzelfälle und Ausnahmen regeln: »Wenn, dann...« (bspw. Vertretung bei kurzfristigem Personalausfall). Der Handlungsspielraum für Disposition wird im Rahmen der Gesamtorganisation durch grundsätzliche Regelungen abgesteckt.

Überorganisation liegt vor, wenn mehr als nötig geregelt ist. Als Folge davon kann die Organisation unflexibel sein (bspw. herrscht Verwirrung der Mitarbeiter durch Anweisungen von zu vielen Führungskräften).

Unterorganisation liegt vor, wenn zu wenig organisatorische Regelungen getroffen sind. Folge davon ist oft Chaos (bspw. in einer personell unterbesetzten Abteilung).

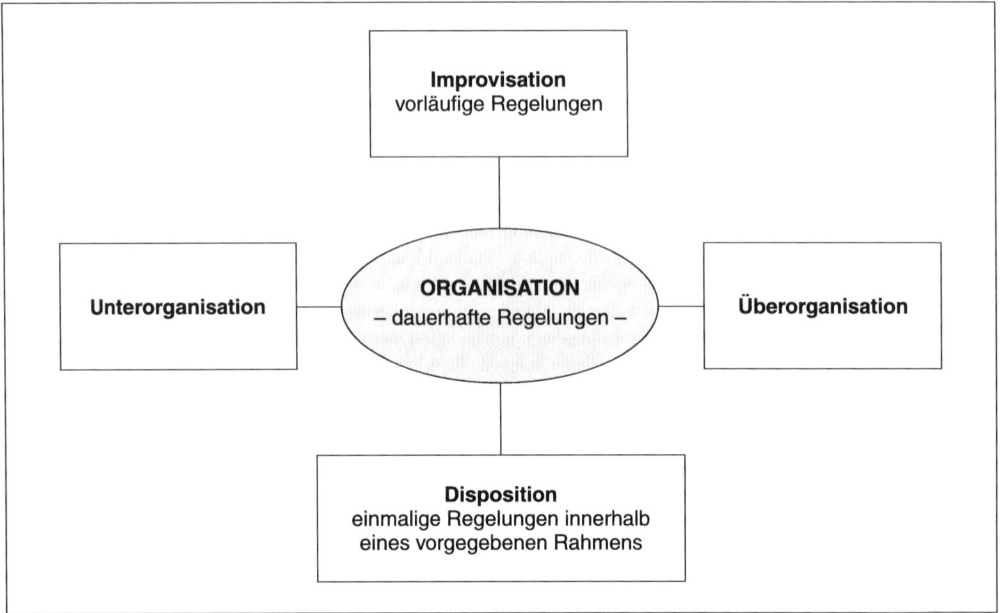

Organisation im Spannungsfeld von Improvisation, Disposition, Über- und Unterorganisation

Eine Organisation befindet sich ständig in einem dynamischen Prozess, in dem die Erfahrungen der Vergangenheit durch sich wandelnde interne und externe Einflüsse bzw. Rahmenbedingungen an neue Regeln/Maßnahmen angepasst werden müssen, um das Unternehmensziel zu erreichen (lernende Organisation).

Kennzeichen **lernender Organisationen** sind:

- Flexibilität/Anpassungsfähigkeit
- Kritische Selbstbetrachtung
- Benchmarking
- Nutzung der Gestaltungsspielräume
- Nutzung von Erfahrungen
- Ideenmanagement/Betriebliches Vorschlagswesen

1.1.1.1 Die Elemente des Systems »Unternehmensorganisation«

Elemente sind die Grundbestandteile einer Unternehmensorganisation:

- Menschen
- Maschinen/Sachmittel
- Information/Informationstechnologie
- Kommunikation
- Aufgaben
- Organisatorische Regelungen

Die Elemente und ihre Ausprägungen hängen stark von der Rechtsform, Historie, Branche, von gesellschaftlichen und politischen Gegebenheiten und Größe bzw. Mitarbeiterzahl des Unternehmens ab und bedingen sich teilweise gegenseitig. Unabhängig davon sind die Elemente optimal zueinander in Beziehung zu bringen.

- **Element Mensch:**
  Die Gestaltung der Organisation setzt Informationen über Fähigkeiten, Fertigkeiten, Kenntnisse und Einstellungen der mit der Organisation verbundenen Menschen als Mitarbeiter oder Kunden voraus. Es gilt, die Menschen ihren Kompetenzen entsprechend gezielt einzusetzen und dabei auch deren Bedürfnisse zu beachten. Trotz zunehmender Automatisierung bleibt der Mensch der zentrale Aktionsträger einer Organisation.

- **Element Maschinen/Sachmittel:**
  Von großer Bedeutung sind die von den Menschen zur Aufgabenerfüllung eingesetzten Mittel (Maschinen, IT-Systeme, Mobiliar) sowie die damit verbundenen Funktionalitäten, Laufzeiten, Kosten und Kapazitäten.

- **Element Informationen:**
  Ohne die notwendigen Informationen unterschiedlicher Art ist eine Aufgabenkoordination und -erfüllung nicht möglich. Dementsprechend sind die relevanten Informationen zu sammeln, zu analysieren, aufzubereiten, zu verarbeiten, auszutauschen oder geheim zu halten. Hilfreich ist dabei die passende Informationstechnologie. Unterschieden werden einseitige und zweiseitige sowie aufwärts- und abwärtsgerichtete Informationswege.

- **Element Kommunikation:**
  Ohne den Austausch von Informationen und die angemessenen Kommunikationswege kann keine Organisation funktional arbeiten. Kommunikationsbeziehungen können zwischen Aufgaben (zeitliche und logische Aufeinanderfolge von Aufgaben), Sachmitteln (insbes. durch die elektronische Datenverarbeitung), zwischen Menschen und zwischen Menschen und Sachmitteln (Maschinen, Computern) bestehen.

- **Element Aufgaben:**
  Egal, ob als Gesamtaufgabe oder als Teilaufgabe, für jede Organisation gilt es, bestimmte Aufgaben entsprechend dem Organisationsziel zu planen, umzusetzen und zu kontrollieren.

- **Element Organisatorische Regelungen:**
  Es geht darum, durch Regelungen für einen reibungslosen Ablauf und damit für die Zielerreichung der Organisation zu sorgen. Hierbei werden die Phasen-, Rang-, Objekt- und Verrichtungsgliederung unterschieden.

  Bei der Phasengliederung findet eine Unterteilung der Gesamtaufgabe in die Phasen Planung, Durchführung und Kontrolle statt.

  Bei derRanggliederung wird die Gesamtaufgabe in die Bereiche Entscheidung und Ausführung unterteilt. Es wird also bestimmt, wer entscheidet und wer ausführt.

  Bei der Objektgliederung wird eine Aufteilung der Aufgabe nach Endprodukten (Objekten) vorgenommen, bei einem Fahrzeugbauer etwa nach Lkw, Pkw, Motorrädern.

  Bei der Verrichtungsgliederung findet die Zerlegung der Gesamtaufgabe in Elementaraufgaben von Mitarbeitern bspw. nach Beschaffung, Produktion und Absatz statt.

Alle Elemente der Unternehmensorganisation stehen unter dem Einfluss **interner und externer Bedingungen.** Zu den internen Bedingungen zählen die Eigenschaften der Elemente Mensch, Finanzmittel und Maschinen/Sachmittel sowie die spezifischen Eigenschaften der Organisation, wogegen die externen Bedingungen von der Organisationsumwelt (z. B. Marktverhältnisse, rechtliche oder politische Gegebenheiten) bestimmt werden.

1.1.1.2 Die Beziehungen im System »Unternehmensorganisation«

Jedes Unternehmen ist als Organisation durch seine Innen- und Außenwelt gekennzeichnet und geprägt.

Die **internen Beziehungen** (Innenwelt) der Unternehmensorganisation betreffen die Beziehungen zwischen den Systemelementen, d. h. zwischen Abteilungen, Menschen, Aufgaben, Sachmitteln. Diese Beziehungen können formeller Art (durch Anordnungen geplant) und informeller Art (von den Mitarbeitern selber initiiert) sein und sollen dem Organisationsziel dienen. Letztlich wird der Input durch Aktivitäten der Organisation zu Output.

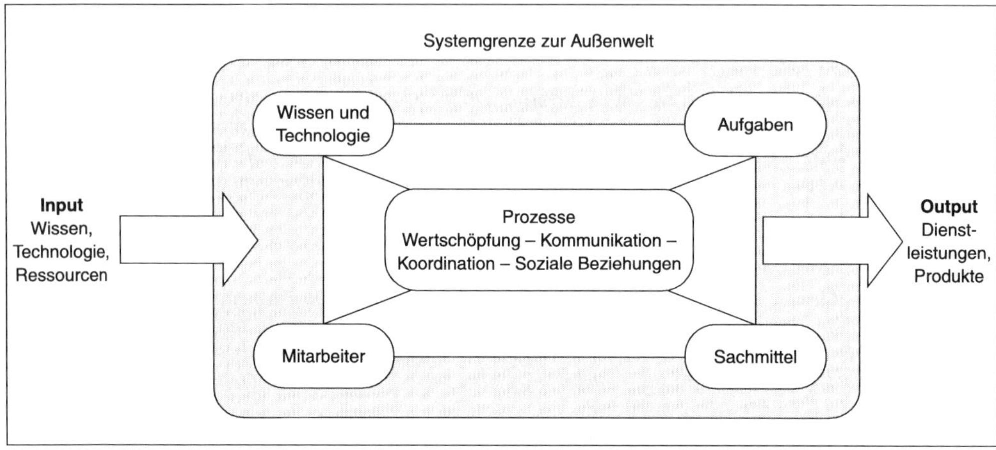

Die Innenwelt einer Organisation

Unter den **externen Beziehungen** (Außenwelt) versteht man die Beziehungen zwischen der Unternehmensorganisation (dem System) und ihrer Umwelt. Dazu zählen u. a. Bewerber, Arbeitsagenturen, Finanzämter, Sozialversicherungsträger, Kommunen, Bildungsträger, Verbände, Kammern, die Presse, Gesetzgeber, Kunden, Lieferanten und Wettbewerber.

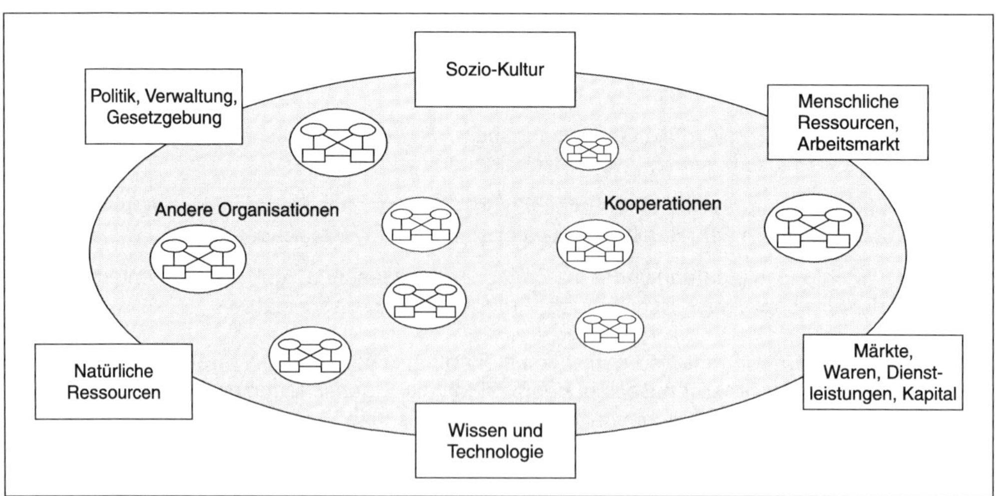

Die Außenwelt einer Organisation

Bekanntlich ist von einem Eisberg nur ein Teil sichtbar. Die größere Masse befindet sich unsichtbar unter der Wasseroberfläche. Übertragen auf ein Unternehmen und seine Organisation demonstriert dieser Vergleich anschaulich, dass vieles, was das Unternehmen betrifft, sich unterhalb der Oberfläche abspielt, schwer erkenn- und deutbar, aber von großer Bedeutung ist (Organisations-Eisberg).

Damit eine Organisation zielgerichtet arbeiten kann, darf sie weder über- noch unterorganisiert sein und muss eine gewisse Flexibilität aufweisen.

1.1.2 Aufbauorganisation

Man unterscheidet zwischen der Gestaltung des organisatorischen Aufbaus des Unternehmens (Aufbauorganisation) und der Organisation des Arbeitsablaufs im Unternehmen (Ablauforganisation → 1.1.3).

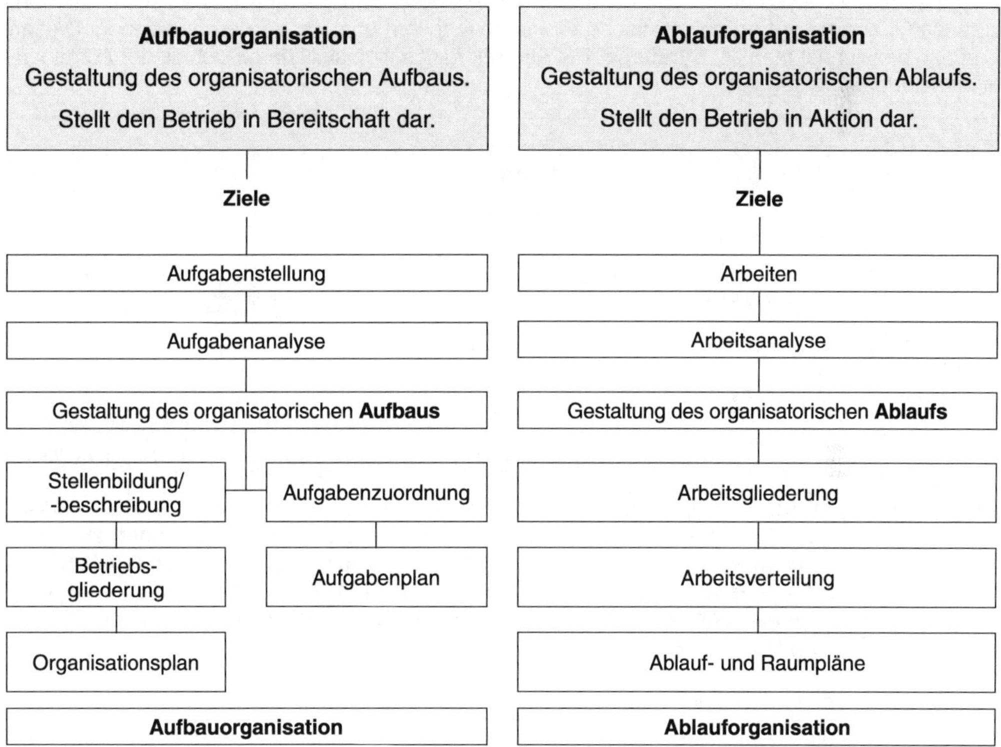

Unter einer Aufbauorganisation versteht man die hierarchische Struktur eines Unternehmens. In Ergänzung dazu beschreibt die Ablauforganisation betriebliche Prozesse. Die Aufbauorganisation legt die Struktur eines Unternehmens fest, indem sie Organisationseinheiten bildet sowie Zuständigkeiten und Leitungsbefugnisse klärt. Eine zweckmäßige Aufbauorganisation ist die Grundlage für eine zweckmäßige Ablauforganisation. Beide Organisationsformen beeinflussen sich wechselseitig und sind voneinander abhängig.

Aufgabe der Aufbauorganisation ist es, einen Rahmen zu schaffen, in dem das Sachziel durch organisatorische Regelungen der Beziehungen der Aktionsträger untereinander erreicht werden kann. Sie stellt damit den Betrieb in Bereitschaft dar und klärt die Frage, welche Teilaufgaben bestimmten Aktionsträgern zugeordnet werden.

Die Leitfrage lautet: »Wer hat welche Aufgabe(n) zu übernehmen?« und umfasst im Einzelnen folgende Überlegungen:

- Zerlegung der Gesamtaufgabe in Teilaufgaben (Aufgabenanalyse)
- Bildung von Stellen und Abteilungen
- Übertragung von Aufgaben, Kompetenzen und Verantwortung auf die einzelnen Stellen bzw. Mitarbeiter
- Darstellung des Unternehmensaufbaus mit Festlegung von Dienst- und Informationswegen
- Entwicklung und Festlegung von Führungsformen und -techniken
- Aufgabengliederungspläne, Organigramme, Stellenbeschreibungen

Kernaktivität ist, komplexe Aufgaben in Teilaufgaben zu zerlegen und diese dann auf unterschiedliche Stellen zu übertragen. Dabei erfordert die Identifikation und Beschreibung der Teilaufgaben eine **Analyse** der Gesamtaufgabe. Anschließend sind die Teilaufgaben so zusammenzufassen, dass sie auf organisatorische Einheiten (Stellen) übertragen werden können. Diesen Vorgang bezeichnet man als **Synthese.** Die Aufbauorganisation stellt das Ergebnis der Aufgabenanalyse und -synthese dar.

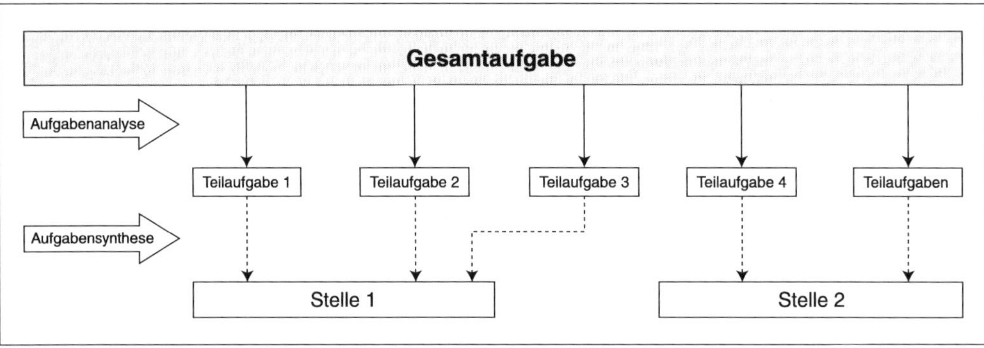

Die kleinste organisatorische Einheit in einem Unternehmen bezeichnet man als **Stelle.** In dieser werden bestimmte Aufgaben zusammengefasst, die von einer Person (Stelleninhaber) zu erledigen sind. Unterschieden werden Stellen, die lediglich Ausführungsaufgaben erfüllen (ausführende Stellen) und solche, die Beratungsaufgaben haben (Stabsstellen) sowie Stellen, die teilweise oder ausschließlich Führungsaufgaben wahrnehmen (Instanzen). Die Zusammenlegung mehrerer Stellen führt zur Bildung einer **Abteilung.**

Bei der Bildung einer Stelle geht man davon aus, dass

- eine Stelle dauerhaft angelegt ist,
- die mit der Stelle verbundenen Aufgaben kontinuierlich durchgeführt werden können,
- die Aufgabenbereiche einer Stelle klar gegenüber anderen Stellen abgegrenzt sind,
- die Aufgaben der Stelle so bemessen sind, dass der Stelleninhaber weder über- noch unterbeschäftigt ist,
- die Stelle sinnvoll mit Nachbarstellen, die vor- und nachgelagerte Aufgaben durchführen, koordiniert ist.
- die Anforderungen an die Stelle so bemessen sind, dass der Stelleninhaber weder über, noch unterfordert ist.

Aufgaben und Kompetenzen der Stelle werden in der **Stellenbeschreibung** festgelegt.

Bezeichnung der Stelle: Disponent für die Lkw-Strecke Deutschland – Spanien

Stellennummer: A 666/777

Der Stelleninhaber ist unterstellt: Dem Abteilungsleiter

Zielsetzung der Stelle: Realisierung und Optimierung des Transports auf der Lkw-Strecke Deutschland-Spanien unter Beachtung aller arbeitsrechtlichen und sonstigen relevanten gesetzlichen Vorschriften. Kundenakquise und -bindung

Aufgaben: Abwicklung der Formalien, Qualitätskontrolle, Marktbeobachtung, kontinuierliche Verbesserung der Logistik, Koordination und Kommunikation mit Kunden und Fahrern, Kundengewinnung und -bindung. Ausbildung der Auszubildenden im 3. Ausbildungsjahr

Vorgesetzte Stelle: Abteilungsleiter Lkw-Verkehr Südeuropa

Der Stelleninhaber ist überstellt: Den Lkw-Fahrern, der Abteilungssekretärin, den Auszubildenden

Der Stelleninhaber wird vertreten: Durch den Disponenten der Strecke Deutschland-Portugal

Der Stelleninhaber vertritt: Den Disponenten der Strecke Deutschland-Portugal, den Abteilungsleiter in abgestimmten Aufgabenbereichen

Der Stelleninhaber entscheidet bei: Der Auswahl von Fahrern, der Streckenführung, der Auswahl des Fahrzeugs, der Lagerung der Ware

Budgetverantwortung: Bis Euro 100 000

Der Stelleninhaber wirkt mit: Bei der Änderung von organisatorischen Strukturen, bei der Neubesetzung von Stellen und bei der Umsetzung von Verbesserungsmaßnahmen

Zeichnungsberechtigung: »i. A.«

Anforderungsprofil (fachlich): Abgeschlossene Ausbildung als Kaufmann für Logistik und Speditionsdienstleistungen, fundierte EDV-Kenntnisse im Dispositionssystem, sichere deutsche und spanische Sprachkenntnisse in Wort und Schrift, Erfahrung im Qualitätsmanagement, LKW-Führerschein

Anforderungsprofil (persönlich): Überzeugungsfähigkeit, Verhandlungsgeschick, Teamorientierung, Motivationskünstler, zielorientierte Arbeitsweise, Belastbarkeit, Flexibilität

Beispiel für die Stellenbeschreibung eines Speditionsdisponenten

Stellenbeschreibungen dienen folgenden Zielen:

- Hilfe bei der Stellenbesetzung
- Definition der vom Stelleninhaber erwarteten Leistung und Verhaltensformen
- Abgrenzung der Aufgaben und Kompetenzen
- Information über Beziehungen zu anderen Stellen
- Regelung der Beziehungen der Stellen zueinander
- Klärung der Frage, wer wem über- oder unterstellt ist
- Darstellung der erforderlichen fachlichen und persönlichen Anforderungen
- Grundlage für die Beurteilung der Leistung des Mitarbeiters und für die Entlohnung
- Erleichterung der Einarbeitung neuer Mitarbeiter
- Festlegung von Aus- und Fortbildungsbedarf

Für das reibungslose Funktionieren eines Unternehmens ist es unerlässlich, dass jeder Mitarbeiter Einblick in die Organisationsstruktur hat und weiß, welche Aufgaben er ausüben soll, welche Befugnisse damit verbunden sind und welcher Art seine Beziehungen zu anderen Stelleninhabern sind. Übergeordnete Organisationseinheiten (Stellen) sind für Elemente (z. B. Abteilungen) in ihrem

Aufgabengebiet verantwortlich und haben diesen gegenüber ein Weisungs- und Kontrollrecht.

Stellenbeschreibungen erfordern einen erheblichen Aufwand bei der Erstellung und der laufenden Aktualisierung. Problematisch ist die Tendenz der Stelleninhaber zur Besitzstandswahrung bei Änderungen (→ 2.6.1, 3.1.3, 3.4.3).

Die Beziehungen zwischen den Stellen innerhalb eines Unternehmens werden grafisch in Organisationsplänen (Organigrammen) dargestellt, was die Transparenz von Über-, Unter- und Gleichstellungen (Hierarchie) dokumentiert.

1.1.2.1 Gliederungsprinzipien

In der Aufbauorganisation werden bei der Bildung von Abteilungen vier Formen unterschieden:

Funktionsorientierte Abteilungsbildung: Hierbei werden gleichartige Aufgaben zusammengefasst. Die Abteilungsbildung erfolgt nach Funktionen und Verrichtungen. Es werden gleichartige Aufgaben, die eine gleichartige Ausbildung der Mitarbeiter oder den Einsatz ähnlicher Sachmittel erfordern, in einer Abteilung gebündelt.

Beispiel:

Dem Geschäftsführer untergeordnet sind die Hauptabteilungen Einkauf, Produktion, Absatz sowie Rechnungswesen und Finanzen. In der Hauptabteilung Absatz sind die Abteilungen Marketing Inland, Marketing Ausland, Vertrieb Inland und Vertrieb Ausland zusammengefasst. Innerhalb der Abteilung Marketing Inland bilden die Marketingspezialisten Herr Berg und Frau Hansen die Fachgruppe »Online-Marketing«.

Objektorientierte Abteilungsbildung: Hierbei werden die Abteilungen nicht nach dem Kriterium der zu erfüllenden Aufgaben, sondern nach der Bearbeitung gleichartiger Aufgabenobjekte durch die Mitarbeiter oder Mitarbeitergruppen gebildet. Es kann sich dabei um Produkte, Märkte oder Regionen handeln.

Beispiel:

Die Getränke AG untergliedert sich in die Sparten Bier, Wein, Mineralwasser und Säfte.

Phasenbezogene Abteilungsbildung: Hierbei werden Abteilungen nach den Phasen Planung, Durchführung und Kontrolle gebildet.

Personenbezogene Abteilungsbildung: Hierbei ist die Abteilungsbildung auf die Kompetenzen und Eignung einer Führungskraft bezogen.

Hinsichtlich der räumlichen Anordnung werden die zentrale und die dezentrale Organisation unterschieden. **Zentralisation** bedeutet in diesem Sinne die Bündelung gleichartiger Aufgaben in ein und derselben Stelle am gleichen Ort. Unter **Dezentralisation** versteht man dagegen die räumlich getrennte Verteilung gleichartiger Aufgaben auf mehrere Stellen. Die Frage, ob Aufgaben zentral oder dezentral erledigt werden sollen, stellt sich vor allem bei Organisationen mit mehreren Betriebsstellen oder Niederlassungen.

Vorteile einer Zentralisation:

- Bessere Übersichtlichkeit
- Effizientere Nutzung der Ressourcen
- Einheitliche Entscheidungen
- Nutzung der Vorteile starker Spezialisierung
- Verhinderung egoistischen Abteilungsdenkens

Vorteile einer Dezentralisation:

- Kurze Dienst- und Entscheidungswege
- Größere Flexibilität
- Möglichkeit schnellerer Entscheidungen
- Entlastung der oberen Leitungsebene

1.1.2.2 Organisationsformen

Linienorganisation (Einliniensystem)

Die Linienorganisation ist gekennzeichnet durch eine strenge Hierarchie mit festen und klaren Entscheidungsstrukturen nach dem Prinzip der Verrichtungszentralisation (gleichartige Verrichtungen werden zu Aufgabenkomplexen zusammengefasst). Dabei ist das Unternehmen in Abteilungen gegliedert. Die Gliederung erfolgt nach Kriterien wie Produkte, Kundensegmente oder Funktionen (Funktionalorganisation). Die Zusammenarbeit zwischen den Abteilungen findet ausschließlich über die Ebene der Vorgesetzten auf einem einheitlichen Anordnungsweg streng vertikal statt. So empfängt der unterstellte Mitarbeiter lediglich Weisungen von seinem direkten Vorgesetzten und ist nur ihm für die Erfüllung der ihm aufgetragenen Aufgaben verantwortlich. Ein »kurzer Dienstweg« als Austausch zwischen Mitarbeitern verschiedener Organisationseinheiten ist nicht vorgesehen.

Vorteile des Liniensystems:

- Übersichtlicher und klarer Aufbau

- Eindeutige Kommunikations- und Berichtswege
- Klare Abgrenzung von Kompetenz, Aufgaben und Verantwortung

Nachteile/Probleme des Liniensystems:

- Zumeist schwerfälliges und starres System
- Mögliche Überlastung und Überforderung von Vorgesetzten (Instanzen)
- Erschwerte Zusammenarbeit unterschiedlicher Organisationseinheiten
- Oftmals lange Dienstwege

Bei der Linienorganisation wird unterschieden, ob damit eine flache (Stellengliederung in der Breite) oder hohe (Stellengliederung in der Tiefe) Organisationsstruktur verbunden ist.

Flache Organisationsstruktur

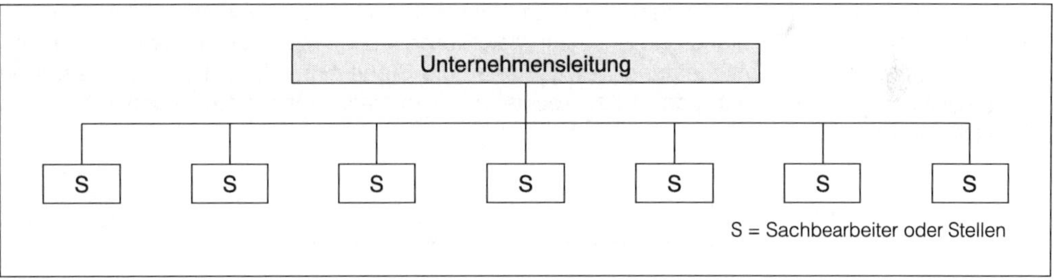

Vorteile:

- Keine Zwischeninstanzen und unmittelbarer Kontakt zum Vorgesetzten (Instanz)
- Klarheit der Zuständigkeiten und Verantwortungen

Nachteil:

- Mögliche Überlastung des Vorgesetzten

Hohe Organisationsstruktur

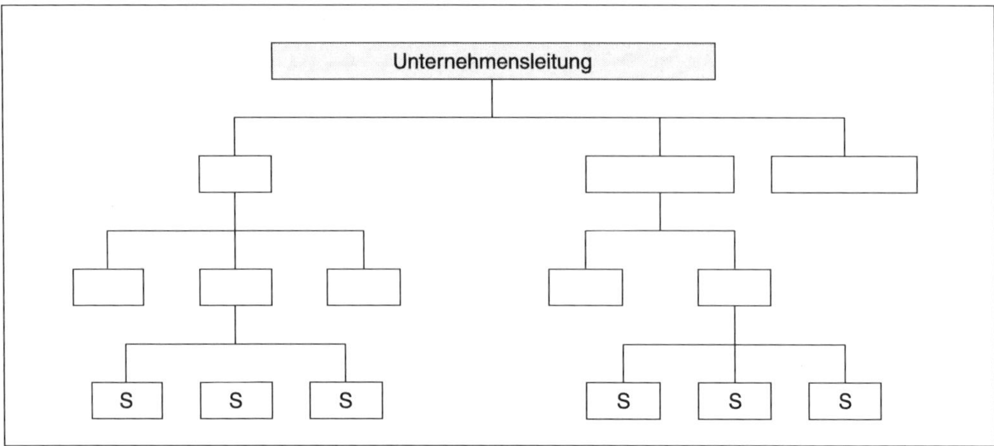

S = Sachbearbeiter oder Stellen

Vorteil:

- Entlastung des Vorgesetzten (Instanz)

Nachteile:

- Starrheit gegenüber Besonderheiten
- Schwerfällige und langwierige Informationsübermittlung

Stab-/Linienorganisation

Diese Organisationsform, die zu den Einliniensystemen gehört, ist geeignet, die Nachteile der klassischen Linienorganisation abzumildern. Bestehen bleibt die Einfachunterstellung und die Verrichtungszentralisation, jedoch werden neben den Linienstellen Stäbe eingerichtet. Die Funktion der Stäbe besteht in der Beratung und Entlastung der Vorgesetzten bzw. Entscheidungsinstanzen (oftmals in Einzelfragen). Entscheidungsgewalt haben die Stäbe nicht. Typische Stäbe bestehen aus Spezialisten, z. B. in Steuer- oder Arbeitsrechtsfragen. In grafischen Darstellungen werden die Stäbe oval umrundet.

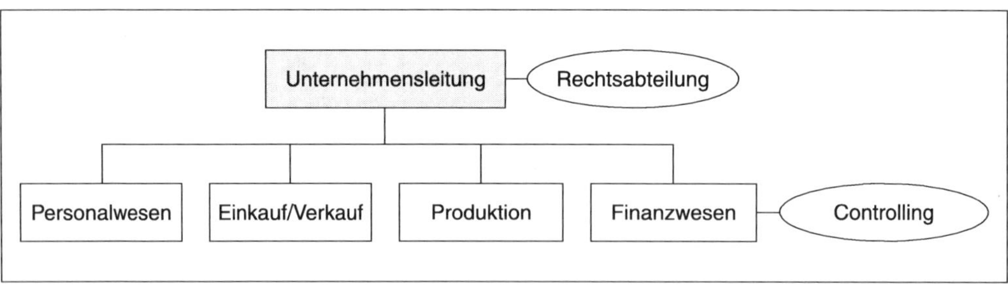

Vorteile:

- Entlastung der Linie durch Stäbe
- Eindeutiger und einheitlicher Instanzenweg mit klaren Zuständigkeiten
- Nutzung von Spezialistenwissen
- Einheitliche Sichtweise

Nachteile/Probleme:

- Problematik der Trennung von Entscheidungsvorbereitung und Entscheidung
- Rivalitäten zwischen Stab und Linie
- Entstehung von »Wasserköpfen«
- Geringe Akzeptanz der Stäbe

Mehrlinienorganisation

Die Mehrlinienorganisation sieht eine Mehrfachunterstellung der Mitarbeiter vor, i. d. R. unter eine untere Führungsebene. Hierbei sind die Zuständigkeiten nach Funktionen (z. B. im Bereich der Produktion: Beschaffung, Lager, Konstruktion) aufgeteilt. Die obere Leitung gibt nur allgemeine Richtlinien vor und überlässt den handelnden Leitern das Tagesgeschäft. Grundgedanke ist, dass mehrere Vorgesetzte der übergeordneten Ebene ihre Fachkompetenz einbringen können. Deshalb sind die übergeordneten Stellen innerhalb ihres Verantwortungsbereichs als Vorgesetzte gegenüber mehreren ausführenden Stellen weisungsberechtigt. Im Gegensatz zum Einliniensystem kann hier eine Abteilung in eine andere »hineinregieren«.

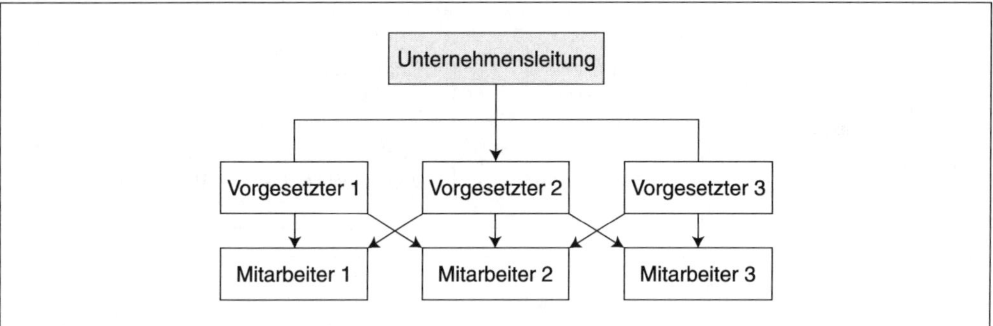

Vorteile:

- Schnelle Entscheidungen
- Ausschaltung schwerfälliger bzw. langer Dienstwege
- Weitgehende Nutzung vorhandener Spezialkenntnisse

Nachteile/Probleme:

- Schwerfällige und mangelnde Koordination
- Konfliktpotenzial durch Mehrfachunterstellung
- Überlastung und Überforderung von Vorgesetzten
- Schwierige Abgrenzung von Verantwortung und Kompetenz

Matrixorganisation

Kennzeichnung der Matrixorganisation ist ihre Struktur der Überlagerung von funktionsorientierten und objektorientierten Organisationstrukturen. Den Funktionen, bspw. Einkauf, Produktion und Absatz mit den jeweiligen Leitern, stehen auf der Ebene der Objekte (z. B. Bier, Wein, Saft) Produktmanager gegenüber. Dies führt zu zwei Kompetenzebenen. Daraus folgt, dass sich Weisungslinien bei Unterabteilungen kreuzen, was eine verbindliche Zuordnung von Entscheidungs- und Weisungsbefugnissen für das Zusammenwirken verschiedenartiger Funktionsträger in Form einer Matrix (rechteckiges Zuordnungsschema) nach sich zieht. Die Anzahl der damit verbundenen Mehrfachunterstellungen hängt stark von der Art der Aufgabenverteilung innerhalb der Matrix ab. Es entsteht mindestens eine Zweifachunterstellung. Damit dieser Aufbau funktioniert, ist eine ständige Kommunikation zwischen den Leitern der Funktions- und Objektbereiche erforderlich.

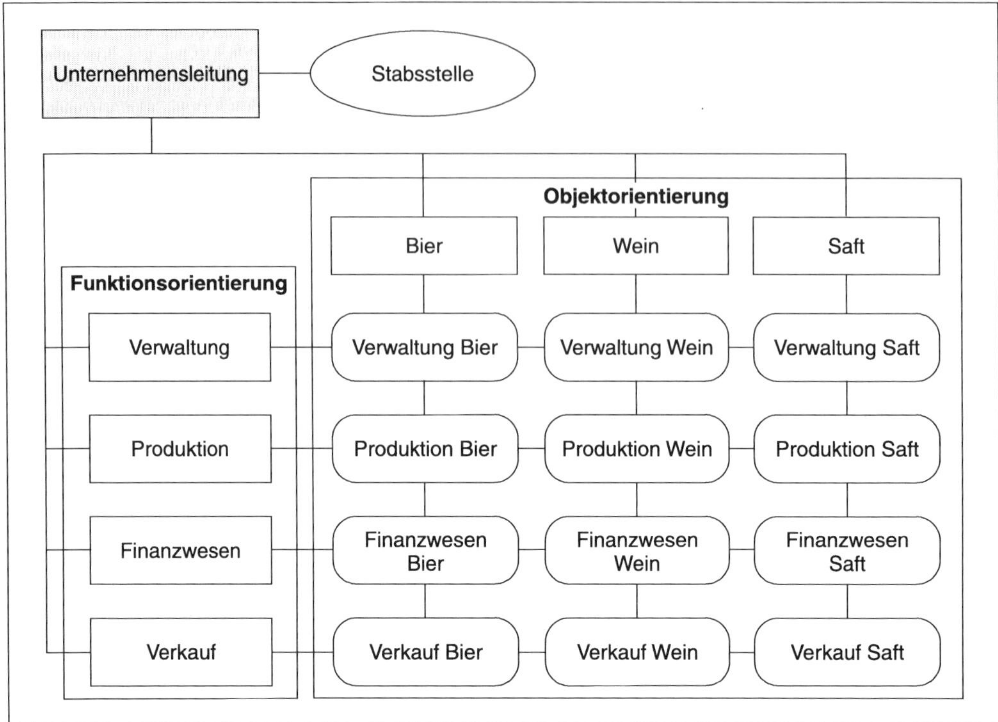

Vorteile:

- Gute Koordination bereichsübergreifender Funktionen/Vermeidung von Spartenegoismus
- Spezialisierungseffekte
- Konstruktive Konflikte durch Austausch

Nachteile/Probleme:

- Unterstellungsverhältnisse (Organisierte Mehrfachunterstellungen können zu Unklarheiten führen, was die Gefahr von Konflikten birgt)
- Höhere Kosten durch vermehrte Stellen
- Unklare Ergebnisverantwortung/Abschiebung von Verantwortung

Sparten- oder Divisionsorganisation

Bei der Sparten- bzw. Divisionsorganisation erfolgt die Gliederung ab der zweiten Hierarchiestufe nach Produkt- oder Dienstleistungsarten (Sparten oder Geschäftsfelder), also nach Objekten verbunden mit einer Einfachunterstellung. Dies geschieht vor dem Hintergrund der Koordinationserleichterung der Unternehmensfunktionen und von mehr Eigenverantwortlichkeit in den Geschäftsfeldern. Um dies realisieren zu können, werden den Spartenmanagern für ihre Tätigkeiten in den Sparten weitreichende Entscheidungskompetenzen und Verantwortungen eingeräumt. Letztlich kann ein solcher Geschäftsbereich als Quasi-Unternehmen im Unternehmen (Profitcenter) betrachtet werden.

Kennzeichnend ist, dass die einzelnen Sparten in der Reinform alle für ein Unternehmen erforderlichen und kennzeichnenden Funktionen dezentral selber übernehmen.

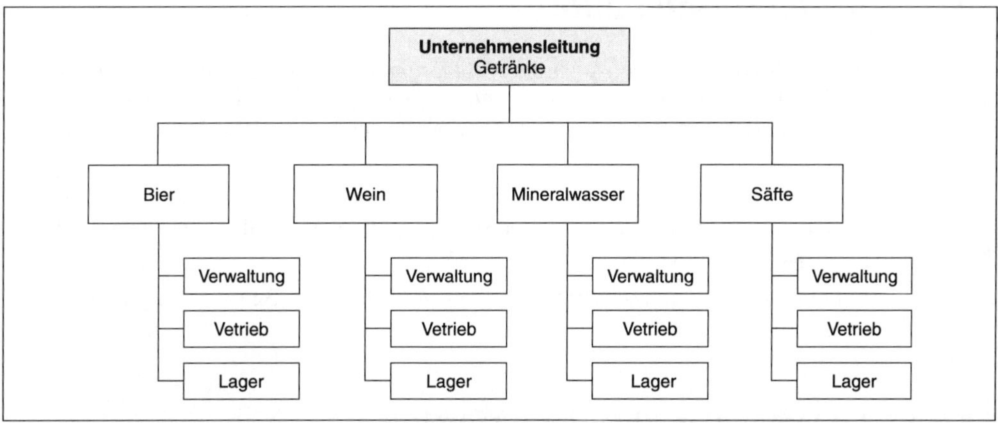

In der Praxis ist vielfach verbreitet, die reine Sparten- bzw. Divisionsorganisation dadurch aufzulockern, dass Zentralbereiche Aufgaben für alle Sparten gleichermaßen übernehmen. So könnte das obige Getränkeunternehmen einen Zentralbereich einrichten, der sich um die Verwaltung kümmert.

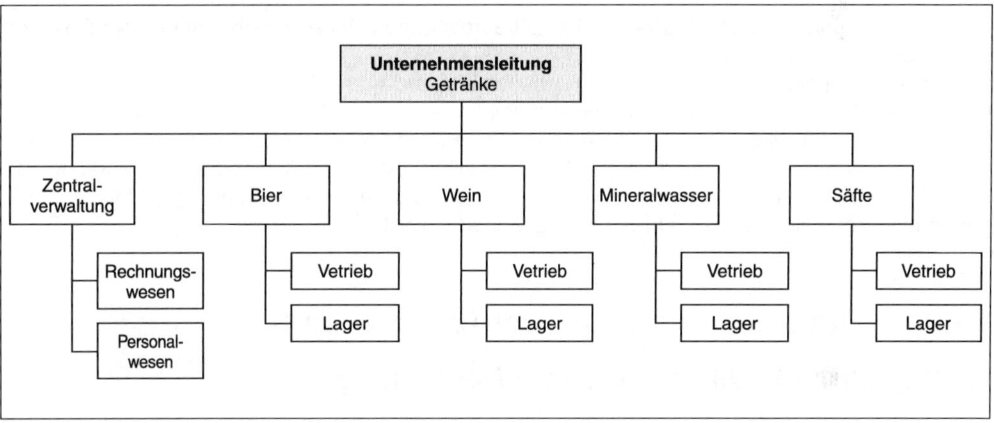

Vorteile:

- Einheitlicher Instanzenweg
- Klare Abgrenzung der Zuständigkeiten
- Identifikation und Motivation
- Ergebnisverantwortung
- Hohe Transparenz
- Marktnähe

Nachteile/Probleme:

- Geschäftsbereiche können ein »Eigenleben« entwickeln
- Geschäftszielbereiche werden oftmals über Unternehmensziele gestellt (»Spartenegoismus«)
- Parallelarbeit/Doppelarbeit
- Problematik interner Verrechnungen
- Mehrkosten durch Dezentralisation

1.1.3 Ablauforganisation

Im Gegensatz zur Aufbauorganisation stellt die Ablauforganisation den Betrieb in Aktion dar und steht für die Weiterführung und Konkretisierung der aufbauorganisatorischen Vorgaben. An die Stelle des Aufbaus tritt der Ablauf, an die Stelle der Zielsetzung tritt der Weg zur Zielerreichung.

Geklärt wird die Frage: »Wie wird die Aufgabe erfüllt?«, d. h. »Wer macht was, wann, wo und wie?«. Die Ablauforganisation kümmert sich also um die Gestaltung (Organisation) der Prozesse und ist damit für die inhaltliche, zeitliche und räumliche Aufgabenkoordination innerhalb des durch die Aufbauorganisation geschaffenen Rahmens zuständig.

Wichtigste Elemente sind: Aufgabenbearbeitung bzw. Aktivitäten im Sinne der logischen Tätigkeitsabfolge.

1.1.3.1 Leitsätze der Ablauforganisation

Die Ablauforganisation regelt die Gestaltung von Arbeitsprozessen durch die zeitliche Abstimmung von Teilarbeiten, die räumliche Zuordnung der Arbeitsmittel und -kräfte sowie die funktionsgerechte Ausstattung der Arbeitsplätze.

Zu den Leitsätzen der Ablauforganisation zählen:

- Erreichung optimaler Durchlaufzeiten der zu bearbeitenden Objekte, wobei Stau, Engpässe und Leerlauf vermieden werden sollen
- Optimale Auslastung der vorhandenen Arbeitsmittel und Arbeitskräfte
- Die Qualitätssicherung muss gewährleistet sein
- Terminsicherung, wozu Terminpläne aufgestellt und ihre Einhaltung überprüft werden müssen
- Motivation durch Einhaltung arbeitsrechtlicher Bestimmungen und Anwendung der Erkenntnisse der Arbeitswissenschaft und der Motivationstheorie, wodurch ein angenehmes Betriebsklima bzw. eine freundliche Arbeitsatmosphäre geschaffen wird

1.1.3.2 Organisationsformen der Arbeitsabläufe

1.1.3.3 Arbeitsabläufe und ihre Darstellung

Im Rahmen der Ablauforganisation lassen sich Arbeitsabläufe nach unterschiedlichen Kriterien organisieren:

- Verrichtungsorientierte Ablauforganisation: Die Arbeit bzw. Verrichtung steht im Zentrum der Betrachtungen (z. B. Personalakten einscannen).
- Objektorientierte Ablauforganisation: Der Gegenstand, an dem die Aufgabe zu erfüllen ist, steht im Zentrum der Betrachtungen (z. B. die Personalakte).
- Raumorientierte Ablauforganisation: Die räumliche Anordnung bzw. Koordination steht im Zentrum der Betrachtungen (z. B. Durchführen des Einscannens der Personalakte in einer ungestörten Räumlichkeit).
- Ziel- bzw. zeitorientierte Ablauforganisation: Die Zielerreichung (unter zeitlichen Aspekten) steht im Zentrum der Betrachtungen (z. B. Personalakten müssen zum Monatsende unter datenschutzrechtlichen Bestimmungen eingescannt sein).
- Entscheidungsorientierte Ablauforganisation: Die Entscheidungsbefugnisse für einen Ablauf stehen im Zentrum der Betrachtungen. Abgebildet werden diese zumeist in einer Matrix (z. B. wer das Einscannen angeordnet hat).

Besondere Bedeutung kommt der bildhaften Darstellung von Arbeitsabläufen zu. Dazu zählen Funktionendiagramme, Flussdiagramme, Netzpläne, Kommunigramme, Balkendiagramme und Raumpläne.

Funktionendiagramm

Einzelne Aufgaben und die entsprechende Kompetenz in Form der beteiligten Stellen werden einer zweidimensionalen Matrix zugeordnet. Es kommt zur Verknüpfung der Prozesse der Ablauforganisation mit den Strukturen der Aufbauorganisation. Dabei wird aus den Zeilen des Diagramms deutlich, wie die Funktionen zur Lösung einer Sachaufgabe auf verschiedene Stellen verteilt werden. Die Angaben in den Zeilen sind somit Basis der Arbeitsablaufsdarstellungen. Aus den Spalten sind die Funktionen erkennbar, welche von den einzelnen Stellen an verschiedenen Sachaufgaben in Form von Entscheidung, Ausführung oder Kontrolle zu erfüllen sind, wobei es auch zu Aufgabenüberschneidungen kommen kann. Im Unterschied zu einer Stellenbeschreibung enthält ein Funktionendiagramm weniger Informationen über einzelne Stellenaufgaben, sorgt dafür aber für eine Übersicht der beteiligten Stellen.

	Stelle 1 Geschäftsführung	Stelle 2 Abteilungsleiter »Personal«	Stelle 3 Personalreferent
Aufgabe A Festlegung der Personalstrategie	E	A, K	A
Aufgabe B Personalplanung	E	K	A
Aufgabe C Personalauswahl		E, A, K	A
Aufgabe D Stellenbesetzung		E, K	A
QE = Entscheidung	A= Ausführung	K = Kontrolle	

Funktionendiagramm in unterschiedlichen personalrelevanten Aufgaben und deren Entscheidung, Ausführung und Kontrolle

Vorteile:

- Kompetenzkonflikte werden aufgrund klarer Zuweisungen verhindert
- Organisatorische Mängel lassen sich leicht erkennen
- Für Maßnahmen wie Stellenbesetzung oder Personalentwicklung erfolgen genaue Vorgaben für die Stellen
- Der Änderungsaufwand ist gering

Nachteile/Probleme:

- Abgrenzung bei der Aufgabengliederung
- Darstellung komplizierter oder detaillierter Regelungen
- Einschränkung von Eigeninitiative und Kreativität
- Gefahr von Überorganisation aufgrund zu starker Formalisierung

Flussdiagramme

Flussdiagramme dienen der visuellen Darstellung zeitlicher und logischer Folgen von standardisierten Abläufen. Mit einem Flussdiagramm sollte eine Legende zur Verdeutlichung der Symbole (Auswahl nach DIN 66001) verbunden sein.

Als Beispiel ist hier das Einstellungsverfahren für Auszubildende in Form eines Flussdiagramms dargestellt. Die Pfeile entsprechen dem zeitlichen und logischen Ablauf der Aufgabe.

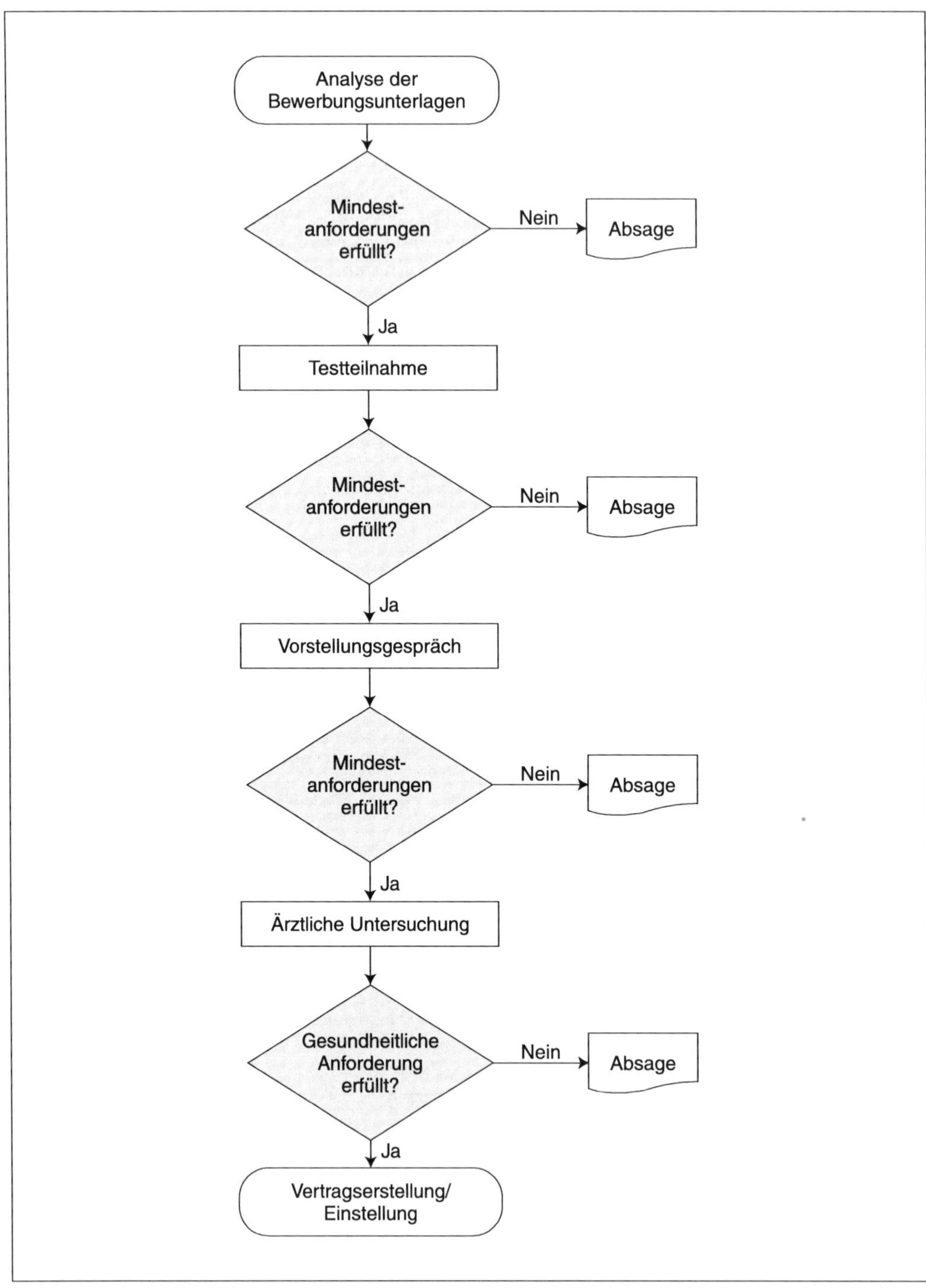

Flussdiagramm »Verfahren der Einstellung eines Auszubildenden«

Netzpläne

Die Netzplantechnik dient als Instrument zur Planung, Steuerung und Überwachung komplexer Aufgaben und verzweigter Arbeitsabläufe. Voraussetzung hierfür ist, dass die Gesamtaufgabe in Teilschritte zergliederbar, der Zeitbedarf der einzelnen Schritte bestimmbar ist und die Teilschritte logisch verknüpft sind. Mithilfe der visuellen Darstellung von Abhängigkeiten, Dauer und Terminen der Teilvorgänge hilft diese Technik, verlässliche Vorhersagen über den Ablauf sowie Zwischen- und Endtermine zu machen. Ferner informieren die Pläne über Pufferzeiten und Engpässe. Nachdem eine Vorgangsliste erstellt ist, in der die einzelnen Vorgänge beschrieben werden, wird ihre Dauer chronologisch aneinandergereiht. Anwendung findet die Netzplantechnik bspw. bei der Planung von Großveranstaltungen oder Bauvorhaben.

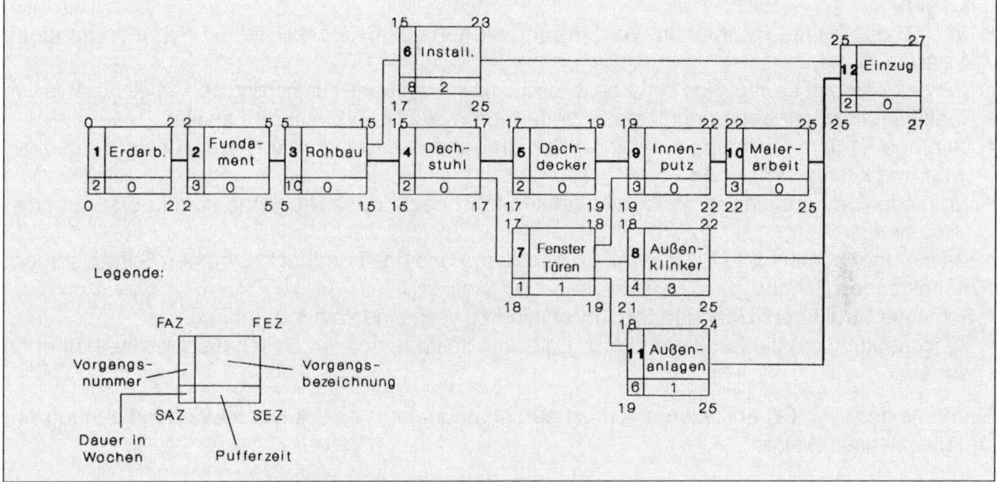

Netzplan »Neubau eines Verwaltungsgebäudes« Quelle: Schmidt u. a.: Der Technische Betriebswirt, Feldhaus Verlag

1.1.4 Entwicklung von der Tayloristischen Organisation zur Lean Organisation

Der Ausgangspunkt dieser Entwicklung liegt in der Automobilbranche und der dort wissenschaftlich untersuchten Einführung von Gruppenarbeit, der stärkeren Einbeziehung der Mitarbeiter vor Ort und dem Abbau hierarchischer Strukturen als Reaktion auf die Tayloristische Organisation als »wissenschaftliche Betriebsführung«.

Der Taylorismus (F. W. Taylor, † 1915) und das damit verbundene Menschenbild passt nicht mehr zur heutigen dynamischen, flexiblen und komplexen Arbeitswelt. Taylorismus steht für maximale Arbeitsteilung in kürzeste und repetitive Arbeitsschritte und den Lohn als primären Motivationsfaktor. Leistungssteigerung und Kostenreduktion (Rationalisierung) sind die Hauptziele.

Mittlerweile haben sich neue Schwerpunkte, so in der Reduzierung betrieblicher Hierarchieebenen, ergeben. Ziel ist, die Qualifikation, Flexibilität und Kompetenz aller Ebenen zu erhöhen, die Qualität sowie die Kundenzufriedenheit zu verbessern und damit letztlich die Gesamtkosten zu senken. Hier setzt das Lean Management und die Lean Organisation als Nachfolgekonzept des Taylorismus an. Ein bedeutender Unterschied zwischen Lean Management und Taylorismus ist, dass weniger der Output in der Menge zählt als die exakte Bedienung der Abnehmerwünsche. Dies beruht auf der Erkenntnis, dass man nicht durch Arbeit Werte schafft, sondern durch die Bedarfsdeckung. Ziel ist es dementsprechend, alle Aktivitäten, die für die Wertschöpfung von

Relevanz sind, optimal abzustimmen und überflüssige Aktivitäten zu vermeiden (lean = schlank). Dabei wird sowohl der Blickwinkel des Kunden als auch der des Unternehmens eingenommen.

Es hat sich gezeigt, dass das Lean-Konzept nicht nur auf die Automobilbranche bzw. den Produktionsbereich limitiert sein muss. So findet es mittlerweile auch im Bereich des Personalmanagements Anwendung.

Zu den Prinzipien der Lean Organisation und des Lean Managements zählen:

- Gruppe/Team: Es findet die Aufgabenerledigung in Teams bzw. Gruppen statt.
- Eigenverantwortung: Die Tätigkeiten werden eigenverantwortlich ausgeführt.
- Feedbackkultur: Die Aktivitäten sind mit laufendem und intensivem Feedback verbunden.
- Kundenorientierung: Die Aktivitäten sind streng mit den Kundenvorgaben bzw. -wünschen verbunden.
- Wertschöpfung hat Priorität: Im Vordergrund stehen das Ergebnis und die damit verbundene Wertschöpfung.
- Standardisierung: Es liegt eine einfache, bildliche bzw. schriftliche Darstellung der Arbeitsabläufe vor.
- Kontinuierliche Verbesserung: Viele Schritte führen zu immer besserer Qualität.
- Sofortige Fehlerbeseitigung: Fehler werden umgehend beseitigt, die Ursachen werden aufgespürt und künftig vermieden.
- Vorausdenken und planen: Präventiv denken führt dazu, dass Probleme künftig erst gar nicht entstehen.
- Kleine, aber beherrschte Schritte: Die Entwicklung und das Feedback auf jeden Schritt steuern die folgenden Schritte.
- Schlanke Strukturen: Unnötige Strukturen sind zu vermeiden bzw. abzubauen.
- Beschränkung auf die Kernkompetenz: Es sollen keine unnötigen Geschäftsbereiche betrieben werden.

Elemente der Lean Organisation und des Lean Managements sind Ausdruck der Verflachung von Organisationsstrukturen:

- Kaizen
- Kanban
- Just-In-Time
- Total Quality Management
- Quality Circle
- Business Reengineering

Kaizen: Kontinuierliche Verbesserungsprozesse (KVP) von Produkten, Dienstleistungen oder betrieblichen Abläufen. Erreicht wird dies bspw. durch Betriebliches Vorschlagswesen/Ideenmanagement.

Kanban: Die verbesserte Steuerung des Materialflusses bzw. Lagerreduzierung durch das »Zurufprinzip«. Das benötigte Material wird jeweils von der verbrauchenden Stufe im Produktionsprozess bei der vorgelagerten Stufe angefordert. Es handelt sich um ein Holsystem.

Just-In-Time: Die zeitgenaue Anlieferung von Material, wenn es benötigt wird, und einen damit verbunden lagerlosen Materialfluss in der Fertigung.

Total Quality Management: Eine umfassende Qualitätsphilosophie bzw. ein Führungsansatz, was der Zufriedenstellung des Kunden dient. Im Rahmen des TQM werden die Elemente Kunden-, Mitarbeiter-, Innovations- sowie Ziel- und Ergebnisorientierung so miteinander in Beziehung gesetzt, dass die Kommunikation und Information zwischen diesen Elementen die bestehenden Optimierungspotenziale nutzen kann. Dabei werden die Qualitätsanforderungen auf alle Mitarbeiter und Unternehmensbereiche bezogen.

Quality Circle: Die Beteiligung der Mitarbeiter an der Qualitätsverbesserung. Dazu gehören Mitarbeiterbefragungen und Mitarbeiterbeteiligung.

Business Reengineering: Die prozessuale Umstrukturierung des Unternehmens.

1.1.5 Die Personalabteilung in der Gesamtorganisation des Unternehmens

In der Vergangenheit war die Personalabteilung oftmals lediglich ein »Anhängsel« des Finanz- und Rechnungswesens, wo die Abrechnung erfolgte und Aufgaben wie Personalentwicklung und Personalcontrolling wenig Berücksichtigung fanden. Diese Einstellung hat sich grundlegend gewandelt. Die Bedeutung des Personalmanagements und der Ressource »Arbeitskraft« nimmt kontinuierlich zu. Zudem haben arbeitsrechtliche Vorschriften wie das Betriebsverfassungsgesetz, das Allgemeine Gleichbehandlungsgesetz und das Elternzeitgesetz die Bedeutung und den Aufgabenbereich des Personalmanagements nachhaltig erweitert und priorisiert.

In Kleinbetrieben gibt es oft keine eigene Personalabteilung. Hier übernimmt der Inhaber oder Geschäftsführer ihre Funktion »nebenbei«, oder sie wird von externen Unterstützern wie bspw. einem Steuerberater oder Rechtsanwalt übernommen. Je größer ein Unternehmen ist, desto mehr Personal kann für die Personalabteilung und das Personalmanagement bereitgestellt werden. Trotzdem kommt es auch bei größeren Unternehmen aus unterschiedlichen Gründen häufig zum Outsourcing bestimmter personalbezogener Aufgaben.

Gründe für nachhaltige Veränderungen im Personalmanagement (weg von der klassischen Personalverwaltung hin zur effizienten und effektiven Gestaltung von Personalprozessen) können sein:

- Kosteneffizienz: Der Druck zu kostengünstigerem Personalmanagement nimmt zu. Dabei spielen das Personalkostencontrolling und das Benchmarking eine große Rolle.
- Kundenorientierung: Die zahlreichen internen und externen Partner des Personalmanagements werden als Kunden betrachtet, die eine reibungslose Zusammenarbeit erwarten (→ 1.2.1.1).
- Veränderung des Menschenbildes: In Zeiten des Taylorismus wurde der Mensch primär als zu funktionierender Produktionsfaktor betrachtet. Mittlerweile sind kreative, mündige und bisweilen kritische Mitarbeiter wichtig und gewünscht.
- Mehr denn je wird das Personalmanagement heute als zentraler Erfolgsfaktor eines Unternehmens betrachtet.
- Die Personalarbeit verlagert sich zunehmend von der Personalabteilung zu den Führungskräften.
- Die Märkte werden immer internationaler/interkultureller.

Leitfragen zur Organisation der Personalabteilung:

- Wer ist Träger der Personalarbeit?
- Wie soll die Aufgabenteilung aussehen?
- Welche Themen sollen von der Personalabteilung bearbeitet werden?
- Wie soll die Kommunikation verlaufen?
- Wie sehen die personalwirtschaftlichen Prozesse aus?
- Wie soll das Selbstverständnis der Personalabteilung aussehen?
- Wie groß soll der Stellenwert der Personalabteilung sein?
- Wie sieht es mit der Kostenverantwortung der Personalabteilung aus?
- Wie soll die Personalabteilung mit anderen Unternehmensbereichen kooperieren?
- Wie soll die Personalabteilung ausgestattet sein?

1.1.5.1 Zentrale Organisation

In manchen Betrieben wird die Personalarbeit meist unmittelbar von der Unternehmensführung wahrgenommen. Es gibt keine eigene Personalabteilung. Erst ab einer gewissen Unternehmensgröße (etwa ab 150 Mitarbeiter) gibt es eine eigene Personalabteilung mit einem Personalleiter.

Dabei ist der Personalleiter bzw. die Personalabteilung hierarchisch so eingebunden, dass die Abteilung mit anderen Unternehmensbereichen auf gleicher Ebene steht und bis zu einem gewissen Grad eigenverantwortlich handeln kann. Die Personalabteilung mit ihren Kompetenzen kümmert sich als eigene Organisationseinheit um die gesamte Personalarbeit des Unternehmens und trägt hierfür die Verantwortung. In großen Betrieben werden Arbeitsdirektoren oder die Personalchefs vielfach unmittelbar in der zweiten Leitungsebene der Geschäftsführung unterstellt.

Aufgaben eines zentral organisierten Personalmanagements sind:

- Personalpolitik und -strategie, zwecks einheitlicher Ausrichtung der Personalarbeit
- Konzeptentwicklung für Personalmarketing, Mitarbeiterbindung, Mitarbeiterführung und Personalentwicklung, damit eine einheitliche Ausrichtung in diesen Bereichen gewährleistet ist
- Vereinheitlichung der IT-Struktur, um eine einheitliche Struktur als Basis einer reibungslosen Kommunikation auch im Personalbereich zu gewährleisten
- Personalcontrolling, da eine gezielte personalwirtschaftliche Steuerung nur so erreicht werden kann
- Kooperation mit dem Betriebsrat, um mit einem Ansprechpartner für Zuverlässigkeit und Kontinuität zu sorgen

Zu den Vorteilen der zentralen Organisation zählen:

Entlastung der operativen Ebenen.
Einheitliche Strategie und Personalpolitik.
Einheitliche Ausrichtung der Personalarbeit.
Bündelung von Kompetenzen.

1.1.5.2 Dezentrale Organisation

Nachdem in der Vergangenheit das Personalmanagement vielfach durch eine Zentralisierung gekennzeichnet war, geht der Trend heute vermehrt zur Dezentralisierung. Damit ist eine zunehmende Übertragung von bisher klassischen Aufgaben des Personalmanagements an die Führungskräfte in den jeweiligen Abteilungen verbunden, die (vor allem bei Unternehmen mit mehreren Standorten) den Mitarbeitern näherstehen und denen vermehrt Budgetverantwortung auch für Personalkosten übertragen wird. In diesem Falle übernimmt der traditionelle Personalbereich neben seinen klassischen bereichsübergreifenden, koordinierenden und konzeptionellen Tätigkeiten vermehrt eine Stabsfunktion (beratende Tätigkeit).

Mögliche dezentrale Aufgaben sind:

- Maßnahmen der Personalbeschaffung, Mitarbeiterbetreuung, Personalplanung, Entgeltabrechnung
- Datenpflege »vor Ort«, die oftmals schneller und direkter funktioniert
- Kooperation mit dem jeweiligen Betriebsrat oder Datenschutzbeauftragten, da man in den Abteilungen die betreffenden Personen und Gegebenheiten besser kennt

Vermehrt werden Verwaltungsaufgaben wie die Entgeltabrechnung an externe Dienstleister ausgelagert.

Zu den Vorteilen der dezentralen Organisation zählen:

- Entlastung der Zentrale
- Schnelle Informations-, Kommunikations- und Entscheidungsprozesse
- Entscheidungskompetenzen vor Ort
- Konkrete Ansprechpartner vor Ort
- Personal- und Arbeitsmittel vor Ort
- Motivation durch Übernahme von Verantwortung

1.1.5.3 Integration in Geschäftsbereiche

Moderne Entwicklungen gehen dahin, dass Unternehmen ihre funktionale Organisation in Geschäftsbereiche gliedern. So kann es dazu kommen, dass das Personalmanagement in Teilbereichen oder komplett in Geschäftsbereiche integriert wird. Ein damit verbundener Vorteil ist eine größere Nähe zum »Ort des Geschehens«.

Die Personalbedarfsplanung kann z. B. zentral erfolgen, die Personalbeschaffung dagegen wird in die Geschäftsbereiche verlegt. Ein weiteres Beispiel wäre, dass die Personalentwicklung zentral erfolgt oder koordiniert wird, die einzelnen Maßnahmen jedoch »vor Ort« durchgeführt werden.

1.1.5.4 Personalarbeit durch den direkten Vorgesetzten in der Fachabteilung

Die Dezentralisation führt zu einer vermehrten Übernahme von Personalmanagementaufgaben durch die Vorgesetzten in den Fachabteilungen. Der Personalabteilung kommt dabei die Funktion einer Stabs- bzw. Beratungsstelle zu. Während damit einerseits Kostensenkungspotenziale genutzt werden können, andererseits eine einheitliche Personalpolitik erschwert und die Führungskräfte u. U. überfordert.

Aufgaben, die die Führungskraft bei einer solchen Organisationsform übernimmt:

- Personaleinsatzplanung vornehmen
- Unmittelbarer Ansprechpartner für die Mitarbeiter sein
- Mitarbeitergespräche und Zielvereinbarungsgespräche führen
- Für Mitarbeitermotivation sorgen
- Teamentwicklung einleiten bzw. fördern
- Feedback geben
- Neue Mitarbeiter einarbeiten
- Vorbildfunktion übernehmen

Aufgaben, bei denen sich die Führungskraft zurückhält und sie der Personalabteilung überlässt:

- Festlegung der Personalstrategie
- Durchführung des Personalcontrollings
- Übernahme der Personalverwaltung
- Organisation des Personalbereichs
- Durchführung der Entgeltabrechnung
- Organisation der Personalbeschaffung
- Kommunikation und Kooperation mit den Arbeitnehmervertretern

Vor diesem Hintergrund kommt der Arbeit der Personalabteilung als Businesspartner und Berater in folgenden Bereichen wachsende Bedeutung zu:

- Unterstützung der strategischen Bereichs- und Unternehmensziele durch personalwirtschaftliche Instrumente
- Beratung, Unterstützung und Begleitung der Führungskräfte in allen personalwirtschaftlichen Angelegenheiten
- Beratung und Unterstützung der Führungskräfte bei der Auswahl und Anwendung von Personalinstrumenten (z. B. Mitarbeiterbeurteilung, Mitarbeitergespräch, Vergütung)
- Beratung und Unterstützung der Führungskräfte bei gesetzlichen, tarifvertraglichen und betrieblichen Regelungen
- Begleitung bei Veränderungsprozessen bzw. Organisationsentwicklung

- Organisation und Unterstützung der Führungskräfte bei der Kooperation mit dem Betriebsrat und arbeitsgerichtlichen Auseinandersetzungen
- Selbstmarketing als Nachweis des Erfolgsbeitrags (»Tue Gutes und sprich darüber.«)

Für die Zusammenarbeit der Personalabteilung mit den Führungskräften in den Fachabteilungen und deren Unterstützung bieten sich insbesondere folgende konkrete Aufgabenfelder an:

- Personalpolitik: In der Personalabteilung werden Strategien entwickelt, die Umsetzung erfolgt in der täglichen Praxis in den Fachabteilungen durch die Führungskräfte.
- Personalplanung: In der Personalabteilung findet die Entwicklung eines Personaleinsatzsystems statt, die Durchführung der Planung und seine Anwendung erfolgt in den Fachabteilungen durch die Führungskräfte.
- Mitarbeiterinformation: Grundsätze und Änderungen sollten gemeinsam kommuniziert werden. Auf gar keinen Fall darf es hier zu widersprüchlichen Aussagen kommen.
- Personalbeschaffung: Die Führungskraft definiert ein Anforderungsprofil auf der Grundlage der von der Personalabteilung entwickelten Standards. Anschließend wird von der Personalabteilung die Stelle intern ausgeschrieben und/oder eine Anzeige im passenden Medium geschaltet, mit dem Betriebsrat gesprochen und die Vorauswahl der Bewerber vorgenommen. Die Einstellungsgespräche werden anschließend gemeinsam geführt. Abschließend kümmert man sich in der Personalabteilung um das Vertragswesen. Die Einführung und Integration der neuen Arbeitskräfte findet in der Fachabteilung durch die Führungskräfte statt.
- Entgeltfestsetzung: Gemeinsam werden Budgets überprüft und festgelegt. Aufgabe der Personalabteilung ist darüber hinaus, neue Entlohnungssysteme zu entwickeln, diese umzusetzen und die Anwendung durch die Vorgesetzten zu überwachen.
- Personalentwicklung: Die Führungskraft erkennt den Bildungsbedarf oder klärt ihn im Mitarbeitergespräch und macht konkrete Vorschläge für Teilnehmer und Themen. Passende Maßnahmen werden mit der Personalabteilung abgestimmt, die auch die administrative Auswahl der Bildungsträger und die Anmeldung übernimmt. Von der Personalabteilung werden dafür Leistungs- und Potenzialbeurteilungssysteme entwickelt. Den Erfolg der Maßnahme überprüfen die Personalabteilung und die Führungskraft gemeinsam.
- Informationen über Mitarbeiter und deren Stellen: Hierbei kann es sich um Informationen unterschiedlicher Art handeln, die die Führungskraft zur Personalführung benötigt, z. B. Tarifhöhe, bisherige Abmahnungen, Werdegang des Mitarbeiters.
- Unterstützung bei Führungsaufgaben: Im Falle von Führungsproblemen (bspw. schwierige Mitarbeitergespräche) oder von anspruchsvollen Aufgaben (bspw. Beurteilungen, Zeugnisvorbereitung) berät und unterstützt der Personalmitarbeiter die Führungskraft.
- Festlegung von Führungsgrundsätzen: In diesem Bereich ist eine Abstimmung zwischen Personalmanagement und Führungskräften erforderlich, damit sinnvolle und praktikable Führungsgrundsätze zur Anwendung kommen. Die Führungskräfte in den Fachabteilungen führen die Mitarbeiter entsprechend den Führungsrichtlinien. Bei Konflikten zwischen Vorgesetzten und Mitarbeitern vermittelt die Personalabteilung.
- Personalfreisetzung: Im Austausch mit den Führungskräften findet eine Vorauswahl der freizusetzenden Mitarbeiter unter Berücksichtigung der gesetzlichen und betrieblichen Regeln (z. B. Sozial-plan) statt. Die Personalabteilung kümmert sich anschließend um die administrative Abwicklung und ggf. um einen Interessenausgleich und führt Sozialverhandlungen mit dem Betriebsrat.
- Personalverwaltung: Die Personalabteilung kümmert sich um die Entgeltabrechnung und Personalverwaltung. Hierzu tauscht sie sich mit den Führungskräften von Zeit zu Zeit aus.

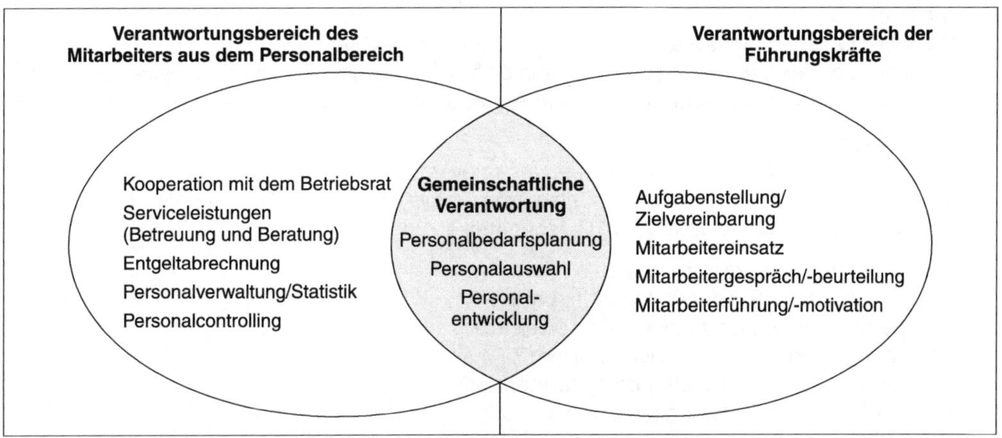

Kooperation zwischen Personalbereich und Fachvorgesetzten

1.1.5.5 Outsourcing

Eine Möglichkeit, dem vermehrten Kostendruck standzuhalten, ist die Rückbesinnung auf Kernaufgaben bzw. -kompetenzen und die Verlagerung bestimmter betrieblicher Aufgaben an andere, außenstehende Stellen (Outsourcing).

Ziele bzw. Vorteile sind:

- Kosteneinsparung
- Nutzung externer Kompetenz
- Produktivitätssteigerung
- Verschlankung der Organisation
- Beschränkung auf Kernkompetenzen

Auch im Personalbereich ist eine vermehrte Tendenz zum **Outsourcing** zu beobachten. Davon können sowohl einzelne Teilbereiche als auch die gesamte Personalarbeit betroffen sein. Generell ist zu klären, welche Leistungen sinnvollerweise intern und welche extern durch Outsourcing erbracht werden sollen/können/müssen.

Vermehrt kommt es auch zum **Offshoring.** Hierbei handelt es sich um die Verlagerung (qualifizierter) Arbeitsplätze bzw. Aufgabengebiete ins Ausland.

Beim Outsourcing kommt es darauf an, sich für einen passenden Anbieter, dessen Preis-Leistungsverhältnis stimmt, zu entscheiden. Chancen und Risiken des Outsourcings sind genau abzuwägen. Kernkompetenzen müssen im Unternehmen verbleiben.

Leitfragen zum Outsourcing: ?

- Kosten:
  - Welche Kosten fallen bei der Erledigung der Aufgaben im Unternehmen (bisher) an?
  - Welche Kosten fallen für die Bearbeitung der Aufgaben durch den Outsourcingpartner an?
  - Wie sieht das Preis-Leistungs-Verhältnis aus?
- Rechtliche Aspekte:
  - Welche Rolle spielt der Betriebsrat im Hinblick auf das geplante Outsourcing?
  - Kann der Datenschutz durch die Outsourcingaktivitäten gewährleistet werden?
- Qualität:
  - Können durch das Outsourcing die Qualitätsstandards der bisherigen internen Leistung gewährleistet werden? Kann Outsourcing eine Qualitätsverbesserung bewirken?

- Quantität:
  - Kann der Outsourcingpartner die benötigte Quantität gewährleisten?
  - Werden durch das Outsourcing im Unternehmen freie Kapazitäten für andere Aufgaben entstehen?
  - Kann die Dienstleistung bei wachsenden Anforderungen überhaupt intern erbracht werden?
- Konsequenzen:
  - Kommt es durch das Outsourcing zu einem relevanten Know-how-Verlust?
  - Welche Bedeutung hat die mit dem Outsourcing verbundene Restrukturierung für die Personalentwicklung, Personalplanung und Personalfreisetzung?
- Verhältnis zum Outsourcingpartner:
  - Welche Erfahrung hat der Outsourcingpartner?
  - Wie/wann ist der Outsourcingpartner erreichbar?
  - Welche Rolle spielt die räumliche Distanz?
  - Mit wem kooperiert der Outsourcingpartner noch?
  - Wie flexibel ist der Outsourcingpartner?
  - Wie sieht es mit der Zuverlässigkeit des Outsourcingpartners aus?
  - Wie lässt sich eine zu große Abhängigkeit vom Outsourcingpartner vermeiden?
  - Ist eine spätere Wiedereingliederung der ausgelagerten Bereiche möglich?

(+) Bereiche, die sich für das Outsourcing anbieten:

- Entgeltabrechnung
- Personalentwicklung
- Personalbeschaffung
- Sozialbetreuung

(−) Bereiche, die nach Möglichkeit nicht einem Outsourcing-Partner anvertraut werden sollten:

- Personalplanung
- Personalfreisetzung
- Gestaltung der Arbeitsbedingungen (z. B. Entgelt- und Arbeitszeitfragen)
- Kooperation mit dem Betriebsrat
- Personalpolitik
- Personalcontrolling
- Personalführung

(−) Problembereiche/Risiken des Outsourcings:

- Organisatorische Rahmenbedingungen
- Bestehende Unternehmenskultur
- Funktional bestimmte Neuorganisation des Personalbereichs im Unternehmen
- Datenschutz
- Standardisierung der Dienstleistungen
- Veränderungen der Ansprechwege
- Anonymisierung des Ansprechpartners
- Störung bestehender Prozesse
- Motivationsprobleme/Unzufriedenheit der eigenen Mitarbeiter
- Abhängigkeit vom Dienstleiter
- Preisdiktat des Dienstleisters
- Know-how-Abwanderung
- Unterschiedliche Unternehmenskulturen
- Räumliche Distanzen
- Kosten des Wechsels
- Problematik der Wiedereingliederung ausgelagerter Bereiche

Vor diesem Hintergrund gilt es Regelungsinhalte bezogen auf folgende Aspekte zu festlegen:

- Kosten der Auslagerung
- Servicelevel
- Kündigungsmodalitäten
- Leistungsumfang

1.1.6 Die Aufgaben und die Organisation der Personalabteilung

Aufgaben der Personalabteilung

Kernaufgabe der Personalabteilung ist:

Personal zur passenden Zeit, in der benötigten Menge, am richtigen Ort und mit der erforderlichen Qualifikation zu angemessenen Kosten bereitzustellen und zu halten. Dabei sind die wirtschaftlichen Ziele des Unternehmens und die sozialen Ziele des Personals angemessen zu berücksichtigen.

Daraus lassen sich Tätigkeiten ableiten, die je nach Organisationsform und Kapazität von der Personalabteilung wahrgenommen werden oder der Unterstützung von Führungskräften dienen:

- Personalplanung (mit den Bereichen: Bedarf, Beschaffung, Kosten, Einsatz, Entwicklung, Freisetzung, Controlling) gestalten und umsetzen
- Personalpolitik und -strategie gestalten und umsetzen
- Personalentwicklung gestalten und umsetzen
- Personalkosten planen
- Personalcontrolling durchführen
- Entgeltabrechnung durchführen
- Entwicklung und Pflege von Sozialleistungen sowie Mitarbeiterbetreuung
- Personalmarketing und Mitarbeiterbindung gestalten und umsetzen
- Kooperation mit den Arbeitnehmervertretungen
- Unternehmenskultur mitgestalten
- Ideenmanagement organisieren

Betrachtet man das Personalwesen eines Unternehmens als Dienstleister, können sowohl die Mitarbeiter als auch die Geschäftsleitung und Führungskräfte eines Unternehmens, denen Betreuung und Beratung durch die Personalabteilung zuteil werden, als »Kunden« bezeichnet werden (→ 1.2.1). Von diesem Standpunkt aus ergeben sich zusätzliche Anforderungen an das Personalmanagement:

- Leistungsvielfalt, hohes Dienstleistungsspektrum
- Kundenorientierung, Eingehen auf Kundenwünsche
- Stärkung der Eigenverantwortung der Kunden (z. B. Employee Self Services, → 1.2.1)

Es lassen sich drei Funktionen des Personalmanagements unterscheiden, aus denen sich administrative Aufgaben ergeben:

1. Ordnungsfunktion
Das Personalmanagement ist gefordert, generelle Regelungen und Richtlinien aufzustellen und deren Einhaltung zu kontrollieren, z. B. Aufstellen und Durchsetzung der Betriebsordnung. Aus der Ordnungsfunktion kann es sich z. B. ergeben, dass der Urlaubswunsch eines Mitarbeiters abgelehnt werden muss, weil betriebliche Belange dagegen sprechen.

2. Überwachungsfunktion
Überwacht werden u. a. die vielen arbeitsrechtlichen und tariflichen Bestimmungen, die die Personalarbeit prägen z. B.: Jugendarbeitsschutzgesetz, Mutterschutzgesetz, Urlaubsregelung.

3. Soziale Funktion
Das Personalmanagement hat auch eine betreuerisch-fürsorgliche Aufgabe, also eine soziale Funktion. Damit ist gemeint, dass die Mitarbeiter des Personalmanagements anderen Mitarbeitern zur Beratung zur Verfügung stehen (z. B. für Auskünfte über steuerrechtliche oder sozialversicherungsrechtliche Fragen). Das Personalmanagement sollte sich als Dienstleister verstehen und ggf. von selbst tätig werden, wenn z. B. Probleme, Konflikte oder Veränderungen auftreten.

Aus der betreuerisch-fürsorglichen d. h. sozialen Funktion ergibt sich z. B. die Aufgabe, wiederkehrenden, krankheitsbedingten Fehlzeiten eines Mitarbeiters durch ein vertrauliches Gespräch auf den Grund zu gehen. Vielleicht ist ein Kuraufenthalt zu empfehlen, bei dessen Beantragung man behilflich ist.

Arbeitsfelder des Personalwesens
Zwischen Personalleiter, Personalreferenten und Personalsachbearbeitern lassen sich die Arbeitsfelder innerhalb des Personalwesens wie folgt aufteilen:

- Personalleiter
  - Entwicklung von Konzepten
  - Festlegung der Personalpolitik und -strategie
  - Koordination aller Aktivitäten im Personalbereich
  - Ansprechpartner für die Unternehmensleitung
  - Betreuung der leitenden Führungskräfte
  - Vornahme von Jubilarsehrungen
  - Personalcontrolling
  - Abschluss von Betriebsvereinbarungen
  - Vertretung des Unternehmens bei Arbeitsgerichtsprozessen
- Personalreferent
  - Ansprechpartner für Mitarbeiter im jeweiligen Bearbeitungsbereich
  - Ansprechpartner für Führungskräfte im Betreuungsbereich
  - Ansprechpartner für den Betriebsrat im jeweiligen Bearbeitungsbereich
  - Personalbeschaffung in Abstimmung mit den anfordernden Führungskräften
  - Vergütungsfestlegung in Abstimmung mit den zuständigen Führungskräften
  - Personalentwicklung in Abstimmung mit den zuständigen Führungskräften
  - Personalfreisetzung in Abstimmung mit den zuständigen Führungskräften
  - Ausstellung von Arbeitszeugnissen
- Personalsachbearbeiter
  - Administrative Abwicklung von Bewerbungen und Einstellungen
  - Administrative Abwicklung von Versetzungen
  - Administrative Abwicklung von Entgeltveränderungen und der Entgeltabrechnungen
  - Erledigung des gewöhnlichen Schriftverkehrs
  - Ausstellung von Bescheinigungen
  - Erteilung von Auskünften
  - Aufbereitung von Statistiken

Durch die zunehmende Eigenverantwortung der Führungskräfte der Fachabteilungen in Personalfragen hat sich vielfach eine starke Verschiebung der Aufgaben ergeben. So sind die Führungskräfte oft der erste Ansprechpartner für die Mitarbeiter. Die Personalabteilung kann bei Beurteilungs- und Zielvereinbarungsgesprächen unterstützend mitwirken und Instrumente hierzu bereitstellen und in rechtlich komplizierten Angelegenheiten Hilfestellung anbieten. Zudem liegt die Auswahlentscheidung für neue Mitarbeiter nicht mehr bei der Personalabteilung, sondern bei der Führungskraft. Bei diesem Modell hat die Personalabteilung in erster Linie die Aufgabe, Rahmenbedingungen für die Führungskräfte zu schaffen, auf Grundlage derer diese in ihrem Verantwortungsbereich selbstständig Entscheidungen treffen und verantworten.

Bei der Bewältigung der Einzelaufgaben ist die Besetzung der Stelle des Personalleiters von großer Bedeutung. Er hat vor allem die strategische Funktion, das Personalmanagement nach innen und außen zu vertreten sowie die Unternehmensführung in personalpolitischen Angelegenheiten zu beraten.

Organisation der Personalabteilung

Eine wichtige Rolle spielt die Organisation der Personalabteilung. Folgende Organisationsformen werden unterschieden:

Organisation nach Aufgaben (funktionale Organisation)
Hierbei ist die Spezialisierung der Mitarbeiter im Personalbereich auf abgegrenzte Aufgabenbereiche das Wesensmerkmal. Dies kann von Unternehmen zu Unternehmen unterschiedlich aufgegliedert werden und zu einer ausgeprägten hierarchischen Struktur führen.

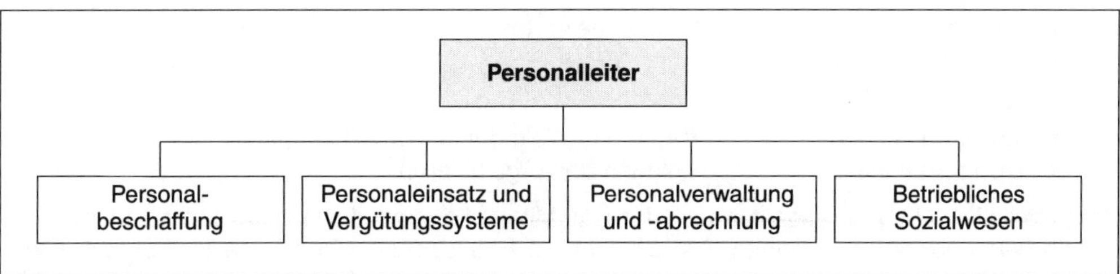

Der Vorteil dieser Organisationsform ist, dass relativ abgegrenzte Aufgabengebiete entstehen, die eine weitgehende Spezialisierung der Mitarbeiter des Personalmanagements in den jeweiligen Bereichen ermöglichen. Nachteilig ist für die Mitarbeiter, dass sie im Bereich des Personalmanagements mehrere Ansprechpartner für unterschiedliche Angelegenheiten haben und ein gefestigter persönlicher Kontakt und eine ganzheitliche Betreuung erschwert wird.

Objektbezogene Organisation (Personalreferentenorganisation)
Bei dieser Organisationsform wird im Personalmanagement nach Objektgliederung gearbeitet. Objekte sind hierbei einzelne Mitarbeiter bzw. abgrenzbare Mitarbeitergruppen.

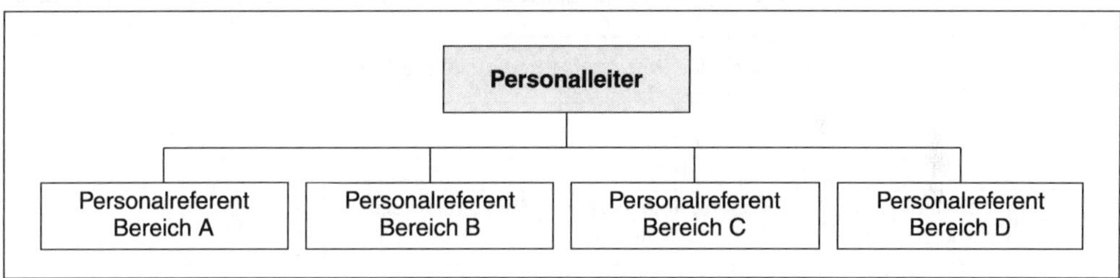

Kennzeichnend ist, dass ein Personalreferent die Personalarbeit »aus einer Hand« leistet. Im Extremfall ist er der verantwortliche Träger für alle Personalaufgaben der ihm zugeordneten Mitarbeiter bzw. Mitarbeitergruppe. Dies ist in der betrieblichen Praxis wegen der Komplexität der Aufgaben aber weitgehend nicht durchgängig umsetzbar. So kommt es zu einer »abgespeckten« Version der Personalreferentenorganisation, bei der ein Personalreferent nicht alle das Personal betreffenden Aufgaben übernimmt und bestimmte Aufgaben wie bspw. die Personalverwaltung, die Entgeltabrechnung oder die Personalentwicklung von einer zentralen Stelle übernommen werden.

Zu den strategischen Aufgaben eines Personalreferenten zählen i. d. R. die Erarbeitung oder Mitwirkung bei:

- Personalpolitischen Grundsätzen
- Führungsrichtlinien
- Einheitlichen Richtlinien für Planung, Einstellung und Beurteilung
- Personalentwicklungskonzepten
- Entgeltpolitik und -systemen

Zu den operativen Aufgaben eines Personalreferenten zählen i. d. R.:

Personalplanung:
- Bedarf ermitteln
- Entwicklung planen
- Einstellungen planen
- Freisetzungen planen

Personalgewinnung:
- Informationen beschaffen
- Auswahlprozesse gestalten
- Arbeitsmarkt beobachten
- Einstellungen vornehmen

Personaleinsatz:
- Stellen beschreiben
- Personalstatistiken führen
- Arbeit bewerten

Personalentwicklung:
- Führungskräfte fördern
- Arbeitszeugnisse erstellen
- Aus- und Weiterbildungsmaßnahmen planen und organisieren

Der Vorteil dieser Organisationsform ist, dass die Mitarbeiter einen festen Ansprechpartner im Personalbereich haben und kennen. Es herrscht die Philosophie: »One Face to the customer!« Schwer ist es allerdings, Personalreferenten zu finden und deren Kompetenzen so zu entwickeln, dass sie wirklich auf allen Personalgebieten kompetent Auskunft geben können. Darüber hinaus ist die Fluktuation dieser Mitarbeiter eine Problematik.

Organisation nach Mitarbeitergruppen

Dabei handelt es sich um eine traditionelle Organisationsform, die heute nur noch wenig verbreitet ist. Wesensmerkmal ist die Spezialisierung auf Mitarbeitergruppen, insbesondere, wenn diese aufgrund arbeitsrechtlicher Unterschiede eine besondere Behandlung erfordern. Bei solchen Mitarbeitergruppen kann es sich um Angestellte, Arbeiter, Auszubildende, Praktikanten oder Führungskräfte handeln.

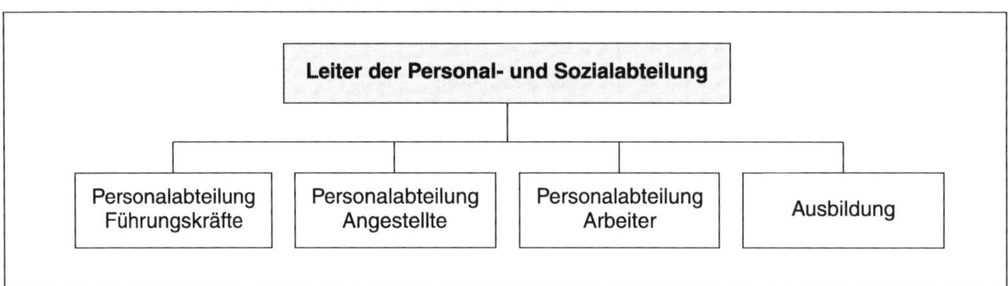

Neuere Organisationsformen

Neuerdings kommt es vermehrt zu Job-Rotation-Modellen im Personalbereich. Bei dieser Organisationsform wechseln Personalverantwortliche planmäßig innerhalb der Linienfunktionen. Dadurch gewinnen sie Verständnis für andere Arbeitsabläufe und werden zu flexiblen Allroundmanagern.

Auch die Projektorganisation bei der – zeitlich begrenzt – spezielle Teams zur Aufgabenerfüllung gebildet werden, findet im Personalbereich zunehmend Anwendung, nicht zuletzt bedingt durch Fusionen oder Umstrukturierungen.

Quantitative Besetzung einer Personalabteilung

Eine Faustregel besagt, dass etwa ein bis zwei Prozent der beschäftigten Mitarbeiter eines Unternehmens die Personalarbeit übernehmen bzw. im Personalmanagement eingesetzt sind.

Informationen zur zweckmäßigen zahlenmäßigen Besetzung von Personalbereichen können über folgende Wege gewonnen werden:

- Vergleichszahlen des Arbeitgeberverbandes
- Kennzahlen der Deutschen Gesellschaft für Personalführung (DGFP)
- Netzwerke des Personalmitarbeiter oder der Personalleitung
- Eigenständiges Benchmarking
- Fachliteratur
- Erfahrungswerte

1.2 Personalwirtschaftliches Dienstleistungsangebot gestalten

1.2.1 Entwicklung von der Funktions- zur Kundenorientierung

Obwohl die Bedeutung des Personalmanagements bzw. des personalwirtschaftlichen Dienstleistungsangebotes außer Frage steht, wird diesem oftmals nicht der Stellenwert und die Professionalität zugemessen, die man erwarten sollte.

Dies ist umso bedauerlicher, als dem personalwirtschaftlichen Dienstleistungsangebot besondere Aufgaben zufallen und zwar aufgrund folgender Faktoren:

- Weiterentwicklung des Personalreferentenmodells und Dezentralisierung des Personalmanagements
- Anspruch des Lean-Managements und des Total Quality Managements
- Rolle der Personal- und Organisationsentwicklung im Unternehmen
- Allgemeiner Wertewandel (Hang zur Individualisierung)
- Technologische Entwicklungen
- Veränderte rechtliche Rahmenbedingungen
- Wachsende Bedeutung des Personalcontrollings
- Der Aufgabe als Unterstützer, Berater und Moderator für Mitarbeiter, Führungskräfte, Unternehmensleitung und externe Kunden
- Entwicklung von einer Funktionsorientierung zur Kundenorientierung.

Die Erfüllung dieser Aufgaben erfordert ein Umdenken (Umlernen) und eine neue Sicht von der Rolle des Personalwesens (-managements) im Unternehmen mit dem Ziel eines veränderten, innovativen, kundenorientierten Selbstverständnisses als Personaldienstleister.

Bestimmte Parolen aus der Absatz- und Werbewirtschaft erlangen so auch für das Personalmanagement uneingeschränkte Bedeutung:

- Der Kunde ist König!
- Man kann immer noch besser werden!
- Stillstand bedeutet Rückschritt!
- Das Bessere ist der Feind des Guten!

Standen vor Jahren noch Verwaltungsaufgaben im Vordergrund personalwirtschaftlicher Leistungen, so wird inzwischen angestrebt, das Personalwesen zu einem unternehmerischen Erfolgsfaktor als kundenorientiertem Dienstleister zu entwickeln (→ 1.2.6).

1.2.1.1 Funktion und Produkt im Mittelpunkt

Das grundlegende Sachziel des Personalmanagements lautet:

Personal zur Verfügung zu stellen und zwar,
- in der richtigen Menge,
- mit der richtigen Qualifikation,
- zum richtigen Zeitpunkt,
- am richtigen Ort,
- zu angemessenen Kosten.

Alle Aufgaben, die modernes Personalmanagement ausmachen, können nur befriedigend gelöst werden, wenn qualifizierte Mitarbeiter vorhanden sind und gehalten werden.

Es lassen sich im Personalmanagement Visionen, Ziele, Zielfelder und Selbstverständnis in Hinblick auf Werte und Rollen unterscheiden, die die Funktion und das Produkt des Personalmanagements prägen:

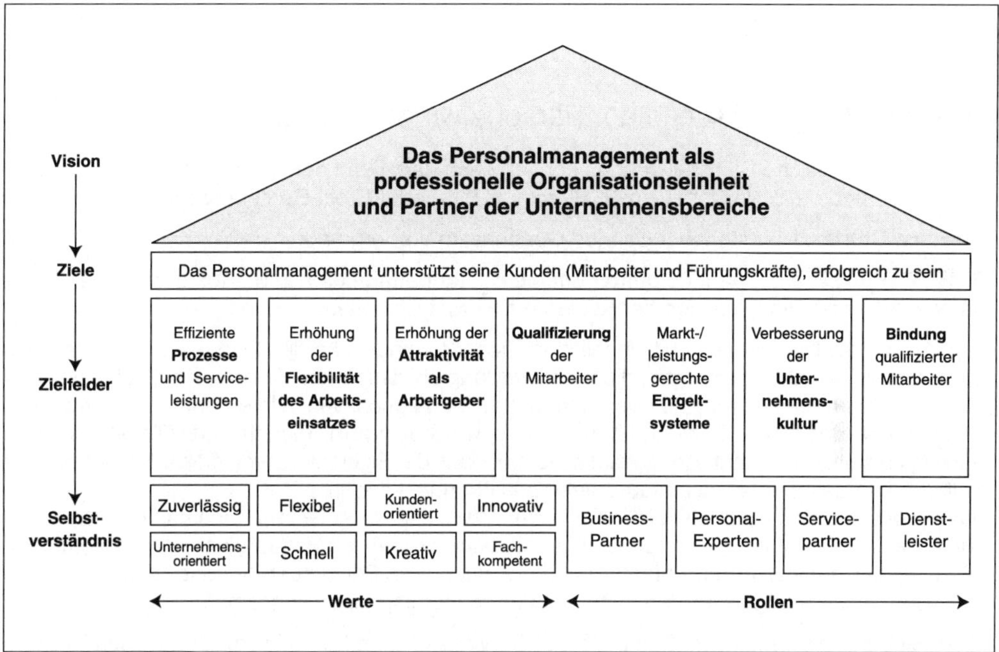

Alle Dienstleistungen gelten als operatives Maßnahmenbündel, das im Rahmen des Qualitätsmanagements zur Zufriedenheit aller Mitarbeiter/Kunden professionell abgewickelt werden muss. Dabei legt die Unternehmens- und Personalpolitik grundsätzliche Ziele und Handlungsnormen für den Personalsektor fest. Das Personalmanagement sorgt für deren Umsetzung und Kontrolle in Form unterschiedlicher personalwirtschaftlicher Dienstleistungen. Bei diesem Prozess ist die Personalpolitik mit der Bereichspolitik der anderen Ressorts abzustimmen.

In diesem Sinne zählen zum Aufgabenfeld personalwirtschaftlicher Dienstleistungen:

- Bereitstellung der notwendigen Arbeitskräfte
- Planung des Personaleinsatzes
- Optimale Gestaltung der menschlichen Arbeitsleistungen
- Sicherung der Arbeitsplätze
- Gestaltung der leistungsgerechten Entlohnung
- Entwicklung der betrieblichen Sozialpolitik
- Betriebliches Gesundheitsmanagement
- Arbeitssicherheit
- Aus- und Weiterbildung
- Zielsetzung und Planung von Personalentwicklungsmaßnahmen
- Personal- und Kundencontrolling
- Beratung und Information von Mitarbeitern und Führungskräften
- Festlegung personalpolitischer Grundsätze
- Regelung der Vorgaben der Betriebsverfassung

Personalwirtschaftliche Dienstleistungen unterscheiden sich stark von »klassischen Produkten«:

- Dienstleistungen werden häufig im Augenblick ihrer »Lieferung« produziert (insbes. Beratungsdienstleistungen).
- Der Empfänger der Dienstleistung erhält zumeist nichts »Greifbares«.
- Der Kunde/Abnehmer der Leistung hat i. d. R. nicht die Wahl zwischen mehreren Lieferanten.
- Eine schlechte Dienstleistung kann nicht zurückgezogen werden.
- Der Mensch steht im Mittelpunkt.

Wertschöpfungsformen in der personalwirtschaftlichen Dienstleistung

Personalwirtschaftliche Dienstleistungen können nach dem Grad der Wertschöpfung differenziert werden. Sie sind dann als Cost-Center, Service-Center oder Profit-Center organisiert.

- **Service-Center:** Hier steht der Service-Gedanke im Vordergrund.
- **Cost-Center:** Hierbei geht es primär um die Kostenbetrachtung, z. B.: Kostenbudgets, Back-Office, Administration, Umlage der Kosten auf »Profit-Einheit«.
- **Profit-Center:** Die personalwirtschaftlichen Dienstleistungen werden hierbei als eigenständige Unternehmenseinheit betrachtet, die Verantwortung sowohl für die Kosten, den Erfolg, als auch für die Qualität der Leistung zu übernehmen hat. Man spricht von »Unternehmen im Unternehmen« mit strategischer Markt- und Kundennähe, welches ggf. mit marktfähigen Dienstleistungen Gewinn erzielt. Es besteht allerdings die Gefahr, dass die Eigeninteressen dieser Einheiten nicht mit den Interessen des Gesamtunternehmens übereinstimmen.
  Das Profit-Center steht in ständiger Konkurrenz zu externen Anbietern. Eine nach diesem Prinzip organisierte Abteilung verrechnet ihre Leistungen i. d. R. zu Marktpreisen. Das bedeutet, im Preisvergleich mit externen Anbietern und ggf. nach dem Prinzip der Kostendeckung zu arbeiten. Die Basisleistungen werden dabei mit Verrechnungspreisen angesetzt.
- **Shared Services:** Unter dem Begriff Shared Services wird die Konsolidierung und Zentralisierung von Dienstleistungsprozessen einer Organisation verstanden. Dabei werden gleichartige Prozesse aus verschiedenen Bereichen eines Unternehmens bzw. einer Organisation zusammengefasst und von (einer) zentralen Stelle(n) oder Abteilung(en) erbracht, bspw. der Personalabteilung.
  Im Gegensatz zum klassischen Outsourcing, bei dem externe Dienstleister mit einer Dienstleistung in Form von Supportprozessen beauftragt werden, handelt es sich bei der Shared-Service-Konstruktion um eine Art internes Outsourcing (aus den Abteilungen heraus).
  Damit verbundene Grundsätze sind:
  - Preis-/Kostentransparenz
  - kurze Wartezeiten, Schwerpunktsetzung
  - Kundenorientierung (höhere Service-Qualität)
  - Benchmarking (kontinuierliche Verbesserung)
  - unternehmerisches Handeln (Management)
  - Prozessorientierung und Standardisierung
  - Hoher Grad der Standardisierung

Welche Organisationsform auch angewandt wird, es geht in erster Linie darum, das Unternehmensziel durch personalwirtschaftliche Dienstleistungen zu unterstützen. Es ist Aufgabe des Personalmanagements, für interne und externe Kunden als Competence Center Personal mit bestmöglichen Dienstleistungen aktiv zu werden.

Das Personalmanagement ist im Rahmen der Aufbauorganisation des Gesamtunternehmens als Stab oder Linie organisiert (→ 1.1.2).

Wenn das Personalmanagement in einem Unternehmen in einer **Stabsfunktion** organisiert ist, beschränken sich seine Aufgaben ausschließlich auf eine Beratungsfunktion. Stabsfunktion bedeutet, dass keine Anweisungskompetenz und auch keine Verantwortung des Personalmanagements bestehen. Die Beratungsfunktion kann so geregelt sein, dass sie von den Personalverantwortlichen in den einzelnen Bereichen des Unternehmens (i. d. R. Vorgesetzte) ständig in

Anspruch genommen werden muss, oder aber auch nur auf deren ausdrücklichen Wunsch als Einzelauftrag geleistet wird.

Wenn das Personalmanagement in einer **Linienorganisation** organisiert ist, hat der Bereich Anweisungskompetenz und trägt auch die Verantwortung für die von ihm gegebenen Anweisungen und Leistungen. Aus dieser Aufgabenstellung ergibt sich, dass die Kompetenzen und Aufgaben der Abteilung eindeutig definiert und den jeweiligen anderen Linienvorgesetzten bekannt sein müssen.

Dies ist erforderlich, damit Klarheit über den Handlungsrahmen besteht, in dem sich alle Führungskräfte und Mitarbeiter in einem Unternehmen zu bewegen haben. Wichtige Hilfs- und Ordnungsmittel stellen Betriebsvereinbarungen, Stellenbeschreibungen und Organisationshandbücher dar.

Partner und Kunden des Personalmanagements, Aufgaben

Das Personalmanagement pflegt vielfältige Kontakte und Verbindungen zu Partnern und Kunden innerhalb und außerhalb des Betriebes.

Während der Kunde eine Leistung oder Dienstleistung erwartet und in Anspruch nehmen möchte, ist der Partner Gleichberechtigter im kooperativen Miteinander z. B. in der Aufgabenerstellung und -bewältigung, in der Kommunikation und in der Zielerreichung.

Interne Partner und Kunden sind üblicherweise:

- Geschäftsführung
- Abteilungsleiter, Führungskräfte
- Mitarbeiter im Unternehmen
- Auszubildende und Praktikanten
- Betriebsrat, Datenschutzbeauftragter
- Abteilung Öffentlichkeitsarbeit (Public realtions)

Dienstleistungen für interne Partner/Kunden erstrecken sich hauptsächlich auf folgende Themen:

- Entgelt und Altersvorsorge
- Arbeitsrecht, Tarifrecht
- Personalentwicklung
- Personalverwaltung
- Sozialberatung
- Gesundheit
- Arbeits- und Betriebsklima/ Verhinderung von Mobbing

Externe Partner und Kunden sind u. a.:

- Unternehmen der gleichen und anderer Branchen
- Behörden und Institutionen, Verbände, Kammern
- Sozialversicherungsträger
- Dienstleister (z. B. für Lohnabrechnung, Steuerberatung, Weiterbildung)
- Bewerber

Die Zusammenarbeit mit externen Partnern und Kunden betrifft bspw.:

- Erfahrungsaustausch
- Benchmarking
- Erteilung und Einholung von Auskünften
- Imagepflege, Lobbyarbeit
- Statistische Angaben (freiwillig oder verpflichtend)

Einflüsse auf die Arbeit des Personalmanagements

Technologische, wirtschaftliche, gesellschaftliche und politisch-rechtliche Entwicklungen beeinflussen mit Chancen und Risiken die Arbeit des Personalmanagements.

Technologische Entwicklung:

Chancen: Employee Self Service, Rationalisierung, neue Medien, Arbeitserleichterung, Zeitgewinn
Risiken: Qualifikationsschere, permanente technische Veränderungen, Investitionskosten

Wirtschaftliche Entwicklung:

Chancen: Neue Absatzmärkte, neue Arbeitsmärkte
Risiken: Standortverlagerungen, geringeres Wirtschaftswachstum, neue Konkurrenz

Gesellschaftliche Entwicklung:

Chancen: EU-Freizügigkeit, Wertewandel, neue Kunden (z. B. ältere Zielgruppen), Frauen in klassischen Männerberufen
Risiken: Demografische Entwicklung, Facharbeitermangel, Wertewandel

Politisch-rechtliche Entwicklung:

Chancen: Deregulierung, politische Stabilität
Risiken: Regierungswechsel, Überschuldung des Staates, höhere Steuern, EU-Regelungen

1.2.1.2 Kundenorientierung als Managementkonzept

Die Kunden sind auch für das Personalwesen Anlass und Grundlage der Arbeit. Sie erfüllen darüberhinaus weitere wichtige Funktionen als:

- Nachfrager
- Erlös- und Kostenfaktor
- Geldgeber
- Kommunikationskanal
- Feedbackgeber
- Ideengeber
- Auftraggeber

Folgende Grundsätze sind zu beachten:

- Es gibt interne oder externe Kunden.
- Der Kunde ist die wichtigste Person für das Personalmanagement, egal ob er persönlich anwesend ist, ob er schreibt oder anruft!
- Der Kunde ist nicht vom Personalmanagement, sondern das Personalmanagement von ihm abhängig!
- Der Kunde ist keine Unterbrechung der Arbeit des Personalmanagements, sondern Zweck!
- Der Kunde ist kein anonymes Etwas, sondern ein lebendiger Teil des Unternehmens oder von dessen Umfeld!
- Der Kunde ist kein Teil einer Statistik, sondern ein Mensch aus Fleisch und Blut!
- Der Kunde ist niemand, mit dem man ein Streitgespräch führt oder seinen Intellekt misst.
- Der Kunde ist jemand, der uns seine Reklamationen und Wünsche entgegenbringt. Aufgabe des Personalmanagements ist es, diese gewinnbringend für ihn und sich selbst zu erfüllen.
- Der Kunde und seine Zufriedenheit sind der Maßstab für die Qualität der Arbeit des Personalmanagements.

Merkmale der Kundenorientierung und Servicequalität des Personalmanagements sind:

- Erreichbarkeit
- Verlässlichkeit, d. h. Richtigkeit, Rechtzeitigkeit, Glaubwürdigkeit, Pünktlichkeit
- Reaktionsfähigkeit, d. h. schnelle Erledigung von Anfragen oder Aufträgen
- Kompetenz, d. h. fachliche Fähigkeit, Professionalität, minimale Fehlerquote
- Höflichkeit, d. h. Freundlichkeit, Aufmerksamkeit, Hilfsbereitschaft
- Kommunikationsbereitschaft, d. h. Informationsfähigkeit, Informationsbereitschaft, Zuhören
- Verständnis für spezielle Bedürfnisse der Kunden, d. h. Individualisierung
- Empathiefähigkeit, d. h. die Fähigkeit, sich in die Rolle/Situation des Kunden zu versetzen
- Kostenorientierung, d. h. Dienstleistung zu möglichst geringen Kosten; angemessenes Kosten-Nutzen-Verhältnis

Kundenorientierung des Personalmanagements, bezogen auf die erforderlichen, nachgefragten und erwünschten Dienstleistungen, ist zielgerichtet umzusetzen und zu kontrollieren. So einfach sich die Maxime der Kundenorientierung aufstellen lässt, so schwierig ist deren konkrete Umsetzung. Das Personalmanagement muss deshalb zuerst die Bedürfnisse seiner Kunden ermitteln, die Ist-Situation feststellen und darauf aufbauend eine Strategie entwickeln, die zielorientiert wirkt und ein Serviceversprechen beinhaltet.

Wie bei der Strategie des Customer Relationship Modells **(CRM)** werden im Personalmanagement die Mitarbeiter und externe Partner als Kunden angesehen und dementsprechend behandelt. So sollen Kundenbindung, Kundenzufriedenheit und Mitarbeitermotivation erreicht werden.

Eine große Bedeutung bei der Kundenorientierung kommt der **Kommunikation** zu. Wenn das Selbstwertgefühl eines Kunden respektiert und eine gute Gesprächsatmosphäre geschaffen wird, dann ist die Wahrscheinlichkeit groß, dass konstruktiv miteinander gearbeitet werden kann.

Zu vermeiden sind Reizwörter oder Negativ-Formulierungen. Hierzu einige Beispiele:

Negativ-Formulierung	Wirkung	Positiv-Formulierung
Müssen	Impliziert Verpflichtung und Zwang, provoziert Widerstand, kostet Energie.	Wollen/Dürfen
Versuchen	Klingt unglaubwürdig, motiviert nicht, lässt an der Ernsthaftigkeit zweifeln.	Aktion: Tun ist das entsprechende Verb
Problem	Assoziiert Negatives, Schwierigkeiten, Ärger.	Herausforderung
Billig	Signalisiert schlecht, minderwertig.	Preiswert, günstig
Ersatz	Kein Ersatz ist so gut wie das Original.	»Wir bieten Ihnen an...«

Darüber hinaus geht es bei der Kommunikation mit Kunden um:

- Empfängerorientiertes Sprechen und Telefonieren
- Aktives Zuhören
- Vermeidung von Killerphrasen
- Gezielte Fragetechnik in der Gesprächsführung
- Kundenorientierte Gesprächsführung
- Einsatz von »Zauberwörtern«
- Gezielten Einsatz von Pausen
- Ausreichend Zeit geben/nehmen

1.2.1.3 Kollegen als Kunden

Im Gegensatz zu den externen Kunden des Personalmanagements sind die internen Kunden Arbeitsvertragspartner des Unternehmens. Sie sitzen als Kollegen »im gleichen Boot« und haben ein Recht auf bestimmte Dienstleistungen. Bei anderen Vertragssituationen (z. B. Kaufvertrag) hat ein Kunde als Abnehmer von Leistungen i. d. R. die Wahl zwischen mehreren Lieferanten und bezahlt für die erbrachten Leistungen. Für die Mitarbeiter als Kunden des Personalmanagements trifft diese Situation nur eingeschränkt zu, da das Personalmanagement ihr fester Ansprechpartner ist.

Wirkungsvolle Beratung, Betreuung und Führung setzt Kenntnisse über die Situation und Persönlichkeit der Bezugsperson oder der Bezugsgruppe voraus. Die Arbeitsbedingungen und Kommunikationsbeziehungen müssen dementsprechend so gestaltet werden, dass die personalwirtschaftlichen Dienstleistungen den Interessen und Bedürfnissen der Arbeitnehmer/Kunden gerecht werden.

Zu den **Erwartungen** der Mitarbeiter an die personalwirtschaftlichen Dienstleistungen gehören:

- Flexibilität
- Diskretion
- Neutralität
- Coaching
- Anpassung der persönlichen Qualifikation an die Anforderungen des Arbeitsplatzes
- Erhöhung der individuellen Mobilität am Arbeitsplatz
- Beruflicher Aufstieg
- Sicherung der erreichten Stellung in Beruf und Gesellschaft
- Minderung der Risiken, die sich aus dem wirtschaftlichen und technischen Wandel ergeben
- Größere Chance der Selbstverwirklichung am Arbeitsplatz durch Übernahme anspruchsvollerer Aufgaben
- Erschließung und Vervollkommnung bisher ungenutzter Fähigkeiten
- Übernahme größerer Verantwortung
- Individuelle Behandlung
- Diskussion über aktuelle Entwicklungen

Motive und Motivation

Motive sind Beweggründe und Antriebe bestimmten menschlichen Verhaltens; Motivation ist die Bereitschaft, bestimmte selbst gesetzte oder vorgegebene Ziele zu erreichen.

Motivation soll als die innere Einstellung des Mitarbeiters zu seiner Arbeitsaufgabe verstanden werden. Sie soll ihn befähigen, seine Möglichkeiten ganz auszuschöpfen, seine Kenntnisse und Fähigkeiten weiterzubilden und zur Bewältigung seiner Arbeitsaufgabe einzusetzen.

Unternehmen und Führungskräfte haben naturgemäß ein Interesse, die Motivation der Mitarbeiter in diesem Sinne zu beeinflussen. Dazu müssen die Motive der Mitarbeiter bekannt sein, die durch bestimmte, allgemeine Bedürfnisse bestimmt werden.

Als Motive der Mitarbeiter/Kunden können angesehen werden:

- Leistungsmotive
- Finanzielle Motive
- Kontaktmotive
- Statusmotive
- Sicherheitsmotive
- Machtmotive

Die Praxis zeigt, dass die Mitarbeiter/Kunden unterschiedliche Motive besitzen. Um sie gezielt motivieren zu können, müssen ihre Bedürfnisse bekannt sein.

Ebenso wenig wie es eine einheitliche Definition des Begriffes Motivation gibt, gibt es eine einheitliche **Motivationstheorie.**

Instrumente erfolgreicher Motivation sind **Motivationsmethoden.** Diese sind i. d. R. mit den Bedürfnissen bzw. der Bedürfnisstruktur der Mitarbeiter/Kunden vonseiten des Personalmanagements und der Führungskräfte abzustimmen.

Nachstehend dazu einige Beispiele:

Bedürfnisse/Motive	Möglichkeiten der Einflussnahme
Angenehmes Arbeiten/Betriebsklima	Einflussnahme durch Mitarbeiter und Führungskräfte
Kompetenz und Verantwortung	Eigenverantwortliches Handeln ermöglichen
Gerechte Bezahlung	Angemessene Relation von Anforderungen/Leistungen zum Entgelt
Mitsprache	Kooperativer Führungsstil
Anerkennung als Person	Beachtung der Individualität durch Vorgesetzte und Personalverantwortliche

In der Literatur ist die **Bedürfnispyramide nach Maslow** (us-amerikanischer Psychologe, † 1970)und eine damit verbundene Motivationstheorie verbreitet. In dieser hat Maslow die menschlichen Bedürfnisse strukturiert. Später wurde diese Ordnung – allerdings nicht von Maslow – in Pyramidenform dargestellt.

Bedürfnispyramide nach Maslow

Die Bedürfnispyramide beruht auf der Annahme, dass die Bedürfnisse einer Stufe befriedigt sein müssen, bevor Bedürfnisse auf der nächsthöheren Stufe angegangen werden. Das jeweils niedrigere Bedürfnis ist so lange das wichtigste Bedürfnis, bis es befriedigt ist. Erst dann werden Bedürfnisse der darüberliegenden Stufe relevant und dringlich. Die Bedürfnispyramide (mit dem Menschen als hierarchisch gestaffeltes Bedürfnisbündel) wird trotz wissenschaftlich erwiesener Anfechtbarkeit gerne als Schlüssel zur Motivation bzw. Motivierung genutzt.

Neben dem Modell von Maslow ist vor allem die **zwei-Faktoren-Theorie nach Herzberg** (us-amerikanischer Psychologe, † 2000) als Erklärungsansatz für menschliches Verhalten und Motivation verbreitet. Herzberg versuchte mit seiner Theorie die Ideen von Maslow weiterzuentwickeln. Herzberg befragte Mitarbeiter nach Ereignissen, die bei Ihnen zu hoher Zufriedenheit oder zu Unzufriedenheit geführt hatten und wertete die Antworten aus. Nach Herzberg, einem Vertreter der klinischen Psychologie, hat der Mensch ein zweidimensionales Bedürfnissystem: Er hat Entlastungsbedürfnisse und Entfaltungsbedürfnisse, d. h., er möchte alles vermeiden, was sein Leben mühselig(er) macht und strebt nach der Entfaltung seiner Potenziale.

Die Theorie geht davon aus, dass die Zufriedenheit und die Unzufriedenheit der Mitarbeiter die beiden Extrempunkte sind, welche sich durch das Vorhandensein oder Fehlen entsprechender Faktoren ergeben. Herzberg untersucht die Frage, welche Faktoren Unzufriedenheit vermeiden oder abbauen und welche Zufriedenheit hervorrufen oder fördern und behauptet, dass Arbeitszufriedenheit dauerhaft nur durch den Arbeitsinhalt gesichert werden kann. Der Mitarbeiter wird durch die eigene Leistung und das damit verbundene Erfolgs- und Anerkennungserlebnis, z. B. durch den Vorgesetzten, am meisten motiviert. Eine Gehaltserhöhung dagegen muss nicht automatisch zu höherer Leistung führen.

Für das Personalmanagement bedeutet das, einerseits dazu beizutragen, die Entlastungsbedürfnisse der Kollegen zu befriedigen, andererseits ihre Kompetenzen so einzusetzen, dass die Entfaltungspotenziale befriedigt werden.

Herzberg unterscheidet zwei Hauptfaktoren: Hygienefaktoren und Motivatoren

Hygienefaktoren: Zivilisatorische Errungenschaften nimmt der Mensch als selbstverständlich hin. Durch diese Faktoren werden in erster Linie unangenehme Situationen vermieden. Sie sind kein Grund zur besonderen Zufriedenheit, sondern Standard. Fehlen sie, entsteht u. U. Arbeitsunzufriedenheit. Sind sie vorhanden, geht dagegen keine motivierende Langzeitwirkung von ihnen aus. Ihr Vorhandensein hebt zwar Unzufriedenheit auf, wird aber in kurzer Zeit zumeist zur motivationslosen Selbstverständlichkeit.

Zu den Hygienefaktoren gehören:

- Arbeitsbedingungen
- Führungsstil
- Entlohnung
- Beziehungen zu Kollegen
- Beziehung zum Vorgesetzten
- Zufriedenheit im Privatleben
- Arbeitsplatzsicherheit

Entsprechend der Hygiene in der Medizin heilen diese Faktoren zwar nicht, können aber bei ihrem Fehlen zur Ausbreitung einer Krankheit führen. Mit Hygienefaktoren kann man Mitarbeiter zwar zu keiner besonderen Leistung motivieren, sie sind aber für eine positive Grundstimmung bei der Arbeit unerlässlich und bewirken, dass sich Mitarbeiter in den Betrieb integriert und zufrieden fühlen. Hygienefaktoren bilden somit die Grundlage für ein gesundes Betriebs- und Arbeitsklima.

Motivatoren: Der einzelne Mitarbeiter hat verschiedene Bedürfnisse, sich als Person zu entfalten. Werden diese Bedürfnisse erfüllt, entsteht echte und andauernde Zufriedenheit.

Dazu gehören Arbeit und Beruf, die Folgendes vermitteln:

- Arbeitsinhalte
- Verantwortung
- Selbstbestätigung
- Erfolg und Anerkennung
- Beförderung
- Entfaltungsmöglichkeiten

Diese Faktoren werden nach Herzberg Motivatoren genannt. Sie sind mit Erwartungshaltungen und Erfolgserlebnissen verknüpft und regen zur Eigenaktivität an. Letztlich führen sie zu echter, nachhaltiger Leistungsmotivation.

Wenn keine Unzufriedenheit im Betrieb aufkommen soll, müssen die Hygienefaktoren für die Mitarbeiter im normalen Maße gegeben sein, während Motivatoren als Anreize dienen, um die Zufriedenheit zu erhöhen und Einfluss auf das Leistungsverhalten zu nehmen.

Manche der genannten Motivatoren wirken auch als Hygienefaktoren und werden so zu Selbstverständlichkeiten für die Mitarbeiter (z. B. regelmäßiges übertriebenes Lob vom Vorgesetzten). Ebenso ist es möglich, dass bestimmte Hygienefaktoren für die Mitarbeiter an Bedeutung gewinnen und als Motivatoren wirken (z. B. Arbeitsplatzsicherheit in der Phase der Rezession) insbesondere, wenn sie eine bestimmte Zeit gefehlt haben. So spielen bei der Zuordnung der einzelnen Einflussfaktoren auf die Arbeit zu den beiden Gruppen auch die Persönlichkeit und der Erfahrungshintergrund des Mitarbeiters, die wirtschaftliche Lage des Unternehmens und die gesellschaftlichen Rahmenbedingungen eine Rolle. Hygienefaktoren und Motivatoren können vielfach nicht getrennt voneinander gesehen werden. So ist eine Beförderung in der Regel auch mit einer Gehaltserhöhung verbunden.

Die Kombination der beiden Gruppen führt zu vier unterschiedlichen Situationen, bezogen auf Motivation und Beschwerden:

Hohe Hygiene und hohe Motivation: In dieser Idealsituation sind die Mitarbeiter sehr motiviert und haben keine Beschwerden.

Hohe Motivation und geringe Hygiene: In dieser Situation sind die Mitarbeiter zwar motiviert, haben aber auch eine Reihe von Beschwerden. Die Arbeit ist zwar herausfordernd und befriedigend, allerdings sind die Arbeitsbedingungen suboptimal.

Hohe Hygiene und geringe Motivation: Es gibt zwar kaum Beschwerden vonseiten der Mitarbeiter, allerdings sind sie wenig motiviert.

Geringe Hygiene und geringe Motivation: Eine Situation die es zu vermeiden gilt. Die Mitarbeiter haben eine Reihe von Beschwerden und sind zudem demotiviert.

Das Gegenteil der Motivatoren sind die sogenannten **Motivationskiller** des Personalmanagements oder der Führungskräfte. Sie wirken vielfach ohne Absicht, führen aber oftmals zu folgenschweren Konsequenzen.

Zu den Motivationskillern zählen:

- Überforderung
- Unterforderung
- Schlechte Kommunikation
- Schlechter Führungsstil
- Ungleichbehandlung
- Unzuverlässige Kollegen
- Schlechte Bezahlung
- Schlechte Arbeitsorganisation
- Bloßstellung vor anderen
- Schlechte Arbeitszeiten
- Schlechte Arbeitsbedingungen
- Schlechtes Betriebsklima

Theorien wie die von Maslow und Herzberg arbeiten in der Regel mit Ergebnissen pauschaler Feststellungen oder Befragungen und beruhen damit auf Durchschnittsergebnissen (→ 4.5.2.3).

Grundsätzlich jedoch ist jede Person anders, hat eigene Bedürfnisse und eigene Wertbegriffe. Persönliche Eigenschaften wie Intelligenz, körperliche und geistige Veranlagung, aber auch der bisherige Lebenslauf mit Familienverhältnissen, Vorbildung, Lebenserfahrung führen zu einer individuellen Bedürfnisstruktur, die vom Personalmitarbeiter und der Führungskraft erkannt und berücksichtigt werden muss.

1.2.2 Strategieentwicklung für Dienstleister

Strategien sind grundsätzliche Wege zum Erreichen eines Zieles. Sie sind gekennzeichnet durch zwei charakteristische Merkmale:

- Proaktivität (vorausschauendes und zukunftsorientiertes Handeln)
- Berücksichtigung von Handlungen bzw. Erwartungen anderer (die wiederum auf das eigene Handeln reagieren)

Ursachen für die Notwendigkeit einer strategischen Ausrichtung im Personalmanagement sind:

- Wunsch nach mehr Kundenservice
- Produktveränderungen
- Technische Entwicklungen
- Entwicklungen auf dem Arbeitsmarkt
- Entwicklung der Personalkosten
- Wertewandel
- Veränderungen in der Qualifikationsstruktur der Mitarbeiter
- Neue Märkte
- Gesetzliche und tarifliche Veränderungen
- Organisatorische Veränderungen
- Branchenentwicklung
- Entwicklungen auf dem Bildungsmarkt
- Professionelle Personal- und Organisationsentwicklung

In der Literatur gibt es derzeit kein geschlossenes Konzept über »Strategisches Personalmanagement« und keine sinnvollen allgemeingültigen Empfehlungen hierzu. Folgende Thesen sind allerdings hilfreich auf dem Weg zu einem strategischen Personalmanagement:

1. Die strategischen Entscheidungen im Personalmanagement müssen den Charakter einer Erfolgssteuerung haben. Hierzu gehört die Sicherstellung folgender Voraussetzungen:

   Leitfragen, die geklärt werden müssen:

   - Ist das Personalmanagement in die strategische Unternehmensplanung integriert?
   - Werden strategische Erfolgspositionen ermittelt?
   - Wird Abschied von traditionellen Denkansätzen genommen?
   - Ist das Qualifikationsniveau der Mitarbeiter ausreichend für die Bewältigung künftiger Aufgaben und Anforderungen?
   - Ist die Organisation des Personalmanagements flexibel auf die Bedürfnisse der internen und externen Kunden ausgerichtet?
   - Steht ein ausreichendes Informations- und Controllingsystem zur Verfügung?

2. Strategisch-orientiertes Personalmanagement muss auftretende Probleme erkennen und rechtzeitig angemessen darauf reagieren (Zielorientierung).

3. Die operativen Entscheidungen und Maßnahmen im Personalmanagement lassen sich nicht immer direkt mithilfe der kurzfristigen Kenngrößen, wie Erfolg und Liquidität, steuern. Man muss deshalb die Arbeit und den Erfolg des Personalmanagements mittel- und langfristig mit passenden Kennziffern indirekt verfolgen.

4. Strategisches Personalmanagement muss klaren, transparenten und längerfristig gültigen Handlungsmaximen folgen. Zu diesen zählen:

   - Kundenorientierung
   - Professionalität
   - Ansprechbarkeit
   - Zuverlässigkeit
   - Vertrauenswürdigkeit
   - Individualisierung
   - Akzeptanzsicherung
   - Kommunikation
   - Entgegenkommen
   - Image und Auftreten
   - Flexibilisierung
   - Verbindlichkeit
   - Erreichbarkeit
   - Zuvorkommenheit
   - Qualifikation und Kompetenz

Strategisches Personalmanagement kann den Unternehmenserfolg nur nachhaltig positiv beeinflussen, wenn folgende Leitfragen angemessen beantwortet werden:

- Welche Dienstleistungen erwarten die Kunden vom Personalmanagement?
- Was sind aus Sicht der Kunden die Stärken und Schwächen des Personalmanagements?
- Was sollte besser gemacht werden?
- Wie zufrieden sind die Kunden mit den Dienstleistungen?
- Wie schätzen die Kunden den Nutzen der Dienstleistungen ein?
- Welche Veränderungen sind am Markt zu erwarten?
- Gibt es Dienstleistungen, die künftig zu erbringen sind?
- Wie müssten diese beschaffen sein, welche Anforderungen sind damit verbunden?
- Welche Anforderungen insbesondere an die Schlüsselqualifikationen werden künftig verlangt?
- Sind die personalwirtschaftlichen Leistungen den (potenziellen) Kunden bekannt?
- Ist die personalwirtschaftliche Dienstleistung kostenpflichtig (interne oder externe Verrechnung)? Ist der Preis angemessen?
- Darf auch externe Beratung angeboten werden?
- Liegt die Verantwortung bei der Personalabteilung oder beim Management?

Für ein solches strategisches Personalmanagement gelten folgende Merkmale:

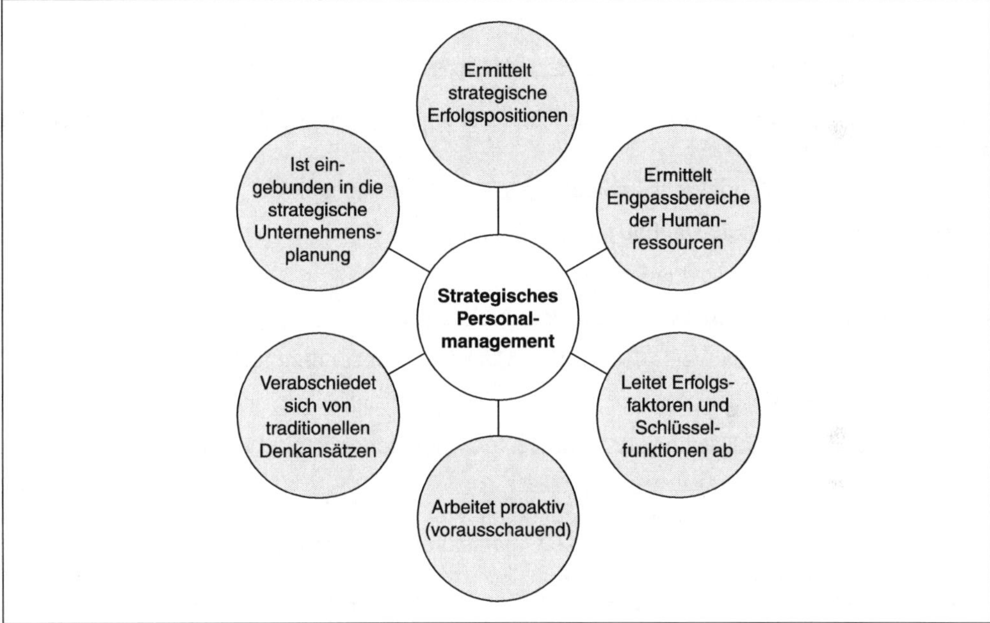

Merkmale des strategischen Personalmanagements

Als Grundlage für die Strategieentwicklung ist zu klären, welche personalwirtschaftlichen Dienstleistungen das Personalmanagement derzeit erbringt (Ist-Situation).

Leitfragen, die geklärt werden müssen:

- Hat man einen Überblick über alle personalwirtschaftlichen Dienstleistungen?
- Kann man diese Dienstleistungen bewerten?

Selten liegt ein Dienstleistungskatalog vor. Unter solchen Umständen macht es Sinn, eine Liste aller Leistungen (Bestandsaufnahme) zu erstellen. Anschließend beurteilt man, welche Aktivitäten tatsächlich zum Bereich des Personalmanagements gehören, welche ausgelagert werden können, welche überflüssig sind und welche fehlen.

Das strategische Personalmanagement orientiert sich an den Prinzipien des **Lean Managements** (→ 1.1.4).
Hierzu einige Beispiele für das Personalmanagement:

Bereich:	**Traditionell:**	**Lean Management:**
Unternehmensziel	Wettbewerber überholen	Kunden gewinnen
Mitarbeiter	Kostenfaktor	Potenzial
Führung	Boss	Partner
Anweisungen	Unveränderbar	Dynamisch
Problemansatz	Wer?	Wie?
Fehler	Ausfall/Verlust	Lernquelle
Betriebsrat	Nur toleriert	Konstruktiver Partner

1.2.2.1 Zielsetzungen für Dienstleistungen

Die Ziele der Personaldienstleistungen ergeben sich aus der Fülle der konkreten **Ansprüche** an das Personalmanagement:

- Förderung und Erhalt der Wettbewerbsfähigkeit des Unternehmens
- Sicherung der Produktqualität und Innovationsfähigkeit
- Senkung der Mitarbeiterfluktuation
- Sicherung von Konkurrenzvorteilen auf dem Arbeitsmarkt
- Anpassung an neue oder veränderte Anforderungen (insbesondere rechtliche Aspekte)
- Nachwuchssicherung
- Verbesserung der Qualifikation zur kompetenten Aufgabenerfüllung / Erhöhung des Qualifikationspotenzials
- Erhöhung der Flexibilität und Mobilität der Mitarbeiter
  Dies kann erreicht werden durch flexible Organisationseinheiten, Teamarbeit und Projektmanagement, Erweiterung der Innovationsfähigkeit (BVW/Ideenmanagement) und Erhöhung der Einsatzmöglichkeiten der Mitarbeiter durch Mehrfachqualifikationen (Job-enlargement).
- Erhöhung der Zufriedenheit der Kunden (intern oder extern)
- Ständige Verbesserung der Lernfähigkeit und Motivation der Fach- und Führungskräfte
  Dies kann geschehen durch Verbesserung der Arbeitsmotivation, der Zufriedenheit und des Organisationsklimas.
- Förderung der Identifikation mit den Unternehmenszielen und der Integration der Mitarbeiter in die Unternehmung
- Berücksichtigung des individuellen und sozialen Wertewandels
  Dies kann z. durch Befriedigung des Selbstverwirklichungspotenzials, bessere/angemessenere Bezahlung, Vermeidung von Über- und Unterforderung erreicht werden.
- Erhöhung der sozialen Sicherheit, Realisierung von Chancengleichheit

- Transparenz (z. B. der Unternehmensgrundsätze, der gemeinsamen Ziele und Orientierungen)
- Erkennung von Konsequenzen, die personalwirtschaftliche Entscheidungen mit sich bringen
- Erkennung und Abwägung von Interessen
- Konfliktfähigkeit (Aufgrund unterschiedlicher Positionen haben verschiedene Beschäftigte unterschiedliche Interessen)
- Horizonte: Die Einkommens-, Aufstiegs- und Entfaltungsbedürfnisse der Mitarbeiter müssen mit den Unternehmenszielen in Einklang gebracht werden.

Aufgabe und Zielsetzung personalwirtschaftlicher Dienstleistungen ist es, die Ansprüche und Bedürfnisse der Mitarbeiter/Kunden und sonstigen Partnern zu erkennen, sie entsprechend betrieblicher Ziele abzustimmen, ihnen durch Maßnahmen entsprechend den betrieblichen Belangen und Möglichkeiten angemessen zu entsprechen und Ergebnisse bzw. Veränderungen später zu evaluieren.

Dabei sollen sich Personaldienstleister und Mitarbeiter gegenseitig als Partner betrachten und behandeln. Ein gemeinsames Erarbeiten von Lösungsansätzen verhilft dem Personalmanagement zu vermehrter Akzeptanz und gestattet einen Transfer von Wissen, Arbeitstechniken und Methoden von der Personalabteilung zum Mitarbeiter.

Personalwirtschaftliche Dienstleistungen können nur dann erfolgreich sein, wenn sie

- Formal- und Sachziele formulieren,
- diese innerhalb der Abteilung/des Unternehmens verwirklichen,
- deren Fortschritte/Auswirkungen überwachen.

Die Ziele personalwirtschaftlicher Dienstleistungen sind im Hinblick auf folgende Aspekte zu konkretisieren:

- Inhalt (Veränderungen/Maßnahmen)
- Ausmaß
- Zeithorizont
- Konsequenzen
- Kosten
- Rahmenbedingungen

Nur mit diesen Konkretisierungen sind Ziele operabel und kontrollierbar.

Ein Beispiel: Die Personalabteilung soll im nächsten Jahr die gesamten Personalkosten höchstens um 2 % erhöhen und dabei steigende Fluktuation vermeiden.

Darüber hinaus gilt für Ziele und deren Erreichbarkeit generell die **SMART**-Formel:

S	=	situationsbezogen, spezifisch
M	=	messbar, machbar, motivierend
A	=	aktionsbezogen, angemessen, akzeptiert, attraktiv
R	=	realisierbar, realistisch
T	=	terminiert, transparent

Ziele werden nach unterschiedlichen Kriterien differenziert. Einerseits nach dem Zielinhalt (Sachziele und Formalziele), andererseits nach der Fristigkeit (operative und strategische Ziele).

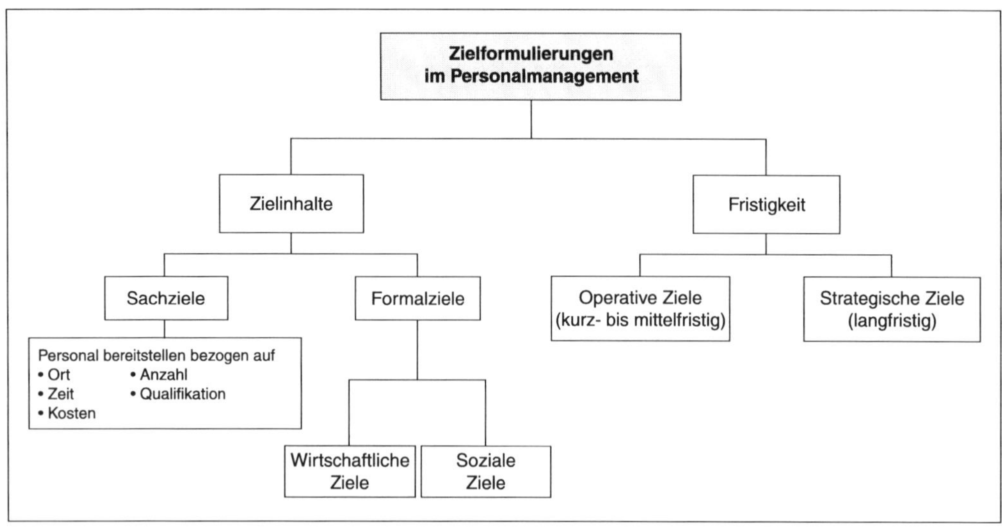

Ziele des Personalmanagements

Sachziele umfassen die Bereitstellung der erforderlichen personellen Kapazität zur Erreichung des Organisationsziels sowohl in quantitativer als auch in qualitativer Hinsicht (zur rechten Zeit, am rechten Ort, in der richtigen Anzahl, mit den richtigen Qualifikationen, zu einem angemessenen Preis).

Als **Formalziele** werden die ökonomischen Ziele (z. B. Senkung der Personalkosten) und die sozialen Ziele (z. B. Schaffung von mehr Arbeitszufriedenheit) bezeichnet (Formalziele = Wie soll das Sachziel erreicht werden?).

Sachziel (Was soll erreicht werden?)	**Bereitstellung der notwendigen personellen Kapazitäten zur Erreichung des Organisationszieles** • In quantitativer Hinsicht in der richtigen Anzahl • In qualitativer Hinsicht zur rechten Zeit, am rechten Ort, zu einem angemessenen Preis und mit der benötigten Qualifikation	
Formalziel (Wie soll das Sachziel erreicht werden?)	**Ökonomisch** Unter Berücksichtigung von Wirtschaftlichkeit und Rentabilität als Beurteilungskriterien für die Effizienz der Aktivitäten des Personalmanagements.	**Sozial** Unter Berücksichtigung der Erwartungen der Arbeitnehmer (Sicherheit, Zufriedenheit, Wohlfühlfaktor) als Basis für die sozialen Beziehungen und den sozialen Bestand des Unternehmens.

Ökonomische (wirtschaftliche) Ziele

Sämtliche Personalkosten fließen in die Preise der Dienstleistungen des Unternehmens ein. Können die Preise nicht am Markt durchgesetzt werden, sind Umsatzeinbußen, Erlösschmälerungen oder Verluste zu erwarten, die im schlimmsten Fall zum Abbau von Arbeitsplätzen oder zur Insolvenz führen.

Ökonomische Ziele sind vom Begriff der Wirtschaftlichkeit (primär ökonomische Größen) geprägt:

- Kostengünstige Produktion
- Geringe Personalkosten
- Qualitätsverbesserung
- Verbesserung der Arbeitsorganisation
- Kostengünstige Dienstleistung
- Hohe Ausbringungsmengen
- Rationalisierung
- Erhöhung der Arbeitsproduktivität

Es ist aus der Interessenlage von Unternehmen verständlich, wenn unter wirtschaftlichen Aspekten eine (Personal-)Kostenreduzierung angestrebt wird.

Soziale Ziele

Alle Ziele der Personalarbeit, die unmittelbar den Arbeitnehmern zugute kommen, nennt man soziale Ziele. Sie richten sich auf die Erwartungen und Bedürfnisse der Mitarbeiter:

- Einen sicheren Arbeitsplatz zu besitzen
- Sich bei der Arbeit wohlzufühlen
- Anerkennung zu bekommen
- Anreizgestaltung
- Gutes Betriebsklima
- Sich als Mensch im Unternehmen verwirklichen zu können
- Ein gesichertes Einkommen zu haben
- Angemessen kommunizieren zu können
- Angemessener Führungsstil
- Arbeitszufriedenheit
- Angenehme Unternehmenskultur
- Vereinbarkeit mit dem Privatleben
- Aufbau eines Personalentwicklungsprogramms

Personalmanagement und personalwirtschaftliche Dienstleistungen bewegen sich zwischen den Polen der wirtschaftlichen Ziele des Arbeitgebers und den sozialen Zielen der Arbeitnehmer. Zwischen beiden unterschiedlichen Zielsetzungen besteht eine Interdependenz (Abhängigkeit) sowie ein ständiges Spannungsfeld. Die Zielsetzungen liegen vielfach konträr zueinander. In ausgeprägten Fällen wird diese Konfliktsituation z. B. bei Tarifauseinandersetzungen deutlich.

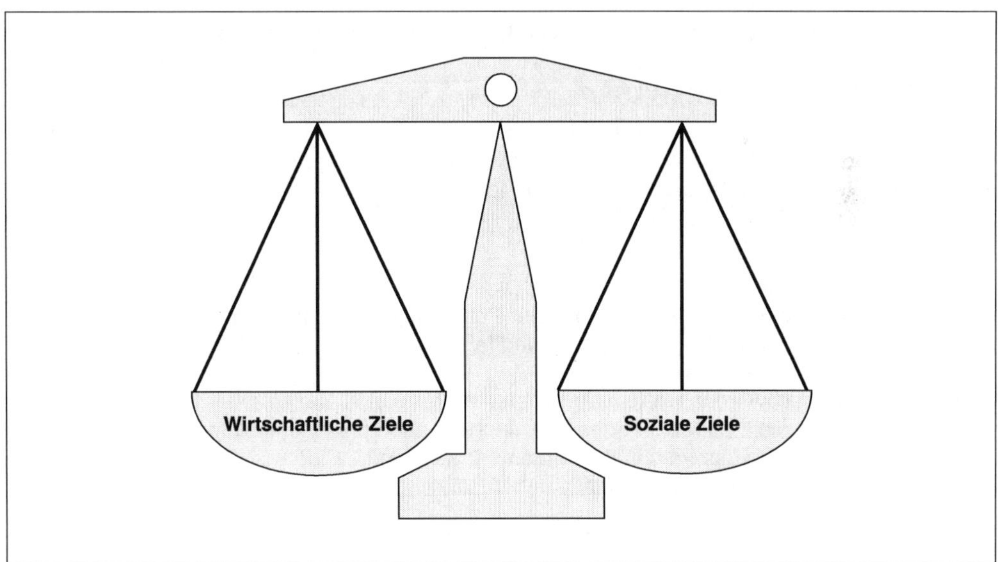

Das personalwirtschaftliche Dienstleistungsangebot ist derart zu gestalten, dass die Balance zwischen wirtschaftlichen und sozialen Zielen gegeben ist. Sie bildet den Maßstab zwischen den beiden grundsätzlichen Zielen des Personalmanagements, an denen sich alle Aktivitäten orientieren und später messen lassen müssen.

Überprüfung der Zielsetzungen

Ziel des Personalmanagements ist es in erster Linie, die Qualität in unterschiedlichen Bereichen zu optimieren. Können die folgenden Aussagen bejaht werden, ist dies gelungen.

Bereich Personalbeschaffung:

- Das Personalmanagement hat gute Kontakte zum Arbeitsmarkt, deshalb erreicht man qualifizierte Bewerber.
- Das Personalmanagement hat ein Gespür dafür, welche Bewerber sich am besten in das Team und Unternehmen einfügen.
- Es gibt Einarbeitungsprogramme, die dafür sorgen, dass sich neue Mitarbeiter schnell integrieren und mit dem Unternehmen identifizieren.

Bereich Personalentwicklung:

- Das Personalmanagement stellt eine gute Berufsausbildung sicher.
- Die Personalentwicklung entspricht sowohl den Anforderungen des Unternehmens als auch den Bedürfnissen der Mitarbeiter.
- Die Mitarbeiter sind mit den Personalentwicklungsmaßnahmen zufrieden.
- Es wird Personalcontrolling betrieben.

Bereich Leistungsbeurteilung:

- Es gibt eindeutige Leistungsanforderungen, die den Mitarbeitern bekannt sind.
- Mit allen Mitarbeitern werden Ziele vereinbart.
- Die individuelle Leistung wird regelmäßig beurteilt und kontrolliert.
- Die Vorgesetzten geben den Mitarbeitern konstruktives und zeitnahes Feedback.
- Feedback geben nicht nur Vorgesetzte, sondern auch Kollegen, Mitarbeiter und andere interne Kunden (360°-Feedback).
- Leistungsbeurteilung und Qualifizierungsmaßnahmen sind miteinander verknüpft.

Bereich Entgelte und Zusatzleistungen:

- Die Entgelte sind leistungs- und marktgerecht.
- Die individuelle Vergütung entspricht dem individuellen Leistungsniveau.
- Die Mitarbeiter kennen die Gründe für die Höhe ihres Entgelts.

Bereich Kundenorientierung:

- Das Personalmanagement versteht sich als Dienstleister.
- Die Mitarbeiter wissen, an wen sie sich in der Personalabteilung zu wenden haben.
- Die Entgeltabrechnung erfolgt fristgerecht und fehlerfrei.
- Die Entgeltabrechnung ist transparent.
- Anfragen und Beschwerden werden umgehend, professionell und vertraulich erledigt.
- Mitarbeiter finden nicht nur ein offenes Ohr, sondern auch praktische Unterstützung, wenn sie sich mit Problemen an das Personalmanagement wenden.
- Das Personalmanagement ist quantitativ und qualitativ gut besetzt.

Bereich Personalplanung:

- Die Personalplanung ist in den strategischen Planungsprozess integriert.
- Erforderliche Maßnahmen der Personalanpassung werden professionell und kostenorientiert durchgeführt.
- Das Personalmanagement ist in der Lage, unternehmerische Entscheidungen, z. B. über Neuschaffung von Stellen, Fusionen, professionell zu begleiten.

- Das Personalmanagement leistet wertvolle Beiträge zu Fragen der Organisation.
- Individuelle Entwicklungspläne werden gemeinsam mit den Mitarbeitern erstellt.
- Es gibt ein effizientes Auswahlsystem, welches es ermöglicht, Mitarbeiter mit hohem Potenzial frühzeitig zu erkennen und zu fördern.
- Selbst wenn Leistungsträger das Unternehmen verlassen, kommt es nicht zu Engpässen.

Bereich der Unternehmenskultur:

- Das Personalmanagement versteht sich als Anreger und Gestalter für Unternehmenskultur.
- Das Betriebsklima und die Mitarbeiterzufriedenheit werden regelmäßig gemessen.
- Offene Kommunikation wird gefördert.
- Es herrscht ein konstruktives Verhältnis zum Betriebsrat und Datenschutzbeauftragten.

1.2.2.2 Strategie und Taktik im Dienstleistungsmanagement

Die zeitgemäße Aufgabe des Personalmanagements liegt nicht in der Verwaltungstätigkeit, sondern in der strategischen Partnerschaft mit internen und externen Kunden. Strategieorientiertes Personalmanagement muss auftretende Probleme erkennen und rechtzeitig angemessen agieren bzw. reagieren.

Strategie und Taktik des Personaldienstleistungsmanagements ergeben sich aus dem Ablauf der Phasen:

Ist-Situation → Zielsetzung → Zielplanung → Zielrealisierung → Zielkontrolle

Ist-Situation und Ist-Analyse

Ausgangssituation ist die Ist-Situation, die als zufriedenstellend oder nicht zufriedenstellend empfunden wird. Damit verbunden ist eine Ist-Analyse (Erhebung von Zahlen, Daten, Fakten, Eigen- und Fremdbild, Erhebungsmethoden, Auswertungen, Benchmarking).

Zielsetzung und Zielplanung

Zielsetzungen bedürfen einer systematischen Planung. Je nach Zielvorgabe werden kurz-, mittel- oder langfristige personalpolitische Ziele unterschieden. Aufgabe des Personalmanagements ist es, wirtschaftliche und soziale Ziele möglichst weitgehend in die Balance zu bringen, ohne dabei die Zielsetzungen aus dem Auge zu verlieren und Aspekte wie Dienstleistungsportfolio, Servicequalität, Zeit, Kosten und Controlling zu berücksichtigen.

Zielrealisierung

Im Rahmen seiner Möglichkeiten trägt das Personalmanagement zur Zielerreichung des Unternehmens bei. Zielerreichung ist aber nur möglich, wenn die Zielsetzung in Form korrekter Zielableitung verständlich bis zum jeweiligen Arbeitsplatz kommuniziert wird und die Rahmenbedingungen eine Umsetzung ermöglichen. Es geht dabei um die Aufgabenverteilung: Wer, was, wann, wo, wozu und womit.

So müssen z. B. zur Zielsetzung »3 % Personalkostensenkung innerhalb von 12 Monaten« alle Fakten auf den Tisch, um deutlich zu machen, welche Ursachen, Ausgangssituationen und Zielfestsetzungen bestehen und wie die Kostenreduzierung durchgeführt werden kann.

Zielkontrolle (Soll-Ist-Abgleich)

Indikatoren zur Messung der Kundenzufriedenheit mit dem Personalmanagement können sein:

- Erscheinungsbild
- Beratungsintensität

- Mitarbeiterzufriedenheit mit den Incentives und den finanziellen Anreizsystemen des Unternehmens
- Mitarbeiterzufriedenheit mit der persönlichen und fachlichen Betreuung

Der Aspekt der Zielrealisierung und der Kontrolle wird in der Praxis vermehrt durch die Balanced-Scorecard genutzt (Kennzahlensysteme → 3.5.4.3).

Controlling-Bereiche des Personalmanagements sind:

- Personalkosten
- Fehlzeiten
- Personalentwicklung
- Mitarbeiterzufriedenheit
- Fluktuation

Für alle Phasen gelten folgende Regeln:

- Die Zielsetzung darf bei der Planung und Durchführung nicht aus dem Blickwinkel geraten.
- Das Personalmanagement hat den Wertschöpfungsprozess zu unterstützen.
- Vertrauen gewinnt an Bedeutung, weil Abhängigkeiten bestehen.
- Flexibilität gehört zur täglichen Arbeit.
- Die Einbeziehung von externen Partnern ist natürlich und vielfach notwendig.
- Ständiges Controlling ist unentbehrlich.

Perspektive	Strategisches Ziel	Projekte/Maßnahmen	Kennziffern/Messgrößen
Finanzen	Steuerung der IST-Personalkostenentwicklung im Rahmen der Planung Kosten in der Verwaltung senken	Aufbau eines Personalcontrollings	Abweichungsgrad von der Kostenplanung
Kunden/ Öffentlichkeit	Positive Wahrnehmnung als Arbeitgeber	Mitarbeiterbefragung, Teilnahme an Benchmarking und an Recruiting-Messen	Ranking Top-Arbeitgeber, Anzahl Messebesuche, Gesundheits-/Zufriedenheitsquote, Fluktuationsquote
Prozesse/ Strukturen	Qualifizierte Mitarbeiter zeitgerecht zur Verfügung stellen	Konzept Nachfolgeplanung, Verbesserung des Planungstools, Job-Rotation, Ausbildung	Zeitdauer von Anforderung bis Stellenbesetzung, Mitarbeiter- und Kundenzufriedenheit
Mitarbeiter/ Potenziale	Qualifikation, Flexibilität, Kompetenz der Mitarbeiter und Führungskräfte (FK) entwickeln	FK-Entwicklungsprogramm, Beurteilungssyteme, MA-Gespräche ausbauen und hieraus Maßnahmen ableiten, zielgruppenspezifische Weiterbildungsprogramme entwickeln und umsetzen	Teilnahmegrad an PE-Programmen, Quote MA-Gespräche, Anzahl vereinbarter Maßnahmen, Weiterbildungstage pro Mitarbeiter

Aspekte des strategischen Personalmanagements

1.2.3 Die Ist-Situation als Grundlage für personalwirtschaftliche Dienstleistungen

Wer personalpolitische Dienstleistungen effektiv gestalten will, muss zunächst die Ist-Situation überblicken, erfassen und analysieren. Erst dann können Strategien umgesetzt werden. Bei der Planung der personalwirtschaftlichen Dienstleistungen gilt es, die Informationen der **Ist-Analyse** (derzeitiger Stand) zukunftsorientiert mit den anstehenden/künftigen Anforderungen an das Personalmanagement zu verknüpfen und in Strategien (Soll-Festlegung) zu überführen.

Zur Aufnahme der Ist-Situation gehören Vergleiche mit anderen Unternehmen oder Unternehmensbereichen (Benchmarking), was letztlich in einer Einschätzung der aktuellen Stärken und Schwächen der eigenen personalwirtschaftlichen Dienstleistung mündet (strategische Kompetenzanalyse).

Folgende Aspekte/Leitfragen sind bei der Betrachtung der Ist-Situation zu klären:

- Was bedeutet Qualität im Personalmanagement (Qualitätsdimension)?
- In welchen Bereichen des Personalmanagements spielt Qualität eine besondere Rolle (Qualitätsfelder)?
- Wie lässt sich Qualität im Personalmanagement steuern (Qualitätssteuerung)?

Im Bereich der **Qualitätsdimensionen** muss man sich von den Kunden messen lassen. Kriterien sind:

- Vertrauen
- Service
- Erreichbarkeit
- Umfang des Dienstleistungsangebots
- Wirtschaftlichkeit (Preis-Leistungsverhältnis)

Qualitätsfelder sind die Aufgabenfelder des Personalmanagements:

- Personalbeschaffung
- Personalentwicklung
- Entgeltabrechnung
- Beratung
- Sozialwesen
- Personalbedarfsplanung
- Personaleinsatzplanung
- Personalkostenplanung
- Personalbesetzungsplanung
- Personalanpassungsplanung

Qualitätssteuerung umfasst folgende Maßnahmen:

- Bestimmung der bestehenden Qualität (Ist-Analyse)
- Planung von Qualitätsverbesserungen (Soll-Analyse)
- Umsetzung von Verbesserungen (Aktivitätenplanung)
- Überprüfung der Maßnahmen (evtl. Beginn neuer Maßnahmen)

Für die **Personalplanung** ist die Ist-Situation der Ausgangspunkt. Die Aufgabe, die für einen bestimmten Zeitpunkt erforderlichen Mitarbeiter nach Anzahl, Qualifikation, Einsatzdauer und Einsatzstart (kurz-, mittel- oder langfristig) zu ermitteln und ihren optimalen Einsatz festzulegen, erfordert eine genaue Kenntnis der Ist-Situation. Instrumente sind:

- Personalbedarfsanalyse
- Auftragssituation
- Anforderungsprofile der Arbeitsplätze (Soll)
- Eignungsprofile der Mitarbeiter (Ist)
- Stellenpläne
- Stellenbeschreibungen
- Stellenbesetzungspläne
- Arbeitslosen-Quote

Personalwirtschaftliche Entscheidungen der Personalplanung beruhen grundsätzlich auf einer Analyse der Ist-Situation und einer realistischen Einschätzung künftiger Entwicklungen.

Beispiele:

1. Prognose: Rückgang der Anzahl der Schulabgänger und Ausbildungsplatzbewerber aufgrund der demografischen Entwicklung

   Personalplanung: Analyse der unternehmerischen Potenziale, Vorsorgeprogramme (Ausbildung auf Vorrat, Nachwuchswerbung und Förderung)

2. Prognose: Neue Absatzmärkte werden erschlossen.

   Personalplanung: Analyse unternehmensinterner Potenziale, Fortbildung von Mitarbeitern in Sprache und Kultur des betreffenden Marktes, Anwerbung und Einstellung geeigneter neuer Mitarbeiter

Benchmarking

Durch verstärkten Wettbewerb am Markt und erhöhten Kostendruck werden zunehmend alle Funktionsbereiche »unter die Lupe« genommen und daraufhin analysiert, welchen Beitrag sie für das Erreichen der Unternehmensziele leisten (können). Dabei kommt dem Benchmarking (als Betrachtungshilfe der Ist-Situation) eine besondere Rolle zu. Vereinfacht gesagt bedeutet Benchmarking »qualifiziertes Adaptieren« bzw. »Lernen vom Besten«.

Um festzustellen, wie gut – oder schlecht – die personalwirtschaftlichen Dienstleistungen im Unternehmen sind, und um jene Bereiche zu finden, in denen Verbesserungen möglich oder nötig sind, lohnt es sich, das Unternehmen mit den besten gleichgearteten Unternehmen oder Tochterunternehmen zu vergleichen.

Benchmarking wird insbes. genutzt, um

- relevante eigene und fremde Erfolgskennzahlen zu ermitteln,
- eigene und fremde Erfolgsfaktoren zu bewerten und zu vergleichen,
- für die spezielle Unternehmens- und Wettbewerbssituation angemessene Konsequenzen zu ziehen,
- nach Priorität geeignete Maßnahmen umzusetzen.

Was vergleicht man?

Vergleichen lässt sich alles, was zur Einschätzung des Niveaus dient. Hierzu zählen neben der Produkt- oder Servicequalität die Servicestandards, die Software, die Fluktuationsrate, die Häufigkeit der Arbeitsunfälle sowie der Bereich der Aus- und Weiterbildung.

Es wird untersucht, was die »Klassenbesten« tun, wie gut deren allgemeine Leistungen im Vergleich mit denen des eigenen Unternehmens sind und wie gut sie bestimmte Aktivitäten durchführen. Lernen kann man auch aus Fehlern anderer. Das Ziel von Benchmarking besteht darin, Verbesserungsbereiche aufzuspüren und Veränderungen anzuregen. Erst wenn man weiß, wie andere vorgehen, wie Kunden das Unternehmen im Vergleich zur Konkurrenz betrachten, lassen sich sinnvolle Veränderungsprozesse einleiten. Das externe Benchmarking, welches sich an anderen Unternehmen orientiert, ist i. d. R. mit größerem Aufwand verbunden. Beim internen Benchmarking orientiert man sich z. B. an einem besonders erfolgreichen Personalreferenten oder Vergütungssystemen im eigenen Hause.

Was sind die Hauptkategorien des Benchmarkings?

- Wettbewerbsanalyse
  Systematische Analyse der Konkurrenzaktivitäten, die als Grundlage für die Verbesserung der eigenen Leistung herangezogen wird.
- Leistungsvergleich
  Beurteilung der Leistungen des Unternehmens und der einzelnen Abteilungen.
- Erfolgreichste Verfahren
  Suche nach erfolgreichen Verfahren bspw. in der Herstellung, dem Vertrieb, der Entlohnung, der Mitarbeiterqualifizierung.
- Vorgabe von Standards
  Festlegung geeigneter und anspruchsvoller Leistungsstandards.

Phasen des Benchmarkings:

1. Planung:
Entscheidung, was und wie verglichen werden soll.

2. Datensammlung:
Entscheidung, welche Datenquellen genutzt werden sollen oder können.

3. Auswertung der Analyseergebnisse:
Vergleich der gewonnenen Daten und Lösungsansätze. Beurteilung so unvoreingenommen wie möglich, was im Unternehmen gelernt und umgesetzt werden kann und was nicht.

4. Implementierung von Veränderungen:
Entscheidung, welche Verbesserungen erforderlich sind. Planung der Veränderungen und gezielte Ausführung. Der Prozess des Veränderungsmanagements wird reibungsloser verlaufen, wenn die betroffenen Mitarbeiter in Planung, Analyse und Entscheidung eingebunden werden. Es gilt deshalb, die Betroffenen zu Beteiligten zu machen.

5. Überprüfung der Fortschritte:
Beobachtung, wie das Veränderungsprogramm vorankommt und was es bewirkt.

Beim Benchmarking ist Folgendes zu beachten:

- Was in anderen Unternehmen gut funktioniert, muss anderswo nicht unbedingt genauso funktionieren.
- Selbst wenn man aufschlussreiche, zuverlässige Informationen aus verschiedenen Quellen erhält, bedarf es beträchtlicher Kenntnisse, diese Ergebnisse in sinnvolle Aussagen für das eigene Unternehmen zu übersetzen.
- Oft kann man aus den Misserfolgen und schlechten Verfahren anderer genauso lernen wie aus deren Erfolgen.
- Es gilt stets den Nutzen und die Kosten gegenüberzustellen und sich der Absicht, die mit dem Benchmarking verfolgt wird, bewusst zu sein.
- Mit Statistiken und Auswertungen anderer sollte man kritisch umgehen. Nur wer ein Benchmarking selber erstellt hat, weiß um die Zuverlässigkeit der Daten und die Absichten.

1.2.3.1 Das Informationsproblem

Den Austausch von Informationen nennt man Kommunikation. Sie ist die Grundvoraussetzung für die zielgerichtete Zusammenarbeit mit allen internen und externen Kunden bzw. Partnern. Eine der Kernaufgaben der personalwirtschaftlichen Dienstleistungen ist es, die Betroffenen dienstleistungs- und qualitätsorientiert mit Informationen zu versorgen oder von diesen Informationen zu gewinnen.

Mangelnde Informationspolitik und Kommunikation lässt die Kunden bzw. Partner sowie das Personalmanagement selber unprofessioneller, unsicherer und unzufriedener werden (Motivationskiller). Die Informationsproblematik lässt sich durch Vollständigkeit der Inhalte, Aktualität, Empfängerorientierung und Verständlichkeit verringern (→ 1.2.6.5).

Informationen dienen im Unternehmen folgenden Zwecken:

- Handlungen vorzubereiten
- Den Grad der Unsicherheit bei Entscheidungen zu verringern
- Prozesse der Unternehmensführung zu planen, organisieren und kontrollieren
- Die Verbindungen der Unternehmung mit ihrer Umwelt aufrecht zu erhalten

Zur Informationsgewinnung in Hinblick auf personalwirtschaftliche Dienstleistungen bedient sich das Personalmanagement unterschiedlicher Möglichkeiten. Hierzu zählen:

- Mitarbeitergespräche
- Personalakten
- Mitarbeiterzeitung
- Internet
- Mitarbeiterbeobachtungen
- Marktbeobachtung
- Presseveröffentlichungen
- Personalinformationssysteme
- Intranet
- Unternehmensberatungen
- Mitarbeiterbefragungen
- Jobbörsen
- Employee-Self-Service
- Fachliteratur/Fachzeitschriften

1.2.3.2 Ist-Analyse: Kundenmeinung

In einem ersten Schritt werden (ggf. mit den Kunden) Qualitätsstandards festgelegt:

In einem zweiten Schritt ermittelt man die Deckungslücken zwischen den definierten Standards und den erbrachten Leistungen (Soll-Ist-Vergleich).

In einem dritten Schritt sind Maßnahmen zur Verbesserung zu erarbeiten, Aktivitäten zu vereinbaren und umzusetzen sowie die Überwachung der Maßnahmen vorzusehen.

Hintergedanke ist, dass das Personalmanagement als personalwirtschaftlicher Dienstleister in unterschiedlichen Bereichen einen Beitrag zur Wertschöpfung bzw. Zielerreichung des Unternehmens leisten kann und muss:

- Finanzen
  - Optimierung der Personalkosten durch Einsatz entsprechender Instrumente
  - Ausschöpfen der Potenziale in der Funktion Personalmanagement selbst
- Kunden und Öffentlichkeit
  - Positive Wahrnehmung als Arbeitgeber intern und extern pflegen und ausbauen
  - Personalarbeit leistungsbezogen und sozialverträglich gestalten
- Prozess/Strukturen
  - Qualifizierte Mitarbeiter rechtzeitig und angemessen zur Verfügung stellen
- Mitarbeiter/Potenziale
  - Umsetzung der Führungsgrundsätze sicherstellen
  - Qualifikation, Flexibilität und Motivation der Mitarbeiter ausbauen

- Wissensmanagement aufbauen
- Innovative Konzepte/Instrumente rechtzeitig initiieren
- Netzwerke zu externen Partnern aufbauen und pflegen

1.2.3.3 Strategische Kompetenzanalyse

Bei der strategischen Kompetenzanalyse geht es bezogen auf den Bereich der Personalentwicklung in erster Linie um die Rolle des Personalmanagements als Aus- und Weiterbildungsberater. Aus- und Weiterbildungsberatung bedeutet dabei mehr als nur die Weitergabe von Informationen, wann, wo und mit welchen Inhalten eine Maßnahme stattfindet. Sie schließt eine ganzheitliche individuelle Teilnehmerberatung mit ein und baut auf der Ist-Analyse auf.

Hierbei geht es um zwei Leitfragen:

1. Welche Kompetenzen verlangen die strategischen Überlegungen der Unternehmensleitung von den Mitarbeitern?
2. Wie ist es um die Kernkompetenzen des personalwirtschaftlichen Bereiches bestellt?

Eine Stärken-Schwächen-Analyse bezieht sich auf zentrale Aktivitätsfelder des Personalmanagements. Für zentrale personalwirtschaftliche Bereiche ist eine Eigen- oder Fremdbewertung vorzunehmen. Auf diese Weise entsteht eine differenzierte Übersicht (Profil) über den Ist-Zustand. Zu unterscheiden sind dabei unterschiedliche Instrumente zur Erhebung der Qualität des Personalmanagements und der Kundenzufriedenheit durch damit verbundene Kenngrößen.

Hilfsmittel bzw. Instrumente der Ist-Analyse sowohl hinsichtlich der Kundenmeinung, als auch der Kompetenzanalyse sind:

- Eine wichtige Datenquelle sind die Personalakten. In ihnen werden für alle Mitarbeiter Unterlagen gesammelt und chronologisch geordnet, die im Laufe der Betriebszugehörigkeit von Bedeutung sind.
- Personalinformationssysteme (PIS)
- Ausfüllen eines Bewertungsbogens unmittelbar nach einem Kontakt mit der Personalabteilung.
- Aus Stellen- und Funktionsbeschreibungen sowie aus der Mitarbeiterbeurteilung lässt sich erkennen, welche Kompetenzen benötigt werden bzw. vorhanden sind, welche weiteren Maßnahmen notwendig und welche Rahmenbedingungen zu ändern sind.
- Generelle Erhebungen zur internen Kundenzufriedenheit (schriftliche Mitarbeiterbefragung), die zielgerichtet aufbereitet oder ergänzt werden. Gegebenenfalls. beziehen sie sich auf unterschiedliche Kundengruppen (Mitarbeiter, Führungskräfte) und unterschiedliche Themen (Auskünfte, Beratung, Servicequalität).

Schriftliche Kundenbefragung

Ein Instrument der strategischen Kompetenzanalyse ist der Einsatz von Fragebögen. Diese werden den zu befragenden internen Kunden per (Haus-)Post zugesandt oder durch eine andere Verteilungsmethode zur selbstständigen Beantwortung überlassen. Vorteile des Vorgehens sind, dass eine systematische Ermittlung von Einstellungen und Meinungen erfolgt, Schwachstellen aufgezeigt werden, die Kunden sich beteiligt fühlen und ggf. »Dampf ablassen« können. Zu beachten ist, dass alle Punkte der Befragung zu begründen sind. Schriftliche Mitarbeiterbefragungen liefern zwar subjektive Ansichten und Bewertungen. Da es sich um Ansichten von Kunden handelt, sollten sie ernst genommen werden. Das Problem dieser Methode liegt in der Freiwilligkeit der Beantwortung mit unbefriedigender Rücklaufquote sowie den Datenschutzvorschriften.

Bei der Befragung von Kunden des Personalmanagements sind folgende Empfehlungen nützlich:

- Bildung einer Projektgruppe für die Befragung
- Unterstützung durch den Betriebsrat sichern
- Festlegung der Zielgruppe
- Aufstellung eines Zeitplans
- Festlegung des Budgets
- Festlegung der Befragungsmethode
- Aufstellung eines Fragenkatalogs
- Durchführung der Maßnahme durch eigenes Personal oder Externe
- Auswertung planen
- Abschließende Präsentation
- Bereitschaft, Konsequenzen zu ziehen und die Erkenntnisse umzusetzen

Eine Reihe von Gründen spricht für die schriftliche Form der Mitarbeiterbefragung:

- Mithilfe von Fragebogenaktionen lassen sich die Erwartungen und Bewertungen sammeln
- Sie kann anonym erfolgen
- Sie ist i. d. R. kostengünstig und rasch auswertbar
- Die Beantwortung erfolgt unbeeinflusst
- Die Ergebnisse sind vergleichbar

Problematisch sind der oftmals geringe Rücklauf und der Auswertungsaufwand. Das Muster eines Fragebogens folgt auf der nächsten Seite.

Mündliche Befragung (Interviews) und weitere Möglichkeiten

Bei dieser Methode werden die befragten Mitarbeiter/Kunden von Interviewern gebeten, die Fragen, die auf einem Fragebogen notiert sind, in Gegenwart der Interviewer zu beantworten. Dieser füllt den Bogen aus. Diese Erhebungsform ist besonders geeignet für Einzelmeinungen bzw. Einzelprobleme zwischen Mitarbeitern und Personalverantwortlichen.

Vorteile einer mündlichen Befragung sind:

- Es ist ein individuelles Eingehen auf den Befragten möglich.
- Es ist eine flexible Gesprächsführung möglich.
- Es besteht die Möglichkeit der Nachfrage.

Weitere Möglichkeiten die Qualität der Arbeit des Personalmanagements zu bewerten sind:

- Beobachtung
  Hier werden Beobachter/Zähler eingesetzt, die einen bestimmten Vorgang oder eine bestimmte Situation/Menge beobachten/zählen. Beispiele sind: Die Zeiterfassung oder Protokolle.
- Projektgruppe
  Mit der Bildung einer Projektgruppe können Sichtweisen und Kompetenzen aus unterschiedlichen Unternehmensbereichen gebündelt und untersucht werden. Wichtig ist dabei, die Projektgruppe angemessen zusammenzusetzen.
- Workshops zur Problemsensibilisierung
  Durch Workshops bietet sich die Gelegenheit von Detailinformationen zur Qualität und den Erwartungen an das Personalmanagement. Wichtig sind dabei die Offenheit und das Engagement der Teilnehmer.
- Benchmarking mit anderen Personalabteilungen
  Über dieses Vorgehen werden Informationen zu Unternehmens- oder Branchenvergleichen gewonnen. Insbesondere vom Besten lässt sich lernen.

- Bildung und Auswertung von personalwirtschaftlichen Kennziffern (Vergleichswerte)
  Auf diese Weise lässt sich der Ist-Zustand des Personalmanagements statistisch abbilden, allerdings ohne Informationen hinsichtlich der Ursachen. Kennziffern können z. B. für folgende Arbeitsbereiche gebildet werden:

  – Bearbeitungszeit im Einstellungsverfahren
  – Zeitbedarf von der Anfrage/dem Antrag bis zur Erledigung
  – Anteiliger Mitarbeitereinsatz für Beratung, Betreuung, Projekte oder Administration
  – Kosten für Leistungen, Beratungen und Prozesse
  – Beschwerdequote bezüglich Fehler des Personalmanagements (z. B. Entgeltabrechnung)

Befragung der Führungskräfte zu Erwartungen und Zufriedenheit mit der Personalbetreuung

- **Wie ist Ihr Eindruck bezogen auf Ihren Personalreferenten in folgenden Bereichen?**

	sehr gut (1)		bis			ungenügend (6)
– Erreichbarkeit	☐	☐	☐	☐	☐	☐
– Freundlichkeit	☐	☐	☐	☐	☐	☐
– Hilfsbereitschaft	☐	☐	☐	☐	☐	☐
– Engagement	☐	☐	☐	☐	☐	☐
– Zuverlässigkeit	☐	☐	☐	☐	☐	☐
– Diskretion	☐	☐	☐	☐	☐	☐
– Kommunikation	☐	☐	☐	☐	☐	☐
– Verbindlichkeit	☐	☐	☐	☐	☐	☐
– Fachliche Kompetenz	☐	☐	☐	☐	☐	☐

- **Wie wichtig sind für Sie folgende Betreuungsaufgaben des Personalmanagement?**

	sehr wichtig (1)		bis			unwichtig (6)
– Allgemeine Mitarbeiterbetreuung	☐	☐	☐	☐	☐	☐
– Entgeltpolitik	☐	☐	☐	☐	☐	☐
– Arbeitszeitmanagement	☐	☐	☐	☐	☐	☐
– Beratung bei Führungsproblemen/ Konflikten	☐	☐	☐	☐	☐	☐
– Personalbeschaffung	☐	☐	☐	☐	☐	☐
– Personalfreisetzung	☐	☐	☐	☐	☐	☐

- **Wie bewerten Sie die Betreuungsleistungen durch Ihren Personalreferenten bezogen auf**

	sehr gut (1)		bis			ungenügend (6)
– Entgeltpolitik	☐	☐	☐	☐	☐	☐
– Arbeitszeitmanagement	☐	☐	☐	☐	☐	☐
– Beratung bei Führungsproblemen/Konflikten	☐	☐	☐	☐	☐	☐
– Aus- und Weiterbildung	☐	☐	☐	☐	☐	☐
– Personalbeschaffung	☐	☐	☐	☐	☐	☐
– Personalfreisetzung	☐	☐	☐	☐	☐	☐

- Welches sind Leistungen, die vom Personalmanagement zusätzlich erbracht werden sollten?

  ____

- Welches sind Leistungen, die vom Personalmanagement nicht erbracht zu werden brauchen?

  ____

Beispiel für einen Befragungsbogen

Personalwirtschaftliche Bereiche und Quellen, aus denen man relevante Informationen erhalten kann:

Arbeitsfeld	Möglichkeiten der Informationsbeschaffung
Personalpolitik	Befragung der Geschäftsleitung
Personalkonzepte	Befragung der Geschäftsleitung und von Führungskräften
Personalplanung	Grad der Umsetzung des Geplanten
Personalbeschaffung	Befragung von Führungskräften und Kennzahlen der offenen bzw. überhängigen Stellen sowie Kosten
Arbeitsbedingungen	Befragung von Führungskräften und Mitarbeitern Kennzahlen zu Krankheiten, Arbeitszeitverstößen
Personalentwicklung	Befragung von Führungskräften und Mitarbeitern
Personalanpassung	Stand der Planumsetzung und Kosten
Personalverwaltung	Kostenanalyse, Auswertung der Zeiterfassung
Kooperation mit dem Betriebsrat	Befragung des Betriebsrates; Zahl der strittigen Fälle vor der Einigungsstelle
Personalbetreuung	Befragung von Mitarbeitern und Führungskräften
Personalcontrolling	Verfügbarkeit der Daten

Bewertungskriterien und Bestimmung der Leistungsqualität

Bei der Planung, Entscheidung und Durchführung personalwirtschaftlicher Dienstleistungsprozesse sollte nicht nur verglichen und bewertet, es sollten auch Veränderungspotenziale betrachtet werden. Nur auf diese Weise kann das Dienstleistungsangebot auf hohem Niveau gehalten oder verbessert werden. Zur Bewertung können folgende Kriterien dienen:

- Dienstleistungsmentalität der Personalmitarbeiter
- Freundlichkeit und Wertschätzung gegenüber Kunden in der Beratung
- Qualität und Quantität der Dienstleistung
- Verlässlichkeit
- Individuelles Eingehen auf den Kunden
- Reagibilität (Fähigkeit, sensibel zu reagieren)
- Erreichbarkeit
- Fachliche Kompetenz des Dienstleisters
- Methodische Kompetenz des Dienstleisters
- Soziale Kompetenz des Dienstleisters

Kriterien für **Servicequalität** im Bereich Personalentwicklung und Betreuung:

- Höflichkeit (Auftreten, Aufmerksamkeit, Freundlichkeit)
- Verlässlichkeit (Rechtzeitigkeit, Glaubwürdigkeit, Richtigkeit)
- Kompetenz (Professionalität, Selbst-, Sozial-, Methoden- und Fachkompetenz)
- Kommunikation (Kommunikations- bzw. Informationsbereitschaft und -fähigkeit)
- Verständnis (bezogen auf individuelle und spezielle Bedürfnisse der Kunden)
- Schnelligkeit, Unmittelbarkeit und Pünktlichkeit
- Innovation (neue Ansätze, Konzepte, Wege, Instrumente)
- Planung (Pläne, Analysen, Strategien, Prognosen)

- Koordination (Abstimmung, Strukturierung)
- Konfliktmanagement (Moderation, Interessenausgleich, Kommunikation)
- Repräsentation (Unternehmensvertretung, Corporate Identity, Public Relations)
- Evaluation (strategisches und operatives Controlling)

Auch hinsichtlich der Servicequalität können Kennzahlen gebildet werden. Wichtig ist es, diese Größen mit angemessen Maßstäben sinnvoll zu messen. Hierzu drei Beispiele:

- Höflichkeit: Anzahl der Reklamationen kleiner als 1 %
- Verlässlichkeit: Einhaltung des Entgeltzahlungstermins (z. B. 100 %) oder fehlerlose Abrechnungsquote (z. B. 98 %)
- Reaktion: Erreichbarkeit und Antwortzeit auf Kundenwünsche (z. B. einfache Anfragen drei Tage, komplexe Anfragen eine Woche)

1.2.4 Prognose und Potenzialanalyse

Ohne genaue Marktbeobachtung, Marktforschung, prognostizierte Gestaltung des betrieblichen Leistungsprozesses und umfassende Potenzialanalyse ist ein Unternehmen auf Dauer wenig (über)lebensfähig. So ist es auch Aufgabe des Personalmanagements, Prognosen für unterschiedliche Entscheidungsprozesse bereitzustellen. Die durch die Ist-Analyse gewonnenen Erkenntnisse sind auf die Zukunft zu prognostizieren, um den Dienstleistungsprozess der Personalwirtschaft zielorientiert zu gestalten.

Dem Personalmanagement obliegt es, die Prognosen und Potenzialanalysen in folgenden Bereichen zu erstellen:

- Elementarer Produktionsfaktor menschliche Arbeitskraft
- Technische Ressourcen (Intranet, Personalinformationssystem PIS)
- Räumliche Ressourcen (hinsichtlich der Dienstleistungsfähigkeit)
- Finanzielle Ressourcen (bezüglich der Budgetierung)

Zur genauen quantitativen und qualitativen Erfassung bedient man sich bestimmter Prognoseverfahren und statistischer Methoden. Prognose und Statistik sind dabei eng verbunden und ergänzen sich gegenseitig.

Grundaufgaben der Statistik

Zu den Grundaufgaben der Statistik zählen im Personalbereich:

- Information: Eine Darstellung über den im personellen Bereich bestehenden Zustand und über Veränderungen, die sich in der Vergangenheit ergeben haben.
- Kontrolle: Dazu dienen Daten, die eine vergangenheitsbezogene Kontrolle ermöglichen, wie z. B. Ursachen von Fluktuation.
- Hilfe bei Entscheidungen: Durch Statistik können Stärken und Schwächen betrachteter Teilbereiche sichtbar gemacht werden. Ebenso sind sie eine wesentliche Unterstützung für die betriebliche Führung. Ergebnisse aus der Personalstatistik sind Grundlage für Entscheidungen in der gegenwärtigen Personalarbeit und bei zukünftigen Aufgaben (z. B. bei Maßnahmen zur Fehlzeitenreduzierung).
- Dokumentation: Bestimmte Daten lassen eine vergangenheitsbezogene Auswertung zu. Teilweise besteht dazu eine gesetzliche Verpflichtung (z. B. Sozialversicherungsrecht, Steuerrecht).

Eine besondere Rolle spielen **Kennziffern.** Sie drücken in verdichteter Form aus, wie es um den Zustand eines bestimmten Unternehmensbereiches bestellt ist, den sie vereinfacht und ohne Hinweise auf Hintergründe abbilden.

Beispiele für Kennziffern im Personalmanagement:

- Anzahl der Kundenreklamationen pro Monat
- Reaktionsgeschwindigkeit bei Anfragen und Reklamationen
- Dauer von der Anfrage bis zum Angebot
- Fluktuationsrate in der Probezeit
- Durchschnittsnoten der Auszubildenden bei der Abschlussprüfung
- Altersdurchschnitt der Belegschaft

1.2.4.1 Prognoseverfahren

Zuverlässige Prognosen beruhen auf Erfahrungen und statistischem Ausgangsmaterial. Sie dienen im Bereich der personalwirtschaftlichen Dienstleistungen als Entscheidungshilfe.

Mithilfe von Prognoseverfahren will man auf statistischer Grundlage Aussagen über wahrscheinlich zu erwartende Ereignisse und Entwicklungen machen. Eine hilfreiche Methode stellt neben der Trend-Extrapolation die Szenario-Technik dar (→ 1.7.2.3). Ein Szenario ist ein Zukunftsbild, welches mit einer zugeordneten Eintrittswahrscheinlichkeit den ungünstigsten Fall (Horror-Szenario), den besten Fall (Ideal-Szenario) und/oder den wahrscheinlichsten Fall anzeigt.

Nutzer von Personalstatistik und Prognosen

Nutzer finden sich sowohl im Unternehmen selbst (interne Nutzer), als auch außerhalb des Unternehmens (externe Nutzer).

Zu den internen Nutzern zählen:

- Unternehmensleitung
- Betriebsrat
- Abteilung Personal- und Sozialwesen
- Controller
- Führungskräfte

Zu den externen Nutzern zählen:

- Sozialversicherungsträger
- Agentur für Arbeit
- Presse
- Kammern
- Berufsgenossenschaft
- Statistisches Bundesamt
- Integrationsamt

Ausgangsmaterial der Personalstatistik

Das Ausgangsmaterial für die Erstellung von Statistiken und Prognosen kann innerbetrieblich oder außerbetrieblich gewonnen werden.

Datenmaterial aus dem Betrieb

In der Personalstatistik finden sich Daten, die aktuell sind und kurzfristig zur Verfügung stehen, außerdem solche, die bereits seit längerer Zeit erfasst und gespeichert sind. Beide Quellen zusammen ermöglichen, Statistiken maßgeschneidert über längere Zeiträume zu erstellen.

Aus den Angaben der einzelnen Abteilungen können in der Personalabteilung für den gesamten Betrieb Tages-, Wochen- und Monatsstatistiken (bspw. über die Abwesenheitszeiten und deren Ursachen) relativ schnell erstellt und genutzt werden.

Aus innerbetrieblichen Daten können z. B. folgende Statistiken als Basis für Prognosen entwickelt werden:

- Anwesenheitsstatistiken
- Fehlzeitenstatistiken
- Urlaubsstatistiken
- Fluktuationsstatistiken
- Versetzungsstatistiken
- Altersstruktur der Mitarbeiter

Außerhalb des Datenmaterials, das dem Personalmanagement zur Verfügung steht, ist vor allem das **betriebliche Rechnungswesen** eine wichtige Datenquelle. Hier kommen insbesondere Daten infrage, die den Bereich der Personalkosten betreffen. Auch Daten, aus denen sich Kennzahlen bilden lassen (z. B. Produktionsergebnisse oder Umsatz je Mitarbeiter) können aus den Zahlen des Rechnungswesens in Verbindung mit Daten aus der Personalabteilung gebildet werden.

Datenmaterial von Quellen außerhalb des Betriebes

Eine Fülle von außerbetrieblichen Informationen für die Personalstatistik und Prognosen liefert das **Statistische Bundesamt:**

- Statistisches Jahrbuch
- Fachserien
- Ergebnisse aus Volkszählungen
- Mikrozensus (jährliche Stichprobe bei Haushalten)
  mit Aussagen über Altersgruppen, Einkommensstellung im Beruf, Berufsgruppen
- Entgelterhebungen in unterschiedlichen Branchen
  mit Aussagen über Bruttomonatsverdienste von Arbeitnehmern
- Personalkostenerhebungen in unterschiedlichen Branchen
  Hier werden z. B. die Personalnebenkosten nach Art der Aufwendungen dargestellt.

Auch die Statistischen Landesämter liefern hilfreiche Daten.

Die **Bundesagentur für Arbeit** gibt regelmäßig Informationen heraus über:

- Die Arbeitsvermittlung, mit Aussagen über offene Stellen und Wirtschaftszweige,
  über die Arbeitslosenquote nach Altersgruppen und die Dauer der Arbeitslosigkeit
- Ausländische Arbeitnehmer, Angaben über Staatsangehörigkeit
- Zahl der Arbeitslosen
- Anzahl der Heimarbeiter und Umfang der Heimarbeit
- Angaben über die Berufsberatung (Welche Berufe werden stark nachgefragt?)
- Die berufliche Fortbildung und Umschulung mit Beschreibung der Maßnahmen,
  Zahl der Teilnehmer und Art der Förderung

Ferner stellen die **Wirtschaftsverbände** und **Kammern** (z. B. Arbeitgeberverbände, Gewerkschaften, IHK) Informationen zur Verfügung, die für Prognosen genutzt werden können.

Grundlagen der statistischen Darstellung

Ergebnisse statistischer Erhebungen und Prognosen müssen in einer Form dargestellt werden, die ihre Absicht verdeutlicht. Um die Anschaulichkeit des Datenmaterials zu erhöhen, kann man unterschiedliche grafische Darstellungsmöglichkeiten nutzen (→ 1.7.2.2).

Das folgende Beispiel der Fluktuationsrate zeigt, wie sich in der praktischen Arbeit statistische Methoden für aussagekräftige Personalarbeit und Prognosen anwenden lassen.

Eine Fluktuationsstatistik soll Angaben darüber enthalten,

- wie viele Mitarbeiter in einer bestimmten Periode das Unternehmen verlassen haben,
- auf welche Art die Arbeitsverhältnisse geendet haben (Ursachenforschung).

Die Fluktuationsrate kann wie folgt berechnet werden:

$$\textbf{Fluktuationsrate} = \frac{\text{Anzahl der Abgänge} \cdot 100}{\text{Durchschnittlicher Personalbestand}} \ \%$$

Wenn die Ursachen der Fluktuation ermittelt werden können, lässt sich u. U. steuernd eingreifen, um sie auf das erwünschte Maß zu bringen oder Prognosen für die Zukunft zu erstellen.

1.2.4.2 Strategische Frühwarnung

Die absehbaren und für das Personalmanagement bedeutsamen Entwicklungen außerhalb des Unternehmens sind ein relevanter Themenbereich für die Früherkennung von Gefahren und Möglichkeiten. Deshalb sind wirtschaftliche, technologische, gesellschaftliche und politisch-rechtliche Entwicklungen inner- und außerhalb des Unternehmens zu beobachten, frühzeitig zu erkennen und auf ihr Nutzen- und Gefahrenpotenzial hin zu überprüfen.

Da die Außenbedingungen keine konstanten Größen sind, ist für das Personalmanagement eine Reihe von Determinanten interessant:

- Komplexität: Es gibt nicht die Außenwelt, sondern eine Fülle von Außenweltbedingungen und unterschiedliche Abhängigkeiten zwischen diesen.
- Diskontinuität: Die Außenweltbedingungen verändern sich stetig.
- Dynamik: Besonders technische Entwicklungen vollziehen sich mit zunehmender Geschwindigkeit.
- Unsicherheit: Zeitpunkt, Richtung und Intensität von Veränderungen entziehen sich vielfach jeder Vorhersagbarkeit.

Der Dienstleistungsprozess des Personalmanagements lässt sich mit einem strategischen Frühwarnsystem optimieren. Dieses basiert auf einem Risiko-Management-Prozess, der einen bestimmten Handlungsablauf zur Bewältigung von Risiken im Personalmanagement definiert.

Zu den **Risiken** im Personalmanagement zählen:

- Kostenrisiko bei intensiver Mitarbeiterberatung
- Ausfallrisiko bei Fehlzeiten und Fluktuation von Mitarbeitern
- Fehlerrisiko bei Unzuverlässigkeit von Mitarbeitern oder externen Dienstleistern
- Liquiditätsrisiko bei Realisierung der Personalabteilung als Profit-Center

Frühwarnung bedeutet, sich so rechtzeitig wie möglich über sich abzeichnende Entwicklungen zu informieren und entsprechend zielgerichtete Maßnahmen einzuleiten. Zu diesen Zwecken werden **Frühwarnindikatoren** im Rahmen des Personal-Controllings entwickelt, die so genau wie möglich die voraussichtliche Entwicklung bei alternativen Voraussetzungen aufzeigen. Hierfür ist die Marktbeobachtung und das Erarbeiten von längerfristigen Prognosen ein wertvolles Hilfsmittel.

Mögliche Frühwarnindikatoren sind:

- Mitarbeiter(un)zufriedenheit
- Steigende Fluktuation
- Schlechtes Betriebsklima
- Erhöhter Beratungsbedarf
- Steigender Krankenstand
- Schlechte Liquidität
- Budgetknappheit
- Gesetzesänderungen
- Schlechte Berufsschulnoten der Auszubildenden
- Veränderte Konjunkturdaten
- Aktivitäten der Konkurrenz
- Verschlechterung der Produktivität

Zu beachten ist, dass »sichere« von »unsicheren« Trends abzugrenzen sind. Die Voraussetzungen, unter denen die prognostizierten Entwicklungen eintreten können, müssen genau bestimmt und im Auge behalten werden. Angewendet werden die Möglichkeiten der strategischen Frühwarnung im Personalbereich insbesondere bei der Planung des Personalbedarfs, der Personalbeschaffung, der Personalkosten, der Personalentwicklung und der Personalfreisetzung.

1.2.5 Innovationsmanagement in der Dienstleistung

1.2.5.1 Notwendigkeit der Innovationsfähigkeit

Kein Unternehmen kann ohne Innovationen und Ideen seiner Mitarbeiter überleben. Nur innovationsfreudige Unternehmen werden langfristig am Markt bestehen können. Die Antwort, wie viel Innovation ein Unternehmen sich leisten muss und kann, hängt von der strategischen Ausrichtung, der Unternehmenstradition, den Mitarbeitern, der Konkurrenz und der Marktsituation ab.

In Traditionsunternehmen mit zum Teil jahrzehntealten Denk- und Handlungsgewohnheiten ist ein fehlendes Innovationsmanagement oftmals ein großes Problem. Es wird vielfach nicht berücksichtigt, dass Innovationserfordernisse

- rechtzeitig erkannt und angegangen werden müssen,
- in Einklang mit den Unternehmenszielen und der Unternehmenskultur stehen müssen.

In diesem Sinne stellt das Innovationsmanagement einen Teilbereich des Qualitätsmanagements dar. In der heutigen Zeit des schnellen technischen, organisatorischen und gesellschaftlichen Wandels werden die Zyklen auch im personalwirtschaftlichen Dienstleistungsprozess immer kürzer. Verbreitete Strategien veralten schnell, neue sind notwendig. Das Dilemma ist, dass es mit Risiken verbunden ist, Innovationen zu entwickeln und umzusetzen; auf Innovationen zu verzichten, ist langfristig aber meist viel gefährlicher. Einerseits sind neue Ideen und Innovationen ständig gefragt (»Wer rastet, der rostet«). Andererseits erfordert ihre Umsetzung Mut, Geduld und einen langen Atem.

Charakteristisch für eine personalwirtschaftliche Innovation sind folgende Merkmale:

- Neuheit eines personalwirtschaftlichen Ansatzes, wie bspw. die (erstmalige) Einführung des Referentenmodells (→ 1.1.6)
- Erneuerung eines Verfahrens oder einer Handlungsweise (wie bspw. die Einführung einer Gewinnbeteiligung aller Mitarbeiter)

Zu beachten ist, dass Innovationsprozesse

- mit den Betroffenen entwickelt werden (Betroffene zu Beteiligten machen),
- aus Sicht des Betroffenen eigenbestimmt und nicht fremdbestimmt geplant, umgesetzt und kontrolliert werden.

Die Innovationsfähigkeit im Personalmanagement ist abhängig von

- den Rahmenbedingungen im Unternehmen,
- der Notwendigkeit von Innovationen,
- den bisherigen Erfahrungen mit Innovationen,
- der Offenheit und Motivation der Mitarbeiter, des Personalmanagements und der Unternehmensführung für Innovationen.

Die Größe, Organisation und Bedeutung des Personalmanagements nehmen Einfluss darauf, wie Innovationen wahrgenommen werden, wie groß die Aufgeschlossenheit gegenüber Veränderungen ist und wie Umsetzungen stattfinden. Da die Tätigkeit des Menschen im Beruf der wertvollste Erfolgsfaktor für das Unternehmen ist, müssen die menschlichen Ressourcen bei Entscheidungen über die Unternehmensstrategie ebenso als Erfolgsfaktoren berücksichtigt werden, wie die betriebliche Organisationsstruktur und die Produktionsfaktoren Standort und Kapital.

Leitfrage ist: »Wie steht es im Unternehmen um die Entwicklung des Personalmanagements als innovativem Dienstleister?«

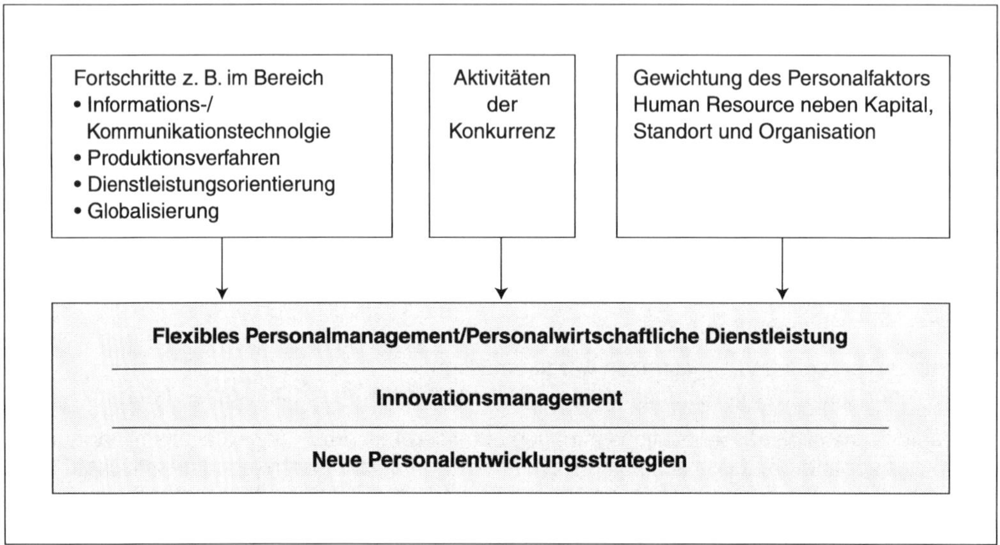

Einflüsse auf das Innovationsmanagement der Personalwirtschaft

Postulate innovativer personalwirtschaftlicher Dienstleistungen

- Personalwirtschaftliche Dienstleistungen sind als laufender, langfristiger und aktiver Ansatz zu verstehen, der Entwicklungen vorgreift und nicht erst im Nachgang Anpassungen vornimmt.
- Personalwirtschaftliche Dienstleistungen dürfen nicht ausschließlich verwaltend oder lern- und problemlösungsorientiert sein, sondern müssen von einem ganzheitlichen Ansatz ausgehen.
- Die Qualifizierung in der Tätigkeit durch die Übertragung anforderungsgerechter und eignungsgerechter Aufgaben hat große Bedeutung im Rahmen der personalwirtschaftlichen Dienstleistungen.
- Die ständige Verbesserung der personalwirtschaftlichen Beratung ist anzustreben.
- Personalwirtschaftliche Dienstleistungen müssen die Lernfähigkeit und Flexibilität (Methodenkompetenz) als eine wichtige Qualifikation des Menschen erkennen, fördern und zur Anwendung bringen.
- Das Personalmanagement unterstützt die Vorgesetzten bei der Durchführung dieser Aufgaben. Die fachlichen Abteilungen müssen in die Konzeption und Durchführung von Qualifizierungsmaßnahmen eingebunden werden und dabei Verantwortung übernehmen.
- Die frühzeitige Einbeziehung der Arbeitnehmervertreter bei den personalwirtschaftlichen Entscheidungen und Innovationen ist (nicht nur wegen des BetrVG, insbes. §§ 87–105) eine wichtige Voraussetzung für den späteren nachhaltigen Erfolg.
- »One size fits all«-Lösungen verbieten sich. Es geht immer um individuell abgestimmte Maßnahmen.

- Personalwirtschaftliche Dienstleistungen müssen sich an den zukünftigen Unternehmenserfordernissen, aber ebenso an individuellen Mitarbeiter- bzw. Kundenbedürfnissen orientieren.
- Veränderungen bieten immer auch Chancen. Mitarbeiter sind nicht grundsätzlich gegen Veränderungen, möchten aber frühzeitig und umfassend in den Veränderungsprozess eingebunden sein und diesen mitgestalten.

Beispiele für innovative personalwirtschaftliche Dienstleistungen:

- Kreative Personalauswahlverfahren
- Employee-Self-Service
- Betriebskindergarten
- Outplacementmaßnahmen
- Aufbau eines Ideenmanagements
- Kreative Formen betrieblicher Altersversorgung
- Vertrauensarbeitszeit
- Attraktive Arbeitszeitmodelle
- Coachings der Mitarbeiter
- Homeoffice

Mit innovativen personalwirtschaftlichen Dienstleistungen kann das Personalmanagement Vorteile für alle Beteiligten erbringen. Beispiele:

- Durch die Einführung von E-Recruting lässt sich ein modernes und positives Image bei den Kunden (Bewerbern) erreichen und gleichzeitig spart man wertvolle Zeit bei verwaltungsorientierten Arbeiten wie der Selektion von Bewerberdaten oder dem Schreiben und Versenden von Eingangsbestätigungen.
- Beim Employee-Self-Service handelt es sich um Intranet- oder Groupware-Lösungen, die es Beschäftigten und Managern ermöglichen, auf mitarbeiterbezogene Daten und allgemeine Informationen des HR-Bereiches zuzugreifen sowie – selbstverantwortlich und eigenständig – etwa Adressdaten, Namensänderungen, Überstundenanträge in die Dateien des Personalmanagements einzugeben bzw. bei Veränderungen an den neuesten Stand anzupassen.

Coaching als Form personalwirtschaftlicher Dienstleistung

Coaching bedeutet, den Mitarbeitern zu helfen, ihre Potenziale auf ihrem jeweiligen Entwicklungsstand zu entfalten. Personalmitarbeiter oder andere Mitarbeiter werden hierbei als neutrale Coaches (Paten, Begleiter, Vertraute) für kurze oder längere Dauer den Kollegen zur Seite gestellt. Als personalwirtschaftliche Dienstleistung organisiert und koordiniert das Personalmanagement derartige Coachings (→ 4.5.3.1).

In der Unternehmenspraxis sind folgende Coachingformen verbreitet:

- Patenschaften für Kollegen, die neu in das Unternehmen kommen
- Coaches für Kollegen, die soziale Probleme im Team haben
- Berater für Kollegen, die in arbeitsrechtlichen Fragen, Beratung oder Betreuung benötigen
- Coach für Kollegen mit familiären und privaten Problemen
- Betreuer für Kollegen mit psychischen oder Alkohol- und Suchtproblemen

Problembereiche bei Innovationen

Verantwortliche widmen Erfordernissen und Zielen des Tagesgeschäftes häufig mehr Zeit und Bedeutung als langfristigen innovativen Überlegungen, mit der Folge, dass Innovationschancen nicht wahrgenommen werden oder mit einem unpassenden Ansatz verfolgt werden. Häufig kommt es zu einem der nachstehend beschriebenen Szenarien.

Von der **Leistungsfalle** spricht man, wenn Unternehmen, die in ihrem Kerngeschäft mit dem Status quo zufrieden sind, Chancen übersehen, die für das langfristige Wohl wichtig sein können. Ihnen fehlt der Anreiz, sich mit Innovationen zu beschäftigen. Diese Falle kann aber zuschnappen, wenn ein Unternehmen in eine Krise gerät. Dann neigt es eher dazu, sich einzugraben und sich auf kurzfristige, Entlastung versprechende Kostensenkungs- und sonstige Notmaßnahmen zu konzentrieren anstatt Chancen für die Zukunft zu suchen.

Die **Engagementfalle** tut sich auf, wenn hinter einer Innovation zu viel oder zu wenig Engagement steckt. Scheut man davor zurück, sich überzeugend hinter die Innovation zu stellen, bleibt die Idee bereits in einem frühen Stadium stecken. Möglich dagegen ist auch, dass man sich mit zu großer Begeisterung auf eine neue Idee stürzt, ohne vorher genügend Tests durchgeführt zu haben. Hält die Innovation dann nicht, was man sich von ihr versprochen hat, ist man bereits stark engagiert und zieht sie durch. Ein Rückzug käme teuer und die Glaubwürdigkeit steht auf dem Spiel.

Die **Geschäftsmodellfalle** liegt vor, wenn man sich um eine Innovation bemüht, die völlig neue Geschäftsstrategien und -kompetenzen erfordert. Wenn man sich für radikale Innovationen entscheidet, diese aber in das Korsett traditioneller Abläufe pressen will, können sie ihr Potenzial nicht entfalten.

1.2.5.2 Vorgehensweise im Zuge der Innovation

Innovationen zu managen bedeutet, für das Personalmanagement, Neuerungen/Änderungen zu planen, umzusetzen und zu kontrollieren. Es muss permanent geprüft werden, ob die Erwartungen der internen und externen Kunden erfüllt werden oder darüber hinausgehende Leistungen geboten werden könnten oder müssten. Innovation bezieht sich dabei insbes. auf die Bereiche Servicequalität (z. B. Kommunikation, Kompetenz und Verlässlichkeit) und Dienstleistungsqualität (z. B. Dienstleistungsangebot, Koordination und Planung).

Im Detail lässt sich das Vorgehen bei Einführung von Innovationen in vier Phasen einteilen:

1. Planungsphase: Kreation von Innovationsideen
2. Realisierungsphase: Durchsetzung und Verwirklichung der Ideen
3. Einführungsphase: Implementierung im Dienstleistungsprozess
4. Überprüfungs- und Beibehaltungsphase: Kontrolle von Effektivität, Verbesserungsfähigkeit

Eine besondere Rolle bezogen auf Innovationen spielt das betriebliche Vorschlagswesen bzw. das Ideenmanagement. Mit dem Ideenmanagement wird eine systematische Förderung von Ideen, Initiativen und Innovationen der Mitarbeiter zum Nutzen des Unternehmens und der Belegschaft erreicht. Es bietet Antworten auf die Frage: »Wie kann die Kreativität und das Innovationspotenzial der Mitarbeiter systematisch gefördert und genutzt werden, um einen gezielten Beitrag zur Qualitätssteigerung, Kostensenkung und Innovationsfähigkeit des Unternehmens zu leisten?«.

Im zentral organisierten Modell agiert eine Stelle – vertreten durch den Ideenmanager – als Kommunikationszentrale für alle Belange von Verbesserung. Der Ideenmanager nimmt die Verbesserungsvorschläge der Mitarbeiter entgegen, bietet ggf. Unterstützung bei der Ideenformulierung und -ausarbeitung und nimmt eine formale Prüfung der Idee vor. Er reicht den Verbesserungsvorschlag anschließend an einen befugten Entscheider weiter, der aufgrund fachlicher Kompetenz und Kostenverantwortlichkeit die Umsetzung entscheiden und veranlassen kann. Wer die Idee ursprünglich eingereicht hat, sollte anschließend, je nach Bedeutung und Umsetzungsmöglichkeit, angemessen belohnt werden.

Der Nutzen des Ideenmanagements besteht in:

- Qualitätssteigerung
- Verstärkter PR
- Vereinfachung und Verfeinerung von Prozessen
- Stimulation von Kreativität
- Reduzierung von Kosten
- Motivation der Mitarbeiter
- Nutzung von Potenzialen
- Produktivitätssteigerung
- Zeitersparnis
- Wettbewerbsvorteil

1.2.6 Personalwirtschaftlicher Dienstleistungsprozess

Kundenorientierung heißt (auch), prozessorientiert zu handeln und dabei sowohl die Erwartungen und Wünsche des Kunden, als auch die Machbarkeit im Blick zu haben. Ein personalwirtschaftlicher Prozess ist ein strukturierter Ablauf von Ereignissen zwischen einer Ausgangs- und einer Ergebnissituation in der personalwirtschaftlichen operativen Praxis.

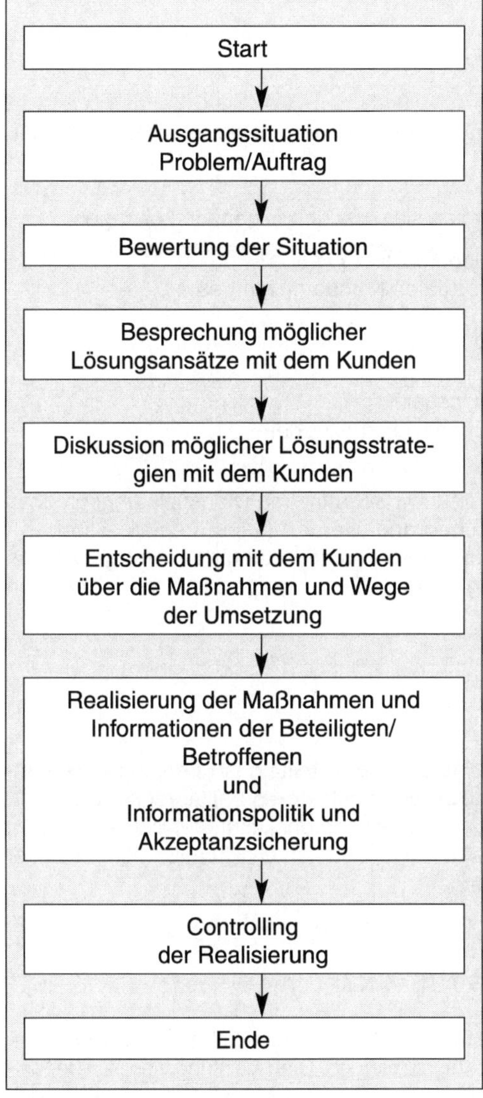

Allgemeiner Ablauf eines personalwirtschaftlichen Dienstleistungsprozesses

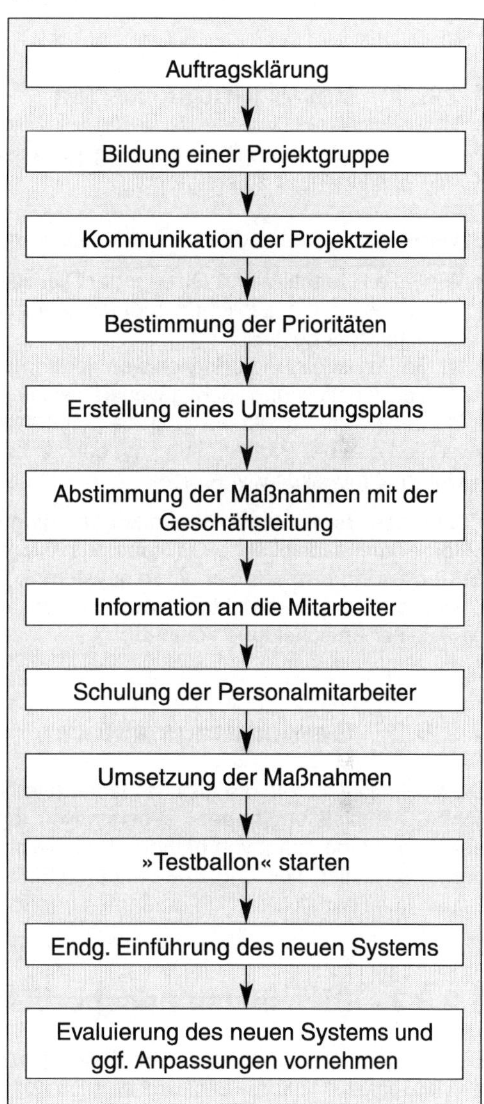

Prozessablauf bei Einführung eines Employee Self Service (Beispiel)

Bei der Dienstleistung im Personalmanagement kommt es besonders darauf an, schon bei der ersten Gelegenheit das Richtige zu tun. Eine zweite Chance gibt es häufig nicht mehr bzw. das Image des Personalmanagements ist dann bereits erheblich geschädigt. So ist aus der Zufriedenheits- und Imageforschung bekannt, dass eine negative Erfahrung häufiger kommuniziert und weitergetragen wird als eine positive. Der personalwirtschaftliche Dienstleistungsprozess muss daher von Anfang an vor allem durch die kunden- bzw. mitarbeiterorientierte Anwendung der personalwirtschaftlichen Instrumente geprägt sein (→ 1.2.1).

Bezogen auf den Dienstleistungsprozess gilt es bei einem professionellen Vorgehen die Bewertungskriterien/Gewichtungsfaktoren, die dienstleistungsspezifischen Risiken, die Entscheidung und Formen der Informationspolitik zu beachten.

1.2.6.1 Bewertungskriterien

Personalwirtschaftliche Dienstleistungsprozesse und Projekte werden bewertet mit dem Ziel, die Kundenzufriedenheit zu steigern.

Bewertungskriterien und Gewichtungsfaktoren ergeben sich aus den folgenden Leitfragen:

- Wie fallen Quantität und Qualität der Dienstleistungsrealisierung aus?
- Wie ist es um die fachlichen, methodischen und sozialen Kompetenzen des Dienstleisters bestellt?
- Ist die Dienstleistung dringlich/weniger dringlich?
- Ist die Dienstleistung wichtig/weniger wichtig?
- Ist derzeit das Projekt durchführbar, die Situation lösbar?
- Ist die Form der Projektlösung mit den Unternehmenszielen bzw. der Unternehmenskultur vereinbar?

Neben den Bewertungskriterien können dem personalwirtschaftlichen Dienstleistungsprozess unternehmensspezifische Gewichtungsfaktoren zugeordnet werden (bspw. in einer Skala von 1–10 oder in Form des Schulnotensystems). Erst nach der Beantwortung der oben genannten Leitfragen und der Gewichtung sowie der Abwägung der dienstleistungsspezifischen Risiken kann es zu einer Entscheidung kommen.

1.2.6.2 Gewichtungsfaktoren

Da nicht alle Kriterien die gleiche Bedeutung hinsichtlich der Beurteilung der personalwirtschaftlichen Dienstleistung haben, ist es sinnvoll, ihnen Gewichtungsfaktoren beizuordnen. Der Grad der Gewichtung hängt von betrieblichen Belangen, der Unternehmenskultur, der Wertschätzung, der Personaldienstleistung sowie anderen Einflussfaktoren ab und richtet sich außerdem nach der Situation, in der sich das Unternehmen derzeit befindet.

1.2.6.3 Dienstleistungsspezifische Risiken

Bei den dienstleistungsspezifischen Risiken geht es darum, die Grenzen der Problemlösung zu erkennen und ggf. auch mit der Enttäuschung von Kunden fertig zu werden. Dienstleistungsspezifische Risiken können den personalwirtschaftlichen Dienstleistungsprozess hemmen. Im Detail handelt es sich um die (De-)Motivation der dienstleistenden Personalmitarbeiter, Budgetunsicherheiten oder andere unklare Rahmenbedingungen. Mithilfe von Frühwarnsystemen können Risiken (analog zu den dienstleistungsspezifischen Chancen) im Vorfeld erkannt und ausgeräumt werden.

Die Risiken der Fehleinschätzung, Falschberatung, Enttäuschung Ratsuchender sind bei der Breite und Vielfalt der auf das Personalwesen einwirkenden Bedingungen nie ganz auszuschließen. Sie lassen sich aber durch ständige Weiterbildung und Information sowie unermüdliche

Aufmerksamkeit gegenüber allen betrieblichen, wirtschaftlichen, gesellschaftlichen, politischen und juristischen, auch medizinischen und manch anderen Entwicklungen minimieren.

Wichtig ist für den Personaldienstleister, dass er niemals bei der Beratung seinen Kompetenzbereich überschreitet. Sobald eine Frage seine absolut sicheren Kenntnisse überschreitet, muss er um eine Frist bitten, sich informieren oder an einen Fachmann verweisen (z. B. Rechtsanwalt oder Steuerberater).

Personalwirtschaftliche Maßnahmen können Nachteile für Mitarbeiter bedeuten. Zu den Gründen für die damit verbundenen Ängste und Befürchtungen der Mitarbeiter zählen in einem schlecht kommunizierten Veränderungsprozess:

- Die Veränderungen decken sich nicht mit den Interessen der Mitarbeiter.
- Die Mitarbeiter befürchten, dass sie den neuen Herausforderungen nicht gewachsen sind.
- Die Mitarbeiter sorgen sich um ihre Weiterbeschäftigung und ihr Einkommen.

Personaldienstleister sollen diese Veränderungen mit Empathie und überzeugenden Argumenten begründen und durch vorbereitete Alternativvorschläge entschärfen.

Zu den damit verbundenen Maßnahmen zählen:

- Betroffene zu Beteiligten machen.
- Offene Fragen beantworten.
- Ausreichende und frühzeitig Weiterbildungsmaßnahmen anbieten.
- Bisherige Leistungen anerkennen.
- Chancen der Veränderung darstellen.
- Individuellen Ängste durch Vier-Augen-Gespräche abbauen.
- Abläufe rechtzeitig transparent bekannt machen.
- Anreizsysteme entwickeln und anbieten.

1.2.6.4 Entscheidung

Wenn nach einer meist längeren Vorbereitungs- und Beratungsphase eine Entscheidung aussteht, sollte sie möglichst einvernehmlich und in Übereinstimmung mit allen Beteiligten getroffen werden. Wenn eine Einvernehmlichkeit nicht erreicht werden kann und die Entscheidung mehrheitlich oder von der Führungspersönlichkeit herbeigeführt werden muss, sollte eine ausführliche und verständliche Begründung erfolgen. Auch Gegenargumente sollten unter Umständen gewürdigt werden.

1.2.6.5 Informationspolitik

Um personalwirtschaftliche Dienstleistungen bekannt zu machen und Vertrauen zu gewinnen, ist eine professionelle interne und externe Kommunikation als Marketinginstrument hilfreich. Informationen, die vom Personalmanagement ausgehen, richten sich an unterschiedliche Zielgruppen:

Zunächst geht es um den unmittelbaren Kundenkreis, also um die vom Personalmanagement betreuten Mitarbeiter und die auf Beratung angewiesenen Manager in den Abteilungen des Unternehmens. Dass in diesen Fällen ein intensiver Informationsaustausch über Maßnahmen und Ergebnisse erfolgt, dürfte eine Selbstverständlichkeit sein (→ 1.2.3.1).

Als **Informationspolitik** kann bezeichnet werden, wenn ein größerer Personenkreis systematisch angesprochen wird, etwa alle Mitarbeiter des Unternehmens oder gar die gesamte Öffentlichkeit, um die Leistungen des Personalmanagements darzustellen und ihr Ansehen zu fördern (»Tue Gutes und sprich darüber«).

Da bestimmte Maßnahmen des Personalmanagements in der Öffentlichkeit auf großes Interesse stoßen, wird dadurch und durch die publikumswirksame Veröffentlichung das Ansehen des Gesamtunternehmens beeinflusst. Hier berühren sich die Informationspolitik des Personalwesens mit den Aufgaben der Öffentlichkeitsarbeit (Public Relations).

Letztlich geht es um die Darstellung der Leistungen und um Werbung für die Inanspruchnahme der personalwirtschaftlichen Dienstleistungen. Angestrebter Nebennutzen ist die Verbesserung des Ansehens der Abteilung und des Unternehmens. In diesem Sinne spricht man von Marketing der Personalwirtschaft, was nicht verwechselt werden darf mit dem Begriff Personalmarketing, der sich auf die Anwerbung neuer Mitarbeiter bezieht.

Gründe, die für ein Marketing des Personalmanagements im eigenen Interesse sprechen:

- Das Image des Personalmanagements ist oft nicht das Beste, weil es mit unangenehmen Aufgaben und Nachrichten in Verbindung gebracht wird, z. B. Abmahnungen, Kündigungen.
- Meist ist kein nachweisbarer Beitrag des Personalmanagements zum Unternehmenserfolg erkennbar.
- Häufig bestehen keine oder geringe Kenntnisse über die Ansprechpartner und das Leistungsangebot des Personalmanagements.

Maßnahmen der Personalabteilung, die der Verbesserung ihres Ansehens dienen, sind:

- Einführung eines betriebliches Vorschlagswesens/Ideenmanagements
- Einführung verbesserter Servicezeiten
- Hilfreiche Nutzung des Intranets (Zuständigkeiten, Dokumente, Richtlinien, Betriebsvereinbarungen, Kummerkasten, interner Stellenmarkt)
- Veröffentlichung von Service Level Agreements
- Beschreibung familienorientierter Maßnahmen des Unternehmens
- Anbieten von Beratungsdiensten
- Professionelle Telefonkontakte (Telefonverhalten, Redegeschwindigkeit, Lautstärke, Zeitmanagement, Erreichbarkeit)
- Angenehmes optisches Erscheinungsbild (Räumlichkeit, Standorte)
- Ausbildungsplatzangebote für Mitarbeiterkinder, Betriebspraktika für Schüler
- Regelmäßige Newsletter zu Personalthemen
- Persönliche Kontakte (Umgangsformen, Umgangston, Freundlichkeit, Erscheinungsbild)
- Coachings

Hilfreich für ein besseres Image der Personalabteilung und des gesamten Unternehmens nach außen ist die Teilnahme an (sozialen) Aktivitäten wie Girl`s Day, Sportveranstaltungen oder Social Days.

Folgende Kommunikationsmöglichkeiten bieten sich für die Informationspolitik des Personalmanagements an:

- Schwarzes Brett
- Betriebsversammlungen
- Pressemitteilungen
- Flyer
- Rundmails
- Internet
- Geschäftsbericht
- Firmenhomepage
- Mitarbeiterzeitung
- Abteilungsversammlungen
- Sozialbilanz
- Newsletter
- Tag der offenen »Personalabteilungstür«
- Intranet
- Telefonkontakte
- Persönliches Gespräch mit Mitarbeitern

Entscheidend ist der passende Mix aus persönlichen und technischen Kommunikationsformen. Zu beachten ist, den Betriebsrat ausreichend und zeitnah einzubeziehen und über die Maßnahmen zu informieren.

1.2.6.6 Unternehmenskultur und Wertesystem als mögliches Umsetzungshindernis

Für viele Unternehmen ist Kunden- und Dienstleistungsorientierung im Personalmanagement immer noch ein relativ neues und komplexes Thema, mit dem behutsam umgegangen werden muss, wenn es noch nicht fest in der Unternehmenskultur verankert ist.

Die Gesamtheit der Werte- und Normenvorstellungen, die Handlungs- und Verhaltensmuster, die den Unternehmensangehörigen gemeinsam sind, prägen die Unternehmenskultur, die durch die Entscheidungen und Aktivitäten der Unternehmensleitung, der Führungskräfte und des Personalmanagements maßgeblich beeinflusst wird.

Unternehmenskultur ist Ausdruck des Selbstverständnisses eines Unternehmens als soziales Gebilde. Jeder Mitarbeiter, jede Führungskraft und das Personalmanagement müssen zur Unternehmenskultur beitragen. Generell soll sie nach innen und außen wirken. Die Innenwirkung besteht darin, dass Werte, Normen, Grundhaltungen, Gewohnheiten, wie sie sich im Unternehmen entwickelt haben oder bewusst gesetzt werden, die Identifikation der Mitarbeiter mit dem Betrieb im Rahmen eines »Wir-Gefühls« positiv beeinflussen. Die Außenwirkung besteht in dem erzielten homogenen (öffentlichen) Erscheinungsbild, wodurch sich der Betrieb zugleich von der Konkurrenz abhebt.

Unternehmenskultur äußert sich in einer Reihe von Merkmalen, die nach innen und außen wirken:

- Unternehmensphilosophie
- Image
- Anpassungsfähigkeit
- Kundenservice
- Soziale Leistungen an die Mitarbeiter
- Entgeltgestaltung
- Aus- und Fortbildungsmaßnahmen
- Gelebte Tradition
- Öffentlichkeitsarbeit
- Mitarbeiterfeste
- Kundenfeste
- Unternehmensumfassende Kommunikationsstrategie
- Aktive Verbandstätigkeit
- Verantwortung gegenüber Kapitalgebern
- Produktgestaltung
- Führungskonzeptionen
- Gestaltung der Arbeitsbedingungen
- Formen der Kommunikation
- Auftreten der Mitarbeiter
- Tag der offenen Tür
- Corporate Identity

Es ist naheliegend, dass das Personalmanagement von der Unternehmenskultur geprägt und somit selbst Bestandteil der Unternehmenskultur ist. Modernes Personalmanagement und die damit verbundenen Innovationsprozesse führen zu Veränderungsprozessen, die unter Umständen Widerstände hervorrufen. Diese müssen ernst genommen und durch schrittweise geleistete Überzeugungsarbeit (Prozessbegleitung) abgebaut werden.

Bei der Entwicklung und Umsetzung innovativer Maßnahmen ist anzustreben, dass sie als Weiterentwicklung der Unternehmenskultur angesehen werden können. Das kann gelingen, wenn sie auf den individuellen Charakter des Unternehmens ausgerichtet sind und auf folgende Prinzipien/ Aspekte geachtet wird:

- Geschichte/Tradition des Unternehmens
- Wirklichkeitsnähe (auf Betrieb und dessen Organisation abgestellt)
- Eindeutigkeit
- Angemessenheit
- Leichte Verständlichkeit
- Komplette Erfassung (alle Unternehmensbereiche)
- Umsetzbarkeit, Zielausrichtung
- Folgen für die Organisation
- Transparenz

1.3 Prozesse im Personalwesen gestalten

Die Bedeutung der Prozessorientierung im Personalwesen beruht auf einer Umkehrung der Blickrichtung. Im Gegensatz zu Ergebnissen, die man beim Blick »zurück« erhält (z. B. Fluktuationsquoten, Personalkosten, Umsatz), geht es bei Prozessen um den Blick nach »vorne«. Prozesse sind mit Erwartungen an die Zukunft verbunden (z. B. Verbesserungspotenziale, Trends über Mitarbeiter- oder Kundenzufriedenheit).

1.3.1 Ganzheitlicher Prozessgestaltungsansatz

Ein Prozess ist eine zielgerichtete Entwicklung bzw. die Erstellung einer definierten Leistung als Folge eines geordneten Ablaufes von logisch zusammenhängenden Aktivitäten. Diese werden innerhalb einer bestimmten Zeit nach vorgegebenen Regeln aufgrund einer gemeinsamen Informationsbasis durchgeführt. Ein Prozess hat somit eine definierte Aufgabe, welche tätigkeitsorientiert ist und ein Ziel, welches ergebnisorientiert ist. Ein Prozess beginnt mit einem Input, der den Prozess in Gang setzt und zu einem Output transformiert. Dazwischen liegen eine Reihe inhaltlich miteinander verknüpfter Aktivitäten.

Man kann zunächst Geschäfts- und Projektprozesse unterscheiden. Geschäftsprozesse werden in weitgehend ähnlicher Form dauerhaft zwischen verschiedenen Funktionsbereichen im Unternehmen immer wieder durchlaufen. Hierzu zählen: Entgeltabrechnung und Mahnwesen. Projektprozesse dagegen treten in dieser Art nur einmalig auf. Hierzu zählen: Einführung von Zeiterfassung und ein Betriebsübergang.

Darüber hinaus lassen sich Kern- oder Supportprozesse unterscheiden. Kernprozesse sind von grundlegender Bedeutung und kommen in anderen Betrieben der Branche in ähnlicher Form vor. Hierzu zählen: Beschaffungsaktivitäten, Produktentwicklung und Angebotserstellung. Supportprozesse dienen der Unterstützung der Kernprozesse (z. B. Personalbeschaffung).

Unter einem ganzheitlichen Prozessgestaltungsansatz im Personalmanagement versteht man, personalwirtschaftliche Prozesse zu untersuchen und zielorientiert zu optimieren. Hierzu müssen die betreffenden Prozesse bekannt sein, sodass sie modelliert und simuliert oder in einem Redesign-Prozess zielorientiert effizienter oder neu gestaltet werden können. Ziel dieser Aktivität ist es, zeitliche und finanzielle Mittel einzusparen und die personalwirtschaftlichen Prozesse zu vereinheitlichen und zu verbessern.

Prozesse zu gestalten, erfordert das Denken in Zusammenhängen und das Erkennen von Verknüpfungen unter Berücksichtigung des geforderten Ergebnisses. Dementsprechend ist die Aufbauorganisation als ganzheitlicher Prozessgestaltungsansatz zu verstehen.

Zu den Aufgaben des Personalmanagements als Beiträge zu einem ganzheitlichen Prozessmanagement zählen:

- Die Bereitschaft, sich selbst organisatorisch weiterzuentwickeln
- Die Bereitschaft, sich von veralteten, mit einem hohen administrativem Aufwand verbundenen Strukturen, zu verabschieden
- Die Fähigkeit, eine führende und aktive Rolle beim Change Management zu übernehmen
- Die Fähigkeit, zeit- und kostenintensive Ineffizienzen zu erkennen, zu analysieren und nachhaltig zu beseitigen
- Die Möglichkeit, sich um die Schnittstellenproblematik verschiedener Prozesse zu kümmern
- Die Absicht, qualifiziertes Personal zu beschaffen und zu binden

Zu den Verbesserungen, die sich für ein Unternehmen und dessen Partner bei der Einführung eines Prozessmanagements ergeben können, zählen:

- Bessere Kooperation unterschiedlicher Bereiche
- Größere Transparenz in den Abläufen
- Zeitgewinn und Kostenreduzierung durch Vermeidung von langen Liege- und Bearbeitungszeiten, sowie Doppelarbeiten
- Geringere Informationsverluste zwischen den Beteiligten
- Reduzierung von Schnittstellenproblemen
- Verminderung von abteilungsorientiertem Kompetenzgerangel

Im Vergleich zu einer rein funktional ausgerichteten Aufbauorganisation bietet die Einführung einer Prozessorganisation eine Reihe von Vorteilen. Ziel einer prozessorientierten Organisation ist es, die Aufgabenverteilung im Unternehmen so anzugehen, dass keine sachlogisch zusammenhängenden Aufgaben auseinandergerissen werden. Angestrebt wird z. B. neben der Erhöhung der Prozessqualität eine Verkürzung der Durchlaufzeiten, Senkung der Prozesskosten und die Verbesserung der Innovationsfähigkeit.

Im Rahmen der Abwicklung von Prozessen kommt es an der Grenze von Funktionsbereichen zu Schnittstellen. Diese sollen nach Möglichkeit vermieden oder reduziert werden. Möglich wird dies, indem man Aufgabenbereiche unter dem Aspekt des Prozessablaufes bildet bzw. zuordnet.

Leitfragen zum Prozessmanagement und zur Prozesserkennung sind:

- Welche Prozesse gibt es im Personalmanagement?
- Was sind Kundenwünsche und -probleme?
- Wie laufen Prozesse bisher ab?
- Haben bisherige Optimierungen den gewünschten Erfolg gebracht?
- Werden die Ressourcen im Personalmanagement effizient genutzt?
- Besteht das Bedürfnis, mehr über personalwirtschaftliche Abläufe zu erfahren?

Zu klären ist generell, wie Aufgaben und Verantwortungen im Rahmen einer ganzheitlichen Prozessgestaltung zwischen Unternehmensleitung, Prozessverantwortlichen und Prozessteam aufgeteilt sind. Hierzu drei Aufteilungsvarianten:

Unternehmensleitung	**Prozessverantwortlicher**	**Prozessteam**
initiiert neue Prozesse	legt Prozessziele fest	erarbeitet Lösungsvarianten
ernennt den Prozessverantwortlichen	bildet das Prozessteam	erstellt und setzt Zeit- und Aktionspläne
legt Lösungsvariante fest	gibt Prozess frei und steuert ihn	überwacht die Zielerreichung

Die folgende Tabelle benennt die wichtigsten Aktionsfelder im Personalmanagement und ordnet ihnen die sich ergebenden Prozesse und die erforderlichen Instrumente im Personalmanagement zu.

Aktionsfeld	Prozesse	Instrumente
Personal-beschaffung: Auswahl-gespräche planen, führen und auswerten	Personalbedarf planen, Leitfaden vorbereiten, Erwartungswerte definieren.	Funktionendiagramm, Stellenplan, Nachfolgeplan, Stellenbeschreibung, Anforderungsprofil, Assessment-Center, Checkliste vorbereiten.
Neue Mitarbeiter einführen und einarbeiten	Einführung in den Betrieb mit allen Führungskräften vorbereiten und durchführen. Für die Probezeit einen Betreuer bzw. Coach bestimmen. Förder- und Einschätzungsgespräche führen.	Mitteilung über Personalveränderung im Betrieb, Einarbeitungsplan, Checkliste mit Kriterien für Fördergespräche, Anforderungsprofil
Nachwuchs-kräfte fördern	Potenziale in der Praxis erkennen • Training on the Job • Jobrotation	Beurteilungskriterien, Förderkartei, Potenzialanalyse
Führungskräfte beraten	Selbstinitiiertes Lernen fördern, berufliche Entwicklung planen.	Förderkartei, Stellenbesetzungsplan, Beratungsgespräche.
Bedarfsanalyse	Fördergespräche und Zielvereinbarungsgespräche führen: Stärken-Schwächen-Analyse und Maßnahmenplanung gemeinsam vornehmen.	Führungskonzept und Beurteilungskriterien: z. B. Zielvereinbarungen
Wirtschaftlichkeit, erfolgswirksame Kostensteuerung	Kosteneinsparungen durch Personalentwicklungsmaßnahme kalkulieren, erwartete Kostensenkungen mit tatsächlichen Kosten nach der Maßnahme vergleichen, betriebliche Erfahrungswerte bilden.	Plan-Budget aufstellen, direkt und indirekt wirksame Einflussgrößen auf die Arbeitsbedingungen als feste Bezugsgrößen eingrenzen und festlegen
Trainings- und Bildungsmaß-nahmen	Auswahl geeigneter Maßnahmen, Erkundung des Bildungsmarktes, bei firmeninternen Veranstaltungen: ggf. externen Trainer einbeziehen, Kosten-Nutzen-Risiko abwägen, Ziele und Konzepte entwickeln.	Auswahlkriterien: Qualität, Kosten, Referenzen, Branchenerfahrung des Trägers/Trainers, Anforderungskriterien an Maßnahme, Leistungskatalog, Vertragsgestaltung
Betriebs-pädagogische Erfolgskontrolle	Erwartungen der Teilnehmer und Zufriedenheit mit der Maßnahme abfragen, Feedback-Gespräche mit Teilnehmern und Trainer führen.	Checkliste mit erwarteten Kriterien, Bewertungsskala und offenen Fragestellungen, Feedbackbogen
Lerntransfer in die Praxis und betriebswirt-schaftliche Erfolgskontrolle	Umsetzung am Arbeitsplatz fördern, Umsetzungshürden beseitigen, Erfolge der Verbesserungen bekannt geben.	Zielvereinbarung: Berichtspflicht der verantwortlichen Führungskraft an den Vorgesetzten, Feedback-Gespräche, ggf. Führungskräfte-entwicklung, Transferbegleitung

Quelle: DIHK

1.3.2 Grundlagen der Prozessgestaltung

Wesentliche Merkmale eines Prozesses sind eine bestimmte tätigkeitsorientierte Aufgabe und ein ergebnisorientiertes Ziel. Ergebnis ist die zielgerichtete Erstellung einer Leistung als Folge eines geordneten Ablaufs von logisch zusammenhängenden Aktivitäten, die innerhalb einer bestimmten Zeitspanne nach vorher bestimmten Regeln durchgeführt werden. Ein Prozess ist somit zeitlich befristet. Die Zeitspanne von Prozessstart bis Prozessende wird als Durchlaufzeit bezeichnet.

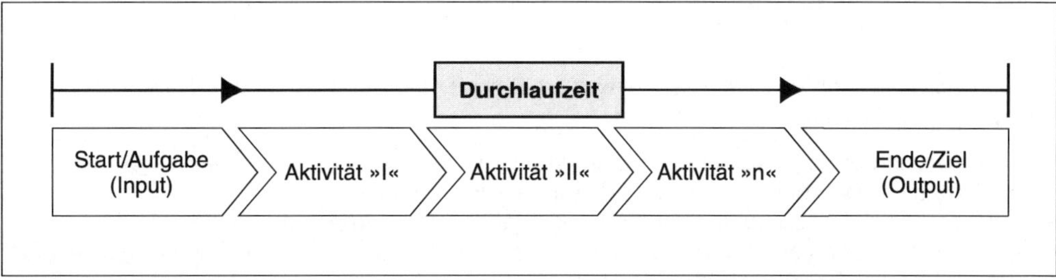

Der Prozess wird durch einen Input (Idee) in Gang gesetzt und durch Aktivitäten in einen Output (Produkt oder Dienstleistung) transformiert. Voraussetzungen sind Ressourcen wie menschliche Leistungen, Sachmittel, Finanzen, Methoden und Informationen.

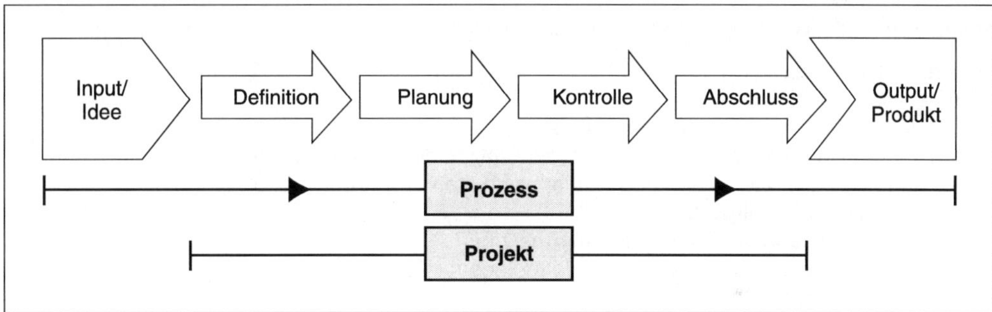

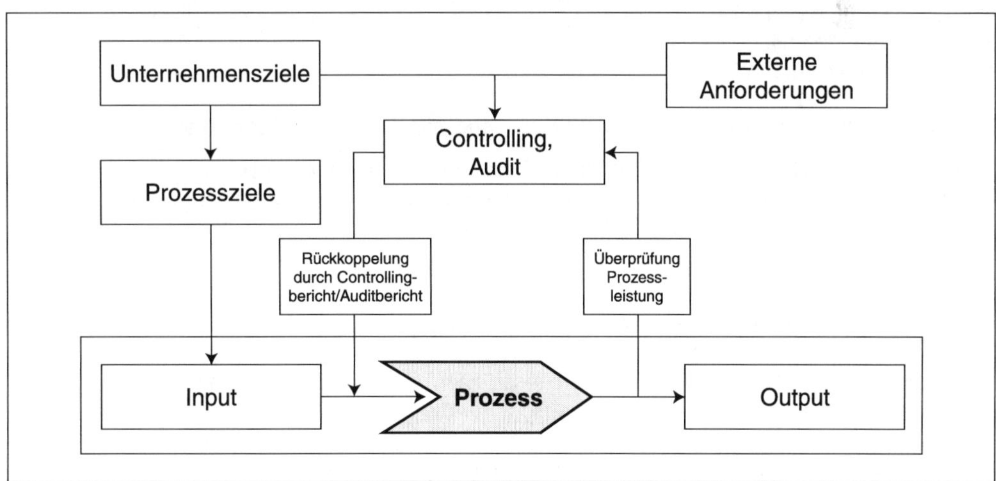

1.3.2.1 Gestaltungsgrundsätze

In prozessorientierten Unternehmen treten die Geschäftsprozesse an die Stelle von Abteilungen. Prozessgestaltung bezieht sich dabei zunächst auf die Analyse und Optimierung von Kernprozessen.

Zu den Gestaltungsgrundsätzen zählen:

- Festlegung der Prozessziele
- Klärung der Verantwortung der Prozessorganisation
- Berücksichtigung der Prozesskosten

Mit der Reorganisation von Prozessen – hier am Beispiel der Einführung des Referentensystems – sind folgende **Prozessziele** verbunden:

- Verbesserung der Kooperation von Referenten und ihren zugeordneten Sachbearbeitern
- Verkürzung der Bearbeitungszeiten und Verringerung von Liegezeiten
- Verbesserung der Koordination von Führungskräften und Referenten
- Abgrenzung der Kompetenzen und Zuständigkeiten zwischen den Stellen im Personalmanagement
- Reduzierung der Schnittstellenproblematik
- Kostenreduzierung
- Qualitätsverbesserung
- Imageverbesserung des Personalmanagements
- Schnellerer und verbesserter Informationsfluss

Kennzeichen professioneller Prozesse sind:

- Klare Zielorientierung
- Keine Informationsverluste
- Einheitliche und transparente Bearbeitung
- Transparenz für Mitarbeiter und Kunden hinsichtlich der Zuständigkeiten
- Minimaler Wechsel zwischen Organisationseinheiten und Arbeitsplätzen
- Keine unnötigen Schnittstellen
- Einmalige Erfassung von Daten und Informationen
- Minimale Durchlaufzeiten (von Personalangelegenheiten)
- Minimale Fehlerquote
- Geringe Kosten
- Mitarbeiterzufriedenheit
- Kundenzufriedenheit
- Maximale Kundenorientierung

Beispiele für Optimierungsmöglichkeiten bei personalwirtschaftlichen Prozessen:

- Steigerung der Mitarbeiterzufriedenheit (z. B. bei E-Learning-Modulen)
- Reduzierung der Durchlaufzeiten (z. B. bei Urlaubsanträgen oder Zeugniserstellung)
- Verbesserung der Nutzung des Employee-Self-Services

1.3.2.2 Modelle der Prozessgestaltung

Ausgangspunkt der Prozessgestaltung (Prozessdesign) ist jeweils die Bestimmung des Anfangs (Input) und des Endes (Output) des Prozesses. Für die Einführung der Prozessorientierung im Personalmanagement gibt es keine festen Regeln oder Vorgehensweisen. Allerdings können Prozesse erst Gestalt annehmen, nachdem sie im Rahmen der Prozessmodellierung konsistent und ganzheitlich beschrieben worden sind.

Komplexe Prozesse lassen sich leichter bearbeiten, wenn sie in mehrere Teilprozesse gegliedert werden. Es bildet sich eine Prozesshierarchie.

Beispiel des Prozesses »Einführung elektronischer Abläufe« (Employee Self Service):

- Erfassung und Darstellung des bisherigen Prozesses
- Mängelliste unter Beteiligung der Betroffenen erstellen
- Alternativen aufzeigen und eine Entscheidung für die präferierte Lösung herbeiführen
- Nutzen der neuen elektronischen Regelung beschreiben und kommunizieren
- Erstellung des neuen Prozessdesigns
- Information an die Mitarbeiter zum Ablauf
- Bereitstellung der benötigten Hard- und Software
- Ggf. Schulung der Mitarbeiter
- Klärung der Zugangsberechtigungen
- Vergabe von Passwörtern
- Gewährleistung von Datenschutz und Datensicherheit

Bei den Prozessgestaltungsmodellen lassen sich ein »Vier-Stufen-Modell«, ein »Drei-Stufen-Modell« und ein »Sechs-Stufen-Modell« unterscheiden.

Beim **Vier-Stufen-Modell** handelt es sich um die Stufen bzw. Schritte:

1. Prozessdefinition
2. Prozessstrukturierung
3. Prozessdurchführung
4. Prozessverbesserung.

Zu den Aufgaben der **Prozessdefinition** zählen die Analyse der strategischen Geschäftsfelder, die Identifizierung und Definition von Prozessen sowie die Festlegung des Prozessumfangs.

Zu den Aufgaben der **Prozessstrukturierung** zählen die Zerlegung des Prozesses in Teilprozesse, die Festlegung des zeitlichen Ablaufs von Teilprozessen, die Schnittstellendefinition, die Festlegung von Messgrößen für die Prozessdefinition und die Delegation der Prozessverantwortung.

Zu den Aufgaben der **Prozessdurchführung** zählen die Prozessfreigabe und die Realisierung des Prozesscontrollings.

Zu den Aufgaben der **Prozessverbesserung** zählen der Start einer erneuten Prozessanalyse, die Durchführung eines Benchmarkings und die Evaluation des bisherigen Prozessablaufs.

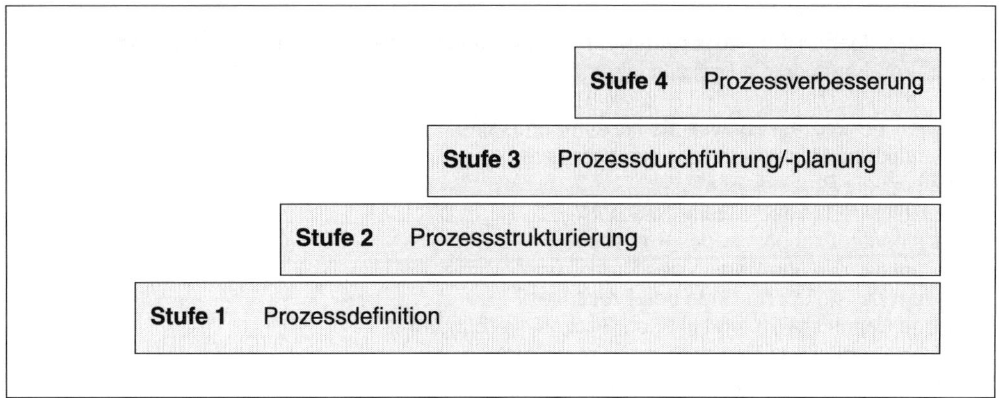

Hierzu ein Praxisbeispiel zum Prozess »Externe Personalbeschaffung« in vier Stufen:

1. Prozessdefinition:
Ziel des Prozesses definieren, Entscheidung über den inhaltlichen Umfang des Beschaffungsprozesses treffen, den Beginn und das Ende festlegen.

2. Prozessstrukturierung:
Hierbei geht es um die umfassende und abschließende Analyse aller Teilprozesse. Dazu zählt die Identifizierung von passenden Bewerbungen mit dem vorgegebenen Anforderungsprofil, die Festlegung auf angemessene Auswahlverfahren, die Entscheidung für ein Bewertungsinstrument zur Auswahl, Entscheidung für die Orte, an denen das Auswahlverfahren stattfinden soll. Die zeitliche Erfassung der Teilprozesse macht eine realistische und professionelle Einschätzung des Gesamtprozesses erst möglich. Ferner zählt zur Prozessstrukturierung die Bestimmung von Zuständigkeiten und Verantwortungen.

3. Prozessdurchführung:
Der nun gestaltete Prozess wird ein- und durchgeführt.

4. Prozessverbesserung:
Zu einem bestimmten Zeitpunkt erfolgt eine Evaluierung und Beurteilung des Prozesses durch die Beteiligten. Ziel ist, eventuell vorhandene Schwachstellen im Beschaffungsprozess zu identifizieren und in einem Redesign zu beseitigen.

Beim **Drei-Stufen-Modell** unterscheidet man folgende Stufen:

1. Prozessanalyse (Ist-Aufnahme)
2. Prozessverbesserung (Soll-Konzept)
3. Prozessmanagement (Prozessoptimierung).

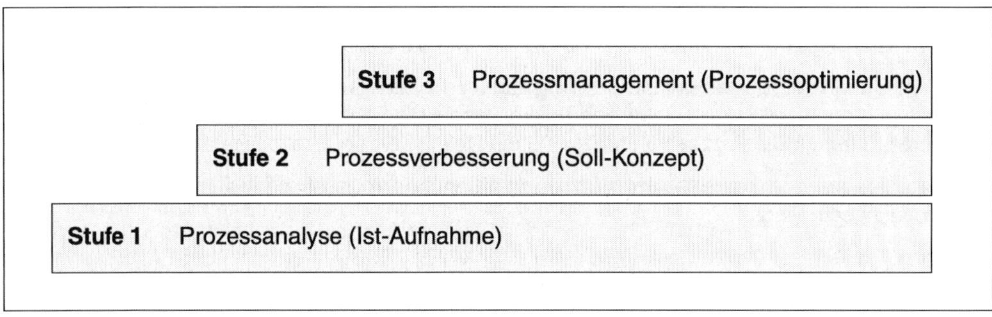

1. Zu den Aufgaben der **Prozessanalyse** als Ist-Aufnahme zählen die Prozessaufnahme, die Prozessüberprüfung und die Prozessdokumentation.

Leitfragen zur Prozessanalyse als Ist-Aufnahme sind:
- Was oder wer ist der Auslöser des Prozesses?
- Was sind die Prozessziele?
- Wer ist für den Prozess verantwortlich?
- Was sind die Ergebnisse des Prozesses?
- Wo liegt der genaue Beginn des Prozesses?
- Wo liegt das definierte Ende des Prozesses?
- Welche Schnittstellen sind mit dem Prozess verbunden?
- Welche Tätigkeiten sind mit dem Prozess verbunden?
- Welche Tools sind für den Prozess notwendig?
- Wie werden Störungen im Prozess gemanagt?

2. Zu den Aufgaben der **Prozessverbesserung** als Ideenfindung und Soll-Konzept zählen die Erarbeitung neuer Prozesse, die Erprobung neuer Prozesse vor Ort, die Einführung der Prozesse und die Bekanntgabe der Prozessziele. Aufgabe des Soll-Konzepts ist die Beschreibung des einzuführenden neuen Prozesses bzw. der veränderten Prozessabläufe im Falle von Reorganisationsmaßnahmen.

3. Zu den Aufgaben des **Prozessmanagements** als Prozessoptimierung zählen die Ermittlung von Kennzahlen, die Prozessrealisierung, das Prozesscontrolling und die Prozessoptimierung.

Beispiel: **Einführung eines neuen Arbeitszeitsystems** nach dem Drei-Stufen-Modell

1. Stufe: Prozessanalyse
   - Dokumentation der bisher angewendeten Prozesse
   - Kritische Betrachtung der Vor- und Nachteile der bisherigen Prozesse, Brauchbarkeits- sowie Kosten-Nutzen-Aspekte
   - Transparentmachung der bisherigen Abläufe für alle Prozessbeteiligten

2. Stufe: Prozessverbesserung
   - Neue angemessene Prozesse erarbeiten
   - Aufstellung eines Prozessgerüstes mit Gliederung in Teilprozesse und Hauptaktivitäten
   - Zuordnung von Ressourcen
   - Klärung und Beschreibung der Schnittstellen
   - Erprobung der neuen Prozesse

3. Stufe: Prozessmanagement
   - Einführung der Prozesse
   - Ermittlung von Prozesskennzahlen
   - Benchmarking durchführen
   - Prozesse realisieren
   - Prozesse dokumentieren und evaluieren
   - Prozesse optimieren

Im Rahmen eines **Sechs-Stufen-Modells** kann wie folgt vorgegangen werden:

1. Stufe: Ausgangssituation analysieren
   - Bestimmung der Analyseschwerpunkte
   - Durchführung der Analyse
   - Darstellung der Analyseergebnisse

2. Stufe: Ziele festlegen, Aufgaben abgrenzen
   - Konkretisierung der Ziele
   - Gewichtung der Ziele
   - Abgrenzung der Planungsaufgaben

3. Stufe: Prozess konzipieren/Strategie festlegen
   - Erarbeitung der Arbeitsabläufe
   - Konzipierung des Arbeitssystems
   - Einschätzung der Qualifikationsanforderungen
   - Planung des Personalbedarfs
   - Einschätzung der Belastungen
   - Planung bzw. Vereinbarung des Entgeltsystems
   - Bewertung der Varianten
   - Bestimmung der angemessenen Variante

4. Stufe: Prozess/System detaillieren
   - Festlegung der Vorgaben, Umsetzung der Gestaltungsregeln
   - Planung der Betriebs- und Arbeitsmittel
   - Planung des Personals
   - Aufstellung des Realisierungsplans

5. Stufe: Prozess/System einführen/umsetzen
   - Beschaffung und Vorbereitung der Betriebs- und Arbeitsmittel
   - Durchführung der personellen Maßnahmen
   - Installierung des Arbeitssystems
   - Durchführung des Probebetriebs

6. Stufe: Prozess/System einsetzen
   - Erstellung der Abschlussdokumentation
   - Durchführung der Erfolgskontrolle

Beispiele für Prozessgestaltung

Beispiel für den Prozessablauf Personalbeschaffung:
Auszubildende und erster Ausbildungstag bei erstmaliger Ausbildungsaktivität

Prozessaufgabe: Durchführung aller bis zur Einstellung erforderlichen Schritte der Personalbeschaffung eines kaufmännischen Auszubildenden

Prozessanstoß: Ausbildungsbedarf, mittelfristige Personalplanung

Quelle: Festlegung der Ausbildungsaktivität durch den Personalleiter

Prozessziele: Reibungsloses Einstellungsverfahren, hohe Übereinstimmung von Anforderungs- und Eignungsprofil, wirtschaftliches und zielgenaues Auswahlverfahren, kurze Durchlaufzeiten von der Entscheidung für einen Bewerber bis zur Einstellung

Anfangsaktivität: Klärung der betrieblichen Ausbildungsvoraussetzungen

Hauptaktivitäten: Prüfung der Ausbildungsvoraussetzungen im Betrieb, Auswahl der Ausbilder, Meldung an den Betriebsrat (§ 99 BetrVG), Kontaktaufnahme zur IHK, Erstellung eines Anforderungsprofils, Schaltung von Stellenanzeigen, Durchführung von Auswahltests, Auswahlgespräche, Entscheidung für einen Bewerber, Vertragserstellung, Erstellung des betrieblichen Ausbildungsplans, Zusammenstellung aller Unterlagen und Erfassung der Stammdaten, organisatorische Vorbereitung des ersten Ausbildungstages und Erledigung der restlichen Formalitäten

Endaktivität: Abschluss des Ausbildungsvertrages bzw. Ende des ersten Ausbildungstages

Problemlösung: Erfolgreicher Ausbildungsstart

Beispiel für den Geschäftsprozess
Einführung eines neuen Auszubildenden in einem Kleinbetrieb

Prozessaufgabe: Durchführung aller notwendigen Aktivitäten von der Einstellung bis zur Integration des neuen Auszubildenden in die Mitarbeiterschaft

Prozessanstoß: Abschluss des Ausbildungsvertrages

Prozessziele: Abbau der Erwartungsangst des Auszubildenden, soziale Integration in die Mitarbeiterschaft, Früherkennung von Qualifikationsdefiziten und deren Abbau, stetiger Lernfortschritt.

Anfangsaktivität: Erstellung eines Einführungsplanes

Hauptaktivitäten: Auswahl der Informationsquellen und -mittel, Kontaktaufnahme zu IHK und Berufsschule, Festlegung der Verantwortlichen, Bestimmung eines Paten (aus dem dritten Ausbildungsjahr), Festlegung der Einführungsaktivitäten, Erarbeitung eines Zeitplans, Festlegung der Meilensteine zur Evaluierung

Prozessende: Abschließende Beurteilung rechtzeitig vor Ende der Probezeit

Weitere Beispiele:
Andere Geschäftsprozesse des Personalmanagements, bei denen eindeutig beschriebene Abläufe wegen ihrer Anwendungshäufigkeit sinnvoll sind:

- Versetzung eines Mitarbeiters
- Schwangerschaftsmanagement einer Mitarbeiterin
- Ausscheiden eines Mitarbeiters
- Überstundenbeantragung und Genehmigungsverfahren
- Reisekostenabrechnung
- Interne Personalbeschaffung
- Externe Personalbeschaffung
- Zeitaufwendige Audits

Faktoren und Fehlerquellen, die bei der Einführung eindeutig beschriebener Prozessabläufe zu Problemen führen können:

- Spezialfälle, die sich dem Standardprozess entziehen
- Unzureichende Beachtung von Schnittstellen zu anderen Bereichen/Abteilungen
- Unzureichende Beachtung der Abläufe anderer Geschäftsprozesse
- Überschneidung mit Abläufen anderer Geschäftsprozesse
- Überforderte oder undisziplinierte Mitarbeiter

1.3.2.3 Transparenz in den Abläufen

Hilfreich ist die Darstellung von Prozessabläufen mithilfe von Blueprints (Blaupausen). **Blueprinting** ist eine Methode zur Analyse, Visualisierung und Optimierung von (Dienstleistungs-) Prozessen. Damit wird ein Prozess mithilfe eines Ablaufdiagramms dargestellt und es wird beschrieben, wie die Ergebnisse zustande kommen. Zudem werden die einzelnen Schritte zur Leistungserbringung chronologisch festgelegt und die Schnittstellen aufgezeigt. Ziel dieses Prozessdesigns ist es, den Gesamtprozess in die relevanten Einzelaktivitäten zu zerlegen, um ein möglichst genaues Bild der Abläufe zu erhalten. Letztlich geht es um eine Steigerung der Effektivität und Effizienz des betrachteten Prozesses und damit um die Verbesserung der Kundenzufriedenheit.

Prozesse lassen sich als geschlossene **Regelkreisläufe** darstellen. Hier zwei Beispiele. Das erste dreht sich um einen Fortbildungsprozess aufgrund neuer Arbeitsanforderungen, das zweite um eine Prozessbewertung der Verbesserung personalwirtschaftlicher Prozesse im Unternehmen.

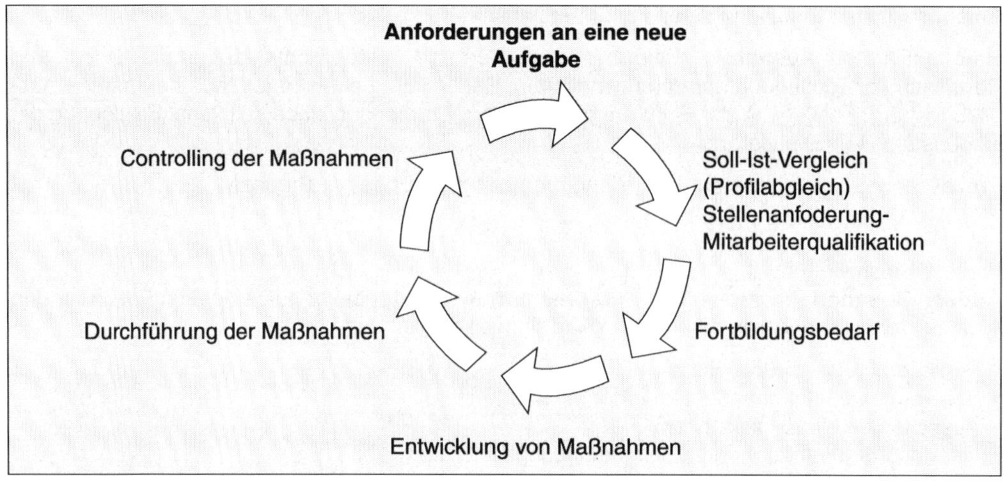

Anforderungen an eine neue Aufgabe
Soll-Ist-Vergleich (Profilabgleich) Stellenanfoderung-Mitarbeiterqualifikation
Fortbildungsbedarf
Entwicklung von Maßnahmen
Durchführung der Maßnahmen
Controlling der Maßnahmen

Regelkreislauf für einen Fortbildungsprozess

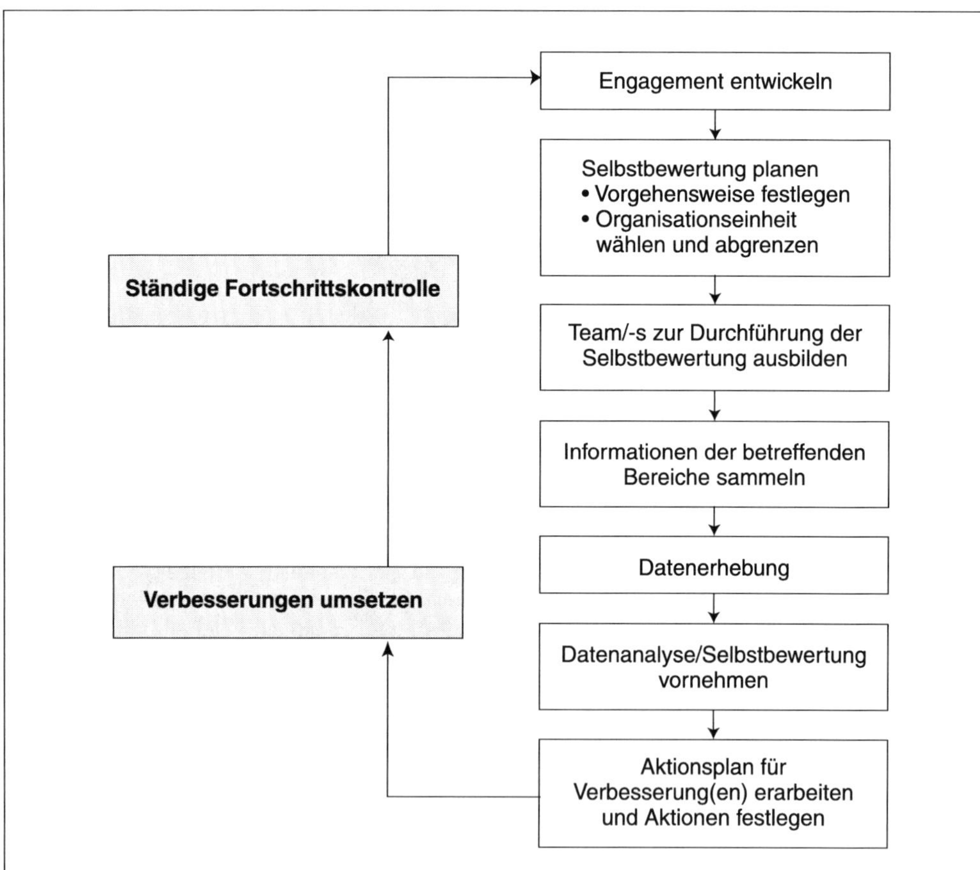

Engagement entwickeln
Selbstbewertung planen
• Vorgehensweise festlegen
• Organisationseinheit wählen und abgrenzen
Team/-s zur Durchführung der Selbstbewertung ausbilden
Informationen der betreffenden Bereiche sammeln
Datenerhebung
Datenanalyse/Selbstbewertung vornehmen
Aktionsplan für Verbesserung(en) erarbeiten und Aktionen festlegen
Verbesserungen umsetzen
Ständige Fortschrittskontrolle

Regelkreislauf für eine Prozessbewertung der Verbesserung Personalwirtschaftlicher Prozesse im Unternehmen

Die Transparenz in den Abläufen wird durch die **Prozessanalyse** hergestellt. Sie gliedert sich in fünf Schritte:

Vorgehen bei einer Prozessanalyse:

1. Aufstellung einer exakten Beschreibung und Gliederung der betreffenden Aufgaben aus prozessualer Sicht
2. Ermittlung der für die einzelnen Prozessschritte benötigten Ressourcen
3. Überprüfung der Prozessschritte auf Redundanzen
4. Identifikation möglicher Schnittstellen
5. Transparentmachung der Abläufe für alle Beteiligten

Unterschieden werden zahlreiche **Prozessanalysetechniken.** Hierzu zählen ABC-Analysen, Prozessdatenflussanalysen, Prozessportfolios, Stärken-Schwächen-Analysen, Benchmarking, Mengen-, Zeit- und Kostenanalysen, Analysen von Prozesskennzahlen und Szenariotechniken.

Drei Beispiele zur Organisation und Koordination der Mitarbeiterbetreuung eines Unternehmens mit mehreren Referenten, die zahlreiche Filialen betreuen:

ABC-Analyse:
Die Personalreferenten haben gemeinsam festzulegen, welche Prioritäten nach dem Schema A-B-C in der Mitarbeiterbetreuung gebildet werden. A-Betreuungsaktivitäten sind die, die unbedingt wahrzunehmen sind, da sie den größten Anteil am Erfolg der Personalarbeit oder der Wertschöpfung ausmachen. Sobald diese Aktivitäten identifiziert sind, sollte eine Konzentration auf diese erfolgen. Die Kenntnis dieser Aktivitäten ermöglicht die Konzentration auf das Wesentliche (A), während die B- und C-Aktivitäten weniger Aufmerksamkeit benötigen.

Prozessdatenflussanalyse:
Bei diesem Vorgehen werden die einzelnen Teilprozesse der Mitarbeiterbetreuung in ihrer gegenseitigen Abhängigkeit visuell dargestellt. Von Bedeutung hierbei sind Schnittstellen, kritische Wege und Doppelarbeiten. Beispielsweise können Flussdiagramme, Netzpläne oder Gantt-Diagramme hilfreich sein.

Prozessportfolio:
Im Rahmen des Prozessportfolios geht es um die Kriterien »Wichtigkeit« und »Dringlichkeit«. Daraus lassen sich A-Aufgaben ableiten, die von den Referenten selber und zeitnah zu erledigen sind, da sie sowohl wichtig als auch dringlich sind. B-Aufgaben sind wichtig, aber nicht dringlich. Sie können zeitnah, müssen aber nicht sofort bearbeitet werden. Im Gegensatz dazu können C-Aufgaben, die dringlich aber nicht wichtig sind, reduziert oder delegiert werden. D-Aufgaben sind weder wichtig noch dringlich und sollen bzw. müssen nicht bearbeitet werden.

1.3.2.4 Schnittstellenanalyse und -gestaltung

Zwangsläufig treten bei Prozessen an den Grenzen der Funktionsbereiche infolge der Aufgabenteilung Schnittstellen unterschiedlicher Art auf, die eine Abstimmung notwendig machen. Dem Schnittstellenmanagement kommt dementsprechend eine besondere Bedeutung zu.

Daraus resultieren ggf. Probleme bzw. Reibungsverluste im Prozess. Sie sind umso größer,

- je mehr Stellen bzw. Instanzen beteiligt sind,
- je größer der Prozess ist und
- je länger die Durchlaufzeit ist.

Die Ursachen dafür sind, dass an jeder Schnittstelle (erneut) Aufgaben und Informationen verteilt bzw. weitergeben werden müssen und Abstimmungen notwendig sind. Abhilfe kann insbesondere durch die Reduzierung der Schnittstellen bzw. Schnittstellenproblematik geschaffen werden.

Hier ein Beispiel für personalwirtschaftliche Aufgabenfelder bei einer Stellenbesetzung, die beim Schnittstellenmanagement zu berücksichtigen sind:

Kooperation mit dem Betriebsrat:
- Anhörung und Einbindung gemäß BetrVG

Personalplanung:
- Grundlage der Bedarfsplanung und Personalbeschaffung (in Koordination mit der Unternehmensleitung und dem Fachabteilungsleiter)
- Stellenbeschreibung (Erstellung in Absprache mit dem Fachabteilungsleiter)

Personaleinsatz:
- Einführung der neuen Mitarbeiter in der Fachabteilung (in Abstimmung mit dem Fachabteilungsleiter)

Personalentwicklung:
- Potenzialanalyse (Durchführung in Koordination mit dem Mitarbeiter und Fachabteilungsleiter)
- Identifikation von Qualifikationslücken (Festlegung in Absprache mit dem Mitarbeiter und Fachabteilungsleiter)
- Planung und Umsetzung von individuellen Bildungsaktivitäten (Festlegung in Absprache mit dem Mitarbeiter und Fachabteilungsleiter)
- Evaluierung der Maßnahmen (Festlegung in Absprache mit dem Mitarbeiter und Fachabteilungsleiter)

Entgeltabrechnung:
- Entgeltstruktur (Festlegung in Absprache mit dem Fachabteilungsleiter)
- Abwicklung der Zahlung (Bank)

1.3.2.5 Potenzialanalyse

Die Potenzialanalyse untersucht, welche Kompetenzen und Potenziale in einem Menschen stecken und wie diese in Prozessen sinnvoll eingebracht werden können. Damit stellt die Potenzialanalyse ein wichtiges Instrument der Prozessgestaltung dar und richtet sich – im Gegensatz zur Personalbeurteilung – auf den zukünftigen Personalentwicklungsbedarf aus. So ist z. B. in der zweiten Stufe des Drei-Stufen-Modells (Prozessverbesserung, Soll-Konzept) die Frage zu klären, welcher oder welche Mitarbeiter die künftigen Prozesse am besten umsetzen können, wer also das beste Potenzial besitzt, damit später eine Über- oder Unterforderung vermieden werden kann.

Merkmale von Entwicklungspotenzialen sind:
- Vorhandene Interessen und Fähigkeiten
- Bereitschaft, sich aktiv weiterzuqualifizieren
- Verantwortungsbereitschaft
- Bisherige Erfahrungen
- Handlungsmotive
- Bisherige Leistungs- und Verhaltensbeurteilungen
- Alter des Mitarbeiters
- Körperliche Situation des Mitarbeiters
- Rahmenbedingungen

Die Potenzialanalyse ermöglicht eine Abstimmung des erwarteten mit dem vorhandenen Qualifikations- bzw. Potenzialprofils.

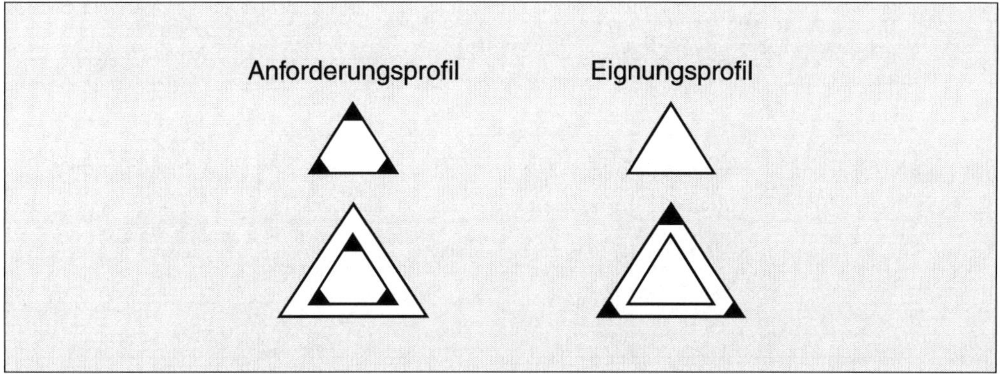

Der Mitarbeiter auf der linken Seite ist unterfordert, der auf der rechten Seite überfordert.

Es geht darum, Potenziale zu identifizieren, die zur Erarbeitung und Einführung neuer Prozesse bzw. zur Verbesserung bestehender führen. Hilfreich sind hierbei Workshops oder Projektteams (→ 4.1.2). Für ein erfolgreiches Vorgehen sind folgende Aspekte von Bedeutung:

- Rechtzeitige Einbindung der Geschäftsführung/Fachabteilung
- Schaffung einer kreativen Arbeitsatmosphäre
- Auswahl und Mitwirkung interner und externer Experten
- Klärung der Kompetenzen des Teams
- Wahl geeigneter Arbeitsmethoden für das Team
- Offene Kommunikation im Team
- Schaffung notwendiger Rahmenbedingungen

1.3.3 Systematische Prozessverbesserung und -veränderung

Veränderungen sind etwas Normales und oftmals notwendig, um Aufgaben oder Probleme zu lösen. Das Ziel der systematischen Prozessverbesserung und -veränderung ist, bestehende Prozesse zu verbessern oder durch neue, bessere zu ersetzen. Dabei sind folgende Grundsätze zu beachten:

- Bewahrung des Guten (nicht alles was neu ist, ist auch gut!)
- Klarheit und Transparenz der einzelnen Abläufe
- Erkennung und Verhinderung von Redundanzen (Doppelarbeiten)
- Identifikation und Minimierung der Schnittstellen (Reibungsverluste sind zu vermeiden)
- Evaluation/Feedback (Einholung von Rückmeldungen zu den Veränderungsprozessen).

Die nachfolgende Grafik zeigt, dass mit der Prozessverbesserung und -veränderung sowohl bessere Qualität als auch vermehrte Innovationen bei geringerem Zeit- und Kostenaufwand angestrebt werden.

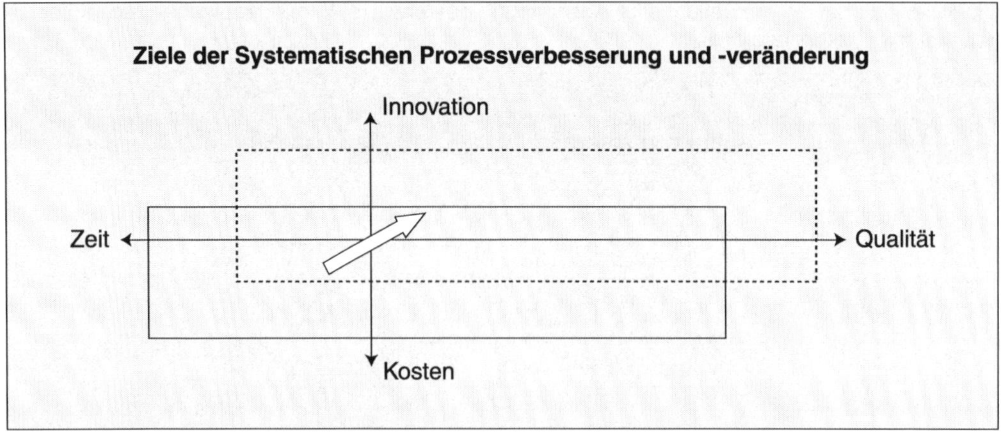

Hilfreich für die Prozessverbesserung und -veränderung sind:

- Zweckdienliches Informations- und Kommunikationsmanagement
- Leistungsbeschreibungen der Unternehmensbereiche
- Konsequentes Handeln
- Unternehmensrichtlinien
- Stellenbeschreibungen
- Mitarbeiterbefragungen
- Kundenbefragungen
- Betriebliches Vorschlagswesen/Ideenmanagement
- Workshops/Erfa-Gruppen (Erfahrungsaustauschgruppen)

Hier ein Praxisbeispiel zur Optimierung eines Bewerberauswahlverfahrens.
Es bieten sich folgende Faktoren zur Optimierung an:

- Faktor Qualität:
  - Prozessbeschreibung erstellen
  - Imageschaden vermeiden
  - Informationen schneller und zeitnah an die Bewerber erteilen (Zwischenbescheid, Einladung, Absage, Zusage)
  - Doppelarbeiten vermeiden aufgrund klarer Arbeitsanweisungen
  - Klare Abläufe und Regelungen, die Sicherheit und Zufriedenheit der eigenen Mitarbeiter erhöhen
  - Geringe Fluktuation

- Faktor Innovationsfähigkeit:
  - Mitarbeiter in die Prozessgestaltung und -durchführung aktiv einbinden
  - Neuerungen im Ablauf des Verfahrens realisieren

- Faktor Zeit:
  - Prozesszeit reduzieren
  - Durchlaufzeiten reduzieren
  - Transfer- und Liegezeiten minimieren
  - Schnittstellen identifizieren und minimieren

- Faktor Kosten:
  - Prozesskosten transparent machen
  - Informations- und Transportkosten reduzieren

1.3.3.1 Management von Veränderungsprozessen

Ein professionelles Management von Veränderungsprozessen (**Changemanagement**) dient im Personalbereich in erster Linie dem Ziel, die betroffenen Mitarbeiter auf die vorgesehenen Veränderungen einzustimmen, sie zu motivieren und zu befähigen, Veränderungen positiv zu sehen und mitzutragen.

Viele Menschen scheuen Veränderungen. Um auch sie von der Notwendigkeit und Bedeutung geplanter Veränderungen zu überzeugen und für eine produktive Mitarbeit zu gewinnen, sind umfassende Information und Transparenz erforderlich. Mitarbeitern, die vom Wandel nachteilig betroffen sind, ist Hilfe und Unterstützung anzubieten, z. B. in Form einer sinnvollen Weiterbildung.

Folgende Grundsätze und Überlegungen sind zu beachten:

- Die Mitarbeiter sind die wertvollsten Ressourcen des Unternehmens.
- Die Kunden sind die Maßstäbe für das strategische und organisatorische Handeln des Unternehmens.
- Die Konzentration ist auf strategische Kernkompetenzen richten.
- Eine Aufgliederung des Unternehmens in selbstständige Profit-Center ist zu erwägen.
- Ständige Optimierung der Geschäftsprozesse ist notwendig.
- Netzwerke sind zu bilden.

Die Personen, die an den Veränderungsprozessen mitwirken, lassen sich verschiedenen Funktionen zuordnen. Es handelt sich dabei um die/den Prozessinitiierer, den Lenkungsausschuss, den Prozessverantwortlichen und um das Prozessteam.

Der Prozessinitiierer stammt zumeist aus der obersten Führungsebene. Einem Lenkungsausschuss kommt eine Bindegliedfunktion zwischen Geschäftsführung als Auftraggeber und Auftragnehmer (Prozessteam, Prozessmanager) zu. Der Prozessverantwortliche ist dem Prozessteam übergeordnet. Das Prozessteam muss je nach Größe und Bedeutung des Prozesses zusammengestellt werden.

Gefahren und Probleme, die in Changeprozessen auftreten können:

- Es gibt Zielkonflikte.
- Es besteht kein gemeinsames Wertesystem.
- Es besteht keine gemeinsame Kommunikationsbasis.
- Es besteht kein gemeinsames Problembewusstsein.
- Es herrschen unterschiedliche Verunsicherungen.
- Es besteht kein Vertrauen in die Initiatoren.
- Die eingeplante Zeit reicht nicht aus.
- Die Mitarbeiter haben Angst vor zusätzlicher Arbeit und Mehrbelastungen.
- Die Mitarbeiter haben Angst vor persönlicher Dequalifizierung.

1.3.3.2 Aufbau integrierter Managementsysteme

Integrierte Managementsysteme sind geplante, transparente Abläufe und Strukturen der Arbeitsprozesse. Die Basis von integrierten Managementsystemen ist die Beschreibung der Ablauforganisation eines Unternehmens. Daraus resultiert die Anforderung, Prozesse zu modellieren, zu dokumentieren und zu einer unternehmensweiten »Prozesslandkarte« zusammenzufügen. Die Integration unterschiedlicher Managementsysteme zu einer Einheit verhindert die Nachteile von parallel laufenden Managementsystemen und bietet die Chance zur Realisierung einer schlanken Organisation, Nutzung von Synergien, reduzierten Kosten und geringerem Aufwand.

Ein integriertes Managementsystem ist weniger die Summe von Einzelsystemen, als vielmehr das eigenständige Modell eines umfassenden Managementsystems, das den Unternehmenserfolg in den Mittelpunkt stellt. Der Schlüssel beim Aufbau eines integrierten Managementsystems ist die Prozessorientierung, abhängig von den Gegebenheiten im Unternehmen sowie von der Situation und den Zielen des Unternehmens. Solche Systeme tragen einer bereichsübergreifenden Betrachtung Rechnung, die jeden Verantwortlichen in seinem Bereich und in den von ihm bearbeiteten Prozessen ganzheitlich für Qualität, Rechtssicherheit, Umwelt, Arbeitsschutz usw. mitverantwortlich macht.

Integrierte Managementsysteme

- vermeiden Insellösungen, die häufig dadurch entstehen, dass
  - identische Abläufe und Tätigkeiten aus unterschiedlichen Blickrichtungen beschrieben werden,
  - Managementsysteme zum Teil redundant und widersprüchlich nebeneinander stehen,
  - Einzelsysteme nicht den Blick auf ein gemeinsames Ganzes richten, im Sinne von »das Ganze ist mehr als die Summe der Teile«.
- schaffen Ordnung und Glaubwürdigkeit durch klare Strukturen und widerspruchsfreie Kommunikation nach innen und außen.
- reduzieren Aufwand und Komplexität, z. B. durch klare Verantwortlichkeiten und Schnittstellen, gemeinsame Dokumentation, gemeinsame interne Audits.

Beim Aufbau eines solchen Systems sind vier grundsätzliche Phasen zu beachten:

1. Vorbereitungsphase
2. Realisierungsphase
3. Bewertungsphase
4. Revisionsphase

1.3.3.3 Prozessaudits

Unter einem Audit wird ein Überprüfungsinstrument verstanden, welches die Wirksamkeit dokumentierter Abläufe und deren Leistungsfähigkeit bzw. Qualität beurteilt. Zielsetzung von Prozessaudits sind die Überprüfung eines Prozesses auf Wirksamkeit, Vorgabeneinhaltung, Effizienz sowie Schwachstellenerkennung und eine damit verbundene Prozessoptimierung. Prozessaudits sind zeitnah, regelmäßig und gewissenhaft als permanenter Soll-Ist-Vergleich durch Kooperation von Auditierten und Auditoren durchzuführen. Ein Ergebnis kann sein, dass die Beteiligten Maßnahmen für die Korrektur von Schwachstellen im Prozessmanagementsystem und in der Umsetzung einleiten. Daraus resultierende Konsequenzen können wiederum in einem Folgeaudit überprüft werden. Eine hilfreiche Ergänzung sind Benchmarkingaktivitäten, d. h. Vergleiche mit ähnlichen Prozessen und die Gewinnung von Erkenntnissen daraus.

Leitfragen zu Prozessaudits sind:

- Werden geeignete Verfahren und Instrumente für die Erfüllung der Qualitätsanforderungen eingesetzt und stimmen sie mit der Dokumentation überein?
- Sind die Verfahren und Instrumente den Mitarbeitern und Kunden ausreichend bekannt? Wird damit angemessen und zielorientiert gearbeitet?
- Sind vorhandene Schwachstellen im Prozess bekannt und wird an deren Beseitigung zielorientiert und zeitnah gearbeitet?

Phasen eines Prozessaudits sind i. d. R.:

Planung: Zu Beginn werden der Auditplan und das Auditprogramm erarbeitet.

Vorbereitung: Im Rahmen der Vorbereitung werden notwendige Unterlagen gesammelt und ausgewertet, Checklisten erstellt, die zu auditierenden Prozesse abgesprochen und Schwerpunkte des Audits festgelegt.

Realisation: Auf Basis der festgelegten Aufgabenstellung und des Auditplans werden die notwendigen Informationen zum Ablauf des Geschäftsprozesses gesammelt und mit den Vorgaben abgeglichen. Dies geschieht bspw. durch Befragungen der beteiligten Mitarbeiter oder Kunden oder durch das Studium von Dokumentationen.

Auswertung: Durch die Auswertung werden das Potenzial zur Optimierung der Aufbau- und Ablauforganisation ermittelt und Hinweise zu deren Verbesserung gegeben.

Maßnahmen: Abschließend werden die Korrekturmaßnahmen festgelegt, realisiert und auf ihre Wirksamkeit hin überprüft.

1.3.3.4 Prozessmessung und -controlling

Nur eine regelmäßige und professionelle Prozessmessung und ein damit verbundenes Controlling ermöglichen zuverlässige Informationen über gelungene bzw. zu korrigierende und zu verbessernde Maßnahmen der Planung und Steuerung von Prozessaktivitäten. Während Audits nicht periodische, aber systematische Überprüfungen darstellen, die bestimmte Erkenntnisse erbringen sollen, geht es beim Controlling um periodisch durchgeführte Auswertungen ausgewählter, im Voraus bestimmter Daten.

Leitfragen zu Prozessmessung und -controlling:

- Wie beurteilen die Betroffenen den Prozess?
- Genügt die Prozessqualität den festgelegten Prozesszielen?
- Entsprechen die anfallenden Prozesskosten den Prozesszielen?
- Entspricht die Durchlaufzeit den Prozesszielen?

Prozesscontrolling kann seine Funktionen nur erfüllen, wenn es in die Prozesse eingebunden ist und ausreichende Informationen über die Abläufe zur Verfügung stehen. Hierbei spielen Kennzahlen eine besondere Rolle, z. B. über Kosten, Produktivität, Qualität, Anpassungsfähigkeit und Zeit. Je nach Art des Prozess haben diese unterschiedliche Ausprägung und Bedeutung. Oftmals macht es auch Sinn, diese zu gewichten und anschließend genau zu analysieren. Hierzu zwei Beispiele:

1. Prozess: **Outsourcing der Gehaltsabrechnung** und damit verbundene Messkriterien

- Messgrößen für die Qualität:
  - Fehler in der Abrechnung
  - Mitarbeiterzufriedenheit
  - Erreichbarkeit bei Rückfragen
  - Termineinhaltung
- Messgrößen für die Kosten:
  - Kosten pro abgerechnetem Mitarbeiter
  - Kosten für die IT
  - Gesamtkosten
  - Kosten für Sonderfälle
- Messgrößen für die Zeit:
  - Dauer der Abrechnung (durchschnittliches Volumen)
  - Dauer der Bearbeitungszeit für Sonderfälle
- Messgrößen für die Anpassungsfähigkeit:
  - Flexibilität im System
  - Umsetzung von Veränderungen (wie viele? in welcher Zeit?)

2. Prozess: **Kriterien für die Effektivität eines Weiterbildungsprozesses** und damit verbundene Messkriterien

- Prozesskosten für:
  - Organisation
  - Bedarfsermittlung
  - Externe/Interne Trainer
  - Hotel/Unterbringung
  - Evaluierung
- Zeit:
  - Zeitrahmen (Dauer und zeitliche Lage)
  - Dringlichkeit der Maßnahme
- Qualität:
  - Kompetenzerweiterung
  - Transfer des Gelernten in die Praxis
  - Zufriedenheit der Teilnehmer
  - Transparenz der Abläufe
  - Dokumentation
- Anpassungsfähigkeit:
  - Umsetzung von Veränderungen
  - Flexibilität im System

Mit der **Prozessmessung** und dem **Prozesscontrolling** angestrebte Ziele/Ergebnisse sind u. a.:

- Erkennung von Problemen im Prozessablauf
- Beibehaltung oder Verbesserung von Prozessen
- Auflösung unnötiger Prozesse
- Hinzufügung fehlender Prozesse
- Änderung in der Abfolge von Teilprozessen
- Automatisierung von Prozessen
- Beschleunigung von Prozessen
- Zusammenlegung von Prozessen

1.3.3.5 Prozessselbstbewertung (EFQM-Kriterien)

EFQM ist die Abkürzung für »European Foundation for Quality Management«. Das von dieser Organisation entwickelte EFQM-Modell für Business-Excellence ermöglicht Organisationen eine Prozessselbstbewertung nach bestimmten, einheitlichen und daher vergleichbaren Kriterien mit dem Ziel, eigene Stärken, Schwächen und Verbesserungsmöglichkeiten wahrzunehmen und zu nutzen bzw. sie zu korrigieren.

Das Modell unterstützt, Erfolge zu erzielen, indem es aufzeigt, wo die Organisationen sich auf dem Weg zur Schaffung von nachhaltigem Nutzen befinden. Es hilft, Lücken aufzuzeigen und mögliche Lösungen zu verstehen. Letztlich ermöglicht es Organisationen, ihre Leistungsfähigkeit voranzutreiben. Im Laufe der Jahrzehnte durchlief das Modell eine Reihe von Veränderungen.

Mit dem Modell sind folgende Leitfragen zur Ausrichtung, zur Realisierung und zu den Ergebnissen verbunden:

- Warum existiert die Organisation? Welchen Zweck erfüllt sie? Warum wird die aktuell bestehende Strategie verfolgt?
- Wie beabsichtigt sie, ihren Zweck zu erreichen und ihre Strategie umzusetzen?
- Was wurde bisher erreicht? Was soll künftig erreicht werden?

Der Grundsatz des EFQM-Modells ist die Verknüpfung von Zweck, Vision und Strategie einer Organisation und wie sie dadurch für die von ihr als wichtig erkannten Interessengruppen nachhaltigen Nutzen schafft und strategische Ergebnisse erreicht.

Konkrete Ausgangsfragen zu den Business Units lauten:

Zur Führung/Zur Mitarbeiterführung:
- Wie lassen sich Mitarbeiter motivieren und wie werden Leistungen festgestellt?

Zur Strategie/Nachhaltiger Nutzen:
- Wie wird die Strategie im Unternehmen umgesetzt?

Zu Partnerschaften/Ressourcen/Interessengruppen:
- Welche Ressourcen stehen zur Verfügung und welche Partnerschaften bestehen?

Zu Prozessen/zur Leistungsfähigkeit:
- Wie werden Prozesse evaluiert?

In der folgenden Grafik sind sieben Kriterien abgebildet, die nachfolgend beschrieben werden.

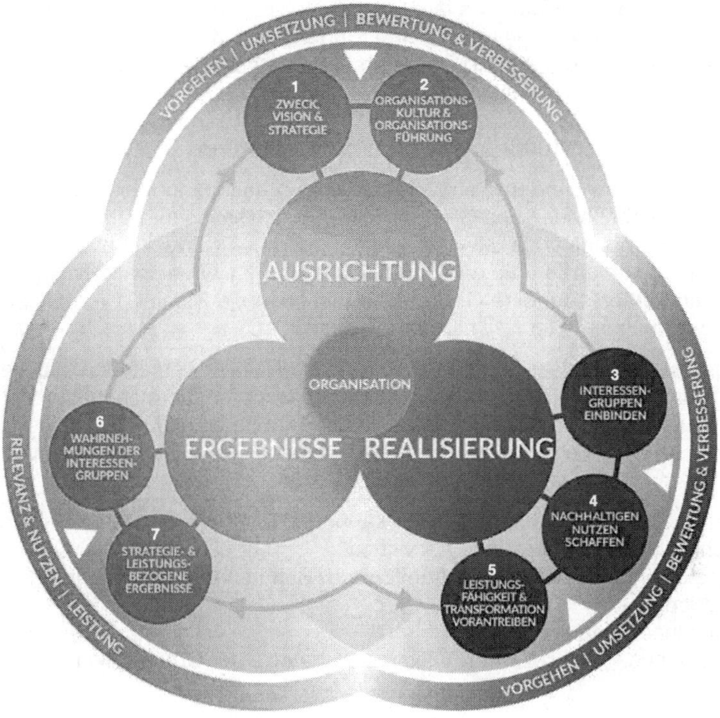

EFQM — Quelle: EFQM Homepage, Brüssel

Ausrichtung

Kriterium 1: Zweck, Vision und Strategie

Eine herausragende Organisation definiert sich über einen inspirierenden Zweck, eine erstrebenswerte Vision und eine wirksame Strategie.

Der Zweck der Organisation

- beschreibt, weshalb ihre Tätigkeit wichtig ist,
- bezieht sich auf Schaffung und Lieferung eines nachhaltigen Nutzens für ihre Interessengruppen,
- erschafft den Handlungsrahmen, für den sie Verantwortung übernimmt in Bezug auf ihren Beitrag zum und ihre Auswirkung auf ihr Ecosystem.

Die Vision der Organisation

- beschreibt, was die Organisation langfristig erreichen möchte,
- ist klarer Wegweiser für Entscheidungen bei gegenwärtigen wie zukünftigen Handlungsoptionen,
- bildet, zusammen mit dem Zweck der Organisation, die Basis für die Strategieerstellung.

Die Strategie der Organisation

- beschreibt, wie die Organisation beabsichtigt, ihren Zweck zu erfüllen,
- konkretisiert die Pläne der Organisation, um strategische Schwerpunkte zu erfüllen und ihrer Vision näherzukommen.

Daraus ergeben sich folgende Maßnahmen:

- Zweck und Vision definieren,
- Interessengruppen identifizieren und ihre Bedürfnisse verstehen, Ecosystem,
- eigene Fähigkeiten und wichtige Herausforderungen verstehen,
- Strategie entwickeln, Governance-Struktur und Steuerungssystem für die Leistungsfähigkeit der Organisation entwickeln und implementieren

Kriterium 2: Organisationskultur und Organisationsführung

Unter Organisationskultur werden die Werte und die Verhaltensnormen einer Organisation verstanden, die ihre Mitarbeitenden und Gruppen in der Organisation teilen und die im Laufe der Zeit sowohl ihr Verhalten untereinander als auch gegenüber den für Zweck, Vision und Strategie wichtigen Interessengruppen außerhalb der Organisation prägen. Organisationsführung bezieht sich nicht nur auf eine Person oder eine Gruppe, die von oben die Richtung vorgibt, sondern auf die Organisation als Ganzes.

In einer herausragenden Organisation wird Führung als Tätigkeit verstanden, nicht als spezifische Rolle. Geführt wird auf allen Ebenen und in allen Organisationsbereichen. Vorbildliche Führung inspiriert, stärkt und verändert nötigenfalls Werte und Standards und hilft, die Organisationskultur zu entwickeln. In herausragenden Organisationen ist damit ein klarer Unterschied im Vergleich zu traditionell geführten Organisationen erkennbar.

Eine Organisation, die als herausragend anerkannt und in ihrem relevanten Umfeld führend sein möchte, erreicht Erfolge durch folgende Aktivitäten:

- Organisationskultur lenken und ihre Werte fördern, Rahmenbedingungen für erfolgreiche Veränderung gestalten,
- Kreativität und Innovation ermöglichen,
- gemeinsam und engagiert für Zweck, Vision und Strategie der Organisation einstehen.

Realisierung

Kriterium 3: Interessengruppen einbinden

Obwohl jede Organisation ihre ganz spezifischen Interessengruppen festlegt und über deren Priorität entscheidet, ist es sehr wahrscheinlich, dass es Ähnlichkeiten in der Anwendung der hier folgenden Grundlagen zur Einbindung von Interessengruppen gibt.

Eine herausragende Organisation

- identifiziert innerhalb der für Zweck, Vision und Strategie wichtigen Interessengruppen die spezifischen Typen und Kategorien,
- beteiligt wichtige Interessengruppen an der Realisierung ihrer Strategie sowie der Schaffung von nachhaltigem Wert und würdigt deren Beitrag,
- nutzt ihr Verständnis von den Bedürfnissen und Erwartungen wichtiger Interessengruppen, um deren dauerhaftes Engagement für die Organisation zu sichern,
- baut Beziehungen zu wichtigen Interessengruppen auf, pflegt sie und entwickelt sie auf Basis von Transparenz, Verantwortlichkeit, ethischem Verhalten und Vertrauen weiter,
- arbeitet mit wichtigen Interessengruppen zusammen, um über das gemeinsame Verständnis und eine kooperative Entwicklung zu den Nachhaltigkeitszielen der Vereinten Nationen und den Global Compact-Bestrebungen beizutragen und sich von diesen inspirieren zu lassen,
- erkundigt sich aktiv über die Wahrnehmungen wichtiger Interessengruppen anstatt abzuwarten, bis diese den Kontakt zu ihr herstellen,
- bewertet die eigene Leistung in Bezug auf die Bedürfnisse wichtiger Interessengruppen und trifft aus deren Blickwinkel geeignete Maßnahmen zur eigenen Zukunftssicherung.

Üblicherweise zieht eine herausragende Organisation die folgenden Gruppen zur Bestimmung ihrer für Zweck, Vision und Strategie wichtigen Interessengruppen in Erwägung:

- Kunden – nachhaltige Beziehungen aufbauen
- Mitarbeitende – gewinnen, einbeziehen, entwickeln und halten
- wirtschaftliche und regulatorische Interessengruppen – kontinuierliche Unterstützung sicherstellen,
- Gesellschaft – zu Entwicklung, Wohlergehen und Wohlstand beitragen
- Partner und Lieferanten – Beziehungen aufbauen und Beitrag für die Schaffung nachhaltigen Nutzens sicherstellen

Kriterium 4: Nachhaltigen Nutzen schaffen

Eine herausragende Organisation versteht, dass die Schaffung nachhaltigen Nutzens für ihren langfristigen Erfolg und ihre finanzielle Stärke von entscheidender Bedeutung ist. Ihr klar definierter Zweck, ergänzt um ihre Strategie, bestimmt, für wen die Organisation nachhaltigen Nutzen schafft. In den meisten Fällen sind entsprechend segmentierte Kundengruppen die Zielgruppe, für die nachhaltiger Nutzen geschaffen wird. Einige Organisationen können auch ausgewählte, für ihren Zweck, ihre Vision und ihre Strategie wichtige Interessengruppen ihrer Interessengruppensegmente aus Gesellschaft, Wirtschaft oder regulierenden Institutionen ins Auge fassen. Einer herausragenden Organisation ist bewusst, dass sich die Bedürfnisse solch wichtiger Interessengruppen im Laufe der Zeit ändern können und dass die Sammlung und Analyse von Rückmeldungen wichtig ist, um ihre Produkte, Dienstleistungen oder Lösungen zu verbessern und zu verändern.

In den hier folgenden Teilkriterien werden die verschiedenen Elemente, um nachhaltigen Nutzen zu schaffen, Schritt für Schritt dargestellt. Selbstverständlich können die Pläne der Organisation für die Gegenwart und die Zukunft je nach Geschäftsmodell parallel verlaufen oder sich überschneiden:

- nachhaltigen Nutzen planen und entwickeln
- nachhaltigen Nutzen kommunizieren und vermarkten
- nachhaltigen Nutzen liefern, ein Gesamterlebnis definieren und verwirklichen

Kriterium 5: Leistungsfähigkeit und Transformation vorantreiben

Um heute und in Zukunft erfolgreich zu sein, muss eine Organisation zwei wichtige Anforderungen gleichzeitig erfüllen können: Einerseits gilt es, das laufende Tagesgeschäft erfolgreich zu führen und zu verbessern (»Leistungsfähigkeit vorantreiben«). Andererseits gilt es, Veränderungen, die fortlaufend innerhalb und außerhalb der Organisation auftreten, zu bewerkstelligen, um erfolgreich zu bleiben (»Transformation vorantreiben«). Nur durch die konsequente Kombination von Verbesserung der Leistungsfähigkeit und Transformation gelingt es der Organisation, gleichzeitig heute erfolgreich und für morgen gewappnet zu sein.

Wichtige Elemente für Leistungsfähigkeit und Transformation sind Innovation und Technologie, die ständig wachsende Bedeutung von Daten, Informationen und Wissen sowie der gezielte Einsatz kritischer, wichtiger Anlagegüter und Ressourcen:

- Leistungsfähigkeit vorantreiben und Risiken managen
- die Organisation für die Zukunft transformieren
- Innovation fördern und Technologie nutzen
- Daten, Information und Wissen wirksam einsetzen
- Vermögenswerte und Ressourcen managen

Ergebnisse

Kriterium 6: Wahrnehmungen der Interessengruppen

Dieses Kriterium fokussiert auf jene Ergebnisse, die auf Rückmeldungen wichtiger Interessengruppen beruhen und damit deren persönliche Wahrnehmung der Organisation beschreiben.

Diese Wahrnehmungen können sich auf ehemalige und aktuelle Interessengruppen beziehen und aus einer Reihe unterschiedlicher Quellen stammen: Umfragen, Fokusgruppen, Bewertungen, Presse oder soziale Medien, externe Anerkennungen, Referenzen, strukturierte Feedbacksitzungen, Anlegerberichte und Lob/Beschwerden sowie Rückmeldungen, die Kundenbetreuungsteams sammelten. Zusätzlich zu den Wahrnehmungen dieser wichtigen Interessengruppen, denen persönliche Erfahrung zugrunde liegt, können Wahrnehmungen auch vom Image der Organisation hinsichtlich ihrer ökologischen und sozialen Auswirkung geprägt sein.

Eine herausragende Organisation

- weiß, wie gut es ihr gelingt, ihre Strategie umzusetzen, und die Bedürfnisse und Erwartungen ihrer für Zweck, Vision und Strategie wichtigen Interessengruppen zu erfüllen
- verwendet Analysen vergangener und aktueller Leistungen, um zukünftige Leistungen zu prognostizieren
- verwendet relevante Ergebnisse der Wahrnehmung der für Zweck, Vision und Strategie wichtigen Interessengruppen, um auf dem Laufenden zu bleiben und ihre gegenwärtige Ausrichtung und Realisierung entsprechend zu ändern.

Nachfolgend einige Beispiele, welche Themen eine Organisation als Ergebnisse für die Wahrnehmungen durch ihre Interessengruppen berücksichtigen könnte.

Ihre Reihenfolge stellt weder eine Priorisierung dar, noch erhebt sie Anspruch auf Vollständigkeit:

- Wahrnehmung der Kunden
- Wahrnehmung der Mitarbeitenden
- Wahrnehmung wirtschaftlicher und regulatorischer Interessengruppen
- Wahrnehmung der Gesellschaft
- Wahrnehmungen der Partner und Lieferanten

Kriterium 7: Strategie- und leistungsbezogene Ergebnisse

Dieses Kriterium fokussiert Ergebnisse im Zusammenhang mit der Leistungsfähigkeit der Organisation bezüglich

- der Fähigkeit, ihren Zweck zu erfüllen, die Strategie umzusetzen und nachhaltigen Nutzen zu schaffen
- der Fitness für eine erfolgreiche Zukunft

Diese Ergebnisse verwendet die Organisation, um ihre Gesamtleistung zu überwachen, zu verstehen und zu verbessern. Sie nutzt diese Ergebnisse auch, um die Auswirkungen ihrer Leistungsfähigkeit auf die Wahrnehmungen durch für ihren Zweck, ihre Vision und ihre Strategie wichtige Interessengruppen und auf strategische Bestrebungen für ihre Zukunft vorherzusehen.

Eine herausragende Organisation

- verwendet sowohl finanzielle als auch nichtfinanzielle Ergebnisse, um die strategische und operative Leistungsfähigkeit zu messen,
- versteht die Zusammenhänge zwischen den Wahrnehmungen wichtiger Interessengruppen und den leistungsbezogenen Ergebnissen und kann diese mit hoher Sicherheit vorhersagen,
- berücksichtigt bei der Auswahl geeigneter Ergebnisindikatoren für die strategischen und operativen Ziele der Organisation aktuelle und zukünftige Bedürfnisse und Erwartungen ihrer wichtigen Interessengruppen,
- versteht die Ursache-Wirkungszusammenhänge, die Ergebnisse beeinflussen und nutzt diese Ergebnisse, um auf dem Laufenden zu sein und die gegenwärtige Ausrichtung und Realisierung zu beeinflussen,
- nutzt die erzielten Ergebnisse, um ihre zukünftige Leistungsfähigkeit mit hoher Wahrscheinlichkeit vorauszusagen.

1.4 Projekte planen und durchführen

1.4.1 Begriffliche Grundlagen

Die heutige Arbeitswelt (und damit auch das Personalmanagement) sind aufgrund zunehmender Kundenorientierung, abnehmender Routinearbeiten wegen vermehrtem EDV-Einsatz und häufigem Wandel der Organisationsform vermehrt durch Projektarbeit geprägt. Dabei herrschen oftmals begriffliche Unstimmigkeiten, sodass es nicht zu einem professionellen Projektmanagement kommt.

1.4.1.1 Projekt

Die Begriffe Projekt und Projektmanagement werden in der DIN-Normenreihe 69901 eindeutig definiert.

Die Normen (DIN = Deutsches Institut für Normung) bilden einen Maßstab für einwandfreies technisches Verhalten und haben den Charakter von Empfehlungen. Die Normenreihe 69901 beschreibt Grundlagen, Prozesse, Prozessmodelle, Methoden, Daten, Datenmodelle und Begriffe im Projektmanagement.

Danach ist ein Projekt im Wesentlichen durch die folgenden Aspekte gekennzeichnet, die es von der »normalen« Arbeit abgrenzen:

- **Einmaligkeit:** Die Projektaufgabe stellt sich so kein weiteres Mal und ist auf ihre Art neuartig. Sie steht im Gegensatz zu Routinearbeiten.
- **Endlichkeit:** Das Projektziel ist innerhalb eines vorab festgelegten Zeitrahmens (mit Anfang und Ende) zu erreichen (zeitliche Befristung).
- **Restriktionen:** Die zur Zielerreichung verfügbaren Ressourcen (wie finanzielle Mittel, Sachmittel und Arbeitskräfte) sind begrenzt.
- **Abgrenzbarkeit:** Jedes Projekt ist gegenüber anderen Projekten bzw. Vorhaben abgegrenzt.
- **Spezifische Organisation:** Jedes Projekt ist durch seine spezifische Organisation (Planung, Steuerung und Kontrolle) gekennzeichnet.

Weitere Merkmale sind:

- **Komplexität:** Das Projekt ist mit einem/einer bestimmten Schwierigkeitsgrad/Komplexität verbunden und setzt sich aus einer Vielzahl von Einzelaufgaben und Einzeltätigkeiten zusammen.
- **Unsicherheit/Risiko:** Die Erreichung des Projektzieles ist abhängig von Umwelteinflüssen, die sich in unterschiedlicher Art und Weise auf den Erfolg des Projektes auswirken können. Projektzieländerungen, Ablaufänderungen oder gar ein Projektabbruch sind nicht auszuschließen. Die Unsicherheit ist abhängig vom Grad der Komplexität. Sie gilt es bei der Projektplanung angemessen zu berücksichtigen.
- **Zielvorgabe/Zielorientierung:** Für jedes Projekt besteht eine konkrete Zielvorgabe bzw. Aufgabenstellung, durch welche sich das Projekt von Routinearbeiten oder anderen Projekten unterscheidet. Die Zielvorgabe kann sowohl von einem internen als auch von einem externen Auftraggeber kommen.
- **Abteilungsübergreifende Organisation:** Zumeist können Projekte nur durch Kooperation und abteilungsübergreifendes Handeln in Form von Teambildung bewältigt werden.

Ein Projekt kann als ein eigenes oder ein gemeinschaftliches Projekt durchgeführt werden. Während beim eigenen Projekt die gesamte Arbeit und Verantwortung beim Projektträger liegt, ist das Gemeinschaftsprojekt durch einen Zusammenschluss mehrerer rechtlich und wirtschaftlich voneinander unabhängiger Institutionen oder Unternehmen in Bezug auf ein gemeinsames Projektziel und durch eine Teamorganisation gekennzeichnet.

Unterschieden werden ferner Einpersonen- und Mehrpersonenprojekte. Ein Einpersonenprojekt wird nur von einem Mitarbeiter ausgeführt. Es handelt sich dabei in der Regel um kleinere Projekte. Mehrpersonenprojekte sind größere Projekte mit einem Projektteam und höheren Komplexitätsgraden.

Hinsichtlich des Projektziels kann man unterscheiden:

Investitionsprojekte: Einleitung und Durchführung einer Investition können als Projekt gesehen werden. Solche Projekte finden sich insbesondere im Bau- und Investitionsgüterbereich.

IT-Projekte: Diese Projekte können als Teilbereich von Investitionsprojekten betrachtet werden. Hierzu ist ein besonderes Know-how von Bedeutung. Im Personalmanagement betrifft dies z. B. die Anschaffung und Nutzung eines neuen Personalinformationssystems.

Forschungs- und Entwicklungsprojekte: Bei diesen Projekten liegt der Schwerpunkt des Projektes auf der Gewinnung neuer Erkenntnisse und Innovationen. Es könnte sich um Erkenntnisse der demografischen Entwicklung im Unternehmen handeln, aber auch um Technik und Produktentwicklung.

Organisationsprojekte: Diese Projekte betreffen Neuerungen oder Veränderungen in der Aufbau- oder Ablaufstruktur des Unternehmens. Oftmals sind sie verbunden mit Betriebsübergängen, Outsourcingmaßnahmen oder Fusionen.

Beispiele für Projekte aus dem Personalbereich:

- Relocation (Verlagerung) eines Unternehmensbereichs
- Einführung eines neuen Zeiterfassungssystems
- Einführung eines neuen Ausbildungsberufs
- Entsendung von Fachkräften in eine Auslandsniederlassung
- Erstellung einer Wissensdatenbank
- Organisation der Weihnachtsfeier
- Fusion/Betriebsübergang

1.4.1.2 Projektmanagement

Als Managementtechnik kommt dem Projektmanagement eine wachsende Bedeutung zu. Durch ein professionelles Projektmanagement soll das im Unternehmen vorhandene Personal-, Finanz-, Kapital-, Kreativitäts- und Innovationspotenzial gezielt eingesetzt werden.

Projektmanagement lässt sich als eine Abfolge von Aufgaben bzw. als ein Gesamtprozess verstehen. Dabei gilt es die Phasen **Projektplanung, Projektsteuerung** sowie **Projektkontrolle** und die damit verbundenen Techniken so zu verbinden, dass das Sachziel (Projektauftrag im quantitativen und qualitativen Sinne) sowie das Budgetziel (Kosten und Termine) erreicht werden können. In den Interdependenzen dieser Ziele besteht die Schwierigkeit des Projektmanagements und der damit verbundenen Führungs-, Planungs- und Koordinationsmethodik. Letztlich verfolgt das Projektmanagement das Ziel, das Projekt von der ersten Idee bis zum Abschluss im Sinne des Auftraggebers zu planen, zu steuern und zu kontrollieren sowie die Wahrscheinlichkeit für den Projekterfolg so hoch wie möglich zu halten. Daran nehmen unterschiedliche Projektbeteiligte teil: z. B. die Geschäftsleitung, der Lenkungsausschuss, der Projektleiter die Projektteammitglieder und Projektmitarbeiter.

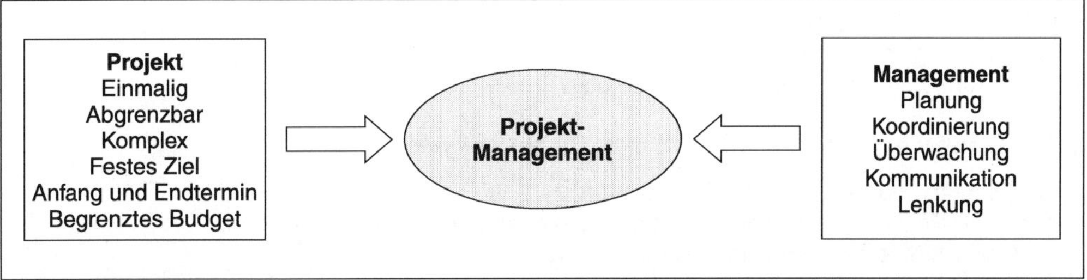

In Zusammenhang mit der Bezeichnung Projekt steht der Begriff **Task Force.** Ähnlich wie bei einem Projekt soll die Task Force als fach- und hierarchieübergreifendes Team die Lösung besonderer, außerplanmäßiger Aufgaben bewältigen.

Das »Magische Viereck« des Projektmanagements zeigt die Einflussfaktoren auf den Erfolg eines Projektes. »Magisch« ist das Viereck der Einflussfaktoren, weil es in der Regel problematisch ist, die Faktoren zielorientiert aufeinander abzustimmen.

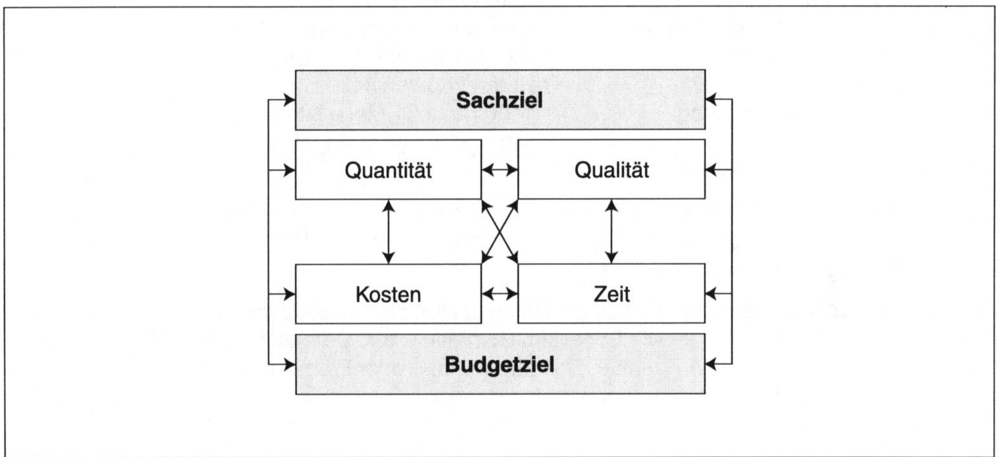

Anlässe und Vorteile des Projektmanagements sind:

- Durchführung von Sonderaufgaben, auch Krisenbewältigung
- Konsequente Zielorientierung
- Integration verschiedener Kompetenzen
- Hohe Innovations- und Kreativitätspotenziale
- Hohe Effizienz
- Hohe Transparenz
- Nutzung von Kreativität der Beteiligten
- Höhere Flexibilität gegenüber der Linienorganisation
- Parallele Aufgabenbearbeitung und damit Zeitgewinn

- Direkter und permanenter Informationsaustausch
- Schnelle und wirkungsvolle Abstimmung
- Know-how-Austausch
- Schnellere und ausgewogenere Entscheidung
- Schnelle Erfassung und Durchführung von Veränderungen
- Nutzung von Spezialistentum bzw. Fachkompetenz
- Nutzung von Synergieeffekten
- Überwindung von Abteilungsdenken
- Profilierungsmöglichkeiten für die Beteiligten

Grundlagen für ein professionelles Projektmanagement sind:

- Leistungsstandards und Ziele sind definiert.
- Benötigte Ressourcen sind vorhanden bzw. einsetzbar.
- Zeitliche Abläufe sind bekannt und realisierbar.
- Kommunikation ist reibungslos organisiert.
- Verantwortlichkeiten sind geklärt.

Um ein Projekt planen, steuern und kontrollieren zu können, ist die Festlegung wesentlicher Punkte wichtig. Diese Rolle kommt dem **Projektauftrag** zu. Dieser ist zwingend erforderlich, damit alle Beteiligten die Zielsetzung kennen und sonstige Einflussnahmen abwehren können.

Ein Projektauftrag sollte folgende Punkte beinhalten:

- Projektname/-nummer
- Bezeichnung des Projektauftrags
- Zielsetzung des Projektes
- Projektleiter
- Organisatorische Einbindung
- Benötigte Ressourcen
- Erwartete Ergebnisse/Nutzen
- Auftraggeber
- Laufzeit des Projektes
- Zu erarbeitende Aufgaben
- Budget/Kostenstelle
- Termine und »Meilensteine«
- Unterschrift (Auftraggeber, Projektleiter)

Damit verbunden ist i.d.R. die Erstellung eines Projektsteckbriefes. Es handelt sich dabei um eine übersichtliche Darstellung des Projektes in der die wichtigsten Fakten eines Projektes bzw. Projektauftrages zusammengetragen sind.

Zu den internen Aufgabenträgern eines Projektes zählen die Projektleiter, Mitglieder des Projektteams, sonstige Aufgabenträger wie Experten, Betriebsrat und Datenschutzbeauftragter. Externe Aufgabenträger können externe Berater, Subunternehmer oder Fremdfirmen sein. Darüber hinaus können Stellen wie die Arbeitsagentur, Versicherungen, Krankenkassen und Behörden externe Partner eines Projektes sein.

Für das Projektmanagement gilt immer der Anspruch, effektiv und effizient zu arbeiten.

Effektiv sein bedeutet, die richtige Arbeit zu machen und geeignete und wirksame Maßnahmen und Instrumente zu ergreifen, um das gesetzte Ziel zu erreichen. Bei der Effizienz geht es um die Aufwandsoptimierung und ein angemessenes Verhältnis von Einsatz und Wirkung. Effizient ist das Vorgehen dann, wenn mit dem geringstmöglichem Einsatz das gewünschte Ziel optimal erreicht wird.

Effizient sein bedeutet, die Arbeit richtig zu machen.

1.4.2 Projektorganisation

Die Projektorganisation umfasst die Einordnung des Projektes in die Gesamtheit der Organisationseinheiten und die aufbau- und ablauforganisatorischen Regelungen zu seiner Abwicklung. Sie soll gewährleisten, dass das Zusammenwirken der Aufgabenträger und aller Beteiligten zielorientiert und professionell geschieht.

Unterschieden werden i. d. R. die reine Projektorganisation, die Stabs-Projektorganisation und die Matrix-Projektorganisation.

Reine Projektorganisation

Sie bietet sich für bedeutende, große, kostspielige und lang andauernde Projekte an. Bei dieser Organisationsform werden die Mitarbeiter (Teammitglieder) für die Projektdauer aus der Stammorganisation herausgelöst und verselbstständigt. Die Mitarbeiter unterstehen dem Projektleiter, der die Weisungsbefugnis besitzt und die Verantwortung trägt. Es entsteht eine Parallelorganisation.

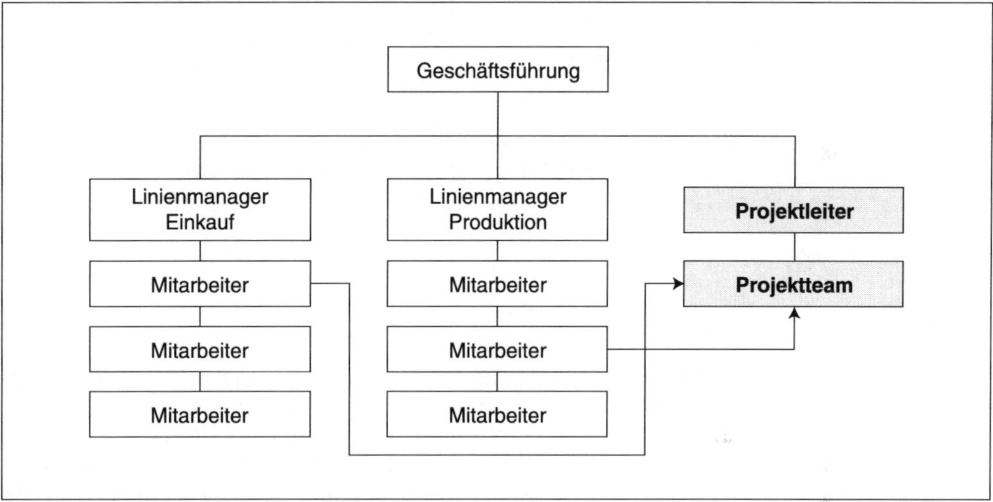

Reine Projektorganisation

Linien-Projektorganisation

Bei dieser Organisationsform wird ein Projekt im jeweiligen Funktionsbereich einer Linienorganisation eingegliedert. Dabei ist der Projektmanager dem Leiter der Fachabteilung unmittelbar unterstellt. Projekte kommen dann zum Einsatz, wenn Aufgaben im Rahmen der Primärorganisation nicht bearbeitet werden können (bspw. bei umfangreichen, langandauernden, schwierigen und intensiven Projekten). Zur Durchführung solcher Projekte bedient man sich einer Linien-Projektorganisation, welche dann eine Form der Sekundärorganisation darstellt und parallel zur existierenden Primärorganisation eingerichtet wird.

Bestehende Abteilungsleitungen behalten ihre grundsätzliche Weisungsbefugnis. In bestimmten Belangen sind die Projektmitarbeiter allerdings zusätzlich dem Projektleiter unterstellt. Die Projektmitarbeiter werden für die Durchführung des Projektes aus der bestehenden Organisation herausgelöst und räumlich als Projektteam zusammengefasst. Der Projektleiter untersteht zumeist einem Vorgesetzten und ist diesem gegenüber für die Durchführung des Projektes verantwortlich. Innerhalb des Projektes befindet er sich in der Position eines Linienvorgesetzten.

Vorteilhaft ist, dass diese Organisationsform eine rasche projektbezogene Entscheidungsfindung und hohe Flexibilität besitzt. Bereichsressourcen stehen unmittelbar dem Projekt zur Verfügung.

Demgegenüber besteht die Gefahr, dass Abteilungen »wertvolle« Mitarbeiter nicht für das Projekt abstellen möchten und Projektmitglieder im Zuge der Projektdurchführung nicht die Abteilungsinteressen vertreten.

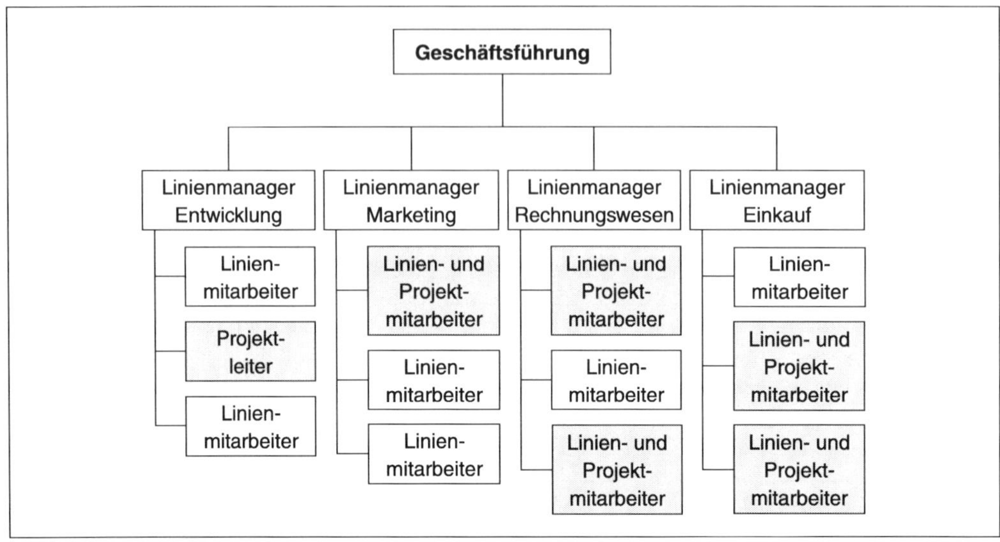

Linien-Projektorganisation

Stabs-Projektorganisation

Die Linienorganisation bleibt als ursprüngliche Organisationsstruktur bestehen. Der Projektleiter erhält hierbei eine direkt der Unternehmensführung zugeordnete Stabstelle. Dadurch wird deutlich, dass das Projekt von der Unternehmensführung gewünscht und unterstützt wird. Bei dieser Organisationsform werden die Projektaufgaben als Stabsaufgaben von einem Projektteam übernommen. Dieses ist hauptsächlich mit der Informationssuche und -bearbeitung sowie der Entscheidungsvorbereitung beschäftigt, da die Projektstäbe gegenüber der Linie keine Weisungsbefugnis besitzen. Wichtige Projektentscheidungen werden dementsprechend von der übergeordneten Instanz getroffen.

Diese Form ist typisch für Unternehmen mit einer reinen Linienorganisation, in der nur von Zeit zu Zeit Projekte durchgeführt werden. So sind Projektstäbe nur befristet angelegt und die Mitarbeiter gehören typischerweise organisatorisch nicht voll zu diesen Stäben. Die Besonderheit ist, dass der Projektleiter hauptamtlich eingesetzt wird und die Koordination des Projektes in einer fest geschaffenen Stelle erfolgt. Der Projektleiter hat aber im Gegensatz zur reinen Projektorganisation kein formelles Weisungsrecht gegenüber den Linienmitarbeitern. Die Entscheidungs- und Weisungsbefugnisse und damit die Gesamtverantwortung für das Projekt liegen letztlich beim Vorgesetzten des Projektleiters.

Ein großer Vorteil dieser Organisationsform ist der geringe Organisationsaufwand. Die am Projekt beteiligten Mitarbeiter arbeiten sowohl an ihren Aufgaben am Projekt, als auch an ihren eigentlichen Linienaufgaben. Ein weiterer Vorteil ist die flexible Mitarbeiterauslastung. Sind die Mitarbeiter nicht im Rahmen des Projektes ausgelastet, werden sie für die Linienaufgaben eingesetzt.

Problematisch ist dagegen die mangelnde Durchsetzungsposition des Projektleiters, wodurch die angestrebte Entlastung der Linie nicht immer erreicht wird.

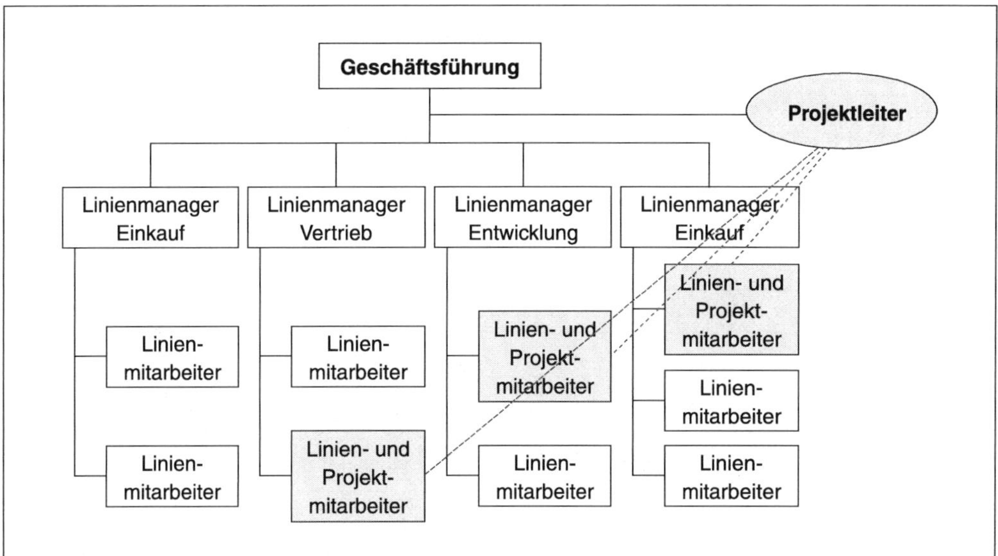

Stabs-Projektorganisation

Matrix-Projektorganisation

Sie findet Anwendung, wenn es um Projekte geht, die aus vielen Bereichen des Unternehmens Unterstützung benötigen. Zwar bleibt die Linienstruktur bestehen, die Projektleiter haben aber eine von der Linie unabhängige Stellung. Die Projektmitarbeiter bleiben grundsätzlich den Linienvorgesetzten disziplinarisch zugeordnet, für die Projektdauer sind sie aber auch dem Projektleiter unterstellt, der die Verantwortung für das Projekt trägt. Dieser hat eine gestärkte Stellung, wenn ihm direkt Projektbudgets zugewiesen sind. Zusätzlich zu der bisherigen, im Unternehmen üblichen, z. B. funktionalen Aufgabengliederung treten nun eine projektbezogene Aufgabenteilung hinzu. Damit kommt es zu einer zweidimensionalen Organisationsstruktur in Form einer Matrix. Die Mitarbeiter, die gleichzeitig Projektteammitglieder sind, erhalten ihre Weisungen aus der Linie und dem Projekt. An den Schnittstellen sind sowohl die Linien- bzw. Fachabteilungen als auch der Projektleiter zuständig und haben zur Aufgabenerfüllung sinnvoll zu kooperieren.

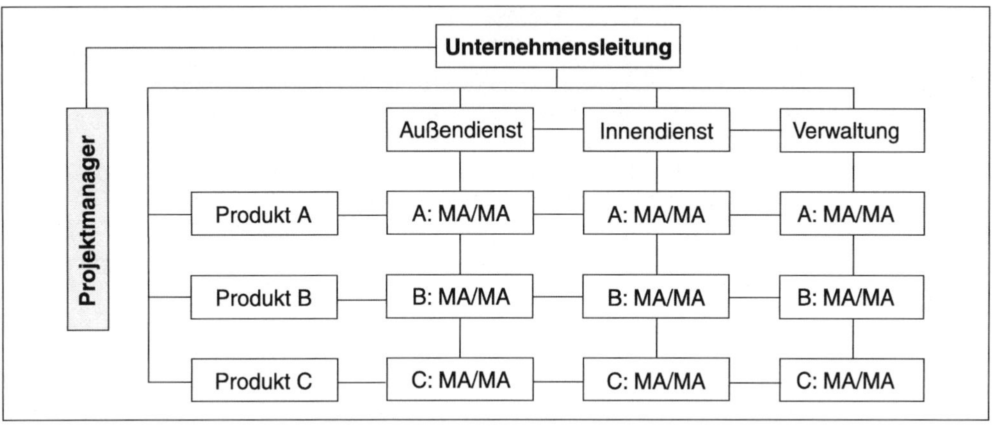

Matrix-Projektorganisation (MA = Mitarbeiter)

Für den Erfolg der Matrix-Projektorganisation ist eine Kompetenzabgrenzung zwischen dem Projektleiter und dem jeweils für die Mitarbeiter zuständigen Abteilungsleiter notwendig.

Leitfragen zu Projekt/Projektaufgaben in der Matrix-Projektorganisation	**Kompetenzen**	
	Projektleiter	**Abteilungsleiter**
Was ist zu tun?	Bestimmung	Mitsprache
Wann ist es zu tun?	Bestimmung	Mitsprache
Wer wird es tun?	Vereinbarung	Vereinbarung
Wie wird es getan?	Mitsprache	Bestimmung
Wo wird es getan?	Vereinbarung	Vereinbarung

Gegenüberstellung der Organisationsarten

Art der Projektorganisation	**Vorteile**	**Nachteile**
Reine Projektorganisation	• Projektleiter hat volle Kompetenz • Kommunikationswege führen zu schnellen Reaktionen bei Störungen • Klare und eindeutige Projektverantwortung, Identifikation mit dem Projekt	• Gefahr der Etablierung der Projektgruppe nach Projektende • Versetzungsproblem nach Projektende • Doppelbesetzung • Gefahr von Parallelentwicklungen in Projekt und benachbarter Linie
Linien-Projektorganisation	• Rasche Entscheidungsfindung • hohe Flexibilität • Nutzung der Bereichsressourcen	• Unterschiedliche Abteilungsinteressen • Mitarbeiter hat zwei Weisungsbefugte
Stabs-Projektorganisation	• Projektstäbe nur mit Informationssammlung und Entscheidungsvorbereitung beauftragt • Meist hoher Informationsstand und Fachwissen	• Keine Weisungsbefugnis, nur an berechtigte Stellen • Konflikte bei Stablinienorganisation
Matrix-Projektorganisation	• Schnelle Zusammenfassung von interdisziplinären Gruppen • Keine Versetzungsprobleme bei Projektbeginn und -ende • Förderung des Synergieeffektes	• Projektmitarbeiter dienen »zwei Herren« • Hohe Konfliktträchtigkeit zwischen Projekt und Linie • Hohe Anforderung an Kommunikations- und Informationsbereitschaft

Gegenüberstellung von Projektorganisation und Linienorganisation (→ 1.1.2.2):

Projektorganisation	**Linienorganisation**
Zeitlich befristet – wird aufgelöst, wenn das Projekt beendet ist.	Dauerhaft – unterliegt normalerweise nur geringen Änderungen.
Erledigt neuartige, einmalige Aufgaben.	Erledigt sich wiederholende Routinetätigkeiten.
Orientiert sich am zu erreichenden Projektziel.	Orientiert sich an den Aufgaben des Unternehmens (Einkauf).
Ist bereichsübergreifend und interdisziplinär besetzt.	Vereinigt je Einheit überwiegend Spezialisten einer Fachrichtung.

Es gibt nicht die eine richtige Organisationsform für Projekte. Ein Projekt darf weder über- noch unterorganisiert sein. Die Entscheidung für eine der beschriebenen Formen hängt ebenso wie der Erfolg des Projektes von einer Reihe von Faktoren ab. Hierzu zählen:

- Unternehmenskultur
- Strategische Bedeutung des Projektes
- Größe und Komplexität des Projektes
- Budget des Projektes
- Vorhandene Aufbauorganisation
- Ausmaß der externen Einflüsse
- Anzahl gleichzeitig abzuwickelnder Projekte
- Unternehmensstrategie
- Umfeld des Unternehmens
- Art des Projektes
- Dauer des Projektes
- Vorhandene qualifizierte Mitarbeiter
- Grad der Neuartigkeit
- Erfahrungen mit vorangegangenen Projekten

Unabhängig von der Wahl einer der Organisationsformen zählt das Erstellen eines Projektauftrages, die Bildung eines Projektteams von Spezialisten und/oder die Festlegung von Arbeitsplänen zu den Aufgaben der Projektorganisation.

Beispiel für die Projektorganisation

Einführung eines neuen Personalinformationssystems

- Zielsetzung:
  Fehlerfreie Einführung des neuen Systems
- Termin:
  Einsatzbereitschaft zum 1.1.
- Aufgabenstellung:
  Abstimmung von Soft- und Hardware
  Berücksichtigung der Benutzerwünsche
  Reibungsfreie und gezielte Informationsbereitstellung und -verarbeitung
  Testläufe
- Ergebnisse:
  Installation des Programms unter Berücksichtigung der Zielvorgaben
- Budget:
  Interner und externer Arbeitsaufwand zur Einführung (€ 10.000)
  Schulung der Anwender (€ 4.000)
  Hard- und Softwarekosten (€ 50.000)
- Randbedingungen:
  Ist die bestehende Hardware systemtauglich?
  Wie sieht es mit der Schnittstellenproblematik aus?

1.4.3 Projektleitung

Neben zahlreichen Einflussfaktoren auf das Projekt hängt der Projekterfolg wesentlich von der Projektleitung ab. Der Projektleitung ist sehr häufig ein sogenannter **Lenkungsausschuss** vorgeschaltet, der zwar nicht zwingend und unmittelbar an der Lösung der Projektaufgabe mitarbeitet, aber an dem Projekt bei der Planung und Steuerung als oberstes Entscheidungsgremium beteiligt ist, in dem er:

- Den Projektauftrag erteilt
- Rahmenbedingungen bzw. Richtlinien festlegt
- Ressourcen bereitstellt
- Controlling betreibt
- Ziele festlegt
- Prioritäten setzt
- Entscheidungen (mit)trifft
- Informiert und informiert wird.

Sinnvollerweise gehören dem Lenkungsausschuss Vertreter der Unternehmensleitung und der betroffenen Unternehmensbereiche an. Ob ein Lenkungsausschuss gebildet wird und wie er arbeitet, hängt von der Art, Bedeutung und Größe des Projektes ab.

Hierarchie und Instanzenebenen eines Projektes:

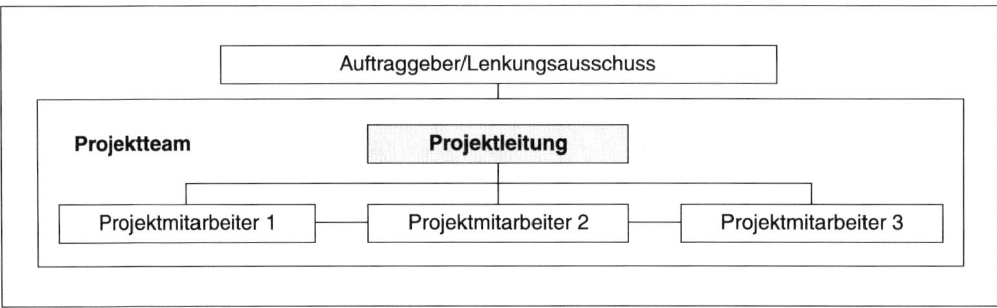

Der **Projektleiter** ist unmittelbar in den Projektablauf eingebunden. Er ist für das Projekt verantwortlich und hat gegenüber den Projektteammitgliedern entsprechend der Projektorganisationsform Weisungsbefugnis. Er selbst erhält Weisungen vom Entscheider bzw. Auftraggeber und berichtet direkt an ihn. Von großer Wichtigkeit ist, dass er von den Teammitgliedern akzeptiert wird.

Zu seinen Aufgaben gehören:

- Organisation
- Beauftragung aller am Projekt Beteiligten
- Strukturierung
- Terminplanung
- Agieren
- Delegieren
- Konfliktmanagement
- Verantwortung tragen
- Definition der im Projekt geltenden Prozesse
- Improvisation
- Projektfortschritt verfolgen
- Statusbesprechungen durchführen
- Controlling (u. a. Budget, Ziele, Termine)
- Steuerung
- Projektplan erstellen und aktualisieren
- Koordination
- Repräsentation
- Reagieren
- Kommunikation
- Schaffung von Rahmenbedingungen
- Führung des Projektteams
- Motivation der Beteiligten
- Termineinhaltung sicherstellen
- Projektmitarbeitern Hilfestellung bieten
- Schnittstellenmanagement

Zu den weiteren Aufgaben des Projektleiters gehört es, bereits im Vorfeld eines Projektes Maßnahmen für einen erfolgreichen Start bzw. eine erfolgreiche Umsetzung in die Wege zu leiten.

Hierzu zählen:

- Die Projektteammitglieder professionell auswählen
- Eine gezielte Auftaktveranstaltung zu Beginn der Projektarbeit veranlassen
- Vor Beginn des Projektes ein Kennenlernen der Projektmitarbeiter in ungezwungener Atmosphäre ermöglichen
- Klare Rahmenbedingungen vorgeben und das gemeinsame Ziel verdeutlichen
- Voraussetzungen für eine gute bzw. reibungslose Zusammenarbeit schaffen

Der Projektstart beginnt sinnvollerweise mit einem Kick-off-Meeting (→ 1.4.5).

Im Projektablauf dürfen die Teammitglieder und Betroffenen Sorgen und Ängste offen thematisieren, ferner sind Wünsche nach Mitarbeit und Input zu berücksichtigen.

Dementsprechend übernimmt der Projektleiter die folgenden Rollen:

- Moderator
- Analytiker
- Stratege
- Teamentwickler
- Motivator
- Fachmann
- Organisator
- Diplomat
- Manager
- Berater
- Konfliktmanager
- »Prellbock«

Bedingungen und Einflüsse, denen der Projektleiter unterworfen ist, summieren sich zu einem komplexen Spannungsfeld:

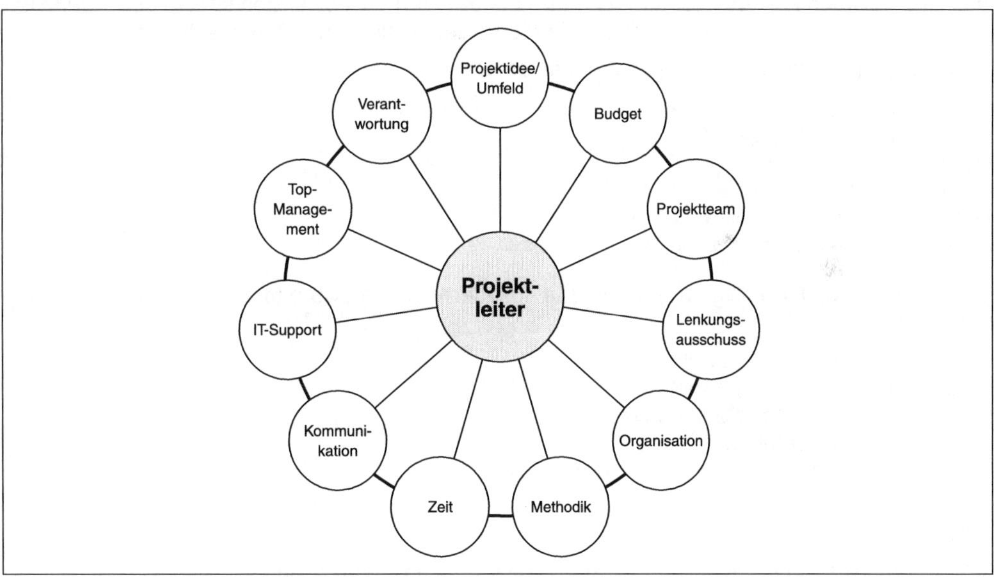

Dementsprechend hoch und vielfältig sind die Anforderungen, die an den Projektleiter gestellt werden:

- Fachliche Kompetenz
- Ein gewisser Status
- Controllingkenntnisse
- Fähigkeit zum analytischen Denken
- Erfahrung im Projektmanagement
- Natürliche Autorität
- Methodische Kompetenzen
- Rhetorische Fähigkeiten

1.4.4 Projektteam

Die Mitarbeiter im Projektteam können sowohl aus dem Unternehmen (interne Projektmitarbeiter) als auch von außerhalb (externe Projektmitarbeiter) kommen. Die Zusammenstellung des Teams kann auf unterschiedliche Art und Weise erfolgen und ist immer auch vom Projektziel, der Art, der Bedeutung und dem Budget des Projektes abhängig. Dabei ist die alte Weisheit zu beherzigen: Eine Kette ist nur so stark wie ihr schwächstes Glied!

Auswahlkriterien für die Mitglieder des Projektteams sind:

- Teamfähigkeit
- Einstellung zur Arbeit und zum Betrieb
- Einsatzbereitschaft
- Allgemeine berufliche Erfahrung und Projekterfahrung
- Fachkompetenz (Spezialwissen)
- Identifikation mit dem Projekt
- Betroffenheit von den Auswirkungen des Projekts
- Unternehmensbereich der regelmäßigen Tätigkeit
- Abkömmlichkeit von regelmäßiger Tätigkeit
- Methodenkompetenz

Eine nach fachlichen Gesichtspunkten zusammengestellte Gruppe bildet allerdings noch lange kein funktionierendes Team.

Zusätzlich zu den fachlichen Experten (Spezialisten) macht es ggf. Sinn, den Betriebsrat und den Datenschutzbeauftragten in das Projektteam einzubinden. Für weitere interne Spezialisten spricht ihre Kenntnis über das Unternehmen, ihre Betroffenheit und die persönlichen Beziehungen. Eventuell sind sie auch kostengünstiger als Externe. Für externe Spezialisten spricht ihre Neutralität und ihr besonderer Erfahrungsschatz. Zudem unterliegen sie keiner Betriebsblindheit.

Zu den Aufgaben von Projektmitgliedern zählen: Sie

- bringen ihre Kompetenzen ein
- bringen ihre Erfahrungen ein.
- arbeiten an Teilprojekten.
- arbeiten an Arbeitspaketen.
- bereiten Projektentscheidungen vor.
- machen Verbesserungsvorschläge.

Bestimmten Projektbeteiligten bzw. -teammitgliedern lassen sich oftmals auch Promoterrollen zuordnen:

- Geschäftsleitung (Machtpromoter)
- Personalbereich (Fachpromoter)
- Abteilungsleiter (Akzeptanzpromoter)
- Betriebsrat (Akzeptanzpromoter)
- Organisationsentwicklung (Prozesspromoter)

Ein Praxisbeispiel:
Projektbeteiligte beim Projekt »Einführung eines neuen Bonussystems für den Vorstand«:

Projektleiter: Personalleiter
Projektteammitglieder: Ein Personalreferent, ein Betriebsratsmitglied, ein Vorstandsmitglied, sowie als fachliche Experten und Berater
ein Jurist (Berater für Vergütungsfragen),
ein Mitarbeiter der Abteilung IT (Berater für die technische Seite des Vergütungssystems),
ein Mitarbeiter der Abrechnungsabteilung (Berater für Fragen der Abrechnung).

Unterschieden werden ferner **offene und geschlossene Projektteams.** Bei einem geschlossenen Projektteam sind über die gesamte Projektdauer die gleichen Personen Mitglieder der Projektgruppe. Bei einer offenen Projektgruppe wechselt dagegen im Laufe des Projektes die Zusammensetzung.

Zu den Problemen, die mit der Teamzusammensetzung auftreten können, zählen u. a.:

- Widerstände gegen Ziele und Wege
- Vorbehalte gegen andere Teammitglieder
- Jedes Teammitglied strebt an, seine Vorgehensweise zu sichern, »Pfründe« werden verteidigt
- Zu Beginn ist davon auszugehen, dass sich jedes Teammitglied positionieren möchte, Verhaltensmuster werden ausprobiert
- Konflikte, Machtkämpfe, Positionskämpfe
- Unterschiedliche Kultur- und Arbeitstechniken
- Unterschiedliche Erfahrungen (Unternehmenskultur, Führungstechniken, Führungsstil)

1.4.5 Projektplanung

Die Projektplanung bildet die Grundlage für ein zielorientiertes und erfolgreiches Erreichen des Projektziels. Sie ist kein statischer, sondern ein dynamischer Prozess.

Initialisierung/Anstöße zur Bildung und Planung eines Projektes, sind z. B.:

- Anregung von der Unternehmensleitung
- Ideen einzelner Mitarbeiter
- Anregung vom Betriebsrat
- Anregung durch strategische Planungen
- Reaktion auf einen Wettbewerber
- Technologische Entwicklungen
- Rechtliche Änderungen/Vorgaben
- Kundenwünsche

Damit ein Projekt realisiert werden kann, sind folgende Rahmenbedingungen zu klären und zu gewährleisten:

- Es muss ein klares Projektziel gegeben sein.
- Es muss eine angemessene Organisationsform gewählt sein.
- Expertenwissen muss vorhanden oder beschaffbar sein.
- Verantwortlichkeiten müssen geklärt sein.
- Es müssen »Spielregeln« bestehen.
- Es muss klare Zeitvorgaben geben.
- Es muss kommuniziert werden und Austausch gewährleistet sein.
- Es muss systematisch und zielorientiert gearbeitet werden (können).
- Kooperationen müssen gewährleistet sein.
- Der Auftraggeber setzt sich für das Projekt ein.
- Künftige Nutzer bzw. Benutzer werden involviert.

Meist werden Projekte in **Projektphasen** untergliedert. Ein verbreitetes Schema besteht aus den folgenden Phasen:

1. Projektidee/Initialisierung/Anstoß/Projektauftrag/Zielfindung/Definition
2. Projektplanung (Grob- und Feinplanung)/Entscheidung
3. Projektrealisierung/Projektumsetzung/Projektbetreuung
4. Projektabschluss/Projektnutzung
5. Projektkontrolle/Evaluierung

Projektablauf und Projektphasen:

Zu Anfang eines Projektes steht zumeist eine **Projektidee,** ein Auftrag oder Anstoß, der die Zielsetzung und Rahmenbedingungen des Projektes definiert bzw. vorgibt. Im Projektauftrag dürfen keine Widersprüche auftauchen. Zudem müssen die Ziele operationalisierbar, d. h. überprüfbar und messbar sein. Der Projektauftrag definiert, was das Projekt genau erreichen soll und wie die Einbindung des Projektes in das Unternehmen aussehen soll (→ 1.4.2).

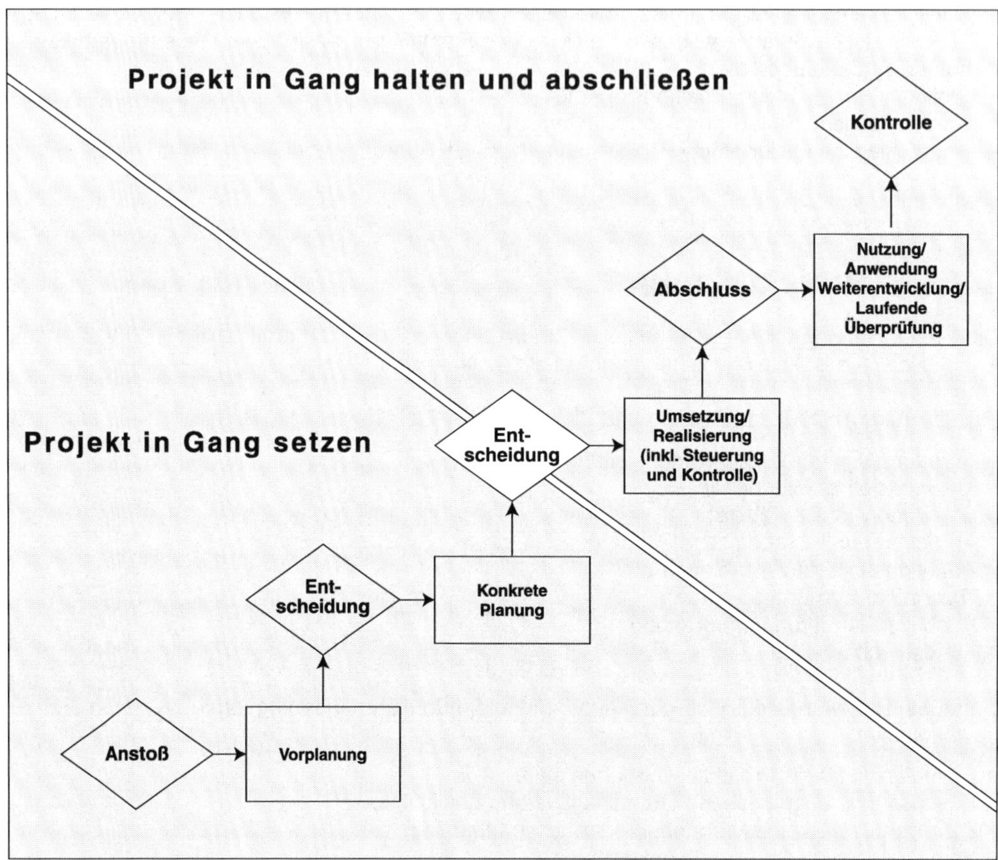

Die Planung selber lässt sich wiederum in eine **Vorplanung** und eine **Grobplanung** untergliedern. Ziel ist, zu prüfen, ob es sinnvoll ist, das Projekt durchzuführen, und ob Kosten und Nutzen in einem angemessenen Verhältnis stehen. Herausgefunden werden kann dies bspw. durch Marktforschung, technische Machbarkeitsstudien, Workshops, Szenarioanalysen, technologische Analysen oder Konkurrenzanalysen.

Hier ein Flussdiagramm zur Überprüfung von Projektideen:

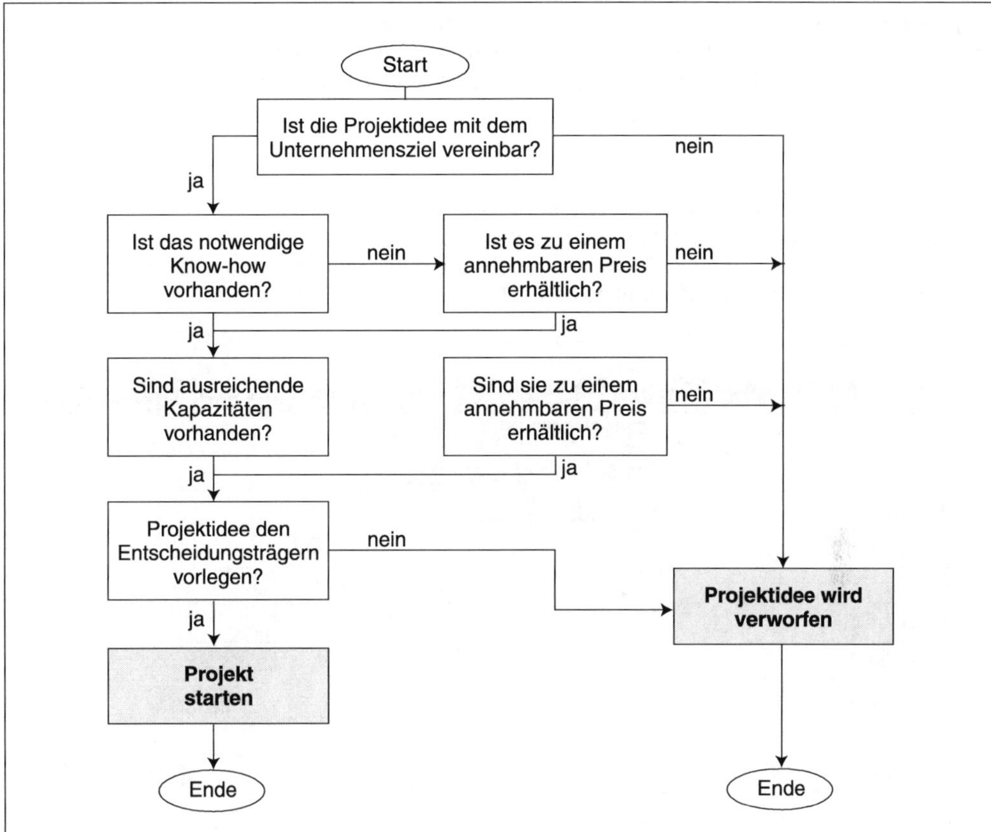

Anschließend folgt die **konkrete Planung (Detailplanung).** In dieser konkretisieren sich die Planungen auf einzelne Planungsaspekte, den Zielkatalog, die Teamzusammenstellung sowie die Struktur- und Ablaufpläne. Darüber hinaus lassen sich mehrere Durchführungsalternativen aufstellen.

Aufgaben der Planungsphase und der damit verbundenen Entscheidungen sind:

- Aufstellung des Projekt-Strukturplans (Was ist zu tun?)
- Aufstellung eines Aktivitätenplans (Was ist wann zu tun?)
- Auswahl und Festlegung der Projektbeteiligten (Wer ist beteiligt?)
- Aufstellung einer Terminplanung bzw. des Projektablaufplans (Wann soll wer was tun?)
- Kostenplanung und Erstellung eines Kostenplans (In welcher Höhe fallen welche Kosten an?)
- Schnittstellendefinition (Welche Schnittstellen gilt es zu beachten?)
- Informationsmanagement (In welcher Form findet die Kommunikation statt?)
- Controllingplanung (In welcher Form findet ein Controlling statt?)
- Risikoanalyse (Wie wird das Projektrisiko eingeschätzt?)
- Entscheidung unter Alternativen (Welche Alternativen sind zu priorisieren?)

Mit dem **Projektablaufplan** wird die zeitliche Abfolge der Arbeitspakete/Vorgänge in Form eines horizontalen Balkendiagramms (Gantt-Chart) dargestellt. Es werden geplante, sich in Arbeit befindliche, fertiggestellte und noch zu bearbeitende Vorgänge/Arbeitspakete zeitlich strukturiert (und am besten farblich) in Form von Balken auf einer Zeitachse dargestellt. Im Gegensatz zur Netzplantechnik ist hier die Dauer der Aktivitäten erkennbar. Der Nachteil dieses Modells – im gegenüber einem Netzplan liegt darin, dass Abhängigkeiten nur eingeschränkt darstellbar sind. Der Unterschied zum **Projektstrukturplan** besteht darin, dass dieser nicht die zeitliche Abfolge der Aktivitäten aufzeigt, sondern nur den sachlichen Zusammenhang der Aktivitäten zu den Teilprojekten.

Die Erstellung eines **Gantt-Diagramms** erfolgt in folgenden Schritten:

1. Auflistung aller durchzuführenden Tätigkeiten
2. Aufstellung einer sinnvollen Ablauffolge der Tätigkeiten
3. Zuordnung der Tätigkeiten zu den Teammitgliedern
4. Abschätzung der anfallenden Dauer der Tätigkeiten durch die Teammitglieder mit Information des möglichen Start- und Endtermins für die Bearbeitung

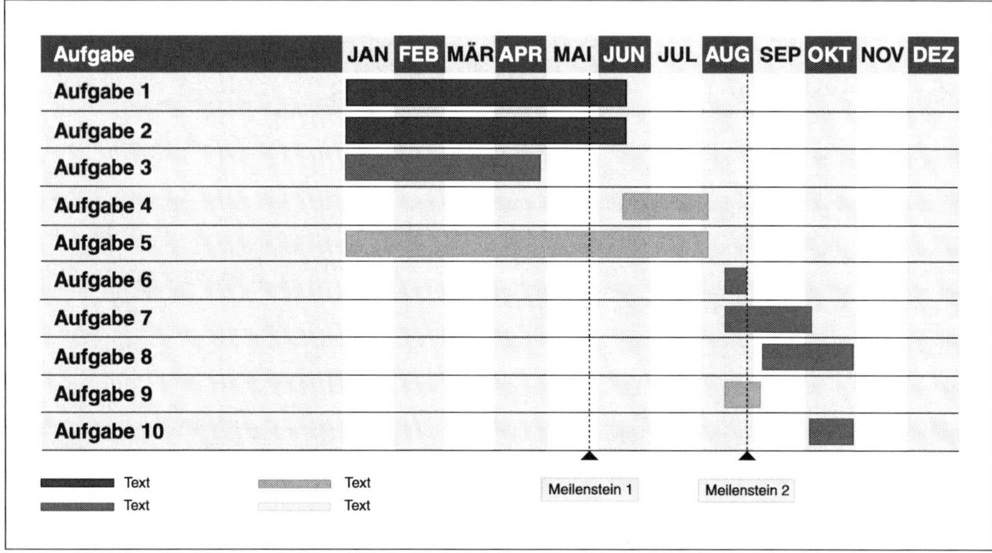

Gantt-Diagramm

Hinweis: Im situationsbezogenen Fachgespräch der PFK-Prüfung empfiehlt es sich, ein solches Diagramm über den Ablauf der vorgestellten Maßnahme zu präsentieren.

Eine besondere Bedeutung kommt bei der Planung den **Kosten** und dem **Risikomanagement** zu. Um die Kosten eines Projektes genau und strukturiert zu erfassen, werden unterschiedliche Kostenarten gebildet. Hierzu zählen: Personalkosten, Kapitalkosten, IT-Kosten, Fremdleistungskosten, Materialkosten. Neben den direkt erfassbaren Kosten sind auch kalkulatorische Kosten (kalkulatorische Miete oder Zinsen) und Abschreibungen zu erfassen. Nur so entsteht ein genaues Bild der Gesamtkosten. Die Projektrisiken beziehen sich zumeist auf die Technik, die Kosten, das Personal, Terminierungen und externe Ursachen. Eine gute Planung kann helfen, die Risiken zu benennen, einzuschätzen und zu managen. Zu den Risiken zählen:

- Organisatorische Risiken: mangelnde Unterstützung der Geschäftsleitung oder Fehlbesetzung der Projektgruppe
- Terminrisiken: Ausfall wichtiger Projektmitarbeiter, terminliche Abhängigkeiten von anderen Teilprojekten, Termindruck durch die Geschäftsleitung

- Personelle Risiken: mangelnde Unterstützung durch den Betriebsrat oder Datenschutzbeauftragten, fehlende Kompetenzen der Projektmitarbeiter, Ausfall des Auftraggebers, Fluktuation von Projektmitgliedern
- Kostenrisiken: zu knappes Budget, unerwartete Kosten und Liquiditätsprobleme

Ablauf einer Projekt-Risikoanalyse:

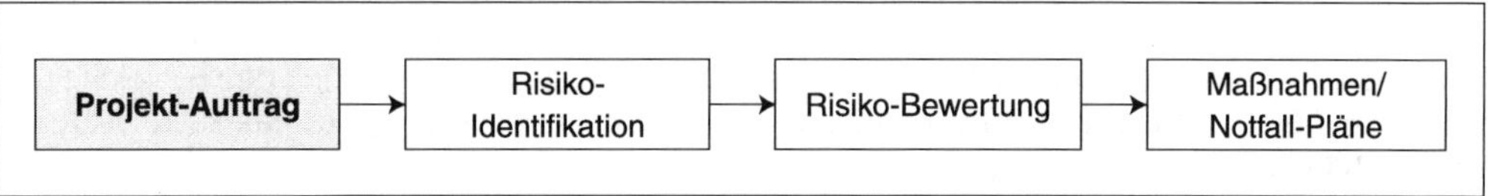

Hilfreich ist ein Risikoportfolio mit den Aspekten Eintrittswahrscheinlichkeit und Schadensausmaß. Zu den Risikomanagementmaßnahmen zählen:

- Risikovermeidung durch Verzicht auf riskante Bereiche oder auf das gesamte Projekt
- Risikominderung durch den Einsatz organisatorischer oder technischer Maßnahmen
- Risikoüberwälzung durch Versicherungen oder Vertragsgestaltung
- Selbsttragen des Risikos, wenn keine Risikoüberwälzung geplant oder möglich ist

Die folgende **Entscheidungsphase** stellt den Endpunkt der Planungsphase dar. Es gilt nun die Planungsergebnisse mit den Alternativen den Entscheidungsträgern zu präsentieren. Von diesen wird dann entschieden, ob die Projektidee weitergeführt wird, welche angebotene Alternative den Zuschlag bekommt oder ob das Projekt hier bereits beendet wird. Es schließt sich dann die **Realisierungs- bzw. Umsetzungsphase** an, in der es um die praktische Umsetzung der Planungsergebnisse geht und die mit einer ständigen Steuerung, Kommunikation und Kontrolle verbunden ist.

Um ein besseres Projektverständnis zu bekommen, macht es Sinn, zu Beginn dieser Phase einen Start-Workshop (Kick-off-Meeting) durchzuführen. Themenschwerpunkte können sein:

- Auftrag/Ziel: Verdeutlichung des Projektzieles und Klärung der Bedeutung des Projektes. Informationen zum Auftraggeber, zum Auftrag und zu den Erwartungen an das Projektteam, Abstimmung der Meilensteine
- Zusammensetzung und Ressourcen: Zusammensetzung des Projektteams, Kompetenzen der Teammitglieder, Motivation aller Projektbeteiligten, Budget des Projektes
- Schnittstellen: Klärung der Schnittstellen, Kunden und anderer Betroffener und deren Erwartungen, Gewinnung von Unterstützung für das Projekt
- Organisation und interne Aufgabenverteilung: Klärung, wer welche Aufgaben übernimmt, wer wofür verantwortlich ist, welche Erwartungen an den Projektleiter bestehen
- Informationsmanagement: Organisation des Informationsflusses, Informationsfluss an die Beteiligten, Notwendigkeit externer Berater
- Regeln der Kommunikation und Kooperation: »Spielregeln« der Projektgruppe, Klärung der Kommunikationswege, Maßnahmen der Teamentwicklung und Umgang mit Konflikten

Nach der Realisierung findet als **Abschlussphase** eine Präsentation, Übergabe- oder Abnahme (bei IT- oder Investitionsprojekten) oder die Einführung und Nutzung der Projektergebnisse (z. B. bei Organisationsprojekten) sowie ein Projekt-Abschlussworkshop statt. Daran schließt sich die **Kontrollphase** an (»Was war gut?«, »Was ist verbesserungsfähig?«), durch die eine ständige Verbesserung oder Anpassung des Projektergebnisses erreicht werden soll.

1.4.5.1 Projektaufgabe

Hochkomplexe Projekte werden zur besseren Handhabung, Steuerung und Übersichtlichkeit in Teilaufgaben gegliedert. Die Terminierung, Delegierbarkeit und Kontrolle lassen sich auf diese Weise leichter handhaben.

So entsteht auf diese Weise eine Aufgabenstruktur, die sich vernetzt oder hierarchisch in Form eines **Projektstrukturplans** (PSP) darstellen lässt und die aufzeigt, welche Aufgaben des Projekts wie verteilt werden. Der PSP ist das Ergebnis der analytischen Zerlegung des Projektes und seiner Hauptaufgaben in Teilaufgaben und beschreibt so deutlich wie möglich, was zu tun ist (nicht wie es zu tun ist).

Die unterste Ebene eines PSP stellen Arbeitspakete dar. Sie sind die Basis für das weitere Vorgehen. In der Praxis enthalten sie zumeist Arbeitspaketbezeichnung, Arbeitspaketnummern, Verantwortlichkeiten, Schnittstellen zu anderen Arbeitspaketen, Termine und Dauer, benötigte Arbeitsmittel, Leistungsbeschreibungen, sowie die Ergebniserwartung.
Hier eine vereinfachte Darstellung eines solchen Plans:

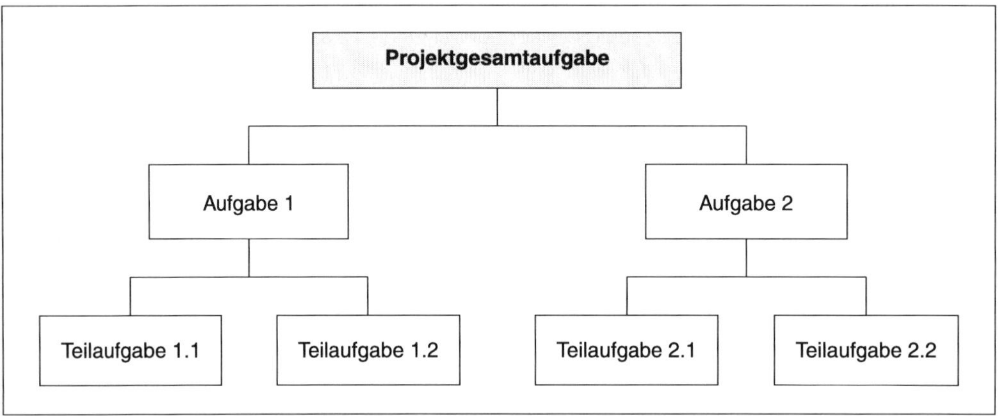

In diesem Plan sind drei Strukturebenen dargestellt, in der betrieblichen Praxis kann ein PSP allerdings wesentlich komplexer ausfallen. Sinn des Plans ist es, die Vollständigkeit der unterschiedlichen Aktivitäten und Arbeitsaufgaben zu überprüfen.
Die Erstellung eines Projektstrukturplans folgt bestimmten Prinzipien:

- Die Gesamtaufgabe ist in sinnvolle Teilaufgaben zu zerlegen.
- Zuständigkeiten und Verantwortlichkeiten für die einzelnen Teilaufgaben sind festzulegen.
- Teilaufgaben sind konkret zu beschreiben.

Ergänzend ist eine Detaillierung der Teilaufgaben in Form von Listen (Vorgangslisten) üblich.

Gliederung	Nr.	**Vorgang**	**Hinweise**
1.1.1	1	Teile bestellen	Abstimmen mit Einkauf
1.1.2	2	Lieferung überprüfen	Abstimmen mit Materialwirtschaft
1.1.3	3	Rechnung prüfen	Abgleich mit Bestellung
1.1.4	4	Rechnung bezahlen	Abstimmen mit Kreditorenbuchhaltung

1.4.5.2 Anordnungsbeziehungen

Anordnungsbeziehungen stellen Abhängigkeiten bzw. Beziehungen zwischen zwei Vorgängen eines Projektes dar. Leitfragen zu diesen Vorgängen sind:

- Welche Vorgänge müssen einem betrachteten Vorgang unmittelbar vorausgehen (Vorgänger) bzw. müssen beendet sein, damit der betrachtete folgende Vorgang starten kann?
- Welche Vorgänge folgen einem betrachteten Vorgang unmittelbar nach (Nachfolger) bzw. können erst starten, wenn dieser abgeschlossen ist?

Oftmals ist es in der Praxis von Bedeutung, dass zwischen dem Anfang des einen und dem Ende des anderen Vorgangs, den Anfängen beider Vorgänge, den Enden beider Vorgänge oder dem Ende des einen und dem Anfang des anderen Vorgangs Interdependenzen bestehen und dabei vielfach die Trennschärfe gering ist.

1.4.6 Projektinformationssysteme

Zunehmend kommen im Rahmen des Projektmanagements aufgrund der Notwendigkeit, die Vielzahl der Informationen zu managen, IT-Systeme zur Planung, zum Ablauf und zum Controlling von Projekten zum Einsatz. Unter einem Projektinformationssystem soll die Gesamtheit der Handhabung von Informationen, deren Erfassung, Übertragung, Weiterleitung, Be- und Verarbeitung im Rahmen eines professionellen Projektmanagements verstanden werden. Je nach Branche und Projekt können zum Projektinformationssystem u. a. Projekthandbuch, Projekttagebuch, Informationsverteiler und Projektsekretariat zählen. Bei komplexen Projekten kommt der genutzten Soft- und Hardware eine besondere Bedeutung zu.

1.4.7 Projektsteuerung

Die Projektsteuerung schließt sich an die Projektplanung und -ausführung an. Ziel der Projektsteuerung ist es, die Vorgaben der Projektplanung in konkrete Maßnahmen zielorientiert umzusetzen und ständig zu überwachen, um Abweichungen durch Gegenmaßnahmen korrigieren zu können. Zu den Aufgabenbereichen der Projektsteuerung zählen:

- Aufgaben der Planung zuordnen und delegieren
- Umsetzungsmaßnahmen der Soll-Vorgaben einleiten, anordnen oder durchsetzen
- Instrumente und Methoden vereinbaren und auswählen
- Mitarbeiter unterstützen, führen und motivieren
- Projektgruppe koordinieren und aktivieren
- Kommunizieren mit dem Lenkungsausschuss
- Kontakt zu den später vom Projektergebnis Betroffenen halten
- Kontrollieren des Budgets
- Konflikte managen
- Projektfortschritte (Ist-Zustand) auf allen Ebenen überwachen, sichern und dokumentieren
- Abweichungsanalyse als Soll-Ist-Vergleich durchführen
- Aufgrund der Ergebnisse des Soll-Ist-Vergleichs bzw. der Abweichungsanalyse in das laufende Projekt eingreifen, damit die Zielerreichung nicht gefährdet wird
- Planänderungen (neue Soll-Vorgaben) berücksichtigen

Eine große Bedeutung kommt dabei wichtigen Ereignissen bzw. Zwischenergebnissen, den sogenannten Meilensteinen zu. **Meilensteine** sind die Grundlage zur Erreichung nächster Schritte. Sie sind der Übergang von einer Phase zur folgenden. Sie sind klar beschrieben und haben einen klar definierten Endpunkt. Ein Meilenstein kann erst überschritten werden, wenn die damit formulierten Anforderungen erfüllt sind. Beispiele für Meilensteine eines Projektes sind z. B. Auftragsklärung, Kick-off, Abschluss der Planungsphase oder die Projektübergabe.

Zu den **Hilfsmitteln der Projektsteuerung** zählen vor allem Balkendiagramme (→ 1.4.5) und die Netzplantechnik. Netzpläne stellen »Meilensteine« im Projektablauf heraus und helfen damit z. B. bei der Kontrolle der Termineinhaltung.

1.4.8 Projektkontrolle

Eng verbunden mit der Projektsteuerung ist die Projektkontrolle, da der Projektfortschritt ständig (und nicht nur gelegentlich oder gar erst am Ende des Projektes) zu überwachen und zu steuern ist.

Ziele der Projektkontrolle sind:

- Schaffung einer umfassenden Transparenz des jeweiligen Projektstatus in Hinblick auf Ressourcen, Qualität, Kosten, Ergebnisse und Termine
- Rechtzeitiges Erkennen und Aufzeigen von Abweichungen im Projektverlauf sowie sich ergebender Ressourcenkonflikte
- Etablierung von Standards für Berichtsstrukturen und die damit einhergehenden Prozesse der Datenerfassung und -erhebung
- Herausfinden von Handlungs- und Koordinationsbedarfen und Erarbeitung von dazugehörigen Lösungsempfehlungen

Aspekte und Aufgaben der Projektkontrolle sind:

- Prozessbegleitung bezogen auf vorab definierte Kontrollmerkmale aus der Projektplanung
- Unterstützung der Planung und Steuerung durch Informationsbeschaffung und -aufbereitung
- Datenaufbereitung im Sinne einer Verdichtung der als Zahlen bereitgestellten Informationen (z. B. grafische Aufbereitung der Informationen oder Bereitstellung notwendiger Kennzahlen)
- Durchführung eines laufenden Soll-Ist-Vergleichs und Analyse der Abweichungen
- Ständige Statusmeldungen vom Projektteam einholen
- Projektreviews durchführen
- Projektprognosen erstellen
- Vorschläge zu korrigierenden Maßnahmen nach Durchführung der Abweichungsanalyse

Der Soll-Ist-Vergleich als Herzstück der Projektkontrolle:

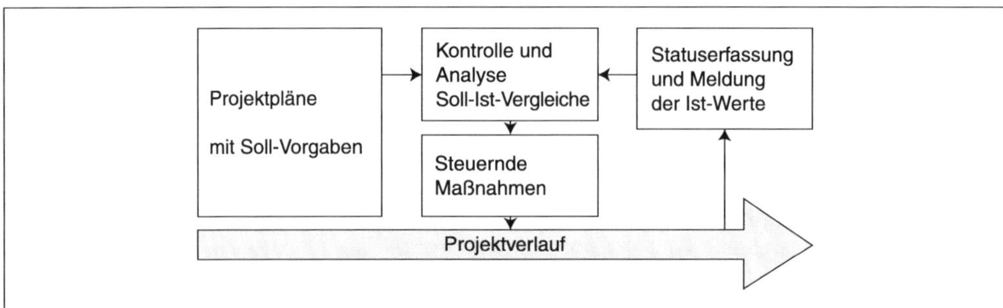

Die Projektkontrolle kann/soll Ursachen für ein drohendes Scheitern des Projektes und damit die Problembereiche des Projektmanagements aufdecken. Hierzu zählen:

- Unklare Projektziele, unklarer Projektauftrag
- Unklare Aufgabenstellung
- Unzureichende Kenntnis der Ausgangssituation
- Falsche Zusammensetzung des Teams
- Herkunfts- und Sprachunterschiede
- Unterschiedliches Rollenverständnis
- Machtspiele der Projektbeteiligten
- Mangelndes Engagement der Teammitglieder
- Falsche Priorisierung
- Zu hoher Erfolgsdruck auf das Projekt
- Überorganisation, Unterorganisation
- Zu knappe Zeitvorgaben
- Zu geringe finanzielle Mittel oder Kostenüberschreitung
- Unprofessionelle Projektleitung
- Mangelnde Unterstützung durch die Unternehmensleitung
- Unzureichende Schätzung des Aufwands
- Falsche Kostenplanung
- Nicht vorgenommene bzw. ungeklärte Abgrenzung zu anderen Projekten
- Unvorhergesehene Entwicklungen
- Nichteinbeziehung von Betroffenen
- Schlechte oder fehlende Kommunikation
- Falsche Methodenwahl
- Unzureichende Qualifikation der externen Unterstützer
- Widerstände gegen das Projekt
- Schlechte Vernetzung der Projektbeteiligten
- Fehlendes Entscheidungs- bzw. Controllinggremium
- Ungenügende Beachtung der Schnittstellen

Bei internationalen Projekten können darüber hinaus noch folgende Problematiken auftreten:

- Kulturproblematik
- Sprachproblematik
- Hierachieproblematik

Der **Projektabschluss** umfasst folgende Maßnahmen:

- Erstellung eines abschließenden Benutzerhandbuches oder einer Betriebsdokumentation
- Abschlussworkshop
- Abschließender Soll-Ist-Vergleich
- Nachkalkulation
- Projektdokumentation
- Projekt-Abschlussveranstaltung
- Notwendige Hilfestellungen für die Zukunft gewährleisten
- Auflösung der Projektgruppe

Die **Leitfrage zum Projektabschluss** lautet:

Was würde man anders machen, wenn das Projekt mit dem Wissen von heute noch mal gestartet würde? Hilfreich ist dabei ein **Feedback-Fragebogen** nach Projektabschluss (Abb. nächste Seite).

1.4.9 Ressourcenmanagement

Voraussetzung für die Durchführung eines Projektes sind angemessene Ressourcen:

- Personal (menschliche Arbeitskraft)
- Finanzielle Mittel (Budget)
- Technische Mittel (IT, Betriebs- und Arbeitsmittel)
- Räumlichkeiten
- Arbeitsmittel
- Roh-, Hilfs- und Betriebsstoffe
- Know-how (Informationen und Erfahrungen)
- Zeitkontingente

Durch ein professionelles Projektmanagement sind diese Ressourcen so einzusetzen, dass das Projektziel zielgerichtet, reibungslos und Erfolg versprechend erreicht wird. Damit das Projekt nicht aus dem Ruder läuft und Orientierungslosigkeit, Verunsicherung, Effizienzverlust, Motivationsverlust oder Doppelarbeiten vermieden werden, kommt dem Informationsaustausch aller Beteiligten eine bedeutende Rolle zu.

Feedback-Fragebogen zum Projekt **Projekt-Nummer:**

1. In welcher Funktion waren Sie im Projekt tätig?

2. Wie schätzen Sie die Qualität der Organisation und die Betreuung durch die Projektleitung ein?

Sehr gut Nicht gut

1	2	3	4	5	6

3. Wie zufrieden waren Sie mit der Arbeitsatmosphäre, den Rahmenbedingungen und dem Informationsfluss in der Projektgruppe?

Sehr zufrieden Nicht zufrieden

1	2	3	4	5	6

4. Wie zufrieden waren Sie mit der Qualität der Projektmeetings?

Sehr zufrieden Nicht zufrieden

1	2	3	4	5	6

5. Wie hoch schätzen Sie Ihren Beitrag zur Problemlösung im Sinne der Zieldefinition für das Projekt ein?

Sehr hoch Nicht hoch

1	2	3	4	5	6

6. Wie schätzen Sie das Projekt hinsichtlich der Realisierung der Projektziele ein?

Sehr gut Nicht gut

1	2	3	4	5	6

7. Wie schätzen Sie die Qualität der Termin- und Ressourcenplanung ein?

Sehr gut Nicht gut

1	2	3	4	5	6

8. Welche Erfahrungen aus dem Projekt können anderen zugute kommen?

9. Welche Verbesserungen gilt es bei künftigen Projekten zu beachten?

10. Sonstige Anmerkungen zum Projekt:

1.4.9.1 Menschliche Arbeit

Die Ressource »Menschliche Arbeitskraft« (Human Resource) lässt sich unter zwei Aspekten betrachten: qualitativ und quantitativ.

Der quantitative Aspekt betrifft die zahlenmäßige Verfügbarkeit an Arbeitskräften, die für die Projektplanung zumeist in Manntagen (Arbeitstage eines Projektmitarbeiters bei Regelarbeitszeit), Mannmonaten (Arbeitsmonate eines Projektmitarbeiters bei Regelarbeitszeit) und Mannjahren (Arbeitsjahre eines Projektmitarbeiters bei Regelarbeitszeit unter Berücksichtigung von Urlaubszeiten) ausgedrückt werden und eine Planungsgrundlage bilden.

Die qualitativen Aspekte betreffen die Qualifikation der Projektmitglieder. Unterschieden werden muss hierbei einerseits zwischen der Fachkompetenz und andererseits zwischen Schlüsselqualifikationen wie Selbst-, Sozial-, und Methodenkompetenz, die zum Projekterfolg beitragen.

Zudem spielen die Personalkosten, die sich in direkte und indirekte Kosten untergliedern lassen, eine nicht unerhebliche Rolle. Während sich die direkten Kosten problemlos erfassen und zuordnen lassen, ist das bei den indirekten Kosten problematischer. Hilfreich sind hierbei Betriebsabrechnungsbögen.

1.4.9.2 Technische Mittel

Die Nutzung technischer Mittel beim Projekteinsatz ist stark vom Projektziel, der Bedeutung des Projektes und den finanziellen Mitteln abhängig. Als Planungsgrößen sind Maschinenstunden oder -tage üblich.

Zur Bewertung und Nutzung technischer Mittel sind folgende Aspekte zu klären:

- Eignung zur Erreichung der verlangten Leistung in der gewünschten Qualität
- Quantitative Kapazität
- Einsatzbereitschaft zum benötigten Zeitpunkt
- Flexibilität
- Angemessenheit
- Kosten-Nutzen-Verhältnis
- Modernität
- Zuverlässigkeit
- Bedienerfreundlichkeit

1.4.9.3 Finanzmittel

Bei der Betrachtung der Finanzmittel von Projekten werden die Budget-, Kosten- und Liquiditätsplanung unterschieden. Im Rahmen der Budget- und Kostenplanung geht es darum, die anfallenden Gesamtkosten zu ermitteln und die notwendigen finanziellen Mittel bereitzustellen. Hierzu sind genaue Prognosen zu erstellen, alle anfallenden Kosten zu erkennen bzw. zu akkumulieren und eine Budgetfreigabe von den zuständigen Stellen zu erhalten. Eine schlechte Kostenplanung kann mitverantwortlich sein für das Scheitern eines Projektes. Die Liquiditätsplanung muss die ständige Liquidität der benötigten finanziellen Mittel gewährleisten. Dazu dienen Kostenprognosen, Wirtschaftlichkeitskontrollen und Frühwarnsignale.

Den finanziellen Mitteln kommt beim Projektmanagement eine doppeldeutige Rolle zu:
Einerseits steht der konkrete Bedarf an Finanzmitteln erst nach Abschluss der Planungsphase fest, anderseits stellen die finanziellen Mittel oftmals diejenige Ressource dar, die den Einsatz der anderen Ressourcen erst ermöglicht oder aber einschränkt.

1.5 Informationstechnologie im Personalbereich nutzen

Auch im Bereich des Personalmanagements hat die Informationstechnologie (IT) zu einem grundlegenden Wandel geführt und ist heute nicht mehr wegzudenken. Dabei haben sich einerseits völlig neue Arbeitsabläufe ergeben, andererseits kam es zu enormer Arbeitserleichterung und Zeitersparnis. Letztlich unterstützt IT die Planung, Umsetzung und Evaluation des Personalmanagements und hilft den damit verbundenen vielfältigen Anforderungen sowohl nach Mitarbeiterorientierung, Kundenorientierung und Effizienz als auch dem steigendem Druck nach Kostensenkung gerecht zu werden.

1.5.1 IT-Einsatz

Der IT-Einsatz, der ursprünglich durch seine Vorzüge bei der Entgeltabrechnung Eingang in das Personalmanagement fand, bietet heute eine Vielzahl von Anwendungen. Grundsätzlich wird zwischen Hard- und Software unterschieden.

Im Hardwarebereich können neben dem PC, Telefon, Fax, Scanner, Drucker, Anrufbeantworter u. a. eingesetzt werden. Mit der passenden Software lassen sich das Internet, das Intranet, Personalinformationssysteme, Qualifikationsdatenbanken und Reisekostensysteme nutzen.

Dabei führt der IT-Einsatz zu einer Professionalisierung des Personalmanagements in unterschiedlichen Bereichen:

- Unternehmenskulturprägende Aufgaben und Werte (z. B. Zukunftsorientierung oder Mitarbeiterorientierung)
- Instrumentensteuerung als Mix von Personaltools (z. B. Personalentwicklung, Personaleinsatzplanung, Personalbetreuung und Personalführung)
- Wertschöpfungs- und Mehrwertmanagement zur Verbesserung der Mitarbeiterleistungen (z. B. durch leistungsorientierte Vergütungssysteme)
- Pflege externer Beziehungen (z. B. durch Homepage, Facebook oder Twitter)
- Management des Wandels (z. B. Changemanagement)

Eingeschränkt wird die IT-Nutzung durch rechtliche Regelungen, wie die des Betriebsverfassungsgesetzes, des Bundesdatenschutzgesetzes und der neuen EU-Datenschutzgrundverordnung.

1.5.1.1 Einsatzmöglichkeiten in den unterschiedlichen Aufgabenbereichen des personalwirtschaftlichen Dienstleistungsangebots

Bei den IT-Einsatzmöglichkeiten lassen sich der originäre (interne) Kernbereich mit den eigentlichen Aufgaben und der Schnittstellenbereich zu anderen (externen) Unternehmensbereichen und Partnern unterscheiden (→ 1.5.1.2).

Der originäre Bereich betrifft das Aufgabengebiet des Personalmanagements mit der Kommunikation und Aufgabenerledigung, bezogen auf Arbeitnehmer, Betriebsrat, Führungskräfte, (interne) Bewerber, Betriebsarzt, Arbeitsschutzstellen und die Geschäftsleitung, aber auch mit bestimmten

Stellen außerhalb des Unternehmens, wie mit Banken, Verbänden, Kammern, Finanzämtern, Sozialversicherungsträgern, Arbeitsagenturen, Personaldienstleistern, Berufsgenossenschaften, öffentlichen Verwaltungen, zuständigen Stellen der Berufsausbildung, Fortbildungsträgern und externen Bewerbern, die zur Erfüllung der Kernaufgaben notwendig sind.

Zum originären Bereich zählen folgende Anwendungen/Vorteile:

- **Personalbeschaffung/E-Recruiting**
  - Über die eigene Homepage lassen sich Stellenangebote für externe Interessierte platzieren.
  - Über das Intranet können offene Stellen für interne Interessierte angeboten werden.
  - Stellenangebote lassen sich bei kommerziellen Jobbörsen schalten.
  - Stellenanzeigen können selbst gestaltet werden.
  - Mit bestimmten Tools sind Online-Bewerbungen möglich. Dabei ist ein Online-Bewerbungsbogen hinterlegt, welcher vom Bewerber ausgefüllt wird. Auf diesem Wege kann sofort überprüft werden, ob der Bewerber festgelegten Mindestanforderungen (z. B. Führerschein oder Auslandserfahrung) entspricht.
  - Der Erfassungsaufwand wird reduziert.
  - Wiedervorlagemöglichkeiten sind gegeben.
  - Erfolgskontrolle/Statistik (z. B. der eingegangenen Bewerbungen) wird vereinfacht.
  - Bewerbungsunterlagen in elektronischer Form verbleiben im Haus.
  - Der gesamte Schriftverkehr kann online erfolgen.

  Das sogenannte E-Recruiting beschränkt sich nicht nur auf den reinen Anwerbungsprozess; es unterstützt auch die gesamte Kommunikation mit Bewerbern (→ 2.6.3.5).

  Die Vorteile des Einsatzes von IT-Systemen im Personalbeschaffungsprozess liegen im Vergleich zu der traditionellen Variante über Printmedien in Kostenvorteilen, der Reichweite, der Dauer der Insertion sowie den Informationsmöglichkeiten für den Bewerber auf der Homepage des Unternehmens.

Weitere Anwendungen/Vorteile bieten sich in folgenden Bereichen:

- **Personalauswahl**
  - Mehrfachbewerbungen können erkannt werden.
  - Auswahlverfahren und Profilvergleiche (Anforderungs- und Fähigkeitsprofil) sind auf elektronischem Wege einfacher.
  - Einladungen zu Online-Test, zur Vorstellung, Zu- und Absagen erfolgen EDV-unterstützt.
  - Die Betriebsratsanhörung kann auf elektronischem Wege stattfinden.
  - Spätere Übergabe der Daten an das Personalinformations-/Abrechnungssystem ist möglich.
- **Personalentwicklung**
  - Seminarverwaltungstools
  - Trainerdatenbanken
  - Gezielte Informationen der Mitarbeiter durch Bereitstellung eines Trainingskataloges
  - Qualifikationsdatenbanken (Aufbau einer Datenbank mit den Fähigkeiten und Fertigkeiten jedes Mitarbeiters)
  - Elektronische Seminaranmeldung
  - Passgenaue Qualifizierung der Mitarbeiter durch Vergleich der gegenwärtigen und zukünftigen Anforderungen bzw. Profile
  - Schnellere und zielgerichtete Vorbereitung von Förder- und Entwicklungsgesprächen
  - Professionalisierung der Evaluation von Qualifizierungsmaßnahmen
  - Genaue Verrechnung der Trainings- bzw. Schulungskosten auf die einzelnen Kostenstellen
  - E-Learning-Tools/Plattformen

E-Learning-Plattformen stellen das technische Gerüst internetbasierter Personalentwicklungsmaßnahmen dar. Den Anwendern wird so Zugang zu Lernmaterialien, wie Audioaufnahmen, Videofilmen, Dokumenten und anderen Informationen angeboten, die die Bildungsverantwortlichen über die Plattform (Computer Based Traing (CBT) und Web Based Training (WBT)) zur Verfügung stellen.

Elektronische Plattformen bieten darüber hinaus weitere Möglichkeiten:
- Virtuelle Workshops
- Kommunikation der Lernenden durch Communities
- Vor- und Nachbereitung von Präsenzseminaren
- Förderung des Selbststudiums
- Freie Zeiteinteilung des Lernenden

• **Personaleinsatz(planung)**
  - Fehlzeitenverwaltung und -management
  - Erstellung von täglichen, wöchentlichen oder monatlichen Einsatzplänen
  - Kostenkalkulation
  - Erstellung von Schichtplänen
  - Erstellung von Urlaubsplänen

• **Personalbetreuung/Personalverwaltung**
  - Personalstammdatenverwaltung
  - Bescheinigungswesen
  - Urlaubsabwicklung/Einsicht in den aktuellen Urlaubsstatus
    (Der damit verbundene Workflow sieht wie folgt aus: Einstellung der erforderlichen Urlaubsformulare ins Intranet, Beantragung der Urlaubstage durch die Mitarbeiter, Versendung der Anträge an die Vorgesetzten zur Genehmigung, Weiterleitung an die Personalverantwortlichen, Registrierung in der zentralen Urlaubskartei, Rückmeldung mit Genehmigungs- bzw. Ablehnungsvermerk an die Mitarbeiter.)
  - Führen der elektronischen Personalakte

• **Elektronische Personalakte**
  Die elektronische Personalakte ist eine Alternative zur herkömmlichen (physischen) Führung der Personalakte (→ 2.1.6). Digitale Archivierungs- und Bearbeitungssysteme ermöglichen es, über genormte Schnittstellen eine Vernetzung bspw. zum Entgeltabrechnungsprogramm oder zu Bescheinigungsprogrammen herzustellen.

Vorteile der elektronischen Personalakte:

- Inhaltlich einheitliche Aktenführung
- Datenzugriff organisatorisch ohne Aufwand, weil die Akte per Knopfdruck abrufbar ist
- Schneller Zugriff von jedem Ort und durch mehrere Personen zeitgleich
- Wegfall ständigen Ein- und Auslagerns der Akte
- Minimierung der Verwaltungskosten
- Einsparung von Lagerraum

Nachteile bzw. Problembereiche der elektronischen Personalakte sind:

- Kosten für die Einführung des Systems
- Schulung zur Handhabung des Systems
- Zeitlicher Aufwand für die Einscannarbeiten
- Datensicherung durch aufwendige Sicherungssysteme und -kontrollen
- Aufwand für die Gewährleistung des Datenschutzes durch Belehrung und Schulung
- Erschwerte Einsichtnahme in die Akte bei technischen Problemen

- **Personalabrechnung**
  - Abrechnung auf elektronischem Wege
  - Reisekostenmanagement
  - Kommunikation mit externen Abrechnungspartnern
  - Kommunikation mit Finanzämtern, Krankenkassen und Rentenversicherungsträgern
- **Betriebsdatenerfassung**
  - Bereitstellung wichtiger Daten insbes. zur Abrechnung (Zeiterfassungssystem)
- **Personalüberwachung**
  - Kameraüberwachung
- **Prozessgestaltung und Modellierungswerkzeuge**
  - Hilfsmittel zur Verbesserung ausgewählter Prozesse
  - Organisation des Ideenmanagements

Eine besondere Bedeutung für das Personalmanagement kommt bei allen Anwendungen dem **Intranet** als Instrument betrieblicher Information und Kommunikation zu. Von der Anwendung des Intranets profitieren besonders die folgenden Bereiche:

- Informationsarbeit und Kommunikation (z. B. über Rundschreiben, Einladungen, Bereitstellung von Handbüchern, Mitarbeiterzeitschrift, Datenbanken unterschiedlicher Art)
- Personalbeschaffung über den internen elektronischen Stellenmarkt
- Personalentwicklung
- Dienstreisemanagement
- Ideenmanagement / Betriebliches Vorschlagswesen
- Employee-Self-Service (z. B. Änderung von Personaldaten durch die Mitarbeiter selbst), Management-Self-Service
- Diskussionsforum

1.5.1.2 Schnittstellen zu anderen Unternehmensaufgabenbereichen mit IT-Unterstützung

Weniger denn je lässt sich das Personalmanagement heute als ein isolierter Bereich betrachten. Schnittstellen des IT-Systems ermöglichen eine schnelle Information anderer Unternehmensbereiche und unmittelbare Kommunikation mit ihnen. Hierzu zählen:

- Internes und externes Rechnungswesen
  - Daten des Personalmanagements sind ein wesentlicher Teil der Gesamtkostenplanung sowie des Geschäftsberichts und der Bilanz (bspw. werden die Personalkosten dem Rechnungswesen für die Bilanzierung zur Verfügung gestellt)
- Projektmanagementsysteme
  - Daten aus personalwirtschaftlichen Systemen können für Projektmanagementsysteme anderer Unternehmensbereiche genutzt werden (bspw. lässt sich aufgrund der Daten des Personalmanagements ein professionelles Projektteam zusammenstellen)
- Workflowmanagementsysteme
  - Unterstützung prozessorientierter Systeme, die Prozesse (Abläufe) nach einem zuvor festgelegten Modell steuern (bspw. Ablauf einer Einstellung oder Beschaffung).
- Maßnahmen, die bei Einführung eines elektronischen Ablaufes von Bedeutung sind:
  - Erfassung und Darstellung des bisherigen Prozesses
  - Erstellung einer Mängelliste, wobei es gilt, alle betroffenen Mitarbeiter einzubeziehen

  - Erstellung eines neuen Prozessdesigns
  - Beschaffung und Bereitstellung der Hard- und Software
  - Alternativen finden und eine Entscheidung für die präferierte Lösung herbeiführen
  - Informationsveranstaltung für die betroffenen Mitarbeiter
  - Klärung der Zugangsberechtigungen
  - Informationen an die Mitarbeiter in Form von Arbeitsanweisungen
  - Vergabe von Passwörtern
  - Gewährleistung von Datenschutz und Datensicherheit
  - Schulung der betroffenen Mitarbeiter
  - Evaluation der Maßnahmen
  - Dokumentation der Maßnahmen

- Produktionssteuerung
  - Daten aus der Anwesenheits- und Abwesenheitsplanung helfen quantitativ zu planen und ggf. benötigte Zeitarbeitskräfte zu akquirieren.
- Groupware-, E-Mail-Systeme
  - Groupwaresysteme eignen sich eher für gering strukturierte Abläufe (bspw. zur Unterstützung der unternehmensweiten Kommunikation, wie eine Einladung zur Weihnachtsfeier).
- Facilitymanagementsysteme / Gebäudesicherheit
  - Informationen über die Belegung von Räumlichkeiten und deren Ausstattung
  - Abrechnung nach Benutzung der Räumlichkeiten über das System, bspw. als Grundlage für die Planung und Abrechnung (interne Verrechnung) von Seminarräumen für eine Weiterbildungsveranstaltung
  - Im Bereich der Zugangsberechtigung kann durch die Verknüpfung von Stellen und Zugangsdaten festgelegt und überprüft werden, wer welche Räumlichkeiten oder Programme betreten bzw. benutzen darf.
- Betriebsverpflegung/Kantine
  - Daten aus der Abwesenheits- bzw. Urlaubsplanung erleichtern die quantitative Planung in diesem Bereich.
- Betriebsarzt
  - Kommunikation darüber, welche Stellen welche Untersuchungen benötigen und welche Vorbeugungsmaßnahmen aufgrund welcher Arbeitsbelastung sinnvoll oder vorgeschrieben sind.

1.5.2 Personalinformations- und Managementsysteme

Der Einsatz von Personalinformations- und Personalmanagementsystemen ermöglicht die Erfassung, Speicherung, Weitergabe, Verarbeitung, Nutzung und Ausgabe unterschiedlicher Informationen, die zur Unterstützung personalwirtschaftlicher, administrativer und dispositiver Aufgaben hilfreich sind oder benötigt werden (→ 3.5.3). Die Systeme sollen letztlich dazu beitragen, die Hauptaufgabe des Personalmanagements zu erfüllen, die passenden Mitarbeiter zur richtigen Zeit, in der richtigen Menge, mit der passenden Qualifikation, am richtigen Ort und zu einem angemessenen Entgelt einzusetzen und zu halten.

Zu den administrativen Aufgaben, die über Personalinformations- und Personalmanagementsysteme gelöst werden können, zählen vor allem die Entgeltabrechnung, das Ausstellen von Bescheinigungen, die Abwicklung von Bewerbungen und die Freisetzung von Personal. Bei den dispositiven Aufgaben geht es um die Personalplanung, die Personalkostenplanung, die Personaleinsatzplanung, die Personalentwicklung und das Personalcontrolling. Der Einsatz von Personalinformations- und

Personalmanagementsystemen erfüllt somit unterschiedliche Informationsbedürfnisse bestimmter Funktionsbereiche (nicht nur des Personalmanagements) im Unternehmen. Kern der Systeme bildet eine im Dialogbetrieb nutzbare Personaldatenbank. Durch deren Einsatz lassen sich zahlreiche, verschiedenartige Daten der Mitarbeiter erfassen, verarbeiten und für unterschiedliche Zwecke nutzen.

Vorteile eines einheitlichen Personalinformations- und Personalmanagementsystems sind:

- Steigerung von Effizienz und Wirtschaftlichkeit
- Schnittstellenfreie Prozessdurchläufe
- Zentrale Vorhaltung und zentrale Pflege der Daten
- Aussagefähiges Berichtswesen
- Vereinfachte Datenintegration (Schnittstellen zum Datenaustausch mittels Speicherung sind überflüssig)
- Vorhandensein einer umfangreichen und effizienten servergestützten Datenbank
- Mehrere Berechtigte können sich um die Datenpflege kümmern
- Datenaustausch erfolgt online
- Raschere Verfügbarkeit der Daten
- Schnelle Bereitstellung benötigter Daten (Echtzeit)
- Optimierung des Personaleinsatzes durch Transparenz
- Einheitliche und objektive Behandlung aller Mitarbeiter(gruppen)
- Rationalisierung der Informationsbeschaffung durch automatisierte Personaldatenerfassung und -verwaltung

Eine immer größere Bedeutung kommt **Mitarbeiterportalen** zu. Unterschieden werden hierbei Portale für Mitarbeiter (Employee-Self-Service), Manager (Manager-Self-Service) und Bewerber. Mithilfe dieser Portale ist beabsichtigt, die unterschiedlichen internen und externen Kunden mit Informationsangeboten zu versorgen und auch von diesen Informationen zu gewinnen. Dies kann schneller, zeitlich unabhängiger und zuverlässiger als auf herkömmlichem Wege geschehen und führt zur Entlastung der Personalabteilung. Generell lassen sich mit diesen Portalen zu FAQs (Frequently asked questions – häufig gestellte Fragen) im Intranet oder auf der Homepage Informationen für Mitarbeiter oder Kunden zu unterschiedlichen Themenbereichen (z. B. Sozialleistungen, Entgelt, Vertragsinhalte etc.) anbieten. Zeitaufwendige persönliche oder telefonische Anfragen werden reduziert und die Selbstständigkeit der Mitarbeiter bzw. Kunden wird gefördert.

Als Anwendungsbereiche bieten sich hierzu an:

- (Interne) Stellenausschreibungen, Erläuterungen zum Ablauf des Auswahlprozesses
- Fortbildungsmöglichkeiten
- Unternehmensrichtlinien
- Gesetze, Tarifverträge, Betriebsvereinbarungen
- Angebote zum Gesundheitsmanagement, zum Mitarbeitereinkauf, zur betrieblichen Altersversorgung und anderen Sozialleistungen
- Informationen zu Arbeitszeitkonten
- Informationen zu Elternzeit und Elterngeld
- Informationen zur Kleidungsordnung
- Informationen zu Kontaktpersonen

Beim **Employee-Self-Service** (ESS) handelt es sich um Intranet- oder Groupwarelösungen, die es ermöglichen, auf allgemeine Informationen des Personalbereichs sowie mitarbeiterbezogene Daten zuzugreifen, aber auch selbstverantwortlich und selbstständig Änderungen (z. B. Name, Anschrift, Änderung von Bankdaten, Lohnsteuerklasse, Überstundenanträge oder Urlaubsanträge) in das System einzugeben oder Unterlagen auszudrucken.

Mit der Nutzung von ESS verbundene Vorteile für das Personalmanagement sind:

- Entlastung des Personalmanagements
- Vereinfachung von Abläufen
- Schnellere Anpassung bestimmter Personaldaten an den aktuellen Stand
- Betroffene werden zu Beteiligten. Direkte Einbeziehung der Mitarbeiter in die Personalarbeit
- Vermeidung von Übermittlungsfehlern, da die Mitarbeiter ihre Daten selber eingeben und pflegen
- Schnellerer Zugriff auf Informationen aus dem Personalbereich durch Vorgesetzte und Mitarbeiter

Die Problematik der Zugriffsrechte, der technischen Möglichkeiten, der Selbstdisziplin und Zuverlässigkeit der Mitarbeiter sowie die Datensicherheit und der Datenschutz bei der Anwendung von ESS darf jedoch nicht unterschätzt werden.

Mithilfe des **Manager-Self-Services** (MSS) lassen sich Führungskräfte über ein Portal in personalwirtschafliche Prozesse einbinden. Zu den Einsatzfeldern zählen:

- Informationen über bestimmte Mitarbeiter abrufen (z. B. Urlaubstage)
- Mitarbeiter-Datensätze bearbeiten (z. B. Zielvereinbarungen)
- Aktuelle Gesetzestexte (z. B. im Arbeitsrecht) abrufen

Mithilfe eines **Bewerberportals** können Bewerber:

- Informationen zum Bewerbungsverfahren gewinnen
- Ihre Unterlagen hinterlegen
- Informationen zum Stand des Bewerbungsprozesses erhalten

Bei der Auswahl und Einführung von Personalinformations- und Personalmanagementsystemen sind die Phasen Zielsetzung, Datenerhebung, Implementierung und Evaluation zu unterscheiden.

Dazu sind folgende Leitfragen zu klären:

- Zur Zielsetzung: Was soll das System leisten?
  - Entgeltabrechnung
  - Personalverwaltung
  - Informationssystem für die Unternehmensleitung
- Zur Datenerhebung: Woher kommen die relevanten Daten?
  - Direkte Erhebung durch Fragebögen (Primärdaten)
  - Von schon vorhandenen Systemen (Sekundärdaten)
  - Von Dritten (bspw. Unternehmensberatern, staatlichen Stellen)
- Welche Daten sollen berücksichtigt werden?
  - Abrechnungsspezifische Daten
  - Arbeitsplatzdaten
  - Aus- und Weiterbildungsdaten
  - Arbeitszeiten
  - Leistungsdaten
  - Kosten
  - Stellendaten
  - Abwesenheiten
- Zur Implementierung:
  - Zu klären ist, ob eine Insellösung oder eine integrierte Lösung angestrebt wird.
  - Systemanalyse (Erarbeitung von Hard- und Softwarelösungen, eigene Softwarelösung oder Fremdbezug, Programmierbarkeit der Software, Erweiterungsfähigkeit des Systems)
  - Betrachtung der Wirtschaftlichkeit des Systems
  - Sicherstellung von Datenschutz und Datensicherheit
  - Maßnahmen der Personalentwicklung der betroffenen Mitarbeiter (Information, Einführungsseminare, Systemschulung)
- Zur Evaluation:
  - Austausch mit den Nutzern
  - Überprüfung, ob die Zielsetzungen erreicht wurden und Verbesserung/Nachbesserung

1.5.3 Datenschutz und Datensicherheit

Durch Maßnahmen des Datenschutzes sollen betroffene Personen vor der unbefugten Verwendung oder Weitergabe ihrer persönlichen Daten geschützt werden.

Datensicherheit sorgt dafür, dass wichtige Daten nicht verloren gehen und zugreifbar bleiben. Beide Bereiche sind nicht scharf voneinander zu trennen, sondern wirken ergänzend aufeinander ein.

Leitfragen zum Datenschutz und zur Datensicherheit:

- Welche Daten werden gespeichert?
- Warum werden die Daten gespeichert?
- Wie lange sollen die Daten gespeichert bleiben?
- Wer hat Zugriff zu den gespeicherten Daten?
- Werden die Mitarbeiter über die Speicherung ihrer persönlichen Daten informiert?
- Ist eine Benachrichtigung nach § 33 Bundesdatenschutzgesetz (BDSG) entbehrlich?
- Wie lässt sich sicherstellen, dass nur berechtigte Personen Zugriff auf die jeweiligen Daten erhalten? (Zugriffskontrolle nach BDSG § 64)
- Wie kann sich der Mitarbeiter gegen Datenmissbrauch oder mangelnden Datenschutz wehren?
- Wer kontrolliert die Wahrheit, Berechtigung und Löschung der Daten, die gespeichert werden?

Die Erfassung und Verarbeitung personenbezogener Daten greift in das Persönlichkeitsrecht des Bürgers ein, das im **Grundgesetz** in den ersten beiden Artikeln definiert ist*:

Artikel 1:

(1) Die Würde des Menschen ist unantastbar. Sie zu achten und zu schützen ist Verpflichtung aller staatlichen Gewalt. [...]

Artikel 2

(1) Jeder hat das Recht auf die freie Entfaltung seiner Persönlichkeit, soweit er nicht die Rechte anderer verletzt und nicht gegen die verfassungsmäßige Ordnung oder das Sittengesetz verstößt.

(2) Jeder hat das Recht auf Leben und körperliche Unversehrtheit. Die Freiheit der Person ist unverletzlich. In diese Rechte darf nur auf Grund eines Gesetzes eingegriffen werden.

Bundesdatenschutzgesetz und EU-Datenschutz-Grundverordnung

Um diese Grundrechte auch bei verbreiteter Anwendung der elektronischen Datenverarbeitung mit den enormen Möglichkeiten der Erhebung, Speicherung und Verarbeitung von Daten zu gewährleisten, ist 1977 das **Bundesdatenschutzgesetz** (BDSG)* erlassen worden, das seitdem mehrfach geändert wurde.

Nach einer zweijährigen Übergangsphase trat am 25. Mai 2018 die **EU-Datenschutz-Grundverordnung (DSGVO)** in Kraft, die für den Umgang mit personenbezogenen Daten in allen Staaten der Europäischen Union unmittelbar gültig ist. Das deutsche **Bundesdatenschutzgesetz** wurde aus diesem Anlass komplett neu gefasst. Es ergänzt nunmehr die Datenschutz-Grundverordnung der EU um die Bereiche, in denen diese den Mitgliedsstaaten Gestaltungsspielräume belässt. Die im Folgenden schwerpunktmäßig dargestellten gesetzlichen Grundlagen können sich daher sowohl auf das Bundesdatenschutzgesetz (BDSG) oder auf die EU-Datenschutz-Grundverordnung (DSGVO) beziehen. Beide bilden die gesetzliche Grundlage für den betrieblichen Datenschutz und gehören zum Handwerkszeug des Personalmanagements.

* Die in Kursivschrift abgedruckten Texte sind ausgewählte, wortgetreue Zitate aus den betreffenden Gesetzen.

EU-Datenschutz-Grundverordnung (DSGVO)

Kapitel 1 Allgemeine Bestimmungen

Artikel 1 Gegenstand und Ziele
Artikel 2 Sachlicher Anwendungsbereich
Artikel 3 Räumlicher Anwendungsbereich
Artikel 4 Begriffsbestimmungen

Kapitel 2 Grundsätze

Artikel 5 Grundsätze für die Verarbeitung personenbezogener Daten
Artikel 6 Rechtmäßigkeit der Verarbeitung
Artikel 7 Bedingungen für die Einwilligung
Artikel 8 Bedingungen für die Einwilligung eines Kindes [...]
Artikel 9 Verarbeitung besonderer Kategorien personenbezogener Daten
Artikel 10 Verarbeitung von Daten über strafrechtliche Verurteilungen und Straftaten
Artikel 11 Verarbeitung, für die eine Identifizierung der betroffenen Person nicht erforderlich ist

Kapitel 3 Rechte der betroffenen Person

Artikel 12 Transparente Information, Kommunikation und Modalitäten [...]
Artikel 13 Informationspflicht bei Erhebung von Daten bei der betroffenen Person
Artikel 14 Informationspflicht, wenn die Daten nicht bei der betroffenen Person erhoben wurden
Artikel 15 Auskunftsrecht der betroffenen Person
Artikel 16 Recht auf Berichtigung
Artikel 17 Recht auf Löschung ("Recht auf Vergessenwerden")
Artikel 18 Recht auf Einschränkung der Verarbeitung
Artikel 19 Mitteilungspflicht bei Berichtigung oder Löschung, Einschränkung der Verarbeitung
Artikel 20 Recht auf Datenübertragbarkeit
Artikel 21 Widerspruchsrecht
Artikel 22 Automatisierte Entscheidungen im Einzelfall einschließlich Profiling
Artikel 23 Beschränkungen

Kapitel 4 Verantwortlicher und Auftragsverarbeiter

Artikel 24 Verantwortung des für die Verarbeitung Verantwortlichen
Artikel 25 Datenschutz durch Technikgestaltung und datenschutzfreundliche Voreinstellungen
Artikel 26 Gemeinsam für die Verarbeitung Verantwortliche
Artikel 27 Vertreter nicht in der EU niedergelassener Verantwortlicher oder Auftragsverarbeiter
Artikel 28 Auftragsverarbeiter
Artikel 29 Verarbeitung unter der Aufsicht des Verantwortlichen oder Auftragsverarbeiters
Artikel 30 Verzeichnis von Verarbeitungstätigkeiten
Artikel 31 Zusammenarbeit mit der Aufsichtsbehörde
Artikel 32 Sicherheit der Verarbeitung
Artikel 33 Meldung von Verletzungen des Schutzes der Daten an die Aufsichtsbehörde
Artikel 34 Benachrichtigung der von einer Verletzung des Schutzes der Daten betroffenen Person
Artikel 35 Datenschutz-Folgenabschätzung
Artikel 36 Vorherige Konsultation
Artikel 37 bis Artikel 39 Benennung, Stellung, Aufgaben eines Datenschutzbeauftragten
Artikel 40 bis Artikel 43 Richtlinien für Verhaltensregeln und ihre Überwachung sowie für Zertifizierungverfahren und Prüfzeichen in den Mitgliedstaaten.

Kapitel 5 Übermittlung an Drittländer und internationale Organisationen

Kapitel 6 Unabhängige Aufsichtsbehörden

Kapitel 7 Zusammenarbeit und Kohärenz

Kapitel 8 Rechtsbehelfe, Haftung und Sanktionen

Kapitel 9 Vorschriften für besondere Verarbeitungssituationen

Kapitel 10 Delegierte Rechtsakte und Durchführungsakte

Kapitel 11 Schlussbestimmungen

Übersicht über die Bestimmungen der Datenschutz-Grundverordnung für nichtöffentliche Stellen (z. T. gekürzt)

Bundesdatenschutzgesetz (BDSG)

Teil 1 Gemeinsame Bestimmungen

Kapitel 1 Anwendungsbereich und Begriffsbestimmungen
§ 1 Anwendungsbereich des Gesetzes
§ 2 Begriffsbestimmungen
Kapitel 2 bis 6 (§§ 3 bis 21)
enthalten Bestimmungen für öffentliche Stellen des Bundes und der Länder

Teil 2 Durchführungsbestimmungen für Verarbeitungen gem. VO (EU) 2016/679

Kapitel 1 Rechtsgrundlagen der Verarbeitung personenbezogener Daten
§ 22 Verarbeitung besonderer Kategorien personenbezogener Daten
§ 23 Verarbeitung zu anderen Zwecken durch öffentliche Stellen
§ 24 Verarbeitung zu anderen Zwecken durch nichtöffentliche Stellen
§ 25 Datenübermittlungen durch öffentliche Stellen
§ 26 Datenverarbeitung für Zwecke des Beschäftigungsverhältnisses
§ 27 Datenverarbeitung zu wissenschaftlichen, historischen, statistischen Zwecken
§ 28 Datenverarbeitung zu im öffentlichen Interesse liegenden Archivzwecken
§ 29 Rechte der betroffenen Person und aufsichtsbehördliche Befugnisse im Fall von Geheimhaltungspflichten
§ 30 Verbraucherkredite
§ 31 Schutz des Wirtschaftsverkehrs bei Scoring und Bonitätsauskünften
Kapitel 2 Rechte der betroffenen Person
§ 32 Informationspflicht bei Erhebung von Daten bei der betroffenen Person
§ 33 Informationspflicht, wenn Daten nicht bei der betroffenen Person erhoben wurden
§ 34 Auskunftsrecht der betroffenen Person
§ 35 Recht auf Löschung
§ 36 Widerspruchsrecht
§ 37 Automatisierte Entscheidungen im Einzelfall einschließlich Profiling
Kapitel 3 Pflichten der Verantwortlichen und Auftragsverarbeiter
§ 38 Datenschutzbeauftragte nichtöffentlicher Stellen
§ 39 Akkreditierung
Kapitel 4 Aufsichtsbehörde für die Datenverarbeitung durch nichtöffentliche Stellen
§ 40 Aufsichtsbehörden der Länder
Kapitel 5 Sanktionen
§ 41 Anwendung der Vorschriften über das Bußgeld- und Strafverfahren
§ 42 Strafvorschriften
§ 43 Bußgeldvorschriften
Kapitel 6 Rechtsbehelfe
§ 44 Klagen gegen den Verantwortlichen oder Auftragsverarbeiter

Teil 3 Bestimmungen für Verarbeitungen zu Zwecken gem. Richtlinie (EU) 2016/680
§§ 45 bis 84 gelten für öffentliche Stellen der Strafverfolgung und Justiz

Teil 4 Besondere Bestimmungen [...]
§ 85 regelt die Zulässigkeit der Übermittlung durch öffentliche Stellen des Bundes und der Länder an einen Drittstaat

Übersicht über die Bestimmungen des Bundesdatenschutzgesetzes für nichtöffentliche Stellen (z. T. gekürzt)

Darüber hinaus finden sich weitere Vorschriften und Richtlinien zum Schutz personenbezogener Daten sowohl in anderen Gesetzen und Verordnungen, als auch in privatrechtlichen Verträgen und Vereinbarungen, z. B. Telekommunikationsgesetz, Telemediengesetz, Betriebsverfassungsgesetz, Handelsgesetzbuch, Sozialgesetzbuch, Landesdatenschutzgesetze, Standesordnungen (z. B. Schweigepflicht von Ärzten, Rechtsanwälten, Steuerberatern).

Zusammengenommen dienen diese Rechtsquellen dem Schutz des allgemeinen Persönlichkeitsrechts, dem Schutz der Privatsphäre und dem Recht auf informationelle Selbstbestimmung des Einzelnen.

Verschwiegenheitsverpflichtungen in Betriebsvereinbarungen, betriebliche Anordnungen, Anstellungsverträge u. a. dienen in der Regel ausschließlich dem berechtigten Interesse des Unternehmens. Sie unterliegen nicht dem Datenschutzgesetz.

Aus der Vielzahl der Bestimmungen und Definitionen des **Bundesdatenschutzgesetzes** und der **EU-Datenschutz-Grundverordnung** einige der wichtigsten in Kurzform:

Anwendungsbereich und Begriffsbestimmungen

- **Anwendungsbereich** § 1 BDSG

  1. *Dieses Gesetz gilt für die Verarbeitung personenbezogener Daten durch*
     1. *öffentliche Stellen des Bundes,*
     2. *öffentliche Stellen der Länder, soweit der Datenschutz nicht durch Landesgesetz geregelt ist und soweit sie*
        a) *Bundesrecht ausführen oder*
        b) *als Organe der Rechtspflege tätig werden und es sich nicht um Verwaltungsangelegenheiten handelt.*

     Für nichtöffentliche Stellen gilt dieses Gesetz für die ganz oder teilweise automatisierte Verarbeitung personenbezogener Daten sowie die nichtautomatisierte Verarbeitung personenbezogener Daten, die in einem Dateisystem gespeichert sind oder gespeichert werden sollen, es sei denn, die Verarbeitung durch natürliche Personen erfolgt zur Ausübung ausschließlich persönlicher oder familiärer Tätigkeiten.
  2. *Andere Rechtsvorschriften des Bundes über den Datenschutz gehen den Vorschriften dieses Gesetzes vor. Regeln sie einen Sachverhalt, für den dieses Gesetz gilt, nicht oder nicht abschließend, finden die Vorschriften dieses Gesetzes Anwendung. Die Verpflichtung zur Wahrung gesetzlicher Geheimhaltungspflichten oder von Berufs- oder besonderen Amtsgeheimnissen, die nicht auf gesetzlichen Vorschriften beruhen, bleibt unberührt.*

- **Nichtöffentliche Stellen** § 2 (4) BDSG

  Nichtöffentliche Stellen sind natürliche und juristische Personen, Gesellschaften und andere Personenvereinigungen des privaten Rechts [...]

  Dementsprechend zählen Unternehmen der Wirtschaft zu den nichtöffentlichen Stellen. Sie sind als Arbeitgeber rechtlich verantwortlich, damit ist auch jeder Mitarbeiter an die Vorschriften des Gesetzes gebunden. Nur eine Datenverarbeitung für ausschließlich persönliche und familiäre Tätigkeiten ist von den Vorschriften des Gesetzes ausgenommen (Artikel 2 DSGVO).

- **Personenbezogene Daten** (§ 46, 1. BDSG und Artikel 4, 1. DSGVO)

  »Personenbezogene Daten« [sind] alle Informationen, die sich auf eine identifizierte oder identifizierbare natürliche Person (betroffene Person) beziehen; als identifizierbar wird eine natürliche Person angesehen, die direkt oder indirekt, insbesondere mittels Zuordnung zu einer Kennung wie einem Namen, zu einer Kennnummer, zu Standortdaten, zu einer Online-Kennung oder zu einem oder mehreren besonderen Merkmalen, die Ausdruck der physischen, physiologischen, genetischen, psychischen, wirtschaftlichen, kulturellen oder sozialen Identität dieser Person sind, identifiziert werden kann.

- **Dateisysteme** (§ 46, 6. BDSG und Artikel 4, 6. DSGVO)

  »Dateisystem« [ist] jede strukturierte Sammlung personenbezogener Daten, die nach bestimmten Kriterien zugänglich sind, unabhängig davon, ob diese Sammlung zentral, dezentral oder nach funktionalen oder geografischen Gesichtspunkten geordnet geführt wird.

- **Verantwortlicher, Verantwortliche Stelle** (§ 46, 7. BDSG und Artikel 4, 7. DSGVO)

  »Verantwortlicher« [ist] die natürliche oder juristische Person, Behörde, Einrichtung oder andere Stelle, die allein oder gemeinsam mit anderen über die Zwecke und Mittel der Verarbeitung von personenbezogenen Daten entscheidet [...].

- **Verarbeitung personenbezogener Daten** (§ 46, 2. BDSG und Artikel 4, 2. DSGVO)

  »Verarbeitung« [bezeichnet] jeden mit oder ohne Hilfe automatisierter Verfahren ausgeführten Vorgang oder jede solche Vorgangsreihe im Zusammenhang mit personenbezogenen Daten wie das Erheben, das Erfassen, die Organisation, das Ordnen, die Speicherung, die Anpassung, die Veränderung, das Auslesen, das Abfragen, die Verwendung, die Offenlegung durch Übermittlung, Verbreitung oder eine andere Form der Bereitstellung, den Abgleich, die Verknüpfung, die Einschränkung, das Löschen oder die Vernichtung.

- **Grundsätze der Verarbeitung** (§ 47 BDSG und Artikel 5 Abs. 1 DSGVO)

  Personenbezogene Daten müssen

  1. *auf rechtmäßige Weise nach Treu und Glauben verarbeitet werden*
  2. *für festgelegte, eindeutige und rechtmäßige Zwecke erhoben und nicht in einer mit diesen Zwecken nicht zu vereinbarenden Weise verarbeitet werden*
  3. *dem Verarbeitungszweck entsprechen, für das Erreichen des Verarbeitungszwecks erforderlich sein und ihre Verarbeitung nicht außer Verhältnis zu diesem Zweck stehen,*
  4. *sachlich richtig und erforderlichenfalls auf dem neuesten Stand sein; dabei sind alle angemessenen Maßnahmen zu treffen, damit personenbezogene Daten, die im Hinblick auf die Zwecke ihrer Verarbeitung unrichtig sind, unverzüglich gelöscht oder berichtigt werden,*
  5. *nicht länger als es für die Zwecke, für die sie verarbeitet werden, erforderlich ist, in einer Form gespeichert werden, die die Identifizierung der betroffenen Personen ermöglicht, und*
  6. *in einer Weise verarbeitet werden, die eine angemessene Sicherheit der personenbezogenen Daten gewährleistet; hierzu gehört auch ein durch geeignete technische und organisatorische Maßnahmen zu gewährleistender Schutz vor unbefugter oder unrechtmäßiger Verarbeitung, unbeabsichtigtem Verlust, unbeabsichtigter Zerstörung oder unbeabsichtigter Schädigung*

- **Rechtmäßigkeit der Verarbeitung** (Artikel 6 Abs. 1 DSGVO)

  Die Verarbeitung ist nur rechtmäßig, wenn mindestens eine der nachstehenden Bedingungen erfüllt ist:

  a. Die betroffene Person hat ihre Einwilligung zu der Verarbeitung der sie betreffenden personenbezogenen Daten für einen oder mehrere bestimmte Zwecke gegeben;
  b. die Verarbeitung ist für die Erfüllung eines Vertrags, dessen Vertragspartei die betroffene Person ist, oder zur Durchführung vorvertraglicher Maßnahmen erforderlich, die auf Anfrage der betroffenen Person erfolgen;
  c. die Verarbeitung ist zur Erfüllung einer rechtlichen Verpflichtung erforderlich, der der Verantwortliche unterliegt;
  d. die Verarbeitung ist erforderlich, um lebenswichtige Interessen der betroffenen Person oder einer anderen natürlichen Person zu schützen;
  e. die Verarbeitung ist für die Wahrnehmung einer Aufgabe erforderlich, die im öffentlichen Interesse liegt oder in Ausübung öffentlicher Gewalt erfolgt, die dem Verantwortlichen übertragen wurde;
  f. die Verarbeitung ist zur Wahrung der berechtigten Interessen des Verantwortlichen oder eines Dritten erforderlich, sofern nicht die Interessen oder Grundrechte und Grundfreiheiten der betroffenen Person, die den Schutz personenbezogener Daten erfordern, überwiegen, insbesondere dann, wenn es sich […] um ein Kind handelt.

- **Beschäftigte** (§ 26 Abs. 8 BDSG)

  Beschäftigte im Sinne dieses Gesetzes sind:
  1. Arbeitnehmerinnen und Arbeitnehmer, einschließlich der Leiharbeitnehmerinnen und Leiharbeitnehmer im Verhältnis zum Entleiher,
  2. zu ihrer Berufsbildung Beschäftigte,
  3. Teilnehmerinnen und Teilnehmer an Leistungen zur Teilhabe am Arbeitsleben sowie an Abklärungen der beruflichen Eignung oder Arbeitserprobung (Rehabilitandinnen und Rehabilitanden),
  4. in anerkannten Werkstätten für behinderte Menschen Beschäftigte,
  5. Freiwillige, die einen Dienst nach dem Jugendfreiwilligendienstgesetz oder dem Bundesfreiwilligendienstgesetz leisten,
  6. Personen, die wegen ihrer wirtschaftlichen Unselbstständigkeit als arbeitnehmerähnliche Personen anzusehen sind; zu diesen gehören auch die in Heimarbeit Beschäftigten und die ihnen Gleichgestellten.
  Bewerberinnen und Bewerber für ein Beschäftigungsverhältnis sowie Personen, deren Beschäftigungsverhältnis beendet ist, gelten als Beschäftigte.

- **Empfänger** (Artikel 4, 9 DSGVO)

  »Empfänger« [bezeichnet] *eine natürliche oder juristische Person, Behörde, Einrichtung oder andere Stelle, der personenbezogene Daten offengelegt werden, unabhängig davon, ob es sich bei ihr um einen dritten handelt, oder nicht.* […]

- **Dritter** (Artikel 4, 10 DSGVO)

  »Dritter« eine natürliche oder juristische Person, Behörde, Einrichtung oder andere Stelle, außer der betroffenen Person, dem Verantwortlichen, dem Auftragsverarbeiter und den Personen, die unter der unmittelbaren Verantwortung des Verantwortlichen oder des Auftragsverarbeiters befugt sind, die personenbezogenen Daten zu verarbeiten;

- **Auftragsverarbeiter** (§ 4, 8. DSGVO)

  »Auftragsverarbeiter« [ist] *eine natürliche oder juristische Person, Behörde, Einrichtung oder andere Stelle, die personenbezogene Daten im Auftrag des Verantwortlichen verarbeitet.*

- **Sicherheit der Verarbeitung** (Artikel 32 Abs. 1 DSGVO)

  Unter Berücksichtigung des Stands der Technik, der Implementierungskosten und der Art, des Umfangs, der Umstände und der Zwecke der Verarbeitung sowie der unterschiedlichen Eintrittswahrscheinlichkeit und Schwere des Risikos für die Rechte und Freiheiten natürlicher Personen treffen der Verantwortliche und der Auftragsverarbeiter geeignete technische und organisatorische Maßnahmen, um ein dem Risiko angemessenes Schutzniveau zu gewährleisten; diese Maßnahmen schließen gegebenenfalls unter anderem Folgendes ein:

  a. die Pseudonymisierung und Verschlüsselung personenbezogener Daten;
  b. die Fähigkeit, die Vertraulichkeit, Integrität, Verfügbarkeit und Belastbarkeit der Systeme und Dienste im Zusammenhang mit der Verarbeitung auf Dauer sicherzustellen;
  c. die Fähigkeit, die Verfügbarkeit der personenbezogenen Daten und den Zugang zu ihnen bei einem physischen oder technischen Zwischenfall rasch wiederherzustellen;
  d. ein Verfahren zur regelmäßigen Überprüfung, Bewertung und Evaluierung der Wirksamkeit der technischen und organisatorischen Maßnahmen zur Gewährleistung der Sicherheit der Verarbeitung.

  Im Interesse des Unternehmens ist es dringend erforderlich, insbesondere die Datenvermittlung nur in verschlüsselter Form durchzuführen.

- **Profiling** (§ 46, 4. BDSG und Artikel 4, 4. DSGVO)

  »Profiling« [bezeichnet] jede Art der automatisierten Verarbeitung personenbezogener Daten, bei der diese Daten verwendet werden, um bestimmte persönliche Aspekte, die sich auf eine natürliche Person beziehen, zu bewerten, insbesondere um Aspekte der Arbeitsleistung, der wirtschaftliche Lage, der Gesundheit, der persönliche Vorlieben, der Interessen, der Zuverlässigkeit, des Verhaltens, der Aufenthaltsorte oder der Ortswechsel dieser natürlichen Person zu analysieren oder vorherzusagen.

- **Pseudonymisierung** (§ 46, 5. BDSG und Artikel 4, 5. DSGVO)

  »Pseudonymisierung« [bezeichnet] die Verarbeitung personenbezogener Daten in einer Weise, in der die Daten ohne Hinzuziehung zusätzlicher Informationen nicht mehr einer spezifischen betroffenen Person zugeordnet werden können, sofern diese zusätzlichen Informationen gesondert aufbewahrt werden und technischen und organisatorischen Maßnahmen unterliegen, die gewährleisten, dass die Daten keiner betroffenen Person zugewiesen werden können.

Rechte der betroffenen Personen und Informationspflichten

§

Voraussetzung, dass eine betroffene Person die Rechte auf Schutz ihrer persönlichen Daten wahrnehmen kann, ist die Information über die geplante oder durchgeführte Erhebung und darüber, welche ihrer Daten erhoben werden bzw. erhoben werden sollen. Die Regelungen umfassen daher sowohl die Pflicht der Information der betroffenen Person durch den Verantwortlichen, als auch ihre Rechte in Hinblick auf die Verwendung und Verarbeitung der Daten:

- **Informationspflichten des Verantwortlichen**

  Informationspflicht bei Erhebung von personenbezogenen Daten bei der betroffenen Person (§ 32 BDSG und Artikel 13 DSGVO)

  Informationspflicht, wenn die personenbezogenen Daten nicht bei der betroffenen Person erhoben wurden (§ 33 BDSG und Artikel 14 DSGVO)

Die Informationspflichten werden in der DSGVO im Einzelnen beschrieben. Sie umfassen im Wesentlichen folgende Angaben:

– Name und Kontaktdaten der Verantwortlichen und Datenschutzbeauftragten
– Zweck und Rechtsgrundlage der Verarbeitung, gegebenenfalls Empfänger der Daten
– Dauer der Speicherung, Hinweise auf das Auskunfts-, Widerspruchs- und Beschwerderecht
– gesetzliche oder vertragliche Vorschrift, Bestehen einer automatisierten Entscheidungsfindung
– Weiterverarbeitung zu einem anderen Zweck.

Die Vorschriften zur Informationspflicht finden keine Anwendung, wenn die betroffene Person bereits über die Informationen verfügt. Mitarbeiter und Kunden müssen beim heutigen Stand der Technik davon ausgehen, dass ihre Daten automatisch verarbeitet werden. Sofern eine Person (Betroffener) bspw. durch ein Vertragsverhältnis Kenntnis über die Speicherung ihrer Daten besitzt, ist ihre Benachrichtigung entbehrlich.

Checkliste zur Benachrichtigungspflicht

– Wird eine der Fragen mit »Ja« beantwortet, so ist eine Benachrichtigung nicht erforderlich.

	Ja	Nein
• Hat der Betroffene auf andere Weise Kenntnis, dass etwas über ihn gespeichert wurde?	☐	☐
• Musste der Betroffene mit dem Speichern in einer Datei rechnen?	☐	☐
• Sind die Daten ihrem Wesen nach geheim zu halten?	☐	☐
• Würde die Benachrichtigung die Geschäftszwecke oder Ziele der speichernden Stelle erheblich gefährden?	☐	☐
• Sind die Daten unmittelbar aus allgemein zugänglichen Quellen entnommen?	☐	☐

- **Rechte der betroffenen Person**

  – Auskunftsrecht der betroffenen Personen (§ 34 BDSG und Artikel 15 DSGVO)
  – Recht auf Berichtigung (Artikel 16 DSGVO)
  – Recht auf Löschung (§ 35 BDSG und Artikel 17 DSGVO)
  – Widerspruchsrecht (§ 36 BDSG und Artikel 21 DSGVO)
  – Weitere Rechte werden in § 37 BDSG und Artikel 18 DSGVO beschrieben.

  Alle Informationen und Mitteilungen sind nach Artikel 12 DSGVO der betroffenen Person in *»präziser, transparenter, verständlicher und leicht zugänglicher Form in einer klaren und einfachen Sprache zu übermitteln […].«*

Das Bundesdatenschutzgesetz erlaubt sowohl zur Informationspflicht als auch hinsichtlich der Rechte der betroffenen Personen eine Reihe von Ausnahmen und Einschränkungen.

- **Einwilligung** (Artikel 4, 10 DSGVO)

  »Einwilligung« der betroffenen Person [ist] *jede freiwillig für den bestimmten Fall, in informierter Weise und unmissverständlich abgegebene Willensbekundung in Form einer Erklärung oder einer sonstigen eindeutigen bestätigenden Handlung, mit der die betroffene Person zu verstehen gibt, dass sie mit der Verarbeitung der sie betreffenden personenbezogenen Daten einverstanden ist.*

Datenverarbeitung durch Fremdfirmen

Durch Outsourcingmaßnahmen kommt es in zunehmendem Maße zur Datenverarbeitung außerhalb des Unternehmens. Damit sind einerseits eine Reihe von Vorteilen verbunden, wie die Nutzung von Spezialistenwissen und ein geringerer Organisationsaufwand, andererseits besteht die Gefahr von Abhängigkeiten, des Verlustes von Datenschutz und Datensicherheit. Zu den sensiblen Bereichen gehören z. B. externe Lohnbuchhaltung und externes Bewerbermanagement.

Für die Datenverarbeitung durch Fremdfirmen, im Gesetz als »Auftragsverarbeitung« bezeichnet, schreibt Artikel 28 DSVGO den Abschluss eines schriftlichen Vertrages zwischen dem Verantwortlichen und dem Auftragsverarbeiter mit strengen und detaillierten Regelungen vor.

Ein Verantwortlicher darf nur solche Auftragsverarbeiter mit der Verarbeitung personenbezogener Daten beauftragen, die mit geeigneten technischen und organisatorischen Maßnahmen sicherstellen, dass die Verarbeitung im Einklang mit den gesetzlichen Anforderungen erfolgt und der Schutz der Rechte der betroffenen Personen gewährleistet wird.

Datengeheimnis

An Mitarbeiter, die mit der Datenverarbeitung befasst sind müssen gem. Art. 32 Abs. 4 DSGVO besondere Anforderungen gestellt werden. Die Einhaltung des Datengeheimnisses und der Grundsätze der Verarbeitung sollten durch eine schriftliche Verpflichtungserklärung abgesichert werden.

(4) Der Verantwortliche und der Auftragsverarbeiter unternehmen Schritte, um sicherzustellen, dass ihnen unterstellte natürliche Personen, die Zugang zu personenbezogenen Daten haben, diese nur auf Anweisung des Verantwortlichen verarbeiten, es sei denn, sie sind nach dem Recht der Union oder der Mitgliedstaaten zur Verarbeitung verpflichtet.

Verpflichtungserklärung

zur Einhaltung der datenschutzrechtlichen Anforderungen
nach dem Bundesdatenschutzgesetz und der Datenschutzgrundverordnung

Herr/Frau ______________________ Abteilung ______________________

Ich verpflichte mich, die Bestimmungen des Bundesdatenschutzgesetzes und der EU-Datenschutz-Grundverordnung zum Datenschutz, zur Geheimhaltung und Verschwiegenheit bei der Verarbeitung personenbezogener Daten sorgfältig zu beachten und anzuwenden.

Mir ist untersagt, personenbezogene Daten unbefugt zu verarbeiten. Personenbezogene Daten dürfen nur verarbeitet werden, wenn eine Einwilligung bzw. eine gesetzliche Regelung die Verarbeitung erlauben oder eine Verarbeitung dieser Daten vorgeschrieben ist.

Ich verpflichte mich, nur im Auftrag des Verantwortlichen personenbezogene Daten zu verarbeiten und die Grundsätze für die Verarbeitung personenbezogener Daten gemäß Artikel 5 der Datenschutz-Grundverordnung (EU) einzuhalten.

(Hier die »Grundsätze für die Verarbeitung personenbezogener Daten« nach Artikel 5 DSGVO sowie evtl. weitere unternehmensspezifische Regeln einfügen)

Verstöße gegen diese Verpflichtung können mit Bußgeldern und/oder Freiheitsstrafe geahndet werden. Ein Verstoß kann zugleich eine Verletzung von arbeitsvertraglichen Pflichten oder spezieller Geheimhaltungspflichten darstellen. Ferner können sich Schadenersatzansprüche aus schuldhaften Verstößen gegen diese Verpflichtung ergeben. Die sich aus dem Arbeits- bzw. Dienstvertrag oder gesonderten Vereinbarungen ergebende Vertraulichkeitsverpflichtung wird durch diese Erklärung nicht berührt.

Diese Verpflichtung besteht nach Beendigung der Tätigkeit weiter.

Ich bestätige diese Verpflichtung. Ein Exemplar der Verpflichtung habe ich erhalten.

Ort, Datum Unterschrift

______________________ ______________________

Videoüberwachung

Nach § 4 BDSG ist die *»Beobachtung öffentlich zugänglicher Räume mit optisch-elektronischen Einrichtungen (Videoüberwachung) nur zulässig soweit sie zur Wahrnehmung des Hausrechts oder zur Wahrnehmung berechtigter Interessen für konkret festgelegte Zwecke erforderlich ist und keine Anhaltspunkte bestehen, dass schutzwürdige Interessen der Betroffenen überwiegen.«*

Der Umstand der Beobachtung und die dafür verantwortliche Stelle sind durch geeignete Maßnahmen zum frühestmöglichen Zeitpunkt erkennbar zu machen.

Werden die durch Videoüberwachung erhobenen Daten einer bestimmten Person zugeordnet, so besteht die Pflicht zur Information der betreffenden Person [...].

Die Daten sind unverzüglich zu löschen, wenn sie zur Erreichung des Zwecks nicht mehr erforderlich sind oder schutzwürdige Interessen des Betroffenen einer weiteren Speicherung entgegenstehen.

Die Einrichtung von Videoüberwachung erfordert die Einbindung des Datenschutzbeauftragten.

Organisatorische und technische Maßnahmen

Sensible Datenbestände sind vielen Gefahren ausgesetzt, z. B.:

- Sie werden versehentlich Unbefugten zugänglich.
- Passwörter werden durch Unachtsamkeit Unbefugten bekannt.
- Bewusste Spionage
- Virenbefall
- Hackerangriffe aus dem Internet
- Verlust oder Diebstahl von Soft- und Hardware

Organisatorische und technische Maßnahmen zum Datenschutz und zur Datensicherheit, die in Artikel 32 DSGVO gesetzlich vorgeschrieben sind, liegen auch im Interesse des Unternehmens.

Sicherheit der Verarbeitung

(1) Unter Berücksichtigung des Stands der Technik, der Implementierungskosten und der Art, des Umfangs, der Umstände und der Zwecke der Verarbeitung sowie der unterschiedlichen Eintrittswahrscheinlichkeit und Schwere des Risikos für die Rechte und Freiheiten natürlicher Personen treffen der Verantwortliche und der Auftragsverarbeiter geeignete technische und organisatorische Maßnahmen, um ein dem Risiko angemessenes Schutzniveau zu gewährleisten; diese Maßnahmen schließen gegebenenfalls unter anderem Folgendes ein:

a) die Pseudonymisierung und Verschlüsselung personenbezogener Daten;

b) die Fähigkeit, die Vertraulichkeit, Integrität, Verfügbarkeit und Belastbarkeit der Systeme und Dienste im Zusammenhang mit der Verarbeitung auf Dauer sicherzustellen;

c) die Fähigkeit, die Verfügbarkeit der personenbezogenen Daten und den Zugang zu ihnen bei einem physischen oder technischen Zwischenfall rasch wiederherzustellen;

d) ein Verfahren zur regelmäßigen Überprüfung, Bewertung und Evaluierung der Wirksamkeit der technischen und organisatorischen Maßnahmen zur Gewährleistung der Sicherheit der Verarbeitung.

(2) Bei der Beurteilung des angemessenen Schutzniveaus sind insbesondere die Risiken zu berücksichtigen, die mit der Verarbeitung – insbesondere durch Vernichtung, Verlust oder Veränderung, ob unbeabsichtigt oder unrechtmäßig, oder unbefugte Offenlegung von

beziehungsweise unbefugten Zugang zu personenbezogenen Daten, die übermittelt, gespeichert oder auf andere Weise verarbeitet wurden – verbunden sind.

(3) Die Einhaltung genehmigter Verhaltensregeln gemäß Artikel 40 oder eines genehmigten Zertifizierungsverfahrens gemäß Artikel 42 kann als Faktor herangezogen werden, um die Erfüllung der in Absatz 1 des vorliegenden Artikels genannten Anforderungen nachzuweisen.

(4) Der Verantwortliche und der Auftragsverarbeiter unternehmen Schritte, um sicherzustellen, dass ihnen unterstellte natürliche Personen, die Zugang zu personenbezogenen Daten haben, diese nur auf Anweisung des Verantwortlichen verarbeiten, es sei denn, sie sind nach dem Recht der Union oder der Mitgliedstaaten zur Verarbeitung verpflichtet.

Hinweise für die Umsetzung in der Praxis:

Grundsätzlich ist das Personal auf die Einhaltung des Datengeheimnisses und die Einhaltung der Verschwiegenheit sowie zur Anwendung der Grundsätze des Bundesdatenschutzgesetzes und der EU-Datenschutz-Grundverordnung zu verpflichten. Hierzu sind betriebliche Richtlinien, Anweisungen und Verpflichtungserklärungen zu erstellen und bekannt zu geben. Betroffene Mitarbeiter haben die Kenntnisnahme schriftlich zu bestätigen (vergl. Verpflichtungserklärung).

- Zutrittskontrolle: Es ist ein Zutrittskontrollsystem bspw. durch Ausweiskontrollen und Personenkontrollen zu installieren.
- Zugangskontrolle: Passwortvergabe für die User, damit sich diese unter ID-Nummer und Passwort für den Zugang legitimieren müssen und niemand Zugang zu nicht genehmigten IT-Systemen erhält. Alternativ ist ein Closed-Shop-Betrieb sinnvoll.
- Zugriffskontrolle: Es ist ein detailiertes Berechtigungskonzept zu entwickeln und anzuwenden.
- Weitergabekontrolle: Datenweitergabe an Dritte ist nicht generell untersagt, sondern richtet sich nach den Erlaubnistatbeständen des BDSG und anderer vorrangiger Rechtsvorschriften sowie auch innerbetrieblichen Anweisungen.
- Eingabekontrolle: Ein detailliertes Protokollierungssystem bezogen auf die Eingabe, Änderung oder Löschung von Daten wird implementiert (Terminaljournale).
- Auftragskontrolle: Auftraggeber und Auftragnehmer vereinbaren Weisungen, Standards, verlässliche Ansprechpartner und Kontrollmaßnahmen.
- Verfügbarkeitskontrolle: Ist durch ein Datensicherungskonzept zu gewährleisten.
- Trennungsgebot: Datensätze sind so funktional zu trennen, dass die Löschung der Daten in einem Bereich nicht zwangsläufig dazu führt, dass die noch benötigten Daten in einem anderen Bereich ebenfalls gelöscht werden. So sind die Daten eines Mitarbeiters, der in den Ruhestand geht, nicht komplett aus der Datenbank zu löschen, sondern in einer anderen Datenbank, bspw. der der betrieblichen Altersversorgung, weiterhin zu bewahren.
- Die Kontrollmaßnahmen lassen sich auch nach anderen Stichworten unterscheiden, z. B.
Abgangskontrolle (Mitnahme von Datenträgern verhindern),
Speicherkontrolle (unbefugte Eingabe ausschließen)
Kenntnisnahme (Veränderung oder Löschung gespeicherter Daten verhindern),
Transportkontrolle (verhindern, dass Personaldaten bei der Übermittlung oder beim Transport gelesen, verändert oder gelöscht werden)
Organisationskontrolle (Ausrichtung der betrieblichen Organisation auf den besonderen Schutz der Personaldaten).

Weitere Regelungen zum Schutz personenbezogener Daten

Die DSGVO und das BDSG enthalten eine Vielzahl weiterer Regelungen, die für das Personalwesen in bestimmten Fällen von Bedeutung sind, so zum Beispiel:

- Automatisierte Entscheidungen im Einzelfall (§ 37 BDSG und Artikel 22 DSGVO)
- Technikgestaltung und Datenminimierung (Artikel 25 DSGVO)
- Verarbeitung unter Aufsicht des Verantwortlichen (Artikel 29 DSGVO)
- Technische und organisatorische Maßnahmen zur Sicherheit der Verarbeitung (Artikel 32 DSGVO)
- Meldung und Benachrichtigung bei Verletzungen des Datenschutzes (Artikel 33 und 34 DSGVO)
- Datenschutz-Folgenabschätzung (Artikel 35 DSGVO)

Für viele Bestimmungen des BDSG und der DSGVO gibt es Bedingungen, Einschränkungen und Ausnahmen, deren ausführliche Darstellung den Rahmen dieses Kapitels sprengen würde. Bei Entscheidungen in der Praxis ist daher stets der **volle Wortlaut dieser Rechtsgrundlagen** zugrunde zu legen. Die aktuellen Fassungen können im Internet abgerufen werden.

Kontrolle der Einhaltung der Vorschriften des BDSG

Durchgeführt wird die Kontrolle des Datenschutzes durch

- den Datenschutzbeauftragten,
- den Betroffenen selbst,
- die Aufsichtsbehörde.

Nichtöffentliche Stellen, die personenbezogene Daten in einem bestimmten Umfang verarbeiten (regelmäßig mindestens zehn ständig mit automatisierter Datenverarbeitung Beschäftigte), haben einen **Beauftragten für den Datenschutz** zu benennen (§ 38 BDSG und Artikel 37 bis 39 DSGVO), der die erforderliche Fachkunde und Zuverlässigkeit besitzt und dem Leiter der Stelle unmittelbar unterstellt ist. Seine Aufgabe ist, auf die Einhaltung des BDSG und der DSGVO sowie anderer Vorschriften über den Datenschutz hinzuwirken. Soweit wegen des geringeren Umfangs der Verarbeitung personenbezogener Daten keine Verpflichtung zur Bestellung eines Datenschutzbeauftragten besteht, hat der Leiter der Stelle sicherzustellen, dass dessen Aufgaben auf andere Weise erfüllt werden.

Eine Kontrolle der Einhaltung der Vorschriften des BDSG, der EU-DSGVO und anderer Vorschriften über den Datenschutz erfolgt durch die **Aufsichtsbehörden der Länder,** denen in § 40 BDSG eine Reihe von Befugnissen zugewiesen werden.

Geldbußen und Strafvorschriften

Verstöße gegen die Vorschriften der Datenschutzbestimmungen können durch die Aufsichtsbehörde in Form von Geldbußen geahndet werden. Der Bußgeldrahmen beträgt bis zu 20 Mio Euro oder bei Unternehmen bis zu 4 % vom weltweiten Umsatz (Art. 83 DSGVO).

Freiheitsstrafen können für die unberechtigte Weitergabe personenbezogener Dater verhängt werden (§ 42 BDSG).

Für Mitarbeiter drohen auch arbeitsrechtliche Maßnahmen bis zur Kündigung.

Verstöße gegen datenschutzrechtliche Vorschriften haben darüber hinaus erhebliche Auswirkungen auf das Image und die Vertrauenswürdigkeit eines Arbeitgebers und Unternehmens.

Datenschutz und Datensicherheit im Arbeitsalltag

Wirksamer Datenschutz ist das Ergebnis einer Kette von Maßnahmen, die das gesamte Spektrum der Arbeiten im Personalmanagement umfasst. Aber eine Kette ist nur so stark wie ihr schwächstes Glied. Daher sind alle Tätigkeiten mit der gleichen Gründlichkeit zu betrachten.

Beispiele:

- räumliche Trennung der HR-Prozesse vor dem Publikumsverkehr
- Sichere Passwörter auswählen und diese regelmäßig ändern
- Daten für andere Personen unzugänglich aufbewahren
- Ständige Speicherung der Daten auf sichere Datenträger
- Präsentationen oder Ausarbeitungen regelmäßig auf USB-Stick oder Sicherungs-CD überspielen
- Laptop durch eine Verschlüsselung der auf der Festplatte gespeicherten Daten sichern
- Laptop bei Reisetätigkeit sorgfältig sichern und nicht unbeaufsichtigt lassen
- PC bei Abwesenheit sperren
- USB-Anschlüsse sperren, keine fremden USB-Sticks verwenden, CD-Brenner stilllegen, Druckfunktion deaktivieren
- Beim Verlassen eines Fahrzeuges den Laptop im Kofferraum verstauen und abdecken
- Laptop nicht längere Zeit oder über Nacht im Fahrzeug lassen
- Vertrauliche Informationen nicht per Fax übermitteln
- Keine unnötigen Empfänger bei Mails einfügen
- Mitarbeiter bekommen nur zu sehen, was sie brauchen (»Need-to-know-Prinzip«)
- Stets aktuelle Virenschutz-Updates installieren und Virengefahr bei Anhängen von E-Mails beachten
- Datenträger nicht achtlos entsorgen
- Alte PC nach besonderen Verfahren entsorgen, zuvor Daten der Festplatten löschen
- Trennung von privatem und dienstlichem E-Mail-Empfang sicherstellen
- Klare Verhaltensregeln (insbes. für das Privatsurfen) festlegen

Weil zunehmend soziale Netzwerke von den Mitarbeitern genutzt werden, empfiehlt es sich, für jeden Betrieb **Verhaltensweisen für die Nutzung von Onlinediensten** festzulegen und zu vereinbaren. Onlinedienste werden von vielen Mitarbeitern im Unternehmen auch privat genutzt. Die Nutzung dieser Dienste für Unternehmensdaten oder Daten, die mit dem Unternehmen in Verbindung stehen, darf ohne Genehmigung und Beteiligung der IT-Abteilung oder anderer administrativer Abteilungen nicht erlaubt sein. Es besteht sonst die Gefahr, dass das Unternehmen die Kontrolle über seine Daten verliert.

Verhalten am Arbeitsplatz:

- Vertrauliches nur persönlich übergeben
- Schreibtisch aufräumen
- Wichtige Unterlagen wegschließen
- Keine vertraulichen Dokumente in den Papierkorb werfen
- Ausschließlich Aktenvernichter mit hohem Sicherheitsstandard benutzen

Verhalten am Telefon:

- Darauf achten, wer mithört
- PIN-Nummern nutzen

Sinnvoll ist es, wenn vonseiten des Personalmanagements regelmäßig Informationsveranstaltungen zum Datenschutz und zur Datensicherheit für die Belegschaft angeboten werden, auch für die Mitarbeiter der Personalabteilung selbst (am besten mit dem Datenschutzbeauftragten). Themenschwerpunkte können sein:

- Erläuterung der Begriffe Datenschutz und Datensicherheit
- Hintergrund zum BDSG und dessen Inhalten
- Anwendung des BDSG und der EU-DSGVO im Bereich des Personalmanagements

- Rechte der Mitarbeiter und Bewerber hinsichtlich personenbezogener Daten
- Zu beachtende Aspekte bezüglich der Erhebung, Verarbeitung, Nutzung und Löschung personenbezogener Daten
- Rechtliche Änderungen

Im Gesetz ist häufig von **Verhältnismäßigkeit** und **Angemessenheit** der Datenverarbeitungsmaßnahmen sowie vom schutzwürdigen Interesse der Betroffenen und anderen Vorbehalten die Rede, sodass jede geplante Erhebung und Verarbeitung personenbezogener Daten sorgfältig hinsichtlich der Beachtung der vom Gesetz bestimmten Einschränkungen zu prüfen ist. Dabei ist es empfehlenswert, dem in der folgenden Grafik dargestellten Ablauf zu folgen.

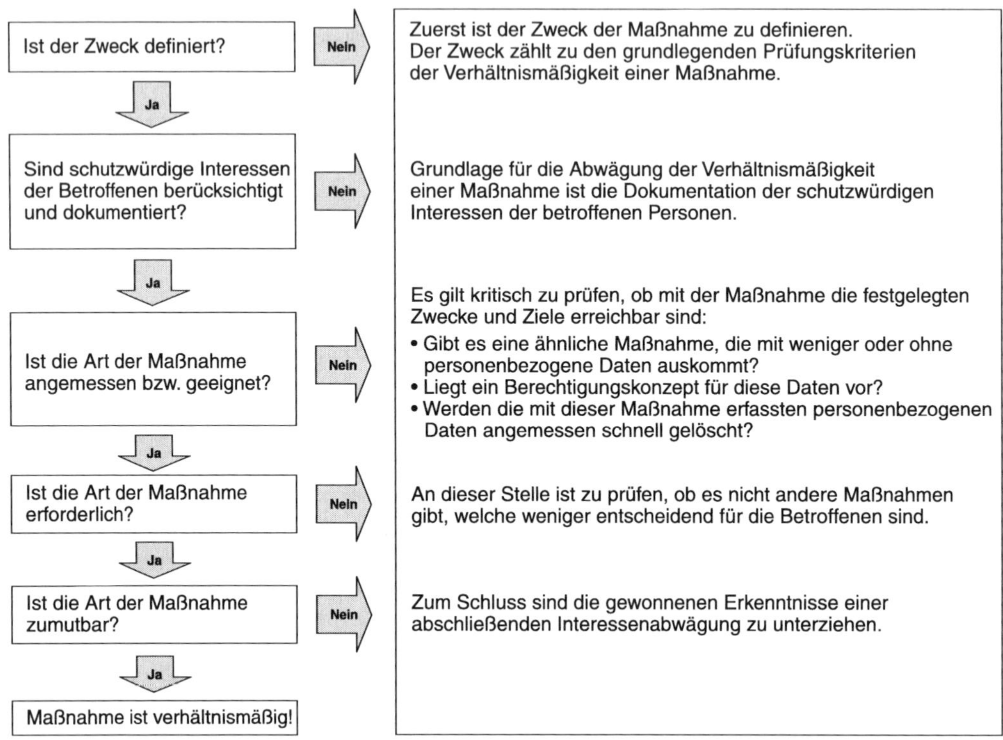

1.5.4 Auswahlkriterien für Standardsoftware und deren Einführung

Auch für die Auswahl der Software gilt, nicht unbedingt die beste, sondern vielmehr die passendste Lösung zu finden. Um diesen Anspruch umzusetzen, sollten angemessene und praktische Auswahlkriterien festgelegt und berücksichtigt werden. Zu diesen zählen:

- Größe des Unternehmens
- Branche des Unternehmens
- Benötigte Fachgebiete des Systems
- Systemtechnik
- Erfahrungen des Anbieters/Herstellers, bzw. mit einem Anbieter/Hersteller
- Referenzen des Anbieters/Herstellers
- Testergebnisse in Fachzeitschriften/Internetportalen
- Anschaffungsart
- Benutzerfreundlichkeit
- Anwendbarkeit
- Anzahl der User
- Anschaffungskosten

- Folgekosten
- Preis-Leistungsverhältnis
- Nachvollziehbarkeit
- Verständlichkeit
- Vorhandensein von Such- und Hilfsfunktionen
- Anpassungsfähigkeit des Systems
- Vorhandensein von Schnittstellen
- Technische Voraussetzungen des Systems
- Kompatibilität
- Ergonomie

Mit der Normenreihe EN ISO 9241 werden Richtlinien der Interaktion von Mensch und Computer beschrieben mit dem Ziel, gesundheitliche Schäden bei der Arbeit am Bildschirm zu vermeiden und dem Benutzer diese Arbeit zu erleichtern.

1.5.4.1 Marktübersicht

Generell ist zwischen Individual- und Standardsoftware zu unterscheiden. Gründe für die Anwendung von Individualsoftware sind zumeist Besonderheiten im Unternehmen. Veränderungen, z. B. im Bereich der Altersteilzeit, der Pflegeversicherung, der Tarifverträge oder der flexiblen Arbeitszeiten erhöhen die Programmierarbeiten für die Aktualisierung der Programme erheblich, was einen hohen Zeit- und Kostenaufwand nach sich zieht und oftmals mit personeller Abhängigkeit vom Programmierer verbunden ist. Letztlich schmälert dies die Vorteile der Individualsoftware und fördert einen Trend zur Standardsoftware.

Heute haben die meisten Standardprogramme den Vorteil, dass sie parametrisierbar sind, d. h., sie können den individuellen Anforderungen des Unternehmens angeglichen werden. Hierfür ist durch den Hersteller oder eine autorisierte Beratungsfirma eine Anpassungsprogrammierung vorzunehmen (Änderung der Standardsoftware nach den Wünschen des Kunden).

Standardsoftware wird von zahlreichen Anbietern mit unterschiedlichem Leistungsumfang angeboten. Marktführer im oberen Leistungsbereich sind SAP/R3, P&I und PAISY (für Abrechnung). Das Portal Softselect (www.softselect.de/hr-software) bietet ein interessantes Auswahlraster.

Vorteilhaft sind i. d. R. integrierte Systeme, die beruhend auf einer gemeinsamen Datengrundlage eine Vielzahl von Aufgabenbereichen abdecken können. In einem integrierten System sind alle Stammdaten nur einmal gespeichert. Stand anfangs die Entgeltabrechnung im Mittelpunkt des IT-Einsatzes, ist sie heute im Rahmen einer ganzheitlichen IT-Nutzung nur noch ein Teilbereich.

Ein Beispiel für eine integrierte Nutzung:

Bewerberdaten werden nach der Einstellung nicht neu erfasst, sondern aus dem Modul »Bewerberverwaltung« übernommen. Zuvor werden Einladungsschreiben, Zwischenbescheide, Absagen sowie Serienbriefe innerhalb der Bewerberverwaltung mit einer integrierten Textverarbeitung erstellt. Daran anschließend sind weitere Einsatzfelder der Daten möglich.

Informationsquellen zur Auswahl des passenden Anbieters können sein:

- Eigene Erfahrungen
- Anwender, die das Produkt bereits nutzen
- Vergleiche in Fachzeitschriften oder Online
- Internetseiten, Demoversionen der Anbieter
- Messebesuche
- Externe IT-Berater

1.5.4.2 Phasen der Auswahl und Einführung

Auslöser für Überlegungen zur Anschaffung von (neuer) Software im Personalbereich können Entwicklungen des eigenen Unternehmens oder Fortschritte des Hard- und Softwareangebotes sein. Die Phasen der Einführung eines (neuen) EDV-Systems bzw. einer Software sind mit den folgenden Phasen der Marktübersicht, Vorplanung/Auswahl, Entscheidung, Realisierung, Übergabe/Einführung und Kontrolle nach der Einführung und jeweils speziellen Aufgaben verbunden.

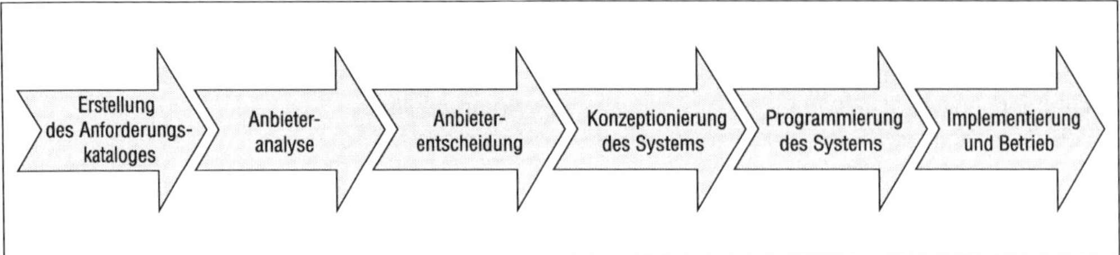

Marktübersicht, Vorplanung und Auswahl

- Im Rahmen der Anbieterauswahl sollte man nach einer ersten Marktübersicht alle beteiligten Personen oder Personengruppen (inkl. Betriebsrat und Datenschutzbeauftragtem) in die Entscheidung einbinden und ggf. eine Projektgruppe zur Anschaffung und Implementierung bilden. Dies erhöht die Akzeptanz und hilft, später aufwendige Nachbesserungen zu vermeiden.
- Bedürfnisse und Funktionen der Anwender klären
- Klärung der Prozesse, die das System unterstützen soll
- Klärung technischer Anforderungen
- Erarbeitung eines Anforderungs- und Zielkatalogs, d. h. es sind der Einsatz- und Nutzungsbereich sowie die Schnittstellen mit anderen IT-Systemen im Unternehmen festzulegen
- Überprüfung, inwieweit bereits im Unternehmen genutzte IT-Systeme weiter genutzt und in das neue Gesamtsystem integriert werden können
- Kalkulation und Klärung der Schulungsaufwendungen für die Anwender
- Klärung der Frage, in welchen Projektschritten das System eingeführt werden soll
- Klärung der Frage, inwieweit das ausgewählte System ausbau- und modernisierungsfähig ist
- Kalkulation und Klärung des Gesamtkostenbudgets
- Andere Auswahlkriterien klären
- Überprüfung, ob bestimmte Funktionen im Basis-System enthalten sind
- Klärung, ob das Programm den benötigten Tarifvertrag, evtl. sogar mehrere Tarifverträge, abbilden kann
- Klärung der Frage, wann Planung, Projektierung und Implementierung des Systems abgeschlossen sein müssen
- Der Gesamtbetriebsrat ist aufgrund seiner betrieblichen Mitbestimmungsrechte nach dem BetrVG (§§ 87 und 90) in die Planung bzw. Änderung betrieblicher Einrichtungen einzubeziehen bzw. über die Planung und Einführung neuer Arbeitssysteme zu unterrichten. Generell sollte eine konstruktive Zusammenarbeit mit dem Betriebsrat angestrebt werden.
- Am Ende der Phase folgt die Entscheidung aufgrund einer Nutzwertanalyse für den passendsten Anbieter.

Entscheidung

- Austausch mit den Mitarbeitern der Personalabteilung
- Bedenkenträger einbeziehen
- Kooperation mit dem Betriebsrat
- Kooperation mit dem Datenschutzbeauftragten
- Es wird anhand vorliegender Angebote untersucht und geklärt, welche IT-Systeme von welchen Anbietern eingesetzt werden könnten. Unter Berücksichtigung sämtlicher Einsatz- und Nutzungsaspekte (hilfreich ist dabei die Erstellung einer Entscheidungs- bzw. Nutzwertmatrix) wird der passendste Systemanbieter ausgewählt und bestimmt.
- Vertragsabschluss

Realisierung

Mit dem Projektplan verbunden sein sollten die Aufgabenverteilungen, aber auch der zeitliche Ablauf der Teilaufgaben. Der Projektplan sollte mit dem Softwarelieferanten abgestimmt sein, wobei vor allem der Lieferumfang, der Lieferzeitpunkt und die Schulungsmaßnahmen zu berücksichtigen sind. Zu beachten ist auch, welche Bedingungen (Haftungsaspekte) sich aus dem Abschluss eines Lieferungs- und Implementierungsauftrages mit dem Systemanbieter ergeben.

Die Realisierung der Einführung wird unter Einbeziehung des Anbieters durchgeführt. Zu den damit verbundenen Aufgaben zählen:

- Wichtige technische und fachliche Tests
- Aufbau, Einbau und Programmierung des IT-Systems (inkl. Klärung der Gestaltung der Details und der Benutzeroberfläche)
- Probebetrieb (»Testballon« starten)
- Parallelbetrieb
- Schulung und Einführung der betroffenen Mitarbeiter

Übergabe/Einführung

- Anschließende feste Einführung
- Archivierung des alten Systems
- Weitere Kontrolle der Funktionsfähigkeit
- Anpassungen vornehmen

Auswahlkriterien für ein Entgeltabrechnungssystem:

- ☐ Integrationsmöglichkeiten personalwirtschaftlicher Software
- ☐ Auswertungsmöglichkeiten
- ☐ Flexible Dateneingabemöglichkeiten für vorgeschaltete Systeme bspw. Zeitwirtschaftssysteme
- ☐ Flexible Datenaustauschmöglichkeiten für nachgeschaltete Systeme bspw. Übermittlung der Daten an die Finanzbuchhaltung
- ☐ Bruttolohnfindung nach den benötigten Tarifverträgen mit der Möglichkeit der Lohnartenparametrierung
- ☐ Nettolohnfindung nach dem aktuellen Steuer- und Sozialversicherungsrecht mit der Möglichkeit der Lohnartenparametrierung
- ☐ Netto- auf Bruttoumrechnung
- ☐ Integrationsmöglichkeit der Fehlzeitenverwaltung mit der Möglichkeit der Zeitartenparametrierung
- ☐ Rückrechenfähigkeit auf das aktuelle Jahr und das Vorjahr
- ☐ Zulassung der DEÜV-Meldeverfahren

Beispiel einer Checkliste für die Auswahl eines Entgeltabrechnungssystems

1.5.4.3 Mitbestimmung des Betriebsrates und des Datenschutzbeauftragten

Der Betriebsrat

Die Mitbestimmung des Betriebsrates erfolgt auf der Grundlage des Betriebsverfassungsgesetzes (BetrVG), das allerdings keine expliziten Vorschriften zum Datenschutz vorsieht. Einigen Paragrafen kann allerdings ein Bezug zum Datenschutz zugeordnet werden.

Allgemeine Aufgaben (§ 80, Absatz 1, Ziffer 1) veranlassen den Betriebsrat darüber zu wachen, dass die zugunsten der Arbeitnehmer geltenden Gesetze, Verordnungen, Unfallverhütungsvorschriften, Tarifverträge und Betriebsvereinbarungen beachtet werden. Zwangsläufig schließt dies auch die Beachtung des Bundesdatenschutzgesetzes ein.

Grundsätze der Behandlung von Betriebsangehörigen (§ 75) regeln den allgemeinen Persönlichkeitsschutz. Auf dieser Grundlage hat der Betriebsrat darüber zu wachen, dass die freie Entfaltung der Arbeitnehmer im Betrieb geschützt und gefördert wird, was die Einhaltung der Datenschutzbestimmungen impliziert.

Personalfragebogen und Beurteilungsgrundsätze (§ 94) regeln die Einführung und Inhalte von Personalfragebögen und Beurteilungsgrundsätzen. Hierbei bedürfen die erhobenen Daten, die in Personalfragebögen und Arbeitsverträgen verwendet werden, der Mitbestimmung des Betriebsrates.

Einsicht in die Personalakten (§ 83) regelt die Einsicht der Arbeitnehmer in ihre Personalakte, was auch die elektronisch geführte Personalakte miteinschließt.

Mitbestimmungsrechte (§ 87, Absatz 1, Ziffer 6) besagen, dass der Betriebsrat bei der »Einführung und Anwendung von technischen Einrichtungen, die dazu bestimmt sind, das Verhalten oder die Leistungen der Arbeitnehmer zu überwachen«, volle Mitbestimmung hat, was bedeutet, dass die Entscheidung paritätisch erfolgt. Im Streitfall ist die Einigungsstelle anzurufen.

Vereinfacht kann man sagen, dass die Einführung von IT-Systemen, die personenbezogene Daten in irgendeiner Art und Weise erfassen, speichern, verarbeiten oder löschen sowie alle Veränderungen an bestehenden IT-Systemen grundsätzlich mitbestimmungspflichtig sind.

Nach Klärung durch das Bundesarbeitsgericht setzt das Mitbestimmungsrecht des Betriebsrats bereits ein, wenn Daten anfallen, die eine Überwachung ermöglichen, selbst dann, wenn sie konkret nicht durchgeführt wird. Dies betrifft nahezu alle IT-Systeme, weil die anfallenden Log- und Protokolldateien eine Leistungs- und Verhaltenskontrolle ermöglichen. Sinnvollerweise werden mit dem Betriebsrat diesbezügliche Betriebsvereinbarungen zur Nutzung der IT mit folgenden Inhalten abgeschlossen: Sinn und Zweck, Verhaltensregeln, Sanktionen, Ansprechpartner und Gültigkeit.

Der Betriebsrat hat keinen Einfluss auf die Einstellung eines externen Datenschutzbeauftragten. Bei der Bestellung oder Versetzung eines internen Beschäftigten zum Datenschutzbeauftragten stehen ihm gemäß § 99 BetrVG allerdings die üblichen Mitbestimmungsrechte zu.

Der Datenschutzbeauftragte

Der vom Deutschen Bundestag gewählte Bundesbeauftragte für den Datenschutz und die Informationsfreiheit (BfD) kümmert sich ausschließlich um die Kontrolle der Bundesbehörden und besitzt keine Kontrollkompetenz für die Privatwirtschaft.

In Unternehmen der Wirtschaft ist ein Datenschutzbeauftragter vom Verantwortlichen und dem Auftragsverarbeiter zu benennen (§ 38 BDSG und Artikel 37 DSGVO). Dieser muss sowohl in rechtlicher als auch in technischer Hinsicht über die erforderlichen Kenntnisse verfügen und darf nicht Gefahr laufen, Kraft seiner Position im Unternehmen aufgrund seiner Tätigkeit einer Interessenkollision ausgesetzt zu sein. Dementsprechend kommen weder Führungskräfte mit Personalverantwortung noch solche aus dem IT-Bereich in Frage.

Zu seinen Anforderungen zählen:

- Fundierte IT-Kenntnisse
- Rechtssicherheit
- Koordinierungsgeschick
- Verhandlungsgeschick
- Zuverlässigkeit
- Überzeugungs- und Durchsetzungskraft

Der Datenschutzbeauftragte kann entweder ein Mitarbeiter des Betriebes als auch eine externe Person sein. Sofern ein Mitarbeiter zum Datenschutzbeauftragten ernannt wird, genießt er besonderen Kündigungsschutz und kann nur aus einem wichtigen Grund seines Amtes enthoben werden.

Darüber hinaus wird die Kontrolle über eine externe Aufsichtsbehörde des Landes für den Datenschutz ausgeübt.

Benennung eines Datenschutzbeauftragten (Artikel 37 DSGVO und § 38 BDSG)

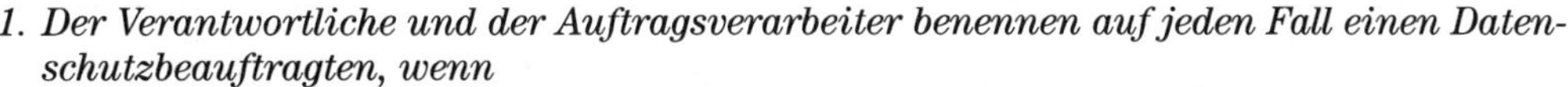

1. Der Verantwortliche und der Auftragsverarbeiter benennen auf jeden Fall einen Datenschutzbeauftragten, wenn
   a. die Verarbeitung von einer Behörde oder öffentlichen Stelle durchgeführt wird, [...]
   b. die Kerntätigkeit des Verantwortlichen oder des Auftragsverarbeiters in der Durchführung von Verarbeitungsvorgängen besteht, welche aufgrund ihrer Art, ihres Umfangs und/oder ihrer Zwecke eine umfangreiche regelmäßige und systematische Überwachung von betroffenen Personen erforderlich machen,) oder*
   c. die Kerntätigkeit des Verantwortlichen oder des Auftragsverarbeiters in der umfangreichen Verarbeitung besonderer Kategorien von Daten gemäß Artikel 9 [...] besteht.)*

2. Eine Unternehmensgruppe darf einen gemeinsamen Datenschutzbeauftragten ernennen, sofern von jeder Niederlassung aus der Datenschutzbeauftragte leicht erreicht werden kann.

3. Falls es sich bei dem Verantwortlichen oder dem Auftragsverarbeiter um eine Behörde [...]

4. In anderen als den in Absatz 1 genannten Fällen können der Verantwortliche oder der Auftragsverarbeiter oder Verbände und andere Vereinigungen, die Kategorien von Verantwortlichen oder Auftragsverarbeitern vertreten, einen Datenschutzbeauftragten benennen; falls dies nach dem Recht der Union oder der Mitgliedstaaten vorgeschrieben ist, müssen sie einen solchen benennen. Der Datenschutzbeauftragte kann für derartige Verbände und andere Vereinigungen, die Verantwortliche oder Auftragsverarbeiter vertreten, handeln.

5. Der Datenschutzbeauftragte wird auf der Grundlage seiner beruflichen Qualifikation und insbesondere des Fachwissens benannt, das er auf dem Gebiet des Datenschutzrechts und der Datenschutzpraxis besitzt, sowie auf der Grundlage seiner Fähigkeit zur Erfüllung der in Artikel 39 genannten Aufgaben.

6. Der Datenschutzbeauftragte kann Beschäftigter des Verantwortlichen oder des Auftragsverarbeiters sein oder seine Aufgaben auf der Grundlage eines Dienstleistungsvertrags erfüllen.

7. Der Verantwortliche oder der Auftragsverarbeiter veröffentlicht die Kontaktdaten des Datenschutzbeauftragten und teilt diese Daten der Aufsichtsbehörde mit.

Stellung des Datenschutzbeauftragten (Artikel 38 DSGVO)

1. Der Verantwortliche und der Auftragsverarbeiter stellen sicher, dass der Datenschutzbeauftragte ordnungsgemäß und frühzeitig in alle mit dem Schutz personenbezogener Daten zusammenhängenden Fragen eingebunden wird.

2. Der Verantwortliche und der Auftragsverarbeiter unterstützen den Datenschutzbeauftragten bei der Erfüllung seiner Aufgaben gemäß Artikel 39, indem sie die für die Erfüllung dieser Aufgaben erforderlichen Ressourcen und den Zugang zu personenbezogenen Daten und Verarbeitungsvorgängen sowie die zur Erhaltung seines Fachwissens erforderlichen Ressourcen zur Verfügung stellen.

3. Der Verantwortliche und der Auftragsverarbeiter stellen sicher, dass der Datenschutzbeauftragte bei der Erfüllung seiner Aufgaben keine Anweisungen bezüglich der Ausübung dieser Aufgaben erhält. Der Datenschutzbeauftragte darf von dem Verantwortlichen oder dem Auftragsverarbeiter wegen der Erfüllung seiner Aufgaben nicht abberufen oder benachteiligt werden. Der Datenschutzbeauftragte berichtet unmittelbar der höchsten Managementebene des Verantwortlichen oder des Auftragsverarbeiters.

4. Betroffene Personen können den Datenschutzbeauftragten zu allen mit der Verarbeitung ihrer personenbezogenen Daten und mit der Wahrnehmung ihrer Rechte gemäß dieser Verordnung im Zusammenhang stehenden Fragen zu Rate ziehen.

---

*) In § 38 BDSG heißt es dazu ergänzend *»soweit sie in der Regel mindestens zehn Personen ständig mit der automatisierten Verarbeitung personenbezogener Daten beschäftigen.«*

5. *Der Datenschutzbeauftragte ist nach dem Recht der Union oder der Mitgliedstaaten bei der Erfüllung seiner Aufgaben an die Wahrung der Geheimhaltung oder der Vertraulichkeit gebunden.*
6. *Der Datenschutzbeauftragte kann andere Aufgaben und Pflichten wahrnehmen. Der Verantwortliche oder der Auftragsverarbeiter stellt sicher, dass derartige Aufgaben und Pflichten nicht zu einem Interessenkonflikt führen.*

Aufgaben des Datenschutzbeauftragten (Artikel 39 DSGVO)

1. *Dem Datenschutzbeauftragten obliegen zumindest folgende Aufgaben:*
   a. *Unterrichtung und Beratung des Verantwortlichen oder des Auftragsverarbeiters und der Beschäftigten, die Verarbeitungen durchführen, hinsichtlich ihrer Pflichten nach dieser Verordnung sowie nach sonstigen Datenschutzvorschriften der Union bzw. der Mitgliedstaaten;*
   b. *Überwachung der Einhaltung dieser Verordnung, anderer Datenschutzvorschriften der Union bzw. der Mitgliedstaaten sowie der Strategien des Verantwortlichen oder des Auftragsverarbeiters für den Schutz personenbezogener Daten einschließlich der Zuweisung von Zuständigkeiten, der Sensibilisierung und Schulung der an den Verarbeitungsvorgängen beteiligten Mitarbeiter und der diesbezüglichen Überprüfungen;*
   c. *Beratung – auf Anfrage – im Zusammenhang mit der Datenschutz-Folgenabschätzung und Überwachung ihrer Durchführung gemäß Artikel 35;*
   d. *Zusammenarbeit mit der Aufsichtsbehörde;*
   e. *Tätigkeit als Anlaufstelle für die Aufsichtsbehörde in mit der Verarbeitung zusammenhängenden Fragen, einschließlich der vorherigen Konsultation gemäß Artikel 36, und gegebenenfalls Beratung zu allen sonstigen Fragen.*
2. *Der Datenschutzbeauftragte trägt bei der Erfüllung seiner Aufgaben dem mit den Verarbeitungsvorgängen verbundenen Risiko gebührend Rechnung, wobei er die Art, den Umfang, die Umstände und die Zwecke der Verarbeitung berücksichtigt.*

1.6 Beraten und Fachgespräche führen

Zu den Kernaufgaben des personalwirtschaftlichen Dienstleistungsprozesses zählen die Beratung von internen und externen Kunden sowie das Führen unterschiedlicher Fachgespräche.

Gespräche der Personalabteilung können sein:

- Zielvereinbarungsgespräche
- Konfliktgespräche
- Einführungsgespräche
- Beurteilungsgespräche
- Fördergespräche
- Kritikgespräche
- Lehrgespräche
- Trennungsgespräche
- Veränderungsgespräche
- Einstellungsgespräche
- Beratungsgespräche
- Allgemeine Fachgespräche

Fachgespräche

Fachgespräche finden in einer völlig anderen (Ausgangs-)Situation als andere Gesprächstypen statt. Die Gesprächspartner bewegen sich dabei auf der Fachebene, weniger auf der Beziehungsebene. Sie sind sich fachlich weitgehend ebenbürtig und tauschen sich auf dieser Basis aus.

Beratungsgespräche

In Beratungsgesprächen soll der gezielte Einsatz von Techniken, Fähigkeiten, Einstellungen, Erfahrungen und Wissen angewandt werden, um andere zu unterstützen, ihre Situation oder Probleme zu bewältigen. Die Ratsuchenden haben sich dabei im Rahmen ihrer Möglichkeiten einzubringen.

Beim **Beratungsgespräch** kommt es zur Situationsklärung und zum Serviceangebot:

- Das Gespräch durch den gezielten Einsatz von Fragen steuern.
- Durch aktives Zuhören die Gesprächsperspektive des Gesprächspartners erfassen.
- Informationen, Entscheidungen und Vorschläge für den Gesprächspartner nachvollziehbar, verständlich und wertschätzend formulieren und ihn bei der Lösungssuche weitgehend einbinden.
- Einwände aufnehmen, hinterfragen und klären.

Nach dem Kommunikationsforscher Paul Watzlawik erfolgt Kommunikation entweder symmetrisch (es handelt sich um gleichberechtigte, gleichwertige Beteiligte) oder komplementär (der eine Gesprächspartner ist vom anderen mehr oder weniger abhängig). Bei einem Beratungsgespräch handelt es sich um eine komplementäre Kommunikation. Dabei werden durch die Kommunikation nicht nur Informationen vermittelt oder ausgetauscht, sondern auch Einstellungen, Empfindungen oder Wertehaltungen übertragen.

Der Berater hat i. d. R. eine Machtposition inne, der Ratsuchende hat sich in ein gewisses Abhängigkeitsverhältnis begeben. Zudem hat der Berater i. d. R. einen Informationsvorsprung in Form größeren Fachwissens und/oder eine größere Erfahrung gegenüber dem Beratenen. Der Beratene ist dagegen meist in der schwächeren Position: Er benötigt oder sucht Hilfe beim Berater.

Beraten bedeutet, eine Hilfestellung anzubieten. Der Personalverantwortliche bietet als »Lieferant« Beratung an, der Mitarbeiter als Ratsuchender fragt als »Kunde« vor dem Hintergrund einer bestimmten Situation Beratung nach.

Leitfragen zum Beratungsgespräch:

- Wie bereite ich mich auf das Beratungsgespräch vor?
- Welche Methode wende ich an?
- Wie führe ich ein effektives Beratungsgespräch?
- Wie sieht mein Selbst- bzw. Rollenverständnis als Berater aus?

- Wie sehe und empfinde ich den Ratsuchenden?
- Wie sieht und empfindet er sich selbst?
- Wie gehen wir miteinander um? (Beziehungsebene)

Auslöser für die Inanspruchnahme von Beratung können sein:

Der Ratsuchende

- benötigt auf eine konkrete Frage eine möglichst eindeutige Antwort (bspw. in rechtlichen oder steuerlichen Angelegenheiten).
- steht vor einem schwierigen Problem. Beratung ist erforderlich, um die richtige Entscheidung zu treffen, oder um alternative Sichtweisen und Möglichkeiten zur eigenen Perspektive zu erfahren (bspw. die Möglichkeit einer Auslandsentsendung oder Versetzung).
- will sich unabhängig von einer bestimmten Situation über Entwicklungen und Neuerungen in Personalangelegenheiten informieren (bspw. Zusatzbeiträge der Krankenkassen).
- steht vor einem organisatorischen oder individuellen Veränderungsprozess, für dessen Erfolg Hilfe nötig ist (bspw. Inanspruchnahme der Elternzeit).
- steckt in einer Situation, zu deren Klärung man eine Außensicht (in unserem Fall von Personalfachleuten) benötigt (bspw. über den Wechsel der Lohnsteuerklasse).
- befindet sich in einem Konflikt. Um Klarheit über die Situation zu gewinnen, soll die Meinung eines »unbeteiligten Dritten« (bspw. des Betriebsrates) eingeholt werden.
- befindet sich in der Situation, bestimmte Unternehmensziele (in Personalfragen) erreichen zu müssen. Man erfragt geeignete Maßnahmen, Vorschläge und Alternativen (bspw. im Bereich der eigenen außerbetrieblichen Fortbildung).
- befindet sich in einer problematischen Situation und benötigt Empfehlungen, was konkret zu tun ist (bspw. Beantragung einer Kur).
- empfindet eine Wissenslücke, die durch Beratung wettgemacht werden soll (bspw. Informationen zur neuen Beitragsbemessungsgrenze).

1.6.1 Grundlagen der Beratungsmethodik

Je intensiver ein Unternehmen den Dienstleistungsgedanken im Personalbereich pflegt, desto intensiver müssen die Verantwortlichen die Grundlagen der Beratungsmethodik beherrschen.

Professionelle Beratung fußt auf drei Säulen:

- Rollenverständnis,
- Fachkompetenz
- Beratungsmethodik (Beratungskompetenz).

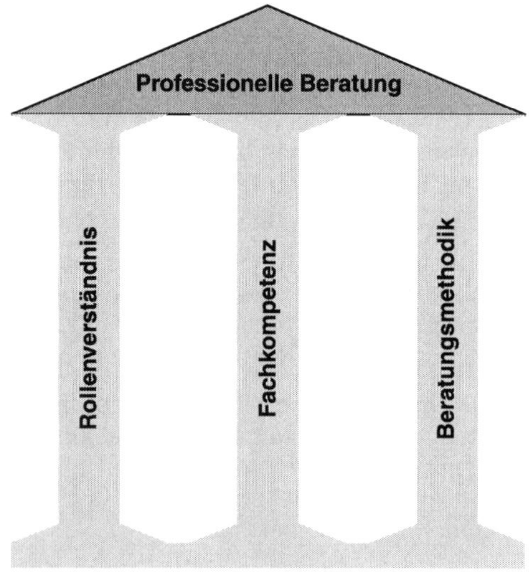

Beratungskompetenz umfasst:

- Analysekompetenz
- Erfahrungsschatz
- Empathie
- Engagement
- Diskretion
- Fragetechnik
- Objektivität
- Zielorientierung
- Zeitmanagement
- Aktives Zuhören
- Zurückhaltung bei Entscheidungen
- Respektvoller Umgang
- Kommunikationsfähigkeit

Aspekte der Beratungsmethodik sind:

- Macht und Abhängigkeit
  Die Zeiten machtbewusster Personalabteilungen als zuständige Ressorts für Personalaktenführung und Personalvergütung sind (glücklicherweise) vorbei. Es herrscht heute im Personalmanagement weitgehend ein Dienstleistungsgedanke.
- Wahrnehmung
  Der Erfolg einer Beratungsleistung ist auch abhängig von der Wahrnehmung des Beratenen und seinem Beratungsbedarf. Art, Bedeutung und Umfang seines Anliegens aus Sicht des Ratsuchenden sind zu erfragen und zu klären, ebenso der Grad seiner Zufriedenheit mit der erfolgten Beratung.
- Empathie
  Von großer Bedeutung ist das Einfühlungsvermögen des Beraters in die Situation des Ratsuchenden.
- Interaktion
  Die Dienstleistung des Personalmanagements ist abhängig von einer ständigen Kommunikation und Interaktion. Im sozialen Kontakt entstehen Ideen zu Verbesserungen und Veränderungen, z. B. für ein Beschwerdemanagement zur Verbesserung der Beratungsqualität.
- Individualität
  Gute Beratung zeichnet sich durch das individuelle Eingehen auf den zu Beratenden, die vorliegende Problematik, den Lösungsansatz und die Rahmenbedingungen aus.
- Zufriedenheit des Beratenen
  Ziel des Beratungsgesprächs muss am Ende der Beratung die Zufriedenheit des Ratsuchenden sein.

  Durch eine abschließende Befragung der Beratenen hinsichtlich verschiedener Aspekte wie Freundlichkeit des Beraters, Schnelligkeit der Bearbeitung oder Qualität der Beratung kann eine Kontrolle der Beratungsleistung erfolgen (Beratungscontrolling). Dem Personalmitarbeiter muss bewusst sein, dass durch gute Dienstleistungsarbeit sein Arbeitsplatz gesichert und seine Arbeit bzw. sein Status legitimiert werden.
- Vermeidung von unangebrachten Formulierungen
  Bestimmte Formulierungen erwecken den Eindruck von Unsicherheit, z. B. »Eigentlich ...«, »Vielleicht ...«, »Wahrscheinlich ...« (Ist der Berater tatsächlich unsicher, soll er das eindeutig ausdrücken und sich um Klärung bemühen). Die gleiche Wirkung hat die Verwendung des Konjunktivs »Ich würde vorschlagen ...«, Besser »Ich schlage vor ...«

  Killerphrasen, auch als Totschlagargument bezeichnet, sind Formulierungen, die jeglichen Gedankenaustausch abwürgen, z. B. »Das haben wir immer so gemacht!«

Praktische Hinweise zum Beratungsgespräch:

- Der Berater muss sich der individuellen und spezifischen Situation und der Verantwortung des Gesprächs bewusst sein und dieses zielgerichtet steuern.

- Zu Beginn des Gesprächs muss das Problem deutlich geklärt und im Gesprächsverlauf müssen – wenn möglich – alternative Lösungswege angeboten werden. Es geht zuerst um die Klärung des Problems und was vom Berater erwartet wird.
- Das Problem ist und bleibt das des Ratsuchenden, nicht das des Ratgebers. Deshalb darf sich der Ratgeber nicht in eine bloße Zuträgerrolle drängen lassen, im Gegenteil: Je mehr der Ratsuchende aktiv einbezogen wird, umso deutlicher wird sein Erkenntnisgewinn.
- Der Ratgeber darf ihm das Problem nicht wegnehmen, er soll ihn zur Lösung fähig(er) machen. Es ist zu vermeiden, dass der Ratsuchende den Ratschlag ohne eigene Reflexion übernimmt. Das wäre keine Beratung mehr, sondern Fremdbestimmung.
- Beraten heißt dementsprechend, Hilfen zu einer »eigenen« Entscheidungsfindung zu geben, nicht aber Entscheidungen für den Beratenen zu treffen! Dies kann kaum gelingen, wenn die Problemlösung »frei Haus« geliefert wird.
- Das Beratungsgespräch sollte seitens des Beraters mit dem Hinweis schließen, dass das Ergebnis eine mögliche Lösung darstellt, dass die Entscheidung aber nur vom Ratsuchenden selbst getroffen werden kann und muss. Beratung ist immer nur ein Angebot!

1.6.1.1 Der Beratene als Kunde

Im modernen dienstleistungsorientierten Personalmanagement wird von vielen Unternehmen die Strategie des **Customer-Relationship-Managements** (CRM) praktiziert. Nach dieser Philosophie werden vom Personalmanagement sowohl die Mitarbeiter, als auch die externen Partner als Kunden angesehen und dementsprechend behandelt (»Der Kunde ist König!«). Es gilt, Kundenbeziehungen zu managen und zu pflegen, ihren Wert zu erkennen und zu steigern.

Kunden des Personalbereichs treten in verschiedenartigen Funktionen auf:

- Humankapital des Unternehmens
- Erlös- und Kostenfaktor
- Informationsquelle und Ideenquelle
- Multiplikator
- Ratsuchender
- Kommunikationskanal und Feedbackgeber

Unter professionellem CRM versteht man dementsprechend die Beziehungsarbeit des Personalmanagements zu seinen internen und externen Kunden.

Dabei gilt es für Berater zu beachten:

- Der Kunde ist die wichtigste Person bei unserer Arbeit, egal ob er persönlich anwesend ist, ob er schreibt oder anruft!
- Der Kunde ist nicht von uns abhängig, sondern wir von ihm!
- Der Kunde ist keine Unterbrechung oder gar Störung unserer Arbeit, sondern ihr Zweck!
- Der Kunde ist keine anonyme Größe (eine Nummer), sondern ein lebendiger Teil unseres Unternehmens oder seines Umfeldes!
- Der Kunde ist kein statistischer Wert, sondern ein Mensch aus Fleisch und Blut!
- Der Kunde bringt uns seine Wünsche entgegen. Sie zu erfüllen, ist sowohl für ihn als auch für uns von Nutzen.
- Der Kunde ist kein Widerpart, mit dem man ein Streitgespräch führt oder mit dessen Intellekt man sich misst.

Die Beratung des **Mitarbeiters als internen Kunden** erstreckt sich meist auf folgende Bereiche:

- Arbeitsrecht, Steuerrecht
- Soziales, Sozialversicherung, Altersvorsorge
- Personalentwicklung, Aus- und Weiterbildung
- Mobbing, Suchtprobleme, Gesundheitsthemen
- Führungstechniken

Zu **externen Kunden** des Personalmanagements zählen u. a.:

- Bewerber
- Freie Mitarbeiter
- Ehemalige Mitarbeiter
- Behörden

So ist der Beratungsprozess durch unterschiedliche Interdependenzen gekennzeichnet:

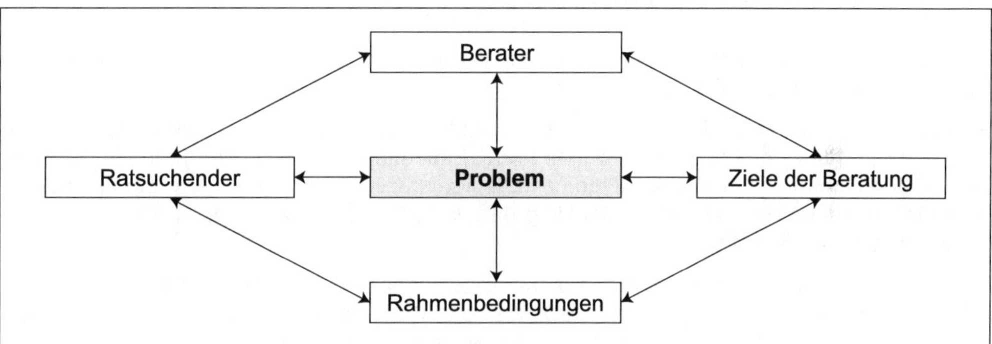

Ohne IT-Unterstützung von Personalinformationssystemen (PIS) sind die damit verbundenen umfangreichen Aufgaben heute kaum noch zu bewältigen.

1.6.1.2 Systemtechnik

Hierbei geht es um die Frage, welche Systembetrachtung im Zentrum des Beratungsgesprächs steht und welche Variablen auf den Verlauf/Erfolg des Gesprächs wirken. Die Ansätze lassen sich zudem nach ihrem Vergangenheits-, Gegenwarts- und Zukunftsbezug betrachten.

Man unterscheidet vier grundsätzliche Systemtechniken:

- Die **umgebungsorientierte Systembetrachtung**
  Im Zentrum steht hier das Umfeld des Ratsuchenden. Darunter fallen u. a.: Abteilung, Arbeitsteam, persönliche Situation und Gesundheitszustand, aber auch die räumliche Situation und die Unternehmenskultur.

  Zu berücksichtigen ist, dass sich heute private und berufliche Aspekte oftmals nicht mehr voneinander trennen lassen. Hierbei geht es sowohl um die Vergangenheit als auch Gegenwart.

- Die **wirkungsorientierte Systembetrachtung**
  Hierbei geht es einerseits darum, welche Auswirkungen man sich von dem Ergebnis des Beratungsgesprächs (z. B. mit dem Besuch eines bestimmten Anpassungsfortbildungsseminars oder der Einführung eines neuen Personal-Informations-Systems (PIS)) verspricht und andererseits

um Art, Ziele und Inhalte des Gesprächs. Es geht um die Auswirkungen, die kurz-, mittel- oder langfristig in der Zukunft zu erwarten sind.

- Die **strukturorientierte Systembetrachtung**
  Sie kommt zur Anwendung, wenn betriebliche organisatorische Standards verändert werden (müssen), bspw. durch Änderungen im operativen Geschäft, Fusionen, Übernahmen oder durch den Einsatz neuer Technologien und betrifft in erster Linie zukünftige Maßnahmen.
- Die **interaktionsorientierte Systembetrachtung**
  Interaktion lebt vom Mitmachen und Mitgestalten, nicht bloß vom Aufnehmen. Im Zentrum der Betrachtung steht die Selbst-, Sozial- und Methodenkompetenz der Gesprächspartner und ihre Beziehung zueinander (Beziehungsebene). Es geht um Vergangenheit, Gegenwart und Zukunft.

1.6.2 Konfliktmanagement

Der Begriff Konflikt stammt von dem lateinischen Wort »conflictus«, was etwa mit »Zusammenprall« übersetzt werden kann.

Eine derartige Situation wird als »Konflikt« betrachtet, wenn sie als schwierig, zunächst (nahezu) ausweglos und unvereinbar wahrgenommen wird. Eine alternative Bewertung scheint den Konfliktparteien nicht möglich. Die Ansichten sind festgefahren und Korrekturen daran erscheinen unerwünscht oder nicht realisierbar. Der Ursprung eines Konfliktes liegt stets in der individuellen Wahrnehmung der Betroffenen.

In einem lebendigen Unternehmen gehören Konflikte zur natürlichen Entwicklung, ebenso wie im Privatleben. Sie können in begrenztem Maße als normal, als Bestandteil der menschlichen Natur angesehen werden und sind nicht grundsätzlich negativ.

> *»Wenn zwei Menschen immer wieder die gleichen Ansichten haben, ist einer überflüssig.«*
> Winston Churchill

Auftreten von Konflikten:

- Innerhalb einer Person (innere Widersprüche; intrapersoneller Konflikt)
- Zwischen zwei Personen (interpersoneller Konflikt)
- Zwischen einer Person (Moderator) und einer Gruppe
- Innerhalb einer Gruppe (z. B. Projektteam)
- Zwischen mehreren Gruppen (z. B. Abteilungen)

Die **Wirkung von Konflikten** kann sowohl destruktiv als auch konstruktiv sein. Sie können latent (unterschwellig) vorhanden sein oder auch offen in Erscheinung treten.

Leitfragen für den Umgang mit Konflikten sind:

- Welche Vorgeschichte hat der Konflikt?
- Auf welche Weise wird versucht, die Möglichkeiten einer Konfliktlösung umzusetzen?
- In welchen Situationen erhitzt sich der Konflikt und in welchen kühlt er sich ab?
- Was ist geeignet, den Konflikt voranzutreiben oder abzuschwächen?
- Was wird von wem und in welcher Situation zur Konfliktlösung vorgeschlagen oder angewandt?
- Ist der Konflikt eskaliert, hat er sich abgeschwächt oder in sonstiger Weise verändert?
- Sind Wendepunkte im Konfliktverlauf zu erkennen oder zu erwarten?
- Ist eine Distanzierung vom Konfliktgeschehen möglich oder sinnvoll?

Ursachen von Konflikten

- Unüberwindbar scheinende Meinungsverschiedenheiten und gegensätzliche Überzeugungen
- Unterschiede der Interessen, Ziele, Ansichten und Wahrnehmungen
- Unterschiedliche Erfahrungen, Werte, Normen
- Imponiergehabe, Machtdemonstration, Kompetenzgerangel
- Neid, Missgunst, Ungleichbehandlung, Ungerechtigkeit
- Desinteresse, mangelnde Motivation
- Überforderung/Unterforderung
- Enttäuschung, unerfüllte Erwartungen
- Mangelnde Kommunikation oder Kommunikationsfähigkeit, Zurückhaltung, Unterschlagung von Informationen
- Fachliche Inkompetenz beteiligter Personen
- Missverständnisse

Ursachen von **zwischenmenschlichen Konflikten:**

Im Bereich der Kommunikation:

- Sie ist nicht offen und aufrichtig.
- Informationen sind unzureichend oder bewusst irreführend.
- Geheimniskrämerei und Unaufrichtigkeit treten vermehrt hervor.
- Drohungen und Druck treten an die Stelle von Sachlichkeit, offener Diskussion und Überzeugung.

Im Bereich des Aufgabenbezugs:

- Die Aufgabe wird nicht mehr als gemeinsame betrachtet, die am zweckmäßigsten durch Kooperation bewältigt werden sollte.
- Die Betroffenen versuchen, alles alleine zu machen. Man braucht/will sich nicht (mehr) auf den anderen verlassen, will von ihm nicht (mehr) abhängig sein.

Im Bereich der Wahrnehmung:

- Differenzen in Interessen, Meinungen und Werteüberzeugungen treten hervor.
- Es wird deutlicher gesehen, was trennt, anstatt was verbindet.
- Entgegenkommen und versöhnliche Gesten des anderen werden als Täuschungsversuche interpretiert. Solche Verhaltensweisen werden als negativ bzw. feindselig und heimtückisch wahrgenommen und beurteilt.

Im Bereich der Einstellung:

- Vertrauen nimmt ab und Misstrauen nimmt zu.
- Es entwickelt sich eine verdeckte oder offene Feindseligkeit.
- Die Bereitschaft nimmt zu, den anderen zu schaden.
- Die Bereitschaft nimmt ab, die anderen zu unterstützen.

Konfliktarten

- **Sachkonflikt:**
  Der Konflikt liegt in der Sache begründet (z. B. unterschiedliche Ansichten darüber, welches Entgelt für einen Mitarbeiter gerecht ist). Welche Handlungsweise wirkungsvoller, besser, geeigneter ist.
- **Emotionaler Konflikt:**
  Es herrschen unterschiedliche Gefühle und Empfindungen bei den Beteiligten (z. B. Antipathie, Hass oder Misstrauen).

- **Wahrnehmungskonflikt:**
  Diese Konfliktart tritt auf, wenn Personen andere Personen, Sachinhalte oder Vorgänge unterschiedlich wahrnehmen (z. B. Ordnung, Pünktlichkeit).

- **Beziehungskonflikt:**
  Hierbei löst eine Person – bewusst oder unbewusst – negative Gefühle bei einer anderen aus. Diese Gefühle und der Umgang mit ihnen sind Ausdruck der jeweiligen Persönlichkeit bzw. Sozialisation sowie der Selbst- und Sozialkompetenz (z. B. der Abteilungsleiter behandelt einen Praktikanten von oben herab).

- **Wertekonflikt:**
  Das Problem liegt im Gegensatz von Werten; das Wertesystem der Beteiligten stimmt nicht überein (z. B. der ältere Mitarbeiter hält Tätowierungen für unästhetisch).

- **Verteilungskonflikt:**
  Bei dieser Konfliktart geht es darum, entweder etwas zu erringen (z. B. höheres Gehalt oder erweiterten Kompetenzbereich) oder etwas abzugeben (z. B. Verantwortung oder Budget).

- **Zielkonflikt:**
  Dieser Konflikt entsteht, wenn unterschiedliche Zielvorstellungen verfolgt werden oder sich widersprechende Ziele erreicht werden sollen (z. B. Entscheidung für eine interne oder externe Stellenbesetzung).

- **Rollenkonflikt:**
  Dieser Konflikt liegt vor, wenn eine Person in ihrer Rolle nicht anerkannt wird, sich mit der zugewiesenen Rolle nicht abfinden kann oder ihr eine negative Rolle zugeschrieben wird (z. B. der Auszubildende soll für die Abteilung täglich Kaffee kochen).

Die Mehrzahl der Konflikte trägt Elemente mehrerer Konfliktarten. Es bestehen Wechselwirkungen, die Trennschärfe ist oftmals gering.

Konfliktverhalten

- **Logisch-sachliches Verhalten**
  Beteiligte, die dieses Verhalten in einem Konflikt (bewusst) wählen, besitzen die Fähigkeit, klar und logisch zu denken (Man denke hier an Mister Spock vom Raumschiff Enterprise).

  Auf diese Weise ...

  - behält man nur das Problem im Auge.
  - ist man emotional wesentlich weniger beteiligt.
  - lässt man sich weniger unter Druck setzen.
  - lässt man sich weniger zu unbedachten Äußerungen hinreißen.

- **Emotionales Verhalten**
  Beteiligte, die ein solches Verhalten zeigen, sind zumeist recht gefühlsbetont veranlagt.

  Ihr Verhalten ist i. d. R. mit folgenden Merkmalen verbunden:

  - Angespannte Mimik
  - Erhöhte Stimmlage
  - Zitternde Hände
  - Hektisches Atmen

  Im Gegensatz zum wohlüberlegenden Logiker kann der emotionale Typ sein Verhalten nicht immer unter Kontrolle halten und ist seinen Gefühlen mehr oder weniger ausgeliefert.

- **Beziehungsorientiertes Verhalten**
  Beteiligte mit diesem Verhaltensmuster wollen mit ihrer Umwelt in Harmonie leben. Ihr Ziel ist eine friedliche/stressfreie Einigung. Sie ertragen auch nur schwer Konflikte zwischen Dritten.

- **Überhebliche Haltung**
  Diese Haltung resultiert aus der Überzeugung, dass man sich dem Konfliktpartner überlegen fühlt. Ziel dieser Verhaltensweise ist, den anderen seine Unterlegenheit (deutlich) spüren zu lassen. Die Haltung kann bedingt sein durch mehr Erfahrung, Macht, Status, Einfluss oder Wissen. Überlegen fühlt sich meist derjenige, der sich im gerade stattfindenden Konflikt die höheren Siegchancen ausrechnet. Manchmal dient die Überheblichkeit auch dazu, die eigene Unsicherheit zu überspielen. Der damit verbundene Ton ist meist:

  - belehrend
  - befehlend, drohend, aggressiv
  - verächtlich, verhöhnend

- **Gleichberechtigte Haltung**
  Unabhängig von den herrschenden Gegensätzen haben die Beteiligten Respekt voreinander. Ihr Ziel ist es nicht, den anderen zu attackieren, sondern auf gleichberechtigter Ebene eine Lösung des Konflikts anzustreben.

  Die damit verbundene Kommunikation ist gekennzeichnet durch:

  - Ruhe, Sachlichkeit, Kooperation
  - Offenheit, Fairness
  - Reflexion

- **Unterwürfige Haltung**
  Bei dieser Haltung fühlt man sich dem Konfliktgegner unterlegen und bemüht sich zu vermeiden, dass er seine Überlegenheit gegen einen selbst ausspielt. Oftmals geschieht dies aus Angst, Pessimismus oder Hoffnungslosigkeit.

  Der damit verbundene Ton ist meist:

  - Leise
  - Unterwürfig
  - Zurückhaltend bis flehend, ängstlich

Jeder Konfliktbeteiligte trägt eine Veranlagung zu den beschriebenen Verhaltensmustern in unterschiedlichem Maße in sich. Welche in einer bestimmten Situation hervortritt, wird einerseits durch interne Faktoren wie Persönlichkeit, Charakter, momentane Befindlichkeit und Konflikterfahrung bestimmt, andererseits spielen äußere Umstände wie Zeit, Ort, Umgebung, Konfliktbeteiligte und die Bedeutung der Sache eine Rolle. Jeder Konflikt ist daher mehr oder weniger einzigartig!

Konfliktbearbeitung

Es ist nützlich, die eigene Einstellung und die des Konfliktpartners kritisch zu hinterfragen. Schließlich ist es hilfreich, sich in die Situation eines unbeteiligten Dritten, eines neutralen Beobachters zu versetzen.

Leitfragen zum eigenen Verhalten im Konflikt:

- Welche Gefühle beeinflussen mich in einem bestimmten Konflikt?
- Besteht die Gefahr, dass die Gegenseite mich provozieren könnte? Wenn ja, wie?
- Welche Argumente kann ich zur Stützung meiner Sichtweise einbringen?

- Womit kann die Gegenseite unter Druck gesetzt werden?
- Mit welchen Gegenargumenten muss ich rechnen?
- Welche Risiken sind für mich in diesem Konflikt absehbar?
- Wie ist meine Einstellung zum Konflikt? Will ich unbedingt als Sieger hervorgehen? Kann oder will ich einen Kompromiss schließen?

Leitfragen zum Verhalten des Konfliktgegners:

- Was genau will mein Konfliktgegner in diesem Konflikt zu erreichen?
- Welche Gefühle beeinflussen ihn vermutlich in diesem Konflikt?
- Was hält er für angemessen oder unangemessen?
- Welchen Druck könnte er ausüben?
- Zu welchen Kompromissen könnte sich der Gegner vermutlich durchringen? Zu welchen nicht?
- Wie ist die Einstellung der Gegenseite? Will sie siegen? Kann oder will sie vielleicht einen Kompromiss schließen?

Leitfragen zur Sichtweise des unbeteiligten Dritten:

- Wie sieht ein unabhängiger Beobachter vermutlich den Konflikt und das Verhalten der Beteiligten?
- Sind die jeweiligen Argumente für einen unbeteiligten Dritten nachvollziehbar oder akzeptabel?
- Würde ein unbeteiligter Dritter die Form und den Ablauf dieses Konfliktes für nachvollziehbar bzw. angemessen halten?
- Welchen Kompromiss würde eine neutrale Person vorschlagen?

Wege zur Konfliktlösung

Ziel der Konfliktbewältigung im Rahmen eines Konfliktgespräches ist,

- durch offenes Ansprechen des Konfliktes eine sachliche Problemlösung anzustreben,
- aus der Situation gestärkt hervorzugehen,
- die vereinbarte Lösung gemeinsam zu tragen.

Hierzu bietet sich das **3-Phasen-Modell zur Konfliktlösung** an:

Phase 1: Erkundung des Standpunktes der Gegenseite
Phase 2: Klare Vermittlung des eigenen Standpunktes
Phase 3: Entwicklung einer gemeinsamen Lösung

Phase 1: Erkundung des Standpunktes der Gegenseite

- Gezielte Fragen stellen, die sich auf die Situation beziehen
- Angriffe und Unterstellungen vermeiden
- Der Gegenseite aufmerksam (aktiv) zuhören und sie ausreden lassen
- Den Standpunkt der Gegenseite mit eigenen Worten zusammenfassen, damit diese den Eindruck gewinnt, verstanden worden zu sein.

Phase 2: Klare Vermittlung des eigenen Standpunktes

- »Ich-Botschaften« senden
- Eindeutig die eigenen Standpunkte und Forderungen formulieren
- Auf Provokationen verzichten
- Sich durch Rückfragen vergewissern, ob die Gegenseite verstanden hat und weiß, worauf man hinaus will
- Die eigenen Standpunkte und Emotionen nachvollziehbar offenlegen

Phase 3: Entwicklung einer gemeinsamen Lösung

- Die gegenseitige Kommunikation muss von Kooperationsbereitschaft und Fairness gekennzeichnet sein.
- Aus den unterschiedlichen Vorstellungen wird ein gemeinsames tragbares Ziel erarbeitet.
- Offen und bereit sein, sich von einem Teil der eigenen Vorstellungen zu lösen, damit ein gemeinsames Ziel erreicht werden kann.
- Wenn nötig/möglich, einen Moderator bzw. neutralen Dritten hinzuholen, welchen beide Seiten akzeptieren.
- Wichtig ist, dass es keinen »Verlierer« gibt und beide Seiten zur Konfliktlösung beitragen.

Strategien der Konfliktlösung

Folgende Konfliktlösungsstrategien sind denkbar:

- Vermeiden: Verlierer-Verlierer-Strategie
- Durchsetzen: Gewinner-Verlierer-Strategie
- Nachgeben: Verlierer-Gewinner-Strategie
- Kompromiss: Gewinner-Gewinner und Verlierer-Verlierer-Strategie
- Kooperieren: Gewinner-Gewinner-Strategie

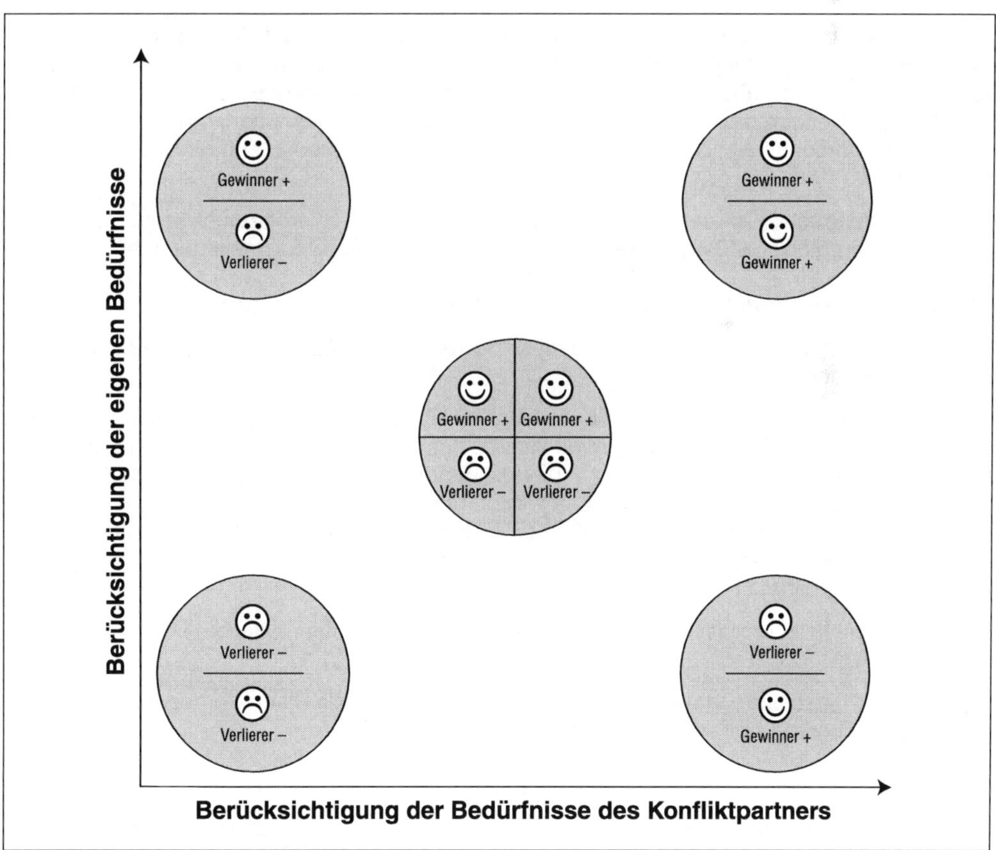

Vermeiden: Die Verlierer-Verlierer-Strategie

Diese Strategie wird bestimmt durch das Bemühen, dem Konflikt bzw. dem Konfliktpartner aus dem Weg zu gehen. Die Hoffnung ist, dass das Problem bzw. der Konflikt sich von selbst löst oder in Vergessenheit gerät. Diese Strategie ist durch die Haltung gekennzeichnet, dass man seine eigenen Interessen verleugnet bzw. verdrängt und die des Konfliktpartners gar nicht wahrnehmen möchte. Das damit verbundene Mittel ist: Kontakt vermeiden.

Ergebnis: Bei dieser Strategie verlieren beide Seiten, da der Konflikt weiterhin ungelöst im Raum stehen bleibt und auf eine Lösung wartet.

Durchsetzen: Die Gewinner-Verlierer-Strategie

Hierbei geht es darum, sich auf Kosten des Konfliktpartners durchzusetzen. Man ist von seiner Position so überzeugt, dass man sich für die Sichtweise des anderen gar nicht interessiert und auch eine gemeinsame Konfliktbearbeitung nicht für nötig erachtet. Diese Strategie ist durch die Haltung gekennzeichnet, dass man seine eigenen Ziele und Interessen in den Mittelpunkt stellt. Die Mittel sind: Überredung, Drohung, Druck und Sanktionen.

Ergebnis: Bei dieser Strategie gibt es einen Gewinner und einen Verlierer. Der Verlierer wird wahrscheinlich auf Revanche sinnen (»Druck erzeugt Gegendruck!«).

Nachgeben: Die Verlierer-Gewinner-Strategie

Diese Strategie beruht darauf, dass man seine eigenen Interessen und Ziele aufgibt und dem Konfliktgegner den »Sieg« kampflos überlässt. Hierfür kann es mehrere Gründe geben: Ist der andere an Macht und Einfluss überlegen, wird es vernünftiger sein, nachzugeben. Aber auch taktische Überlegungen können dazu veranlassen, dem anderen das Feld zu überlassen. Zum Beispiel, wenn durch momentanes Nachgeben ein späteres, wichtigeres oder langfristiges Ziel erreicht werden kann.

Ergebnis: Das Problem ist auch bei dieser Strategie, dass ein Verlierer zurückbleibt. Der Konflikt wird nur vordergründig gelöst. Die Gefahr bleibt, dass er unterschwellig weiterbesteht.

Kompromiss: Die Gewinner-Gewinner- und Verlierer-Verlierer-Strategie

Beide Parteien versuchen, die Bedürfnisse des anderen bei der Lösungsfindung zu bedenken und zu berücksichtigen.

Die beteiligten Parteien sind bereit, von ihren Idealvorstellungen durch Zugeständnisse abzurücken und eine Lösung als Kompromiss zu ermöglichen. Somit wird der Konflikt durch Verhandlungen schrittweise beigelegt. Es gewinnt oder verliert keiner der Betroffenen, jedoch müssen sie durch Zugeständnisse von ihrer ursprünglichen Position abweichen. Es ist deshalb wichtig, dass die Lösung beide Konfliktpartner gleichermaßen zufriedenstellt. Ist dies nicht der Fall, handelt es sich um einen »faulen« Kompromiss, bei dem sich zumindest eine Seite benachteiligt fühlt und das Ergebnis nicht langfristig mittragen wird.

Diese Strategie setzt voraus: Keine Vorverurteilung, sachliche Argumentation, Lösungsangebote machen.

Ergebnis: Auf diesem Wege gewinnen letztlich alle Seiten, da sie durch Entgegenkommen und gegenseitige Zugeständnisse die Lösung des Konfliktes erreichen.

Kooperieren: Gewinner-Gewinner-Strategie

Beide Parteien entwickeln Verständnis für die Situation und Ziele der anderen Seite und beachten diese bei der Lösungsfindung. Es wird angestrebt, einen gemeinsam tragbaren Weg zu finden, sodass alle Beteiligten das Gefühl haben, durch die Kooperation etwas zu gewinnen. Es wird versucht, eine »wirkliche« Lösung für das Problem zu finden. Im Idealfall kommt es zum »kreativen Konflikt«.

Die Anwendung dieser Strategie erfordert von den Konfliktpartnern ein hohes Maß an Empathie sowie die Bereitschaft, sich mit den Beteiligten konstruktiv auseinanderzusetzen. Dieser Prozess kann kompliziert und langwierig sein, ist aber zumeist am erfolgversprechendsten. Es können völlig neue Lösungen entstehen, an welche die Konfliktgegner vorher gar nicht gedacht hatten. Der Konflikt endet in diesem Fall mit einer Einigung, nicht mit einem Sieg für einen der Beteiligten.

Ergebnis: Mit dieser Strategie gewinnen alle Seiten. Durch die gegenseitige Offenheit werden die Aspekte und Argumente beider Seiten berücksichtigt und mitgetragen.

Die Eskalationsstufen eines Konfliktes

Bei allen Konflikten lassen sich verschiedene Eskalationsstufen mehr oder weniger deutlich erkennen:

Man kann sich diese Stufen wie ein Schleusensystem vorstellen: Bei Erreichen einer Stufe schließt sich ein Schleusentor, sodass die Rückkehr zu einer davorgelegenen Stufe erschwert oder nahezu unmöglich wird, bald aber schon ein weiteres Schleusentor vor der Öffnung steht.

Stufe 1: Verstimmung
Eine Partei zeigt sich verstimmt über einen Vorgang oder eine Situation. Das kann z. B. das »Nichteinhalten« einer Verabredung sein. Was auch immer der Grund dafür ist, man ist vom Geschehenen emotional betroffen und letztlich verstimmt.

Stufe 2: Beschwerde
Diese Stufe ist erreicht, wenn eine Konfliktpartei so unzufrieden ist, dass sie sich bei der anderen Seite beschwert. Der Konflikt wird kommuniziert, was schriftlich oder mündlich geschehen kann. Ein offener Kommunikationsstil kann den Konflikt einerseits jetzt schon beenden, zumindest aber entschärfen, andererseits jedoch entfachen.

Stufe 3: Kontaktabbruch
Konnte der Konflikt durch ein Gespräch nicht zufriedenstellend gelöst oder eingedämmt werden, herrscht für eine bestimmte Zeit zunächst »Funkstille«, bis eine Seite die weitere Initiative ergreift. Je länger diese Zeit dauert, desto größer werden i. d. R. die Spannungen, was die Konfliktlösung

erschwert. Das Problem hier ist, dass das, was zuvor verbunden hat, nun verdrängt wird und in Vergessenheit gerät, während Fehler und Versäumnisse des anderen aus der Vergangenheit an Bedeutung gewinnen.

Stufe 4: Soziale Ausweitung
Aufgrund der angestauten negativen Gefühle und Stimmungen neigt die verstimmte Partei dazu, Verbündete für ihre Sichtweise und ihr Anliegen zu gewinnen. Sie sucht Partner und redet negativ über die Gegenseite.

Stufe 5: Strategie
Ab hier entsteht das Bedürfnis, Strategien und Maßnahmen zu entwickeln, mit denen man die andere Seite unter Druck setzen, sich selber aber vor deren Attacken schützen kann.

Stufe 6: Drohung
Hier werden »erdachte Strategien« gegen den Gegner nun in Drohungen umgesetzt, da sich beide Seiten immer weniger kompromissbereit zeigen. Zudem werden Anfragen nicht mehr beantwortet oder Termine nicht mehr eingehalten.

Stufe 7: Regelbruch
Bisher wurden Spielregeln (weitgehend) noch befolgt. Nun fehlt nur noch der berühmte Funke, um das Feuer zu entfachen. Der »Fall« wird evtl. einem Juristen übergeben und kommt damit auf eine neue Ebene.

Stufe 8: Angriffe auf's Hinterland
Die Fronten sind nun extrem verhärtet. Alle Bestrebungen sind darauf ausgerichtet, dem Gegner zu schaden. Der Fall geht nun evtl. vor Gericht.

Stufe 9: Totaler Krieg
Alle Energien werden darauf verwendet, dem anderen einen möglichst großen und nachhaltigen Schaden zuzufügen. Dies auch auf die Gefahr hin, dass man selber Nachteile davonträgt. Die (geschäftlichen und/oder privaten) Beziehungen sind für alle Zeit zerstört. Eine Einigung wird kategorisch abgelehnt.

Konflikte als Chance (Konstruktive Konflikte)

Konflikte sollten neben allen Unannehmlichkeiten, die im Bearbeitungsprozess auftreten können, immer auch als Chance für neue/verbesserte Entwicklungen verstanden werden. Dies ist besonders bei einem konstruktiven Konflikt der Fall. In einer konstruktiven Streitkultur werden Konflikte nicht verdrängt, sondern zum Anlass genommen, in partnerschaftlicher Auseinandersetzung (neue) angemessene Lösungen zu finden. Die Fähigkeit, Konfliktsituationen rechtzeitig zu erkennen und so zu steuern, dass positive Veränderung möglich und gleichzeitig Schaden begrenzt wird, ist eine wichtige Kompetenz im modernen Personalmanagement.

Unterscheiden lassen sich zwei Ebenen eines Konfliktes:

- Sachliche bzw. inhaltliche Ebene
- Ebene der zwischenmenschlichen Beziehungen (Beziehungsebene)

Mögliche positive Wirkungen auf der Sach- und Inhaltsebene:

- Sie weisen auf (zu lösende) Probleme hin.
- Sie lösen Veränderungen aus.
- Sie fördern Innovationen und verhindern Stagnation.
- Eine gemeinsame Vorgehensweise für die Problemlösung wird gesucht und festgelegt.
- Von allen Beteiligten werden Regeln akzeptiert, deren Fehlen eine Zusammenarbeit bisher blockierte.

- In Zukunft werden die Probleme nicht nur angerissen, sondern auch zu Ende gebracht.
- Grundsatzentscheidungen zum Problem müssen ab jetzt von allen akzeptiert werden.

Mögliche positive Wirkungen auf der Beziehungsebene:

- Persönlicher Ärger oder störende Verhaltensweisen werden nun offen ausgesprochen.
- Meinungsverschiedenheiten werden ab jetzt konstruktiv ausgetragen.
- Neue Ideen und Meinungen zum angesprochenen Problem werden jetzt ernst genommen.
- Kompromiss und Kooperation stehen nun im Vordergrund.
- Selbsterkenntnisse werden gewonnen.
- Das Vertrauen untereinander beginnt ab jetzt zu wachsen.
- Man erkennt gemeinsam, dass es besser ist, den Konflikt zu lösen, als mit ihm zu leben.

Tipps zum Konfliktmanagement:

- Generelle Konfliktlösungsrezepte gibt es nicht.
- Es ist oftmals einfacher, Probleme zu lösen, als mit ihnen zu leben!
- Vor der »Therapie« steht immer die Diagnose.
- Unausgesprochenes belastet die Kommunikation.
- Konflikte gehören schnell auf den Tisch, müssen aber nicht immer sofort gelöst werden.
- Ausflüge in die Vergangenheit sind nicht konstruktiv. Der Konflikt soll in der Gegenwart für die Zukunft gelöst werden.
- Schuldzuweisungen sind zu vermeiden. Vorwürfe fordern nur Rechtfertigungen heraus, so wie Druck Gegendruck erzeugt. Es geht aber um tragfähige Lösungen.
- Konflikte sind an sich durchaus begrüßenswert, sie sind vielfach unvermeidliche Begleiterscheinungen von Fortschritt und Wandel.
- Je mehr eigene und fremde Interessen in einer Konfliktlösung »unter einen Hut« gebracht werden, desto nachhaltiger und erfolgversprechender ist sie.
- Eine Einigung kann auch gefeiert werden.

Mediation

Unter Mediation (von lat. mederi = heilen) versteht man ein Verfahren zur außergerichtlichen Konfliktlösung, welches mithilfe einer oder mehrerer außenstehender Person(en) durch die Konfliktparteien angestrebt wird. Ziel der Mediation ist es, eine für alle beteiligten Seiten tragbare Lösung herbeizuführen.

Mediation ist ein aktives Konfliktmanagement im Rahmen einer professionellen Intervention ohne die herkömmlichen Konfliktstrategien, wie z. B. Durchsetzen, Nachgeben oder Ausweichen. Von besonderer Bedeutung dabei ist der erkennbare Wille zur Mitarbeit, Offenheit und Ehrlichkeit sowie der Wunsch der Parteien, überhaupt zu einer Konfliktlösung zu kommen.

Die Besonderheit des Verfahrens ist, dass die am Konflikt beteiligten Parteien Lösungsmöglichkeiten und -vorschläge nicht durch den Mediator erhalten oder ihnen diese gar aufgezwungen werden, sondern sie als eigenständige Beteiligte und Verhandlungspartner fungieren und vor allem selbst die Entscheidung herbeiführen.

Durch einen Mediator findet eine Art Konfliktmoderation statt, welche aber keine Beratung darstellt. Ziel ist, einen Konsens zu finden, der schließlich in einer schriftlichen Vereinbarung durch die Parteien formuliert wird.

Phasen einer Mediation:

1. Erläuterung des Verfahrens durch den Mediator
2. Besprechung und Festlegung der »Spielregeln«
3. Darstellung der Sichtweisen der beteiligten Parteien
4. Zusammenfassung der Sichtweisen durch den Mediator
5. Darstellung der zu behandelnden Konfliktpunkte
6. Formulierung der einzelnen Interessen
7. Gemeinsame Erarbeitung einer angemessenen Konfliktlösung
8. Unterzeichnung einer einvernehmlichen Lösung (Konsens) durch die beteiligten Parteien
9. Späteres Zusammenkommen zur Überprüfung der Ergebnisse (Evaluierung)

Mediation als Konfliktlösungsansatz findet man in vielen Bereichen des privaten, beruflichen und öffentlichen Lebens. Angefangen von der Mediation in der Familientherapie über Anwälte, die Meditation anbieten, bis hin zu speziell ausgebildeten Mediatoren, welche für oder in Unternehmen und Branchen tätig sind.

Hinweise zum Ablauf einer Mediation

- Die einzelnen Gespräche sind zu dokumentieren.
- Die Meinungen der Beteiligten sind zu respektieren.
- Die Konfliktparteien sollen dazu gebracht werden, gemeinsam eine Lösung zu finden.
- Eine Mediation sollte nur begonnen werden, wenn sie Aussicht auf Erfolg hat.
- Ein Mediator hält sich mit seiner eigenen Meinung zurück.
- Ein Mediator muss Geduld haben.
- Ein Mediator hat auf Überparteilichkeit zu achten.
- Es wird in mehreren Terminen schrittweise vorgegangen.

1.6.3 Gesprächsführungstechnik

Als Gesprächsführungstechnik wird eine individuelle und personen- bzw. persönlichkeitsabhängige zielorientierte Form der Kommunikation verstanden. Abhängig ist sie von beeinflussbaren und unbeeinflussbaren Rahmenbedingungen des Gesprächs.

Gesprächsarten lassen sich wie folgt kategorisieren:

- **Kritikgespräch**
  Es bestehen Schwierigkeiten mit dem Handeln oder Verhalten des Mitarbeiters.
- **Konfliktgespräch**
  Beide Seiten haben wechselseitig Schwierigkeiten mit dem Verhalten einander gegenüber.
- **Beratungsgespräch**
  Der Mitarbeiter hat eine Schwierigkeit, ein Problem, eine Unsicherheit, die in erster Linie mit ihm selbst, weniger mit anderen zusammenhängt.
- **Beurteilungs- oder Fördergespräch**
  Die Leistungen und/oder das Verhalten des Mitarbeiters sind durch den Vorgesetzten zu beurteilen. Ggf. werden Fördermöglichkeiten angeboten.

- **Einführungsgespräch**
  Ein Mitarbeiter wird auf eine neue Tätigkeit, bzw. neue Rahmenbedingungen vorbereitet.
- **Vorstellungsgespräch**
  Das gegenseitige Kennenlernen steht im Vordergrund. Eventuell resultiert daraus später eine Zusammenarbeit.
- **Aufhebungs- oder Trennungsgespräch**
  Die bisherige Zusammenarbeit soll aus unterschiedlichen Gründen beendet werden.
- **Fachgespräch**
  Es findet auf einer völlig anderen Ebene als die meisten anderen Gespräche statt. Hier geht es vor allem um Fachthemen.

Nahezu alle diese Gespräche sind in erster Linie als Fördergespräche zu verstehen und müssen unter diesem Leitgedanken geführt werden.

Je nach Gesprächsart oder Gesprächsziel sind unterschiedliche Gesprächsführungstechniken anzuwenden, um Gespräche effektiver, souveräner, freundlicher und zielorientierter zu führen.

Zu den Gesprächsführungstechniken zählen:

- Gründliche Vorbereitung
- Gesprächspausen gezielt einzulegen
- Gezielter Medieneinsatz
- Angemessene Wortwahl, Ausdrucksweise und Betonung
- Aktives Zuhören, Blickkontakt suchen
- Angemessene äußere Bedingungen: Ort, Zeit, Kleidung u. a.
- Gezielte Fragestellungen

1.6.3.1 Phasen der Gesprächsführung

Soll ein Gespräch erfolgreich verlaufen, d. h. eine Klärung der gegenseitigen Standpunkte und möglichst einvernehmliches Handeln erreichen, muss es interaktiv geführt werden, darf also keine Selbstunterhaltung oder Selbstdarstellung eines Gesprächspartners sein.

Welche Vorbereitungen, Rahmenbedingungen und Phasen sind für eine erfolgreiche Gesprächsführung zu beachten? Obwohl jedes Gespräch je nach Anlass Besonderheiten aufweist, gibt es allgemeingültige Regeln, die bei jedem Gespräch eingehalten werden sollen.

Vorbereitung (Rahmenbedingungen):

- Ziel festlegen
- Geeigneten Termin vereinbaren
- Gesprächsdauer planen
- Geeigneten Gesprächsort finden
- Fakten sammeln
- Störungen vermeiden
- Notizen anfertigen

Für einen konstruktiven **Gesprächsverlauf** ist zu beachten:

- Vertrauen schaffen
- Taktvoll vorgehen
- Aktiv zuhören
- Vorurteilsfrei vorgehen
- Ausdrucksfähigkeit beherrschen
- Gezielt Gesprächspausen einlegen
- Offenheit demonstrieren
- Rücksichtnahme zeigen
- Aufgeschlossenheit demonstrieren
- Nachfragen bei Unklarheiten
- Möglichkeit zur Selbstüberprüfung bzw. Reflexion für den Gesprächspartner schaffen

- Visualisierung vornehmen
- Ich-Botschaften senden
- »Türöffner« einsetzen
- Objektiv sein
- Angenehme Atmosphäre schaffen
- Gemeinsame Interessen herausstellen
- Sachliche Zielsetzung darlegen
- Zu Beginn die positiven Aspekte herausstellen
- Kritik sachlich und aufbauend üben
- Offene Fragen stellen
- Lösungsmöglichkeiten gemeinsam erarbeiten sowie Erfolgskontrolle(n) verabreden
- Fachkompetenz einsetzen
- Sich Zeit nehmen
- Blickkontakt suchen
- Inhalte rekapitulieren
- Rückmeldungen geben
- Gezielte Fragen stellen
- Konzentriert sein
- Positive Grundeinstellung

Jedes Gespräch ist einzigartig, da es immer wieder von anderen Personen, Themen und Situationen geprägt ist. Dennoch haben (gute) Gespräche zumeist eine bestimmte Struktur (Phasen), der sie folgen.

1. **Gesprächsvorbereitungsphase:**
   Hierbei geht es einerseits darum, Ziele zu setzen, andererseits benötigte Fakten zu sammeln. Zur Bedeutung der Vorbereitung eines Gesprächs für alle Gesprächstypen gilt:
   - Eine gute Vorbereitung ist die halbe Miete für ein »erfolgreiches« Gespräch.
   - Durch gute Vorbereitung spart man Zeit und kommt schneller zum Kern der Sache. Zeitdieb Nummer 1: schlecht vorbereitete Gespräche.
   - Durch gute Vorbereitung ist man ruhiger, sicherer und konzentrierter.
   - Durch gute Vorbereitung zeigt man Stärke, weil Einwände, die vorher bedacht wurden, (sofort) entkräftet werden können.
   - Der Gesprächspartner fühlt sich ernst genommen, weil man sich auf seine spezielle Situation vorbereitet hat.

2. **Kontaktaufnahmephase (Gesprächseröffnung):** Hierbei geht es um die Begrüßung und »Eisbrecherfragen« (z. B. »Möchten Sie ein Getränk?«) zur Auflockerung der Atmosphäre. Man versucht über eine gemeinsame Ebene ins Gespräch zu kommen.

3. **Informations(austausch)phase:** Hierbei geht es um die dem Gespräch zugrunde liegende Problem- oder Situationsbeschreibung. Je nach Gesprächsart äußert sich zunächst der Gesprächsführende. Anschließend kommt es zur Meinungsäußerung der Gesprächsteilnehmer.

4. **Argumentationsphase:** Hierbei kommt es zum Dialog der Gesprächspartner über die Bewertung der zuvor ausgetauschten Fakten und deren Ursachen.

5. **Beschlussphase:** Hierbei geht es um eine gemeinsame Lösungsfindung und Vereinbarung.

6. **Abschlussphase:** Hierbei strebt man einen positiven Abschluss des Gesprächs an. Gespräche brauchen ein klares Ende. Ferner geht es um einen Ausblick und um die Verabschiedung.

   Wichtig ist, dass das Gespräch positiv endet. Damit legt man einen positiven Grundstein für den nächsten Kontakt, signalisiert noch einmal Hilfsbereitschaft und verabschiedet sich angemessen. Später folgt i. d. R. ein weiteres Gespräch zur Überprüfung, ob das erste Gespräch bzw. die Beratung hilfreich war oder ob weitere Termine bzw. Hilfen notwendig sind.

7. **Nachbereitungsphase:** Man bleibt im Kontakt und überprüft später die vereinbarten Lösungen, Maßnahmen oder Ziele. Gespräche sollen dokumentiert werden.

1.6.3.2 Frageverhalten

Fragen haben im Gespräch verschiedene Funktionen: Sie sollen Impulse setzen, Austausch ermöglichen, das Gespräch aktivieren und zielorientiert voranbringen. In einem Gespräch fragen beide/alle Beteiligten. Fragen sind der Motor der Kommunikation. Mit dem Einsatz der unterschiedlichen Fragearten und Fragetechniken kann ein gewünschtes Ziel rascher und genauer erreicht werden. Inwieweit dies gelingt, hängt stark vom Beherrschen der Fragetechnik und von deren gezieltem Einsatz ab.

Fragen helfen, den Gesprächspartner und seine Bedürfnisse bzw. Motive kennenzulernen und genauer einzuschätzen. Gezielte Fragen regen zum Mitdenken an und lenken die Aufmerksamkeit in eine bestimmte, gewollte Richtung. Durch Fragen ergibt sich die Möglichkeit, mit dem Gesprächspartner (insbes. im Beratungsgespräch) Lösungsmöglichkeiten gemeinsam zu entwickeln und somit ein zielorientiertes Gespräch zu führen.

Fragen geschickt und taktvoll zu stellen, setzt aktives Zuhören voraus. Ehrlich und offen gestellte Fragen geben dem Partner das Gefühl, dass man auf ihn eingeht und schaffen eine vertrauensvolle Atmosphäre. Fragen beziehen den Partner in das Gespräch ein und stellen sicher, dass er tatsächlich hinhört oder folgen kann.

Fragen haben im Gespräch weitere positive Wirkungen:

- Sie führen vom Monolog zum Dialog.
- Sie verhelfen zu wichtigen Ausgangsinformationen.
- Sie beweisen Hilfsbereitschaft.
- Sie helfen, Widerstände und Vorbehalte des Gesprächspartners zu erkennen, um so gezielter darauf eingehen zu können.

Eine generelle Rezeptur für die richtige Fragestellung gibt es nicht. Es gilt immer, die Situation und die Rahmenbedingungen zu berücksichtigen. Wichtig ist, dass eine Frage dem Gesprächspartner Gelegenheit gibt, sich zu artikulieren.

Grundlage eines erfolgreichen gezielten Frageverhaltens sind die Erfahrungen sowie die Sozial- und Methodenkompetenz des Fragenden bzw. Beraters.

Fragetypen

- **Geschlossene Fragen** können nur mit »Ja« oder »Nein« oder durch vorgegebene Aussagen beantwortet werden (standardisierte Beurteilungsbögen mit Antwortmöglichkeiten zum Ankreuzen). Sie sind im Gespräch weitgehend zu vermeiden, weil sie wenig detailliert sind und ein Gespräch schnell »ersticken« können. Nützlich sind geschlossene Fragen dagegen zur Sicherung besprochener Inhalte und zur Vermeidung von Missverständnissen.

  Beispiele:

  »Sind Sie mit meinem Lösungsvorschlag einverstanden?«
  »Haben Sie noch Fragen?«
  »Sind Sie mit dem Service der Personalabteilung zufrieden?«

- **Offene Fragen** (»W-Fragen«) hingegen erfordern, bzw. erzwingen eine Reflexion des Gefragten und eine detailliertere Stellungnahme zur Fragethematik. Sie fördern damit das Gespräch. Um zu antworten, muss sich der Gefragte mit der Frage aktiv auseinandersetzen.

Fragearten

- **Informationsfragen** zielen direkt auf die Beantwortung bestimmter Fakten:
  »Was kann ich für Sie tun?«; »Bis wann ist die Personalkostenplanung abgeschlossen?«
- **Kontrollfragen** wollen einen Informationsstand absichern bzw. überprüfen:
  »Können Sie das Projektergebnis noch mal zusammenfassen?«
- **Alternativfragen** lassen nur zwischen (i. d. R. zwei) vorgegebenen Möglichkeiten wählen (geschlossene Frage):
  »Wollen Sie in der Mittagspause in die Kantine oder auswärts essen gehen?«
  »Wollen Sie den Lehrgang noch im Dezember oder lieber im nächsten Jahr besuchen?«
- **Umwegfragen** erreichen die angestrebte Wirkung indirekt:
  »Haben Sie sich darüber genügend informiert?« (Hintergrund: »Muss ich Ihnen das noch mal erklären?«)
- **Gegenfragen** erzwingen auf eine Frage eine abweichende andere Frage:
  »Können Sie Ihre Frage noch einmal wiederholen oder anders formulieren?«
  »Sie fragen, ob Sie eine Stunde früher Schluss machen können. Und ich frage Sie: Wie wollen Sie das Angebot bis zum Termin morgen 12 Uhr fertig bekommen?«
- **Motivationsfragen** erwarten keine unmittelbare und konkrete Antwort. Sie zielen darauf, den Gesprächspartner zu motivieren oder etwas zu tun, auch wenn ihm nicht unbedingt danach ist:
  »Ihnen als Experten wird es doch sicherlich gelingen, mir diese Berechnung in einer halben Stunde vorzulegen?«
- **Hypothetische Fragen** wollen mögliche Alternativen/Situationen thematisieren:
  »Wie würden Sie reagieren, wenn Sie in meiner Position wären und die Entscheidung treffen müssten?«
- **Rhetorische Fragen** erwarten keine unmittelbare und konkrete Antwort. Die Fragestellung richtet sich an den Beziehungsaspekt:
  »Sicher stimmen Sie mir zu, wenn ich behaupte...?«;
  »Wollen Sie eine Abmahnung riskieren?«
- **Suggestivfragen** legen eine Antwort von vornherein fest, und beabsichtigen häufig eine Beeinflussung des Gesprächspartners:
  »Wussten Sie nicht, dass die Teamsitzung um 9 Uhr beginnen sollte?«
- **Fragen zur Konkretisierung** dringen tiefer in die angesprochene Materie ein:
  »Können Sie mir den Sachverhalt bitte anhand eines konkreten Beispiels erklären?«

Spruchweisheiten zur Nützlichkeit des Fragens

- *Wer fragt, der führt!*
- *Besser zweimal fragen, als einmal irren!*
- *Wie man fragt, so wird einem berichtet!*
- *Wer viel fragt, dem wird viel gesagt!*
- *Wie man in den Wald hineinruft, so schallt es hinaus!*
- *Wer sich des Fragens schämt, schämt sich des Lernens!*
- *Wer viel redet, erfährt wenig!*
- *Wer, wie, was, wieso, weshalb, warum? Wer nicht fragt bleibt dumm!*
- *Wer fragt, ist für wenige Augenblicke der Dumme, wer nicht fragt, bleibt es ein Leben lang!*

Hinweise zum Frageverhalten

- Offene Fragen stellen.
- Fragen möglichst vorbereiten.
- Wertschätzung des Gesprächspartners zum Ausdruck bringen.
- Aktivierung des Gesprächspartners anstreben.
- Verständliche Fragen stellen.
- Zielorientierung demonstrieren.
- Kunden- und Dienstleistungsverhalten erkennen lassen.
- Dialogbereitschaft erkennen lassen.
- Einstellung und Meinung des Gesprächspartners herausfinden.
- Zeit zum Antworten lassen.
- Fragestellung durch Blickkontakt und Körpersprache unterstützen.

Folgende Fragestellungen und Formen sind zu vermeiden:

- Aufdringliche Fragen
- Zu komplizierte Fragen
- Monolog des Fragenden
- Kettenfragen
- Suggestivfragen
- Rhetorische Fragen
- Mehrdeutige Fragen
- Geschlossene Fragen
- Fragestellungen, die den anderen herabwürdigen
- Indiskrete Fragen
- Negativ, statt positiv formulierte Fragen
- Keine Verhörsituation entstehen lassen

1.6.3.3 Aktives Zuhören

»Die Natur ist wirklich weise: Der Mensch hat zwei Ohren und nur eine Zunge. Er sollte eben doppelt so viel hören, wie reden.«

William S. Maugham

Neben einer guten Fragetechnik ist aktives Zuhören ein wichtiger Schlüssel zu einer gelungenen Kommunikation und zum Beratungserfolg.

Aktives Zuhören bedeutet: Das Zuhören gezielt und bewusst als Kommunikationsmittel einzusetzen. Der Empfänger demonstriert sein Zuhören verbal und/oder nonverbal. Die Basis dafür ist die Fähigkeit des konzentrierten Zuhörens.

Merkmale aktiven Zuhörens sind:

- Mimische oder gestische Signale
- Wertschätzung zeigen
- Sensibilität zeigen
- Ausreichend Zeit haben
- Rückfragen stellen
- Offene Fragen stellen
- Ausreden lassen
- Keine Wertungen abgeben
- Volle Konzentration auf den Gesprächspartner richten
- Blickkontakt einsetzen
- »Ganz Ohr sein«
- Zusammenfassungen vornehmen
- Störungen ausschließen
- Notizen machen
- Konzentriert sein
- Pausen aushalten
- Aufmerksamkeit demonstrieren
- Geduldig sein

Der Gesprächspartner muss im Verlauf des Gesprächs erkennen können, dass seine Argumente genau so wichtig genommen werden wie die des Gesprächsführers und dass seine Person akzeptiert wird. Wer seine Situation darlegen kann, empfindet bei dem sich »Von-der-Seele-reden« oftmals eine Befreiung.

Aktives Zuhören schützt uns vor vorschnellen eigenen Wertungen, Ratschlägen oder auch spontanen Reaktionen. Durch aufmerksames Hinhören erhält man die für einen erfolgreichen Gesprächsverlauf notwendigen Informationen.

Um seine Anteilnahme an der Situation des Gesprächspartners zu demonstrieren, gleichzeitig aber auch ganz konkret zu überprüfen, ob man richtig verstanden hat, sind bestimmte Frageformen geeignet:

»Habe ich Sie richtig verstanden, dass...?«,
»Sie meinen also...«,
»Ihnen kommt es also darauf an...«,
»Es scheint Ihnen vor allem darum zu gehen, dass...«.

Zuhören wird dann zum aktiven Zuhören, wenn es gelingt, die Gesprächsführung durch Aufgreifen der Argumente des Gesprächspartners im Sinne einer Lösungssuche und -findung zu nutzen bzw. auszuweiten.

Wenn man aktiv zuhört, gibt man dem Gesprächspartner zu verstehen, wie man ihn »mit allen vier Ohren«, d. h. auf den vier Gesprächsebenen, verstanden hat und fragt, ob das so stimmt. Damit sicher erreicht werden kann, dass alles Gesagte beim Empfänger richtig angekommen ist, spiegelt dieser am besten die erhaltenen Aussagen. Er gibt mit eigenen Worten aktiv wieder, was er verstanden hat.

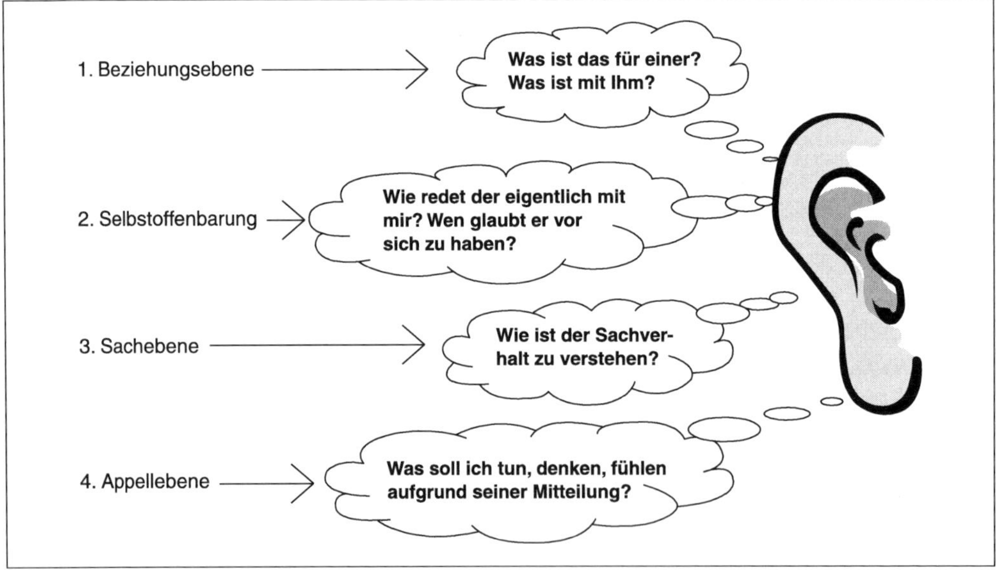

Die »vier Ohren« beim aktiven Zuhören

Auf diesem Wege erhält der Sender einen klaren Hinweis darauf, was wie beim Empfänger angekommen ist. Für ihn ist es eine Möglichkeit der Überprüfung und ggf. der Korrektur bzw. Beseitigung von Missverständnissen. Fazit: **Hören Sie aktiv hin, nicht nur zu!**

1.6.4 Regeln der Feedbacktechnik

Effektives Kommunizieren, Lernen und Arbeiten setzt voraus, dass es zu einer ständigen Rückmeldung/Reflexion über den Austausch-, Lern- oder Arbeitserfolg und den damit verbundenen Prozess kommt.

Als Feedback bezeichnet man Rückmeldungen an eine Person, ob und wie deren persönliches Handeln, oder Verhalten von anderen wahrgenommen und verstanden wurde. Es handelt sich um einen Kommunikations-Rückkopplungsprozess. Feedback ist dementsprechend eine Rückmeldung bzw. die damit verbundene Reflexion vorangegangener Beobachtungen, Gefühle, Aussagen, Eindrücke oder Erfahrungen.

Im Bereich des Personalmanagements ist Feedback von besonderer Bedeutung, denn hier wirken alle Maßnahmen unmittelbar auf andere. Nur, wenn man von ihren Reaktionen Kenntnis erlangt, kann man beurteilen, ob man richtig und erfolgreich gehandelt hat oder ob eine Korrektur des eigenen Verhaltens, der eigenen Taktik oder Strategie angebracht ist.

Feedback spielt besonders bei allen Maßnahmen der Personalentwicklung eine wichtige Rolle, die oft mit erheblichem Aufwand verbunden sind, z. B. in der Aus- und Weiterbildung. Ein unverzüglich geäußertes oder erfragtes Feedback ermöglicht rechtzeitige Korrekturen und Verbesserungen. Ohne Feedback dagegen bleibt der Erfolg ungewiss, Lernchancen und Entwicklungspotenziale sind u. U. nicht genutzt.

Mit Feedback teilen uns andere mit,

- ob sie unser Verhalten positiv oder negativ erlebt haben,
- ob sie uns verstanden haben oder nicht,
- ob sie einverstanden sind mit dem, was wir tun oder sagen oder nicht,
- was sie über sich selbst fühlen und denken,
- was man über uns denkt und fühlt.

Der Erfolg des Feedbacks wird weitgehend vom Vertrauen und der Beziehung zwischen dem Feedbackgeber und dem Feedbacknehmer bestimmt.

Nutzen von Feedback für Mitarbeiter und Führungskräfte:

- Ohne Rückmeldung kann sich ein Mitarbeiter (auch nach Fehlern) schwer weiterentwickeln.
- Feedback fördert positive Verhaltensweisen durch Thematisierung und Anerkennung.
- Feedback ermöglicht die Korrektur von Verhaltensweisen, die dem Betreffenden bzw. der Gruppe nicht weiterhelfen oder der eigentlichen Intention nicht entsprechen.
- Feedback trägt zur Klärung der Beziehung zwischen den Personen bei und hilft, einander besser zu verstehen und miteinander auszukommen.
- Feedback trägt zur Motivation bei (»Lob öffnet Türen«).
- Es verdeutlicht, wie eine Botschaft sachlich und gefühlsmäßig angekommen ist und ob sie verstanden wurde.
- Es bietet Variation von Steuerungsmöglichkeiten.
- Es sorgt für die Schaffung eines verbesserten »Wir-Gefühls«.
- Wenn alle Teammitglieder und Führungskräfte bereit sind, sich gegenseitig austauschen, können sie mehr voneinander lernen und konstruktiver zusammenarbeiten.
- Man weiß erst endgültig, was man gesagt oder getan hat, nachdem man ein Feedback empfangen hat.

Fazit: Die Wirkung eines angemessenen sach- und personenbezogenen Feedbacks kann gar nicht überschätzt werden!

Anlässe für Feedback im Personalmanagement:

- Die Beurteilung und das Beurteilungsgespräch im Rahmen der Ausbildung
- Nach der Zwischen- und Abschlussprüfung
- Rückmeldungen nach Fortbildungsmaßnahmen
- Ausstellung eines Arbeitszeugnisses oder Zwischenzeugnisses
- Das Ende der Probezeit
- Das Ende eines Projektes
- Im Rahmen eines Assessment-Centers
- Im Zusammenhang mit einer Versetzung
- Störungen/Problemen/Konflikten

Feedback ist ein **interaktiver Prozess** zwischen Feedback-Geber und Feedback-Empfänger, der durch die folgenden Aspekte gekennzeichnet ist:

- Gefühle und Fakten zu äußern,
- Reflektionen zur Thematik bzw. Situation zu formulieren,
- aktiv zuzuhören,
- neue Ideen und Innovationen zu entwickeln.

Feedback hat immer mit **zwei Formen der Wahrnehmung** zu tun:
Mit der Wahrnehmung des anderen und mit der Selbstwahrnehmung. Dabei ist es wichtig, sich bewusst zu machen, dass Wahrnehmung immer

- situativ ist, weil jedes Verhalten in einer bestimmten Situation eine bestimmte Ursache hat.
- selektiv ist, weil man lediglich das auswählt und das annimmt, was einem bedeutend erscheint.
- subjektiv ist, weil es mit dem individuellen Wertesystem jeder Person zu tun hat, was man wahrnimmt und wie man es anschließend bewertet.

Die »XYZ-Formel« und das »WWW-Feedback«

»XYZ« ist die wohl beste Formel für ein konkretes Feedback. Hierzu ein Beispiel:
»Als Du **X** tatest, habe ich **Y** empfunden, und ich hätte mir gewünscht, Du hättest **Z** getan!«

Man spricht auch von den drei W's beim Feedback: **W**ahrnehmung → **W**irkung → **W**unsch

Leitfragen zu Wahrnehmung und Wirkung sind:
- Was nehme ich an der anderen Person, der ich Feedback gebe, wahr?
- Welche Wirkung erzeugt dieses Verhalten bei mir als Adressaten und Feedbackgeber?

Beispiel: »Da Sie nicht Bescheid gesagt haben, dass Sie sich verspäten würden, fühlte ich mich nicht genügend gewürdigt und war verärgert.«

Leitfrage zum Wunsch ist:
- Welche Veränderungsmöglichkeiten sehe ich bzw. wünsche ich mir?

Beispiel: »Ich wünschte mir, Sie hätten angerufen, um mich wissen zu lassen, dass Sie sich verspäten würden. So hätte ich die Zeit besser nutzen können.«

Regeln für den Feedback-Geber:

- Fragen Sie um Erlaubnis für ein Feedback, es bringt wenig, Feedback zu erzwingen.
- Feedback soll beispielhaft gegeben werden und sowohl das gezeigte Verhalten als auch die notwendige Veränderung beinhalten. Dabei sind praktische Beispiele hilfreich.
- Feedback geben heißt nicht automatisch beurteilen oder benoten.
- Feedback nur in angemessener Form geben.
- Feedback nur in zeitlicher Nähe zur Kritikursache geben.
- Feedback nie im Erregungszustand geben.
- Feedbackpunkte ggf. schriftlich festhalten (Dokumentation).
- Beim Feedback geht es nicht nur um Negatives, sondern auch um Positives.
- Kritik, wenn möglich oder angebracht, nur unter vier Augen äußern.

- Seien Sie empathisch. Stellen Sie sich darauf ein, wie ihr Feedback und die Art, wie Sie es geben, auf den Empfänger wirkt.
- Sprechen Sie direkt zum Feedback-Empfänger, nicht über ihn.
- Zeit für Feedback nehmen.
- Erst das Verhalten beschreiben, möglichst konkret, nachvollziehbar und wertneutral und erst dann die Wirkung ansprechen und bewerten.
- Die eigene Subjektivität durch klare »Ich-Botschaften« deutlich machen.
- Es geht immer darum: »Ich sage Dir, wie Dein Verhalten auf mich wirkt!«.
- Nur Veränderbares ansprechen.
- Verallgemeinerungen vermeiden.
- Eigene Beobachtungen der Nachprüfbarkeit durch andere unterwerfen.
- Verhaltensempfehlungen nur auf Anfrage geben.
- Es soll konkret argumentiert werden.
- Einmal besprochene Veränderungen sollten nicht ständig aufgegriffen werden.
- Beachten: Lob macht den anderen bereit, mir zuzuhören.
- Trennung von Sache und Person: Würdigen Sie die Person, auch wenn Sie ihr Verhalten kritisieren wollen.
- Kritik muss aufbauend (konstruktiv) sein und zur Fehlerkorrektur führen!

»Gutes Feedback« ist...

- angemessen, d. h. beschreibend, nicht bewertend und interpretierend,
- konkret, nicht allgemein,
- einladend, nicht zurechtweisend,
- verhaltensbezogen, nicht charakterbezogen,
- erbeten, nicht aufgezwungen,
- sofort bzw. zeitnah und situativ, nicht verzögert und rekonstruiert,
- brauchbar, also klar und pointiert, nicht verschwommen, andeutend und vage,
- ehrlich, d. h. durch Dritte überprüfbar, nicht auf die Vier-Augen-Situation beschränkt.

Regeln für den Feedback-Empfänger:

- Der Feedback-Empfänger soll zum Feedbackgeben ermuntern, den Nutzen des Feedbacks den Beteiligten aufzeigen und die Feedback-Regeln ggf. erläutern.
- Andere sehen uns i. d. R. objektiver als wir uns selbst, also Offenheit zeigen.
- Es liegt in unserer Entscheidung als Empfänger, ob wir das Feedback als Information oder Veränderungsappell aufnehmen oder nicht.
- Je konkreter man fragt, desto größer ist die Chance auf eine konkrete Antwort.
- Eine Rechtfertigung des eigenen Verhaltens ist nicht notwendig.
- Verbesserungsvorschläge vom Feedback-Geber erbitten.
- Abschließend für das Feedback bedanken.

Feedback hat viel mit **Kritik** zu tun. Kritik wird allzu oft ausschließlich negativ empfunden, dabei ist sie die Voraussetzung für positive Verhaltensänderung. Es muss zwischen konstruktiver (aufbauender) und destruktiver (zerstörerischer) Kritik unterschieden werden.

Konstruktive Kritik ist ein Hilfsmittel, das, richtig geäußert und umgesetzt, außerordentlich nützlich ist. Mit konstruktiver Kritik will der Feedbackgeber der kritisierten Person helfen. Das hat nichts mit Belehrung oder Besserwisserei zu tun. Im Gegenteil: Konstruktive Kritik bietet Hilfe zur Selbsthilfe und kann als Form extrinsischer Motivation wirken.

Zu **destruktiver Kritik** kommt es oftmals, wenn das »Fass am Überlaufen ist«, wenn Ärger oder Wut nicht mehr zurückgehalten werden können. Dann wird die Kritik auf unpassende Weise geäußert. Dieses Vorgehen nützt wenig (außer dass Dampf abgelassen wird) und wird zumeist als Affront empfunden. Folge ist oft, dass der Kritisierte ebenfalls unangemessen reagiert (»Druck erzeugt Gegendruck!«).

Die »Balance des Feedbacks«

Unter der »Balance des Feedbacks« versteht man, dass das Feedback sich angemessen auf die positiven und negativen Leistungs- oder Verhaltensaspekte bezieht. Leider ist dies sehr häufig nicht der Fall.

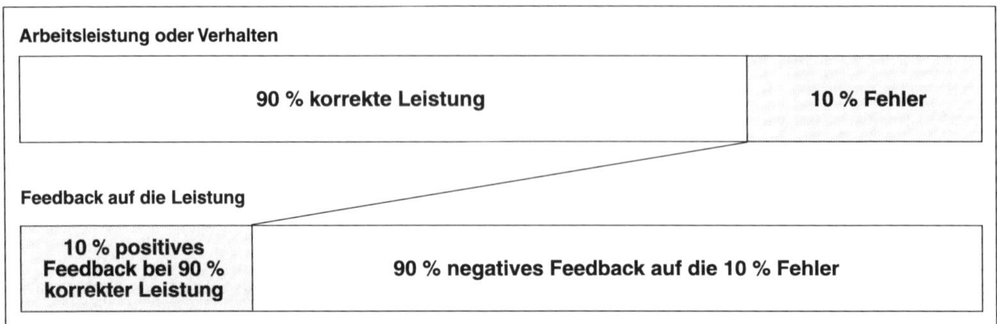

Die Grafik zeigt, dass sich das Feedback zumeist auf negative Sachverhalte bezieht. Auch wenn die Arbeitsleistung oder das Verhalten nahezu gut läuft, konzentriert sich das Feedback zumeist auf den negativen Aspekt und lässt das überwiegend Positive weitgehend außer Acht. Bei einem solchem Feedback fehlt die Balance. Es sollen das Positive und das Negative in einem angemessenen Verhältnis berücksichtigt werden.

Informelles und formelles Feedback:

Unter **informellem Feedback** versteht man, ein Feedback, das ungeplant und spontan erfolgt. Als Feedback-Informationen können (bereits) gelten:

- Bewusst und zustimmend nicken
- Wortlos den Raum verlassen
- Unruhe/erhöhter Geräuschpegel
- Nicht formal Beifall klatschen
- Blickkontakt abbrechen
- Einschlafen
- Kopf schütteln

Formelles Feedback wird dagegen organisiert, strukturiert und geplant durchgeführt:

- Insel-Feedback
- Feedback-Bogen
- 360-Grad-Feedback
- Kartenabfrage
- Mind-Map
- Blitzlicht
- Koffer-Packen
- Feedback-Barometer
- Verbales Feedback/ Feedbackgespräch
- Kundenbefragung
- Mülltonne

Als eine sehr verbreitete Art des formellen Feedbacks wird nachstehend die Anwendung des **Feedback-Bogens** (vergl. Abbildung) näher beschrieben.

Der Feedback-Bogen sollte immer maßgeschneidert sein. Zu klären ist dabei,

- ob er anonym (ohne Namen des Feedbackgebers) oder mit dessen Namen auszufüllen ist. Oft wird davon ausgegangen, dass anonyme Feedbackbögen ehrlicher ausgefüllt werden, andererseits können bei dieser Variante keine Rückfragen gestellt werden und wirkliche Anonymität ist schwer zu gewährleisten (Stichwort Schriftprobe).
- ob mit offenen Fragen oder mit einer Ankreuzvariante gearbeitet wird. Bei der Ankreuzvariante sollte mit einer geraden Anzahl von Kreuzen gearbeitet werden, da sonst die Gefahr der »Tendenz zur Mitte« besteht, denn eine goldene Mitte gibt es im Leben selten. Da mit den Ankreuzbögen oftmals eine mangelnde Aussagekraft der gesetzten Kreuze verbunden ist, ist unter den Kreuzen eine Zeile zur Begründung vorzusehen. Sinnvoll sind auch offene Fragen, die es dem Feedbackgeber ermöglichen, ausführlicher und individueller sein Feedback darzulegen.

Feedbackbogen zum Seminar: ____________________

Ihre Meinung ist uns wichtig! Bitte geben Sie den Bogen nach Ende des Seminars ausgefüllt zurück. Vielen Dank.

	1	2	3	4	5	6
1. Wie beurteilen Sie den fachlichen Inhalt?	☐	☐	☐	☐	☐	☐
Anmerkung						
2. Haben Sie in diesem Seminar Neues erfahren?	☐	☐	☐	☐	☐	☐
Anmerkung						
3. Wie beurteilen Sie die fachl. Kompetenz der Ausbilderin?	☐	☐	☐	☐	☐	☐
Anmerkung						
4. War die zur Verfügung stehende Zeit ausreichend?	☐	☐	☐	☐	☐	☐
Anmerkung						
5. Wurden gestellte Fragen ausreichend erörtert?	☐	☐	☐	☐	☐	☐
Anmerkung						

Beispiel: Ein Feedbackbogen zu einem Tagesseminar für Auszubildende

1.6.5 Einsatz der Reflexionstechnik

Im Gegensatz zur Physik, in der Reflexion als ein Zurückwerfen verstanden wird, geht es in der Personalarbeit um das prüfende, vergleichende Nachdenken über vorgenommene Handlungen, praktizierte Strategien, zugrunde liegende Gedanken, Erkenntnisse und Empfindungen durch sich selbst (»Selbsterkenntnis als Schritt zur Besserung!«) oder andere.

Mit dem Begriff »Reflexionstechnik« kommt zum Ausdruck, dass man das (Selbst-)Reflektieren gezielt anwenden soll. Man kann sich angewöhnen, grundsätzlich sein Reden und Handeln, seine Stärken und Schwächen, aber auch seine Gefühle und Stimmungen sowie das eigene Rollenverständnis regelmäßig selbstkritisch zu hinterfragen, Alternativen zu prüfen und Folgen abzuschätzen. Ein allgemein gültiges Rezept hierzu gibt es allerdings nicht. Im personalwirtschaftlichen Dienstleistungsprozess kann dies im Rahmen von Meetings, Mitarbeitergesprächen, in (anonymen) Mitarbeiterbefragungen durch andere oder durch Selbstreflexion erfolgen.

Aus dieser Auseinandersetzung mit dem eigenen Handeln folgt im Idealfall die Erkenntnis für das weitere Handeln. Eine positive individuelle Entwicklung ohne persönliche Reflexion ist unwahrscheinlich.

1.6.5.1 Reflexion durch Thematisierung der Vergangenheit, der Gegenwart und der Zukunft

Der Sinn einer Reflexion ist, innezuhalten und neue Einsichten zu gewinnen.

Bei der **Vergangenheitsbetrachtung** versucht man, Verbindungen zu ähnlichen Situationen in der Vergangenheit herzustellen. Die Leitfrage lautet: »Wie hat man eine solche Situation in der Vergangenheit erfolgreich lösen können?«; »Welche Fehler habe ich gemacht?«

Bei der **Gegenwartsbetrachtung** geht es darum, sich die gegenwärtige Situation bewusst zu machen. Leitfragen sind: »Welche Themen und Gefühle beschäftigen mich?«, »Was würden andere in meiner derzeitigen Situation machen?«, »Welche Lösungsmöglichkeiten besitze ich?«.

Bezogen auf die **Zukunftsbetrachtung** geht es um künftige Szenarien und die Handlungsstrategien für die Zukunft. Leitfragen sind z. B.: »Wie sieht die künftige Situation aus?«, »Welche Prozesse/Aktivitäten führen zu welchen Ergebnissen?«.

In diesem Zusammenhang sind folgende reflektierende Fragen für ein professionelles Personalmanagement von Bedeutung:

- Was ist mein Auftrag als Berater und wie könnte er sich verändern?
- Was ist meine Rolle als Berater und wie könnte sie sich verändern?
- Unter welchen Annahmen über die zu Beratenen sowie die Umwelt/Rahmenbedingungen kam bzw. komme ich meiner Tätigkeit nach und wie werden sich diese verändern?
- Welche Werte und Einstellungen leiteten bzw. leiten meine Beratungstätigkeit und wie sollte diese künftig aussehen?
- Welche Ziele und Strategien leiteten das Personalmanagement und welche sollten es leiten?
- Wie hat das Personalmanagement in der Vergangenheit gearbeitet, wie arbeitet es heute und wie könnte es arbeiten?
- Wie waren bzw. sind Abläufe und Prozesse im Personalmanagement bisher organisiert und wie könnten sie künftig organisiert werden?
- Wie beurteilten bzw. beurteilen die internen und externen Kunden die Arbeit des Personalmanagements und wie könnte eine bessere Beurteilung ermöglicht werden?
- Wie unterstützte bzw. unterstützt das Personalmanagement die Eigenverantwortung der Mitarbeiter und wie könnte dies noch verbessert werden?
- Welche Schnittstellen gab bzw. gibt es und wie lassen sie sich vermeiden?

1.6.5.2 Reflexion mithilfe anderer Verfahren

Aus dem Privatleben ist das Reflexionsinstrument **Tagebuch** bekannt. Auf die Arbeitswelt übertragen kann dies ein Seminar-, Projekt- oder Arbeitstagebuch sein. Es wird in beiden Fällen mehr oder weniger strukturiert festgehalten, was eine Person privat bzw. beruflich bewegt.

Ein stärker strukturiertes Reflexionsinstrument sind **Reflexions-(frage)bögen** mit gezielten Leitfragen, die der Situation, den Personen und dem Ziel entsprechend formuliert sind.

Darüber hinaus ist es auch für Personalfachleute sinnvoll, nach Abschluss schwieriger oder bedeutender Gespräche diese mithilfe von Leitfragen zu reflektieren (z. B. »Habe ich das Gesprächsziel erreicht?« oder »Welche Regeln der Gesprächsführung habe ich beachtet und welche nicht?«).

Reflexion kann auch im Rahmen eines Coachings oder einer Moderation stattfinden. Coaching bedeutet in diesem Fall, die Potenziale der Mitarbeiter auf ihren jeweiligen Entwicklungsstand reflektierend entfalten zu helfen. Erfahrene Mitarbeiter aus dem Personalwesen werden hierbei als neutrale Coaches für kurze oder längere Dauer den Kollegen bzw. Mitarbeitern zur Seite gestellt.

In der Unternehmenspraxis geschieht dies z. B. als:

- Pate für Kollegen, die neu in das Unternehmen kommen (insbes. bei Auszubildenden, Praktikanten oder Trainees)
- Coach für Kollegen, die soziale Probleme mit Kollegen haben
- Berater für Kollegen, die arbeitsrechtliche Fragen haben
- Therapeut für Kollegen mit psychischen Schwierigkeiten oder Alkoholproblemen
- Coach für Kollegen mit familiären und privaten Problemen

Eine weitere sinnvolle Form der Reflexionstechnik ist das sogenannte **Johari-Fenster** (benannt nach den US-Psycholgen Joe Luft und Harry Ingham (1970)). Die beiden haben ein Kommunikations-Verhaltensfenster als Vier-Felder-Schema entworfen, als ein wertvolles Hilfsmittel zu zeigen, welche Betrachtungsweisen möglich sind.

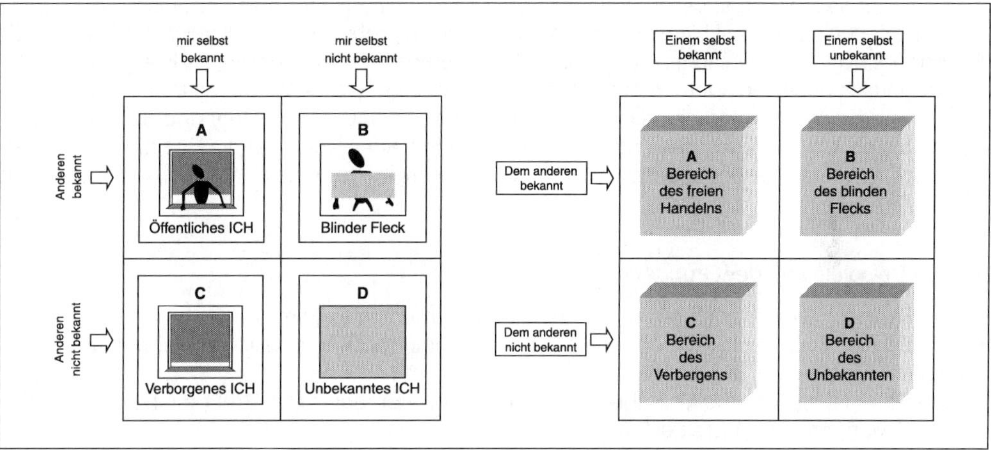

Johari-Fenster

- Fenster A (Arena/Öffentliches Ich):
  Hinter diesem Fenster befindet man sich selbst und weiß/fühlt, was einen prägt oder bewegt. Aber auch von außen können andere meine Person und mein Verhalten betrachten und Erkenntnisse zu meiner Situation gewinnen.

- Fenster B (Blinder Fleck):
  Im Gegensatz zu mir selber können andere hier hinein sehen und wissen, wie es um mich steht. Die einzige Möglichkeit, für mich in Erfahrung zu bringen, was sich hinter dem Fenster verbirgt, ist, dass mir andere mitteilen, was sie dort sehen.

- Fenster C (Fassade):
  Nur ich weiß hier, was sich hinter diesem Fenster verbirgt. Ich halte es für die anderen verborgen. In diesem Bereich liegen die Seiten meines Ichs, von denen ich vermeiden möchte, dass andere diese mitbekommen.

- Fenster D (Das Unbewusste):
  Dieses Fenster ist sowohl für mich wie für andere undurchsichtig und verborgen.

Zu künftigen Entwicklungen:
Wenn man unterstellt, dass Statistiken auf Tatsachenmaterial beruhen, dann ist Reflexion auf Tatsachenbasis ein sinnvolles Verfahren, das vielfach realistische Folgerungen erlaubt (z. B. Wahlkampfprognosen).

Bei der **Trendextrapolation** handelt es sich um Prognosen auf der Basis von erstellten Zeitreihen. Die Werte einer Zeitreihe lassen sich oftmals zur Prognose der künftigen Werte nutzen (z. B. Wettquoten für Fußballspiele).

Ferner können **Planspiele** mit unterschiedlichen Voraussetzungen in der Personalarbeit eingesetzt werden. Sie ermöglichen ein der unternehmerischen Praxis entsprechendes modellartiges Szenario der Zukunft.

1.6.5.3 Veränderungen des Bezugsrahmens mithilfe von Metaphern

Metaphern sind bildhafte Ausdrücke, Wortgruppen, Sinnsprüche, die aus ihrem ursprünglichen Zusammenhang in einen anderen Bedeutungsrahmen übertragen werden. Ihr Einsatz ist in Beratungssituationen manchmal hilfreich, manchmal aber auch problematisch. Hilfreich, weil sich durch die Metapher Dinge vereinfachen lassen. Das damit verbundene Problem ist die Interpretation, die unterschiedlich ausfallen kann. In der Personalarbeit besteht die Gefahr, dass durch den Einsatz von Metaphern durch unterschiedliche Interpretationen Verwirrung entsteht und Betroffene sich verletzt fühlen können. Auch besteht die Gefahr, dass mit einer Metapher die Realität verschleiert wird oder die Metapher unpassend ist (z. B. »Drückeberger« für eine Person, die wirklich krank ist).

Weitere Beispiele aus der Gruppenarbeit:

- Der »Faulpelz« verhält sich passiv und ist durch Fordern zu fördern.
- Der »Quatschkopp«, ist einerseits positiv für die Stimmung, andererseits nachteilig durch Ablenkung der Gruppe von der Arbeit.
- Der »Star« ist ein informeller Führer und spielt für das Ergebnis der Gruppe eine große Rolle. Vom Moderator ist er gezielt einzubeziehen.
- Der »Streber« orientiert sich stark am Moderator und »strebt« nach Anerkennung. Er darf den anderen nicht Arbeit abnehmen und die Diskussion dominieren.
- Der »Einzelgänger« arbeitet am liebsten alleine. Ihn gilt es in die Gruppe zu integrieren.

Auch Ausdrücke wie Angsthase, Schleimer, Wendehals, Schöngeist, Pharisäer, Samariter sind Metaphern. Während manche harmlos verniedlichend klingen, sind andere negativ, eindeutig verletzend gemeint. Im richtigen Kontext angewandt, können auch sie manchmal heilsam wirken.

Auch die Namen berühmter Personen, die für Leistungen auf einem bestimmten Gebiet bekannt sind, können als Metaphern dienen, z. B. »Ich bin eben nicht Einstein.«, »Spielen Sie doch nicht Mutter Theresa.«.

1.7 Präsentations- und Moderationstechniken einsetzen

1.7.1 Moderierte Teamarbeit – Denken im Dialog

Arbeit in kaufmännischen und verwaltenden Berufen findet mehrheitlich als routinemäßiger Ablauf in Einzeltätigkeit statt. Sobald ungewohnte Aufgaben zu bewältigen sind, Probleme gelöst oder neue Wege beschritten werden sollen, bietet es sich an, das Wissen, die Erfahrungen und die kreativen Fähigkeiten der Mitarbeiter zusammenzufassen und gemeinsam nach der besten Lösung zu suchen.

Man geht davon aus, dass durch das unmittelbare Aufeinandertreffen verschiedener Standpunkte und Sichtweisen eher ein optimales Ergebnis zu erreichen ist, als durch die isolierte Tätigkeit Einzelner. Selbstverständlich ist ein solches Resultat allerdings nicht. Voraussetzung sind zumindest die sinnvolle Zusammenstellung der Gruppe, die gezielte, konzentrierte Beteiligung aller Teilnehmer und die Vermeidung jeglicher Abschweifungen vom vorgegebenen Thema. Die Aufgabe eines Moderators besteht im Wesentlichen darin, für die Einhaltung dieser Grundsätze zu sorgen.

1.7.1.1 Die (Denk-)Werkstatt

Der Ausdruck (Denk-)Werkstatt, wie im Rahmenplan verwendet, ist im Deutschen recht ungewöhnlich. Gebräuchlicher ist der aus dem Englischen übernommene, synonyme Begriff Workshop.

Wesentlich ist, dass eine wirklich freie Diskussion stattfindet, jeder Teilnehmer seine Vorstellungen ohne Hemmungen entwickeln kann und sich ein echter Gedankenaustausch entwickelt. Es dürfen sich keine Hierarchien im Team bilden, auch wenn Teammitglieder aus verschiedenen Funktionen und Ebenen zusammensitzen.

Vorteile von Themenbearbeitungen in Workshops sind:

- Eine Vielzahl von Lösungsvorschlägen aus der Gruppe
- Großes Informations- und Kreativitätspotenzial
- Ausgewogene Entscheidungsfindung
- Steigerung der Mitarbeitermotivation durch Beteiligung
- Die Beteiligung an Gruppenproblemlösungen erhöht deren Akzeptanz.
- Die Klärung von offenen Punkten in der Gruppe steigert eine nachhaltige Integration.
- Förderung der Sozialkompetenz
- Mitarbeiter, die sonst räumlich getrennt sind, kommen zusammen, es wird direkt kommuniziert.

1.7.1.2 Die Rolle des Moderators

Am Beispiel der üblichen Fernsehdiskussionen lassen sich die grundsätzlichen Aufgaben eines Moderators verdeutlichen. Er bemüht sich durch passende Fragen, kurze Einblendungen und Informationen die Diskussion zwischen den Teilnehmern anzuregen und auf das vorgegebene Thema zu fokussieren. Er sorgt dafür, dass jeder Teilnehmer zu Wort kommt und nicht einzelne die Runde dominieren.

Er selbst beteiligt sich nicht an der Auseinandersetzung. Seine Rolle beschränkt sich im Wesentlichen auf Steuerung und Motivation.

Freilich hat die Moderation einer Fernsehdiskussion nicht die Bedeutung eines betrieblichen Workshops, bei dem es u. U. um wesentliche unternehmerische Entscheidungsfindungen geht. Es muss insbesondere ein vernünftiges, realisierbares Ergebnis erreicht werden.

Anwendungsbereiche der Moderationsmethode:

- Workshops
- Betriebsversammlungen
- Diskussionsrunden
- Schlichtungen
- Konfliktmanagement
- Kreativitätsentwicklung
- Assessment-Center
- Kick-off-Veranstaltung

Die Rolle des Moderators kann durch folgende Aussagen beschrieben werden:

- Der Moderator hält sich mit eigenen Wertungen und Ansichten zurück, vermeidet Richtig- oder Falsch-Beurteilungen,
- stellt Fragen nach den Regeln der Fragetechnik (offene W-Fragen), vermeidet es, in fachliche Fragen einbezogen zu werden,
- verhält sich neutral gegenüber allen Teilnehmern der Gruppe, bemüht sich jedoch, zurückhaltende Teilnehmer zur Mitarbeit anzuregen,
- beschränkt sich überwiegend auf aktives Zuhören, redet selbst möglichst wenig und nur, um den Gedankenaustausch der Teilnehmer anzuregen,
- betrachtet sich nicht als Mittelpunkt, nicht als Leiter, sondern als eine Art Wegbereiter, Vermittler und Motivator,
- setzt Moderationsmethoden und -techniken sowie Hilfsmittel ein, um die Ergebnisse zu visualisieren und zu dokumentieren.

Ein guter Moderator verfügt darüber hinaus über folgende Eigenschaften und Fähigkeiten:

- Er setzt gezielt Fragetechniken ein,
- ist geduldig,
- besitzt Empathie,
- besitzt ein gutes Zeitmanagement,
- besitzt eine gute Rhetorik,
- besitzt, soweit im Einzelfall erforderlich, eine ausreichende Fachkompetenz,
- ist flexibel,
- verfügt über Erfahrung,
- arbeitet zielorientiert.

Der Moderator setzt Methoden zur Erwartungsabfrage, Strukturierung, Problemsammlung und Problemlösung ein. Er ist Experte für Wege, auf denen ein Team die angestrebten Lern- und Arbeitsziele erreichen kann. Dabei wirkt er mehr im Hintergrund und greift nur moderierend und strukturierend ein. Er ist »Geburtshelfer«, »gebären« müssen die Teammitglieder selber.

Grundvoraussetzung für eine professionelle Moderation ist in der Regel ein gut gefüllter Moderationskoffer sowie Moderationserfahrung. Eng mit der Moderationsmethode verbunden sind Kreativitäts- und Problemlösungstechniken (z. B. Kartenabfrage, Brainstorming, Mindmap).

Möglicher Ablauf einer Moderation und Rolle des Moderators:

Der Verlauf einer Moderation hängt im Einzelnen vom jeweiligen Thema ab. Allgemein betrachtet, wird in der Regel die folgende Struktur zu empfehlen sein:

1. Vorbereitung
2. Begrüßung/Einstieg:
   - Der Moderator stellt ein positives und motivierendes Arbeits- bzw. Lernklima her,
   - nennt das Thema oder die Problemstellung der Moderation und gibt den Teammitgliedern Zielorientierung,
   - ermöglicht ggf. das gegenseitige Kennenlernen der Teammitglieder und seiner Person,
   - klärt die Erwartungen,
   - erläutert seine Rolle,
   - erklärt den Ablauf der Moderation, gibt Spielregeln vor und nennt eine Zeitvorgabe.
3. Themen/Aufgaben sammeln:
   - Der Moderator setzt gezielt Kreativitäts- und Problemlösungstechniken zur Identifizierung relevanter Themenbereiche ein.
4. Themen auswählen:
   - Der Moderator definiert Teilprobleme oder -aufgaben,
   - bewertet Themen und legt Prioritäten fest,
   - erstellt einen Themenspeicher.
5. Maßnahmen planen:
   - Der Moderator legt die Verantwortlichkeiten fest,
   - legt Termine fest.
6. Themen bearbeiten:
   - Die Teilnehmer bearbeiten bzw. lösen die Aufgabenstellung bzw. das Problem. Der Moderator greift ein, wenn die Diskussion ins Stocken gerät oder aus dem Ruder zu laufen droht.
7. Abschluss:
   - Der Moderator fasst die Ergebnisse zusammen,
   - holt Feedback ein,
   - gibt einen Ausblick,
   - verabschiedet die Teammitglieder und dankt für die Mitarbeit.

Auch **Besprechungen (Sitzungen)** werden durch sinnvolle Moderationen effektiver. Regeln für eine erfolgreiche Besprechung:

- Timing:
  Man fängt pünktlich an und hält sich an vereinbarte Pausen und Endtermine.
- Zielsetzung:
  Man kennt die Ziele der Besprechung und weiß, in welchen Schritten man sie erreichen kann und wie viel Zeit für die einzelnen Punkte einzuplanen ist.
- Funktion:
  Man weiß, warum man an der Besprechung teilnimmt und kennt seine Funktion.
- Kompetenz:
  Man beginnt die Besprechung gut vorbereitet, und alle Beteiligten besitzen die Informationen und Kompetenzen, um mitzuwirken, das Besprechungsziel zu erreichen.

- Protokoll:
  Man legt vor der Besprechung die Protokollform und den Protokollführer fest.
- Leitung:
  Es gibt einen Sitzungsleiter/Moderator, der Spielregeln definiert und diese kontrolliert.
- Gesprächstechnik:
  Man hält sich an die Regeln der konstruktiven Gesprächsführung, d. h. man
  - ist vorbereitet,
  - formuliert verständlich,
  - bringt sich aktiv ein,
  - fasst sich kurz,
  - konzentriert sich auf das Thema und schweift nicht ab,
  - stellt eigene Beiträge zurück, wenn sie nicht in den Zusammenhang passen,
  - bleibt sachlich und geht respektvoll mit anderen Personen und Meinungen um,
  - kontert Behauptungen nicht mit Gegenbehauptungen, sondern fragt nach,
  - verwendet keine »Killerphrasen«,
  - lässt andere ausreden,
  - hört aktiv zu und geht auf andere ein.
- Konsens:
  Man hat eine Vorstellung, wie man zu einer gemeinsam getragenen Entscheidung kommt und hält sich später an gefasste Beschlüsse.
- Nachbereitung:
  Die Besprechung endet mit konkreten Aufgaben, anschließend hält man sich an inhaltliche und terminliche Beschlüsse.
- Kritische Würdigung:
  Man fragt sich selbstkritisch, was man bei der nächsten Besprechung anders bzw. besser machen kann.

Empfehlungen für den Moderator zur erfolgreichen Vorbereitung einer Besprechung/Sitzung:

- Den passenden Termin und die passenden Räumlichkeit auswählen,
- Tagesordnungspunkte festlegen,
- die Teilnehmer einladen,
- die notwendige Technik für die Durchführung der Sitzung prüfen.

Empfehlungen für den Moderator zum erfolgreichen Abschluss einer Besprechung/Sitzung:

- Nichts Inhaltliches darf offenbleiben
- Ergebnisse dokumentieren und an die Teilnehmer und auch an Verhinderte verteilen
- Meta-Kommunikation betreiben
- Aufgaben delegieren
- Feedback an die Teilnehmerrunde geben
- Ausblick auf das weitere Vorgehen geben
- Für die Teilnahme und Mitarbeit danken
- Sich von den Anwesenden angemessen verabschieden

1.7.1.3 Die Rolle der Teammitglieder

Voraussetzung für produktive Ergebnisse der Teamarbeit ist, dass die Teammitglieder sich ihrer Rolle bewusst sind und sich optimal einbringen.

Hierzu zählen folgende Aktivitäten der Teammitglieder, die sich zeitlich ordnen lassen:

Vor der Moderation:

- Gut vorbereitet sein
- Verhinderungen vermeiden
- Intrinsisch motiviert sein
- Pünktlich sein
- Störungen ausschließen
- Benötigtes Material mitbringen

Während der Moderation:

- Aktiv sein
- Aktiv zuhören
- Konzentriert sein
- Beiträge einbringen
- Improvisieren
- Flexibel sein
- Gezielt Fragen stellen
- Aufmerksam sein
- Killerphrasen vermeiden
- Nicht abschweifen
- Nicht durcheinandersprechen
- Spielregeln einhalten

Nach der Moderation:

- Sich verabschieden
- Andere informieren
- Nachbereitung vornehmen
- Feedback geben
- Entscheidungen mittragen
- Vertraulichkeit wahren
- Vereinbarte Aufgaben erfüllen
- Vereinbarungen kontrollieren

Teammitglieder werden sich am besten einbringen können, wenn folgende Voraussetzungen gegeben sind:

- Das Ziel der Teamarbeit ist klar definiert.
- Die Rahmenbedingungen sind ausreichend/angemessen.
- Das Team ist weitgehend homogen.
- Alle Teammitglieder sind engagiert und kooperativ.

1.7.1.4 Vorgehensweise bei Problemlösungen

Hierbei geht es darum, Methoden einzusetzen, die auf die Freisetzung von Potenzial der Problemerkennung, Problemlösung und Kreativität abzielen.

Strukturiert man die Vorgehensweise, kann man von einem Problemlösungszyklus sprechen.

1. Schritt: **Situationsanalyse:** Welches Problem existiert?
2. Schritt: **Zielsetzung:** Was soll erreicht werden?
3. Schritt: **Konzeptentwurf:** Welche Lösungsmöglichkeiten sind denkbar?
4. Schritt: **Bewertung:** Welche Lösungsalternativen sind sinnvoll?
5. Schritt: **Entscheidung:** Wie soll die ausgewählte Lösung realisiert werden?
6. Schritt: **Evaluation:** Wie erfolgreich und angemessen war die ausgewählte Lösung?

1.7.2 Gruppenarbeitstechniken

Man unterscheidet Such-, Aufbereitungs-, Prognose- und Bewertungstechniken.

1.7.2.1 Suchtechniken

Suchtechniken sind Brainstorming, Kartenabfrage, Umkehrmethode und die Methode 6–3–5.

Brainstorming

Beim Brainstorming (Ideensturm, Gedankenwirbel, Denkrunde) handelt sich um eine lernaktive Methode zur Gewinnung von Ideen und Lösungsvorschlägen in Form eines gemeinsamen »lauten Denkens«. Die Teilnehmer sollen motiviert werden, frei, ungehemmt und assoziativ eine möglichst große Anzahl von Ideen und Lösungsvorschlägen zu produzieren. Der Moderator notiert und strukturiert diese. In einem nächsten Schritt werden gemeinsam Ordnungsstrukturen erarbeitet und diskutiert. Im Privatleben wenden wir das Brainstorming oftmals bewusst oder unbewusst an, wenn es bspw. um Weihnachtsgeschenke oder den Namen für ein Kind geht.

Anwendungsmöglichkeiten/Rahmenbedingungen/Einsatzgebiete

- Die Methode lässt sich leicht erklären.
- Die Teilnehmer werden aktiviert.
- Probleme lösen wird geübt.
- Kreativität wird gefördert.
- Eine große Ausbeute an Ideen wird in kurzer Zeit erreicht.
- Die Methode kann helfen, unbewusstes Wissen »hervorzulocken«.
- Die Konzentration wird auf ein Thema oder Problem gebündelt.
- Ideen und Gedanken aller Teilnehmer können aufgegriffen und weiterentwickelt werden.
- Ergebnisse können als Gruppenleistung erlebt werden.
- Es werden keine Materialien benötigt.

Problembereiche/Nachteile

- Auswertung, Ordnung und Strukturierung sind nicht immer einfach.
- Unpassende Beiträge können vom eigentlichen Problem ablenken.
- Nicht wortgewandte und schüchterne Teilnehmer werden nicht aktiviert.
- Dominanz oder Passivität einzelner Teilnehmer.

Spielregeln/Idealtypischer Ablauf

- Der Gruppenleiter nimmt i. d. R. bei dieser Methode die Rolle des Moderators ein.
- Der Moderator fordert die Beiträge der Teilnehmer ein.
- Ideen und Gedanken werden zunächst weder von den Teilnehmern noch vom Moderator kommentiert und bewertet.
- »Kreatives Spinnen« ist erwünscht.
- Es wird keine Kritik geübt.
- Quantität geht vor Qualität.
- Fantasie und Originalität gehen vor Vernunft und Logik.
- Alle Ideen und Gedanken werden dokumentiert. Es sind auch Ideen erlaubt, die unter den gegebenen betrieblichen Möglichkeiten nicht realisierbar sind.
- Abschließende Besprechung bzw. Auswertung der Ideen mit der Gesamtgruppe.

Gliederung

Gliedert man den Ablauf eines Brainstormings, spricht man von folgenden Phasen:

1. Äußerungsphase
2. Ordnungsphase
3. Bewertungsphase
4. Vertiefungsphase
5. Schlussphase

Rolle des Moderators

Der Moderator:

- Stellt das Problem oder die Aufgabe vor.
- Erläutert den Ablauf und die Spielregeln.
- Legt einen Zeitrahmen fest und überwacht diesen.
- Fordert die Teilnehmer auf, spontan Ideen zur Lösung der Aufgabe oder des Problems zu äußern.
- Hilft beim Dokumentieren, Ordnen, Gliedern und Bewerten der Gedanken und Ideen.
- Stellt Fragen und stellt Verbindungen her.
- Überwacht die Regeleinhaltung.
- Schützt Teilnehmer mit weniger überzeugenden Ideen vor Kommentaren anderer.

Aufgabe der Teilnehmer

- Sie äußern ihre Gedanken und Ideen umgehend, ungehemmt und kreativ.

Kartenabfrage

Die Kartenabfrage ist eine Erweiterung des Brainstormings. Der Grundgedanke ist der gleiche. Die Methode ermöglicht den Teilnehmern einer Moderation, Themen, Fragen, Ideen, Lösungsansätze und Gedanken (auch anonym) auf Karten niederzuschreiben, die anschließend an der Pinnwand (Meta-Plan) strukturiert und gemeinsam ausgewertet werden (Meta-Plan-Technik). Es handelt sich bei der Kartenabfrage um eine strukturierte Stoffsammlung mit anschließender Besprechung bzw. Auswertung.

Die Kartenabfrage erfolgt hauptsächlich in der fortgeschrittenen Phase einer Moderation, kann aber auch in anderen Zusammenhängen (Erwartungsabfrage oder Feedback) stattfinden.

Es werden vier Formen des Strukturierens unterschieden

- Offen: Jeder pinnt seine Moderationskarten selber an.
- Anonym: Der Moderator sammelt die Karten verdeckt ein und pinnt sie an.
- Vorstrukturiert: Der Moderator gibt Ordnungskriterien vor, die Karten werden entsprechend zugeordnet (geclustert).
- Assoziativ: Erst werden die Karten unstrukturiert gesammelt, dann ordnet die Gruppe oder der Moderator diese nach (selbst)gewählten Kriterien.

Anwendungsmöglichkeiten/Rahmenbedingungen/Einsatzgebiete

- Die Methode ist einfach zu erklären.
- Die Konzentration bündelt sich auf ein Thema oder Problem.
- Die Gedanken und Ideen können jederzeit neu geordnet werden.
- Mit dieser Methode lassen sich aufgrund der damit verbundenen Anonymität heikle Themen besser als beim Brainstorming abhandeln.
- Alle Beteiligten werden gleich behandelt.
- Redeschwachen und schüchternen Teilnehmern wird eine Chance zur aktiven Mitarbeit gegeben.
- Es findet ein sanfter »Zwang« zur Teilnahme über die ausgeteilten Karten statt.
- Das Ergebnis kann als Gruppenleistung erlebt werden.

Problembereiche/Nachteile

- Unprofessionelle Moderation
- Fehlende Materialien

Spielregeln/Idealtypischer Ablauf

- Alle Ideen und Gedanken werden visualisiert.
- Hilfsmittel sind i. d. R. Moderationskoffer, Pinnwand (Meta-Plan) und Moderationskarten (Meta-Plan-Karten).
- Alle Karten haben die gleiche Form.
- Alle Stifte sind gleich, möglichst halb dicke Filzstifte benutzen.
- Maximal ein Gedanke/Schlüsselwort pro Karte, keinesfalls mehr als zwei Zeilen pro Karte.
- Entweder werden Oberbegriffe zuvor festgelegt, denen die Karten zugeordnet werden, oder die Oberbegriffe werden beim Anpinnen festgelegt.

Rolle des Moderators

Der Moderator:

- Stellt das Problem oder die Aufgabe vor.
- Erläutert den Ablauf und die Spielregeln.
- Legt den Zeitrahmen fest und überwacht diesen.
- Reicht den Teilnehmern Karten und Stifte.
- Sammelt die Karten ein und verdeckt sie.
- Liest die Karten vor und stellt Verständnisfragen dazu.
- Heftet die Karten an die Pinnwand.

Rolle der Teilnehmer

Die Teilnehmer:

- Machen sich Gedanken, sind kreativ.
- Schreiben ihre Gedanken (anonym) auf die Moderationskarten (in Druckschrift).
- Helfen ggf. bei der Strukturierung der Karten.

Umkehrmethode

Eine interessante Variante des Brainstormings ist die Umkehrmethode. Dabei werden die Sachverhalte »auf den Kopf gestellt«, um zu einer besseren Lösung zu gelangen. Man macht sich hierbei die Tatsache zunutze, dass der Verstand, wenn er negativ denkt, sehr produktive Ergebnisse liefern kann. In einem Umkehrschritt wandelt man die negativen Erkenntnisse in positive Ideen um. Kombiniert man beide Varianten, erhält man i. d. R. die erfolgreichsten Ergebnisse.

Führt man das Brainstorming oder die Kartenabfrage als Umkehrmethode in zwei Gruppen durch, kann zudem ein produktiver Wettbewerb entstehen.

Methode 6–3–5

Bei dieser Methode entwickeln sechs Teammitglieder jeweils drei Lösungsvorschläge innerhalb einer vorgegebenen Zeit von fünf Minuten. Jeder Teilnehmer schreibt seine drei Ideen auf Moderationskarten und reicht diese anschließend an das nächste Teammitglied weiter, welches anknüpfend an die Ideen des Vorgängers eigene neue Ideen entwickelt und an den nächsten Teilnehmer weitergibt. Am Ende der Runde haben alle Teilnehmer die Vorgaben ihrer Vorgänger durch ihre eigenen Ideen weiterentwickelt. Nach 30 Minuten kommt man auf diese Weise zu 18 Lösungsvarianten. Es gilt die am besten geeigneten Ideen anschließend gemeinsam herauszufiltern.

1.7.2.2 Aufbereitungstechniken

Aufbereitungstechniken sollen die Ergebnisse der Gruppenarbeit verdeutlichen, insbesondere durch eine strukturierte Visualisierung. Zu diesen Techniken zählen Mind-Map, Flussdiagramm und andere Diagramme.

Mind-Map

Mind-Mapping ist eine Technik mit nahezu unbegrenzten Möglichkeiten. Diese reichen von der Problemlösung, der Denkorganisation, dem Lernen, dem Speichern, dem Präsentieren, der Strukturierung, der kreativen Ideenfindung, der Projektplanung, der Gliederung von schriftlichen Arbeiten, den Zusammenfassungen von Texten bis zur Planung von Reden und Vorträgen. Damit verbunden ist die Möglichkeit, einen Sachverhalt zu entwickeln und sichtbar zu machen. Man kann von einem strukturierten Brainstorming sprechen. Das Mind-Map ist somit sowohl eine Such- als auch Aufbereitungstechnik.

Das Resultat des Mind-Mappings ist eine bildhafte Darstellung der Zusammenhänge oder Gedanken; eine Gedankenlandkarte in Form von Schlüsselwörtern. Ausgehend von einem Thema, einem Problem oder einer Fragestellung werden die damit verbundenen Aspekte und Assoziationen logisch strukturiert und auf Haupt- und Nebenästen visualisiert. Jedes Mind-Map ist einzigartig.

Das Gliederungsprinzip besteht darin, das Mind-Map vom Allgemeinen (innen) zum Speziellen (außen), von Oberbegriffen zu Unterbegriffen zu entwickeln. Aus einem kreativen Chaos der Gedanken entsteht eine sinnvolle Verknüpfung. Die Methode kann sowohl von den Teilnehmern selbst angewandt werden (Einzel-Mind-Map) oder eine andere Person tritt als Moderator auf, die die Aufgabe des Zeichnens und Strukturierens übernimmt (moderiertes Mind-Map).

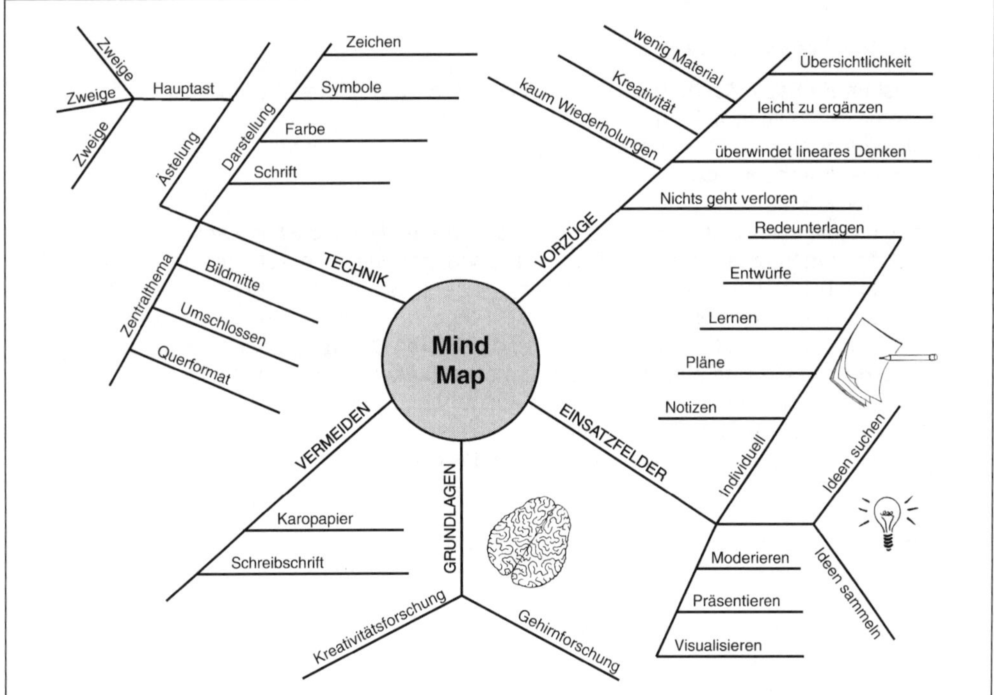

Mind-Map zum Thema Mind-Mapping

Anwendungsmöglichkeiten/Rahmenbedingungen

- Beide Gehirnhälften werden angesprochen (gehirngerechte Methode).
- Die Methode ist einfach erlernbar und fast überall anwendbar.
- Die Strukturierung der Gedanken erfolgt während der Ideenfindung.
- Kreatives Chaos im Kopf wird strukturiert und visualisiert.
- Gedanken werden nicht eingeengt, sondern geordnet.
- Komplexität wird verständlicher/eingängiger gemacht.
- Ein zentrales Thema steht im Mittelpunkt.
- Der »rote Faden« bleibt in der Grundstruktur des Mind-Maps erhalten. Wichtige Ideen finden sich in der Nähe der Bildmitte, weniger wichtige eher am Rande.
- Durch den Einsatz von Schlüsselwörtern können viele Gedanken in kurzer Zeit auf engem Raum dargestellt werden.
- Mit dem Mind-Map entsteht nicht nur eine verdichtete Sammlung von Informationen, sondern auch eine sinnvolle Verknüpfung derselben.
- Ergänzungen sind möglich.

Sinnvolle Einsatzgebiete sind:

- Projektmanagement
- »Abklopfen« von Vorwissen
- Ergebnispräsentationen
- Strukturierung von Zusammenhängen
- Auch die Präsentation des praktischen Teils der PFK-Prüfung lässt sich mithilfe eines Mind-Maps durchführen.
- Die Methode lässt sich auch im Privatleben bspw. zur Urlaubsplanung, für den Großeinkauf oder für jede Art von Vorbereitung einer Feierlichkeit einsetzen.

Idealtypischer Ablauf/Spielregeln:

- Möglichst große Papierfläche (evtl. Flipchart oder Pinnwand) bereitstellen.
- Querformat des Blattes wählen.
- Gute, leserliche Schrift (Druckschrift) verwenden.
- Grafiken und Symbole nutzen.
- Farben verwenden.
- Man beginnt mit einer kreativen Phase, der sich eine analytische Phase anschließt.
- Das Thema kommt in die Mitte des Blattes. Hiervon gehen große Äste, die für wichtige Unterthemen stehen, ab. Von diesen gehen wieder kleinere Äste mit Gedanken zu Unterthemen ab. Das Gliederungsprinzip besteht darin, das Mind-Map vom Allgemeinen (innen) zum Speziellen (außen), von abstrakten Oberbegriffen zu den konkreten Unterbegriffen zu ordnen.
- Das entstehende Gebilde ähnelt einem Baum ohne Blätter. In der Mitte befindet sich ein kräftiger Stamm, von dem große tragende Äste ausgehen. Diese teilen sich in Zweige und kleine Nebenzweige, die immer weiter nach außen wachsen.
- Wenn das Mind-Map zu unübersichtlich wird, ist das Ergebnis noch einmal sauber nachzuzeichnen.

Rolle des Moderators (beim moderierten Mind-Map)

Der Moderator:

- Stellt das Problem oder die Aufgabe dar.
- Erklärt den Ablauf und die Spielregeln.
- Legt den Zeitrahmen fest und überwacht diesen.
- Übernimmt die Visualisierung.

Rolle der Teilnehmer

Die Teilnehmer:

- Äußern ihre Gedanken zu dem Thema oder Problem.
- Schreiben entweder die Gedanken selber auf die Haupt- und Nebenäste oder der Moderator übernimmt diese Rolle.

Vermieden werden sollte:

- Schreibschrift
- Aus Wörtern heraus Zweige zu zeichnen
- Schlüsselwörter unter die Linie schreiben
- Ein zu großes Chaos

Flussdiagramm

Mithilfe eines Flussdiagramms kann Ablauf oder Reihenfolge von Ereignissen als Prozess dargestellt werden.

Flussdiagramme können vielfältig eingesetzt werden (bspw. als Materialfluss bei der Herstellung von Produkten oder als Darstellung eines Prozesses wie des Einstellungsprozesses im Unternehmen). Bei der grafischen Darstellung werden bestimmte definierte Symbole benutzt, um den Zusammenhang im zeitlichen Ablauf und organisatorischen Rahmen aufzuzeigen und eine gewisse Transparenz zu erreichen (→ 1.1.3.3).

Matrixdiagramm/Portfolio

Das Matrixdiagramm dient der anschaulichen Darstellung von Wechselwirkungen und Beziehungen zwischen zwei Faktoren durch Symbole oder Textanweisungen. Es wird dabei mit den Achsen und Feldern eines Quadrates gearbeitet. Beispielsweise werden in der Abbildung beiden Achsen unterschiedliche Merkmalsausprägungen (»Wichtigkeit« und »Dringlichkeit«) zugeordnet und in den vier Feldern Hinweise zu der damit verbundenen Bearbeitung gegeben.

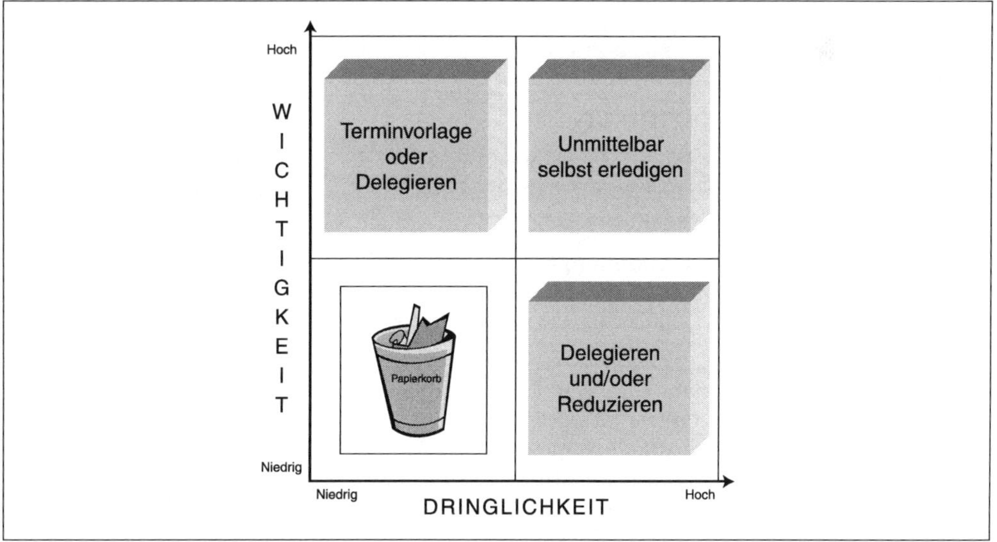

Das »Eisenhower-Prinzip« als Darstellung eines Matrixdiagramms/Portfolios

Schaubilder/Diagramme

Zur Darstellung statistischer Werte bieten sich unterschiedliche Grundformen von Schaubildern bzw. Diagrammen mit unterschiedlichen Zielsetzungen an:

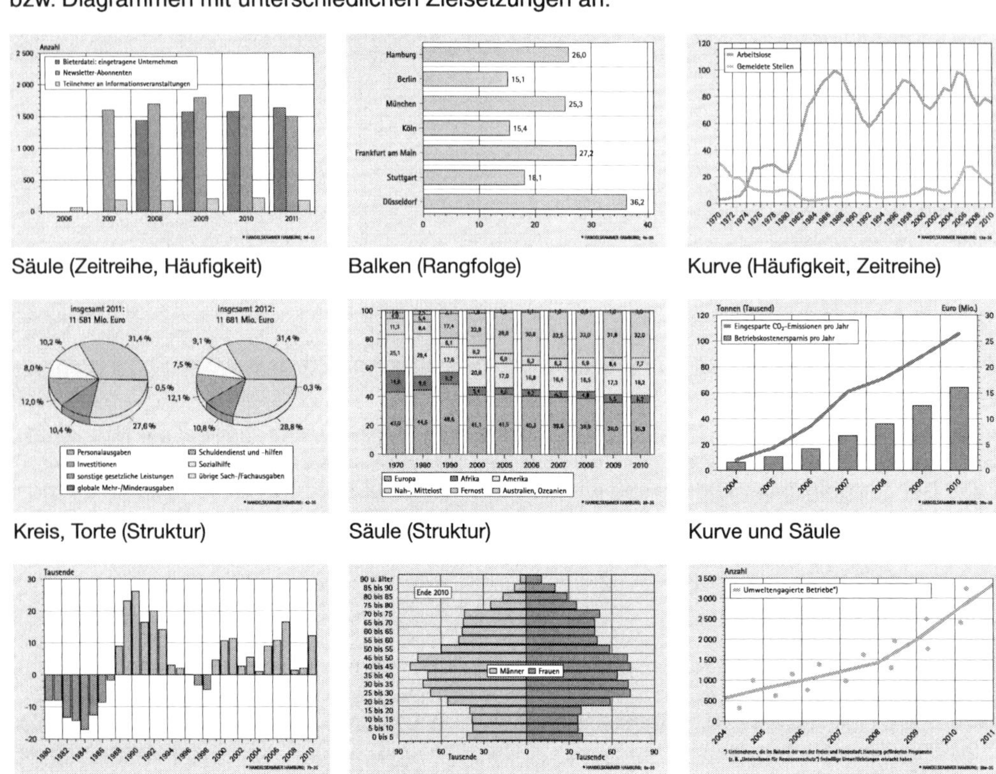

Säule (Zeitreihe, Häufigkeit)

Balken (Rangfolge)

Kurve (Häufigkeit, Zeitreihe)

Kreis, Torte (Struktur)

Säule (Struktur)

Kurve und Säule

Säule mit neg. Wertdarstellungen

Korrelation (Wechselbeziehung)

Punkte mit Trend, Tendenz

1.7.2.3 Prognosetechniken

Unter Prognosen versteht man Voraussagen über Entwicklungen sowie über erreichbare Zustände in der Zukunft, wenn bestimmte Erwartungen eintreffen. Zu den Prognosetechniken zählen die Trendextrapolation und die Szenarioanalyse.

Im Rahmen der **Trendextrapolation** wird eine an Vergangenheitswerten (Zeitreihe) errechnete Trendfunktion durch das Einsetzen entsprechender Werte für die Zukunft hochgerechnet. Dabei ist vorauszusetzen, dass die Verhältnisse, die in der Vergangenheit zu dem Trend führten, Bestand haben und auch in der Zukunft gelten.

Die **Szenarioanalyse** zielt darauf ab, Handlungsoptionen zu erarbeiten, die für das Erreichen eines Zieles als erforderlich betrachtet werden. Ein Szenario beinhaltet die Beschreibung einer möglichen Entwicklung bis hin zu einem prognostizierten Zustand, wie bspw. die Realisierung eines Sozialplans. Von besonderer Bedeutung ist die Ermittlung, welche Einflussgrößen für die Zukunft eine prägende Rolle spielen. Anschließend prognostiziert man, wie diese Einflussgrößen auf die Entwicklung wirken. Ausgangspunkt eines jeden Szenarios ist eine reale Ist-Situation als Basis der Einschätzung künftiger (alternativer) Entwicklungen bzw. Zukunftsbilder. Aus den strategischen Überlegungen können für die einzelnen Szenarien alternative Pläne entwickelt werden, die in der entsprechenden Situation dann angewendet werden können. Liegt bei der Szenarioerstellung die best- oder schlechtestmögliche Entwicklung zugrunde, erstellt man Extremszenarien (optimales oder schlechtestes Szenario).

Der Ablauf der Erarbeitung eines Szenarios erfolgt in folgenden Schritten:

1. Definition des Untersuchungsgegenstandes
2. Identifikation der Umfelder (z. B. Gesetze, Arbeitsmarkt, technische Entwicklung)
3. Beschreibung des Ist-Zustandes
4. Annahme möglicher Entwicklungen
5. Ermittlung von Störereignissen
6. Ausarbeitung von Szenarien
7. Formulierung von Strategien

1.7.2.4 Bewertungstechniken

Zur Problemlösung oder Zielerreichung gibt es zumeist mehrere sinnvolle Herangehensweisen. Aufgabe der Bewertungstechniken ist es, im Team die angemessenste Strategie zur Aufgaben- oder Problemlösung herauszufinden.

Dies kann geschehen durch:

- Gespräche (z. B. Einstellungsgespräche)
- Mitarbeiter- und Kundenzufriedenheitsanalyse (z. B. durch Befragungen)
- ABC-Analyse (z. B. bei der Analyse von Bewerbungen)
- Punktabfrage (z. B. nach unterschiedlichen Präsentationen zu einem Thema)
- Stärken-Schwächen-Analyse (z. B. bei Tests in Fachzeitschriften)
- Benchmarking (z. B. Vergleich des eigenen Produkts mit anderen (besseren))
- Früherkennungssysteme
- Verfahren wie Wertschöpfungsanalyse, Nutzwertanalyse oder Pareto-Diagramm, die im Weiteren betrachten werden.

Wertschöpfungsanalyse

Wertschöpfung ist die Differenz zwischen dem Umsatz und dem betrieblichen Aufwand der Leistungserstellung. Es geht für das Unternehmen darum, durch Wertschöpfung Gewinn zu erzielen (Gewinn = Umsatz – Kosten). Bei der Wertschöpfungsanalyse wird die Wertschöpfungskette, also die Aktivitäten zur Erstellung der Marktleistung dahingehend untersucht, Ansätze für die Schaffung von Wettbewerbsvorteilen zu finden.

Nutzwertanalyse

Hierbei geht es um die quantitativ-ökonomische Darstellung eines effektiven Nutzens. Jeder möglichen Variante wird ein in Zahlen ausgedrückter Wert zugeordnet. Lösungsansätze werden hier nach einem Rangordnungsverfahren (Scoring-Modell) meist in Form einer Tabelle betrachtet. Bewertungskriterien sind zumeist wirtschaftliche, technische, rechtliche oder soziale Merkmale, konkret z. B. Umsatzzahlen, Aufträge von Kunden oder Ausschussquoten. Ausgewählt wird die Variante, die den höchsten Nutzen verspricht.

In der ersten Spalte wird eine angemessene und detaillierte Kriterienliste angelegt, welche das Pflichtenheft widerspiegelt. Sinnvoll ist es, daran anschließend den Merkmalen eine Gewichtung zuzuordnen. In den folgenden Spalten werden die Erfüllungsgrade der einzelnen betrachteten Produkte/Systeme bezogen auf die Kriterien ermittelt. Dies geschieht in Form von Prozentsätzen oder Schulnoten. Die Entscheidung zugunsten eines der Produkte/Systeme ergibt sich durch das kumulierte bzw. gewichtete Gesamtergebnis.

Die Erstellung einer Nutzwertanalyse lässt sich in die folgenden sechs Schritte ordnen:

1. Kriterien auswählen
2. Gewichtung der Kriterien vornehmen
3. Punktwerte vergeben
4. Punkte mit dem Gewichtungsfaktor multiplizieren
5. Gesamtpunktzahl addieren
6. Die Variante mit dem höchsten Gesamtpunktwert geht aus dem Vergleich als Sieger hervor.

Hier ein Beispiel zur Anschaffung eines neuen Systems für die Gehaltsabrechnung. Zur Auswahl stehen drei Systeme (der höchste Nutzwert beträgt jeweils 10).

Merkmale/Kriterien/Gewichtung	**System 1**	**System 2**	**System 3**
IT-Kriterien (Technische Aspekte, inkl. Schnittstellen) 30 %	5 x 0,3 = 1,5	6 x 0,3 = 1,8	9 x 0,3 = 2,7
HR-Kriterien (Personalspezifische Aspekte) 30 %	7 x 0,3 = 2,1	8 x 0,3 = 2,4	8 x 0,3 = 2,4
Arbeitsrechtliche Kriterien (Rechtliche Aspekte) 10 %	8 x 0,1 = 0,8	8 x 0,1 = 0,8	8 x 0,1 = 0,8
Vertragliche Kriterien (Rechtliche Aspekte) 15 %	5 x 0,15 = 0,75	7 x 0,15 = 1,05	8 x 0,15 = 1,2
Wirtschaftliche Kriterien (Kostenaspekte) 15 %	6 x 0,15 = 0,9	8 x 0,15 = 1,2	8 x 0,15 = 1,2
Summe 100 %	**6,05**	**7,25**	**8,3**

Wegen des höchsten Nutzwertes empfiehlt es sich, System 3 anzuschaffen.

Pareto-Diagramm

Das Pareto-Diagramm, benannt nach dem Ökonomen und Soziologen Vilfredo Pareto († 1923), beruht auf dem Pareto-Prinzip, nachdem sich die meisten Folgen einer Problemsituation (80 %) oft auf eine geringe Anzahl von Ursachen (20 %) zurückführen lassen. Es ist ein Säulendiagramm, welches die Problemursachen nach ihrer Wichtigkeit ordnet.

1.7.3 Umgang mit Präsentationsmedien

Präsentation und Visualisierung

Präsentationen spielen im Arbeitsalltag eine große Rolle. Ihr Hauptziel ist es, Mitarbeiter zu informieren, zu überzeugen oder zu motivieren. Dies geschieht vor dem Hintergrund, dass es oftmals nicht reicht, gute Ideen zu haben, man muss sie auch zielgerichtet »verpacken« (präsentieren).

Der Unterschied zum Vortrag besteht darin, dass es bei diesem in erster Linie um Wissensvermittlung geht. Bei der Präsentation wird dagegen etwas präsentiert, man kann auch sagen, etwas »verkauft«.

Dieses »Etwas« kann sein

- ein Lernstoff
- ein Produkt
- eine Idee/Innovation
- die Persönlichkeit des Präsentierenden

Eine professionelle/gelungene Präsentation sorgt für einen nachhaltigeren Erkenntnisgewinn bei den Zuhörern.

Präsentationsmedien sind Kommunikationsmittel zur Unterstützung und Verbesserung von Präsentationen durch Visualisierung.

Visualisieren heißt, Gedachtes, Gesprochenes, Geschriebenes bildhaft darzustellen, zu erklären, umzusetzen oder zu ersetzen.

Wirkung der Visualisierung

- Visualisierung ist lerneffektiv, weil der Mensch i. d. R. leichter, besser und nachhaltiger durch das Sehen als durch das Hören oder andere Sinne lernt.
- Visualisierung entspricht der menschlichen Neigung, in Bildern zu denken.
- Was man nicht sehen kann, kann man auch nicht »einsehen«.
- Optische Darstellungen können das Wichtige auf einen Blick hervorheben.
- Schwer verständliche Themen lassen sich durch Visualisierung besser zugänglich machen.
- Durch Visualisierung werden Informationen verständlicher und einfacher, weil das gesprochene Wort symbolisiert wird (»Ein Bild sagt mehr als tausend Worte!«).
- Durch gezielten Medieneinsatz und damit verbundene Visualisierung kann der Präsentationserfolg erheblich gesteigert werden.
- Visualisierung ersetzt nicht das gesprochene Wort, sondern ergänzt es als »optische Sprache«,
- Visualisierung wirkt als Interesse-Wecker,
- Visualisierung führt zur Motivationssteigerung.

Vorteile der Visualisierung

(+)

- Visualisierung reduziert den Redeaufwand. Die Informationsvermittlung geschieht schneller und zeiteffektiver.
- Visualisierung wirkt unterstützend bei der Planung, Durchführung und Kontrolle von Lehr-Lern-Prozessen,
- Visualisierung führt zur Entlastung des Präsentierenden,
- Visualisierung bietet Abwechslung,
- Visualisierung erhöht die Behaltensquote,
- Visualisierung hilft Verständnis zu erleichtern,
- Visualisierung eignet sich zur Einführung in ein neues Thema,
- Visualisierung eignet sich zur Intensivierung von Informationen,
- Visualisierung eignet sich zur Darstellung von Entwicklungen und Prozessabläufen,
- Visualisierung eignet sich zur Strukturierung und zur zusammenfassenden Darstellung.
- Für professionelle Präsentation sind Visualisierung und gezielter Medieneinsatz unerlässlich.
- Die Informationsaufnahme ist strukturiert.

Rolle des Präsentierenden

Der Präsentierende muss

- entscheiden, welches Medium und welche Form der Visualisierungen sinnvoll sind,
- die Medien bewusst und gezielt einsetzen. Er soll weder zu viele (Media-Overkill) noch zu wenige Medien (Medienmonotonie) auswählen und einsetzen.

Die Rolle des Präsentierenden, seine Reaktionen und die von ihm ausgehenden Signale werden auch als **personale Medien** bezeichnet (z. B. Auftreten, Sprechgeschwindigkeit, Blickkontakt).

Ebenso wie die Methodenkompetenz ist die Medienkompetenz für eine professionelle Präsentation unerlässlich. Im Gegensatz zu technischen Medien kann der Präsentierende gezielt interaktiv und situativ agieren und reagieren. Aufgrund seiner Sinne und seiner Erfahrung kann er Lernschwierigkeiten erkennen und diese flexibel bekämpfen.

Medienauswahl

Welche Wirkung erzielt man mit welchem Medium? Kriterien zur Medienauswahl sind:

- Lernziel
- Vorwissen der Zielgruppe
- Zeitvorgabe
- Verfügbarkeit der Medien
- Erfahrungen mit dem Medium
- Inhalte
- Größe der Zielgruppe
- Präsentationssituation
- Finanzielle Ressourcen
- Angemessenheit

Formen der Visualisierung

Es gibt viele Möglichkeiten, Sachverhalte zu visualisieren. Darüber hinaus kann mit Wolken, Blitzen, Sprechblasen, Skalen, Koordinaten, Mind-Maps oder Clip-Arts gearbeitet werden.

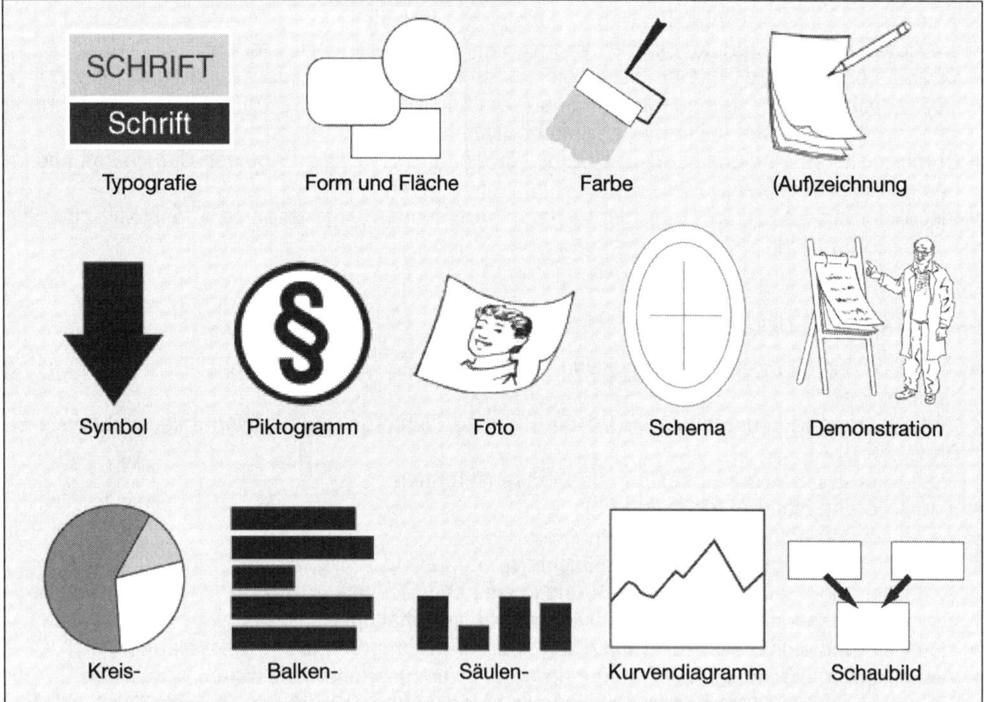

Formen und Hilfsmittel der Visualisierung

Leitsätze zur Visualisierung

- Niemals visuelle Medien ohne vorherige Probe einsetzen.
- Visuelle Hilfen gezielt einsetzen.
- Klar und sauber schreiben.
- Nicht die Schönheit ist entscheidend, sondern die Sinn-Verdeutlichung, Aussagekraft und Lesbarkeit.
- Weniger ist meistens mehr.
- Visuelle Mittel wirken lassen.

Die Präsentationsmedien

Man unterscheidet nach Art der Informationsvermittlung:

- Visuelle Medien (Vermittlung über das Auge)
  Hierzu zählen: Dias, Bücher, Zeitschriften, Flipcharts, Overheadprojektor, Pinnwand, Whiteboard, Tafel, Folien, Digitalkamera, Informations- und Arbeitsblätter.
  Die optische Information ist der akustischen i. d. R. überlegen.
- Auditive Medien (Vermittlung über das Ohr)
  Hierzu zählen: Radio, CD, Hörbuch, Podcast.
- Audiovisuelle Medien (Vermittlung über Ohr und Auge)
  Hierzu zählen: TV, DVD, PC und Beamer (mit Boxen), Tablets, ARA (Augmented Reality App).

Wichtig ist, dass der Präsentierende die Medien beherrscht und nicht sie ihn!

Overheadprojektor

Der Overheadprojektor (Lichtbildprojektor) ermöglicht die Projektion von Texten und Bildern durch transparente (farbige) Folien. Man kann entweder auf eine Folie schreiben, diese weiterentwickeln oder eine vorbereitete Folie wieder verwenden.

Voraussetzungen

- Strom
- Wand/Projektionsfläche
- Ausreichende Dunkelheit

Einsatzgebiete

- Zur Darstellung von Sachverhalten
- Als Leitfaden für Vortrag oder Präsentation
- Zum Festhalten von Arbeitsergebnissen

Vorteile

- Folien können mitgebracht oder während des Einsatzes erarbeitet werden.
- Übereinanderlegen von Folien ist möglich.
- Folien können wieder verwendet werden.

Problembereiche/Nachteile

- Overhead muss verfügbar und funktionsfähig sein.
- Glühbirne besitzt nur eine begrenzte Lebenszeit.
- Lange »Folienschlachten« ermüden die Zielgruppe.
- Die Zielgruppe sitzt oftmals nur passiv am Tisch.
- Folien sind vielfach unprofessionell erstellt.
- Mitschrift bei Dunkelheit ist schwierig.

Beachten/Tipps und Tricks

- Herstellung der Folien braucht Zeit
- Ersatzglühbirne bereit halten
- Gezielte Wahl der Stifte (Wasserlöslichkeit) und Farben

- Farben überprüfen
- Lichtverhältnisse prüfen
- Nicht zu viele Folien einsetzen. Beschränkung der Information (»Weniger ist mehr!«)
- Visuelle Mittel wirken lassen
- Nur verständliche Folien auflegen
- Sprech- und Blickkontakt zu der Zielgruppe halten
- Beim Vorlesen einer vorbereiteten Folie den Text nach und nach aufdecken
- Nicht zur Projektionswand sprechen
- Overhead abschalten, wenn er nicht benötigt wird (Ermüdung der Augen).
- Immer beachten: Ist alles zu sehen? Ist das Bild bzw. der Text gerade und scharf?

Die Arbeit mit dem Overhead-Projektor lebt von den eingesetzten Folien.

Leitfrage ist deshalb: Was macht eine gute Folie aus?

- Einheitliche Struktur
- Lesbarkeit (Druckbuchstaben, Schriftgröße, Schriftart, Zeilenabstände)
- Gezielter Farbeinsatz (Als Grundschriftfarbe blau oder schwarz wählen)
- Seitenzahlen (Nummerierung)
- Inhaltliche Struktur durch Elemente wie Spiegelstriche, Farbe oder Einrückungen optisch hervorheben
- Verkürzen und Vereinfachen der Texte durch Symbole
- Stichwörter statt ganzer Sätze
- Pro Folie nur ein Thema
- Pro Folie höchstens zehn Zeilen
- Querformat ist meist sinnvoller als Hochformat
- Beschriftung nicht bis zum Rand

Tafel/Whiteboard

Die Tafel ist wohl das älteste und bekannteste Medium zum Beschriften mit Informationen. Die traditionelle Kreidetafel hat inzwischen eine Weiterentwicklung erfahren. Heute verbreiteter ist das Whiteboard (die Weißwandtafel), die mit farbigen (wasserlöslichen) Filzstiften beschrieben wird. Ferner gibt es Haft- oder Magnettafeln.

Einsatzgebiete

- Zur Veranschaulichung
- Für gemeinsame Entwicklungen/Erarbeitungen, bei denen Korrekturen oder Ergänzungen zu erwarten sind
- Zum Anschreiben neuer Aspekte
- Zum Festhalten von Zwischenergebnissen (Speicherfunktion)

Vorteile

- Große Fläche
- Umweltfreundlich (relativ)
- Spontan einsetzbar
- Lange Haltbarkeit
- Tafelbild kann leicht verändert werden
- Das Whiteboard kann aufgrund seiner metallischen Konstruktion auch magnetisch genutzt werden.

Problembereiche/Nachteile

- Nicht mobil
- Gute Sicht für maximal 20 Personen
- Oftmals schwerlich abdeckbar

- Schnell vollgeschrieben
- Gefahr, dass Wichtiges versehentlich weggewischt wird
- Kreide/Filzstifte können quietschen
- Tafel erinnert an die Schulzeit
- Verschmutzung von Händen und Kleidung
- Einsatz wasserfester Stifte

Beachten/Tipps und Tricks

- Lesbarkeit prüfen, an der Handschrift arbeiten
- Gliederung vorher überlegen
- Nicht zur Tafel/zum Whiteboard sprechen
- Spiegelungen vermeiden (Sonneneinstrahlung)
- Nur auf trockene Tafel schreiben
- Immer ausreichend Kreide/(wasserlösliche) Stifte und Schwamm/Wischtuch dabeihaben

Pinnwand/Meta-Plan-Wand/Moderationswand

Auf der Pinnwand werden Informationen auf unterschiedliche Art optisch dargestellt. Sie besteht aus einer Hartfaserplatte, die von zwei stabilen Füßen oder mehreren Rollen getragen wird. Auf dieser Platte ist mit Stecknadeln ein Papierbogen befestigt. Man benötigt die Pinnwand insbesondere für die Moderationsmethode.

Einsatzgebiete

- Zum Sammeln von Beiträgen
- Zum Erstellen von Wandzeitungen
- Als Speicherfunktion

Vorteile

- Pinnwände können vorbereitet werden.
- Sie haben eine große Arbeitsfläche.
- Angepinnte Karten sind ggf. wieder verwertbar.
- Schrittweises Entwickeln ist möglich.
- Änderungen sind leicht durchführbar.
- Der technische Aufwand ist gering.

Problembereiche/Nachteile

- Ergebnisse sind (ohne den Einsatz einer Digitalkamera) nicht zu vervielfältigen.
- Pinnwand ist i. d. R. außerhalb des Einsatzraumes schlecht zu transportieren.

Beachten/Tipps und Tricks

- Pinnwand vor der Benutzung mit Packpapier bespannen
- Immer ausreichend Papier dabeihaben
- Bei den Karten verschiedene Farben gezielt einsetzen
- Nicht zur Pinnwand sprechen
- Ergebnisse ggf. mit Digitalkamera zur Dokumentation abfotografieren

Flipchart

Das Flipchart ist eine Weiterentwicklung der Tafel. Es handelt sich um eine Papiertafel auf einem Ständer mit abreißbaren Blättern, wobei einzelne Papierblätter im Format von ca. 70x100 cm auf einem Gestell befestigt sind. Die Beschriftung erfolgt mit verschiedenfarbigen Stiften. Für Wiederholungszwecke kann jederzeit wieder auf alte Blätter zurückgegriffen werden.

Einsatzgebiete

- Zum Sammeln, Speichern, Entwickeln und Visualisieren von Beiträgen und Ergebnissen
- Zur Präsentation

Vorteile

- Einfache Handhabung
- Schrittweise Entwicklung von Ideen und Arbeitsschritten ist möglich.
- Blätter können bereits vorbereitet sein und sind wieder verwendbar.
- Flipchart eignet sich gut als Speichermedium.
- Blätter können anschließend im Raum aufgehängt werden (Wandzeitung).
- Gerät ist leicht zu transportieren (i. d. R. hat ein Flipchart Rollen).
- Es ist spontan einsetzbar.
- Es hat geringen Platzbedarf.
- Filzstifte sind sauberer und oft besser lesbar als Kreide.

Problembereiche/Nachteile

- Die Blätter sind relativ schnell vollgeschrieben.
- Flipchart-Papier ist teuer/nicht immer vorhanden.
- Oftmals sind keine Stifte vorhanden.

Beachten/Tipps und Tricks

- Flipcharts am besten bei kleinen Gruppen einsetzen
- Vorab prüfen, ob das Flipchart gut positioniert ist
- Brauchbarkeit der Stifte prüfen und an Reservepapier und Ersatzstifte denken
- Nur Druckbuchstaben in großer Schriftgröße, aber Klein- und Großbuchstaben verwenden
- Blätter ggf. vorbereiten und wieder verwenden
- Blätter anschließend ggf. in den Raum hängen (Wandzeitung)
- Ergebnisse mit Digitalkamera zur Dokumentation fotografieren

Video/Kamera/DVD/Digitalkamera/YouTube/Erklärvideos/Tutorials

Mit audiovisuellen Medien können Online-Videos, aufgezeichnete Fernsehsendungen oder speziell für die Präsentation entwickelte Sequenzen abgespielt werden. Der Videofilm bietet die Möglichkeit, über Vorgänge und Abläufe Wissen zu vermitteln sowie zum Nachdenken und Diskutieren anzuregen. Mithilfe einer Kamera können auch eigene Aufzeichnungen vorgenommen und später ausgewertet werden (z. B. beim Rollenspiel).

Einsatzgebiete

- Zur Visualisierung von Themen, die auf anderen Wegen weniger effektiv oder nicht darstellbar sind (z. B. Videos der Berufsgenossenschaften zur Arbeitssicherheit)
- Zur Analyse von Rollenspielen
- Digitalkamera zur Dokumentation von Pinnwand- oder Tafelergebnissen, anschließend schnelle und leichte Verbreitung per E-Mail
- Erklärvideos/YouTube Kanäle, um Abläufe kennen zu lernen.

Vorteile

- Videos können unterbrochen und kommentiert werden.
- Digitalkamera ist jederzeit einsetzbar und kann Arbeitsergebnisse festhalten.
- Der Einsatz sorgt für Abwechslung.

Fachbücher und aktuelle Berichte

Die Veränderungen der Arbeitswelt bedingen oftmals die Bereitstellung von Fachbüchern und Berichten. Fachliteratur soll entsprechend dem Bedarf vorrätig und für die Zielgruppe zugänglich sein.

Einsatzgebiete

- Vor- und Nachbereitung der behandelten Thematik sowie deren Vertiefung
- Unterstützend bei der Projekt- und Leittextmethode

Vorteil

- Fachbücher ermöglichen das Selbststudium.

Problembereich/Nachteil

- Fachbücher sind evtl. veraltet/nicht mehr aktuell.

Computer/Notebook/Tablet/Smartphone

Der Computer ist eines der wichtigsten Arbeitsmittel und Grundlage für das CBT (Computer Based Training) bzw. E-Learning. Die Zielgruppen kennen ihn aus der täglichen Arbeit. Ohne den Computer ist der Wissens- und Informationsdschungel oftmals nicht zu durchdringen.

Einsatzgebiete

- Selbststudium
- Vorbereitung
- Speichermedium
- Präsentation
- Vertiefung und Kontrolle
- Informationsgewinnung

Vorteile

- Einsatz ist in Kombination mit anderen Medien möglich.
- Notebook- und Tabletnutzung ist vom Einsatzort unabhängig.
- Lerntempo und Lernzeitpunkt kann oftmals selbst bestimmt werden.
- Teilnahme an Kursen oder Lehrgängen wird durch Internet flexibler.
- Durch Internet bieten sich nahezu unendliche Möglichkeiten der Informationsbeschaffung.

Problembereiche/Nachteile

- Setzt Computer-Anwendungswissen voraus
- Mögliche Technikprobleme
- Vereinsamung bzw. Isolation der Nutzer
- Körperliche Beanspruchung (z. B. Ermüdung)
- Lernsoftware oftmals teuer und didaktisch schlecht aufbereitet
- Fordert viel Selbstdisziplin von der Zielgruppe
- Ohne Notebook- oder Tabletnutzung lernortabhängig
- Konferenzen
- Hybridveranstaltungen mit neuen Konferenztechniken (Zoom, Microsoft Teams, GoTo Meeting etc.)

Beamer

Der Beamer ist ein Projektionsgerät, das Daten aus dem Computer großformatig übertragen kann und vielfältige Nutzungsmöglichkeiten bietet.

Einsatzgebiete

- Professionelle Form der Präsentation

Vorteile

- Brillante Bildqualität
- Wirkt modern, professionell
- Hoher Wirkungsgrad
- Wiederverwendbar und veränderbar
- Multimedia möglich

Problembereiche/Nachteile

- Mögliche Technikprobleme
- Professionelle »Verpackung« täuscht oft über inhaltliche Schwächen hinweg.
- Beamerpräsentationen fördern die Konsumhaltung der Zielgruppe.
- Anschaffung ist teuer/Lebensdauer der Leuchtmittel ist begrenzt.

Beachten/Tipps und Tricks

- Auf technische Probleme vorbereitet sein (evtl. Overhead-Folien parat haben).
- Achten Sie darauf, dass Ihnen der Beamer nicht die Show stiehlt.

Kollaborationstools

Es handelt sich dabei um digitale Techniken, dezentraler computergestützter Zusammenarbeit, von räumlich und/oder zeitlich getrennten Teams. Diese Tools sollen es den Teammitgliedern erleichtern Informationen auszutauschen, sich untereinander zu verbinden und so die Zusammenarbeit sowohl auf individueller als auch auf Teamebene zu verbessern. Zu den bekanntesten Medien zählen Zoom, Skype, Microsoft Teams, Dropbox Paper, Big Blue Botton.

Einsatzgebiete

- Online-Recruiting
- Online-Schulungen
- Team-Meetings

Vorteile

- Räumliche Unabhängigkeit
- Zeitliche Unabhängigkeit
- Kostenersparnis

Problembereiche/Nachteile

- Technisch anfällig
- Kein persönlicher Austausch

Informations- und Arbeitsblätter

Die Zielgruppe kann »etwas mitnehmen«, z. B. als Dokumentation oder zum Nachschauen (Infoblatt) oder als Arbeitsaufgabe zur Lernerfolgskontrolle (Arbeitsblatt). Sofern die Betroffenen Mitschriften machen, kann das Informations- oder Arbeitsblatt als Ergänzung dienen.

Vorteile

- Arbeitsblätter können individuell vorbereitet werden.
- Arbeitsblätter können die Grundlage für Arbeitsaufträge bzw. Leittextmethode sein.
- Informationsblätter dienen zur Ergänzung von Büchern oder als Zusammenfassung.

Leitfragen zur Anwendung der Informations- und Arbeitsblätter

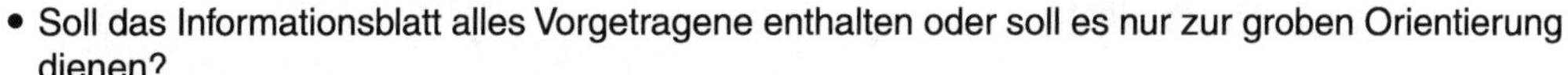

- Soll das Informationsblatt alles Vorgetragene enthalten oder soll es nur zur groben Orientierung dienen?
- Soll ein »Workbook« (mit Platz für Notizen und Übungen) entstehen?
- Sollen die Blätter nur zur Nachbereitung genutzt werden oder dienen sie als regelmäßige Grundlage (Handbuch) im Lehr-Lern-Prozess?
- Aushändigung zu Beginn oder am Ende der Unterweisung oder eines Seminars?

Beachten/Tipps und Tricks

- Strukturierte Gestaltung vornehmen
- Keine »Bleiwüste« (zu viel Bedrucktes)
- Immer die Quelle benennen
- Immer genug Exemplare oder Kopiervorlagen dabei haben
- Über- und Unterforderung durch die Materialien vermeiden

1.8 Arbeitstechniken und Zeitmanagement anwenden

Die wirtschaftlichen Arbeitsprozesse haben sich in allen Bereichen durch moderne Verfahren und Techniken in einem hohen Maße beschleunigt und sind darüber hinaus durch ständige Weiterentwicklung und Veränderung gekennzeichnet.

Der in diese Prozesse eingebundene Mensch ist gezwungen, seine persönliche Arbeitsweise diesen Umständen anzupassen, um mithalten zu können. Das kann nur durch lebenslanges Lernen und immerwährende Lernbereitschaft und die optimale Nutzung seiner begrenzten Arbeits- und Lernzeit gelingen.

Ein sinnvolles Zeitmanagement, entsprechende Arbeitstechniken und die Anwendung der Erkenntnisse der Lernpsychologie und Lernorganisation sind hilfreich, diese Anforderungen der heutigen Arbeitswelt zu erfüllen.

1.8.1 Hilfen für das »Lernen zu lernen«

1.8.1.1 Subjektive Rahmenbedingungen

Unter subjektiven Rahmenbedingungen sind die persönlichen Voraussetzungen zu verstehen, über die der Lernende verfügt: seine Persönlichkeitsstruktur, seine geistige, psychische und körperliche Verfassung und der Zustand seiner räumlichen Lernumgebung.

Diese Bedingungen sind optimal zu gestalten und sollten im Laufe des Lernprozesses kontrolliert und verbessert werden.

Rahmenbedingungen	**Beispiele:**	
Geistiger Art:	• Neugier • Fantasie • Kreativität • Konzentrationsfähigkeit	• Beobachtungsgabe • Urteilsvermögen • Gedächtnisleistung • Assoziationsfähigkeit
Psychischer Art:	• Intrinsische Motivation • Ausgeglichenheit	• Positive Erwartungen • Selbstvertrauen
Körperlicher Art:	• Beachtung des Biorhythmus • Regelmäßiger Schlaf	• Körperliche Ausgeglichenheit • Gesunde Ernährung
Räumlicher Art:	• Ergonomisch gestalteter Arbeitsplatz • Gute Beleuchtung	• Ruhige Umgebung • Störungsfreies Arbeiten • Ausreichende Belüftung

Zu den subjektiven Rahmenbedingungen kann auch gerechnet werden, wie Informationen vom Lernenden bevorzugt aufgenommen und vor allem auch behalten werden.

Voraussetzungen für einen erfolgreichen Lehr-Lern-Prozess ist, dass zunächst eine Informationsaufnahme erfolgt, da nur wahrgenommene Informationen auch verarbeitet werden können. Informationsaufnahme erfolgt vor Informationsverarbeitung. Es existieren unterschiedliche Beschreibungen von Aufnahme- und Lerntypen. Sehr bekannt ist die Typenlehre von Frederick Vester (†2003) aus den 70er Jahren. Er beschreibt einen visuellen, auditiven, haptischen und kommunikativen Lerntyp. Die Typisierung orientiert sich stark an den Sinnesorganen.

Visueller Lerntyp

Der visuelle Lerntyp lernt am besten über das Sehen, Lesen, Anschauen und Beobachten sind für ihn die besten Möglichkeiten, um Informationen und Inhalte aufzunehmen und zu verarbeiten. Bildliche Darstellungen, Schaubilder, Visualisierungen und grafisch strukturiertes Lernmaterial unterstützen seinen Lernprozess.

Aber Vorsicht: Berufliche Fertigkeiten können nicht nur durch Beobachten erlernt werden.

Auditiver Lerntyp

Das Ohr ist der bevorzugte Wahrnehmungskanal des auditiven Lerntyps. Alles, was er akustisch wahrnimmt, kann er besonders gut verarbeiten. Vorträge, mündliche Erläuterungen, lautes Vorlesen und eigenes Verbalisieren helfen ihm beim Lernen.

Haptischer Lerntyp

Der haptische Lerntyp lernt besonders gut über das Anfassen und eigenes praktisches Tun. Sein Lernerfolg ist am größten, wenn er Inhalte mit den Händen begreifen und selbst aktiv werden kann. Auch Bewegung hilft ihm beim Lernen.

Kommunikativer Lerntyp

Dieser Lerntyp lernt am besten über die Kommunikation und den Austausch mit anderen. Erklärungen, Fragen, eigene Vorträge und Diskussionen erzielen bei ihm die besten Lernergebnisse.

In der Praxis kommt es i.d.R. zu einem Mix der Lerntypen.

Stellen wir uns das menschliche Gehirn als einen Computer vor, lassen sich mit dem Wahrnehmungsspeicher/Ultrakurzzeitgedächtnis, dem Kurzzeitgedächtnis und dem Langzeitgedächtnis drei Speicherbereiche unterscheiden. Nahezu alles, was gelernt wird, soll im Langzeitspeicher »enden«.

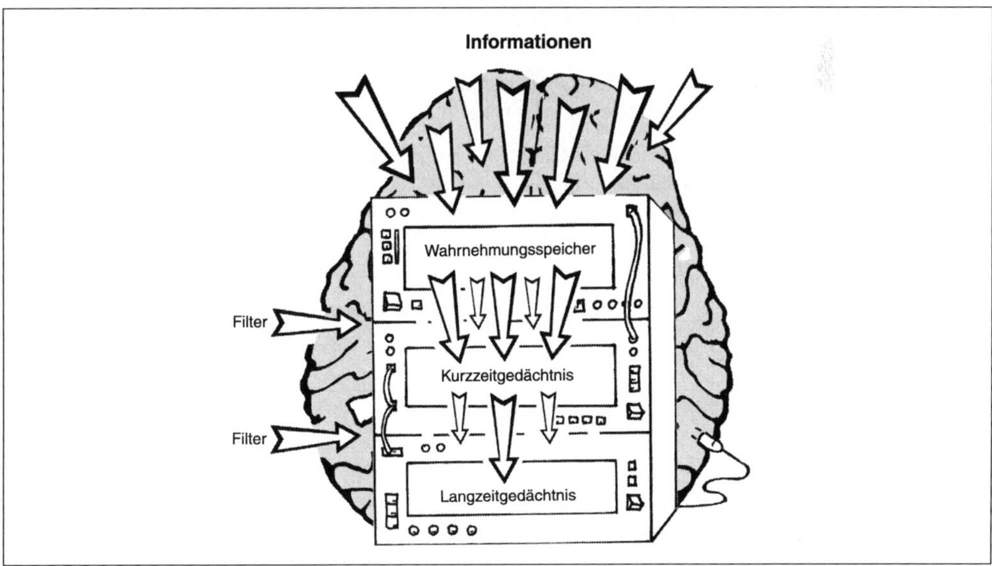

Gehirn als Wahrnehmungsspeicher

Besonders gut »hängen« bleiben Informationen, die

- visualisiert sind,
- wiederholt werden,
- mit Assoziationen verbunden sind,
- erlebt werden,
- mit positiven oder negativen Gefühlen verbunden sind,
- das erste oder letzte Mal stattfinden,
- mit einem besonderen persönlichen Erlebnis/Bezug verbunden sind.

Grundsätzlich ist bei Lehr-Lern-Prozessen auf Gliederung, Einfachheit, Prägnanz, Stimulanz, Wiederholung und Theorie-Praxis-Verknüpfung zu achten.

1.8.1.2 Objektive Rahmenbedingungen

Objektive Rahmenbedingungen, die alle Lernenden und Arbeitenden gleichermaßen betreffen, lassen sich in einen internen und einen externen Bereich unterscheiden.

Zum internen Bereich zählen die Unternehmensleitung, der Vorgesetzte, auch der Trainer oder ein Coach mit persönlichen Vorgaben und eigener Philosophie sowie weitere Faktoren wie die Schaffung oder Bereitstellung von technischen Hilfsmitteln oder finanziellen Budgets.

Der externe Bereich ist gekennzeichnet durch Rahmenbedingungen, die von außerhalb des Unternehmens kommen, aber auf den Lehr-Lern-Prozess wirken. Hierzu zählen die Bildungspolitik der öffentlichen Hand oder Bildungsangebote von Bildungsträgern außerhalb des Unternehmens, ferner die Methoden, mit denen Lernerfolge angestrebt werden.

1.8.2 Allgemeines Zeitmanagement (Sammeln, Verarbeiten und Vermitteln von Informationen)

Aufgrund stetig wachsender Aufgabengebiete und knapper Zeitvorgaben gewinnt das allgemeine Zeitmanagement zunehmend an Bedeutung: »Time is money!«

Allgemeines Zeitmanagement ist als weitreichender Begriff zu verstehen, zu dem alles zählt, was einen effektiveren Umgang mit Zeit ermöglicht.

1.8.2.1 Protokollierung

Als Teilbereich des Berichtswesens gehört die Protokollierung als eine Sonderform des Berichts in den Aufgabenbereich des Personalmanagements.

Protokolle werden aus folgenden Anlässen angefertigt:

- Besprechungen
- Sitzungen
- Versammlungen
- Konferenzen
- Vorstellungsgespräche
- Mitarbeitergespräche

Grundsätzlich werden vier Protokollarten unterschieden:

- Wortprotokoll, in dem alles Gesagte wörtlich niedergeschrieben wird (z. B. bei Gerichtsverhandlungen)

- Kurzprotokoll mit Ergebnissen, Beschlüssen und den wesentlichen Diskussionsbeiträgen in Kurzform
- Verlaufsprotokoll, in dem die Beteiligten, der Verlauf, die wesentlichen Gesprächsbeiträge sowie Ergebnisse und Beschlussfassungen festgehalten werden
- Ergebnis- oder Beschlussprotokoll, das sich lediglich auf konkrete Ergebnisse und Beschlüsse beschränkt

Protokolle haben in erster Linie folgende Funktionen:

- Schriftliche Dokumentation eines bestimmten Ereignisses (Dokumentations-, Beweis- und Informationsfunktion)
- Gedächtnisstütze für die Teilnehmer
- Informationsquelle für Abwesende/Verhinderte und neue Teilnehmer oder Interessenten
- Erledigungsfunktion

Neben der Angabe der Beteiligten sowie der Ergebnisse und Beschlüsse werden die weitere Vorgehensweise und ggf. der hierfür Verantwortliche festgehalten. Durch Terminvorgaben und Aufgabendokumentation und -verteilung kommt dem Protokoll auch eine Controllingfunktion zu (z. B. Aufgabenverteilung, Termine, Verantwortung?).

Eine besondere Funktion haben Protokolle als **Beweismittel,** z. B. bei Mitarbeiterbesprechungen vor Abmahnungen, Vereinbarungen über Datenschutz, Nebenabreden zu Arbeitsverträgen, Ergänzungen zur Betriebsordnung. Voraussetzung ist allerdings die Unterzeichnung durch alle Beteiligten.

Protokolle haben meist folgendes Schema:

- Überschrift
- Datum, Ort, Uhrzeit des Ereignisses
- Anwesende, Verhinderte, Gäste
- Inhalt, Ergebnisse, Beschlüsse
- Unterschrift des Protokollanten und Datum der Fertigstellung

Besprechung über die Rückgabe von Firmeneigentum am 20.12.

1. Teilnehmer: Frau Auer, Herr Bauer, Herr Statt

2. Verteiler: Personalabteilung

3. Gesprächsleitung: Herr Berg

4. Protokollinhalte: Top 1 / Top 2 / Top 3

5. Gesprächsergebnis: Die Rückgabe erfolgt am 31.1. um 16:00 Uhr bei Herrn Statt

Unterschriften: ____________________

Beispiel zur Gliederung eines Protokolls

Aktennotiz (Interne Mitteilung)

Aktennotizen stellen eine Sonderform des Protokolls dar. Zumeist werden in ihnen wichtige Vorgänge (Ereignisse, Ergebnisse von Gesprächen) in schriftlicher Form kompakt für den hausinternen Gebrauch dokumentiert. Die Ausdrucksweise der Aktennotiz ist i. d. R. knapp.

Folgendes Schema ist üblich:

- Name des Erstellers
- Empfänger/Kopie an...
- Anlass/Gegenstand
- Information, Verlauf, Ergebnis
- Datum (ggf. Uhrzeit)
- Unterschrift

1.8.2.2 Berichtstechniken

In einem Bericht werden zuverlässige Informationen über Ereignisse und/oder Sachverhalte aus der Vergangenheit beschrieben, und zwar ausführlicher als bei Protokollen oder Aktennotizen. Geschäftsberichte zum Beispiel informieren über die Situation des Unternehmens und sind in der Regel zur Veröffentlichung bestimmt.

Weitere Beispiele für Berichte sind u. a. Ökobilanzen, Sozialbilanzen, Aus- und Fortbildungsbilanzen, Berichte über besondere Veranstaltungen, Messebesuche, Projektarbeiten und Geschäftsreisen. Sie dienen häufig als Grundlage für künftige Entscheidungen.

Die Grenzen zwischen Protokoll, Aktennotiz und Bericht sind fließend. Aktennotizen und Protokolle sind häufig die Grundlage für das Verfassen von Berichten.

Bei der Erstellung von Berichten sind folgende Grundsätze und Merkmale zu beachten:

- Sachliche und vollständige Information über die Fakten
- Beweggrund ist ein außergewöhnliches Ereignis (z. B. Messebeteiligung) oder ein besonderer Anlass (z. B. Jahresabschluss).
- Als Gliederungspunkte sind Zeit, Ort, Anlass und Zweck, Beschreibung des Vorkommnisses, Anerkennung (Gewichtung, Kritik und Vorausschau) sowie Verfasser und Beteiligte zu nennen.
- Die Ausdrucksweise ist sachlich korrekt und auf das Wesentliche beschränkt, indirekte Rede, Vergangenheitsform.
- Wertung und Meinungsbildung sind (weitgehend) dem Empfänger überlassen.
- Die Quelle von Informationen ist zu benennen (z. B. Augenzeugen, Teilnehmer, Betroffene, statistisches Material).
- Benennung des/der Verantwortlichen für den Inhalt

1.8.2.3 Darstellungs- und Gliederungstechniken

Bei der Darstellung gilt es, das gesprochene oder geschriebene Wort durch Visualisierung zu unterstützen bzw. für Adressaten aufzubereiten (Funktionen von Visualisierung und Medien werden in Abschnitt 1.7.3 beschrieben, Diagramme zur Darstellung statistischer Werte in Abschnitt 1.7.2.2).

Diagramme als Darstellungsform

- Kurvendiagramm zur Darstellung von Entwicklungsverläufen (z. B. Umsatzentwicklung)
- Kreisdiagramm zur Darstellung von Teilmengen einer Gesamtheit (z. B. Belegschaftsstruktur)
- Säulen-/Balkendiagramme zur Gegenüberstellung von Werten (z. B. Umsätze, Unfallzahlen)

Bei der Erstellung von Diagrammen sind folgende Aspekte zu beachten:

- Beim Kurvendiagramm ist jede Achse angemessen zu bezeichnen. Für die Ordinate (y-Achse) und die Abszisse (x-Achse) ist ein geeigneter Maßstab zu wählen, damit die grafische Darstellung die Entwicklung der Realität widerspiegelt und nicht verzerrt.
- Jedes Diagramm erhält eine Überschrift, evtl. eine Legende und ggf. einen Quellenhinweis.

Gliederungsmöglichkeiten

Bei Ausarbeitungen ist immer eine zweckmäßige, verständliche Kennzeichnung anzustreben. Dazu werden für Textabschnitte und Abbildungen (Skizzen, Diagramme, Grafiken) eine oder mehrere der folgenden Möglichkeiten verwendet:

- alphabetisch
- nummerisch
- alpha-nummerisch kombiniert
- mnemotechnisch

Bei Texten, Reden oder Präsentationen bietet sich die **5-Satz-Technik** mit fünf Gliederungspunkten an. Mit ihr bringt man Struktur, eine Gliederung bzw. einen »roten Faden« in den Vortrag bzw. die Darstellung.

Die Wahl der Bausteine ist von der Thematik abhängig. Sie können mehrmals hintereinander oder auch wechselseitig miteinander verbunden werden.
Im Rahmen dieser Technik sind vier Varianten möglich:

1.	Einleitung	Einleitung	Einleitung	Einleitung
2.	Meinung	Nachteile	Ist-Zustand	Position A
3.	Begründung	Vorteile	Soll-Zustand	Position B
4.	Beispiel(e)	Entschluss	Weg dahin	Eigene Meinung
5.	Schluss	Schluss	Schluss	Schluss

Beispiel: **Abfassung und Gliederung von E-Mails**

Mit folgenden Maßnahmen lassen sich E-Mails zielorientierter und übersichtlicher gestalten:

- Den Sachverhalt in der Betreffzeile knapp benennen und erkennbar machen
- »An«: Mit dieser Adressierung nur diejenigen ansprechen, die man direkt ansprechen möchte und die etwas wissen, veranlassen oder bearbeiten sollen
- »CC« (Carbon Copy): Mit dieser Adressierung diejenigen ansprechen, die informiert werden sollen, aber keine Handlungen veranlassen müssen
- Bei aus Sicht des Absenders wichtigen Informationen das Kennzeichen »!« (wichtig) als Priorisierung verwenden
- Bei termingebundenen Anfragen den betreffenden Termin deutlich im Betreff oder zu Beginn der E-Mail angeben
- Anlagen (Attachments) einen klaren File-Namen geben, aus dem sich der Inhalt erkennen lässt
- Ketten-E-Mails vermeiden (Antwort auf Antwort), weil diese unübersichtlich werden und im Falle eines Ausdrucks viel Papier benötigen
- Text übersichtlich gliedern, unterschiedliche Aussagen absetzen und z. B. nummerisch gliedern
- Einen knappen Infostil verwenden, jedoch korrekt in Rechtschreibung und Grammatik
- Gezielt Farben wählen
- Am Textende eine Signatur mit Telefondaten verwenden

Welche Form der Gestaltung gewählt wird, entscheidet der Verfasser nach den Kriterien der Zweckmäßigkeit und Verständlichkeit.

1.8.3 Gruppenarbeit

Zusammenarbeit in kleineren und größeren Gruppen liegt in der Natur des Menschen. Ohne sie ist sein Überleben nicht möglich.

Die herkömmliche Form der Zusammenarbeit bezieht sich vorwiegend auf körperlich-handwerkliche Tätigkeiten der Herstellung, während der moderne Begriff Gruppenarbeit bedeutet, auch die geistig-gedankliche Arbeit, wie die der Problemlösung, Produktentwicklung, Qualitätssicherung u. a. bis hin zur Entscheidungsfindung und Verantwortlichkeit einer Gruppe zu übertragen.

Von Projektteams, Qualitätszirkeln oder anderen Formen einer »neuen Zusammenarbeit« in Gruppen wird erwartet, dass mehr Leistung herauskommt als es die Beteiligten einzeln schaffen könnten (TEAM = **T**ogether **E**veryone **A**chives **M**ore).

Gruppenarbeit ist also als Mittel zum Zweck, nicht als Selbstzweck zu betrachten!

Anlässe für Gruppenbildungen

- Eine Person reicht allein nicht aus, sie braucht oder sucht Hilfe.
- Gleiches gesellt sich gerne zu Gleichem.
- Gegensätze ziehen sich an.
- Verschiedene Eigenschaften und Kompetenzen ergänzen sich.
- Äußere Anlässe (wie Kampf gegen einen gemeinsamen Gegner, gemeinsame Vorteile)

Merkmale und Aspekte von Gruppen

Gruppen (da im Rahmenstoffplan von Gruppen und nicht von Teams die Rede ist, wird diese Terminologie hier verwendet, auch wenn sie nicht immer passend ist → 4.6.1.1) sind ein mehr oder minder fester Zusammenschluss einer überschaubaren Anzahl von Personen (mindestens drei). Sie zeichnen sich dadurch aus, dass sie aus verschiedenen Fachkräften bestehende kleine, relativ intensiv funktionsgegliederte Arbeitsgruppen darstellen, die zur Erfüllung spezieller Aufgaben zusammenwirken (z. B. Projektarbeit).

- Gruppen haben zumeist einen strukturierten Aufbau, der sich in Rangordnungen ausdrückt,
- haben ein Organisationsprinzip (Aufgaben übernehmen, Aufgaben verteilen),
- geben Verhaltenssicherheit,
- entwickeln eine gemeinsame Terminologie, Normvorstellungen, Ziele, Interessen,
- sind vielfach durch ein Wir-Gefühl (Gruppenbewusstsein) verbunden,
- bilden direkte Kontakte und Wechselwirkungen zwischen den Gruppenmitgliedern, die miteinander in sozialer Beziehung stehen (kommunizieren, informieren, diskutieren, streiten),
- verfügen über ein System organisatorischer Regeln zur Ausübung der Tätigkeiten,
- sorgen dafür, dass den Gruppenmitgliedern soziale Rollen zuwachsen oder sich herausbilden,
- werden nicht durch vorbestimmte Vorgesetzte geführt, sondern sind weitestgehend autonom,
- prägen das Sozialverhalten, sind eine Sozialisationsinstanz,
- werden auf Dauer oder für eine bestimmte Zeit zur Erfüllung von Aufgaben gebildet, sind aber zumeist längerfristig angelegt,
- fördern Interaktionen.

Bindung und Zugehörigkeit

Die emotionale Bindung ist Grundlage für die Stabilität der Gruppe, für gegenseitige Unterstützung, für Vertrauen und Offenheit untereinander sowie konstruktives Vorgehen. Zugehörig sein heißt aber auch, sich gegenüber anderen Gruppen abzugrenzen (z. B. Fußballfans).

Pädagogische Ziele der Gruppenarbeit sind:

- Bereicherung der Arbeitstechnik und -methodik
- Steigerung der Motivation
- Förderung sozialer Verhaltensweisen (»Schlüsselqualifikationen«)
- Förderung der Selbstständigkeit der Lernenden bzw. Arbeitenden

Vorteile bei Gruppenarbeit:

- Gruppenarbeit ermöglicht soziales Lernen.
- Geteiltes Leid ist halbes Leid, geteilte Freude ist doppelte Freude.
- Es entsteht ein »WIR-Gefühl«.
- Man findet in der Gruppe mehr Informations- und Kreativitätspotenzial als bei Einzelnen.
- Die Fehlerquote ist durch gegenseitige Kontrolle oftmals geringer.
- Es gibt mehr Lösungsvorschläge bei Problemen und ein höheres Kreativitätspotenzial.
- Die Beteiligung an Problemlösungen in der Gruppe erhöht deren Akzeptanz.
- Die Entscheidungsfindung in einer Gruppe dauert meist länger, dafür ist sie aber in der Regel besser und ausgewogener.
- Es kommt zum Erkennen des eigenen Leistungsstandes und zu größerer Aktivität durch den Ansporn der Gruppe. Der Gruppenkontakt wirkt einer Isolierung entgegen.
- Gruppenarbeit ermöglicht eine kritische Auseinandersetzung mit der Aufgabe, fördert die Kooperationsfähigkeit und trägt zur Meinungsbildung des Einzelnen bei.
- In Gruppen zusammenzuarbeiten kann besonderen Spaß machen.

Problemfelder bei Gruppenarbeit:

- Konformitätsdruck (Gruppen tendieren oftmals zu einmütigen Entscheidungen)
- Dominierung des Gruppengeschehens (je größer die Gruppe ist, desto häufiger nehmen selbstbewusste, durchsetzungsstarke Mitglieder Einfluss auf das Gruppengeschehen)
- Unnötige Konkurrenz von Gruppenmitgliedern
- Extreme Entscheidungen (Gruppen neigen meist zu größerer oder geringerer Risikobereitschaft als Individuen)
- Geringe Verantwortungsbereitschaft (persönliche Verantwortungsbereitschaft wird durch einstimmige Gruppenentscheidung auf die Gruppenmitglieder verteilt)
- (Möglicherweise) hoher Kosten- und Zeitaufwand (infolge umfassenden Austauschs)
- Angst mancher Gruppenmitglieder vor einer zu starken Vereinnahmung durch andere oder das Kollektiv und dem damit verbundenen Verlust der eigenen Individualität
- Gruppe kann nicht immer zusammenkommen (z. B. bei einer Pandemie)

Auch reife und effektive Lern- oder Arbeitsgruppen arbeiten nicht immer harmonisch und frei von Spannungen und Konflikten. Wenn neue Aufgaben gestellt werden oder neue Mitarbeiter oder Lernende eine Gruppe ergänzen, kann es zu Störungen kommen. Ursache kann z. B. sein, dass ein Gruppenmitglied sich inaktiv verhält oder die Gruppe nur zum eigenen Vorteil benutzen möchte.

Gruppenmitglieder übernehmen freiwillig oder unfreiwillig eine oder mehrere Rollen.

Gruppenarten

Formelle Gruppen

Ihre Zusammensetzung ist von außen (z. B. durch einen Abteilungs- oder Ausbildungsleiter) vorgegeben oder sie haben von außen vorgegebene Aufgabenstellungen. Die Unternehmensorganisation sieht formelle Gruppen, die als Bereiche oder Abteilungen von einem Vorgesetzten (Gruppenführer) geführt werden, teilweise zwingend vor. Es handelt sich dann um gewollte Gruppen zur Erfüllung eines gemeinsamen Zwecks. Sie haben dementsprechend klar umrissene Ziele und Aufgaben. Wichtig ist, dass der Kommunikationsverlauf und die Arbeitszufriedenheit sowie die zwischenmenschlichen Beziehungen innerhalb der formellen Gruppe stimmen.

Beispiele für formelle Gruppen:

- Azubis eines Jahrgangs
- Mitarbeiter einer Abteilung
- Berufsschulklassen
- Projektteam
- Profi-Fußballmannschaft

Informelle Gruppen

Im Gegensatz zu formellen Gruppen bilden sich informelle Gruppen nicht aufgrund definierter Ziele bzw. Zwecke des Betriebes und werden auch nicht von »außen« geplant oder organisiert, sondern von den Mitarbeitern selber (ggf. spontan). Ihre Ziele dienen vor allem der Befriedigung emotionaler und sozialer Bedürfnisse. Eine große Rolle für das Entstehen informeller Gruppen spielen Sympathie, Spontanität, Erfahrungen oder Bedürfnisse der Betroffenen. Oftmals bilden sich aus formellen Gruppen informelle Gruppen heraus.
Beispiele für informelle Gruppen:

- Lerngemeinschaften
- Arbeitsgruppen
- Fahrgemeinschaften
- Freundschaften

Gründe, Vorteile und Aspekte informeller Gruppenbildung sind:

- Individuelle soziale Bedürfnisse der Mitarbeiter werden befriedigt.
- Die Bereitschaft zur Kooperation wird gefördert.
- Die Identifikation mit dem Unternehmen wird durch persönliche Beziehungen gefördert und kann zur Senkung der Fehlzeiten- oder Fluktuationsrate beitragen.
- Die Zusammenarbeit zwischen einzelnen Abteilungen kann erleichtert und beschleunigt werden.

Begünstigt wird die Bildung informeller Gruppen durch

- mangelnde Akzeptanz der formellen Organisation durch die Mitarbeiter,
- mangelnde Abstimmung der formellen Organisation mit dem Betriebsablauf,
- Unübersichtlichkeit der formellen Organisation,
- gemeinsame (private) Interessen/Probleme.

Weitere Gruppenformen

Ad-hoc-Gruppen

Diese werden nur zu einem speziellen Zweck zusammengestellt und lösen sich nach dem Erreichen des Gruppenziels wieder auf. Beispiele sind: Notfallteams oder Projektgruppen.

Soziale Gruppen

Hier handelt es sich um Gruppen mit einer gewissen sozialen Gemeinsamkeit und Struktur. Familien oder Fußballmannschaften sind Beispiele für soziale Gruppen. Theaterbesucher oder Patienten in einem Wartezimmer beim Arzt sind dagegen keine sozialen Gruppen, weil sie keine besonderen (nachhaltigen) sozialen Bindungen mit sich bringen.

Homogene und heterogene Gruppen

Hierbei geht es um die Ähnlichkeit von Verhaltens- oder Leistungsmerkmalen der Gruppenmitglieder. Homogene Gruppen kann es nur in Bezug auf bestimmte Merkmale geben (z. B. Nationalität, Abteilung, Alter, Schulabschluss). Heterogene Gruppen zeichnen sich dagegen durch unterschiedliche Eigenschaften und Verhaltensweisen ihrer Mitglieder aus.

Was auch immer die Ursache für eine Gruppenbildung ist, der Zusammensetzung der Gruppe sollte eine große Bedeutung zugemessen werden. Sie kann je nach Zielsetzung der Gruppe Einfluss auf das Gruppenverhalten und die Gruppendynamik und damit auf das Erreichen des Gruppenziels haben oder zu dessen Scheitern führen.

1.8.3.1 Rollen der Gruppenmitglieder

Wie in allen sozialen Gemeinschaften entstehen, bzw. bestehen auch in Gruppen besondere Rollen in Hinblick auf die Aufgaben und das Verhalten der Gruppenmitglieder. Unter einer Rolle versteht man die Summe der Erwartungen, die dem Gruppenmitglied entgegengebracht wird und damit sein Verhalten absteckt.

Die Rollen der Gruppenmitglieder legen fest,

- was der Rolleninhaber tun muss/soll,
- was er nicht tun darf,
- was er tun kann.

Weitere Funktionen der Rolleninhaber sind:

- Respekt verbreiten (z. B. als Projektleiter)
- Schutz und Abwehr gewähren (z. B. als Verhandlungsführer)
- Orientierung und Sicherheit geben (z. B. als Führungskraft)
- Einordnung und Macht verteilen (z. B. als Vorgesetzter)
- Verantwortung übertragen (z. B. als Elternteil)
- Vorbildfunktion nachkommen (z. B. als Preisträger)

Jeder Mensch spielt in seinem Leben gleichzeitig verschiedene Rollen. Die Berufsrolle ist eine der prägendsten. Damit Rollen eingehalten werden und Gruppen letztlich funktionieren, gilt es **Normen** zu beachten. Normen sind inhaltlich festgelegte, relativ konstante und verbindliche Regeln für das Verhalten der Gruppe und das Verhalten in der Gruppe. Sie bedeuten einerseits einen Zwang (Rollen- oder Gruppenzwang), andererseits bieten sie auch Sicherheit bzw. Entlastung (bspw. in schwierigen Situationen). Wer seine »Rolle nicht spielt«, muss u. U. mit negativen Sanktionen/Bestrafungen rechnen.

Rolle und Status

Status ist der Platz (Stellung), den ein Gruppenmitglied in der Gruppe einnimmt und an den bestimmte Rollenerwartungen geknüpft sind. Der formelle Status ergibt sich aus der Betriebshierarchie und ist oft mit Statussymbolen verbunden (z. B. Parkplatz oder Reise in der Business-Class). Ein informeller Status bildet sich ungeplant in der Gruppe heraus (z. B. Außenseiter). Welche Rolle bzw. welchen Status ein Gruppenmitglied einnimmt, hängt besonders davon ab, was es durch seine speziellen Kompetenzen zum Erreichen der Gruppenzielsetzung und/oder Gruppenleistung beitragen kann.

Rolle und Status eines Gruppenmitglieds werden im Wesentlichen sowohl von seiner Fachkompetenz als auch von seiner sozialen Kompetenz bestimmt.

Das Ausüben einer Rolle innerhalb der Gruppe ist nicht immer konfliktfrei. Es kann zu Rollenkonflikten kommen, z. B.:

- Intra-Rollenkonflikte innerhalb der Person selbst (z. B. Unsicherheit über eine Entscheidung)
- Inter-Rollenkonflikte zwischen Arbeitskollegen einer Gruppe (z. B. Kontrahenten bei der Betriebsratswahl)
- Identitäts-Rollenkonflikte als Widerspruch zu Erwartungen (z. B. Aufforderung, Kaffee zu kochen, an den Auszubildenden)
- Dispositions-Rollenkonflikte über die Handlungsfreiheit bei der Ausübung der Rolle (z. B. Umgang mit einer zu geringen Zeitvorgabe)

Positionierung

Damit die individuellen Stärken zum Einsatz kommen und die Gesamthandlungsfähigkeit der Gruppe steigt, muss eine Positionierung erfolgen oder festgelegt werden. Es gehört dabei zur Natur des Menschen, nach Anerkennung und einer optimalen Positionierung in der Gruppe zu streben. Dagegen ist nichts einzuwenden, solange es mit fairen Mittel zugeht.

Positionen und Rollen von Gruppenmitgliedern

Alpha-Position: Führungsrolle

Beta-Position: Gruppenmitglied mit Führungsanspruch, steht in Konkurrenz zur Alpha-Position

Gamma-Position: Durchschnittliches Gruppenmitglied

Omega-Position: Schwächstes Glied in der Gruppe, Sündenbock

Rollenbeispiele

Der **Organisator** hat dafür zu sorgen, dass sich die Gruppe regelmäßig trifft. Wenn ein Treffen verlegt werden muss oder sich Änderungen ergeben, benachrichtigt er die anderen Mitglieder und vereinbart einen neuen Zeitpunkt. Sofern längere Zeit kein Treffen stattgefunden hat, versucht er die Mitglieder wieder zusammenzubringen.

Der **Moderator** hat Diskussionen in der Gruppe zu leiten. Auch bei Kreativitätstechniken und Konfliktsituationen kommt ihm eine zentrale Rolle zu.

Dem **Schiedsrichter** obliegt es, zu überwachen, dass die Regeln, auf die sich die Gruppe geeinigt hat, auch von allen Gruppenmitgliedern befolgt werden. Hierbei kann es sich bspw. um Diskussions- oder Verhaltensregeln handeln.

Der **Protokollführer** hat die Aufgabe, die Beschlüsse der Gruppe niederzuschreiben.

Der **Motivator** übernimmt die Aufgabe eines »Antreibers«.

Der **Gruppenführer** (Gruppenleiter) wird häufig durch vorhandene Rangordnungen bestimmt. Es kann der Beliebteste sein, der Tüchtigste, derjenige mit den meisten Beziehungen, derjenige mit der größten Erfahrung oder dem größten Wissen. Aufgabe des Gruppenführers ist es, die Gruppe zu führen, Ziele zu setzen, Aufgaben und Rollen zu verteilen, die Gruppe zusammenzuhalten und die Gruppe nach außen zu repräsentieren.

Gruppenstruktur

Die Kenntnis der Gruppenstruktur ist für jeden Initiator und alle Beteiligten einer Gruppenarbeit von Bedeutung. Wichtig ist, die Beziehungen der Gruppenmitglieder untereinander sowie alle hemmenden Faktoren der Gruppenbeziehungen zu erkennen und sie so früh wie möglich anzugehen. Die tatsächlichen Strukturen in einer Gruppe lassen sich mithilfe des Instruments des **Soziogramms** ermitteln und grafisch darstellen. Es handelt sich um ein Verfahren, bei dem die sozialen Beziehungen innerhalb einer Gruppe analysiert und sichtbar gemacht werden. Ein Soziogramm wird entweder aus Antworten erstellt, die die Gruppenmitglieder auf Fragen zu Gruppenbeziehungen geben (z. B. »Mit welchem Gruppenmitglied möchten Sie ungern oder am liebsten zusammenarbeiten?«) oder es baut auf Beobachtungen in der Gruppe auf, die in speziellen oder in besonderen Situationen (z. B. bei gemeinsamer Lösung eines Problems) aufgezeichnet werden.

Aufgrund der erhaltenen Antworten und/oder Beobachtungen werden die Beziehungen der Gruppenmitglieder untereinander grafisch dargestellt und daraus Folgerungen gezogen. Aber Vorsicht: Die Aufstellung eines Soziogramms ist nicht unproblematisch. Schnell werden unrichtige oder voreilige Schlussfolgerungen gezogen.

Ferner können sich die Gruppenmitglieder durch eine unpassende Einschätzung oder Fragestellung verletzt oder gekränkt fühlen.

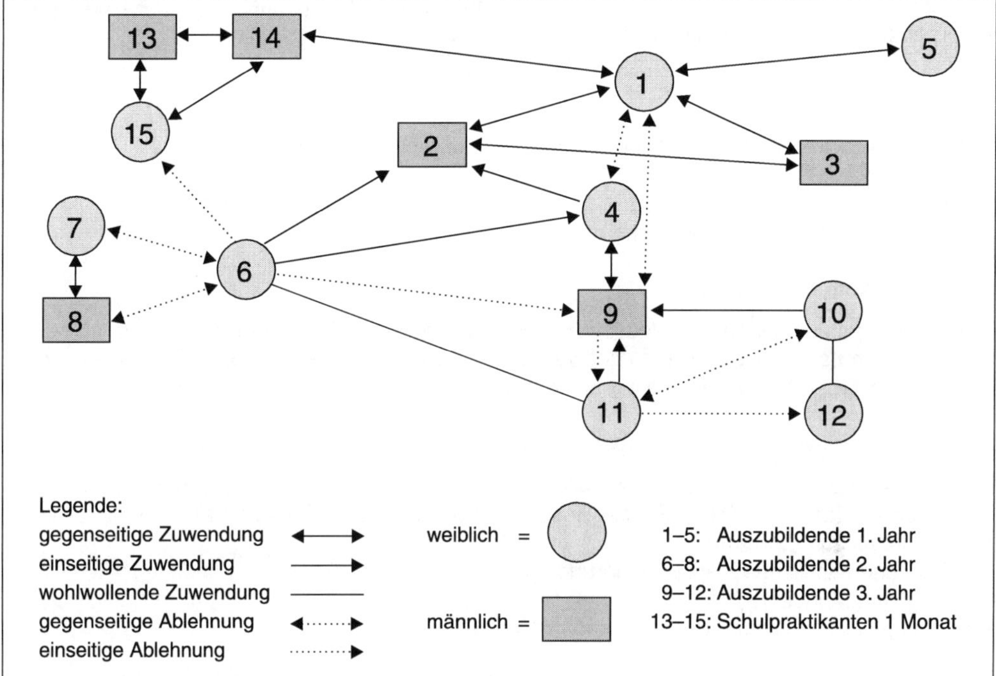

Beispiel eines Soziogramms zu einer Gruppe mit 15 Auszubildenden bzw. Praktikanten

Gruppenkohäsion

Gruppen lassen sich – das zeigen Soziogramme oftmals – nach dem Grad ihres inneren Zusammenhaltes, ihrer Kohäsion, unterscheiden. Insbesondere für die Zufriedenheit in der Gruppe und die Arbeitsleistung spielt die Gruppenkohäsion eine besondere Rolle. Sie kann durch Maßnahmen des Personalmanagements gefördert werden. Beispiele:

- Weihnachtsfeier
- Sommerfest
- Sportveranstaltungen
- Betriebsausflug
- Imageanzeigen
- Projektarbeit
- After-Work-Aktivitäten
- Jour Fix
- Jubiläumsfeiern

1.8.3.2 Kommunikationsregeln

Unter Kommunikation ist der verbale und non-verbale Informationsaustausch zwischen einem Sender und einem oder mehreren Empfängern zu verstehen.

Kommunikation dient der Befriedigung vieler Bedürfnisse der Beteiligten und beeinflusst die betriebliche Führung und personalwirtschaftliche Dienstleistung. Sender und Empfänger sind i. d. R. unterschiedliche Rollenträger. Vorgesetzte haben gegenüber ihren Mitarbeitern dabei einerseits Informationspflichten und andererseits das Recht auf Information.

Kommunikation ist die Grundlage für erfolgreiche Gruppenarbeit. Dabei sind alle Möglichkeiten der Kommunikation gezielt einzusetzen:

- Aktives Zuhören
- Körpersprache (Gestik und Mimik)
- Empathie
- Fragetechniken
- Gesprochene Sprache (Rhetorik)
- Wahrnehmung
- Feedbacktechnik
- Konzentration
- Non-verbal

Kommunikation erfolgt mündlich (verbal), schriftlich und bildlich (visuell).

Formen der Kommunikation

Mündliche Kommunikation

Mündliche Kommunikation ist grundsätzlich die wirkungsvollste Kommunikationsform, weil sie in unmittelbarem Kontakt Übermittlung und Verständigung zwischen Sender und Empfänger, d. h. im persönlichen Gespräch, einer Videokonferenz oder eines Telefonats, ermöglicht.

Soll mündliche Kommunikation erfolgreich sein, sind folgende Regeln zu beachten:

- Intensive Vorbereitung (Gesprächsinhalt und -aufbau, motivierende Atmosphäre)
- Je nach Art des Gesprächs oder der Besprechung Festlegung eines Zeitrahmens
- Bereitschaft zum Zuhören
- Offene und sachliche Gesprächsführung
- Dialog statt Monolog
- Kooperationsbereitschaft demonstrieren und erwarten

Schriftliche Kommunikation

Schriftliche Kommunikation findet statt aus Gründen der besonderen Bedeutung der ausgetauschten Informationen, des Bewahrens und eines später möglicherweise erforderlichen Nachweises.

Sollen Informationen rasch an eine größere Empfängerzahl gelangen, sind schriftliche Informationen in der Regel der sinnvollste und praktischste Weg.

Gebräuchlichste Formen der schriftlichen Informationsübertragung sind:

- Computer-Übertragung bei Online-Systemen
- Briefwechsel per Post, Fax oder E-Mail
- Betriebshandbücher
- Betriebszeitschriften
- Hausrundschreiben
- Aushänge

Bildliche Information

Mit bildlicher (visueller) Information sind Plakate, Ausstellungen, Filme, Poster u. Ä. gemeint.

Bildliche Informationen sollten wie folgt aufbereitet sein:

- Aktuell
- Verständlich
- Ansprechend
- Angemessenes Format
- Übersichtlich
- Umfassend und vollständig
- Passende Farbgebung

Wichtig ist, dass Informationen möglichst in ursprünglicher Form, also unverzerrt und unmissverständlich, ohne Zwischenstation (man denke an das Kinderspiel »Stille Post« mit den vielen Verdrehungen) an den Empfänger gelangen.

Informationsregeln, die dazu führen, dass Informationen ihr Ziel erreichen:

- Verständliche, klare, kurze aber vollständige Textinformation
- Eindeutige Absenderangabe
- Kurze, direkte Informationswege
- Vollständige Empfängerliste, evtl. Empfangsbestätigung
- Keine Angst vor Kritik
- Rechtliche Bedingungen berücksichtigen

Gesprächs- und Besprechungsarten

Mitarbeitergespräch: Ein Gespräch zwischen einem Vorgesetzten und einem Mitarbeiter (im öffentlichen Dienst Dienstgespräch genannt). Der Auslöser zu diesem Gespräch kann von beiden Seiten kommen. Es dient vor allem der Information, Anweisung und Beratung.

Mitarbeiterbesprechung: Mitarbeiterbesprechungen (ggf. auch Betriebsversammlungen) finden zwischen einem Vorgesetzten und mehreren Mitarbeitern statt. Auch hier kann der Auslöser von beiden Seiten kommen. Es werden Probleme behandelt, die in Einzelgesprächen nicht gelöst werden können oder eine größere Mitarbeiteranzahl betreffen.

Beurteilungsgespräch: Es findet zumeist unter vier Augen statt und hat eine Beurteilung des Mitarbeiters im Zentrum. Es sollte immer auch als Fördergespräch geführt werden.

Einweisung: Bei der Einweisung geht es in erster Linie um die Einführung neuer Mitarbeiter. Hierzu gehört u. a. das Begrüßungsgespräch durch einen im Sachbereich zuständigen Vorgesetzten, die Vorstellung der Mitarbeiter bzw. künftigen Kollegen, die Übergabe des Arbeitsplatzes oder Informationen über Besonderheiten des Unternehmens, des Bereichs und der Arbeitsgruppe. Je nach Tätigkeitsfeld fällt die Einweisung unterschiedlich aus.

Unterweisung: Unterweisungen sind ein zentrales Instrument der Personalentwicklung. Sie beziehen sich sowohl auf die Vermittlung von Kenntnissen, Fähigkeiten, Fertigkeiten und Verhaltensweisen von Auszubildenden und spielen andererseits bei der Einarbeitung von Mitarbeitern ebenso wie bei Neuerungen im betrieblichen Ablauf eine große Rolle. Je nach Zielvorgabe ist hierbei eine gezielte Methodenwahl zu treffen. Die Methodenpalette reicht von der unmittelbaren Unterweisung am Arbeitsplatz über Lehr-Lern-Gespräche, Vorträge bis hin zur Vier-Stufen-Methode in der Ausbildung.

Anweisungen: Anweisungen als Oberbegriff für Aufträge und Anordnungen gehören zum Delegationsrecht und Machtpotenzial (Kompetenz) von Vorgesetzten. Sie bedürfen sorgfältiger und gezielter Anwendung. Sofern sie sachlich begründet und nachvollziehbar sind, werden sie i. d. R. akzeptiert. Ein unangemessener Ton kann die Beziehung zwischen Sender und Empfänger allerdings schnell stören und kontraproduktiv wirken (»Der Ton macht die Musik«). Anweisungen sollen deshalb in einem ruhigen und sachlichen Ton gegeben werden.

Häufige **Führungsfehler** in diesem Bereich sind:

- Unklare Anweisungen
- Nichtberücksichtigung von Mitarbeitererfahrung
- Unterforderung des Angewiesenen
- Zu wenig Informationen
- Falscher/unangemessener Ton
- Unangemessene Terminierung
- Unnötiges Eingreifen des Vorgesetzten
- Fehlende Hinweise auf mögliche Folgen (z. B. Kundenverlust, Unfallgefahr)
- Überforderung des Angewiesenen
- Falsche Adressaten
- Unmögliche Umsetzbarkeit
- Ungleichbehandlung der Mitarbeiter
- Falsche/unangemessene Mediennutzung

Mögliche Gründe für **Nichtbefolgung oder Verweigerung von Anweisungen:**

- Missverständnis in der Anweisung
- Mangelndes Können des Arbeitnehmers
- Fehlende Motivation des Arbeitnehmers
- Eigenwilligkeit des Arbeitnehmers
- Widersprüchlichkeit in der Anweisung
- Innere Kündigung des Arbeitnehmers
- Unrechtmäßigkeit der Anweisung
- Unterforderung durch die Anweisung
- Schutzhaltung des Arbeitsnehmers
- Verärgerung des Arbeitnehmers
- Falsche Einschätzung der Anweisung
- Vergesslichkeit
- Unzureichender Gesundheitszustand
- Antipathie gegenüber dem Vorgesetzten
- Imponiergehabe des Arbeitnehmers
- Trotzhaltung des Arbeitnehmers
- Überforderung durch die Anweisung
- Fehlende Infos zur Ausführung
- Fehlende Zeitkontingente

Zu beachten ist, dass die Befolgung von Anweisungen zu den unverzichtbaren Erfordernissen der Betriebsdisziplin zählt. Falsche Nachgiebigkeit des Anweisenden würde den Abteilungserfolg untergraben oder gar verhindern.

Regeln bei Verweigerungen von Anweisungen:

- Versuch des Vorgesetzten, zunächst alleine mit dem Mitarbeiter klarzukommen (Gespräch unter vier Augen)
- Gruppenmitglieder/Mitarbeiter durch Überzeugung zur Einsicht bringen
- Mögliche rechtliche und arbeitsprozessliche Folgen der Verweigerung deutlich machen

Zielvereinbarungen

Zielorientierte Zusammenarbeit setzt klare Zielvorgaben voraus. Einzelziele werden (sofern keine Anweisungen vorliegen) i. d. R. vom Vorgesetzten und dem Mitarbeiter oder der Gruppe bei der Planerstellung gemeinsam erarbeitet und festgelegt. Angestrebte, erreichte und kontrollierte Zielvorgaben sind oftmals die Basis für eine Mitarbeiterförderung.

Durch Zielsetzung und Zielvereinbarung soll bewirkt werden:

- Orientierung für die Arbeitsabläufe
- Überschaubare Gestaltung des Aufgabenbereichs
- Motivation zur Arbeit, wenn realistische Ziele festgelegt werden
- Höhere Identifikation mit den Handlungen am Arbeitsplatz und im Unternehmen
- Höhere Entscheidungs- und Handlungseffizienz
- Möglichkeit des Soll-Ist-Vergleichs (Kontrolle)

Störungen der Kommunikation

Der Kommunikationsprozess kann durch eine Vielfalt von Störungen behindert werden. Es ist Aufgabe der Kommunikationspartner, den Prozess zu beobachten und Störquellen zu beseitigen.

Ursachen für Kommunikationsstörungen sind:

- Missverständnisse
- Mangelnde Erfahrung
- Unterschlagung oder Zurückhaltung von Informationen
- Mangelnde Information, z. B. durch falsche Adressaten bzw. Adressierung
- Fachliche Inkompetenz, wodurch unwichtige oder falsche Informationen gegeben werden
- Mangelnde Toleranz gegenüber dem Kommunikationspartner

- Atmosphärische Störungen, fehlender Blickkontakt
- Lärm

Folgen einer mangelnden oder einer schlechten Kommunikation sind:

- Überforderung der Mitarbeiter
- Fehlentscheidungen
- Desinteresse
- Misstrauen
- Noch schlechtere Kommunikation
- Schlechtes Betriebsklima
- Zeitverlust
- Missverständnisse
- Orientierungslosigkeit/Unsicherheit
- Schlechte Arbeitsergebnisse
- Demoralisierung
- Gerüchte/Flurfunk

Möglichkeiten besserer Kommunikation

Da die Art der Kommunikation ein Schlüssel zur erfolgreichen Zusammenarbeit ist, gilt es dort, wo es nötig ist, die Kommunikation zu verbessern.

Wer Kommunikation verbessern will, kann an drei Stellen ansetzen:

1. Ansatz am **Individuum:**
Das heißt: »Ich fange bei mir an!«

2. Ansatz an der **Art des Miteinanders:**
Hier geht es um den Umgangsstil der Beteiligten (Beziehungsebene).

3. Ansatz an den **institutionellen/gesellschaftlichen Bedingungen:**
Hier stehen die Rahmenbedingungen im Mittelpunkt der Betrachtung. Diese können sowohl durch Firmenvorgaben (z. B. generelles Duzen oder Englisch als Firmensprache) als auch technische Voraussetzungen geprägt sein.

Wie für alle Lebensbereiche, gilt auch für die Kommunikation: Man kann immer noch besser werden!

Fördernde Kommunikationsaspekte (auch in der Gruppenarbeit) sind solche, die dem Gesprächspartner vermitteln, dass

- man interessiert, aktiv, engagiert und beteiligt am Gespräch ist,
- man sich selbst offen mit seinen Gedanken und Gefühlen in das Gespräch einbringt.
- sein Anliegen und seine Situation verstanden werden und nicht-wertend gehört und wohlwollend aufgenommen werden,

Empfehlungen für eine erfolgreiche Kommunikation in diesem Sinne:

- Stellen Sie eine gute Beziehung zum Kommunikationspartner her.
- Atmen Sie ruhig.
- Sehen Sie den Kommunikationspartner an und halten Sie Blickkontakt.
- Trennen Sie Absicht und Verhalten.
- Fassen Sie sich kurz.
- Benutzen Sie aktive statt passive Satzkonstruktionen.
- Vermeiden Sie Killerphrasen und unangemessene Fremdwörter.
- Beachten Sie die Signale des Körpers.
- Sprechen Sie den Kommunikationspartner mit seinem Namen an.
- Sprechen Sie, deutlich, laut, betont und angemessen.
- Hantieren Sie nicht nervös mit Ihren Händen oder Gegenständen herum.
- Demonstrieren Sie Zielorientierung.
- Setzen Sie sich so hin, dass Sie gesehen werden. Verstecken Sie sich nicht!
- Setzen Sie Wiederholungen gezielt ein.
- Setzen Sie gezielt Medien ein.

- Gehen Sie Konflikten nicht aus dem Weg.
- Loben Sie, wenn Sie etwas gut finden.
- Bekennen Sie sich in den Aussagen: Sprechen Sie per »Ich« und nicht per »Wir« oder per »Man«.
- Wenn Sie eine Frage stellen, sagen Sie, warum Sie fragen und was die Frage für Sie bedeutet.
- Versetzen Sie sich in die Lage des Gesprächspartners (Empathie).
- Widersprechen Sie, wenn Sie anderer Meinung sind.
- Denken Sie daran: »Der Ton macht die Musik!«
- Seien Sie sich der Auswirkungen von verbalen und non-verbalen Äußerungen auf den Gesprächsverlauf bewusst.
- Machen Sie gezielte Pausen!

Viele Menschen sprechen zu schnell. Sie übermitteln eine zu große Informationsmenge in einer zu kurzen Zeitspanne. Das hat zur Folge, dass der Kommunikationspartner sich überfordert fühlt; er kann nicht mehr folgen und schaltet im schlimmsten Fall ab.

Eine angemessene Pausentechnik kann hilfreich sein:

- Pausen unterstreichen die Wichtigkeit einer Aussage,
- zeigen Interesse am Kommunikationspartner,
- ermöglichen Blickkontakt,
- geben Gelegenheit zu einem Themawechsel,
- ermöglichen den Beteiligten den nächsten Gedanken zu fassen,
- erzeugen Spannung,
- ermöglichen Reflexion,
- geben Gelegenheit Atem zu schöpfen,
- führen unaufmerksame Zuhörer zurück.

Das Vier-Ohren-Modell (Nachrichtenquadrat)

Mit dem so genannten Vier-Ohren-Modell (Nachrichtenquadrat) des Kommunikationspsychologen Friedemann Schulz von Thun lässt sich eine Nachricht nach vier Ebenen bzw. Aspekten unterscheiden. Es sind dies die Sachebene, die Selbstoffenbarungsebene, die Beziehungsebene und die Appellebene.

Bei der Analyse der Kommunikation zwischen Sprecher und Hörer geht es darum zu beobachten, zu beschreiben und zu untersuchen, wie Menschen sich durch ihre Kommunikation miteinander in Beziehung setzen. Dabei steht jedes der vier Ohren für die Deutung eines bestimmten Kommunikationsaspektes (→ 1.6.3.3).

Bei der **Sachebene** geht es darum, worüber informiert wird. Es handelt sich dabei um Fakten, Daten und/oder Sachverhalte.

Bei der **Selbstoffenbarungsebene** geht es darum, was der Sprecher von sich – bewusst oder unbewusst – zu erkennen gibt. Damit verbunden sind Gefühle, Eigenarten und /oder Eigenschaften.

Bei der **Beziehungsebene** geht es darum, wie die Kommunikationspartner zueinander in Beziehung stehen. Dabei spielen die Formulierung der Nachricht, der Tonfall sowie Mimik und Gestik eine Rolle.

Beim der **Appellebene** geht es darum, was man beim Kommunikationspartner erreichen möchte. Im Vordergrund stehen Appelle, Wünsche oder Handlungsanweisungen. Dies kann offen oder versteckt geschehen.

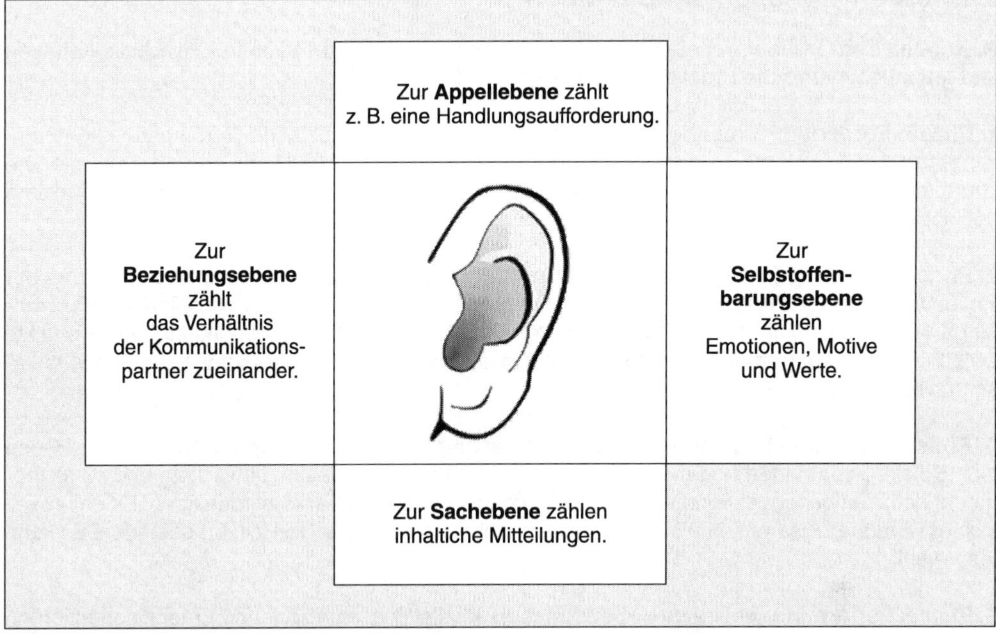

Nachrichtenquadrat nach FRIEDEMANN SCHULZ VON THUN

Quelle: Küper/Mendizábal: Die AusbilderEignung, Feldhaus Verlag

1.8.3.3 Gruppendynamische Prozesse

Damit Gruppenarbeit erfolgreich ist, sind bestimmte Abläufe, Spiel- und Kommunikationsregeln zu beachten. Das der Gruppe vorgegebene und angestrebte Ziel bestimmt weitgehend die Gesetzmäßigkeiten der Gruppenarbeit und deren Prozesse (→ 4.5.2.4).

Wichtig ist, dass die Aufgabenstellung allen Gruppenmitgliedern eindeutig bekannt ist und eine sorgfältige und angemessene Zeitplanung, Ressourcenbestimmung und Gruppeneinteilung vorgenommen wird.

Die Sozialpsychologie beschäftigt sich intensiv mit der Problematik, wie Gruppen entstehen, welche Gesetzmäßigkeiten in Gruppen anzutreffen sind und was allgemein im Umgang mit Gruppen zu beachten ist.

Vier Faktoren können eine **Gruppenbildung** veranlassen:

- Ein zufälliges Ereignis
- Konkrete Aufgaben und Ziele
- Erfahrungen mit bisherigen Gruppen
- Persönliche Einstellungen und Zuneigungen

Entwicklungsphasen einer Gruppe

Auch wenn sich Gruppen voneinander unterscheiden, sind ihnen bestimmte Entwicklungsphasen und gruppendynamische Prozesse gemeinsam.

1. Phase: Forming (Formende Phase/Formierungsphase): Ziel ist die Bildung eines gemeinsamen sozialen Systems. Es folgt eine erste Orientierung über Ziele, Wege und Widerstände. Die Gruppenmitglieder lernen sich kennen, »beschnuppern« sich gegenseitig. Voraussetzungen sind höflicher Umgangston und freundliches Miteinander.

2. Phase: Storming (Stürmische Phase/Konfliktphase): Ziel dieser Phase ist die Klärung der Rollen und Verantwortungsbereiche in der Gruppe. Es wird versucht, das soziale System handlungs- und arbeitsfähig zu gestalten. Dazu können Machtkämpfe, Cliquenbildung oder Konflikte zwischen den Gruppenmitgliedern und auch emotional bedingte Widerstände bei Freiheitseinschränkungen gehören.

3. Phase: Norming (Zusammenhalts-/Orientierungs-/Normierungsphase): In dieser Phase sind Spielregeln und Methoden für die weitere gemeinsame Arbeit zu entwickeln und zu akzeptieren, damit aufgabenbezogen und zielorientiert zusammengearbeitet werden kann. Es entwickelt sich ein Gruppenzusammenhalt. Jedes Gruppenmitglied hat nun seine Rolle(n) gefunden. Es kann losgehen!

4. Phase: Performing (Vollzugs-/Arbeitsphase): Jetzt gilt es, eine Ziel- und Ergebnisorientierung für die erfolgreiche und leistungsfähige Zusammenarbeit in der Gruppe zu erreichen und zu stabilisieren. Die Gruppenziele und konkreten Aufgaben werden in Angriff genommen. Rollen, Positionen und Normen sind bekannt und festigen sich.

5. Adjourning (Trennungsphase): Nach Erreichen des Gruppenzieles kommt es zur Auflösung der Gruppe. Den Gruppenmitgliedern fällt es unter Umständen schwer, diese Trennungsphase zu durchlaufen. Man wendet sich neuen Aufgaben zu.

Phase	Gruppenstruktur	Aufgabenverhalten
1. Forming: Formierungsphase	Unsicherheit bis Angst; starke Orientierung am Gruppenleiter; Ausprobieren, welches Verhalten in der Situation akzeptabel ist.	Gruppenmitglieder definieren Aufgaben, Regeln und geeignete Arbeitsmethoden.
2. Storming: Konfliktphase	Konflikte zwischen den Gruppenmitgliedern durch Polarisierung von Meinungen; Widerstand gegen Gruppenleiter.	Emotionaler Widerstand gegen die Aufgabenanforderungen, evtl. Positionskämpfe; Ablehnung von Gruppendruck (Kontrolle).
3. Norming: Orientierungs- und Normierungsphase	Entwicklung von Gruppenkohäsion (Wir-Gefühl), Gruppennormen und Rollendifferenzierung.	Offener Meinungsaustausch; Kooperationen und gegenseitige Unterstützung bahnen sich an.
4. Performing: Arbeitsphase	Gruppe ist an der Aufgabenerfüllung orientiert; Rollenverhalten ist flexibel und funktional.	Problemlösungen tauchen auf und werden konstruktiv bearbeitet; Energie wird auf die Aufgabe konzentriert.
5. Adjourning Trennungsphase	Gruppe löst sich nach erreichtem Gruppenziel wieder auf.	Die Gruppe hat keine gemeinsamen Aufgaben mehr zu verrichten.

Hinweise für erfolgreiche Gruppenarbeit

Für das Vorgehen und den Erfolg der Gruppe ist mitentscheidend, ob die Zielsetzung von »oben« erfolgt, ob die Gruppenmitglieder an der Zielsetzung beteiligt waren oder die Zielsetzung autonom erarbeitet werden konnte. Wichtig ist, dass den Gruppenmitgliedern der Zusammenhang von Gruppenziel und übergeordneter Zielsetzung verständlich ist und diese Ziele auch akzeptiert werden. Nach verbreiteter Auffassung werden von Gruppen grundsätzlich qualitativ bessere Leistungen erbracht als von Einzelnen.

Effektivität und **Erfolg** einer Gruppe sind u. a. von folgenden Kriterien abhängig:

- Die gemeinsamen Arbeitsziele der Gruppe sind klar definiert.
- Die Teilnehmer sind motiviert, das Ziel zu erreichen.
- Die Arbeitsmittel und Rahmenbedingungen sind vorhanden und ausreichend, um die gesetzten Ziele zu erreichen.
- Die Gruppenmitglieder zeigen Flexibilität.
- Die Größe der Gruppe ist der Aufgabe angemessen.
- Es besteht eine gewisse Homogenität der Gruppenmitglieder.
- Es bestehen angemessene und klare Rollenverteilungen.
- Es besteht räumliche Nähe. Gruppenmitglieder können bei räumlicher Nähe leichter miteinander kommunizieren. Die Arbeitseffektivität ist meist größer als bei räumlicher Entfernung.
- Es herrscht Harmonie zwischen den Gruppenmitgliedern.
- Es besteht Empathie unter den Gruppenmitgliedern.
- Ein ausreichender Informationsaustausch ist gewährleistet.
- Spontaneität der Gruppenmitglieder ist gewährleistet.

Merkmale erfolgreicher Arbeitsgruppen sind:

- Klare Definition der Aufgabe
- Eine gewisse Dynamik
- Wichtigkeit der Arbeit ist allen bekannt
- Gruppenleiter ist nicht dominant
- Gemeinsame Entscheidungen
- Leistungswillen und Leistungsfähigkeit aller
- Klare und akzeptierte Strukturen in der Gruppe
- Aktive Beteiligung aller
- Keine Unterdrückung von Einzelnen
- Gegenseitiges Vertrauen

Teamfähigkeit bedeutet, die Anforderungen an eine Teamarbeit zu kennen sowie bereit und in der Lage zu sein, seine Kompetenzen in das Team einzubringen.

Im Umgang mit der Gruppe gilt es, zu beachten, dass

- bei der Gruppenzusammensetzung (akzeptable) Wünsche und Bedürfnisse berücksichtigt werden,
- jeder Beitrag eines Gruppenmitglieds angehört wird,
- eingespielte Gruppen nicht unnötig auseinandergerissen werden,
- Spannungen in der Gruppe evtl. durch Umbesetzungen gemildert werden,
- das Ausscheiden oder Dazukommen von Gruppenmitgliedern häufig zu völlig neuen Beziehungen der übrigen Mitglieder untereinander führen können,
- der Gruppenführer nicht glauben sollte, alles selber tun zu müssen,
- konstruktive und harmonische Zusammenarbeit erstrebenswerter ist als überzogener und belastender Wettbewerb der Gruppenmitglieder untereinander,
- eine Arbeitsatmosphäre herrscht, die die Gruppenmitglieder innerlich zu engagieren und zu begeistern vermag,
- das Ziel der Gruppe mit den Zielen der Einzelnen im Einklang steht,
- es eine klare Führungsstruktur gibt, die von natürlicher Autorität getragen wird,
- Meinungsverschiedenheiten nicht unterdrückt werden,
- Gruppenregeln existieren und es bei Verstößen zu »Sanktionen« kommt,
- die meisten Beschlüsse durch Übereinstimmung gefasst werden und Einigkeit über Ziele und den Weg dahin besteht,

- der Informationsaustausch offen verläuft,
- Spannungsfelder und Konflikte frühzeitig und offen erkannt und bearbeitet werden,
- es zu keinen unnötigen Störungen kommt,
- Lösungen im Vordergrund stehen,
- Fragen, Probleme und Entscheidungen, die alle Gruppenmitglieder betreffen, in und mit der Gruppe erörtert und bearbeitet werden, aber keine überflüssigen Diskussionen darum entstehen,
- die Mitglieder sich zur Gruppe bekennen (Gruppenkohäsion) und jeder nach seinen Kräften zum Erreichen des Zieles beiträgt.

Leitfragen, die Gruppen bzw. Gruppenmitglieder zu Beginn ihrer Arbeit klären sollten:

- Was ist unsere Aufgabe? (Zielfrage)
- Was macht eine gute Gruppe aus? (Inputfrage)
- Was macht ein »gutes« Gruppenmitglied aus? (Qualifikationsfrage)
- Was kann ich mir als Gruppenmitglied leisten und was nicht? (Normenfrage)
- Was werden die anderen hinter meinem Rücken sagen und denken? (Vertrauensfrage)
- Wer spielt in der Gruppe welche Rolle? (Rollenfrage)
- Wer bin ich in der Gruppe? (Identitätsfrage)
- Wer kann mich als Gruppenmitglied beeinflussen? (Machtfrage)
- Welche Rahmenbedingungen benötigt man als Gruppe? (Bedingungsfrage)
- Welche Kompetenzen kann ich als Gruppenmitglied anwenden? (Inputfrage)
- Welche Erwartungen hat die Gruppe an mich? (Erwartungsfrage)
- Wie sollen wir uns als Gruppe organisieren? (Organisationsfrage)
- Wie sollte die Kommunikation verlaufen? (Kommunikationsfrage)
- Wie lösen wir als Gruppe unsere Aufgaben und Probleme? (Methodenfrage)
- Wie kann ich mich sowohl unter inhaltlichen als auch menschlichen Gesichtspunkten in der Gruppe möglichst vorteilhaft darstellen? (Kompetenzfrage)
- Wie offen kann ich in der Gruppe sein? (Offenheitsfrage)
- Inwieweit gleicht die Gruppe anderen Gruppen? (Identitätsfrage)
- Bin ich den anderen (un)sympathisch? (Sympathiefrage)

Es hat sich gezeigt, dass die Auseinandersetzung mit diesen vorwiegend persönlichen und sozialen Problematiken eine wichtige Voraussetzung dafür ist, dass in einer Gruppe konstruktiv und zielorientiert gearbeitet werden kann. Oftmals sind viele der genannten Fragen »tabu«, d. h., man spricht nicht über sie, obwohl man dies zum Wohle der Gruppe und des Gruppenergebnisses tun sollte.

Gruppendynamik

Gruppendynamik kann einerseits als die Summe der Aktivitäten und Kräfte verstanden werden, durch die Veränderungen innerhalb einer Gruppe verursacht werden (z. B. Konflikte oder Prozesse der Meinungs- und Entscheidungsfreiheit) und andererseits als die Aktivitäten und Kräfte, die von der Gruppe hin nach außen wirken (z. B. Ausübung von Macht nach außen aufgrund von Überlegenheit).

Es ist kein Zeichen von Unreife einer Gruppe, wenn Schwierigkeiten auftreten. Eine reife Gruppe kann solche Konflikte selber lösen (Methodenkompetenz).

Positive gruppendynamische Prozesse zeigen sich u. a. durch:

- Synergieleistungen aller Gruppenmitglieder (»Das Ganze ist mehr als die Summe der einzelnen Teile«)
- Sinnvolle Arbeitsteilung
- Bessere Ergebnisse

- Wir-Gefühl der Gruppe (Kohäsion)
- Entwicklung von Gruppennormen
- Bessere Kommunikation
- Lösung von Kommunikationsproblemen innerhalb der Gruppe
- Solidarität
- Festigung der Zusammenarbeit
- Vertiefung der zwischenmenschlichen Beziehungen
- Erweiterung der individuellen Fähigkeiten und Kenntnisse
- Förderung der Persönlichkeitsentwicklung
- Förderung der Kreativität
- Innovation
- Entstehung eines Drucks für Veränderungen
- Kostenersparnis
- Höhere Flexibilität
- Stärkung des Veränderungswillens
- Verstärktes Problembewusstsein

Moderatoren oder Gruppenleiter können diese positiven Prozesse durch folgende Maßnahmen unterstützen:

- Einbeziehung aller Gruppenmitglieder
- Das Wir-Gefühl fördern
- Gesprächs- und Arbeitskultur aufbauen und fördern
- Ausrichtung auf Konsens bzw. Kompromiss fördern
- Förderung der Sozialkompetenz
- Für Arbeitsteilung sorgen
- Kreative Arbeitsmethoden einsetzen

Negative gruppendynamische Prozesse zeigen sich durch bestimmte Formen von Störungen. Warnsignale sind:

- Absonderung von Gruppenmitgliedern
- Beschwerden über Gruppenmitglieder
- Cliquenbildung/Parteienbildung
- Die Gruppe nimmt ihre Aufgaben mit wenig Erfolg wahr.
- Die Zusammenarbeit zwischen den Gruppen im Unternehmen funktioniert nicht.
- Die Stimmung in der Gruppe ist spürbar schlecht.
- Es gibt ungeklärte Konflikte zwischen den Gruppenmitgliedern.
- Fehlzeiten und mangelnde Arbeitsleistungen
- Geringe Innovationsbereitschaft
- Hohe Fluktuation der Gruppenmitglieder
- Hoher Krankheitsstand der Gruppenmitglieder
- Häufige Beschwerden gegen andere Mitglieder
- In etablierten Gruppen werden neue Mitglieder ausgegrenzt oder nur halbherzig integriert.
- In jungen Gruppen werden ältere erfahrene Mitglieder ausgegrenzt und umgekehrt.
- Machtkampf einzelner Gruppenmitglieder um die Führungsrolle
- Mobbing von Gruppenmitgliedern
- Streit innerhalb der Gruppe
- Überforderung von Gruppenmitgliedern
- Um die Gruppe kursieren Gerüchte, was besser laufen müsste und könnte.
- Ungenügende Gruppenleistung wegen mangelnder Zusammenarbeit
- Unruhe in der Gruppe
- Unterforderung von Gruppenmitgliedern
- Verbale Aggressionen

Faktoren für den Erfolg der Gruppe	**Hemmnisse bei der Gruppenarbeit**
• Gemeinsames Ziel • Klare Aufgabenstellung • Angenehmes Arbeitsklima, offene und vertrauensvolle Zusammenarbeit • Informationen werden weitergegeben. • Meinungsverschiedenheiten werden akzeptiert und diskutiert. • Alle Mitglieder beteiligen sich. • Konstruktive Kritik • Störungen werden angesprochen und bearbeitet.	• Ziel wird nicht von allen geteilt oder ist unklar. • Unklare Aufgabenstellung • Kein offenes Klima, Konkurrenz in der Gruppe • Informationen werden zurückgehalten. • Meinungsverschiedenheiten werden unterdrückt. • Einzelne Mitglieder dominieren, andere ziehen sich zurück. • Persönliche Angriffe/destruktive Kritik • Störungen werden nicht thematisiert.

Gruppenmitglieder sind im Rahmen der Gruppenarbeit verschiedenen gegensätzlichen Bedingungen ausgesetzt, die sie aushalten und miteinander in Einklang bringen müssen.

Ich/Individuum ←→ Gruppe

Einzelarbeit ←→ Gruppenarbeit

Selbstverantwortung ←→ Verantwortung gegenüber der Gemeinschaft

Freier Wettbewerb ←→ Soziale Verpflichtung

Selbstführung ←→ Fremdführung

Der Zweck **gruppendynamischer Methoden** liegt darin, durch Selbsterfahrung die Gruppenfähigkeit der Gruppenmitglieder zu untersuchen und zu verbessern.

Zu den hilfreichen Methoden zählen hierzu in der Praxis:

- Assessment-Center
- Jour Fix
- Workshop
- Förderkreise
- Gespräche
- Feedbackrunden
- Erfahrungsaustauschgruppen
- Runder Tisch
- Outdoortrainings

1.8.4 Persönliches Zeitmanagement

»Es ist nicht wenig Zeit, was wir haben, sondern es ist viel Zeit, was wir nicht nützen!« Dieses Zitat des römischen Philosophen Seneca (4–65 n. Chr.) zeigt, dass der Umgang mit der Zeit ein uraltes Problem der menschlichen Zivilisation ist.

Grundgedanke des modernen Zeitmanagements ist, aktiv einen Beitrag zur bewussten Steuerung des beruflichen und privaten Lebens zu leisten, um damit die »Work-Life-Balance« besser steuern zu können. Dabei ist Zeitmanagement immer persönlich und individuell zu gestalten. Zeit ist vergänglich, lässt sich nicht vermehren, speichern oder übertragen. Zeitmanagement bedeutet, die eigene Arbeit und Zeit zu beherrschen, anstatt von ihr beherrscht zu werden!

Erfolgreiches Zeitmanagement setzt klare Ziele voraus. Das Geheimnis erfolgreicher Ziel- und Zeitplanung ist die Salamitaktik. Erfolgreiches Zeitmanagement erfordert eine analytische

Vorgehensweise, das bedeutet, das Gesamtziel bzw. die Gesamtaufgabe muss sinnvoll in realistische Teilziele oder Teilaufgaben organisatorisch und zeitlich zerlegt werden. Hat man kein Gesamtziel, z. B. die Durchführung einer Veranstaltung, kann man keine Wochen- oder Tagesziele formulieren und wird nur »drauflos wurschteln«.

Zu den **Einflussfaktoren der persönlichen Zeitgestaltung zählen:**

- Zielvorgaben
- Arbeitsplatzanforderungen
- Vorhandene oder fehlende Informationen
- Motivation
- Unternehmenskultur
- Kommunikation
- Erfahrungswerte
- Abhängigkeit von Kundenkontaktmöglichkeiten
- Gesundheitszustand
- Lebensziele
- Mitmenschen
- Einsatz von Arbeitsmitteln
- Arbeitszeit
- Ökonomische Tageszeitplanung
- Laufbahnziel
- Persönliche Werteoptimierung
- Organisation
- Stand der Technik
- Vorgesetztenverhalten
- Besprechungskultur
- Persönliches Umfeld
- Biorhythmus
- Ablenkungen

Die Ressource Zeit lässt sich unterscheiden in:

- Kalenderzeit bzw. Uhrzeit
- Arbeitszeit im Rahmen des Arbeitsverhältnisses
- Verplante Zeit durch Routinetätigkeiten oder externe Vorgaben
- Verfügbare Zeit oder Freizeit

Wenn man seine Zeit besser nutzt und beherrscht, gewinnt man in zweifacher Hinsicht:

- Man steigert seine Arbeits- und Leistungserfolge und damit i. d. R. sein Einkommen. »Zeit ist Geld!«
- Man gewinnt mehr Zeit für andere wichtige Dinge, etwa Freizeit oder Freunde. »Zeit ist Leben!«

Leitfragen zum individuellen Zeitmanagement:

- Habe ich genug Zeit für Kontakte mit Menschen und Aktivitäten, die mir wichtig sind?
- Haben ich das Gefühl, dass meine Zeiteinteilung (Arbeiten, Schlafen, Erholung, Familie) in der Balance ist?
- Bietet mir die gegenwärtige Zeiteinteilung genug Lebensqualität?
- Welche »Zeitfaktoren« kommen nach meinem eigenen Empfinden zu kurz? (Worin liegen die Ursachen? Will ich etwas ändern? Wie will ich das ändern?)

Die Ursache von Misserfolg (insbes. in der Aufstiegsfortbildung und in der Arbeitswelt) lässt sich oft in vier Worte fassen: »Ich hatte keine Zeit!« Dies ist umso gefährlicher, als im Informationszeitalter nicht immer der Bessere, sondern der Schnellere gewinnt.

Gutes Zeitmanagement soll helfen:

- Individuelle und angemessene Ziele zu definieren bzw. zu erreichen
- Daraus resultierende Aufgaben entsprechend zu planen
- Sich selbst zu organisieren
- Stress zu vermeiden oder abzubauen
- Überblick zu behalten
- Ausreichend Zeit für sich selbst, das Studium, für Freunde und den Beruf zu haben

Aus schlechtem Zeitmanagement resultieren:

- Ständiger Zeitdruck
- Anspannung
- Zeitverschwendung
- Wettbewerbsnachteile
- Stress
- Akzeptanzverlust
- Überforderung
- Körperliche Probleme
- Chaos
- Unzuverlässigkeit
- Unzufriedenheit
- Nichterreichung der Ziele

Im Umgang mit der Zeit lassen sich drei Hauptschwierigkeiten unterscheiden:

- **Anfangshemmungen**
  Die Entscheidung, endlich mit der Bewältigung einer Aufgabe anzufangen, fällt vielen Menschen schwer.
- **Zeitverschwendung**
  Mitarbeiter tun oftmals zu viel auf einmal. Das, was sie tun, tun sie deshalb nicht in der Art und Weise, wie es nötig wäre.
- **Mangelnde Konzentration und Disziplin**
  Man ist nicht voll bei der Sache und lässt sich von jeder sich bietenden Gelegenheit ablenken oder verzettelt sich in überflüssigen und vorgeschobenen Tätigkeiten.

Die Folge mangelhaften Zeitmanagements ist Stress. Zu seinen Ursachen zählen:

- Physische Stressauslöser wie z. B. starke Lärmbelästigung, Krankheit
- Geistige/seelische Stressursachen wie z. B. Problemlösungen unter Zeitdruck, Existenzsorgen, unzufriedene Partner, Mobbing, Überforderung

Möglichkeiten, dem negativen Stress, der ständigen Überanspannung zu begegnen:

- Den Arbeitstag gezielt planen
- Bei Anstrengung angemessene Pausen einlegen
- Entspannungstechniken nutzen
- So weit wie möglich Stressauslöser vermeiden oder gezielt beseitigen
- Belastbarkeitsgrenze(n) steigern
- Ziele und Ansprüche weniger hoch setzen
- Innere Einstellung ändern/positiv(er) denken

Fast jeder klagt darüber, dass er zu wenig Zeit und zu viel Stress hat. So verwundert es nicht, dass psycho-somatische Krankheiten immer mehr Verbreitung finden und von den Berufsgenossenschaften bereits als Berufskrankheit eingestuft wurden.

Beispiele für stressauslösendes Verhalten und Lösungsvorschläge:

- Alles selber machen wollen → geeignete Arbeiten delegieren
- Zu spontanes Handeln (was später Probleme bereitet) → zielorientierte Planung
- Unangenehmes verschieben → je eher daran, je eher davon
- Unentschlossenheit → starten, nicht warten

Empfehlungen für ein besseres Zeitmanagement:

- Ordnung am Arbeitsplatz halten
- Unbedingt zeitliche Puffer einplanen
- Versagensängste abbauen
- Überreaktionen vermeiden
- Möglichkeiten prüfen, was delegiert werden kann

- Blöcke bilden (z. B. zum Telefonieren oder für Besprechungen)
- Störungen identifizieren, analysieren und vermeiden
- Prioritäten setzen; die wichtigsten Ziele zuerst erledigen
- Planerfüllung kontrollieren
- Kräfte auf die Ziele und deren Erreichung konzentrieren
- Zeit auch für sich selber reservieren (Akku aufladen); nötig für Innovationen, Analysen und die Suche nach »kreativen« Lösungen
- »Nein!« sagen lernen
- Individuelle Zeitfresser aufspüren; die vorhandene Zeit so gut wie möglich nutzen
- Neben dem Zeitbedarf auch Zeitlimits setzen
- Besser eine vage Zeitplanung und Zeitschätzung als gar keine betreiben
- Die Unterscheidung zwischen wichtigen und unwichtigen Dingen/Situationen/Themen vornehmen
- Termine einhalten und andere auf Pünktlichkeit festlegen

1.8.4.1 Der individuelle Arbeitsstil

Arbeitsstil und Lernorganisation sind individuell unterschiedlich, dennoch gibt es dazu einige allgemeine Aussagen.

Der individuelle Arbeitsstil wird beeinflusst durch folgende Gegebenheiten:

- persönliche Leistungskurve (Biorhythmus)
- Sozialkompetenz
- Methodenkompetenz
- Führungsstil von Vorgesetzten
- Selbstkompetenz
- Rahmenbedingungen

Von besonderer Bedeutung ist die persönliche Leistungskurve. Jeder Mensch ist im Tagesverlauf in seiner Leistungsfähigkeit bestimmten individuellen Schwankungen unterworfen, die weitgehend seinem natürlichen Rhythmus entsprechen und daher vorhersehbar sind.

Verallgemeinernd lässt sich feststellen:

- Das Leistungshoch liegt am Vormittag.
- Am Nachmittag gibt es zumeist ein Leistungstief.
- Nach einem Zwischenhoch am frühen Abend fällt die Leistungskurve kontinuierlich ab.

Empfehlungen zur Organisation des Lernens:

- Den Lernstoff gliedern und strukturieren
- Den Lernstoff, das Lernmaterial und den Lernort attraktiv gestalten (z. B. gute Beleuchtung, angenehme Raumtemperatur, Bilder, Pflanzen, Ordnung und Übersicht, das Lieblingsschreibgerät)
- Nur lernen, wenn man sich geistig und körperlich dazu in der Lage fühlt
- Angemessene Pausen einlegen
- Störungen und Ablenkungen ausschalten
- Geeignete Lernpartner suchen
- Sich nach jedem erfolgreich beendeten Arbeits- oder Lernabschnitt belohnen (z. B. mit einer Tasse Kaffee)

1.8.4.2 Techniken des persönlichen Zeitmanagements

1.8.4.3 Zeiteinteilung und Einflussfaktoren

Das persönliche Zeitmanagement ist als Aspekt des Selbstmanagements zu betrachten.

Regeln eines erfolgreichen persönlichen Selbstmanagements sind:

- Planend vorgehen und Hektik vermeiden
- Überschaubare Ziele setzen
- Prioritäten festlegen
- Ziele kontrollieren
- Effizient arbeiten
- Terminkalender professionell führen
- Nur ca. 60 % des Arbeitstages verplanen, d. h. Zeitpuffer bilden
- »Zeitfresser« eliminieren
- Konsequent Time-Systeme umsetzen
- Arbeiten und Aufgaben delegieren

Zu einem guten Zeitmanagement gehört es, sein Verhalten, seine Erfahrungen, Einstellungen und Gefühle ständig zu reflektieren. Ziel ist es einerseits, Störungen zu erkennen, Störungsursachen zu lokalisieren und wirksame Verhaltensalternativen zu ihrer Vermeidung zu trainieren und andererseits erfolgreich praktiziertes Vorgehen zu wiederholen.

Individuelle Zeitfresser:

- Unnötige Wartezeiten
- Raucherpausen
- Unnötige Diskussionen
- Mangelnde intrinsische und extrinsische Motivation
- Mangelnde Selbstdisziplin
- Jederzeit sofort für alle ansprechbar sein wollen
- Privater Schwatz/Übertriebener Small-Talk
- Hast und Ungeduld
- Chaos auf dem Schreibtisch
- Zu wenig delegieren
- Unangemeldete Besucher
- Unfähigkeit, »Nein!« zu sagen
- Zu viele Protokolle
- Unnötige Aktennotizen
- Unentschlossenheit
- Suche nach Informationen
- Schlechte Betriebsorganisation
- Detailverliebtheit
- Anderen alles recht machen wollen
- Technische Probleme
- Alle Unterlagen gleichzeitig parat haben wollen
- Nicht-Beherrschung der Zeitmanagementtechniken
- Diffuse Zielsetzung
- Bummelei
- Mangelnde Konzentration
- Ablenkung
- Lärm
- Versuch, zu viel auf einmal zu tun
- Schlechte Koordination
- Schlechte Ablage
- Telefonische Unterbrechungen
- Zu wenig oder verspätete Informationen
- Unnötige Besprechungen
- Unnötiger Papierkram
- Ständiges Aufschieben von Arbeiten
- Müdigkeit, Überforderung
- Überall unbedingt dabei sein wollen
- Alle Fakten umfassend wissen wollen
- Privates Surfen im Internet, private Telefonate
- Alles spontan und sofort tun wollen
- Lange Wege

Zeitfresser und Störungsquellen können nur beseitigt werden, wenn man sie kennt, d. h., wenn man sie sich bewusst macht. Hierzu gilt es, nach folgendem Schema vorzugehen:

- **1. Schritt: Einteilung der Störfaktoren**
  Störungen von außen (z. B. Organisation, Chef, Mitarbeiter) und innen (z. B. eigene Person und deren Motivation und Gesundheitszustand) differenzieren.
- **2. Schritt: Quantitatives Erfassen der Störungsursachen**
  Auflisten mit einer Strichliste und die Art und Häufigkeit dokumentieren.
- **3. Schritt: Beseitigen oder Vermindern der Störungen**
  Analyse der Störungsursachen und Maßnahmen zur Eliminierung oder Verminderung.

  Damit verbundene **Leitfragen** sind:

  - Welche Störungen behindern am meisten?
  - Welche lassen sich beeinflussen, mindern oder beseitigen? Wie? Wodurch? Wann?
  - Welche Störungen lassen sich nicht beseitigen?

Selbst-Zeitmanagement ist immer auch Selbst-Management. Unterschieden werden zwei Ansätze:

- Prioritäten setzen
- Arbeit rationalisieren bzw. systematisieren

Prioritäten setzen

Zu diesem Thema sind verschiedene Methoden entwickelt worden:

- Alpen-Methode
- 80:20-Regel
- Eisenhower-Prinzip
- ABC-Analyse
- Entlastungsfragen stellen
- »Nein-Sagen!«

Die ALPEN-Methode

Unter Anwendung der ALPEN-Methode (sie geht auf den Zeitforscher LOTHAR J. SEIWERT zurück) kann ein Tagesplan erstellt werden. Die fünf Buchstaben sind als »Eselsbrücke« zu verstehen.

A steht für das **Aufschreiben** von Aufgaben, Aktivitäten und Terminen.
Wenn man einen Plan schriftlich fixiert, hat dies die psychologische Wirkung einer gewissen Selbstverpflichtung. Dadurch wird man motiviert, das gesteckte Ziel auch anzugehen und zu erreichen. Die Aktivitäten werden überschaubarer und kontrollierbarer.

L steht für die **Länge** der Tätigkeiten.
Hinter jeder Aufgabe ist der geschätzte Zeitbedarf einzutragen. Bei einer konkreten Vorgabezeit zwingt man sich auch zu deren Einhaltung, der Zwang zur Zeiteinhaltung führt zu konsequenterem Arbeiten.

P steht für **Pufferzeiten** und für die zeitliche Reservierung von Unvorhergesehenem.
Der Arbeitstag sollte nicht vollständig verplant werden. In der Realität kommt es selten vor, dass man sich den ganzen Tag nur mit dem beschäftigen kann, was man sich vorgenommen hat. Es ist daher ratsam, ca. 40 % der Arbeitszeit für Unvorhersehbares zu reservieren. Auch kurze »schöpferische« Pausen oder Auszeiten sollten eingeplant werden.

E steht für **Entscheidungen** über Prioritäten.
Es gilt Prioritäten entsprechend der ABC-Analyse zu setzen (vergl. weiter hinten in diesem Abschnitt). Daraus ergibt sich später, Aufgaben und Termine zu delegieren oder uneffektive Termine zu kürzen bzw. zu streichen.

Leitfragen bei der Entscheidung über Prioritäten sind:

- Was muss man wann selbst erledigen?
- Was erledigt sich von selbst?
- Was kann man delegieren und was nicht?

N steht für **Nachkontrolle.**
Der Plan ist am Ende der Periode (das ist i. d. R. ein Tag) zu überprüfen: Wurden alle Aktivitäten entsprechend der Planung erledigt?

Wird die Frage verneint, gilt es kritisch zu hinterfragen, warum das nicht gelungen ist. Die Kontrolle soll zur Verbesserung des Zeitmanagements beitragen. Die unerledigten Aufgaben müssen in den Terminplan übertragen werden.

Vorteile der ALPEN-Methode:

- Überblick über die Tagesanforderungen
- Ordnung des Tagesablaufes
- Vermeidung von Vergesslichkeit
- Konzentration auf das Wesentliche
- Entscheidung über Prioritäten
- Förderung der Selbstdisziplin
- Kontrolle der Tagesergebnisse
- Positive Erfolgserlebnisse am Ende des Tages
- Bessere Einstimmung auf den (nächsten) Tag

Die 80:20-Regel

Viele Menschen begehen den Fehler, dass sie sich mit allem Möglichen beschäftigen und sich dabei in Nebensächlichkeiten verrennen, anstatt sich voll auf das Wesentliche zu konzentrieren. Wenn man sich Gedanken darüber macht, die zur Verfügung stehende Zeit effizienter zu nutzen, kann das folgende Prinzip helfen. Es eignet sich auch gut für das Projektmanagement.

Die Methode beruht auf Erkenntnissen des italienischen Soziologen und Ökonomen Vilfredo Pareto (1848–1923) der herausfand, dass die wichtigen Arbeiten i. d. R. nur einen kleinen Anteil innerhalb einer Gesamtaufgabe ausmachen (etwa 20 %), aber einen ganz überwiegenden Anteil zum Ergebnis beitragen (ca. 80 %).

Diese Regel hat sich in verschiedenen Arbeits- und Lebensbereichen als die 80:20-Regel bestätigt:

- 20 % der eingesetzten Zeit und Energie bringen 80 % des Ergebnisses.
- 20 % der Kunden bringen 80 % des Umsatzes.
- 20 % der Fehler in den Produktionsstätten bringen 80 % des Ausschusses.

Übertragen auf das Zeitmanagement bedeutet dies, dass man bereits mit den ersten 20 % der eingebrachten Zeit einen Anteil von 80 % der Leistung erreichen kann, sofern sie in die »Erfolgsbringer« investiert werden. Im Umkehrschluss besagt diese Erkenntnis, dass man mit den restlichen 80 % der eingebrachten Zeit nur noch 20 % der Gesamtleistung erbringt. Angewendet auf die Tagesplanung sollte man sich nicht zuerst die angenehmsten, interessantesten Arbeiten mit dem jeweils geringsten Zeitbedarf vornehmen, sondern alle Tätigkeiten nach Bedeutung, Wichtigkeit und Wertschöpfung einschätzen und sie in der entsprechenden Reihenfolge angehen.

Das Ergebnis wird sein, dass Aufwand und Nutzen in einem günstigen Verhältnis stehen und bei richtiger Priorisierung mit weniger Zeitaufwand mehr erreicht wird.

Das Eisenhower-Prinzip

Dieses Prioritätenprinzip geht auf den amerikanischen General und späteren Präsidenten Dwight D. Eisenhower (1890–1969) zurück. Je nach hoher oder niedriger Dringlichkeit und Wichtigkeit einer Aufgabe kann man nach diesem Prinzip den Zeitpunkt der Bearbeitung einer Aufgabe festlegen. Durch die Zuordnung der Kriterien »Wichtigkeit« und »Dringlichkeit« zu Aufgaben lässt sich ein sinnvolles Zeitmanagement erreichen, in dem entschieden wird, ob Aufgaben sofort, später oder gar nicht (selber) bearbeitet werden. Grundgedanke des Prinzips ist es, zu verhindern, dass man, anstatt Zeit für die wirklich wichtigen Dinge zu nutzen, Energie und Zeit häufig für dringliche, aber weniger wichtige Dinge ver(sch)wendet.

Kernaussage des Prinzips ist: Nicht alles, was dringlich ist, ist auch wichtig!

Hier ist das Eisenhower-Prinzip grafisch dargestellt:

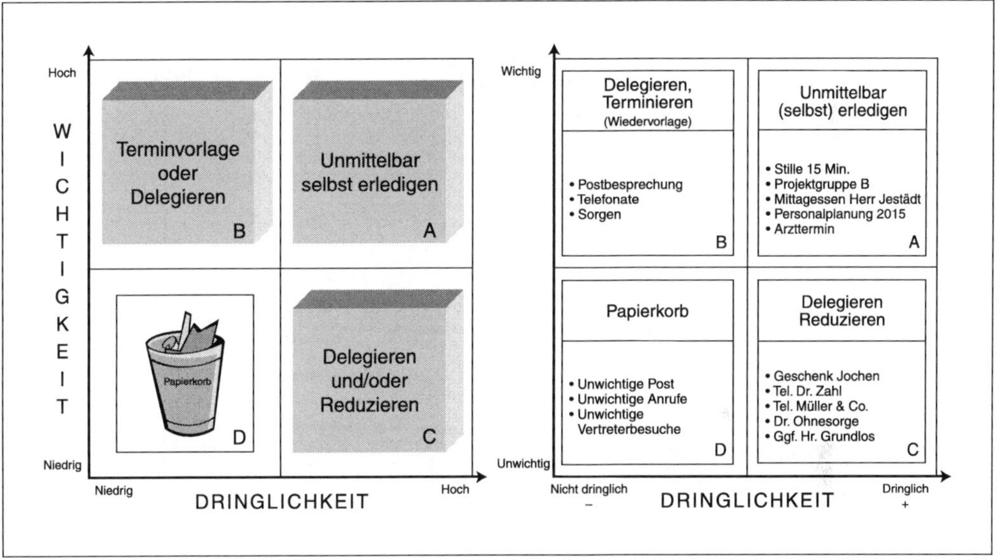

Beim Eisenhower-Prinzip werden alle Aufgaben nach ihrer Dringlichkeit und Wichtigkeit in die folgenden Kategorien eingeteilt:

A-Aufgaben sind Aufgaben, die wichtig und dringlich sind.
B-Aufgaben sind Aufgaben, die wichtig, aber nicht dringlich sind.
C-Aufgaben sind Aufgaben, die unwichtig, aber dringlich sind.
D-Aufgaben sind Aufgaben, die unwichtig und auch nicht dringlich sind.

Handlungsmaxime sind:

- Wichtigkeit vor Dringlichkeit!
- Wichtig sind die Aufgaben, die helfen, gesteckte Ziele zu erreichen.
- Aufgaben, die wichtig und dringlich sind, muss man sofort selbst erledigen. Es handelt sich um A-Aufgaben, z. B. Konfliktgespräch muss von der Führungskraft selbst geführt werden (Führungsaufgabe) und duldet keinen Aufschub.

- Aufgaben, die wichtig, aber nicht dringlich sind, müssen zwar nicht sofort erledigt, sollten aber bereits geplant und terminiert, evtl. auch ganz oder teilweise delegiert werden. Dies sind B-Aufgaben, z. B. Beantwortung eingehender Telefonate nach einer Besprechung.
- Aufgaben von geringer Wichtigkeit, die aber dringlich zu erledigen sind, können delegiert oder nachrangig bearbeitet werden. Es handelt sich hierbei um C-Aufgaben, z. B. der Geburtstagsgeschenkeinkauf für den Hauptabteilungsleiter kann an die Sekretärin delegiert werden.
- Aufgaben mit geringer Dringlichkeit und geringer Wichtigkeit haben wenig Bedeutung. Diese Vorgänge sollten abgelegt oder vernichtet werden. Keinesfalls sollte eine Führungskraft hierfür ihre Zeit verschwenden. Es handelt sich um D-Aufgaben, z. B. unwichtige Werbepost kann umgehend in den Papierkorb entsorgt werden.

Die ABC-Analyse

Die ABC-Analyse ähnelt dem Eisenhower-Prinzip. Wie dieses ist sie ein Instrument zur Ordnung von Elementen und Tätigkeiten nach ihrer Bedeutung und stellt ein wichtiges Instrument des Zeitmanagements dar, mit dem eine Prioritätenbildung angestrebt wird.

Man unterteilt Aufgaben in sehr wichtige (A), wichtige (B) und weniger wichtige (C).

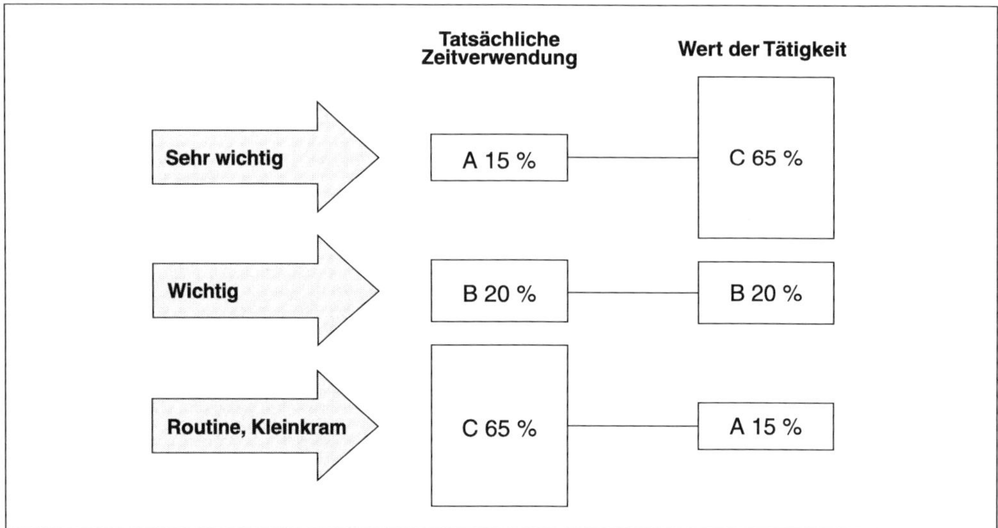

Die ABC-Analyse erfolgt in folgenden Schritten:

- Einstufung der Tätigkeiten nach Wichtigkeit und Bedeutung
  A-Aufgaben: sehr wichtig
  B-Aufgaben: wichtig
  C-Aufgaben: weniger wichtig

- Die Einstufung der Tätigkeiten nach Dringlichkeit und Fristigkeit:
  A: unaufschiebbar, kurzfristig zu erledigen
  B: dringend, mittelfristig zu erledigen
  C: aufschiebbar, weniger wichtig, langfristig zu erledigen

Der angemessene Zeiteinsatz ergibt sich durch die Einstufung der Tätigkeiten in solche, die sofort persönlich erledigt werden, in solche, die zeitlich einzuplanen sind und solche, die delegiert werden können oder keine Aktivität erfordern.

Die A-Aufgaben muss die Führungskraft selbst erledigen oder mit anderen verantwortlich durchführen. Sie sind im Prinzip nicht delegierbar. A-Aufgaben sollten in störungsarmen Zeiten erledigt werden. Sie verlangen besondere Konzentration.

A-Aufgaben können noch weiter differenziert werden:

- Welche Aufgaben leisten den größten Zielbeitrag?
- Welche Aufgaben sichern langfristig den größten Nutzen?
- Welche Aufgaben bringen im Fall der Nichterledigung den größten Ärger/Schaden?

Bei den B-Aufgaben handelt es sich um durchschnittlich wichtige Aufgaben, die ganz oder teilweise delegiert werden können.

C-Aufgaben sind Aufgaben, die weniger wichtig sind.

Aufgaben / Aktivitäten	**A-Aufgaben**	**B-Aufgaben**	**C-Aufgaben**
	Sehr wichtig/ Hohe Priorität	Wichtig	Weniger wichtig/ Geringe Priorität
Unaufschiebbar kurzfristig	Unverzüglich selbst erledigen, d. h. gleich beantworten oder Beantwortung veranlassen	Möglichst zeitnah selbst erledigen, elektronischen Merker setzen	Zur sofortigen Bearbeitung an Mitarbeiter weiterleiten
Dringend mittelfristig	Möglichst zeitnah selbst erledigen, elektronischen Merker setzen	Weiterleiten an Mitarbeiter oder in die eigene Aufgabenliste übernehmen und Merker setzen	Zur Bearbeitung mit Terminvorgabe an Mitarbeiter weiterleiten
Aufschiebbar langfristig	Termin einplanen, in Aufgabenliste übernehmen und Merker setzen	Weiterleiten an Mitarbeiter zur Bearbeitung und Merker zur Nachverfolgung setzen	Elektronisch ablegen oder elektronisch in den Papierkorb verschieben

Schema für die Einteilung der Tagesarbeit in A-, B- und C-Aufgaben

Datum ____________________

Termine	**Berufliche Aufgabe**	**A**	**B**	**C**	**Bemerkungen**
8.00 Uhr					
9.00 Uhr					
10.00 Uhr					
⋮	⋮	⋮	⋮	⋮	⋮
	Private Angelegenheiten				
17.00 Uhr					
18.00 Uhr					
19.00 Uhr					
20.00 Uhr					

Vorschlag für die Gliederung eines Tagesablaufplans mit ABC-Analyse

Entlastungsfragen

Die Technik der Entlastungsfragen ist geeignet, sich vor der Belastung mit bestimmten Aufgaben und Tätigkeiten zu schützen und alternative Möglichkeiten zu erkennen.

Beispiele:

- Warum gerade ich? → An jemand anderen delegieren
- Warum gerade jetzt? → Auf Termin legen
- Warum so? → Vereinfachungen anstreben, »schlanke« Lösungen suchen
- Warum überhaupt? → Aufgabe ignorieren, weil überflüssig, nicht angehen

Mit diesen Fragestellungen soll erreicht werden, dass bestimmte Aufgaben nicht selbst übernommen werden müssen. Das gelingt vielfach, allerdings besteht die Gefahr, dass man sich durch solche Fragestellungen unbeliebt macht.

Nein-Sagen

Ein ähnliches Ziel wird mit der Taktik des Nein-Sagens angestrebt. Zwar wird hier nicht konkret gefragt, aber das Nein-Sagen steht für einen vertretbaren, gesunden Egoismus, der helfen soll, Zeit für wichtige und dringliche Aufgaben zu gewinnen.

Bevor Nein gesagt wird, ist zu klären:

- Was passiert, wenn ich »Nein!« sage?
- Welche Folgen hat das für den anderen, der mich gefragt hat?
- Welche Folgen hat das für die Aufgabe, um die es geht?

Dementsprechend ist abzuwägen, ob »Nein-Sagen« hilfreich ist.

Rationalisieren und Systematisieren der Arbeit

Ein anderer Ansatz von Zeitmanagement-Techniken beschäftigt sich mit der Frage, wie man Arbeitsvorgänge und bestimmte, wiederkehrende Aufgaben rationalisieren und systematisieren kann.

Hierzu zählen:

- Telefonmanagement
- Schreibtischmanagement
- Terminplanung/Arbeitsplanung

Telefonmanagement

Das Telefon zählt zu den wichtigsten Arbeitsmitteln im Büro. Allerdings wird es nicht immer sinnvoll genutzt.

Leitfragen zum Telefonat:

- Warum telefoniere ich?
  Ist es wichtig, die Antwort oder Reaktion des Partners sofort zu kennen?
  Ist der persönliche Kontakt unerlässlich?
  Ist möglicherweise demnächst eine persönliche Begegnung vorgesehen?
- Welche Alternativen zum Telefonat bieten sich an?
  Brief oder E-Mail sind vorzuziehen, wenn eine Mitteilung nachweisbar sein muss.
  In anderen Fällen ist eine persönliche Begegnung sinnvoll.

- Welche Tageszeit ist zum Telefonieren geeignet?
  Tagesablauf der Partners, wenn möglich, berücksichtigen.
  Unterschied zwischen Anrufen bei geschäftlichen und privaten Kontakten beachten.
- Wie bereite ich mich auf ein Telefonat vor?
  Alle technischen Möglichkeiten (Anrufbeantworter, Nummernspeicher, Wahlwiederholung, Anklopfen, Lautsprecher, Konferenzschaltung u. a.) sollten bekannt sein und genutzt werden.
  Telefonate nicht unter Zeitdruck oder während einer Besprechung führen/annehmen.
  Bestimmte Tageszeiten für Telefongespräche reservieren (Telefon-Blockzeiten).
  Durchwahlnummern zwecks schneller Verbindung notieren.
  Alle notwendigen Unterlagen vorher bereitlegen, Stichworte notieren.
  Ist eindeutig klar, was ich erreichen will?
- Was muss ich beim Telefongespräch beachten?
  Sprechen Sie deutlich und langsam.
  Nennen Sie Ihren Namen und sprechen Sie Ihren Partner mit Namen an.
  Scheuen Sie sich nicht nach seinem Namen und nach der Schreibweise zu fragen.
  Vermeiden Sie Hektik und spontane (unüberlegte) Aussagen.
  Lassen Sie Ihren Partner aussprechen, aber vermeiden Sie langatmige Diskussionen.
  Schreiben Sie für wichtige Telefonate eine Gesprächsnotiz mit Namen, Telefonnummer, Adresse.
  Verabschieden Sie Ihren Partner mit seinem Namen.
- Welche Hilfe kann ich von Kollegen, dem Sekretariat bzw. der Telefonzentrale erwarten?
  Durchstellen von Anrufen nur nach Nennung des Namens und evtl. des Anlasses
  Notieren des Namens und der Rückrufnummer
  Annehmen des Anrufes bei Abwesenheit
  Klare Absprache treffen, wer zu mir durchgestellt/nicht durchgestellt werden darf
- Wie vermeide ich unwichtige oder unerwünschte Anrufe?
  Anrufbeantworter einschalten
  Umleitung zur Telefonzentrale/zum Sekretariat
  Die eigene Durchwahl nur auserwählten Partnern verraten
- Anweisungen an das Sekretariat bzw. die Rufumleitung:
  Wer soll mich nicht erreichen?
  Wer darf mich jederzeit erreichen?
  Wann bin ich am besten erreichbar?
  Wann kann ich am besten zurückrufen?
  Welche Themen will ich telefonisch nicht besprechen?
  Welche Themen können Kollegen behandeln?

Schreibtischmanagement

Jeder Schreibtisch vermittelt auch einen Hinweis auf die Persönlichkeit des Mitarbeiters. Da man die meiste Arbeitszeit an seinem Schreibtisch verbringt, gilt es, diesen rationell zu organisieren.

Tipps für professionelle Schreibtischarbeit:

- Eingangs-, Ausgangs- und Papierkörbe benutzen. Jedes Schriftstück kommt zuerst in den Eingangskorb.
- Auf dem Schreibtisch liegt nur ein Vorgang, an dem gerade gearbeitet wird.
- Das Telefon steht links (bei Linkshändern rechts).
- Man arbeitet immer von links nach rechts.
- Wiedervorlagemappe nutzen.
- Der Schreibtisch ist am Abend leer.

Terminplanung/Arbeitsplanung

Prinzipien der Tagesplanung:

- Immer schriftlich planen
- Nicht die volle Arbeitszeit verplanen
- Jeder Mensch unterliegt Schwankungen der persönlichen Leistungsfähigkeit. Die Leistungskurve hat morgens (gegen 9 Uhr) ihren ersten Höhepunkt und fällt dann mittags (bis 15 Uhr) kontinuierlich ab, um gegen Abend nochmals leicht anzusteigen, bevor sie sich (nach 21 Uhr) rapide verschlechtert. Es gibt allerdings auch Menschen, deren Leistungskurve anders verläuft (Morgen- oder Abend-Menschen).

Das Befinden am Beginn des Arbeitstages ist von besonderer Bedeutung:

- Rechtzeitig aufstehen, gut frühstücken und ohne Hast zur Arbeit gehen
- Mit positiver Einstimmung in den Tag gehen
- Schwerpunkte (A-Aufgaben) an den Anfang stellen

Schema für eine Tagesverlaufsplanung:

- Zeitbedarfe abschätzen und realistische Zeitlimits setzen
- Termine nach eigenen Prioritäten vereinbaren
- Kein Termin ohne Pufferzeit
- Arbeitstempo konzentriert, ohne Hast und inneren Stress bestimmen
- Sich kleine Erholungspausen gönnen
- Zeitüberhänge nutzen (für Vorbereitung oder Entspannung)
- Blockzeiten bzw. störungsfreie Zeiten bilden
- Arbeitsziele und Zeiten kontrollieren
- Zeit für Tagesabschlussarbeiten einkalkulieren

Tagesabschluss:

- Unerledigtes sinnvoll abschließen
- Resümee über den Tag ziehen
- Den nächsten Tag planen
- Schreibtisch und Kopf leer machen – abschalten
- Mit positiver Stimmung die Arbeit beenden und nach Hause gehen

Terminübersichten:

Mithilfe des bereits bei der ABC-Analyse vorgeschlagenen Schemas eines Tagesplans können Termine geplant werden. Auf diese Weise liegen alle Termine übersichtlich vor und sollten eingehalten werden können.

Kontrollfragen

1. Welche Ziele werden mit der Personalarbeit verfolgt?
2. Erläutern Sie Aufgaben, die sich aus einer Linienfunktion der Personalarbeit ergeben.
3. Was versteht man unter einer Stabsorganisation der Personalarbeit?
4. Erläutern Sie den Inhalt einer Matrixorganisation. Welche Vorteile und Nachteile sehen Sie?
5. Erläutern Sie den Begriff Unternehmensorganisation.
6. Nennen Sie vier interne Kundengruppen für personalwirtschaftliche Dienstleistungen.
7. Beschreiben Sie Kriterien, die den Wert bzw. die Qualität einer personalwirtschaftlichen Dienstleistung für die Kunden bestimmen.
8. Was versteht man unter einer Ablauforganisation?
9. Was versteht man im betriebswirtschaftlichen Sinne unter einem Prozess?
10. Nennen Sie Modelle der Prozessgestaltung.
11. Was ist die Besonderheit eines Projektes?
12. Beschreiben Sie die Zusammensetzung und Aufgaben eines Projektteams.
13. Schildern Sie Möglichkeiten des EDV-Einsatzes innerhalb der Personalarbeit.
14. Welche Datensicherungssysteme kennen Sie? Beschreiben Sie die Anwendung der unterschiedlichen Systeme.
15. Nennen Sie Auswahlkriterien für eine neue Standard-Software.
16. Beschreiben Sie die Bedeutung der Datenschutz-Grundverordnung.
17. Wer kann interner Nutzer einer Personalstatistik sein?
18. Wer kann externer Nutzer einer Personalstatistik sein?
19. Nennen Sie Ursachen für Konflikte unter den Mitarbeitern.
20. Erläutern Sie den Begriff Feedback.
21. Welche Feedbackregeln kennen Sie?
22. Was verstehen Sie unter konstruktiver Kritik?
23. Nennen Sie Vorteile für den Einsatz eines Beamers.
24. Beschreiben Sie die Eigenschaften eines professionellen Moderators.
25. Was versteht man unter Gruppenarbeit?
26. Erläutern Sie die vier Entwicklungsphasen einer Gruppe.
27. Erläutern Sie die ALPEN-Methode.
28. Beschreiben Sie die mögliche Arbeitsteilung zwischen Personalbereich und Fachvorgesetztem.
29. Nennen Sie 5 Strategien der Konfliktlösung.
30. Beschreiben Sie die Aufgaben des Datenschutzbeauftragten.

Handlungsbereich

Personalarbeit auf Grundlage rechtlicher Bestimmungen durchführen — 2

Im Handlungsbereich »Personalarbeit auf Grundlage rechtlicher Bestimmungen durchführen« soll der Prüfungsteilnehmer nachweisen, dass er die Mitarbeiter, Führungskräfte und Unternehmensleitung in allen Phasen der Personalbeschaffung, der Vertragsgestaltung und der Beendigung von Arbeitsverhältnissen kompetent und verantwortlich beraten und damit effiziente Personalbewirtschaftung gewährleisten kann.

Grundlagen des Arbeitsrechts

Begriff und Struktur des Arbeitsrechts

Das Arbeitsrecht unterscheidet zwischen Individual- und Kollektivarbeitsrecht. Zum **Individualarbeitsrecht** gehören die Regeln über Anbahnung, Inhalt, Übergang und Beendigung des Arbeitsverhältnisses. Ausgangspunkt sind die Vorschriften der §§ 611 ff. BGB über den Dienstvertrag. Auch im Arbeitsrecht gilt im Grundsatz die Vertragsfreiheit. Sie kann jedoch nur dann funktionieren, wenn sich zwei wirtschaftlich gleichstarke Partner gegenüberstehen. Ein gerechtes Aushandeln der Vertragsbedingungen ist also unwahrscheinlich, wenn der Arbeitnehmer, der seine Arbeitsleistung anbietet, dringend auf eine Beschäftigung angewiesen ist. Aus diesem Grunde ist die inhaltliche Ausgestaltung des Arbeitsverhältnisses durch zahlreiche Schutzgesetze zwingend geregelt (z. B. Entgeltfortzahlung bei Krankheit, Länge der Arbeitszeit, Erholungsurlaub usw.) und schränkt die Vertragsfreiheit ein.

Neben dem Individualarbeitsrecht gibt es das **kollektive Arbeitsrecht.** Darunter werden die Rechtsbeziehungen der arbeitsrechtlichen Koalitionen (Gewerkschaften, Arbeitgeberverbände und einzelne Arbeitgeber) sowie Belegschaftsvertretungen (Betriebsräte und Personalräte) sowohl zu ihren Mitgliedern als auch untereinander verstanden. Das kollektive Arbeitsrecht behandelt Fragen des Tarifrechts, des Arbeitskampfrechts oder des Betriebsverfassungsrechts. Auch diese Regelungen dienen dazu, das Machtungleichgewicht zwischen dem einzelnen Arbeitnehmer und dem Arbeitgeber auszugleichen.

Teilweise stellt aber auch der Staat selbst den gesetzlichen Schutz der Arbeitnehmer vor Gefahren am Arbeitsplatz sicher (z. B. mit dem Jugendarbeitsschutzgesetz, Mutterschutzgesetz und Schwerbehindertenrecht im SGB IX).

Das Sozialrecht und das Arbeitsrecht greifen also eng ineinander. So hängen etwa die Regelungen zum Kündigungsschutz und die Bedingungen für die Gewährung von Arbeitslosengeld miteinander zusammen.

Praktische Bedeutung des Arbeitsrechts

Das Arbeitsrecht ist als Rechtsmaterie von großer praktischer Bedeutung: Über 46 Millionen Menschen sind derzeit in Deutschland aufgrund eines Arbeitsverhältnisses beschäftigt. Für viele dieser Arbeitnehmer stellen die Einkünfte aus ihrer Erwerbstätigkeit die wesentliche Einkommensquelle dar.

Damit ist die **wirtschafts- und sozialpolitische Bedeutung** des Arbeitsrechts hoch; denn es steht mehr als jedes andere Rechtsgebiet im Zentrum der Wirtschafts- und Sozialpolitik Deutschlands und ist ein fester Bestandteil der sozialen Marktwirtschaft. Das bedeutet aber auch, dass sich die Kräfte des Marktes im Arbeitsleben nicht völlig frei und unkontrolliert entfalten können. Vielmehr ist es die Pflicht des Staates, Bedingungen und Grenzen dieser marktwirtschaftlichen Betätigung festzulegen.

Gesetze des Arbeitsrechts im Überblick

Bis heute gibt es kein einheitliches Arbeitsgesetzbuch, sondern nur eine Fülle von Einzelgesetzen mit arbeitsrechtlichem Inhalt. Die Übersicht enthält eine Auswahl der wichtigsten Gesetze (alphabetisch nach Abkürzungen sortiert, die in den folgenden Abschnitten benutzt werden; ausführliche Darstellung siehe auch Abschnitt 2.1.7).

Die Übersicht wird ergänzt durch Gesetze, die nicht unmittelbar das Arbeitsrecht betreffen, jedoch für das Personalwesen im Allgemeinen von Bedeutung sind, z. B. das Einkommensteuergesetz.

AAG	**Aufwendungsausgleichsgesetz** regelt, unter welchen Voraussetzungen Arbeitgebern die Kosten für Entgeltfortzahlungen und Mutterschaftsleistungen erstattet werden.
AEntG	**Arbeitnehmer-Entsendegesetz** über zwingende Arbeitsbedingungen bei grenzüberschreitenden Dienstleistungen. Es schafft in Verbindung mit den für allgemeinverbindlich erklärten Tarifverträgen des Baugewerbes Mindestarbeitsbedingungen im Baugewerbe.
AFBG	**Aufstiegsfortbildungsförderungsgesetz** fördert die Vorbereitung auf mehr als 700 Fortbildungsabschlüsse wie Meister/in, Fachwirt/in, Techniker/in, Betriebswirt/in, Erzieher/in.
AGG	**Allgemeines Gleichbehandlungsgesetz** zur Verhinderung oder Beseitigung von Benachteiligungen u. a. am Arbeitsplatz.
ArbGG	**Arbeitsgerichtsgesetz** Prozessrecht der Gerichte für Arbeitssachen. Soweit sich im ArbGG keine Sonderregeln finden, gilt für das Verfahren vor den Arbeitsgerichten die Zivilprozessordnung (ZPO).
ArbSchG	**Arbeitsschutzgesetz** regelt Maßnahmen des Arbeitsschutzes zur Verbesserung der Sicherheit und des Gesundheitsschutzes der Beschäftigten bei der Arbeit.
ArbZG	**Arbeitszeitgesetz** enthält Bestimmungen über die höchstzulässige Arbeitszeit und die mindestens zu gewährenden Pausen.
ATG	**Altersteilzeitgesetz** bot durch Leistungen der Bundesagentur für Arbeit Anreize, dass ältere Arbeitnehmer ihre Arbeitszeit reduzieren, um ihren Arbeitsplatz jüngeren Kollegen freizumachen. Die direkte Förderung ist inzwischen entfallen. Es verbleiben bestimmte steuerliche Begünstigungen und sonstige Regelungen.
AÜG	**Arbeitnehmerüberlassungsgesetz** enthält verwaltungsrechtliche Bestimmungen zur Arbeitnehmerüberlassung (Erlaubnispflicht) sowie zwingende Bestimmungen zum Schutz von Leiharbeitnehmern.
AufenthG	**Aufenthaltsgesetz** enthält die wesentlichen gesetzlichen Grundlagen für die Ein- und Ausreise und den Aufenthalt von Ausländern in Deutschland.
BBiG	**Berufsbildungsgesetz** regelt u. a. die Rechtsverhältnisse der Berufsausbildung, beruflichen Fortbildung und Umschulung.
BDSG	**Bundesdatenschutzgesetz** regelt zusammen mit der DSGVO (EU) den Umgang mit personenbezogenen Daten.
BEEG	**Bundeselterngeld- und Elternzeitgesetz:**enthält sozialrechtliche Vorschriften über das Elterngeld und arbeitsrechtliche Bestimmungen über den Anspruch auf Elternzeit (gilt ab 2007 anstelle des Bundeserziehungsgeldgesetzes).
BetrAVG	**Betriebsrentengesetz** setzt Mindestregeln und die Förderung für vom Arbeitgeber zugesagte Betriebsrenten fest.
BetrVG	**Betriebsverfassungsgesetz** regelt die Rechte des Betriebsrats, insbesondere die Mitbestimmung in sozialen, personellen und wirtschaftlichen Angelegenheiten.
BGB	**Bürgerliches Gesetzbuch** regelt als systematische und zentrale Zusammenfassung des Privatrechts die wichtigsten Rechtsbeziehungen zwischen Privatpersonen.
BSchG	**Beschäftigtenschutzgesetz** soll für die Wahrung der Würde von Frauen und Männern durch den Schutz vor sexueller Belästigung am Arbeitsplatz sorgen.
BUrlG	**Bundesurlaubsgesetz** regelt den Mindesturlaub für Arbeitnehmer.
DSGVO	**Datenschutzgrundverordnung (EU)** regelt zusammen mit dem BDSG den Umgang mit personenbezogenen Daten.
EFZG	**Entgeltfortzahlungsgesetz** schreibt die Zahlung des Arbeitsentgelts an Feiertagen und im Krankheitsfall vor.
Entg TranspG	**Entgelttransparenzgesetz** soll als Maßnahme zur Bekämpfung der Gehaltsunterschiede zwischen Frauen und Männern dienen.
EStG	**Einkommensteuergesetz** bestimmt u. a. welche Bezüge der Einkommensteuer- und damit auch der Lohnsteuerpflicht unterliegen.

FEG	**Fachkräfteeinwanderungsgesetz** regelt den Aufenthalt und die Zuwanderung von Fachkräften aus Drittstaaten.
FPfZG	**Familienpflegezeitgesetz** regelt die Familienpflegezeit von max. 24 Monaten bei Fortsetzung der Beschäftigung als Teilzeitarbeit
GeWO	**Gewerbeordnung** regelt die Bedingungen für die Gewerbetätigkeiten (Anmeldung, Ausübung, Überwachung)
GG	**Grundgesetz** ist als Verfassung die rechtliche und politische Grundordnung der Bundesrepublik Deutschland.
GKV-VEG	**GKV-Versichertenentlastungsgesetz** bestimmt u. a., dass die Krankenversicherung einschließlich der Zusatzbeiträge paritätisch von Arbeitgebern und Beschäftigten getragen wird.
HAG	**Heimarbeitsgesetz** dient dem Schutz der in Heimarbeit Beschäftigten.
HGB	**Handelsgesetzbuch** enthält die wesentlichen Regelungen des Handelsrechts. Das BGB gilt für Kaufleute neben dem HGB nur subsidiär.
JArbSchG	**Jugendarbeitsschutzgesetz** schützt arbeitende Jugendliche.
KSchG	**Kündigungsschutzgesetz** erklärt eine ordentliche Kündigung durch den Arbeitgeber für unwirksam, wenn sie nicht sozial gerechtfertigt ist.
MiLoG	**Mindestlohngesetz** bestimmt den in Deutschland geltenden flächendeckenden allgemeinen gesetzlichen Mindestlohn für Arbeitnehmer und für die meisten Praktikanten.
MitbestG	**Mitbestimmungsgesetz** regelt u. a., dass in Kapitalgesellschaften mit mehr als 2.000 Arbeitnehmern der Aufsichtsrat zur Hälfte mit Vertretern der Arbeitnehmer zu besetzen ist.
MuSchG	**Mutterschutzgesetz** dient dem Schutze der erwerbstätigen Mutter vor und eine bestimmte Zeit nach der Geburt.
NachwG	**Nachweisgesetz** verpflichtet Arbeitgeber, die wesentlichen Bedingungen eines Arbeitsvertrages aufzuzeichnen. Das Gesetz konkretisiert damit Verpflichtungen im Rahmen des Individualarbeitsrechts.
PflegeZG	**Pflegezeitgesetz** regelt kurze und längere Freistellung von der Arbeit.
SGB	**Sozialgesetzbuch** besteht aus zwölf Büchern SGB I bis SGB XII, arbeitsrechtliche Bezüge in SGB III **Arbeitsförderung**, SGB IV Gemeinsame Vorschriften für die **Sozialversicherung**, SGB V Gesetzliche **Krankenversicherung**, SGB VI Gesetzliche **Rentenversicherung**, SGB VII Gesetzliche **Unfallversicherung**, SGB IX **Rehabilitation und Teilhabe behinderter Menschen**, SGB XI Soziale **Pflegeversicherung**.
TVG	**Tarifvertragsgesetz** regelt die Belange der Tarifvertragsparteien, die Inhalte und Formen von Tarifverträgen u. a.
TVÖD	**Tarifvertrag öffentlicher Dienst** ist kein Gesetz, sondern der Tarifvertrag für die Angestellten des öffentlichen Dienstes in Bund, Ländern und Gemeinden, auf den in anderen Bereichen vielfach Bezug genommen wird.
TzBfG	**Teilzeit- und Befristungsgesetz** regelt Möglichkeiten und Grenzen bei Teilzeitarbeit und befristeten Arbeitsverträgen.
UmwG	**Umwandlungsgesetz** regelt insbesondere die Verschmelzung, Spaltung, Formwechsel und Vermögensübertragungen von gesellschafts-, vereins- oder genossenschaftsrechtlich organisierten Rechtsträgern.
ZPO	**Zivilprozessordnung** findet auch im Verfahren vor den Gerichten für Arbeitssachen Anwendung, wenn nicht das ArbGG vorgeht.

Rechtsquellen des Arbeitsrechts

Da es kein einheitliches Arbeitsgesetzbuch gibt, finden sich arbeitsrechtliche Regelungen weit verstreut in einer großen Zahl von Gesetzen. Zwar gibt es seit langem Überlegungen, die Vorschriften in einem Arbeitsgesetzbuch zusammenzufassen – bisher ohne Ergebnis. Zahlreiche **Rechtsquellen** wirken also auf das Arbeitsverhältnis ein:

- Internationales Recht (besonders das Recht der Europäischen Union)
- Verfassungsrecht (das Grundgesetz)
- Gesetze
- Rechtsverordnungen
- Tarifverträge
- Betriebsvereinbarungen
- Arbeitsverträge
- betriebliche Übung
- Direktionsrecht

Für die arbeitsrechtliche Praxis sind diese unterschiedlichen Rechtsquellen von großer Bedeutung: Im Grundsatz gilt, dass die ranghöhere der rangniederen Norm vorgeht **(Rangprinzip).** Allerdings wird das Rangprinzip im Arbeitsrecht oft durch das **Günstigkeitsprinzip** durchbrochen.
Schließlich ist das **Richterrecht** von ganz entscheidender Bedeutung für das Arbeitsrecht. Dies ist darin begründet, dass beträchtliche Teile – insbesondere das Arbeitsvertragsrecht und das Arbeitskampfrecht – nicht oder nur rudimentär durch den Gesetzgeber geregelt worden sind. Das höchste deutsche Arbeitsgericht, das Bundesarbeitsgericht (BAG) mit Sitz in Erfurt, ist daher häufig gezwungen, diese Lücken zu schließen.

Rangprinzip

Unter dem Rangprinzip versteht man, dass die ranghöhere der rangniederen Norm vorgeht. Prinzipiell gehen gesetzliche Regelungen somit allen nachfolgenden Rechtsquellen für das Arbeitsverhältnisses vor. Sowohl Tarifvertrag als auch Betriebsvereinbarung gehen z. B. dem Arbeitsvertrag vor, weil sie Ausdruck der kollektiven Regelungsmacht sind. Auf der untersten Stufe steht das Direktionsrecht des Arbeitgebers, dem alle anderen Rechtsquellen, insbesondere auch der Arbeitsvertrag, vorgehen, weil der Arbeitsvertrag durch derartige Weisungen aufgrund des Direktionsrechts nur konkretisiert werden kann.

Beispiele:

Eine Vereinbarung, die dem Arbeitnehmer lediglich einen 16-tägigen Erholungsurlaub zugesteht, ist nichtig, weil der gesetzliche Mindesturlaub 24 Werktage (Montag bis Samstag) oder i. d. R. 20 Arbeitstage (Montag bis Freitag) beträgt (§ 3 Abs. 1 BUrlG).

Sieht ein Tarifvertrag 30 Werktage Urlaub im Jahr vor, ist eine Vereinbarung im Arbeitsvertrag von lediglich 28 Werktagen irrelevant, weil der Tarifvertrag diesem als ranghöhere Rechtsquelle vorgeht.

Günstigkeitsprinzip

Das Verhältnis der Rechtsquellen nach dem Rangprinzip wird durch das Günstigkeitsprinzip modifiziert. Nach dem Günstigkeitsprinzip geht die rangniedere Rechtsquelle der höherrangigen Rechtsquelle dann vor, wenn sie **für den Arbeitnehmer** günstigere Regelungen enthält. Zu beachten ist, dass das Günstigkeitsprinzip – wie auch das Rangprinzip – immer nur das Verhältnis verschiedenrangiger Normen zueinander regelt.

Ob beispielsweise eine Regelung im Arbeitsvertrag günstiger als eine tarifvertragliche Regelung ist, orientiert sich daran, wie ein verständiger Arbeitnehmer die Bestimmung einschätzen würde. Dabei werden einzelne Regelungen nicht isoliert, sondern zusammengehörende miteinander verglichen **(Sachgruppenvergleich).**

2.1 Individuelles und kollektives Arbeitsrecht anwenden

Arbeitgeber ist, wer mit dem Arbeitnehmer den Arbeitsvertrag geschlossen hat, also mindestens einen Arbeitnehmer beschäftigt. Der Grundsatz der Vertragsfreiheit ermöglicht es, dass ein Arbeitgeber mehrere Arbeitsverträge mit unterschiedlichen Arbeitnehmern abschließen kann. Genauso kann ein Arbeitnehmer auch aufgrund mehrerer nebeneinander bestehender Arbeitsverträge gegenüber unterschiedlichen Arbeitgebern zur Arbeitsleistung verpflichtet sein. Das ist immer dann der Fall, wenn er neben seiner hauptberuflichen Tätigkeit noch eine Nebentätigkeit ausübt.

Das Arbeitsrecht muss aufgrund seiner bereits beschriebenen Zielrichtung die Personen erfassen, die in besonderer Weise schutzwürdig und schutzbedürftig sind. Auf die arbeitsrechtlichen Regelungen kann sich daher nur derjenige berufen, der auch wirklich **Arbeitnehmer** ist. Nur für ihn gelten darüber hinaus Tarifverträge, Regelungen der betrieblichen Mitbestimmung und Betriebsvereinbarungen. Nur für ihn ist das Arbeitsgericht zuständig.

Lediglich Arbeitnehmer haben einen gesetzlichen Anspruch auf Erholungsurlaub, für sie gelten andere Regeln über die Entgeltfortzahlung im Krankheitsfall als für freie Mitarbeiter. Ein wirksamer Schutz gegen ordentliche Kündigungen besteht nur für Arbeitnehmer; exklusiv auf sie sind die Vorschriften des Arbeitszeitgesetzes anwendbar, ausschließlich sie können einen Betriebsrat wählen.

Die unterschiedlichen arbeitsrechtlichen Gesetze definieren den Begriff des Arbeitnehmers jedoch nicht. Laut Rechtsprechung und Rechtsliteratur ist Arbeitnehmer, wer aufgrund eines **privatrechtlichen Vertrags** zur **entgeltlichen Arbeit** im **Dienste eines anderen** verpflichtet ist.

2.1.1 Die Anbahnung von Arbeitsverhältnissen

Das Arbeitsverhältnis zwischen dem einzelnen Arbeitgeber und Arbeitnehmer wird durch das individuelle Arbeitsrecht geregelt. Es gliedert sich in das **Arbeitsvertragsrecht** und das **Arbeitsschutzrecht.** Daneben sind die Entscheidungen **der Arbeitsgerichtsbarkeit** besonders für das individuelle Arbeitsrecht bedeutsam.

Obwohl das Individualarbeitsrecht Teil des Privatrechts ist, wird der Grundsatz der Vertragsfreiheit durch eine Vielzahl von gesetzlichen und tariflichen Bestimmungen eingeengt. Auch wenn Arbeitgeber und Arbeitnehmer übereinstimmen, können zwingende Regelungen, z. B. des Arbeitszeitgesetzes, des Jugendarbeitsschutz- oder des Mutterschutzgesetzes oder tarifliche bzw. Betriebsvereinbarungen, nicht zum Nachteil des Arbeitnehmers vertraglich geändert werden.

Der Arbeitsvertrag ist ein Dienstvertrag im Sinne von § 611 BGB. Für ihn gelten deshalb die (allgemeinen) Vorschriften zum Inhalt der Schuldverhältnisse (§§ 241 bis 432 BGB) und die des allgemeinen Teils des BGB: z. B. ist ein Arbeitsvertrag nichtig, der im Sinne der §§ 134, 138 BGB gegen gesetzliche Verbote oder gegen die guten Sitten verstößt.

2.1.1.1 Stellenausschreibungen

Ausführliche Darstellung siehe Abschnitte 2.6.2.1 und 2.6.3.

2.1.1.2 Auswahlverfahren

Die Auswahl neuer Mitarbeiter ist in der Regel mit einem hohen Arbeitsaufwand verbunden, der meist in den Personalabteilungen geleistet wird. Zur optimalen Personalauswahl stehen die folgenden Instrumente und Methoden zur Verfügung:

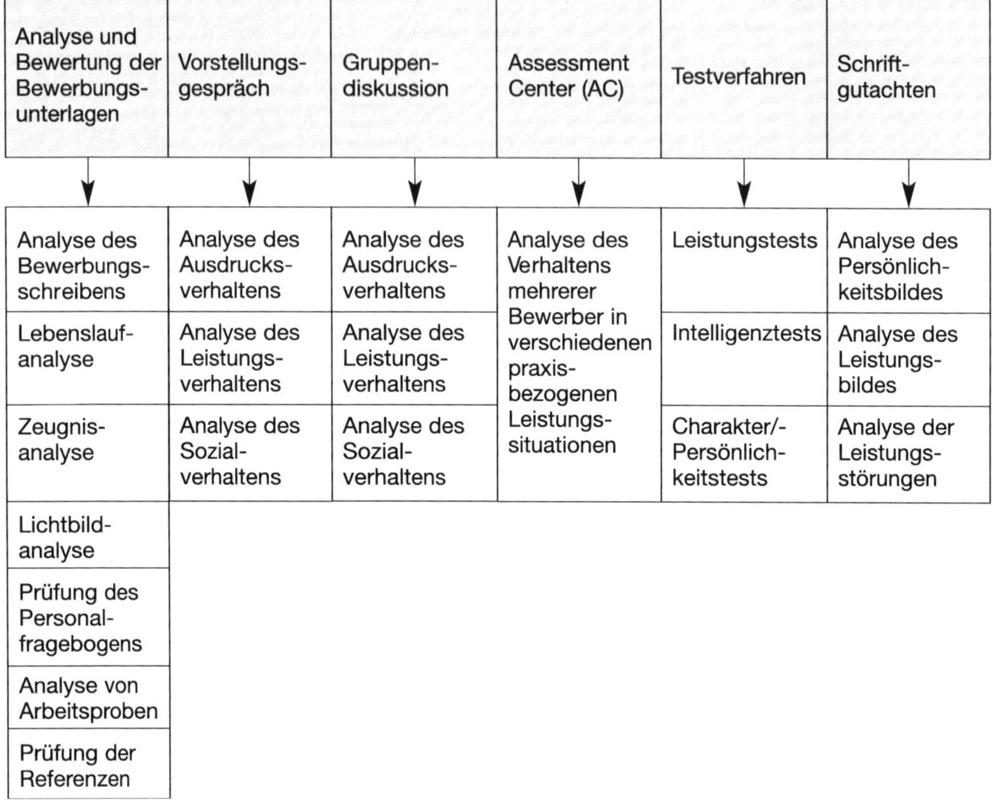

Analyse und Bewertung der Bewerbungsunterlagen	Vorstellungsgespräch	Gruppendiskussion	Assessment Center (AC)	Testverfahren	Schriftgutachten
Analyse des Bewerbungsschreibens	Analyse des Ausdrucksverhaltens	Analyse des Ausdrucksverhaltens	Analyse des Verhaltens mehrerer Bewerber in verschiedenen praxisbezogenen Leistungssituationen	Leistungstests	Analyse des Persönlichkeitsbildes
Lebenslaufanalyse	Analyse des Leistungsverhaltens	Analyse des Leistungsverhaltens		Intelligenztests	Analyse des Leistungsbildes
Zeugnisanalyse	Analyse des Sozialverhaltens	Analyse des Sozialverhaltens		Charakter/-Persönlichkeitstests	Analyse der Leistungsstörungen
Lichtbildanalyse					
Prüfung des Personalfragebogens					
Analyse von Arbeitsproben					
Prüfung der Referenzen					

Schematische Darstellung der Personalauswahlmethoden

Analyse und Bewertung der Bewerbungsunterlagen

An erster Stelle steht die Analyse und Bewertung der schriftlichen oder online eingereichten Bewerbungsunterlagen. Als übliche **Bewerbungsunterlagen** gelten:

- Bewerbungsschreiben
- tabellarischer Lebenslauf
- Schulzeugnisse
- Arbeitszeugnisse
- Nachweis besonderer Qualifikationen
- Referenzen
- Lichtbild.

Eine Analyse der Bewerbungen erfolgt zuerst im Hinblick auf die äußere Form und Vollständigkeit aller Bewerbungsunterlagen, dann die Bewertung der einzelnen Teile (Bewerbungsschreiben):

- sprachliches Niveau
- Leserlichkeit, Satzstellung, sinnvolle Absätze, Rechtschreibung und Zeichensetzung, formale Gestaltung
- Bezug auf die Stellenanzeige oder das angesprochene Medium
- Begründung der Bewerbung (Motiv)
- frühester Eintrittszeitpunkt.

Üblich ist eine tabellarische Form des **Lebenslaufs.** Sie erleichtert die Übersicht und die Auswertung eines Lebenslaufs. In Deutschland ist die kontinuierliche (zeitfolgebedingte) Form eines tabellarischen Lebenslaufs üblich. In den angelsächsischen Ländern beginnt er mit der letzten Entwicklungsstufe, die ein Mitarbeiter/eine Mitarbeiterin bekleidet hat. Diese Form hat sich teilweise auch in Deutschland durchgesetzt.

Der Lebenslauf ist die wichtigste Bewerbungsunterlage. Ein Lebenslauf sollte unter zwei Aspekten betrachtet werden: der Zeitfolgeanalyse und der Positionsanalyse.

Zeitfolgeanalyse

- Ist der Lebenslauf umfassend?
- Ergeben sich zeitliche Lücken?
- Werden Angaben bis auf den Monat gemacht?
  (Empfehlung: Vergleich der Daten mit ggf. vorliegenden Arbeitszeugnissen)
- Wurde zu üblichen Terminen gewechselt?
  (Ende eines Halbjahres, Ende eines Quartals, Ende eines Monats)
- Wurde der Arbeitsplatz häufiger gewechselt?
  (In jüngeren Jahren ist ein Arbeitsplatzwechsel durchaus positiv zu bewerten; bei älteren Bewerbern (ab 35/40 Jahren) kehrt sich diese Aussage eher um)

Positionsanalyse

Hier soll geprüft werden:

- Sind die fachlichen und persönlichen Voraussetzungen für die in Aussicht genommene Position durch Ausbildung und bisherigen beruflichen Werdegang vorhanden?
  Der Vergleich muss durchgeführt werden zwischen den Anforderungsmerkmalen und den im Lebenslauf und Zeugnissen ausgewiesenen Tätigkeitsmerkmalen des Bewerbers.
- Ist innerhalb der beruflichen Entwicklung ein kontinuierlicher Aufstieg erkennbar?
- Wurden sehr unterschiedliche Tätigkeiten ausgeübt?
  (Vergleich der im Lebenslauf gemachten Angaben über Position, Qualifikation und Tätigkeit mit den Aussagen in den eingereichten Arbeitszeugnissen)

Arbeitszeugnisse

Aussagekräftig sind ausschließlich qualifizierte Arbeitszeugnisse. Sie haben folgenden Inhalt:

- Name
- Beschreibung der Tätigkeit (auch Beschreibung der in einem Betrieb erlebten Entwicklung)
- Bewertung der Leistung
- Bewertung des Verhaltens gegenüber Vorgesetzten, Gleichgestellten und ggf. Kunden
- Grund für die Beendigung des Arbeitsverhältnisses
- Schlussklausel

Neben dem Lebenslauf sind die Arbeitszeugnisse zu den wichtigsten Unterlagen bei einer Bewerbung zu zählen.

Die in vielen großen und mittleren Unternehmen bekannte »Zeugnissprache« ist nicht unbedingt in kleineren Unternehmen bekannt und wird dort auch wenig angewendet. Insoweit muss bei der Bewertung von Zeugnissen auf diesen Faktor Rücksicht genommen werden. Nicht jede Formulierung, die zum Beispiel ein Handwerksmeister in einem qualifizierten Arbeitszeugnis ausdrückt, darf mit dem gleichen Maß gemessen werden, wie man dies bei dem Zeugnis eines Großunternehmens machen würde.

Referenzen

Referenzen von Privatpersonen und ehemaligen Vorgesetzten können zur Bestätigung bestimmter Entwicklungen und Qualifikationen eines Bewerbers herangezogen werden. Referenzen werden angegeben, damit man bei den genannten Personen Auskünfte über die Person und fachlichen Eigenschaften des Bewerbers einholen kann. Sie können zur besseren Beurteilung eines Bewerbers beitragen. Geeignet sind dazu besonders Personen, die aus eigener, möglichst langjähriger Erfahrung ein fundiertes Urteil über den Bewerber abgeben können.

In der Praxis werden Referenzen aber häufig als nicht sehr sinnvoll angesehen, weil der Bewerber nur solche Personen benennen wird, die positive Aussagen machen werden. Eine Gefahr besteht auch darin, dass manche der Referenzpersonen die Arbeit des Bewerbers nicht aus eigener Anschauung einschätzen können. Referenzen spielen bei der Bewertung von schriftlichen Unterlagen in der Praxis keine große Rolle.

Lichtbild

Ein Foto wird heute bei Bewerbungen fast immer erwartet, kann gleichwohl nicht verlangt werden. Jedoch ist der Aussagewert eines Lichtbilds nur dann von größerer Bedeutung, wenn es auf die Außenwirkung des Stelleninhabers ankommt (Repräsentant eines Unternehmens, Akquisiteur, Verkäufer). Man sollte sich in jedem Fall einen persönlichen Eindruck von dem Bewerber verschaffen und sich nicht auf den Eindruck eines Fotos verlassen.

Arbeitsproben

Bei bestimmten Tätigkeiten (schriftstellerische Tätigkeit, bildnerische und künstlerische Gestaltung, Mitarbeiter in Werbeagenturen) werden bei den Bewerbungsunterlagen auch Arbeitsproben verlangt.

Bei den genannten Tätigkeiten ist dies auch sinnvoll. Bei anderen Tätigkeiten ist diese Möglichkeit fragwürdig.

Personalfragebogen

Zur Entscheidung, ob nach Auswertung der Bewerbungsunterlagen ein Vorstellungsgespräch zustande kommt, dienen häufig Personalfragebögen.

Teilweise wird Bewerbern nach erster positiver Durchsicht der Bewerbungsunterlagen ein Personalfragebogen zugesandt mit der Bitte, ihn vor dem Vorstellungsgespräch zurückzusenden oder zum Zeitpunkt des Vorstellungsgespräches mitzubringen. Teilweise werden aber auch Personalfragebögen erst dann ausgefüllt, wenn sich nach dem Vorstellungsgespräch eine positive Entscheidung andeutet.

Diese Personalfragebögen dienen Arbeitgebern zu einer kurz gefassten Information über die Fragen, die im Zusammenhang mit der beabsichtigten Einstellung von betrieblichem Interesse sind.

Bei Fragestellungen muss der Arbeitgeber das Recht auf Persönlichkeitsschutz der Bewerber sowie die Vorschriften des Allgemeinen Gleichbehandlungsgesetzes (AGG) beachten.

Zulässige Fragen in Personalfragebögen sind:

- Fragen zu Personalien des Bewerbers
- Fragen zur schulischen und beruflichen Ausbildung
- Fragen zur bisherigen beruflichen Praxis
- Fragen nach speziellen beruflichen Kenntnissen und Fertigkeiten
- Fragen nach bestehender Schwerbehinderung

Zulässige Fragen im Zusammenhang mit einer möglichen Einstellung:

- Kündigungsfristen beim bisherigen Arbeitgeber
- möglicher Einstellungstermin
- Gehaltsvorstellungen
- eventuelle Wettbewerbsverbote

Unzulässige Fragen in Personalfragebögen:

- Zugehörigkeit zu Gewerkschaften oder Parteien
- Heiratsabsichten und Kinderwunsch
- bestehende Schwangerschaft
- Vorstrafen (nur zulässig, wenn Bezug zur vorgesehenen Tätigkeit besteht)
- Religionszugehörigkeit (ausgenommen bei Religionsgemeinschaften als Arbeitgeber)
- allgemeine Fragen nach Erkrankungen (zulässig aber Fragen nach Erkrankungen, die Tätigkeitsbezug haben, also Erkrankungen, bei denen Gefahr besteht, dass die geforderte Leistung in der Zukunft auf Dauer nicht erbracht werden kann)

Es dürfen grundsätzlich Fragen gestellt werden, die aus Arbeitgebersicht von betrieblicher Bedeutung sind. Bei zulässigen Fragen besteht die Verpflichtung des Bewerbers zur vollständigen und wahrheitsgemäßen Beantwortung. Unter Umständen kann sich sogar für einen Bewerber eine Offenbarungspflicht ergeben. Das ist z. B. dann der Fall, wenn ein Bewerber sicher erkennt, dass aufgrund einer Schwerbehinderung die angebotene Arbeit nicht in ausreichendem Maß geleistet werden kann.

Bei Fragen von nicht betrieblichem Interesse kann ein Bewerber die Antwort verweigern oder wahrheitswidrig antworten.

In allen Phasen der Bewerberauswahl sind die Vorschriften des **Allgemeinen Gleichbehandlungsgesetzes** sorgfältig zu beachten (ausführliche Darstellung → 2.1.7.1 und 2.6).

Nach Analyse und Bewertung aller vorliegenden Bewerbungsunterlagen und ggf. inklusive der Auswertung eines Personalfragebogens, eignet sich zur Auswertung die **ABC-Analyse.**

A = Bewerber, die alle geforderten Qualifikationen und Anforderungen erfüllen.

B = Bewerber, die nicht alle geforderten Qualifikationen und Anforderungen erfüllen, die aber für eine andere Position im Unternehmen interessant sein können, oder die als Kandidaten für eine Bewerberkartei in Frage kommen.

C = Bewerber, die für die in Aussicht genommene Position nicht in Frage kommen; hier kann bereits zu diesem Zeitpunkt eine Absage erteilt werden.

Vorstellungsgespräch/Personalauswahl

Hat ein Bewerber die Analyse der eingereichten Bewerbungsunterlagen »überstanden«, kommt es zu einem Vorstellungsgespräch. Darin sollen

- eine Analyse des Ausdrucksverhaltens,
- eine Analyse des Leistungsverhaltens und
- eine Analyse des Sozialverhaltens

erfolgen.

Dieses einer möglichen Einstellung vorausgehende Gespräch ist für die Personalabteilung wie auch für den Bewerber in mehrfacher Hinsicht von großer Bedeutung.

Bevor eine persönliche Vorstellung des Bewerbers vereinbart wird, kann durch ein Telefongespräch seine Eignung genauer abgeklärt werden. Insbesondere bei größeren Entfernungen lassen sich so erhebliche Reisekosten vermeiden.

Bedeutung für den Arbeitgeber:

- Durch das persönliche Gespräch kann ein Einblick in die Persönlichkeitsstruktur des Bewerbers erlangt werden (Ausdrucksfähigkeit, Konzentrationsfähigkeit, äußeres Erscheinungsbild, Überzeugungskraft, Argumentationsfähigkeit).
- Durch gezielte Fragen kann ein Bild über die fachlichen Fähigkeiten und die Interessen des Bewerbers erlangt werden. Das Gespräch sollte sinnvollerweise von dem Leiter der entsprechenden Fachabteilung geführt werden, mindestens sollten diese jedoch beteiligt sein.
- Offene Fragen, die sich bei der Prüfung der Bewerbungsunterlagen aufgetan haben, können geklärt werden.
- Gründe für den beabsichtigten Wechsel sowie die Erwartungen an den neuen Arbeitsplatz und die Vorstellung über den weiteren beruflichen Werdegang können erkundet werden.

Bedeutung für den Bewerber:

- Wünsche des Bewerbers im Hinblick auf das zukünftige Gehalt und sonstige betrieblichen Leistungen können geklärt werden.
- Umfassende Informationen über den zukünftigen Arbeitsplatz und die erwarteten Anforderungen können eingeholt werden.
- Mögliche Aufstiegschancen und Fördermaßnahmen können erfragt werden.
- Ein persönlicher Eindruck über das neue Unternehmen und die künftigen Mitarbeiter kann gewonnen werden.
- Informationen über das neue Unternehmen (Struktur, Ziele) können eingeholt werden.

Ein Vorstellungsgespräch bedarf einer gründlichen Vorbereitung. Es ist festzulegen, welche offenen Fragen zu klären und welche fachlichen Gesprächsthemen anzusprechen sind. Auf zu erwartende Fragen des Bewerbers sollte man vorbereitet sein. Angemessene Räumlichkeiten sind bereitzuhalten und ein störungsfreier Verlauf des Vorstellungsgesprächs ist zu gewährleisten.

Eine **Auswertung** des Vorstellungsgesprächs kann nach folgenden Kriterien erfolgen:

- Ausdrucksfähigkeit
- Selbstbeherrschung
- Art des Auftretens
- Aufgeschlossenheit
- Urteilsfähigkeit
- Entscheidungsfreudigkeit
- Gewissenhaftigkeit
- Umfang des Fachwissens
- Umfang des Allgemeinwissens
- Teamfähigkeit

Je nach der Position, die im Unternehmen zu besetzen ist, können unterschiedliche Formen des Vorstellungsgesprächs gewählt werden. Wenn es sich um Tätigkeiten im unteren und mittleren Spektrum eines Unternehmens handelt, wird in aller Regel ein Gespräch in Zweier- oder Dreierbesetzung ausreichend sein. Bei einer Dreierbesetzung wird ein Mitarbeiter der Personalabteilung neben einem Mitarbeiter der Fachabteilung das Gespräch führen.

Bei Führungsaufgaben oder Positionen in den oberen Bereichen eines Unternehmens kann die Form eines sogenannten **Stressinterviews** sinnvoll sein.

Bei einem Stressinterview stehen mehrere Interviewpartner dem Bewerber gegenüber. Die Teilnehmer werden sich vorher über eine Rollenverteilung klar sein. Durch ein solches Gespräch sollen lebenswirkliche, konkrete Gesprächssituationen hervorgerufen werden, bei denen Bewerber ganz bewusst in Stresssituationen gebracht werden; sei es durch eine Batterie von schnellen Fragestellungen, sei es durch »scharfe Fragen«, wie sie sich auch in Konfliktsituationen in der Realität ergeben können.

Durch diese härtere Form der Gesprächsführung sollen vertiefte Kenntnisse über das Führungsverhalten und das Verhalten in Konfliktsituationen erreicht werden.

Gruppendiskussion

Mit diesem Segment innerhalb der Personalauswahl sollen

- das Ausdrucksverhalten,
- das Leistungsverhalten und
- das Sozialverhalten

erkannt werden.

Die Gruppendiskussion wird häufig bei der Einstellung von Auszubildenden eingesetzt:

Einer Gruppe von Bewerbern wird entweder ein Thema vorgegeben oder man bietet die Möglichkeit der Auswahl aus verschiedenen Themen an. Die Themen sollten so angelegt sein, dass sie von der Gruppe kontrovers diskutiert werden können und zu einer Meinungsbildung anregen. Das Gruppenergebnis wird von mehreren Teilnehmern präsentiert. Der gesamte Prozess wird von Beobachtern begleitet, die aus dem Verlauf die gewünschten Erkenntnisse ableiten können.

Assessment-Center

Eine Steigerung des Verfahrens der Gruppendiskussion ist das Assessment-Center (AC). Beim Assessment-Center-Verfahren – auch Gruppenauswahlverfahren genannt – handelt es sich um systematisch aufgebaute verschiedene, auch hier gruppenorientierte, Aufgabenstellungen. Bei der Bewältigung werden umfassende Erkenntnisse über die fachliche Leistungsfähigkeit und Leistungsbereitschaft gewonnen, wie auch über die Führungskompetenz, Entscheidungskompetenz und Sozialkompetenz von Bewerbern. Die Bewerber werden gewöhnlich innerhalb eines Tages bis hin zu einer Woche in unterschiedliche praxisbezogene Leistungssituationen gestellt. Es gilt, fachliche Aufgaben zu bewältigen, es werden Gespräche trainiert, Falllösungen erarbeitet, Entscheidungssituationen simuliert, schriftliche und mündliche Prüfungen und unterschiedlichste Gesprächsformen eingesetzt: Einzelübungen (Präsentationen, Papierkorb-Übungen), Partnerübungen (Konfliktgespräche, Pro- und Kontra-Argumentation) und Gruppenübungen (Fallstudien, Rollenspiele).

Die Vorteile eines Assessment-Center sind:

- Zeitersparnis
- Bewerber werden gleichzeitig geprüft und über das Unternehmen informiert.
- Die Bewertungssicherheit wird erhöht. Durch Gruppengespräche kann eine gesteigerte Motivation der Bewerber erreicht werden, durch viele Teilnehmer wird eine vertiefte Diskussion geführt, durch die Auswertung der gezeigten Bewerberleistungen ein kürzerer Entscheidungsprozess möglich ist.

Die Nachteile können sich ergeben durch:

- Mangelnder Berufsbezug der Assessment-Center-Übungen
- Ungesicherte Aussagekraft bei der Bewertung der Kandidaten
- Nicht zwingend authentisches Verhalten der Bewerber

Das Assessment-Center erfordert einen relativ hohen Aufwand – ist jedoch, sorgfältig vorbereitet und durchgeführt, das Verfahren mit dem höchsten Erkenntniswert. Es wird daher auch zur Potenzialermittlung bei Personalentwicklungsmaßnahmen eingesetzt (→ 4.1.2).

Testverfahren

Testverfahren werden entwickelt, um bestimmte Persönlichkeitsmerkmale messen und mit den Ergebnissen einer Bezugsgruppe vergleichen zu können. Im Allgemeinen unterscheidet man Fähigkeits-/Leistungstests, Intelligenztests und Charakter-/Persönlichkeitstests.

Fähigkeits- und Leistungstests messen den Kenntnisstand in bestimmten Wissensgebieten wie Rechtschreibung, Mathematik, Fremdsprachen, Fachwissen, logischem Denken sowie auch in praktischen Fertigkeiten. Richtig aufgebaute Tests dieser Art liefern eindeutige Ergebnisse und klare Vergleichsmöglichkeiten, wie z. B. der sogenannte Grundwissen-Test*).

Intelligenztests sollen die intellektuelle Leistungsfähigkeit in Bereichen wie Sprachgewandtheit, mathematische Veranlagung, allgemeines Denkvermögen, Kombinations- und Konzentrationsfähigkeit, räumliches Vorstellungsvermögen, Merkfähigkeit, Erkennen von Gesetzmäßigkeiten und Relationen, Problemlösungsverhalten u. a. erfassen. Da menschliche Intelligenz nicht eindeutig definiert ist und sich praktisch in allen Lebensbereichen äußern kann, ist sie in ihrer Gesamtheit durch einzelne Tests nicht zu erfassen. Darüber hinaus ist nicht eindeutig klar, wie sich die gemessene Intelligenz im Arbeitsverhalten ausdrückt. Eine kritische Betrachtung der Ergebnisse von Intelligenztests ist daher angebracht.

Ein bekannter deutschsprachiger Intelligenztest ist der Hamburg-Wechseler-Intelligenztest (HAWI). Ein anderer in Deutschland verbreiteter Gruppenintelligenztest ist der Intelligenzstrukturtest (Intelligenz-Struktur nach Amthauer).

Charakter- und Persönlichkeitstests sollen grundsätzliche, dauerhafte Anlagen wie Motivation, Intro- oder Extroversion, Zu- und Abneigungen, Dominanz, Aggressivität u. a. prüfen. Entwickelt wurden diese Tests für die Psychiatrie; sie fanden später auch im militärischen Bereich verbreitet Anwendung. Sie dürfen nur mit Zustimmung des Betroffenen durchgeführt werden! Ihre Entwicklung sowie die korrekte Auswertung und Beurteilung kann nur durch einen erfahrenen Psychologen erfolgen. Diese Voraussetzungen sind im betrieblichen Bereich in der Regel nicht gegeben.

Testbedingungen

Bei der Durchführung der Tests ist auf gleiche Bedingungen für alle Teilnehmer zu achten. Tests ohne zeitliche Begrenzung messen allein die Qualität der Leistung (Niveautests, Powertests). Wird

*) Grundwissen-Test für Auszubildende, FELDHAUS VERLAG, Hamburg

eine (knapp bemessene) Zeit für die Lösung vorgegeben, so lassen sich aus dem Ergebnis auch Rückschlüsse auf das Tempo der Leistungserstellung ableiten (Schnelligkeits- oder Speedtests). Die Durchführung kann als Einzeltest oder als Gruppentest erfolgen.

Testkriterien

Die verwendeten Tests sollten bestimmte wissenschaftliche **Gütekriterien** erfüllen; die wichtigsten sind:

- Objektivität: Durchführung des Tests sowie Auswertung und Interpretation der Ergebnisse müssen so exakt festgelegt sein, dass verschiedene Prüfer zum gleichen Ergebnis kommen. Es müssen Standardwerte verfügbar sein, die einen Vergleich mit geeigneten externen Gruppen ermöglichen.
- Reliabilität: Die Aufgaben müssen so eindeutig abgefasst sein, dass der Prüfling unabhängig von Zeitpunkt und Situation weitgehend das gleiche Ergebnis erzielt (Zuverlässigkeit).
- Validität: Der Test muss so aufgebaut sein, dass das Merkmal, das geprüft werden soll, mit größtmöglicher Sicherheit beurteilt werden kann (Gültigkeit).

Sorgfältig entwickelte Testverfahren dokumentieren die Erfüllung der Testkritierien im Begleitmaterial und geben darin auch detaillierte Anweisungen für die Durchführung.

Schriftgutachten/Schriftbildanalyse

Anhänger der Graphologie messen der Handschrift eine starke Aussagekraft bei. Eine Analyse des gesamten Persönlichkeitsbildes einschließlich Leistungsvermögen und Leistungsstörungen soll möglich sein. Als wissenschaftliche Methode ist die Graphologie jedoch nicht anerkannt. Auch in der Praxis wird mehr und mehr davon Abstand genommen. Eine Anwendung darf nur mit ausdrücklicher Zustimmung des Bewerbers/der Bewerberin erfolgen.

Eine zusammenfassende Darstellung der Personalbeschaffung vom Bewerbungseingang bis zum Vertragsabschluss bietet die Tabelle »Schritte der Personalauswahl«.

Schritte des Auswahlverfahrens

Erste Durchsicht der eingegangenen Bewerbungen	ABC-Analyse	Vervollständigung der Unterlagen veranlassen
	A = wahrscheinlich geeignet	Eingangsbestätigung mit Prospekten
	B = bedingt geeignet (vielleicht anderweitiger Einsatz)	Umpolung auf andere zu besetzende Stellen
	C = kaum geeignet	Aussonderung offensichtlich Ungeeigneter – Absage
Erstellung der Fähigkeitsprofile	Bewerbungsschreiben (Lichtbild), Lebenslauf, Zeugnisse, Referenzen, Bewerbungsbogen, Vorstellungsgespräche, Interviews, Arbeitsproben, Tests, Personalakte	Gewinnung eines möglichst lückenlosen Bildes von den maßgeblichen Fähigkeiten der einzelnen Bewerber der engeren Wahl
Eignungsfeststellung	Vergleich des Fähigkeitsprofils mit dem Anforderungsprofil	Auswahl der geeignetsten Bewerber
Entscheidung über Einstellung	Rangfolge der Bewerber nach dem Ausmaß der Übereinstimmung von Fähigkeits- und Anforderungsprofil	Stellenbesetzung mit dem Rangersten und Vertragsabschluss

2.1.1.3 Beteiligungsrechte des Betriebsrats

Im Bereich der Personalplanung und der Personalbeschaffung hat der Betriebsrat aufgrund der Vorschriften im Betriebsverfassungsgesetz (BetrVG) vielfältige Beteiligungsmöglichkeiten wahrzunehmen (→ 2.1.9.7 bis 2.1.9.10).

Beteiligung an der Personalplanung

Der Begriff Personalplanung taucht im Betriebsverfassungsgesetz in drei Paragrafen auf: in § 96 (Förderung der Berufsbildung), in § 106 (Wirtschaftsausschuss) und im Wesentlichen in § 92 (Personalplanung).

§ 92 BetrVG (Auszug)*:

(1) Der Arbeitgeber hat den Betriebsrat über die Personalplanung, inbesondere über den gegenwärtigen und künftigen Personalbedarf sowie über die sich daraus ergebenden personellen Maßnahmen und Maßnahmen der Berufsbildung an Hand von Unterlagen rechtzeitig und umfassend zu unterrichten. Er hat mit dem Betriebsrat über Art und Umfang der erforderlichen Maßnahmen und über die Vermeidung von Härten zu beraten.

(2) Der Betriebsrat kann dem Arbeitgeber Vorschläge für die Einführung einer Personalplanung und ihre Durchführung machen.

Unterrichtung im Sinne des Gesetzes heißt, dass der Betriebsrat anhand von Unterlagen **rechtzeitig** und **umfassend** zu unterrichten ist. Eine rechtzeitige Unterrichtung ist dann erfolgt, wenn ein Einfluss des Betriebsrates noch möglich ist: Sollte der Betriebsrat Bedenken und Wünsche äußern, muss es tatsächlich möglich sein, diese Wünsche zu berücksichtigen. Der Begriff der Rechtzeitigkeit ist dann nicht mehr erfüllt, wenn ein Arbeitgeber eine Maßnahme bereits durchgeführt hat. Als eine umfassende Unterrichtung gilt, dass ein Betriebsrat unter Darlegung von Ursachen der bisherigen und der zu erwartenden künftigen Entwicklung informiert ist.

Zu dem Begriff »umfassend« gehört, dass der Arbeitgeber Auswirkungen, die sich in der Vergangenheit und in der Gegenwart aufgrund einer Personalplanung oder auch einer fehlenden Personalplanung für die Arbeitnehmer im Betrieb ergeben haben, darlegt. Informationen, die ein Arbeitgeber dem Betriebsrat im Sinne des § 92 Absatz 1 BetrVG geben muss, sind alle Unterlagen, die einen unmittelbaren Bezug auf Personal und Planungsgrundsätze und auf konkrete Personalplanungsmaßnahmen haben. Dazu gehören zum Beispiel Stellenbeschreibungen, Stellenpläne, Anforderungsprofile, Personalstatistiken und Aussagen über Personalkosten.

Die Vorschriften in § 106 BetrVG beziehen sich auf die Beteiligung an wirtschaftlichen Angelegenheiten in Unternehmen durch den Betriebsrat. Dazu ist erforderlich, dass in allen Unternehmen mit in der Regel mehr als 100 ständig beschäftigten Arbeitnehmern ein **Wirtschaftsausschuss** gebildet wird. Der Wirtschaftsausschuss hat die Aufgabe – nachdem er rechtzeitig und umfassend über die wirtschaftlichen Angelegenheiten des Unternehmens unter Vorlage der erforderlichen Unterlagen unterrichtet wurde – diese wirtschaftlichen Angelegenheiten mit dem Unternehmen zu beraten und den zuständigen Betriebsrat zu unterrichten. Dafür gelten die gleichen, oben aufgeführten Grundsätze.

Beratung heißt, dass zwischen Betriebsrat und Arbeitgeber und ggf. Wirtschaftsausschuss ein Meinungsaustausch herbeigeführt werden muss. Die alleinige Unterrichtung im Sinne einer kommunikationstechnischen Einbahnstraße reicht hier nicht aus. Streitigkeiten zwischen Arbeitgeber (Unternehmer) und dem Betriebsrat über den Umfang des Beteiligungsrechtes können im Wege des Beschlussverfahrens vor dem zuständigen Arbeitsgericht geklärt werden.

---

* Die Kursiv abgedruckten Texte sind Originalzitate aus den betreffenden Gesetzen.

In § 96 BetrVG geht es darum, dass Arbeitgeber und Betriebsrat im Rahmen der betrieblichen Personalplanung die Zusammenarbeit mit den für die Berufsbildung und den für die Förderung der Berufsbildung zuständigen Stellen zu fördern haben. In diesen Fragen kann der Betriebsrat ebenfalls den Wunsch nach einer Beratung äußern, er kann hierzu auch Vorschläge machen.

§ 96 Förderung der Berufsbildung:

(1) Arbeitgeber und Betriebsrat haben im Rahmen der betrieblichen Personalplanung und in Zusammenarbeit mit den für die Berufsbildung und den für die Förderung der Berufsbildung zuständigen Stellen die Berufsbildung der Arbeitnehmer zu fördern. Der Arbeitgeber hat auf Verlangen des Betriebsrats den Berufsbildungsbedarf zu ermitteln und mit ihm Fragen der Berufsbildung der Arbeitnehmer des Betriebs zu beraten. Hierzu kann der Betriebsrat Vorschläge machen.

(1a) Kommt im Rahmen der Beratung nach Absatz 1 eine Einigung über Maßnahmen der Berufsbildung nicht zustande, können der Arbeitgeber oder der Betriebsrat die Einigungsstelle um Vermittlung anrufen. Die Einigungsstelle hat eine Einigung der Parteien zu versuchen.

(2) Arbeitgeber und Betriebsrat haben darauf zu achten, dass unter Berücksichtigung der betrieblichen Notwendigkeiten den Arbeitnehmern die Teilnahme an betrieblichen oder außerbetrieblichen Maßnahmen der Berufsbildung ermöglicht wird. Sie haben dabei auch die Belange älterer Arbeitnehmer, Teilzeitbeschäftigter und von Arbeitnehmern mit Familienpflichten zu berücksichtigen.

Existiert in einem Betrieb eine formalisierte Personalplanung (umfangreicher Einsatz von Formularen, EDV-Einsatz) bisher nicht, ist der Arbeitgeber dennoch verpflichtet, mit dem Betriebsrat über die Personalplanung zu beraten, wenn er dazu vorausschauende Angaben macht oder über vorausschauende Angaben verfügt. Darüber hinaus kann der Betriebsrat im Rahmen des § 92 BetrVG Vorschläge machen, um eine Personalplanung einzuführen und die Beschäftigung zu sichern (§ 92a BetrVG). Er kann ferner Vorschläge machen, wie er sich die Umsetzung seiner Aufgabe, die sich aus § 80 Absatz 1 Nr. 2a BetrVG ergibt (»Förderung der tatsächlichen Gleichstellung von Frauen und Männern«) im Rahmen der betrieblichen Personalplanung vorstellt.

Beteiligung an Stellenausschreibungen

§ 93 BetrVG regelt die Ausschreibung von Arbeitsplätzen:

Der Betriebsrat kann verlangen, dass Arbeitsplätze, die besetzt werden sollen, allgemein oder für bestimmte Arten von Tätigkeiten vor ihrer Besetzung innerhalb des Betriebs ausgeschrieben werden.

Diese Bestimmung regelt die **interne Stellenausschreibung** und ist im Rahmen der Personalplanung das stärkste Recht des Betriebsrates. Fordert der Betriebsrat eine Ausschreibung, muss der Arbeitgeber diesem Verlangen entsprechen.

Der Betriebsrat kann verlangen, dass einzelne Arbeitsplätze vor der Besetzung oder generell alle Arbeitsplätze vor ihrer Besetzung ausgeschrieben werden. Die Schaffung von Teilzeitarbeitsplätzen kann der Betriebsrat mit anregen.

In welcher Form eine interne Stellenausschreibung zu erfolgen hat, insbesondere welche Angaben sie enthalten muss und über welchen Zeitraum ihre Bekanntgabe erfolgen soll; darüber enthält das Betriebsverfassungsgesetz keine weiteren Aussagen. Diese Dinge sind jeweils zwischen dem Arbeitgeber und Betriebsrat zu vereinbaren, z. B. durch:

- Ausschreibung am schwarzen Brett
- Bekanntgabe in einer Betriebszeitung

- Auslegen von Bewerbungsmappen beim Betriebsrat, in der Personalabteilung und an den Eingängen

Der Inhalt von internen Stellenausschreibungen ist in der Praxis sehr unterschiedlich, die Ausschreibungsdauer variiert von einer bis zu vier Wochen. Es sei darauf hingewiesen, dass interne Bewerber/Bewerberinnen keinen gesetzlichen Anspruch haben, bei einer Auswahl bevorzugt behandelt zu werden.

Beteiligung an Beschaffungsvorgängen

Im § 99 BetrVG ist die Mitbestimmung bei personellen Einzelmaßnahmen geregelt. Unter personellen Einzelmaßnahmen versteht das Betriebsverfassungsgesetz folgende Tatbestände:

- Einstellung
- Eingruppierung
- Umgruppierung
- Versetzung

Nach der Auswahl und vor der geplanten Maßnahme hat der Arbeitgeber den Betriebsrat zu unterrichten, die erforderlichen Bewerbungsunterlagen vorzulegen und Auskunft über die Person der Betroffenen zu geben. Er hat dem Betriebsrat unter Vorlage der erforderlichen Unterlagen Auskunft über die Auswirkung der geplanten Maßnahme zu geben und die **Zustimmung** des Betriebsrates einzuholen.

Der Betriebsrat hat Anspruch auf die Vorlage der Bewerbungsunterlagen aller Personen, die am Auswahlverfahren teilgenommen haben. In der Praxis geschieht es sehr häufig, dass ein Arbeitgeber dem Betriebsrat nur die Bewerbungsunterlagen der Bewerber vorlegt, die auch tatsächlich eingestellt werden sollen.

Der Betriebsrat kann

- seine Zustimmung ausdrücklich mitteilen,
- schweigen (nach dem BetrVG gilt Schweigen nach der Dauer von 7 Tagen als Zustimmung des Betriebsrates),
- einer geplanten Einstellung, Eingruppierung, Umgruppierung, Versetzung auch widersprechen. Der **Widerspruch** hat schriftlich unter Angabe von Gründen zu erfolgen und muss innerhalb einer Woche dem Arbeitgeber zugehen.

Für diese **Zustimmungsverweigerung** des Betriebsrates werden im § 99 Absatz 2 BetrVG abschließend sechs Möglichkeiten genannt:

(2) Der Betriebsrat kann die Zustimmung verweigern, wenn

1. die personelle Maßnahme gegen ein Gesetz, eine Verordnung, eine Unfallverhütungsvorschrift oder gegen eine Bestimmung in einem Tarifvertrag oder einer Betriebsvereinbarung oder gegen eine gerichtliche Entscheidung oder eine behördliche Anordnung verstoßen würde,

2. die personelle Maßnahme gegen eine Richtlinie nach § 95 verstoßen würde,

3. die durch Tatsachen begründete Besorgnis besteht, dass infolge der personellen Maßnahme im Betrieb beschäftigte Arbeitnehmer gekündigt werden oder sonstige Nachteile erleiden, ohne dass dies aus betrieblichen oder persönlichen Gründen gerechtfertigt ist; als Nachteil gilt bei unbefristeter Einstellung auch die Nichtberücksichtigung eines gleich geeigneten befristet Beschäftigten,

4. der betroffene Arbeitnehmer durch die personelle Maßnahme benachteiligt wird, ohne dass dies aus betrieblichen oder in der Person des Arbeitnehmers liegenden Gründen gerechtfertigt ist,

5. eine nach § 93 erforderliche Ausschreibung im Betrieb unterblieben ist oder

6. die durch Tatsachen begründete Besorgnis besteht, dass der für die personelle Maßnahme in Aussicht genommene Bewerber oder Arbeitnehmer den Betriebsfrieden durch gesetzwidriges Verhalten oder durch grobe Verletzung der in § 75 Abs. 1 enthaltenen Grundsätze, insbesondere durch rassistische oder fremdenfeindliche Betätigung, stören werde.

Bei der Zustimmungsverweigerung des Betriebsrates reicht es jedoch nicht aus, dass ein Betriebsrat sich auf die entsprechende Ziffer in § 99 Abs. 2 BetrVG bezieht; er muss vielmehr detailliert unter genauer Angabe von Gründen darlegen, warum er der geplanten personellen Maßnahme widerspricht.

Der Arbeitgeber hat dann die Möglichkeit – wenn ein Widerspruch des Betriebsrates vorliegt, er an der geplanten Maßnahme festhalten will und ihn die Begründung des Betriebsrats nicht überzeugt – sich die fehlende Zustimmung des Betriebsrates durch einen Beschluss des Arbeitsgerichtes ersetzen zu lassen. Ersetzt das zuständige Arbeitsgericht auf Antrag des Arbeitgebers die fehlende Zustimmung des Betriebsrates, kann eingestellt werden. Wird die Zustimmung nicht erteilt, ist die Durchführung der personellen Maßnahme nicht möglich.

Will ein Arbeitgeber – obwohl der Betriebsrat bisher noch nicht zugestimmt oder die Zustimmung verweigert hat – eine personelle Maßnahme aus dringenden sachlichen Gründen durchführen, kann er sie gemäß § 100 BetrVG »durchziehen«. Wird von dieser Maßnahme Gebrauch gemacht, ist der Arbeitgeber verpflichtet, den Betriebsrat unverzüglich von der »vorläufigen personellen Maßnahme« zu unterrichten.

Bestreitet der Betriebsrat, dass die personelle Maßnahme aus sachlichen Gründen dringend erforderlich ist, muss er dies dem Arbeitgeber unverzüglich mitteilen. Der Arbeitgeber darf die vorläufige personelle Maßnahme nur dann aufrechterhalten, wenn er innerhalb von drei Tagen beim zuständigen Arbeitsgericht die Ersetzung der Zustimmung des Betriebsrates und die Feststellung beantragt, dass die Maßnahme aus sachlichen Gründen dringend erforderlich ist.

Wenn das Gericht durch eine rechtskräftige Entscheidung die Ersetzung der Zustimmung ablehnt oder wenn es rechtskräftig feststellt, dass die Maßnahme aus sachlichen Gründen offensichtlich nicht dringend erforderlich war, endet die vorläufige personelle Maßnahme mit Ablauf von zwei Wochen nach Rechtskraft. Von diesem Zeitpunkt an darf sie nicht mehr aufrechterhalten werden.

Verstößt ein Arbeitgeber gegen die rechtskräftige Entscheidung eines Arbeitsgerichtes, kann der Betriebsrat beim Arbeitsgericht (§ 101 BetrVG) beantragen, dem Arbeitgeber aufzugeben, die personelle Maßnahme aufzuheben. Geschieht dies durch den Arbeitgeber nicht, kann auf Antrag des Betriebsrates vom Arbeitsgericht ein Zwangsgeld erhoben werden (für jeden Tag der Zuwiderhandlung 250 €).

2.1.1.4 Vorvertragliches Vertragsverhältnis

Durch den Abschluss eines **Dienstvertrags** (§ 611 BGB) wird das Arbeitsverhältnis (Dienstverhältnis) begründet. Dem Abschluss gehen in aller Regel Verhandlungen voraus. Im Rahmen dieser Einstellungsverhandlungen hat der Arbeitnehmer gegenüber dem Arbeitgeber eine Offenbarungspflicht, sofern es um Angelegenheiten geht, die unmittelbar mit der Arbeitsaufnahme bzw. -ausführung zu tun haben. Kommt der Arbeitnehmer dieser Pflicht nicht nach, kann der Arbeitgeber den Vertrag anfechten: Das Arbeitsverhältnis ist beendet, ohne dass es einer Kündigung bedarf.

Selbstverständlich muss der Arbeitnehmer auf Befragen ausführlich über seine beruflichen Fähigkeiten berichten. Fragen nach dem Gesundheitsstand sind zulässig, wenn sie für die Arbeitsdurchführung bedeutsam sind, Fragen nach einer bestehenden (oder geplanten) Schwangerschaft nach der Rechtsprechung hingegen nicht (→ 2.1.1.2).

Bei Praktikanten und Volontären liegt ein Arbeitsverhältnis im Rahmen der Ausbildung vor. Bei einem sogenannten Pflichtpraktikum (z. B. Teil des Studiums) ist der Arbeitgeber lediglich verpflichtet, dem Praktikanten das Erlernen der Kenntnisse und Fertigkeiten zu ermöglichen. Eine Vergütungspflicht (→ 2.1.7.8) besteht nicht.

2.1.2 Die Begründung des Arbeitsverhältnisses

Die **Anbahnung** eines Arbeitsverhältnisses kann durch Vermittlung der Agentur für Arbeit (kostenfrei), private Vermittler (kostenpflichtig), innerbetriebliche Stellenausschreibung, Zeitungsinserate oder durch Job/Stellen-Börsen im Internet erfolgen.

Das **Einstellungsverfahren** wird unternehmensindividuell gestaltet. Im Allgemeinen folgen der Auswertung der Bewerbungsunterlagen ein Testdurchlauf, dann das Einholen von Referenzen, das Führen von Einstellungsgesprächen und die Einstellung, der ggf. eine ärztliche Untersuchung vorausgeht. Wenn der Betrieb einen Bewerber zur Vorstellung auffordert, hat er gemäß § 670 BGB die Bewerbungskosten zu tragen, wenn dies nicht im Einladungsschreiben ausdrücklich ausgeschlossen wird. Zwingend beachtet werden muss § 99 Absatz 1 BetrVG:

(1) In Unternehmen mit in der Regel mehr als zwanzig wahlberechtigten Arbeitnehmern hat der Arbeitgeber den Betriebsrat vor jeder Einstellung, Eingruppierung, Umgruppierung und Versetzung zu unterrichten, ihm die erforderlichen Bewerbungsunterlagen vorzulegen und Auskunft über die Person der Beteiligten zu geben; er hat den Betriebsrat unter Vorlage der erforderlichen Unterlagen Auskunft über die Auswirkungen der geplanten Maßnahme zu geben und die Zustimmung des Betriebsrates zu der geplanten Maßnahme einzuholen. Bei Einstellungen und Versetzungen hat der Arbeitgeber insbesondere den in Aussicht genommenen Arbeitsplatz und die vorhergesehene Eingruppierung mitzuteilen Die Mitglieder des Betriebsrats sind verpflichtet, über die ihnen im Rahmen der personellen Maßnahmen nach den Sätzen 1 und 2 bekanntgewordenen persönlichen Verhältnisse und Angelegenheiten der Arbeitnehmer, die ihrer Bedeutung oder ihrem Inhalt nach einer vertraulichen Behandlung bedürfen, Stillschweigen zu bewahren; § 79 Abs. 1 Satz 2 bis 4 gilt entsprechend.

In Absatz 2 werden die Umstände beschrieben, die den Betriebsrat berechtigen, seine Zustimmung zu verweigern. Absatz 3 bestimmt die Frist für die Verweigerung der Zustimmung und Absatz 4 eröffnet dem Arbeitgeber die Möglichkeit, eine Zustimmung beim Arbeitsgericht zu erwirken.

Das »Gesetz über den Nachweis der für ein Arbeitsverhältnis geltenden wesentlichen Bedingungen« (NachwG) verlangt die **schriftliche Niederlegung** durch den Arbeitgeber, Unterzeichnung und Aushändigung der Niederschrift an den Arbeitnehmer. Es gilt für alle in der Privatwirtschaft oder im öffentlichen Dienst beschäftigten Arbeitnehmer einschließlich der leitenden Angestellten. § 2 NachwG bestimmt, dass die Schriftform spätestens einen Monat nach dem vereinbarten Beginn des Arbeitsverhältnisses vorliegen und Angaben über Beginn des Arbeitsverhältnisses und Dauer einer Befristung, Arbeitsort, Aufgabenbeschreibung, Arbeitsentgelt, Arbeitszeit, Urlaubsdauer, Kündigungsfristen, geltende Kollektivvereinbarungen enthalten muss (→ 2.1.2.4).

In der Regel wird das Arbeitsverhältnis jedoch durch den Abschluss eines individuell geschlossenen **Arbeitsvertrages** begründet, der von beiden Partnern unterzeichnet wird und in dem die erwähnten Angaben enthalten sind.

2.1.2.1 Abgrenzung zu anderen Verträgen

Andere Verträge mit arbeitsrechtlicher Bedeutung sind:

- Berufsausbildungsvertrag: Rechtsgrundlage Berufsbildungsgesetz (BBiG)
- Werkvertrag: Rechtsgrundlage Bürgerliches Gesetzbuch (BGB)
- freie Mitarbeit/Dienstvertrag: Rechtsgrundlage Bürgerliches Gesetzbuch (BGB)
- Arbeitnehmerüberlassung: Rechtsgrundlage Arbeitnehmerüberlassungsgesetz (AÜG)

2.1.2.2 Vertragsarten

In der Regel wird das (Vollzeit-)Arbeitsverhältnis ohne eine besondere Zweckbindung auf unbestimmte Zeit vereinbart. Wichtige Ausnahmen davon bestehen in der Praxis im Hinblick auf eine zeitliche oder sachliche Differenzierung.

Befristetes Arbeitsverhältnis

Das Arbeitsverhältnis kann auch befristet abgeschlossen werden. In diesem Fall endet es mit Ablauf einer bestimmten Zeit oder mit Erreichen des vereinbarten Zwecks, ohne dass eine Kündigung ausgesprochen werden muss. Dementsprechend finden kündigungsrechtliche Vorschriften prinzipiell keine Anwendung. Eine außerordentliche Kündigung aus wichtigem Grund ist jedoch vor Ablauf der Befristung möglich, desgleichen eine ordentliche, wenn sie **ausdrücklich vereinbart** wurde.

Das Teilzeit- und Befristungsgesetz (TzBfG) beschränkt die Zulässigkeit befristeter Arbeitsverträge, um den unbefristeten Arbeitsvertrag zu stärken und eine Aushöhlung des Kündigungsschutzes zu vermeiden. Im Falle der erstmaligen Neueinstellung bei einem Arbeitgeber ist die Befristung des Arbeitsverhältnisses ohne weitere sachliche Begründung bis zur Dauer von zwei Jahren zulässig (§ 14 Abs. 2 TzBfG).

Nach der Zentralnorm des § 14 Abs. 1 TzBfG bedarf es für die Befristung ansonsten eines hinreichenden **sachlichen Grundes.**

Diesen hat der Gesetzgeber nicht definiert. Er hat in Anlehnung an die bisherige Rechtsprechung aber einzelne, typische Sachgründe beispielhaft aufgezählt. Wie das Wörtchen »insbesondere« im Gesetz belegt, ist diese Aufzählung nicht abschließend. Damit ist es möglich, auch nicht genannte Tatbestände der Befristung als Sachgrund zu werten.

Gesetzlich normierte Sachgründe für eine Befristung sind:

- vorübergehender Bedarf an Arbeitsleistung
- Anschluss an Ausbildung oder Studium
- Vertretung (z. B. Elternzeit)
- Eigenart der Arbeitsleistung
- Erprobung
- Gründe in der Person des Arbeitnehmers
- Vergütung aus für eine befristete Beschäftigung bestimmten Haushaltsmitteln
- gerichtlicher Vergleich

Die Befristung eines Arbeitsvertrags bedarf immer der **Schriftform** (§ 14 Abs. 4 TzBfG).

Teilzeitarbeit

Nach der Definition von § 2 Abs. 1 TzBfG liegt Teilzeitarbeit vor, wenn die regelmäßige Wochenarbeitszeit des Arbeitnehmers kürzer ist als die regelmäßige Wochenarbeitszeit vergleichbarer vollzeitbeschäftigter Arbeitnehmer. Teilzeitarbeit findet sich im Arbeitsleben in den verschiedensten Erscheinungsformen. Die Arbeitszeit kann entweder festgelegt sein oder es können flexible Formen von Teilzeitarbeit vereinbart werden, bei denen dem Arbeitgeber oder dem Arbeitnehmer gewisse Gestaltungsspielräume hinsichtlich der Arbeitszeitregelung zugebilligt werden; **einige Formen:**

- Der Arbeitnehmer ist täglich mit verkürzter Arbeitszeit tätig (Halbtagsarbeit).
- An bestimmten Tagen oder Wochen arbeitet der Teilzeitbeschäftigte voll, an anderen dagegen nicht.
- Bei der Jahresarbeitszeit erhält der Arbeitnehmer zum Ausgleich für Vollzeitarbeit in einigen Monaten des Jahres Freizeit.
- Bei der Abrufarbeit kann der Arbeitgeber die Lage der Arbeitszeit in gewissen Grenzen nach dem Arbeitsanfall bestimmen.

- Teilen sich zwei oder mehr Arbeitnehmer einen Arbeitsplatz, spricht man von »Jobsharing«.
- Gleitzeit kann ebenfalls mit Teilzeitarbeitnehmern vereinbart werden. Hier kann der Arbeitnehmer innerhalb eines vorgegebenen Zeitrahmens selbst Beginn und Ende der täglichen Arbeitszeit festlegen.

Teilzeitarbeit kann als Haupttätigkeit, als Nebentätigkeit neben einem anderen Arbeitsverhältnis oder auch als gleitender Übergang in den Ruhestand **(Altersteilzeit)** ausgeübt werden. § 8 TzBfG gibt dem Arbeitnehmer unter den dort definierten Voraussetzungen einen Rechtsanspruch auf Verringerung der vertraglich vereinbarten Arbeitszeit.

Brückenteilzeit

Um die Arbeitszeit nur für eine bestimmte Zeit zu verkürzen, gibt es seit 2019 ein Recht auf Rückkehr zur ursprünglich vereinbarten Arbeitszeit. Die sogenannte Brückenteilzeit greift für alle Arbeitnehmer, die nach dem 1. Januar 2019 eine Verringerung ihrer ursprünglich festgelegten Arbeitszeit vereinbaren. Weitere wichtige Voraussetzung ist, dass der Arbeitnehmer in einem Unternehmen mit mehr als 45 Mitarbeitern arbeitet. Kleinere Unternehmen sind von den Regelungen also nicht betroffen und Arbeitgeber mit 45 bis 200 Angestellten müssen diesen Anspruch maximal nur 14 Mitarbeitern gewähren.

Die Regelung zur Brückenteilzeit ist in § 9a Abs. 1–7 in das Teilzeit- und Befristungsgesetz eingefügt worden.

Probearbeitsverhältnis

Sinn und Zweck des Probearbeitsverhältnisses ist, dem Arbeitgeber wie dem Arbeitnehmer die Möglichkeit zu geben, sich ein Bild über den Vertragspartner und die Arbeitsstelle zu machen. Einerseits kann der Arbeitgeber die Eignung und Befähigung des Arbeitnehmers feststellen, andererseits kann der Arbeitnehmer Einblicke in die betrieblichen Verhältnisse gewinnen und prüfen, ob ihm der vorgesehene Tätigkeitsbereich auf Dauer zusagt.

Eine Probezeit besteht grundsätzlich nur dann, wenn sie gesetzlich vorgesehen oder im Arbeitsvertrag vereinbart worden ist. Das Probearbeitsverhältnis ist ein Arbeitsverhältnis, in dem die Vertragspartner dieselben Rechte und Pflichten wie in einem gewöhnlichen Arbeitsverhältnis haben.

Das Probearbeitsverhältnis kann zum einen als befristetes Arbeitsverhältnis ausgestaltet sein, das nach Ablauf der Probezeit **automatisch endet,** falls nicht ein neuer Arbeitsvertrag abgeschlossen wird. Zum anderen kann eine Probezeit im Rahmen eines unbefristeten Arbeitsverhältnisses vorgeschaltet werden. Bei einer solchen Vertragsgestaltung ist zwar eine **Kündigungserklärung** erforderlich, wenn nach Ablauf der Probezeit von längstens sechs Monaten kein Dauerarbeitsverhältnis entstehen soll; die gesetzliche Kündigungsfrist ist aber gemäß § 622 Abs. 3 BGB auf zwei Wochen abgekürzt.

Leiharbeitsverhältnis

Ein Leiharbeitsverhältnis besteht dann, wenn ein Arbeitgeber einem Dritten, dem Entleiher, gewerbsmäßig seine Arbeitnehmer zur Arbeitsleistung gegen vereinbarte Vergütung überlässt, ohne dass der Dritte in den Arbeitsvertrag zwischen dem Arbeitgeber und dem Leiharbeitnehmer eintritt. Dem **Entleiher** steht gegenüber dem Arbeitnehmer das Weisungsrecht zu und er übernimmt die allgemeinen arbeitsrechtlichen Schutzpflichten. Der **Verleiher** allein ist dem Arbeitnehmer zur Lohnzahlung verpflichtet.

Für die gewerbsmäßige Überlassung von Leiharbeitnehmern an Dritte bedarf der Arbeitgeber – der Verleiher – grundsätzlich der Erlaubnis. Im Interesse der Leiharbeitnehmer enthält das **Arbeitnehmerüberlassungsgesetz** (AÜG) Schutzbestimmungen, insbesondere über Erlaubnispflicht oder den Grundsatz der Gleichbehandlung von Leiharbeitnehmern mit vergleichbaren Arbeitnehmern des Entleihers (z. B. hinsichtlich Arbeitsentgelt). Die Überlassung als solche ist unbefristet möglich; für das Leiharbeitsverhältnis selbst gelten die allgemeinen Befristungsregeln.

2.1.2.3 Rechte und Pflichten aus dem Arbeitsvertrag

Der Arbeitsvertrag ist ein gegenseitiger Vertrag, der auf den Austausch von Leistungen (Arbeit gegen Entgelt) gerichtet ist. Auf ihn sind prinzipiell die allgemeinen Regeln des Schuldrechts anwendbar. Diese Regelungen werden jedoch durch Spezialnormen des Dienstvertragsrechts und zahlreiche Sondergesetze modifiziert.

Der Arbeitsvertrag ist ein **Dauerschuldverhältnis.** Dabei obliegen den Vertragsparteien gegenseitige Pflichten der Rücksichtnahme, des Schutzes und der Förderung des Vertragszwecks. Des Weiteren sind von beiden Seiten bestimmte Nebenpflichten zu erfüllen.

Hauptpflichten aus dem Arbeitsvertrag

Der Arbeitnehmer ist zur Arbeitsleistung verpflichtet. Auf der Gegenseite steht die Pflicht des Arbeitgebers zur Entgeltzahlung.

Konkretisiert wird die **Verpflichtung zur Arbeitsleistung** durch zahlreiche Rechtsquellen und keinesfalls allein durch den Arbeitsvertrag. Insbesondere können Tarifverträge und Betriebsvereinbarungen sowie allgemeine Arbeitsbedingungen die Einzelheiten regeln.

Die Verpflichtung zur Arbeitsleistung wird außerdem durch gesetzliche Regelungen zum Schutze des Arbeitnehmers **begrenzt** (z. B. Arbeitszeitgesetz, Arbeitsschutzgesetz, Mutterschutzgesetz).

Als **Hauptpflicht des Arbeitgebers** gilt die Zahlung der vereinbarten Vergütung. Die Einzelheiten der Vergütungspflicht des Arbeitgebers sind vielfältig. Zu beachten sind nicht nur die Grundvergütung, sondern auch zahlreiche Neben- und Zusatzvergütungen. Dabei ist von Bedeutung, ob und inwieweit Vergütungssysteme erfolgsabhängig, leistungsbezogen oder widerruflich gestaltet werden können.

Vereinbarungen über die Vergütung werden meistens in Arbeitsverträgen getroffen, finden sich aber ebenfalls in Tarifverträgen und Betriebsvereinbarungen wieder. Fehlt es hingegen an einer Vergütungsvereinbarung, kommt eine **betriebliche Übung** oder § 612 BGB zum Tragen; diese Norm gewährt dem Arbeitnehmer zumindest die allgemein übliche Bezahlung.

Seit 2008 gilt das **Pflegezeitgesetz,** das die Vereinbarkeit von Beruf und familiärer Pflege sicherstellen soll. Seit 2012 ist außerdem das **Familienpflegezeitgesetz** in Kraft, das selbstständig neben dem erstgenannten Gesetz gilt. Beide Gesetze berühren bspw. auch die Hauptverpflichtung des Arbeitnehmers zur Arbeitsleistung.

Nebenpflichten aus dem Arbeitsvertrag

Zu den eben erwähnten Hauptpflichten treten sogenannte Nebenpflichten hinzu. Der Begriff der Nebenpflicht darf nicht als Wertung über deren Bedeutung im Verhältnis zur Hauptpflicht missverstanden werden. Mit der Einordnung als Nebenpflichten wird lediglich festgestellt, dass diese Pflichten nicht im Gegenseitigkeitsverhältnis stehen.

Dem **Arbeitnehmer** obliegt wie jedem anderen Schuldner die Pflicht, seine Leistung so zu bewirken, wie Treu und Glauben mit Rücksicht auf die Verkehrssitte es erfordern – **Treuepflicht** (§ 242 BGB).

Die Nebenleistungspflichten müssen einen engen Bezug zu den Hauptleistungspflichten des Arbeitnehmers haben. Häufig sind die Nebenpflichten im Arbeitsverhältnis in speziellen Gesetzen konkretisiert worden. So besteht beispielsweise im Entgeltfortzahlungsgesetz eine Anzeige- und Nachweispflicht des Arbeitnehmers im Falle seiner Erkrankung.

In zeitlicher Hinsicht können bestimmte Nebenpflichten sowohl vor- als auch nachvertragliche Pflichten begründen. Während sich vorvertragliche Nebenpflichten aus dem gesetzlichen Schuldverhältnis der Vertragsanbahnung (§ 311 Abs. 2 BGB) ergeben, entstehen nachvertragliche Nebenpflichten (z. B. Verschwiegenheits-, Auskunfts- und Herausgabepflichten) daraus, dass die Beendigung des Arbeitsvertrags nicht das Schuldverhältnis im Ganzen zum Erlöschen bringt.

Das Arbeitsrecht legt auch dem **Arbeitgeber** zahlreiche Nebenpflichten auf. Es handelt sich auch hier um die in jedem Vertragsverhältnis enthaltenen Nebenpflichten **aus Treu und Glauben.**

Unterschieden wird zwischen Fürsorgepflichten, die eine **gesetzliche Ausprägung** erfahren haben (z. B. Pflicht zur Entgeltfortzahlung im Krankheitsfalle nach dem Entgeltfortzahlungsgesetz oder Pflicht zur Urlaubsgewährung nach dem Bundesurlaubsgesetz) und der **allgemeinen Fürsorgepflicht.** Bei letzterer wird differenziert zwischen allgemeinen Schutzpflichten und Förderungspflichten.

Schutzpflichten dienen der Wahrung der Rechtsgüter des Arbeitnehmers (Leben, Gesundheit, Persönlichkeitsrecht, Eigentum, Vermögensinteressen). Sie stellen einen Ausgleich für den Arbeitnehmer dafür dar, dass er seine Person in eine betriebliche Organisation einbringt und sich dem Direktionsrecht des Arbeitgebers unterordnet.

Förderungspflichten gehen über die Schutzpflichten hinaus, indem sie den Arbeitgeber verpflichten, den Arbeitnehmer nicht nur vor Schäden zu bewahren, sondern ihn auch positiv voranzubringen. Auch vor oder nach Beendigung des Arbeitsvertrags bestehen solche Verpflichtungen. Der Arbeitgeber hat das berufliche Fortkommen des Arbeitnehmers zu sichern: Das bedeutet, dass er verpflichtet ist, Dritten konkrete Auskunft zu erteilen, Freizeit zur Stellensuche zu gewähren sowie ein wohlwollendes Zeugnis zu erstellen.

2.1.2.4 Form und Inhalt von Arbeitsverträgen

Der Arbeitsvertrag kann formfrei geschlossen werden, er muss also keine bestimmte Form haben. Es ist grundsätzlich auch nicht erforderlich, dass der Arbeitsvertrag schriftlich geschlossen wird (Achtung: hiervon gibt es Ausnahmen, u. a. Berufsausbildungsverträge, befristete Arbeitsverträge).

Wird der Arbeitsvertrag nur mündlich abgeschlossen, ist der Arbeitgeber aber durch das **Nachweisgesetz** (NachwG) verpflichtet, innerhalb einer Frist von einem Monat die wesentlichen Vertragsbedingungen schriftlich und unterschrieben festzuhalten und dem Arbeitnehmer zukommen zu lassen.

Das Nachweisgesetz verlangt vom Arbeitgeber, dass er jederzeit in der Lage sein muss, den Vertragsschluss und den Vertragsinhalt nachzuweisen (→ 2.1.2). Nach § 2 Nachweisgesetz muss folgender Inhalt des Arbeitsvertrags nachgewiesen werden können:

- Name und Anschrift des Arbeitgebers und Arbeitnehmers
- Zeitpunkt des Beginns des Arbeitsverhältnisses
- Falls das Arbeitsverhältnis befristet ist: die vorhersehbare Dauer
- Arbeitszeit
- Arbeitsort
- Beschreibung der Arbeitstätigkeit
- Höhe des Gehalts
- Zusammensetzung des Gehalts
- Kündigungsfrist
- Urlaub
- Geltung von Betriebsvereinbarung oder Tarifvertrag
- Hinweise zur Rentenversicherung

2.1.2.5 Rechtsmängel in Verträgen und ihre Folgen

Auch Arbeitsverträge können von Anfang an **nichtig** sein oder **angefochten** werden. Nichtig sind Verträge z. B. bei Sittenwidrigkeit oder Wucher (§ 138 Abs. 1 und Abs. 2 BGB). Anfechtbar sind Verträge, die irrtümlich zustande gekommen sind (§ 119 BGB) oder mittels Täuschung oder Drohung (§ 123 BGB); genauer: Die betreffende **Willenserklärung** kann angefochten werden.

2.1.3 Entgeltfortzahlung ohne Arbeitsleistung

Dabei geht es um die Frage, in welchen Fällen der Arbeitslohn auch bei fehlender Arbeitsleistung fortzuzahlen ist. Diese Entscheidung ist im Einzelfall zu treffen aufgrund der Regelungen im Arbeitsvertrag und/oder im zugehörigen Tarifvertrag, wo häufig die entsprechenden Tatbestände aufgelistet sind. Ist für den zu entscheidenden Einzelfall ein solcher Tarifvertrag gültig, so ist zu prüfen, ob beispielsweise ein notwendiger Arztbesuch angeführt ist. Wenn das der Fall ist, muss der Lohn dafür fortgezahlt werden, wenn nicht, besteht eine solche Pflicht seitens des Arbeitgebers nicht. Der Tarifvertrag kann die gesetzliche Regelung »Vergütungspflicht trotz vorübergehender Arbeitsverhinderung« (§ 616 BGB) näher ausgestalten.

Gesetzlich zwingend ist die **Entgeltfortzahlung** für den Mindesturlaub (§ 3 BUrlG) sowie, nach vierwöchiger ununterbrochener Dauer des Arbeitsverhältnisses, für die ersten sechs Wochen einer Krankheit (§ 3 Entgeltfortzahlungsgesetz – EFZG) und z. B. für Feiertage (§ 2 EFZG), oder für die Teilnahme an einem Ausbildungslehrgang zur Unfallverhütung (→ 2.4.2.4).

Liegt keine gesetzliche oder tarifliche Regelung für die Entgeltfortzahlung in Einzelfällen vor, ist grundsätzlich immer dann fortzuzahlen, wenn der betroffene Arbeitnehmer kurzfristig aufgrund **unverschuldeter persönlicher Umstände** (§ 616 BGB) an der Arbeitsleistung gehindert ist, z. B.

- unaufschiebbare Behördengänge, die nur während der Arbeitszeit möglich sind,
- plötzliche, schwerwiegende Erkrankung eines nächsten Angehörigen,
- Ladung vor Gericht als Zeuge oder Tätigkeit als Laienrichter,
- bedeutsame familiäre Ereignisse (Geburt, Hochzeit, Beerdigung),
- Umzug oder Stellensuche (zu letzterer vgl. § 629 BGB),
- Unfall auf dem Weg zur Arbeit,
- verspätetes Erscheinen aufgrund der Verkehrssituation.

Gerade im letzten Fall kommt es entscheidend auf die individuelle Verhinderung an: Fallen nämlich – beispielsweise infolge eines Streiks – sämtliche Verkehrsmittel aus und ist es damit allen Arbeitnehmern nicht mehr möglich, (rechtzeitig) am Arbeitsplatz zu erscheinen, wäre der Arbeitgeber überfordert, allen den Lohn weiterzahlen zu müssen. Betrifft es aber nur einen oder wenige Arbeitnehmer, so liegt eine persönliche Verhinderung im Sinne des Gesetzes vor. Dann ist der Lohn fortzuzahlen, so hat die Rechtsprechung entschieden, es sei denn, dies ist aus anderen Gründen unzumutbar.

Kommt aber eine Störung des betrieblichen Ablaufes aus dem Bereich des Arbeitgebers, z. B. durch Rohstoffmangel, Maschinenausfall, auch Blitzschlag, so ist dies sein Betriebsrisiko, das er nicht auf seine Arbeitnehmer abwälzen darf. Deshalb hat er die Arbeitnehmer in solchen Fällen weiterhin zu entlohnen (§ 615 BGB) – es sei denn, der Bestand des Unternehmens würde dadurch nachweislich ernsthaft gefährdet.

Die Rechtsprechung hat für die Prüfung der Entgeltfortzahlung die »**Sphärentheorie**« entwickelt: Kommt die Betriebsstörung aus der Sphäre (dem Bereich) des Arbeitgebers (z. B. Überschwemmung der Betriebsstätte, was durch vorbeugende Maßnahmen hätte verhindert werden können), so hat der Arbeitgeber den Schaden zu tragen und damit auch den Lohn fortzuzahlen.

Dazu gehören auch die Verschlechterung der Wirtschaftslage und Auftragsmangel. Wenn aber die Betriebsstörung auf das Verhalten der Arbeitnehmer zurückzuführen ist (z. B. Streik), rechnet sie zur Sphäre der Arbeitnehmer, für die damit der Lohnanspruch entfällt.

Im Falle einer Arbeitsunfähigkeit **infolge Krankheit** besteht Entgeltfortzahlungspflicht – gesetzlich in Höhe des regelmäßigen Arbeitsentgelts – bis zum Ablauf der 6. Woche der Erkrankung; danach erhält der Arbeitnehmer Krankengeld von seiner Krankenkasse. Nimmt der Arbeitgeber die Krankheit zum Anlass, das Arbeitsverhältnis zu kündigen, dann mag zwar im Einzelfall die Kündigung das Arbeitsverhältnis rechtswirksam beenden, an der sechswöchigen Lohnfortzahlungspflicht ändert dies aber nichts. Jede neue Erkrankung lässt den Fortzahlungsanspruch auch neu entstehen, es sei denn, dass zu einer bestehenden Krankheit eine neue Krankheitsursache hinzutritt (z. B. ein für zwei Wochen infolge einer Grippe krankgeschriebener Arbeitnehmer bricht sich nach drei Tagen ein Bein); dann ist der Anspruch auf jeden Fall auf 6 Wochen insgesamt begrenzt.

Wichtig ist, dass der erkrankte Arbeitnehmer unverzüglich dem Arbeitgeber die Krankheit meldet und spätestens nach drei Tagen durch ein ärztliches Attest nachweist; denn ohne Meldung fehlt er unentschuldigt. Der Arbeitgeber kann die Leistung verweigern, bis er die Bescheinigung, die er auch schon vor dem dritten Tag verlangen kann, erhält (§§ 5 und 7 EFZG). Weiterhin darf der Arbeitnehmer die Erkrankung nicht schuldhaft herbeigeführt haben (§ 617 i.V.m. § 276 BGB). Ist durch Verschulden eines Dritten – z. B. durch einen Verkehrsunfall – die Arbeitsunfähigkeit eingetreten, geht der Schadenersatzanspruch des Arbeitnehmers auf den Arbeitgeber bis zur Höhe des Bruttoentgelts über (§ 6 EFZG).

Die Lohnzahlungspflicht des Arbeitgebers besteht auch dann, wenn er eine angebotene Arbeitsleistung nicht annimmt, obwohl der Arbeitsvertrag besteht, oder wenn er notwendige Arbeitsräume oder Werkzeuge nicht bereitstellt (nach §§ 615, 293 BGB befindet er sich im Annahmeverzug). Ebenso besteht die Verpflichtung zur Zahlung des Lohnes, wenn dem Arbeitnehmer nach erfolgter ordentlicher Kündigung Hausverbot erteilt wird oder wenn gesetzlich vorgeschriebene Sicherheitsauflagen, die zur Weiterarbeit zwingend sind, nicht erfüllt werden, obwohl der Arbeitnehmer sie – mit Fristsetzung – angemahnt hat.

2.1.4 Störungen im Arbeitsverhältnis

2.1.4.1 Verletzung der Haupt- und Nebenpflichten

Im Abschnitt 2.1.2.3 sind die Rechte und die Pflichten der beiden Partner des Arbeitsvertrags dargestellt. Sie ergeben sich im Wesentlichen aus dem BGB, im Berufsausbildungsverhältnis aus dem Berufsbildungsgesetz, §§ 13 bis 16.

2.1.4.2 Abmahnung

Störungen im Arbeitsverhältnis, die in der Person oder im Verhalten des Arbeitnehmers begründet sind, können zu einer ordentlichen Kündigung führen. Diese kann in der Regel aber nur nach einer Abmahnung erfolgen.

In der Abmahnung muss

- das Fehlverhalten genau beschrieben werden,
- ausgedrückt werden, dass dieses Verhalten nicht gebilligt wird und
- auf eine Kündigung im Wiederholungsfall hingewiesen werden.

Der Betriebsrat muss bei einer Abmahnung weder unterrichtet noch gehört werden. Zwischen zwei Abmahnungen oder einer Abmahnung und der Kündigung muss dem Arbeitnehmer ausreichend Zeit und Gelegenheit eingeräumt werden, sein Fehlverhalten zu korrigieren. Die Abmahnung ist Bestandteil der Personalakte.

2.1.4.3 Weitere arbeitsrechtliche Instrumente

Das BGB regelt in den §§ 320 bis 326 BGB die Rechtsfolgen bei Nichterfüllung von gegenseitigen Verträgen, also auch des Arbeitsvertrags.

2.1.4.4 Beteiligung des Betriebsrats

Die Mitbestimmung des Betriebsrats bei personellen Einzelmaßnahmen ist in den §§ 99 bis 105 BetrVG geregelt (→ 2.1.9).

2.1.5 Beendigung von Arbeitsverhältnissen

Ein Arbeitsvertrag endet als **befristeter Vertrag** ohne Kündigung mit Zeitablauf, als **Zweckvertrag** (z. B. Ausbildungsvertrag) durch Erreichen des Zwecks. Voraussetzung für einen befristeten Vertrag ist in der Regel, dass ein sachbedingter Grund vorliegt, der die Befristung rechtfertigt oder die Höchstdauer von zwei Jahren. Die Kündigungsschutzbestimmungen des Kündigungsschutzgesetzes (z. B. § 1 Sozial ungerechtfertigte Kündigungen) und die Mitbestimmungsrechte des Betriebsrats gemäß § 102 BetrVG kommen dann nicht zur Anwendung.

Ein **befristetes Probearbeitsverhältnis** kann vor Ablauf nur dann ordentlich gekündigt werden, wenn dies vertraglich vereinbart worden war. Davon zu unterscheiden ist die Probezeit während eines unbefristeten Vertrages. Hier müssen für die Probezeit besonders vereinbarte Kündigungsfristen vorliegen.

Eine **Anfechtung** eines Arbeitsvertrags ist möglich wegen Irrtums gemäß § 119 BGB und wegen Täuschung oder Drohung gemäß § 123 BGB. Der erste Fall kommt selten vor, häufiger ist die Täuschung, z. B. durch Verschweigen von Angaben im Personalbogen. Soweit diese für die Tätigkeit bedeutsam sind, hat der Arbeitnehmer eine Offenbarungspflicht. Die Rechtsprechung geht davon aus, dass ein anfechtbarer Arbeitsvertrag erst ab dem Zeitpunkt der Erklärung der Anfechtung nichtig ist.

Bei **Tod des Arbeitnehmers** endet das Arbeitsverhältnis, weil der Arbeitnehmer seine Dienstleistung persönlich zu erbringen hat. Bei Tod des Arbeitgebers bleibt das Arbeitsverhältnis bestehen. Der Erbe gilt als neuer Arbeitgeber. Dasselbe gilt bei Übergang der Firma auf einen neuen Inhaber: Der Nachfolger tritt gemäß § 613a BGB in den bestehenden Arbeitsvertrag ein.

Bei **Erreichen des Rentenalters** endet das Arbeitsverhältnis nur dann automatisch, wenn im Arbeitsvertrag oder im Tarifvertrag oder in einer Betriebsvereinbarung dies eindeutig vorgesehen ist. Auch bei Eröffnung eines Insolvenzverfahrens bleibt das Arbeitsverhältnis zwar bestehen; der Insolvenzverwalter kann mit einer speziellen Kündigungsfrist von maximal drei Monaten kündigen.

2.1.5.1 Aufhebungsverträge

Durch **Aufhebungsvertrag** kann das Arbeitsverhältnis in gegenseitigem Einvernehmen jederzeit beendet werden. Die Schriftform ist zwingend vorgeschrieben (§ 623 BGB). Der Arbeitnehmer sollte vom Arbeitgeber darauf hingewiesen werden, dass er bei Aufhebung möglicherweise für bis zu zwölf Wochen kein Arbeitslosengeld erhält (§ 159 SGB III) sowie danach Abfindungen angerechnet werden können.

2.1.5.2 Kündigung von Arbeitsverhältnissen

Das Arbeitsentgelt bildet für den Arbeitnehmer in der Regel die Existenzgrundlage. Die Regeln, mit denen das Arbeitsverhältnis beendet werden kann, suchen diesen Gesichtspunkt zu berücksichtigen.

Für den Arbeitgeber besteht eine **Informationspflicht.** Er hat den Arbeitnehmer gemäß § 2 Abs. 2 Satz 2 Nr. 3 SGB III »frühzeitig vor Beendigung des Arbeitsverhältnisses« über dessen Pflichten zu Eigenbemühungen, um einen neuen Arbeitsplatz sowie zur unverzüglichen Meldung bei der Agentur für Arbeit zu informieren. Das gilt auch bei Aufhebungsverträgen, zeitlich befristeten und zweckbefristeten Arbeitsverhältnissen. Der Arbeitgeber sollte sich vom Arbeitnehmer schriftlich bestätigen lassen, informiert worden zu sein, um etwaigen Ersatzansprüchen aus dem Wege zu gehen.

Ordentliche Kündigung

Die ordentliche oder fristgerechte Kündigung des Arbeitsverhältnisses **durch den Arbeitnehmer** ist weitgehend von gesetzlichen oder tarifvertraglichen Beschränkungen frei.

Für die **arbeitgeberseitige** Kündigung gilt dies jedoch nur außerhalb des Geltungsbereichs des Kündigungsschutzgesetzes (KSchG). Soweit dieses Gesetz anzuwenden ist, muss der Arbeitgeber Gründe nachweisen, die die Kündigung **sozial rechtfertigen** (wird nachfolgend noch behandelt ›Allgemeiner Kündigungsschutz‹).

Darüber hinaus bestehen zulasten des Arbeitgebers vielfältige Beschränkungen zugunsten bestimmter Arbeitnehmergruppen. Zu erwähnen sind z. B. der Kündigungsschutz schwangerer Frauen und schwerbehinderter Arbeitnehmer sowie der sich aus vielen Tarifverträgen ergebende Kündigungsschutz für ältere oder länger beschäftigte Arbeitnehmer.

Für die Kündigung durch den Arbeitgeber als auch für die arbeitnehmerseitige Kündigung gelten Kündigungsfristen, die sich aus dem Gesetz, dem anwendbaren Tarifvertrag oder dem Einzelarbeitsvertrag ergeben können. § 622 Abs. 1 BGB sieht eine einzelvertraglich nicht abdingbare Kündigungsfrist von vier Wochen einheitlich für alle Arbeitnehmer in den ersten beiden Beschäftigungsjahren vor, jeweils zum 15. oder zum Ende des Kalendermonats.

Etwas anderes gilt nur für folgende gesetzliche Sonderfälle:

- Bei vereinbarter Probezeit
- Bei einzelvertraglicher Bezugnahme auf einen Tarifvertrag
- Bei vorübergehender Aushilfstätigkeit
- In Kleinunternehmen

§ 622 Abs. 2 BGB regelt die **vom Arbeitgeber** einzuhaltenden Kündigungsfristen gegenüber länger beschäftigten Arbeitnehmern. Die für eine Kündigung durch den Arbeitgeber verlängerten Fristen gelten bereits nach zweijähriger Betriebszugehörigkeit mit einer Frist von einem Monat zum Monatsende. Über insgesamt sieben Stufen wird nach zwanzigjähriger Betriebszugehörigkeit die Höchstdauer von sieben Monaten zum Monatsende erreicht. Bei der Berechnung der Betriebszugehörigkeit wurden früher nur die Zeiten nach der Vollendung des 25. Lebensjahres des Arbeitnehmers berücksichtigt. Diese Regelung ist vom Gesetzgeber geändert worden, weil sie durch den Europäischen Gerichtshof (EuGH) beanstandet wurde. Die Spruchpraxis der Arbeitsgerichte hat sich dem bereits angepasst.

Die vom Arbeitgeber einzuhaltenden verlängerten Kündigungsfristen sind **zwingend;** vom Gesetz zum Nachteil des Arbeitnehmers abweichende Kündigungstermine dürfen zumindest einzelvertraglich nicht vereinbart werden. Allerdings können die verlängerten Kündigungsfristen vertraglich auch auf Kündigungen durch den Arbeitnehmer erstreckt werden.

Der Arbeitnehmer hat generell die Möglichkeit, zwischen der Inanspruchnahme des Kündigungsschutzes und einer Abfindung zu wählen. Zunächst hat aber der Arbeitgeber nach §1a KSchG die Wahl, ob er selbst dem Arbeitnehmer bei einer **betriebsbedingten Kündigung** eine Abfindung anbieten will oder nicht. Entscheidet sich der Arbeitgeber für die Abfindungs-Variante, muss er schon in der Kündigungserklärung darauf hinweisen, dass er dem Arbeitnehmer mit der betriebsbedingten Kündigung eine **Abfindung** nur für den Fall anbietet, dass dieser innerhalb der dreiwöchigen Klagefrist keine Kündigungsschutzklage erhebt.

Verhält sich der Arbeitnehmer entsprechend, kann er mit dem Ablauf der Kündigungsfrist die angebotene Abfindung verlangen. Alternativ kann er innerhalb der Frist Kündigungsschutzklage erheben, um die Kündigung für unwirksam erklären zu lassen (oder ggf. eine höhere Abfindung auszuhandeln). Die Höhe der Abfindung beträgt **nach der gesetzlichen Regelung** 0,5 Monatsverdienste für jedes Jahr des Bestehens des Arbeitsverhältnisses (§ 10 KSchG), ist aber im Prinzip Verhandlungssache.

Eine **Änderungskündigung** wird vom Arbeitgeber ausgesprochen, wenn das Arbeitsverhältnis unter veränderten Bedingungen fortgesetzt werden soll. Vorher ist ggf. der Betriebsrat zu hören. Wird die Änderung vom Arbeitnehmer nicht angenommen, führt dies zur Kündigung.

Außerordentliche Kündigung

Die außerordentliche oder »fristlose« Kündigung nach § 626 BGB stellt für Arbeitnehmer und Arbeitgeber ein unabdingbares Freiheitsrecht dar, bei extremen Belastungen die vertragliche Vereinbarung zu lösen. Das Recht zur außerordentlichen Kündigung kann weder kollektiv- noch einzelvertraglich, weder in vorformulierten noch in individuell ausgehandelten Arbeitsverträgen ausgeschlossen werden.

Die Voraussetzungen für eine außerordentliche Kündigung im Einzelnen sind folgende:

- Die Erklärung einer fristlosen Kündigung muss eindeutig erkennen lassen, dass das Dienst- oder Arbeitsverhältnis außerordentlich **aus wichtigem Grund** gelöst werden soll.
- Vor der Kündigung müssen ggf. der Betriebsrat bzw. eine sonst zuständige Mitarbeiter- oder Personalvertretung **angehört** worden sein.
- Der **Sonderkündigungsschutz** beispielsweise für schwerbehinderte Arbeitnehmer, werdende oder stillende Mütter oder Arbeitnehmer in Elternzeit muss beachtet werden.
- **Auf Verlangen** muss der Kündigende den **Kündigungsgrund** mitteilen. Seine Angabe ist jedoch nicht Wirksamkeitsvoraussetzung der außerordentlichen Kündigung.
- Die Kündigung muss **binnen zwei Wochen** nach Kenntnis der sie begründenden Tatsachen erfolgen.

- Die Prüfung, ob ein **wichtiger Grund** i.S.d. § 626 Abs. 1 BGB vorliegt, erfolgt zweistufig: Zunächst ist zu prüfen, ob ein bestimmter Sachverhalt ohne die besonderen Umstände des Einzelfalles an sich geeignet ist, einen wichtigen Kündigungsgrund abzugeben. Trifft dies zu, ist zu prüfen, ob die Fortsetzung des Arbeitsverhältnisses bis zum Ablauf der Kündigungsfrist oder dem vereinbarten Ende des Vertragsverhältnisses unter Berücksichtigung der konkreten Umstände des Einzelfalles und unter Abwägung der Interessen beider Vertragsteile **zumutbar ist oder nicht.** Im zweiten Fall ist die fristlose Kündigung von Bestand.

Allgemeiner Kündigungsschutz

Der Grundsatz der Kündigungsfreiheit wird für den Arbeitgeber im Anwendungsbereich des Kündigungsschutzgesetzes (KSchG) beschränkt. Danach ist eine Kündigung **sozial ungerechtfertigt** und deshalb unwirksam, wenn sie nicht durch Gründe gerechtfertigt ist, die in der Person oder in dem Verhalten des Arbeitnehmers liegen oder durch dringende betriebliche Erfordernisse, die einer Weiterbeschäftigung in diesem Betrieb entgegenstehen, bedingt ist.

Der allgemeine Kündigungsschutz ist an bestimmte Voraussetzungen geknüpft. Er erfasst nicht alle Arbeitnehmer. Geschützt wird nur derjenige Arbeitnehmer,

- dessen Arbeitsverhältnis in demselben Betrieb oder Unternehmen ohne Unterbrechung länger als sechs Monate bestanden hat;
- der nicht in einem »Kleinbetrieb« beschäftigt ist (ein Kleinbetrieb ist ein Betrieb, in dem i.d.R. nur bis zu zehn (vor dem 31. Juli 2003 galt bis zu fünf) Arbeitnehmer beschäftigt sind.

Welche Kündigungen sozial ungerechtfertigt sind, definiert das Gesetz nur durch unbestimmte Rechtsbegriffe, die konkretisiert werden müssen. Durch die vorgegebene Dreiteilung der Kündigungsgründe in personen-, verhaltens- und betriebsbedingte Gründe haben sich im Laufe der Zeit entsprechende Regeln entwickelt. Zentrale Prinzipien, die bei der Beurteilung sämtlicher Kündigungsgründe beachtet werden müssen, sind:

- Das Prognoseprinzip
- Das Ultima-Ratio-Prinzip
- Das Prinzip der Interessenabwägung

Kündigungsgründe

Personenbedingte Kündigungsgründe

Als personenbedingte Kündigungsgründe kommen nur solche Umstände in Betracht, die aus der Sphäre des Arbeitnehmers stammen. Gründe in der Person des Arbeitnehmers sind solche, die auf seinen persönlichen Eigenschaften und Fähigkeiten beruhen. Entscheidend ist hierbei, dass die Erreichung des Vertragszwecks – nicht nur vorübergehend – unmöglich geworden sein muss, weil die Fähigkeit oder Eignung des Arbeitnehmers, die vertraglich geschuldete Arbeitsleistung zu erbringen, entfallen ist.

Die **krankheitsbedingte** Kündigung ist der häufigste Anwendungsfall der personenbedingten Kündigung. Diese ist prinzipiell wirksam, wenn eine dauernde Unfähigkeit zur Erbringung der geschuldeten Arbeitsleistung eingetreten ist und eine anderweitige Beschäftigungsmöglichkeit nicht besteht. Es ist eine **negative Gesundheitsprognose** erforderlich, nach der im Zeitpunkt des Zugangs der Kündigung objektive Tatsachen vorliegen müssen, die die Besorgnis weiterer Erkrankungen im bisherigen Umfang rechtfertigen. Es müssen Fehlzeiten festzustellen sein, die zu einer erheblichen Beeinträchtigung der betrieblichen oder wirtschaftlichen Interessen geführt haben und noch führen. Diese erheblichen Störungen dürfen nicht durch mildere Mittel

(z. B. Wechsel des Arbeitsplatzes oder -umfeldes) nach einer nochmaligen Interessenabwägung behebbar sein.

Dabei sind folgende Unterfälle der krankheitsbedingten Kündigung zu unterscheiden:

- Häufige Kurzerkrankungen
- Dauernde Arbeitsunfähigkeit
- Krankheitsbedingte Leistungsminderung
- Lang anhaltende Erkrankungen

Verhaltensbedingte Kündigungsgründe

Als verhaltensbedingte Kündigungsgründe kommen in erster Linie **schuldhafte Verletzungen vertraglicher Haupt- oder Nebenpflichten** durch den Arbeitnehmer in Betracht. Nicht subjektive Einschätzungen des Arbeitgebers, sondern nur objektive, durch einen Dritten nachvollziehbare Vorfälle können die Kündigung rechtfertigen.

Mit der verhaltensbedingten Kündigung sollen weitere Vertragsverletzungen in der Zukunft ausgeschlossen werden. Entscheidend ist daher, ob eine **Wiederholungsgefahr** besteht, wegen derer eine akzeptable Fortsetzung des Arbeitsverhältnisses ausgeschlossen ist.

Je stärker das Verschulden, umso eher ist eine Kündigung gerechtfertigt. Auch ist die Art und Weise der Vertragspflichtverletzung bedeutend.

Die verhaltensbedingte Kündigung verlangt im Allgemeinen eine vorherige **Abmahnung.** Die Abmahnung setzt voraus, dass der Arbeitgeber hinreichend deutlich ein bestimmtes Fehlverhalten beanstandet (**Rügefunktion**) und mit ihr den Hinweis verbindet, dass im Wiederholungsfall der Bestand des Arbeitsverhältnisses gefährdet ist (**Warnfunktion**).

Entbehrlich ist die Abmahnung, wenn sie kein geeignetes Mittel ist. Sie ist nur dann geeignetes Mittel, wenn mit ihr der beabsichtigte Erfolg (Änderung des Verhaltens und/oder Warnung des Arbeitnehmers) gefördert werden kann, was von den Umständen des Einzelfalls abhängt. Auch bedarf es keiner Abmahnung, wenn diese wegen der Schwere der Vertragsverletzung keinen Sinn macht, auch weil das Vertrauensverhältnis zerstört ist (z. B. bei Straftaten von Belang im Zusammenhang mit dem Arbeitsverhältnis).

Betriebsbedingte Kündigungsgründe

Eine Kündigung ist nicht sozialwidrig, wenn sie durch **dringende betriebliche Erfordernisse,** die einer Weiterbeschäftigung des Arbeitnehmers in diesem Betrieb entgegenstehen, erfolgt ist. Die Vorschrift des § 1 Abs. 2 Satz 1 KSchG dient dem Ausgleich zwischen der Freiheit des Arbeitgebers, Entscheidungen über Gegenstand und Umfang seines Unternehmens zu treffen, einerseits und dem Interesse des Arbeitnehmers am Erhalt seines Arbeitsplatzes andererseits.

Voraussetzungen einer betriebsbedingten Kündigung sind daher stets, dass

- der Arbeitgeber aufgrund inner- oder außerbetrieblicher Ursachen eine unternehmerische Entscheidung trifft,
- dadurch die Beschäftigungsmöglichkeiten zumindest in ihrer bisherigen Ausgestaltung dauerhaft weggefallen sind und
- der Arbeitnehmer weder auf einem anderen Arbeitsplatz weiterbeschäftigt werden kann noch sonstige mildere Maßnahmen statt der Kündigung möglich sind.

Soll von mehreren Arbeitnehmern, die unter betrieblichen Gesichtspunkten gleichermaßen für eine Kündigung in Betracht kommen, nur einem oder einigen gekündigt werden, muss die Auswahl der zu kündigenden Arbeitnehmer nach sozialen Gesichtspunkten erfolgen (**Sozialauswahl**). Die

Prüfung, ob die vom Arbeitgeber vorgenommene Sozialauswahl fehlerfrei ist, vollzieht sich in folgenden Schritten:

- Zunächst ist der relevante Personenkreis zu bestimmen (auf horizontaler Ebene vergleichbare Arbeitnehmer),
- danach erfolgt eine Prüfung, ob alle einschlägigen Sozialkriterien korrekt gewichtet worden sind (§ 1 Abs. 3 Satz 1 KSchG),
- schließlich muss untersucht werden, ob einem konkreten Ergebnis der Sozialauswahl ein berechtigtes betriebliches Interesse entgegensteht, § 1 Abs. 3 Satz 2 KSchG (ein eigentlich infrage kommender Arbeitnehmer ist aufgrund seines Know-how für den Betrieb aber unverzichtbar).

Besonderer Kündigungsschutz

Schwerbehinderte Menschen

Nach § 168 SGB IX bedarf die Kündigung des Arbeitsverhältnisses eines schwerbehinderten Menschen durch den Arbeitgeber der (vorherigen) Zustimmung des **Integrationsamtes.** Dabei ist zu beachten, dass es für den Sonderkündigungsschutz nicht darauf ankommt, dass die Schwerbehinderung im Zeitpunkt des Zugangs der Kündigung bereits anerkannt ist, sie muss nur objektiv vorliegen und ein entsprechender Antrag muss gestellt sein. Ob der Arbeitgeber hiervon Kenntnis hat, ist unerheblich.

Die Zustimmung oder Verweigerung der Zustimmung durch das Integrationsamt ergeht in Form eines **Verwaltungsakts,** den nach allgemeinen verwaltungsrechtlichen Regeln sowohl der die Zustimmung beantragende Arbeitgeber als auch der schwerbehinderte Mensch als unmittelbar Betroffener angreifen kann. Dem Arbeitnehmer steht also die Möglichkeit der Anfechtungs-, dem Arbeitgeber die der Verpflichtungsklage vor dem Verwaltungsgericht zu.

Nach Erteilung der Zustimmung muss der Arbeitgeber die ordentliche Kündigung innerhalb eines Monats erklären. Eine vor Erteilung der Zustimmung erklärte Kündigung ist unwirksam. Außerdem wird durch das SGB IX die Verpflichtung des Arbeitgebers festgeschrieben, Kündigungen durch frühzeitige Maßnahmen zu vermeiden.

Mutterschutz

Nach § 17 Abs. 1 Mutterschutzgesetz (MuSchG) ist die Kündigung einer Frau während der Schwangerschaft und bis zum Ablauf von vier Monaten nach der Entbindung (§ 17 Abs. 1 MuSchG) unzulässig, wenn dem Arbeitgeber zur Zeit der Kündigung die Schwangerschaft oder Entbindung bekannt war oder innerhalb von zwei Wochen nach Zugang der Kündigung mitgeteilt wird.

§ 17 Abs. 2 MuSchG macht von dem allgemeinen Kündigungsverbot nur dann eine Ausnahme, wenn die für den Arbeitschutz zuständige oberste Landesbehörde vor Ausspruch der Kündigung diese für zulässig erklärt hat (→ 2.1.7.9).

Elternzeit

Nach § 18 Bundeselterngeld- und Elternzeitgesetz (BEEG) darf der Arbeitgeber das Arbeitsverhältnis ab dem Zeitpunkt, von dem an Elternzeit verlangt worden ist, höchstens jedoch acht Wochen vor Beginn der Elternzeit und während der Elternzeit nicht kündigen.

Die für den Arbeitsschutz zuständige Landesbehörde kann Ausnahmen zulassen. Der Kündigungsschutz nach § 18 BEEG ist dem des § 17 MuSchG angeglichen. Dennoch müssen beide Verfahren unterschieden werden, sodass gegebenenfalls die Zulässigerklärung der zuständigen Behörde nach **beiden** Vorschriften eingeholt werden muss.

Betriebs- und Personalratsmitglieder

Das Kündigungsschutzgesetz regelt, dass die ordentliche Kündigung eines Betriebs- oder Personalratsmitglieds sowie eines Mitglieds der Jugend- und Auszubildendenvertretung (JAV) oder eines Wahlvorstands unzulässig ist, es sei denn, der Betrieb oder Betriebsteil würden stillgelegt (§ 15 Abs. 4 und 5 KSchG). Der Betriebsrat soll mit diesem Sonderkündigungsschutz vor Benachteiligungen wegen seines Amtes geschützt und es soll ihm eine ungestörte Amtsausübung ermöglicht werden. Nach Ablauf der Amtszeit wirkt der Schutz gegen ordentliche Kündigungen ein Jahr (für Wahlvorstandsmitglieder sechs Monate) lang fort. Möglich ist lediglich die außerordentliche Kündigung unter den Voraussetzungen des § 626 BGB. Darüber hinaus ist stets die Zustimmung des Betriebsrats nach § 103 Betriebsverfassungsgesetz (BetrVG) bzw. des Personalrats nach den entsprechenden Vorschriften des anwendbaren Personalvertretungsgesetzes der Bundesländer oder des Bundes erforderlich. Versagt der Betriebsrat seine Zustimmung, muss der Arbeitgeber versuchen, eine Zustimmungsersetzung beim Arbeitsgericht einzuholen.

Massenentlassung (anzeigepflichtige Entlassungen)

Eine Massenentlassung liegt vor, wenn innerhalb von 30 Kalendertagen die folgende Zahl von Entlassungen erfolgt:

- in Betrieben mit mehr als 20 und weniger als 60 Arbeitnehmern mehr als fünf
- in Betrieben mit mindestens 60 und weniger als 500 Arbeitnehmern 10 % oder mehr als 25
- in Betrieben mit mindestens 500 Arbeitnehmern mindestens 30

Gemäß § 17 Abs. 1 KSchG sind Massenentlassungen bei der Agentur für Arbeit anzeigepflichtig. Die Stellungnahme des Betriebsrats, der rechtzeitig umfassend zu informieren ist, muss beigefügt werden. Danach besteht eine einmonatige Entlassungssperre.

Anzeigepflichtige Massenentlassungen vor Ablauf eines Monats werden nur mit Zustimmung der Agentur für Arbeit wirksam. Diese kann im Einzelfall bestimmen, dass die Entlassungen nicht vor Ablauf von längstens zwei Monaten nach Eingang der Anzeige wirksam werden. Werden zur Auswahl der Mitarbeiter, welche entlassen werden sollen, **Auswahlrichtlinien** erarbeitet, so bedürfen sie der Zustimmung des Betriebsrats. Wird gegen die erlassenen Auswahlrichtlinien verstoßen, kann der Betriebsrat die Zustimmung zu Kündigungen verweigern.

Bei Massenentlassungen kann ein **Sozialplan** zwischen Unternehmer und Betriebsrat abgeschlossen werden. Inhalte eines Sozialplans können sein:

- Abfindungszahlungen
- Gewährung oder Abgeltung von Urlaubsansprüchen
- Freistellung und Kostenübernahme zur Suche eines neuen Arbeitsplatzes
- Zahlung von Umzugskosten, Mietvertragsverlängerung werkseigener Wohnungen
- Weitergewährung von betrieblichen Darlehen
- Erhaltung von Anwartschaften auf eine betriebliche Altersversorgung
- Übernahme von zukünftigen Verdienstminderungen

Kommt eine Einigung über einen Sozialplan nicht zustande, so entscheidet die Einigungsstelle über die Aufstellung eines Sozialplans (§ 112 Abs. 4 BetrVG).

Das individuelle Recht des Arbeitnehmers auf eine Arbeitsgerichtsklage bleibt unberührt.

2.1.5.3 Nachvertragliche Rechte und Pflichten

Der Arbeitgeber hat die Pflicht zur Erstellung eines qualifizierten Zeugnisses (§ 630 BGB, § 109 GewO und § 16 BBiG bei Auszubildenden).

§ 630 BGB begründet und beschreibt die Pflicht zur Zeugniserteilung:

Bei der Beendigung eines dauernden Dienstverhältnisses kann der Verpflichtete von dem anderen Teile ein schriftliches Zeugnis über das Dienstverhältnis und dessen Dauer fordern. Das Zeugnis ist auf Verlangen auf die Leistungen und die Führung im Dienste zu erstrecken. Die Erteilung des Zeugnisses in elektronischer Form ist ausgeschlossen.

An Arbeitspapieren sind auszuhändigen:

- Lohnsteuerbescheinigung mit Nachweis der Bruttolohnsumme und der einbehaltenen Abzüge
- Sozialversicherungsbeitragsbescheinigung
- Urlaubsbescheinigung

§ 74 HGB eröffnet die Möglichkeiten eines vertraglich vereinbarten Wettbewerbsverbots nach Beendigung des Dienstverhältnisses mit genau umrissenen Voraussetzungen.

2.1.6 Die Personalaktenführung

Eines der nach wie vor wichtigsten Personalverwaltungshilfsmittel ist die Personalakte (→ 2.7.2.1). Obwohl eine gesetzliche Verpflichtung zur Führung einer Personalakte nicht besteht, hat sich das Führen von Personalakten in den meisten Betrieben, auch in Kleinbetrieben, durchgesetzt. Für die Form und den Aufbau einer Personalakte gibt es keine Vorschriften. Die einzigen gesetzlichen Aufzeichnungspflichten ergeben sich aus dem Steuerrecht (Führen eines Lohnkontos) und dem Sozialversicherungsrecht (Führen von Sozialversicherungsunterlagen).

Die Personalakte bezieht sich auf die Person des Arbeitnehmers, aber auch auf die Tätigkeiten und die Stellung eines Arbeitnehmers im Unternehmen. Es gibt Personalakten, die sehr fein gegliedert sind. Hier sind unter Umständen bis zu 20 unterschiedliche »Fächer« vorgesehen, denen Unterlagen zugeordnet werden können. Es gibt aber auch Personalakten, die überhaupt keine Aufteilung haben: Alles wird nach Zeitablauf abgeheftet und gesammelt. Sehr praktisch ist die Form der Hängemappe.

Die Aufteilung einer Personalakte könnte so aussehen:

- Bewerbungs-, Einstellungs- und Vertragsunterlagen
- beruflicher Werdegang, innerhalb des Unternehmens
- Beurteilungen
- Versetzungen
- Sozialversicherungsrechtliche Unterlagen
- Entgeltentwicklung im Unternehmen
- persönliche Veränderungen

In manchen Unternehmen wird nicht nur eine Personalakte geführt, sondern es gibt eine Hauptakte und mehrere Nebenakten. Nebenakten können z. B. für Personalentwicklungsmaßnahmen aber auch für Pfändungen u. a. angelegt werden.

Nach dem Betriebsverfassungsgesetz und dem Bundesdatenschutzgesetz haben Arbeitnehmer ein **Einsichtsrecht** in die Personalakte. Dies ist im Betriebsverfassungsgesetz und im Bundesdatenschutzgesetz geregelt. Auch in vielen Tarifverträgen ist ein solches Einsichtsrecht enthalten.

Anerkannter Rechtsgrundsatz ist es, dass Mitarbeiter gehört werden müssen, wenn negative Unterlagen in die Personalakte eingefügt werden (Abmahnungen u. ä.). Dazu kann der Betroffene unter Beteiligung des Betriebsrats das Einsichtsrecht ausüben und Erklärungen zu den Vorgängen abgeben. Diese Erklärungen müssen in die Personalakte aufgenommen werden.

Im Rahmen der Personalverwaltung wird auch die Form einer »papierlosen«, **elektronischen Personalakte** genutzt. Sämtliche erforderlichen Daten, Schreiben, Urkunden, Lichtbilder u. ä. werden in eine Personaldatenbank eingespeist und können EDV-technisch verarbeitet und bearbeitet werden. Nur wenige Unterlagen (z. B. Urkunden über Berufsabschlüsse oder Studienabschlüsse) müssen dann noch in Papierform aufbewahrt werden (→ 1.5.1.1).

Vorteil ist, dass die Daten umfassend zur Verfügung gestellt werden können. Unter Datenschutzgesichtspunkten kann eine bestimmte Priorisierung und Zugriffsberechtigung für die vorhandenen Daten vorgenommen werden. Damit sind hohe Verfügbarkeit der Daten, große Aktualität, aber auch hohe Datensicherheit gewährleistet.

2.1.7 Weitere für das Personalgeschäft wesentliche gesetzliche Grundlagen des Arbeitsrechts

Der Arbeitnehmer bedarf als der wirtschaftlich schwächere Partner im Beschäftigungsverhältnis des besonderen Schutzes. Die **Sozialversicherung** bewahrt ihn vor finanziellen Problemen beim Eintritt des Versicherungsfalls, die **Gewerkschaften** unterstützen seine Position auf dem Arbeitsmarkt, der **Staat** erlässt Schutzgesetze (Legislative) und Verordnungen (Exekutive) und lässt deren Einhaltung von Aufsichtsbehörden (Ämter für Arbeitsschutz der Länder) überwachen. Über das **Arbeitsgericht** (Arbeitsvertrag) und das Sozialgericht (Sozialversicherung) kann der Arbeitnehmer seine Rechte einklagen oder Maßnahmen abwehren.

2.1.7.1 Allgemeines Gleichbehandlungsgesetz

Seit 2006 ist das Allgemeine Gleichbehandlungsgesetz (AGG) in Kraft. Das Gesetz enthält auch umfangreiche und spezielle Fürsorgepflichten des Arbeitgebers, deren Nichtbeachtung mit erheblichen wirtschaftlichen Nachteilen verbunden sein kann.

Inhalt des Gesetzes

Schwerpunkt des AGG ist der Schutz vor Diskriminierungen in Zusammenhang mit einem Beschäftigungsverhältnis. **Beschäftigte** im Sinne des AGG sind:

- Arbeitnehmer/-innen
- Auszubildende
- Bewerber/-innen
- Ausgeschiedene Beschäftigte
- Leiharbeitnehmer/-innen
- Arbeitnehmerähnliche Selbstständige
- Organvertreter/-innen (z. B. Mitglieder von Geschäftsführung und Vorstand)

Verboten sind nach § 1 AGG **Diskriminierungen** wegen:

- Rasse und ethnischer Herkunft
- Geschlecht
- Religion und Weltanschauung
- Behinderung
- Alters
- Sexueller Identität

Das Gesetz verpflichtet zum einen den Arbeitgeber selbst, niemanden zu diskriminieren. Zum anderen muss der Unternehmer dafür Sorge zu tragen, dass die Beschäftigten vor Diskriminierungen durch andere Beschäftigte oder Dritte, also auch Kunden oder Auftraggeber, geschützt werden. Unter einer »Diskriminierung« versteht das Gesetz unmittelbare oder mittelbare **Benachteiligungen** sowie **Belästigungen** und **sexuelle Belästigungen**.

Verboten ist jedoch nicht jede Form der Benachteiligung. Zulässig bleiben Ungleichbehandlungen, die **gerechtfertigt** sind. An die Rechtfertigungsgründe muss allerdings ein sehr strenger Maßstab angelegt werden, der der Gesamtkonzeption des Gesetzes standhält. Ein zulässiger Rahmen wird letztlich von den Arbeitsgerichten gefunden werden müssen.

Bei Verstößen haben die Beschäftigten ein Beschwerderecht sowie einen gerichtlich durchsetzbaren Anspruch darauf, dass die notwendigen Maßnahmen ergriffen werden (z. B. Belästigungen zu unterbinden). Darüber hinaus kann bei Verstößen gegen das Benachteiligungsverbot ein Anspruch auf den vollen Schadensersatz sowie auf Ausgleich des immateriellen Schadens (Anspruch auf Entschädigung) entstehen.

Maßnahmen zum Schutz gegen Benachteiligung und Belästigung

Um die Mitarbeiter zu schützen, aber auch, um eine Inanspruchnahme zu vermeiden, müssen die Unternehmen Maßnahmen gegen Benachteiligungen, Belästigungen usw. treffen.

Information und Schulung

Jedes Unternehmen ist verpflichtet, allen Beschäftigten die Diskriminierungsverbote in geeigneter Weise **bekannt** zu machen, sei es durch Aushang am »Schwarzen Brett«, Rundschreiben oder im Intranet. Durch Schulungen der Geschäftsleitung und aller Beschäftigten darüber, wie Diskriminierungen verhindert werden können und wie man sich dagegen wehren kann, erfüllt das Unternehmen seine Pflicht zum vorbeugenden Schutz.

Innerbetriebliches Beschwerdemanagement

In jedem Betrieb muss eine **Beschwerdestelle** eingerichtet werden, an die sich Mitarbeiter wenden können, die sich diskriminiert fühlen. Die Beschwerden müssen geprüft und das Ergebnis mitgeteilt werden. Sollte eine Benachteiligung oder Belästigung vorliegen, muss diese mit geeigneten Mitteln unterbunden werden.

Stellenausschreibungen und Bewerbungsverfahren

Überprüft werden muss außerdem, ob Ausschreibungen **neutral** bzw. **diskriminierungsfrei** formuliert sind. Die Suche nach einer »jungen dynamischen Assistentin der Geschäftsleitung« kann eine mittelbare Benachteiligung darstellen, weil sie ältere Bewerberinnen und Männer ausschließt. Die Suche nach einem »erfahrenen Mitarbeiter« ist problematisch, weil sie Jüngere und Frauen diskriminiert. Zulässig sind geschlechtsspezifische Ausschreibungen aber dann, wenn das Geschlecht zwingende Voraussetzung einer Tätigkeit ist, beispielsweise bei einem »Model«.

Arbeitsverträge, Betriebsvereinbarungen, Vergütungen und betriebliche Praxis

Verträge, Betriebsvereinbarungen und Tarifverträge müssen anhand des AGG **überprüft** werden. Finden sich Frauen in einer niedrigeren Vergütungsgruppe als gleich qualifizierte Männer? In welchen Regelungen spielt das Alter eine Rolle? Auch in internen Verfahren, beispielsweise wenn es um Beförderung oder Prämienzahlungen geht, oder bei Vergünstigungen wie Firmenwagen, Fortbildungen oder Sonderurlaub, muss diskriminierungsfrei gehandelt werden. Kriterienkataloge müssen daraufhin gesichtet werden, ob unzulässige Kriterien angewendet werden. In keinem Unternehmen dürfen beispielsweise nur Männer befördert oder Frauen zur Betreuung besonders schwieriger Kunden eingeteilt werden. Werden Benachteiligungen aufgedeckt, sollte unverzüglich gehandelt werden und – gegebenenfalls mit Mitarbeitern, Betriebsrat oder Gewerkschaft – eine Lösung gefunden werden.

Alter – Kündigungen und Einstellungen

Für **Kündigungen** bleibt es bei der ausschließlichen Geltung des allgemeinen und besonderen Kündigungsschutzes. Das heißt u. a.: Das Alter kann und muss weiterhin im Rahmen der Sozialauswahl berücksichtigt werden.

Anders bei **Einstellungen:** Hier darf auf das Alter nur noch abgestellt werden, wenn es dafür eine Rechtfertigung gibt, beispielsweise die Altersgrenze bei Piloten. Genauso wenig wird sich ein Betrieb auf den Standpunkt stellen dürfen, nur Jugendliche auszubilden und die Bewerbung eines 30-Jährigen wegen Alters abzulehnen.

Dokumentationen

Um in einem späteren Verfahren vor dem Arbeitsgericht das eigene korrekte Verhalten nachweisen zu können, sollten Stellenausschreibungen und Bewerbungsunterlagen bis zwei Monate nach Absage **aufbewahrt** werden. Bei Beförderungen, Prämien und Kündigungen empfiehlt es sich, Kriterienkatalog und Entscheidungsgründe zu dokumentieren und bis nach dem Ausscheiden der Beschäftigten in der Personalakte aufzuheben. Auch nach erfolgter Mitarbeiterschulung sollte die Liste der Teilnehmenden zum Nachweis erfolgter vorbeugender Maßnahmen verfügbar bleiben.

Sensibilisierte und geschulte Mitarbeiter

Jeder Unternehmer ist dazu verpflichtet, erforderliche Maßnahmen zum Schutz vor Benachteiligungen zu treffen. Dieser Schutz umfasst auch vorbeugende Maßnahmen: So muss der Arbeitgeber seine Mitarbeiter für das Thema sensibilisieren. Er sollte deutlich machen, dass er **keinerlei** Benachteiligung oder Belästigung duldet.

Alle Mitarbeiter, der Betriebsrat und vor allem die Führungs- und Personalverantwortlichen sind entsprechend zu informieren und zu schulen. Die Schulung der Mitarbeiter kann extern, aber auch intern organisiert werden und beispielsweise auf einer Personalversammlung erfolgen.

Schadensersatz, Entschädigung und Beweislast

Beschäftigte, die von einer Diskriminierung betroffen sind, haben zunächst ein **Beschwerderecht** bei Vorgesetzten, bei Gleichstellungsbeauftragten oder bei betrieblichen Beschwerdestellen. Die Beschwerde muss inhaltlich geprüft und das Ergebnis dem Beschwerdeführer mitgeteilt werden.

So lange einer berechtigten Beschwerde nicht abgeholfen wurde, haben Mitarbeiter das Recht, die Arbeit einzustellen. Neben diesem **Leistungsverweigerungsrecht** – allerdings beschränkt auf Fälle von Belästigung und sexueller Belästigung – können Ansprüche auf Schadensersatz und Entschädigung entstehen.

Schadensersatz und Entschädigung

Das AGG sieht als zentrale Rechtsfolge einer Verletzung des Benachteiligungsverbotes einen Anspruch auf Schadensersatz für **materielle** Schäden und eine angemessene Entschädigung in Geld für **immaterielle** Schäden (»Schmerzensgeld«) vor.

Der materielle Schadensersatzanspruch – anders bei der Entschädigung – besteht nur, wenn der Arbeitgeber die Pflichtverletzung **zu vertreten** hat (vorsätzlich oder fahrlässig). Immaterielle Schäden können **verschuldensunabhängig** gegenüber dem Arbeitgeber geltend gemacht werden. Die Höhe der Entschädigung muss angemessen sein, jedoch je nach Fall auch eine abschreckende Wirkung haben. Dies entspricht der bewährten Regelung des Schmerzensgeldes. Die Entschädigung darf bei einer Nichteinstellung (der Bewerber hätte auch ohne Benachteiligung die Stelle nicht erhalten) drei Monatsgehälter nicht übersteigen. Einen Anspruch auf Begründung eines Beschäftigungsverhältnisses gewährt das AGG jedoch nicht.

Entschädigung und Schadensersatz nach dem AGG müssen innerhalb von **zwei Monaten** ab Kenntniserlangung vom Betroffenen schriftlich geltend gemacht werden. Die Frist beginnt im Falle einer Bewerbung oder eines beruflichen Aufstiegs mit dem Zugang der Ablehnung durch den Arbeitgeber und in den sonstigen Fällen einer Benachteiligung zu dem Zeitpunkt, in dem der Beschäftigte von der Benachteiligung Kenntnis erlangt. Eine Klage auf Entschädigung muss beim Arbeitsgericht innerhalb von **drei Monaten,** nachdem der Anspruch schriftlich geltend gemacht worden ist, erhoben werden.

Beweislast

Betroffene, die sich auf eine Benachteiligung berufen, müssen den Nachweis führen, dass sie gegenüber einer anderen Person ungünstiger behandelt worden sind. Hierzu müssen sie **Indizien** vortragen, aus denen sich schließen lässt, dass diese unterschiedliche Behandlung auf einem nach dem AGG unzulässigen Grund beruht. Danach sind Erklärungen »ins Blaue hinein« unzulässig. Ein tatsächlicher Anhaltspunkt kann sich aber beispielsweise aus einer nicht geschlechtsneutralen Stellenausschreibung oder aufgrund von Äußerungen während eines Bewerbungsgespräches ergeben.

Wenn Indizien vorliegen, die eine Benachteiligung wegen eines im Gesetz genannten Tatbestands vermuten lassen, kehrt sich die Beweislast um: Dann hat der beklagte Arbeitgeber die **volle Beweislast** dafür zu tragen, dass **kein** Verstoß gegen das Benachteiligungsverbot vorliegt. Das betrifft vor allem das Vorliegen rechtfertigender Gründe.

Klagerecht Dritter

Bei groben Verstößen des Arbeitgebers gegen das Benachteiligungsverbot können der **Betriebsrat** oder eine im Betrieb vertretene **Gewerkschaft** auch ohne Zustimmung des betroffenen Mitarbeiters gegen den Arbeitgeber auf Unterlassung, Duldung oder Vornahme einer Handlung klagen, um die Diskriminierung zu beseitigen. Dies bedeutet allerdings nicht, dass Betriebsrat oder Gewerkschaft individuelle Ansprüche des Benachteiligten in dessen Namen geltend machen können.

2.1.7.2 Arbeitsschutzgesetz

Das Arbeitsschutzgesetz (ArbSchG) trat 1996 in Kraft und setzte die EG-Rahmenrichtlinie Arbeitsschutz (89/391 EWG) in deutsches Arbeitsschutzrecht um. Es stellt eine Art »**Grundgesetz des betrieblichen Arbeitsschutzes**« dar, indem es allgemeine Pflichten auf dem Gebiet des Arbeitsschutzes festschreibt, auf speziellere Arbeitsschutzvorschriften verweist und Pflichten zur

Gewährleistung von Sicherheit und Gesundheitsschutz von Beschäftigten nach anderen Rechtsvorschriften ausdrücklich unberührt lässt.

Durch seine allgemeine Ausgestaltung hat das ArbSchG sowohl direkten als auch indirekten Einfluss auf das übrige Arbeitsschutzrecht.

Das ArbSchG dient dazu, Sicherheit und Gesundheitsschutz der Beschäftigten bei der Arbeit durch **Maßnahmen des Arbeitsschutzes** zu sichern und zu verbessern (§ 1 ArbSchG). Es gilt grundsätzlich in allen Tätigkeitsbereichen; ausgenommen von der Geltung sind Hausangestellte in privaten Haushalten, Beschäftigte auf Seeschiffen sowie in Betrieben, die dem Bundesberggesetz unterliegen (wenn dafür entsprechende Rechtsvorschriften bestehen).

Maßnahmen im Sinne des ArbSchG sind:

- Maßnahmen zur Verhütung von Unfällen bei der Arbeit,
- Maßnahmen zur Verhütung arbeitsbedingter Gesundheitsgefahren,
- Maßnahmen der menschengerechten Gestaltung bei der Arbeit.

Es ist ständige Aufgabe aller Beteiligten, der Zielsetzung des ArbSchG zu folgen. Daher bestimmt das Gesetz sowohl Pflichten des Arbeitgebers als auch Pflichten der Beschäftigten, die im Folgenden in Grundzügen dargestellt werden.

Pflichten des Arbeitgebers

Die Grundpflichten (§ 3 ArbSchG) des Arbeitgebers bestehen darin, die erforderlichen **Arbeitsschutzmaßnahmen zu treffen** unter Berücksichtigung der Umstände, die die Sicherheit und Gesundheit der Beschäftigten bei der Arbeit beeinflussen, diese Maßnahmen auf ihre Wirksamkeit zu **prüfen** und sie ggf. anzupassen. Ziel muss für den Arbeitgeber die Verbesserung von Sicherheit und Gesundheitsschutz der Beschäftigten sein. Die Kosten der getroffenen Maßnahmen dürfen nicht auf die Beschäftigten abgewälzt werden, sondern sind vom Arbeitgeber zu tragen. In § 4 ArbSchG werden diese Grundpflichten des Arbeitgebers durch verschiedene Grundsätze weiter konkretisiert:

Die Arbeitsabläufe sind so zu gestalten, dass eine Gefährdung für Leben und Gesundheit des Arbeitnehmers möglichst ganz vermieden oder die verbleibende Gefährdung möglichst gering gehalten wird (**Gefährdungsbeurteilung**). Zudem sind Gefahren **präventiv** an ihrer Quelle zu bekämpfen. Der Arbeitgeber muss die Arbeitsschutzmaßnahmen nach dem Stand der Technik, der Arbeitsmedizin, der Hygiene sowie sonstiger arbeitswissenschaftlicher Erkenntnissen auswählen. Aus diesem Grundsatz folgt für den Arbeitgeber, dass erforderliche Arbeitsschutzmaßnahmen mit der Entwicklung der Technik und Arbeitswissenschaft stets Schritt halten und ggf. verbessert werden müssen.

Nach § 6 ArbSchG trifft den Arbeitgeber die Pflicht zur **Dokumentation** der Gefährdungsbeurteilung, der vom Arbeitgeber festgelegten Arbeitsschutzmaßnahmen und der Ergebnisse deren Überprüfung. Die Dokumentationspflicht dient dazu, den betrieblichen Arbeitsschutz transparent zu machen. Wenn in einem Betrieb zehn oder weniger Beschäftigte vorhanden sind, besteht diese Dokumentationspflicht grundsätzlich nicht. Es kann aber in anderen Rechtsvorschriften festgeschrieben sein, dass auch für diese Betriebe die Arbeitsschutzmaßnahmen zu dokumentieren sind, wie z. B. in § 20 GefStoffV für den Umgang mit Gefahrstoffen; daher ist eine Dokumentation stets anzuraten, auch für kleinere Betriebe.

Aus § 12 ArbSchG folgt für den Arbeitgeber die Pflicht, die Beschäftigten über Sicherheit und Gesundheitsschutz bei der Arbeit während ihrer Arbeitszeit ausreichend und angemessen zu **unterweisen.** Erforderlich sind eigens auf den konkreten Arbeitsplatz oder Aufgabenbereich abgestimmte Weisungen und Erläuterungen. Bei Veränderungen ist eine neue Unterweisung notwendig. Zweck dieser Vorschrift ist, den Beschäftigten in die Lage zu versetzen, eine Gefährdung zu erkennen und sich den Arbeitsschutzmaßnahmen entsprechend verständig verhalten zu können.

Pflichten der Beschäftigten

Die Beschäftigten sind gemäß § 15 ArbSchG verpflichtet, nach ihren Möglichkeiten unter Weisung des Arbeitgebers für ihre Sicherheit und Gesundheit bei der Arbeit Sorge zu tragen, darüber hinaus ebenfalls für die Sicherheit und Gesundheit der Personen, die von ihren Handlungen oder Unterlassungen bei der Arbeit betroffen sind. Insbesondere müssen die Beschäftigten alle Arbeitsmittel, Schutzvorrichtungen und ihnen zur Verfügung gestellten **Schutzausrüstungen** bestimmungsgemäß verwenden.

Sollte ein Beschäftigter die Pflicht zur Eigenvorsorge verletzen, kann der Arbeitgeber mit Ermahnung, Abmahnung und letztlich Kündigung dagegen vorgehen. Dies beruht auf der Einsicht, dass die besten Arbeitsschutzmaßnahmen ins Leere laufen, wenn die Beschäftigten sich nicht sicherheitsgerecht verhalten.

Eine weitere Pflicht besteht darin, dem Arbeitgeber jede festgestellte unmittelbare Gefahr für Sicherheit und Gesundheit zu **melden.** In diesem Zusammenhang hat jeder Beschäftigte auch das Recht, dem Arbeitgeber Vorschläge zu allen Fragen der Sicherheit und des Gesundheitsschutzes bei der Arbeit zu machen.

Sollten Beschäftigte aufgrund konkreter Anhaltspunkte der Auffassung sein, dass vom Arbeitgeber getroffene Maßnahmen nicht ausreichen, um die Sicherheit und den Gesundheitsschutz bei der Arbeit zu gewährleisten und schafft der Arbeitgeber auf eine hierauf gerichtete Beschwerde keine Abhilfe, können sie sich an die für den Arbeitsschutz zuständige Landesbehörde wenden, ohne dass ihnen hierdurch irgendwelche Nachteile entstehen dürfen.

2.1.7.3 Arbeitssicherheitsgesetz

Das Gesetz über **Betriebsärzte, Sicherheitsingenieure** und andere **Fachkräfte für Arbeitssicherheit** wird kurz als Arbeitssicherheitsgesetz (ASiG) bezeichnet. Nach Maßgabe dieses Gesetzes muss der Arbeitgeber Betriebsärzte und andere Fachkräfte für Arbeitssicherheit bestellen, die den Arbeitgeber bei Arbeitsschutz und Unfallverhütung unterstützen. Die Kriterien für die Pflicht des Arbeitgebers zur Bestellung sind:

- Betriebsart und die damit für den Arbeitnehmer verbundenen Gefahren
- Zahl der beschäftigten Arbeitnehmer und Zusammensetzung der Arbeitnehmerschaft
- Betriebsorganisation, insbesondere in Hinblick auf die Zahl und Art der für den Arbeitsschutz verantwortlichen Personen.

Die bestellten Betriebsärzte und Fachkräfte sind verpflichtet, mit dem Betriebsrat und mit anderen im Betrieb für Angelegenheiten der technischen Sicherheit, des Gesundheits- und des Umweltschutzes beauftragten Personen zusammenzuarbeiten.

2.1.7.4 Arbeitsstättenverordnung

Die Arbeitsstättenverordnung dient der Verbesserung der Arbeitsbedingungen und des Arbeitsschutzes. Sie gilt in allen Arbeitsstätten und Betrieben, in denen auch das Arbeitsschutzgesetz Anwendung findet.

Der Arbeitgeber wird durch die ArbStättV verpflichtet, die Arbeitsstätte nach den allgemein anerkannten sicherheitstechnischen, arbeitsmedizinischen und hygienischen Regeln sowie nach sonstigen gesicherten arbeitswissenschaftlichen Erkenntnissen einzurichten und zu betreiben.

Er hat die Arbeitsstätte nach Maßgabe der ArbStättV mit bestimmten Räumen und Einrichtungen auszustatten. Die Vorschriften der ArbStättV erstrecken sich sowohl auf Räume, Verkehrswege und Einrichtungen in Gebäuden als auch auf Arbeitsplätze im Freien.

Die Anforderungen betreffen umfassend den **gesamten** Arbeitsbereich. Die ArbStättV trifft Regelungen zur Lüftung der Arbeitsräume, zu Raumtemperaturen, zur Beleuchtung sowie zur Einrichtung bestimmter Räume (Pausen- und Ruheräume, Sanitärräume). Des Weiteren enthält sie Vorschriften zum Schutz gegen Lärm, Entstehungsbrände, Gase, Dämpfe und sonstige unzuträgliche Einwirkungen.

Ergänzt wird die ArbStättV durch die vom Bundesministerium für Arbeit und Soziales herausgegebenen **Arbeitsstätten-Richtlinien.** Diese beschreiben die wichtigsten anerkannten sicherheitstechnischen, arbeitsmedizinischen und hygienischen Regeln und gesicherten arbeitswissenschaftlichen Erkenntnisse.

2.1.7.5 Aufenthaltsgesetz

Das Aufenthaltsgesetz (AufenthG) enthält die wesentlichen gesetzlichen Grundlagen über die Ein- und Ausreise und den Aufenthalt von Ausländern in Deutschland. Es ist seit dem 1. Januar 2005 in Kraft und ersetzt das Ausländergesetz (→ 2.6.4).

Seit einigen Jahren erleben wir einen steten Zulauf von Flüchtlingen nach Europa, insbesondere in die Bundesrepublik Deutschland. Weil diese Menschen hier nicht dauerhaft von Transferleistungen leben möchten, suchen viele auch eine berufliche Perspektive. Nicht wenige haben dabei gute berufliche Qualifikationen oder zumindest das Potenzial dafür.

Bei der Ausbildung und Beschäftigung von Asylbewerbern, Asylberechtigten oder Flüchtlingen sind arbeitsrechtliche Besonderheiten zu berücksichtigen, die nicht Gegenstand des Rahmenlehrplans sind. Aufgrund der aktuellen Bedeutung und Komplexität dieser Materie sei an dieser Stelle auf weiterführende Hinweise im Internet hingewiesen:

- Über die Internetseite unternehmen-integrieren-fluechtlinge.de können viele Informationen recherchiert werden, wie Flüchtlinge im Betrieb beschäftigt werden können, was bei Praktika, Ausbildung und beim Thema Arbeitserlaubnis beachtet werden muss.
- Über die Internetseite anerkennung-in-deutschland.de gibt es umfassende Hinweise zur Anerkennung ausländischer Berufsqualifikationen in Deutschland. Das **Anerkennungsgesetz** des Bundes gibt Fachkräften aus dem Ausland das Recht, dass ihr Berufsabschluss auf Gleichwertigkeit mit einem deutschen Referenzberuf überprüft wird.
- Über die Internetseite make-it-in-germany.com gibt es Erläuterungen zum (novellierten) Fachkräfteeinwanderungsgesetz.

2.1.7.6 Aufstiegsfortbildungsförderungsgesetz

Das Aufstiegsfortbildungsförderungsgesetz (AFBG) ist ein altersunabhängiges Förderangebot für Teilnehmer einer Aufstiegsfortbildung. Es ist das Äquivalent zum BAföG in der beruflichen Bildung. Mit dem AFBG wird gefördert, wer sich mit einem Lehrgang oder an einer Fachschule auf eine berufliche Fortbildungsprüfung vorbereitet. Die Förderung erfolgt teils als Zuschuss, der nicht zurückgezahlt werden muss, und teils als Angebot der Kreditanstalt für Wiederaufbau (KfW) über ein zinsgünstiges Darlehen.

Die Förderung wurde in den letzten Jahren erweitert, zuletzt in 2020. Sie gilt nun bspw. auch für Bachelorabsolventen, die zusätzlich eine Aufstiegsqualifizierung anstreben und die Voraussetzungen hierfür erfüllen. Auch Personen, die für eine Aufstiegsqualifizierung ohne Erstausbildungsabschluss zur Prüfung zugelassen werden (z. B. Studienabbrecher oder Abiturienten mit Berufspraxis) können eine Förderung beantragen.

Zudem ist nun eine Förderung von Aufstiegsfortbildungen über alle drei Fortbildungsstufen möglich, also für Geprüfte Berufsspezialisten, Meister und Fachwirte (Bachelor Professional) sowie Betriebswirte und Berufspädagogen (Master Professional → 2.1.7.15).

2.1.7.7 Jugendarbeitsschutzgesetz

Das Jugendarbeitsschutzgesetz (JArbSchG) regelt den Schutz von Kindern und Jugendlichen während einer Beschäftigung.

Kind im Sinne des JArbSchG ist, wer noch nicht 15 Jahre alt ist.

Jugendlicher ist, wer 15, aber noch nicht 18 Jahre alt ist. Solange noch Vollzeitschulpflicht besteht, finden auch bei Jugendlichen die Vorschriften des Gesetzes für Kinder Anwendung.

Die **Beschäftigung von Kindern** ist nach § 5 Abs. 1 JArbSchG **grundsätzlich verboten.**

Ausnahmeregelungen:

- Die Beschäftigung von Kindern im Rahmen eines Betriebspraktikums während der Vollzeitschulpflicht ist erlaubt.
- Kinder über 13 Jahren dürfen unter engen zeitlichen Grenzen in der Landwirtschaft arbeiten oder bis zu zwei Stunden werktäglich leichtere Beschäftigung ausführen.
- Jugendliche über 15 Jahren, die noch der Vollzeitschulpflicht unterliegen, dürfen während der Schulferien bis zu vier Wochen im Kalenderjahr beschäftigt werden.
- Behördliche Ausnahmen für die Beschäftigung von Kindern und Jugendlichen bei Theatervorstellungen, Musikaufführungen, Werbeveranstaltungen im Rundfunk sowie bei Ton-, Film- und Fotoaufnahmen sind unter strengen Voraussetzungen möglich.
- Kinder, die der Vollzeitschulpflicht nicht mehr unterliegen, dürfen zwar ein Berufsausbildungsverhältnis eingehen; ansonsten dürfen sie lediglich mit leichten und für sie geeigneten Tätigkeiten bis zu sieben Stunden täglich und 35 Stunden wöchentlich beschäftigt werden.

Bei **Beschäftigung von Jugendlichen** darf die regelmäßige Arbeitszeit nicht mehr als acht Stunden täglich und 40 Stunden wöchentlich betragen. Für den Berufsschulunterricht sind die Jugendlichen freizustellen. Jugendliche dürfen nur an fünf Tagen in der Woche und an Samstagen, Sonn- und Feiertagen nur unter bestimmten Voraussetzungen beschäftigt werden. Besondere Vorschriften gelten für Ruhepausen, Schichtzeiten, die tägliche Freizeit, Nachtruhe, die Fünf-Tage-Woche, die Samstags-, Sonntags- und Feiertagsruhe, für Urlaub sowie für Arbeiten, die die Leistungsfähigkeit Jugendlicher übersteigen oder sie Gefahren unterschiedlichster Art aussetzen.

2.1.7.8 Mindestlohngesetz

Nach dem Mindestlohngesetz (MiLoG) gilt in Deutschland seit dem 1. Januar 2015 ein flächendeckender **allgemeiner gesetzlicher Mindestlohn** für Arbeitnehmer über 18 Jahre und für die meisten Praktikanten in Höhe von zunächst 8,50 € brutto je Zeitstunde. Danach hat jeder volljährige Arbeitnehmer einen Anspruch auf Zahlung eines Arbeitsentgelts mindestens in dieser Höhe durch den Arbeitgeber. Das Bundesarbeitsgericht (BAG) hat in 2016 entschieden, dass unwiderruflich vereinbartes Urlaubs- und Weihnachtsgeld auf den Mindestlohn angerechnet werden darf.

Arbeitgeber, die gegen den Mindestlohn verstoßen, können mit einem Bußgeld belegt und von der Vergabe öffentlicher Aufträge ausgeschlossen werden.

Anspruch auf Mindestlohn haben auch Praktikanten, sofern es sich nicht um eine Berufsausbildung im Sinne des Berufsbildungsgesetzes (BBiG) handelt oder wenn das Praktikum länger als drei Monate dauert. Diese Regelung gilt nicht für Auszubildende und für Schüler oder Studenten, die das Praktikum im Rahmen ihrer Schulausbildung oder ihres Studiums absolvieren. Arbeitnehmer, die unmittelbar vor Beginn der Beschäftigung länger als ein Jahr arbeitslos waren, können während der ersten sechs Monate der Beschäftigung noch keinen Mindestlohn verlangen.

Eine neunköpfige **Mindestlohnkommission** hat festgelegt, dass vom 1. Januar 2024 bis 31. Dezember 2024 der gesetzliche Mindestlohn 12,41 € brutto beträgt. Ab 1. Januar 2025 wird er auf 12,82 € brutto erhöht.

2.1.7.9 Mutterschutzgesetz

Ziel des Mutterschutzgesetzes (MuSchG) ist der Schutz der Gesundheit von Mutter und Kind während der **Schwangerschaft** und **Stillzeit** sowie in der ersten Zeit **nach der Entbindung.** Es gilt sowohl für Frauen, die in einem Arbeitsverhältnis stehen als auch für Heimarbeiterinnen. Für Selbstständige und Hausfrauen gibt es keine entsprechenden Vorschriften.

Die sehr detaillierten Ausführungen des Gesetzes umfassen im Wesentlichen die folgenden Vorschriften:

- Beschäftigungsverbot nach ärztlichem Zeugnis bei Gefahr für Mutter und Kind (§ 16 Abs. 1)
- Grundsätzliche Beschäftigungsverbote (Schutzfristen) sechs Wochen vor und acht nach der Geburt, bei Früh- und Mehrlingsgeburten bis zwölf Wochen (§ 3 Abs. 1 und 2)
- Weitere Beschäftigungsverbote für bestimmte schwere und belastende Arbeiten (§ 11) sowie hinsichtlich der Arbeitszeit (§§ 4–6)
- Vorschriften zur Gestaltung des Arbeitsplatzes und der Arbeitsumgebung sowie zu bestimmten Arbeitssituationen (§ 9)
- Kündigungsverbot des Arbeitgebers (→ 2.1.5.2) während der Schwangerschaft und bis Ablauf von 4 Monaten nach der Entbindung (§ 17)
- Mutterschaftsgeld für die Zeit der Schutzfristen gemäß SGB V für Frauen, die Mitglied einer gesetzlichen Krankenkasse sind (§ 19)
- Entgeltfortzahlung und Zuschuss des Arbeitgebers zum Mutterschaftsgeld (§ 18)
- Auslage des Gesetzes in Betrieben (§ 26)

Finanzielle Belastungen des Arbeitgebers durch Beschäftigungsverbote und Lohnfortzahlung werden weitgehend durch die Umlageverfahren U 2 und teilweise U 1 ausgeglichen (→ 2.7.2.3).

2.1.7.10 Bundeselterngeld- und Elternzeitgesetz

Die Regelungen des Bundeselterngeld- und Elternzeitgesetzes (BEEG) betreffen unter anderem das Elterngeld (Abschnitt 1), das Betreuungsgeld (Abschnitt 2) und die Elternzeit (Abschnitt 4).

Elterngeld und Betreuungsgeld sind rein staatliche Sozialleistungen (→ 2.4 Abschnitt »Staatliche Sozialleistungen«). Dagegen erfordern die Regelungen zur Elternzeit eine erhebliche Flexibilität und Anpassungsfähigkeit des Arbeitgebers.

Neben dem Elterngeld soll das **Elterngeld Plus** flexibel für solche Eltern zur Verfügung stehen, die während des Elterngeldbezugs in Teilzeit arbeiten. Das Elterngeld Plus gibt es für den doppelten Zeitraum: ein bisheriger Elterngeldmonat wird zu zwei Elterngeld-Plus-Monaten. Teilzeiterwerbstätige Eltern können ihr Elterngeldbudget so besser ausnutzen.

Der Anspruch auf **Elternzeit** besteht bis zur Vollendung des dritten Lebensjahres des Kindes mit Zustimmung des Arbeitgebers für einen Anteil von zwölf Monaten auch bis zum vollendeten achten Lebensjahr. Sie kann von jedem Elternteil allein oder von beiden gemeinsam in Anspruch genommen werden.

Während der Elternzeit können Arbeitnehmerinnen und Arbeitnehmer ganz auf Arbeitstätigkeit verzichten oder eine Teilzeitarbeit von maximal 32 Wochenstunden ausüben. In Betrieben mit mehr als 15 Arbeitnehmern besteht unter bestimmten Voraussetzungen ein Anspruch auf die Verringerung der Arbeitszeit.

Nach Ablauf der Elternzeit treten automatisch die ursprünglichen Bedingungen des Arbeitsverhältnisses wieder in Kraft. Acht Wochen vor Beginn und während der Elternzeit besteht besonderer Kündigungsschutz.

2.1.7.11 Pflegezeitgesetz und Familienpflegezeitgesetz

Nach dem **Pflegezeitgesetz** (PflegeZG) können Arbeitnehmer zur Organisierung einer plötzlich eintretenden Pflegebedürftigkeit von Angehörigen zehn Tage sofortige unbezahlte **Freistellung** verlangen. Die Pflegeversicherung zahlt ein Pflegeunterstützungsgeld von 90 % des Nettoeinkommens, sofern kein anderer Anspruch auf eine Entgeltersatzleistung besteht. Für Arbeitnehmer in Betrieben mit mehr als 15 Beschäftigten besteht außerdem ein Anspruch auf unbezahlte Freistellung von bis zu sechs Monaten **Pflegezeit.** Während dieser Freistellungen sind die Pflegepersonen durch Zuschüsse der Pflegekassen weitgehend sozialversichert.

Nach dem **Familienpflegezeitgesetz** (FPfZG) können Arbeitnehmer eine Familienpflegezeit von maximal 24 Monaten in Anspruch nehmen, während der ihre Beschäftigung als Teilzeitarbeit mit mindestens 15 Wochenstunden fortgeführt wird. Ein **Rechtsanspruch** besteht nur in Unternehmen mit mehr als 25 Beschäftigten. Es kann ein Entgeltvorschuss zur Überbrückung des Entgeltausfalls vereinbart werden. Wenn beispielsweise Vollzeitbeschäftigte ihre Arbeitszeit von 40 auf 20 Wochenstunden verringern, könnten sie ein Gehalt von 75 % des letzten Bruttoeinkommens beziehen. Zum Ausgleich müssten sie nach Beendigung der Familienpflegezeit wieder voll arbeiten, bekämen dann aber zunächst weiterhin nur 75 % des Gehalts, bis die durch den Vorschuss vorab vergütete Arbeitszeit nachgearbeitet ist.

Als Ausgleich der Verdienstausfälle während der Pflegezeiten gemäß PflegeZG und FPfZG kann ein **zinsloses Darlehen** beim Bundesamt für Familie und zivilgesellschaftliche Aufgaben beantragt werden. Voraussetzung ist eine schriftliche Vereinbarung über die Familienpflegezeit zwischen Arbeitgeber und Beschäftigtem.

2.1.7.12 Schwerbehindertenschutz

Schwerbehinderte Arbeitnehmer sind gesetzlich besonders geschützt. Die hierfür einschlägigen Regelungen finden sich im **Sozialgesetzbuch IX** (SGB IX). Das Gesetz unterscheidet zwischen Behinderten, Schwerbehinderten und Menschen, die Schwerbehinderten gleichgestellt sind.

Menschen sind behindert, wenn ihre körperliche Funktion, geistige Fähigkeit oder seelische Gesundheit mit hoher Wahrscheinlichkeit länger als sechs Monate von dem für das Lebensalter typischen Zustand abweichen und daher ihre Teilhabe am Leben in der Gesellschaft **beeinträchtigt** ist. Schwerbehindert sind Menschen, wenn ein **Grad der Behinderung** von wenigstens 50 % vorliegt.

Schwerbehinderten Menschen gleichgestellt werden können behinderte Menschen mit einem Grad der Behinderung von 30 % bis 49 %, wenn sie infolge ihrer Behinderung ohne die Gleichstellung einen geeigneten Arbeitsplatz nicht erlangen oder nicht behalten können.

Arbeitsrechtlich von Bedeutung ist vor allem der **besondere Kündigungsschutz** für Schwerbehinderte und ihnen gleichgestellte Menschen. Bei diesen Personen bedarf die Kündigung des Arbeitsverhältnisses durch den Arbeitgeber der vorherigen Zustimmung des **Integrationsamtes** (§ 168 SGB IX). Fehlt diese, so ist die Kündigung bereits allein aus diesem Grund unwirksam.

Kündigungsschutz besteht unabhängig von der Kenntnis des Arbeitgebers. Der Arbeitnehmer muss aber dem Arbeitgeber innerhalb von drei Wochen nach der Kündigung die Schwerbehinderung mitteilen, um den Sonderkündigungsschutz nicht zu verwirken.

Schwerbehinderte Menschen haben Anspruch auf einen bezahlten **zusätzlichen Urlaub** von fünf Arbeitstagen im Urlaubsjahr. Arbeiten sie an mehr oder weniger als fünf Arbeitstagen in der Kalenderwoche, erhöht oder vermindert sich der Zusatzurlaub entsprechend.

Betriebe mit mindestens 20 Arbeitsplätzen haben eine **Quote von 5 %** schwerbehinderter Menschen zu beschäftigen (§ 154 SGB IX). Für jeden unbesetzten Pflichtarbeitsplatz für Schwerbehinderte ist eine **Ausgleichsabgabe** an das Integrationsamt zu zahlen (§ 160 SGB IX), deren Höhe vom Grad der Nichterfüllung der Quote abhängt (seit 2021: ab 140 € monatlich).

2.1.7.13 Arbeitszeitgesetz

Die **Arbeitszeit** stellt regelmäßig die Zeit vom Beginn bis zum Ende der Arbeit ohne die Ruhepausen dar. Ob Tätigkeiten, die der Vorbereitung der Arbeit dienen, wie etwa das Anlegen der Arbeitskleidung zur Arbeitszeit gehören, hängt vom Einzelfall ab.

Ob und inwieweit **Wegezeiten** zur Arbeitszeit gehören, bedarf im Einzelfall der Auslegung. Als Wegezeit bezeichnet man zum einen die Zeit für die An- und Abfahrt des Arbeitnehmers zum Betrieb des Arbeitgebers. Diese Zeit ist keine Arbeitszeit; die Fahrten stellen keine Arbeitsleistung dar und sind daher nicht vergütungspflichtig. Zum anderen gehören zu den Wegezeiten die An- und Abreisezeiten, die mit Einsätzen außerhalb des Betriebs des Arbeitgebers verbunden sind. Der Vergütungsanspruch des Arbeitnehmers hängt dann davon ab, ob eine Vergütung den Umständen nach zu erwarten war. Kriterien hierfür können sowohl die Höhe der regelmäßigen Vergütung des Arbeitnehmers sein, mit der ggf. ein gewisser zeitlicher Mehraufwand bereits abgegolten sein soll, als auch die Branchenüblichkeit einer gesonderten Vergütung von Reisezeiten. Jedenfalls muss sich der Arbeitnehmer, der den außerhalb der Betriebsstätte liegenden Arbeitsplatz direkt von seiner Wohnung aus aufsucht, die Zeit, die er gewöhnlich für die Fahrt zum Betrieb aufwendet, anrechnen lassen.

In welchem zeitlichen Umfang der Arbeitnehmer die Arbeitsleistung zu erbringen hat, wird in erster Linie durch den Arbeitsvertrag bestimmt.

Beschränkt wird diese Vertragsfreiheit durch öffentlich-rechtliche Schutzvorschriften. Das Arbeitszeitrecht sieht Vorschriften zum Schutze der Gesundheit des Arbeitnehmers vor und enthält sowohl Regelungen über die regelmäßige Arbeitszeit als auch Vorschriften zur Anordnung von Überstunden. Weitere Vorschriften zum Schutze der Arbeitnehmer ergeben sich auch aus dem Jugendarbeitsschutzgesetz und Mutterschutzgesetz.

Regelungen im Arbeitszeitgesetz

Zum Schutze des Arbeitnehmers ist die **höchstzulässige Arbeitszeit** durch öffentlich-rechtliche Normen beschränkt, die im Arbeitszeitgesetz (ArbZG) geregelt sind. Ziel des Gesetzes ist

- die Gewährleistung der Sicherheit und des Gesundheitsschutzes der Arbeitnehmer,
- die Verbesserung der Rahmenbedingungen für flexible Arbeitszeiten,
- der Schutz von Sonntagen und staatlich anerkannten Feiertagen.

Die Regelungen des ArbZG gelten für Männer und Frauen gleichermaßen. Das Gesetz differenziert darüber hinaus nicht zwischen regelmäßiger Arbeitszeit und Überstunden, es geht nur um die Höchstzeiten, innerhalb derer die Arbeitsvertrags- und Tarifvertragsparteien die Arbeitszeit vertraglich vereinbaren können. Die **wichtigsten Bestimmungen** des ArbZG sind:

- Die werktägliche Arbeitszeit der Arbeitnehmer darf 8 Stunden nicht überschreiten (§ 3 ArbZG); damit ergibt sich eine höchstzulässige wöchentliche Arbeitszeit von 48 Stunden.
- Zulässig ist eine Verlängerung auf zehn Stunden pro Tag bei entsprechendem zeitlichem Ausgleich innerhalb von sechs Monaten bzw. 24 Wochen; mit dieser Regelung ist die Voraussetzung für flexible Arbeitszeitmodelle geschaffen worden.
- Nach spätestens sechs Stunden ist eine Pause zu gewähren; die Dauer der Pause oder Pausen muss mindestens 30 – je nach Dauer der Arbeitszeit – bis zu 60 Minuten betragen (§ 4 ArbZG).
- Nach Beendigung der täglichen Arbeitszeit ist eine Ruhezeit von grundsätzlich mindestens elf Stunden zu gewähren (§ 5 ArbZG).

Für **Nacht- und Schichtarbeit** gelten besondere Bestimmungen oder diese können in Tarifverträgen bzw. durch darin zugelassene Betriebsvereinbarungen vereinbart werden (§ 6 ArbZG).

Grundsätzlich besteht ein Beschäftigungsverbot an Sonn- und Feiertagen. Allerdings enthält das Arbeitszeitgesetz einen Ausnahmekatalog mit Ausgleichsregelungen (§§ 9 ff. ArbZG).

2.1.7.14 Bundesurlaubsgesetz

Der Anspruch des Arbeitnehmers auf bezahlten Erholungsurlaub ist im Bundesurlaubsgesetz (BUrlG) geregelt. Das Gesetz bestimmt, dass jeder Arbeitnehmer in jedem Kalenderjahr Anspruch auf mindestens 24 Werktage bezahlten Erholungsurlaub hat (§ 3 BUrlG). Es folgen wichtige Einzelfragen, die mehr oder minder ständig auftauchen.

Erfüllung der Wartezeit

Nach § 4 BUrlG setzt das erstmalige Entstehen des vollen Urlaubsanspruchs voraus, dass das Arbeitsverhältnis ununterbrochen sechs Monate besteht. Nach Ablauf der Wartezeit ist der Arbeitgeber zur Gewährung des vollen Urlaubsanspruchs verpflichtet.

Scheidet der Arbeitnehmer hingegen vor Erfüllung der Wartezeit aus dem Arbeitsverhältnis aus, hat er für jeden vollen Monat des bestehenden Arbeitsverhältnisses einen Teilurlaubsanspruch in Höhe von einem Zwölftel des vollen Urlaubsanspruchs.

Voraussetzung für die Gewährung des Urlaubs ist, dass der Urlaub in dem vorgesehenen Zeitraum **erfüllbar** ist. Der Arbeitnehmer muss von seiner Verpflichtung zur Erbringung der Arbeitsleistung überhaupt befreit werden können. Diese Möglichkeit besteht nicht, wenn dem Anspruch ein Erfüllungshindernis entgegensteht, z. B. wenn der Arbeitnehmer arbeitsunfähig erkrankt ist oder das Arbeitsverhältnisses ohnehin ruht (z. B. in der Elternzeit).

Dauer des Urlaubs

Die Dauer des gesetzlichen Mindesturlaubs wird nach **Werktagen** bestimmt. Als Werktage gelten alle Kalendertage, die nicht Sonn- oder gesetzliche Feiertage sind. Wer sechs Tage in der Woche arbeitet, hat 24 Werktage Urlaub. Bei einer 5-Tage-Woche sind es 20 Arbeitstage.

Die Dauer des gesetzlichen Urlaubsanspruchs bei **teilzeitbeschäftigten** Arbeitnehmern, bei denen sich die regelmäßige Arbeitszeit auf weniger als fünf Tage die Woche verteilt, ist ebenfalls entsprechend umzurechnen bzw. anzupassen.

Abgeltungsanspruch

Grundsätzlich kann der Urlaubsanspruch nicht mit Geld abgegolten werden. Der Arbeitnehmer hat nur dann einen auf Geld gerichteten Abgeltungsanspruch, wenn der Urlaub wegen Beendigung des Arbeitsverhältnisses ganz oder teilweise nicht mehr gewährt werden kann (§ 7 Abs. 4 BUrlG).

Urlaubsentgelt und Urlaubsgeld

Das **Urlaubsentgelt** ist der gewöhnliche Arbeitslohn, der dem Arbeitnehmer während des Urlaubs gezahlt wird. Der Anspruch auf bezahlten Jahresurlaub ist ein bedeutender Grundsatz des Sozialrechts, der, nach Auffassung der Rechtsprechung, mit dem Tode des Arbeitnehmers nicht erlischt, sondern gegebenenfalls sogar an die Erben geleistet werden muss.

Vom Urlaubsentgelt zu unterscheiden ist das **Urlaubsgeld:** Hierbei handelt es sich um eine zusätzliche Leistung des Arbeitgebers.

Höhe des Urlaubsentgelts

Die Höhe des Urlaubsentgelts bemisst sich nach dem durchschnittlichen Arbeitsverdienst, den der Arbeitnehmer in den letzten dreizehn Wochen vor Beginn des Urlaubs erhalten hat. Hierzu wird der Verdienst der letzten dreizehn Wochen durch die Anzahl der Tage geteilt, an denen der Arbeitnehmer regelmäßig zur Arbeit verpflichtet war. Dabei fließen gesetzliche Feiertage und Krankheitstage in die Berechnung mit ein und werden nicht abgezogen. Der ermittelte Tagesverdienst wird danach mit der Anzahl der Urlaubstage multipliziert.

Beispiel:

Der Arbeitnehmer arbeitet an fünf Tagen in der Woche. Wenn er nun 15 Urlaubstage in Anspruch nimmt und in den letzten dreizehn Wochen einen durchschnittlichen Arbeitsverdienst von 3.000 € hatte, wird das Urlaubsentgelt folgendermaßen berechnet:

3.000 € : 65 Werktage x 15 Werktage Urlaub = 692,30 €

Höhe des Urlaubsgelds

Das Urlaubsgeld kann dem Arbeitnehmer über das Urlaubsentgelt hinaus als Zuschuss für die erhöhten Aufwendungen gezahlt werden, die ihm während des Urlaubs entstehen. Ein gesetzlicher Anspruch auf Urlaubsgeld besteht nicht. Vielfach kann der Arbeitnehmer diese zusätzliche Vergütung anlässlich des Urlaubs jedoch aufgrund von Tarifverträgen, Betriebsvereinbarungen oder Einzelarbeitsverträgen beanspruchen. Es folgt als Beispiel eine Regelung aus dem »Manteltarifvertrag für den Hamburger Einzelhandel«:

1. *Das Urlaubsgeld beträgt 50 % des jeweiligen tariflichen Entgeltanspruchs des letzten Berufsjahres der Verkäufergruppe (Gehaltstarifvertrag, Gruppe 2 a).*
2. *Für jugendliche Beschäftigte – auch Auszubildende und Gleichgestellte – gilt jeweils die Hälfte des Betrags nach Absatz 1.*
3. *Für erwachsene Auszubildende und ihnen Gleichgestellte gelten jeweils 2/3 des Betrags nach Absatz 1.*
4. *Stichtag für die Höhe des Urlaubsgelds und das maßgebliche Lebensalter ist jeweils der 1. Januar.*

Bestimmung der Urlaubszeit

Der Arbeitgeber kann die Urlaubszeit des Arbeitnehmers grundsätzlich **nicht einseitig** bestimmen. Vielmehr hat er bei der zeitlichen Festlegung die Urlaubswünsche des Arbeitnehmers zu berücksichtigen. Der Arbeitgeber kann ihm den Urlaub zu dem gewünschten Zeitpunkt nur verweigern, wenn den Urlaubswünschen des Arbeitnehmers dringende betriebliche Belange oder Urlaubswünsche anderer Arbeitnehmer, die unter sozialen Gesichtspunkten den Vorrang verdienen (z. B. schulpflichtige Kinder), entgegenstehen.

Beispiele für dringende betriebliche Belange:

- Personelle Unterbesetzung im Betrieb oder in einer Abteilung wegen eines hohen Krankenstands der Mitarbeiter;
- der Urlaubswunsch des Arbeitnehmers fällt in eine besonders arbeitsintensive Zeit;
- die fristgerechte Erledigung wichtiger Aufträge, von denen die Arbeit anderer Abteilungen abhängt und deren Verzögerung der Arbeitgeber nicht zu vertreten hat.

Befristung des Urlaubsanspruchs

Der gesetzliche Urlaubsanspruch des Arbeitnehmers ist für die Dauer des Urlaubsjahres befristet. Somit muss der Urlaub **im laufenden Kalenderjahr** gewährt und genommen werden.

Eine Übertragung des Urlaubsanspruchs in das nächste Kalenderjahr ist jedoch möglich. In diesem Fall tritt an die Stelle der Befristung auf den 31.12. des Urlaubsjahres eine neue zeitliche Begrenzung auf den 31.3. des Folgejahres durch »Übertragung«.

Übertragbarkeit des Urlaubsanspruchs

Eine Übertragung des Urlaubs **auf das nächste Kalenderjahr** ist dann zulässig, wenn dringende betriebliche oder in der Person des Arbeitnehmers liegende Gründe dies rechtfertigen.

Der übertragene Urlaub muss in den ersten drei Monaten des folgenden Kalenderjahres, also bis zum 31.3., gewährt und genommen werden. Ein Leistungsverweigerungsrecht des Arbeitgebers besteht dann während des Übertragungszeitraums **nicht** mehr. Anderenfalls erlischt der Anspruch mit Ablauf der Frist am 31.3. Dies gilt unabhängig davon, aus welchem Grund der Urlaub bis zu diesem Zeitpunkt nicht genommen wurde. Eine Ausnahme von dieser Regel besteht nach der Rechtsprechung allerdings dann, wenn der Arbeitnehmer den Urlaub infolge einer langandauernden Erkrankung nicht nehmen konnte.

Ein Urlaubsanspruch konnte bei langfristiger Krankheit nach der Rechtsprechung des Bundesarbeitsgerichts (BAG) noch bis zu 15 Monate nach Ablauf des Urlaubsjahres geltend gemacht werden. Mit einem endgültigen Verfall von Urlaubstagen war also erst bei einer mehrjährigen Krankschreibung zu rechnen, beziehungsweise am 31. März des übernächsten Kalenderjahres, wobei Tarifverträge auch einen längeren Übertragungszeitraum vorsehen können.

Der Europäische Gerichtshof (EuGH) hat mit einem Urteil aus 2022 allerdings die starre 15-Monatsfrist des BAG gekippt. Urlaubsansprüche verfallen danach nicht mehr automatisch nach 15 Monaten, nur weil der Arbeitnehmer seinen Urlaub nicht beantragt hat. Es liegt in der Verantwortung des Arbeitgebers, den Urlaub zu gewähren und verpflichtet den Arbeitgeber zum Nachweis hierüber. Kommt er dieser Nachweispflicht nicht nach, bleibt auch der Anspruch auf bezahlte Freizeit bestehen.

2.1.7.15 Berufsbildungsgesetz

Das Berufsbildungsgesetz (BBiG) ist zum 1. Januar 2020 novelliert worden. Folgende Änderungen sind für das Personalwesen von besonderer Relevanz:

Mindestausbildungsvergütung

Die Mindestausbildungsvergütung gilt erstmals für Ausbildungsverhältnisse mit Vertragsabschluss seit dem 1. Januar 2020. Ist der Ausbildungsbetrieb **tarifgebunden,** gilt weiterhin die tarifvertragliche Ausbildungsvergütung (§ 17 Abs. 3 BBiG). Ist der Arbeitgeber **nicht tarifgebunden,** darf er den branchenüblichen Tarif um höchstens 20 Prozent unterschreiten, jedoch nicht unter die Mindestausbildungsvergütung.

Die Höhe der Mindestausbildungsvergütung hängt davon ab, in welchem Kalenderjahr die Ausbildung beginnt:

Ausbildungs-beginn	1. Ausbildungsjahr	2. Ausbildungsjahr (+ 18 Prozent im Vergleich zum 1. Jahr)	3. Ausbildungsjahr (+ 35 Prozent im Vergleich zum 1. Jahr)	4. Ausbildungsjahr (+ 40 Prozent im Vergleich zum 1. Jahr)
2021	550 €	649 €	743 €	770 €
2022	585 €	690 €	790 €	819 €
2023	620 €	732 €	837 €	868 €
2024	649 €	766 €	876 €	909 €

(Seit 2024 wird die Höhe der Mindestvergütung jeweils jährlich an die durchschnittliche Entwicklung aller Ausbildungsvergütungen angepasst und im Bundesgesetzblatt bekannt gegeben.)

Freistellung von Auszubildenden für die Berufsschule

Nach § 15 BBiG sind Auszubildende für den Berufsschulunterricht freizustellen. Die bisher geltende Unterscheidung zwischen minderjährigen und volljährigen Auszubildenden bei der Freistellung für den Berufsschulunterricht besteht seit dem 1. Januar 2020 nicht mehr.

Beschäftigung vor Berufsschulbeginn

(Minderjährige wie volljährige) Auszubildende dürfen nicht vor einem vor neun Uhr beginnenden Berufsschulunterricht beschäftigt werden (§ 9 Abs. 1 Nr. 1 JArbSchG).

Beschäftigung nach Berufsschulende

Alle Auszubildenden dürfen nach der Berufsschule an **einem Berufsschultag** in der Woche mit mehr als fünf Unterrichtsstunden von mindestens je 45 Minuten nicht mehr im Ausbildungsbetrieb beschäftigt werden. Gleiches gilt für Berufsschulwochen mit einem planmäßigen Blockunterricht von mindestens 25 Stunden an mindestens fünf Tagen. An dem Arbeitstag, der der schriftlichen Abschlussprüfung unmittelbar vorangeht, sind Auszubildende freizustellen.

Möglichkeit der Teilzeitausbildung

Die Teilzeitausbildung wurde flexibilisiert und für alle Auszubildenden geöffnet. Voraussetzung ist stets, dass der Ausbildungsbetrieb mit der Teilzeitausbildung einverstanden ist (§ 7a BBiG).

Neue Abschlussbezeichnungen in der höheren Berufsbildung

Zur Stärkung der höherqualifizierenden Berufsbildung werden die Bezeichnungen »Bachelor Professional« für die Meister und Fachwirte und »Master Professional« für die Betriebswirte und Berufspädagogen eingeführt. Der Gesetzgeber verdeutlicht damit die Gleichwertigkeit von beruflicher Fortbildung und Studium. Zudem soll durch international verständliche Bezeichnungen die Mobilität gefördert werden (§ 53a–53d BBiG).

Hinweis: Damit die neuen Abschlussbezeichnungen zukünftig auf den Prüfungszeugnissen ausgegeben werden dürfen, muss zunächst der Verordnungsgeber (das zuständige Bundesministerium) die Fortbildungsordnungen anpassen. In der Regel werden die neuen Bezeichnungen nur für Prüfungen nach Anpassung der Fortbildungsordnungen gelten (soweit dort nichts anderes geregelt wird).

2.1.7.16 Fachkräfteeinwanderungsgesetz

Seit 2020 hat Deutschland ein Fachkräfteeinwanderungsgesetz (FEG). Das Gesetz soll den Zuzug von qualifizierten Arbeitskräften aus Nicht-EU-Staaten erleichtern. Da das FEG von 2020 nicht die gewünschte Wirkung entfaltet hat und damit ausländische Fachkräfte aus Nicht-EU-Ländern künftig leichter in Deutschland arbeiten können, ist das FEG novelliert worden. Das Gesetz sieht nun ein Drei-Säulen-Modell vor: Fachkräftesäule, Erfahrungssäule und Potenzialsäule. Die Regelungen treten seit November 2023 nach und nach in Kraft.

Zentrales Element der Einwanderung bleibt die **Fachkräftesäule**. Diese soll es Menschen aus Drittstaaten mit einem deutschen oder einem in Deutschland anerkannten Abschluss ermöglichen, in allen qualifizierten Beschäftigungen zu arbeiten. Die »Blaue Karte EU«, der Aufenthaltstitel für akademische Fachkräfte von außerhalb der EU, können künftig noch mehr Fachkräfte mit Hochschulabschluss erhalten. Hier wurde die Mindestverdienstgrenze für die Erteilung der Blue Card gesenkt. Neu ist, dass die ausgeübte Tätigkeit nicht mehr mit dem Abschluss übereinstimmen muss. Das gilt auch für Fachkräfte mit Berufsausbildung in einem nicht reglementierten Beruf. Sie können damit jede qualifizierte Beschäftigung ausüben. Beispielsweise kann eine ausgebildete Köchin im Bereich Logistik als Fachkraft beschäftigt werden.

Auch ohne eine formale Anerkennung des Abschlusses in Deutschland, dürfen ausländische Fachkräfte künftig in nicht reglementierten Berufen in Deutschland arbeiten (**Erfahrungssäule**). Voraussetzung sind mindestens zwei Jahre Berufserfahrung sowie ein im Herkunftsland staatlich anerkannter Berufsabschluss mit mindestens zweijähriger Ausbildungsdauer und ein Arbeitsvertrag in Deutschland. Jedoch ist eine Gehaltsschwelle einzuhalten oder es muss eine Tarifbindung vorliegen.

Neu eingeführt wurde auch eine sogenannte Chancenkarte für einen Aufenthalt zur Arbeitsplatzsuche (**Potenzialsäule**). Damit bekommen Menschen aus Drittstaaten, die noch keinen deutschen Arbeitsvertrag haben, die Möglichkeit zur Arbeitssuche vor Ort in Deutschland. Dafür erforderlich ist ein ausländischer Hochschulabschluss, ein im Ausbildungsstaat anerkannter mindestens zweijähriger oder ein von einer deutschen Auslandshandelskammer erteilter Berufsabschluss. Zudem sind entweder einfache deutsche (Niveau A1) oder englische Sprachkenntnisse (Niveau B2) erforderlich. Liegen diese Voraussetzungen vor, können Menschen aus Drittstaaten unterschiedliche Punkte sammeln. Um die Chancenkarte zu erhalten, müssen mindestens sechs Punkte erreicht werden. Zu den Kriterien zählen u.a. die Anerkennung der Qualifikation in Deutschland, Sprachkenntnisse, Berufserfahrung, Alter und Deutschlandbezug.

Arbeitgeber können ein **beschleunigtes Fachkräfteverfahren** bei der zuständigen Ausländerbehörde in Deutschland beantragen, das unter bestimmten Voraussetzungen die Dauer des Verwaltungsverfahren bis zur Erteilung des Visums deutlich verkürzt.

2.1.8 Unternehmensverfassung

Das Unternehmensverfassungsrecht betrifft die Mitbestimmung des Produktionsfaktors »Arbeit« im Aufsichtsrat, während das Betriebsverfassungsrecht Beteiligungsrechte auf der Ebene des Arbeitsplatzes und über den Betriebsrat gewährt. Damit ist der Begriff »Unternehmen« im arbeitsrechtlichen Sinn weiter gefasst als der Begriff »Betrieb«.

Das Unternehmensverfassungsrecht ist in der Bundesrepublik Deutschland im Montan-Mitbestimmungsgesetz von 1951 und im Montan-Mitbestimmungsergänzungsgesetz von 1956, im Betriebsverfassungsgesetz von 1972, im Mitbestimmungsgesetz von 1976 sowie im Drittelbeteiligungsgesetz von 2004 geregelt.

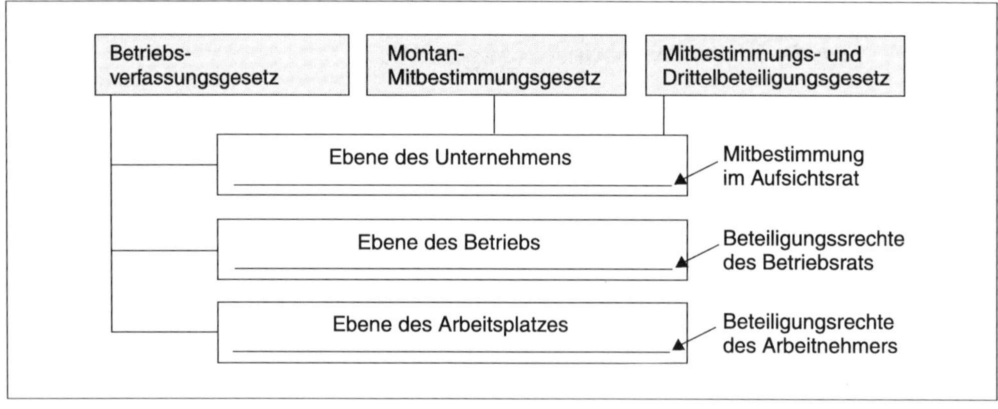

Die Ebenen der Mitbestimmung

Montan-Mitbestimmungsgesetze von 1951 und 1956

Diese Gesetze gelten für Kapitalgesellschaften mit mehr als 1 000 Arbeitnehmern im Bereich des Bergbaus und der Eisen und Stahl erzeugenden Industrie und gewährt eine paritätische Mitbestimmung der Kapitalseigner und der Arbeitnehmer im Aufsichtsrat. Dieser besteht aus elf Mitgliedern: je fünf Vertreter beider Seiten, die gemeinsam ein »neutrales« elftes Mitglied wählen. Bei größeren Unternehmen setzt sich der Aufsichtsrat aus 15 oder 21 Mitgliedern zusammen. Im Vorstand werden die Arbeitnehmer durch den Arbeitsdirektor vertreten, der nicht gegen die Stimmen der Arbeitnehmer im Aufsichtsrat bestellt werden kann.

Wahl und Zusammensetzung des Aufsichtsrats nach dem Montan-Mitbestimmungsergänzungsgesetz, das für Montan-Konzerne gilt, entsprechen im Prinzip den Regeln für »einfache« Montanunternehmen, jedoch wirken Betriebsräte bei der Wahl der Arbeitnehmervertreter – zumeist über Delegierte – nicht mit. Gegen die Berufung des Arbeitsdirektors als Vorstandsmitglied gibt es kein Vetorecht der Arbeitnehmervertreter.

Der Vertrag der Europäischen Gemeinschaft für Kohle und Stahl (EGKS) von 1952 war am 23. Juli 2002 nach 50 Jahren ausgelaufen. Seine Regelungsmaterie wurde in andere EG-Verträge übernommen

Drittelbeteiligungsgesetz (DrittelbG) von 2004

Bis zum Jahre 2004 galt für die Beteiligungsrechte von Arbeitnehmern in Unternehmen mit Aufsichtsräten und mehr als 500 Arbeitnehmern ein »Restbestand« des Betriebsverfassungsgesetzes aus dem Jahre 1952. Diese Bestimmung wurde vom Drittelbeteiligungsgesetz abgelöst. Ein Aufsichtsrat muss in den Unternehmen zu einem Drittel mit Arbeitnehmern besetzt sein. Von diesem Gesetz werden folgende Unternehmen erfasst:

- Aktiengesellschaften mit in der Regel mehr als 500 Arbeitnehmern. Ein Mitbestimmungsrecht besteht auch in einer Aktiengesellschaft mit weniger als 500 Arbeitnehmern, wenn sie vor dem 10.8.1994 ins Handelsregister eingetragen wurde und keine Familiengesellschaft ist;
- Kommanditgesellschaften auf Aktien mit in der Regel mehr als 500 Arbeitnehmern;
- GmbH mit in der Regel mehr als 500 Arbeitnehmern. Diese Gesellschaften haben zur Wahrnehmung der Beteiligungsrechte einen Aufsichtsrat zu bilden;
- Versicherungsvereine auf Gegenseitigkeit mit in der Regel mehr als 500 Arbeitnehmern, wenn ein Aufsichtsrat besteht;
- Erwerbs- und Warengenossenschaften mit in der Regel mehr als 500 Arbeitnehmern.

Nicht erfasst werden Unternehmen, für die bereits andere gesetzliche Vorschriften bestehen (Mitbestimmungsgesetz, Montan-Mitbestimmungsgesetz und Montan-Mitbestimmungsergänzungsgesetz) sowie Unternehmen, die Zwecken der Berichterstattung und Meinungsäußerung dienen oder unmittelbar und überwiegend politische, konfessionelle, karitative, erzieherische, wissenschaftliche oder künstlerische Ziele verfolgen. Ausgenommen sind ebenfalls die Religionsgemeinschaften.

Wahlberechtigt sind alle Arbeitnehmer, die das 18. Lebensjahr vollendet haben. Die Wahlvorschriften entsprechen dem Betriebsverfassungsgesetz und dem Mitbestimmungsgesetz.

Gesetz über Europäische Betriebsräte (EBRG)

Das Gesetz gilt für gemeinschaftsweit tätige Unternehmen mit Sitz im Inland und für gemeinschaftsweit tätige Unternehmensgruppen mit Sitz des beherrschenden Unternehmens im Inland (§ 2). Ein Unternehmen ist gemeinschaftsweit tätig, wenn es mindestens 1 000 Arbeitnehmer in den Mitgliedstaaten und davon jeweils mindestens 150 Arbeitnehmer in mindestens zwei Mitgliedstaaten beschäftigt (§ 3). Aus jedem beteiligten EG-Land wird ein Arbeitnehmervertreter in das »Besondere Verhandlungsgremium« gewählt (§ 10). Dieses Gremium hat die Aufgabe, mit der zentralen Leitung eine Vereinbarung über eine grenzüberschreitende Unterrichtung und Anhörung der Arbeitnehmer abzuschließen (§ 8).

Mitbestimmungsgesetz von 1976

Das Mitbestimmungsgesetz von 1976 gilt für Kapitalgesellschaften außerhalb der Montan-Mitbestimmung mit mehr als 2 000 Arbeitnehmern. Es legt fest, dass

- der Aufsichtsrat paritätisch mit Vertretern der Kapitaleigner und der Arbeitnehmer besetzt ist,
- Personal- und Sozialfragen durch einen Arbeitsdirektor als Mitglied des Vorstands betreut werden,
- bei Stimmengleichheit im Aufsichtsrat die Stimme des Vorsitzenden den Ausschlag gibt (der Aufsichtsratvorsitzenden ist in der Regel ein Vertreter der Kapitaleigner).

Der Aufsichtsrat besteht

bei bis zu 10 000 Beschäftigten aus je sechs Vertretern beider Seiten,
bei über 10 000 bis 20 000 Arbeitnehmern aus je acht und
bei über 20 000 Arbeitnehmern aus je zehn Vertretern beider Seiten.

Diese Mitbestimmung ist zwar zahlenmäßig paritätisch, aber ungleichgewichtig zum Vorteil der Kapitaleigner: Der Vorsitzende ist deren Vertreter und der Arbeitnehmergruppe ist ein leitender Angestellter zugeordnet, dessen Tätigkeit sich wohl eher der Seite der Kapitaleigner zuordnen lässt.

Nur bei börsennotierten und paritätisch mitbestimmter Unternehmen sind 30 % der Sitze im Aufsichtsrat mit Frauen zu besetzen. Anfang 2021 einigte sich die Bundesregierung auch auf eine Frauenquote in den Vorständen dieser Unternehmen. In Vorständen mit mehr als drei Mitgliedern muss mindestens eine Frau sitzen.

2.1.9 Betriebsverfassungsgesetz

2.1.9.1 Die Allgemeinen Bestimmungen des BetrVG

Rechtliche Grundlagen

Im Arbeitsrecht werden Formen der Mitbestimmung wie folgt unterschieden:

- die **betriebliche Mitbestimmung,** bezogen auf soziale, personelle und wirtschaftliche Angelegenheiten und
- die **unternehmensbezogene Mitbestimmung,** die die Beteiligung der Arbeitnehmer beispielsweise im Aufsichtsrat zum Ziel hat.

Die betriebliche Mitbestimmung in der Privatwirtschaft wird hauptsächlich im Betriebsverfassungsgesetz (BetrVG), im Bereich des öffentlichen Dienstes durch das Bundespersonalvertretungsgesetz (BPersVG) und die Personalvertretungsgesetze der Länder (LPersVG) geregelt.

Grundlage der Beteiligungsrechte der Arbeitnehmer und deren Beziehung zum Arbeitgeber ist die **Betriebsverfassung.** Die Interessen der Belegschaft werden hauptsächlich vom Betriebsrat wahrgenommen. Dieser steht als Repräsentant der Arbeitnehmer dem Arbeitgeber gegenüber. Zur Wahrung der Belegschaftsinteressen stellt das Betriebsverfassungsgesetz den Arbeitnehmervertretern ein differenziertes System von Informations-, Anhörungs-, Beratungs-, Mitbestimmungs- und Initiativrechten zur Verfügung.

Betrieblicher Anwendungsbereich

Nach § 1 BetrVG können Betriebsräte nur in Betrieben gewählt werden mit in der Regel mindestens fünf ständig wahlberechtigten Arbeitnehmern, von denen drei wählbar sind. Liegen die Voraussetzungen für die Errichtung eines Betriebsrats vor, so ist der Betrieb betriebsratsfähig. Damit **kann** ein Betriebsrat gewählt werden, muss aber nicht. Vielmehr liegt die Entscheidung hierüber allein bei den Arbeitnehmern des Betriebs.

Die Mindestzahl von fünf Arbeitnehmern ist Voraussetzung für die erstmalige Wahl eines Betriebsrats wie auch für dessen Wiederwahl und Fortbestand. Sinkt die Zahl der ständig beschäftigten wahlberechtigten Arbeitnehmer nicht nur vorübergehend unter diese Zahl, endet das Amt des Betriebsrats.

Persönlicher Anwendungsbereich

In den persönlichen Anwendungsbereich des BetrVG fallen zunächst die Arbeitgeber sowie deren Vertreter. Der Arbeitgeber ist unmittelbar Adressat betriebsverfassungsmäßiger Rechte und Pflichten. Der Begriff des Arbeitgebers wird im BetrVG nicht definiert, weshalb auf die allgemeine Definition zurückgegriffen werden kann: Arbeitgeber ist, wer mindestens einen anderen als Arbeitnehmer beschäftigt.

Der Betriebsrat ist Repräsentationsorgan der Arbeitnehmer (§ 5 Abs. 1 BetrVG). Er repräsentiert aber nicht alle Beschäftigten, wie § 5 Abs. 2 BetrVG klarstellt.

Nicht unter den Zuständigkeitsbereich des Betriebsrats fallen:

- Organe juristischer Personen und zur Geschäftsführung berufene Mitglieder von Personengesellschaften
- Beschäftigte in karitativen oder religiösen Einrichtungen
- Beschäftigte in medizinischen oder erzieherischen Einrichtungen
- Familienangehörige, die in häuslicher Gemeinschaft mit dem Arbeitgeber leben

Leitende Angestellte werden ebenfalls nicht durch den Betriebsrat vertreten. Für diese gilt vielmehr das **Sprecherausschussgesetz** (SprAuG). Der Grund für die Herausnahme ist, dass leitende Angestellte als Vertreter des Arbeitgebers diesem nahe stehen. So ist beispielsweise ein Betriebsleiter in seiner Funktion Gegenspieler des Betriebsrats, aber formell Arbeitnehmer. Würden seine Interessen durch den Betriebsrat mitvertreten, würde er bei Verhandlungen mit dem Betriebsrat seiner eigenen Interessenvertretung gegenüber sitzen – ein klassischer Interessenkonflikt.

2.1.9.2 Der Betriebsrat im BetrVG

Betriebsräte können in Betrieben mit mindestens fünf ständig Wahlberechtigten für die Dauer von vier Jahren gewählt werden. Das **aktive Wahlrecht** besitzen alle volljährigen Arbeitnehmer und Auszubildenden. Die Zahl der Betriebsratsmitglieder hängt von der Zahl der wahlberechtigten Arbeitnehmer ab und wird in § 9 BetrVG vorgeschrieben. Die Zusammensetzung des Betriebsrats nach Beschäftigungsarten und Geschlecht regelt § 15. Für Kleinbetriebe (5 bis 50 Wahlberechtigte) gilt ein vereinfachtes Wahlverfahren (§ 14a BetrVG), das bei Einigung zwischen Arbeitgeber und Wahlvorstand auch in Betrieben mit 51 bis 100 Wahlberechtigten angewendet werden kann. Kandidieren (**passives Wahlrecht**) können alle Arbeitnehmer, die das aktive Wahlrecht besitzen und dem Betrieb mindestens sechs Monate angehören. Eine Wiederwahl ist zulässig. Während der Amtszeit und ein weiteres Jahr besteht für Betriebsratsmitglieder Kündigungsschutz.

Zusammensetzung und Wahl des Betriebsrats

In kleinen Betrieben von mindestens fünf bis 20 wahlberechtigten Arbeitnehmern besteht der Betriebsrat aus nur einer Person. Stufenweise steigt die (ungerade) Zahl der Betriebsratsmitglieder: Ein Betrieb mit 9 000 Arbeitnehmern z. B. besitzt einen Betriebsrat mit 35 Mitgliedern, danach steigt die Zahl der Mitglieder je angefangenen weiteren 3 000 Arbeitnehmern um zwei Mitglieder an. Der Betriebsrat soll sich möglichst aus Arbeitnehmern der einzelnen Organisationsbereiche und der verschiedenen Beschäftigungsarten der im Betrieb tätigen Arbeitnehmer zusammensetzen.

Der Betriebsrat wird für **vier Jahre** gewählt. Wahlberechtigt sind alle Arbeitnehmer, die das 18. Lebensjahr vollendet haben. Die Art der Wahl hängt von der Größe des Betriebsrats ab. Gewählt wird grundsätzlich nach dem Prinzip der Verhältniswahl, d. h. die Arbeitnehmer können den verschiedenen Listen (Wahlvorschlägen) ihre Stimme geben. An die Reihenfolge der Kandidaten auf der Liste ist der Wähler gebunden. Falls nur ein Wahlvorschlag eingereicht wird oder der Betriebsrat im vereinfachten Wahlverfahren nach § 14a BetrVG zu wählen ist, finden Grundsätze des Mehrheitswahlrechts Anwendung: Hier können den einzelnen Kandidaten auf der Liste Stimmen gegeben werden.

2.1.9.3 Die Jugend- und Auszubildendenvertretung (JAV)

Jugend- und Auszubildendenvertreter können bei vorhandenem Betriebsrat in Betrieben mit mindestens fünf jugendlichen Arbeitnehmern und/oder Auszubildenden unter 25 Jahren für zwei Jahre gewählt werden. Das aktive Wahlrecht besitzen minderjährige Arbeitnehmer und Auszubildende bis zur Vollendung des 25. Lebensjahres. Die Zahl der Mitglieder wird in § 62 BetrVG vorgeschrieben. Bestehen in einem Unternehmen mehrere Jugendvertretungen, ist auf Unternehmensebene eine Gesamt-Jugend- und Auszubildendenvertretung zu bilden (§ 72 Absatz 1 BetrVG). Kandidieren können alle ständig Beschäftigten, die das 25. Lebensjahr noch nicht vollendet haben. Eine Wiederwahl ist zulässig, während der Amtszeit und ein weiteres Jahr besteht Kündigungsschutz. Auszubildende Mitglieder der Jugend- und Auszubildendenvertretung haben das Recht, in den letzten drei Monaten ihrer vertraglich vereinbarten Ausbildungszeit schriftlich die Übernahme in ein Arbeitsverhältnis zu beantragen (§ 78 a BetrVG).

Die Jugend- und Auszubildendenvertretung kann zu allen Sitzungen des Betriebsrates einen Vertreter entsenden. Werden im Betriebsrat Angelegenheiten behandelt, die besonders jugendliche Arbeitnehmer und Auszubildende betreffen, so hat zu diesem Tagesordnungspunkt die gesamte Jugend- und Auszubildendenvertretung ein Teilnahmerecht. Die JAV-Vertreter haben in der Sitzung des Betriebsrates Stimmrecht, soweit die zu fassenden Beschlüsse überwiegend jugendliche Arbeitnehmer und Auszubildende betreffen (§ 67 BetrVG).

Alle Einzelheiten zur Durchführung von Wahlen zum Betriebsrat und zur JAV sind in der erlassenen Wahlordnung vom 11. Dezember 2001 geregelt.

2.1.9.4 Allgemeine Regeln zur Mitwirkung/Mitbestimmung

Nach § 80 Absatz 1 BetrVG hat der Betriebsrat folgende **allgemeine Aufgaben:**

1. *darüber zu wachen, dass die zugunsten der Arbeitnehmer geltenden Gesetze, Verordnungen, Unfallverhütungsvorschriften, Tarifverträge und Betriebsvereinbarungen durchgeführt werden;*
2. *Maßnahmen, die dem Betrieb und der Belegschaft dienen, bei der Agentur für Arbeit zu beantragen;*

2a. die Durchsetzung der tatsächlichen Gleichstellung von Frauen und Männern, insbesondere bei der Einstellung, Beschäftigung, Aus-, Fort- und Weiterbildung und dem beruflichen Aufstieg, zu fördern;

2b. die Vereinbarkeit von Familie und Erwerbstätigkeit zu fördern;

3. Anregungen von Arbeitnehmern und der Jugend- und Auszubildendenvertretung entgegenzunehmen und, falls sie berechtigt erscheinen, durch Verhandlungen mit dem Arbeitgeber auf eine Erledigung hinzuwirken; er hat die betreffenden Arbeitnehmer über den Stand und das Ergebnis der Verhandlungen zu unterrichten;

4. die Eingliederung schwerbehinderter und sonstiger besonders schutzbedürftiger Personen zu fördern;

5. die Wahl einer Jugend- und Auszubildendenvertretung vorzubereiten und durchzuführen und mit dieser zur Förderung der Belange der in § 60 Absatz 1 genannten Arbeitnehmer eng zusammenzuarbeiten; er kann von der Jugend- und Auszubildendenvertretung Vorschläge und Stellungnahmen anfordern;

6. die Beschäftigung älterer Arbeitnehmer im Betrieb zu fördern;

7. die Integration ausländischer Arbeitnehmer im Betrieb und das Verständnis zwischen ihnen und deutschen Arbeitnehmern zu fördern, sowie Maßnahmen zur Bekämpfung von Rassismus und Fremdenfeindlichkeit im Betrieb zu beantragen;

8. die Beschäftigung im Betrieb zu fördern und zu sichern;

9. Maßnahmen des Arbeitsschutzes und des betrieblichen Umweltschutzes zu fördern.

(2) Zur Durchführung dieser Aufgaben ist der Betriebsrat rechtzeitig und umfassend vom Arbeitgeber zu unterrichten. Er kann auch nach Vereinbarungen mit dem Arbeitgeber Sachverständige hinzuziehen.

2.1.9.5 Arbeitnehmerrechte aus dem BetrVG

Neben diesen allgemeinen Aufgaben hat der Betriebsrat sogenannte **Beteiligungsaufgaben** wahrzunehmen, in deren Rahmen er seine Rechte ausübt. Diese sind abgestuft in

- **Informationsrechte:** Der Betriebsrat hat ein Fragerecht, der Arbeitgeber hat eine Erläuterungspflicht.
- **Mitspracherechte:** Anhören des Betriebsrates und Erörterung mit dem Betriebsrat durch den Arbeitgeber.
- **Widerspruchsrechte:** Der formale Widerspruch des Betriebsrats führt zu einer Nachprüfung durch das Arbeitsgericht.
- **Mitbestimmungsrechte:** Der Betriebsrat kann die Einführung einer bestimmten Regelung verlangen (Initiativrecht). Arbeitgeber und Arbeitnehmer können die Regelung nur gemeinsam treffen. Es besteht Einigungszwang. Kommt eine Einigung nicht zustande, entscheidet die Einigungsstelle (→ 2.1.9.10).

Informationsrecht, Mitspracherecht und Widerspruchsrecht werden unter dem Begriff **Mitwirkungsrecht** zusammengefasst und der (echten) Mitbestimmung gegenübergestellt.

Inhaltlich betreffen die Beteiligungsaufgaben des Betriebsrats

- **soziale** Angelegenheiten
- **personelle** Angelegenheiten
- **wirtschaftliche** Angelegenheiten.

2.1.9.6 Mitbestimmung in sozialen Angelegenheiten

Die Mitbestimmung des Betriebsrats in sozialen Angelegenheiten wird in § 87 BetrVG geregelt:

(1) Der Betriebsrat hat, soweit eine gesetzliche oder tarifliche Regelung nicht besteht, in folgenden Angelegenheiten mitzubestimmen:

1. *Fragen der Ordnung des Betriebs und des Verhaltens der Arbeitnehmer im Betrieb;*
2. *Beginn und Ende der täglichen Arbeitszeit einschließlich der Pausen sowie Verteilung der Arbeitszeit auf die einzelnen Wochentage;*
3. *Vorübergehende Verkürzung oder Verlängerung der betriebsüblichen Arbeitszeit;*
4. *Zeit, Ort und Art der Auszahlung der Arbeitsentgelte;*
5. *Aufstellung allgemeiner Urlaubsgrundsätze und des Urlaubsplans sowie die Festsetzung der zeitlichen Lage des Urlaubs für einzelne Arbeitnehmer, wenn zwischen dem Arbeitgeber und den beteiligten Arbeitnehmern kein Einverständnis erzielt wird;*
6. *Einführung und Anwendung von technischen Einrichtungen, die dazu bestimmt sind, das Verhalten oder die Leistung der Arbeitnehmer zu überwachen;*
7. *Regelungen über die Verhütung von Arbeitsunfällen und Berufskrankheiten sowie über den Gesundheitsschutz im Rahmen der gesetzlichen Vorschriften oder der Unfallverhütungsvorschriften;*
8. *Form, Ausgestaltung und Verwaltung von Sozialeinrichtungen, deren Wirkungsbereich auf den Betrieb, das Unternehmen oder den Konzern beschränkt ist;*
9. *Zuweisung und Kündigung von Wohnräumen, die den Arbeitnehmern mit Rücksicht auf das Bestehen eines Arbeitsverhältnisses vermietet werden, sowie die allgemeine Festlegung der Nutzungsbedingungen;*
10. *Fragen der betrieblichen Lohngestaltung, insbesondere die Aufstellung von Entlohnungsgrundsätzen und die Einführung und Anwendung von neuen Entlohnungsmethoden sowie deren Änderung;*
11. *Festsetzung der Akkord- und Prämiensätze und vergleichbarer leistungsbezogener Entgelte, einschließlich der Geldfaktoren;*
12. *Grundsätze über das betriebliche Vorschlagswesen;*
13. *Grundsätze über die Durchführung von Gruppenarbeit; Gruppenarbeit im Sinne dieser Vorschrift liegt vor, wenn im Rahmen des betrieblichen Arbeitsablaufs eine Gruppe von Arbeitnehmern eine ihr übertragene Gesamtaufgabe im Wesentlichen eigenverantwortlich erledigt.*

(2) Kommt eine Einigung über eine Angelegenheit nach Absatz 1 nicht zustande, so entscheidet die Einigungsstelle. Der Spruch der Einigungsstelle ersetzt die Einigung zwischen Arbeitgeber und Betriebsrat.

2.1.9.7 Gestaltung von Arbeitsplatz, Arbeitsablauf und Arbeitsumgebung

Diesem zentralen Aufgabenfeld räumt das Betriebsverfassungsgesetz in den §§ 90 und 91 einen eigenen Abschnitt ein. Es unterscheidet zwischen Unterrichtungs- und Beratungspflichten des Arbeitgebers (§ 90 BetrVG) und dem Mitbestimmungsrecht des Betriebsrates (§ 91 BetrVG).

§ 90 Unterrichtungs- und Beratungsrechte

(1) Der Arbeitgeber hat den Betriebsrat über die Planung

1. von Neu-, Um- und Erweiterungsbauten von Fabrikations-, Verwaltungs- und sonstigen betrieblichen Räumen,
2. von technischen Anlagen,
3. von Arbeitsverfahren und Arbeitsabläufen oder
4. der Arbeitsplätze
rechtzeitig unter Vorlage der erforderlichen Unterlagen zu unterrichten.

(2) Der Arbeitgeber hat mit dem Betriebsrat die vorgesehenen Maßnahmen und ihre Auswirkungen auf die Arbeitnehmer, insbesondere auf die Art ihrer Arbeit sowie die sich daraus ergebenden Anforderungen an die Arbeitnehmer so rechtzeitig zu beraten, dass Vorschläge und Bedenken des Betriebsrats bei der Planung berücksichtigt werden können. Arbeitgeber und Betriebsrat sollen dabei auch die gesicherten arbeitswissenschaftlichen Erkenntnisse über die menschengerechte Gestaltung der Arbeit berücksichtigen.

§ 91 Mitbestimmungsrecht

Werden die Arbeitnehmer durch Änderungen der Arbeitsplätze, des Arbeitsablaufs oder der Arbeitsumgebung, die den gesicherten arbeitswissenschaftlichen Erkenntnissen über die menschengerechte Gestaltung der Arbeit offensichtlich widersprechen, in besonderer Weise belastet, so kann der Betriebsrat angemessene Maßnahmen zur Abwendung, Milderung oder zum Ausgleich der Belastung verlangen. Kommt eine Einigung nicht zustande, so entscheidet die Einigungsstelle. Der Spruch der Einigungsstelle ersetzt die Einigung zwischen Arbeitgeber und Betriebsrat.

2.1.9.8 Beteiligung des Betriebsrats in personellen Angelegenheiten

Hier unterscheidet das Gesetz zwischen den **allgemeinen personellen Angelegenheiten** (§§ 92 bis 95 BetrVG), den **Angelegenheiten der Berufsbildung** (§§ 96 bis 98 BetrVG) und den **personellen Einzelmaßnahmen** (§§ 99 bis 105 BetrVG).

Zu den allgemeinen personellen Angelegenheiten zählen folgende Bestimmungen des BetrVG:

- Die Personalplanung (§ 92) und die Beschäftigungssicherung (§ 92a)
- Die Ausschreibung von Arbeitsplätzen (§ 93)
- Der Inhalt von Personalfragebögen und Beurteilungsgrundsätze (§ 94)
- Die Festlegung von Auswahlrichtlinien für Einstellungen, Versetzungen, Umgruppierungen und Kündigungen (§ 95)

In Angelegenheiten der Personalplanung hat der Betriebsrat nur ein Informations- und Mitspracherecht (→ 2.1.1.3). Für die Gestaltung von Personalfragebögen, Beurteilungskriterien und Einstellungsrichtlinien gewährt das Betriebsverfassungsgesetz ein echtes Mitbestimmungsrecht, ebenso in Fragen der Berufsbildung. Bei personellen Einzelmaßnahmen hat der Betriebsrat ein Widerspruchsrecht, z. B. bei der Kündigung eines Arbeitnehmers (§ 102 BetrVG). Der Betriebsrat kann im Bereich personeller Einzelentscheidungen die Zustimmung verweigern bei:

- Einstellung von Arbeitnehmern
- Eingruppierung in Tarifgruppen
- Umgruppierung innerhalb der Tarifgruppen
- Versetzung von Arbeitnehmern auf andere Arbeitsplätze

Der Betriebsrat kann seine Zustimmung nur verweigern, wenn bestimmte Gründe vorliegen, die im § 99 Absatz 2 BetrVG aufgezählt sind. Verweigert der Betriebsrat seine Zustimmung, ist die Verweigerung unter Angabe von Gründen innerhalb einer Woche nach Unterrichtung dem Arbeitgeber schriftlich mitzuteilen. Geschieht dies nicht rechtzeitig, gilt die Zustimmung als erteilt (§ 99 Absatz 3 BetrVG). Verweigert der Betriebsrat seine Zustimmung, kann der Arbeitgeber beim Arbeitsgericht beantragen, die Zustimmung zu ersetzen.

2.1.9.9 Beteiligung des Betriebsrats in wirtschaftlichen Angelegenheiten

Zu den wirtschaftlichen Angelegenheiten gehören nach § 106 Absatz 3 BetrVG insbesondere

1. *die wirtschaftliche und finanzielle Lage des Unternehmens;*
2. *die Produktions- und Absatzlage;*
3. *das Produktions- und Investitionsprogramm;*
4. *Rationalisierungsvorhaben;*
5. *Fabrikations- und Arbeitsmethoden, insbesondere die Einführung neuer Arbeitsmethoden;*

5a. *Fragen des betrieblichen Umweltschutzes;*

6. *die Einschränkung oder Stilllegung von Betrieben oder Betriebsteilen;*
7. *die Verlegung von Betrieben oder Betriebsteilen;*
8. *der Zusammenschluss oder die Spaltung von Unternehmen oder Betrieben;*
9. *die Änderung der Betriebsorganisation oder des Betriebszwecks;*
10. *sonstige Vorgänge und Vorhaben, welche die Interessen der Arbeitnehmer des Unternehmens wesentlich berühren können.*

	Informationsrecht	**Mitspracherecht**	**Widerspruchsrecht**	**Mitbestimmungsrecht**
Soziale Angelegenheiten				§ 87 BetrVG
Personelle Angelegenheiten		§ 92 BetrVG Personalplanung	§ 99 BetrVG Einzelmaßnahmen	§§ 94, 95, 96 BetrVG
Wirtschaftliche Angelegenheiten	§ 106 BetrVG Wirtschaftsausschuss			§ 112 BetrVG Sozialplan

Rechte des Betriebsrats gemäß Betriebsverfassungsgesetz

Unterschieden werden muss die Beteiligung des Wirtschaftsausschusses und die des Betriebsrats bei Betriebsänderungen (Erstellen eines Sozialplans).

Der **Wirtschaftsausschuss** ist in Betrieben mit über 100 ständig Beschäftigten zu bilden. Er besteht aus 3 bis 7 Mitgliedern, die vom Betriebsrat bestellt werden. Der Ausschuss hat gegenüber dem Arbeitgeber ein Beratungs**recht** und gegenüber dem Betriebsrat eine Unterrichtungs**pflicht**. Der Unternehmer hat gegenüber dem Wirtschaftsausschuss eine Unterrichtungspflicht. Eine echte Mitbestimmung ist nicht gegeben.

§ 112 BetrVG regelt die Vereinbarung eines **Sozialplans** bei geplanten Betriebsveränderungen. Er ist eine Betriebsvereinbarung, die Ansprüche gegen den Arbeitgeber aufstellt, z. B. Abfindungsgeld bei Arbeitsplatzverlust oder Sicherung der betrieblichen Altersversorgung. Kommt eine Einigung über den Sozialplan nicht zustande, entscheidet die Einigungsstelle. Bei der Erstellung des Sozialplans besteht damit eine echte Mitbestimmung. Gemäß § 112a BetrVG ist der Sozialplan nur bei Personalabbau in bestimmter Größenordnung erzwingbar und nicht bei Neugründungen innerhalb der ersten vier Jahre.

2.1.9.10 Einigungsstelle

§ 76 Absatz 1 bis 4 BetrVG regelt die Einrichtung, Zusammensetzung und die Aufgaben der Einigungsstelle:

(1) Zur Beilegung von Meinungsverschiedenheiten zwischen Arbeitgeber und Betriebsrat, Gesamtbetriebsrat oder Konzernbetriebsrat ist bei Bedarf eine Einigungsstelle zu bilden. Durch Betriebsvereinbarung kann eine ständige Einigungsstelle errichtet werden.

(2) Die Einigungsstelle besteht aus einer gleichen Anzahl von Beisitzern, die vom Arbeitgeber und Betriebsrat bestellt werden, und einem unparteiischen Vorsitzenden, auf dessen Person sich beide Seiten einigen müssen. Kommt eine Einigung über die Person des Vorsitzenden nicht zustande, so bestellt ihn das Arbeitsgericht. Dieses entscheidet auch, wenn kein Einverständnis über die Zahl der Beisitzer erzielt wird.

(3) Die Einigungsstelle hat unverzüglich tätig zu werden. Sie fasst ihre Beschlüsse nach mündlicher Beratung mit Stimmenmehrheit. Bei der Beschlussfassung hat sich der Vorsit-zende zunächst der Stimme zu enthalten; kommt eine Stimmenmehrheit nicht zustande, so nimmt der Vorsitzende nach weiterer Beratung an der erneuten Beschlussfassung teil. Die Beschlüsse der Einigungsstelle sind schriftlich niederzulegen, vom Vorsitzenden zu unterschreiben und Arbeitgeber und Betriebsrat zuzuleiten.

(4) Durch Betriebsvereinbarung können weitere Einzelheiten des Verfahrens vor der Einigungsstelle geregelt werden.

§ 76a bestimmt u. a.:

(1) Die Kosten der Einigungsstelle trägt der Arbeitgeber.

In der Regel hat der Spruch der Einigungsstelle den Rechtscharakter einer Betriebsvereinbarung.

2.1.10 Tarifvertragsrecht

Koalitionsrecht

Grundgedanke des kollektiven Arbeitsrechts ist die **Koalitionsfreiheit,** die in Artikel 9 Absatz 3 GG garantiert wird:

Das Recht, zur Wahrung und Förderung der Arbeits- und Wirtschaftsbedingungen Vereinigungen zu bilden, ist für jedermann und für alle Berufe gewährleistet. Abreden, die dieses Recht einschränken oder zu behindern suchen, sind nichtig, hierauf gerichtete Maßnahmen sind rechtswidrig. Maßnahmen nach den Artikeln 12a, 35 Absatz 2 und 3, 87a Absatz 4 und Artikel 91 dürfen sich nicht gegen Arbeitskämpfe richten, die zur Wahrung und Förderung der Arbeits- und Wirtschaftsbedingungen von Vereinigungen im Sinne des Satzes 1 geführt werden.

Vereinigungen (Koalitionen) i. d. S. sind **Gewerkschaften** und **Arbeitgeberverbände.**

Die größte gewerkschaftliche Organisation ist der **Deutsche Gewerkschaftsbund** (DGB), der in der Bundesrepublik 1949 als Dachorganisation autonomer Gewerkschaften gegründet wurde. Die Gewerkschaften des DGB sind in der Regel nach dem Industrieverbandsprinzip – ein Betrieb, eine Gewerkschaft – organisiert. Nur sie (und nicht der DGB als Dachverband) sind »tariffähig«. Die Deutsche Angestelltengewerkschaft ist im Zuge einer Fusion zusammen mit der ÖTV, der HBV, der Deutschen Postgewerkschaft und der IG-Medien in der »Vereinigte Dienstleistungsgewerkschaft (Ver.di)« aufgegangen. Der DGB mit seinen acht Einzelgewerkschaften betreut 5,7 Mio. Mitglieder (Stand 2022):

	Mitgliederzahl, gerundet
IG Metall	2 147 000
ver.di Vereinigte Dienstleistungsgewerkschaft	1 857 000
IG Bergbau, Chemie, Energie	580 000
Gewerkschaft Erziehung und Wissenschaft	272 000
IG Bauen, Agrar, Umwelt	212 000
Gewerkschaft der Polizei	204 000
Gewerkschaft Nahrung, Genuss, Gaststätten	185 000
EVG Eisenbahn- und Verkehrsgewerkschaft	185 000

Deutscher Beamtenbund und Tarifunion (dbb) ist der Dachverband von 40 Gewerkschaften des öffentlichen Dienstes und des privaten Dienstleistungssektors mit über 1,3 Mio. Mitgliedern.

Im Jahr 2022 waren damit unter 18 % aller Arbeitnehmer (einschließlich Beamte) organisiert. 1992 waren es noch über 39 %.

Die **Arbeitgeberverbände** sind für die Wahrnehmung der sozialpolitischen Belange ihrer Mitgliedsunternehmen zuständig. Die Bundesvereinigung der Deutschen Arbeitgeberverbände (BDA) vertritt einen überwiegenden Teil aller privaten Unternehmen, ist jedoch nicht selbst an Tarifverhandlungen beteiligt, kann aber grundlegende Positionen der Arbeitgeberpolitik formulieren.

Unter dem Dach des BDA sind 47 Branchenverbände aus Industrie, Dienstleistung, Handwerk, Finanzwirtschaft, Handel, Verkehr und Landwirtschaft sowie 14 Landesvereinigungen organisiert.

Neben den traditionellen Gebieten des Arbeitsrechts, der Lohn- und Tarifpolitik, des Arbeitsmarktes und der Sozialversicherung gehören unter anderem Fragen der Wirtschafts- und Sozialverfassung, der betrieblichen Personalpolitik und der Aus- und Fortbildung zu ihrem Aufgabenbereich.

Arbeitgeberverbände **und** Gewerkschaften müssen sich **parteipolitisch neutral** verhalten.

Tarifvertrag

Die **Tarifautonomie,** das heißt das Recht der Tarifvertragsparteien, Verträge miteinander zu schließen, ohne dass hierzu vom Staat oder Dritten Vorschriften oder Einschränkungen erfolgen, geht auf Artikel 9 Absatz 3 GG zurück.

Der Tarifvertrag ist ein privatrechtlicher Vertrag zwischen tariffähigen Parteien. Gesetzliche Regelungen dazu finden sich im Tarifvertragsgesetz (TVG).

Tariffähig sind gem. § 2 TVG nur die **Gewerkschaften** und **Arbeitgeberverbände** sowie – praktisch nur bei größeren Unternehmen – **einzelne Arbeitgeber.** Der Tarifvertrag regelt im schuldrechtlichen Teil die Rechte und Pflichten der Tarifvertragsparteien und enthält im normativen Teil Rechtsnormen über Abschluss, Inhalt und Beendigung von Arbeitsverhältnissen sowie die Ordnung im Betrieb (→ 2.3.4).

Der Tarifvertrag muss schriftlich abgefasst werden. Im **schuldrechtlichen Teil** wird vor allem die **Friedenspflicht** geregelt, die die Parteien verpflichtet, während der Vertragsdauer alle Maßnahmen des Arbeitskampfes zu unterlassen, vor Ausbruch eines Arbeitskampfes miteinander zu verhandeln und auch über die Vermeidung des Arbeitskampfes zu beraten. Durch ausdrückliche Vereinbarung kann die Friedenspflicht auf die Zeit nach Ablauf des Tarifvertrags ausgedehnt werden.

Der **normative Teil** des Tarifvertrags regelt, in welcher Form Arbeitsverträge abgeschlossen werden können, mit wem sie abgeschlossen werden sollen oder nicht abgeschlossen werden dürfen. Ebenfalls enthält er sogenannte **Inhaltsnormen,** also Vereinbarungen über die Arbeitsbedingungen.

Insbesondere werden darin geregelt:

- Höhe des Arbeitslohns
- Arbeitszeit
- Dauer des Urlaubs
- Kündigungsfristen und Kündigungsverbote
- Übertarifliche Zulagen
- Allgemeine Betriebsordnung (z. B. Raucherzonen, Anwesenheitskontrolle)
- Sonstige Normen (z. B. Geltungsbereich des Tarifvertrages)

Tarifgebundenheit

Tarifgebundenheit besteht nur im Geltungsbereich des Tarifvertrags. **Räumlich** gilt er beispielsweise beim Verbandstarifvertrag für das ganze Gebiet (Bund, Land, Bezirk oder Ort) der Tarifvertragsparteien. Beim Haus- oder Firmentarifvertrag besteht Tarifbindung nur für die umfassten Betriebe. **Zeitlich** gilt der Tarifvertrag prinzipiell für den vereinbarten Zeitraum. In jedem Fall behält der Tarifvertrag für die von ihm erfassten Arbeitsverhältnisse seine Wirkung, bis er durch neue Inhalte ersetzt wird (Nachwirkung gem. § 4 Abs. 5 TVG).

In der Regel gilt ein Tarifvertrag **für alle** Arbeitnehmer. Eine im Tarifvertrag geregelte unterschiedliche Behandlung von gewerkschaftlich organisierten und anderen Arbeitnehmern ist unzulässig (»Außenseiterklausel«). Fachlich gilt er für die darin aufgeführten Gruppen von Arbeitnehmern.

Der Geltungsbereich des Tarifvertrags erweitert sich im Falle der **Allgemeinverbindlichkeit:** Auf Antrag einer Tarifvertragspartei kann das Bundesministerium für Arbeit und Soziales im Einvernehmen mit einem Ausschuss der tariflichen Spitzenorganisationen einen Tarifvertrag für allgemeinverbindlich erklären (§ 5 Abs. 1 TVG). Rechtsfolge der Allgemeinverbindlicherklärung ist, dass der normative Teil des Tarifvertrags dann **für alle** Arbeitsverhältnisse und Betriebe gilt, die in den Geltungsbereich des Tarifvertrags fallen, ohne Rücksicht darauf, ob der jeweilige Arbeitgeber oder Arbeitnehmer organisiert ist oder nicht.

Wirkung des Tarifvertrags

Durch den **normativen Teil** des Tarifvertrags werden in seinem Geltungsbereich die Arbeitsverhältnisse unmittelbar erfasst und so gestaltet, wie es der Tarifvertrag bestimmt (§ 4 Abs. 1 Satz 1 TVG). Änderungen sind aufgrund der Sperrwirkung des Tarifvertrags unzulässig. Änderungen durch Einzelvertrag zwischen Arbeitgeber und Arbeitnehmer sind nur dann zulässig, wenn es der Tarifvertrag gestattet (»Öffnungsklausel«) oder wenn die Regelung für den Arbeitnehmer günstiger ist (»Günstigkeitsprinzip«). Ein Verzicht auf durch Tarifvertrag erworbene Rechte ist grundsätzlich unzulässig, eine Verwirkung überhaupt ausgeschlossen (§ 4 Abs. 4 TVG).

Der **schuldrechtliche Teil** wirkt nur zwischen den Tarifvertragsparteien. Die Rechtsfolgen bei Leistungsstörungen richten sich nach allgemeinem Schuldrecht.

2.1.11 Arbeitskampfrecht

Das Arbeitskampfrecht beruht fast ausschließlich auf der Rechtsprechung (»Richterrecht«). Das Bundesarbeitsgericht hat bereits 1955 ausdrücklich festgestellt, dass Arbeitskämpfe in der freiheitlichen, sozialen Grundordnung der Bundesrepublik Deutschland **zugelassen** sind.

Und rechtmäßig ist ein Arbeitskampf unter Beachtung folgender Grundsätze:

- Er darf nur von Tarifvertragsparteien geführt werden.
- Sein Ziel muss tarifvertraglich festlegbar sein.
- Er darf nicht gegen die Friedenspflicht verstoßen.
- Die Verhältnismäßigkeit der Mittel muss gewahrt bleiben und vor dem Arbeitskampf müssen alle Verhandlungsmöglichkeiten ausgeschöpft sein (»Ultima-Ratio-Prinzip«).
- Zwischen den Tarifvertragsparteien muss ein ausreichendes Gleichgewicht bestehen (»Kampfparität«).

Arbeitskampfformen

Der **Streik** ist die wichtigste Form einer Arbeitskampfmaßnahme. Streik liegt vor, wenn

- eine größere Anzahl von Arbeitnehmern
- gemeinschaftlich und
- planmäßig
- zur Erreichung eines gemeinsamen Ziels
- ihre vertraglich geschuldete Arbeit niederlegen
- in der Absicht, diese nach Beendigung der Arbeitsverweigerung wieder aufzunehmen.

Arbeitsrechtlich betrachtet führt der Streik daher nur zur **Suspendierung** und nicht zur Auflösung der einzelnen Arbeitsverhältnisse; einige Begriffe im Folgenden:

Nicht jeder Zweck kann mit einem Streik allerdings rechtmäßig verfolgt werden und es lassen sich verschiedene Arten unterscheiden. In der Regel beginnt die Gewerkschaft mit dem Streik den Arbeitskampf (**Angriffsstreik**). Sind von dem Streik alle Unternehmen eines Tarifgebiets erfasst, handelt es sich um einen **Voll- oder Flächenstreik.** Bei einem **Teilstreik** verweigern nicht alle Arbeitnehmer, für die später der Tarifvertrag gelten soll, ihre Arbeit. Ein **Schwerpunktstreik** liegt dann vor, wenn einzelne Unternehmen des Tarifgebiets für den Streik herausgegriffen werden. Legen die Arbeitnehmer aller oder der wesentlichen Industriezweige der gesamten Volkswirtschaft ihre Arbeit nieder, nennt man dies **Generalstreik.**

Beim **Wechselstreik** werden kurze Arbeitsniederlegungen in immer wechselnden Unternehmen durchgeführt. Richtet sich der Streik gegen stockende Tarifvertragsverhandlungen und soll noch keine abschließende Regelung erzwungen werden, liegt ein **Warnstreik** vor. Dient der Streik hingegen nicht der Durchsetzung eines bestimmten Ziels, sondern allein dazu, die Arbeitgeberseite oder den Gesetzgeber auf den Unwillen der Arbeitnehmer hinzuweisen, handelt es sich um einen **Demonstrationsstreik oder politischen Streik.** Erfolgt die Arbeitsniederlegung durch Arbeitnehmer, die nicht dem Geltungsbereich des umkämpften Tarifvertrags angehören, so liegt ein **Sympathiestreik** vor. Ist zur Einstellung der Arbeit nicht von einer Gewerkschaft aufgerufen worden, handelt es sich um einen **wilden Streik.**

Ein Streik ist nur dann **rechtmäßig,** wenn er (ohne Verstoß gegen die Friedenspflicht oder gegen das Gesetz) von einer Gewerkschaft beschlossen und auf ein im Arbeitskampf zulässiges Ziel gerichtet ist. Dies gilt auch für Warnstreiks, die (nach Ablauf der Friedenspflicht) während des Laufs von Tarifverhandlungen als Druckmittel zulässig sein können.

Ist der Streik rechtmäßig, verletzt der Arbeitnehmer, der sich an ihm beteiligt, nicht die Pflichten seines Arbeitsvertrags, sodass ihm auch nicht gekündigt werden kann. Selbstverständlich ist der Arbeitgeber aber nicht zur Bezahlung des Entgelts während des Streiks verpflichtet.

Ein Streik ist **rechtswidrig,** wenn er beispielsweise gegen die Friedenspflicht verstößt, ein sittenwidriges Ziel verfolgt, nicht von einer Gewerkschaft geführt wird (z. B. wilder Streik) oder sich nicht eigentlich gegen die Arbeitgeberseite richtet (z. B. politischer Streik).

Durch die Teilnahme des Arbeitnehmers an einem rechtswidrigen Streik verletzt dieser die Pflichten aus seinem Arbeitsvertrag und berechtigt den Arbeitgeber zur außerordentlichen Kündigung des Arbeitsverhältnisses oder zur Forderung auf Schadensersatz.

Während eines Streiks darf kein Arbeitslosengeld bezahlt werden. Die streikenden Gewerkschaftsmitglieder erhalten eine Geldunterstützung aus der **Gewerkschaftskasse.** Die Absicherung durch die Sozialversicherung besteht bei einem rechtmäßigen Streik aber bis zu drei Wochen nach der letzten Entgeltzahlung fort.

Das Gegenstück zum Streik ist auf Arbeitgeberseite die **Aussperrung.** Dabei schließt der Arbeitgeber eine Mehrzahl von Arbeitnehmern von der Arbeit aus. Aussperrung ist folglich die

- planmäßige Ausschließung
- mehrerer Arbeitnehmer von der Beschäftigung und Lohnzahlung durch den Arbeitgeber
- zur Erreichung eines Ziels und
- in der Absicht, die Arbeitnehmer nach Ende der Aussperrung wieder zu beschäftigen.

Die Arten der Aussperrung entsprechen im Wesentlichen denen des Streiks:

Werden alle Arbeitnehmer eines Tarifgebiets ausgesperrt, spricht man von einer Vollaussperrung. Sind hingegen nur einzelne Betriebe oder Unternehmen erfasst, liegt eine Teil- oder Schwerpunktaussperrung vor. Zielt die Aussperrung auf die Unterstützung fremder Kampfziele, liegt eine Sympathieaussperrung vor.

Bislang ist die Aussperrung nur als sogenannte **Abwehraussperrung** bekannt geworden. Von der theoretischen Möglichkeit, mit dem Arbeitskampfmittel der Aussperrung die Auseinandersetzung um einen Tarifvertrag zu beginnen, wurde bislang noch kein Gebrauch gemacht.

Adressat einer Aussperrung ist jeder einzelne Arbeitnehmer, auch die bereits Streikenden. Gleiches gilt für nicht gewerkschaftlich organisierte und arbeitswillige Arbeitnehmer. Die Rechtsprechung bejaht sogar die Zulässigkeit der Aussperrung von im Urlaub befindlichen Arbeitnehmern. Als Reaktion auf einen Streik können sogar arbeitsunfähig kranke Arbeitnehmer »ausgesperrt« werden.

Stufen einer Tarifauseinandersetzung mit Streik und Aussperrung (Beispiel)

1. **Tarifvertrag wird gekündigt**
   fristgerecht zum 31.3.
2. **Tarifverhandlungen beginnen**
   Forderung der Gewerkschaft: 5,5 %. Angebot des Arbeitgeberverbandes: 2 %.
3. **Scheitern der Verhandlungen**
   Gewerkschaft erklärt die Tarifverhandlungen für gescheitert.
4. **Schlichtungsverfahren**
   Schlichtungsvorschlag des neutralen Schlichters: 3 %.
5. **Schlichtung scheitert**
   Gewerkschaft lehnt den Vorschlag des Schlichters ab.
6. **Friedenspflicht**
   erlischt nach Scheitern der Schlichtung.
7. **Urabstimmung**
   der Gewerkschaftsmitglieder. Mit 89 % Zustimmung ist das gesetzliche Mindestquotum von 75 % übertroffen.
8. **Ausrufung des Streiks**
   für den Tarifbezirk durch den Hauptvorstand der Gewerkschaft.

9. **Beginn des Streiks**
   bei ausgewählten Betrieben als Teil- oder Schwerpunktstreik, dadurch Einsparung von Streikgeld.
10. **Einstellung der Produktion**
    bei den bestreikten Betrieben und bei Partnerbetrieben.
11. **Aussperrung durch Arbeitgeber**
    der nicht streikenden Arbeitnehmer, was zu vermehrten Streikgeldausgaben der Gewerkschaft führt.
12. **Erneute Tarifverhandlungen**
    Tarifpartner einigen sich auf 4 %.
13. **Urabstimmung**
    der Gewerkschaftsmitglieder. 86 % stimmen zu. Damit ist der erforderliche Zustimmungssatz von 75 % überschritten.
14. **Neuer Tarifvertrag wird geschlossen**
    Wiederaufnahme der Arbeit.

2.1.12 Weitere Rechtsquellen des Arbeitsrechts

2.1.12.1 Betriebliche Übung

Eine bedeutsame Rechtsquelle des Arbeitsrechts ist die sogenannte **Betriebliche Übung.** Sie entsteht durch wiederholtes, bewusstes Verhalten von Arbeitgebern oder Arbeitnehmern. Dadurch entsteht gegenseitiges Vertrauen dahingehend, dass Regelungen dieser Art fortgesetzt werden sollen.

Gemeinsame Entscheidungen zwischen Arbeitgeber und Betriebsrat werden in einer **Betriebsvereinbarung** oder einer **Regelungsabrede** (Betriebsabsprache) schriftlich dokumentiert.

Eine Betriebsvereinbarung kann aber nur über Inhalte geschlossen werden, die im Betriebsverfassungsgesetz ausdrücklich als Aufgaben des Betriebsrats aufgeführt sind. Sie schafft zwingendes Recht und ist insoweit dem Tarifvertrag vergleichbar. Beachte: Nur für den Arbeitnehmer sind gegenüber dem Tarifvertrag günstigere Regelungen möglich.

Die **Betriebsvereinbarung** wird durch unterschriebenen Vertrag zwischen Arbeitgeber und Betriebsrat wirksam oder durch Beschluss der Einigungsstelle.

Eine **erzwingbare Betriebsvereinbarung** liegt vor, wenn sie ggf. von einer Seite über die Einigungsstelle durchgesetzt werden kann. So ist der Betriebsrat zum Beispiel in der Lage, eine Betriebsvereinbarung zur Verteilung der wöchentlichen Arbeitszeit zu erzwingen, ohne dass sich der Arbeitgeber diesem Bestreben entziehen kann. Von einer freiwilligen Betriebsvereinbarung ist dann auszugehen, wenn keine Seite auf ihren Abschluss einen Rechtsanspruch hat (z. B. Maßnahmen zur Förderung der Vermögensbildung).

Die **Regelungsabrede** ist eine formlose Vereinbarung, die aber einen Beschluss des Betriebsrats voraussetzt. Durch die Regelungsabrede werden Pflichten und Rechte zwischen den Beteiligten begründet, nicht aber unmittelbar zwischen Arbeitgeber und dem einzelnen Arbeitnehmer.

2.1.12.2 Rechtsprechung des Bundesarbeitsgerichts

Das Arbeitsrecht enthält mehr ungeschriebenes Recht als jedes andere Rechtsgebiet. Es ist zu einem großen Teil »Richterrecht«. Das hat Gründe: Die vielfältigen Konflikte, die im heutigen Arbeitsleben auftreten, können vom Gesetzgeber nicht von vornherein vollständig geregelt werden. Die Gerichte haben daher im besonderen Maße auch die Aufgabe, das Arbeitsrecht fortzuentwickeln. Entscheidungen des Bundesarbeitsgerichts (BAG) sind in der Bundesrepublik quasi zwingendes Recht, z. B. das »Übermaßverbot« bei Streiks.

2.1.12.3 Einwirkungen des EU-Rechts

Die Rechtsetzung durch die EU und die Rechtsprechung des Europäischen Gerichtshofs (EuGH) sowie des Europäischen Gerichtshofs für Menschenrechte (EGMR) gewinnen im Bereich des deutschen Arbeitsrechts mehr und mehr an Bedeutung.

Maßnahmen der Rechtsetzung (EU-Verordnungen und EU-Richtlinien) können direkt den Bereich des Arbeitsrechts betreffen, andere, die z. B. dem Haushalts-, Finanz- oder Wirtschaftsrecht zuzuordnen sind, wirken sich nur mittelbar auf das Arbeitsrecht aus.

Im Bereich der Rechtsprechung sind der EuGH und der EGMR die Akteure, die auch das deutsche Arbeitsrecht beeinflussen. Galten bisher in Deutschland im Bereich Arbeitsrecht allein die Richter des Bundesarbeitsgerichts (BAG) als die wahren Hüter des Arbeitsrechts, schließt dieser Anspruch mittlerweile auch Richter des EuGH in Luxemburg und des EGMR in Straßburg ein.

2.2 Rechtswege kennen und das Prozessrisiko einschätzen

2.2.1 Arbeitsgerichtsbarkeit

Deutschland ist gemäß Artikel 20 Grundgesetz ein sozialer Rechtsstaat. Wenn ein Bürger in seinen Rechten verletzt ist, ist ihm daher der Rechtsweg zu unabhängigen Gerichten geöffnet. Kommt es zu Streitigkeiten aus dem Arbeitsleben, sind die Gerichte für Arbeitssachen zuständig, an die sich der Einzelne zur Entscheidung wenden kann. Die Arbeitsgerichtsbarkeit ist ein selbstständiger Zweig innerhalb der Rechtspflege, seine rechtlichen Grundlagen sind im **Arbeitsgerichtsgesetz** (ArbGG) zu finden.

Die mit Abstand meisten Klagen vor dem Arbeitsgericht werden durch Arbeitnehmer, Betriebsräte oder Gewerkschaften eingereicht.

2.2.1.1 Aufbau der Arbeitsgerichte

Die Arbeitsgerichtsbarkeit in Deutschland ist dreistufig aufgebaut. In erster Instanz entscheiden die örtlich zuständigen **Arbeitsgerichte** in der Besetzung mit einem Berufsrichter als Vorsitzenden und zwei ehrenamtlichen Richtern aus Kreisen der Arbeitnehmer und der Arbeitgeber (§§ 14 ff. ArbGG). In der zweiten Instanz sind die Landesarbeitsgerichte zuständig (§§ 33 ff. ArbGG). Die **Kammern** der Landesarbeitsgerichte entscheiden ebenfalls in der Besetzung mit einem Berufsrichter als Vorsitzenden und zwei ehrenamtlichen Richtern aus Kreisen der Arbeitnehmer und Arbeitgeber. Die dritte Instanz ist das Bundesarbeitsgericht in Erfurt (§§ 40 ff. ArbGG). Die dort vorhandenen **Senate** des Bundesarbeitsgerichtes bestehen aus drei Berufsrichtern und zwei ehrenamtlichen Richtern aus Kreisen der Arbeitnehmer und Arbeitgeber (siehe hierzu die folgende Abbildung).

Gerichts- und Anwaltskosten

Das arbeitsgerichtliche Verfahren ist im Verhältnis zu anderen Gerichtsverfahren »billiger«. Im Urteilsverfahren im ersten Rechtszug (1. Instanz) entsteht nur eine einmalige Gebühr nach dem Wert des Streitgegenstandes; aber auch in der 2. und 3. Instanz sind die Gebühren niedriger als in der ordentlichen Gerichtsbarkeit.

Es werden bei den Arbeitsgerichten keine Kostenvorschüsse erhoben. Gebühren und Auslagen werden erst dann fällig, wenn das Verfahren in dem jeweiligen Rechtszug (1., 2., 3. Instanz) beendet ist oder das Ruhen des Verfahrens angeordnet wird. Es gilt die Regel, dass in der ersten Instanz jede Partei ihre Kosten selber trägt (nicht wie in der Zivilgerichtsbarkeit, bei der die unterlegene Partei auch die Kosten für die obsiegende Partei übernehmen muss). Vom Arbeitsgericht herangezogene Dolmetscher werden den Parteien kostenmäßig nicht belastet. Das »Beschlussverfahren« (wird nachfolgend noch behandelt) ist gerichtskostenfrei.

Wird eine Partei anwaltlich vertreten, muss sie natürlich die entstehenden Rechtsanwaltskosten nach der zuständigen Gebührenordnung bezahlen. Um auch einem Rechtssuchenden nicht aufgrund fehlender Finanzmittel die gerichtliche Durchsetzung seiner Ansprüche zu erschweren, besteht auch hier die Möglichkeit, dass Prozesskostenhilfe gewährt werden kann.

2.2.1.2 Zuständigkeit der Arbeitsgerichte

Sachliche Zuständigkeit

Die Arbeitsgerichtsbarkeit ist zuständig gemäß §§ 2 und 2a ArbGG für

1. Rechtsstreitigkeiten zwischen den Tarifvertragsparteien über die Anwendung und Durchführung von Tarifverträgen über deren Bestehen und Nichtbestehen über unerlaubte Arbeitskampfmaßnahmen
2. Streitigkeiten zwischen Arbeitnehmern und Arbeitgebern, soweit es um das Arbeitsverhältnis, um dessen Bestehen oder Nichtbestehen, um unerlaubte Handlungen im Zusammenhang mit dem Arbeitsverhältnis oder um Arbeitspapiere geht
3. Rechtsstreitigkeiten zwischen Arbeitnehmern aus gemeinsamer Arbeit bei Ansprüchen aus gemeinsamen Einrichtungen der Tarifsvertragsparteien.

Die arbeitsgerichtliche Zuständigkeit gilt auch für Rechtsstreitigkeiten, die mit den genannten Rechtsstreitigkeiten im rechtlichen oder unmittelbaren wirtschaftlichen Zusammenhang stehen. Weitere Zuständigkeiten ergeben sich aufgrund von Vergütungsansprüchen für Arbeitnehmer, Erfindungen und Verbesserungsvorschlägen.

Als Arbeitnehmer gelten dabei die Arbeiter und Angestellten, die zu ihrer Berufsausbildung Beschäftigten, die in Heimarbeit Beschäftigten und ihnen Gleichgestellte sowie die sonstigen Personen, die aufgrund ihrer wirtschaftlichen Unselbstständigkeit als arbeitnehmerähnliche Personen anzusehen sind. Dazu zählen auch Handelsvertreter, wenn sie unter anderem im Durchschnitt monatlich weniger als 1 000 € (brutto) verdienen.

Örtliche Zuständigkeit

Örtlich zuständig ist das Arbeitsgericht, bei dem der Beklagte seinen allgemeinen oder besonderen Gerichtsstand zum Zeitpunkt der Klageerhebung hat (§ 46 Abs. 2 ArbGG in Verbindung mit §§ 12 bis 37 ZPO). Der allgemeine Gerichtsstand natürlicher Personen wird durch den Wohnsitz und der von juristischen Personen, z. B. von GmbH oder Aktiengesellschaften, durch ihren Sitz bestimmt. Es ist auch dasjenige Arbeitsgericht zuständig, in dessen Bezirk der Arbeitnehmer gewöhnlich seine Arbeit verrichtet oder verrichtet hat, d. h. in der Regel, dass Arbeitnehmer immer dort Klagen können, wo der Arbeitsplatz ist. Zum Schutz der schwächeren Parteien (hier die Arbeitnehmer) ist die Vereinbarung der Zuständigkeit eines bestimmten Gerichtsortes (Gerichtsstandsvereinbarung) grundsätzlich unzulässig. Ausgenommen davon sind Tarifvertragsparteien.

2.2.1.3 Besetzung der Arbeitsgerichte

In der 1. und 2. Instanz sind die **Kammern** der Arbeitsgerichte bzw. Landesarbeitsgerichte mit je einem Berufsrichter und je zwei ehrenamtlichen Richtern besetzt. Nur in der höchsten Instanz, beim Bundesarbeitsgericht sind drei Berufsrichter in den **Senaten** vertreten, zusätzlich zwei ehrenamtliche Richter. Die ehrenamtlichen Richter werden von Gewerkschaften und Arbeitgeberverbänden vorgeschlagen und von den jeweils zuständigen Landesministern bzw. Landessenatoren berufen. Die besondere Eigenart dieser ehrenamtlichen Richter besteht darin, dass sie bei der Urteilsfindung volles Stimmrecht haben und damit auch den »hauptamtlichen« Richter überstimmen können.

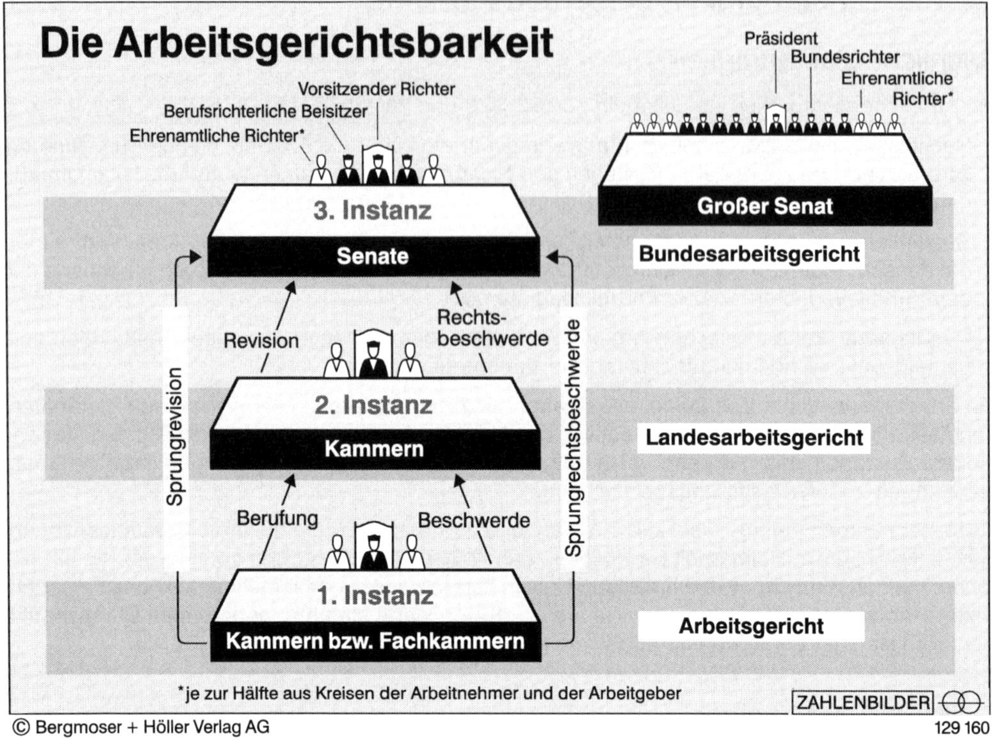

 129 160

2.2.1.4 Klageverfahren

Man unterscheidet grundsätzlich zwei mögliche Verfahren bei den Arbeitsgerichten, das sogenannte »Urteilsverfahren« und das »Beschlussverfahren«.

Das **Urteilsverfahren** wird durch eine schriftliche oder zu Protokoll der Geschäftsstelle beim Arbeitsgericht erhobene **Klage** eingeleitet (§ 46 ff. ArbGG). Bei der Formulierung der Klageschrift sind in der Geschäftsstelle des zuständigen Arbeitsgerichts sachkundige Mitarbeiter behilflich.

Bei den Arbeitsgerichten (1. Instanz) gibt es keinen Vertretungszwang und man kann die Klage auch ohne sachkundigen Rechtsbeistand (Rechtsanwalt) einleiten. Beim Landesarbeitsgericht (2. Instanz) müssen sich die Parteien durch einen Rechtsanwalt oder Rechtsvertreter der Gewerkschaft bzw. einen Rechtsanwalt des Arbeitgeberverbands vertreten lassen. In der 3. Instanz müssen ebenfalls beide Parteien durch einen Rechtsanwalt vertreten werden (§ 11 Abs. 2 ArbGG).

Die Klageschrift muss mindestens eine Woche vor dem Termin zugestellt sein. Auf die Klage hin wird das Gericht (das ist die alleinige Kompetenz des Vorsitzenden) einen Termin zur mündlichen Verhandlung ansetzen. Diese beginnt mit der sogenannten **Güteverhandlung** vor dem Vorsitzenden des Arbeitsgerichts. In dieser Güteverhandlung soll – wie bereits der Name andeutet – eine gütliche Einigung versucht werden. Deswegen ist es in der Regel auch nicht erforderlich, dass die Beklagten sich zu der Klage schriftlich äußern. In der Praxis geschieht es allerdings sehr häufig, dass auch eine schriftliche Klageerwiderung im Zeitpunkt der Güteverhandlung vorliegt. Der Vorsitzende bespricht zum Zweck einer gütlichen Einigung mit beiden Parteien das gesamte Streitverhältnis unter Würdigung aller Umstände. Die Güteverhandlung kann auch an einem zweiten Termin fortgesetzt werden.

Nimmt eine Partei den Termin zur Güteverhandlung nicht wahr oder ist die Güteverhandlung erfolglos, schließt sich die weitere streitige Verhandlung unmittelbar an oder es wird – das ist der Normalfall – ein gesonderter Termin zur **streitigen Verhandlung** bestimmt. Diese streitige Verhandlung findet vor der voll besetzten Kammer statt. Sie umfasst gegebenenfalls eine Beweisaufnahme in Form der Vernehmung der von den Parteien benannten Zeugen oder anderer Beweismittel. Diese Verhandlung soll möglichst in einem Termin zu Ende geführt werden. Damit dies erreicht werden kann, muss der vorsitzende Richter alle erforderlichen vorbereitenden Maßnahmen treffen, insbesondere den Parteien unter Fristsetzung die Ergänzung oder Erläuterung ihrer vorbereitenden Schriftsätze aufgeben, das persönliche Erscheinen der Parteien anordnen und gegebenenfalls Zeugen und Sachverständige laden. Auch jetzt noch muss das Gericht auf eine gütliche Einigung hinwirken.

Erscheint eine Partei zu der streitigen Verhandlung nicht, kann auf Antrag der anderen Partei ein **Versäumnisurteil** verkündet werden. Dieses Versäumnisurteil hat zur Folge, dass die nicht erschienene Partei im Prozess unterliegt. Gegen ein Versäumnisurteil kann allerdings innerhalb einer Woche Einspruch eingelegt werden.

Die Klage wird ansonsten entschieden durch **Ausspruch eines Urteils,** und zwar üblicherweise im Anschluss an die letzte mündliche Verhandlung. Allerdings kann zur Verkündung des Urteils auch ein besonderer Termin festgesetzt werden, der innerhalb von drei Wochen nach Beendigung der Verhandlung stattfinden soll (Verkündungstermin).

Neben dem beschriebenen Urteilsverfahren gibt es das **Beschlussverfahren.** Im Beschlussverfahren sind die Arbeitsgerichte für Streitigkeiten aus dem Betriebsverfassungsgesetz, aus dem Sprecherausschussgesetz, aus dem Gesetz für die Europäischen Betriebsräte, über Streitigkeiten im Zusammenhang mit der Schwerbehindertenvertretung, Streitigkeiten aus dem Mitbestimmungsgesetz sowie Entscheidungen über die Tariffähigkeit und/oder Tarifzuständigkeit einer Vereinigung zuständig.

Das Beschlussverfahren wird ähnlich eingeleitet wie das Urteilsverfahren, nämlich durch einen Antrag, der beim Arbeitsgericht schriftlich einzureichen ist oder bei der Geschäftsstelle mündlich zur Niederschrift vorgetragen werden kann (§ 81 ArbGG). Typisch für das Beschlussverfahren ist, dass das Gericht den Sachverhalt im Rahmen der gestellten Anträge von Amts wegen (§ 83 ArbGG) erforscht. Die Beteiligten haben an der Aufklärung des Sachverhaltes mitzuwirken; auch hier ist es möglich, dass vom vorsitzenden Richter Fristen gesetzt werden. Ebenso ist beim Beschlussverfahren eine vorgeschaltete Güteverhandlung möglich. Das Verfahren – wie der Name bereits sagt – endet nicht mit einem Urteil, sondern mit einem **Beschluss** (§ 84 ArbGG). Für die Verkündung des Beschlusses gelten dieselben Regeln wie zur Verkündung eines Urteils.

2.2.1.5 Klagearten

Als **Leistungsklage** bezeichnet man die Klageart, mit der eine Partei zu einer bestimmten Leistung verpflichtet werden soll. Es kann sich hier um ausstehendes Entgelt, um Gewährung von Urlaub, Schadensersatzansprüche und Ähnliches handeln.

Die typische Form der **Feststellungsklage** ist die Kündigungsschutzklage, mit der begehrt wird »festzustellen, dass die Kündigung unwirksam ist«. Die Formel im Urteil lautet dann: »Es wird festgestellt, dass das bestehende Arbeitsverhältnis durch die Kündigung vom (Tag/Monat/Jahr) nicht aufgelöst worden ist.« Kündigungsschutzklagen sind von den Arbeitsgerichten vorrangig zu behandeln (§ 61a ArbGG).

Auch die **einstweilige Verfügung** ist im arbeitsgerichtlichen Verfahren möglich (§ 62 Abs. 2 ArbGG). Sie soll der einstweiligen Aufrechterhaltung eines bestimmten Zustands oder vorläufigen

Geltendmachung eines Anspruchs zur Abwendung einer Notlage dienen. Im Verfahren zum Erlass einer einstweiligen Verfügung werden – besonders im Hinblick auf die Beweisführung – geringere Anforderungen erhoben als im Hauptverfahren. Es reicht in aller Regel die **Glaubhaftmachung** der Antragsgründe.

2.2.1.6 Rechtsmittel

Gegen die Urteile der Arbeitsgerichte kann **Berufung** beim zuständigen Landesarbeitsgericht eingelegt werden. Die Frist zur Einlegung einer Berufung ist ein Monat ab Zustellung des Urteils. Sie muss innerhalb eines weiteren Monats begründet werden.

Eine Berufung gegen die erstinstanzlichen Urteile des Arbeitsgerichtes ist nur dann möglich, wenn der Wert des Beschwerdegegenstandes 600 € übersteigt; außerdem muss die Berufung vom Arbeitsgericht zugelassen worden sein (was u. a. bei Rechtssachen von grundsätzlicher Bedeutung zu erfolgen hat) und es muss sich um eine Kündigungsschutzsache handeln.

Der Termin zur mündlichen Verhandlung über die Berufung muss unverzüglich nach Eingang der Berufsbegründung bestimmt werden. Auch hier gilt der Grundsatz, dass Kündigungsschutzverfahren dabei vorrangig zu verhandeln sind. Im Übrigen gelten für Berufungsverfahren im Wesentlichen dieselben Regelungen wie in der 1. Instanz, insbesondere über die Befugnisse der Vorsitzenden und der ehrenamtlichen Richter und die Vorbereitung der Verhandlung. Das Landesarbeitsgericht überprüft das Urteil des Arbeitsgerichtes in **tatsächlicher** und **rechtlicher** Hinsicht. Es hat den Rechtsstreit selbst zu entscheiden; eine Zurückverweisung an das erstinstanzliche Gericht ist nicht zulässig.

Gegen Urteile der Landesarbeitsgerichte kann **Revision** eingelegt werden, wenn diese Möglichkeit durch das Landesarbeitsgericht zugelassen wird oder das Bundesarbeitsgericht die Revision zulässt (§ 72 ArbGG). Das Landesarbeitsgericht muss die Revision zulassen, wenn die Rechtssache grundsätzliche Bedeutung hat, d. h. der Rechtsfortbildung oder der Rechtsvereinheitlichung dient oder ein Fall der sogenannten **Divergenz** vorliegt. Divergenz ist anzunehmen, wenn die Entscheidung des Landesarbeitsgerichts von einer Entscheidung eines der obersten Gerichtshöfe des Bundes oder der Entscheidung des Bundesarbeitsgerichts abweicht. Lässt das Landesarbeitsgericht die Revision nicht zu, so kann in bestimmten kollektivrechtlichen Streitigkeiten (Streitigkeiten im Beschlussverfahren) eine Nichtzulassungsbeschwerde beim Bundesarbeitsgericht eingelegt werden.

Ist die Revision zugelassen worden, ist sie binnen einer Frist von einem Monat nach Zustellung des vollständig abgefassten Urteils beim Bundesarbeitsgericht einzulegen und innerhalb eines weiteren Monats zu begründen (§ 74 ArbGG).

Neben der eigentlichen Revision gibt es die Möglichkeit der so genannten **Sprungrevision** (§ 76 ArbGG). Die Sprungrevision kann gegen ein Urteil des Arbeitsgerichtes unter Übergehung des Landesarbeitsgericht unmittelbar beim Bundesarbeitsgericht eingelegt werden, wenn der Gegner schriftlich zustimmt und die Sprungrevision vom Arbeitsgericht auf Antrag im Urteil oder nachträglich durch Beschluss zugelassen wird. Dies geschieht aber nur, wenn die Rechtssache grundsätzliche Bedeutung hat oder bestimmte kollektivrechtliche Streitigkeiten betrifft.

Die Bestimmung des Termins zur mündlichen Verhandlung vor dem Bundesarbeitsgericht hat, wie auch im Berufungsverfahren, unverzüglich zu erfolgen. Das Bundesarbeitsgericht überprüft das Urteil des Landesarbeitsgerichtes allerdings nur auf **Rechtsfehler** (§ 73 ArbGG). An den tatsächlich von der Vorinstanz festgestellten Sachverhalt ist das Bundesarbeitsgericht gebunden. Es kann abschließend entscheiden oder den Rechtsstreit zur erneuten Verhandlung an das Landesarbeitsgericht zurückverweisen.

Gegen Beschlüsse und Verfügungen der Kammern der Arbeitsgerichte oder ihrer Vorsitzenden, die während des Verfahrens, in der Regel außerhalb der mündlichen Verhandlung ergehen, ist die Möglichkeit der Beschwerde gegeben. Über diese entscheidet das Landesarbeitsgericht im Allgemeinen durch Beschluss. Beschlüsse und Verfügungen der Kammern des Landesarbeitsgerichtes oder ihrer Vorsitzenden, die während des Verfahrens ergehen, sind dagegen in der Regel unanfechtbar.

Beim **Beschlussverfahren** ist gegen den Beschluss der ersten Instanz die **Beschwerde** beim Landesarbeitsgericht zulässig. Auch hier muss innerhalb eines Monats die Beschwerde beim Landesarbeitsgericht eingelegt werden und ist innerhalb eines weiteren Monats zu begründen. Im Übrigen gelten die Regelungen des Berufungsverfahrens für das Beschwerdeverfahren analog. Gegen den Beschluss des Landesarbeitsgerichtes ist die **Rechtsbeschwerde** beim Bundesarbeitsgericht möglich; hier gilt aber, dass das Landesarbeitsgericht ausdrücklich die Zulassung erklärt haben muss. Bei Streitigkeiten über die Tariffähigkeit oder die Tarifzuständigkeit einer Vereinigung ist eine Nichtzulassungsbeschwerde beim Bundesarbeitsgericht möglich. Auch hier gibt es die Möglichkeit einer Sprungrechtsbeschwerde. Es gelten die gleichen Grundsätze wie sie über die Revision im Urteilsverfahren dargestellt wurden.

2.2.2 Sozialgerichtsbarkeit

Bei Streitigkeiten über Ansprüche auf gesetzliche Sozialleistungen (Renten, Leistungen bei Arbeitsunfällen, Arbeitslosigkeit usw.) sind die Sozialgerichte zuständig. Die Sozialgerichtsbarkeit ist eine selbstständige und gleichgeordnete Gerichtsbarkeit neben der ordentlichen Gerichtsbarkeit (Zivil- und Strafgerichte) und der Verwaltungsgerichtsbarkeit, Finanzgerichtsbarkeit sowie der Arbeitsgerichtsbarkeit.

2.2.2.1 Aufbau der Sozialgerichte

Die Sozialgerichtsbarkeit in Deutschland ist dreistufig aufgebaut. In der ersten Instanz entscheiden **Sozialgerichte** über alle Streitigkeiten, für die der Rechtsweg zu den Gerichten der Sozialgerichtsbarkeit geöffnet ist. Bei den Sozialgerichten sind Kammern gebildet; diese Kammern richten sich nach der Zuordnung zu den Zweigen der Sozialversicherung, das heißt, eine Kammer ist zuständig für Fragen, die sich aus Leistungen der Bundesagentur für Arbeit ergeben, eine weitere Kammer für Fragen der gesetzlichen Unfallversicherung usw.

Dem Sozialgericht übergeordnet (zweite Instanz) ist das **Landessozialgericht.** Das Landessozialgericht entscheidet über die Berufung gegen Urteile und Beschwerden und andere Entscheidungen der Sozialgerichte. Das Landessozialgericht hat nur eng eingegrenzte erstinstanzliche Zuständigkeit, es fungiert hauptsächlich als zweite und auch letzte Tatsacheninstanz (analog zum Aufbau der Arbeitsgerichtsbarkeit). Aufgrund der Novellierung durch das Gesetz zur Änderung des Sozialgerichtsgesetzes und des Arbeitsgerichtsgesetzes entscheiden die Landessozialgerichte für bestimmte Fälle nunmehr auch in erster Instanz. Am Landessozialgericht sind Senate gebildet, auch sie werden nach Sachgebieten gegliedert.

Das **Bundessozialgericht** (dritte Instanz) entscheidet über das Rechtsmittel der Revision gegen Urteile der Landessozialgerichte sowie über Beschwerden, falls eine Nichtzulassung der Revision im Urteil erfolgt ist. Das Bundessozialgericht ist keine Tatsacheninstanz, seine Nachprüfung des zweitinstanzlichen Urteils beschränkt sich auf die Frage, ob eine Verletzung von Rechtsnormen vorliegt. Für Grundsatzfragen ist der große Senat zuständig.

2.2.2.2 Zuständigkeit der Sozialgerichte

Sozialgerichte entscheiden über öffentlich-rechtliche Streitigkeiten in Angelegenheiten

- der Rentenversicherung,
- der Pflegeversicherung,
- der Arbeitslosenversicherung,
- der Unfallversicherung,
- Ansprüche nach dem Bundeskindergeldgesetz und SGB IX (Schwerbehindertengesetz),
- der Sozialhilfe.

Ein Verfahren ist beim örtlich zuständigen Sozialgericht einzuleiten, das im Bescheid eines Sozialversicherungsträgers in der beigefügten Rechtsmittelbelehrung angegeben wird; das ist in der Regel das für den Wohnsitz oder Beschäftigungsort des Klägers zuständige Sozialgericht.

2.2.2.3 Besetzung der Sozialgerichte

Jede Kammer eines Sozialgerichts besteht aus einem Berufsrichter als Vorsitzendem und zwei ehrenamtlichen Richtern als Beisitzer. Die »große« Besetzung gilt allerdings nur für die Beschlussfassung und Verkündung von Urteilen und in der mündlichen Verhandlung. Erforderliche Beschlüsse, die ohne mündliche Verhandlung erfolgen, trifft der Vorsitzende allein.

Im Landessozialgericht sind die Senate mit einem Vorsitzenden, zwei weiteren Berufsrichtern und zwei ehrenamtlichen Richtern besetzt.

Die Besetzung der Senate beim Bundessozialgericht besteht aus einem Vorsitzenden, zwei weiteren Berufsrichtern und zwei ehrenamtlichen Richtern. Der große Senat besteht aus einem Vorsitzenden, elf weiteren Berufsrichtern und sechs ehrenamtlichen Richtern.

2.2.2.4 Klagearten

Die Regelungen zur Lösung von Konflikten im Sozialrecht finden sich im SGB X »Sozialverwaltungsverfahren und Sozialdatenschutz« sowie im Sozialgerichtsgesetz (SGG). Das Verfahren vor den Sozialgerichten kennt vier Klagearten:

- Anfechtungsklage
- Verpflichtungsklage
- Leistungsklage
- Feststellungsklage

Durch die **Anfechtungsklage** wird die Aufhebung oder Abänderung eines Verwaltungsaktes angestrebt. Sie ist eine Klage gegen einen Eingriff der Verwaltung in die Rechtssphäre des Klägers (Beispiele: Rückforderung oder Entziehung von Leistungen). Diese Form der Klage ist bei der Sozialgerichtsbarkeit eher selten. Die Durchsetzung von Ansprüchen geschieht meistens durch eine kombinierte **Anfechtungs- und Verpflichtungsklage.** Sie ist die Hauptform im sozialgerichtlichen Verfahren. Durch diese Klage werden Sozialversicherungsträger verpflichtet, bestimmte Leistungen zu erbringen.

Leistungsklagen sind im Wesentlichen Klageverfahren zwischen gleich geordneten Versicherungsträgern, z. B. die Bundesagentur für Arbeit klagt gegen Rentenversicherungsträger wegen der Zuständigkeit und der Höhe von Leistungen.

Die sogenannte **Feststellungsklage** ist für bestimmte Klagebegehren nur dann zulässig, wenn der Kläger an der alsbaldigen Feststellung ein berechtigtes Interesse hat und sein Begehren mit keiner der anderen erwähnten Klagearten möglich ist. Diese Klageform ist der einstweiligen Verfügung ähnlich. Im Gegensatz zum Zivilprozess vor der ordentlichen Gerichtsbarkeit und zu dem Urteilsverfahren im Arbeitsgerichtsverfahren gilt im Sozialgerichtsverfahren aber generell der Grundsatz der Untersuchungs- und Amtsermittlung: Das Gericht erforscht den Sachverhalt von Amts wegen, es ist nicht an das Vorbringen und die Anträge der Parteien gebunden. Soweit ein Sozialgericht selbst nicht die Möglichkeit hat, den Sachverhalt aufzuklären, muss durch entsprechende Sachverständigengutachten die nötige Sachkunde eingeholt werden.

Im sozialgerichtlichen Verfahren entscheiden die Gerichte aufgrund einer mündlichen Verhandlung. Das Gericht entscheidet dabei nach seiner freien, aus dem Gesamtergebnis des Verfahrens gewonnenen Überzeugung. Dieser Grundsatz der freien richterlichen Beweiswürdigung (§ 128 Abs. 1 SGG) besagt, dass das Sozialgericht bei seiner Entscheidungsfindung die einzelnen Faktoren des Falles – insbesondere aufgrund einer durchgeführten Beweisaufnahme – zu berücksichtigen und nach freier Entscheidung vollständig zu würdigen hat. Kernstück des Verfahrens ist die mündliche Verhandlung, die der Vorsitzende leitet. Er gibt eine gedrängte Darstellung des Sachverhalts, dann erhalten die Beteiligten das Wort.

Der Vorsitzende hat das Sach- und Streitverhältnis zu erörtern und darauf hinzuwirken, dass die Tatsachen vollständig erklärt werden sowie sachdienliche Anträge gestellt werden. Nach Erörterung kann der Vorsitzende die mündliche Verhandlung für geschlossen erklären. Die Beweiserhebung im sozialgerichtlichen Verfahren ist nicht an Beweisanträge oder an den Vortrag der Beteiligten gebunden; das Gericht erhebt »von Amts wegen« Beweise. Es stehen die auch in der Zivilprozessordnung bekannten Beweismittel zur Verfügung, das sind Urkunden, die »in Augenscheinnahme«, die Zeugenvernehmung und die Anhörung von Sachverständigen.

Die Verfahren vor den Gerichten der Sozialgerichtsbarkeit sind grundsätzlich kostenfrei. Es entstehen keine Gerichtskosten, auch die Einholung von Gutachten oder die Zeugenvernehmung sind kostenfrei. Allerdings besteht im sozialgerichtlichen Verfahren die Möglichkeit, bei Mutwillen, Verfahrensverschleppung, Irreführung des Gerichts, dem Verursacher sogenannte Mutwillenskosten aufzuerlegen. Das Sozialgerichtsgesetz sieht außerdem die Kostenauferlegung bei unterlassenen notwendigen Ermittlungen der beteiligten Behörden vor.

Wie im arbeitsgerichtlichen Verfahren gibt es auch im sozialgerichtlichen Verfahren die Bewilligung von Prozesskostenhilfe; denn die Kosten der Vertretung durch Anwälte müssen selbstverständlich von den Beteiligten getragen werden. Diese Kosten können ggf. erstattet werden.

2.2.2.5 Rechtsmittel

Berufung

Gegen Urteile und Gerichtsbescheide der Sozialgerichte ist die Berufung zum Landessozialgericht möglich. Diese ist weitgehend unbeschränkt zulässig, lediglich bei Streitigkeiten, bei denen es um Leistungen bis zum Wert von 750 € (Bagatellstreitigkeiten) geht, bedarf es der Zulassung der Berufung durch das Sozialgericht oder auf Beschwerde durch das Landessozialgericht. Die Zulassung erfolgt, wenn grundsätzliche, über den Einzelfall hinaus bedeutsame Rechtsfragen zu klären sind oder Verfahrensfehler des Sozialgerichtes gerügt werden und auch tatsächlich vorliegen.

Beschwerde

Gegen andere Entscheidungen der Sozialgerichte (Beschlüsse) kommt grundsätzlich die Beschwerde zum Landessozialgericht in Betracht. Das Landessozialgericht entscheidet in der Regel wiederum durch Beschluss ohne mündliche Verhandlung; seine Entscheidungen sind endgültig und nicht weiter anfechtbar.

Revision

Gegen Urteile des Landessozialgerichtes ist die Revision zum Bundessozialgericht zulässig, wenn sie im Urteil zugelassen wurde, was ebenfalls dann geschieht, wenn der Rechtsstreit von über den Einzelfall hinausgehender, grundsätzlicher Bedeutung ist oder das Urteil von Entscheidungen der Bundesgerichte abweicht. Lässt ein Landessozialgericht die Revision nicht zu, kann das Bundessozialgericht sie auf Nichtzulassungsbeschwerde selbst zulassen, wenn die o. g. Gründe hierfür vorliegen oder das Landessozialgericht Verfahrensfehler gemacht hat.

Fristen

Alle Rechtsmittel sind fristgebunden, die Frist beträgt einheitlich einen Monat nach Zustellung der anzufechtenden Entscheidung.

2.3 Einkommens- und Vergütungssysteme umsetzen

2.3.1 Wirtschaftliche Grundlagen der Einkommens- und Vergütungssysteme

Einkommens- und Vergütungssysteme spielen eine wichtige Rolle für die wirtschaftliche Situation von Mitarbeitern und Unternehmen. Für die Mitarbeiter ist eine faire und motivierende Vergütungspolitik wichtig. Gleichzeitig dürfen die Unternehmen ihre wirtschaftliche Leistungskraft nicht überfordern und müssen zahlreiche rechtliche, wirtschaftliche und soziale Aspekte berücksichtigen. Dies beinhaltet unter anderem folgende Punkte:

- aktuelle Arbeitsmarkt- und Fachkräftesituation
- Ergebnisse von Tarifverhandlungen
- Beachtung gesetzlicher Vorschriften
- Übernahme von sozialer Verantwortung
- Berücksichtigung vorhandener Unterschiede in Branchen und Regionen

Somit handelt es sich bei der Gestaltung von geeigneten Einkommens- und Vergütungssystemen um einen sehr komplexen Prozess, der für den dauerhaften Bestand des Unternehmens am Markt und dessen Zukunftsfähigkeit von großer Bedeutung ist.

2.3.2 Wertschöpfung im Unternehmen

Die Wertschöpfung ist in einer Geldwirtschaft das Ziel produktiver Tätigkeit und besteht in der Transformation vorhandener Güter in Güter mit höherem Wert. Einfach ausgedrückt, besteht die Wertschöpfung aus einer Gesamtleistung abzüglich von Vorleistungen. Dies soll am Beispiel eines Wertschöpfungsprozesses aus der Textilindustrie verdeutlicht werden:

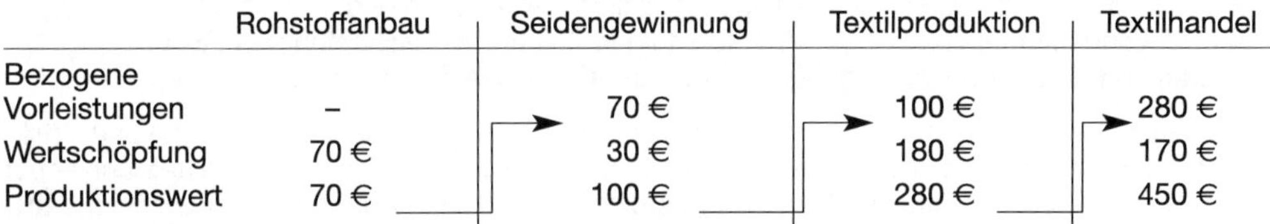

	Rohstoffanbau	Seidengewinnung	Textilproduktion	Textilhandel
Bezogene Vorleistungen	–	70 €	100 €	280 €
Wertschöpfung	70 €	30 €	180 €	170 €
Produktionswert	70 €	100 €	280 €	450 €

Zunächst werden Rohstoffe in der landwirtschaftlichen Produktion gewonnen, die Seidenraupen zum Wachstum und zur Seidenspinnung brauchen. Diese werden für 70 € verkauft. Da hier keine Vorleistungen angesetzt werden, beträgt die Wertschöpfung den gesamten Produktionswert von 70 €. In der nächsten Produktionsstufe werden Seidenstoffe gewebt und für 100 € verkauft. Die Vorleistung, also Seidengarn, wurde für 70 € eingekauft, die Wertschöpfung beträgt hier 30 €. Im anschließenden Produktionsschritt werden die Seidenstoffe zu Kleidungsstücken weiterverarbeitet und für 280 € verkauft, die Wertschöpfung entspricht hier einem Wert von 180 €. Schließlich werden die Kleidungsstücke im Textilhandel mit einer Wertschöpfung von 170 € an die Endkunden verkauft.

Die Wertschöpfung ist Ausdruck der **Eigenleistung** des jeweiligen Betriebs. Die von einem Betrieb von anderen Betrieben übernommen Leistungen werden üblicherweise **Vorleistungen** genannt.

Die von einem Betrieb an andere Betriebe abgegebene Leistung kann als **Abgabeleistung** bezeichnet werden. Die **Eigenleistung** des Betriebs ist die Differenz zwischen den Abgabeleistungen und den Vorleistungen. Die Vorleistungen können nun allerdings eng oder weit abgegrenzt werden, wie auch die Abgabeleistungen. Damit erhält man mehrere Fassungen des Wertschöpfungsbegriffs.

Unter den Abgabeleistungen sind bei einem Industriebetrieb auf jeden Fall die fertigen Erzeugnisse zu verstehen. Unter den Vorleistungen sind bei einem Industriebetrieb Roh- und Hilfsstoffe zu verstehen, gegebenenfalls können oder müssen auch Betriebsstoffe und Energie dazu gezählt werden.

Zu den Vorleistungen können Dienstleistungen von vorgelagerten Unternehmen, aber auch Handelsware, Transportkosten oder Mietaufwendungen gerechnet werden.

Der Begriff der Wertschöpfung wird allerdings sehr vielfältig verwendet und ist daher nicht immer so klar wie im verwendeten Beispiel. In bestimmten Bereichen, wie Betriebswirtschaftslehre, Finanzwirtschaft oder Volkswirtschaft wird die Wertschöpfung unterschiedlich definiert. Der Begriff wird z. B. in der Volkswirtschaftslehre bei Betrachtung der im Inland erstellten Produktion durch Einsatz in- und ausländischer Produktionsfaktoren verwendet. Dies wird zur Messung des Bruttoinlandsprodukts genutzt. Dabei geben die Wirtschaftsdaten Aufschluss darüber, welchen Anteil eine einzelne Branche oder ein einzelnes Unternehmen zur gesamtwirtschaftlichen Leistung beigetragen hat. Die Wertschöpfung ist auch eine wichtige Ausgangsgröße für die volkswirtschaftliche Gesamtrechnung.

2.3.3 Wertschöpfungsrechnung im Unternehmen

Die Wertschöpfungsrechnung zählt zu den Werkzeugen der betriebswirtschaftlichen Analyse. Ziel ist es festzustellen, welchen Beitrag einzelne Produktionsstufen oder Unternehmensbereiche zum Gesamtwert eines Produkts oder einer Dienstleistung leisten.

- Einzahlungen und Auszahlungen; hierbei erhält man die liquide Wertschöpfung
- Einnahmen und Ausgaben; dies ergibt die realisierte Wertschöpfung
- Aufwendungen und Erträgen; so wird die erfolgswirksame Wertschöpfung ermittelt
- Kosten und Leistungen; sie ergeben die kalkulatorische Wertschöpfung.

In der Regel erfolgt die Errechnung der Wertschöpfung auf Basis von Aufwendungen und Erträgen, da diese Zahlen für die Gewinn- und Verlustrechnung (GuV) ohnehin ermittelt und – bei größeren Betrieben – veröffentlicht werden. Allerdings dient die GuV nicht in erster Linie der Wertschöpfungsrechnung, sodass die Zahlen nicht zwingend die »richtige« Wertschöpfung darstellen.

Die Wertschöpfung kann auf zwei Arten ermittelt werden. Die erste Methode ist die subtraktive Methode (auch Wertschöpfungsentstehungsmethode genannt), bei der man von den Erträgen ausgeht und die Aufwendungen **mit** Vorleistungscharakter subtrahiert, um als Saldo den Betrag Wertschöpfung zu erhalten. Alternativ kann man mit der additiven Methode (auch Wertschöpfungsverteilungsrechnung oder Wertschöpfungsverwendungsrechnung) zum Gewinn oder Verlust die Aufwendungen **ohne** Vorleistungscharakter hinzurechnen und erhält hier als Summe den Betrag der Wertschöpfung. Beide Rechenwege führen zum gleichen Ergebnis.

Die subtraktive Rechnung wird oft als Wertschöpfungsentstehungsrechnung bezeichnet, während die additive Rechnung als Wertschöpfungsverteilungsrechnung (oder auch Wertschöpfungsverwendungsrechnung) bekannt ist. Jedoch sollte man diese Bezeichnungen nicht als zwei aufeinanderfolgende Prozesse betrachten, wie es beispielsweise bei der Gewinnentstehung und Gewinnverwendung der Fall ist, wo zunächst ein Gewinn erwirtschaftet werden muss, bevor er verteilt werden kann. Bei der Wertschöpfungsentstehung und Wertschöpfungsverteilung handelt es sich aber um zwei verschiedene Aspekte ein und desselben Prozesses.

2.3.3.1 Entstehungsrechnung

Die Wertschöpfungsentstehungsrechnung entspricht der subtraktiven Methode, da von der Gesamtleistung die Vorleistungen subtrahiert werden. Sie kann als einfache Formel wie folgt dargestellt werden:

Wertschöpfung = Gesamtleistung – Vorleistungen

Als detaillierte Darstellung zur Berechnung der Unternehmenswertschöpfung kann folgende Struktur dienen:

Umsatzerlöse – darauf entfallende Vorleistungen
= umsatzbezogene Brutto-Betriebswertschöpfung + Bestandsmehrungen und andere aktivierte Eigenleistung – darauf entfallende Vorleistung = produktionsbezogene Brutto-Betriebswertschöpfung + selbst erstellte immaterielle Vermögenswerte und Erträge aus immateriellen Vermögenswerten – darauf entfallende Vorleistungen – Vorleistungen für Miete/Pacht, Leasing und andere ordentliche Vorleistungen
= Brutto-Betriebswertschöpfung – Abschreibungen auf materielle und immaterielle Gegenstände des Anlagevermögens
= Netto-Betriebswertschöpfung + Erträge aus Finanzanlagevermögen
= gewöhnliche Unternehmenswertschöpfung +/– außergewöhnliche Erträge/Aufwendungen
= Unternehmenswertschöpfung

In dieser Darstellung beschreibt die Netto-Betriebswertschöpfung die Leistungserstellung der eigentlichen betrieblichen Tätigkeit, die Unternehmenswertschöpfung das insgesamt im Unternehmen entstandene Einkommen.

2.3.3.2 Verteilungsrechnungen

Die Wertschöpfungsverteilungsrechnung entspricht der additiven Methode, die das Unternehmen als soziale Gemeinschaft versteht, in dem verschiedene Personengruppen versuchen, ihre einkommensbezogenen Interessen umzusetzen.

In einer Summenformel sieht dies folgendermaßen aus:

Wertschöpfung = Einkommen der Arbeitnehmer
+ Einkommen der Kapitalgeber
+ Einkommen des Staates
+ unverteilte Wertschöpfung (verbleibt im Unternehmen)

Die nachfolgende Struktur verdeutlicht diese Formel im Detail:

Anteil der Arbeitnehmer Nettolöhne und -gehälter + Lohnsteuer + Sozialversicherungsbeiträge und freiwillige Sozialleistungen + Dotierung von Pensionsanwartschaften + andere Lohnersatzleistungen + Tantiemen und Prämien = Summe des Anteils der Mitarbeiter
+ Anteil der Kapitalgeber Zinsen und ähnliche Aufwendungen + Dividenden = Summe des Anteils der Kapitalgeber
+ Anteil des Staates und der Gesellschaft Ertragssteuern + indirekte Steuern + Gebühren/Abgaben – Subventionen = Summe des Anteils des Staates
+ unverteilte Wertschöpfung +/– Zuführung/Auflösung von Rücklagen – Jahresfehlbetrag + Erträge aus Verlustübernahmen = Summe unverteilter Wertschöpfung
= Unternehmenswertschöpfung

In dieser Aufteilung lassen sich die einzelnen Anteile der gesellschaftlichen Gruppen ins Verhältnis setzen und die relative Bedeutung der beiden Produktionsfaktoren »Arbeit« und »Kapital« für die Wertschöpfung ermessen.

2.3.4 Rechtliche Grundlagen der Einkommens- und Vergütungssysteme

Grundgesetz und Länderverfassungen

Im Grundgesetz regelt Artikel 9 das Recht, »zur Wahrung und Förderung der Arbeits- und Wirtschaftsbedingungen Vereinigungen zu bilden«. In Artikel 20 GG wird festgeschrieben, dass »die Bundesrepublik Deutschland ein demokratischer und sozialer Bundesstaat« ist. Aus dem einen Artikel ergibt sich die **Tarifautonomie,** das heißt, Gewerkschaften und Arbeitgeber können ihre Angelegenheiten (z. B. Entgeltverhandlungen) ohne Einfluss des Staates regeln. Der andere Artikel begründet den Anspruch auf die soziale Komponente bei Festlegung der Arbeitsbedingungen.

Über die Höhe der Vergütung sagt das Grundgesetz nichts aus. Auch in Länderfassungen gibt es keinerlei Bestimmungen, die eine konkrete Höhe der Entgelte festlegen.

Gesetze

Auf Ebene der Gesetze bildet das **Bürgerliche Gesetzbuch** (BGB) eine abstrakte Grundlage. § 611 BGB lautet: *»Durch den Dienstvertrag wird derjenige, welcher Dienste zusagt, zur Leistung der versprochenen Dienste, der andere Teil zur Gewährung der vereinbarten Vergütung verpflichtet«.*

Im § 612 wird es konkreter. Es heißt im Absatz 2: *»Ist die Höhe der Vergütung nicht bestimmt, so ist ... die übliche Vergütung als vereinbart anzusehen«.*

Ähnliche, abgeschwächte Bestimmungen gibt es im Handelsgesetzbuch (HGB) und in der Gewerbeordnung (GewO).

Der **gesetzliche Mindestlohn** – ein Spagat zwischen Gesetz und Tarifautonomie – wurde viele Jahre in Gesellschaft, Politik und Wirtschaft diskutiert, da in Deutschland nach Schätzungen 3,5 bis 4 Mio. Arbeitnehmer nicht ohne Aufstockung durch staatliche Transferleistungen von ihrem Arbeitslohn leben konnten. Die besondere Herausforderung des Mindestlohns liegt darin, diesen gesetzlich allgemeinverbindlich zu regeln, ohne in die Tarifautonomie einzugreifen. Da die gesetzlichen Bestimmungen keinen Mindestlohn vorgaben und ein tariflicher Mindestlohn nur in einigen Branchen verbindlich geregelt war, wurde durch das Gesetz zur Regelung eines allgemeinen Mindestlohns (MiLoG) 2015 ein Mindestlohn von zunächst 8,50 € vorgeschrieben. Seit der Einführung stieg der Mindestlohn über mehrere Stufen (1. Januar 2017: 8,84 €, 1. Januar 2019: 9,19 €, 1. Januar 2020: 9,35 €, 1. Januar 2021: 9,50 €, 1. Juli 2021: 9,60 €, 1. Januar 2022: 9,82 € , 1. Juli 2022: 10,45 € und 1. Oktober 2022: 12,00 €) zuletzt zum 1. Januar 2024 auf 12,41 €.

Der Mindestlohn wird von einer Mindestlohnkommission, in die Arbeitnehmer- und Arbeitgebervertreter von der Bundesregierung berufen werden, fortgeschrieben. Anspruch auf den Mindestlohn haben alle Arbeitnehmer. Ausgenommen sind Langzeitarbeitslose, Jugendliche unter 18 Jahren sowie Praktikanten, wenn das Praktikum im Rahmen der Berufsbildung verbindlich vorgeschrieben ist oder wenn es der Berufsorientierung dient bzw. ausbildungs-/studiumbegleitend ausgeübt wird und nicht länger als drei Monate dauert. Auch Teilnehmer an einer Einstiegsqualifizierung oder an einer Berufsausbildungsvorbereitung fallen nicht unter das Gesetz (§ 22 MiLoG).

Neben dem gesetzlichen Mindestlohn gibt es **Branchen-Mindestlöhne,** die von Gewerkschaften und Arbeitgebern in einem Tarifvertrag ausgehandelt und von der Politik für allgemeinverbindlich erklärt werden.

Für Auszubildende ist in der Neufassung des BBiG von 2020 eine **Mindestausbildungsvergütung** vorgeschrieben (→ 2.1.7.15).

Tarifverträge

Tarifverträge werden zwischen Gewerkschaften und Arbeitgeberverbänden abgeschlossen und gelten in der Regel nur für die tarifgebundenen Arbeitsverhältnisse, d. h. für Mitglieder der Arbeitgeberverbände und der Gewerkschaften. Aus Gründen der Vereinfachung werden die Tarifverträge häufig auch allgemein angewendet. Sie können unter bestimmten Bedingungen durch eine Rechtsverordnung für allgemein verbindlich erklärt werden.

Inhaltlich und hinsichtlich der Geltungsdauer sind folgende Arten zu unterscheiden:

- Lohn- und Gehaltstarifvertrag
- Manteltarifvertrag
- Rahmentarifvertrag
- Verbandstarifvertrag

Der **Lohn- und Gehaltstarifvertrag** regelt die Vergütungen und den Urlaubsanspruch der Arbeitnehmer. Er hat in der Regel eine Laufzeit von einem Jahr.

Dagegen wird der **Rahmentarifvertrag** für einen längeren Zeitraum vereinbart. In diesem Vertrag werden in der Regel die Bedingungen für die Ermittlung des Entgeltes geregelt.

Der **Manteltarifvertrag** beinhaltet die allgemeinen Bedingungen der Arbeitsverhältnisse. Er gilt für mehrere Jahre und hat für die Lohn- und Gehaltsfestsetzung in der Regel keine Bedeutung.

Beim **Verbandstarifvertrag** stehen ein oder mehrere Arbeitgeberverbände einer oder mehreren Gewerkschaften gegenüber.

In den Verträgen sind die Löhne und Gehälter nach Stufen oder Gruppen aufgeteilt. Die Einstufung der Arbeiter und Angestellten in Lohn- oder Gehaltsgruppen wird durch Tätigkeitsverzeichnisse festgelegt. Ferner werden auch die Zuschläge für Arbeitserschwernisse, Überstunden, Nachtarbeit, Sonn- und Feiertage geregelt (→ 2.1.10).

Betriebsvereinbarungen

Betriebsvereinbarungen werden zwischen Betriebsrat und Arbeitgeber einzelner Unternehmen abgeschlossen; sie gelten nur für den betreffenden Betrieb oder das Unternehmen. Auf das jeweilige Unternehmen bezogene Regelungen der Entlohnung, der Arbeitszeit und anderer Einsatzbedingungen des Produktionsfaktors menschliche Arbeitskraft können – so die Befürworter – flexibler und situationsgerechter gestaltet werden und damit die Wettbewerbssituation des Unternehmens am Markt zeitnah verbessern. Die Gewerkschaften sehen in dieser Aufweichung des Flächentarifs den Verzicht auf einen wesentlichen Sicherheitsfaktor im Arbeitsverhältnis.

Die Betriebsvereinbarungen enthalten keine Bestimmungen über die Höhe der Entgelte wie Löhne, Gehälter, Überstundenzuschläge und Zulagen, was der Regelung durch den Tarifvertrag überlassen bleibt. Allerdings können Betriebsvereinbarungen ergänzende Vereinbarungen enthalten, z. B. über soziale Leistungen, Jubiläumszuwendungen, Beihilfen, Betriebsrenten, Gratifikationen, usw., sodass auch diese Regelungen für die Lohn- und Gehaltsfestsetzungen herangezogen werden müssen.

Einzelarbeitsverträge

Grundlage des Individualarbeitsrechts ist der Arbeitsvertrag. Durch den Arbeitsvertrag verpflichtet sich der Arbeitnehmer zu einer Arbeitsleistung, der Arbeitgeber zur Zahlung eines Arbeitsentgeltes. Die rechtliche Grundlage dafür findet sich im Bürgerlichen Gesetzbuch. Maßgebend sind die §§ 611 bis 630 BGB (Dienstvertragsrecht). Ergänzt werden diese Bestimmungen noch durch Spezialgesetze. Die Einzelarbeitsverträge müssen nicht schriftlich abgeschlossen werden. Auch ein mündlicher Arbeitsvertrag hat Gültigkeit. In Anbetracht der Rechtssicherheit ist jedoch die Schriftform zu empfehlen. Die Schriftform ist für befristete Arbeitsverträge und Teilzeit-Arbeitsverträge sowie Berufsausbildungsverträge vorgeschrieben.

Zu beachten sind darüber hinaus die Anforderungen des Nachweisgesetzes (→ 2.1.2).

Einseitige unternehmerische Festlegung

Neben den Entgeltregelungen in Tarifverträgen und Einzelarbeitsverträgen existieren eine Reihe von Entgeltformen, die auf einseitigen, freiwilligen Entscheidungen des Arbeitgebers beruhen und die größtenteils auch widerrufbar sind.

Es handelt sich nicht um leistungsabhängige Zulagen sondern um Zulagen allgemeiner Art, die in der Regel als freiwillige betriebliche Sozialleistungen, bezeichnet werden.

2.3.5 Prinzipien der Entgeltfestsetzung

Bei der Entgeltfestsetzung hat der Arbeitgeber einerseits das Ziel, die Personalkosten niedrig zu halten, um im Wettbewerb bestehen zu können, aber andererseits auch die Mitarbeiter durch ein als gerecht empfundenes Entgeltsystem zu motivieren und langfristig an sich zu binden. Aus Sicht des Arbeitnehmers geht es zunächst darum, den Lebensunterhalt zu sichern und individuelle Bedürfnisse befriedigen zu können. Darüber hinaus können auch weitere Aspekte eine Rolle spielen, wie Firmenwagen, betriebliche Altersversorgung oder die Nutzung von Steuervorteilen.

Die Ziele bzw. die Interessen bei der Entgeltfestsetzung von Arbeitgeber und Arbeitnehmer sind demnach nicht deckungsgleich. Also geht es darum, ein System zu finden, das in der Abwägung aller Interessen ein relativ gerechtes Entgelt anstrebt. Dies gilt sowohl bei gesetzlichen und tariflichen Entgeltreglungen als auch bei der Entgeltfestsetzung durch Betriebsvereinbarungen oder auf einzelvertraglicher Basis. Da Gerechtigkeit im ökonomischen Sinne wissenschaftlich nicht zu definieren ist und eher einem Gefühl entspricht, versucht man ein gerechtes Entgelt über Hilfskonstruktionen und objektive Kriterien zu erreichen. Hier werden sogenannte Ersatzgerechtigkeiten wie Leistungsgerechtigkeit (Übereinstimmung von Lohn und Leistung), soziale Gerechtigkeit (Berücksichtigung der sozialen Verhältnisse und Absicherung bei Krankheit oder Alter) oder Marktgerechtigkeit (Entgelt, das sich aus Angebot und Nachfrage in einem Marktsegment ergibt) zu Hilfe gezogen. Als Voraussetzungen zur Findung eines gerechten Entgelts werden Vergleichbarkeit, Nachprüfbarkeit, Klarheit und Objektivität gesehen.

In Fragen der betrieblichen Lohngestaltung, insbesondere bei Aufstellung von Entlohnungsgrundsätzen und der Einführung, Anwendung und Änderung von Entlohnungsmethoden hat der Betriebsrat ein Mitbestimmungsrecht, sofern keine gesetzlichen oder tariflichen Regelungen bestehen (§ 87 BetrVG).

In der Praxis werden im Wesentlichen die drei folgenden Prinzipien zur Entgeltfindung eingesetzt: die leistungsabhängige, die soziale und die erfolgsabhängige Entgeltfindung, wobei auch Mischformen üblich sind.

2.3.5.1 Leistungsabhängige Entgeltfindung

Bei leistungsabhängiger Entgeltfindung wird die tatsächlich vom Arbeitnehmer erbrachte Leistung (qualitativ und quantitativ) berücksichtigt. Das Entgelt muss dieser Leistung entsprechen und ergibt damit einen Anreiz zur individuellen Leistungserbringung, es kann aber auch eine Gruppenleistung vorgegeben werden. Damit profitieren die Arbeitnehmer dann in besonderen Maße, wenn sie eine Leistung zeigen, die über das Normalmaß hinausgeht. Die Leistung kann durch unterschiedliche Methoden ermittelt werden (→ 2.3.8) und ergibt die Höhe des zu zahlenden Entgelts. Dies ist bei quantitativ messbaren Tätigkeiten in der Produktion recht einfach und erfolgt in der Regel über Akkordlöhne. Schwieriger wird es, wenn der Arbeitnehmer eine qualitativ anspruchsvollere Tätigkeit ausübt, in der Flexibilität, Sorgfalt oder eigene Entscheidungskompetenzen eine Rolle spielen. Hier wird die Arbeitsleistung mithilfe von Beurteilungs- und Bewertungsverfahren durch den Vorgesetzten eingeschätzt. Eine gewisse subjektive Komponente kann dabei jedoch nicht ausgeschlossen werden.

In der Regel wird nicht die gesamte Höhe des Arbeitsentgelts nach leistungsbezogenen Kriterien bemessen, sondern besteht aus einem größeren leistungsunabhängigen Teil (Mindestlohn, Grundlohn) und leistungsbezogenen Zulagen.

2.3.5.2 Soziale Entgeltfindung

Bei der sozialen Entgeltfindung werden unterschiedliche soziale Aspekte berücksichtigt, wie z. B. Lebensalter, Familienstand, Zahl der Kinder. Diese Form kommt heute im Wesentlichen bei der Beamtenbesoldung und in Teilen des öffentlichen Dienstes vor. In Industrie und Wirtschaft wird diese Form kaum praktiziert. Wenn allerdings das Lebensalter zu einer höheren Berufserfahrung führt, findet dieser Aspekt teilweise Berücksichtigung. Im Rahmen des Allgemeinen Gleichbehandlungsgesetzes (AGG) ist jedoch Vorsicht bei lebensaltersabhängigen Geld- oder Sachleistungen geboten. Mittlerweile gibt es zahlreiche Urteile, die eine Gehaltseingruppierung oder die Erhöhung des Urlaubsanspruchs aufgrund des Alters als rechtswidrig ansehen. In diesen Fällen wird anstelle des Lebensalters ersatzweise häufig mit der Betriebszugehörigkeit argumentiert.

2.3.5.3 Erfolgsabhängige Entgeltfindung

Im Gegensatz zur Leistungsabhängigkeit der Bezahlung orientiert sich die erfolgsabhängige Bezahlung nicht an der messbaren Leistung des Einzelnen, sondern am wirtschaftlichen Gesamterfolg eines Betriebes oder Unternehmens. Als Erfolg können unterschiedliche Bezugsgrößen definiert werden, z. B. der Periodengewinn des Unternehmens, der Umsatz, Absatzziele, Kostenersparnis oder die Wertschöpfung. In der Praxis wird die Erfolgsbeteiligung häufig als Gewinnbeteiligung definiert und wird z. B. als Geldleistung oder in Anteilen am Unternehmen in Form von Aktien oder anderen Beteiligungsformen gewährt.

2.3.6 Festlegung der Entgelthöhe

Die Höhe des Arbeitsentgelts wird von Faktoren beeinflusst, die als intern und extern gekennzeichnet werden können:

- Anforderungen des Arbeitsplatzes
- Individuelle Leistung und Qualifikation des Arbeitnehmers
- Ertragslage eines Unternehmens
- Arbeitsmarktlage
- Konjunkturelle Situation und Erwartung
- Sozialer Status der Tätigkeit oder auch der Branche
- Individuelles Verhandlungsgeschick der Vertragspartner.

2.3.6.1 Markteinflüsse

Die Situation auf dem Arbeitsmarkt, also das Angebot und die Nachfrage von Arbeitskräften, bestimmt auch die Höhe des Entgelts. Auch ein Mitarbeiter, der anforderungsgerecht und leistungsgerecht bezahlt wird, befasst sich mit Veränderungsgedanken, wenn er feststellt, dass er mit der gleichen Tätigkeit und Leistung in einem anderen Betrieb wesentlich mehr verdienen oder höhere Sozialleistungen erwarten kann. Insbesondere gut ausgebildete Fachkräfte sind auf dem Arbeitsmarkt nur begrenzt verfügbar.

Die Markteinflüsse spielen insbesondere auf den regionalen Arbeitsmärkten eine Rolle. Man denke an ländliche und großstädtische Regionen. Entgeltvergleiche sind das Mittel, um ein marktgerechtes Entgelt zu ermitteln.

2.3.6.2 Verhandlungsgeschick

Auch das persönliche Verhandlungsgeschick spielt bei der Höhe der Entgelte eine Rolle.

Gemeint sind hier beide Seiten. Der Bewerber, der weiß, dass ein Unternehmen dringend einen Mitarbeiter seiner Qualifikation benötigt, hat die Chance, ein höheres Entgelt zu realisieren.

Der Arbeitgeber, der erkennt, dass ein Bewerber dringend einen Arbeitsplatz sucht und örtlich gebunden ist, hat die Chance, einen neuen Mitarbeiter »billiger einzukaufen«.

Doch besteht die Gefahr, dass durch große Schwankungen in der Entgelthöhe, die durch das jeweilige Verhandlungsgeschick auftreten, Unfrieden unter den Mitarbeitern entstehen kann und andererseits der zu billig eingekaufte Mitarbeiter das Unternehmen wieder verlässt. Arbeitgeber sollten daher die Unterschiede für gleichartige Arbeit bei gleichartiger Qualifikation gering halten und das Gehaltsgefüge im Betrieb beachten. Dies kommt der Mitarbeiterzufriedenheit zugute und verringert die Fluktuation.

2.3.7 Formen der Beteiligung am Unternehmenserfolg

Formen der Mitarbeiterbeteiligung haben zum Ziel, die Mitarbeitenden am Unternehmenserfolg materiell teilhaben zu lassen. Dies kann die Arbeitgeberattraktivität steigern und zu einer höheren Motivation und Zufriedenheit der Belegschaft beitragen. Gleichzeitig kann ein Beteiligungsprogramm die Ausrichtung der individuellen Ziele der Arbeitnehmer auf die Unternehmensziele fördern und somit weitere Vorteile für die Arbeitgeber schaffen. In den letzten Jahren haben sich Formen der Beteiligung am Unternehmenserfolg entwickelt, die einerseits leistungsorientiert, andererseits ertragsorientiert gestaltet sind.

2.3.7.1 Leistungsbeteiligung

Leistungsbeteiligungen – als eine Form der Beteiligung am Unternehmenserfolg – knüpfen direkt am Arbeitsergebnis an. Hierbei kann es sich um ein individuelles Ergebnis, das eines Teams oder global auf Unternehmensebene handeln. Je nach Erreichen der gesetzten oder vereinbarten Ziele oder auch Überschreiten dieser Ziele erhalten die Mitarbeiter Erfolgsanteile zugesprochen, die auch nach dem Grad der Zielerreichung gestaffelt sein können.

Folgende Bereiche lassen sich unterscheiden:

- **Beteiligung am Produktionsvolumen**
  Eine zusätzliche Zahlung wird gewährt, wenn ein geplantes Produktionssoll in einer bestimmten Zeit erfüllt oder übererfüllt wird. Durch Betrachtung von Verrechnungspreisen wird versucht, eine Vergleichbarkeit herzustellen. Diese Form ist sinnvoll, wenn die Qualität und Kostenhöhe von den Mitarbeitern nicht beeinflusst werden kann und kein Absatzproblem besteht.

- **Beteiligung an der Produktivität**
  Als Basis für die Beteiligung wird das Verhältnis der Kosten (Materialeinsatz, Produktionszeit) zur Leistung gewählt. Eine zusätzliche Zahlung erfolgt, wenn eine positive Veränderung vorliegt oder bestimmte Kennzahlen erreicht werden.

- **Beteiligung an Kosteneinsparungen**
  Eine zusätzliche Zahlung erfolgt, wenn eine Kostenersparnis (Kostensenkung je Leistungseinheit, gemessen an vorangegangenen Perioden) erreicht wird. Diese Form kann den Interessen des Unternehmens sehr entgegenkommen.

Stärker als in der Vergangenheit haben sich die Entgelte in feste und variable Bestandteile aufsplittet, z. B. 80 % des Entgeltes sind fest, 20 % variabel, die durch eigene Leistung beeinflusst werden. Die variablen Teile dürfen nicht zu gering sein, sonst besteht kein Leistungsanreiz. Sie dürfen auf der anderen Seite nicht zu groß sein, da sie zu erheblich unterschiedlichen Einkommenshöhen führen. Dies mag bei den oberen Entgeltbereichen weniger von Bedeutung sein als bei den unteren.

Eine besondere Form der variablen Vergütung mit Beteiligungsmöglichkeit am Unternehmenserfolg sind Aktien oder Aktienoptionen (z. B. Employee Stock Option Plan, ESOP). Diese Pläne gewähren Mitarbeitern das Recht, Aktien des eigenen Unternehmens zu erwerben, in der Regel zu einem günstigeren Preis. Der Gewinn entsteht aus der Differenz zwischen Kaufpreis und dem an der Börse erzielbaren Verkaufspreis. Diese Form birgt jedoch Risiken, die sich im Auf und Ab der Börse spiegeln.

Es kann davon ausgegangen werden, dass die Entwicklung der variablen Entgelte mit Leistungsbezug in den nächsten Jahren weiter zunehmen wird, weil immer mehr Betriebe und Unternehmen dazu übergehen, sich von Entgeltstrukturen zu lösen, die sich an Hierarchiestufen und Titeln orientieren.

2.3.7.2 Ertragsbeteiligung

Bei dieser Form steht der gesamtwirtschaftliche Ertrag des Unternehmens im Vordergrund. Zielsetzung ist:

- Ausrichtung der Mitarbeiter auf eine nachhaltige Steigerung des Unternehmenswertes (Share-Holder-Value)
- Teilhabe der Mitarbeiter am langfristigen Unternehmenserfolg
- Angleichung der Interessen der Mitarbeiter an die Interessen der Anteilseigner

Differenzieren kann man die Beteiligungsbasis wie folgt:

- **Umsatzbeteiligung:** Hier wird das Erreichen von Umsatzzielen oder Umsatzsteigerungen als Maßstab genommen. Problematisch ist hier allerdings, dass der Umsatz nicht immer der Ertragssituation eines Unternehmens entspricht.

- **Rohertragsbeteiligung:** Maßstab ist hier der Umsatz abzüglich Materialeinsatz und außerordentlicher Erträge.

- **Nettoertragsbeteiligung:** Die Differenz zwischen Ertrag und Aufwand ist die Basis für eine Beteiligung.

- **Wertschöpfungsbeteiligung:** Hier ist die Wertschöpfung die Basis für eine Beteiligung (→ 2.3.2).

Zur Förderung der Mitarbeiterbeteiligung wurde 2009 das Mitarbeiterbeteiligungsgesetz (MABG) erlassen. Es dient dem Ziel, möglichst vielen Mitarbeitern die Beteiligung an ihrem Unternehmen zu ermöglichen, sie auf diese Weise stärker am Erfolg des Unternehmens zu beteiligen und die Vermögensbildung der Arbeitnehmer zu verbessern. Dies geschieht durch die steuerliche Begünstigung verschiedener Beteiligungsformen. Hierzu werden neben der oben beschriebenen Ertragsbeteiligung auch Modelle der Kapitalbeteiligung neu geschaffen. Bei der Kapitalbeteiligung werden drei Grundmodelle unterschieden: die Beteiligung als Eigenkapital (z. B. durch Belegschaftsaktien oder GmbH-Anteile), als Fremdkapital (z. B. als Mitarbeiterdarlehen) oder durch sogenannte Mezzaninbeteiligungen, Mischformen von Eigen- und Fremdkapital, die sich insbesondere bei Personengesellschaften anbieten (z. B. als stille Beteiligung). In der Praxis hat dieses Gesetz jedoch nicht zu einer wesentlich stärkeren Verbreitung der Mitarbeiterbeteiligung geführt.

Vor der Notwendigkeit, die Mitarbeiterbeteiligung in Deutschland zu vereinfachen und attraktiver zu gestalten, wurde das zum 1. Januar 2024 in Kraft getretene Zukunftsfinanzierungsgesetz erlassen. Vor allem mit Blick auf steuerrechtliche Belange bringt dieses Gesetz einige Vereinfachungen und erleichtert die Mitarbeiterkapitalbeteiligung. Es bleibt abzuwarten, wie sich die neuesten Änderungen der rechtlichen Rahmenbedingungen auf die direkte Mitarbeiterbeteiligung auswirken werden.

2.3.8 Leistungsabhängige Entgeltformen

Leistungsabhängige Entgeltformen sind Vergütungsmodelle, bei denen die Höhe der Entlohnung direkt von der individuellen Leistung oder der Zielerreichung des Mitarbeiters beeinflusst wird. Unter diese Formen fallen auch **Stundenlöhne** und **Gehalt,** obwohl sie – vordergründig betrachtet – keinen unmittelbaren Bezug zur Leistung haben. Gleichwohl wird immer die Leistungserwartung auch bei der Bezahlung in diesen Formen mittelbar eine wichtige Rolle spielen.

Der unmittelbare Leistungsbezug steht beim **Akkordentgelt** und beim **Prämienentgelt** im Vordergrund.

2.3.8.1 Zeitentgelt

Zeitlohn

Zeitlöhne werden mit oder ohne Leistungszulage gezahlt. Der reine Zeitlohn wird ohne Berücksichtigung der Leistung gezahlt. Allerdings besteht zwischen Zeitlohn und Leistung eine feste Beziehung, wenn der Arbeitnehmer keinen Einfluss auf die Arbeitsgeschwindigkeit hat (Fließbandarbeit). Der Zeitlohn tritt in verschiedenen Formen auf: Stundenlohn, Schichtlohn, Tageslohn, Wochenlohn oder Monatslohn.

Der Zeitlohn findet Anwendung in folgenden Fällen:
- Hohe Anforderung an Arbeitsqualität
- Unfallgefahr
- Kontinuierlicher Ablauf der Arbeit
- Nicht vorhersehbare Arbeit
- Quantitativ nicht messbare Arbeit
- Kreative Arbeit

Ein reiner Zeitlohn vereinfacht die Abrechnung, schont Menschen und Betriebsmittel, verringert die Unfallgefahr und kann die Qualität erhöhen. Nachteil ist, dass das Unternehmen allein das Risiko geringer Arbeitsleistung trägt und die Arbeitnehmer keinen Anreiz zur Mehrleistung haben.

Durch einen **Zeitlohn mit Leistungszulage** soll ein Anreiz zur Mehrleistung geschaffen werden. Im Gegensatz zum Akkord- und Prämienlohn orientieren sich die Leistungszulagen nicht an objektiv messbaren Bezugsgrößen, sondern werden oft in Form einer Prämie gewährt. Leistungszulagen werden in einer relativen Abstufung subjektiv ermittelt. In der Praxis werden sie z. B. für Pünktlichkeit, Qualität, Menge, Anwesenheit und Ersparnis gewährt.

Alle Bedingungen wie Arbeitszeit, Überstundenvergütung und Überstundenzuschlag sowie Leistungszulagen sind entweder im Tarifvertrag geregelt oder werden aufgrund einer Betriebsvereinbarung bzw. von Arbeitsverträgen gezahlt.

Gehalt

Im Arbeitsvertrag wird in der Regel ein Monatsgehalt festgelegt. Neben dem Gehalt können leistungsunabhängige oder leistungsabhängige Zulagen vereinbart werden. Zum Beispiel wird bei Vertretern und Verkäufern oft ein relativ niedriges Grundgehalt zuzüglich einer Leistungszulage gezahlt. Führungskräfte erhalten z. T. neben dem monatlichen Grundgehalt noch gewinnabhängige Vergütungen, die sich in der Regel am Ergebnis eines Profit-Centers oder am Ergebnis des gesamten Unternehmens orientieren.

Auch bei Angestellten ist die wöchentliche Arbeitszeit im Tarifvertrag oder Arbeitsvertrag festgelegt und in der Regel auch die Vergütung zusätzlich geleisteter Überstunden geregelt. Teilweise wird neben der Überstundenvergütung auch noch ein Überstundenzuschlag geleistet.

Bei Führungskräften kommt in der Regel eine Überstundenvergütung nicht zum Ansatz. Für sie gelten mit dem Gehalt alle Arten von Mehrarbeiten als abgegolten.

2.3.8.2 Pensumentgelt

Pensumentgelt ist ein Zeitentgelt mit vereinbarter Leistung, eine Sonderform des Zeitentgelts. Pensumentgelt setzt voraus, dass mit dem Mitarbeiter eine Vereinbarung über die erwartete Leistung getroffen wird. Hier wird nicht mit komplexen Zeitermittlungen und engen Zeitvorgaben, sondern mit längeren Zeiträumen gearbeitet.

Im weitesten Sinne kann man das Pensumentgelt als »Zielvereinbarung mit daran gekoppeltem Entgelt« bezeichnen.

Vorteile dieser Form sind:
- Positive Einstellung der Mitarbeiter zu den Zielen oder dem zu erreichenden Pensum
- Einfache Abrechnung
- Gesichertes, planbares Entgelt
- Gemäßigter Leistungsdruck.

2.3.8.3 Akkordentgelt und Prämienentgelt

Akkordentgelt

Der Akkordlohn ist eine leistungsabhängige Lohnform. Pro Produktionseinheit wird ein fester Geldwert gezahlt. Wie viel Zeit der Arbeitnehmer tatsächlich verbraucht hat, ist nicht maßgebend. Somit besteht hier ein unmittelbarer Leistungsbezug.

Bei Anwendung eines Akkordlohns müssen Akkordfähigkeit, Akkordreife und Beeinflussbarkeit gegeben sein. **Akkordfähigkeit** liegt vor, wenn der Ablauf der Arbeit im Voraus bekannt, gleichartig und regelmäßig sowie leicht messbar ist. **Akkordreife** bedeutet, dass der Arbeitsablauf gesichert ist und der Arbeitnehmer ihn nach entsprechender Einarbeitung beherrscht.

Ferner müssen die Produktionsmengen unmittelbar durch den Arbeitnehmer beeinflussbar sein.

Der Akkordlohn besteht aus dem **Mindestlohn** (nicht zu verwechseln mit dem Mindestlohn gemäß MiLoG) und dem **Akkordzuschlag**. Der Akkordzuschlag beläuft sich üblicherweise auf 15 bis 25 % des Mindestlohns. Mindestlohn zuzüglich Akkordzuschlag bezeichnet man auch als Grundlohn oder **Akkordrichtsatz**:

Akkordrichtsatz = Mindestlohn pro Stunde + Akkordzuschlag

Die Vorteile des Akkordlohns liegen im Leistungsanreiz, denn die tatsächliche Leistung schlägt sich direkt im Lohn nieder. Das Unternehmen trägt weniger Risiko für Minderleistungen der Arbeitnehmer und kann mit relativ konstanten Lohnkosten pro Stück rechnen. Mögliche Nachteile des Akkordlohns sind eine Überbeanspruchung der Arbeitnehmer, die Überbelastung der Betriebsmittel sowie eine Verminderung der Qualität.

Stückakkord

Beim Stückakkord (oder Geldakkord) wird dem Arbeitnehmer für die Leistung einer bestimmten Arbeit ein fester Geldbetrag gewährt. Diesen bezeichnet man als Akkordsatz.

$$\text{Akkordsatz} = \frac{\text{Akkordrichtsatz}}{\text{Leistungseinheiten bei Normalzeit}}$$

Um den Akkordsatz zu berechnen, müssen für eine Leistungseinheit die Normalzeiten vorgegeben werden:

Zeitlohn	12 €/Std.	
Akkordzuschlag	25 %	
Vorgabezeit je Stück	12 min	} Grundleistung
Leistungseinheit	5 Stück/Std.	

$$\text{Akkordsatz} = \frac{12 + (12 \cdot 0{,}25)}{5} = \frac{15}{5} = 3$$

Der Akkordlohn des Arbeitnehmers errechnet sich danach aus der Leistungsmenge, multipliziert mit dem Akkordsatz.

Akkordsatz x Leistungseinheit = €/Std.

Beispiel: Ausgehend von den Normalzeiten beträgt der Stundenlohn 12 €, der Akkordsatz 3,0 und die vorgegebene Leistungseinheit 5 Stück/Std. Bei Erreichen des regulären Akkordsatzes wird folgender Akkordlohn erreicht:

3,0 x 5 = 15,00 €/Std.

Erzielt der Arbeitnehmer dagegen ein höheres Pensum von 6 Einheiten, ergibt sich ein Stundenlohn von: 3,0 x 6 = 18 €/Std. Bleibt der Arbeitnehmer mit nur 4 Einheiten jedoch darunter, bleibt auch der Stundenlohn geringer: 3,0 x 4 = 12 €/Std.

Der Stückakkord hat den Nachteil, dass die Zeitvorgabe nicht unmittelbar für den Arbeitnehmer zu erkennen ist. Tarifänderungen erfordern eine vollkommene Neuberechnung der Akkordvorgaben.

Zeitakkord

Die vorgenannten Nachteile werden durch den Zeitakkord vermieden. Beim Zeitakkord erhält der Arbeitnehmer für jede von ihm hergestellte Leistungseinheit eine im Voraus festgesetzte Zahl von Zeiteinheiten gutgeschrieben. Diese Zeitgutschrift entspricht der Vorgabezeit:

Akkordlohn = Leistungsmenge · Vorgabezeit · Minutenfaktor

Dabei ist der Minutenfaktor der Quotient aus dem Akkordrichtsatz und der Anzahl von Minuten pro Stunde:

$$\text{Minutenfaktor} = \frac{\text{Akkordrichtsatz}}{60}$$

Beträgt der tarifliche Mindestlohn 12,00 €, der Akkordzuschlag 25 % und die Vorgabezeit je Stück 12 min (wie beim vorherigen Beispiel), so errechnet sich der Minutenfaktor und der Akkordlohn bei einer Produktion von 5 Stück pro Stunde wie folgt:

$$\text{Minutenfaktor} = \frac{12{,}00 + (12{,}00 \cdot 0{,}25)}{60} = 0{,}25$$

Akkordlohn = 5 · 12 · 0,25 = 15,00 €/Std.

Bei einer Leistung von 6 Stück pro Stunde:

Akkordlohn = 6 · 12 · 0,25 = 18,00 €/Std.

Vorteilhaft beim Zeitakkord ist, dass die Zeitvorgabe unmittelbar erkennbar ist und bei einer Tariferhöhung lediglich der Minutenfaktor korrigiert werden muss.

Einzel- und Gruppenakkord

Der Einzelakkord ist die in der Wirtschaft überwiegend verbreitete Form der Akkordentlohnung. Die Berechnung des Gruppenakkords entspricht der des Einzelakkords. Beim Gruppenakkord wird der Betrag insgesamt einer Gruppe zugewiesen. Schwierig ist die Akkordverteilung auf die Gruppenmitglieder, die mithilfe von Äquivalenzziffern erfolgt.

Die Voraussetzungen für den Gruppenakkord sind oft nur schwer zu erfüllen, denn die Gruppe muss klein und stabil sein, die Arbeiten ähnlich, und es dürfen keine großen Leistungsunterschiede zutage treten. Die Entlohnung muss für alle Mitglieder der Gruppe einfach, transparent und nachvollziehbar sein. Beim Gruppenakkord kontrollieren sich die Arbeitnehmer gegenseitig, die Gruppenmitglieder werden zu größerer Leistung angespornt und zu kooperativem Verhalten angeregt. Allerdings können beim Gruppenakkord die leistungsstarken Arbeitnehmer schnell unzufrieden und die leistungsschwachen überfordert werden.

Prämienentgelt

Arbeitnehmer können aufgrund der Mechanisierung und Automatisierung des Produktionsprozesses nur noch beschränkt das quantitative Arbeitsergebnis beeinflussen. Damit verliert der Akkordlohn seine überwiegende Bedeutung. Bei der Akkordentlohnung ist der gesamte Lohn leistungsbezogen, beim Prämienlohn nur die Prämie.

Der Prämienlohn unterteilt sich in den leistungsunabhängigen Grundlohn und die leistungsabhängige Prämie. Der Grundlohn ist in der Regel ein Zeitlohn. Die Prämie ist der leistungsabhängige Teil des Prämienlohns. Diese wird regelmäßig und zusätzlich gezahlt. Dabei muss die Prämie von einer vom Arbeitnehmer beeinflussten Mehrleistung oder einer anderen objektiv bestimmbaren Einflussgröße abhängen.

Bei den Prämien unterscheidet man **Einzelprämien** und **Kollektivprämien.** Die Einzelprämie wird einem einzelnen Arbeitnehmer aufgrund seiner Leistung gewährt. Die Kollektivprämie wird für mehrere Arbeitnehmer für eine von ihnen gemeinsam erbrachte Leistung gezahlt. Durch den Verlauf der Prämie kann das Leistungsverhalten der Arbeitnehmer unterschiedlich beeinflusst werden.

Folgende Prämienverläufe (siehe auch nachfolgende Abbildung) sind zu unterscheiden:

- Der proportionale Prämienverlauf soll ausschließlich die Mehrleistung der Arbeitnehmer entgelten. Mit dem proportionalen Verlauf wird kein Einfluss auf die Leistung beabsichtigt.
- Der progressive Verlauf gewährt insbesondere einen Anreiz in den höheren Bereichen. Er will die Arbeitnehmer zu maximaler Leistung anregen.
- Beim degressiven Verlauf wird die Leistungssteigerung im oberen Bereich nicht belohnt. Somit können relativ viele Arbeitnehmer in den Bereich höherer Prämien gelangen. Damit sollen auch gleichzeitig die Unfallgefahr oder eine Überanstrengung der Arbeitskräfte verhindert werden.
- Der s-förmige Prämienverlauf ist eine Kombination aus der progressiven und degressiven Prämienlinie. Man kann hiermit in bestimmten Bereichen Anreize steigern oder drosseln.

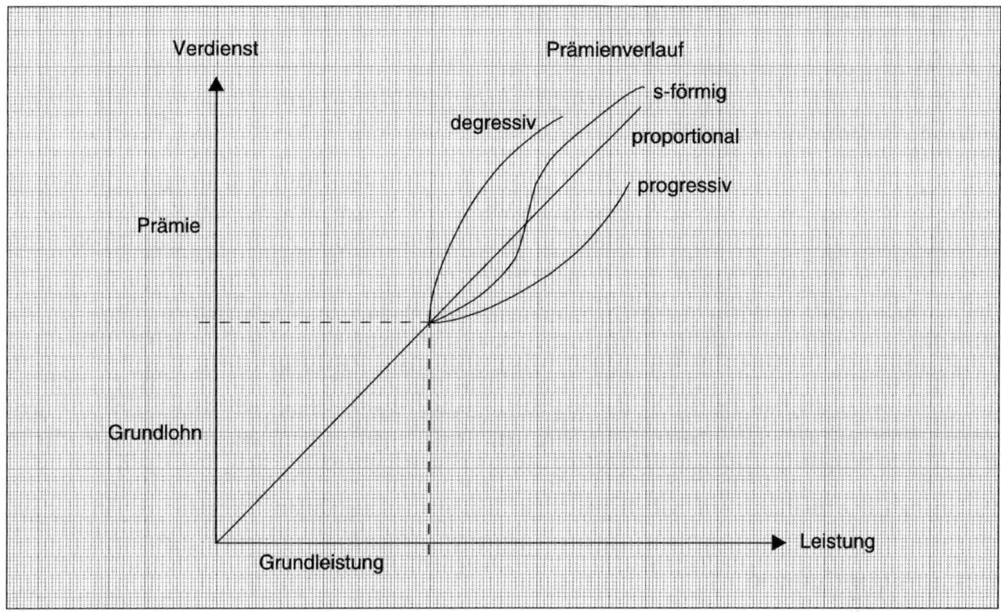

Es werden folgende Prämienarten unterteilt:

- Mengenleistungsprämie
- Qualitätsprämie
- Ersparnisprämie
- Nutzungsgradprämie
- Terminprämie

Mit der **Mengenleistungsprämie** wird die quantitative Leistung eines Arbeitnehmers belohnt.

Bei der **Qualitätsprämie** wird das qualitative Produktionsergebnis bewertet. So sollen Verluste durch Ausschuss, Ausfall, Nacharbeit und Ware zweiter Wahl vermieden werden.

Die **Ersparnisprämie** dient dem sparsamen Einsatz der Produktionsfaktoren. Der Verbrauch an Rohstoffen, Hilfs- und Betriebsstoffen, der Energie- und Werkzeugverbrauch sollen optimiert werden.

Die **Nutzungsgradprämie** dient der Minimierung der Beschickungs-, Entleerungs- und Rüstzeiten. Somit soll ein optimaler Nutzungsgrad erreicht werden.

Terminprämien werden gezahlt für die Einhaltung oder Unterschreitung vereinbarter Termine.

Die vorgenannten Prämienarten werden in der Praxis auch kombiniert. Es liegen dann sogenannte Mehrfaktorenprämien vor.

Zuschläge, Neben- und Sonderleistungen

Zuschläge sind in der Regel arbeitsvertraglich oder tarifvertraglich vereinbart. Es kann sich dabei handeln um:

- Nachtzuschläge
- Überstundenzuschläge
- Gefahren- und Schmutzzuschläge
- Leistungszuschläge
- Erschwerniszuschläge
- Sonntags- und Feiertagszuschläge
- Schichtzuschläge

2.3.8.4 Anforderungsabhängige Entgeltformen

Arbeitsplatzbewertung

Eine der wichtigen Bestimmungsgrößen der Lohn- und Gehaltsfestsetzung ist die Bezahlung nach dem objektiven Schwierigkeitsgrad des zu besetzenden Arbeitsplatzes. Mithilfe der Arbeitsplatzbewertung sollen die Anforderungen einer Arbeit bzw. eines Arbeitsplatzes an Personen im Verhältnis zu anderen Tätigkeiten nach einem einheitlichen Maßstab bestimmt werden. Die Anforderungen werden in der Anforderungsermittlung dokumentiert, die u. a. zur Differenzierung der Festsetzung der Entgelte dient.

Bei der Arbeitsplatzbewertung werden nur die Anforderungen des Arbeitsplatzes bewertet, sie dient nicht zur Feststellung der persönlichen Leistung des Mitarbeiters. Die Arbeitsplatzbewertung unterscheidet zwischen der summarischen und analytischen Methode.

Bei der **summarischen Methode** werden die Arbeitsanforderungen der Arbeitsplätze global erfasst. Hier wird eine allgemeine Betrachtungsweise vorgenommen und keine systematische Analyse der Bewertungsmerkmale. Entscheidend ist die Gesamtvorstellung von der Arbeit.

Die **analytische Methode** ermittelt die Höhe der Beanspruchung für jede Anforderungsart einzeln.

Summarische Methode

Bei der summarischen Arbeitsplatzbewertung unterscheidet man zwischen dem Rangfolgeverfahren und dem Lohngruppenverfahren.

Das **Rangfolgeverfahren** beginnt mit der Auflistung sämtlicher im Betrieb vorkommenden Arbeiten. Es wird dann jede einzelne Arbeit mit den anderen Arbeiten verglichen. Danach wird eine Rangfolge nach dem Schwierigkeitsgrad der Arbeiten für den Gesamtbetrieb erstellt. Diese Rangfolge bildet dann die Grundlage für die Festsetzung der Personalentgelte.

Das Rangfolgeverfahren ist einfach handbar, kostengünstig und leicht verständlich. Allerdings stehen dem auch Nachteile gegenüber. Die Abstände der einzelnen Ränge sind nicht bekannt, die Anforderungsarten sind nicht gewichtet und die Bewertung ist subjektiv. Deswegen wird diese Methode in der Regel nur in kleineren Unternehmen eingesetzt.

Das **Lohngruppenverfahren** (auch Katalogverfahren genannt) bildet mehrere Lohn- oder Gehaltsgruppen, die die unterschiedlichen Schwierigkeitsgrade abbilden. Diese Lohngruppen werden dann beschrieben bzw. mit Beispielen erläutert. Das Lohngruppenverfahren findet sehr häufig Anwendung in Tarifverträgen. Die Lohngruppe mit einem Lohnschlüssel von 100 % wird als Ecklohngruppe bezeichnet.

Auch die Anwendung und Handhabung des Lohngruppenverfahrens bereitet in der Regel keine Schwierigkeiten. Als Nachteile werden genannt die Gefahr der Schematisierung und die mangelnde Berücksichtigung von individuellen Gegebenheiten sowie von technischen Entwicklungen.

Gruppe	Lohngruppen-Definitionen	Lohnschlüssel
1	Arbeiten einfacher Art, die ohne vorherige Arbeitskenntnisse nach kurzer Anweisung ausgeführt werden können und mit geringen körperlichen Belastungen verbunden sind.	75 %
2	Arbeiten, die ein Anlernen von vier Wochen erfordern und mit geringen körperlichen Belastungen verbunden sind.	80 %
3	Arbeiten einfacher Art, die ohne vorherige Arbeitskenntnisse nach kurzer Anweisung ausgeführt werden können.	85 %
4	Arbeiten, die ein Anlernen von vier Wochen erfordern.	90 %
5	Arbeiten, die ein Anlernen von drei Monaten erfordern.	95 %
6	Arbeiten, die eine abgeschlossene Anlernausbildung in einem anerkannten Anlernberuf oder eine gleich zu wertende Ausbildung erfordern.	100 %
7	Arbeiten, deren Ausführung ein Können voraussetzt, das erreicht wird durch eine entsprechende ordungsgemäße Berufslehre (Facharbeiten). Arbeiten, deren Ausführung Fertigkeiten und Kenntnisse erfordert, die Facharbeiten gleichzusetzen sind.	108 %
8	Arbeiten schwieriger Art, deren Ausführung Fertigkeiten und Kenntnisse erfordert, die über jene der Gruppe 7 wegen der notwendigen mehrjährigen Erfahrungen hinausgehen.	118 %
9	Arbeiten hochwertiger Art, deren Ausführung an das Können, die Selbstständigkeit und die Verantwortung im Rahmen des gegebenen Arbeitsauftrages hohe Anforderungen stellt, die über die der Gruppe 8 hinausgehen.	125 %
10	Arbeiten höchstwertiger Art, die hervorragendes Können mit zusätzlichen theoretischen Kenntnissen, selbstständige Arbeitsausführung und Dispositionsbefugnis im Rahmen des gegebenen Arbeitsauftrages bei besonders hoher Verantwortung erfordern.	130 %

Quelle: Auszug aus einem Lohnabkommen der Eisen-, Metall- und Elektroindustrie

Analytische Methode

Bei der analytischen Arbeitsplatzbewertung wird nicht die Arbeitsschwierigkeit als Ganzes bewertet, sondern die Höhe der Beanspruchung für jede Anforderungsart einzeln ermittelt. Es werden unterschieden:

- Rangreihenmethode
- Stufenwertzahlmethode

Das Genfer Schema nach Prof. Dr. Bramesfeld und Dr. Lorenz zur Arbeitsbewertung aus den 1950er Jahren unterscheidet folgende Anforderungsarten:

	Können	Belastung
Geistige Anforderungen	X	X
Körperliche Anforderungen	X	X
Verantwortung		X
Arbeitsbedingungen		X

Nach dem Schema der REFA wird das »Können« noch in Kenntnisse und Geschicklichkeit, die »Belastung« in geistige und körperliche (muskelmäßige) Belastung gegliedert.

Bei der **Rangreihenmethode** wird eine Einordnung von der einfachen bis zur schwierigen Verrichtung – für jede Anforderungsart getrennt – vorgenommen. Jede Tätigkeit steht in der Rangreihe in Prozenten ausgedrückt. Die niedrigst bewertete Arbeitsverrichtung wird mit 0 %, die am höchsten bewertete Arbeitsverrichtung mit 100 % angesetzt. Danach erfolgt die Gewichtung der einzelnen Anforderungsarten. Der Gesamtarbeitswert ergibt sich durch Addition der einzelnen Prozentzahlen, multipliziert mit dem Gewichtungsfaktor.

Anforderungsart	**Maximale Punktzahl**	**Bewertungsstufe (%)**							**Gewichtung**
		I	**II**	**III**	**IV**	**V**	**VI**	**VII**	
Können	35	0	7,0	10,0	12,5	20,5	27,0	32	1,5
Belastung	15	0	4,5	5,0	7,5	9,5	19,0	19	1,0
Verantwortung	30	0	7,0	7,5	9,0	13,0	15,0	30	1,5
Arbeitsbedingungen	20	0	4,5	5,5	7,0	14,0	14,0	19	0,8
Gesamt	100	0	22,0	28,0	36,0	57,0	75,0	100	

Bei der Rangreihenmethode mit gebundener Gewichtung wird der Gewichtungsfaktor bereits in der Wertzahl berücksichtigt.

Die Rangreihenmethode bringt im Vergleich zur summarischen Arbeitsplatzbewertung eine Verbesserung der Genauigkeit und Objektivität. Dem stehen als Nachteil der Ermessensspielraum des Bewerters sowie Schwierigkeiten bei der Gewichtung der einzelnen Anforderungsarten gegenüber.

Bei der **Stufenwertzahlmethode** wird für jede einzelne Anforderungsart eine Punktwertreihe aufgestellt. Jede Bewertungsstufe dieser Punktwertreihe wird definiert und anhand von einzelnen Arbeitsbeispielen erläutert. Bei der Stufenwertzahlmethode mit getrennter Gewichtung erfolgt die Gewichtung der einzelnen Anforderungsarten mit Gewichtungsfaktoren.

Diese Gewichtungsfaktoren werden mit den jeweiligen Stufenwertzahlen multipliziert. Die Summe sämtlicher gewichteter Stufenwertzahlen ergibt dann die Gesamtwertzahl.

Bei der gebundenen Gewichtung werden den einzelnen Anforderungsarten unterschiedliche Wertzahlen zugeordnet. Die Gesamtwertzahl ergibt sich dann aus der Summe der einzelnen erfassten Stufenwertzahlen.

Die Stufenwertzahlmethode hat den Vorteil, dass sie sich leicht in Geldeinheiten umrechnen lässt und die Objektivität im großen Umfang gewahrt ist. Ein Nachteil kann eine gewisse Unübersichtlichkeit sein.

Stufe	**Beschreibung der Tätigkeit**	**Wertzahl**
1	Die Tätigkeit erfordert **ausreichende** Kenntnisse in einer Fremdsprache, um einfache fremdsprachliche Texte zu verstehen und einfachen Schriftwechsel zu führen.	7
2	Die Tätigkeit erfordert **gute** Kenntnisse in einer Fremdsprache, um etwas schwierigeren Schriftwechsel führen und Texte mittlerer Schwierigkeit übersetzen zu können sowie Fachgespräche zu führen.	28
3	Die Tätigkeit erfordert **sehr gute** Kenntnisse in einer Fremdsprache. Das bedeutet, schwierigere Texte übersetzen, schwierigen Schriftwechsel führen und Auslandsgeschäfte tätigen zu können sowie die ausreichende Kenntnis einer weiteren Fremdsprache.	49
4	Die Tätigkeit setzt die vollständige Beherrschung einer Fremdsprache, was bedeutet, selbst schwierige fachtechnische Texte übersetzen und bei Besprechungen, als Dolmetscher tätig sein zu können. Die **sehr gute** Kenntnis einer weiteren Fremdsprache ist erforderlich.	70

Arbeitszeitkonten und Arbeitszeitwertkonten

Bei der Betrachtung von Entgeltformen spielt auch das sogenannte Wertkonto oder Zeitwertkonto eine Rolle, das durch das Gesetz zur sozialrechtlichen Absicherung flexibler Arbeitszeitregelungen (Flexi-Gesetz) von 1998 (Außerkrafttreten im Jahr 2006) an Bedeutung gewonnen hat. Auf das Flexi-Gesetz folgte 2009 das Gesetz zur Verbesserung der Rahmenbedingungen für die Absicherung flexibler Arbeitszeitregelungen (ArbFlexiG oder »Flexi-II-Gesetz«) mit veränderten Regelungen vor allem zum Umgang mit Wertguthabenvereinbarungen, die Langzeitkonten betreffen.

Im Gegensatz zum normalen Zeitkonto, in dem innerhalb eines Jahres Mehr- oder Minderarbeit innerhalb geringer Schwankungen erfasst werden, um beispielsweise Arbeitsspitzen flexibel aufzufangen, ermöglicht das Wertkonto Arbeitnehmern ein langfristiges Ansparen von Arbeitszeit.

Der Sinn eines Wertkontos ist nicht der flexible, fortlaufende Zeitausgleich, sondern der langfristige Aufbau eines Zeitguthabens, das zur Freistellung für persönliche Anliegen verwendet werden kann, z. B. zur Verlängerung der Elternzeit, zur Weiterbildung, für ein Sabbatjahr oder auch zur Reduzierung der regelmäßigen Arbeitszeit in bestimmten Lebensphasen oder im Alter. Ein Ziel könnte auch ein früherer Beginn des Ruhestandes sein, was angesichts der Erhöhung des gesetzlichen Renteneintrittsalters auf 67 Jahre von Bedeutung sein kann.

Voraussetzung ist eine umfassende Übereinkunft zwischen Arbeitnehmer und Arbeitgeber. Zu regeln wären u. a. die Bedingungen für:

- Vorzeitige Auszahlung
- Arbeitgeberwechsel
- Insolvenzschutz
- Arbeitsplatzgarantie während der Freistellungsphase(n)

Für den Arbeitgeber ist von Interesse, dass die Liquidität erhöht wird, da zunächst keine Mittel abfließen und Rückstellungen zu bilden sind, die sich steuerlich günstig auswirken. Diese Vorteile gleichen sich in der Auszahlungsphase allerdings wieder aus.

Arbeitnehmer zahlen für den angesparten Zeitwert keine Steuern und Sozialabgaben. Erst die Auszahlungen sind steuer- und beitragspflichtig.

In das Wertkonto muss nicht nur die wertmäßige, zu viel geleistete Arbeitszeit einfließen, z. B. aus Überstunden oder nicht genommenen Urlaubstagen, sondern es kann auch durch Verzicht auf Auszahlung von Entgeltbestandteilen ansteigen, z. B. Weihnachtsgeld oder Bonuszahlungen. Sehr langfristig angelegte Zeitwertkonten werden auch Lebensarbeitszeitkonten genannt; sie spielen in der Praxis allerdings noch keine wesentliche Rolle.

2.3.8.5 Sonstige Prämien

Neben unmittelbar leistungsbezogenen Prämien gibt es weitere Formen, die aus unterschiedlichen Gründen zielgerichtet eingesetzt werden können.

Anwesenheitsprämien

Es handelt sich hier um finanzielle Zuwendungen, die erreichen sollen, dass die Fehlzeiten gering bleiben. Deswegen findet man auch die Begriffe Krankenprämie oder Fehlzeitprämie.

Üblicherweise wird ein bestimmter Betrag ausgelobt, der zur Auszahlung kommt, wenn keine Fehlzeiten auftreten. Mit jedem Tag Fehlzeit verringert sich der Betrag, bis er praktisch aufgezehrt ist. Variationen dieser Gestaltungsform sind möglich, z. B. dass der Abzug erst einsetzt, wenn eine bestimmte Zahl von Fehltagen erreicht ist. Anwesenheitsprämien sind umstritten, können jedoch recht wirksam sein.

Prämien für Verbesserungsvorschläge

Diese Prämien werden in Form von materiellen Prämien (Geld oder Sachzuwendungen) oder auch immateriellen Prämien (Urkunden, zusätzlicher Urlaub, Reisen) für die Konzipierung von nützlichen, realisierbaren Verbesserungsvorschlägen von Arbeitnehmern gezahlt. Die Möglichkeiten sind in der Praxis außerordentlich vielfältig. Sie fördern die Motivation und das Interesse des Mitarbeiters am Unternehmen. Nützlich sind feste Regeln für das Vorschlagswesen, nach denen sich die Höhe der Prämien bemisst.

Prämien für Anwerbung neuer Mitarbeiter

Eine Prämie, die für die Anwerbung neuer Mitarbeiter gezahlt wird, mag »anrüchig« sein. Die Möglichkeit, neue Mitarbeiter auf diese Weise zu gewinnen, hängt sehr von der Situation auf dem Arbeitsmarkt ab. Firmen, die diese Form anwenden, sprechen jedoch durchaus von Erfolgen, wenn dem Mitarbeiter im Betrieb eine »Vermittlungsprämie« nach einer erfolgreichen Empfehlung gezahlt wird.

Prämien für Betriebstreue (Arbeitnehmerjubiläen)

Langjährige Betriebstreue kann mit Prämien belohnt werden. In der Vergangenheit hat man sich häufig an den damals geltenden steuerlichen Freigrenzen orientiert. Diese Freigrenzen sind weggefallen. Üblich ist die Zuwendung von Geld- oder Sachprämien.

Jahresprämien

Die Bemessung einer Jahresprämie richtet sich nach Leistung und nach Grad der Zielerreichung.

Antrittsprämie

In der Druckindustrie wird eine sogenannte »Antrittsgebühr« gezahlt, wenn bei der Zeitungsherstellung an einem Sonntag oder Feiertag im Rahmen von Schichtarbeit die Arbeit notwendig ist.

2.3.8.6 Formen des Gruppenentgelts

Gruppenentgelte kommen infrage, wenn eine Personengesamtheit (Arbeitsgruppe, Abteilung) eine Gesamtleistung erbringt, die einzelnen Mitgliedern nicht zugeordnet werden kann. Gruppenentgelte können an Bedeutung gewinnen, wenn die Tätigkeit in teilautonomer oder autonomer Gruppenarbeit erbracht wird. Das Entgelt wird für die Gesamtheit der Gruppe ausgezahlt. Die Gruppe übernimmt die Verteilung an die einzelnen Gruppenmitglieder in eigener Verantwortung. Häufig kommt es vor, dass nur Teile des Entgelts (Akkord, Prämien) als Gruppenentgelt gezahlt werden.

2.3.9 Kriterien für die Wahl der Entgeltform

Arbeitsrechtliche Bedingungen

Das Entgelt ist das Äquivalent für die geleistete Arbeit. Im Arbeitsrecht gilt der Grundsatz »Ohne Arbeit kein Geld«, jedoch mit den bekannten Durchbrechungen dieses Prinzips durch Urlaub, Arbeitsunfähigkeit, persönliche Freistellung usw.. Das Entgelt für Arbeitnehmer wird grundsätzlich nach Erbringung der Leistung, also nachträglich, gezahlt.

Personalwirtschaftliche Zielsetzungen

Die betriebliche Entgeltfestsetzung ist zugleich ein Führungsinstrument. Entgeltsysteme, die ausschließlich oder überwiegend quantitative Aspekte betonen, beschwören die Gefahr herauf, dass mehr autoritär geführt wird. Entgeltsysteme, die auch stark qualitative Aspekte betonen oder die verstärkte Selbstkontrolle statt Fremdkontrolle praktizieren, erzeugen Motivation und fördern den kooperativen Führungsstil. Insoweit kann die Wahl eines Entgeltsystems die Führungskultur nachhaltig beeinflussen.

Objektive und subjektive Arbeitsbedingungen

Die objektiven Arbeitsbedingungen werden geprägt durch angewandte Arbeitstechnik. Diese kann das Verhältnis zwischen beeinflussbaren und nicht beeinflussbaren Arbeitszeiten entscheidend prägen und damit Auswirkungen auf die Entgeltform haben. Das Gleiche gilt für die Organisation der Arbeit. Am Beispiel von Fließbandarbeit im Vergleich zu kreativer Entwicklungsarbeit wird dieser Aspekt deutlich. Auch die subjektiven Arbeitsbedingungen, die die physiologischen, psychologischen und soziologischen Aspekte betreffen, können durch die Wahl des Entgeltsystems tangiert werden.

Kosten der Entgeltfestsetzung und -abrechnung

Die Entgeltformen verursachen – generell betrachtet – mit höherer Komplexität (z. B. Leistungsmessung, Beurteilung usw.) immer höhere Prozesskosten. Damit können sie zu einem entscheidenden Kostenfaktor für die Wahl eines Entgeltsystems werden.

2.3.10 Personalzusatzkosten

In der Bundesrepublik sind die Personalzusatzkosten ein Diskussionsthema im Rahmen der gesamten Personalkostenbetrachtung. Je nach Branche erreichen die Personalzusatzkosten 70 bis 100 %, d. h. auf 100 € Direktentgelt zahlt ein Arbeitgeber 70 bis 100 € zusätzlich (teilweise liegen die Personalzusatzkosten sogar darüber). Laut Statistischem Bundesamt bezahlten Arbeitgeber des Produzierenden Gewerbes und des Dienstleistungsbereichs in Deutschland im Jahr 2022 durchschnittlich 39,50 € für eine geleistete Arbeitsstunde. Gemessen am EU-Durchschnitt waren die Kosten für Arbeitgeber in Deutschland damit rund 30 % höher.

Gesetzliche Personalzusatzkosten

Gesetzlich festgeschrieben sind die arbeitgeberseitigen Anteile an den Sozialversicherungsbeiträgen, die Beiträge zu den Berufsgenossenschaften (Unfallversicherung), Kosten für die Entgeltfortzahlung im Krankheitsfall und die Kosten für die Bezahlung im Urlaub und an Feiertagen. Auch die Kosten für die Arbeitnehmervertretungen (Betriebsrat u. a.) sind zu berücksichtigen. Kleinere Kostenblöcke sind die Aufwendungen für den Mutterschutz und die Beschäftigung von Schwerbehinderten. Da es sich um gesetzliche Kosten handelt, sind sie durch den Arbeitgeber nicht direkt zu beeinflussen.

Tarifliche Personalzusatzkosten

Hierunter fallen alle Zusatzkosten, die sich aufgrund von Tarifverträgen ergeben. Beispiele dafür sind das 13. Gehalt, längere Entgeltzahlungszeiten bei Krankheit, Zuschüsse zum Krankengeld, Zahlung eines zusätzlichen Urlaubsgelds und anderes mehr. Auch diese Leistungen kann der Arbeitgeber nicht unmittelbar beeinflussen, es sei denn, es besteht keine Tarifbindung.

Freiwillige Zusatzleistungen
Häufig wird der Begriff »Betriebliche Sozialleistungen« für die Zusatzleistungen verwendet. Es handelt sich um zusätzliche oder freiwillige Leistungen oder auch »Benefits« eines Arbeitgebers, die er aufgrund von einzelvertraglichen Zusagen im Arbeitsvertrag oder aufgrund von Betriebsvereinbarungen mit dem Betriebsrat gewährt. Beispiele für derartige Leistungen sind:

- Vorsorgeleistungen:
  Betriebliche Altersversorgung
  Kostenlose Vorsorgeuntersuchungen
- Geldleistungen:
  Fahrtkostenzuschuss (Jobticket)
  Freiwillige vermögenswirksame Leistungen
  Essensgeldzuschuss
- Sachleistungen:
  Verbilligter Einkauf von eigenen Produkten
  Gestellung von Arbeitskleidung
  Dienstwagen
- Sonstige Leistungen:
  Werkswohnung
  Betriebsrestaurants
  Sport-/Freizeiteinrichtungen
  Kinderbetreuung
  Fortbildung
  Arbeitgeberdarlehen
  Versicherungsleistungen (Unfallversicherung, Krankenversicherung etc.)

Dies ist keine abschließende Aufzählung. Es gibt eine Fülle weiterer betrieblicher Sozialleistungen und Zusatzleistungen. Bei diesen Leistungen hat der Arbeitgeber einen Gestaltungsspielraum und kann die Kosten beeinflussen (→ 2.5). Sie sind jedoch nur wirklich »freiwillig«, wenn der Arbeitgeber in einer Vereinbarung oder bei der Auszahlung schriftlich erklärt, dass kein grundsätzlicher Anspruch besteht.

2.4 Sozialversicherungsrecht anwenden

2.4.1 Grundlagen der Sozialversicherung

Reichskanzler Bismarck schuf mit seiner Sozialgesetzgebung eine erste soziale Absicherung. Er setzte im Kaiserreich eine sozialpolitische Entwicklung in Gang, die sich in der Weimarer Republik fortsetzte und an die mit der Gründung der Bundesrepublik Deutschland angeknüpft wurde. Das Sozialstaatgebot ist im Art. 20 Abs. 1 Grundgesetz festgeschrieben.

Während zu Beginn der Sozialgesetzgebung nur 10 % der Bevölkerung von den Sicherungssystemen erfasst wurden, sind es heute nahezu 90 %.

Folgende Prinzipien der Sozialversicherung haben die Entwicklung geprägt:

- Prinzip der Versicherung: Die Versicherten zahlen Beiträge und erhalten im Gegenzug Anspruch auf Leistungen. Daraus ergibt sich das Prinzip der Solidarität, an der auch die Arbeitgeber durch einen Beitragsanteil beteiligt sind.
- Prinzip der Vielfalt: Es gibt keine Einheitsversicherung, sondern viele Versicherungszweige und Versicherungsträger, die ihre Aufgaben eigenverantwortlich durchführen.
- Prinzip der Verknüpfung von staatlicher Rahmengesetzgebung und sozialer Selbstverwaltung: Der Staat schafft die gesetzlichen Rahmenbedingungen und übt Aufsicht aus. In diesem Rahmen verwalten sich die Versicherten und Arbeitgeber in den Sozialversicherungsträgern über Vertreterversammlungen und Vorstände selbst.
- Prinzip der Versicherungspflicht, die innerhalb bestimmter Rahmenbedingungen alle Arbeitnehmer und Arbeitgeber betrifft.
- Prinzip der Freizügigkeit innerhalb der EU-Mitgliedsstaaten (mit bestimmten Einschränkungen)

Gesetzliche Grundlagen für die verschiedenen Zweige der Sozialversicherung sind im Sozialgesetzbuch zusammengefasst:

- Krankenversicherung SGB V
- Pflegeversicherung SGB XI
- Rentenversicherung SGB VI
- Arbeitsförderung SGB III
- Unfallversicherung SGB VII
- Sozialversicherung – gemeinsame Vorschriften SGB IV

2.4.1.1 Versicherungszweige und -träger der gesetzlichen Sozialversicherung

Die Träger der Sozialversicherung sind Selbstverwaltungskörperschaften des öffentlichen Rechts, die sich in fünf Zweige mit unterschiedlichen Aufgaben gliedern:

- **Krankenversicherung,** organisiert in Ortskrankenkassen, Betriebskrankenkassen, Innungskrankenkassen, landwirtschaftliche Krankenkassen, Ersatzkassen, der See-Krankenkasse und der Bundesknappschaft
- **Pflegeversicherung,** durchgeführt von den Krankenkassen, unter deren Dach die Pflegekassen als rechtlich selbstständige Einheiten geführt werden

- **Rentenversicherung**, seit der Reform 2005 in der Organisationsform Deutsche Rentenversicherung Bund mit einer Sonderanstalt (Knappschaft-Bahn-See), den landwirtschaftlichen Alterskassen und den bisherigen Landesversicherungsanstalten als Regionalträger
- **Arbeitslosenversicherung**, durchgeführt von der Bundesagentur für Arbeit, den Regionaldirektionen und den nachgeordneten Agenturen für Arbeit
- **Unfallversicherung** in Form der nach Branchen organisierten gewerblichen und landwirtschaftlichen Berufsgenossenschaften, der See-Berufsgenossenschaft sowie den Unfallversicherungsträgern der öffentlichen Hand

2.4.1.2 Aufgaben und Organe der Selbstverwaltung

Wesentliches Prinzip der Sozialversicherung ist die Mitwirkung und Beteiligung der Betroffenen durch gewählte Selbstverwaltungsorgane der Träger, die an der Durchführung der Verwaltung beteiligt sind. Sie setzen sich aus ehrenamtlichen Vertretern der Betroffenen, (Versicherte und Arbeitgeber) zusammen.

Bei der Rentenversicherung und der Unfallversicherung bestehen die Organe der Selbstverwaltung aus der Vertreterversammlung und dem Vorstand, beide paritätisch besetzt. Die Vertreterversammlungen werden in Sozialwahlen bestimmt.

Bei den Krankenkassen wird ein Verwaltungsrat gewählt, der ebenfalls paritätisch besetzt ist. Bei den Ersatzkassen besteht der Verwaltungsrat ausschließlich aus Arbeitnehmern.

Bei der Bundesagentur für Arbeit wird ebenfalls ein Verwaltungsrat gewählt. Hier herrscht eine Drittelparität: Neben den Vertretern der Versicherten und der Arbeitgeber gibt es Vertreter der öffentlichen Körperschaften.

Die Vertreterversammlung oder der Verwaltungsrat bilden das oberste Organ jedes Versicherungsträgers. Deren höchste Aufgabe ist die Rechtsetzung. Diese Befugnis gehört zum Kern der Selbstverwaltung; sie wird jedoch durch die Gesetzgebung des Bundes in zunehmenden Maße eingeschränkt. Zu den Aufgaben der Selbstverwaltungsorgane gehören weiter die Wahl des Vorstandes, die Billigung des Haushaltsplans und die Bestätigung der Geschäftsführung.

2.4.1.3 Aufsicht über die Versicherungsträger

Um eine ordnungsgemäße, Recht und Gesetz entsprechende Erledigung der Aufgaben sicherzustellen, unterliegen die selbstständigen Träger der Sozialversicherung staatlicher Aufsicht, die je nach Versicherungszweig unterschiedlich organisiert ist.

So wird die Aufsicht über die Träger, deren Zuständigkeit ein Bundesland überschreitet, vom **Bundesversicherungsamt** in Berlin ausgeübt. Die Aufsicht über die Unfallversicherung wird vom Bundesminister für Gesundheit wahrgenommen. Die meisten anderen Versicherungsträger werden von den für die Sozialversicherung zuständigen obersten Verwaltungsbehörden der Länder oder den von diesen bestimmten Behörden beaufsichtigt, z. B. Landesversicherungsämter oder Versicherungsämter.

2.4.2 Ziele und Aufgaben der gesetzlichen Krankenversicherung

Aufgabe und Ziel der gesetzlichen Krankenversicherung (GKV) ist es, dem Versicherten durch die Bereitstellung von notwendigen sachlichen und finanziellen Unterstützungen angemessenen **Schutz bei Krankheit und Mutterschaft** zu bieten.

Hinzu treten Maßnahmen zur **Gesundheitsförderung** und zur **Verhütung von Krankheiten** sowie zur besonderen **Betreuung chronisch Kranker** (Disease-Management-Programme).

Träger der Krankenversicherung

Träger der gesetzlichen Krankenversicherung sind die Krankenkassen. Folgende Krankenkassen sind zu unterscheiden:

Allgemeine Ortskrankenkassen (AOK) für bestimmte abgegrenzte Regionen

Betriebskrankenkassen (BKK) können von einem Arbeitgeber für einen oder mehrere Betriebe mit in der Regel mindestens 5 000 Versicherungspflichtigen errichtet werden, wenn ihre Leistungsfähigkeit auf Dauer gesichert ist.

Ersatzkrankenkassen, ursprünglich als »Ersatz« für die AOK gebildet, für alle Arten von Versicherungsnehmern offen.

Innungskrankenkassen, die für den Bereich einer oder mehrerer Innungen errichtet werden können, wenn in den Mitgliedsbetrieben der Innung(en) regelmäßig mindestens 1 000 Versicherungspflichtige beschäftigt werden und ihre Leistungsfähigkeit auf Dauer gesichert ist.

Die Wahlrechte der Mitglieder

Versicherungspflichtige und **versicherungsberechtigte** Personen (siehe unten) können grundsätzlich zwischen folgenden Krankenkassen wählen:

- AOK des Beschäftigungs- oder Wohnortes
- Ersatzkasse, deren Zuständigkeit sich nach der Satzung auf den Beschäftigungs- oder Wohnort erstreckt
- Betriebs- oder Innungskrankenkasse, wenn sie in dem Betrieb beschäftigt sind, für den die Betriebs- oder Innungskasse besteht
- Betriebs- oder Innungskrankenkasse, deren Satzung eine allgemeine Öffnung für abgegrenzte Regionen vorsieht
- Krankenkasse, bei der zuletzt eine Mitgliedschaft oder eine Familienversicherung bestanden hat
- Krankenkasse, bei der ihr Ehepartner versichert ist

Das **Krankenkassenwahlrecht** hat zur Folge, dass die Mitgliedschaft bei einer Krankenkasse grundsätzlich nur noch durch Ausübung des Wahlrechts gegenüber der Krankenkasse zustande kommt, die eine Aufnahme nicht ablehnen darf.

Der Austausch über die Mitgliedschaft läuft ab 2021 zwischen Arbeitgeber und Krankenkasse auf elektronischem Weg.

Bestand vor Eintritt der Versicherungspflicht **keine** Versicherung, hat der Arbeitgeber den versicherungspflichtigen Arbeitnehmer bei einer derjenigen Krankenkassen anzumelden, welche der Arbeitnehmer wählen könnte. Der Arbeitgeber muss dann dem versicherungspflichtigen Arbeitnehmer unverzüglich mitteilen, bei welcher Krankenkasse er ihn angemeldet hat.

Versicherungspflichtige Personen sind mindestens zwölf Monate an die Wahl einer Krankenkasse gebunden. Eine **Kündigung der Mitgliedschaft** ist nur mit einer Frist von zwei Monaten zum Ende eines Kalendermonats möglich. Die Kündigung wird aber nur wirksam, wenn innerhalb der Kündigungsfrist die Mitgliedschaft bei einer anderen Krankenkasse durch eine Bescheinigung nachgewiesen wird.

Ein Wechsel des Arbeitgebers berechtigt nicht zur Kündigung der Krankenkassenmitgliedschaft außerhalb der normalen Kündigungsfristen. Auch die Aufnahme einer weiteren Beschäftigung löst kein neues Wahlrecht mit der Möglichkeit eines sofortigen Krankenkassenwechsels aus.

Familienversicherte Ehegatten und Kinder haben kein eigenes Wahlrecht. Für sie gilt die Entscheidung des Versicherten. Können Kinder durch beide Elternteile familienversichert werden, entscheiden die Eltern, wo die Krankenversicherung bestehen soll.

2.4.2.1 Versicherter Personenkreis

Versicherungspflichtig* in der GKV sind:

- Grundsätzlich alle Beschäftigte, einschl. Auszubildende, Rentenantragssteller und Rentner, jedoch nur dann, wenn ihr regelmäßiges Bruttoentgelt die **Jahresarbeitsentgeltgrenze (Versicherungspflichtgrenze**)** nicht übersteigt

Nicht Versicherungspflichtig in der GKV sind:

- bestimmte Personengruppen, die auf Antrag von der Krankenversicherungspflicht befreit sind, z. B. geringfügig Beschäftigte, die im Rahmen der Familienversicherung oder ihres Hauptarbeitsverhältnisses krankenversichert sind
- Beschäftigte, deren Bruttogehalt die Jahresarbeitsentgeltgrenze übersteigt
- Selbstständige, Freiberufler
- Beamte

Freiwillige Versicherung in der GKV ist möglich u. a. für:

- Personen, die in der GKV wegen Überschreitens der Jahresarbeitsentgeltgrenze oder aus anderen Gründen nicht versicherungspflichtig sind.
- Familienangehörige eines Versicherten, wenn sie aus der Familienversicherung ausscheiden,
- Selbstständige, die innerhalb einer Ausschlussfrist von 3 Monaten nach Beginn der Selbstständigkeit beitreten
- Studenten, die nicht der Krankenversicherung der Studenten angehören.

Der Beitritt zur freiwilligen Krankenversicherung muss gegenüber der Krankenkasse innerhalb von drei Monaten (z. B. nach Beendigung der Versicherungspflicht) erklärt werden.

---

* Eine Krankenversicherungspflicht besteht in Deutschland grundsätzlich für alle Personen, entweder in der GKV oder in einer privaten Krankenkasse.

** Die Jahresarbeitsentgeltgrenze wird jährlich gesetzlich neu bestimmt.

Die **Versicherung von Familienangehörigen (Familienversicherung)** in der GKV umfasst Ehegatten und die Kinder von Krankenkassenmitgliedern. Voraussetzung ist, dass sie

- ihren Wohnsitz/gewöhnlichen Aufenthalt in der Bundesrepublik haben,
- nicht selbst Mitglied in der gesetzlichen Krankenversicherung sind,
- nicht hauptberuflich selbstständig erwerbstätig sind und
- nicht über eigenes Gesamteinkommen verfügen, das eine bestimmte Grenze überschreitet.

Kinder sind versichert

- bis zur Vollendung des 18. Lebensjahres,
- bis zur Vollendung des 23. Lebensjahres, wenn sie nicht erwerbstätig sind,
- bis zur Vollendung des 25. Lebensjahres bei andauernder Schul- oder Berufsausbildung,
- ohne Altersgrenze, wenn sie behindert und nicht in der Lage sind, sich selbst zu unterhalten.

2.4.2.2 Finanzierung

Die gesetzliche Krankenversicherung wird durch **Beiträge der Arbeitnehmer und Arbeitgeber** sowie einen **Bundeszuschuss** finanziert.

Der Beitragssatz der Krankenkassen betrug seit 2011 einheitlich 15,5 % vom Bruttoentgelt (Arbeitnehmeranteil 8,2 % und Arbeitgeberanteil 7,3 %). Seit 1. Januar 2015 ist der Beitragssatz auf 14,6 % gesenkt worden (zzgl. kassenindividueller Zusatzbeitrag), der von Arbeitgeber und Arbeitnehmer je zur Hälfte aufzubringen ist.

In die Berechnung der Beiträge werden die Löhne und Gehälter nur zum Erreichen der **Beitragsbemessungsgrenze*** einbezogen. Anteile darüber hinaus bleiben ohne Ansatz in der Beitragsermittlung.

Im Übrigen ist zu beachten:

1. Bei versicherungspflichtigen Arbeitnehmern haben Arbeitgeber und Arbeitnehmer die Beiträge prinzipiell je zur Hälfte zu tragen. Ist das monatliche Entgelt nicht höher als 538 € (Stand 2024), wird der Beitrag durch eine Pauschale abgegolten, die der Arbeitgeber allein zu zahlen hat.

2. Vor dem 1. Januar 2015 wurden das Krankengeld sowie der Zahnersatz nicht aus dem Krankenversicherungsbeitrag finanziert, den Arbeitnehmer und Arbeitgeber je zur Hälfte tragen. Hierfür wurde von allen gesetzlich Krankenversicherten, d. h. den Arbeitnehmern allein, ein zusätzlicher Beitrag in Höhe von 0,9 % erhoben. Dieser allgemeine Zusatzbeitrag entfällt seit 1. Januar 2015. Stattdessen können die Kassen einen **kassenindividuellen Zusatzbeitrag** von den Versicherten erheben, dessen Höhe von den Krankenkassen berechnet wird (2023 im Durchschnitt 1,6 %).
   Mit Inkrafttreten des GKV-Versichertenentlastungsgesetz (GKV-VEG) wird auch dieser Zusatzbetrag ab 1. Januar 2019 paritätisch von Arbeitnehmern und Arbeitgebern erhoben.

3. Beitragsschuldner gegenüber der Krankenkasse ist (für Versicherungspflichtige) allein der Arbeitgeber. Dieser hat den Anteil des Arbeitnehmers von dessen Lohn einzubehalten und zusammen mit seinem eigenen Anteil abzuführen.

4. Versicherungspflichtige Rentner und die Träger der Rentenversicherung tragen die Beiträge zur gesetzlichen Krankenversicherung je zur Hälfte, wobei die Rentenversicherungsträger den Anteil der Rentner von den Renten einbehalten und zusammen mit den von ihnen zu tragenden Beiträgen abführen.

---

* Die Beitragsbemessungsgrenze wird jährlich neu ermittelt und von der Bundesregierung durch Rechtsverordnung vorgeschrieben.

5. Freiwillig Versicherte haben den gesamten Beitrag allein aufzubringen. Freiwillig versicherte Arbeitnehmer und solche, die wegen Überschreitung der Jahresarbeitsentgeltgrenze versicherungsfrei und bei einem privaten Krankenversicherungsunternehmen versichert sind, haben aber gegenüber ihrem Arbeitgeber Anspruch auf einen Zuschuss.

Die sogenannten **versicherungsfremden Leistungen** – gemeint sind die Leistungen der Krankenkassen bei Schwangerschaft und Mutterschaft sowie das Kinderkrankengeld – werden seit 2004 aus Steuermitteln und nicht mehr aus Krankenversicherungsbeiträgen finanziert.

Infolge der ungleichen Mitgliederstrukturen gibt es erhebliche Unterschiede bei Einnahmen und Ausgaben der einzelnen Kassen, was durch einen jährlich durchgeführten **Risikostrukturausgleich** (RSA) weitgehend ausgeglichen wird.

2.4.2.3 Leistungen

Die Leistungen der Krankenkassen müssen ausreichend, zweckmäßig und wirtschaftlich sein, dürfen allerdings das Maß des Notwendigen nicht überschreiten. Sie werden in Form von Sach- oder Dienstleistungen (**Sachleistungsprinzip**) erbracht und nur in gesetzlich vorgesehenen Fällen durch Geldzahlungen. Für ärztliche oder zahnärztliche Behandlung hat der Versicherte dem Arzt die vom Krankenversicherungsträger ausgestellte Krankenversichertenkarte vorzulegen.

Im Einzelnen werden die folgenden Leistungen gewährt, z. T. mit Zuzahlungen der Versicherten.

Gesundheitsuntersuchungen

Versicherte zwischen 18 und 35 Jahren haben das Recht auf eine ärztliche Gesundheitsuntersuchung, ab 35 Jahre alle drei Jahre. Außerdem haben Frauen vom Beginn des 20. Lebensjahres, Männer vom Beginn des 45. Lebensjahres an einmal jährlich Anspruch auf eine Untersuchung zur Früherkennung von Krebskrankheiten.

Versicherte Kinder haben bis zur Vollendung des sechsten Lebensjahres Anspruch auf zehn Vorsorgeuntersuchungen sowie nach Vollendung des zehnten Lebensjahres auf eine Untersuchung zur Früherkennung von Krankheiten, die ihre körperliche oder geistige Entwicklung gefährden.

Krankenbehandlung und Geldleistungen

In diesem Bereich umfassen die Leistungen der Krankenkassen:

- Ärztliche und zahnärztliche **Behandlung**
- Versorgung mit **Zahnersatz,** im Normalfall mit 50 % Eigenbeteiligung des Versicherten
- Versorgung mit **Arznei-, Verband- und Hilfsmitteln,** wobei jedoch Festbeträge angesetzt werden können bzw. Zuzahlungen vom Versicherten zu leisten sind; daneben in gewissem Umfang auch Versorgung mit **Heilmitteln.** Nicht verschreibungspflichtige Arzneimittel sind von der Versorgung ausgenommen.
- Bis zur Vollendung des 18. Lebensjahres haben Versicherte außerdem Anspruch auf Versorgung mit **Brillen,** danach nur in besonderen Fällen (schwer sehbehinderte Menschen oder Betroffene von bestimmten Krankheiten).

- **Häusliche Krankenpflege** bei Erforderlichkeit in einem bestimmten Umfang
- **Haushaltshilfe** unter gewissen Voraussetzungen
- **Krankenhausbehandlung,** wenn sie erforderlich ist
- **Medizinische Rehabilitationsmaßnahmen** unter bestimmten Voraussetzungen und bei Erforderlichkeit, Müttergenesungskuren, Mutter-Kind- sowie Vater-Kind-Kuren, Belastungserprobung und Arbeitstherapie
- **Krankengeld,** wenn der Versicherte wegen Krankheit arbeitsunfähig ist. Dabei ist jedoch zu beachten, dass der Krankengeldanspruch so lange ruht, wie der Versicherte während der Krankheit seinen Arbeitslohn weiterhin erhält. Da bei Krankheit eines Arbeitnehmers das Entgelt in der Regel sechs Wochen lang weiterbezahlt wird, setzt die Zahlung des Krankengeldes also meist erst mit der siebten Krankheitswoche ein.

  Das Krankengeld wird vom Regellohn des letzten Lohnabrechnungszeitraums berechnet, höchstens jedoch aus dem Betrag der geltenden Beitragsbemessungsgrenze. Es beträgt 70 % des Regellohns, darf jedoch 90 % des entgangenen regelmäßigen Nettoarbeitsentgelts nicht übersteigen.

  Das Krankengeld wird grundsätzlich ohne zeitliche Begrenzung gewährt, bei Arbeitsunfähigkeit wegen derselben Krankheit jedoch für höchstens 78 Wochen innerhalb von je drei Jahren. Dauert die Krankheit über diesen Zeitraum hinaus, kann Sozialhilfe beansprucht werden.

  Versicherte, deren Erwerbsfähigkeit nach ärztlichem Gutachten erheblich gefährdet ist, kann die Krankenkasse auffordern, innerhalb von zehn Wochen einen Antrag bei der Rentenversicherung auf Rehabilitationsmaßnahmen zu stellen. Geschieht das nicht, entfällt der Anspruch auf Krankengeld. Krankengeld muss nicht gezahlt werden in der Elternzeit und bei Fehlen einer Arbeitsunfähigkeitsmeldung.

  Versicherte erhalten auch Krankengeld, wenn sie zur Betreuung und Pflege eines erkrankten mitversicherten Kindes unter zwölf Jahren der Arbeit fernbleiben müssen (Kinderkrankengeld). Dieser Anspruch ist auf zehn Arbeitstage je Kind pro Kalenderjahr beschränkt bei mehr als zwei Kindern höchstens 25 Arbeitstage pro Elternteil. Für Alleinerziehende verdoppeln sich diese Werte.

  Die Kosten, die den Krankenkassen durch die Zahlung des Krankengeldes entstehen, mussten seit 1. Juli 2005 allein von den Versicherten durch einen zusätzlichen Beitrag von 0,5 % getragen werden. Dieser Zusatzbeitrag ist seit 1. Januar 2015 wieder entfallen.
- Die **Mutterschaftshilfe** umfasst ärztliche Betreuung und Hebammenhilfe, Versorgung mit Arznei-, Verband- und Heilmitteln, stationäre Entbindung, häusliche Pflege, Haushaltshilfe und Mutterschaftsgeld.
- **Fahrkosten-Erstattung** übernimmt die Krankenkasse unter bestimmten Voraussetzungen, wenn Fahrten aus zwingenden medizinischen Gründen im Zusammenhang mit einer Leistung der Krankenkasse notwendig sind (zu ambulanten medizinischen Behandlungen nur in besonderen Ausnahmefällen nach vorheriger Zustimmung durch die Krankenkassen).
- Ein **Versichertenbonus** kann von den Krankenkassen nach dem Gesetz zur Modernisierung der gesetzlichen Krankenversicherung (GMG) für gesundheitsbewusstes Verhalten angeboten werden. Voraussetzungen sind u. a. regelmäßige Teilnahme an den gesetzlichen Früherkennungsuntersuchungen, Bemühungen, die Gesundheit durch Gesundheitssport zu stärken, Teilnahme an Maßnahmen der betrieblichen Gesundheitsförderung, Einschreibung beim Hausarzt (Hausarztmodell), Teilnahme an strukturierten Behandlungsprogrammen.

Zuzahlungen und Belastungsgrenze

Für **Arzneimittel** werden Zuzahlungen von 10 % des Abgabepreises fällig, mindestens 5 €, höchstens 10 €, jedoch nicht mehr als die Kosten des Mittels.

Bei **stationärer Krankenhausbehandlung** (auch stationären Vorsorge- oder Rehabilitationsmaßnahmen) müssen 10 € pro Kalendertag, höchstens jedoch für 28 Tage im Kalenderjahr zugezahlt werden.

Bei **Heilmitteln** und häuslicher Krankenpflege werden 10 % der Kosten sowie 10 € je Verordnung fällig.

Bei allen anderen Leistungen der gesetzlichen Krankenkassen müssen 10 % der Kosten, mindestens 5 €, höchsten 10 €, jedoch nicht mehr als die Kosten zugezahlt werden.

Versicherte haben während jedes Kalenderjahres nur Zuzahlungen bis zur Belastungsgrenze zu leisten. Die **Belastungsgrenze** beträgt 2 % des jährlichen Bruttoeinkommens, für chronisch Kranke, die wegen derselben schwerwiegenden Krankheit in Dauerbehandlung sind, 1 % des jährlichen Bruttoeinkommens. Die bis 2012 erhobenen Zuzahlungen bei Arztbesuchen (Praxisgebühr) sind entfallen.

Manche Krankenkassen verzichten auf bestimmte Zuzahlungen, wenn die Versicherten an einem strukturierten Behandlungsprogramm für chronisch Kranke **(Disease-Management-Programm)** teilnehmen.

2.4.2.4 Die Entgeltfortzahlung und ihre Bedeutung

Nach dem Entgeltfortzahlungsgesetz (EFZG) haben Arbeitnehmer im Krankheitsfall Anspruch auf die **Fortzahlung des Entgelts** durch den Arbeitgeber für die Dauer von sechs Wochen (→ 2.1.3). Sofern nicht über tarifvertragliche oder betriebliche Regelungen längere Entgeltfortzahlungen durch den Arbeitgeber vereinbart sind, tritt danach die Krankenkasse mit der Zahlung von **Krankengeld** ein (→ 2.4.2.3).

Die große Bedeutung für Arbeitnehmer liegt in der Absicherung des Einkommens im Krankheitsfalle. Die Entgeltfortzahlung des Arbeitgebers und das anschließende Krankengeld der Krankenkassen dienen der Existenzsicherung des Arbeitnehmers bei unverschuldeter Krankheit.

Das Krankengeld beträgt 70 % des regelmäßigen Brutto-Arbeitsentgelts, maximal 90 % des Nettoentgelts. Der Arbeitgeber kann **Zuschüsse zum Krankengeld** der Krankenkasse leisten, um den Verdienstausfall des Arbeitnehmers auszugleichen. Ein Zuschuss bis zur Höhe der Differenz zwischen Krankengeld und Nettoarbeitsentgelt ist nicht beitragspflichtig. Die Zahlung eines derartigen Zuschusses ist z. T. tarifvertraglich geregelt.

Eine ähnliche Bedeutung für die Existenzsicherung kommt dem **Mutterschaftsgeld** zu. Ein Anspruch ergibt sich aus § 13 Mutterschutzgesetz (→ 2.1.7.9).

2.4.2.5 Die Bedeutung des Aufwendungsausgleichgesetzes

Das Aufwendungsausgleichsgesetz (AAG) regelt die Erstattung der Lohnfortzahlungskosten bei Krankheit und Schwangerschaft und deren Finanzierung. Unternehmen mit bis zu 30 Arbeitnehmern erhalten von der gesetzlichen Krankenkasse bis zu 80 % der Entgeltfortzahlungskosten zuzüglich der darauf entfallenden Sozialversicherungsbeiträge erstattet. Dies gilt für alle Arbeitnehmer einschließlich der Auszubildenden. Die Mittel dazu werden als Umlage (U1) durch die beteiligten Betriebe selbst erbracht und von den Krankenkassen in einem Sondervermögen verwaltet. Die betrieblichen Leistungen im Falle der Schwangerschaft werden den Betrieben zu 100 % erstattet. Dafür müssen alle Unternehmen, gleich welcher Größe, eine weitere Umlage (U2) zahlen.

Durch diese gesetzlichen Regelungen wird insbesondere kleineren Betrieben ermöglicht, die Entgeltfortzahlung im Krankheitsfall und bei Schwangerschaft zu leisten.

Betriebliches Eingliederungsmanagement

Seit 2004 sind Arbeitgeber verpflichtet, länger erkrankten Beschäftigten ein Betriebliches Eingliederungsmanagement (BEM) anzubieten. Das BEM dient dem Erhalt der Beschäftigungsfähigkeit und sichert durch frühzeitige Intervention die individuellen Chancen, den Arbeitsplatz zu behalten.

Gesetzlich verankert ist das BEM in § 167 Abs. 2 SGB IX. Dort ist festgelegt, dass ein Arbeitgeber alle Beschäftigten, die innerhalb eines Jahres länger als sechs Wochen ununterbrochen oder wiederholt arbeitsunfähig sind, ein BEM anzubieten hat. Soweit für die Überwindung der Arbeitsunfähigkeit und der Vorbeugung erneuter Erkrankung Leistungen zur Teilhabe oder begleitende Hilfen im Arbeitsleben in Betracht kommen, soll der Arbeitgeber außerdem die örtlichen Servicestellen der Rehabilitationsträger oder das Integrationsamt (bei schwerbehinderten Menschen) beteiligen.

Ein erfolgreiches BEM entlastet die Sozialkassen (etwa durch die Vermeidung von Krankengeldzahlungen oder Erwerbsminderungsrenten) und kann einen Beitrag dazu leisten, die Beschäftigungsfähigkeit zu sichern.

Für den Arbeitgeber rechnet es sich, weil es die Gesundheit und Leistungsfähigkeit der Beschäftigten fördert, Fehlzeiten verringert und damit Personalkosten senkt. Für die betroffenen Beschäftigten selbst ist BEM ein Angebot, das vor Arbeitslosigkeit oder Frühverrentung schützen kann. Die Teilnahme ist immer freiwillig.

2.4.3 Ziele und Aufgaben der Pflegeversicherung

Die Pflegeversicherung wurde als eigenständiger Zweig der Sozialversicherung unter dem Dach der Krankenversicherung geschaffen. Wie diese, ist die Pflegeversicherung eine Pflichtversicherung. Gesetzliche Grundlage ist das SGB XI. Man unterscheidet zwischen der sozialen und der privaten Pflegeversicherung.

2.4.3.1 Versicherter Personenkreis

Gemäß dem Grundsatz »Pflegeversicherung folgt der Krankenversicherung« umfasst der versicherte Personenkreis der sozialen Pflegeversicherung zunächst alle diejenigen, die in der gesetzlichen Krankenversicherung versichert sind, und zwar sowohl die Pflichtversicherten als auch die freiwillig Versicherten. Für Ehegatten und Kinder von Mitgliedern der sozialen Pflegeversicherung besteht unter den gleichen Voraussetzungen ein Anspruch auf beitragsfreie Familienversicherung wie bei der gesetzlichen Krankenversicherung.

Freiwillig Versicherte können sich durch Nachweis eines gleichwertigen privaten Pflegeversicherungsvertrags von der Versicherungspflicht in der sozialen Pflegeversicherung befreien lassen; der Antrag muss innerhalb von drei Monaten nach dem Beginn der Versicherungspflicht bei der Pflegekasse gestellt werden.

Diejenigen, die gegen das Krankheitsrisiko bei einem privaten Versicherungsunternehmen versichert sind, haben bei diesem Unternehmen für sich selbst und auch für ihre Angehörigen – für die in der sozialen Pflegeversicherung Familienversicherung bestehen würde – einen Pflegeversicherungsvertrag abzuschließen. Dieser muss Leistungen vorsehen, die nach Art und Umfang den Leistungen der sozialen Pflegeversicherung gleichwertig sind.

2.4.3.2 Leistungen der gesetzlichen Pflegeversicherung

Pflegebedürftig sind solche Personen, die wegen einer körperlichen, geistigen oder seelischen Krankheit oder einer Behinderung für die gewöhnlichen und regelmäßig wiederkehrenden Verrichtungen im Ablauf des täglichen Lebens auf Dauer in erheblichem Maße der Hilfe bedürfen.

Je nach dem Umfang des Hilfebedarfs werden die Pflegebedürftigen in unterschiedliche Pflegekategorien (seit 2017 fünf Pflegegrade) eingestuft. Die Einstufung erfolgt durch die Pflegeversicherung unter maßgeblicher Berücksichtigung des Pflegegutachtens. Davon ist abhängig, ob und in welchem Umfang der Pflegebedürftige Leistungen von der Pflegeversicherung beanspruchen kann.

Die Leistungen der Pflegeversicherung richten sich danach, ob häusliche Pflege (durch Angehörige oder professionelle Pflegepersonen) oder stationäre Pflege in einem Pflegeheim erforderlich ist.

Das Pflegestärkungsgesetz II (PSG II)

hat seit 2017 mit dem Ersatz der bisherigen drei Pflegestufen durch fünf Pflegegrade einen neuen Pflegebedürftigkeitsbegriff sowie modifizierte Leistungen eingeführt.

Pflegebedürftige mit kognitiven und psychischen Einschränkungen (insbes. Demenzkranke), für die bisher nur die Pflegestufe 0 infrage kam, sind dann den körperlich Behinderten gleichgestellt und werden, wie diese, entsprechend dem Grad ihrer Beeinträchtigung in die fünf Pflegegrade eingestuft. Bisher schon anspruchsberechtigte Pflegebedürftige werden zunächst nach einem festen Umrechnungsschlüssel in die neuen Pflegegrade eingereiht. Geringere Leistungen als bisher sind ausgeschlossen. Für Antragsteller wird ein neues, detaillierteres Begutachtungsverfahren eingeführt.

Pflegegrad	Ambulant		Stationär	
	Pflegegeld[1)]	Sachleistung[2)]	Teilstationär	Vollstationär
1: Geringe Beeinträchtigung der Selbstständigkeit		125	125	125
2: Erhebliche Beeinträchtigung der Selbstständigkeit	332	760	689	770
3: Schwere Beeinträchtigung der Selbstständigkeit	573	1432	1298	1262
4: Schwerste Beeinträchtigung der Selbstständigkeit	765	1778	1612	1775
5: Schwerste Beeinträchtigung der Selbstständigkeit mit besond. pfleger. Anforderungen	947	2200	1995	2005

1) Pflegegeld ist bestimmt für häusliche Pflege durch Angehörige, Freunde, Bekannte
2) Sachleistungen durch ambulante Pflegedienste, die mit der Kasse direkt abrechnen

Monatliche Leistungen der Pflegeversicherung in € seit 2024

Pflegezeit für Beschäftigte

Arbeitnehmer erhalten einen Anspruch auf eine unbezahlte kurzzeitige Freistellung von bis zu zehn Arbeitstagen, um die Pflege eines Angehörigen zu organisieren. Für die Dauer von bis zu sechs Monaten haben pflegende Angehörige nach dem Pflegezeitgesetz einen Anspruch auf unbezahlte Freistellung von der Arbeit. Außerdem besteht die Möglichkeit, unter bestimmten Bedingungen wegen Pflegebedürftigkeit von Angehörigen gemäß Familienpflegezeitgesetz eine Teilzeitarbeit von max. 15 Wochenstunden zu vereinbaren (→ 2.1.7.11).

Pflegende Angehörige können zusätzliche Leistungen aus der Pflegekasse beanspruchen, z. B. Renten- und Arbeitslosenversicherungsbeiträge bei Freistellung von ihrer Arbeit.

Beiträge zur Pflegeversicherung und Zuständigkeiten

Der Beitragssatz für die Pflegeversicherung wurde 2023 auf 3,4 % des beitragspflichtigen Einkommens, höchstens jedoch bis zu der für die gesetzliche Krankenversicherung gültigen Beitragsbemessungsgrenze (→ 2.7.2.3) angehoben.

Das Bundesverfassungsgericht hatte im Jahr 2022 festgelegt, dass der Beitragssatz nach der Anzahl der Kinder zu differenzieren ist. Für kinderlose Mitglieder steigt der Beitragszuschlag von 0,35 auf 0,6 %. Mitglieder mit mehr als einem Kind erhalten Abschläge auf den Beitragssatz.

Mitglieder ohne Kinder zahlen seitdem einen Beitragssatz von 4 %, Mitglieder mit einem Kind 3,4 %. Für Mitglieder mit 2 oder mehr Kindern wird der Beitrag während der Erziehungsphase bis zum 25. Lebensjahr um 0,25 % je Kind bis zum 5. Kind weiter abgesenkt. Nach der Erziehungsphase zahlen Eltern wieder den Beitragssätze von 3,4 %.

Seit 2023 gelten somit folgende Beitragssätze für die Pflegeversicherung:

- kein Kind
  Pflegebeitrag von 4 %, Arbeitnehmer-Anteil von 2,3 %
- 1 Kind
  Pflegebeitrag von 3,4 %, Arbeitnehmer-Anteil von 1,7 %
- 2 Kinder
  Pflegebeitrag von 3,15 %, Arbeitnehmer-Anteil von 1,45 %
- 3 Kinder
  Pflegebeitrag von 2,9 %, Arbeitnehmer-Anteil von 1,2 %
- 4 Kinder
  Pflegebeitrag von 2,65 %, Arbeitnehmer-Anteil von 0,95 %
- 5 oder mehr Kinder
  Pflegebeitrag von 2,4 %, Arbeitnehmer-Anteil von 0,7 %

  Eine Ausnahmeregelung gilt in Sachsen (→ 2.7.2.3).

Wie für die Renten- und Arbeitslosenversicherung fungieren die Krankenkassen auch für die Pflegeversicherung als Einzugsstellen. Gesonderte Meldungen zur Pflegeversicherung brauchen nicht vorgenommen zu werden. Für die in der gesetzlichen Krankenversicherung pflichtversicherten Arbeitnehmer werden die Beiträge vom Arbeitgeber einbehalten und abgeführt.

2.4.4 Ziele und Aufgaben der gesetzlichen Rentenversicherung

Aufgabe und Ziel der gesetzlichen Rentenversicherung ist, die Erwerbsfähigkeit der Versicherten zu erhalten und ihnen nach dem Ausscheiden aus dem Erwerbsleben wegen Alters oder wegen verminderter Erwerbsfähigkeit sowie den Hinterbliebenen nach dem Tode des Versicherten Rente zu zahlen. Rechtsgrundlage sind die Bestimmungen im Sozialgesetzbuch VI.

2.4.4.1 Versicherter Personenkreis

Versicherungspflicht

In der Rentenversicherung sind pflichtversichert alle Personen, die als Arbeitnehmer gegen Entgelt oder zu ihrer Berufsausbildung beschäftigt sind. Versicherungspflichtig sind auch die Bezieher von Lohnersatzleistungen, z. B. Krankengeld, Arbeitslosengeld, Unterhaltsgeld, Personen in der Zeit, für die ihnen Kindererziehungszeiten anzurechnen sind, nicht erwerbsmäßig tätige Pflegepersonen oder Personen, die Wehr- oder Zivildienst leisten.

Auch Ehepartner, die im Betrieb ihres Ehegatten gegen Entgelt beschäftigt sind, unterliegen der Versicherungspflicht. Voraussetzung ist, dass ein echtes Arbeitnehmerverhältnis vorliegt.

Ausgenommen von der Versicherungspflicht sind u. a. folgende Personen:

- Selbstständige und Freiberufler, bei denen keine Pflichtversicherung besteht
- Geringfügig Beschäftigte, die keinen eigenen Beitrag leisten
- Rentner, die eine Vollrente wegen Alters beziehen
- Beamte und Richter
- Berufssoldaten und Zeitsoldaten

Versicherungspflicht der arbeitnehmerähnlichen Selbstständigen

Versicherungspflichtig sind auch die sogenannten arbeitnehmerähnlichen Selbstständigen. Das sind Personen, die im Zusammenhang mit ihrer selbstständigen Tätigkeit mit Ausnahme von Familienangehörigen keinen versicherungspflichtigen Arbeitnehmer beschäftigen, dessen Arbeitsentgelt aus diesem Beschäftigungsverhältnis regelmäßig 538 € übersteigt und die regelmäßig und wesentlich nur für einen Auftraggeber tätig sind.

Existenzgründer können sich jedoch für einen Zeitraum von drei Jahren nach erstmaliger Aufnahme einer solchen Tätigkeit von der Versicherungspflicht befreien lassen. Auch Selbstständige, die älter als 58 Jahre sind, können sich dauerhaft von der Versicherungspflicht befreien lassen, wenn sie nach einer zuvor ausgeübten selbstständigen Tätigkeit erstmals aufgrund dieser Vorschrift versicherungspflichtig werden.

Rentenversicherungspflicht bei Minijobs

Bei geringfügigen Beschäftigungsverhältnissen bis 538 € monatlich hat der Arbeitgeber – neben einer pauschalen Lohnsteuer von 2 % – einen Krankenversicherungsbeitrag von 13 % und einen Rentenversicherungsbeitrag von 15 % zu tragen.

Werden Minijobs neu begründet, müssen Arbeitnehmer grundsätzlich einen Rentenversicherungsbeitrag von 3,6 % leisten, allerdings kann sich der Arbeitnehmer von der Rentenversicherungspflicht befreien lassen. Eine entsprechende schriftliche Erklärung muss dem Arbeitgeber gegenüber erfolgen, der diesen Befreiungsantrag zu den Entgeltunterlagen nehmen und die Befreiung der Minijob-Zentrale melden muss.

Pflichtversicherung auf Antrag

Auch Selbstständige haben grundsätzlich die Möglichkeit, die Pflichtversicherung zu beantragen, soweit sie nicht bereits anderweitig versicherungspflichtig sind.

Der Antrag auf Pflichtversicherung muss innerhalb von fünf Jahren nach Aufnahme der selbstständigen Erwerbstätigkeit oder dem Ende der Versicherungspflicht gestellt werden.

Freiwillige Versicherung

Wer nicht rentenversicherungspflichtig ist, kann sich für Zeiten nach Vollendung des 16. Lebensjahres freiwillig versichern. Zuständig dafür ist derjenige Versicherungszweig, bei dem zuletzt ein Beitrag gezahlt wurde. Hat eine Versicherung bisher nicht bestanden, kann der Antrag auf freiwillige Versicherung bei jedem Rentenversicherungsträger eingereicht werden.

Für die Art der Beitragszahlung stehen zwei Möglichkeiten zur Verfügung: Für eine regelmäßige Beitragsentrichtung, das Kontenabbuchungsverfahren; bei unregelmäßigen Zahlungen sind Überweisungen oder Einzahlungen auf ein Konto des Rentenversicherungsträgers geeignet. Versicherungsnummer und der Verwendungszeitraum sowie die Beitragsart sind anzugeben (freiwillige Versicherung oder Höherversicherung; letztere ist nur für Personen möglich, die hiervon schon vor dem 1. Januar 1992 Gebrauch gemacht haben).

Der Monatsbeitrag beträgt 2024 mindestens 100,07 €, höchstens 1 404,30 €. In diesem Rahmen kann die Beitragshöhe frei bestimmt werden. Die gezahlten Beiträge werden jeweils einem bestimmten Bruttoarbeitsentgelt zugeordnet, das später bei der Rentenberechnung zugrunde gelegt wird.

Es bleibt dem freiwillig Versicherten selbst überlassen, in welcher Anzahl und Höhe er Beiträge entrichten will. Für jeden Kalendermonat kann aber nur ein Beitrag gezahlt werden. Da die spätere Rente sich jedoch nach Zahl und Höhe der nachgewiesenen Beiträge errechnet, ist eine regelmäßige und auch der Höhe nach angemessene Beitragsleistung zu empfehlen.

2.4.4.2 Versicherungsträger der gesetzlichen Rentenversicherung

Die Trennung der gesetzlichen Rentenversicherung in Arbeiterrentenversicherung und Rentenversicherung für Angestellte ist seit 2005 aufgehoben.

Alle Träger der gesetzlichen Rentenversicherung firmieren unter dem gemeinsamen Dach **Deutsche Rentenversicherung (DRV).** Mit dieser Organisation wurde die traditionelle Trennung zwischen Arbeitern und Angestellten in der Rentenversicherung aufgehoben. Die Bundesversicherungsanstalt für Angestellte und der Verband Deutscher Rentenversicherer (VDR) fusionierten zur »Deutschen Rentenversicherung Bund«. Bundesknappschaft, Bahnversicherungsanstalt und Seekasse schlossen sich als zweiter Bundesträger zur »Deutschen Rentenversicherung Knappschaft-Bahn-See« zusammen.

2.4.4.3 Finanzierung der gesetzlichen Rentenversicherung

Der **Beitragssatz** für die pflichtversicherten Arbeitnehmer beträgt seit 2018 18,6 % des Bruttolohnes, soweit dieser die Beitragsbemessungsgrenze der Rentenversicherung nicht übersteigt. Hiervon haben Arbeitgeber und Arbeitnehmer **je die Hälfte** zu tragen.

Wenn der monatliche Bruttolohn 538 € (Minijob) nicht übersteigt, hat der Arbeitgeber allein den gesamten Beitrag zu zahlen.

Der Arbeitgeber hat den Arbeitnehmeranteil bei der Lohnabrechnung einzubehalten und zusammen mit seinem Arbeitgeberanteil und den Beiträgen zur Kranken-, Pflege- und Arbeitslosenversicherung an die Krankenkasse abzuführen (→ 2.7.2.3).

Für **Selbstständige** und **arbeitnehmerähnliche Selbstständige** beträgt der Regelbeitrag ab 2024 monatlich 657,51 € in alten und 644,49 € in den neuen Bundesländern.

Zur finanziellen Erleichterung bei Existenzgründung können Selbstständige in den ersten drei Kalenderjahren nach Aufnahme der selbstständigen Tätigkeit nur den halben Regelbeitrag zahlen.

2.4.4.4 Leistungen der gesetzlichen Rentenversicherung

Die Leistungen der gesetzlichen Rentenversicherung gliedern sich in zwei Hauptgruppen:

- Zahlung von Renten.
- Leistungen zur medizinischen Rehabilitation und zur Teilhabe am Arbeitsleben

Zahlung von Renten

Ansprüche auf Renten sind davon abhängig, dass zuvor Beiträge gezahlt wurden und bestimmte versicherungsrechtliche Voraussetzungen erfüllt sind. Aus der gesetzlichen Rentenversicherung werden u. a. folgende Renten gezahlt:

- Renten wegen verminderter Erwerbsfähigkeit
- Renten wegen Alters
- Renten wegen Todes

Renten wegen verminderter Erwerbsfähigkeit

Versicherte haben bis zur Vollendung der Regelaltersgrenze Anspruch auf Rente wegen **teilweiser** oder **voller Erwerbsminderung,** wenn sie

- teilweise oder voll erwerbsgemindert sind,
- in den letzten fünf Jahren vor Eintritt der Erwerbsminderung drei Jahre Pflichtbeiträge für eine versicherte Tätigkeit gezahlt haben und
- die allgemeine Wartezeit von fünf Jahren vor Eintritt der Erwerbsminderung erfüllt haben.

Teilweise erwerbsgemindert sind Versicherte, die wegen Krankheit oder Behinderung auf nicht absehbare Zeit außerstande sind, unter den üblichen Bedingungen des allgemeinen Arbeitsmarktes – unabhängig von der jeweiligen Arbeitsmarktlage – mindestens sechs Stunden täglich erwerbstätig zu sein.

Voll erwerbsgemindert sind Versicherte, die wegen Krankheit oder Behinderung auf nicht absehbare Zeit außerstande sind, unter den üblichen Bedingungen des allgemeinen Arbeitsmarktes – unabhängig von der jeweiligen Arbeitsmarktlage – mindestens drei Stunden täglich erwerbstätig zu sein. Voll erwerbsgemindert sind auch behinderte Menschen, die wegen Art oder Schwere der Behinderung nicht auf dem allgemeinen Arbeitsmarkt tätig sein können.

Renten wegen Alters

Anspruch auf die **Regelaltersrente** haben Versicherte, die die gesetzliche Altersgrenze erreicht und die allgemeine Wartezeit von fünf Jahren erfüllt haben. Neben der Regelaltersrente darf unbeschränkt hinzuverdient werden. Die Höhe der Rente wird im Wesentlichen von der Höhe der Versicherungsbeiträge bestimmt, die während des gesamten Arbeitslebens als Abzüge vom Arbeitseinkommen oder als freiwillige Zahlungen geleistet wurden.

Die Bundesregierung hat Ende 2006 eine schrittweise **Anhebung des Rentenalters** (Regelaltersgrenze) von 65 auf 67 Jahre bis 2029 beschlossen. Seit 2012 wird das Rentenalter zunächst zwölf Jahre lang jährlich um einen Monat gesteigert. Von 2024 bis 2029 wird das Rentenalter dann jährlich um zwei Monate angehoben, sodass sich die Altersgrenze bis dahin von Jahr zu Jahr ändert. In entsprechendem Maße erhöhen sich die Abschläge, die bei vorzeitigem Rentenbeginn in Kauf genommen werden müssen.

Anspruch auf Altersrente für **langjährig Versicherte** besteht, wenn das maßgebliche Lebensalter vollendet und die Wartezeit von 35 Jahren erfüllt ist. Die Altersgrenze für die abschlagsfreie Altersrente für langjährig Versicherte wird ab Geburtsjahrgang 1949 entsprechend der Anhebung der Regelaltersgrenze stufenweise vom 65. auf das 67. Lebensjahr angehoben. Die vorzeitige Inanspruchnahme dieser Altersrente ist ab Vollendung des 63. Lebensjahres möglich, aber mit Rentenabschlägen verbunden.

Besonders langjährig Versicherte haben mit dem Rentenversicherungs-Leistungsverbesserungsgesetz vom 23.6.2014 (SGB VI § 236 b) nach einer Wartezeit von 45 Jahren unter bestimmten Bedingungen seit 1. Juli 2014 Anspruch auf die volle Altersrente schon nach Vollendung des 63. Lebensjahres. Die Altersgrenze von 63 Jahren wird für Versicherte, die nach 1952 geboren sind, stufenweise wieder auf das vollendete 65. Lebensjahr angehoben.

Altersrente wegen **Arbeitslosigkeit oder nach Altersteilzeitarbeit** kann mit Abschlägen nur noch in Anspruch nehmen, wer vor dem 1. Januar 1952 geboren wurde, bei Beginn der Rente arbeitslos ist und nach Vollendung eines Lebensalters von 58 Jahren und sechs Monaten insgesamt 52 Wochen arbeitslos war oder vor Rentenbeginn mindestens 24 Monate Altersteilzeitarbeit geleistet hat. Außerdem müssen die Wartezeit von 15 Jahren erfüllt sein und in den letzten zehn Jahren vor Rentenbeginn acht Jahre Pflichtbeiträge für eine versicherte Beschäftigung oder Tätigkeit geleistet worden sein.

Altersrenten können als Vollrente oder als Teilrente gezahlt werden (§ 42 SGB VI). Der Anteil der Teilrente kann bei den Altersrenten beliebig gewählt werden, solange er mindestens 10 % der Vollrente beträgt. Mit der Teilrente soll der Übergang in den Ruhestand erleichtert werden. Versicherte können bei einer Teilrente steuern, in welchem Maß sie noch arbeiten oder in den Ruhestand gehen wollen. Während einer Teilrente oder einer Altersvollrente erworbene Entgeltpunkte wirken sich mit Ablauf des Kalendermonats des Erreichens der Regelaltersgrenze rentensteigernd aus.

Renten wegen Todes

Kleine Witwen- oder Witwerrente erhalten Witwen und Witwer, die nach dem Tod des versicherten Ehegatten nicht wieder geheiratet haben, wenn der versicherte Ehegatte die fünfjährige Wartezeit erfüllt hatte.

Große Witwen- oder Witwerrente erhalten Witwen und Witwer, wenn sie nach dem Tod des versicherten Ehegatten, der die allgemeine Wartezeit erfüllt hatte, nicht wieder geheiratet haben und ein eigenes Kind oder ein Kind des versicherten Ehegatten unter 18. Jahren erziehen oder wenn sie das 45. Lebensjahr vollendet haben oder erwerbsgemindert sind.

Anspruch auf **Halbwaisenrente** haben Kinder nach dem Tode eines Elternteils, wenn sie noch einen unterhaltspflichtigen Elternteil haben und der verstorbene Elternteil die allgemeine Wartezeit erfüllt hat. **Vollwaisenrente** kann bezogen werden, wenn das Kind keinen unterhaltspflichtigen Elternteil mehr hat und der verstorbene Elternteil die allgemeine Wartezeit erfüllt hat.

Halb- und Vollwaisenrente wird i. d. R. bis zur Vollendung des 18. Lebensjahres gewährt. Die Bezugsdauer verlängert sich bis zur Vollendung des 27. Lebensjahres, wenn die Waise sich in Schul- oder Berufsausbildung befindet oder behindert ist und sich deshalb nicht selbst unterhalten kann.

Leistungen zur Rehabilitation und zur Teilhabe am Arbeitsleben

Ziel der Rehabilitation ist es, Beeinträchtigungen der Erwerbsfähigkeit durch Krankheiten, körperlichen, geistigen oder seelischen Behinderungen entgegenzuwirken, sie zu verhindern oder zu überwinden und möglichst eine dauerhafte Wiedereingliederung in das Erwerbsleben zu erreichen.

Ist die Erwerbsfähigkeit von Versicherten infolge von Krankheit oder Behinderung in einem bestimmten Umfang gesunken und verspricht eine Rehabilitation keinen Erfolg, zahlt die Rentenversicherung Renten wegen verminderter Erwerbsfähigkeit.

Zusätzliche private Altersvorsorge

Das Rentenniveau in der gesetzlichen Rentenversicherung von 70 % des letzten Nettoeinkommens wird sich künftig deutlich verringern. Um diese zusätzliche Einkommenslücke im Rentenalter zu schließen, soll die private Vorsorge (Eigenvorsorge) auch durch **staatliche Förderung** gestärkt werden **(»Riester-Rente«).**

Die Förderung besteht in Steuerfreiheit der Vorsorgebeiträge bis zu einer Höchstgrenze (günstig für höhere Einkünfte) oder in einer staatlichen Zulage zum Vorsorgebeitrag (günstig für niedrigere Einkünfte). Die Zulage setzt sich zusammen aus der Grundzulage für jede Person mit einem »Riester-Vertrag« und der Kinderzulage für kindergeldberechtigte Kinder.

Das Finanzamt führt eine Günstigerprüfung durch und wendet für das Verfahren an, das für den Steuerpflichtigen vorteilhafter ist (→ 2.5.2.2).

Insbesondere sind **begünstigt:**

- Pflichtversicherte in der gesetzlichen Rentenversicherung
- Behinderte in Behindertenwerkstätten
- Kindererziehende (in den ersten 3 Jahren)
- Pflegepersonen
- Wehr- und Zivildienstleistende, Soldaten
- Bezieher von Lohnersatzleistungen (Krankengeld, Arbeitslosengeld I)
- Selbstständige, die in der gesetzlichen Rentenversicherung versicherungspflichtig sind (z. B. Hebammen, Kurierfahrer)
- Handwerker mit Eintragung in der Handwerksrolle
- Landwirte
- Künstler, Publizisten in der Künstlersozialversicherung
- Beamte des Bundes, der Länder und Gemeinden, Beschäftigte im öffentlichen Dienst
- geringfügig Beschäftigte, die auf den vollen Rentenversicherungsbeitrag aufstocken

Nicht begünstigt sind:

- Selbstständige, die nicht versicherungspflichtig sind
- Pflichtversicherte in einer berufsständischen Versorgungseinrichtung (z. B. Ärzte, Anwälte)
- freiwillig Versicherte in der gesetzlichen Rentenversicherung
- geringfügig Beschäftigte, die nicht den Rentenversicherungsbeitrag aufstocken
- Rentner und Pensionäre

Die Riester-Förderung ist bei **drei Formen** der betrieblichen Altersversorgung möglich:

- der Direktversicherung
- der Pensionskasse
- dem neuen Pensionsfonds

Nicht mit der Riester-Rente zu verwechseln ist die sogenannte »Rürup-Rente« (Basis-Rente), eine kapitalgedeckte Renten-Versicherung ohne Kapitalwahlrecht, die durch eine hohe, teilweise steuerbegünstigte Beitragsgrenze (seit 2024: 27.565 € für ledige und 55.130 € für verheiratete)) insbesondere für Selbstständige mit hoher Steuerbelastung interessant ist, jedoch auch allen Arbeitnehmern offen steht.

2.4.5 Ziele und Aufgaben der Arbeitslosenversicherung und der Arbeitsförderung

Ziel der Arbeitsförderung und der Arbeitslosenversicherung ist, durch geeignete Maßnahmen einen hohen Beschäftigungsgrad zu erreichen bzw. zu erhalten, eine entstandene Arbeitslosigkeit zu verkürzen und die sozialen Auswirkungen durch Zahlung von Arbeitslosengeld zu mildern.

Um diese Ziele zu erreichen, wird im Sozialgesetzbuch (SGB III) eine Palette von Maßnahmen beschrieben, die im Wesentlichen wie folgt zusammengefasst werken können:

- Arbeitsmarkt- und Berufsforschung
- Berufsberatung, Berufsvorbereitung
- Arbeits- und Ausbildungsvermittlung
- Förderung von Ausbildung, Weiterbildung, Arbeitsaufnahme
- Förderung der Aufnahme einer selbstständigen Tätigkeit
- Zahlung von Arbeitslosengeld, Teilarbeitslosengeld, Insolvenzgeld und Kurzarbeitergeld

2.4.5.1 Versicherter Personenkreis

Beitragspflichtig sind grundsätzlich alle Arbeitnehmer einschließlich der Auszubildenden, soweit nicht die folgenden Ausnahmetatbestände zutreffen.

Beitragsfrei sind u. a.:

- Arbeitnehmer, die das reguläre Rentenalter erreicht haben
- Arbeitnehmer, die eine Rente wegen voller Erwerbsminderung beziehen
- Arbeitnehmer, die wegen Minderung ihrer Leistungsfähigkeit (volle Erwerbsminderung) dauernd der Arbeitsvermittlung nicht zur Verfügung stehen
- Arbeitnehmer in geringfügigen Beschäftigungen (z. B. monatlich bis zu 450 €)
- Rentner, Soldaten

2.4.5.2 Versicherungsträger

Träger der Arbeitslosenversicherung ist die **Bundesagentur für Arbeit** (BA). Auf regionaler Ebene agieren Regionaldirektionen (früher Landesarbeitsämter), auf lokaler Ebene Agenturen für Arbeit (früher Arbeitsämter).

Die Agenturen für Arbeit können **Personal-Service-Agenturen** (PSA) einrichten oder beauftragen, u. a. um Zeitarbeit als Vermittlungsinstrument zu nutzen. Die Agenturen schließen entsprechende Verträge mit zugelassenen Vertretern zur Vermittlung von Arbeitskräften ab.

2.4.5.3 Finanzierung

Der Beitrag zur Arbeitslosenversicherung wird von Arbeitgebern und Arbeitnehmern zu gleichen Teilen getragen. Er betrug seit 2011 insgesamt 3 % des Bruttoarbeitsentgeltes (höchstens jedoch bis zur Beitragsbemessungsgrenze). 2020 ist der Beitragssatz auf 2,4 % gesunken, zunächst befristet bis 31. Dezember 2022. Seit 2024 wieder auf 2,6 % gestiegen.

Beschäftigt ein Arbeitgeber einen Arbeitnehmer, der wegen Überschreitung des Renteneintrittsalters arbeitslosenversicherungsfrei ist, hat er gleichwohl seinen Beitragsteil zu entrichten, als ob Versicherungspflicht bestünde.

Gegenüber der Einziehungsstelle haftet allein der Arbeitgeber für die ordnungsgemäße Abführung der Beiträge. Er hat den Anteil des Arbeitnehmers vom Lohn einzubehalten und zusammen mit dem eigenen Anteil an die zuständige Krankenkasse abzuführen, die die Beträge an die Bundesagentur für Arbeit weiterleitet.

2.4.5.4 Leistungen

Neben den vielfältigen Aufgaben zur Förderung des Arbeitsmarktes und eines nachhaltig hohen Beschäftigungsniveaus obliegt der Bundesagentur für Arbeit auch die finanzielle Absicherung der Beitragspflichtigen im Falle von Arbeitslosigkeit sowie individuell abgestimmte Maßnahmen zur Wiedereingliederung von Arbeitslosen in den Arbeitsmarkt.

Arbeitslosen- und Kurzarbeitergeld

Arbeitslosengeld

Arbeitslosengeld ist eine **Versicherungsleistung,** die auf Antrag erhält, wer arbeitslos ist, sich bei der Agentur für Arbeit arbeitslos gemeldet hat, noch nicht das für die Regelaltersrente erforderliche Alter vollendet hat und die Anwartschaftszeit von mindestens zwölf Monaten Tätigkeit in einem versicherungspflichtigen Arbeitsverhältnis innerhalb von zwei Jahren erfüllt hat.

Arbeitslos im Sinne des Gesetzes ist ein Arbeitnehmer, der nicht in einem Beschäftigungsverhältnis steht oder nur eine Beschäftigung von weniger als 15 Stunden wöchentlich ausübt, sich bemüht, seine Beschäftigungslosigkeit zu beenden und den Vermittlungsbemühungen der Agentur für Arbeit zur Verfügung steht.

Den Vermittlungsbemühungen der Agentur für Arbeit steht zur Verfügung, wer eine sozialversicherungspflichtige, mindestens 15 Stunden wöchentlich umfassende zumutbare Beschäftigung unter den üblichen Bedingungen des Arbeitsmarktes ausüben kann und darf, Vorschlägen der Agentur für Arbeit zur beruflichen Eingliederung zeit- und ortsnah Folge leisten kann und bereit ist, jede zumutbare Beschäftigung anzunehmen und auszuüben bzw. an Maßnahmen zur Eingliederung in das Erwerbsleben teilzunehmen.

Das Arbeitslosengeld beträgt i. d. R. 60 % des letzten Nettoentgelts. Der erhöhte Leistungssatz von 67 % steht einem Arbeitslosen mit mind. einem Kind zu. Die Bezugsdauer – sechs bis 24 Monate – hängt im Wesentlichen von der Dauer der vorangegangenen versicherungspflichtigen Tätigkeit, dem Lebensalter und dem Kalenderjahr des Eintritts der Arbeitslosigkeit ab.

Teilarbeitslosengeld wird unter bestimmten Voraussetzungen bei Teilarbeitslosigkeit gezahlt. Teilarbeitslosigkeit liegt vor, wenn eine versicherungspflichtige Beschäftigung verloren wurde, die neben mindestens einer weiteren (fortbestehenden) versicherungspflichtigen Beschäftigung ausgeübt wurde und eine versicherungspflichtige Beschäftigung gesucht wird.

Bürgergeld

Seit dem 1. Januar 2023 wurde das Arbeitslosengeld II (auch bekannt als »Hartz IV«) durch das Bürgergeld ersetzt. Mit dem Bürgergeld wurde die Grundsicherung für Arbeitssuchende erneuert. Das Bürgergeld ist eine Leistung des Sozialstaats. Sie soll denjenigen ein menschenwürdiges Existenzminimum sichern, die ihren Lebensunterhalt nicht aus eigenem Einkommen decken können. Wer bisher Anspruch auf Arbeitslosengeld II hatte, hat nun Anspruch auf Bürgergeld.

Für das Bürgergeld gelten seit 1. Januar 2024 neue Regelsätze:

	seit 1.1.2024	**Erhöhung**
Alleinstehende/Alleinerziehende (Regelbedarfstufe 1)	563 Euro	+61 Euro
Paare je Partner/Bedarfsgemeinschaften (Regelbedarfstufe 2)	506 Euro	+55 Euro
Volljährige in Einrichtungen (Regelbedarfstufe 3)	451 Euro	49 Euro
Jugendliche von 14–17 Jahre (Regelbedarfstufe 4)	471 Euro	+51 Euro
Kind von 6–13 Jahre (Regelbedarfstufe 5)	390 Euro	+42 Euro
Kind von 0–5 Jahre (Regelbedarfstufe 6)	357 Euro	+39 Euro

Zusätzlich übernimmt der Staat die tatsächlichen Kosten für Unterkunft und Heizung, soweit sie angemessen sind. Die Leistungen orientieren sich am Niveau der Mieten auf dem örtlichen Wohnungsmarkt.

Kurzarbeitergeld

Kurzarbeitergeld (Kug) kann auf Antrag des Arbeitgebers bei unabwendbarem Arbeitsausfall gewährt werden, wenn bestimmte arbeits- und tariflichrechtliche Bedingungen erfüllt sind. Die Höhe des Kurzarbeitergeldes beträgt allgemein 60 % des Nettoentgeltausfalls, Arbeitnehmer mit wenigstens einem Kind erhalten 67 %.

Die Bezugsdauer für Kurzarbeitergeld ist grundsätzlich auf zwölf Monate begrenzt. Bei außergewöhnlichen Verhältnissen auf dem Arbeitsmarkt kann sie durch Rechtsverordnung auf bis zu 28 Monate ausgedehnt werden. So galt bis Ende 2021 wegen der Corona-Pandemie eine Bezugsdauer von längstens 24 Monaten.

Kurzarbeit soll mit einer Qualifizierung der Mitarbeiter verknüpft werden. Fördermöglichkeiten zu derartigen Maßnahmen, auch die (vorübergehende) Vermittlung eines anderen Arbeitsplatzes, bieten die Arbeitsagenturen an.

Sonstige Leistungen

Wintergeld

Zur Förderung der ganzjährigen Beschäftigung in der Bauwirtschaft werden Wintergeld und Zuschuss-Wintergeld gezahlt.

Beratung und Vermittlung

Die Unterstützung (z. B. Übernahme von Bewerbungskosten) und Beratung sowie die Vermittlung eines Arbeitsplatzes an Arbeitsuchende gehören zu den wichtigsten Aufgaben der Arbeitsagenturen. Ein **Praktikum** von maximal vier Wochen, während dessen das Arbeitslosengeld weitergezahlt wird, bietet Arbeitgebern und Arbeitsuchenden die Möglichkeit, die Eignung für eine angebotene Stelle gründlich zu testen.

Trainingsmaßnahmen

Durch die Übernahme von Kosten für Trainingsmaßnahmen soll die Eingliederung von Arbeitslosen erleichtert, ihre Eignung für berufliche Tätigkeiten oder zur Weiterbildung festgestellt und die Arbeitsbereitschaft geprüft werden. Es können auch grundlegende Kenntnisse und Fertigkeiten vermittelt werden. Die Trainingsmaßnahmen können in Betrieben oder außerbetrieblichen Lehrgängen stattfinden. Ihre Dauer ist begrenzt von zwei bis maximal acht Wochen. Das Arbeitslosengeld wird für die Dauer der Trainingsmaßnahmen weitergezahlt.

Mobilitätshilfen

Förderung der Aufnahme einer versicherungspflichtigen Beschäftigung außerhalb des Wohnortes geschieht durch Mobilitätshilfen, zum Beispiel in Form einer Umzugskostenbeihilfe.

Eingliederungszuschüsse

Leistungen an Arbeitgeber zur Eingliederung bestimmter Gruppen von Arbeitssuchenden, deren Unterbringung unter den üblichen Bedingungen des Arbeitsmarktes erschwert ist, erfolgen zum Beispiel durch Eingliederungszuschüsse bei der Einstellung.

Eingliederungsverträge mit Arbeitgebern

Durch Eingliederungsverträge sollen insbesondere die Chancen von Langzeitarbeitslosen auf einen Arbeitsplatz verbessert werden. Wollen Arbeitgeber solche Arbeitslose erst einmal auf ihre Arbeitsbereitschaft und Leistungsfähigkeit hin überprüfen, bevor sie eine längerfristige Bindung eingehen, so werden sie mit dem Abschluss eines solchen Eingliederungsvertrages von den normalen Risiken befreit. Der Abschluss eines solchen Vertrages bezweckt eine praktische Qualifizierung im Betrieb und bedarf der Zustimmung der Arbeitsagentur, die auch den größten Teil der Kosten übernimmt, längstens jedoch für sechs Monate.

Gründungszuschuss

Seit 2006 werden der vormalige Existenzgründungszuschuss (»Ich-AG«) und das frühere Überbrückungsgeld zusammen durch den Gründungszuschuss ersetzt. Arbeitslose, die sich als Gründer eine selbstständige Existenz aufbauen, erhalten für neun Monate einen monatlichen Zuschuss zur Sicherung des Lebensunterhalts in Höhe ihres zuletzt bezogenen Arbeitslosengeldes. Zusätzlich wird in dieser Zeit ein Betrag von 300 € gezahlt, der es ermöglicht, sich freiwillig in den gesetzlichen Sozialversicherungen abzusichern. Um die soziale Absicherung auch danach zu gewährleisten, kann die Agentur für Arbeit für weitere sechs Monate 300 € monatlich bewilligen. Voraussetzung dafür ist, dass eine intensive Geschäftstätigkeit vorliegt. Das muss vom Gründer belegt werden.

Förderung behinderter Menschen

Behinderte Menschen erhalten Leistungen zur Förderung der Teilhabe am Arbeitsleben, um ihre Erwerbsfähigkeit zu erhalten, zu bessern oder wiederherzustellen.

Förderung der beruflichen Bildung

Die Bundesagentur für Arbeit fördert die berufliche Ausbildung und Weiterbildung, wobei es sich um ganztägigen oder berufsbegleitenden Unterricht handeln kann.

Für die **Berufsausbildung** können Jugendliche und Erwachsene bei Förderungsfähigkeit Zuschüsse erhalten, wenn eine Unterbringung außerhalb des Haushalts der Eltern notwendig ist bzw. die Ausbildungsstätte von der Wohnung aus nicht in angemessener Zeit erreichbar ist.

Ferner werden Maßnahmen der beruflichen **Weiterbildung** gefördert, wenn diese notwendig sind, um die Teilnehmer bei Arbeitslosigkeit beruflich einzugliedern, drohende Arbeitslosigkeit abzuwenden, oder wenn wegen fehlenden Berufsabschlusses die Notwendigkeit der Weiterbildung anerkannt ist. Gefördert werden grundsätzlich nur Teilnehmer, die innerhalb der letzten drei Jahre vor Beginn der Teilnahme mindestens zwölf Monate in einem Versicherungspflichtverhältnis gestanden haben. Die Förderung erfolgt bei der Teilnahme an ganztägigem Unterricht durch Unterhaltsgeld in Höhe von 60 bzw. 67 % des durchschnittlichen letzten Nettoarbeitsentgeltes.

Wenn eine Fortbildungsmaßnahme notwendig ist, die auswärtige Unterbringung erfordert, kann die Bundesagentur für Arbeit ganz oder teilweise die notwendigen Kosten übernehmen, neben Lehrgangskosten, Kosten für Lernmittel, Kosten der Arbeitskleidung, der Kranken- und Unfallversicherung, auch die Fahrkosten, Kosten der Unterkunft und Mehrkosten der Verpflegung.

Krankenversicherung der Arbeitslosen

Bezieher von Arbeitslosengeld, Bürgergeld oder Unterhaltsgeld werden auf Kosten der Bundesagentur für Arbeit krankenversichert.

Insolvenzgeld

Arbeitnehmer haben bei Zahlungsunfähigkeit ihres Arbeitgebers Anspruch auf Insolvenzgeld, soweit sie für die letzten drei Monate vor Eröffnung bzw. Ablehnung des Insolvenzverfahrens mangels Masse über das Vermögen ihres Arbeitgebers noch Ansprüche auf Arbeitsentgelt haben. Der Antrag ist innerhalb einer Frist von zwei Monaten nach dem Insolvenzereignis zu stellen. Die Mittel für das Insolvenzgeld werden jährlich im Nachhinein durch Erhebung einer Umlage von allen Arbeitgebern aufgebracht, bei denen die Möglichkeit einer Insolvenz besteht.

2.4.6 Ziele und Aufgaben der gesetzlichen Unfallversicherung

Die Unfallversicherungsträger haben die gesetzliche Aufgabe, Arbeitsunfälle, Wegeunfälle und Berufskrankheiten zu verhüten und bei Eintritt eines Unfalls oder einer Berufskrankheit die Folgen, die sich daraus ergeben, zu begrenzen und die Versicherten so bald wie möglich wieder in den bisherigen Beruf und Betrieb einzugliedern und – soweit erforderlich – die Versicherten und ggf. deren Angehörige durch Geldleistungen zu entschädigen. Die gesetzlichen Grundlagen sind im SGB VII zusammengefasst. Sie wurden durch das Unfallversicherungsmodernisierungsgesetz (UVMG) von 2008 geändert und ergänzt.

Zur Vermeidung von Arbeitsunfällen, Berufskrankheiten und arbeitsbedingten Gesundheitsgefahren erlassen die Berufsgenossenschaften Vorschriften (z. B. Unfallverhütungsvorschriften) und überwachen ihre Einhaltung.

In Betrieben mit mehr als 20 Beschäftigten muss der Unternehmer, ggf. unter Mitwirkung des Betriebsrats, mindestens einen **Sicherheitsbeauftragten** bestellen, dem die Unterstützung des Unternehmens bei der Durchführung des Unfallschutzes obliegt.

2.4.6.1 Versicherter Personenkreis

Versichert sind alle Arbeitnehmer, auch Auszubildende und Lehrlinge, und zwar unabhängig von der Höhe des Entgelts und der Dauer der Tätigkeit.

Darüber hinaus können die BG in ihrer Satzung die Versicherungspflicht auch auf Unternehmer und ihre im Betrieb tätigen Ehegatten ausweiten. Wo das nicht der Fall ist, können Unternehmer und ihre Ehegatten der Unfallversicherung freiwillig beitreten.

2.4.6.2 Träger der gesetzlichen Unfallversicherung

Die Träger der gesetzlichen Unfallversicherung sind die Berufsgenossenschaften, die berufsständisch und regional gegliedert sind und alle Betriebe der betreffenden Berufsgruppen eines Gebietes umfassen.

2.4.6.3 Finanzierung der gesetzlichen Unfallversicherung

Im Gegensatz zu den anderen Zweigen der Sozialversicherung ist bei der Unfallversicherung **nur der Arbeitgeber** beitragspflichtig.

Die Beiträge werden in der Regel als Kostenumlage erhoben, wobei der Bedarf des abgelaufenen Jahres durch entsprechend festgesetzte Mitgliedsbeiträge aufgebracht wird.

Die Beitragshöhe für den einzelnen Betrieb hängt von drei Kriterien ab:

- von der Lohnsumme aller Versicherten des Betriebes
- vom Grad der Unfallgefahr, zu deren Beurteilung Gefahrtarife und Gefahrklassen gebildet werden
- von Zahl und Schwere der Arbeitsunfälle im Betrieb, für die Zuschläge auferlegt werden

Sofern die Satzung der BG nichts anderes bestimmt, hat der Unternehmer jährlich bis zum 11. Februar mittels eines Formblattes den **Lohnnachweis** bei seiner BG einzureichen. Hierauf erlässt diese den **Beitragsbescheid.** Die BG kann Vorschüsse auf die Beiträge erheben.

Außerdem haben Arbeitgeber bestimmte **Meldepflichten:**

- Der Beginn eines Gewerbebetriebes ist innerhalb einer Woche der zuständigen BG zu melden.
- Bei einem Wechsel des Unternehmers und bei sonstigen Betriebsveränderungen ist der BG ebenfalls innerhalb der in der Satzung vorgeschriebenen Frist Mitteilung zu machen.
- Arbeitsunfälle im Betrieb sind unverzüglich zu melden.

2.4.6.4 Leistungen der gesetzlichen Unfallversicherung

Leistungen der gesetzlichen Unfallversicherung werden durch einen **Arbeitsunfall** ausgelöst, der in Zusammenhang mit der betrieblichen Tätigkeit des Versicherten steht, welche den Versicherungsschutz begründet. Tätigkeiten, die dem rein privaten Bereich zuzuordnen sind, genießen dagegen keinen Versicherungsschutz.

Auch **Wegeunfälle** zählen zu den Arbeitsunfällen, jedoch muss der Versicherte den günstigsten Weg zu oder von dem Ort der beruflichen Tätigkeit nehmen. Private Abweichungen (z. B. Besuch einer Gaststätte, »Brötchen holen«) unterbrechen den Versicherungsschutz.

Der Versicherungsschutz erstreckt sich auch auf **Berufskrankheiten.** Hierunter fallen solche Gesundheitsschädigungen, die sich über einen längeren Zeitraum erstrecken und durch die berufliche Tätigkeit verursacht sind. Welche Krankheiten als Berufskrankheiten gelten, ist in einer Berufskrankheiten-Verordnung bestimmt.

Versicherte haben bei Eintreten eines Versicherungsfalls Anspruch auf folgende Leistungen:

1. **Heilbehandlung**
   Die BG übernimmt die Kosten der ärztlichen Behandlung, Versorgung mit Arznei und Heilmitteln, Körperersatzstücken, bei Pflegebedürftigkeit, die Gewährung von Pflege sowie notwendiger Rehabilitationsmaßnahmen einschließlich der erforderlichen Hilfsmittel.

2. **Verletztengeld**
   Verletztengeld erhält der Verletzte, wenn er wegen des Arbeitsunfalls arbeitsunfähig ist und nach Ablauf der Lohnfortzahlungsfrist von sechs Wochen kein Entgelt mehr von seinem Arbeitgeber erhält. Das Verletztengeld entspricht dem Krankengeld bei einem normalen Krankheitsfall und beträgt, wie dieses, 80 % des regelmäßigen Bruttolohns. Das Verletztengeld wird von der Berufsgenossenschaft getragen; die Auszahlung erfolgt jedoch durch die Krankenkasse. Die Zahlung von Verletztengeld endet mit Ablauf der 78. Woche nach Eintritt der Arbeitsunfähigkeit, aber nicht vor Ende einer stationären Behandlung.

3. **Leistungen zur Teilhabe am Arbeitsleben und am Leben in der Gemeinschaft**
   Um die Erwerbsfähigkeit behinderter oder von Behinderung bedrohter Menschen zu erhalten, zu bessern oder wiederherzustellen, werden **berufsfördernde Leistungen** in Berufsbildungs- oder Berufsförderungswerken erbracht. Empfänger von Leistungen zur Teilhabe am Arbeitsleben erhalten unter bestimmten Voraussetzungen **Übergangsgeld.** Zu den Leistungen zur Teilhabe am Leben in der Gemeinschaft gehören z. B. Kraftfahrzeughilfe, Wohnungshilfe, Sozialversicherungsbeiträge.

4. **Verletztenrente**
   Liegt eine Minderung der Erwerbsfähigkeit um wenigsten 20 % vor und dauert sie länger an als bis zur 26. Woche nach Eintritt des Versicherungsfalls, wird Verletztenrente gezahlt. Die Höhe hängt vom Grad der Erwerbsminderung ab: Voll Erwerbsunfähige erhalten die volle Verletztenrente, die grundsätzlich zwei Drittel des letzten Jahresarbeitsverdienstes beträgt. Teilweise Erwerbsunfähige bekommen eine Teilrente. Bei Schwerverletzten, die durch einen Arbeitsunfall erwerbsunfähig geworden sind und keine Rente aus der gesetzlichen Rentenversicherung beziehen, erhöht sich die Rente um 10 % und eine Kinderzulage.

5. **Sterbegeld**
   Erleidet ein Versicherter durch einen Arbeitsunfall den Tod, wird Sterbegeld gewährt.

6. **Hinterbliebenenrente**
   Der Ehegatte des durch einen Arbeitsunfall getöteten Versicherten erhält Hinterbliebenenrente. Sie beträgt zwei Drittel des Jahresarbeitsverdienstes bis zum Ablauf des dritten Kalendermonats nach Ablauf des Monats, in dem der Versicherte verstorben ist; danach beträgt sie bis zu 40 % des Jahresarbeitsverdienstes des Versicherten, wenn die Witwe oder der Witwer älter als 45 Jahre* ist oder berufs- bzw. erwerbsunfähig ist oder ein waisenrentenberechtigtes Kind erzieht oder ein Kind mit körperlicher, geistiger oder seelischer Behinderung versorgt.

7. **Waisenrente**
   Kinder des durch einen Arbeitsunfall Verstorbenen (Halbwaisen) erhalten bis zur Vollendung des 18., bzw. bei Berufsausbildung bis zur Vollendung des 27. Lebensjahres, Waisenrente in Höhe von 20 % des Jahresverdienstes des Versicherten.

* Die Altersgrenze wird seit 2012 stufenweise auf 47 Jahre heraufgesetzt.

Bestimmungen und Bedingungen der Unfallversicherung

- Hat der Verletzte **verbotswidrig gehandelt** (z. B. Verstoß gegen Unfallverhütungsvorschriften), so schließt dies die Annahme eines Arbeitsunfalls und somit die Leistungen nicht aus. Hat der Verletzte den Arbeitsunfall jedoch durch ein **Verbrechen** oder **vorsätzliches Vergehen** verursacht, so werden die Leistungen ganz oder teilweise versagt.
- Ereignet sich ein Betriebsunfall, der den Versicherten für mindestens drei Tage arbeitsunfähig macht, so muss ihn der Unternehmer **innerhalb von drei Tagen** der BG und dem Gewerbeaufsichtsamt melden. Die Unfallanzeige ist vom Betriebs- bzw. Personalrat mit zu unterzeichnen.
- Wenn ein Unternehmer oder ein Arbeitskollege einen Arbeitsunfall verursacht, so hat der Verletzte für den erlittenen **Personenschaden** nur die Ansprüche aus der gesetzlichen Unfallversicherung. Weitergehende Ansprüche, insbesondere auf Zahlung von Schmerzensgeld, stehen ihm nicht zu. Etwas anderes gilt nur dann, wenn der Unternehmer oder Arbeitskollege den Unfall vorsätzlich herbeigeführt hat oder wenn der Unfall bei der Teilnahme am allgemeinen Verkehr eingetreten ist.
- Hinsichtlich erlittener **Sachschäden** gelten die allgemeinen Bestimmungen.
- Hat ein Unternehmer oder Arbeitskollege einen Arbeitsunfall vorsätzlich oder grob fahrlässig herbeigeführt, kann die BG ihn für ihre Aufwendungen haftbar machen.

2.4.7 Grundzüge der Sozialgerichtsbarkeit

Für Rechtsstreitigkeiten im Bereich der Sozialversicherungen (z. B. wegen eines Rentenbescheides) sind Sozialgerichte zuständig – in bestimmten Fällen erst nach Durchführung eines Vorverfahrens, des sogenannten Widerspruchsverfahrens.

In erster Instanz entscheidet das Sozialgericht. Dagegen kann in bestimmten Fällen Berufung beim Landessozialgericht eingelegt werden. Gegen dessen Urteil wiederum ist die Revision zum Bundessozialgericht möglich.

Für das Verfahren vor dem Sozialgericht werden von Versicherten, Leistungsempfängern und Behinderten keine Kosten erhoben, außer bei mutwilliger Prozessführung. Die Kosten tragen die an den Streitsachen beteiligten Körperschaften und Anstalten des öffentlichen Rechts (hierzu ausführlich → 2.2.2).

Staatliche Sozialleistungen

Die staatlichen Sozialleistungen werden im Rahmenstoffplan des DIHK zur Prüfungsvorbereitung nicht genannt und sind demnach auch nicht Thema dieses Buches. Nachstehend werden lediglich beispielhaft einige wichtige Sozialleistungen des Staates dargestellt, die insbesondere für Arbeitnehmer von Bedeutung sind.

Seit 2007 ersetzt das **Elterngeld** das bisherige Erziehungsgeld. Nach den Bestimmungen können Eltern für Kinder, die seit Januar 2007 auf die Welt gekommen sind, zwölf bzw. 14 Monate lang 67 % ihres letzten Nettoeinkommens erhalten, wenn sie sich in dieser Zeit hauptsächlich der Betreuung des Kindes widmen. Die monatlichen Zahlungen sind auf 1.800,00 € gedeckelt. Für jedes Kind gibt es einen Grundbetrag von 300,00 €, der auch dann gezahlt wird, wenn der betreuende Elternteil zuvor nicht berufstätig war.

Die Elternzeit kann von zwölf auf 14 Monate aufgestockt werden, wenn die Eltern sich die Betreuung aufteilen. Seit 2024 muss aber mindestens einer der Partnermonate von einem Beteiligten allein genommen werden. Eine gemeinsame Elternzeit beider Elternteile ist also nur noch für einen Monat möglich. Für Alleinerziehende gelten Sonderregeln.

Haben nach 2007 geborene Kinder ein älteres Geschwisterkind unter drei Jahren oder zwei oder mehr Geschwister unter sechs Jahren, wird neben dem Elterngeld ein »Geschwisterbonus« gezahlt. Dieser Zuschlag beträgt 10 % vom Elterngeld, mindestens allerdings 75,00 € pro Monat. Der Geschwisterbonus wird bis zum dritten bzw. sechsten Geburtstag des ältesten Kindes gezahlt.

Seit Juli 2015 gibt es neben dem Basis-Elterngeld das »Elterngeld-Plus«. Es kann für Kinder beantragt werden, die nach dem 1. Juli 2015 zur Welt gekommen sind. Aus einem Elterngeldmonat können Elterngeld-Plus-Monate werden. Statt 12 bzw. 14 Monate können Paare folglich 24 bzw. 28 Monate Elterngeld beanspruchen.

Ab April 2024 sinkt die Einkommensgrenze für den Anspruch auf Elterngeld von 300.000 € auf 200.000 € zu versteuerndes Einkommen im Jahr. Ein Jahr später soll die Grenze dann bei 175.000 € liegen. Für Alleinerziehende sinkt sie auf 150.000 €.

Kindergeld wird bis zum 25. Lebensjahr des Kindes gezahlt. Seit Januar 2023 beträgt das Kindergeld für jedes Kind monatlich 250 €.

Wohngeld ist ein staatlicher Zuschuss zu den Kosten für Wohnraum. Diesen Zuschuss gibt es als Mietzuschuss für Mieter einer Wohnung oder als Lastenzuschuss für den Eigentümer einer Eigentumswohnung. Empfänger bestimmter Sozialleistungen, wie z. B. Arbeitslosengeld II, sind vom Wohngeld ausgeschlossen, da deren angemessene Unterkunftskosten im Rahmen der jeweiligen Sozialleistung berücksichtigt werden.

Ob Wohngeld in Anspruch genommen werden darf und in welcher Höhe, hängt von der Zahl der zum Haushalt gehörenden Familienmitglieder, der Höhe des Einkommens der zum Haushalt gehörenden Familienmitglieder und der Höhe der zuschussfähigen Miete ab.

Die **Sozialhilfe nach dem Bundessozialhilfegesetz** dient als großes Auffangnetz für soziale Härtefälle. Sie bezweckt all denjenigen Menschen, welche bedürftig sind und den notwendigen Lebensunterhalt nicht selbst bestreiten können, ein Leben bei Wahrung der Würde des Menschen führen zu können. Die Sozialhilfe umfasst Hilfe in besonderen Lebenslagen (z. B. Krankenhilfe oder Heimunterbringung) und Hilfe zum Lebensunterhalt durch Leistungen nach gewissen Regelsätzen für die Bedürfnisse des täglichen Lebens (wie Kleidung, Nahrung, usw.).

2.5 Sozialleistungen des Betriebes gestalten

2.5.1 Grundlagen und Ziele der betrieblichen Sozialpolitik

Vorgänger betrieblicher Sozialleistungen finden sich schon vor der Zeit der Industrialisierung. Die ungeschriebene Arbeitsverfassung des Mittelalters war im Wesentlichen geprägt durch die Bereiche der Landwirtschaft und des Handwerks. Die damaligen Grundherren und Handwerksmeister waren den von ihnen abhängigen Mitarbeitern gegenüber zur Fürsorge verpflichtet. Fürsorge im damaligen Sinne bedeutete, dass man in Wechselfällen des Lebens (z. B. Krankheit, Invalidität) auf Fürsorge des Grundherren oder des Handwerksmeisters Anspruch hatte.

Das Gebot der Fürsorge finden wir in der modernen Arbeitsverfassung wieder als eine Nebenpflicht des Arbeitgebers, der **Fürsorgepflicht.**

Mit fortschreitender Industrialisierung verloren die sozialen Sicherungen durch Großfamilien, Handwerksmeister und Grundherren ihre Bedeutung. Als Folge der Französischen Revolution verschwanden in ganz Europa die Zünfte der Handwerker, und die »Bauernbefreiung« zerschlug auch die alten Strukturen im agrarischen Bereich. Die Familie schrumpfte zur Kleinfamilie, die eine soziale Sicherung nicht mehr bieten konnte. Es kam zu sozialen Missständen. Fürsorglich denkende Unternehmer halfen bei der Minderung der aufgetretenen sozialen Probleme, indem sie betriebliche Sozialleistungen gewährten. Ende des 19. Jahrhunderts ergriff auch der Staat erste Maßnahmen. Bismarck trieb den Ausbau der staatlichen sozialen Sicherungssysteme voran, um, wie es in der kaiserlichen Botschaft zur Einführung der deutschen Sozialversicherung heißt, »den Bestrebungen der Sozialdemokratie entgegenzutreten«. Seit dieser Zeit ist der Umfang der verschiedenen Formen staatlicher und betrieblicher Sozialleistungen in Deutschland ständig gewachsen. Heute umfassen die Personalnebenkosten einen Großteil der gesamten Lohnkosten, was zu hohen Lohnstückkosten führt und u. U. die internationale Wettbewerbsfähigkeit beeinträchtigen kann. Lohnnebenkosten bleiben ein stetiger Diskussionspunkt zwischen den Arbeitgeberverbänden, Gewerkschaften und Parteien.

Die grundlegenden Formen der sozialen Sicherung im Krankheits- und Pflegefall, bei Arbeitslosigkeit und zur Altersvorsorge sind durch gesetzliche Vorschriften allgemeingültig und einheitlich geregelt (→ 2.4). Hier gibt es für den Arbeitgeber keinerlei Gestaltungsmöglichkeiten. Dagegen bietet sich für darüberhinausgehende, **freiwillige Sozialleistungen** dem Unternehmen eine breite Palette von Möglichkeiten, die entsprechend den Umständen und Motiven frei gestaltet werden kann.

Freiwillige soziale Leistungen sind in der Regel dadurch gekennzeichnet, dass sie einerseits den Mitarbeitern zugute kommen, sich andererseits auch zum Nutzen des Unternehmens auswirken.

Dieser Nutzen besteht meist in einer festeren Bindung und Identifikation der Mitarbeiter mit dem Unternehmen sowie einer Steigerung seines Ansehens bei der Belegschaft, aber auch in der Öffentlichkeit, wodurch sich vielfältige Vorteile ergeben können.

Die häufigsten Motive und Beweggründe, die den in diesen Kapitel dargestellten freiwilligen Leistungen zugrunde liegen, können wie folgt beschrieben werden:

- **Erhaltung und Steigerung der Arbeitsleistung**
  Hier erhoffen sich Unternehmen durch die Gewährung von betrieblichen Sozialleistungen, dass die Arbeitsleistung konstant bleibt oder sogar zunimmt.

- **Bindung der Belegschaft an das Unternehmen**
  Mit Gewährung bestimmter betrieblicher Sozialleistungen wird erwartet, dass eine starke Bindung der Mitarbeiter an ein Unternehmen eintritt. Das kann z. B. durch eine gut dotierte Altersversorgung oder zinsgünstige Darlehen erreicht werden.

- **Schaffen von Public Relations- und Imagewirkungen**
  Ein positives Image eines Unternehmens bzw. ein positives Markenbild führt dazu, dass bei Neueinstellungen eine erfolgreiche Personalbeschaffung betrieben werden kann. Darüber hinaus kann das Image des Unternehmens bei der Erreichung der allgemeinen Unternehmensziele hilfreich sein.

- **Verbesserung des Betriebsklimas und der Arbeitsmoral**
  Auch dieses Ziel kann durch betriebliche Sozialleistungen gefördert werden. Die Produktivität der Arbeit soll sich über eine höhere Motivation der Mitarbeiter verbessern.

- **Identifikation mit dem Unternehmen**
  Durch betriebliche Sozialleistungen (z. B. verbilligter Einkauf von Produkten der Firma – Automobile seien als Beispiel aufgeführt) kann sich die Identifikation mit dem Arbeitgeber und das Eintreten für die unternehmerischen Ziele vertiefen.

- **Erzielen von Steuer- und Finanzierungsvorteilen**
  Bestimmte Formen einer betrieblichen Altersversorgung sind aus steuerlichen Gründen oder Finanzierungsvorteilen interessant für Unternehmen und Mitarbeiter. Hier ist z. B. die Entgeltumwandlung mit Zahlungen in eine Pensionskasse gemeint.

- **Senken von Fluktuation und Absentismus**
  Auch hier können betriebliche Sozialleistungen, z. B. Zuschüsse zu Weiterbildungsmaßnahmen, Anwesenheitsprämien und ein betriebliches Gesundheitsmanagement helfen, dieses Ziel zu erreichen.

- **Reduktion der Unfallhäufigkeit**
  Bei bestimmten Arbeitsplätzen kann z. B. durch Gewährung von Kurzpausen und eine gesteigerte gesundheitliche Fürsorge eine Verringerung der Unfallhäufigkeit erreicht werden.

2.5.1.1 Interne Einflüsse

Die Gewährung von betrieblichen Sozialleistungen – die betriebliche Sozialpolitik – ist Teil der Unternehmenspolitik. Je nach Ausrichtung eines Unternehmens, je nach gelebter und bewusst gesteuerter Unternehmenskultur, können interne Faktoren zur Gewährung von Sozialleistungen durch die ethische Grundhaltung von Arbeitgebern bestimmt sein.

Voraussetzung für die Gewährung von betrieblichen Sozialleistungen ist die wirtschaftliche Leistungsfähigkeit eines Unternehmens. Die betrieblichen Sozialleistungen sollten dabei an den sich wandelnden Bedürfnissen der Mitarbeiter orientiert sein, mit dem Ziel einer höheren Mitarbeiter-Identifikation mit dem Unternehmen.

Zu den internen Faktoren, welche die betriebliche Sozialpolitik beeinflussen, gehören:

- Unternehmenskultur und -werte
- Managementphilosophie
- Führungsebene und -stil
- Personalpolitik
- Budget und finanzielle Ressourcen
- Unternehmensziele und -strategien
- Betriebsgröße und Branche
- Betriebsrat oder Mitarbeitervertretung

2.5.1.2 Externe Einflüsse

Ein wesentlicher externer Faktor ist die **staatliche Sozialpolitik.** Sie steht seit Beginn der sozialen Sicherungssysteme im Deutschen Kaiserreich im Spannungsfeld zwischen sozialer Absicherung und der finanziellen Leistungsfähigkeit der Betriebe. Da generell die betriebliche Sozialpolitik nur ergänzend zur staatlichen Sozialpolitik gesehen werden kann (Subsidiaritätsprinzip), fordert die staatliche Sozialpolitik eine Anpassung betrieblicher Sozialleistungen. In der Vergangenheit galt, dass soziale Bedürfnisse, die der Staat erfüllt hat, von Unternehmen nicht mehr erfüllt zu werden brauchen bzw. nicht doppelt zu erfüllen sind. Heute wird der Ruf lauter, Einschränkungen im staatlichen Bereich durch betriebliche Leistungen aufzufangen. Ein Beispiel hierfür ist die betriebliche Altersvorsorge, die die sinkenden gesetzlichen Rentenzahlungen in der Zukunft ausgleichen soll.

Als weiterer externer Faktor ist die **Tarifpolitik** zu nennen. Auch in Tarifverträgen und in Betriebsvereinbarungen sind viele zusätzliche Sozialleistungen vereinbart worden.

Die Betrachtung von Konkurrenzunternehmen kann unter Umständen Anstoß sein, betriebliche Sozialleistungen zu ergänzen oder zurückzunehmen, wenn sich im gesamten **Konkurrenzumfeld** die Bedingungen der betrieblichen Sozialleistungen verändern.

Vor dem Hintergrund des demografischen Wandels und der erforderlichen Fachkräftesicherung besteht die Tendenz, die betrieblichen Sozialleistungen auszubauen. Dies betrifft finanziell wirksame Zuwendungen, aber auch nichtmonetäre Leistungen, wie das betriebliche Gesundheitsmanagement mit Betriebssportangeboten.

2.5.2 Betriebliche Sozialleistungen

Umgangssprachlich wird meist allgemein von Sozialleistungen gesprochen. Dieser Begriff lässt sich in drei Bereiche aufgliedern. Grund für diese Gliederung ist die Art des rechtlichen Anspruchs.

1. Gesetzliche Sozialleistungen

Darunter sind die Leistungen zu verstehen, die der Arbeitgeber aufgrund von Gesetzen zu erbringen hat, z. B. den arbeitgeberseitigen Beitrag zur Sozialversicherung (→ 2.4) oder die Entgeltfortzahlung im Krankheitsfall.

2. Tarifvertraglich vereinbarte Sozialleistungen

Hierunter sind alle Leistungen zu verstehen, die im Rahmen von Tarifverträgen geregelt sind. In Deutschland ist in vielen Tarifverträgen beispielsweise ein Anspruch auf Urlaubsgeld, eine Weihnachtsgratifikation oder eine Jahresabschlussvergütung vereinbart.

3. Freiwillige betriebliche Sozialleistungen

Diese Leistungen werden aufgrund einer Entscheidung des Unternehmens (Arbeitgebers) gewährt. Grundsätzlich liegt der Schwerpunkt auf dem Begriff der »Freiwilligkeit«. Arbeitgeber haben hier Entscheidungsspielräume, ob sie solche Leistungen gewähren oder auch sie zurücknehmen. Allerdings ist die Freiwilligkeit häufig eingeschränkt, wenn die Grundlage der freiwilligen betrieblichen Sozialleistungen eine Betriebsvereinbarung ist. Dennoch sollte das Prinzip der Freiwilligkeit beibehalten werden, damit die Betriebsparteien (Arbeitgeber und Betriebsräte) grundsätzlich die Möglichkeit behalten, diese betrieblichen Sozialleistungen übereinstimmend einzuführen, sie zu verändern oder gar abzubauen.

Im Wesentlichen interessieren uns bei den nachfolgenden Betrachtungen die freiwilligen betrieblichen Sozialleistungen. Als Sozialleistungen werden nur Zuwendungen bezeichnet, die über das Arbeitsentgelt hinaus in Geld- und Sachwerten sowie in Form von Dienstleistungen oder Nutzungsmöglichkeiten gewährt werden. Deswegen werden Erfolgsbeteiligung, Provision und Prämien nicht als betriebliche Sozialleistungen angesehen, sondern zählen zum Arbeitsentgelt.

Die wichtigsten freiwilligen Sozialleistungen sind:

- **Leistungen, die zur Ergänzung der Grundsicherung dienen**
  Hierzu zählen die verschiedenen Formen der betrieblichen Altersversorgung.

- **Hilfe in Notsituationen**
  Hierzu zählen Leistungen, die in Form einer Unterstützung in persönlichen Notfällen gewährt werden (z. B. Organisation und/oder Finanzierung von Haushaltshilfen bei kurzfristigen Krankenhausaufenthalten u. Ä.)

- **Unterstützung von Eigeninitiativen**
  Dazu gehört eine Vielzahl von Vergünstigungen unterschiedlicher Bedeutung, z. B. Darlehensgewährung zum Bau von Wohneigentum.

Formen betrieblicher Sozialleistungen*

- Geldleistungen
- Versorgungsleistungen
- Sach-, Dienst- und Nutzungsleistungen
- Arbeitszeitleistungen

2.5.2.1 Direkte Zuwendungen

Unter diesem Begriff versteht man finanzielle Mittel, die den Arbeitnehmern über das vereinbarte Arbeitsentgelt sowie die gesetzlich oder tariflich vorgeschriebenen Leistungen hinaus unmittelbar zufließen. Die häufigsten Formen aus der Vielzahl direkter Zuwendungen sind:

Gratifikationen

Gratifikationen sind Sondervergütungen, die ein Arbeitgeber seinen Mitarbeitern zusätzlich zum regulären Entgelt zahlt – dies allerdings nicht für Leistungen, sondern meist zu besonderen Anlässen: beispielsweise zusätzliches Weihnachtsgeld, eine zusätzliche Jahreszahlung, zusätzliches Urlaubsgeld, Gratifikationen anlässlich eines Geschäfts- oder Arbeitsjubiläums, Eheschließung oder Geburt eines Kindes.

Gratifikationen als freiwillige betriebliche Sozialleistungen haben steuerrechtlich und sozialversicherungsrechtlich grundsätzlich Entgeltcharakter und sind mit den entsprechenden Abzügen zu belegen.

Sachleistungen und Nutzungsmöglichkeiten

Direkte Zuwendungen bestehen sehr häufig aus Sachbezügen oder Nutzungsmöglichkeiten, die dem Arbeitnehmer gewährt werden, z. B.:

- Geschenke an Arbeitnehmer (Weihnachts-, Geburtstags-, Jubiläumsgeschenke u. a.)
- Stellung eines Firmenfahrzeugs
- Fahrkarte für die Fahrt zur Arbeitsstätte oder Fahrgeldzuschuss

* Zur Steuer- und Sozialversicherungspflicht bei betrieblichen Sozialleistungen → 2.7.2.3

- Benzingutscheine
- Personalrabatte, Naturalrabatte, Deputate (d. h. Zuwendung von Waren)
- Verpflegung oder Verpflegungszuschuss
- Telefonanschluss, Internetzugang
- Kinderbetreuung, Betreuungskosten

Im Allgemeinen sind Sachleistungen und Nutzungsmöglichkeiten nach ihrem **geldwerten Vorteil** für den Arbeitnehmer zu versteuern, sofern die Geringfügigkeitsgrenze von zurzeit 50 € überschritten wird. Sonderregelungen bestehen z. B. für die private Nutzung eines Dienstwagens, Fahrgeld, Kindergarten.

Unter dem Begriff der geldwerten Vorteile werden steuerrechtlich alle Leistungen an Arbeitnehmer erfasst, die privaten Aufwand ersparen, zum Beispiel das Bereitstellen von **sportlichen Nutzungsmöglichkeiten** (etwa das kostenlose Benutzen von firmeneigenen oder angemieteten Tennisplätzen), oder die kostenlose private **Nutzung von Smartphones, Tablets, Internet und E-Mail.** Inwieweit diese Vergünstigungen tatsächlich der Steuerpflicht und Beitragspflicht der Sozialversicherung unterliegen, ist jeweils zu prüfen.

Eine beispielhafte Auswahl typischer betrieblicher Leistungen wird in den folgenden Absätzen und den anschließenden Kapiteln 2.5.2.2 bis 2.5.3 ausführlicher dargestellt.

Dienst-/Berufskleidung

Stellt der Arbeitgeber Dienstkleidung, weil er Wert darauf legt, dass seine Mitarbeiter nach außen einheitlich auftreten, ergibt sich daraus kein geldwerter Vorteil für den Arbeitnehmer. Dieser entstünde erst, wenn die Dienstkleidung auch privat genutzt werden könnte. Bei Schutzkleidung, die auf Grund von Unfallverhütungsvorschriften vom Arbeitgeber gestellt werden muss, ergibt sich ebenfalls kein geldwerter Vorteil.

Dienstwagen

Bei der Stellung eines Dienstwagens, der vom Arbeitnehmer auch privat genutzt werden kann, wird der Anteil der privaten Nutzung in der Regel mit der sog. »Ein-Prozent-Methode« dargestellt. Danach wird monatlich 1 % des Fahrzeug-Listenpreises als zu versteuernder privater Anteil angesetzt.

Handelt es sich bei dem Dienstwagen um ein Elektroauto, gelten davon abweichende andere Regelungen:

- Elektro-Firmenwagen bis zu 70.000 €: Monatlich sind 0,25 % des Brutto-Listenpreises zu versteuern (Regelung gilt bis 2030).
- Elektro-Firmenwagen über 70.000 €: Monatlich sind 0,5 % des Brutto-Listenpreises zu versteuern (Regelung gilt bis 2030)
- Plug-in-Hybride mit einer elektrischen Mindestreichweite von 60 Kilometern (ab 2025 mindestens 80 Kilometer) oder höchstens 50 Gramm CO2-Emission pro Kilometer werden ebenfalls mit 0,5 % des Bruttolistenpreises monatlich versteuert.

Hinzu kommen bei Fahrten zwischen Wohnung und Arbeitsstätte mit einem Verbrenner 0,03 % pro Entfernungskilometer. Bei Hybridfahrzeugen werden nur 0,015 % des Brutto-Listenpreises pro Kilometer des einfachen Arbeitswegs angesetzt. Für Elektroautos fällt der Anteil auf 0,0075 %. Außerdem sind alle Elektroautos, die bis zum 31. Dezember 2025 erstmals zugelassen werden, für zehn Jahre von der Kfz-Steuer befreit. Alternativ kann der Anteil der privaten Nutzung auch durch ein sorgfältig geführtes (elektronisches) Fahrtenbuch erfolgen. Dies führt bei Betriebsprüfungen jedoch häufig zu Diskussionen und wird immer weniger eingesetzt.

Fahrtkostenzuschüsse

Für Zuschüsse des Arbeitgebers für Fahrten des Arbeitnehmers mit dem eigenen Pkw zwischen Wohnung und Arbeitsstätte gilt die volle Steuer- und Sozialversicherungspflicht. Wird der Zuschuss jedoch pauschal vom Arbeitgeber versteuert, entfällt die Sozialversicherungspflicht. Ob Lohnsteuer für Zuschüsse des Arbeitgebers für Fahrten zwischen Wohnung und erster Tätigkeitsstätte anfällt, hängt davon ab, ob es sich um einen Fahrtkostenzuschuss für die Nutzung öffentlicher Verkehrsmittel oder die Nutzung der übrigen Fahrzeuge – insbesondere des eigenen Pkws – handelt. Zuschüsse für die Nutzung öffentlicher Verkehrsmittel sind steuerfrei.

Diese Beispiele zeigen, dass das Thema geldwerter Vorteil in der Steuer- und Sozialversicherungspflicht recht komplex ist und unterschiedlich – z. T. nicht logisch nachvollziehbar – gehandhabt wird. Anstelle der individuellen Besteuerung hat der Arbeitgeber die Möglichkeit einer Pauschalversteuerung von 15 % bis zur Höhe der Entfernungspauschale. Beim Arbeitnehmer mindern steuerfreie und pauschal besteuerte Fahrtkostenzuschüsse allerdings den Werbungskostenabzug. Seit 2019 gibt es für Sachbezüge und Zuschüsse in Verbindung mit Jobtickets und der Nutzung öffentlicher Verkehrsmittel eine weitere Möglichkeit der Pauschalversteuerung mit 25 %. In diesem Fall erfolgt keine Anrechnung auf die abzugsfähigen Werbungskosten in der individuellen Steuererklärung des Arbeitnehmers.

Keine Steuer- und Beitragspflicht gilt für Fahrtkostenzuschüsse im Zusammenhang mit einer Auswärtstätigkeit oder für Familienheimfahrten.

Darlehen des Arbeitgebers

Eine weitere Form von betrieblichen Sozialleistungen sind zinsgünstige Kredite für Arbeitnehmer. Inwieweit bei dieser Form Steuern bzw. Sozialversicherungsbeiträge anfallen, hängt vom Zinsvorteil ab. Häufig werden diese Kredite zweckgebunden vergeben, beispielsweise zum Kauf eines Kraftfahrzeuges, wenn ein Betrieb mit öffentlichen Verkehrsmitteln schlecht zu erreichen ist, oder wenn entsprechende Arbeitszeiten vorliegen (z. B. Schichtarbeit). Andere Darlehen werden zum Bau von Wohnungseigentum gewährt. Das können im Einzelfall relativ große Beträge sein. Diese Form der betrieblichen Sozialleistung hat eine sehr starke Bindungsfunktion, da die Kredite in der Regel über einen längeren Zeitraum gewährt werden und bei Verlassen des Betriebs häufig vorzeitig getilgt werden müssen. In der aktuellen Phase niedriger Zinsen verliert dieses Instrument jedoch an Attraktivität.

Hilfe in Notfällen

Eine typische betriebliche Sozialleistung, die aus früheren Zeiten herrührt, sind Beihilfen und Unterstützungen, die wegen Hilfsbedürftigkeit (Unglücksfälle, Notsituationen) gewährt werden. Solche Hilfeleistungen sind nach § 3 Nr. 11 EStG steuerlich jährlich bis zu einem Betrag von 600 € pro Arbeitnehmer steuerfrei. Voraussetzung ist jedoch, dass ein entsprechender Grund vorliegt und eine Arbeitnehmervertretung (es muss kein Betriebsrat sein) an der Beratung über die Vergabe solcher Hilfen beteiligt ist.

In der Corona-Krise war es für Arbeitgeber vom 01.03.2020 bis zum 31.03.2022 möglich, ihren Arbeitnehmern Beihilfen und Unterstützungen (»Corona-Prämie«) bis zu einem Betrag von 1.500 € steuer- und beitragsfrei auszuzahlen oder als Sachbezug zu gewähren.

Die Inflationsausgleichsprämie (IAP) ist eine weitere Möglichkeit, um Arbeitnehmern angesichts der steigenden Lebenshaltungskosten eine finanzielle Unterstützung anzubieten. Im Zeitraum vom 26.10.2022 bis zum 31.12.2024 können Arbeitgeber ihren Beschäftigten freiwillig einen Inflationsausgleich von bis zu 3.000 € auszahlen. Dabei handelt es sich um einen Steuerfreibetrag, der auch in mehreren Tranchen gewährt werden kann.

In manchen Betrieben existieren – auch aus alten Zeiten – die sogenannten »Sterbekassen «, aus denen eine Beihilfe für die Bestattung gewährt wird. In manchen Firmen gibt es Unterstützungskassen, sie dienen dazu, an Mitarbeiter Beihilfen zu gewähren für Zahnersatz, Brillen und andere Körperersatzstücke. Inwieweit derartige betriebliche Sozialleistungen – auch unter Kostenaspekten – noch in die heutige Zeit passen, wird kontrovers diskutiert.

Beteiligung am Unternehmen

Die Möglichkeit, sich als Arbeitnehmer zu besonderen Konditionen am Unternehmen zu beteiligen, kann im weiteren Sinn zu den sozialen Leistungen gezählt werden. Vorteile für das Unternehmen sind eine Verbesserung seiner Liquidität und eine starke Bindungswirkung der Mitarbeiter an das Unternehmen.

Die Beteiligung kann durch Geldeinzahlung, aber auch durch Umrechnung von Entgeltbestandteilen, z. B. Überstundenbezahlung, Urlaubsgeld, Weihnachtsgeld u. a., geleistet werden. Verbreitet sind Mitarbeiter-Beteiligungen in den folgenden Formen:

- Mitarbeiter-Darlehen
  Die einfachste und unkomplizierteste Form der Mitarbeiter-Beteiligung. Der Mitarbeiter wird Gläubiger, aber nicht Teilhaber, und erhält Zinsen zu einem festen Zinssatz. Zinssatz, Laufzeit und Kündigungsbedingungen sind mit den Mitarbeitern einzeln oder als Betriebsvereinbarung zu bestimmen. Mitarbeiter-Darlehen werden häufig durch eine Bankbürgschaft gesichert.
- Mitarbeiter als Gesellschafter
  Durch Erwerb von Anteilen an einer GmbH oder einer KG werden Mitarbeiter zu Gesellschaftern bzw. Kommanditisten des Unternehmens mit Rechten und Pflichten, die damit verbunden sind. Sie tragen Mitverantwortung, sind am Gewinn, aber auch am Verlust beteiligt. Bei Insolvenz des Unternehmens ist ihre Einlage verloren. Ein Verkauf der Anteile ist meist nur eingeschränkt möglich.
- Mitarbeiter als Aktionäre
  Unternehmen, die in der Rechtsform einer Aktiengesellschaft betrieben werden, können den Mitarbeitern den Erwerb von Aktien zu einem künstigen Kurs (Belegschaftsaktien) anbieten und sie so zu Miteigentümern mit Stimmrecht auf der Hauptversammlung machen. Auch hier besteht, neben der Chance auf Dividenden und Kursgewinne, das Risiko sinkender Kurse und der Insolvenz. Aktien können jederzeit verkauft werden. Für einen daraus resultierenden Gewinn müssen Steuern und Sozialabgaben bezahlt werden. Genussscheine haben im Gegensatz zur Aktie kein Stimmrecht auf der Hauptversammlung, bieten ansonsten gleiche Anrechte und Risiken.
  Aktienoptionen, für die besondere Regeln gelten, kommen in der Regel nur als Boni zum Gehalt von Führungskräften in Betracht.
- Stille Beteiligung
  Eine Beteiligung als Gesellschafter ohne Mitwirkungsrechte an der Geschäftsführung, für die eine Gewinnbeteiligung oder aber ein fester Zinssatz vereinbart werden können. Eine Haftung bei Verlust kann durch Vereinbarung ausgeschlossen werden.

2.5.2.2 Betriebliche Sozialeinrichtungen

Ein sehr wichtiger Bereich betrieblicher Sozialleistungen besteht in Schaffung und Unterhalt von besonderen Einrichtungen, die Mitarbeiter zu günstigen Bedingungen nutzen können. Sie werden meist als eigenständige Abteilung innerhalb des Unternehmens geführt, teilweise aber auch als selbstständige Einheiten, z. B. in Form einer GmbH oder eines e. V.

Abschlussprämien
Altersvorsorge
Anerkennungsgeschenke
Arbeitgeberdarlehen
Arbeitskleidung
Arbeitszeitregelung
Arbeitszeitkonto
Ausbildungshilfen
Beihilfen
Belegschaftsaktien
Belegschaftsverkauf
Beratung
Betriebsausflug/-feste
Betriebssportmöglichkeiten
Bücherei
Deputate
Dienstfahrrad
Dienstwagen
Dienstwohnung
Direktversicherung
Dolmetscher
Eheschließungsbeihilfen
Eigenheimförderung
Einkaufsmöglichkeiten
Erfindungsvergütung
Erfolgsbeteiligung
Erfolgsprovision
Erholungsheime
Erholungskuren
Essengeld
Fahrgeldzuschuss
Familienfürsorge
Firmenaktien
Firmenbürgschaft
Flexibilisierung der Arbeitszeit
Fortbildung
Geburtsbeihilfen
Geburtstagsfeier
Gehaltsfortzahlung
Gesundheitsvorsorge
Gleitzeit
Gratifikationen
Handwerksleistungen
Hobbyräume
Informationen (z. B. steuerlich)
Invalidenrente
Jahresabschlussprämie
Jobticket
Jubiläumsgeschenke
Jugendfahrten
Kaffeeküche
Kantine
Kindergeld
Krankenversicherung
Kulturelle Förderung
Mietbeihilfe
Notstandsbeihilfe
Parkplatz
zusätzliche Pausen
Pensionszusage
Pensionskasse, -fonds
Personalkredit
Personalrabatt
Prämien
Provision
Ruhegeld
Ruhestandsvorbereitung
Sonderurlaubsregelungen
Schutzkleidung
Schwangerschaftshilfen
Sozialbetreuung
Sozialräume
Sprachkurse
Sterbegeld
Stipendien
Studienförderung
Tantieme
Telefon, Fax, Internet
Trennungsentschädigungen
Umzugskosten
Unfallrente
Unfallschutz
Unfallverhütung
Unterstützungskasse
Unfallversicherung
Urlaubsregelung
Urlaubsgeld
Vermögensbildung
Versicherungsbeihilfen
Verpflegung
Waisenrente
Weihnachtsgeld
Weihnachtsfeier
Weiterbildung
Weiterbildungshilfen
Werksarzt
Wohngeldzuschuss
Zinszuschüsse

Übersicht über freiwillige betriebliche Sozialleistungen (ohne Anspruch auf Vollständigkeit)

Betriebsverpflegung

Die Einnahme von Mahlzeiten während des Arbeitstages ist eine Notwendigkeit, die vom Betrieb im Rahmen seiner Sozialleistungen auf unterschiedliche Weise unterstützt werden kann. Lage und Größe eines Unternehmens setzen in vielen Fällen voraus, dass der Betrieb die Verpflegung der Mitarbeiter organisiert. Die Möglichkeiten, die der Betrieb in dieser Hinsicht bietet, gehören zu den ursprünglichsten und wesentlichsten Sozialleistungen. Sie haben für die Mitarbeiter einen hohen Stellenwert und werden oft als selbstverständlich vorausgesetzt.

Essensgutscheine berechtigen zur Einnahme der Mahlzeiten in umliegenden Restaurants oder in den Kantinen anderer Betriebe, mit denen das Unternehmen abrechnet. Üblich ist ein fester Wert des Gutscheins; entstehende Differenzen zum Preis der Mahlzeit trägt der Arbeitnehmer selbst. Vorteile: geringer organisatorischer Aufwand und feststehende Kosten für den Betrieb, größere Auswahlmöglichkeiten für die Mitarbeiter. Nachteilig sind die Wegezeiten. Essensgutscheine sind insbesondere für Kleinbetriebe eine vorteilhafte und finanziell vertretbare Form der Mitarbeiterverpflegung. Jedes Jahr werden die Sachbezugswerte für Verpflegungen angepasst. Der Verpflegungszuschuss setzt sich aus einem Pflichtanteil, der versteuert werden muss (mit 25 % pauschaler Lohnsteuer und ggf. zzgl. Solidaritätszuschlag und Kirchensteuer), und optional einem zusätzlichen freiwilligen Arbeitgeberzuschuss zusammen. Der zusätzliche Arbeitgeberzuschuss ist steuer- und beitragsfrei, kann allerdings erst nach Ausschöpfen des Pflichtanteils in Anspruch genommen werden und darf bis zu 3,10 Euro pro Mahlzeit betragen.

Für 2024 gelten für den Pflichtanteil folgende Werte:

- Frühstück: 2,17 Euro
- Mittagessen: 4,13 Euro
- Abendessen: 4,13 Euro

Eine **Betriebskantine** ist nur bei größeren Betrieben wirtschaftlich vertretbar. Wird sie in Eigenregie betrieben, gehören alle Investitionen (Räume, Einrichtung) zum Betriebsvermögen und alle Kosten werden vom Betrieb getragen. An der Verwaltung einer Betriebskantine muss nach § 87 Betriebsverfassungsgesetz der Betriebsrat beteiligt werden.

Vorteilhaft ist die völlige Gestaltungsfreiheit. Nachteil ist der hohe, schwer kalkulierbare Verwaltungsaufwand. Da der Betrieb die volle Verantwortung trägt, ergeben sich zusätzliche Probleme, z. B. durch Ausfallzeiten des Küchenpersonals.

Die Verpachtung der Betriebskantine kann diese Nachteile vermeiden. Die gesamte Einrichtung gehört dem Pächter, der auch das Personal stellt, das Betriebsrisiko trägt und die Verwaltung übernimmt. Dem Betrieb fließen u. U. sogar Pachteinnahmen zu. Gleichzeitig verringern sich jedoch die Einflussmöglichkeiten des Betriebes auf die Gestaltung der Betriebsverpflegung, auch auf den Preis und die Qualität. Das kann zu schwindender Akzeptanz und zu Unzufriedenheit führen. Häufiges Wechseln der Pächter ist oft die Folge.

Eine moderne Form der Betriebsverpflegung, die sich in letzter Zeit stark verbreitet hat, ist das **Catering.** Die Räume und u. U. auch die Einrichtung gehören dem Unternehmen. Der Caterer betreibt das Betriebsrestaurant als Dienstleistung; er stellt das Personal und ist für den Speiseplan und die Gestaltung verantwortlich. Dafür ist der Caterer am Umsatz beteiligt. Oft ist die Kostenverteilung so geregelt, dass Rohstoffe und Zutaten den Preis ergeben, den die Mitarbeiter bezahlen, alle übrigen Kosten dagegen vom Arbeitgeber getragen werden. Viele andere Kostenverteilungen sind möglich bis hin zur Vollfinanzierung durch den Preis.

Die Beteiligungsrechte des Betriebsrates gemäß § 87 Betriebsverfassungsgesetz müssen bei Catering gewahrt bleiben, was zu Koordinations- und Abstimmungsproblemen zwischen Arbeitgeber, Cateringunternehmen und Betriebsrat führen kann.

Auch diese Form der Betriebsverpflegung entlastet den Arbeitgeber von einem Großteil der Verwaltungsarbeit und der Verantwortung. Gute Caterer haben ein breites, abwechslungsreiches Angebot. Nachteilig sind die z. T. stärkere finanzielle Belastung des Arbeitgebers und beschränkte Einflussmöglichkeiten.

Betriebssport

Die ursprüngliche Motivation des Arbeitgebers, betriebssportliche Aktivitäten anzubieten, beruht auf der Erkenntnis, dass durch sportliche Aktivitäten einseitige Belastungen durch die Arbeit abgebaut werden können und die Gesundheit der Mitarbeiter gefördert wird. Darüber hinaus sollen betriebssportliche Aktivitäten auch ein positives Betriebsklima bewirken und die Kommunikation zwischen den Mitarbeitern fördern.

Unter der Bezeichnung Betriebssport werden unterschiedliche Angebote zusammengefasst:

- Zuschüsse zu Vereinsmitgliedschaften
- Zuschüsse zur finanziellen Förderung von Eigeninitiativen der Mitarbeiter
  (z. B. Mannschaftssportarten wie Fußball, Handball, Bowling, Laufgruppen oder Nordic Walking.)

- die Bereitstellung von Sporteinrichtungen (Sportplätze, Tennisplätze, Tennishallen, Wassersportmöglichkeiten, Reiten usw.)

Hier sind der Fantasie und den finanziellen Möglichkeiten von Arbeitgebern keine Grenzen gesetzt. Für gesundheitsfördernde Maßnahmen kann der Arbeitgeber nach § 3 Nr. 34 EStG bis zu 600 € pro Jahr und Mitarbeiter steuer- und sozialversicherungsfrei gewähren. Nicht unter diese Steuerbefreiung fallen unter anderem Massagen, physiotherapeutische Behandlungen, Maßnahmen zum Erlernen ausschließlich einer Sportart und Aufwendungen für Arbeitsmittel, Sport- und Trainingsgeräte.

Ausgenommen sind Zuschüsse für die Mitgliedschaft in einem Fitnessstudio. Der Betrieb kann jedoch begünstigte Konditionen für seinen Mitarbeiter aushandeln.

Das sportliche Angebot kann durch eine allgemeine **Gesundheitsberatung** ergänzt und erweitert werden.

Kinderbetreuung

Das Angebot der Kinderbetreuung ist für viele Mitarbeiter von besonderer Bedeutung, sowohl für Frauen als auch für Männer, und vielfach sogar entscheidend für die Wahl des Arbeitgebers. Auch hier bestehen verschiedene Möglichkeiten:

Der betriebseigene Kindergarten hat den Vorteil, dass eine Gestaltungsmöglichkeit durch das Unternehmen gegeben ist. Öffnungszeiten können den Bedürfnissen der Mitarbeiter angepasst werden. Von Nachteil sind die hohen Kosten und der Verwaltungsaufwand. Durch die Anmietung von Kindergartenplätzen bei bestehenden Kindergärten können die Fixkosten u. U. gesenkt werden. Zu beachten ist, dass diese Kindergartenplätze meistens sehr langfristig verplant werden und auf kurzfristige Veränderungen oft nicht zeitgerecht reagiert werden kann.

Die weitere Form, eine Kinderbetreuung zu organisieren, ist die Gründung eines eingetragenen Vereins durch interessierte Mitarbeiter. Das Unternehmen stellt Räumlichkeiten und Sachmittel zur Verfügung und bietet auch weitere Hilfestellung. Die Organisation und die Kinderbetreuung übernimmt der eingetragene Verein.

Viele Arbeitgeber haben ein Mutter-Kind-Zimmer eingerichtet, sodass Eltern in Notfällen, z. B. bei kurzfristigem Ausfall der Tagesmutter oder der Kita, ihre Kinder auch an den Arbeitsplatz mitbringen können.

Auch für die Eltern schulpflichtiger Kinder kann das Unternehmen Unterstützung bieten, etwa durch Betreuung und Hilfe bei der Erledigung der Hausaufgaben.

Für Arbeitnehmer mit Kindern ist neben den Einrichtungen zur Kinderbetreuung die Flexibilisierung des Arbeitsortes (Telearbeit oder mobiles Arbeiten, d. h. Remote Work) und der Arbeitszeit von Bedeutung (→ Arbeitszeitmodelle).

Beratungsangebote

Angesichts immer komplizierter werdender Lebensverhältnisse liegt es nahe, dass Betriebe im Rahmen der Sozialleistungen ihren Mitarbeitern Beratungsmöglichkeiten bieten. Teilweise sind die betreffenden Fachleute vorhanden, z. B. Steuer- oder Finanzierungsfachleute, andernfalls kann der Kontakt zu Beratungsstellen oder externen Fachleuten vermittelt werden bei teilweiser oder vollständiger Übernahme der Kosten. Häufig geschieht dies in Form von Employee-Assistance-Programmen (EAP) mit einem externen Anbieter. Hier erhalten die Mitarbeiter und teilweise auch deren Angehörige die Möglichkeit, z. B. persönlich, über eine Hotline oder via E-Mail mit professionellen Beratern zu verschiedenen Themen im Zusammenhang mit Arbeit und Beruf, Familie und Partnerschaft, Gesundheit oder der allgemeinen Lebensführung in Kontakt zu treten und Gespräche zu führen. Wichtig ist hierbei, den Datenschutz zu beachten und sicherzustellen, dass die Privatsphäre des Mitarbeiters zu jeder Zeit gewahrt bleibt. Daher ist es oftmals Standard, dass die ratsuchenden Mitarbeiter die Beratung auf Wunsch auch anonym in Anspruch nehmen können. Beispielhaft werden nachstehend Beratungsmöglichkeiten genannt, die in vielen Betrieben erfolgreich betrieben werden.

Die **Suchtberatung** bezieht sich hauptsächlich auf Alkoholgefährdung oder Medikamentenmissbrauch. Wenn dafür kein eigenes fachkundiges Personal zur Verfügung steht, kann ein Kontakt zu Beratungsstellen oder Selbsthilfegruppen hergestellt werden, wie Anonyme Alkoholiker oder Blaues Kreuz.

Eine **Schuldnerberatung** kann schon wirksam sein, bevor Mitarbeiter eine Verbindlichkeit eingehen. Sie ist erst recht von Bedeutung, wenn sie sich mit unseriösen Kreditgebern eingelassen haben und die fälligen Zahlungen existenzbedrohend geworden sind. Auch hier können betriebseigene oder externe Beratungsstellen nützlich sein oder das Einschalten eines versierten Rechtsanwalts, dessen Honorar der Betrieb vorschießt oder übernimmt.

Die **Rentenberatung** ist für alle Mitarbeiter von Bedeutung, und zwar schon bevor sie die vermutete Mitte ihrer Berufstätigkeit überschritten haben. In regelmäßigen Zeitabständen vor Renteneintritt kann die zu erwartende Höhe der gesetzlichen Altersversorgung errechnet werden. In diese Berechnung kann die Betriebsrente einbezogen werden.

Weitere Beratungsangebote durch Fachleute können sich z. B. auf gesundheitliche Probleme, die sinnvolle Lebensgestaltung im Rentenalter und auf häufig vorkommende kritische Lebenssituationen im persönlichen Bereich (z. B. Beziehungskrisen) beziehen.

Sicher ist die Annahme richtig, dass Krisensituationen im persönlichen Bereich sich schnell auch im Beruf auswirken können. Daher können sich solche Beratungsangebote für Unternehmen durchaus »rechnen«. Die Beratung muss selbstverständlich sehr behutsam geführt werden und darf keinesfalls die Entscheidungsfreiheit der Betroffenen beeinflussen.

Arbeitszeitmodelle

Arbeitszeitregelungen, die es Mitarbeitern ermöglichen, ihre Arbeitszeit in bestimmtem Maße ihren persönlichen Lebensumständen anzupassen, bieten Mitarbeitern erhebliche Vorteile und finden allgemeine Zustimmung; insofern können sie zu den betrieblichen Sozialeinrichtungen gerechnet werden. Für das Unternehmen bedeuten sie einen administrativen Aufwand, insbesondere in der Anfangsphase, erfordern jedoch keine direkten finanziellen Mittel. Die Einführung derartiger Arbeitszeitmodelle ist mitbestimmungspflichtig. Ein **Arbeitszeitkonto** ist für alle Modelle flexibler Arbeitszeit erforderlich.

Arbeitszeitmodelle, wie sie in Folgendem beschrieben werden, bieten einerseits Möglichkeiten, auf gesellschaftliche Forderungen zur Vereinbarkeit von Beruf und Familie/Freizeit oder einem frühen Ruhestand angemessen zu reagieren, sowie auch auf künftige Herausforderungen der demografischen Entwicklung, die andererseits eine verträgliche Verlängerung der Lebensarbeitszeit für Fachleute erforderlich machen könnten.

- **Flexible Arbeitszeit**
  Die Arbeitszeiten werden in Abstimmung mit den betrieblichen Erfordernissen den persönlichen Wünschen der Mitarbeiter angepasst.

- **Gleitende Arbeitszeit**
  Der Arbeitnehmer kann innerhalb eines vorgegebenen Rahmens Beginn und Ende der Arbeitszeit selbst bestimmen (Gleitspanne). Während einer festgelegten Kernarbeitszeit besteht Anwesenheitspflicht. Ebenfalls festgelegt ist die (durchschnittliche) Wochen-/Monats-/Jahresarbeitszeit. Das Modell der gleitenden Arbeitszeit bietet eine Reihe unterschiedlicher Gestaltungsmöglichkeiten.

Flexible bzw. gleitende Arbeitszeiten bieten einen erheblichen Nebennutzen: Die Entzerrung des Berufsverkehrs in den Ballungsräumen.

- **Jahresarbeitszeit**
  Die zu leistende Arbeitszeit wird für den Zeitraum eines Jahres festgelegt. Während ein festes Monatsgehalt gezahlt wird, ist es weitgehend dem Arbeitnehmer überlassen, wann im Verlaufe des Jahres die vereinbarte Arbeitszeit abgeleistet wird (Jahresarbeitszeitvertrag).

- **Arbeitszeit-Wertkonto** und **Lebensarbeitszeitmodell** (Sabbatical)
  Dieses Modell ermöglicht Arbeitnehmern, auf einem Arbeitszeit-Wertkonto langfristig ein Guthaben in Geldwerten durch nicht in Anspruch genommene Urlaubszeiten, nicht ausgezahlte Überstunden, Verzicht auf Teile ihres Entgelts u. a. anzusparen. Ist das Zeitwertkonto entsprechend angewachsen, kann eine längere Freistellung (auch Teil-Freistellung) erfolgen, die für besondere Vorhaben oder Notwendigkeiten in den Lebensumständen des Arbeitnehmers genutzt werden kann, z. B. Langzeiturlaub, vorübergehendes Aussteigen aus dem Beruf (Sabbatical, Sabbatjahr), Auslandsaufenthalt, Hausbau, Bildungsreisen, Betreuung von Familienmitgliedern, Kindererziehung. Ist das Guthaben durch eine (lebens)lange Ansparphase groß genug, ist auch ein vorzeitiger Beginn des Ruhestands möglich.

  Während der Freistellungsphasen wird ein vereinbartes Entgelt weitergezahlt. Die auf dem Konto angesparten Entgeltbestandteile unterliegen der »nachgelagerten Besteuerung«, d. h. Lohnsteuer und Sozialversicherungsbeiträge sind erst bei Inanspruchnahme bzw. Auszahlung zu entrichten. Das Guthaben auf dem Arbeitszeitwertkonto einschließlich Arbeitgeberanteil an der Sozialversicherung ist gegen eine Insolvenz des Arbeitgebers zu versichern.

  Das Modell bietet für Unternehmen den Vorteil einer höheren Flexibilität und Anpassungsfähigkeit. Überstunden, die in Zeiten erhöhter Anforderungen geleistet werden, bleiben kostenneutral, da sie dem Arbeitszeitkonto gutgeschrieben werden. Problematisch kann sein, die Vertretung für den zeitweise ausgeschiedenen Mitarbeiter zu organisieren. Auch für den Mitarbeiter können sich Schwierigkeiten bei der Wiedereingliederung in den Arbeitsprozess ergeben.

In besonderen Fällen lassen es die betrieblichen Umstände zu, ganz auf eine Regelung und Kontrolle der Arbeitszeitverteilung (Vertrauensarbeitszeit) zu verzichten z. B. bei Arbeit an Projekten. Statt dessen werden **Vereinbarungen über Leistung, Ziele, Ergebnisse, Qualitätsanforderungen** getroffen, die in einer bestimmten Frist zu erreichen und einzuhalten sind.

Zu beachten ist, dass auch in diesem Fall, wie bei allen flexiblen Arbeitszeitmodellen, vom Arbeitgeber die gesetzlichen Vorschriften über die **Aufzeichnung der Arbeitszeit** gemäß § 16 Arbeitszeitgesetz (Mehrarbeitsstunden über 8 Std. täglich) einzuhalten sind. Für bestehende Guthaben auf dem Arbeitszeit-Wertkonto sind in der Bilanz Rückstellungen zu bilden.

Betriebliche Altersversorgung

Unter betrieblicher Altersversorgung sind Maßnahmen eines Unternehmens zu verstehen, die zur Sicherung des Einkommens der Mitarbeiter im Alter und bei Invalidität sowie im Falle des Todes zur Versorgung berechtigter Angehöriger beitragen.

Die Versorgung von Mitarbeitern, die aus dem Erwerbsleben ausgeschieden sind, soll nach Vorstellung von politischen Parteien, Gewerkschaften, Kirchen und anderen Verbänden so ausgestaltet sein, dass der einmal erreichte Lebensstandard gehalten werden kann. Die Netto-Versorgungsbezüge müssten somit dem letzten Netto-Arbeitsentgelt entsprechen, vermindert um die Aufwendungen, die für die berufliche Tätigkeit erforderlich waren. In diesem Fall spricht man von einer Vollversorgung. Das kann die gesetzliche Rentenversicherung allein nicht leisten, denn die Zahl der Beitragszahler wird wegen des demografischen Wandels und des Geburtenrückgangs künftig stetig weiter sinken. Gleichzeitig werden immer mehr Menschen eine Rente beziehen. Dafür sind weitere Vorsorgemaßnahmen erforderlich.

Die Altersversorgung wurde bei der Novellierung des **Alterseinkünftegesetzes** (AltEinkG) 2005, das die Besteuerung von Renten regelt, als ein Drei-Schichten-Modell dargestellt.

Schicht 1: Basisversorgung aus gesetzlicher Rentenversicherung, berufsständischer Versorgung und einer Basis-Rente
Schicht 2: Zusatzversorgung, bestehend aus betrieblicher Altersversorgung und Riester-Rente in verschiedenen Anlageformen
Schicht 3: Kapitalanlageprodukte, z. B. Lebensversicherungen, Rentenversicherungen mit Kapitalwahlrecht

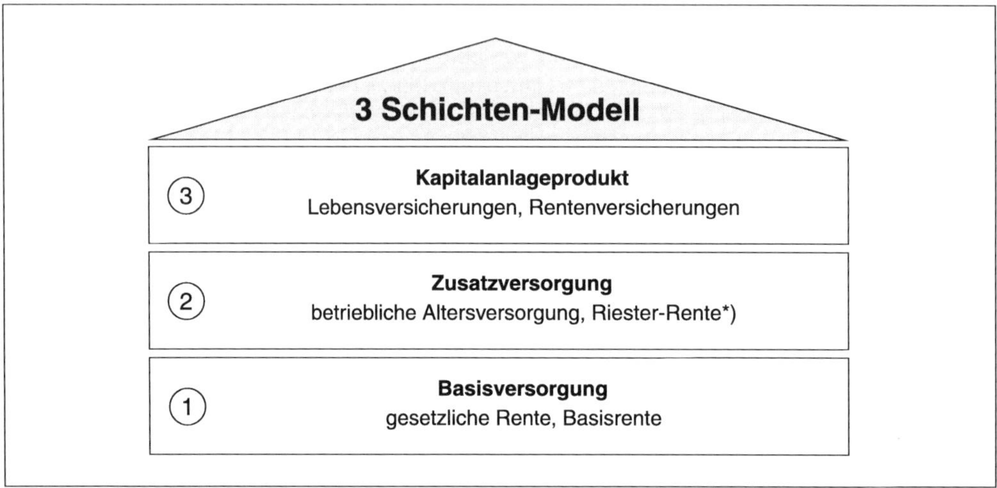

Drei-Schichten-Modell der Altersversorgung

Der Anspruch auf eine betriebliche Altersversorgung ergibt sich in der Regel aufgrund

- eines Arbeitsvertrages,
- einer Betriebsvereinbarung (BetrVG § 77),
- eines Tarifvertrages,
- einer betrieblichen Übung.

Eine betriebliche Übung liegt vor, wenn ein Arbeitgeber über einen längeren Zeitraum eine betriebliche Altersversorgung gewährt hat, ohne einen Vorbehalt zu erklären, und daraus geschlossen werden kann, dass es auch für die Zukunft dabei bleibt.

Betriebsrentengesetz

Die wesentlichen gesetzlichen Grundlagen zur betrieblichen Altersversorgung und die Voraussetzungen für die steuerliche Anerkennung sind im Gesetz zur Verbesserung der betrieblichen Altersversorgung BetrAVG (Betriebsrentengesetz) geregelt. Das Hauptziel des 1974 erlassenen und seitdem mehrfach geänderten Betriebsrentengesetzes besteht darin, die betriebliche Altersvorsorge als zusätzliche Absicherung für Arbeitnehmer zu etablieren.

Im Jahr 2018 trat das Betriebsrentenstärkungsgesetz (BRSG) in Kraft. Es wurde erlassen, um durch verbesserte Rahmen- und Förderbedingungen vor allem in kleinen Unternehmen und bei Geringverdienern eine stärkere Verbreitung der Betriebsrente zu erreichen.

Verpflichtung des Arbeitgebers	
Anspruch auf betriebliche Altersversorgung	Arbeitnehmer haben einen gesetzlichen Anspruch auf betriebliche Altersversorgung durch Entgeltumwandlung.
Durchführungsweg	Der Arbeitgeber kann bestimmen, in welchem Durchführungsweg (Pensionskasse, Pensionsfonds, Direktversicherung) die Mittel eingesetzt werden sollen. Er muss seinen Arbeitnehmern wenigstens einen Betriebsrente in Form einer Direktversicherung anbieten, sofern keine anderen Durchführungswege vorhanden sind.
Finanzierung	Seit dem Jahr 2022 besteht für die Arbeitgeber eine gesetzliche Verpflichtung, einen Zuschuss in Höhe von 15 Prozent des umgewandelten Entgelts zu leisten, sofern sie durch die Entgeltumwandlung Sozialversicherungsbeiträge einsparen. Abweichende Regelungen können in Tarifverträgen festgelegt werden.
Unverfallbarkeit	Die Ansprüche aus der betrieblichen Altersversorgung durch Entgeltumwandlung werden durch das Betriebsrentengesetz als unverfallbar definiert. Dies bedeutet, dass die erworbenen Anwartschaften auch bei einem Arbeitgeberwechsel oder vorzeitiger Beendigung des Arbeitsverhältnisses geschützt sind.
Förderung	Das Betriebsrentengesetz sieht bestimmte Fördermöglichkeiten vor, um die betriebliche Altersversorgung attraktiver zu gestalten. Hierzu gehören beispielsweise steuerliche Vorteile.

Grundlagen des Betriebsrentengesetzes

Doch zunächst werden in diesem Kapitel die Grundlagen der betrieblichen Altersversorgung dargestellt, Details zum Betriebsrentenstärkungsgesetz werden im Anschluss erläutert.

Danach werden unter betrieblicher Altersversorgung Leistungen der Alters-, Invaliditäts- oder Hinterbliebenen-Versorgung verstanden, die einem Arbeitnehmer aus Anlass eines Arbeitsverhältnisses zugesagt werden. Der Arbeitgeber steht für die Erfüllung der von ihm zugesagten Leistungen ein, auch dann, wenn die Durchführung nicht unmittelbar über ihn erfolgt (§ 1 BetrAVG).

Arbeitnehmer haben das Recht, vom Arbeitgeber eine betriebliche Altersversorgung durch **Entgeltumwandlung** zu fordern. Das gilt jedoch nur, wenn der Arbeitgeber keine andere Form einer betrieblichen Altersversorgung anbietet (§ 1a BetrAVG).

Formen der betrieblichen Altersversorgung

Zur Gestaltung der betrieblichen Altersversorgung bestehen fünf Versorgungsformen, die durch das BetrAVG anerkannt sind:

1. Direktzusage (auch Pensionszusage oder Pensionsverpflichtung genannt)
2. Unterstützungskasse
3. Pensionskasse
4. Direktversicherung
5. Pensionsfonds

Die Auswahl der passenden Versorgungsform ist davon abhängig, welche individuellen Voraussetzungen Mitarbeiter und Betrieb mitbringen. Heute spielen bei Neuverträgen nur die folgenden Varianten eine nennenswerte Rolle: Für Führungskräfte die kapitalgedeckte Unterstützungskasse, für die Mehrzahl der Arbeitnehmer eine kapitalgedeckte Pensionskasse. Für Betriebe mit einer geringeren Zahl von Arbeitnehmern ist die Direktversicherung von Bedeutung.

Zu Aspekten der **Besteuerung** und **Sozialversicherungspflicht** der zur betrieblichen Altersvorsorge aufgewendeten Beträge sowie der Bezüge in der Auszahlungsphase vermittelt die Tabelle weiter hinten in diesem Kapitel einen Überblick.

Direktzusage (Pensionszusage)

Bei dieser Form der betrieblichen Altersversorgung verspricht ein Arbeitgeber unmittelbar seinen Arbeitnehmern bei Eintritt des Versorgungsfalles eine Betriebsrente oder einmalige Kapitalabfindung. Versorgungsträger ist also das Unternehmen bzw. der einzelne Arbeitgeber. Rechtsbeziehungen entstehen zwischen Arbeitnehmer und Arbeitgeber: Die Arbeitnehmer haben auf die Leistung einen Rechtsanspruch.

Alle Unternehmen bzw. Arbeitgeber, die Direktzusagen als Form der betrieblichen Altersversorgung vorsehen, müssen nach dem Bilanzrichtliniengesetz für diese Zusagen Rückstellungen bilden. Damit die Rückstellungen in der Steuerbilanz erscheinen können, müssen sie rechtsverbindlich sein, d. h. die Zusage muss schriftlich erteilt werden. Die Rückstellungen in der Bilanz führen zunächst zu Steuerersparnissen, die allerdings später durch Auflösung der Rückstellungen wieder egalisiert werden. Rückstellungen müssen nicht in tatsächlichem Geldvermögen vorhanden sein, sondern sind der rein buchmäßige Ausweis der eingegangenen Verpflichtungen. Die Liquidität des Unternehmens wird nicht beeinträchtigt. Zu einem allmählichen Abfluss kommt es erst dann, wenn der Versorgungsfall eintritt.

Die Direktzusage ist in erster Linie für Betriebe mit einer größeren Zahl von Arbeitnehmern (ab ca. 1000) geeignet.

Für den Arbeitgeber ist zu beachten, dass durch die Bildung von Rückstellungen zwar zunächst Steuerersparnisse erzielt werden, ohne dass Mittel aus dem Betrieb abfließen, in der Auszahlungsphase jedoch durch allmählichen Abbau der Rückstellungen die Steuerlast erhöhender Buchgewinn entsteht und gleichzeitig Mittel zur Erfüllung der Pensionsverpflichtung erforderlich sind. Die Risiken der späteren Zahlungsleistung, vorzeitiger Invalidität oder Tod können durch eine Rückdeckungsversicherung abgesichert werden. In dieser Form ist die Direktzusage auch für kleinere Unternehmen interessant. Gegen eine Insolvenz des Arbeitgebers sind Direktzusagen über den Pensionssicherungsverein zu versichern.

Für Arbeitnehmer besteht die Möglichkeit, sich durch Entgeltumwandlung zu beteiligen. Die Beträge sind steuerfrei und bis zu 4 %) der Beitragsbemessungsgrenze in der Rentenversicherung (BBGrR) auch sozialversicherungsfrei (→ Tabelle am Schluss des Kapitels). Die späteren Rentenzahlungen unterliegen der Steuer- und Sozialversicherungspflicht (nachgelagerte Besteuerung). Ein Anspruch auf »Riester-Förderung« besteht nicht.

Unterstützungskasse

Eine Unterstützungskasse ist gemäß BetrAVG eine eigenständige rechtsfähige Einrichtung zur Durchführung betrieblicher Versorgungsleistungen, die Arbeitnehmern von ihrem Arbeitgeber zugesagt wurden. Sie muss mit einem Sondervermögen ausgestattet sein und kann als GmbH, als eingetragener Verein oder als Stiftung betrieben werden.

Rechtsbeziehungen ergeben sich zwischen dem Arbeitgeber, der Leistungen zusagt, der Unterstützungskasse, die die Versorgung durchführt und dem Arbeitnehmer als Anwärter und Empfänger der Versorgungsleistung. Man spricht daher von einer »mittelbaren« Versorgungsform.

Unterstützungskassen selbst gewähren keinen Rechtsanspruch auf die zugesagten Leistungen, was für Leistungsempfänger und -anwärter in der Praxis jedoch von geringer Bedeutung ist, da entsprechend § 1 BetrAVG der Arbeitgeber für die von ihm zugesagten Leistungen auch dann einsteht, wenn die Durchführung nicht unmittelbar durch ihn erfolgt (Subsidiärhaftung).

Gegen eine Insolvenz des Arbeitgebers sind die Arbeitnehmer gemäß BetrAVG durch den Pensions-Sicherungs-Verein (PSVaG) abgesichert. Ein Insolvenzschutz ist z. T. auch durch Abtretung der Rückdeckungsversicherung an den Versorgungsberechtigten gegeben.

Unterstützungskassen können gebildet werden auf Betriebsebene, Unternehmensebene und Konzernebene. Es können sich auch mehrere Firmen zur Gründung und Unterhaltung einer Unterstützungskasse zusammenschließen.

Kleine Unternehmen haben die Möglichkeit einer bestehenden Unterstützungskasse, meist von Versicherungen in Form eines e. V. gegründet, als Mitglied beizutreten. Die Finanzierung erfolgt durch Zuwendungen der Trägerunternehmen bzw. der Mitglieder, die entweder vom Arbeitgeber oder dem vom Arbeitnehmer durch Entgeltumwandlung oder als Mischform von Beiden aufgebracht werden. Unterstützungskassen sind von der Körperschaftssteuer befreit, wenn sie die Bedingungen für eine soziale Einrichtung erfüllen, was meistens der Fall ist und regelmäßig überprüft wird.

Die ursprüngliche Form der Unterstützungskasse ist die **pauschaldotierte Unterstützungskasse,** bei der von Trägerunternehmen nicht die volle Anwartschaftsfinanzierung geleistet, sondern nur ein »Reservepolster« durch Zuwendungen (Dotierung) geschaffen wird. Die vollständige Finanzierung erfolgt bei Fälligkeit der Versorgungsleistungen durch den Arbeitgeber. Häufig wird das angesammelte Kapital der Kasse wieder beim Trägerunternehmen verzinslicht angelegt. Unterstützungskassen dieser Form entstanden bereits zu Beginn der Industrialisierung, z. B. Krupp 1858, Siemens 1872.

Bei der **rückgedeckten Unterstützungskasse** werden die zugesagten Versorgungsansprüche sowie die Risiken des vorzeitigen Versorgungsfalls durch Invalidität oder Tod auf ein Versicherungsunternehmen übertragen. Die Finanzierung wird vom Arbeitgeber durch entsprechende Zuwendungen geleistet, die von der Unterstützungskasse in einem für die Rückdeckungsversicherung erforderlichen Umfang an ein Versicherungsunternehmen weitergeleitet wird. Dieses übernimmt auch die Auszahlung im Versorgungsfall. Werden die Versorgungsansprüche nur teilweise (partiell) durch die Versicherung abgedeckt, ist im Versorgungsfall eine Nachfinanzierung durch den Arbeitgeber erforderlich.

Die rückgedeckte Unterstützungskasse wird in der Regel von einem Versicherungsunternehmen in Form eines eingetragenen Vereins gegründet (häufig auch Versorgungskasse genannt), dem interessierte Firmen als Mitglied beitreten können. Auch für kleinere Firmen ist eine Beteiligung ohne hohen Verwaltungsaufwand möglich.

Die **Portabilität,** d. h. die Übertragung des angesammelten Kapitalwertes, kann bei einem Wechsel des Arbeitgebers nicht ohne Weiteres auf eine andere Unterstützungskasse übertragen werden, sofern der neue Arbeitgeber nicht Mitglied derselben Kasse ist oder wird.

Für den Arbeitgeber sind die Zuwendungen an die Unterstützungskasse gewinn- und steuermindernde Betriebsausgaben, sofern die Vorschriften gemäß § 4 d Einkommensteuergesetz eingehalten werden. Unter bestimmten Bedingungen können pauschalorientierte Unterstützungskassen die Mittel zum Aufbau der Versorgung beim Trägerunternehmen selbst anlegen (Innenfinanzierung). Die Unterstützungskasse entlastet den Arbeitgeber von erheblichen Verwaltungsaufgaben.

Für Arbeitnehmer sind in der Anwartschaftsphase weder für arbeitgeberfinanzierte noch für die durch Entgeltumwandlung aufgebrachten Leistungen Lohn- oder Einkommensteuer zu zahlen. Sozialversicherungsfrei sind Beträge bis 4 % der BBGrR. Arbeitgeberbeiträge sind völlig sozialversicherungsfrei. Spätere Versorgungszahlungen sind in der Sozialversicherung in vollem Umfang steuer- und beitragspflichtig (→ Tabelle).

Pensionskasse

Pensionskassen sind rechtsfähige Versorgungseinrichtungen, die den Arbeitnehmern oder ihren Hinterbliebenen einen Rechtsanspruch auf Leistungen der Altersversorgung gewährleisten. Pensionskassen werden meistens in der Form eines Versicherungsvereins auf Gegenseitigkeit (VVaG) oder einer Aktiengesellschaft (AG) betrieben. Sie gelten als Versicherungsunternehmen.

Die Finanzierung kann sowohl durch Beiträge des Arbeitgebers als auch des Arbeitnehmers durch Entgeltumwandlung erfolgen. Die eingezahlten Mittel werden entweder unmittelbar zur Finanzierung der Ansprüche der Leistungsberechtigten verwendet (Umlageverfahren) oder zur Bildung einer Kapitaldeckung angesammelt (Kapitaldeckungsverfahren).

Pensionskassen müssen ihr Vermögen mündelsicher anlegen. Sie gelten ebenfalls als eine mittelbare Versorgungsform, weil auch hier ein Dreiecks-Verhältnis (Arbeitgeber, Pensionskasse, Arbeitnehmer) besteht.

Ein Betrieb, ein Unternehmen, ein Konzern können eine Pensionskasse unterhalten. Es können sich auch mehrere Firmen an Gruppen- oder Branchenpensionskassen beteiligen. Auch Versicherungsgesellschaften haben Pensionskassen gegründet und bieten anderen Unternehmen die Teilnahme als Dienstleistung an.

Es gibt seit langem bestehende Firmenpensionskassen ohne kostenintensiven Vertriebsapparat, die einen besonderen sogenannten »regulierten« Status besitzen oder angenommen haben, wodurch sie von der Körperschaftssteuerpflicht befreit sind.

Dagegen sind »deregulierte« Pensionskassen vertriebsorientiert und unterliegen, wie die gesamte Versicherungswirtschaft allgemein, der Kontrolle durch die Bundesanstalt für Finanzdienstleistungsaufsicht (BaFin). Sie sind körperschaftssteuerpflichtig und gewerbesteuerpflichtig.

Für Arbeitgeber sind die Beiträge, die für die Pensionskasse gezahlt werden, Betriebsausgaben, die sich gewinn- und steuermindernd auswirken. Beiträge an Pensionskassen, die sich nach dem Umlageverfahren finanzieren, können in begrenzter Höhe vom Arbeitgeber pauschal versteuert werden. Sie sind in der späteren Auszahlungsphase nur mit den Ertragsanteil steuerpflichtig. (→ Tabelle).

Für Arbeitnehmer sind die durch Entgeltumwandlung aufgebrachten Beiträge bis zu 8 % der BBGrR steuerfrei und bis zu 4 % der BBGrR sozialversicherungsfrei. Außerdem bestehen Möglichkeiten der Höherversicherung. Zu beachten sind die Unterschiede zwischen dem Kapitaldeckungsverfahren und dem Umlageverfahren (→ Tabelle). Die späteren Versorgungsleistungen unterliegen der vollen nachgelagerten Besteuerung und der Sozialversicherungspflicht, sofern sie aus beitragsfreien Einzahlungen resultieren.

Direktversicherung

Bei der Direktversicherung schließt der Arbeitgeber (Versicherungsnehmer) eine Lebensversicherung zugunsten des Arbeitnehmers (versicherte Person) ab. Bezugsberechtigt sind der Arbeitnehmer oder die Hinterbliebenen. Der Träger der betrieblichen Altersversorgung ist ein Lebensversicherungsunternehmen, das das volle Haftungsrisiko trägt. Alle üblichen Formen der Lebensversicherung sind möglich: Kapitalversicherung, Rentenversicherung, Berufsunfähigkeits- und Unfallversicherung. Direktversicherungen können als Einzel- oder als Gruppenversicherung abgeschlossen werden.

Die Direktversicherung eignet sich für alle Unternehmensgrößen, sowohl für Kleinstunternehmen wie auch für Großbetriebe. Eine weitgehende Differenzierung bei der Auswahl der begünstigten Mitarbeiter und der Höhe der Leistungen ist möglich, soll aber nach festgelegten Regeln erfolgen.

Direktversicherungen werden vom Arbeitgeber oder vom Arbeitnehmer durch Entgeltumwandlung finanziert. Die Leistung bei Ablauf der Versicherung kann in einer Rente oder in Form einer Kapitalauszahlung erfolgen, auch die Kombination beider Arten ist möglich. Die Prämiensätze liegen für die gesamte Laufzeit fest.

Für Arbeitgeber stellen die Versicherungsprämien steuermindernde Betriebsausgaben dar.

Für Arbeitnehmer sind die Prämien bis zu 8 %) der BBGrR steuerfrei und bis 4 % sozialversicherungsfrei. Die späteren Renten unterliegen in voller Höhe der nachgelagerten Besteuerung und Sozialversicherungspflicht. Für ältere Zusagen aus der Zeit vor 2005 gelten andere Bedingungen (→ Tabelle)!

Pensionsfonds

Pensionsfonds sind rechtlich selbstständige, versicherungsähnliche Einrichtungen in Form einer AG oder eines Pensionsfondsvereins auf Gegenseitigkeit, die gegen Zahlung von Beiträgen betriebliche Altersversorgungen durchführen. Sie können – im Gegensatz zu Lebensversicherungen – ein größeres Risiko bei der Vermögensanlage eingehen, die Chance auf höhere Renditen bietet, aber auch die Gefahr von Verlusten birgt. Pensionsfonds unterliegen der Kontrolle durch die Bundesanstalt für Finanzdienstleistungsaufsicht (BaFin).

Die Finanzierung erfolgt im Kapitaldeckungsverfahren und wird durch Beiträge eines oder mehrerer Arbeitgeber (Trägerunternehmen) aufgebracht. Auch der Arbeitnehmer kann sich durch Entgeltumwandlung beteiligen.

Die Altersversorgung erfolgt in Form einer lebenslangen Rente oder als Kapitalauszahlung, mindestens in Höhe der eingezahlten Beiträge.

Pensionsfonds dürfen neben einer Leistungszusage, bei der ein Arbeitgeber oder die Einrichtung der betrieblichen Altersversorgung feste Auszahlungsbeträge im Alter zusagt, alternativ auch lediglich Zusagen über die Höhe des Beitrags vereinbaren. Wird eine Beitragszusage vereinbart, bleibt die Höhe der Leistungen offen, sie hängt dann davon ab, welche Erträge mit dem Kapital erwirtschaftet werden. Leistungen mindestens im Umfang der eingezahlten Beiträge müssen vom Anbieter garantiert werden.

Für Arbeitgeber sind die Beiträge an den Pensionsfonds Betriebsausgaben. Zu beachten ist, dass es bei der Form der Leistungszusage zu einer Nachschusspflicht des Arbeitgebers kommen kann, wenn das Fondsvermögen nicht ausreicht, die zugesagten Leistungen zu erfüllen. Eine Absicherung gegen Insolvenz beim Pensionssicherungsverein ist erforderlich.

Für Arbeitnehmer sind Beiträge bis zur Höhe von 8 % der BBGrR steuerfrei und bis 4 % sozialversicherungsfrei. In der späteren Auszahlungsphase besteht Steuer- und Sozialversicherungspflicht. Die Förderung nach § 10 a, 82 Abs. 2 EStG (Riesterförderung) ist möglich.

Steuern und Sozialversicherung in der Altersvorsorge (Überblick)

Lohn-/Einkommensteuer		Sozialversicherung
Ansparphase	**Auszahlungsphase**	**Ansparphase**
DIREKTZUSAGE		
• Beiträge des Arbeitgebers oder Lohnverzicht des Arbeitnehmers sind **kein Arbeitslohn**	• Zahlungen des Arbeitgebers sind als **Arbeitslohn** steuerpflichtig, Versorgungsfreibeträge sind abzuziehen	• **Beitragsfrei**, soweit nicht aus Entgeltumwandlung, **bei Entgeltumwandlung beitragsfrei bis 4 %** der BBGrR
UNTERSTÜTZUNGSKASSE		
• Beiträge des Arbeitgebers oder Lohnverzicht des Arbeitnehmers sind **kein Arbeitslohn**	• Zahlungen der Kasse sind als **Arbeitslohn** steuerpflichtig, Versorgungsfreibeträge sind abzuziehen	• **Beitragsfrei**, soweit nicht aus Entgeltumwandlung, **bei Entgeltumwandlung beitragsfrei bis 4 %** der BBGrR
DIREKTVERSICHERUNG		
• Beiträge des Arbeitgebers **bis 8 %** der BBGrR **steuerfrei**	• Zahlungen der Versicherung beim Arbeitnehmer als sonstige Einkünfte **voll steuerpflichtig**	• **Beitragsfrei bis zu 4 %** der BBGrR • **Steuerfrei bis 8 %** der BBGrR
• **Höhere Beiträge** des Arbeitgebers sind individuell **zu versteuern:**		
– Arbeitnehmer nimmt **Altersvorsorgezulage** oder **Sonderausgabenabzug** in Anspruch	• Zahlungen der Versicherung beim Arbeitnehmer als sonstige Einkünfte **voll steuerpflichtig**	• **Beitragspflichtig**
– Arbeitnehmer nimmt **Altersvorsorge**zulage oder **Sonderausgabenabzug** **nicht** in Anspruch	• Zahlungen der Versicherung beim Arbeitnehmer als sonstige Einkünfte mit dem **Ertragsanteil steuerpflichtig**	• **Beitragspflichtig**
• Bei **Versorgungszusage vor 2005** mit Verzicht auf Steuerfreiheit: Beiträge des Arbeitgebers bis 1752 €: **Pauschalbesteuerung** mit 20 % möglich	• Zahlungen der Versicherung beim Arbeitnehmer als sonstige Einkünfte mit dem **Ertragsanteil steuerpflichtig** **Kapitalauszahlungen** sind **steuerfrei**	• Bis zu 1752 € **beitragsfrei**, wenn zusätzlich zum Arbeitsentgelt gezahlt
PENSIONSKASSE (Kapitaldeckungsverfahren)		
• Beiträge des Arbeitgebers **bis 8 %** der BBGrR **steuerfrei**	• Zahlungen der Kasse als **sonstige Einkünfte voll steuerpflichtig**	• **Beitragsfrei bis 4 %** der BBGrR • **Steuerfrei bis 8 %** der BBGrR
• **Höhere Beiträge** des Arbeitgebers sind individuell **zu versteuern**:		
– Arbeitnehmer nimmt **Altersvorsorgezulage** oder **Sonderausgabenabzug** in Anspruch	• Zahlungen der Kasse beim Arbeitnehmer als sonstige Einkünfte **voll steuerpflichtig**	• **Beitragspflichtig**
– Arbeitnehmer nimmt **Altersvorsorgezulage** oder **Sonderausgabenabzug** **nicht** in Anspruch	• Zahlungen der Kasse beim Arbeitnehmer als sonstige Einkünfte mit dem **Ertragsanteil steuerpflichtig**	• **Beitragspflichtig**
• Bei **Versorgungszusage vor 2005** mit Verzicht auf Steuerfreiheit: Beiträge des Arbeitnehmers können bis 1752 € mit 20 % **pauschal besteuert** werden	• Zahlungen der Kasse beim Arbeitnehmer als sonstige Einkünfte mit dem **Ertragsanteil steuerpflichtig**	• Bis zu 1752 € **beitragsfrei**, wenn zusätzlich zum Arbeitsentgelt gezahlt

Lohn-/Einkommensteuer		Sozialversicherung
Ansparphase	**Auszahlungsphase**	**Ansparphase**
PENSIONSKASSE (Umlageverfahren)		
• Beiträge des Arbeitgebers **bis 2 %** der BBGrR **steuerfrei**	• Zahlungen der Kasse beim Arbeitnehmer als sonstige Einkünfte **voll steuerpflichtig**	• **Beitragsfrei bis zu 2 %** der BBGrR
• Übersteigende Beiträge des Arbeitgebers bis 1752 €: **Pauschalbesteuerung** mit 20 % möglich	• Zahlungen der Kasse beim Arbeitnehmer als sonstige Einkünfte mit dem **Ertragsanteil steuerpflichtig**	• Bis zu 1752 € **beitragsfrei**, wenn zusätzlich zum Arbeitsentgelt gezahlt
PENSIONSFONDS		
• Beiträge des Arbeitgebers **bis 8 %** der BBGrR **steuerfrei**	• Zahlungen des Fonds beim Arbeitnehmer als sonstige Einkünfte **voll steuerpflichtig**	• **Beitragsfrei bis 4 %** der BBGrR • **Steuerfrei bis 8 %** der BBGrR
• **Höhere Beiträge** des Arbeitgebers sind individuell **zu versteuern:**		
– Arbeitnehmer nimmt **Altersvorsorgezulage** oder **Sonderausgabenabzug** in Anspruch	• Zahlungen des Fonds beim Arbeitnehmer als sonstige Einkünfte **voll steuerpflichtig**	• **Beitragspflichtig**
– Arbeitnehmer nimmt **Altersvorsorgezulage** oder **Sonderausgabenabzug** **nicht** in Anspruch	• Zahlungen des Fonds beim Arbeitnehmer als sonstige Einkünfte mit dem **Ertragsanteil steuerpflichtig**	• **Beitragspflichtig**
• Höhere Beiträge des Arbeitgebers können **nicht pauschal** besteuert werden		
• Leistungen des Arbeitgebers oder einer Unterstützungskasse an einen Pensionsfonds wegen **Übernahme** bestehender Versorgungsverpflichtungen/-anwartschaften sind **steuerfrei**, wenn die zusätzlichen Betriebsausgaben auf 10 Jahre verteilt werden.	• Zahlungen des Pensionsfonds beim Arbeitnehmer als sonstige Einkünfte **voll steuerpflichtig**	• **Beitragsfrei**

BBGrR = Beitragsbemessungsgrenze der gesetzlichen Rentenversicherung (Tabelle → 2.7.2.3)
Besteuerung sonstiger Einkünfte gemäß § 22 Nr. 5 EStG
Besteuerung sonstiger Einkünfte mit dem Ertragsanteil gemäß § 22 Nr. 1 Satz 3a EStG

Das BetrAVG regelt darüberhinaus eine Reihe wichtiger Details der betrieblichen Altersversorgung, die sich im Wesentlichen auf Themen wie Entgeltumwandlung, Unverfallbarkeit, Abfindung, Übertragung, Insolvenzsicherung sowie Anpassungsgebot und Auszehrungsverbot beziehen.

Anspruch des Arbeitnehmers auf Entgeltumwandlung (§ 1a BetrAVG)

Der Arbeitnehmer kann verlangen, dass sein Arbeitgeber von seinen Entgeltansprüchen bis zu 8 % der Beitragsbemessungsgrenze der allgemeinen Rentenversicherung durch Entgeltumwandlung für seine betriebliche Altersversorgung verwendet. Erfolgt die Altersversorgung durch einen Pensionsfond, eine Pensionskasse oder eine Direktversicherung kann er verlangen, dass die Voraussetzungen für die Riesterförderung erfüllt werden (§§ 10 a, 79 ff EStG).

Seit dem Jahr 2022 besteht für Arbeitgeber eine gesetzliche Verpflichtung, einen Zuschuss in Höhe von 15 Prozent des umgewandelten Entgelts zu leisten, sofern sie durch die Entgeltumwandlung Sozialversicherungsbeiträge einsparen. Abweichende Regelungen können in Tarifverträgen festgelegt werden. In gewissen Grenzen ist die Ausgestaltung durch den Betriebsrat mitbestimmungspflichtig.

Unverfallbarkeit der Versorgungsansprüche (§ 1 b BetrAVG)

Unverfallbarkeit bedeutet, dass der bisher erworbene Anspruch auf eine zugesagte betriebliche Altersversorgung auch bei vorzeitiger Beendigung des Arbeitsverhältnisses (z. B. bei Arbeitgeberwechsel, Erwerbsunfähigkeit, Vorruhestand, Tod) erhalten bleibt.

Durch Entgeltumwandlung finanzierte Altersversorgung ist von vornherein gesetzlich unverfallbar. Bei Verträgen, die vom Arbeitgeber finanziert werden, ist die Unverfallbarkeit vom Lebensalter (25 Jahre, bis 2009 galt 30 Jahre) und des Zeitablaufs seit der Zusage (5 Jahre) abhängig.

Für Neuverträge ab 2018 wird das Lebensalter auf 21 Jahre und die Vertragslaufzeit auf 3 Jahre gesenkt.

Unverfallbarkeit ist Voraussetzung für die Weiterführung der Altersvorsorge durch den neuen Arbeitgeber oder den Arbeitnehmer selbst. Eine vorzeitige Auszahlung ist nicht vorgesehen, eine Versicherung kann jedoch beitragsfrei gestellt werden.

Abfindung und Übertragung (§§ 3, 4 BetrAVG)

Abfindungen von unverfallbaren Anwartschaften sowie laufenden Leistungen sind nur in stark eingeschränkten Ausnahmefällen möglich, damit der Versorgungszweck der betrieblichen Altersversorgung möglichst nicht unterlaufen werden kann. Auch bei Ausscheiden aus dem Betrieb ist eine Abfindung der unverfallbaren Versorgungsanwartschaft ausgeschlossen, selbst wenn Arbeitgeber und Arbeitnehmer einvernehmlich einer Abfindung zustimmen. Der Arbeitnehmer hat aber die Möglichkeit, die betriebliche Altersversorgung ruhen zu lassen, sie selbst weiterzuführen oder sie vom neuen Arbeitgeber übernehmen zu lassen.

Wurde die Versorgungszusage nach dem 31.12.2004 erteilt und in den Durchführungswegen Pensionskasse, Pensionsfonds oder Direktversicherung abgeschlossen, besitzt der Arbeitnehmer ein Recht auf Übertragung, das innerhalb von einem Jahr nach dem Arbeitgeberwechsel geltend gemacht werden muss. In allen anderen Fällen setzt die Übertragung der Versorgungsanwartschaft eine einvernehmliche Regelung mit dem neuen Arbeitgeber voraus.

Insolvenzsicherung (§ 7 ff BetrAVG)

Vor Inkrafttreten des BetrAVG konnten betriebliche Altersversorgungen aus Direktzusagen sowie Leistungen der Unterstützungskasse nicht mehr realisiert werden, wenn Firmen insolvent wurden. Durch das Gesetz ist eine Insolvenzsicherung für die Leistung der betrieblichen Altersversorgung geschaffen worden. Träger ist der Pensionssicherungsverein auf Gegenseitigkeit (PSVaG) der von der Bundesvereinigung der deutschen Arbeitgeberverbände, vom Bundesverband der deutschen Industrie und dem Gesamtverband der Deutschen Versicherungswirtschaft gegründet wurde. Bei Insolvenz eines Arbeitgebers übernimmt der PSVaG die unverfallbaren Anwartschaften und laufende Betriebsrenten, begrenzt auf das Dreifache der monatlichen Bezugsgröße gemäß § 18 SGB IV. Unter bestimmten Voraussetzungen sind auch Abfindungen vorgesehen.

Versorgungszusagen über die Pensionskasse und die Direktversicherung brauchen nicht insolvenzgesichert zu sein, da diese Leistungen nicht von der Zahlungsfähigkeit des Arbeitgebers abhängen. Ausgenommen sind hier Direktversicherungen, bei denen ein unwiderrufliches Bezugsrecht noch nicht besteht.

Anpassungsgebot (§ 16 BetrAVG)

Um einen Kaufkraftverlust der Betriebsrenten auszugleichen, ist der Arbeitgeber verpflichtet, alle drei Jahre eine Anpassung der laufenden Leistungen zu prüfen und hierüber »nach billigem Ermessen« zu entscheiden.

Diese Verpflichtung entfällt oder gilt als erfüllt, wenn eine Anpassung erfolgt ist, die bestimmten, im Gesetz aufgezählten Anforderungen entspricht. Eine Anpassung gilt als zu Recht unterblieben, wenn der Arbeitgeber dem Versorgungsempfänger die (schwierige) wirtschaftliche Lage des Unternehmens schriftlich darlegt.

Bei Finanzierung der Altersversorgung durch Entgeltumwandlung ist der Arbeitgeber verpflichtet, die laufenden Leistungen jährlich um 1 % anzupassen, es sei denn, alle Überschussanteile bei Durchführung über eine Direktversicherung oder eine Pensionskasse werden zur Erhöhung der laufenden Leistungen verwendet.

Bei Direktversicherungen und Pensionskassen gilt durch die Anrechnung der Überschüsse ein Ausgleich der Kaufkraft generell als gegeben. Damit entfällt die Anpassungsverpflichtung. Wenn der Pensionssicherungsverein die laufenden Zahlungen der Betriebsrente übernommen hat, erfolgt keine Anpassung.

Auszehrungsverbot (§ 5 BetrAVG)

Das Auszehrungsverbot soll verhindern, dass die betriebliche Altersversorgung durch die Anrechnung von anderen Renten ausgezehrt wird. Der erstmals festgesetzte Betrag der betrieblichen Rente ist eine Mindestrente und darf nicht mehr unterschritten, insbesondere nicht angerechnet werden. Eine Anrechnung von Leistungen der betrieblichen Altersversorgung wäre nur dann möglich, wenn bei den betrieblichen Altersrenten nachträglich Erhöhungen vorgenommen werden.

Mitwirkung des Betriebsrats (§ 87 BetrAVG)

Bei mittelbaren Versorgungseinrichtungen wie der Pensionskasse und Unterstützungskasse beruht das Mitbestimmungsrecht auf § 87, Abs. 1, Ziffer 8 BetrAVG (Soziale Einrichtungen), bei Direktzusagen und Direktversicherungen und dem Pensionsfonds auf § 87, Abs. 1, Ziffer 10 (Lohngestaltung).

Nicht der Mitbestimmung unterliegt der Entschluss des Arbeitgebers, eine betriebliche Altersversorgung einzuführen oder einzustellen sowie der Dotierungsrahmen, also die Höhe der insgesamt aufzuwendenden Mittel.

Die Fragen der Ausgestaltung sind mitbestimmungspflichtig: Wer wird in die betriebliche Altersversorgung aufgenommen? Welche Leistungen werden gewährt? Wie hoch können die Leistungen unter Berücksichtigung des Dotierungsrahmens sein? Kommt es nicht zu einer Übereinstimmung zwischen Arbeitgeber und Betriebsrat, so entscheidet die Einigungsstelle.

Eine Entscheidung zur Einstellung der betrieblichen Altersversorgung wirkt nur in die Zukunft, das heißt, bei den ab Einstellungsdatum neu eintretenden Mitarbeitern. Die bisher mit einer Zusage bedachten Arbeitnehmer behalten diese weiterhin.

Riester-Förderung der betrieblichen Altersvorsorge

Mit den Altersvermögensgesetz (AVmG) und dem Altersvermögensergänzungsgesetz (AVmEG) wurde 2001 eine Obergrenze für den Betragssatz der gesetzlichen Rentenversicherung und andererseits eine Absenkung des Rentenniveaus beschlossen. Gleichzeitig wurden Maßnahmen zur Förderung privater und betrieblicher Altersvorsorge eingeführt.

Neben der Steuer und Beitragsfreiheit der Entgeltumwandlung ist vorallem die sogenannte »Riester-Förderung« von Bedeutung, die durch einkommensunabhängige Zulagen (ggf. zuzüglich Kinderzulagen) oder aus einem zusätzlichen Sonderausgabenabzug bei der Einkommensteuer besteht. Das Finanzamt prüft, welche Art der Förderung für den Steuerzahler günstiger ist und veranlagt entsprechend (Günstigerprüfung). Die Höhe der Förderung richtet sich nach den Bestimmungen im Einkommensteuergesetz (§§ 10, 79 ff EStG).

Berechtigt sind u. a. rentenversicherungspflichtige Arbeitnehmer einschließlich der Auszubildenden, auch geringfügig Beschäftigte, Kindererziehende, Bezieher von Krankengeld. Altersvorsorgeverträge, für die eine Förderung in Anspruch genommen werden soll, müssen zertifiziert sein.

Im Wesentlichen müssen die Verträge

- eine lebenslange Rente garantieren,
- mindestens den eingezahlten Betrag zur Auszahlung bringen,
- nicht beliehen werden können,
- Darlehen zum Erwerb von Wohneigentum zulassen (Bausparpläne),
- frühestens ab dem 60. Lebensjahr ausgezahlt werden.

Als spätere Leistung muss eine lebenslange Rente oder ein Auszahlungsplan mit anschließender Restverrentung zugesagt sein. Neben der Altersrente können auch Leistungen bei Invalidität sowie Hinterbliebenenrenten gewährt werden.

Im Rahmen der betrieblichen Altersvorsorge gemäß BetrAVG können Pensionskasse, Pensionsfonds und Direktversicherung gefördert werden; sie sind »Riester-fähig«. Bei einer »schädlichen«, d. h. nicht bestimmungsgemäßen Verwendung der angesparten Mittel sind die Zulagen oder Steuervorteile zurückzuerstatten.

Grundmerkmale der Formen betrieblicher Altersvorsorge gemäß BetrAVG und AVmG

Form/ Merkmale	Direktzusage	Unterstützungskasse	Pensionskasse	Pensionsfonds	Direktversicherung
Versicherungsträger	Unternehmen	rechtlich selbstständig GmbH, e. V.	rechtlich selbstständig V VaG*)	rechtlich selbstständig V VaG, AG	Versicherungsunternehmen
Mitbestimmung des Betriebsrats	§ 81 (1) 10 BetrVG	§ 87 (1) 8 BetrVG	§ 87 (1) 8 BetrVG	§ 87 (1) 10 BetrVG	§ 87 (1) 10 BetrVG
Rechtsanspruch auf Leistungen	ja	nein	ja	ja	ja
Beitragsbeteiligung von Arbeitnehmer	möglich	möglich	möglich	möglich	möglich
Versicherungsaufsicht	nein	nein	ja	ja	ja
Insolvenzsicherung durch PSVaG)**	ja	ja	nein	ja	nicht erforderlich
Übertragbare Anwartschaft	nein	nein	möglich	möglich	möglich
Riester-Förderung	nein	nein	ja	ja	ja

*) V VaG = Versicherungsverein auf Gegenseitigkeit **) PSVaG = Pensionssicherungsverein auf Gegenseitigkeit

Betriebsrentenstärkungsgesetz

Zum 1. Januar 2018 trat das Betriebsrentenstärkungsgesetz (BRSG) in Kraft, das Neuerungen in der betrieblichen Altersversorgung und ein Sozialpartnermodell in Form einer Tarifrente mit reiner Beitragszusage begründet. Diese Änderungen wurden im Gesetz zur Verbesserung der betrieblichen Altersversorgung (Betriebsrentengesetz – BetrAVG) eingearbeitet.

Neue Rahmenbedingungen im Steuer- und Sozialversicherungsrecht

Der Aufbau einer betrieblichen Altersversorgung wird durch das BRSG unter anderem mit der Erhöhung der steuerfreien Beiträge in der Entgeltumwandlung von 4 % auf 8 % der Beitragsbemessungsgrenze (West) der Rentenversicherung (BBGrR) gefördert. Im Gegenzug entfällt zwar der bisherige jährliche, steuerfreie Erhöhungsbetrag von 1.800 Euro, dennoch erhöht sich somit der Steuerfreibetrag deutlich. Sozialversicherungsrechtlich bleiben die 4 % der BBGrR bestehen.

Darüber hinaus werden für Neuverträge ab 1. Januar 2019 – und für Altverträge ab 1. Januar 2022 – bei der Entgeltumwandlung in eine Direktversicherung, eine Pensionskasse oder einen Pensionsfonds die Arbeitgeber zu einem Zuschuss von 15 % des umgewandelten Entgelts verpflichtet, sofern der Arbeitgeber durch die Entgeltumwandlung Sozialversicherungsbeiträge einspart.

Neu ist außerdem eine Förderung für Mitarbeiter im Niedriglohnsektor mit einem Bruttogehalt von bis zu 2.575 € monatlich (2024), wobei Einmalzahlungen nicht angerechnet werden. Arbeitgeberfinanzierte Beiträge von mindestens 240 € bis maximal 960 € pro Jahr werden hierbei für den Arbeitgeber steuerlich mit 30 % bezuschusst. Dieser Zuschuss wird dem Arbeitnehmer steuerfrei gewährt.

Ergänzend wurde ein Freibetrag in der Grundsicherung eingeführt, der die Anrechnung der späteren Betriebsrente auf die staatliche Grundsicherung einschränkt. Im Jahr 2024 liegt dieser Betrag bei 281,50 €/Monat und gilt auch für Leistungen aus Altzusagen. Außerdem entfällt nun die Doppelverbeitragung der Sozialversicherungsbeiträge in der riestergeförderten betrieblichen Altersversorgung.

Sozialpartnermodell

Neben diesen verbesserten Rahmenbedingungen erhalten die Tarifvertragsparteien die Möglichkeit eine neue Zusageart, die »reine Beitragszusage«, zu vereinbaren (§§ 19 ff BetrAVG). In diesem Sozial- oder Tarifpartnermodell (auch »Nahles-Rente« genannt) leistet der Arbeitgeber einen vereinbarten Beitrag an eine Direktversicherung, Pensionskasse oder Pensionsfonds. Hierbei wird eine Zielrente angepeilt, Mindest- oder Garantiezusagen für den Arbeitnehmer finden keine Anwendung, d. h. der Arbeitgeber wird bei Anwendung dieses Modells von der Haftung befreit, wie es bislang das BetrAVG vorschreibt. Dieser Grundsatz wird häufig als »pay and forget« bezeichnet. Dafür werden allerdings die Tarifparteien in die Pflicht genommen, die Durchführung der reinen Beitragszusage zu steuern, mit geeigneten Maßnahmen auf sie einzuwirken und über Sicherungsbeiträge abzusichern. Außerdem kann tariflich über Optionsmodelle eine automatische Entgeltumwandlung vereinbart werden: Hierbei behält der Arbeitgeber einen bestimmten Teil des Bruttoentgelts zur Finanzierung einer betrieblichen Altersversorgung ein, sofern der Arbeitnehmer nicht ausdrücklich widerspricht, das sogenannte »opting-out«.

Dieses Sozialpartnermodell kann auch von nicht tarifgebundenen Arbeitgebern übernommen werden; eine gesetzliche Verpflichtung hierzu besteht jedoch nicht.

2.5.3 Cafeteria-Angebote

Im Gegensatz zu dem weit verbreiteten »Gießkannenprinzip«, nach dem alle sozialen Vorteile gleichmäßig über alle Mitarbeiter verteilt werden, können beim sogenannten Cafeteria-System die Mitarbeiter aus einem Angebot von betrieblichen Sozialleistungen eine individuelle Auswahl treffen, so wie man sich ein Menü in einer Cafeteria zusammenstellt.

Vor Einführung eines derartigen Systems sollte durch eine Umfrage unter den Mitarbeitern eines Unternehmens festgestellt werden, welche betrieblichen Sozialleistungen erwünscht sind. Sind die Wünsche der Arbeitnehmer bekannt, wird ein Angebot erstellt. Zweckmäßigerweise wird pro Jahr ein bestimmtes Budget festlegt und dann die verschiedenen Möglichkeiten auf einer Sozialleistungs-Menükarte zusammenstellt, z. B. betriebliche Altersversorgung, Weiterbildung, gesundheitsfördernde Maßnahmen, Mobilität, zusätzliche Urlaubstage usw. Aus der Vielzahl der Gestaltungsmöglichkeiten sollen drei grundsätzliche Formen betrachtet werden:

- **Auswahlpläne**
  Bei dieser Form umfasst das Cafeteria-System alle angebotenen Sozialleistungen. Die einzelnen Mitarbeiter können unter allen Arten und Varianten der betrieblichen Sozialleistungen innerhalb eines festgelegten persönlichen Budgets auswählen.
- **Kernangebot mit Zusatzplänen**
  Aus den angebotenen Leistungen wird ein Kern festliegender Sozialleistungen gebildet, zum Beispiel betriebliche Altersversorgung, Essensgeld, Fahrkostenzuschuss, der für alle Mitarbeiter gleichermaßen gilt. Aus einem weiteren Angebot flexibler Sozialleistungen können individuell weitere Zusatzleistungen ausgewählt werden.
- **Paketpläne**
  Bei dieser Form werden unterschiedliche Zielgruppen gebildet. Es kann z. B. differenziert werden nach Arbeitnehmergruppen (Angestellte, Auszubildende, Leitende Angestellte), nach den ausgeübten Funktionen (Einkauf, speziellen Bedürfnisse, Rechnungswesen, Produktion, Vertrieb) oder nach dem Lebensalter. Diese können dann auf ihre Gruppen zugeschnittene, geschlossene Sozialleistungspakete auswählen. Eine erneute Wahlmöglichkeit könnte für jedes Kalenderjahr vorgesehen werden.

Die Form des Cafeteria-Systems kann zu einer Reduzierung der Kosten für die betrieblichen Sozialleistungen führen und bietet die Möglichkeit individueller oder zielgruppengerechter Auswahl. Wer über die Inanspruchnahme verschiedener Sozialleistungen mitbestimmen kann, ist zufrieden und hat eine höhere Motivation. Durch Einsatz von IT-Verfahren dürfte kaum ein erheblicher Verwaltungsmehraufwand entstehen.

Die Vorteile des Cafeteria-Modells liegen in der individuellen, optimalen Gestaltung der Sozialleistungen für den einzelnen Arbeitnehmer und damit höchstmöglicher Effektivität der Arbeitgeberbudgets. Als Nachteil kann sich erweisen, dass bei rechtlichen Änderungen das Angebotsportfolio regelmäßig angepasst werden muss und nicht alle individuell gewünschten Leistungsvarianten angeboten werden können.

Das Cafeteria-Modell ist nicht nur anwendbar für betriebliche Sozialleistungen, sondern kann auf die gesamte Vergütungsstruktur und -politik ausgedehnt werden. Arbeitnehmer könnten sich nach diesem Modell aus verschiedenen Bestandteilen der Gesamtvergütung – analog zu der skizzierten Form bei betrieblichen Sozialleistungen – ein »Paket« aus unterschiedlichen Vergütungsangeboten zusammenstellen, das die individuelle Lebenssituation der Mitarbeiter besser befriedigt. So legen jüngere Mitarbeiter u. U. mehr Wert auf möglichst hohe Barauszahlungen, während Arbeitnehmern mit Familie eine Absicherung gegen Berufsunfähigkeit oder Unfälle wichtiger erscheinen dürfte.

Betriebliches Gesundheitsmanagement

Im Rahmen ihrer sozialen Verantwortung setzen viele Arbeitgeber ein betriebliches Gesundheitsmanagement (BGM) um. Dieser nicht ganz neue, aber in seiner Bedeutung zunehmende Trend umfasst alle Maßnahmen, mit denen ein Betrieb die Gesundheit seiner Mitarbeiter erhalten und ggf. verbessern möchte. Dies können Änderungen von Arbeitsstrukturen und -prozessen sein oder auch Aktivitäten, die gesundheitsförderliches Verhalten stärken. BGM geht somit weit über Arbeitsschutz und Arbeitssicherheit hinaus, womit Arbeitsunfälle verhindert oder arbeitsbedingte Gesundheitsgefahren verringert werden sollen. Neben diesen Präventionsmaßnahmen werden nachhaltige und ganzheitliche Maßnahmen zur Gesundheitsvorsorge und Gesundheitsförderung angestrebt. Die positiven Effekte des BGM sollen sowohl den Arbeitnehmern, z. B. durch gesündere Ernährung, größere Fitness und höhere Stressresistenz, als auch dem Arbeitgeber, z. B. durch geringere Fehlzeiten, zugutekommen.

Zum Aufbau eines BGM steht in der Regel am Anfang eine Bestandsaufnahme. Häufig gibt es bereits Maßnahmen zur Gesundheitsförderung, die als solche noch nicht erkannt werden, z. B.

Gleitzeitmodelle, ein gutes Betriebsklima oder Sportgruppen im Betrieb. Bei hohen Fehlzeiten können die Krankenkassen in größeren Betrieben auch eine (anonymisierte) Analyse der Fehlzeitengründe durchführen. Auf Basis dieser Bestandsaufnahme geht es nun darum, die bestehenden Einzelmaßnahmen weiterzuentwickeln, auszubauen und zu strukturieren.

Dabei sollten folgende Ziele und Handlungsfelder betrachtet werden:

- Verhaltensprävention
  Personenbezogene Maßnahmen, mit dem Ziel, gesunder Selbststeuerung der Mitarbeiter, z. B. durch Rückengymnastik, oder Stressbewältigungstraining.
- Verhältnisprävention
  zielt auf gesunde Arbeitsbedingungen, z. B. durch Verbesserung der Ergonomie am Arbeitsplatz.
- Systemprävention
  zielt auf ein gutes und gesundes Betriebsklima, hierzu gehören u. a. Führungskräftetraining.

In der Entwicklung der Ziele und Maßnahmen des BGM sollten neben der Geschäftsführung und der Personalabteilung auch der Betriebsrat, der Betriebsarzt und die Fachkräfte für Arbeitssicherheit eingebunden sein. Ergänzend ist ein Projektteam aus Mitarbeitern aller Unternehmensbereiche und -hierarchien sinnvoll.

Die Umsetzung des Betrieblichen Gesundheitsmanagements sollte durch umfassende kommunikative Aktivitäten begleitet werden.

Nachfolgend sind typische Handlungsfelder im betrieblichen Gesundheitsmanagement beschrieben:

Gesundheitsförderliche Arbeitsorganisation

Gestaltung von Arbeitszeiten, Pausenregelungen und Arbeitsaufgaben, um Stressbelastungen zu vermindern und eine ausgewogene Work-Life-Balance zu fördern.

Arbeitsplatzgestaltung und Ergonomie

Schaffung ergonomischer Arbeitsplätze und Umgebungen, um physische Belastungen zu reduzieren und Fehlhaltungen vorzubeugen

Psychische Gesundheit am Arbeitsplatz

Maßnahmen zur Stressprävention, Förderung der psychischen Gesundheit und Bewältigung von psychischen Belastungen am Arbeitsplatz

Gesundheitsförderung und Prävention

Angebote zur Förderung von gesundem Verhalten, wie Sportangebote, Ernährungsberatung und Raucherentwöhnungsprogramme

Führung und Unternehmenskultur

Förderung einer gesundheitsförderlichen Unternehmenskultur und Schulung von Führungskräften im Hinblick auf die Förderung von Mitarbeitergesundheit (z.B. Führen von Fürsorgegesprächen)

Betriebliche Sport- und Bewegungsförderung

Angebot von sportlichen Aktivitäten am Arbeitsplatz und Förderung von Bewegungspausen

Gesundheitsförderliche Kommunikation

Förderung von offener Kommunikation und Dialog über Gesundheitsthemen im Unternehmen

Gesundheitschecks und Präventionsmaßnahmen

Bereitstellung von Gesundheitschecks und präventiven Maßnahmen zur Früherkennung von Gesundheitsrisiken (z. B. Grippeschutzimpfung)

Betriebliche Wiedereingliederung

Maßnahmen zur Unterstützung von Mitarbeitern bei der Wiedereingliederung nach Krankheitsphasen

Qualifikation und Weiterbildung

Angebote zur Qualifikation und Weiterbildung von Mitarbeitern zu gesundheitsrelevanten Themen

Diese Handlungsfelder sollen gemeinsam dazu beitragen, die Gesundheit der Mitarbeiter zu fördern, Krankheiten vorzubeugen und die Arbeitsbedingungen im Unternehmen gesundheitsförderlicher zu gestalten. Ein ganzheitliches BGM berücksichtigt die physische und psychische Gesundheit sowie die sozialen Aspekte am Arbeitsplatz

Außerdem sollten vor der Umsetzung Kennzahlen zur Messung der Erfolge des BGM definiert werden. Dabei ist die rückläufige Entwicklung der Fehlzeiten zwar ein angestrebtes Ziel, als Kennziffer aber nur bedingt geeignet, da Fehlzeiten viele unterschiedliche Ursachen haben. Geeignete Kennziffern können sein:

- Budget für BGM-Maßnahmen und Budgetveränderungen im Zeitablauf
- Anzahl angebotener Gesundheitskurse und die Teilnahmequote der Mitarbeiter

Die Maßnahme und die Zielerreichung sollten kontinuierlich evaluiert und bei Bedarf korrigiert oder ergänzt werden. Somit stellt das BGM einen steten, dynamischen Verbesserungsprozess dar.

Betriebliches Eingliederungsmanagement (BEM)

Längere und wiederholte Ausfallzeiten wegen Krankheit stellen sowohl für die betroffenen Beschäftigten als auch für die Unternehmen eine große Herausforderung dar. Wichtig ist daher, die negativen Auswirkungen für beide Seiten so gering wie möglich zu halten.

Seit 2004 ist das **Betriebliche Eingliederungsmanagement (BEM)** als gesetzlich vorgeschriebenes Verfahren für Arbeitgeber in § 167 Abs. 2 SGB IX festgeschrieben, um die Reintegration betroffener Personen nach Langzeiterkrankung in die Arbeitsabläufe gezielt zu fördern: Wenn Mitarbeiter innerhalb von zwölf Monaten mehr als sechs Wochen ununterbrochen oder wiederholt arbeitsunfähig fehlen, sind Arbeitgeber verpflichtet, diesen Personen das BEM aktiv anzubieten. Dies gilt auch für Beschäftigte in Teilzeit oder in Befristung ebenso wie für Führungskräfte oder Auszubildende. Diese Verpflichtung ist universell und damit auch unabhängig von Größe und Branchenzugehörigkeit des Unternehmens.

Das BEM kann dabei unterstützen, die nachfolgend genannten negativen Folgen von Langzeiterkrankungen auf Mitarbeiter und Arbeitgeber entscheidend abzumildern:

Handlungsfeld	Mitarbeiter	Arbeitgeber
Gesundheit und Wohlbefinden	Vorübergehende oder dauerhafte Beeinträchtigung der körperlichen und psychischen Gesundheit	Erhöhte Gesundheitskosten und ggf. Versicherungsprämien
Einkommen und finanzielle Sicherheit	Verlust von Einkommen und mögliche finanzielle Mehrbelastungen	Zusatzkosten durch Krankengeld zahlungen, Ersatzpersonal, Minderleistung und Produktionsausfälle
Karriere und berufliche Entwicklung	Behinderung der beruflichen Laufbahn und Verlust von Karrierechancen	Verlust von Fachwissen und Erfahrung im Unternehmen
Soziale Integration	Mögliche soziale Isolation und Verlust von Arbeitskontakten	Notwendigkeit, Ersatzpersonal zu beschaffen, anzulernen und einzugliedern
Arbeitsklima und Produktivität	Verminderung der Leistungsfähigkeit, Existenzängste und Unsicherheit bzgl. der Zukunft des Arbeitsplatzes	Produktivitätsverluste, mögliche negative Auswirkungen auf das Arbeitsklima v. a. durch Mehraufwand für verbliebene Mitarbeiter

Das BEM verfolgt im Wesentlichen vier Ziele:

1. die Arbeitsfähigkeit des Mitarbeiters wiederherzustellen,
2. das Auftreten erneuter krankheitsbedingter Ausfälle und langfristiger Arbeitsunfähigkeit zu verhindern,
3. die Beschäftigungsfähigkeit des Mitarbeiters nachhaltig zu sichern oder zu verbessern,
4. das Arbeitsverhältnis fortzuführen und so Kündigung und Verlust des Arbeitsplatzes zu vermeiden.

Im Unternehmen empfiehlt es sich, bei der Installation des BEM einen BEM-Beauftragten zu benennen, der mit den Aufgaben und Anforderungen vertraut ist und den betroffenen Personen während des gesamten Prozesses als fester Ansprechpartner zur Verfügung steht. Die strenge Einhaltung des Datenschutzes ist hier maßgebende Bedingung, insbesondere beim Umgang mit sensiblen Gesundheitsdaten.

Sobald festgestellt wurde, dass bei einem Mitarbeiter durch eine Arbeitsunfähigkeit von mehr als sechs Wochen innerhalb eines Jahres der Anspruch auf die Inanspruchnahme des BEM entstanden ist, muss der Arbeitgeber aktiv werden und den betroffenen Mitarbeiter schriftlich über das BEM informieren. Sinnvoll ist es, bereits vor Ansprache des Beschäftigten die Personalvertretung einzubeziehen.

Im ersten Schritt erfolgt die Einladung zu einem ersten Informationsgespräch an den Mitarbeiter. Für den Mitarbeiter ist die Teilnahme am Gespräch, wie auch an allen weiteren Phasen des BEM, freiwillig. Die Nichtteilnahme darf keine unmittelbaren personalrechtlichen Konsequenzen nach sich ziehen. Sollte es jedoch zu einem späteren Zeitpunkt zu einem Kündigungsschutzprozess kommen, können sich für den Mitarbeiter durch Ablehnung des Angebots Nachteile ergeben. Über beide Punkte ist der Mitarbeiter bereits im Schreiben zur Kontaktaufnahme und Einladung zum BEM aufzuklären.

Nimmt der Mitarbeiter die Einladung zum Gespräch an, wird gemeinsam mit ihm, dem BEM-Beauftragten und ggf. mit Unterstützung von Betriebsrat, Schwerbehindertenvertretung und anderen (medizinischen) Experten (z. B. Werks- oder Betriebsarzt, Arbeitsmedizinische Dienste, Integrationsfachdienst) die gesundheitliche und berufliche Situation analysiert. Im Anschluss werden individuelle Maßnahmen erarbeitet, die den Mitarbeiter bei der Wiedereingliederung unterstützen sollen. Darunter fallen beispielsweise die Anpassung des Arbeitsplatzes – z. B. durch ergonomischere Gestaltung, Anschaffung technischer Hilfsmittel, Neustrukturierung der Aufgaben oder Wechsel auf eine andere Stelle-, die Veränderung des Arbeitszeitmodells oder eine berufliche Qualifizierung.

Häufig ist die stufenweise **Wiedereingliederung nach dem Hamburger Modell** Teil des BEM. Dabei handelt es sich um ein Verfahren, bei dem Mitarbeiter nach einer längeren Krankheit schrittweise an ihre volle Arbeitszeit und -belastung herangeführt werden. Zunächst liegt die Arbeitszeit daher bei nur wenigen Stunden pro Tag und steigert sich von Woche zu Woche. In der Regel soll nach sechs Wochen die reguläre Wochenarbeitszeit erreicht werden. Der Wiedereingliederungsplan wird für betroffene Mitarbeiter individuell von ärztlicher Seite erstellt und dem Arbeitgeber vor dem gewünschten Beginn zur Verfügung gestellt, damit dieser die Empfehlung prüfen und sein Einverständnis dazu erklären kann. Die Mitarbeiter in der Wiedereingliederung gelten weiterhin als arbeitsunfähig und erhalten Krankengeld oder Übergangsgeld.

Die systematische Umsetzung und Nachverfolgung solcher und weiterer vereinbarter Maßnahmen dienen dazu, den Erfolg des BEM sicherzustellen, bis beide Seiten den Prozess für beendet erklären. Das BEM ist damit ein wichtiger Bestandteil des betrieblichen Gesundheitsmanagements und trägt dazu bei, die Gesundheit und Beschäftigungsfähigkeit der Mitarbeiter langfristig zu sichern.

2.5.4 Informationsmöglichkeiten über betriebliche Sozialleistungen

Welche Möglichkeiten der Information sind sowohl für interne Nutzer der betrieblichen Sozialpolitik, aber auch für externe Interessenten möglich und können genutzt werden?

Oft ist festzustellen, dass den Mitarbeitern gar nicht bekannt ist, ob oder welche betriebliche Sozialleistungen ein Unternehmen anbietet. Viele Menschen nehmen nur dann den Nutzen einer Sache wahr, wenn sie persönlich betroffen sind. Andere Leistungen, für die ein persönliches Interesse nicht unmittelbar besteht, werden nicht in angemessenem Maße wahrgenommen. Unternehmen sollten deswegen mit betrieblichen Sozialleistungen nach dem Motto »Tue Gutes und rede darüber« ein offensives Sozialleistungsmarketing betreiben. Darüber hinaus sind einige Sozialleistungen erklärungsbedürftig und müssen gezielt erläutert werden.

2.5.4.1 Interne Informationsmöglichkeiten

Intranet und Unternehmenswebsite

Damit sich Mitarbeiter jederzeit eigenständig über die betriebliche Sozialleistungen informieren können, sollten im Intranet und auf der Unternehmenswebsite dazu ausführliche Hinweise, wie z. B. Merkblätter mit Kontaktdaten und Ansprechpersonen, veröffentlicht werden. Das Intranet ist besonders geeignet, um die Grundlagen und Hintergründe, Antworten zu häufig gestellten Fragen und Formalien bis hin zu Downloads von Antragsformularen zu hinterlegen.

Ist ein »Schwarzes Brett« vorhanden, kann dieses ebenfalls für Aushänge genutzt werden.

Betriebsversammlungen und Mitarbeitermeetings

Regelmäßige Updates zur Sozialpolitik können fest als Tagesordnungspunkt in Betriebsversammlungen und Mitarbeitermeetings integriert werden, um die Mitarbeiter direkt zu informieren und Fragen zu beantworten.

Interne Rundschreiben, Mitarbeiterzeitung und Newsletter

In diesen Medien kann dargestellt werden, welches die Vorteile einzelner Sozialleistungen sind, wie die Form der Antragstellung zu erfolgen hat und welche Mittel der Arbeitgeber durch die Gewährung von betrieblichen Sozialleistungen aufbringt. Die Summe der betrieblichen Sozialleistungen kann in einer gesonderten Veröffentlichung, etwa einer kleinen Broschüre, übersichtlich dargestellt werden, die den Mitarbeitern ausgehändigt wird. Die gedruckte Form der Information ist besonders wichtig für Mitarbeiter, die nicht über einen Bildschirmarbeitsplatz verfügen. Änderungen der Leistungen oder der gesetzlichen Bestimmungen können dokumentiert und in der nächsten Auflage veröffentlicht werden. Bei regelmäßigem Erscheinen könnten diese Informationen darüber hinaus in die Sozialbilanz des Unternehmens aufgenommen werden.

Schulungen und Workshops

Durch die Organisation von Schulungen und Workshops für Mitarbeiter zu verschiedenen Aspekten der betrieblichen Sozialpolitik ist es möglich, sowohl Aufklärungsarbeit zu leisten als auch die Mitarbeiter an der Ausgestaltung zu beteiligen.

Persönliche Kommunikation

Durch offene Diskussion zwischen Mitarbeitern und Führungskräften wird die persönliche Kommunikation gefördert, die ein besseres Verständnis und Feedback zur Sozialpolitik ermöglichen. Auch bietet es sich an, einzelne Mitarbeiter vorzustellen und zu Wort kommen zu lassen, die Sozialleistungen in Anspruch genommen haben und über ihre Erfahrungen berichten können.

Grundsätzlich empfiehlt es sich, die gebotenen Leistungen offensiv darzustellen und auch vor Bekanntgabe der Kosten nicht zurückzuschrecken. Viele Firmen »verstecken« ihr Angebot an betrieblichen Sozialleistungen in den Bestimmungen der Arbeitsordnung oder Betriebsordnung, die jedoch meist keinen Aufforderungscharakter haben. Gestaltung und Sprache einer solchen Darstellung sollten darauf abzielen, eine hohe Akzeptanz zu erreichen. Positive Auswirkungen sind auch bei Bewerbungen, Neueinstellungen und in der Außendarstellung des Betriebes zu erzielen.

Digitale Kommunikationsformen bieten schnelle, flexible und kostengünstige interne Informationsvermittlung. Darüber können insbesondere neue betriebliche Sozialleistungen oder Änderungen in bestehenden Angeboten schnell und günstig kommuniziert werden.

Der Kommunikationsfluss muss nicht einseitig vom Arbeitgeber ausgehen. Viele Arbeitnehmer tauschen sich in ihrer Freizeit im Bekanntenkreis über ihre Arbeit aus und erfahren von Sozialleistungen in anderen Betrieben. Sie informieren sich ganz allgemein oder auch sehr speziell über Sozialleistungen bei anderen Betrieben z. B. über deren externe Kommunikationsangebote (2.5.4.2), um sie eventuell auch beim eigenen Arbeitgeber zur Einführung vorzuschlagen.

2.5.4.2 Externe Informationsmöglichkeiten

Unternehmensberichte und Nachhaltigkeitsberichte:

Informationen zur betrieblichen Sozialpolitik lassen sich hervorragend in Unternehmensberichte und Nachhaltigkeitsberichte integrieren, die oft von externen Interessenten, einschließlich Investoren, gelesen werden.

Eine **Sozialbilanz** ist eine besonders geeignete Form des Unternehmensberichts und ist, im Gegensatz zur Steuer- und Handelsbilanz, gesetzlich nicht vorgeschrieben. In der Regel sind es große Unternehmen, die jährlich Sozialbilanzen – häufig in Verbindung mit der Vorstellung des Jahresabschlusses – herausgeben. Die Sozialbilanz soll als Instrument gesellschaftsbezogener Rechnungslegung eines Unternehmens dienen. Sie enthält in der Regel:

- die freiwilligen betrieblichen Sozialleistungen für gegenwärtige und ehemalige Mitarbeiter (z. B. betriebliche Altersversorgung, zusätzliche Gesundheitsfürsorge, sportliche und kulturelle Betätigung)
- die Förderung betriebsexterner Einrichtungen, die Unterstützungen für wissenschaftliche, kulturelle und soziale Aktivitäten (z. B. Zuschüsse, die an Gemeinden gegeben werden für kulturelle oder soziale Einrichtungen)
- die Verbesserung des Umweltschutzes (z. B. Maßnahmen zur Lärmverminderung, Abfallverringerung und Ähnliches)
- die Steuern, die für die Finanzierung gesellschaftlicher Aufgaben dienen (z. B. die Steuern, die unmittelbar in den umliegenden Kommunen zur Stärkung der Infrastruktur dienen können).

Sozialbilanzen können weitere Informationen enthalten über Ausbildungsaktivitäten, Sicherung der vorhandenen und die Schaffung neuer Arbeitsplätze.

Die Sozialbilanz gliedert sich allgemein in drei Bestandteile:

1. Die **Wertschöpfungsrechnung** weist aus, aufgrund welcher Faktoren der Wertzuwachs entsteht und wie er verteilt wird.
2. Die **Sozialrechnung** weist in Quantität und/oder Geldwert die gesellschaftlichen Aktivitäten eines Betriebes aus (wie oben angeführt).
3. Im **Sozialbericht** werden die Wertschöpfungs- und die Sozialrechnung erläutert.

Mit der Veröffentlichung von Sozialbilanzen werden mehrere Ziele verfolgt: Auf der einen Seite sollen Mitarbeiter Informationen über die für sie erbrachten zusätzlichen Leistungen erhalten, andererseits soll der interessierten Öffentlichkeit dargelegt werden, welche Leistungen das Unternehmen für die Allgemeinheit erbringt. Die Identifikation mit dem Unternehmen, die Unternehmenskultur, die Unternehmensphilosophie sollen gefördert werden.

Im Hinblick auf die Außenwirkung fördert eine Sozialbilanz im Sinne von Public Relations das Image des Unternehmens (siehe 2.7.2.4).

Daneben gibt es Rahmen der betrieblichen Presse- und Öffentlichkeitsarbeit zahlreiche weitere Möglichkeiten, um über die Sozialpolitik des Unternehmens zu informieren:

Pressemitteilungen

Viele Zeitungen, insbesondere im regionalen und kommunalen Bereich, sind an Veröffentlichungen über ortsansässige Unternehmen interessiert. Für größere Unternehmen kommen auch überregionale Presseorgane und Fachpublikationen in Betracht, die durch gut getextete Pressemitteilungen über aktuelle Entwicklungen der betrieblichen Sozialleistungen informiert werden sollten.

Darüber hinaus können qualifizierte Mitarbeiter von Personalabteilungen Erfahrungsberichte über betriebliche Sozialleistungen schreiben und der interessierten Fachpresse zur Veröffentlichung überlassen.

Soziale Medien

Social Media ermöglicht Unternehmen eine effektive Kommunikation durch den Aufbau einer Präsenz auf unterschiedlichen Plattformen, die jeweils unterschiedliche Zielgruppen ansprechen. Die zielgerichtete Ansprache der Nutzer erfolgt durch gezielte Beiträge, Gruppen oder Hashtags. Interaktion und Feedback werden durch die Veröffentlichung von Updates und Highlights gefördert, was den Dialog erleichtert. Die Nutzung von multimedialen Inhalten wie Bildern und Videos kann auch die betrieblichen Sozialleistungen auf ansprechende Weise zeigen. Zudem können positive Mitarbeitererfahrungen geteilt werden, um die Sichtbarkeit z. B. bei möglichen Bewerbern zu stärken und gleichzeitig auch intern zur Nutzung der betrieblichen Leistungen zu motivieren.

Beteiligung an Branchenveranstaltungen:

Durch die Teilnahme an Branchenveranstaltungen und Konferenzen oder Gremien können zum Beispiel im Rahmen von Vorträgen und der Vorstellung von Best Practices die relevanten Aspekte der Sozialpolitik des Unternehmens präsentiert werden. Der Erfahrungsaustausch mit Dritten dient sowohl der Information über die sozialen Leistungen vergleichbarer Betriebe als auch der Überprüfung und möglichen Verbesserung oder Anpassung des eigenen Angebots.

Unternehmenswebseite für die Öffentlichkeit

PR-Arbeit für ein Unternehmen beinhaltet auch die Bereitstellung einer ansprechenden Unternehmenswebseite, die verschiedenste Zielgruppen gezielt adressiert. Wichtig ist, dass die vom Unternehmen bereitgestellten Informationen gut und schnell gefunden werden können. Auch potenzielle Bewerber informieren sich zunächst im Internet über mögliche Arbeitgeber und angebotene Benefits, was beim Personalmarketing eine wichtige Rolle spielt.

Kundenmagazin

Viele größere Unternehmen legen für ihre Kunden spezielle, periodisch erscheinende Produkte als Print- oder Online-Versionen auf, die im Zeitschriften- oder Zeitungsformat gehalten sind. Hierin werden häufig redaktionelle Beiträge mit Unternehmensinformationen angeboten. Im Rahmen der Imageförderung bieten sich diese Formate auch zur Kommunikation von betrieblichen Sozialleistungen an. Business- oder Firmen-TV kann eine interessante Ergänzung der Unternehmenskommunikation darstellen. Häufig werden im Magazin-Format Unternehmens-News aufbereitet, teilweise werden aber auch Beiträge zugekauft. Das Business-TV ist heute üblicherweise Bestandteil der Online-Kommunikation in den sozialen Medien.

Eine klare und transparente Kommunikation über die betriebliche Sozialpolitik sowohl intern als auch extern trägt dazu bei, das Vertrauen der Mitarbeiter zu stärken, die Reputation des Unternehmens zu verbessern und Interesse von externen Stakeholdern zu wecken.

2.6 Personalbeschaffung durchführen

Die Personalbeschaffung gehört zu den zentralen und wichtigsten Beschaffungsbereichen in modernen Unternehmen. Die Marktverhältnisse haben sich in den letzten Jahren zugunsten von Stellenbewerbern gedreht: Fachkräftemangel und demografischer Wandel sind nur zwei Stichworte, die für diese Entwicklung stehen. Zur Personalbeschaffung gehören sowohl organisatorische als auch kommunikative Maßnahmen.

Bei der Personalbeschaffung ist sowohl bei interner als auch bei externer Suche auf die Einhaltung des **Allgemeinen Gleichbehandlungsgesetzes** (AGG) zu achten. Das bedeutet: die Ausschreibung und Auswahl darf sich weder an

- der Rasse,
- der ethnischen Herkunft,
- dem Geschlecht,
- der Religion,
- der Weltanschauung,
- einer Behinderung,
- dem Alter noch
- der sexuellen Identität

der (potenziellen) Bewerber orientieren (→ 2.1.7.1).

2.6.1 Hilfsmittel der Personalbeschaffung

Hilfsmittel sind sowohl die im Personalbereich eingesetzten Organisationsmittel als auch statistisch aufbereitete Unterlagen mit wichtigen Personaldaten (→ 1.5.1.1). Im Folgenden werden die häufig angewendeten Organisationsmittel beschrieben.

2.6.1.1 Stellen-/Funktionsbeschreibung

Die Stellen-/Funktionsbeschreibung soll im Wesentlichen die Anforderungen an die Stelle (Arbeitsplatz) und für das daraus abzuleitende Anforderungsprofil wiedergeben. Zu einer Stellenbeschreibung/Arbeitsplatzbeschreibung gehören u. a.:

- Bezeichnung der Stelle
- Ziele der Stelle
- Hauptaufgaben
- Anforderungen an den Stelleninhaber
- Verantwortlichkeit des Stelleninhabers
- Beschäftigungsumfang
- Arbeitszeit (in Übereinstimmung oder Abweichung zur Betriebsvereinbarung)
- Eingliederung in die Organisation
- Unter- und Überstellung
- Weisungskompetenz/Weisungsgebundenheit
- Befugnisse/Vollmachten
- Stellvertretung
- Beziehungen zu anderen Arbeitsplätzen
- besondere Anforderungen an den Inhaber des Arbeitsplatzes.

Beispiel für eine Stellenbeschreibung

Stellenbezeichnung: Bilanzbuchhalter*	**Kostenstelle:** 50200	**Stellennummer:** 50200/01

Beschäftigungsumfang und Arbeitszeit:
100 % = 40 Wochenstunden, Gleitzeit gemäß Betriebsvereinbarung

Ziele der Stelle:
Reibungsloser, korrekter und zeitnaher Ablauf der zugewiesenen Aufgaben

Aufgaben der Stelle:

1. Buchhaltung:
   - laufende Buchungen der Erträge und Aufwendungen
   - fortlaufende Liquiditätsplanung
   - Kontrolle des Zahlungsverkehrs
   - Führung der Anlagebuchhaltung mit jährlicher Inventur
   - Erstellung des Jahresabschlusses
   - regelmäßige Berichterstattung an die Geschäftsleistung
   - Erstellung der Abteilungsbudgets
   - Datenzulieferung an das Controlling
2. Sonstiges:
   - stetige Weiterentwicklung des elektronischen Dokumentenmanagementsystems und der elektronischen Archivierung der Finanzbuchhaltung
   - Unterstützung bei Projekten

Anforderung an Stelleninhaber:
Geprüfter Bilanzbuchhalter, mindestens 2 Jahre Berufserfahrung
Aktuelle Detailkenntnisse im Steuerrecht

Verantwortlichkeit:
Korrekte Verbuchung aller Geschäftsvorfälle
Organisation sämtlicher Vorgänge/Prozesse im Rechnungswesen
Personalführung der Buchhalter
Entwicklung von Buchungsrichtlinien
Begleitung von Betriebsprüfungen der Finanzverwaltung

Vorgesetzter des Stelleninhabers ist:
Kaufmännischer Leiter

Der Stelleninhaber erhält ggf. zusätzliche Weisungen von:
Personalleiter

Der Stelleninhaber ist Vorgesetzter von:
Buchhalter

Der Stelleninhaber wird vertreten von:
Controller

Der Stelleninhaber wird vertreten durch:
Controller

Spezielle Vollmachten/Berechtigungen und Unterschriftenregelung:
Bankvollmacht, Unterzeichnen mit I. A.

Datum, Stelleninhaber	Datum, direkter Vorgesetzter	Datum, Geschäftsführung

* Ausschließlich aus Gründen der besseren Lesbarkeit wird hier nur die männliche Anrede verwendet. Gemeint ist stets sowohl die weibliche als auch die männliche Form.

Stellenbeschreibungen dienen folgenden Zielen (→ 1.1.2, 3.1.3, 3.4.3):

- Erkennen der vom Stelleninhaber/-bewerber erwarteten Leistung
- Abgrenzung der Aufgaben und Kompetenzen
- Information über Beziehungen zu anderen Stellen
- Beantwortung der Frage: wem überstellt, wem unterstellt?
- Grundlage für die Beurteilung der Leistung des Mitarbeiters und eines angemessenen Entgelts
- Erleichterung bei der Einarbeitung neuer Mitarbeiter
- Voraussetzungen für die Stellenbesetzung
- Festlegung von Ausbildungsbedarf
- Information für andere Stelleninhaber oder andere Bereiche innerhalb eines Unternehmens über die Tätigkeit benachbarter Stellen

Dagegen gehört die Stellenbeschreibung nicht in den Arbeitsvertrag, weil damit eine rechtlich verbindliche Festlegung des Aufgabenbereichs dauerhaft erfolgen würde.

2.6.1.2 Stellenplan

In Stellenplänen sind alle Stellen eines Unternehmens aufgeführt, unabhängig davon, ob sie zurzeit besetzt sind oder nicht. Damit hat ein Stellenplan **Soll-Charakter.** Im Gegensatz zu Stellenplänen zeigen Organisationspläne die Leitungszusammenhänge und weisen deshalb nur die Führungspositionen aus.

Stellenpläne können als Organigramme oder als Listen dargestellt werden. Der Stellenplan zeigt den Gesamtbedarf an Stellen und damit den Personalbedarf, der zur Erfüllung gestellter Aufgaben erforderlich ist.

Auf der Grundlage des Stellenplanes ist ein **Stellenbesetzungsplan** anzulegen. Er zeigt die tatsächlich besetzten Stellen als **Ist-Situation:** Welche Stellen des Stellenplanes sind von welchen Mitarbeitern besetzt? Ergibt sich eine Abweichung des Stellenplans vom Stellenbesetzungsplan, so weist diese entweder einen Personalbeschaffungsbedarf oder einen Personalüberhang aus. Im Stellenbesetzungsplan werden die verfügbaren Stellen des Stellenplans den Mitarbeitern zugeordnet. Ergänzend können weitere personenbezogene Daten wie Geburtsdatum oder Eintrittsjahr in den Betrieb oder die Einordnung in Gehaltsbandbreiten aufgeführt werden.

2.6.1.3 Anforderungsprofil

Das Anforderungsprofil umfasst die Anforderungen, die eine bestimmte Tätigkeit (Stelle) an den Ausführenden (Stelleninhaber) stellt. Sie beziehen sich auf die Stelle und sind nicht personenbezogen. Anforderungsprofile werden häufig bei der Personalbeschaffung als Grundvoraussetzungen genannt. Bei der Auswahl werden Anforderungs- und Qualifikationsprofile abgeglichen. In Anforderungsprofilen sollten nur Merkmale aufgenommen werden, die auch eindeutig zu definieren und überprüfbar sind (→ 3.4.3.2 Genfer Schema).

2.6.1.4 Qualifikationsprofil

Ein Qualifikationsprofil beschreibt die individuellen Fähigkeiten, Kenntnisse und Verhaltensmuster einer Person (Mitarbeiter, Stelleninhaber, Bewerber) und ermöglicht die Prognose, ob den Anforderungen einer bestimmten Tätigkeit (Stelle) dauerhaft entsprochen werden kann. Es handelt sich um das gesamte Leistungspotenzial und drückt nicht nur die Leistungsfähigkeit aus, sondern auch die Leistungsbereitschaft.

Hilfsmittel bei der Personalbeschaffung	Informationsinhalte
Stellenplan	Information über Stellen
Stellenbeschreibungen	Aufgaben, Anforderungen, Befugnisse
Anforderungsprofile	Anforderungen bezogen auf die Stelle
Qualifikationsprofile	persönliche Eignung
Stellenbesetzungsplan	besetzte und offene Stellen, Termine
Personalakten	persönliche Daten, Qualifikationsdaten
Statistiken	Strukturdaten bezogen auf Personengruppen (Altersstruktur, Absenzen, Fluktuation)
Beurteilungen	Leistungs- und Potenzialbeurteilungen
Urlaubspläne	Abwesenheitszeiten durch Urlaub
Nachfolge- und Laufbahnpläne	zukünftige Arbeitsorte und -zeiten, vorgesehene Stufen der Entwicklung

2.6.2 Interne Beschaffung

Bei der Beschaffungsplanung ist zu unterscheiden, ob Beschaffungsaktivitäten nur auf dem internen Arbeitsmarkt stattfinden, ob ausschließlich der externe Markt in Anspruch genommen wird oder ob beide Märkte zugleich angesprochen werden. Grundsätzlich ist es Sache des Arbeitgebers, welcher Mittel und Wege er sich bei einer beabsichtigten Neueinstellung von Mitarbeitern bedient (Print/Online-Anzeigen, Direktsuche, Active Sourcing in den sozialen Medien, Beauftragung einer Personalvermittlungsagentur, Agentur für Arbeit etc). Eine vorherige interne Ausschreibung von freiwerdenden oder neu geschaffenen Stellen ist jedoch sinnvoll, da sie den vorhandenen Mitarbeitern, die sich beruflich verändern möchten (und sich sonst extern orientieren würden), Entwicklungsmöglichkeiten bietet. Existiert ein Betriebsrat, kann dieser gemäß § 93 BetrVG generell oder für einzelne Arbeitsplätze eine innerbetriebliche Stellenausschreibung verlangen. Ausgenommen davon sind lediglich die Positionen von leitenden Angestellten, die in § 5 BetrVG definiert sind.

Unterbleibt die interne Ausschreibung, kann der Betriebsrat die Zustimmung zur Personalbesetzung verweigern. Ein internes und externes Verfahren gleichzeitig zu betreiben, ist aber möglich.

Mitarbeiter/Mitarbeiterinnen können auf dem internen Markt gewonnen werden

- durch eine interne Stellenausschreibung
- durch Vorschlag von Vorgesetzten
- durch Übernahme von Auszubildenden
- durch Umsetzung von überzähligen Mitarbeitern/Mitarbeiterinnen
- durch Laufbahnplanung.

Orientierungsdaten für die Beschaffung auf dem internen Markt sind Kenntnisse über die Personalstruktur, Aus- und Fortbildungsstruktur sowie Mitarbeiterpotenziale. Eine große Erleichterung können Personalinformationssysteme sein, die entscheidungsrelevante Daten aufweisen. Das können berufliche Entwicklungsdaten oder Qualifikationsdaten, die sich aus Personalakten ergeben sowie Ergebnisse von Personalentwicklungsmaßnahmen sein. Moderne digitale Personalmanagement-Systeme bieten in der Regel die Möglichkeit, ein entsprechendes Skill- und Talentmanagement effektiv durchzuführen.

Vorteile interner Beschaffung sind:

- Die Besetzung einer neuen Position durch eigene Mitarbeiter vermindert das Risiko einer Fehlbesetzung (die Beurteilung eines bereits vorhandenen Mitarbeiters im Hinblick auf Qualifikation, Leistung und Führung ist genauer als bei externen Bewerbern).
- Vorhandene Mitarbeiter kennen bereits das Unternehmen und die Organisationsstruktur.
- Eröffnung von Aufstiegschancen im Unternehmen erhöht die Motivation und senkt die Fluktuation.
- Eine schnellere Besetzung der Positionen ist meistens möglich
- Es werden Beschaffungskosten gespart.

Es können auch **Nachteile** entstehen:

- Häufig besteht nur eine begrenzte Auswahlmöglichkeit.
- Es fehlt an externen Impulsen und Erfahrungen, also an neuen, Ideen, Vorstellungen und Arbeitsweisen.
- Bei internen Bewerbern kann eine Ablehnung Frust und Demotivation bewirken. Ein offenes und einfühlsames Gespräch kann dem entgegenwirken.
- Es besteht mangelnde Akzeptanz oder gar Neid gegenüber aufgestiegenen Mitarbeitern bei den bisherigen Kolleginnen und Kollegen (Problematik insbesondere bei Führungskräften).
- Die Beschaffungsproblematik wird auf andere freiwerdende Stellen verlagert. Es besteht die Gefahr, dass eine ganze Kette von internen Veränderungen stattfindet.

2.6.2.1 Interne Stellenausschreibung

Eine innerbetriebliche Stellenausschreibung ist immer dann sinnvoll, wenn voraussehbar ist, dass qualifizierte Mitarbeiter im Unternehmen vorhanden sind. Bei der internen Stellenausschreibung ist darauf zu achten, dass alle Mitarbeiter die Gelegenheit haben, die Stellenausschreibung zu erhalten. Dies kann innerbetrieblich in der Regel durch Aushänge geschehen oder durch Veröffentlichungen in Mitarbeiterzeitschriften bzw. auch auf elektronischem Weg über firmeninterne Intranetseiten, einem Mitarbeiternewsletter oder per Rundmail an alle Mitarbeiter. Weitere Möglichkeiten bestehen durch Aufnahme in Informationsmappen, die an bestimmten Kommunikationsorten des Betriebes, z. B. in der Kantine, der Personalabteilung oder beim Betriebsrat ausgelegt werden. Es muss allen interessierten Mitarbeitern möglich sein, das innerbetriebliche Personalangebot zur Kenntnis zu nehmen.

Eine interne Stellenausschreibung sollte folgende Angaben enthalten:

- Bezeichnung der Position (Stelle)
- organisatorische Zuordnung
- kurze Aufgabenbeschreibung
- kurze Beschreibung der Anforderungsmerkmale
- ggf. die Eingruppierung
- Arbeitszeit (falls von den üblichen Zeiten abgewichen wird, Teilzeit, Befristung)
- Einstellungszeitpunkt
- Kontaktperson
- Angaben über den formalen Ablauf des Bewerbungsvorganges

In größeren Betrieben wird häufig mit dem Betriebsrat eine Betriebsvereinbarung über innerbetriebliche Stellenausschreibungen abgeschlossen, um den Mitarbeitern die Chance zu geben, Aufstiegsmöglichkeiten wahrzunehmen. Die Betriebsvereinbarung soll Regelungen enthalten, die die Einzelheiten zur Ausschreibung von Arbeitsplätzen, Form und Inhalt der Ausschreibung sowie der Bewerberauswahl enthalten. Die Betriebsvereinbarung unterstützt außerdem dabei, den Prozess formal korrekt und einheitlich zu regeln.

Bei internen Stellenausschreibungen ist, wie bei externen Ausschreibungen auch, auf die Einhaltung des Allgemeinen Gleichbehandlungsgesetzes (AGG) zu achten.

Wenn durch Rationalisierung oder Organisationsveränderungen bisherige Stellen wegfallen, können im Rahmen der Beschaffungsplanung Mitarbeitern neue Positionen angeboten werden. Durch Schulungsmaßnahmen bzw. Coaching ist die Qualifikation dieser Mitarbeiter den neuen Gegebenheiten anzupassen.

Die **Übernahme von Auszubildenden** des eigenen Unternehmens zählt zu den internen Personalbeschaffungsmöglichkeiten und kann schon im Rahmen der mittelfristigen Personalbedarfsplanung berücksichtigt werden. Das erworbene Qualifikationspotenzial der Ausgebildeten kann erhalten und genutzt werden bzw. durch die Aufnahme einer entsprechenden Tätigkeit erweitert werden.

Viele Stellenbesetzungen erfolgen durch **Mitarbeiterempfehlungen,** die sich nicht allein auf den internen Bereich beschränken, sondern auch den Verwandten- und Bekanntenkreis umfassen. Teilweise zahlen Betriebe für die erfolgreiche Vermittlung eine Prämie. Von Vorteil ist die intime Kenntnis des vermittelnden Mitarbeiters über Gegebenheiten und Anforderungen des Betriebes.

2.6.2.2 Vorschlag von Vorgesetzten

Eine wichtige Rolle bei der internen Besetzung offener Stellen spielen die Vorgesetzten. Sie kennen die Qualifikationen der ihnen unterstellten Mitarbeiter aus der umfassenden täglichen Zusammenarbeit oder aus regelmäßigen strukturierten Mitarbeitergesprächen. Daher sind Vorschläge aus ihrem Kreis besonders erfolgversprechend. Dem entgegen steht das Bestreben der Vorgesetzten, gute Arbeitskräfte in den eigenen Reihen zu halten. Es ist Sache der Personalabteilung, zusammen mit der Unternehmensleitung ein Klima zu schaffen, das dem Gesamtinteresse des Unternehmens an einer bestmöglichen Stellenbesetzung Vorrang gegenüber dem Abteilungsinteresse einzelner Vorgesetzter einräumt.

2.6.2.3 Intranet

Es ist selbstverständlich, dass Unternehmen, die über ein Intranet verfügen, dieses System auch für die interne Personalbeschaffung gezielt einsetzen sollten. Um auf neu eingestellte Angebote aufmerksam zu machen, können ergänzend weitere Kommunikationsmittel genutzt werden, z. B. ein kurzer Hinweis per Rundmail ohne den gesamten Text der Stellenausschreibung.

2.6.2.4 Nachfolgeplanung

Im Gegensatz zur Personalbeschaffung auf Grund eines aktuell bestehenden oder kurzfristig eintretenden Bedarfs sind Nachfolgeplanung und Laufbahnplanung langfristige Maßnahmen, die im Rahmen einer Personalbedarfsplanung erfolgen.

Bei der Nachfolgeplanung wird von einer bestimmten, in absehbarer Zukunft (neu) zu besetzenden Stelle ausgegangen. Hier wird eine Person (bei Bedarf auch mehrere) so weit gefördert und entwickelt, dass sie in der Lage ist, die Nachfolge, z. B. einer Führungskraft, zum vorgesehenen Zeitpunkt anzutreten. Im Gegensatz zur Laufbahnplanung ist der »Kandidat« sicher, wenn er alle Fördermaßnahmen erfolgreich durchlaufen hat, dass er die Position bekommen wird.

Nachfolgepläne sind demnach stellenbezogene Angaben darüber, welche Personen die Stellen besetzen sollen, die in absehbarer Zeit frei werden.

2.6.2.5 Laufbahnplanung

Orientiert an der Aufbauorganisation in einem Unternehmen, kann geeigneten Mitarbeitern eine Laufbahnplanung angeboten werden, wobei alle Entwicklungsmaßnahmen an einem vorher festgelegten Ziel orientiert werden. Eine Laufbahnplanung enthält die genauen Funktionsstationen mit entsprechender Dauer (→ 3.4.5.2); sie muss also sehr frühzeitig begonnen werden.

Grundsätzlich gibt es folgende Möglichkeiten einer Laufbahnplanung:

- Fachlaufbahn
  Dies können z. B. Fachspezialisten, Berater u. Ä. sein
- Führungslaufbahn
  Die typischen aufsteigenden Hierarchieebenen im kaufmännischen oder technischen Bereich: Gruppenleiter, Abteilungsleiter, Hauptabteilungsleiter, Bereichsleiter.
- Projektlaufbahn
  Durch die zunehmende Verbreitung der Projektorganisation ergeben sich Aufstiegschancen durch die »Abarbeitung« verschiedener qualitativer und quantitativer Projektarbeiten.

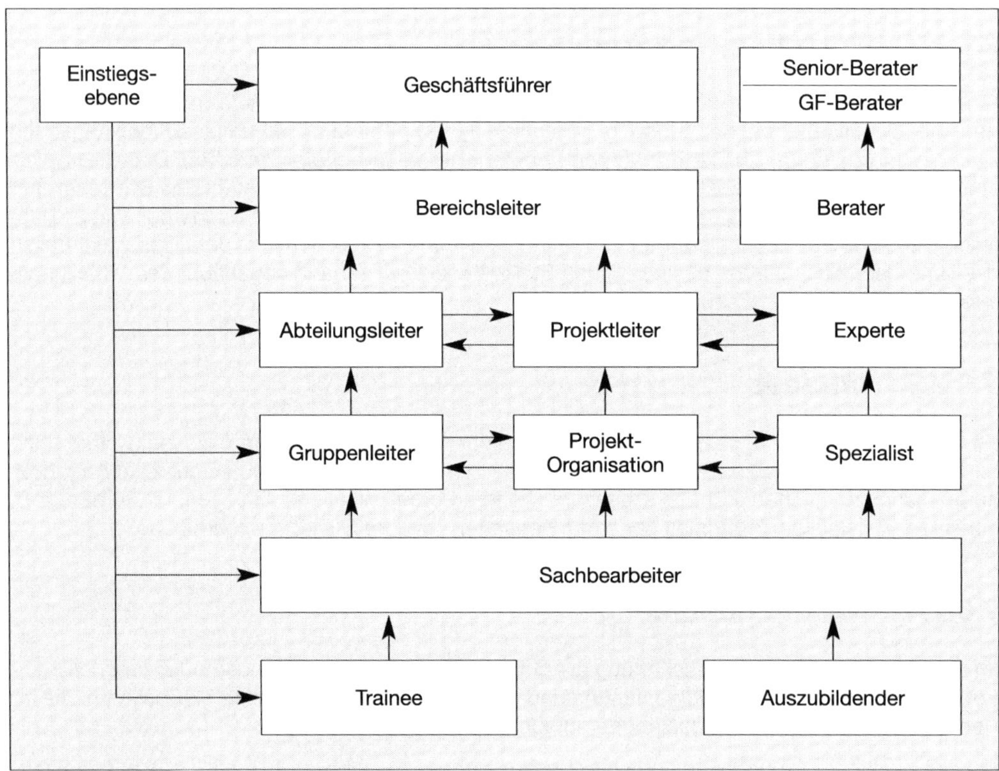

Laufbahnsystematik

Für die drei Laufbahnarten gibt es folgende Gründe:

- Manche Mitarbeiter fühlen sich nur auf ihrem Fachgebiet wohl, haben dort eine hohe Kompetenz, streben aber keine Führungsverantwortung an.

- Gute Führungskräfte sind für ein Unternehmen zukünftig noch wichtiger als bisher. Daher sollen Mitarbeiter mit Führungsqualifikationen zielgerichtet gefördert werden.
- Die Chance, im Rahmen von Projektarbeiten Fach- und Führungskompetenz zu erwerben, kann hier auf ideale Weise eingebunden werden.

Laufbahnpläne sind mitarbeiterbezogene Pläne, die alle Stellen ausweisen, die ein Mitarbeiter in bestimmten Zeiten durchlaufen soll, um eine Position in der Stellenhierarchie zu erreichen, sie richten sich jedoch nicht von vornherein auf die Besetzung einer bestimmten Stelle.

2.6.3 Externe Beschaffung

Gibt der interne Arbeitsmarkt nicht genügend qualifizierte Bewerber her oder ist bewusst eine Entscheidung getroffen worden, den externen Markt in Anspruch zu nehmen, bieten sich folgende Möglichkeiten:

- Stellenanzeigen
- Anschlagtafeln, Stelltafeln, Aushang am Betriebseingang
- Mitarbeiterempfehlungen
- Aushänge in Geschäftslokalen
- Agentur für Arbeit
- Private Arbeitsvermittlung
- Personalberater
- Initiativbewerbungen
- Auswerten von Stellengesuchen
- Werbung an Schulen, Fachschulen, Universitäten
- Internetauftritt des Betriebs und Online-Jobportale
- Active Sourcing in den sozialen Medien (Direktansprache potenzieller Kandidaten)
- Arbeitnehmerüberlassung
- Recruiting-Messen

Für die externe Personalbeschaffung sollte eine eingehende Kenntnis des Angebots im regionalen Bereich vorhanden sein. Auch der Arbeitsmarkt – gegliedert nach Berufsgruppen – soll beobachtet und bewertet werden. Größere Unternehmen führen kontinuierliche Arbeitsmarktanalysen durch. Dabei orientieren sie sich an

- der demografischen Entwicklung,
- der Entwicklung des Gesamtarbeitsmarktes,
- der Entwicklung der Teilarbeitsmärkte,
- der Mobilität von Arbeitnehmern,
- der Entwicklung an Ausbildungsstätten (Schulen, Fachschulen, Hochschulen, Universitäten),
- der Entwicklung der Entgelte,
- der Entwicklung der Arbeitsbedingungen (Arbeitszeit usw.).

2.6.3.1 Stellenanzeigen

Die klassische Stellenanzeige in Printmedien gehört trotz deutlicher Zunahme von Online-Suchmöglichkeiten (→ 2.6.3.5) immer noch zu den wichtigen Instrumenten der externen Personalbeschaffung. Als Werbeträger kommen regionale und überregionale Tageszeitungen mit umfangreichem Stellenmarkt sowie Fachzeitschriften infrage. Viele dieser zunächst nur als Printmedien bekannten Blätter betreiben inzwischen auch Online-Stellenmärkte. Stellenanzeigen verursachen erhebliche Kosten. Bei einer Stellenanzeige in einer überregionalen Tageszeitung wird leicht ein mittlerer vierstelliger oder gar fünfstelliger Betrag erreicht.

Für weniger anspruchsvolle Stellen, Teilzeit- und Aushilfsstellen sind auch die meist kostenlos verteilten Anzeigenblätter und Stadtteilzeitungen mit einem sehr günstigen Anzeigentarif geeignet.

Eine Stellenanzeige sollte stets auf die Bewerbergruppe zugeschnitten sein (Zielgruppengerechtigkeit) und die Vorgaben des AGG berücksichtigen. Mit einer Stellenanzeige soll ein Arbeitsplatz »verkauft« werden, also sollten Stellenanzeigen auch nach werbepsychologischen Gesichtspunkten aufgebaut werden und alle Informationen enthalten, die für den Interessenten von Bedeutung sind.

Mit einer Anzeige in gut eingeführten Printmedien werden auch Personen angesprochen, die eigentlich nicht an einen Stellenwechsel denken, aber mit einer interessant gestalteten Anzeige auf die Idee gebracht werden können.

Vier Komponenten sind dabei zu beachten: **Inhalt, Größe/Format, Text, Gestaltung.**

Inhaltlich kann man eine Anzeige mit Hilfe einiger »W« Fragen aufbauen:

Wer wirbt um neue Mitarbeiter?	Das Unternehmen (Ort, Branche, Produkte usw.)
Welche Stelle ist zu besetzen?	Die Positionsbeschreibung
Was geschieht an der Stelle und welche Bedeutung hat sie?	Aufgabenbereich und das Profil des Bewerbers (Ausbildung, Berufserfahrung, Führungsfähigkeiten, Alter, Teamfähigkeit, besondere Qualifikationen)
Welche Qualifikation muss der Bewerber mitbringen?	
Was hat die Firma zu bieten?	Die Arbeits- und Vertragsbedingungen (ggf. Bandbreite des Entgeltes, Hilfe bei Wohnungssuche, Umzug, besondere Sozialleistungen).
Was ist zur Kontaktaufnahme erforderlich?	Der Bewerbungsvorgang, Art und Umfang der Bewerbung, Arbeitsproben.
Wie soll die Kontaktaufnahme erfolgen?	Online über ein Bewerberportal, per E-Mail oder schriftlich? Wer steht für Fragen der Bewerber zur Verfügung?

Die Größe der Anzeige kann etwas über die Bedeutung der Position innerhalb des Unternehmens sowie über die Dotierung aussagen. Größe und Gestaltung der Anzeige sollten also stets der Position angemessen sein. Als grober Richtwert gilt, dass die Kosten einer Anzeige maximal ein Monatsgehalt betragen sollen.

Text und Gestaltung einer Stellenanzeige spielen eine nicht zu unterschätzende Rolle, weil sie unbewusst eine Vorstellung von der Bedeutung der zu besetzenden Stelle und des Unternehmens insgesamt vermitteln. Der Text muss klar und eindeutig, übersichtlich und umfassend sein. Je genauer das Stellenangebot beschrieben wird, desto geringer ist die Zahl ungeeigneter Bewerbungen.

Was die Gestaltung der Stellenanzeige betrifft, sollte entsprechend der Bedeutung der Stelle nach Möglichkeit die fachliche Beratung der Werbeabteilung oder einer Werbeagentur in Anspruch genommen werden. Die Verwendung eines Firmenlogos, auch in einer Stellenanzeige, ist selbstverständlich.

2.6.3.2 Personalmarketing

Personalmarketing bedeutet, Voraussetzungen zu schaffen, um mittel- und langfristig die Versorgung eines Unternehmens mit motivierten und qualifizierten Mitarbeitern sicherzustellen. Da künftig weniger die Unternehmen ihre Bewerber aussuchen, sondern umgekehrt die Bewerber die für sie interessanten Unternehmen, besteht die Herausforderung an das Personalmarketing zunehmend in der Steigerung der Arbeitgeberqualität, dem Aufbau eines positiven Arbeitgeberimages und dem Ausbau des Bekanntheitsgrades in der jeweiligen Zielgruppe (→ 3.1.4).

Eine zentrale Rolle spielt hier das **Employer Branding.** Es umfasst die vom Arbeitgeber veranlassten Maßnahmen und Aktivitäten, um sich im Arbeitsmarkt mit einem bestimmten Image darzustellen. Die daraus entstehende Arbeitgebermarke oder auch »Employer Brand« bezieht sich auf das Image und den Ruf eines Unternehmens als Arbeitgeber. Darin eingeschlossen sind auch Kultur, Werte und Arbeitsumgebung im Unternehmen Die Arbeitgebermarke ist Teil der Unternehmensmarke und soll das Firmenimage speziell auf den Arbeitsmarkt hin ausrichten. Ziel ist es, die vorhandenen und möglichen künftigen Mitarbeiter für das Unternehmen zu begeistern und zu halten. Die Aktivitäten des Employer Branding sind vielfältig. Sie können auf einzelne Personengruppen zugeschnitten sein, z. B. als Ausbildungsmarketing oder Hochschulmarketing. Es wird über unterschiedliche Kommunikationswege umgesetzt, wobei den sozialen Medien eine stark wachsende Bedeutung zukommt. Online-Stellenmärkte haben dabei die bisherigen klassischen Stellenanzeigen in Tageszeitungen oder Fachzeitschriften weitgehend ersetzt.

Zwar werden nach wie vor Stellenanzeigen abgedruckt, im Regelfall finden sie sich aber auch als Kombischaltung in den Online-Angeboten der Zeitungen und Zeitschriften. Diese wiederum sind üblicherweise an große Portale wie Jobware, Indeed oder stepstone angedockt. Mit vernetzt sind noch eine Vielzahl von Fachportalen zu bestimmten Branchen oder Qualifikationen. Neben den Online-Portalen nutzen viele Arbeitgeber auch Social-Media-Plattformen wie LinkedIn oder Instagram, um ihre Stellenangebote bekannt zu machen z. B. über die proaktive Direktansprache möglicher Kandidaten via Active Sourcing. Eine Besonderheit ist das sogenannte **Mobile Recruiting:** gemeint ist die ständige und überall mögliche Kontaktaufnahme zwischen potenziellen Arbeitgebern und Arbeitnehmern über Smartphones und Tablets.

Neben dem Medieneinsatz besitzt im Personalmarketing der persönliche Kontakt nach wie vor große Bedeutung, besonders im akademischen Bereich durch eine aktive Betreuung von Lehrstühlen, im Angebot und Betreuen von Praktika oder Bachelor- bzw. Masterarbeiten. Auch die Beteiligung an Hochschulmessen, die Kooperation mit Studenteninitiativen und Exkursionen ins Unternehmen gehören hier für große Unternehmen zum Standardinstrumentarium.

2.6.3.3 Personalberater

Bei der Beschaffung von Spezialisten und Führungskräften der oberen und der mittleren Ebene werden häufig die Dienste eines Personalberaters in Anspruch genommen, etwa bis in den Bereich der qualifizierten Sachbearbeitung und des gehobenen Sekretariats. Eine Sonderform ist das »head hunting«, das darauf abzielt, eine bereits identifizierte Person für ein Unternehmen zu gewinnen.

Neben der beratenden Funktion übernehmen Personalberater in vielen Fällen auch die gesamte externe Personalbeschaffung einschließlich der Medienpräsenz, oft unter ihrem eigenen Namen, und stellen dem Auftraggeber schließlich eine Auswahl geeigneter Kandidaten vor. Erfahrene Berater können sich dabei einer bereits vorhandenen Bewerberdatei bedienen. Häufig besteht das Motiv, die Hilfe eines Personalberaters in Anspruch zu nehmen, in der Wahrung der Anonymität des Unternehmens.

Bei der Auswahl des Personalberaters ist es wichtig, sich über dessen Qualifikation vorher ausführlich zu erkundigen. Manche Personalberater haben sich auf bestimmte Branchen oder Berufe spezialisiert. Wo die Kenntnisse und ausreichende Erfahrungen in Fragen der Personalauswahl nicht vorhanden sind, ist der Einsatz eines Personalberaters durchaus zu empfehlen, allerdings dürfen die Kosten nicht unterschätzt werden. Die Vermittlungsprovisionen liegen in der Regel zwischen 15 und 30 % eines Jahresgehalts.

2.6.3.4 Private Arbeitsvermittler

Im Gegensatz zum Personalberater beschränkt sich die Tätigkeit eines Personalvermittlers im Wesentlichen auf die Vermittlung und die Suche geeigneter Bewerber. In diesem Rahmen werden z. T. weitere Dienstleistungen angeboten.

Seit 1994 ist die private Arbeitsvermittlung gesetzlich zugelassen. Viele der Arbeitnehmerüberlassungsfirmen haben – als zweites Standbein – eine private Arbeitsvermittlung angegliedert. Die Arbeitsvermittlung will Arbeits- und Ausbildungssuchende mit potenziellen Arbeitgebern oder Ausbildungsbetrieben zusammenführen. Da sich nicht nur seriöse Anbieter in diesem Markt bewegten, gehörte zeitweise die Arbeitsvermittlung zu den erlaubnispflichtigen Gewerben. Zurzeit reicht jedoch eine Anzeige beim Gewerbeamt aus. Allerdings benötigen private Arbeitsvermittler, die über einen Aktivierungs- und Vermittlungsgutschein der Jobcenter abrechnen, eine »Trägerzulassung« nach der Akkreditierungs- und Zulassungsverordnung (AZAV). Vorausgesetzt werden Leistungsfähigkeit und Zuverlässigkeit, persönliche und fachliche Eignung, ein Qualitätssicherungssystem sowie angemessene Vertragsbedingungen. Private Vermittler dürfen mit Arbeitsuchenden im Rahmen einer Vermittlungsvereinbarung ein Honorar ausmachen; eine Honorarvereinbarung mit Ausbildungssuchenden ist jedoch nicht zulässig.

Die Erwartungen, die an private Arbeitsvermittler bei der Liberalisierung der Arbeitsmärkte in den 90er-Jahren gestellt wurden, haben sich in der Praxis bisher kaum erfüllt.

2.6.3.5 Arbeitsvermittlung mithilfe des Internets

Über das Internet laufen mittlerweile nahezu alle Stellenangebote und Stellengesuche. Dies hat für alle Beteiligten klare Vorteile. Gesuche und Angebote stehen über verschiedene Internettools permanent und (über Mobile Recruiting und spezielle Apps der Stellenportale) sogar überall zur Verfügung. Dadurch kann die Informationssuche und Kommunikation zeitlich und räumlich nahezu unbegrenzt erfolgen. Stellenanzeigen können jederzeit ohne Beachtung von Anzeigenschlussterminen ins Internet gestellt werden. Die Reichweite des Internets ist kaum durch ein anderes Medium zu schlagen. Auch die Zielgruppengenauigkeit kann besser gesteuert werden (→ 1.5.1.1).

Die Kosten der Personalbeschaffung können mithilfe des Internets deutlich gesenkt werden. Auch die eigentlichen Bewerbungsvorgänge können kostengünstig und zeitnah z. B. über E-Mail eingeleitet werden. Die Arbeitsvermittlung über das Internet kann grundsätzlich in **Stellenbörsen** und **Social Media-Aktivitäten** gegliedert werden.

Die Internet-Stellenbörsen oder Stellenportale sind die am häufigsten genutzte Form (z. B. monster, stepstone, Agentur für Arbeit). Die großen Portale integrieren häufig auch eine ganze Reihe von fachspezifischen Stellenportalen und die Online-Stellenmärkte der Tageszeitungen sowie Stellenbörsen einiger Hochschulen, sodass über diese Teilportale sehr zielgruppenspezifisch geworben werden kann. Mittlerweile gehört es für Unternehmen nahezu jeder Größe zum Standard, auf der eigenen Homepage eine entsprechende Rubrik für Stellenangebote mit Informationen zu Karrierechancen zu nutzen.

Die Homepage hat nicht nur als Medium für Stellenangebote Bedeutung, sondern stellt auch eine ideale Möglichkeit für potentielle Bewerber dar, sich über das Unternehmen zu informieren, das ihr künftiger Arbeitgeber sein könnte. Bei der Gestaltung der Homepage sollte dieser Aspekt unbedingt berücksichtigt werden.

Daneben haben sich in den letzten Jahren die Karrierenetzwerke als wichtiges Vermittlungsinstrument entwickelt, die insgesamt unter den Oberbegriff »Social Media« fallen. Man unterscheidet zwischen den eher privaten (z. B. facebook), den business-orientierten (z. B. Xing, LinkedIn) und den Lebenslauf-Datenbanken, die sich in ihrer inhaltlichen Nutzung und in der Art der Kommunikation zwischen Stellenanbietern und Suchenden voneinander unterscheiden. Im Bereich Social Media bieten sich auch völlig neue und kreative Möglichkeiten der Jobvermittlung oder des Personalmarketings an. So können Unternehmen beispielsweise virale Spots zur konkreten Stelle oder zum Unternehmen online stellen (z. B. auf Youtube), sich an Blogs beteiligen oder Social-Media-Newsrooms einrichten oder auch ganze Online-Kampagnen entwickeln.

Über die technischen Möglichkeiten eines Social-Media-Dashboards lassen sich die Nutzung und die Erfolge der verschiedenen Social-Media-Aktivitäten sehr gut nachvollziehen, messen und analysieren. Diese Technologie ist in der Lage, Views und User-Zahlen zu berechnen. Sie kann auch Zahlen zu generierten Bewerbungen und Einstellungen liefern. Eine Auswahl sinnvoller und geeigneter Aktivitäten ist somit relativ einfach.

Der Ablauf der Stellenvermittlung über das Internet geschieht trotz technisch neuer Möglichkeiten eher traditionell und kann in drei Phasen unterteilt werden:

1. **Informationsphase:** Hier versuchen Stellenanbieter und Stellensuchende herauszufinden, wer was zu welchen Bedingungen anbietet bzw. nachfragt. Dafür sind die Stellenangebote in den Job-Börsen und den Firmen-Homepages bzw. die Stellensuche heranzuziehen.

2. **Vereinbarungsphase:** In dieser Phase erfolgt die Kontaktaufnahme zwischen Bewerber und Unternehmen. Neben der möglichen telefonischen Kontaktaufnahme oder E-Mail-Kommunikation und anschließendem traditionellen Bewerbungsvorgang (komplette Bewerbungsunterlagen durch E-Mail, Postversand oder Online-Formular) kann über das Internet auch eine Vorselektion über Bewerberfragebogen oder Testverfahren (z. B. Online-Assessment oder Vorinterview als Video-Call) genutzt werden.

3. **Abwicklungsphase:** So nennt man die Abwicklung der Einstellungsformalitäten. Dazu gehört z. B. die Übermittlung zusätzlicher Dokumente durch den Bewerber (Arbeitszeugnisse, Bescheinigungen). Auf der anderen Seite können dem neuen Mitarbeiter auch der Einarbeitungsplan und weitere Regelungen über diese Medien zugestellt werden.

2.6.4 Andere externe Möglichkeiten

2.6.4.1 Dienstvertrag

Der Dienstvertrag oder Dienstleistungsvertrag ist die typische Vertragsform, in der Selbstständige ihre Tätigkeit erbringen. Selbstständige sind im Gegensatz zu Arbeitnehmern nicht abhängig. Sie schulden allerdings – wie Arbeitnehmer – die Leistung, nicht den Erfolg, wie dies prägend für den Werkvertrag ist. Typisch sind beratende Tätigkeiten: Personalberater, Rechtsanwälte, Steuerberater, Ärzte. Der Vorteil eines Dienstleistungsvertrages besteht darin, dass im Betrieb nicht vorhandenes Know-how genutzt oder Arbeitsspitzen abgedeckt werden können. Nachteilig ist, dass in der Regel zusätzliche Kosten anfallen.

2.6.4.2 Werkvertrag

In Gegensatz zum Dienstvertrag wird beim Werkvertrag – gemäß den Bestimmungen des BGB – Leistung und Erfolg geschuldet. Hier muss also ein ganzes »Werk« als Arbeitsleistung durchgeführt werden. Typische Formen sind das Betreiben einer Kantine oder die Übernahme der gesamten Reinigungsarbeiten durch ein Reinigungsunternehmen. Auch das Outsourcen der Entgeltabrechnung kann durch einen Werkvertrag erfolgen. Vorteil ist die Möglichkeit von Kosteneinsparungen. Nachteil kann ein Know-how-Verlust sein.

2.6.4.3 Arbeitnehmerüberlassung

Eine Möglichkeit, kurzfristig Personalengpässe zu beheben, stellt die Arbeitnehmerüberlassung dar. Die Regelungen finden sich im **Arbeitnehmerüberlassungsgesetz (AÜG).** Es ist eine Möglichkeit des zeitweisen Personaleinsatzes, die in den letzten Jahren an Bedeutung zugenommen hat, insbesondere um Auftragsspitzen und kurzfristige Personalbedarfe abzudecken (→ 3.4.2).

Es ergeben sich bei der gewerbsmäßigen Arbeitnehmerüberlassung Rechtsbeziehungen zwischen drei Parteien. Der Arbeitnehmer ist bei dem Verleiher beschäftigt, mit dem er über einen Arbeitsvertrag verbunden ist. Der Verleiher schließt mit dem Entleiher einen schriftlichen Vertrag, der es ermöglicht, dass der verliehene Arbeitnehmer in das Unternehmen des Entleihers eintritt und die vereinbarte Tätigkeit verrichtet.

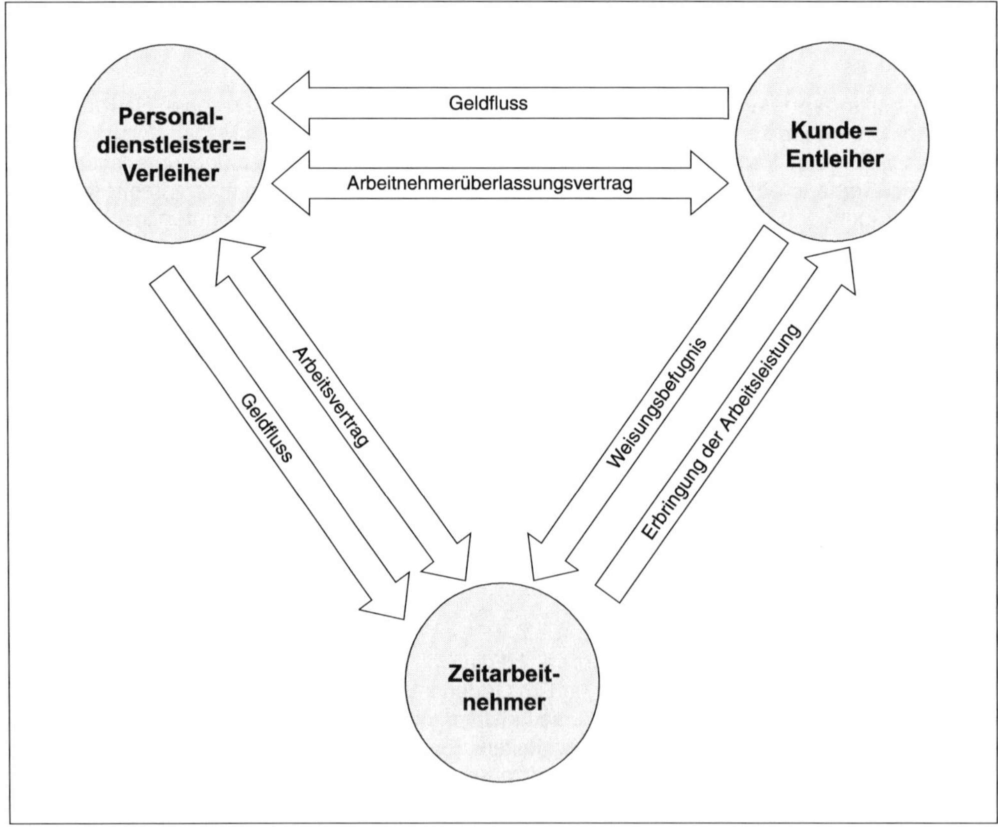

Zeitarbeit

Der Leiharbeitnehmer hat Anspruch auf die Bezahlung vergleichbarer Arbeitnehmer in dem Betrieb, an den er ausgeliehen ist oder auf Bezahlung nach einem für die Arbeitnehmerüberlassungsbranche geltenden Tarifvertrag. Ein vorhandener Betriebsrat muss das »Entleihen« – die Eingliederung des Leiharbeitnehmers in den Betrieb – gemäß § 99 BetrVG billigen. Seit 2011 ist die Arbeitnehmerüberlassung im Rahmen wirtschaftlicher Tätigkeit bis auf wenige Ausnahmen erlaubnispflichtig. Die Erlaubnis wird durch die Agentur für Arbeit erteilt.

Nachteile der Arbeitnehmerüberlassung ergeben sich z. B. durch ungünstigere Arbeitsbedingungen der Leiharbeitnehmer gegenüber der Stammbelegschaft trotz langfristiger Einsätze. Daher hat der Gesetzgeber das AÜG mit dem Ziel überarbeitet, Unsicherheiten und Nachteile für Arbeitnehmer abzubauen und gleichzeitig die positive arbeitsmarktpolitische Bedeutung zu erhalten. Die wesentlichen Eckpunkte der Gesetzesreform sind:

- Die Arbeitnehmerüberlassung ist auf maximal 18 Monate begrenzt, sofern keine tarifvertraglich abweichenden Fristen Vorrang haben.
- Leiharbeitnehmer müssen nach 9 Monaten beim Arbeitsentgelt der Stammbelegschaft gleichgestellt werden (equal pay), sofern keine längeren Abweichungen im Tarifvertrag festgelegt sind.
- Leiharbeitnehmer dürfen nicht als Streikbrecher eingesetzt werden.

Weitere Möglichkeiten der Personalbeschaffung

Mitarbeiterempfehlungsprogramme können eine nützliche, kostenlose Hilfe bei der Beschaffung neuer Mitarbeiter sein. Mitarbeiter, die über vielfältige Kontakte (Bekanntenkreis, Sportverein, Berufsverband) verfügen, werden persönlich angesprochen; ansonsten kann die offene Stelle im Intranet, durch Aushänge oder in der Betriebszeitschrift bekannt gemacht werden mit dem Hinweis, dass Empfehlungen willkommen sind. Auf diese Weise kann auch bei der Besetzung von Ausbildungsplätzen eine erhöhte Sicherheit bei der Bewerberauswahl erreicht und den Kindern der Mitarbeiter eine Chance geboten werden.

Bei Mitarbeiterempfehlungen erfolgt automatisch eine gewisse positive Auslese, denn selten wird jemand einen Menschen empfehlen, mit dem er negative Erfahrungen gemacht hat. Manche Betriebe zahlen ihren Mitarbeitern auch eine Provision bei erfolgreicher Vermittlung. Es besteht allerdings die Gefahr, dass es zu einem Mangel an Diversität kommt oder sogar die persönliche Beziehungspflege vor der produktiven Arbeit steht.

Die Vermittlung durch die **Agentur für Arbeit** ist eine der »klassischen« Methoden und verursacht keinerlei Kosten. Man muss sich darüber im Klaren sein, dass die Agentur für Arbeit vorwiegend Arbeitssuchende vermittelt, die in Einzelfällen durch Auflagen verpflichtet sind, sich zu bewerben, ohne immer ein echtes Interesse an der ausgeschriebenen Stelle zu haben. Eine Vorauswahl ist in begrenztem Umfang möglich, z. B. nach Qualifikation oder Berufserfahrung.

Initiativbewerbungen (Blindbewerbungen) erhält das Unternehmen, ohne dass eine Stelle ausgeschrieben wurde. Bewerber, die sich »blind« beworben haben oder bei einer früheren Stellenausschreibung nicht eingestellt wurden, können bei grundsätzlicher Eignung und mit deren ausdrücklichem Einverständnis in den Talentpool des Unternehmens aufgenommen werden, auf den bei Bedarf zurückgegriffen werden kann. Es ist zu empfehlen, qualifizierten Bewerbern, die augenblicklich nicht eingestellt werden können, mitzuteilen, dass man im Bedarfsfall zu einem späteren Zeitpunkt auf ihre Bewerbung zurückgreifen würde. Der Bewerber kann sich dann entscheiden, ob er im Talentpool bleiben will, oder ob die Bewerbungsunterlagen zurückgeschickt werden sollen. Der große Vorteil besteht darin, dass diese Bewerber bereits ein Interview und ggf. andere Auswahlmethoden durchlaufen haben und ein abgerundetes Bild über die Bewerber vorliegt.

Die **Auswertung von Stellengesuchen** in Tageszeitungen oder in Fachzeitschriften ist recht erfolgversprechend, aber relativ aufwendig, weil die Kontaktaufnahme zuerst vom Unternehmen ausgeht und dann Bewerbungsunterlagen eingereicht werden.

Anschlagtafeln/Stelltafeln/Aushänge in Geschäftslokalen sind eine weitere kostengünstige Möglichkeit der Bekanntmachung freier Arbeitsplätze. Man findet diese Form häufig bei Industrie- und Gewerbebetrieben am Eingangstor. Ähnliches kann auch in Geschäftslokalen geschehen, z. B. in einem Reisebüro mit viel Publikumsverkehr.

Mit der Bekanntmachung von Stellenangeboten bei **Bildungseinrichtungen** werden Interessenten angesprochen, die am Anfang ihrer Berufslaufbahn stehen. Für Auszubildende sind die allgemeinbildenden Schulen und Berufsfachschulen interessierte Ansprechpartner. Stellenangebote für qualifizierte Berufe finden an Hochschulen, Fachhochschulen und Weiterbildungseinrichtungen große Resonanz.

Begleitende Angebote beispielsweise für Praktikumsplätze, für befristete Anstellung zu Projektarbeiten oder zur Anfertigung der Diplomarbeit bieten die Möglichkeit, die Leistungsfähigkeit und Leistungsbereitschaft der Bewerber besser einzuschätzen und helfen sowohl dem Unternehmen als auch dem Bewerber, Fehleinschätzungen zu vermeiden.

Bei der Teilnahme an **Recruiting-Messen** (Veranstalter: Hochschulen, Weiterbildungseinrichtungen, Personalberater) stellen sich Unternehmen vor und informieren über offene Stellen und künftige Karrieremöglichkeiten. Fragen können durch anwesende, qualifizierte Mitarbeiter aus dem Unternehmen (Personalbereich) beantwortet werden. Mit dieser kostengünstigen Möglichkeit können interessierte und qualifizierte Bewerber erreicht werden.

Die **Gewinnung ausländischer Fachkräfte** gewinnt durch die demografische Entwicklung in Deutschland zunehmend an Bedeutung. Zu unterscheiden sind im Wesentlichen die folgenden Möglichkeiten:

Bürger aus EU-Mitgliedsländern genießen Freizügigkeit und können ohne besondere Voraussetzungen in Deutschland eine Arbeitsstelle annehmen.

Hochqualifizierte Fachkräfte aus Ländern, die nicht der EU angehören, haben die Möglichkeit eine sogenannte **Blue Card** zu beantragen. Es handelt sich um einen Aufenthaltstitel für eine Arbeitsaufnahme in dem betreffenden EU-Mitgliedsland. Vorausgesetzt wird ein abgeschlossenes Hochschul-Studium sowie ein Gehalt von mindestens 50 Prozent (2024: 45.300 €) der Beitragsbemessungsgrenze. Für Berufsanfänger und Fachkräfte in Engpassberufen (z. B. Ärzte, Ingenieure, IT-Fachleute) gilt eine geringere Mindestgehaltsgrenze von 41.041,80 € (45,3 % der BBGR), eine Zustimmung der Bundesagentur für Arbeit ist hier jedoch erforderlich. Die Blaue Karte EU wird für die Dauer des Arbeitsvertrags zuzüglich dreier Monate, höchstens aber für vier Jahre, ausgestellt. Bei Vorliegen der Voraussetzungen ist eine Verlängerung des Aufenthaltstitels in Deutschland möglich. Nach 27 Monaten können Blue Card-Inhaber eine Niederlassungserlaubnis erhalten, wenn sie Deutschkenntnisse auf A1-Niveau gemäß dem Gemeinsamen Europäischen Referenzrahmen für Sprachen (GER) nachweisen können. Wird das Sprachniveau B1 erreicht und nachgewiesen, kann die Niederlassungserlaubnis bereits sechs Monate vor diesem Zeitpunkt erteilt werden. Inhaber einer Blauen Karte können außerdem unter bestimmten Voraussetzungen während ihrer Tätigkeit gemeinsam mit ihrer Familie in Deutschland leben (»Familiennachzug«).

Ein Erfolgsmodell ist die Blue Card aktuell noch nicht; so kamen laut Statischem Bundesamt seit der Einführung 2012 bis 2022 nur rund 200 000 akademische Fachkräfte aus Nicht-EU-Staaten mit der Blauen Karte nach Deutschland. Die übrigen EU-Staaten liegen weit abgeschlagen dahinter. Gründe hierfür könnten sein, dass andere klassische Einwanderungsländer wie USA, Kanada oder Australien ein besseres Image genießen oder das Blue Card-Antragsverfahren zu bürokratisch ist.

Im März 2023 wurden mit dem **Fachkräfteeinwanderungsgesetz (FEG)** die vorhandenen Regelungen für ausländische Fachkräfte wie die Blaue Karte EU fortgeführt und teilweise erweitert. Ziel ist es, die Einwanderung von qualifizierten Fachkräften aus Drittstaaten noch mehr zu erleichtern und den deutschen Arbeitsmarkt für internationale Talente weiter zu öffnen. Es soll gleichzeitig sicherstellen, dass die Integration in die deutsche Gesellschaft erfolgreich gelingt (→ 2.1.7.16).

Eine weitere Gruppe der Zuwanderer sind **Flüchtlinge**. Im Regelfall ist die Rechtsgrundlage für die Aufenthalts- und Arbeitsberechtigung für Flüchtlinge das **Asylrecht,** das 2016 durch das Integrationsgesetz ergänzt wurde, um die Integration und den Arbeitsmarktzugang für Flüchtlinge zu verbessern (→ 2.1.7.5)

Der Zugang zum Arbeitsmarkt ist zunächst durch den Aufenthaltsstatus geregelt. Hier wird zwischen Asylberechtigten, Asylbewerbern und Geduldeten unterschieden. Asylberechtigte sind Personen, deren Asylantrag positiv entschieden wurde und die somit eine Aufenthaltserlaubnis besitzen. Asylbewerber haben einen Asylantrag gestellt, über den jedoch noch nicht entschieden wurde. Geduldete sind Personen, deren Asylantrag abgelehnt wurde, die allerdings nicht abgeschoben werden (können). Einen Zugang zum Arbeitsmarkt haben grundsätzlich nur Asylberechtigte; Asylbewerber und Geduldete erhalten ggf. eine Arbeitsberechtigung im Rahmen einer Einzelfallprüfung durch die Ausländerbehörde.

2.7 Administrative Aufgaben einschließlich der Entgeltabrechnung bearbeiten

2.7.1 Aufgaben der Personalverwaltung

Jedes Unternehmen hat – abhängig von seiner Größe – erhebliche Verwaltungsaufgaben unterschiedlichster Art in der Abteilung Personal- und Sozialwesen zu erfüllen. Aufgaben und Pflichten für Arbeitgeber und Arbeitnehmer ergeben sich aus Gesetzen und Rechtsverordnungen sowie aus Vorschriften in Tarifverträgen, Betriebsvereinbarungen und Arbeitsverträgen.

Darüber hinaus sind dem Personalwesen eine Reihe von Aufgaben zugewachsen, die im Gesamtinteresse des Unternehmens von größter Bedeutung sind. Zu nennen sind in diesem Sinne vorallem die Personalplanung, die Personalentwicklung sowie Personalbeschaffung, Personaleinsatz, Personalanpassung und der gesamte Sozialbereich.

Eine allgemeine Definition der Aufgaben der Personalverwaltung kann lauten: Sie beinhaltet die umfassende Verwaltung aller Aspekte im Zusammenhang mit den Mitarbeitern eines Unternehmens. Dazu gehören Rekrutierung, Auswahl, Einstellung, Schulung, Entwicklungsprogramme, Leistungsmanagement, Lohn- und Gehaltsabrechnung, Mitarbeiterbeziehungen, rechtliche Compliance sowie die allgemeine strategische Ausrichtung der Mitarbeiterressourcen, um die Erreichung der Unternehmensziele zu unterstützen

Im Zusammenhang mit den in den folgenden Abschnitten behandelten Aufgaben der Personalbeschaffung, des Personaleinsatzes und -freistellung sowie der Entgeltabrechung sind eine Reihe von Einzelaufgaben zu erfüllen. Als Beispiele sind zu nennen:

- Personaldatenverwaltung
- Personalstatistik
- Zeiterfassung
- Personalaktenführung
- Reisekostenabrechnung
- Personalbeurteilung.

2.7.1.1 Beschaffungsbezogene Aufgaben

Verwaltungsvorgänge, die mit Beschaffung von Mitarbeitern zusammenhängen, sind:

- Erarbeitung, Einführung und Pflege von Arbeitsbeschreibungen, Stellenbeschreibungen, das Entwickeln von Stellenausschreibungen und deren Bearbeitung sowie Aktivitäten im Zusammenhang mit der externen Beschaffung, z. B. Stellenanzeigen, Einsatz von Personalberatern.
- Die Bearbeitung von internen und externen Bewerbungen (→ 2.6), von strukturierten Personalfragebogen, Auswertungsformularen und Entscheidungstabellen, Ausarbeitung und Einsatz IT-gestützter Verfahren.
- Die Erstellung der Arbeitsverträge, Beteiligung des Betriebsrates, Anlage der Personalakte (→ 2.1), Meldungen zur Sozialversicherung und Einrichtung der elektronischen Lohnsteuerabzugsmerkmale im ELStAM-Verfahren (→ 2.7.2.3).

2.7.1.2 Einsatzbezogene Aufgaben

Ziel des Personaleinsatzes ist die konkrete und genaue zeitliche Zuordnung von Arbeitsaufgaben und beschäftigten Mitarbeitern. Es soll eine Übereinstimmung zwischen dem Anforderungsprofil der Tätigkeit und dem Qualifikationsprofil der Mitarbeiter erreicht werden, um den kurzfristigen Personalbedarf sicherzustellen.

Dazu bedarf es als Verwaltungshilfsmittel: Stellenbeschreibungen, Arbeitspläne, Einsatzpläne, Urlaubsplanung und Fehlzeitenmanagement. Der Einsatz von Springern, eine Veränderung der Arbeitszeit (Gleitzeitmodelle und flexible Arbeitszeiten, Schichtpläne) können erforderlich sein und müssen erarbeitet, gepflegt und angepasst werden. Auch die Beteiligung des Betriebsrates ist erforderlich. Betriebsverfassungsgesetz und Unfallverhütungsvorschriften sind zu beachten.

2.7.1.3 Entlohnungsbezogene Aufgaben

Neben den Prinzipien der Entgeltfestsetzung (→ 2.3.5) geht es um die Personalabrechnung und damit zusammenhängende Verwaltungsaufgaben.

Neben der Lohn-/Gehaltsabrechnung (→ 2.7.2.3) sind die Ermittlung der Lohnsteuersumme und die Abführung an das zuständige Finanzamt, die Ermittlung des Sozialbeitrages und dessen Weiterleitung an die Krankenkassen zu nennen.

Regelmäßige Dokumentationen zu diesen Maßnahmen sind erforderlich.

Finanzamt und Rentenversicherungsträger prüfen in regelmäßigen Abständen Berechnung und Abführung der Lohnsteuer und der Sozialversicherungsbeiträge.

2.7.1.4 Freistellungsbezogene Aufgaben

Alle verwaltungsmäßigen Aufgaben, die mit dem Ende eines Arbeitsvertrages zusammenhängen, sind hier angesprochen (→ 2.1.5).

Als Gründe für das Ausscheiden eines Mitarbeiters kommen in Betracht:

- arbeitnehmerseitige Kündigung
- arbeitgeberseitige Kündigung
- Fristablauf
- Aufhebungsvertrag
- altersbedingter Rentenbeginn
- (unbefristete) Erwerbsminderungsrente
- Freistellung bei Altersteilzeit
- Tod des Mitarbeiters.

Unabhängig vom Grund für die Beendigung des Arbeitsvertrages ist die Bearbeitung folgender Maßnahmen erforderlich:

- Rückgabe der überlassenen Arbeitsmittel
- Abschluss der Gehaltsabrechnung
- Abschluss der Arbeitspapiere (Zeugnis, Lohnsteuerbescheinigung, Urlaubsbescheinigung, wenn das Arbeitsverhältnis im Laufe des Jahres endet)
- Abschlussgespräch und dazugehörige Dokumentation
- Beteiligung des Betriebsrates bei arbeitgeberseitiger Kündigung.

Einzelheiten enthält die folgende Checkliste.

Neben der endgültigen Beendigung des Arbeitsverhältnisses gibt es die **befristete Freistellung,** z. B. für ein Sabbatical, die Elternzeit oder längere Arbeitsunfähigkeit. In diesen Fällen ruht das Arbeitsverhältnis, sodass die oben beschriebenen Arbeiten nur zu einem Teil ausgeführt werden müssen. Bei Rückkehr des Mitarbeiters ist in der der Regel nur eine erneute Anmeldung zur Lohnsteuer und Sozialversicherung erforderlich.

Erfolgt eine betriebsbedingte Kündigung und sind in dem Betrieb mehr als zehn Mitarbeiter beschäftigt, muss eine **Sozialauswahl** erfolgen. Die konkreten Anforderungen hierzu sind im Kündigungsschutzgesetz (KSchG) formuliert. Demnach muss der Arbeitgeber anhand von vier

Kriterien prüfen, ob eine betriebsbedingte Kündigung sozial gerechtfertigt ist. Diese Kriterien sind: Dauer der Betriebszugehörigkeit, Lebensalter, Unterhaltspflichten und Schwerbehinderung.

Existiert in der Firma ein Betriebsrat, ist gemäß § 112 Betriebsverfassungsgesetz (BetrVG) bei Betriebsveränderungen, die Nachteile für die Arbeitnehmer mit sich bringen, ein **Sozialplan** aufzustellen. Mit Nachteilen ist nicht nur der Verlust des Arbeitsplatzes gemeint, hierunter fallen auch Einkommensminderungen, der Wegfall von Sonderleistungen oder der Verlust von Anwartschaften auf betriebliche Altersversorgung.

Maßnahmen bei Beendigung des Arbeitsverhältnisses

1. Kündigungsbestätigung an Mitarbeiter aushändigen
- ☐ Aushändigung am ____________________

2. Vormonat
- ☐ Jahreszielerreichung/Prämie festlegen (falls angemessen)
- ☐ Arbeitszeugnis erstellen
- ☐ Zeitkonto checken
- ☐ Resturlaubstage prüfen
- ☐ Bescheinigung über genommene Urlaubstage erstellen
- ☐ Familienkasse (bei öffentlichen Arbeitgebern) informieren
- ☐ Ggf. persönliche Mitgliedschaften des Mitarbeiters kündigen

3. Letzter Abrechnungsmonat
- ☐ Info an Rechenzentrum: Zahlungen beenden
- ☐ Sozialversicherungsmeldung erstellen
- ☐ Elektronische Steuerbescheinigung erzeugen
- ☐ Gehaltsabrechnung ggf. zuschicken
- ☐ Elektronische Abmeldung der Zusatzversorgungskasse abgeben
- ☐ Bei Entgeltumwandlung: Pensionskasse informieren

4. Letzter Arbeitstag
- ☐ Büroschlüssel
- ☐ Türzugangs-Chip
- ☐ Schlüssel von Rollcontainer, Sideboard, Schränke
- ☐ Arbeitgeber-Handy, Tablet-PC etc. einbehalten
- ☐ Beendigung des Zugriffs auf IT-Systeme veranlassen, Nutzerkonten sperren und Zugriffe auf Software beenden

Beispiel für eine Checkliste bei Ausscheiden nach Kündigung des Arbeitnehmers

2.7.2 Instrumente der Personalverwaltung

2.7.2.1 Das Führen der Personalakte im Betrieb

Eines der wichtigsten Personalverwaltungshilfsmittel ist die Personalakte. Obwohl eine gesetzliche Verpflichtung zur Führung einer Personalakte nicht besteht, ist das Führen von Personalakten in den meisten Betrieben eingeführt. Für die Form und den Aufbau einer Personalakte gibt es keine Vorschriften. Die einzigen gesetzlichen Aufzeichnungspflichten ergeben sich aus dem Steuerrecht (Führen eines Lohnkontos) und dem Sozialversicherungsrecht (Führen von Sozialversicherungsunterlagen).

Die Personalakte bezieht sich auf die Person des Arbeitnehmers, aber auch auf die Tätigkeiten und die Stellung im Unternehmen. Es gibt Personalakten, die sehr fein gegliedert sind. Hier sind unter Umständen bis zu 20 unterschiedliche Aktenfächer vorgesehen, denen Unterlagen zugeordnet werden können. Es gibt aber auch Personalakten, die überhaupt keine Aufteilung haben: Alles wird nach Zeitablauf abgeheftet und gesammelt. Eine Zwischenstufe könnte die Unterteilung in drei wesentliche Inhalte wie Vertragsdaten, Entwicklungsdaten und Allgemeindaten sein (→ 2.1.6).

Die sinnvolle Aufteilung einer Personalakte könnte wie folgt aussehen:

- Bewerbungs-, Einstellungs- und Vertragsunterlagen
- beruflicher Werdegang innerhalb des Unternehmens
- Fort- und Weiterbildungen
- Beurteilungen
- Versetzungen
- sozialversicherungsrechtliche Unterlagen
- Entgeltentwicklung
- persönliche Veränderungen.

In manchen Unternehmen wird nicht nur eine Personalakte geführt, sondern es gibt eine Hauptakte und mehrere Nebenakten. Nebenakten können z. B. für Personalentwicklungsmaßnahmen für Unterlagen im Zusammenhang mit dem Betrieblichen Eingliederungsmanagement (BEM) oder auch für Pfändungen u. a. angelegt werden.

Nach dem Betriebsverfassungsgesetz und dem Bundesdatenschutzgesetz ist für Arbeitnehmer ein Einsichtsrecht in ihre Personalakte ausdrücklich geregelt. Auch in vielen Tarifverträgen ist ein Einsichtsrecht in die Personalakte enthalten. Anerkannter Rechtsgrundsatz ist, dass Mitarbeiter gehört werden müssen, wenn negative Unterlagen in die Personalakte eingefügt werden (Abmahnungen u. Ä.). Dazu kann der Betroffene unter Beteiligung des Betriebsrats das Einsichtsrecht ausüben und Erklärungen zu den Vorgängen abgeben. Diese Erklärungen müssen in die Personalakte aufgenommen werden.

Sind die technischen Voraussetzungen gegeben, kann die Personalakte in digitalisierter Form geführt werden. Sämtliche Daten, Schreiben, Urkunden, Lichtbilder u. Ä. werden in eine Personaldatenbank eingespeist, die bei den gängigen Gehaltsabrechnungsprogrammen oder in elektronischen Archiven als Zusatzmodul integriert ist. Nur wenige Unterlagen (z. B. Urkunden über Berufsabschlüsse oder Studienabschlüsse) sollten dann noch in Papierform aufbewahrt werden. Vorteil dieser Form ist, dass die Daten umfassend zur Verfügung stehen.

Unter Datenschutzgesichtspunkten muss eine bestimmte Priorisierung und Zugriffsberechtigung für die vorhandenen Daten vorgenommen werden. Hohe Verfügbarkeit der Daten, große Aktualität, aber auch die Datensicherheit sind zu gewährleisten (→ 1.5.3).

Die Personalakte oder zumindest Teile davon hat der Arbeitgeber entsprechend der Aufbewahrungspflicht (bis zu zehn Jahren) bzw. so lange, bis die Rechte der Arbeitnehmer verjährt sind aufzubewahren. Bei Betriebsrentenansprüchen kann dies bis zum Ableben des ehemaligen Mitarbeiters notwendig sein.

2.7.2.2 Personalhandbuch

In größeren Betrieben findet man häufig eine Fülle von generellen Regelungen und Richtlinien zusammengefasst in Personalhandbüchern. Ein Personalhandbuch, auch als Mitarbeiterhandbuch oder Unternehmenshandbuch bezeichnet, ist ein schriftliches Dokument, das eine umfassende Übersicht über die Personalrichtlinien, -verfahren und -praktiken eines Unternehmens bietet. Es dient als zentrale Informationsquelle und enthält Richtlinien, betriebliche Verfahren und relevante

Unternehmensinformationen. Diese Handbücher sind meistens nicht dazu bestimmt, jedem Mitarbeiter ausgehändigt zu werden, sondern es sind Arbeitsanweisungen, die sich an Führungskräfte richten und an Mitarbeiter, die den Personalabteilungen zuarbeiten. Darüber hinaus dienen Personalhandbücher als Unterlage für die Führungskräfte vor Ort, kleinere Entscheidungen anhand dieser Regelungen treffen zu können. Ein Personalhandbuch ist z. B. dann von Nutzen, wenn eine Führungskraft eine Entscheidung über eine persönliche Freistellung vornehmen muss.

Rechtlich gültige Formen von generellen Regeln und Richtlinien sind Betriebsvereinbarungen zwischen Arbeitgeber und Betriebsrat und, falls ein Betriebsrat nicht besteht, einseitige Anordnungen, die der des Arbeitgeber im Rahmen seines Direktionsrechts erlässt. Darüber hinaus kommt als eine weitere rechtliche Form auch die betriebliche Übung infrage, um die Verbindlichkeit solcher Regelungen herzustellen.

Ein wesentlicher Grundsatz der Personalverwaltung ist die **Gleichbehandlung,** d. h. gleiche Vorgänge und Angelegenheiten grundsätzlich gleich zu behandeln. Richtlinien dazu können im Personalhandbuch, in der Betriebsordnung oder in Führungsgrundsätzen enthalten sein. Sie sollten jedoch nicht so feingliedrig gefasst sein, dass jegliche individuelle Beurteilung des einzelnen Falles ausgeschlossen ist.

Betriebsordnung

Wesentliche Aufgabe im Rahmen der Ordnungsfunktion der Personalarbeit ist, generelle Regelungen und Richtlinien durch die Abteilung Personal- und Sozialwesen zu erstellen, sie bekannt zu machen, sie durchzusetzen und, falls nötig, auch wiederum zu verändern. Generelle Regelungen und Richtlinien können für die unternehmensweite Erfüllung von gesetzlichen Bestimmungen, von Tarifverträgen und Betriebsvereinbarungen sorgen.

Ziele und Aufgaben derartiger genereller Regelungen und Richtlinien sind:

- Regeln für die Zusammenarbeit und das Zusammenleben im Betrieb zu schaffen
- Kompromisse zwischen der Freiheit des Einzelnen und der Begrenzung durch das Kollektiv zu formulieren, orientiert an den Notwendigkeiten des betrieblichen Geschehens
- Vermeiden von Rechtsunsicherheit
- Vermeiden von Willkür
- Schaffen von Transparenz für alle im Betrieb tätigen Mitarbeiter (sowohl für Führungskräfte als auch für ausführende Mitarbeiter)
- Schaffen von allgemein erkennbaren Dispositionsspielräumen.

Zusammengefasst bilden diese grundsätzlichen Regelungen die Betriebsordnung. Andere Bezeichnungen sind z. B. Arbeitsordnung, Hausordnung, Arbeitsanweisung, Regeln für Mitarbeiter. Sie dient dazu, einen geordneten und effizienten Betriebsablauf zu gewährleisten, die Sicherheit am Arbeitsplatz zu fördern und das Arbeitsklima zu verbessern.

Die Notwendigkeit einer Betriebsordnung ist natürlich auch von der Zahl der Mitarbeiter abhängig. Ein kleineres Unternehmen kann sicherlich eher darauf verzichten, bei mittleren und größeren Unternehmen ist sie unverzichtbar.

In einer Betriebsordnung können zum Beispiel die folgenden Punkte geregelt werden:

- Ziele der Betriebsordnung
  Man kann hier definieren, was mit der Betriebsordnung erreicht werden soll und an wen sie sich im Einzelnen richtet.

- Allgemeine Bestimmungen (Hierunter fällt z. B. der Geltungsbereich der Betriebsordnung.)

- Beginn und Ende des Arbeitsverhältnisses

Hier kann geregelt werden, wie der Arbeitsantritt am ersten Tag zu erfolgen hat, welche verwaltungsmäßigen Abläufe erledigt werden müssen (Vorlegen der ELStAM-Daten, Sozialversicherungsunterlagen, Empfang von Parkmarken, Essenmarken, Dienstkleidung u. a.), was bei Ausscheiden erfolgen muss.

- Rechte und Pflichten, die sich in der Praxis aus dem Arbeitsvertrag ergeben
  Hier könnten Konkretisierungen allgemeiner Rechte und Pflichten, auf den Betrieb bezogen, gegeben werden.
- Arbeitszeit, Arbeitsverhinderung, Urlaub
  Zu diesem Punkt gehören Erläuterungen zur Arbeitszeit, deren Beginn und Ende, zu Gleitzeitregelungen, Pausenregelungen und Informationspflichten bei einer Arbeitsverhinderung, zum verwaltungsmäßigen Ablauf bei der Beantragung von Urlaub, zur Dauer des Urlaubs u. a.
- Arbeitsentgelt
  Hier könnten Hinweise auf die Bestimmungsgrößen des Arbeitsentgeltes, ggf. die Zusammensetzung, Zuschläge, Bezahlung von Überstunden oder Erschwernissen gegeben werden.
- Allgemeine Ordnungs- und Sicherheitsbestimmungen
  Hier sind Regelungen denkbar über den Zugang zum Betrieb, Ausweispflicht, Bedienung technischer Zutrittsgeräte usw. Auch das Alkohol- und Rauchverbot, eine Kleiderordnung sowie Datenschutzmaßnahmen können an dieser Stelle ausgesprochen werden.
- Unfall- und Gesundheitsschutz
  Das sind Festlegungen zur Unfallverhütung und zur Regelung von Unfällen oder gesundheitlichen Störungen. In Betrieben mit erhöhten Unfallgefahren können hier die entsprechenden Bestimmungen näher erläutert werden.
- EDV-Einsatz
  Regeln für den Umgang mit der EDV im Betrieb, Datenschutzbestimmungen
- Vorschlagswesen
  Einreichung, Prüfungsverfahren, Realisierbarkeit, Prämien
- Sozialeinrichtungen
  Sehr häufig findet man in einer Arbeitsordnung auch Hinweise zu betrieblichen Sozialleistungen oder Sozialeinrichtungen.
- Schlussbestimmungen
  Geltungsdauer, Hinweis auf Betriebsratsbeschluss, Datum, Unterschriften.

Sofern ein Betriebsrat besteht, ist eine Betriebsordnung nach § 87 BetrVG mitbestimmungspflichtig und hat die Bedeutung einer Betriebsvereinbarung. Deswegen finden sich im Schlussteil auch die Unterschriften der Geschäftsleitung und des Betriebsrats.

Weitere generelle Regelungen und Richtlinien können z. B. eine Reisekostenordnung, eine Regelung über das Benutzen von Firmen-Pkw, Regelungen über die private Nutzung von Telefon, Fax, mobilen Geräten, Internet und E-Mail sein.

Grundsätzlich gilt: **»So wenig Regeln wie möglich, so viel wie nötig«.**

Führungsgrundsätze, Unternehmensleitlinien

Führungsgrundsätze (häufig auch Führungsanweisungen, Führungsleitlinien oder Führungsrichtlinien genannt) legen die dauerhaften und grundsätzlichen Beziehungen zwischen Führungskräften und Mitarbeitern fest. Es sind häufig Teile von Unternehmensgrundsätzen enthalten und Regeln für den Umgang miteinander. Sie sollen die Mitarbeiterführung vereinheitlichen und damit eine effiziente Führung sichern. Die Führungsgrundsätze gehen bei der Festlegung der Regeln von einem positiven Menschenbild und dem Prinzip der Gleichbehandlung und Mitarbeiterbeteiligung aus (Beispiele für Führungsgrundsätze und Führungsmodelle → 4.5).

Unternehmensleitlinien sind weiter gefasst als Führungsgrundsätze. Sie beschreiben darüber hinaus die ethische Ausrichtung eines Unternehmens sowie Gesamtziele, Planungssysteme, Kontroll- und Steuerungsinstrumente, den organisatorischen Aufbau, die Verteilung des erzielten Gewinns u. a. Derartige Unternehmensleitlinien finden sich meist in größeren Unternehmen. Sie werden in gedruckter Form an alle Mitarbeiter verteilt und dienen auch als Marketinginstrument. Im Gegensatz zu den Führungsgrundsätzen wirken Unternehmensleitlinien oder -leitbilder nicht nur innerbetrieblich, sondern richten sich auch oder vorallem an die Öffentlichkeit, an Kunden, Geschäftspartner, Kapitalgeber, (Kommunal)Politiker, Persönlichkeiten des öffentlichen Lebens.

2.7.2.3 Personalrechnungswesen

Das Personalrechnungswesen befasst sich im Wesentlichen mit der Abwicklung der **Lohn- und Gehaltsabrechnungen** und aller sonstigen Entgeltbestandteile. Diese Aufgabe umfasst eine Reihe von Einzelmaßnahmen, z. B.:

- Pflege der Personalstammdaten
- Führung der Jahreslohn/Gehaltskonten
- Erfüllung gesetzlicher Meldeverpflichtungen (DEÜV, Krankenkassenbeitragsnachweis, Lohnsteueranmeldung), Ausstellung von Lohnsteuerbescheinigungen
- Erledigung von Überweisungen (Datenträgeraustausch)
- Erstellung/Zusammenfassung der Buchungsbelege für die Finanzbuchhaltung.

Je nach Organisationsform des Betriebes gehören zum Personalrechnungswesen weitere Aufgaben, z. B. Erstellung von Arbeitsverträgen oder Prüfung der Arbeitnehmereigenschaft.

Die **rechtlichen Grundlagen** für die Lohn- und Gehaltsabrechnung bilden die Abgabenordnung (AO), das Einkommensteuergesetz (EStG), die Lohnsteuerdurchführungsverordnungen (LStDV) sowie die Lohnsteuerrichtlinien (LStR) mit den Lohnsteuer-Hinweisen (LStH). Außerdem sind bei den Lohn- und Gehaltsabrechnungen die Erlasse der Finanzministerien der Länder, die BMF-Schreiben (Auslegungen zu Gesetzen durch das Bundesministerium für Finanzen), der Auslandstätigkeitserlass (ATE), die Doppelbesteuerungsabkommen (DBA) sowie die entsprechende Rechtsprechung des Bundesfinanzhofs und der Finanzgerichte zu beachten.

Die gesetzliche Grundlage für die verschiedenen Zweige der Sozialversicherung sind in den Sozialgesetzbüchern III–VII und XI enthalten (→ 2.4).

Laufende und einmalige Bezüge, Bruttoverdienst

Arbeitsentgelt sind alle laufenden oder einmaligen **Einnahmen aus einer Beschäftigung,** gleichgültig [...] unter welcher Bezeichnung oder in welcher Form sie geleistet werden (§ 14 SGB IV). Der Begriff Arbeitsentgelt entspricht dem im Lohnsteuerrecht verwendeten Begriff Arbeitslohn, der im § 2 LStDV noch um Einnahmen in Hinblick auf ein künftiges oder aufgrund eines früheres Dienstverhältnis erweitert ist.

Zum **laufenden Arbeitsentgelt** werden Bezüge gerechnet, die dem Arbeitnehmer regelmäßig und fortlaufend gezahlt werden:

- Monatsgehälter, Wochen- und Tageslöhne, Akkordlohn, Ausbildungsvergütungen u. ä.
- Mehrarbeitsvergütungen, einschließlich etwaiger Zuschläge und Zulagen,
- Sonntags-, Feiertags- und Nachtarbeitszuschläge,

- Lohnzulagen anderer Art, z. B. für gefahrenträchtige Arbeiten, Schmutzzulage,
- geldwerte Vorteile, z. B. aus der ständigen Überlassung von Firmenwagen oder Dienstwohnungen, unentgeltliche oder begünstigte Kantinenmahlzeiten oder Essenmarken,
- Regelmäßige zusätzliche Zahlungen, z. B. Fahrgeld, Kindergartenzuschuss u. a.
- Betriebsrenten.

Sie sind einem bestimmten Lohnzahlungszeitraum zurechenbar. Es spielt keine Rolle, ob ihre Höhe schwankt oder gleich bleibt. Ursachen für eine schwankende Höhe sind beispielsweise eine unterschiedliche Zahl der Arbeitsstunden, Mehrarbeitsvergütungen, Akkordarbeit, Lohnzulagen.

Zu den **einmaligen und sonstigen Bezügen** gehören Sonderzahlungen wie z. B.:

- Weihnachtsgeld, 13. Monatsgehalt
- Urlaubsgeld (zusätzlich gezahlt)
- Urlaubsabgeltungen
- Gratifikationen, Prämien, Gewinnausschüttungen
- Jubiläumszuwendungen anlässlich Betriebs- oder Arbeitsjubiläen
- Zuwendungen aus besonderem Anlass (z. B. Heirat, Geburt, Krankheit)
- Abfindungen, Erfindervergütungen
- Nach- und Vorauszahlungen.

Laufende und einmalige Bezüge zusammengerechnet bilden den bei der Entgeltabrechnung verwendeten Begriff **Bruttoverdienst,** der die maßgebende Größe zur Ermittlung der Steuer- und Sozialversicherungsabzüge darstellt.

Lohn- und Kirchensteuer sowie Solidaritätszuschlag

Bei Einkünften aus nichtselbständiger Arbeit (§ 19 EStG) wird die Einkommensteuer durch Abzug vom Bruttoverdienst erhoben (Lohnsteuer), soweit der Arbeitslohn von einem Arbeitgeber gezahlt wird (§ 38 Abs. 1 Satz 1 EStG).

Jedoch unterliegen nicht alle Leistungen, die der Arbeitgeber dem Arbeitnehmer für das Dienstverhältnis zuwendet, dem Steuerabzug. Daher hat das Lohnbüro bei jeder Lohnabrechnung für den einzelnen Arbeitnehmer die Höhe des **steuerpflichtigen Arbeitslohns** festzustellen und die Steuer nach den **Lohnsteuerabzugsmerkmalen** des Arbeitnehmers oder in bestimmten Fällen mit einem Pauschalsteuersatz zu berechnen und einzubehalten. Die wesentlichen steuerfreien oder steuerbegünstigten Zuwendungen sind im Kapitel »Sonderfälle der Berechnung von Lohnsteuer« beschrieben.

Der ermittelte steuerpflichtige Bruttolohn innerhalb eines Zuflusszeitraums, in der Regel ein Monat, stellt die Bemessungsgrundlage für die Berechnung der Lohnsteuer und (indirekt) auch der Kirchensteuer und des Solidaritätszuschlags dar.

Die Steuerlast ist nicht für alle Arbeitnehmer gleich. Der Gesetzgeber hat unterschiedliche Lohnsteuerklassen festgelegt, in die die Arbeitnehmer je nach Familienstand eingeteilt werden (§ 38 b EStG).

Es bestehen sechs **Lohnsteuerklassen:**

- Steuerklasse I: steuerpflichtige Arbeitnehmer, die ledig, verheiratet oder verpartnert, verwitwet oder geschieden sind und bei denen die Voraussetzung für die Steuerklassen III oder IV nicht erfüllt sind.

- Steuerklasse II: alleinerziehende Arbeitnehmer gemäß § 24 b EStG

---

* Partner einer eingetragenen Lebenspartnerschaft sind Ehepartnern steuerlich gleichgestellt (Urteil des BVG vom 6.6.2013).

- Steuerklasse III: Arbeitnehmer, die verheiratet sind, bei denen beide Ehegatten* unbeschränkt einkommensteuerpflichtig sind und nicht dauernd getrennt leben und der Ehegatte des Arbeitnehmers keinen Arbeitslohn bezieht oder auf Antrag beider Ehegatten in die Steuerklasse V eingereiht ist.
  In bestimmten Fällen gilt Steuerklasse III auch für verwitwete oder geschiedene Arbeitnehmer im Jahr des Todes des Ehepartners oder der Auflösung der Ehe.
- Steuerklasse IV: Arbeitnehmer, die verheiratet sind, wenn beide Ehegatten unbeschränkt einkommensteuerpflichtig sind und nicht dauernd getrennt leben und der Ehegatte des Arbeitnehmers ebenfalls Arbeitslohn bezieht.

  Steuerklasse IV ist sinnvoll, wenn beide Partner ähnlich hohe steuerpflichtige Einkünfte erzielen. Außerdem kann in dieser Steuerklasse nach § 39 f EStG ein Splittingfaktor zur Besteuerung angegeben werden. Der Faktor wird ermittelt aus der voraussichtlich gemeinsam nach dem Splittingverfahren zu zahlenden Einkommensteuer im Verhältnis zur rechnerischen Summe der Lohnsteuer nach jeweils Steuerklasse IV.
- Steuerklasse V: verheiratete Arbeitnehmer, deren Ehegatten ebenfalls Arbeitslohn beziehen und auf deren Lohnsteuerkarte die Lohnsteuerklasse III eingetragen ist.
- Steuerklasse VI: Arbeitnehmer, die nebeneinander von mehreren Arbeitgebern Arbeitslohn beziehen. Die Steuerklasse VI ist den Arbeitgebern aus dem zweiten und weiteren Dienstverhältnissen anzugeben.
  Die Lohnsteuerklasse VI ist auch anzuwenden, solange die Lohnsteuerabzugsmerkmale nicht bekannt sind, z. B. weil der Arbeitnehmer seine Identifikationsnummer und den Tag seiner Geburt nicht mitteilt.

Die Übermittlung der **Lohnsteuerabzugsmerkmale** erfolgt über ein elektronisches Verfahren. Nach Einführung der Steuer-Identifikationsnummer für jeden Arbeitnehmer und dem Aufbau eines Zentralregisters beim Bundeszentralamt für Steuern werden die Lohnsteuermerkmale der Mitarbeiter vom Arbeitgeber online abgerufen. Die Lohnsteuerkarte in Papierform hat seit 2014 ausgedient und wurde durch **ELStAM** (Elektronische LohnSteuerAbzugsMerkmale) ersetzt. ELStAM ist eine beim Bundeszentralamt für Steuern geführte Datenbank, die durch die Finanzämter (Übermittlung der im Lohnsteuer-Ermäßigungsverfahren beantragten Freibeträge) sowie die Meldebehörden (Änderung von Personenstandsdaten, z. B. Geburt eines Kindes oder Heirat des Arbeitnehmers) fortlaufend aktualisiert wird. Über diese Datenbank erhält der Arbeitgeber die lohnsteuerrelevanten Merkmale durch monatlichen Datenabruf stets aktuell in die Gehaltsabrechnung eingespeist.

Die Lohnsteuerabzugsmerkmale gem. § 39 EStG sind:

- die Steuerklasse und der Splittingfaktor in der Steuerklasse IV
- die Zahl der Kinderfreibeträge in den Steuerklassen I bis IV
- beim Finanzamt beantragte Freibeträge oder Hinzurechnungsbeträge
- die Höhe der Beiträge für eine private Krankenversicherung und für eine private Pflege-Pflichtversicherung (§ 39 b Absatz 2 Satz 5 Nummer 3 Buchstabe d) für die Dauer von zwölf Monaten, wenn der Arbeitnehmer dies beantragt
- die Mitteilung, dass der von einem Arbeitgeber gezahlte Arbeitslohn nach einem Abkommen zur Vermeidung der Doppelbesteuerung von der Lohnsteuer freizustellen ist, wenn der Arbeitnehmer oder der Arbeitgeber dies beantragt.

Zusätzlich enthalten die Lohnsteuerabzugsmerkmale gem. § 39 e Abs. 2 EStG

- Kirchensteuermerkmal des Arbeitnehmers
- Kirchensteuermerkmal des Ehegatten/Lebenspartners

Rechte und Pflichten des Arbeitnehmers und des Arbeitgebers im ELStAM-Verfahren:

Der Arbeitnehmer ist verpflichtet, dem Arbeitgeber für den Abruf der ELStAM-Daten folgende Informationen zu erteilen:

- seine Steueridentifikationsnummer,
- den Tag seiner Geburt und
- ob es sich um das erste oder ein weiteres Dienstverhältnis handelt.

Teilt der Mitarbeiter dem Arbeitgeber diese Daten nicht mit, so muss er nach Steuerklasse VI veranlagt werden. Der Arbeitnehmer kann seinem Wohnsitzfinanzamt mitteilen, welcher Arbeitgeber zum Abruf seiner Daten berechtigt ist (Positivliste) und welcher nicht (Negativliste).

Der Arbeitgeber ist verpflichtet, zum Dienstbeginn eines Mitarbeiters die ELStAM-Daten beim Bundeszentralamt für Steuern abzurufen und in das Gehaltskonto zu übernehmen. Dafür muss der Arbeitgeber folgende Informationen übermitteln:

- Authentifizierung durch die Steuernummer der lohnsteuerlichen Betriebsstätte
- Identifikationsnummer des Mitarbeiters
- Tag der Geburt des Mitarbeiters
- Tag des Beginns des Dienstverhältnisses
- Angabe, ob es sich um das erste oder ein weiteres Dienstverhältnis handelt.

Der Arbeitgeber ist ferner verpflichtet, die ELStAM-Daten monatlich zur Gehaltsabrechnung abzurufen und in der Gehaltsabrechnung auszuweisen.

Die Lohnsteuermerkmale enthalten auch Angaben über die Zahl der Kinder und damit über die Höhe der dem Steuerpflichtigen zustehenden **Kinderfreibeträge** und Kinderbetreuungsfreibeträge gem. § 32 Abs. 6 EStG. Allerdings wird der Steuervorteil, der sich durch diese Freibeträge ergibt, weitgehend durch das regelmäßig gezahlte Kindergeld abgegolten. Erst wenn sich nach Ablauf des Jahres aufgrund eines Lohnsteuerjahresausgleichs bzw. der Einkommensteuererklärung herausstellt, dass die Anwendung der Freibeträge dem Steuerpflichtigen größere Vorteile bietet als der Bezug des Kindergeldes, was durch eine sogenannte **Günstigerprüfung** vom Finanzamt festgestellt wird, kommen die Kinderfreibeträge und Kinderbetreuungsfreibeträge automatisch zur Anwendung.

Der Kinderfreibetrag beläuft sich 2024 auf 6.384 €, der Freibetrag für die Betreuung, Erziehung oder den Ausbildungsbedarf von Kindern auf 2.928 €. Beide Freibeträge stehen jedem Ehepartner zu. Bei Zusammenveranlagung der Eltern verdoppeln sich die genannten Freibeträge, ebenso bei Alleinerziehenden.

Kinder im Sinne des EStG sind leibliche und angenommene Kinder bis zum vollendeten 18. Lebensjahr – bei Arbeitslosigkeit, Berufsausbildung, Behinderung u. a. gemäß § 32 EStG auch darüber hinaus. Der Kinderbetreuungsfreibetrag kann dagegen nur bis zum 16. Lebensjahr beansprucht werden.

Außerdem können zu den Lohnsteuermerkmalen erhöhte **Werbungskosten** (§ 9 EStG), erhöhte **Sonderausgaben** (§ 10 EStG) und **außergewöhnliche Belastungen** (§§ 33 bis 33 c EStG) auf Veranlassung des Arbeitnehmers vom Finanzamt eingetragen werden.

Lohnsteuerberechnung

Die Berechnung der Lohnsteuer erfolgt überwiegend programmgesteuert unter Anwendung der Formeln des ESt-Tarifs (§ 32 a, 38 a EStG) und des vom Bundesfinanzministerium veröffentlichten Programmablaufplans. Verbreitete Lohnabrechnungsprogramme sind u. a. Datev, Paisy, Lexware, SAP, P&I Loga. Das Bundesfinanzministerium hat einen Lohnsteuerrechner ins Internet gestellt, der allgemein zugänglich ist. Bis 2004 wurde die Lohnsteuer mit Hilfe von Lohnsteuertabellen ermittelt, in denen Steuerbeträge in Einkommensstufen von 36 € ausgewiesen wurden. Derartige Lohnsteuertabellen sind weiterhin zugelassen, um die Ermittlung der Lohnsteuer hilfsweise auch ohne spezielle Programme und EDV-Anlagen zu ermöglichen. Geringfügige Abweichungen gegenüber der formelhaften Berechnung sind allerdings unvermeidlich.

Die Programme und Tabellen sind gegliedert in die Lohnsteuerklassen, berücksichtigen die Kinderfreibeträge und beinhalten auch den Grundfreibetrag sowie die allgemeinen gesetzlichen Pauschalen, Vorsorgepauschalen der Sozialversicherung und Freibeträge. Neben der Lohnsteuer wird auch die Kirchensteuer und der Solidaritätszuschlag ausgewiesen. Individuelle im ELStAM eingetragene Freibeträge dagegen muss der Arbeitgeber anteilig vom Arbeitsentgelt abzielen – ebenso wie einen eventuell infrage kommenden Versorgungsfreibetrag und Altersentlastungsbetrag.

Arbeitnehmern, die nicht in der gesetzlichen Rentenversicherung beitragspflichtig sind, steht eine geringere Vorsorgepauschale zu, was zu veränderten Steuerabzügen führt, die nach einer abweichenden gesetzlichen Formel berechnet oder in der besonderen Lohnsteuertabelle abgelesen werden können.

Die Einkommensteuer und auch die Lohnsteuer sind Jahressteuern, d. h. sie bemessen sich nach dem zu versteuernden Einkommen eines ganzen Jahres.

Die monatlich angesetzte Lohnsteuer ist lediglich als ein Durchschnittswert anzusehen, der nur dann völlig zutreffend ist, wenn das Arbeitsentgelt während eines Jahres absolut gleich bleibt. Ist das nicht der Fall ist, ein Lohnsteuerjahresausgleich vorzunehmen oder eine Einkommensteuererklärung abzugeben.

Der **Lohnsteuerjahresausgleich** kann vom Arbeitgeber vorgenommen werden, zweckmäßigerweise mit der Monatsabrechnung für Dezember, allerdings nicht für die Steuerklassen V und VI. Werden mehr als zehn Arbeitnehmer im ELStAM-Verfahren beschäftigt, ist der Arbeitgeber zum Lohnsteuerjahresausgleich verpflichtet. Weitere Ausschlusstatbestände bei einzelnen Arbeitnehmern sind zu berücksichtigen (§ 42 b EStG).

Die **Einkommensteuererklärung** ist dann angebracht, wenn der Arbeitnehmer weitere steuerpflichtige Einnahmen bezieht bzw. zusätzliche Werbekosten oder außergewöhnliche Belastungen geltend machen will. Zuviel gezahlte Lohnsteuer wird dann vom Finanzamt erstattet.

Ehepartner können zwischen einer einzel- oder zusammenveranlagten Steuererklärung wählen. Im Regelfall ist die Zusammenveranlagung günstiger, da hier das sogenannte **Ehegattensplitting** angewendet werden kann. Dabei wird das gemeinsame Einkommen der Ehepartner rechnerisch halbiert, also gesplittet, und der Steuersatz für das hälftige Einkommen auf das Gesamteinkommen angewendet.

Die Besteuerung von laufenden Bezügen

Für die Einbehaltung der Lohnsteuer vom laufenden Arbeitslohn hat der Arbeitgeber die Höhe des laufenden Arbeitslohns im jeweiligen Lohnzahlungszeitraum festzustellen. Vom Arbeitslohn sind die auf den Lohnzahlungszeitraum entfallenden Anteile des Versorgungsfreibetrags (§ 19 Abs. 2 EStG) und des Altersentlastungsbetrags (§ 24 a EStG) abzuziehen, wenn die Voraussetzung dafür jeweils erfüllt ist. Außerdem sind die bei ELStAM ausgewiesenen Freibeträge vom Arbeitslohn anteilsmäßig abzuziehen. Für den so gekürzten Arbeitslohn ist die Lohnsteuer gemäß der Steuerklasse des Arbeitnehmers zu ermitteln und vom Arbeitslohn einzubehalten (39 b Abs. 2 EStG).

Die Besteuerung von einmaligen und sonstigen Bezügen

Einmalige und sonstige Bezüge sind Sonderzahlungen, die nicht zum Arbeitslohn eines bestimmten Lohnabrechnungszeitraum gehören (Beispiele im einleitenden Absatz dieses Kapitels).

Die Berechnung der Lohnsteuer erfolgt nach § 39 b Abs. 3 EStG: Zunächst wird in einem ersten Schritt der voraussichtliche Jahresarbeitslohn ohne den sonstigen Bezug errechnet und die darauf entfallende Lohnsteuer ermittelt. Im zweiten Schritt wird der voraussichtliche Jahresarbeitslohn um den sonstigen Bezug erhöht und auch von diesem Betrag die dazugehörige Lohnsteuer festgestellt. Die Differenz zwischen den beiden Lohnsteuerbeträgen ist die fällige Lohnsteuer auf den sonstigen Bezug.

Der **voraussichtliche Jahresarbeitslohn** wird aus dem bereits gezahlten laufenden Arbeitslohn, den bereits abgerechneten sonstigen Bezügen sowie dem geschätzten laufenden Arbeitslohn für die übrigen Monate des Kalenderjahres ermittelt. Künftige sonstige Bezüge, deren Zahlung bis zum Ablauf des Kalenderjahres zu erwarten ist, bleiben bei der Ermittlung des voraussichtlichen Jahresarbeitslohns außer Ansatz.

Die Besteuerung von Zuschlägen (Sonntags-, Feiertags- und Nachtarbeit)

Zuschläge für Sonntags-, Feiertags- und Nachtarbeit sind unter bestimmten Voraussetzungen steuerfrei (§ 3 b EStG). Begünstigt sind alle Arbeitnehmer im einkommensteuerrechtlichen Sinne, auch solche, deren Lohn pauschal versteuert wird (Geringverdiener), aber nicht Gesellschaftergeschäftsführer einer GmbH.

Die Steuerfreiheit setzt voraus, dass die Zuschläge zusätzlich zum Grundlohn gezahlt werden. Der Zuschlag kann in einem Gesetz, einer Rechtsverordnung, einem Tarifvertrag, einer Betriebsvereinbarung oder in einem Einzelarbeitsvertrag geregelt sein. Wie die Zuschläge bezeichnet werden, ist für die Beurteilung der Steuerfreiheit unbedeutend.

Die Zuschläge müssen sich auf tatsächlich geleistete Sonntags-, Feiertags- oder Nachtarbeit beziehen, was grundsätzlich im Einzelfall nachzuweisen ist. Ferner sind diese Zuschläge nur dann steuerfrei, soweit sie die folgenden Anteile des Grundlohns nicht übersteigen:

- Nachtarbeit von 20 bis 6 Uhr: 25 %
- wenn Arbeitsaufnahme vor 0 Uhr, für die Zeit von 0 bis 4 Uhr: 40 %
- Sonntagsarbeit: 50 %
- Arbeit am 31. Dezember ab 14 Uhr: 125 %
- Arbeit an gesetzlichen Feiertagen: 125 %
- Arbeit am 1. Mai, am 24. Dezember ab 14 Uhr sowie am 25. und 26. Dezember: 150 %

Monatsgehälter sind in Stundenlöhne umzurechnen und mit höchstens 50 € anzusetzen.

Zuschläge wegen Mehrarbeit an normalen Werktagen außerhalb der Nachtarbeitszeiten und Zulagen für Erschwernisse oder Gefahren fallen nicht unter diese Steuerbefreiung.

Die Besteuerung bei Nettolohnvereinbarung

Bei einer Nettolohnvereinbarung übernimmt der Arbeitgeber auch den auf den Nettobetrag entfallenden Lohnsteuerbetrag sowie die Arbeitnehmeranteile zur gesetzlichen Sozialversicherung. Zur Berechnung der Lohnsteuer sind die vom Arbeitgeber übernommenen Arbeitnehmeranteile dem Arbeitslohn hinzuzurechnen.

Pauschalierung der Lohnsteuer

Von bestimmten Bezügen kann die Lohnsteuer mit einem pauschalen Steuersatz berechnet werden (§§ 40, 40a, 40b EStG). Die Lohnsteuer wird dabei nicht nach individuellen Besteuerungsmerkmalen ermittelt, sondern mit einem pauschalen Satz. Der Arbeitgeber hat die pauschale Lohnsteuer zu übernehmen, er ist Schuldner der pauschalen Lohnsteuer. In § 40 EStG sind die häufigsten Pauschalierungsformen aufgeführt. Die weiteren Möglichkeiten der Pauschalbesteuerung mit festen Pauschsteuersätzen sind geregelt in § 40a EStG für Teilzeitbeschäftigte und geringfügig Beschäftigte, § 40b EStG für bestimmte Zukunftssicherungsleistungen, § 37a EStG für Kundenbindungsprogramme und § 37b EStG zur Pauschalierung von Geschenken.

Der pauschal besteuerte Arbeitslohn und die pauschale Lohnsteuer bleiben bei einer Veranlagung zur Einkommensteuer und beim Lohnsteuerjahresausgleich außer Ansatz. Ferner ist die pauschale Lohnsteuer weder auf die Einkommensteuer noch auf die Jahreslohnsteuer anzurechnen.

Im Wesentlichen bestehen folgende Pauschalierungsmöglichkeiten:

- Pauschalierung bei sonstigen Bezügen und Nacherhebung von Lohnsteuern in einer größeren Zahl von Fällen auf Antrag des Arbeitgebers (§ 40 Abs. 1 EStG)
- Pauschalierung nach festem Steuersatz von 25 % z. B. für unentgeltliche oder verbilligte Mahlzeiten, Zuwendungen zu Betriebsveranstaltungen (über die Freigrenze von 110 € hinaus), Erholungsbeihilfen, Verpflegungsmehraufwendungen bei Geschäftsfahrten (über die Pauschalsätze hinaus), Überlassung von EDV-Geräten, Internetzugang, Überlassung von Arbeitsgeräten u. a. (§ 40 Abs. 2 EStG)
- Pauschalierung mit 20 % bei bestimmten Zukunftssicherungsleistungen (§ 40 b EStG)
- Pauschalierung mit 15 % bei verbilligter oder kostenloser Beförderung zwischen Wohnung und Arbeitsstätte (Fahrkostenzuschüsse, Job-Tickets)
- Pauschalierung für bestimmte Teilzeitbeschäftigte (§ 40 a EStG)
  Aushilfskräfte (kurzfristig beschäftigte Arbeitnehmer), Pauschalierungssatz 25 %
  geringfügig Beschäftigte (Pauschalierungssatz: 2 %, inkl. Soli und KiSt)
  Aushilfskräfte in der Land- und Forstwirtschaft, Pauschalierungssatz 5 %

Diese pauschalversteuerten Bezüge sind in der Regel in der Sozialversicherung beitragsfrei, was jedoch im Einzelfall zu überprüfen ist (§ 1 Abs. 1 SvEV – Sozialversicherungsentgeltverordnung).

Berechnung von Solidaritätszuschlag und Kirchensteuer

Ergänzend zur Lohnsteuer wird der **Solidaritätszuschlag** (Soli) in Höhe von 5,5 % der Lohnsteuer erhoben. Der Solidaritätszuschlag ist auch für andere Einkünfte zu entrichten, für die Kapitalertragsteuer oder Körperschaftsteuer zu entrichten ist. Der Soli wurde 1991 eingeführt, um u. a. die wirtschaftlichen Belastungen durch die Deutsche Einheit finanzieren zu können. In den letzten Jahren wurde der politische Druck zu Abschaffung immer größer, sodass ab 2021 für die meisten Steuerpflichtigen diese Mehraufwendung entfällt. Der Soli wird nun nur noch erhoben, wenn die zu zahlende Lohnsteuer im Jahr über 18.130 € (36.260 € bei Zusammenveranlagung), Werte für 2024, liegt.

Für Angehörige staatlich anerkannter, steuerberechtigter Religionsgemeinschaften, wie der evangelischen und katholischen Kirche, wird **Kirchensteuer** erhoben. Bemessungsgrundlage ist auch hier die Lohnsteuer. Die Kirchen regeln die Höhe der Kirchensteuersätze aufgrund eigener Zuständigkeit in Landesgesetzen. In der Regel gilt ein Steuersatz von 9 % auf die Lohnsteuer, in Baden-Württemberg und Bayern beträgt der Steuersatz 8 %. Im Gegensatz zur Lohnsteuerberechnung werden in die Kirchensteuerermittlung die Freibeträge für Kinder einbezogen. In diesen Fällen kann der Lohnsteuerbetrag nicht als Bemessungsgrundlage herangezogen werden.

Gehören Ehepartner verschiedenen steuererhebenden Religionsgemeinschaften an, ist die Kirchensteuer zur Hälfte auf jede der beiden Religionsgemeinschaften aufzuteilen. Ausnahmen gelten in Bayern, Bremen und Niedersachsen; dort ist die Kirchensteuer in voller Höhe für die Religionsgemeinschaft zu erheben, welcher der Arbeitnehmer angehört.

Bei pauschalierter Erhebung der Lohnsteuer kann auch die Kirchensteuer pauschaliert werden. Auch die pauschalen Kirchensteuersätze sind in den Bundesländern unterschiedlich hoch. Im vereinfachten Verfahren ist für sämtliche Arbeitnehmer, unabhängig von ihrer Religionszugehörigkeit, Kirchensteuer zu entrichten.

Lohnkonto und Lohnsteuerbescheinigung

Das Lohnkonto enthält die für den Lohnsteuerabzug erforderlichen Merkmale eines Arbeitnehmers, die in bar oder als Sachbezug gezahlten Löhne sowie die Höhe der einbehaltenen Steuerbeträge. Der Arbeitgeber ist gesetzlich verpflichtet, für jeden Arbeitnehmer und jedes Kalenderjahr ein Lohnkonto zu führen.

Die wichtigsten Regelungen für das Lohnkonto enthalten § 41 EStG sowie § 4 und § 5 LStDV. Weitere Vorschriften ergeben sich aus § 39 b Abs. 6 EStG (Freistellungsbescheinigung DBA) und

§ 42 b Abs. 4 EStG (Lohnsteuer-Jahresausgleich). Besondere Aufzeichnungspflichten sind im Rahmen der betrieblichen Altersversorgung zu beachten. Die zur Führung eines Lohnkontos ergangenen Verwaltungsregelungen enthalten R 41.1, R 41.2, und R 39 b.10 LStR.

Die Eintragungen im Lohnkonto sind die Grundlage für die Erstellung der Lohnsteuerbescheinigung, die der Arbeitgeber nach Abschluss des Kalenderjahres für jeden Arbeitnehmer bis spätestens zum 28. Februar des Folgejahres erstellen und elektronisch an das Finanzamt übermitteln muss.

In der Lohnsteuerbescheinigung sind neben den persönlichen Daten des Arbeitnehmers und seinen Besteuerungsmerkmalen ausführliche Angaben zur Art des Entgelts, den einbehaltenen Steuern und Sozialversicherungsbeiträgen, sonstigen Bezügen, Zukunftsleistungen u. a. einzutragen, die im amtlichen Formular detailliert aufgelistet sind.

Der Arbeitnehmer erhält für seine Einkommensteuererklärung ebenfalls eine Fassung. Scheidet der Mitarbeiter im laufenden Jahr aus, ist diese Bescheinigung im Monat des Ausscheidens zu erstellen.

Meldung und Abführung der Lohnsteuer

Die Lohnsteuer-Anmeldung durch Datenübertragung und die Abführung des einbehaltenen Lohnsteuerbetrags müssen bis zum zehnten Tag des Folgemonats an das Betriebsstättenfinanzamt erfolgen. Bei geringem Lohnsteuer-Aufkommen sind auch vierteljährliche und jährliche Abrechnungszeiträume möglich (§ 42 a EStG). Bei Meldungs- und Zahlungsverzug werden Säumniszuschläge erhoben oder es erfolgt eine Schätzung.

Ermittlung der Sozialversicherungsbeiträge

Die Beiträge zur Renten-, Arbeitslosen-, Kranken- und Pflegeversicherung (→ 2.4.1 bis 2.4.5) werden zu einem Teil vom Arbeitnehmer durch Abzug vom Bruttolohn, zum anderen Teil vom Arbeitgeber getragen. Die gesetzliche Unfallversicherung spielt für die Lohn- und Gehaltsabrechnung keine Rolle, da hierfür der Arbeitgeber allein aufkommt (→ 2.4.6).

Dem Arbeitgeber obliegt die Pflicht zur Führung von Entgeltunterlagen für jeden Arbeitnehmer und zu deren geordneter Aufbewahrung bis zu einer Prüfung durch den Träger der Rentenversicherung. Die Verpflichtung zur Führung der Entgeltunterlagen ist in § 28 f Abs. 1 SGB IV geregelt. Aus § 8 Beitragsverfahrensverordnung (BVV) und § 2 Nachweisgesetz (NachwG) ergibt sich, welche Unterlagen im Einzelnen der Aufbewahrungspflicht unterliegen.

Die Bemessungsgrundlage der Sozialversicherungsbeiträge entspricht im Wesentlichen dem steuerpflichtigen Bruttolohn. Die Bundesregierung ist nach § 17 SGB IV gehalten, durch Rechtsverordnungen eine Übereinstimmung mit dem Steuerrecht sicherzustellen. Dennoch muss die Frage, ob eine Zuwendung oder Zahlung an den Arbeitnehmer beitragspflichtiges Arbeitsentgelt darstellt, für jede Lohnart unabhängig von der steuerlichen Behandlung geprüft werden.

Der Gesamtbeitrag für die Renten-, Arbeitslosen-, Kranken- und Pflegeversicherung setzt sich zusammen aus einem Arbeitgeber- und einem Arbeitnehmer-Anteil. Den auf den Arbeitnehmer entfallenden Anteil behält der Arbeitgeber vom Bruttolohn ein und führt den Gesamtsozialversicherungsbeitrag (einschließlich Arbeitgeber-Anteil) an die zuständige gesetzliche Krankenversicherung ab, die die anteiligen Beiträge an den Träger der Pflegeversicherung, den Rentenversicherungsträger und die Agentur für Arbeit weiterleitet. Der Anteil des Arbeitgebers zu den Sozialversicherungen des Arbeitnehmers ist steuerfrei, wenn er aufgrund gesetzlicher Verpflichtung geleistet wird.

In der **Rentenversicherung** beträgt 2024 der Prozentsatz unverändert 18,6 %. Arbeitnehmer und Arbeitgeber zahlen jeweils 9,30 %.

Bei der **Arbeitslosenversicherung** liegt der Beitragssatz bei 2,6 %, Arbeitnehmer und Arbeitgeber zahlen jeweils die Hälfte.

In der **Krankenversicherung** galten zeitweilig (2013–2015) ungleiche Beitragssätze (Arbeitnehmer 8,2 %, Arbeitgeber 7,3 %). Seit 1. Januar 2015 beträgt der Gesamtbeitragssatz 14,6 %, der mit je 7,3 % zur Hälfte vom Arbeitnehmer und Arbeitgeber zu tragen ist (→ 2.4.2.2). Jedoch können die gesetzlichen Krankenversicherungen einen **Zusatzbeitrag** erheben, der bis 2018 allein vom Arbeitnehmer zu zahlen war.

Mit dem **GKV-Versichertenentlastungsgesetz (GKV-VEG)** wird seit 1. Januar 2019 die gesetzliche Krankenversicherung einschließlich des Zusatzbeitrags wieder paritätisch – also zu gleichen Teilen – von Arbeitgebern und Arbeitnehmern finanziert (2024 durchschnittlich zusammen 1,7 %).

Der Beitrag zur **Pflegeversicherung** betrug bis 2018 2,55 %. Er stieg 2019 auf 3,05 % und wurde mit jeweils 1,525 % vom Arbeitgeber und Arbeitnehmer getragen. Der Beitragssatz liegt seit dem 1. Juli 2023 bei 3,4 Prozent des Bruttoeinkommens, bei Kinderlosen bei 4 Prozent des Bruttoeinkommens (Beitragssatz plus Beitragszuschlag für Kinderlose). Arbeitnehmer und Arbeitgeber tragen den Beitrag hälftig, den Kinderlosenzuschlag haben die Arbeitnehmer alleine zu tragen. In Sachsen gilt eine davon abweichende Regelung, da dieses Bundesland bei der Einführung der Pflegeversicherung keinen Feiertag gestrichen hatte. Dort entfallen von den 3,4 Prozent Pflegeversicherungsbeitrag 2,2 Prozent auf die Beschäftigten und 1,2 Prozent auf die Arbeitgeber.

Seit dem 1. Juli 2023 gelten außerdem für Eltern unterschiedliche Beitragssätze in der Pflegeversicherung. Der Beitragssatz ist abhängig davon, wie viele Kinder bis zum vollendeten 25. Lebensjahr sie haben:

Mitglieder ohne Kinder	= 4,00 % (Arbeitnehmer-Anteil: 2,3 %)
Mitglieder mit 1 Kind	= 3,40 % (lebenslang) (AN-Anteil: 1,7 %)
Mitglieder mit 2 Kindern	= 3,15 % (Arbeitnehmer-Anteil: 1,45 %)
Mitglieder mit 3 Kindern	= 2,90 % (Arbeitnehmer-Anteil: 1,2 %)
Mitglieder mit 4 Kindern	= 2,65 % (Arbeitnehmer-Anteil: 0,95 %)
Mitglieder mit 5 und mehr Kindern	= 2,40 % (Arbeitnehmer-Anteil: 0,7 %)

Der Beitragszuschlag entfällt für kinderlose Arbeitnehmer, die vor dem 1. Januar 1940 geboren sind, für Arbeitnehmer bis zur Vollendung des 23. Lebensjahres sowie für Bezieher von Bürgergeld nach dem SGB II.

Beitragsbemessungsgrenzen und Versicherungspflichtgrenze

Für die Berechnung der Sozialversicherungsbeiträge gibt es als Obergrenzen die sogenannten **Beitragsbemessungsgrenzen,** die in der gesetzlichen Kranken- und Pflegeversicherung sowie in der gesetzlichen Rentenversicherung bestimmen, bis zu welchem Arbeitsentgelt der prozentuale Beitrag erhoben wird. Darüber hinausgehende Anteile des Einkommens bleiben bei der Beitragsberechnung außer Betracht (§6 Abs. 6, 7 SGB V, § 159 SGB VI). Beide Bemessungsgrenzen unterscheiden sich in ihrer Höhe. Bei der Rentenversicherung wird darüber hinaus noch zwischen alten (West) und neuen (Ost) Bundesländern unterschieden. Bei mehreren Beschäftigungsverhältnissen eines Arbeitnehmers werden die Arbeitsentgelte zusammengerechnet. Eine versicherungsfreie geringfügige Beschäftigung wird nicht berücksichtigt.

Die Beitragsbemessungsgrenze in der Krankenversicherung ist nicht zu verwechseln mit der **Jahresarbeitsentgeltgrenze,** auch als **Versicherungspflichtgrenze** bezeichnet, bei deren Überschreitung der betreffende Arbeitnehmer nicht mehr der gesetzlichen Versicherungspflicht unterliegt und damit die Möglichkeit erhält, nach eigenem Ermessen eine freiwillige oder private Kranken- und Pflegeversicherung abzuschließen.

Die Beitragsbemessungsgrenzen wie auch die Jahresarbeitsentgeltgrenze werden jedes Jahr entsprechend der Entwicklung der Bruttoarbeitsentgelte neu berechnet und von der Bundesregierung verkündet.

Zahlung von Umlagen durch den Arbeitgeber

Der Arbeitgeber muss außerdem die **Umlagen U 1, U 2, U 3** an die Krankenversicherung zahlen.

Umlage U 1 dient zur Beschaffung der Mittel für die (teilweise) Erstattung der Kosten der Entgeltfortzahlung im Krankheitsfall. Die Kassen bieten unterschiedliche Erstattungssätze an (etwa 40–80 %, aber in keinem Falle 100 %). Entsprechend unterscheiden sich die Beitragssätze (2024: Techniker 1,6 bis 3,4 %). Verpflichtend ist die U 1 für Arbeitgeber bis zu 30 Mitarbeitern.

Umlage U 2 ist bestimmt für die 100-prozentige Erstattung der Lasten des Arbeitgebers durch Maßnahmen des Mutterschutzes (Entgeltfortzahlung, Beschäftigungsverbote, Zuschüsse zum Mutterschaftgeld). Alle Arbeitgeber, gleich welcher Beschäftigtenzahl, sind zur Beitragszahlung verpflichtet. Die Höhe der Beiträge beträgt 2024 etwa 0,50 %, wird aber von jeder Kasse unterschiedlich bestimmt*).

Mit der Umlage U 3 (Insolvenzgeldumlage) werden die Mittel zur Versorgung der Arbeitnehmer aufgebracht, die wegen Insolvenz ihres Arbeitgebers kein Arbeitsentgelt erhalten. Die Umlage wird in Höhe von 0,06 % (2024) von allen Arbeitgebern, die insolvent werden können (also beispielsweise nicht von Behörden) an die Krankenkasse abgeführt und an die Agentur für Arbeit weitergeleitet (§ 358–362 SGB III).

Die Beitragssätze beziehen sich auf das rentenversicherungspflichtige Entgelt. Die Umlagen sind mit den Gesamtsozialversicherungsbeiträgen zu entrichten und allein vom Arbeitgeber zu tragen.

Gesetzliche Grundlagen sind für U 1 und U 2 das Aufwendungsausgleichsgesetz (§ 1, 7 AAG) und für die U 3 das SGB III § 358 und das Unfallversicherungsmodernisierungsgesetz (UVMG).

Meldung und Abführung der Sozialversicherungsbeiträge

Die **Zahlung der Sozialversicherungsbeiträge** und Umlagen durch den Arbeitgeber hat spätestens am drittletzten Banktag des laufenden Monats an die gesetzliche Krankenversicherung zu erfolgen. Ein verbleibender Restbetrag muss einen Monat später bezahlt werden. Die **Meldung der Beiträge** (Beitragsnachweis) erfolgt zwei Arbeitstage vor Fälligkeit durch Datenübertragung.

Im Gegensatz zur Besteuerung gilt bei der Sozialversicherung jedoch nicht das Zuflussprinzip, sondern die periodengerechte Abgrenzung auf das Kalenderjahr. Hierzu ein Beispiel: Zahlt der Arbeitgeber in der Zeit vom 1. Januar bis 31. März des laufenden Jahres eine Erfolgsprämie an den Mitarbeiter, die sich auf Leistungen des Vorjahres bezieht, erfolgt die Besteuerung im Monat des Zuflusses, dagegen ist die Zahlung in der Sozialversicherung dem Vorjahr zuzurechnen und, soweit die Beitragsbemessungsgrenze zusammen mit dem sonstigen Arbeitentgelt des Vorjahres nicht überschritten wird, nachträglich melde- und beitragspflichtig **(Märzklausel)**. Rechtsgrundlage für diese Regelung ist § 23 a SGB IV.

Für Auszubildende, Praktikanten, Rentner und geringfügig Beschäftigte bestehen für die Berechnung der Sozialversicherungsbeiträge **Sonderregelungen,** auf die im folgenden Abschnitt »Sonderfälle der Entgeltabrechnung« näher eingegangen wird.

*) Die Bandbreite aller Kassen lag zwischen 0,15 bis 0,99 %.

Soziale Pflegeversicherung	
Beitragsbemessungsgrenzen und Beitragssätze 2024	**Bundesweit**
Beitragsbemessungsgrenze jährlich	62.100,00 EUR
Beitragsbemessungsgrenze monatlich	5.175,00 EUR
Beitragssatz* (hälftig von Arbeitnehmer und Arbeitgeber getragen, außer Sachsen**)	3,4 %
Beitragssatz für kinderlose Mitglieder**	4,0 %

* Der Beitragsanteil für den Versicherten reduziert sich um weitere 0,25 % ab dem zweiten Kind bis zum fünften Kind bis zum vollendeten 25. Lebensjahr.

** In Sachsen: 2,2 Prozent trägt der Arbeitnehmer, 1,2 Prozent der Arbeitgeber

*** Der Zuschlag für kinderlose Mitglieder in Höhe von 0,6 Prozent ist zu zahlen ab dem vollendeten 23. Lebensjahr. Kinderlose, die vor dem 01.01.1940 geboren sind, zahlen keinen Zuschlag.

Gesetzliche Krankenversicherung	
Beitragsbemessungsgrenzen, Beitragssätze und Versicherungspflichtgrenzen 2024	**Bundesweit**
Beitragsbemessungsgrenze jährlich	62.100,00 EUR
Beitragsbemessungsgrenze monatlich	5.175,00 EUR
Beitragssatz	14,60 %
Beitragssatz Arbeitgeberanteil	7,30 %
Beitragssatz Arbeitnehmeranteil	7,30 %
Zusatzbeitragssatz (je hälftig durch Arbeitgeber und Arbeitnehmer getragen)	kassenindividuell
Versicherungspflichtgrenze jährlich	69.300,00 EUR
Versicherungspflichtgrenze monatlich	5.775,00 EUR

Gesetzliche Rentenversicherung		
Beitragsbemessungsgrenzen und Beitragssätze 2024	**West**	**Ost**
Beitragsbemessungsgrenze jährlich	90.600,00 EUR	89.400,00 EUR
Beitragsbemessungsgrenze monatlich	7.550,00 EUR	7.450,00 EUR
Beitragssatz	18,60 %	18,60 %

Gesetzliche Arbeitslosenversicherung		
Beitragsbemessungsgrenzen und Beitragssätze 2024	**West**	**Ost**
Beitragsbemessungsgrenze jährlich	90.600,00 EUR	89.400,00 EUR
Beitragsbemessungsgrenze monatlich	7.550,00 EUR	7.450,00 EUR
Beitragssatz	2,6 %	2,6 %

Beitragssätze und Beitragsbemessungsgrenzen der Sozialversicherung 2024

Beiträge zur freiwilligen Krankenversicherung

Freiwillig oder privat Krankenversicherte, die ihren vollen Beitrag selbst zahlen müssen, haben gegenüber dem Arbeitgeber einen Anspruch auf **Beitragszuschuss**, der dem Arbeitgeberanteil bei der gesetzlichen Kranken- und Pflegeversicherung entspricht; höchstens jedoch die Hälfte des Betrages, die der Arbeitnehmer tatsächlich zahlt (Höchstzuschuss des Arbeitgebers zum privaten Krankenversicherungsbeitrag im Jahr 2024: 421,77 €/Monat). Eine private Kranken- und Pflegeversicherung muss die gesetzlichen Voraussetzungen des § 257 SGB V und des § 61 SGB XI erfüllen. Dies ist durch eine entsprechende Bescheinigung nachzuweisen, die dem Arbeitgeber vorzulegen ist.

Ermittlung des Nettoverdienstes und des Auszahlungsbetrags

Zu den laufenden Bezügen werden u. U. weitere für die Gehaltsabrechnung relevante Lohnbestandteile hinzugerechnet (z. B. Zuschüsse des Arbeitgebers zu vermögenswirksamen Leistungen, regelmäßige Sachbezüge). Daraus ergibt sich das **Gesamtbruttoentgelt.** Durch weitere Zurechnungen oder Abzüge wird das **Steuerbrutto** und das **Sozialversicherungsbrutto (**die nicht gleich sein müssen) errechnet. Nach diesen Bemessungsgrundlagen werden die Steuerlast und die Sozialversicherungsbeiträge ermittelt, die vom Gesamtbruttoentgelt abgezogen werden. Ergebnis ist das **Nettoarbeitsentgelt.**

Von diesem Betrag werden, je nach betrieblichen Gepflogenheiten oder auf Basis individueller Arbeitsverträge, weitere Beträge einbehalten oder zusätzlich ausgezahlt, wodurch sich schließlich der **Auszahlungsbetrag** ergibt. Das folgende Schema zeigt die Berechnung vom laufenden Arbeitsentgelt zum Auszahlungsbetrag:

Laufende Bezüge
\+ geldwerte Vorteile/Sachbezüge
\+ Vermögenswirksame Leistungen des Arbeitgebers
\+ betriebliche Altersvorsorge
= **Gesamtbrutto**
– Lohnsteuer
– Kirchensteuer (in % von der Lohnsteuer)
– Solidaritätszuschlag (in % von der Lohnsteuer)
– Krankenversicherung Arbeitnehmer-Anteil
– Zusatzbeitrag der Krankenkasse
– Pflegeversicherung Arbeitnehmer-Anteil
– ggf. Beitragszuschlag Pflegeversicherung
– Rentenversicherung Arbeitnehmer-Anteil
– Arbeitslosenversicherung Arbeitnehmer-Anteil
= **Nettoarbeitsentgelt**
– Sachbezüge/Geldwerte Vorteile
– Vermögenswirksame Leistungen des Arbeitnehmers
– Persönliche Abzüge (Pfändung, Arbeitgeberdarlehen)
\+ Steuer- und sozialversicherungsfreie Aufwandsentschädigungen oder vom Arbeitgeber pauschal versteuerte Leistungen (z. B. Fahrgeldzuschuss)
\+ ggf. Zuschuss für freiw. priv. Kranken- u. Pflegeversich.
= **Auszahlung/Überweisung an den Arbeitnehmer**

Nebenrechnungen:

1) Gesamtbruttoentgelt
– steuerfreie Beträge
– betriebliche Altersversorgung, (steuerfreier Anteil)
= **Steuerbrutto** (steuerpflichtiges Arbeitsentgelt)

2) Gesamtbruttoentgelt
– sozialversicherungsfreie Beträge
– betriebliche Altersvorsorge, (sozialversicherungsfreier Anteil)
= **Sozialversicherungsbrutto** (beitragspflichtiges Arbeitsentgelt)

Ergänzend zu diesem Schema finden Sie in den beiden anschließenden Praxisbeispielen eine einfache und eine etwas umfangreichere Gehaltsabrechnung.

Verdienstabrechnung Fallbeispiel 1:

Ein Mitarbeiter, ledig, ohne Kinder, erhält ein Festgehalt von 3.600 € (LA 410) und einen Arbeitgeber-Zuschuss zu vermögenswirksamen Leistungen von 6,65 € (LA 505). Hierfür werden 40 € für einen Bausparvertrag vom Arbeitgeber einbehalten und an die Bausparkasse gezahlt (LA VLB).

ABC GmbH
Beispielstr. 123
40764 Langenfeld

Mustermann 00990/100302/00208/1

Herrn
Max Mustermann
Musterstr. 4711
55116 Mainz

Abrechnungsmonat: **Mai 2024**
Kostenstelle: 100302

Lohnart LA	**Verdienstabrechnung** **Text**		**Betrag €**	**Jahreswerte**
	Krankenkasse: 47860681 AOK Rheinland-Pfalz/Saarland Steuerklasse I / Kinderfreibetrag: 0,0 Röm.-Katholisch Vertragsbeginn: 01.01.2013 Beitragsgruppenschlüssel: 1111 Personengruppenschlüssel: 101 SV-pflichtig ohne bes. Merkmale SV.-Nr.: 56 240866 M 007 PV-Kinderlosenzuschlag: ja			
410	Festgehalt		3.600,00	18.000,00
505	vermögenswirksame Leistungen AG		6,65	33,25
SVT	Sozialversicherungstage. 30 Tage			
STT	Steuertage: 30 Tage			
BRG	Gesamtbrutto		3.606,65	18.033,25
BSL	Steuerbrutto, laufende Bezüge	3.606,65		
LST	Lohnsteuer, laufende Bezüge*		–457,83	– 2.289,15
SOZ	Solidaritätszuschlag**		0,00	0,00
KIS	Kirchensteuer		– 41,20	– 206,00
XBK	Brutto-Krankenversicherung	3.606,65		
KAN	Krankenversicherung 14,6 % (davon ½)		– 263,29	– 1.316,45
KZA	Zusatzbeitrag AN 1,8 % (davon ½)***		– 32,46	162,30
PAN	Pflegeversicherung 2,30 %		– 82,95	– 414,75
XBR	Brutto-Rentenversicherung	3.606,65		
RAN	Rentenversicherung 18,60 % (davon ½)		– 335,42	– 1.677,10
AAN	Abeitslosenversicherung 2,60 % (davon ½)		– 46,89	– 234,45
GSN	Gesetzliches Netto		2.346,58	11.733,05
VLB	VL Bausparen		– 40,00	– 200,00
AZB	**Auszahlungsbetrag**		**2.306,58**	
	Bescheinigung gemäß § 108 Abs. 3 Satz 1 Gewerbeordnung			

Quelle: Entgelt und Rente AG

* Beträge nach dem Gehaltsrechner der AOK
** entfällt, soweit die Lohnsteuer jährlich weniger als 18.130 € (bei Zusammenveranlagung 36.260 €) beträgt (2024)
*** Liegt seit 1. Januar 2024 bei durchschnittlich 1,7 % und wird paritätisch von Arbeitnehmer und Arbeitgeber getragen

Verdienstabrechnung Fallbeispiel 2:

Ein Mitarbeiter ledig, ohne Kind erhält ein Festgehalt von 5.800 € (LA 410) und ist Mitglied in einer privaten Kranken- (Gesamtbeitrag 626,04 €) und Pflegeversicherung (Gesamtbeitrag 103,12 €), der Arbeitgeberanteil wird ausgezahlt (LA KAA + PAA). Außerdem wird ein Dienstfahrzeug zur privaten Nutzung zur Verfügung gestellt und nach der 1 %-Regelung versteuert (Listenpreis 48.500 € brutto), zuzüglich wird der Weg vom Wohnort zur Arbeitsstätte mit 25 km angerechnet (LA 7P3). Es erfolgt im Rahmen der betrieblichen Altersvorsorge eine Entgeltumwandlung an eine Pensionskasse von 350 € (LA DVE); davon 302 € sv-frei (LA DSV), 350 € steuerfrei (LA DST). Außerdem werden als Tagegelder für Dienstreisen 60 € steuerfrei erstattet (LA 802).

Mustermann 00990/100302/00208/1

Herrn
Horst Mustermann
Modellplatz 55
55116 Mainz

XYZ GmbH & Co KG
Korrekturplatz 12
55116 Mainz

Abrechnungsmonat: **Mai 2024**
Kostenstelle: 100410 Rewe

Lohnart LA	Verdienstabrechnung			
	Text		**Betrag €**	**Jahreswerte**
	Krankenkasse: 99990001 Allianz PKV Steuerklasse I / Kinderfreibetrag: 0,0 Nicht kirchensteuerpflichtig Vertragsbeginn: 01.01.2013 Beitragsgruppenschlüssel: 0110 Personengruppenschlüssel: 101 SV-pflichtig ohne bes. Merkmale SV.-Nr.: 16 220572 M 012 PV-Kinderlosenzuschlag: ja			
410	Festgehalt		5.800,00	29.000,00
7P1	Firmenwagen Listenpreis 48.500 EUR	485,00		
7P2	Firmenwagen Fahrt Whg. Arbeitsstätte	363,75		
SVT	Sozialversicherungstage: 30 Tage			
STT	Steuertage: 30 Tage			
BRG	Gesamtbrutto		6.648,75	33.243,75
DST	Entgeltumwandlung Pensionskasse st.-fr.	– 350,00		
BSL	Steuerbrutto, laufende Bezüge	6.298,75		
LST	Lohnsteuer, laufende Bezüge*		– 1.255,00	– 6.275,00
DSV	Entgeltumwandlung Pensionskasse sv-frei	– 302,00		–
XBR	Brutto Rentenversicherung	6.346,75		
RAN	Rentenversicherung 18,60 % (davon ½)		– 590,25	– 2.951,25
AAN	Arbeitslosenversicherung 2,6 % (davon ½)		– 82,51	– 412,55
GSN	Gesetzliches Netto		4.720,99	23.604,95
802	Netto Verpflegungsmehraufwendungen		60,00	163,20
DVE	Entgeltumwandlung Pensionskasse		– 350,00	– 1.750,00
KAA	Ausgezahlter AG Anteil PKV		313,02	1.565,10
PAA	Ausgezahlter AG Anteil PPV		51,56	257,80
7P3	Geldwerter Vorteil PKW Nutzung		– 848,75	– 4.243,75
AZB	**Auszahlungsbetrag**		**3.946,82**	
Bescheinigung gemäß § 108 Abs. 3 Satz 1 Gewerbeordnung				

Quelle: Entgelt und Rente AG

* Beträge nach dem Lohnsteuerrechner des Bundesministerium der Finanzen (BMF)

Besonderheiten der Lohnsteuerberechnung bei sonstigen Bezügen, Leistungen und Zuschüssen

Zum steuerpflichtigen Arbeitslohn gehören gem. § 8 EStG auch geldwerte Vorteile, die sich aufgrund von Sachleistungen des Arbeitgebers und Nutzungsmöglichkeiten betrieblicher Einrichtungen ergeben (→ 2.5.2.1). Nicht alle geldwerten Vorteile, Sachbezüge und sonstige Zuwendungen des Arbeitgebers unterliegen der vollen Steuerpflicht. In mehr als 70 Nummern wird in § 3 EStG beschrieben, welche Einnahmen und Zuschüsse (Leistungen, Sachleistungen, Erstattungen, Nutzungen, Abfindungen, Beihilfen, Entschädigungen u. a.) unter bestimmten Bedingungen ganz oder teilweise **steuerfrei** sind.

Die Frage, ob die betreffenden Beträge auch von der Beitragspflicht in der Sozialversicherung befreit sind, ist jeweils zu prüfen. Zwar ist der Verordnungsgeber gem. § 17 SGB IV ermächtigt, eine möglichst weitgehende Übereinstimmung mit den Regelungen des Steuerrechts sicherzustellen. Doch es gibt Ausnahmen (z. B. bei der Altersvorsorge).

Die häufigsten Beispiele von Sachleistungen und sonstigen Zuwendungen des Arbeitgebers werden im Folgenden in kurzer Form beschrieben und hinsichtlich ihrer Besteuerung untersucht.

Zuschläge für Sonntags-, Feiertags- und Nachtarbeit sind steuerfrei, soweit sie nicht die Beträge übersteigen, die sich nach den im Einkommensteuergesetz bestimmten Prozentsätzen ergeben (Einzelheiten im Abschnitt »Ermittlung von Lohn- und Kirchensteuer sowie des Solidaritätszuschlags« im vorangegangenen Kapitel).

Belegschaftsrabatt: Erhält ein Arbeitnehmer aufgrund eines Dienstverhältnisses von seinem Arbeitgeber Waren oder Dienstleistungen, die vom Arbeitgeber nicht überwiegend für den Bedarf seiner Arbeitnehmer hergestellt, vertrieben oder erbracht werden, vergünstigt, ist der Vorteil steuerfrei, soweit die Nachlassgewährung einen Betrag von 1 080 € im Kalenderjahr nicht übersteigt (§ 8 Abs. 3 EStG). Bei der Ermittlung des Preisnachlasses wird von dem üblichen Abgabepreis vermindert um 4 % ausgegangen.

Zinsersparnisse: Werden vom Arbeitgeber unverzinsliche oder zinsverbilligte Darlehen gewährt, so ist der Zinsvorteil ein geldwerter Vorteil, der dem Arbeitslohn zuzurechnen ist. Steuerpflichtige Zinsvorteile sind grundsätzlich nach den persönlichen Besteuerungsmerkmalen des Arbeitnehmers individuell zu versteuern. Der Rabattfreibetrag von 1 080 € kann dabei angesetzt werden.

Aus Vereinfachungsgründen ist der Zinsvorteil nur dann als Sachbezug zu versteuern, wenn die Summe der noch nicht getilgten Darlehen am Ende des Lohnzahlungszeitraums 2 600 € übersteigt. Diese Regelung wurde 2008 in den LStR zwar aufgehoben, aber per BMF-Schreiben danach rückwirkend wieder eingeführt. Alternativ ist eine Pauschalierung der Lohnsteuer möglich, wenn der Verzinsungszeitraum den jeweiligen Lohnzahlungszeitraum überschreitet, z. B. vierteljährliche Zinszahlung bei monatlichem Lohnzahlungszeitraum (§ 40 Abs. 1 Nr. 1 EStG).

Kindergartenzuschuss: Nach § 3 Nr. 33 EStG sind steuerfrei die zusätzlich zum ohnehin geschuldeten Arbeitslohn erbrachten Leistungen des Arbeitgebers zur Unterbringung und Betreuung nicht schulpflichtiger Kinder der Arbeitnehmer in Kindergärten oder vergleichbaren Einrichtungen. Die Leistungen können direkt an betriebliche oder außerbetriebliche Kindergärten erbracht werden. Wird die Leistung bar an den Arbeitnehmer gezahlt, so ist die zweckentsprechende Verwendung durch Belege nachzuweisen.

Die Kinder müssen nicht in einem betrieblichen Kindergarten untergebracht werden. Eine Unterbringung kann auch in Schulkindergärten, Kindertagesstätten, Kinderkrippen, bei Tagesmüttern, Wochenmüttern oder Ganztagespflegestellen vorgenommen werden. Allerdings muss die Einrichtung zur Unterbringung und Betreuung von Kindern geeignet sein. Begünstigt sind nur Leistungen zur Unterbringung und Betreuung von nicht schulpflichtigen Kindern. Den nicht schulpflichtigen Kindern stehen schulpflichtige Kinder gleich, solange sie mangels Schulreife vom Schulbesuch zurückgestellt sind.

Werkzeuggeld: Der Arbeitgeber kann dem Arbeitnehmer Aufwendungen steuerfrei ersetzen, soweit diese durch die betriebliche Nutzung der arbeitnehmereigenen Werkzeuge entstehen. Nach § 3 Nr. 30 EStG dürfen allerdings diese Entschädigungen die entsprechenden Aufwendungen des Arbeitnehmers nicht offensichtlich übersteigen.

Berufskleidung: Der Arbeitgeber kann gem. § 3 Nr. 31 EStG dem Arbeitnehmer die typische Berufskleidung unentgeltlich oder verbilligt überlassen, ohne das eine Steuerpflicht entsteht. Allerdings muss es sich tatsächlich um typische Berufskleidung handeln z. B. Arbeitsschutzkleidung oder Bekleidung, die aufgrund der uniformartigen Beschaffenheit oder dauerhaft angebrachter Kennzeichnung durch ein Firmenemblem objektiv eine berufliche Funktion erfüllt.

Sammelbeförderung von Arbeitnehmern zwischen Wohnung und Arbeitsstätte: Die unentgeltliche oder verbilligte Sammelbeförderung eines Arbeitnehmers zwischen Wohnung und Arbeitsstätte mit einem vom Arbeitgeber gestellten Beförderungsmittel ist steuerfrei, soweit die Sammelbeförderung für den betrieblichen Einsatz des Arbeitnehmers notwendig ist (§ 3 Nr. 32 EStG).

Personalcomputer und Telekommunikationsgeräte: Die Vorteile des Arbeitnehmers aus der privaten Nutzung von betrieblichen Datenverarbeitungsgeräten und Telekommunikationsgeräten (auch Smartphones oder Tablets) sowie deren Zubehör, aus zur privaten Nutzung überlassenen System- und Anwendungsprogrammen, die der Arbeitgeber auch in seinem Betrieb einsetzt (§ 3 Nr. 45) sind nicht steuerpflichtig.

Beihilfen und Unterstützungen: Nach § 3 Nr. 11 EStG sind Beihilfen und Unterstützungen aus öffentlichen Mitteln steuerfrei. Es handelt sich hier um Beihilfen in Krankheits-, Geburts- und Todesfällen nach den Beihilfevorschriften des Bundes und der Länder sowie Unterstützung in besonderen Notfällen, die aus öffentlichen Kassen gezahlt werden.

Unterstützungen und Erholungsbeihilfen an Arbeitnehmer im privaten Dienst sind gem. R 11 Abs. 2 LStR steuerfrei, wenn die Unterstützungen dem Anlass nach gerechtfertigt sind, z. B. in Krankheits- und Unglücksfällen. Die Steuerfreiheit ist allerdings an verschiedene Voraussetzungen geknüpft. So muss die Zahlung durch eine selbstständige Einrichtung erfolgen, die zwar vom Arbeitgeber mit dessen Mitteln geschaffen wurde, aber von ihm unabhängig ist z. B. eine Unterstützungskasse oder Hilfskasse.

Ferner kann die Unterstützung aus Beträgen gezahlt werden, die der Arbeitgeber dem Betriebsrat oder sonstigen Vertretern der Arbeitnehmer zu diesem Zweck überwiesen hat. Der Arbeitgeber kann auch von sich aus Arbeitnehmern Unterstützung gewähren, wenn dies nach Zustimmung des Betriebsrats oder sonstiger Vertretungen der Arbeitnehmer erfolgt und die Unterstützungen nach einheitlichen Grundsätzen bewilligt werden.

Die Unterstützungen sind bis zu einem Betrag von 600 € je Kalenderjahr steuerfrei. Übersteigt der Betrag 600 €, so gehört er nur dann nicht zum steuerpflichtigen Arbeitslohn, wenn er aus Anlass eines besonderen Notfalles gewährt wird. Hierbei sind die Einkommensverhältnisse und der Familienstand des Arbeitnehmers zu berücksichtigen. Erholungsbeihilfen oder andere Beihilfen, soweit sie nicht ausnahmsweise als Unterstützung anzuerkennen sind, gehören grundsätzlich zum steuerpflichtigen Arbeitslohn (H 11 LStH).

Trinkgelder, die einem Arbeitnehmer anlässlich einer Arbeitsleistung freiwillig und ohne Rechtsanspruch von Dritten gewährt werden, sind nach § 3 Nr. 51 EStG steuerfrei, soweit sie zusätzlich zum Betrag gegeben werden, oder für die Arbeitsleistung zu zahlen ist. Trinkgelder dagegen, auf die der Arbeitnehmer einen Rechtsanspruch hat, z. B. feste Bedienungszuschläge im Gastgewerbe, unterliegen der Lohnsteuerpflicht.

Zukunftssicherungsleistungen des Arbeitgebers: Nach § 2 Abs. 2 Nr. 3 LStDV gehören Ausgaben, die ein Arbeitgeber leistet, um einen Arbeitnehmer für den Fall der Krankheit, des Unfalls, der Invalidität, des Alters oder des Todes abzusichern, zum Arbeitslohn und sind grundsätzlich steuerpflichtig. **Steuerfrei** dagegen sind lt. § 3 Nr. 62 EStG Ausgaben des Arbeitgebers für die

Zukunftssicherung des Arbeitnehmers, soweit der Arbeitgeber dazu nach sozialversicherungsrechtlichen oder anderen gesetzlichen Vorschriften verpflichtet ist. Das bedeutet, dass insbesondere die Beitragsanteile des Arbeitgebers am Gesamtsozialversicherungsbeitrag (Renten-, Kranken-, Pflege- und Arbeitslosenversicherung) und Beiträge zu berufsständischen Versorgungseinrichtungen für Arbeitnehmer, die nach § 6 Abs. 1 Nr. 1 SGB VI von der Versicherungspflicht in der gesetzlichen Rentenversicherung befreit sind, nicht zum steuerpflichtigen Arbeitslohn gehören.

Ein Beitragszuschlag für Kinderlose in der Pflegeversicherung ist vom Arbeitnehmer allein zu tragen und kann vom Arbeitgeber nicht steuerfrei erstattet werden.

Zuschüsse des Arbeitgebers zur Krankenversicherung und zur **Pflegeversicherung** eines nicht krankenversicherungspflichtigen Arbeitnehmers, der freiwillig in der gesetzlichen Krankenversicherung oder privat krankenversichert ist, sind steuerfrei, soweit der Arbeitgeber zur hälftigen Zahlung verpflichtet ist. Die Höhe der steuerfreien Zuschüsse ist begrenzt auf die Hälfte der Beiträge, die für einen krankenversicherungspflichtigen Arbeitnehmer zu zahlen wäre, höchstens jedoch auf die Hälfte der tatsächlichen Kranken- und Pflegeversicherungsbeiträge.

Der private Krankenversicherungsschutz muss Leistungen zum Inhalt haben, die ihrer Art nach auch den Leistungen im SGB V entsprechen (§ 11 Abs. 1 SGB V), die Leistungen einer privaten Pflege-Pflichtversicherung müssen den Anforderungen im SGB XI (§ 61 Abs. 2 SGB XI) entsprechen. Werden auch andere Leistungen abgedeckt, bleibt der entsprechende Teil des Beitrags bei der Bemessung des steuerfreien Arbeitgeberzuschusses unberücksichtigt.

Voraussetzung ist, dass der Arbeitnehmer eine Bescheinigung der privaten Versicherung vorlegt, in der bestätigt wird, dass es sich bei den vertraglichen Leistungen um Leistungen im Sinne des SGB V und SGB XI handelt. Die Bescheinigung ist als Unterlage zum Lohnkonto aufzubewahren.

Überweist der Arbeitgeber die steuerfreien Zuschüsse unmittelbar an den Arbeitnehmer, so hat dieser die zweckentsprechende Verwendung durch eine Bescheinigung der Versicherung nach Ablauf eines jeden Jahres nachzuweisen. Diese Bescheinigung muss ebenfalls beim Lohnkonto aufbewahrt werden.

Nach § 3 Nr. 62 Satz 2 EStG sind den Ausgaben des Arbeitgebers für die Zukunftssicherung des Arbeitnehmers, die aufgrund gesetzlicher Verpflichtungen geleistet werden, die Zuschüsse des Arbeitgebers gleichgestellt, die zu den Beiträgen des Arbeitnehmers für eine Lebensversicherung, für eine freiwillige Versicherung in der gesetzlichen Rentenversicherung oder für eine öffentlich rechtliche Versicherungs- oder Versorgungseinrichtung seiner Berufsgruppe geleistet werden, wenn der Arbeitnehmer von der Versicherungspflicht in der gesetzlichen Rentenversicherung auf eigenen Antrag befreit worden ist. (R 24 Abs. 3 LStR).

Die Steuerfreiheit der Zuschüsse beschränkt sich im Grundsatz auf den Betrag, den der Arbeitgeber als Arbeitgeberanteil zur gesetzlichen Rentenversicherung aufzuwenden hätte, wenn der Arbeitnehmer nicht von der gesetzlichen Versicherungspflicht befreit wäre. Soweit der Arbeitgeber die steuerfreien Zuschüsse unmittelbar an den Arbeitnehmer auszahlt, hat dieser die entsprechende Verwendung durch eine Bescheinigung nachzuweisen. Diese Bescheinigung muss beim Lohnkonto aufbewahrt werden.

Bei der Frage, ob die betreffenden Ausgaben des Arbeitgebers auf einer gesetzlichen Verpflichtung beruhen, sollte eine Entscheidung des zuständigen Sozialversicherungsträgers herbeigeführt werden.

Aufmerksamkeiten: Es handelt sich um Sachleistungen des Arbeitgebers, die üblicherweise im gesellschaftlichen Verkehr ausgetauscht werden und zu keiner ins Gewicht fallenden Bereicherung der Arbeitnehmer führen (R 73 Abs. 1 LStR). Aufmerksamkeiten werden nicht als steuerpflichtiger Arbeitslohn angesehen, da diese keine Gegenleistung des Arbeitgebers für die Leistung des Arbeitnehmers sind. Aufmerksamkeiten sind Sachzuwendungen bis zu einem Wert von brutto 60 €. Dies können sein z. B. Blumen, Genussmittel, Bücher, CDs, usw., die dem Arbeitnehmer oder seinen Angehörigen aus Anlass eines besonderen persönlichen Ereignisses zugewendet werden. Dabei ist zu beachten, dass Aufmerksamkeiten nur Sachzuwendungen sein können. Geldzuwendungen gehören stets zum Arbeitslohn, auch wenn ihr Wert gering ist (R 73 Abs. 1 Satz 3 LStR). Aufmerksamkeiten sind auch Getränke und Genussmittel, die der Arbeitgeber dem Arbeitnehmer im Betrieb unentgeltlich oder teilentgeltlich überlässt.

Versorgungsbezüge: Versorgungsbezüge sind Bezüge und Vorteile aus früheren Arbeitsverhältnissen, die aufgrund beamtenrechtlicher oder entsprechender gesetzlicher Vorschriften wegen Erreichen einer Altersgrenze, Berufsunfähigkeit, Erwerbsunfähigkeit oder als Hinterbliebenenbezüge gezahlt werden. Werden die Bezüge wegen Erreichens einer Altersgrenze gewährt, gelten diese erst dann als Versorgungsbezüge, wenn der Steuerpflichtige das 63. Lebensjahr oder, falls schwerbehindert, das 60. Lebensjahr vollendet hat.

Die Versorgungsbezüge unterliegen einer besonderen Besteuerung. Von ihnen bleiben ein bestimmter Prozentsatz bis zu einem festgesetzten Höchstbetrag (Versorgungsfreibetrag) und ein Zuschlag zum Versorgungsfreibetrag steuerfrei. Wegen des Übergangs zur nachgelagerten Besteuerung entwickelten sich der Prozentsatz der steuerfreien Bezüge, der Versorgungsfreibetrag und der Zuschlag von 40 % bzw. 3000 € und 900 € im Jahre 2005 rückläufig, bis sie im Jahre 2040 ganz entfallen werden. Für 2024 gelten folgende Werte: Prozentsatz der steuerfreien Bezüge 12,80 %, Höchstbetrag 960 €, Zuschlag 288 € (§ 19 Abs. 2 EStG).

Abfindungen, Entschädigungen, Jubiläumszahlungen: Handelt es sich bei einem sonstigen Bezug um den steuerpflichtigen Teil einer Entlassungsentschädigung (im Sinne des § 24 Nr. 1 EStG), also um einen Ersatz für entgangene oder entgehende Einnahmen, oder um Arbeitslohn für eine Tätigkeit über mehr als zwölf Monate (z. B. Jubiläumszahlung für 25 Jahre Betriebszugehörigkeit), ist die darauf entfallende Lohnsteuer nach der **Fünftelregelung** zu errechnen. Dabei ist zunächst die Lohnsteuer für den voraussichtlichen Jahresarbeitslohn ohne die Sonderzahlung zu ermitteln, dann für den um ein Fünftel des sonstigen Bezugs erhöhten voraussichtlichen Jahresarbeitslohn. Die Differenz der Lohnsteuerbeträge ist anschließend mit fünf zu multiplizieren. Das Ergebnis ist die auf den betreffenden sonstigen Bezug zu erhebende Lohnsteuer (§ 34 Abs. 1 EStG).

Auf dieser Rechtsgrundlage können auch Zahlungen für **Verbesserungsvorschläge** steuerbegünstigt sein, wenn der Arbeitnehmer mehr als zwölf Monate daran gearbeitet hat.

Nutzung von Kraftfahrzeugen: Wenn ein vom Arbeitgeber zur Verfügung gestellter Dienstwagen vom Arbeitnehmer auch privat genutzt wird, ist der private Nutzungsanteil der Lohnsteuer zu unterwerfen. Seine Höhe wird nach der sogenannten 1 %-Methode errechnet oder durch Führung eines Fahrtenbuches festgestellt. Bei der 1 %-Regelung ist der private Nutzungswert mit monatlich 1 % des inländischen Brutto-Listenpreises des Kraftfahrzeuges anzusetzen. Wird das Kraftfahrzeug auch für Fahrten zwischen Wohnung und Arbeitsstätte genutzt, erhöht sich der Wert für die private Nutzung pro Kilometer der Entfernung zwischen Wohnung und Arbeitsstätte um 0,03 % des inländischen Brutto-Listenpreises. Alternativ kann der Arbeitgeber bis zu 30 ct/km*) pauschal versteuern (§ 40 EStG). Bei Heimfahrten im Rahmen einer doppelten Haushaltsführung erhöht sich der Wert pro Kilometer Entfernung zwischen dem Beschäftigungsort und dem Ort des eigenen Hausstandes um 0,002 % des inländischen Brutto-Listenpreises für jede Fahrt, für die der Werbungskostenabzug nach § 9 Abs. 1 Satz 3 Nr. 5 EStG ausgeschlossen ist, d. h., wenn die doppelte Haushaltsführung länger als zwei Jahre besteht.

Als Listenpreis gilt, auch für gebraucht erworbene oder geleaste Fahrzeuge, die auf volle 100 € abgerundete unverbindliche Preisempfehlung des Herstellers zum Zeitpunkt der Erstzulassung einschließlich der Zuschläge für Sonderausstattung und die Umsatzsteuer (Bruttolistenpreis). Der Wert des Autotelefons bleibt allerdings außer Ansatz.

---

*) Ab dem 21. Entfernungskilometer steigt die Pauschale auf 35 ct/km. Für die Jahre 2022 bis 2026 beträgt die Pauschale 0,38 EUR pro gefahrenem Kilometer. Diese Erhöhung ist bis 2026 befristet.

Beispiel für die Berechnung der privaten Kfz-Nutzung:

Bruttolistenpreis (einschl. MWSt) = 50 000 €, Entfernung Wohnung – Arbeitsstätte 10 km
1 % von 50 000 € = 500 €
50 000 € · 0,03 % · 10 km = 150 €, insgesamt monatlich 650 €

Neben dieser Regelung für Fahrzeuge mit Verbrennungsmotoren hat der Gesetzgeber zur Förderung der Elektromobilität für **Elektro- und Hybridfahrzeuge** reduzierte Bemessungsgrundlagen für die Versteuerung der privaten Nutzung beschlossen (§ 6 Abs. 1 Nr. 4 EStG). Seit 2020 gilt Folgendes:

Art des Fahrzeugs	Anschaffung	Listenpreis	Ausstoß ODER Mindest-Reichweite*		Bemessungsgrundlage (Anteil Listenpreis)
Elektrofahrzeug	ab 2019	Bis zu 70.000 EUR	nicht vorgegeben		0,25 %
Hybridfahrzeug** oder Elektrofahrzeug oberhalb der Preisgrenze	ab 2019	nicht begrenzt	max. 50 g CO2/km	40 km	0,50 %
	ab 2022			60 km	
	ab 2025			80 km***	

* CO2-Emmissionen und elektrische Mindestreichweite sind in der EU-Konformitätsbescheinigung zum Fahrzeug angegeben.
** Bei einem zu hohen Kohlendioxid-Ausstoß oder einer zu geringen Reichweite greift die für Verbrenner übliche 1-Prozent-Regelung.
*** Diese Vorgabe soll mit dem Inkrafttreten des Wachstumschancengesetzes entfallen, ebenso ist geplant den maximalen Bruttolistenpreis für reine Elektrofahrzeuge anzuheben.

Der private Nutzungswert für ein Kraftfahrzeug kann auch aufgrund eines Fahrtenbuchs ermittelt werden. Dabei sind die dienstlich und privat zurückgelegten Fahrstrecken gesondert und laufend im Fahrtenbuch nachzuweisen. Für die dienstlichen Fahrten sind mindestens folgende Angaben erforderlich:

- Datum und Kilometerstand zu Beginn und am Ende jeder einzelnen Auswärtstätigkeit
- Reiseziel und Reiseroute
- Reisezweck und aufgesuchte Geschäftspartner

Bei den Privatfahrten genügen Kilometerangaben, für Fahrten zwischen Wohnung und Arbeitsstätte ein kurzer Vermerk im Fahrtenbuch. Wichtig ist, dass die Führung des Fahrtenbuchs fortlaufend vorgenommen werden muss. Fahrtenschreiber und elektronische Fahrtenbücher sind zulässig, wenn sich daraus die entsprechenden Erkenntnisse gewinnen lassen.

Weitere Voraussetzung ist, dass in der Buchhaltung des Arbeitgebers die Kfz-Kosten durch Belege nachgewiesen und auf einem gesonderten Konto gebucht werden. Die beiden Methoden zur Ermittlung des Privatanteils können für jedes Kalenderjahr gesondert festgelegt werden.

Zahlt der Arbeitnehmer unabhängig vom Umfang der tatsächlichen Nutzung des Kraftfahrzeugs an den Arbeitgeber pauschale Nutzungsvergütungen, so sind diese auf den in beschriebener Weise ermittelten privaten Nutzungswert anzurechnen. Zuschüsse des Arbeitnehmers zu den Anschaffungskosten können im Zahlungsjahr auf den privaten Nutzungswert angerechnet werden.

Verpflegung: Bewertungsmaßstab für die Abgabe von Mahlzeiten im Betrieb sind die amtlichen Sachbezugswerte der Sozialversicherungsentgeltverordnung (§ 2 SvEV) die auch für die steuerliche Beurteilung gelten. Danach sind in 2024 monatlich anzusetzen:

- für Frühstück 65 €
- für Mittagessen 124 €
- für Abendessen 124 €
- Gesamtverpflegung 313 €

Bei kostenloser Abgabe von Mahlzeiten gelten die Sachwerte in voller Höhe als steuerpflichtiger Arbeitslohn. Werden Mahlzeiten nicht kostenlos, aber verbilligt abgegeben, wobei der vom Arbeitnehmer gezahlte Preis (einschließlich Umsatzsteuer) die Sachbezugswerte unterschreitet, stellt nur die Differenz steuerpflichtigen Arbeitslohn dar. Daraus ergibt sich, dass die steuerliche Erfassung der Mahlzeiten entfällt, wenn der Arbeitnehmer für jede Mahlzeit mindestens einen Preis in Höhe des amtlichen Sachbezugswertes zahlt.

Erhalten die Arbeitnehmer die Mahlzeiten in einer nicht vom Arbeitgeber selbst betriebenen Kantine, Gaststätte oder Einrichtung, sind ebenfalls die amtlichen Sachbezugswerte maßgebend, wenn der Arbeitgeber aufgrund vertraglicher Vereinbarung durch Barzuschüsse oder andere Leistungen an die die Mahlzeiten vertreibenden Einrichtungen zur Verbilligung der Mahlzeiten beiträgt.

Nicht zum Arbeitslohn gehören aber Mahlzeiten, die im ganz überwiegenden betrieblichen Interesse des Arbeitgebers an den Arbeitnehmer abgegeben werden. Dies liegt vor bei der Bewirtung von Arbeitnehmern anlässlich einer Diensteinführung, einem Amts- oder Funktionswechsel, einem Arbeitnehmerjubiläum, einer Verabschiedung eines Arbeitnehmers und anlässlich eines außergewöhnlichen Arbeitseinsatzes.

Unterkunft: Der Wert einer zur Verfügung gestellten Unterkunft ist in der SvEV auf monatlich 278 € (2024) festgesetzt. Je nach Größe, Qualität und Belegung der Unterkunft sind prozentuale Abschläge anzusetzen, z. B. bei Aufnahme im Haushalt des Arbeitgebers oder in einer Gemeinschaftsunterkunft bzw. bei Auszubildenden und Jugendlichen. Der Wert der Unterkunft kann auch mit dem ortsüblichen Mietpreis bewertet werden, wenn der Tabellenwert nach Lage des Einzelfalls unbillig wäre (§ 2 Abs. 3 der SvEV). Kalendertäglich beträgt der Wert seit dem 1.1.2024 9,27 €. Wird die Unterkunft verbilligt gestellt, ist der Sachbezugswert um die Eigenleistung des Arbeitnehmers zu kürzen.

Freigrenze für Sachbezüge: Werden Sachbezüge unentgeltlich oder teilentgeltlich gewährt, bleiben sie außer Ansatz, wenn die Vorteile für den Arbeitnehmer die **Freigrenze von 50 € im Kalendermonat** nicht übersteigen (§ 8 Abs. 2 Satz 11 EStG). Typisch für diese Zuwendung sind Benzingutscheine oder individuelle Zuschüsse für Gesundheits- und Sportaktivitäten. Bei der Freigrenze ist jedoch zu beachten, dass sämtliche in einem Kalendermonat zufließende, einzeln bewertete geldwerte Vorteile zusammenzurechnen sind und bei Überschreitung der Freigrenze der gesamte Wert des Sachbezugs steuer- und sozialversicherungspflichtig wird.

Andere Sachbezüge: Sachbezüge, für die keine amtlichen Sachbezugswerte festgesetzt und die auch nicht nach § 8 Abs. 3 EStG zu bewerten sind, werden mit den um übliche Preisnachlässe geminderten üblichen Endpreisen am Abgabeort zum Zeitpunkt der Abgabe versteuert. Das ist in der Regel der Preis, der im allgemeinen Geschäftsverkehr von Letztverbrauchern für gleichartige Waren oder Dienstleistungen auch tatsächlich gezahlt wird. Dieser schließt auch die Umsatzsteuer ein. Maßgebend ist also der von fremden Letztverbrauchern gezahlte Preis. Werden am Abgabeort fremde Letztverbraucher nicht bedient, so ist der übliche Preis zu schätzen.

Pauschal besteuerte Bezüge: Bestimmte Leistungen des Arbeitgebers können von diesem mit einem festen Prozentsatz pauschal versteuert werden. Für den Arbeitnehmer sind diese Bezüge steuerfrei. Einzelheiten sind dem Abschnitt »Pauschalierung der Lohnsteuer« im Kapitel »Ermittlung der Lohn- und Kirchensteuer sowie des Solidaritätszuschlags« zu entnehmen.

Sonderfälle der Entgeltabrechnung

Rentenbezieher

Für Altersrenten sind seit 2023 die bisherigen Hinzuverdienstgrenzen entfallen. Dies gilt auch für vorgezogene Altersrenten vor Erreichen der Regelsaltersgrenze.

Erwerbsminderungsrenten können seit 2023 unter Beachtung dynamischer Hinzuverdienstgrenzen bezogen werden. 2024 liegt die Hinzuverdienstgrenze beim Bezug einer Rente wegen teilweiser Erwerbsminderung bei rund 37.120 €, bei Renten wegen voller Erwerbsminderung von rund 18.560 €.

Bei Beschäftigten, die eine Vollrente wegen Alters beziehen, besteht in der Krankenversicherung (ermäßigter Beitragssatz von 14 % plus kassenindividueller Zusatzbeitrag) und Pflegeversicherung Versicherungspflicht. Dagegen muss der Vollrentenbezieher ab Erreichen der Regelaltersgrenze keine Beiträge zur Rentenversicherung und Arbeitslosenversicherung entrichten. Allerdings hat der Arbeitgeber auch für diese Beschäftigten Beitragsanteile an die Rentenversicherung und Arbeitslosenversicherung zu entrichten.

Bezieher einer Teilrente wegen Alters unterliegen der Versicherungspflicht in der Renten-, Kranken- und Pflegeversicherung, in der Arbeitslosenversicherung bis zum Erreichen des Anspruchs auf eine Regelaltersrente, aber auch darüber hinaus, wenn weiterhin nur Teilrente bezogen wird.

Für Bezieher einer Erwerbsminderungsrente besteht bei teilweiser Erwerbsminderung Versicherungspflicht nach allgemeinen Grundsätzen. Bei einer vollen Erwerbsminderungsrente gilt in der Arbeitslosenversicherung Beitragsfreiheit und in der Krankenversicherung der ermäßigte Beitragssatz.

Kurzfristig beschäftigte Rentner sind sozialversicherungsfrei. Üben Rentner dagegen eine geringfügige Beschäftigung aus, besteht in der Kranken-, Pflege- und Arbeitslosenversicherung beitragsfreiheit. In der Rentenversicherung besteht Versicherungspflicht, jedoch mit der Möglichkeit, sich befreien zu lassen. Zahlt der Arbeitgeber eine Pauschale von 30 %, sind die Sozialversicherungsbeiträge und auch die Lohnsteuer abgegolten.

Auszubildende

Auszubildenden ist nach dem BBiG eine angemessene Vergütung zu zahlen, die lohnsteuerlich wie laufender Arbeitslohn zu behandeln und nach den Lohnsteuerabzugsmerkmalen zu besteuern ist. Für Auszubildende gelten die Bestimmungen für die Versicherungsfreiheit von geringfügig Beschäftigten nicht, sie sind unabhängig von der Höhe der Vergütung sozialversicherungspflichtig.

Bis zu der Geringverdienergrenze übernimmt der Arbeitgeber den Gesamtbeitrag zur Sozialversicherung. Die Geringverdienergrenze beträgt monatlich 325 € (2024). Dieser Grenzwert aus dem Sozialversicherungsrecht ist nicht gleichzusetzen mit der steuerlichen Höchstgrenze von 538 € bei geringfügiger Beschäftigung. Da seit 2020 für alle neu abgeschlossenen Berufsausbildungsverhältnisse eine Mindestvergütung gilt, kommt die Geringverdienergrenze seitdem praktisch kaum noch zur Anwendung. Die gesetzlich festgelegte Mindestvergütung wird für jedes Ausbildungsjahr vorgegeben und jährlich neu bestimmt.

2024 gelten folgende Werte:

- 1. Ausbildungsjahr: 649 €
- 2. Ausbildungsjahr: 766 €
- 3. Ausbildungsjahr: 876 €
- 4. Ausbildungsjahr: 909 €

Außer bei Auszubildenden ist die Geringverdienergrenze noch bei Beschäftigten anzuwenden, die ein freiwilliges soziales oder ökologisches Jahr oder den Bundesfreiwilligendienst ableisten.

Praktikanten und Studenten

Die Lohnsteuer wird, wie bei anderen Arbeitnehmern, nach den Lohnsteuerabzugsmerkmalen einbehalten. Bei geringfügigen oder kurzfristigen Beschäftigungen von Praktikanten und Studenten sind die dafür geltenden allgemeinen Regelungen zur Besteuerung und Sozialversicherung anzuwenden.

Zu beachten sind jedoch folgende Ausnahmen und Besonderheiten:

Muss ein eingeschriebener Student aufgrund der Studienbestimmungen eine berufspraktische Tätigkeit (Praktikantentätigkeit) ableisten, so ist diese Tätigkeit in allen Zweigen der Sozialversicherung versicherungsfrei, und zwar unabhängig davon, ob die Praktikantentätigkeit während der Semesterferien oder während des Studiums ausgeführt wird. Entscheidend ist, dass das Praktikum Bestandteil einer Studien- oder Prüfungsordnung ist.

Ansonsten sind Studenten grundsätzlich in der gesetzlichen Rentenversicherung versicherungspflichtig, wenn die Tätigkeit neben dem Studium ausgeübt wird. In der Kranken-, Pflege- und Arbeitslosenversicherung besteht dagegen Versicherungsfreiheit unter der Voraussetzung, dass der Student nicht mehr als 20 Stunden in der Woche arbeitet. Die 20-Stunden-Grenze spielt keine Rolle, wenn die Tätigkeit vorwiegend abends und am Wochenende oder während der Semesterferien ausgeübt wird.

Kurzfristig beschäftigte Arbeitskräfte

Voraussetzung für eine kurzfristige Beschäftigung gemäß § 40 a Abs. 1 EStG ist:

- Begrenzung der Beschäftigung von vornherein auf 3 Monate
- Höchstdauer 70 Tage im Jahr

Die Angaben beziehen sich auf 2024. Regelmäßig werden aufgrund aktuell geänderter Anforderungen (z. B. Covid-19) die Rechtsgrundlagen geändert. Die Beschäftigung muss gelegentlich, d. h. nicht regelmäßig wiederkehrend, nicht im Voraus bestimmt und vom Beschäftigten nicht berufsmäßig ausgeübt werden. Bei der Prüfung, ob die Zeitgrenzen überschritten werden, sind alle Beschäftigungen eines Jahres, auch bei verschiedenen Arbeitgebern, zusammenzuzählen. Die Höhe des Entgelts ist nicht begrenzt.

Werden diese Maßgaben eingehalten, bleibt die kurzfristige Beschäftigung in der Sozialversicherung beitragsfrei. Der Arbeitgeber hat lediglich die Umlagen zu zahlen (2024 U 1 = 1,1 %, U 2 = 0,24 %, U 3 = 0,06 %). Die Umlage U1 fällt allerdings bei einer Beschäftigungsdauer unter vier Wochen nicht an, da in diesem Zeitraum noch kein Anspruch auf Lohnfortzahlung im Krankheitsfall entsteht.

Werden darüber hinaus noch folgende Höchstgrenzen (2024) eingehalten, kann das Entgelt für kurzfristige Beschäftigung vom Arbeitgeber mit 25 % pauschal versteuert werden:

- Maximal 18 zusammenhängende Tage
- Höchstentgelt, pro Arbeitstag durchschnittlich 150 €,
  ausgenommen bei unvorhersehbaren Einsätzen
- Höchstentgelt pro Arbeitsstunde durchschnittlich 19 €
- Beschäftigung **gelegentlich** und nicht regelmäßig wiederkehrend

Bei einer Beschäftigung zu einem unvorhersehbaren Zeitpunkt braucht die Grenze für den durchschnittliche Tageslohn nicht beachtet zu werden, die Stundenlohngrenze ist aber einzuhalten.

Ansonsten ist eine kurzfristige Beschäftigung nach den Lohnsteuerabzugsmerkmalen (ELSTAM) zu besteuern. Da keine gleichmäßige Beschäftigung während des ganzen Jahres vorliegt, sind die Steuerabzüge bei kurzfristiger Beschäftigung relativ hoch. Eine Einkommensteuererklärung am Ende des Jahres ist daher zu empfehlen.

Beschäftigung in geringem Umfang und gegen geringen Arbeitslohn

Eine geringfügige Beschäftigung liegt vor, wenn das Arbeitsentgelt 538 € im Monat nicht übersteigt (Minijob). Die vom Arbeitgeber zu leistenden Pauschalabgaben belaufen sich auf 30 % und setzen sich wie folgt zusammen: Pauschale Lohnsteuer 2 %, Rentenversicherung 15 %, Krankenversicherung 13 %. Solidaritätszuschlag und Kirchensteuer sind mit den Pauschalsatz für die Lohnsteuer abgegolten.

Bisher waren damit alle Beiträge der Sozialversicherung abgegolten, ohne dass auch Leistungsansprüche entstanden wären. Der Arbeitnehmer konnte jedoch zur Verbesserung seiner Rentenanwartschaft auf seine Rentenversicherungsfreiheit verzichten und die Differenz zum vollen Rentenversicherungsbeitragssatz selbst tragen, die 18,6 % – 15 % = 3,6 % beträgt (seit 2018).

Seit Januar 2013 sind geringfügig Beschäftigte grundsätzlich rentenversicherungspflichtig und müssen den erwähnten Differenzbetrag leisten, können sich jedoch auf Antrag befreien lassen.

In der gesetzlichen Krankenkasse kann der geringfügig Beschäftigte keine Leistungsansprüche erwerben. Für geringfügig Beschäftigte, die privat krankenversichert sind, entfällt der Krankenversicherungsbeitrag.

Der Arbeitgeber zahlt die pauschalen Abgaben an die bei der Deutschen Rentenversicherung Knappschaft Bahn See eingerichtete Minijobzentrale. Zusätzlich sind die Umlagen U 1 bis U 3 wie bei kurzfristig Beschäftigten zu entrichten.

Mit dem Zweiten Gesetz für moderne Dienstleistungen am Arbeitsmarkt wurde 2002 eine **Gleitzonenregelung für den Niedriglohnbereich** (regelmäßiges Arbeitsentgelt 538,01 € bis 2.000 €, 2024) eingeführt. Arbeitnehmer sind zwar sozialversicherungspflichtig, werden aber nicht mit dem vollen Sozialversicherungsbeitrag belastet . Der Arbeitgeber dagegen muss schon ab 538 € (Minijob) Entgelt den vollen Arbeitgeberanteil leisten. Die übliche hälftige Beitragsübernahme gilt erst ab einer Entgelthöhe oberhalb der Gleitzone. Diese Regelung gilt nicht für Auszubildende, Praktikanten und Umschüler und für Beschäftigungen mit zugrunde gelegtem fiktivem Gehalt (z. B. anerkannte Werkstätten für Behinderte).

Sind die Voraussetzungen der Lohnsteuerpauschalierung nicht erfüllt oder soll davon kein Gebrauch gemacht werden, finden die Lohnsteuerabzugsmerkmale (ELSTAM) Anwendung.

Wird die geringfügige Beschäftigung neben einer Hauptbeschäftigung ausgeübt, ist der Arbeitgeber darüber zu informieren, dass es sich um ein zweites Arbeitsverhältnis handelt.

Aufgrund des **Mindestlohngesetzes** ist zu prüfen, ob die 538 €-Grenze durch Anwendung des Mindestlohns überschritten wird; u. U. ist die vereinbarte Stundenzahl zu verringern (→ 2.3.4).

Erben oder Hinterbliebene eines Arbeitnehmers

Einnahmen aus einem früheren Dienstverhältnis sind Arbeitslohn, unabhängig davon, ob sie dem zunächst Bezugsberechtigten oder seinem Rechtsnachfolger zufließen (§ 2 Abs. 2 Nr. 2 LStDV). Zahlungen an Erben oder Hinterbliebene nach dem Tod eines Arbeitnehmers aufgrund eines Dienstverhältnisses, stellen also Einkünfte gem. § 19 EStG dar und die Empfänger sind als Arbeitnehmer zu behandeln.

Arbeitslohn, der nach dem Tod des Arbeitnehmers gezahlt wird, darf nicht mehr nach den steuerlichen Merkmalen des Verstorbenen versteuert werden. Erben oder Hinterbliebene, an die Beträge gezahlt werden, sind steuerlich Arbeitnehmer und haben dem Arbeitgeber die ELStAM-Daten zugänglich zu machen.

Besondere Aufgaben des Personalrechnungswesens

Neben der Abrechnung von Arbeitsentgelten fallen eine Reihe von weiteren Aufgaben in den Bereich des Personalrechnungswesens, z. B. die Bearbeitung von Lohnpfändungen, die Berechnung von Reisekosten und Umzugskosten oder die Ermittlung und Dokumentation von Steuerfreigrenzen bei Betriebsveranstaltungen.

Pfändungen und Lohnabtretungen: Gläubiger können auch auf das Arbeitseinkommen eines Schuldners zugreifen. Das Arbeitseinkommen ist jedoch meist die einzige Grundlage des Arbeitnehmers für seinen Lebensunterhalt. Aus diesem Grunde ist der Zugriff auf die Arbeitsentgelte der Arbeitnehmer eingeschränkt. Die wesentlichen Rechtsgrundlagen der Lohnpfändung sind § 850 Zivilprozessordnung (ZPO) und die §§ 309, 313, 319 Abgabenordnung (AO).

Das Vollstreckungsgericht erlässt auf schriftlichen Antrag des Gläubigers einen Pfändungs- und Überweisungsbeschluss. Mit der Zustellung des Beschlusses wird dem Arbeitgeber verboten, an den Arbeitnehmer (Schuldner) mehr als den unpfändbaren Teil seines Nettoeinkommens zu zahlen.

Folgende Teile des Arbeitseinkommens sind grundsätzlich unpfändbar: (§ 850 a ZPO):

- die Hälfte der Vergütung für Überstunden
- Urlaubsgeld, Jubiläumszuwendungen, Treuegelder
- Weihnachtsgeld bis zur Hälfte des monatlichen Arbeitseinkommens, höchstens jedoch 500,00 €
- Gefahren-, Schmutz- und Erschwerniszulagen
- Heirats- und Geburtsbeihilfen, bestimmte andere Beihilfen
- Aufwandsentschädigung für eine auswärtige Tätigkeit

Auch ein bestimmtes Mindesteinkommen ist unpfändbar (2024 bis 1.402,28 € monatlich bereinigtes Nettoeinkommen). Die Pfändungsfreigrenze erhöht sich bei Unterhaltsverpflichtungen für jede berechtigte Person. Erst wenn das monatliche bereinigte Nettoeinkommen eine Obergrenze übersteigt (2024 bis 4.298,81 €), ist der überschießende Betrag in voller Höhe pfändbar.

Zur Ermittlung des pfändbaren Nettoeinkommens werden vom Bruttoeinkommen die unpfändbaren Beträge abgezogen. Von dem verbleibenden Betrag werden die gesetzlichen Abzüge wie Lohn- und Kirchensteuer, Solidaritätszuschlag, Arbeitnehmeranteile zur gesetzlichen Sozialversicherung oder zu einer freiwilligen Krankenversicherung sowie die vermögenswirksamen Leistungen in Abzug gebracht. Das verbleibende Nettoeinkommen ist maßgebend für die Ermittlung des pfändbaren Betrags, der in einer Pfändungstabelle auf Grundlage des § 850 c ZPO abgelesen werden kann.

Im folgenden Beispiel für 2024/2025 verdient ein lediger Arbeitnehmer ohne Unterhaltsverpflichtung für weitere Personen ein Bruttogehalt von 2.650 €, im Abrechnungsmonat werden außerdem 400 € für Überstunden vergütet:

Bruttogehalt	2.650,00 €
Überstunden	+ 400,00 €
Gesamtbrutto	= 3.050,00 €
Abzug 50 % Überstundenvergütung (unpfändbar nach § 850 a ZPO)	– 200,00 €
Zwischenergebnis	= 2.850,00 €
Abzug Steuern & Sozialabgaben	– 909,21 €
Bereinigtes Nettoeinkommen	= 1.940,79 €
Abgerundetes bereinigtes Nettoeinkommen	1.940,00 €
Pfändbarer Anteil (gem. Lohnpfändungstabelle nach § 850 c ZPO)	**– 313,78 €**
Verbleibendes unpfändbares Einkommen	= 1.626,22 €

In der Pfändungstabelle ist berücksichtigt, ob der Arbeitnehmer alleinstehend ist oder Unterhaltsverpflichtungen zu erfüllen hat. Bei Pfändungen wegen eines Unterhaltsanspruches gelten Besonderheiten. Der Pfändungsschutz des Schuldners ist hier eingeschränkt.

Der Arbeitnehmer kann auch Teile des Arbeitseinkommens an einen Gläubiger abtreten. Die Abtretung ist eine Verfügung des Arbeitnehmers über sein Arbeitseinkommen auf freiwilliger Grundlage. Erhält der Arbeitgeber Kenntnis von einer wirksamen Abtretung, so kann er die abgetretenen Teile des Arbeitseinkommens des Arbeitnehmers nur noch an den Gläubiger auszahlen. Die Lohn- und Gehaltsabtretungen werden vom Nettoeinkommen (Bruttoeinkommen abzgl. der gesetzlichen Abzüge) vorgenommen. Eine Abtretung des Entgeltanspruchs ist nur für den Teil möglich, der nicht der Lohnpfändung unterliegt (§ 400 BGB).

Die einbehaltenen, rechtswirksam gepfändeten oder abgetretenen Anteile des Arbeitsentgeltes sind vom Arbeitgeber direkt an den Gläubiger zu zahlen.

Die **Abrechnung von Kostenerstattungen** gehört in der Regel zu den Aufgaben des Personalrechnungswesens. Es handelt sich um Leistungen des Arbeitgebers, die z. T. auch als Werbungskosten von den Arbeitnehmern in der Steuererklärung geltend gemacht werden können, wenn keine Erstattung durch den Arbeitgeber erfolgt.

Werbungskosten sind alle Aufwendungen, die dem Erwerb, der Sicherung und Erhaltung der Einnahmen dienen und die durch die Ausübung der beruflichen Tätigkeit entstehen (§ 9 EStG).

Typische Kostenerstattungen sind Reisekosten oder Umzugskosten (§ 3 Nr. 13 oder 16 EStG).

Reisekosten sind Aufwendungen, die durch eine so gut wie ausschließlich berufliche Tätigkeit außerhalb der Wohnung und einer ersten Tätigkeitsstätte veranlasst sind. Es besteht eine Aufzeichnungspflicht für Anlass und Art der beruflichen Tätigkeit, Reisedauer und Reiseweg sowie Nachweis durch geeignete Unterlagen (z. B. Fahrtenbuch, Tankquittungen, Fahrkarten, Hotelrechnungen, Schriftverkehr). Die Lohnsteuerrichtlinien (LStR) unterscheiden zwischen:

- Fahrtkosten (R 9.5 LStR)
- Verpflegungsmehraufwendungen (R 9.6 LStR)
- Übernachtungskosten (R 9.7 LStR)
- Reisenebenkosten (R 9.8 LStR).

Eine Dienstreise (Geschäftsreise) liegt anlässlich eines Ortswechsels zu vorübergehender Auswärtstätigkeit vor und schließt Hin- und Rückfahrt ein. Auswärtstätigkeit ist eine berufliche Tätigkeit außerhalb der Wohnung und der ersten Tätigkeitsstätte des Arbeitnehmers.

Die Dauer der Dienstreise ist auf die drei Monate begrenzt. Bei einem längeren Zeitraum wird die auswärtige Arbeitsstätte steuerlich als regelmäßiger Arbeitsplatz angesehen. Nicht als Dienstreise gilt eine Fahrertätigkeit von Arbeitnehmern (z. B. Berufskraftfahrer).

Einsatzwechseltätigkeiten liegen vor, wenn Arbeitnehmer typischerweise an ständig wechselnden Tätigkeitsstätten eingesetzt werden, wie Bau- und Montagearbeiter oder Leiharbeiter. Hier kann der Arbeitgeber unter Umständen eine erste Tätigkeitsstätte definieren (z. B. eine Baustelle).

Die **Fahrtkosten** zwischen erster Tätigkeitsstätte und betrieblichen Einsatzorten oder Unterkunft können bei Dienstreisen angesetzt werden und dem Arbeitnehmer in voller Höhe erstattet werden.

Verpflegungsmehraufwendungen können nur als Pauschbeträge angesetzt werden. Bei Dienstreisen im Inland bei einer Abwesenheit von der Wohnung bzw. Arbeitsstätte von mehr als acht und weniger als 24 Std. 14 €, bei 24 Std. Abwesenheit 28 €. Bei mehreren Dienstreisen an einem Kalendertag sind die Abwesenheitszeiten zusammenzurechnen. Bei mehrtägigen Dienstreisen können am An- und Abreisetag je 14 € angesetzt werden, unabhängig von der tatsächlichen Dauer. Werden arbeitgeberseitig Mahlzeiten gestellt – dies gilt auch für die Mahlzeitengestellung durch Dritte (z. B. Frühstück im Hotel) – erfolgt eine Kürzung des Pauschbetrages. Bei Frühstück werden 5,60 €, bei Mittag- oder Abendessen jeweils 11,20 € (bezogen auf den vollen Tagessatz von 28 €) gekürzt.

Bei Auslandsdienstreisen gelten länderweise unterschiedliche Pauschbeträge (Auslandstagegelder gemäß der Bekanntmachung des Bundesfinanzministeriums).

Übernachtungskosten im Inland können durch Einzelnachweise in Höhe der tatsächlichen Aufwendungen oder durch eine Pauschale von 20 € pro Übernachtung geltend gemacht werden. Im Ausland gelten unterschiedliche Pauschalsätze gemäß Bekanntmachung des Bundesfinanzministeriums. Wird in der Rechnung nur ein Gesamtpreis für Übernachtung und Frühstück ausgewiesen, ist der Gesamtpreis zur Ermittlung der Übernachtungskosten im Inland um 5,60 €

zu kürzen, im Ausland um 20 % des für den Unterkunftsort maßgebenden Pauschbetrags für Verpflegungsmehraufwendungen bei mehrtägiger Dienstreise.

Reisenebenkosten (R 40 a LStR) sind Aufwendungen für:
- Beförderung und Aufbewahrung von Gepäck
- Reisegepäckversicherung, soweit diese auf beruflich bedingte Abwesenheit beschränkt ist
- Telefonate und Schriftverkehr mit dem Arbeitgeber oder Geschäftspartner
- Wertverlust aufgrund eines Schadens an notwendig mitgeführten Gegenständen, wenn der Schaden auf einer reisespezifischen Gefährdung beruht (nicht jedoch z. B. Verlust einer Geldbörse).

Reisekosten einschließlich Fahrtkosten, Verpflegungsmehraufwendung, Übernachtungskosten und Reisenebenkosten können dem Arbeitnehmer in den beschriebenen Grenzen steuer- und beitragsfrei erstattet werden. Der Arbeitgeber ist rechtlich jedoch nicht dazu verpflichtet. Erfolgt keine oder nur eine teilweise Erstattung, können die Aufwendungen in beschriebenem Umfang bzw. in Höhe der Differenz in der Steuererklärung des Arbeitnehmers als Werbungskosten geltend gemacht werden.

Umzugskosten aus beruflicher Veranlassung kann der Arbeitgeber nach § 3 Nr. 16 EStG steuerfrei erstatten, soweit die anzuwendenden Pauschbeträge nicht überschritten werden.

Ein Wohnungswechsel ist als beruflich veranlasst zu betrachten, wenn

- dadurch die Entfernung zwischen Wohnung und Arbeitsstätte erheblich verkürzt wird und die verbleibende Wegezeit im Berufsverkehr als normal angesehen werden kann,
- der Umzug im ganz überwiegenden betrieblichem Interesse des Arbeitgebers durchgeführt wird, insbesondere beim Beziehen oder Räumen einer Dienstwohnung, die aus betrieblichen Gründen bestimmten Arbeitnehmern vorbehalten ist, z. B. zur jederzeitigen Einsatzmöglichkeit,
- der Umzug das Beziehen oder die Aufgabe der Zweitwohnung bei einer beruflich veranlassten doppelten Haushaltsführung betrifft.

Rechtsgrundlage für die Erstattung von Umzugskosten sind das Bundesumzugskostengesetz (BUKG) und die Auslandsumzugskostenverordnung (AUV). Danach können dem Arbeitnehmer folgende Kosten steuerfrei erstattet werden oder in der Einkommensteuererklärung als Werbungskosten geltend gemacht werden:

- Beförderungsauslagen (§ 6 BUKG)
- Reisekosten (§ 7 BUKG)
- Mietentschädigung (§ 8 BUKG)
- andere Auslagen wie Maklergebühren für eine Mietwohnung, durch Umzug bedingter zusätzlicher Unterricht der Kinder, Auslagen für einen Kochherd und Öfen (§ 9 BUKG)
- Pauschvergütung (ab 01.06.2020) für sonstige Umzugsauslagen (§ 10 BUKG) für Umziehende 964 € und für jede weitere in häuslicher Gemeinschaft lebende Person 643 €

Entsprechendes gilt für die nachstehend genannten Aufwendungen einer doppelten Haushaltsführung.

Doppelte Haushaltsführung im steuerrechtlichen Sinne liegt vor, wenn Arbeitnehmer beruflich außerhalb des Ortes beschäftigt sind, an dem sie einen eigenen Hausstand unterhalten, und am Beschäftigungsort eine Zweitwohnung haben (§ 9 Abs. 1 Nr. 5 Satz 2 EStG). Als notwendige Mehraufwendungen wegen einer doppelten Haushaltsführung kommen in Betracht:

- Fahrtkosten zu Beginn und am Ende der doppelten Haushaltsführung
- Familienheimfahrten, einmal wöchentlich mit 0,30 € pro km, bzw. 0,38 € ab dem 21. Entfernungskilometer Entfernung oder wöchentliche Familienferngespräche
- Verpflegungsmehraufwendungen
- Aufwendungen für die Zweitwohnung.

Betriebsveranstaltungen finden in überwiegend betrieblichem Interesse statt. Zuwendungen an den Arbeitnehmer aus diesem Anlass gehören nicht zum Arbeitslohn, wenn es sich um herkömmliche (übliche) Betriebsveranstaltungen und um bei diesen Veranstaltungen übliche Zuwendungen handelt (R 72 LStR). Betriebsveranstaltungen haben gesellschaftlichen Charakter. Darunter fallen z. B. Betriebsausflüge, Weihnachtsfeiern und Jubiläumsfeiern. Es spielt keine Rolle, ob die Veranstaltungen vom Arbeitgeber oder Betriebsrat durchgeführt werden.

Eine Betriebsveranstaltung liegt jedoch nur dann vor, wenn die Möglichkeit der Teilnahme allen Betriebsangehörigen offensteht. Veranstaltungen nur für einen beschränkten Kreis der Arbeitnehmer können als Betriebsveranstaltungen angesehen werden, wenn sich die Begrenzung des Teilnehmerkreises nicht als Bevorzugung bestimmter Arbeitnehmergruppen darstellt. So liegt eine Betriebsveranstaltung vor, wenn sie jeweils nur für eine Organisationseinheit des Betriebs oder für einzelne Abteilungen durchgeführt wird. Wichtig ist aber, dass alle Arbeitnehmer der Organisationseinheit oder der Abteilung an der Veranstaltung teilnehmen können. Entsprechendes gilt auch für Jubilarfeiern oder Pensionärstreffen.

Für die Abgrenzungen der Herkömmlichkeit sind Häufigkeit, Dauer und besondere Ausgestaltung der Betriebsveranstaltung maßgebend. In Bezug auf Dauer und Häufigkeit üblich sind eintägige Betriebsveranstaltungen ohne Übernachtung, wenn sie nicht mehr als zweimal jährlich stattfinden.

Übliche Zuwendungen bei einer Betriebsveranstaltung sind insbesondere:

- Speisen, Getränke und Süßigkeiten
- Übernahme von Fahrtkosten
- Eintrittskarten für kulturelle und sportliche Veranstaltungen, wenn sich die Betriebsveranstaltung nicht darauf beschränkt.
- Geschenke ohne bleibenden Wert (z. B. Weihnachtspäckchen), wenn sie den Rahmen einer Aufmerksamkeit nicht überschreiten
- Aufwendungen für den äußeren Rahmen (z. B. für Räume, Musik, künstlerische Darbietungen).

Auch Barzuwendungen können geleistet werden; dann muss aber sichergestellt sein, dass diese zweckentsprechend im vorgenannten Sinne verwendet werden. Fahren Arbeitnehmer zu Betriebsveranstaltungen, die an einem anderen Ort als dem des Betriebes veranstaltet werden, so können die Aufwendungen für die Fahrt zur Teilnahme als Reisekosten behandelt werden.

Die Zuwendungen sind bis zu einem Freibetrag von 110 € als Betriebsausgaben steuerfrei. Mehrkosten sind lohnsteuerpflichtig, können jedoch vom Arbeitgeber pauschal mit 25 % versteuert werden (§ 40 Abs. 2 EStG). Zuwendungen an Ehegatten oder einen Angehörigen des Arbeitnehmers sind dem Arbeitnehmer zuzurechnen.

Die Aufwendungen bei einer nicht herkömmlichen (unüblichen) Betriebsveranstaltung gehören zum Arbeitslohn. Für die Erhebung der Lohnsteuer gelten die allgemeinen Vorschriften. § 40 Abs. 2 EStG (Pauschalierung) ist anwendbar.

Prüfung der Selbstständigkeit von Dienstleistern

Im Personalrechnungswesen müssen häufig auch die rechtlichen Voraussetzungen von Arbeitsverhältnissen geprüft werden, z. B. die Frage, ob es sich bei Dienstleistern um echte Selbstständige, um arbeitnehmerähnliche Selbstständige oder um Scheinselbstständige handelt, was für die Beitragspflicht in der Sozialversicherung von Bedeutung ist.

Oft ist es nicht leicht, die Abgrenzung zwischen einem Arbeitnehmer und einem selbstständig Tätigen vorzunehmen. Nach § 1 Abs. 2 LStDV liegt ein Arbeitnehmerverhältnis vor, wenn der Beschäftigte seine Arbeitskraft schuldet, d. h. wenn die tätige Person unter der Leitung des Arbeitgebers steht, dessen geschäftlichem Willen im Rahmen des geschäftlichen Organismus und dessen Weisung zu folgen verpflichtet ist. Die Rechtsprechung hat bestimmte Merkmale festgelegt, die für die Annahme einer **Arbeitnehmereigenschaft** sprechen (LStH 67):

- persönliche Abhängigkeit
- Weisungsgebundenheit bezüglich Ort, Zeit und Inhalt der Tätigkeit
- feste Arbeitszeiten
- feste Bezüge
- Urlaubsanspruch
- Anspruch auf sonstige Sozialleistungen
- Fortzahlung der Bezüge im Krankheitsfall
- Überstundenvergütung
- zeitlicher Umfang der Dienstleistungen
- Unselbstständigkeit in Organisation und Durchführung der Tätigkeit
- kein Unternehmerrisiko
- keine Unternehmerinitiative
- kein Kapitaleinsatz
- keine Pflicht zur Beschaffung von Arbeitsmitteln
- Eingliederung in den Betrieb
- Schulden der Arbeitskraft und nicht eines Arbeitserfolges
- Ausübung der Tätigkeit gleichbleibend an einem bestimmten Ort
- Notwendigkeit der engen ständigen Zusammenarbeit mit anderen Mitarbeitern
- Ausführung von einfachen Tätigkeiten, bei denen eine Weisungsabhängigkeit die Regel ist

Wird ein selbstständig Tätiger mit Leistungen beauftragt, obwohl die oben aufgeführten Kriterien (teilweise) erfüllt sind, handelt es sich in der Praxis eher um einen arbeitnehmerähnlichen Selbstständigen oder um einen Scheinselbstständigen.

Arbeitnehmerähnliche Selbstständige sind im Wesentlichen nur für einen Auftraggeber tätig (5/6 des Umsatzes) und beschäftigen keinen versicherungspflichtigen Arbeitnehmer mit mehr als 538 € Arbeitsentgelt. Diese Gruppe unterliegt, anders als Scheinselbstständige, nur der Rentenversicherungspflicht. Die Beiträge sind von den arbeitnehmerähnlichen Selbstständigen selbst zu tragen.

Mit einer **Scheinselbstständigkeit** verbunden ist die Versicherungspflicht in der Kranken-, Pflege-, Renten- und Arbeitslosenversicherung. Der Auftraggeber des scheinselbstständigen Arbeitnehmers gilt als Arbeitgeber, der alle Pflichten desselben zu erfüllen hat. Das sind insbesondere die Prüfung der Versicherungspflicht und, falls diese gegeben ist, die Ermittlung des beitragspflichtigen Entgeltes, die Berechnung und Zahlung des Gesamtsozialversicherungsbeitrages sowie die Führung von Lohnunterlagen.

Zwar ist die umstrittene Vermutungsregelung nach § 7 (4) SGB IV mit der verbindlichen Formulierung von bestimmten Merkmalen für eine Scheinselbstständigkeit komplett gestrichen worden, doch sollte bei Beschäftigung freier Mitarbeiter oder Dienstleister stets sorgfältig geprüft werden, ob eine Scheinselbstständigkeit vorliegen könnte.

Eine verlässliche Aussage, ob eine sozialversicherungspflichtige Beschäftigung und nicht Selbstständigkeit vorliegt, kann auf dem Wege einer Prüfung durch die Einzugsstellen der Sozialversicherungsträger bei der gesetzlichen Krankenversicherung herbeigeführt werden. Eine Klärung kann auch bei der Clearingstelle der Deutschen Rentenversicherung Bund durch eine formelle Anfrage erzielt werden. In diesem Anfrageverfahren wird in erster Linie geprüft, inwieweit unternehmerische Merkmale wie Entscheidungsfreiheit, Risikoübernahme, Chancenwahrnehmung (z. B. Werbung) u. a. gegeben sind.

2.7.2.4 Gesellschaftsbezogene Unternehmensrechnung (Sozialbilanz)

Die Sozialbilanz ist das Instrument für die freiwillige gesellschaftsbezogene Rechnungslegung und Berichterstattung eines Unternehmens. Sie soll Wirkungen des ökonomisch-unternehmerischen Handelns auf interne und externe soziale und gesellschaftliche Aspekte abbilden. Die dargestellten Ergebnisse, oft mit Statistiken, grafischen Darstellungen und farbigen Abbildungen belegt, beziehen sich sowohl auf Menschen innerhalb und außerhalb des Unternehmens, als auch auf Umweltbelastung und Nachhaltigkeit, Recourcenschutz, technische Innovation, Arbeitsplatzerhaltung und -schaffung.

Die Sozialbilanz setzt sich aus drei Bestandteilen zusammen:

- Die Wertschöpfungsrechnung weist aus, aufgrund welcher Faktoren der Wertzuwachs durch unternehmerisches Handeln entsteht und wie er verteilt wird.
- Die Sozialrechnung dokumentiert in quantitativer bzw. monetärer Form die gesellschaftsbezogenen Aktivitäten eines Betriebs (z. B. Infrastrukturbeiträge, Betriebskindergarten, Betriebssport).
- Der Sozialbericht erläutert die Wertschöpfungsrechnung und die Sozialrechnung.

Die Sozialbilanz ist gesetzlich nicht vorgeschrieben und wird unterschiedlich beurteilt. Einerseits lautet die Kritik, dass eine Sozialbilanz in erster Linie aus Public-Relations-Gründen erstellt wird; es wird auch bezweifelt, dass die vielen qualitativen Angaben in der Sozialbilanz angemessen dargestellt werden (→ 2.5.4.2). Andererseits wird das soziale Engagement der Betriebe unter dem Stichwort Corporate Social Responsibility und die Berichterstattung darüber positiv aufgenommen.

2.7.3 Datensicherheit und betrieblicher Datenschutz

Das Thema »Datensicherheit und Datenschutz« wurde bereits ausführlich dargestellt (→ 1.5.3).

Kontrollfragen

31. Wodurch unterscheiden sich individuelles und kollektives Arbeitsrecht?
32. Welche Pflichten hat der Arbeitgeber aus dem Arbeitsvertrag?
33. Welche Pflichten hat der Arbeitnehmer aus dem Arbeitsvertrag?
34. Wodurch kann ein Arbeitsverhältnis beendet werden?
35. In welchen Fällen liegt eine sozial ungerechtfertigte Kündigung vor?
36. Welche Möglichkeiten der Mitwirkung hat der Betriebsrat bei Kündigungen?
37. Für welche Arbeitnehmergruppen gelten besondere kündigungsrechtliche Schutzvorschriften?
38. Wodurch ist ein Leiharbeitsverhältnis gekennzeichnet?
39. Welche sind die Rechtsgrundlagen für den Gesundheits- und Unfallschutz?
40. Welche Personengruppen haben einen besonderen Arbeitszeitschutz?
41. Welchen besonderen Arbeitsschutz haben werdende und stillende Mütter?
42. Welchen besonderen Arbeitsschutz haben Jugendliche?
43. Was sind Tarifverträge?
44. Was sind Betriebsvereinbarungen?
45. Welche Organe der Betriebsverfassung gibt es?
46. Wer ist bei Betriebsratswahlen aktiv, wer passiv wahlberechtigt?
47. Welche Stufen der Beteiligung des Betriebsrats an betrieblichen Entscheidungen werden unterschieden?
48. Welche individuellen Rechte kann der Arbeitnehmer nach dem Betriebsverfassungsgesetz auf der Ebene des Arbeitsplatzes geltend machen?
49. Welche Aufgaben hat der Wirtschaftsausschuss?
50. Welche Aufgaben hat eine Einigungssstelle und wie setzt sie sich zusammen?
51. Was ist ein Sozialplan?
52. Für welche Fälle ist das Arbeitsgericht zuständig?
53. Welche Zweige umfasst die Sozialversicherung und wer sind die Träger?
54. Auf welche Weise wird die Selbstverwaltung in der Sozialversicherung durchgeführt?
55. Wozu dient der Sozialversicherungsausweis?
56. Wer ist versicherungspflichtig bei der gesetzlichen Krankenversicherung, Pflegeversicherung, Rentenversicherung, Arbeitslosenversicherung, Unfallversicherung?
57. Wie werden Streitfälle in der Sozialgerichtsbarkeit entschieden?
58. Skizzieren Sie die drei Prinzipien der Entgeltfestsetzung.
59. Welche Formen der Leistungsbeteiligung kennen Sie?
60. Welche Arten von Personalzusatzkosten kennen Sie? Nennen Sie Beispiele für die verschiedenen Einteilungen.
61. Ein Mitarbeiter fragt Sie nach Möglichkeiten ein »Sabbatical« bzw. eine längere Auszeit zu nehmen. Nennen Sie ihm drei denkbare Varianten und berücksichtigen dabei mindestens einen Vorteil und einen Nachteil der jeweiligen Variante.
62. Welche Motive und Ziele bewegen Arbeitgeber, betriebliche Sozialleistungen zu gewähren?

63. Warum gewähren Unternehmen Fahrgeld oder Fahrkostenzuschüsse?
64. Welche internen und externen Faktoren bestimmen die Gewährung von betrieblichen Sozialleistungen?
65. Grenzen Sie die betrieblichen Sozialleistungen gegenüber anderen Sozialleistungen (z. B. die des Staates) ab.
66. Beschreiben Sie soziale Einrichtungen im Rahmen von betrieblichen Sozialleistungen.
67. Welche Formen der betrieblichen Altersversorgung sind Ihnen bekannt? Skizzieren Sie die Inhalte der unterschiedlichen Formen.
68. Skizzieren Sie die Inhalte des »Gesetzes zur Verbesserung der betrieblichen Altersversorgung«.
69. Welche Beratungsangebote für Mitarbeiter halten Sie im Rahmen von betrieblichen Sozialleistungen für sinnvoll?
70. Stellen Sie die wesentlichen Neuerungen durch das Betriebsrentenstärkungsgesetz dar.
71. Erläutern Sie den Begriff »Caféteria-System« im Rahmen der betrieblichen Sozialleistungen.
72. Welche Methoden gibt es zur Arbeitsplatzbewertung?
73. Beschreiben Sie die wesentlichen Inhalte einer Stellenbeschreibung.
74. Welche Möglichkeiten der externen Mitarbeiterbeschaffung kennen Sie?
75 Erläutern Sie den Begriff Laufbahnplanung und stellen Sie eine Laufbahnsystematik grafisch dar. Beschreiben Sie ergänzend den Zweck sowie Vor- und Nachteile einer Fachlaufbahn.
76. Nennen Sie die acht Kriterien zur Antidiskriminierung des Allgemeinen Gleichbehandlungsgesetzes (AGG).
77. Beschreiben Sie die verschiedenen Entgeltformen bei den Arbeitslöhnen.
78. Zählen Sie die Abgrenzungsmerkmale zwischen Arbeitnehmern und selbstständig Tätigen auf.
79. Wie werden Jubiläumszuwendungen besteuert?
80. Erläutern Sie die Besteuerung von Abfindungen.
81. Wie werden Sachbezüge besteuert?
82. Erläutern Sie den Begriff »geldwerte Vorteile«.
83. Was bedeutet der Begriff Märzklausel und was ist hierbei im Meldeverfahren zu beachten?
84. Definieren Sie den Begriff ELStAM und erläutern Sie die Rechte und Pflichten von Arbeitnehmern und Arbeitgebern in diesem Verfahren.
85. Aus welchen fünf Zweigen besteht das System der deutschen Sozialversicherung?
86. Nennen Sie die Rechtsgrundlage für den Entgeltnachweis und listen Sie mindestens acht gesetzlich vorgeschriebene Angaben hierzu auf.
87. Nennen Sie die sechs Steuerklassen und erläutern Sie die Einteilung.
88. Skizzieren Sie Leistungen der gesetzlichen Krankenversicherung.
89. Welche Bedeutung hat die Jahresarbeitsentgeltsgrenze für die Krankenversicherung?
90. Skizzieren Sie Leistungen der gesetzlichen Pflegeversicherung.
91. Skizzieren Sie Leistungen der gesetzlichen Rentenversicherung.
92. Skizzieren Sie Leistungen der gesetzlichen Arbeitslosenversicherung.
93. Welche Aufgabe nimmt die gesetzliche Unfallversicherung durch die Berufsgenossenschaften wahr?
94. Erläutern Sie den Begriff »Sozialbilanz«.

Personalplanung, -marketing und -controlling gestalten und umsetzen

3

Im Handlungsbereich »Personalplanung, -marketing und -controlling gestalten und umsetzen« soll der Prüfungsteilnehmer nachweisen, dass er zusammen mit Führungskräften, Unternehmensleitung und in Abstimmung mit den Mitarbeitervertretungen eine strategieorientierte Personalplanung betreiben und durch geeignete Marketingverfahren und Controllinginstrumente deren zielgerichtete Umsetzung sicherstellen kann. Er muss die betriebs- und volkswirtschaftlichen Einflüsse auf die Personalwirtschaft einschätzen können.

3.1 Konjunktur- und Beschäftigungspolitik bei Personalplanung und Personalmarketing berücksichtigen

Um das Geschehen in einer Volkswirtschaft darzustellen, wird das Kreislaufmodell verwendet. In diesem **Wirtschaftskreislauf** werden alle Beteiligten in **Wirtschaftssektoren** zusammengefasst. Im Modell des einfachen Wirtschaftskreislaufs produzieren Unternehmen Konsumgüter, die von privaten Haushalten gekauft werden. Die privaten Haushalte stellen umgekehrt den Unternehmen Arbeitsleistung, Kapital, Wissen und andere Produktionsfaktoren zur Verfügung.

Den Güterströmen (Güterkreislauf) fließen Geldströme (Geldkreislauf) entgegen. Die privaten Haushalte müssen die von Unternehmen erhaltenen Konsumgüter bezahlen und erhalten von den Unternehmen wiederum ihr Einkommen.

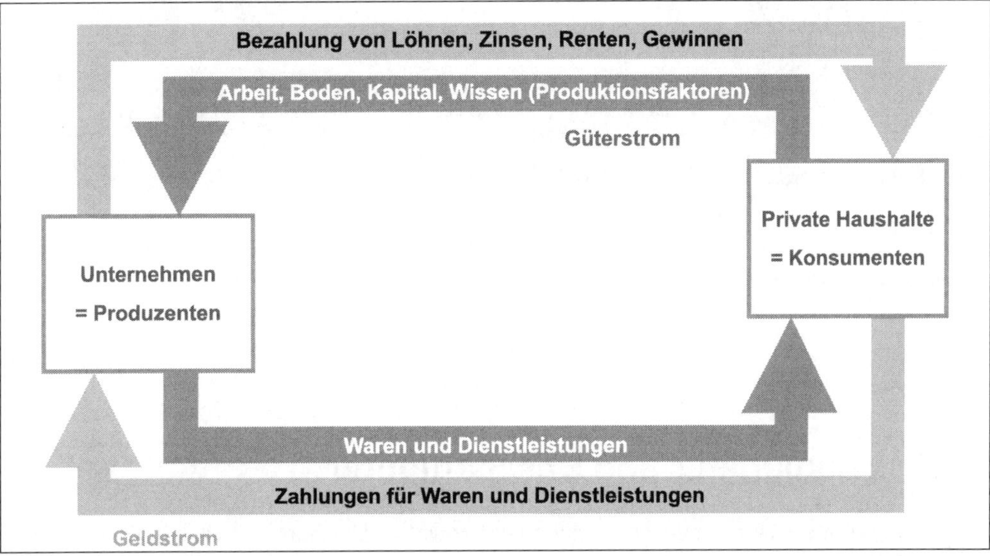

Einfacher Wirtschaftskreislauf

Wird die Möglichkeit der Haushalte zur Bildung von Ersparnissen und der Unternehmen zum Investieren in das Kreislaufschema einbezogen, muss berücksichtigt werden, dass die Haushalte nicht ihr gesamtes Einkommen für Konsumzwecke verwenden, sondern mit einem Teil Ersparnisse bei Banken bilden. Die Ersparnisse setzen Mittel frei, die Unternehmen zur Finanzierung von Investitionen benötigen.

Um den Wirtschaftskreislauf vollständig darzustellen, müssen zu den vorhandenen Sektoren auch das Ausland und der Staat hinzugenommen werden. Die Haushalte können z. B. Einkommen erzielen, wenn ein Arbeiter im Ausland beschäftigt ist und in Deutschland wohnt.

Der wichtigste Teil ergibt sich aus den beiden Strömen Import und Export. Wenn die Exporte größer sind als die Importe, entsteht ein positiver Außenbeitrag, d. h. es fließt zusätzlich Geld vom Ausland ins Inland.

Der Staat nimmt Steuern und Sozialabgaben von den Haushalten und Unternehmen. Er zahlt aber auch Einkommen an die Haushalte und kauft bei den Unternehmen ein bzw. leistet Subventionen.

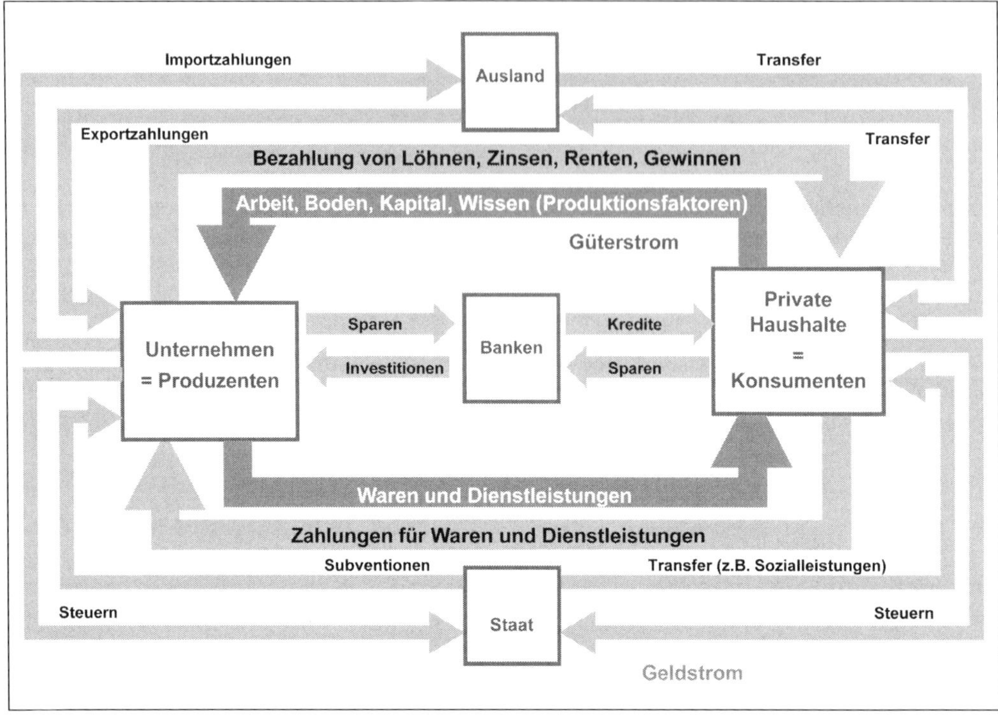

Vollständiger Wirtschaftskreislauf

3.1.1 Konjunktur und Beschäftigung

Unter **Konjunktur** versteht man Schwankungen der wirtschaftlichen Entwicklung. Diese lassen sich besonders gut erkennen, wenn man die Veränderungen des **Bruttoinlandsproduktes (BIP)** betrachtet. Das BIP ist der Wert aller Güter (Sachgüter und Dienstleistungen), die innerhalb eines Jahres in einem Land erzeugt werden. Es ist der wichtigste Indikator für die konjunkturelle Situation einer Volkswirtschaft. Ein Wachstum der Volkswirtschaft ist dann gegeben, wenn in einem bestimmten Zeitraum mehr als in der vorangegangenen Vergleichsperiode produziert worden ist.

Quantitatives Wachstum ist erreicht, wenn die reale Wirtschaftsleistung (BIP) im Vergleich zum Vorjahr gestiegen ist. Die Beseitigung von Umweltschäden steigert das Bruttoinlandsprodukt ebenso wie die ärztliche Versorgung bei Erkrankungen. Dagegen werden z. B. ehrenamtliche Tätigkeiten im BIP genauso wenig erfasst wie die Tätigkeit der Hausfrau.

Qualitatives Wachstum liegt dann vor, wenn Arbeitsbedingungen, Umweltbedingungen und soziale Erfordernisse verbessert worden sind. Diese Erfassung wird heute noch zu wenig praktiziert.

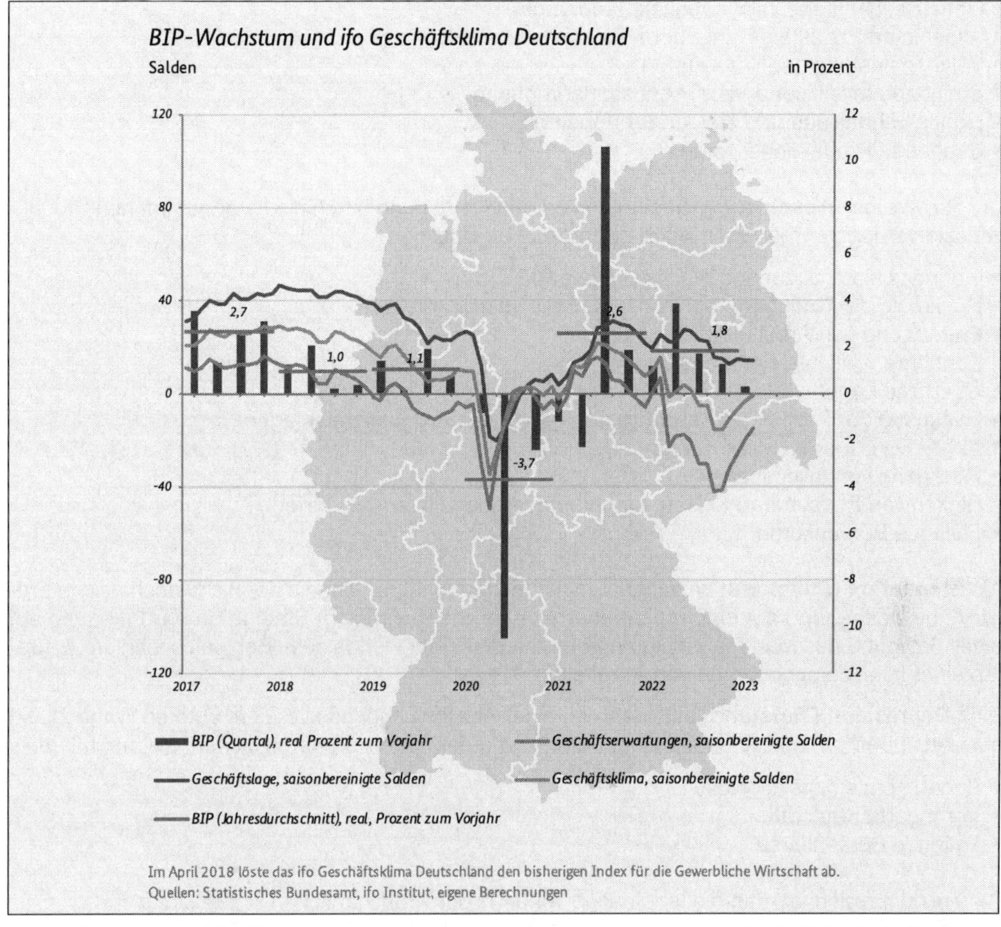

Wirtschaftslage und ifo-Geschäftsklima in Deutschland — Quelle: Statistisches Bundesamt

3.1.1.1 Konjunkturphasen

Mit dem Begriff Konjunktur werden gewisse periodisch auftretende Schwankungen der Wirtschaftstätigkeit bezeichnet. Als Vergleichsmaßstab wird in der Regel die Höhe des Bruttoinlandsproduktes betrachtet. Folgende Konjunkturphasen werden unterschieden:

Die **Expansion (Aufschwung)** ist gekennzeichnet durch:

- Wachstum des Bruttoinlandsproduktes (BIP)
- Zunehmende Nachfrage
- Auslastung der Kapazität
- Schaffung zusätzlicher Arbeitsplätze
- Erhöhte Investitionstätigkeit
- Zunehmendes Einkommen bei noch geringem Preisanstieg
- Steigerung der Löhne und des Konsums

Der **Boom (Hochkonjunktur)** zeichnet sich durch folgende Merkmale aus:

- Schnelles, kräftiges Wachstum des BIP
- Hohe Nachfrage (größer als das Angebot)

- Hohe Beschäftigtenzahl, Arbeitskräftemangel
- Allgemeine Preissteigerung, hohe Zinsen
- Volle Auslastung der Kapazitäten
- Steigende Investitionen zur Produktionserhöhung
- Hohes Lohnniveau und steigender Konsum
- Steigende Produktionskosten

Der **Rezession (Abschwung)** beginnt mit der Marktsättigung durch die vorgenommenen Produktionssteigerungen. Charakteristische Kennzeichen sind:

- Geringes bis rückläufiges Wachstum des BIP
- Rückgang der Nachfrage bei Konsum und Investitionen
- Freisetzung von Arbeitskräften
- Zunahme von Unternehmenszusammenbrüchen
- Überfüllte Lager
- Rückgang der Produktion, teilweise Stilllegung von Produktionsanlagen
- Abbau von Überstunden, Kurzarbeit
- Rückgang von Investitionen
- Sinken von Preisen und Zinsen, stagnierende oder sinkende Löhne
- Fallende Börsenkurse

Als **Stagnation (Stillstand)** bezeichnet man eine Konjunkturphase, in der die wirtschaftliche Entwicklung weitgehend auf einem einmal erreichten Stand verharrt. Stagnation beruht häufig auf einer Sättigung des Marktes und kann Vorbote einer Trendwende sein. Bei gleichzeitigem Auftreten einer Inflation spricht man von Stagflation.

Eine **Depression (Tiefstand)** trifft während einer Abschwungphase vor dem unteren Wendepunkt auf und äußert sich als Krise mit einer Verstärkung der negativen Kennzeichen, insbesondere:

- Zunehmende Arbeitslosigkeit
- Verringerte Kaufkraft
- Fallende Börsenkurse

Als **Trend** bezeichnet man die langfristige Tendenz der wirtschaftlichen Entwicklung.

Schwankungen der Konjunktur

Durch das Auf und Ab wirtschaftlicher Aktivitäten ergeben sich Wirtschaftsschwankungen, die unterschiedliche Ursachen haben.

Saisonale Schwankungen sind vor allem jahreszeitlich bedingt (z. B. Winterarbeitslosigkeit in der Bauindustrie, Zunahme der Einzelhandelsumsätze vor Weihnachten). Sie sind vorhersehbar und planbar, da sie nur **kurzfristig** wirken. Sie haben deshalb keinen allzu großen Einfluss auf die Volkswirtschaft.

Konjunkturelle Schwankungen wirken **mittelfristig** und beziehen sich auf die gesamte Wirtschaft. Sie ergeben sich durch das Ungleichgewicht von Angebot und Nachfrage. Der Zyklus umfasst vier bis sechs Jahre.

Die Volkswirtschaften der Welt sind heute so stark miteinander verflochten, dass sie sich hinsichtlich des Konjunkturverlaufs gegenseitig beeinflussen.

Strukturelle Schwankungen werden durch Innovationsschübe im Produktions- oder Technologiebereich ausgelöst. Sie sind langfristiger Natur mit einem Zyklus von ca. 50 Jahren. Dabei haben sie große Auswirkungen auf den Arbeitsmarkt. Die Politik kann hier nur schwer eingreifen.

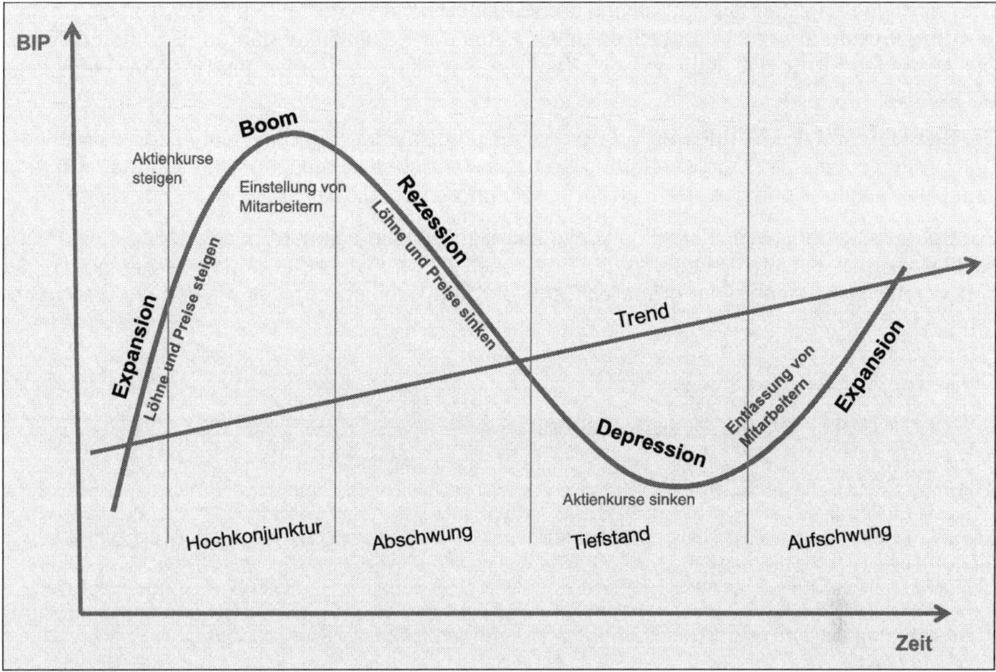

Konjunkturzyklus

Konjunkturindikatoren

Konjunkturindikatoren sind wirtschaftliche Kenngrößen, die zur Untersuchung, Beurteilung und Voraussage der konjunkturellen Entwicklung herangezogen werden. Sie haben direkten Einfluss auf den Personalplanungsprozess eines Unternehmens.

Beispiele sind die Entwicklung der Preise, der Löhne und der Zinsen sowie der Zahl der Arbeitslosen (Arbeitslosenquote) und der offenen Stellen. Anhand der Auftragseingänge und des Geschäftsklimaindex lässt sich auf die künftige Entwicklung der Produktion und damit auf den Personalbedarf schließen. Aus der Summe der Investitionsvorhaben lässt sich ableiten, ob mit einer Zunahme der Beschäftigung gerechnet werden kann.

Die Zahl der Anträge auf Eröffnung eines Insolvenzverfahrens gibt Auskunft darüber, wie viele Unternehmen sich in Zahlungsschwierigkeiten befinden und deren Arbeitsplätze daher bedroht sind.

Jahreswirtschaftsbericht, Sozialbudget, Sozialbericht

Gemäß Stabilitäts- und Wachstumsgesetz (StWG) legt die Bundesregierung jedes Jahr im Januar den **Jahreswirtschaftsbericht** vor, in dem sie ihre Finanz- und Wirtschaftspolitik darstellt und eine Prognose der zu erwartenden gesamtwirtschaftlichen Entwicklung in Deutschland abgibt, außerdem zum ebenfalls jährlich erstellten Gutachten des Sachverständigenrats Stellung nimmt.

Das **Sozialbudget** wird ebenfalls jährlich von der Bundesregierung veröffentlicht. Es handelt sich um eine zusammenfassende Darstellung sämtlicher Leistungen des sozialen Sicherungssystems und der Finanzierung durch öffentliche Zuweisungen sowie durch Beiträge der Arbeitgeber und der Versicherten. Das Sozialbudget 2022 umfasst eine Summe von rund 1.178,5 Milliarden Euro.

Eine wichtige Kennziffer zur Beurteilung der sozialpolitischen Aktivität des Staates ist die **Sozialleistungsquote**. Sie zeigt den prozentualen Anteil der Sozialleistungen am Sozialprodukt an. Die Ausgaben für Sozialleistungen pro Kopf der Bevölkerung werden als Sozialleistungsziffer bezeichnet.

Der **Sozialbericht der Bundesregierung** erscheint regelmäßig zum Ende einer Legislaturperiode. Darin dokumentiert die Bundesregierung die sozialstaatlichen Leistungen und Reformen während ihrer Regierungszeit und gibt eine mittelfristige Prognose über die Entwicklung der Sozialleistungen.

Zur Beurteilung der jeweils aktuellen konjunkturellen Situation dienen Einschätzungen von Wirtschaftsinstituten, die ihre Wertungen und Prognosen in Form von **Indexzahlen** bekanntgeben, die z. B. durch Befragungen einer größeren Zahl von Unternehmen ermittelt werden (ifo-Geschäftsklimaindex u. A.).

Jahreswirtschaftsbericht 2023

Wirtschafts- und Finanzpolitik der Bundesregierung

Der deutsche Arbeitsmarkt zeigt sich auch im Zuge der gegenwärtigen Energiekrise resilient. Noch nie waren in Deutschland mehr Menschen erwerbstätig als im vergangenen Jahr. Die Arbeitslosenquote des Jahres 2022 lag mit 5,3 Prozent nur etwas höher als 2019, dem letzten Jahr vor der Corona-Pandemie. Die zur Zeit der Hochphase der Corona-Pandemie intensiv genutzte Kurzarbeit ist sehr stark zurückgegangen. Auch die Zahl offener Stellen nahm im vergangenen Jahr deutlich zu. Die zunehmende Fachkräfteknappheit prägt bereits die aktuelle Arbeitsmarktentwicklung. Dies hat beispielsweise in elementaren Bereichen wie Gesundheit, Pflege oder Bildung weitreichende Folgen für die Lebensqualität der Menschen in Deutschland. Ein Mangel an Fachkräften erschwert außerdem die Umsetzung von Zukunftsinvestitionen, auch im Bereich des Klimaschutzes.

Neben den Maßnahmen zur Stärkung des Angebots passend qualifizierter Fachkräfte erfordert der demografische Wandel auch eine stärkere Dynamik bei der Anwendung und Ausbreitung von Innovationen. Insbesondere digitale Innovationen können helfen, Beschäftigte von zeitaufwendigen, monotonen oder gefährlichen Aufgaben zu entlasten, Prozesse effizienter zu gestalten oder zu automatisieren. Wichtig dabei ist, dass Innovationen, wirtschaftliche Entwicklung und sozialer Fortschritt im Sinne der Beschäftigten zusammen gedacht und organisiert werden, zumal mit neuen Technologien stets auch neue Beschäftigungsmöglichkeiten und Qualifikationsbedarfe entstehen.

Doch auch im Fall einer ambitionierten Politik zur Fachkräftesicherung und einer beschleunigten Digitalisierung bleibt die Knappheit an Fachkräften in vielen Bereichen in den kommenden Jahren eine Herausforderung. Die Fachkräfteengpässe erschweren nicht zuletzt die notwendigen transformativen Investitionen im Interesse eines Wohlstands, der den ökologischen Grenzen Rechnung trägt. Die Bundesregierung setzt mit Blick auf die mittlere Frist daher auf eine Angebotspolitik, die insbesondere die Transformation in den Blick nimmt.

Demographischer und technologischer Wandel machen es erforderlich, dass auch und gerade der Staat selbst gefordert ist, seine Strukturen und Prozesse zu modernisieren und zu digitalisieren, um flexibel und effizient auf krisenhafte Herausforderungen zu reagieren.

Auszug aus einer Mitteilung des BMWi (stark gekürzt) Quelle: BMWi

3.1.1.2 Bestimmungsfaktoren der Beschäftigung

Auswirkungen der Konjunkturverläufe auf die Beschäftigten

Der Zusammenhang zwischen Beschäftigung und Konjunktur ist offensichtlich. Dabei darf jedoch nicht allein die Zahl der Arbeitslosen betrachtet werden, sondern es muss auch die Veränderung der effektiven Arbeitszeit der Beschäftigten ins Auge gefasst werden. In einer Aufschwungphase stagniert oder sinkt die Arbeitslosenzahl, während die Arbeitszeit der Beschäftigten voll genutzt bzw. durch Überstunden gesteigert wird. Im Abschwung dagegen werden nicht nur Arbeitskräfte freigesetzt, sondern auch die geleistete Arbeitszeit durch Verringerung und Abbau von Überstunden und Kurzarbeit reduziert.

Vergleicht man die Entwicklung der Arbeitslosenzahl mit dem Verlauf der Konjunkturphasen, so stellt man einen bestimmten Verzögerungseffekt fest. Erst wenn der Aufschwung klar erkennbar ist und die Steigerung des BIP einen bestimmten Wert erreicht hat, ist auch eine Verringerung der Arbeitslosenzahl zu beobachten.

In diesem Zusammenhang spielt auch die Entwicklung der Arbeitsproduktivität eine Rolle. Erst wenn bei unveränderter Arbeitszeit die konjunkturell begründete Wachstumsrate des BIP größer ist als die Wachstumsrate der Arbeitsproduktivität, können neue Arbeitsplätze entstehen. Diese sogenannte Beschäftigungsschwelle wird mit 1 % bis 2 % realem Wirtschaftswachstum angenommen.

Träger und Ziele der Konjunkturpolitik

Konjunkturpolitische Maßnahmen staatlicher Organe sind darauf ausgerichtet, Konjunkturschwankungen mit ihren Auswirkungen zu glätten und das Wirtschaftswachstum zu stabilisieren. In der Wirtschafts- und Finanzpolitik stehen vor allem die mittelfristigen Wachstumsbedingungen im Vordergrund.

Um die Konjunktur zu beeinflussen, greift der Staat aktiv in das Wirtschaftsgeschehen ein. Dabei verfolgt er die Ziele Wirtschaftsstabilität, Wohlstand und Sicherheit. Das Stabilitätsgesetz verpflichtet die Bundesregierung und die Länder, für ein stetiges und angemessenes Wirtschaftswachstum zu sorgen. Es schreibt vor, die Zielvorgaben des **magischen Vierecks** anzustreben:

- stetiges angemessenes Wirtschaftswachstum
- Stabilität der Währung: erreicht bei einem Preisanstieg von bis zu 2 % pro Jahr
- hoher Beschäftigungsstand: erreicht bei einer Arbeitslosigkeit von nicht mehr als 0,8 bis 3 %
- außenwirtschaftliches Gleichgewicht: erreicht bei einem positiven Außenbeitrag von 1 bis 2 %

Durch Erweiterung der Ziele um

- Umweltschutz und
- gerechte Einkommens- und Vermögensverteilung

wird daraus ein **magisches Sechseck.**

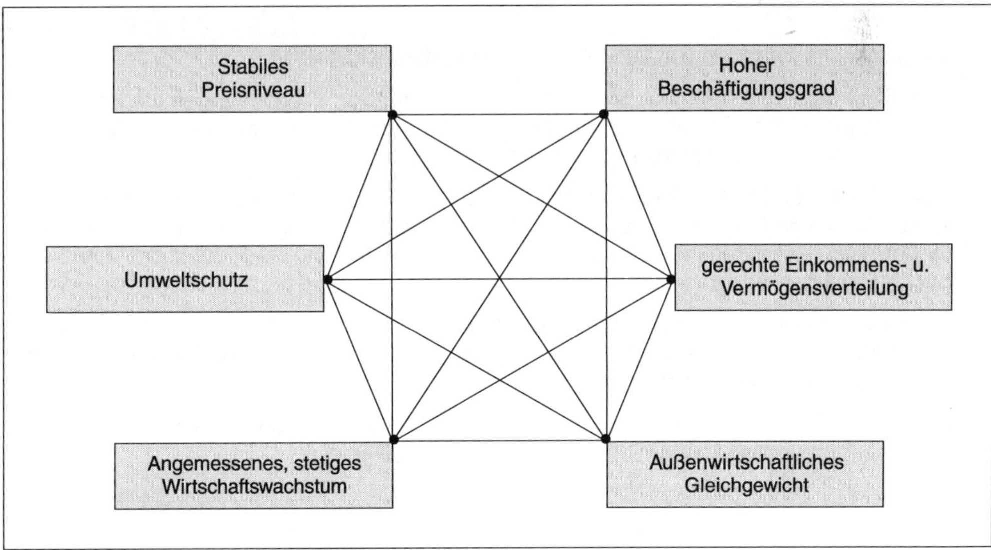

Magisches Sechseck der Wirtschaftspolitik

Konjunkturpolitik (Wirtschafts-, Fiskalpolitik)

Konjunkturpolitik zielt darauf ab, einen beginnenden Aufschwung zu unterstützen, rechtzeitig vor einem Boom zu bremsen, dem Abschwung entgegenzuwirken und vor einer Depression neuen Aufschwung zu ermöglichen.

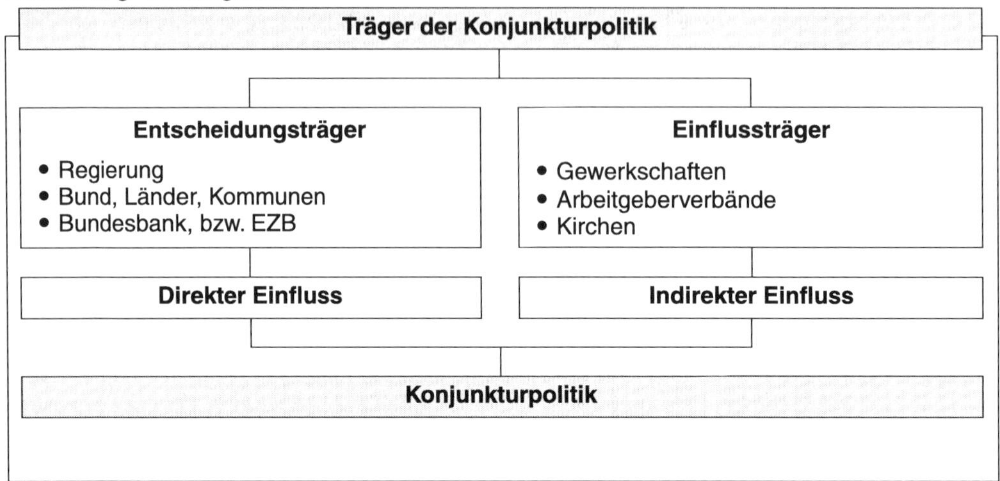

Träger der Konjunkturpolitik

Dafür bedient sich der Staat folgender Instrumente:

- Steuerung der Einnahmen und Ausgaben im öffentlichen Haushalt mit Festlegung für ein Jahr im Voraus
- Nettokreditaufnahme (mit Auswirkung auf den Kapitalmarkt)

Zu beachten ist, dass jede Erhöhung der Ausgaben (z. B. öffentliche Investitionen) eine Einsparung an anderer Stelle, eine Erhöhung der Einnahmen (Steuern, Zölle, Abgaben) oder eine höhere Kreditaufnahme bedingt.

Man unterscheidet zwischen den folgenden Ansätzen der Fiskalpolitik:

- Durch eine **antizyklische Fiskalpolitik** können die negativen Erscheinungen der Konjunkturphasen gemildert werden, wenn der Staat Ausgaben und Einnahmen, soweit möglich, entgegenwirkend zum Konjunkturverlauf einsetzt (steuert).
- Die **angebotsorientierte Fiskalpolitik** geht von der Annahmen aus, dass Wirtschaftswachstum und Beschäftigung in erster Linie von den Kosten und Erwartungen der Unternehmen (der Angebotsseite) abhängen und der Staat also für die Verbesserung der Produktions- und Investitionsbedingungen zu sorgen hat.

  Auf der Grundlage einer stetigen, konjunkturneutralen Haushaltsführung und strenger Haushaltsdisziplin soll eine langfristige Verbesserung der Angebotsbildung erreicht und damit Anreize für Unternehmen geschaffen werden.

Beide Arten der Fiskalpolitik werden sowohl von der Wirtschaft als auch von der Wissenschaft ständig hinterfragt und hinsichtlich ihrer Wirksamkeit infrage gestellt.

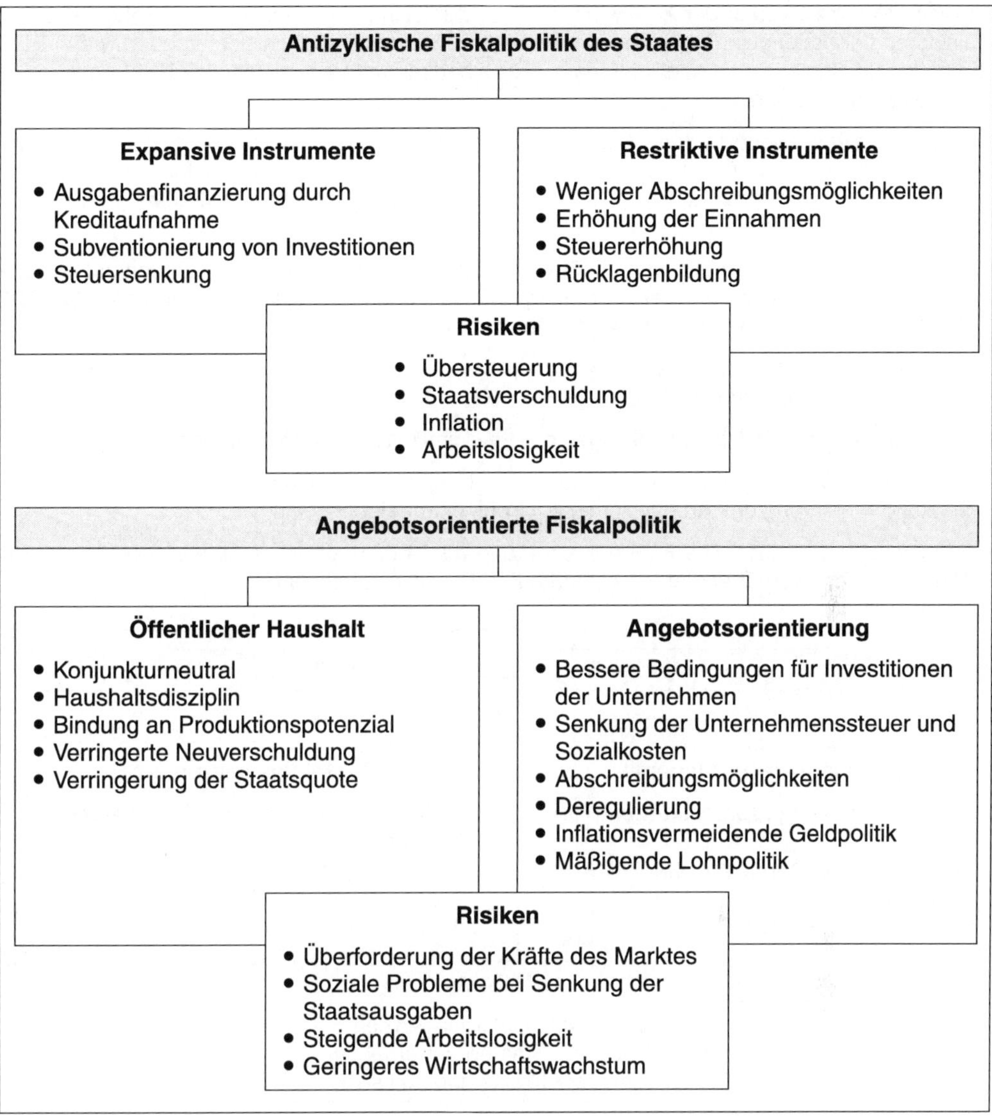

Fiskalpolitik

Auch den **Tarifvertragsparteien** kommt unter konjunkturpolitischen Gesichtspunkten eine große Verantwortung zu. Es leuchtet ein, dass beim Abschluss von Tarifverträgen die Gewerkschaften zwecks Erhöhung der Kaufkraft eher nachfrageorientiert und die Arbeitgeberverbände zur Vermeidung von Kostenerhöhungen eher angebotsorientiert argumentieren.

Geldpolitik (Geldmarktpolitik)

Die Europäische Zentralbank (EZB) beeinflusst den Konjunkturverlauf mit monetären Maßnahmen. Sie verfolgt als wichtigstes Ziel die Geldwertstabilität, um einer **Inflation** (Entwertung des Geldes) entgegenzuwirken. Dies tut sie durch Steuerung der **Geldmenge,** die sich im Umlauf befindet.

Das **Europäische System der Zentralbanken** (ESZB) ist in der Ausübung seiner Befugnisse von Weisungen der nationalen Regierungen unabhängig. Probleme können sich ergeben, wenn EZB und nationale Regierungen oder nationale Zentralbanken unterschiedliche konjunkturpolitische Zielsetzungen verfolgen.

Die EZB kann ihre geldpolitischen Mittel mit restriktiver Wirkung (bei Aufschwung, Boom) oder mit expansiver Wirkung (bei Abschwung, Depression) einsetzen, um die wirtschaftlichen Aktivitäten (Investitionen, Konsum) zu dämpfen oder zu beleben. Dazu stehen ihr folgende Instrumente zur Verfügung:

- Durch **Festsetzung des Zinssatzes** für Geschäftsbanken bei Inanspruchnahme der Refinanzierungsmöglichkeiten oder der Geldanlagemöglichkeiten (ständige Fazilitäten) bei der EZB steuert sie weitgehend den kurzfristigen Geldmarktzins:

  Zinssteigerung = Dämpfung der Nachfrage
  Zinssenkung = Belebung der Nachfrage

- **Mindestreserven** sind Zwangseinlagen der Kreditinstitute bei der Zentralbank:

  Erhöhung = Verringerung des Kreditvolumens = Konjunkturbremse
  Senkung = Mehrung des Kreditvolumens = Konjunkturbelebung

- **Offenmarktgeschäfte:** Die EZB tritt am Markt als Käufer von Wertpapieren und sonstigen Aktiva (Liquiditätserhöhend) oder als Verkäufer (Liquiditätsabschöpfung) auf.

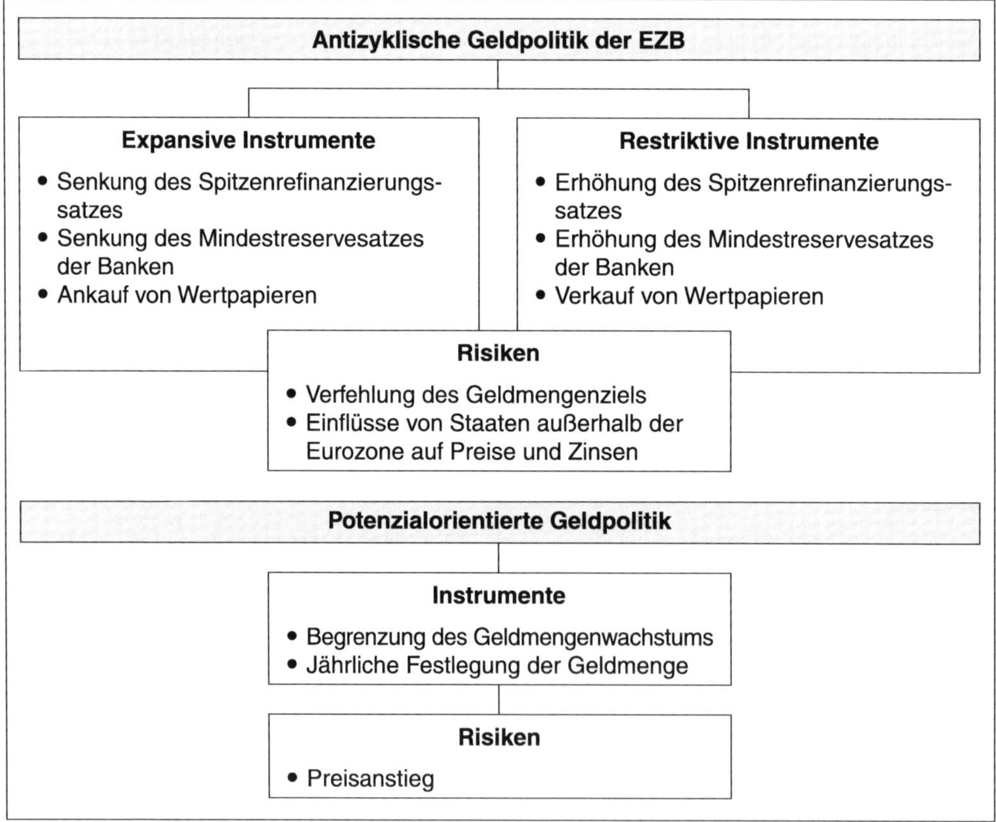

Geldpolitik

3.1.1.3 Beschäftigungspolitik

Alle Maßnahmen staatlicher Organe, sowohl des Bundes als auch der Länder und einzelner Kommunen, die allgemein der Sicherung eines hohen Beschäftigungsstandes dienen, werden mit dem Begriff **Beschäftigungspolitik** zusammengefasst. Enge Bezüge bestehen infolgedessen z. B. zur Konjunkturpolitik.

Die **Arbeitsmarktpolitik** ist ein wesentlicher Teilbereich der Beschäftigungspolitik mit der Aufgabe, sowohl Arbeitslosigkeit, aber auch Arbeitskräftemangel zu bekämpfen. Wichtigstes Ziel ist die Verminderung von Arbeitslosigkeit.

Träger der Arbeitsmarktpolitik ist in erster Linie die Bundesagentur für Arbeit mit Job-Centern und regionalen Agenturen für Arbeit (früher Bundesanstalt für Arbeit und Arbeitsämter).

Die Finanzierung erfolgt durch die Beiträge der Beschäftigten und der Arbeitgeber zur Arbeitslosenversicherung sowie einem Bundeszuschuss als Defizitausgleich. Um die Möglichkeiten der Arbeitsmarktpolitik umfassend, modern und effizient zu gestalten, wurden nach dem Arbeitsförderungsgesetz von 1969 seit 2002 vier »Gesetze für moderne Dienstleistungen am Arbeitsmarkt« (Hartz I bis Hartz IV) verabschiedet und schließlich 2008 das »Gesetz zur Neuausrichtung der arbeitsmarktpolitischen Instrumente«. Die 2021 gewählte Bundesregierung hat Hartz IV durch das Bürgergeld ersetzt. Der Bundestag und Bundesrat hatte dem Gesetz im November 2022 zugestimmt.

Instrumente der Arbeitsmarktpolitik

Die arbeitsmarktpolitischen Instrumente werden überwiegend im Sozialgesetzbuch III beschrieben. Sie beziehen sich im Wesentlichen auf:

- Vermittlung von Arbeitsuchenden und Arbeitslosen in Beschäftigung
- Förderung der beruflichen Weiterbildung
- Finanzierung von Umschulungen
- Subventionierung von Beschäftigung (ABM, Ein-Euro-Jobs)
- Mobilitätsförderung (z. B. Bezahlung von Fahrtkosten, Umzugskosten)
- Lohnersatzleistungen bei kurz- und mittelfristiger Arbeitslosigkeit (Arbeitslosengeld I)
- Hilfe zum Lebensunterhalt bei Langzeitarbeitslosigkeit (Arbeitslosengeld II)
- Kurzarbeit und Zahlung von Kurzarbeitergeld bei Einkommensausfall
- Insolvenzgeld bei Arbeitslosigkeit durch Insolvenz des Arbeitgebers
- Individuelle Hilfen zum (Wieder-)Einstieg in die Erwerbstätigkeit (Eingliederungszuschüsse)
- Minijobs
- Gründungszuschuss bei Aufnahme einer selbstständigen Tätigkeit

Arbeitslosigkeit

Die Zahl der Beschäftigten und dementsprechend die der Arbeitslosen hängt von einer ganzen Anzahl Faktoren ab:

- Konjunktur auf dem heimischen Markt und wichtigen Exportmärkten
- Globalisierung der Weltwirtschaft
- Höhe der Löhne und Lohnnebenkosten
- Produktivitätsniveau (Lohnstückkosten)
- Technische Entwicklung
- Innovation und Management
- Staatliche Konjunkturpolitik, Beschäftigungs- und Arbeitsmarktpolitik
- Niveau der Ausbildung, Fortbildung und Motivation der Beschäftigten (Humankapital)

Zur Berechnung der **Arbeitslosenquote** wird im allgemeinen die folgende Formel angewendet:

$$\frac{\text{Zahl der registrierten Arbeitslosen}}{\text{Erwerbstätige + Arbeitslose}} \times 100 = \text{Arbeitslosenquote in Prozent}$$

Arbeitslosigkeit und Unterbeschäftigung
Die aktuellen Entwicklungen in Kürze – Januar 2024

Sozialversicherungspflichtig Beschäftigte: **35.114.000** (November 2023)	Arbeitslosigkeit: **2.805.000** (Quote: 6,1 %)
↓ -3.000 ggü. Vormonat	↑ 169.000 ggü. Vormonat
↑ 217.000 ggü. Vorjahresmonat	↑ 189.000 ggü. Vorjahresmonat
↑ 6.000 ggü. Vormonat (saisonbereinigt)	↓ -2.000 ggü. Vormonat (saisonbereinigt)
Geringfügig entlohnte Beschäftige: **7.634.000** (November 2023)	Unterbeschäftigung (ohne Kurzarbeit): **3.609.000** (Quote: 7,7 %)
↑ 31.000 ggü. Vormonat	↑ 128.000 ggü. Vormonat
↑ 149.000 ggü. Vorjahresmonat	↑ 156.000 ggü. Vorjahresmonat
	↓ -4.000 ggü. Vormonat (saisonbereinigt)

Beschäftigung und Arbeitslosigkeit in Deutschland — Quelle: Statistik der Bundesagentur für Arbeit

Arbeitslosigkeit kann verschiedene Ursachen haben. In der Regel unterscheidet man vier Arten von Arbeitslosigkeit:

Friktionelle Arbeitslosigkeit
entsteht, wenn freigesetzte Arbeitskräfte einen neuen Arbeitsplatz suchen und daher eine gewisse Zeit (maximal drei Monate) keine Beschäftigung haben.

Maßnahmen:
- Verbesserung der Informationsmöglichkeit über offene Stellen

Saisonale Arbeitslosigkeit
ist jahreszeitlich bedingt und betrifft vor allem die Beschäftigung in saisonabhängigen Wirtschaftszweigen (Fremdenverkehrsgewerbe, Landwirtschaft, Baubranche, Süßwarenherstellung u. a.).

Maßnahmen:
- saisonverlängernde Maßnahmen wie Winterbau, mit und ohne staatliche Unterstützung
- Sonderangebote in der Nebensaison
- Kurzarbeit

Konjunkturelle Arbeitslosigkeit
tritt dann auf, wenn die Nachfrage nach Arbeitskräften hinter dem Angebot generell, unabhängig von saisonalen Einflüssen, zurückbleibt. Ursache ist eine allgemeine Nachfrageschwäche (Konjunkturabschwung).

Konjunkturelle Arbeitslosigkeit kann auch durch Steigerung der Arbeitsproduktivität (z. B. durch Einführung neuer Technologien, daher auch als technologische Arbeitslosigkeit bezeichnet) entstehen, wenn gleichzeitig das Wirtschaftswachstum stagniert oder sinkt. Konjunkturelle Arbeitslosigkeit hat meistens mittelfristige Wirkung.

Maßnahmen:
- Höherqualifikation, Weiterbildung
- Umschulung
- Staatliche Konjunkturförderung

Strukturelle Arbeitslosigkeit
liegt vor, wo die Qualifikation der Arbeitslosen dauerhaft nicht mehr mit den Anforderungsprofilen der Arbeitsplatzangebote in Einklang zu bringen sind (z. B. im Steinkohlebergbau). Die Branche ist im Umbruch, Konkurrenten bieten billiger an, neue Technologien verändern den Markt. Im weiteren Sinne kann jede Arbeitslosigkeit, die nicht auf konjunkturellen oder saisonalen Einflüssen beruht, auch keine kurzfristige Sucharbeitslosigkeit darstellt, als strukturelle Arbeitslosigkeit aufgefasst werden.

Maßnahmen:
- Modernisierung
- Produktpalette ändern (straffen, erweitern)
- Firmenzusammenschlüsse
- betriebliche Ausbildung intensivieren, anpassen
- Staatliche Subventionierung gefährdeter Branchen (z. B. Betriebe der Energiewende, Solarhersteller, Landwirtschaft, Kohlebergbau)
- staatliche Arbeitsmarktprogramme und Konjunkturprogramme
- staatliche Ausbildungsförderung

Die genannten staatlichen oder betrieblichen Maßnahmen sind als Beispiele zu verstehen. Je nach Situation am Arbeitsmarkt sind weitere Möglichkeiten anwendbar.

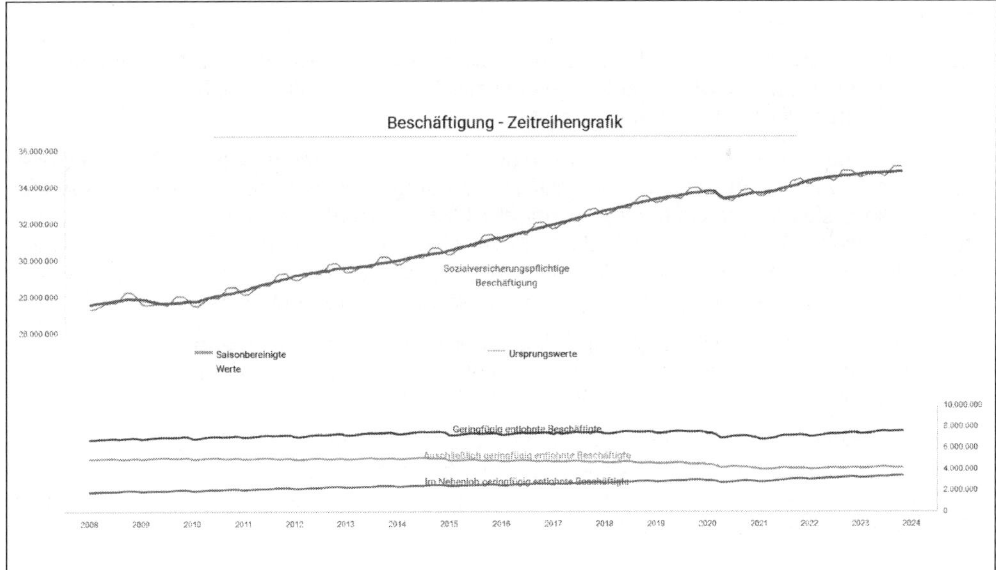

Arbeitsmarkt im Überblick | Quelle: Bundesagentur für Arbeit

Kooperation und Zusammenschluss von Unternehmen

Ein Mittel drohende Insolvenzen oder die Schließung von Unternehmen und damit den Verlust von Arbeitsplätzen ganz oder wenigstens zum Teil zu verhindern, ist die Zusammenarbeit oder der Zusammenschluss von Unternehmen.

Unternehmenszusammenschlüsse unterliegen der Kontrolle durch das deutsche und europäische Kartellrecht.

- Eine Kooperation ist eine enge Zusammenarbeit von Unternehmen, bei der die jeweiligen Partner ihre rechtliche Selbstständigkeit behalten, während die wirtschaftliche Selbstständigkeit eingeschränkt ist (z. B. Joint Venture).
- Ein **Kartell** besteht aus rechtlich selbstständig bleibenden Unternehmen der gleichen Wirtschaftsstufe, die Vereinbarungen der Zusammenarbeit in bestimmten Geschäftsbereichen treffen (z. B. Preisgestaltung, Geschäftsbedingungen, Marktaufteilung, Spezialisierung, Rationalisierung, Export). Kartellvereinbarungen die eine Beschränkung des Wettbewerbs bezwecken oder bewirken, sind nach dem Gesetz gegen Wettbewerbsbeschränkungen (GWB) und nach EU-Recht verboten. Das GWB richtet sich auch gegen Wettbewerbsbeschränkungen, die durch das Erlangen einer marktbeherrschenden Position durch Unternehmenszusammenschluss hervorgerufen werden.

  Alle Kartelle sind in einem Kartellregister einzutragen und im Bundesanzeiger zu veröffentlichen.
- In einem **Konsortium** (Interessengemeinschaft) schließen sich Unternehmen vorübergehend meist in Form einer Gesellschaft des bürgerlichen Rechts zusammen. Konsortien sind vor allem im Bankenbereich und in der Pharmaindustrie anzutreffen, z. B. bei der Gründung von Aktiengesellschaften zur Ausgabe der neuen Aktien oder bei Großkrediten. Gegenüber Dritten wird das Konsortium durch einen zur Geschäftsführung bestellten Konsortialführer vertreten. Sie dienen der Risikostreuung und der Kostenminimierung. Außerdem können Konsortien bessere Konditionen aushandeln.
- Bei einem **Konzern** verlieren die einzelnen Unternehmen weitgehend ihre wirtschaftliche Selbstständigkeit an eine Mutter- oder Dachgesellschaft, die rechtliche Selbstständigkeit bleibt erhalten (Konzerntöchter). Man unterscheidet:

  Unterordnungs- oder Beherrschungskonzern (Mutter- und Tochtergesellschaften): Sie entstehen durch den Erwerb der Aktienmehrheit. Besitzt die Muttergesellschaft mehr als 25 % des Aktienkapitals, kann sie Satzungsänderungen verhindern (Sperrminorität); besitzt sie mindestens 75 % des Grundkapitals der Tochtergesellschaft, übt sie einen beherrschenden Einfluss auf die Tochtergesellschaft aus. Oft sind finanzielle, personelle und vertragliche Verflechtungen großer Konzerne so vielseitig, dass sie von einem Außenstehenden kaum zu durchschauen sind.

  Gleichordnungskonzern (Schwestergesellschaften): Die einzelnen Aktiengesellschaften tauschen ihre Aktien gegenseitig aus. Damit haben alle Konzernunternehmen gegenseitig Einfluss auf die Konzernpolitik, stehen aber unter einheitlicher Leitung.

  Holding-Gesellschaft: Die Aktionäre der einzelnen Unternehmen können ihre Aktien oder die Mehrheit ihrer Aktien auf eine Dachgesellschaft übertragen, die sie »hält« und dafür eigene Aktien ausgibt. Sie beherrscht dann alle Konzernmitglieder kapitalmäßig, ohne selbst an der Produktion oder am Handel beteiligt zu sein.
- Eine **Fusion** ist die Verschmelzung durch Aufnahme (die verbleibende Gesellschaft nimmt das gesamte Vermögen der übertragenen Gesellschaft auf) oder durch Neubildung (eine neue Unternehmung übernimmt das Vermögen der fusionierenden Gesellschaften). Hierunter fallen auch Trusts. Die Fusionsarten sind im Aktiengesetz geregelt.

3.1.2 Einflüsse auf Personalplanung und Personalmarketing

Die konjunkturelle Entwicklung, soweit voraussehbar, ist naturgemäß ein wichtiger Einflussfaktor auf die Personalplanung, ebenso die Beschäftigung im Sinne einer Verfügbarkeit von Arbeitskräften am Arbeitsmarkt. Das trifft vor allem auf Bereiche zu, die sich mit Produktion und Dienstleistung bzw. mit Absatz und Vertrieb befassen. Die Personalplanung reagiert durch rechtzeitige Personalbeschaffungsmaßnahmen bzw. mit einer Verringerung des Personalbestandes.

Jedoch sind die Möglichkeiten, ausgebildete Fachkräfte nach Bedarf vom Arbeitsmarkt zu beschaffen begrenzt, manchmal unmöglich, und die Qualifizierung vorhandener Mitarbeiter durch Personalentwicklungsmaßnahmen, wie auch die betriebliche Berufsausbildung (Erstausbildung) nur längerfristig durchführbar.

Ein auf lange Sicht besonders schwerwiegendes Problem für die Personalplanung stellt die demographische Entwicklung dar. Der deutsche Arbeitsmarkt steht vor tiefgreifenden Veränderungen. Bei einem weiterhin hohen Bedarf an Erwerbstätigen wird das Angebot an Erwerbspersonen in den kommenden Jahren deutlich sinken und den Bedarf nicht mehr decken können.

Aus den Hochrechnungen des Bundesinstituts für Berufsbildung (BIBB) und der Bundesagentur für Arbeit geht hervor, dass der Arbeitskräftemangel sehr stark von der Qualifikationsstufe abhängig ist. Je nach Angebotsmodell geht die Zahl der Erwerbspersonen unterschiedlich stark zurück. Es kann abgeleitet werden, dass sich bei einem moderat steigenden Bedarf an Erwerbstätigen ab 2024 ein flächendeckender Fachkräftemangel einstellen wird. Diese Entwicklung ist demografisch bedingt durch den starken Rückgang der Geburtenzahlen und wird sich bei höherer Zuwanderung zeitlich verzögern, aber nicht aufhalten lassen. Der Mangel an Fachkräften wurde in einzelnen Bereichen schon früher sichtbar.

Doch während es bereits heute in manchen Branchen an qualifiziertem Nachwuchs mangelt, gibt es zugleich viele Erwerbslose, die über die nachgefragten Qualifikationen nicht verfügen. Es muss eine der zentralen Aufgaben der Arbeitsmarktpolitik sein, diese Diskrepanz durch Qualifizierung aufzuheben und den Fachkräftebedarf zu sichern.

3.1.3 Personalplanung

Planung soll helfen, Sicherheit und Stabilität eines Unternehmens zu verbessern. In diesem Sinne ist die Personalplanung eingebettet in die gesamte **Unternehmensplanung.** Alle Teilbereiche der Unternehmensplanung können eine unmittelbare Auswirkung auf die Personalplanung haben:

- Produktionsplanung
- Absatzplanung
- Investitionsplanung
- Finanzplanung
- Gewinnplanung
- Kostenplanung
- Beschaffungsplanung

Zwischen diesen Teilbereichen bestehen Beziehungen und Abhängigkeiten.

Die Personalplanung befasst sich mit Entscheidungen zum künftigen Bedarf an Humankapital im Unternehmen sowie der Kontrolle dieser Entscheidungen innerhalb eines bestimmten Planungszeitraums. Personalplanung sichert den Personalbestand zur Erfüllung unternehmerischer

Aufgaben. Dabei sind grundsätzlich gesetzliche und tarifliche Vorschriften sowie das Recht des Betriebsrates auf rechtzeitige, umfassende Information zu beachten.

Im Wesentlichen werden sechs Personalplanungsarten unterschieden:

Personalbedarfsplanung	Wie viele Mitarbeiter mit welchen Qualifikationen werden wann und wo benötigt bzw. sind derzeit verfügbar?
Personalbeschaffungsplanung (Personalauswahlplanung)	Wie kann das erforderliche Mitarbeiterpotenzial beschafft und ausgewählt werden? Extern: Woher, wie und wann können die benötigten Mitarbeiter beschafft und ausgewählt werden? Intern: Welche Mitarbeiter sollen/können wann, wie lange, wohin versetzt oder befördert werden?
Personaleinsatzplanung	Wie kann das im Unternehmen vorhandene Mitarbeiterpotenzial optimal eingesetzt werden (der richtige Mitarbeiter zur richtigen Zeit am richtigen Platz)?
Personalanpassungsplanung (Personalabbauplanung)	Wie kann überzähliges Mitarbeiterpotenzial mit möglichst geringen sozialen Härten (sozialverträglich) abgebaut werden? Welche Maßnahmen sind zu ergreifen?
Personalentwicklungsplanung	Wie kann vorhandenes Mitarbeiterpotenzial für veränderte oder neue Aufgaben durch Weiterbildung oder andere Maßnahmen systematisch qualifiziert werden? Wie sind solche Maßnahmen zu planen?
Personalkostenplanung	Welche Kosten ergeben sich aus den geplanten personellen Maßnahmen?

3.1.3.1 Ziele der Personalplanung

Ziel der Personalplanung ist, zur Erfüllung jetziger und künftiger Aufgaben eines Unternehmens,

- **das erforderliche Personal,**
- **mit den erforderlichen Qualifikationen,**
- **in der erforderlichen Anzahl,**
- **zum richtigen Zeitpunkt und,**
- **am richtigen Ort,**
- **zu angemessenen Kosten.**

zur Verfügung zu stellen und zu halten.

Darüber hinaus ergeben sich für das Unternehmen aus der Personalplanung folgende Erkenntnisse und Nutzanwendungen:

- Rechtzeitiges Erkennen von künftigem Personalbedarf oder Personalüberhang
- Frühzeitige Einleitung von Personalentwicklungs- und Personalbeschaffungsmaßnahmen
- Rechtzeitige Maßnahmen zur Begrenzung der Personalbeschaffungskosten und der allgemeinen Personalkosten
- Planmäßige Verbesserung des Qualifikationsniveaus, des Potenzials und der Motivation der Mitarbeiter

Schließlich bestehen auch von Seiten der **Mitarbeiter** sowie des **Staates** und der **Gesellschaft** Vorstellungen und Forderungen, die mehr oder weniger von der Personalplanung zu berücksichtigen sind.

Mitarbeiter:

- Sicherung des Arbeitsplatzes
- Leistungsgerechte Vergütung
- Bestehen von Aufstiegschancen
- Vermeidung von Über/Unterforderung
- Transparenz und Planbarkeit
- Aus- und Weiterbildung als Chance

Staat und Gesellschaft:

- Vermeidung gesellschaftlicher Belastungen
- Rechtzeitige Information
- Sachliche Auseinandersetzung
- Beachtung der gesetzlichen Vorgaben

Diese teilweise gegensätzlichen Ziele drücken sich nicht nur in der Personalplanung aus, sondern auch in anderen Bereichen der Personalarbeit, z. B. im Zusammenwirken von Arbeitgeber und Betriebsrat, bei Entscheidungen in Unternehmen sowie bei Tarifverhandlungen zwischen Arbeitgeberverbänden und Gewerkschaften.

Planungszeiträume

Die Personalplanung unterliegt einem bestimmten Rhythmus und lässt sich nach dem Planungszeitraum wie folgt unterscheiden:

- **kurzfristiger Planungszeitraum** (bis 1 Jahr)
  Die kurzfristige Personalplanung (Personaleinsatzplanung) sorgt für einen optimalen Einsatz der vorhandenen Mitarbeiter.
- **mittelfristiger Planungszeitraum** (bis 3 Jahre)

  Bei der mittelfristigen Personalplanung (Personalbedarfsplanung) werden Brutto- und Nettopersonalbedarf ermittelt, um bei Personalunterdeckung eine Personalbeschaffung oder bei Personalüberdeckung eine Personalfreisetzung zu veranlassen.
- **langfristiger Planungszeitraum** (mehr als 3 Jahre)
  Die langfristige Personalplanung (Personalentwicklungsplanung) beschäftigt sich mit Laufbahnplanung und Nachfolgeplanung im Unternehmen.

Diese Einteilung ist jedoch relativ grob und abhängig von unternehmens- und branchenspezifischen Besonderheiten sowie von der Größe eines Unternehmens. Ein multinational operierendes Unternehmen wird in der Personalplanung mit Planungszeiträumen bis zu 10 Jahren rechnen. Kleine Unternehmen dagegen werden sich eher im mittelfristigen Bereich bewegen. Je länger der Planungshorizont ist, desto größer wird der Unsicherheitsfaktor.

Datengrundlagen

Die Ziele der Personalplanung können nur realisiert werden, wenn die dafür erforderlichen Daten (Informationen) als Planungsgrundlagen zur Verfügung stehen.

Diese Informationen können aus dem internen oder aus dem externen Bereich eines Unternehmens kommen. Nachfolgend ist eine Übersicht über Datenstrukturen dargestellt.

Bei der Ermittlung interner Daten müssen die einzelnen Bereiche des Unternehmens mit vergleichbaren Informationen arbeiten. Planungsmethoden und Verfahren sind aufeinander abzustimmen. Hilfsmittel sind sowohl die im Personalbereich eingesetzten Organisationsmittel als auch statistisch aufbereitete Unterlagen mit wichtigen Personaldaten.

Solche Personaldaten sind z. B.:

- Berechnungsschema zur Ermittlung des Nettopersonalbedarfes
- Fortschreibung des heutigen Personalbedarfes in die Zukunft mithilfe einer Abgangs-Zugangs-Tabelle
- Regelungen zur Altersteilzeit
- Schicht- und Dienstpläne
- Methoden zur Ermittlung des Bildungsbedarfes
- Budgetplanung für die Personalabteilung

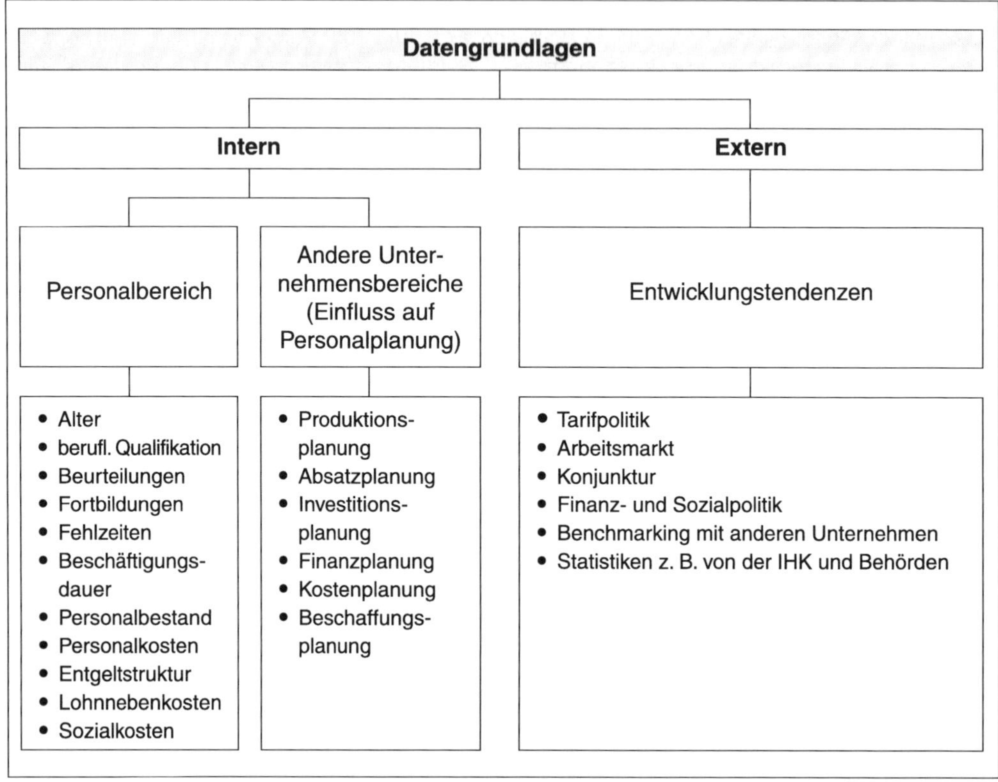

Datengrundlagen der Personalplanung

3.1.3.2 Instrumente der Personalplanung

Stellenbeschreibung/Arbeitsplatzbeschreibung

Dieses häufig verwendete Organisationsmittel beschreibt die wesentlichen Anforderungen an die Stelle/den Arbeitsplatz und das daraus abgeleitete Anforderungsprofil (→ 1.1.2, 2.6.1, 3.4.3).

Zu einer Stellenbeschreibung/Arbeitsplatzbeschreibung gehören:

- Bezeichnung der Stelle
- Eingliederung in die Organisation
- Unter- und Überstellung
- Ziele der Stelle
- Hauptaufgaben
- besondere Anforderungen an den Inhaber des Arbeitsplatzes
- Befugnisse/Vollmachten
- Stellvertretung
- Beziehungen zu anderen Arbeitsplätzen

Stellenplan

In Stellenplänen sind alle Stellen eines Unternehmens aufgeführt, unabhängig davon, ob sie zurzeit besetzt sind oder nicht. Damit hat ein Stellenplan Soll-Charakter. Im Gegensatz zu Stellenplänen zeigen Organisationspläne die Leitungszusammenhänge und weisen deshalb nur die Führungspositionen aus.

Stellenpläne können als Organigramme oder als Listen dargestellt werden. Sie zeigen den Gesamtbedarf an Stellen und damit den Personalbedarf, der zur Erfüllung gestellter Aufgaben erforderlich ist.

Stellenbesetzungsplan

Auf der Grundlage des Stellenplanes ist ein Stellenbesetzungsplan anzulegen. Er zeigt die tatsächlich besetzten Stellen als Ist-Situation: Welche Stellen des Stellenplanes sind von welchen Mitarbeitern besetzt? Ergibt sich eine Differenz zwischen Stellenplan und Stellenbesetzungsplan, so zeigt diese entweder einen Personalbeschaffungsbedarf auf oder sie weist einen Personalüberhang aus.

Anforderungsprofile

Anforderungen sind die Summe der Fähigkeiten und Belastungen, denen ein Stelleninhaber gerecht werden muss. Sie beziehen sich auf die Stelle und sind nicht personenbezogen. Anforderungsprofile werden häufig bei der Personalbeschaffung eingesetzt. Bei der Auswahl werden Anforderungs- und Qualifikationsprofile abgeprüft. In Anforderungsprofilen werden nur Merkmale aufgenommen, die auch eindeutig zu definieren und überprüfbar sind.

Qualifikationsprofile

Qualifikation ist die Summe aller Fähigkeiten und Belastungen, denen der Mitarbeiter/Bewerber gerecht werden muss. Es handelt sich um das gesamte Leistungspotenzial und drückt nicht nur die Leistungsfähigkeit aus, sondern auch die Leistungsbereitschaft.

Laufbahnpläne

Laufbahnpläne sind **mitarbeiterbezogene** Pläne, die all die Stellen ausweisen, die ein Mitarbeiter in bestimmten Zeiten durchlaufen soll, um eine Position innerhalb der Stellenhierarchie zu erreichen (→ 3.4.5.2).

Nachfolgepläne

Nachfolgepläne sind **stellenbezogene** Angaben darüber, welche Personen die Stellen besetzen sollen, die in absehbarer Zeit frei werden. Sie können in Form von Listen oder Grafiken dargestellt werden.

Eine Nachfolgeplanung kann in drei Schritten erfolgen:

- Ermittlung der Veränderung (z. B. Austritte)
- Ermittlung von Alternativen (z. B. Ausbildung)
- Entscheidung über mögliche Besetzungen

Personalstatistiken

Personalstatistiken liefern in unterschiedlicher Darstellung Informationen zur Personalplanung (→ 1.2.4.1). Es kann sich u. a. um Aussagen handeln über die

- Altersstruktur
- fachliche und berufliche Qualifikationsstruktur
- Fehlzeitenentwicklung
- Fluktuationsquote
- Personalkostenentwicklung.

Personalakten

Aus Personalakten können persönliche Daten entnommen werden sowie personenbezogene Angaben über Qualifikation, Leistungen, Entwicklungen und Potenzialbeurteilungen (→ 2.1.6).

Die Personalakte kann gegliedert sein in:

- Bewerbungsunterlagen
- Beurteilungen
- Verträge
- Aus-, Weiter- und Fortbildung

Urlaubsplan

Der Urlaubsplan enthält Angaben über die vorübergehende Abwesenheit von Mitarbeitern wegen bezahlter oder unbezahlter Urlaubszeiten.

Mitarbeiterbeurteilungen

Eine Leistungsbeurteilung nach dem **summarischen Verfahren** ist eine freie, schriftliche Beurteilung.

Die **analytischen Verfahren** beurteilen die Leistung

- im Assessment-Center,
- auf der Basis von Anforderungen,
- nach bestimmten, festgelegten Kriterien,
- nach den Leistungen in den Hauptaufgaben, entsprechend der Stellenbeschreibung,
- oder im Konzept der Führung nach Zielvorgaben (MbO).

Mitarbeiterbeurteilungen spiegeln den Leistungsstand wider und lassen Potenziale erkennen (→ 4.1.1).

3.1.4 Personalmarketing

Personalmarketing umfasst im Wesentlichen die Funktion der Personalbeschaffung auf dem Arbeitsmarkt. Durch den Aufbau eines positiven Arbeitgeberimages unter Berücksichtigung der Bedürfnisse und Präferenzen arbeitender Menschen sowie der Ziele und Strategien des Unternehmens wird angestrebt, eine Position auf dem Arbeitsmarkt zu erreichen, die potenzielle Arbeitnehmer zum Eintritt in das Unternehmen bewegt und Mitarbeitern den Verbleib im Unternehmen attraktiv erscheinen lässt.

Strategisches Personalmarketing erhöht die Attraktivität des Arbeitgebers und seinen Bekanntheitsgrad bei potenziellen Bewerbern. Erfolgt dies unter einem einheitlichen Außenauftritt, der sogenannten **Corporate Identity,** und werden die interne Unternehmenskultur und diese Außenwirkung aufeinander abgestimmt, ergibt sich eine positive Auswirkung auf die Personalbeschaffung.

Um Arbeitsplätze zu besetzen, können sowohl Mitarbeiter des Unternehmens, die gezielt auf die neue Funktion vorbereitet werden, als auch Arbeitskräfte außerhalb des Unternehmens infrage kommen (interne und externe Stellenbesetzung).

3.1.4.1 Ziele des Personalmarketings

Ziel des Personalmarketings ist die Erhaltung und Gewinnung von Humankapital. Dafür beschäftigt sich das Personalmarketing mit den Bedürfnissen aktueller und zukünftiger Mitarbeiter. Es geht um die Vermarktung des Arbeitsplatzes durch Optimierung der Arbeitsbedingungen, wie z. B. Entgelt- und Arbeitszeitsysteme, Karriereperspektiven und Betriebsklima.

Konkrete Ziele des Personalmarketings sind z. B.:

- Steigerung des Bekanntheitsgrades des Unternehmens
- Verbesserung des Personalimage bei interessanten Zielgruppen.
- Aufbau eines internen Potenzials qualifizierter Mitarbeiter für höherwertige Aufgaben (Nachwuchspool)
- Verbesserung des Betriebsklimas zur Senkung der Fluktuation und der Fehlzeiten

3.1.4.2 Instrumente des Personalmarketings

Marketingmaßnahmen verursachen hohe Kosten und viel organisatorischen Aufwand, was in der Regel nur von größeren Unternehmen aufgebracht werden kann. Je nach Dringlichkeit und finanziellen Möglichkeiten bestehen eine Reihe von Instrumenten, die z. T. durchaus auch von kleineren Unternehmen genutzt werden können:

- Bewerberfreundliche Gestaltung der eigenen Homepage. Sie ist jederzeit aktualisierbar und erweiterbar für neue Bewerbergruppen.
- Reagieren auf Stellengesuche, die z. B. via Chiffre in Fachzeitschriften oder im Internet auf speziellen Suchportalen wie Experteer zu finden sind.
- Schalten von Imageanzeigen und Stellenanzeigen in regionalen Zeitungen oder Fachzeitschriften. Dadurch wird die Schaffung einer Corporate Identity unterstützt.
- Teilnahme an Ausbildungsmessen und -events wie z. B. Recruitingmessen oder Berufswegekompass. Dabei ist die Beschränkung auf wirklich Interessierte gegeben. Zudem ist gleich ein erster persönlicher Kontakt möglich.
- Anbieten von Schülerpraktika oder Tage der offenen Tür, wie z. B. Girls-Day, um Interessenten einen Einblick in das Berufsbild und das Unternehmen zu geben.
- Intensivierung von Kontakten zu Fach- und Hochschulen. Die potenziellen Bewerber haben einschlägige Kenntnisse durch die Studienrichtung, die Unternehmen können Praktika anbieten. Dies kann durch Vorträge und Diplomarbeitsthemen verstärkt werden.
- Unternehmen können Stipendien für eigene Mitarbeiter vergeben, die ein entsprechendes Studium aufnehmen möchten. Dadurch können die Unternehmen die interessierten Mitarbeiter an sich binden.
- Einschalten von Headhuntern, die sich auf die betreffende Branche spezialisiert haben. Sie kennen das Angebot auf dem speziellen Teilmarkt; möglicherweise können sie Interessierte von der Konkurrenz abwerben.
- Medieneinsatz durch Imageanzeigen, Filme, Videos oder Broschüren über das Unternehmen mit dem Fokus auf die Mitarbeiter.
- Medieneinsatz durch Sozial Media (Facebook usw.)

Die meisten Maßnahmen haben einen eher langfristigen Charakter, zahlen sich dann aber durch ein positives Image bei der Personalgewinnung aus.

Eine Mitarbeiterbefragung ist sehr gut als Instrument der Stimmungsabfrage im Unternehmen geeignet. Sie hat das Ziel, die Meinung der Mitarbeiter zu erkennen, um sie besser verstehen und durch effektive Maßnahmen an das Unternehmen binden zu können. Auch für die Gewinnung neuer Arbeitskräfte sind daraus nützliche Erkenntnisse zu gewinnen.

Mitarbeiterbefragungen können als Gesamt- oder Teilerhebung in schriftlicher und/oder mündlicher Form durchgeführt werden, und zwar einmalig aus besonderem Anlass oder in regelmäßigen Zeitabständen. Die Entscheidung, in welcher Form die Befragung durchgeführt werden soll, hängt von den Kosten der gewünschten Aussagefähigkeit und der Praktikabilität ab.

Mitarbeiterbefragung		
Häufigkeit	enger Rahmen	breiter Rahmen
einmalig	spezielle Aktion, z. B. abteilungsbezogen	einmalige Rundumbefragung
öfter	Beobachtung von Veränderungen	permanente Befragung (Trend Monitoring)

Arten der Mitarbeiterbefragung

Merkmale/Kennzahlen

Auch im Personalmarketing müssen die Aktivitäten messbar sein, um den Erfolg der verschiedenen Maßnahmen bewerten zu können. Folgende Kennzahlen können zur Erfolgsermittlung herangezogen werden:

Anzahl der Bewerbungen bringt die Ergiebigkeit nach Rekrutierungswegen (Anzeigen in Printmedien, Internetanzeigen, Messeauftritte, Tag der offenen Tür u. a.) zum Ausdruck und ermöglicht deren gezielten Einsatz.

Initiativbewerbungen bieten Hinweise auf die Bekanntheit und Attraktivität des Unternehmens als Arbeitgeber.

Interne Bewerbungen drücken die Einschätzung der Entwicklungsmöglichkeiten durch die Mitarbeiter im Unternehmen aus.

Notwendigkeit, Stellen mehrmals auszuschreiben, ist ein Anzeichen für Probleme bei der Personalbeschaffung, z. B. schlechte Anzeigengestaltung, mangelnde Zielgruppenorientierung oder falsches Medium.

Kosten der Personalmarketing-Maßnahmen sind insbesondere in Zusammenhang mit der Ergiebigkeit von Interesse; daraus lässt sich die Wirtschaftlichkeit der Beschaffungswege ermitteln.

Dauer von der Personalanforderung bis zur Einstellung umfasst alle Schritte der Personalbeschaffung und kann als Anzeige für rasche Wahrnehmung der Beschaffungsaufgaben und -möglichkeiten gelten.

Arbeitgeberimage und -attraktivität ist ein qualitativer (Früh)Indikator für die Einschätzung des Unternehmens als Arbeitgeber.

3.1.4.3 Internationale Aspekte des Personalmarketings

Die Globalisierung der Unternehmenstätigkeit beeinflusst heute alle Ebenen der Arbeit:

- Steuerung von Produktion und Absatz
- Unternehmenskultur
- Erforderliche Qualifikationen
- Beziehung zwischen Arbeitgeber und Arbeitnehmer
- Beziehungen der Mitarbeiter untereinander

Die internationale Arbeitsteilung führt nicht nur zu einem weltweiten Austausch von Wirtschaftsgütern, sondern auch zur Mobilität der Produktionsfaktoren Arbeit und Kapital. In zunehmendem Maße werden auch die Produktionsstätten selbst verlagert. Das erfordert eine erhöhte Flexibilität der Arbeitskräfte. Engagement, Motivation und Qualifikation der Beschäftigten gehören zu den wichtigsten Ressourcen, um diese Herausforderung zu meistern.

Folgende Merkmale kennzeichnen den aktuellen Globalisierungsprozess:

- Wachsende Bedeutung internationaler Kooperationen (keine räumlichen Grenzen)
- In zunehmendem Maße sind auch mittelständische Unternehmen betroffen.
- Auswirkungen sind nicht auf das Management beschränkt, sondern wirken sich auch auf Mitarbeiter ohne Führungsverantwortung aus.

Die Personalmarketingstrategien müssen an die internationale und interkulturelle Arbeit angepasst werden. Es geht nicht allein um den Wandel von internen Strukturen. Unternehmen müssen sich auch auf den Wandel von Arbeitsbedingungen, -inhalten und -beziehungen einstellen:

- Kulturelle Wertevorstellungen sind natürliche Gegebenheiten und, wenn überhaupt, nur langfristig änderbar. Sie äußern sich z. B. in ethischen Überzeugungen.
- Soziale Beziehungen fallen je nach Kulturkreis unterschiedlich aus. Es geht um die Ebenen der Zugehörigkeit und die Erwartungen der Individuen.
- Rechtlich-politische Normen sind weltweit unterschiedlich gewachsen und unterscheiden sich sehr stark. Für internationale Personalarbeit ist eine Auseinandersetzung mit den lokalen Gegebenheiten unverzichtbar.
- Externe Partner, wie Behörden und Lieferanten, können im Hinblick auf Kooperationsbereitschaft und wirtschaftliche Macht anders in Erscheinung treten als im Heimatland.

Diese Punkte haben unmittelbaren Einfluss auf die internationale Personalarbeit und müssen berücksichtigt werden. Die **Führungspositionen in ausländischen Zweigbetrieben** können entweder mit entsprechend vorbereiteten Mitarbeitern aus dem Stammhaus besetzt werden oder mit ausländischen Kräften, die eine Zeit lang im hiesigen Unternehmen qualifiziert wurden. Für die zweite Möglichkeit sprechen in der Regel die geringeren Kosten und die größere Vertrautheit mit Kultur und Gepflogenheiten der ausländischen Mitarbeiter.

Verstärkt spielt für das Personalmarketing auch die Anwerbung und Einstellung ausländischer Arbeitskräfte eine Rolle (→ Absatz »Personalbeschaffung durch Migration« im Abschnitt 2.6.4).

3.2 Personalwirtschaftliche Ziele aus der strategischen Unternehmensplanung ableiten

3.2.1 Strategische Unternehmensplanung

Strategische Unternehmensplanung bedeutet das Festlegen von Zielen und Mitteln der auf die Zukunft gerichteten Unternehmensführung und Betriebsgestaltung. Ihre Aufgabe ist die Sicherung der Effektivität eines Unternehmens. Dazu werden Informationen beschafft, aufbereitet und dargestellt. Durch Abbildung verschiedener Optionen schafft die strategische Unternehmensplanung Handlungsspielräume und minimiert das unternehmerische Risiko.

Grundlage dafür ist die Plankostenrechnung, die Sollzahlen für zukünftige Zeiträume und Leistungen ermittelt und aufstellt. Den Führungskräften der betrieblichen Abteilungen (Kostenstellengruppen) werden Sollzahlen vorgegeben, mit denen die Ist-Zahlen laufend verglichen werden. Damit dient die Plankostenrechnung der Erfolgsvorschau und -planung sowie der Überprüfung der Wirtschaftlichkeit anhand von Soll-Ist-Vergleichen.

Die Inhalte und Bestandteile der strategischen Unternehmensplanung müssen geeignet sein, externe Gremien wie Aufsichtsrat und Öffentlichkeit zu informieren. Die strategische Planung enthält auch die wesentlichen Aussagen über die zukünftige Entwicklung, aus denen dann die Details für die operative Planung abgeleitet werden können. Die folgende Grafik zeigt die Stufen der strategischen Unternehmensplanung.

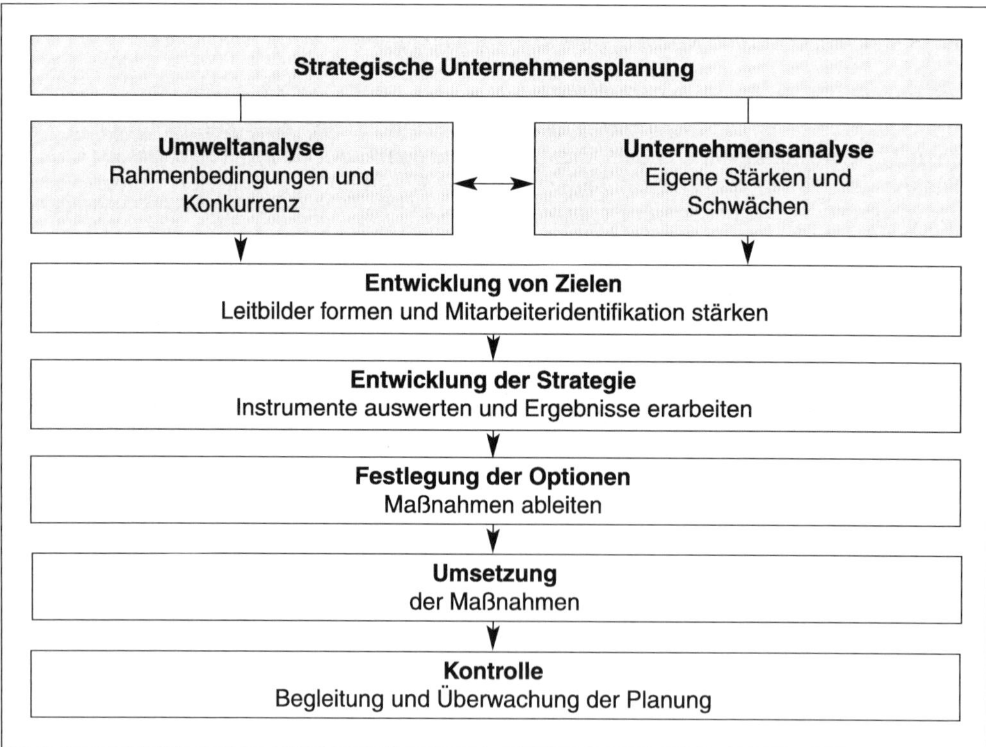

Ablauf der strategischen Unternehmensplanung und Umsetzung

3.2.1.1 Ziele

Unternehmensplanungen dienen dem Erreichen von Unternehmenszielen, der Förderung von Innovationen und somit der Zukunftssicherung von Unternehmen. Dies geschieht durch Vorwegdenken der möglichen Situationen, sodass man im Ernstfall gewappnet ist und reagieren kann. Die Zukunft und alle Vermutungen sind unsicher. Deshalb erfordert Unternehmensplanung die Transparenz, Risiken zu erkennen, die Abweichungen auslösen können. Jede Unternehmensplanung ist einmalig und individuell auf das jeweilige Unternehmen zugeschnitten.

Bei der strategischen Unternehmensplanung ist immer eine Ist-Analyse vorgeschaltet, die mögliche Potenziale aufdeckt. Schwerpunkt ist die Entscheidung über das eigene zukünftige Handeln. Das bedeutet, der Unternehmensplan legt u. a. fest:

- Unternehmensziele (Sollvorgaben)
- Geplante Maßnahmen
- Nötige Mittel

- **Umweltanalyse:** Analyse aller gesetzlichen, ökologischen, wirtschaftlichen und sozialen Rahmenbedingungen, die auf das Unternehmen Einfluss nehmen könnten (Chancen-Risiken-Analyse). Ebenso fließt die Betrachtung der Konkurrenzsituation (Konkurrenzanalyse) mit ein.

- **Unternehmensanalyse:** Analyse der Stärken und Schwächen des Unternehmens im Vergleich zum Wettbewerb (Stärken-Schwächen-Analyse). Es werden Zusammenhänge und Abhängigkeiten erforscht und mittels Kennzahlen dargestellt.

- **Entwicklung von Zielen:** In dieser Phase werden Unternehmensleitbilder formuliert. Um das **strategische** (langfristige) Unternehmensziel zu erreichen, werden taktische (mittelfristige) Teilziele festgelegt. Die Überlegungen, wie die mittelfristigen Ziele erreicht werden können, werden als **operative** (kurzfristige) Ziele bezeichnet.

- **Entwicklung der Strategie:** Sie umfasst die Plausibilitätsprüfung der Unternehmensziele und die Strategie zur Erreichung dieser gesetzten Ziele. Die Strategie ist der rote Faden zur Orientierung, wie die Ziele erreicht werden können.

- **Festlegung der Optionen:** Definition der Maßnahmen, die zur Erreichung der Ziele ergriffen werden müssen.

- **Umsetzung:** Durchführung der Maßnahmen.

- **Kontrolle:** Permanente Begleitung der Maßnahmen. Sie stellt die Rückkopplung zu den operativen Zielen sicher. Die Betrachtung des Unternehmens durch Kunden und andere Geschäftspartner werden der Öffentlichkeitsarbeit, den Geschäftsgrundsätzen und der Unternehmensphilosophie gegenübergestellt. Als Instrument bietet sich die monatliche betriebswirtschaftliche Auswertung (BWA) und die Kontrolle der definierten Kennzahlen an.

Grundsätzlich muss die Flexibilität gegenüber Datenänderungen, die Erfassung mehrerer Zeitabschnitte, die Abstimmung mit dem Controlling und die Zielorientierung gewährleistet sein. Weiterhin muss die Planung in sich schlüssig, realistisch und plausibel sein.

Eine fundierte Unternehmensplanung mit realistischen Vorhersagen zukünftiger Entwicklung ist in mehrfacher Hinsicht von Bedeutung:

- Für Führungskräfte als Orientierung bei Entscheidungen
- für Mitarbeiter (Arbeitsplatzsicherheit, Karriereaussichten)
- für Banken, Kreditgeber, Aktionäre (Sicherheit, Konditionen)

3.2.1.2 Instrumente

Die strategische Unternehmensplanung ist ein Prozess zur Abstimmung der Anforderungen der Umwelt mit den Potenzialen des Unternehmens mit dem Ziel, den Erfolg langfristig zu sichern. Die strategische Unternehmensplanung umfasst die folgenden Phasen:

Für jeden dieser Schritte ist eine Fülle von Instrumenten entwickelt worden:

- Analysetechniken (z. B. Portfolio-Analyse, SWOT-Analyse)
- Problemlösungs-/Kreativitätstechniken (z. B. Brainstorming)
- Umfragetechniken (z. B. Mitarbeiter-/Kunden-Befragung)
- Vergleichstechniken (z. B. Benchmarking)
- Planungstechniken (z. B. Szenarioplanung)
- Optimierungstechniken (z. B. Six Sigma)

Zwei der umfassendsten Analysetechniken sollen hier näher betrachtet werden.

SWOT-Analyse

Die **SWOT-Analyse** ist ein Instrument zur Ist-Analyse und zur Strategiefindung. In ihr werden die Stärken-Schwäche-Analyse und die Chancen-Risiken-Analyse vereint. SWOT-Analyse wird abgeleitet von den englischen Wörtern Strengths (Stärke), Weaknesses (Schwäche), Opportunities (Chancen) und Threats (Risiken).

SWOT-Analyse

Hieraus können vier Strategien abgeleitet werden:

- SO-Strategien: Durch die Stärken des Unternehmens werden Chancen genutzt.
- ST-Strategien: Durch die Stärken des Unternehmens werden Risiken reduziert.
- WO-Strategien: Durch Reduzierung der Schwächen werden Chancen verbessert.
- WT-Strategien: Durch die Reduzierung der Schwächen werden Risiken vermindert.

Um tatsächlich eine sichere Strategie zu finden, müssen die möglichen Entwicklungen der Stärken und Schwächen bedacht werden.

Portfolioanalyse

Produkte unterliegen einem Entwicklungszyklus innerhalb des Marktes und des Unternehmens. Ein Unternehmen, das aufhört über neue Produkte nachzudenken, bringt sich, langfristig betrachtet, in Gefahr.

Die **Portfolioanalyse** baut auf der SWOT-Analyse auf. Sie ist ein Instrument zur Strategieformulierung und -überprüfung. Dazu werden Geschäftsfelder (Produktgruppen) festgelegt und nach bestimmten Bewertungskriterien (Marktanteil, Marktwachstum etc.), bewertet.

$$\textbf{Absoluter Marktanteil} \text{ in \%} = \frac{\text{verkaufte Stückzahlen des Unternehmens}}{\text{Gesamtverkaufsmenge des Marktes}} \cdot 100$$

$$\textbf{Relativer Marktanteil} \text{ in \%} = \frac{\text{absoluter Marktanteil des Unternehmens}}{\text{absoluter Marktanteil des (der) größten Konkurrenten}} \cdot 100$$

Marktwachstum: Wenn der Markt wächst, muss auch der Umsatz entsprechend wachsen, um den Marktanteil zu halten. Das Marktwachstum entspricht einem Mindest-Soll-Wachstum.

Die Elemente werden im Portfolio anhand der berechneten oder geschätzten Werte (Koordinaten) eingetragen. Die Produkte, die in Wachstumsmärkten integriert sind, aber noch einen geringen Marktanteil besitzen, sind **Question Marks** (Fragezeichen, das sind Produkte in der Einführungs- und Wachstumsphase). Um mit den Marktführern mithalten zu können, sind Investitionen erforderlich. Produkte (Geschäftseinheiten), die erfolgreich aus ihrer Wachstumsphase hervorgehen, werden zu **Stars.** Wenn die Wachstumsrate des Produkts unter 10% im Jahr sinkt, werden diese zu **Cash Cows** (Melkkühe). Produkte, die nur noch einen geringen relativen Marktanteil in einem nur noch langsam wachsenden Markt aufweisen, werden **Poor Dogs** (Arme Hunde) genannt. Die entstandene Verteilung im Portfolio stellt die gegenwärtige und künftig zu erwartende Situation dar. Dabei geht das Portfolio von einem typischen Produktlebenszyklus aus.

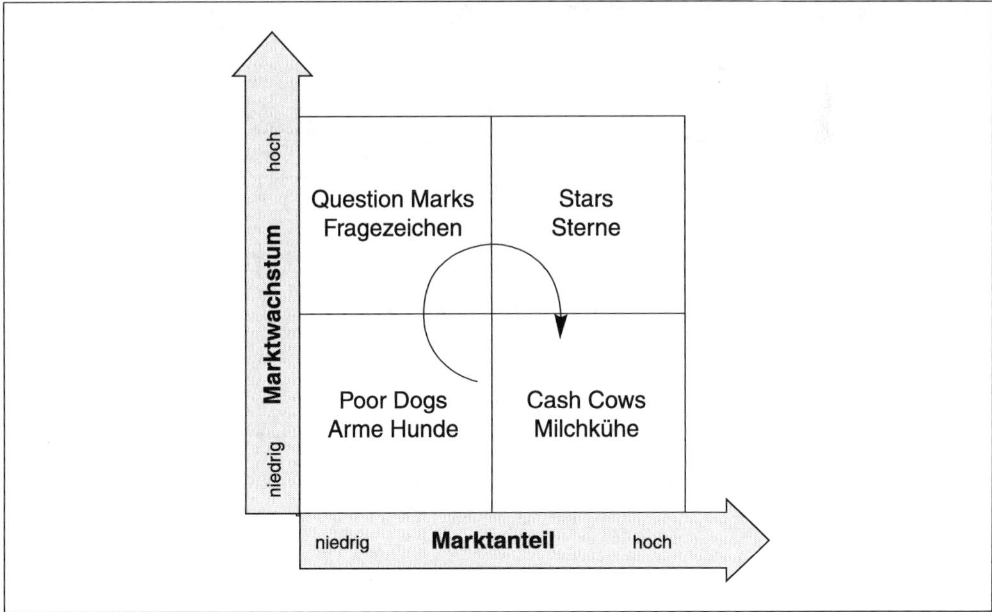

Portfolioanalyse

Es lassen sich die folgenden Strategien ableiten:

- **Investitionsstrategie:** Investitionen verbessern die Marktposition insbesondere bei den Question Marks.
- **Wachstumsstrategie:** Die Marktposition wird ausgebaut und eine erworbene Marktführerschaft verteidigt.
- **Abschöpfungsstrategie:** Die Marktposition wird gehalten. Der Abstoß der Geschäftseinheit wird geplant.
- **Desinvestitionsstrategie:** Das Produkt wird abgestoßen, um in neue Produkte investieren zu können.

Im Ergebnis sollte das Unternehmen beurteilen können, inwieweit es mit seinen gegebenen Ressourcen in der Lage ist, auf zu erwartende externe Veränderungen reagieren zu können.

3.2.2 Einfluss auf personalwirtschaftliche Ziele

Ein Unternehmen ist ein soziotechnisch-organisatorisches System (Mensch, Technik und Organisation), in dem verschiedene Pläne aufeinander abgestimmt werden müssen. Daraus ergibt sich ein Geflecht vieler Teilplanungen. Je genauer die Vorgaben aus der strategischen Planung sind, desto weniger Planungsaufwand entsteht bei der Erstellung der operativen Planung. In der Regel werden die in der folgenden Grafik genannten Teilpläne erstellt.

Die Erarbeitung der Detailpläne orientiert sich immer an den betrieblichen Gegebenheiten. Entsprechend dieser können einzelne Detailpläne überflüssig sein oder andere notwendig werden.

Die Personalplanung leitet sich in der Regel aus der Gesamtplanung und bestimmten Teilplanungen des Unternehmens ab, die auch ihr vorrangiges Ziel bestimmen: Mitarbeiter einzustellen, heranzubilden oder auch freizustellen, in einem für die Verwirklichung der strategischen Unternehmensziele erforderlichen Maße. Rückwirkend kann die Personalplanung auch die Unternehmensplanung beeinflussen, wenn beispielsweise die Bereitstellung des erforderlichen Personals sich als undurchführbar herausstellt.

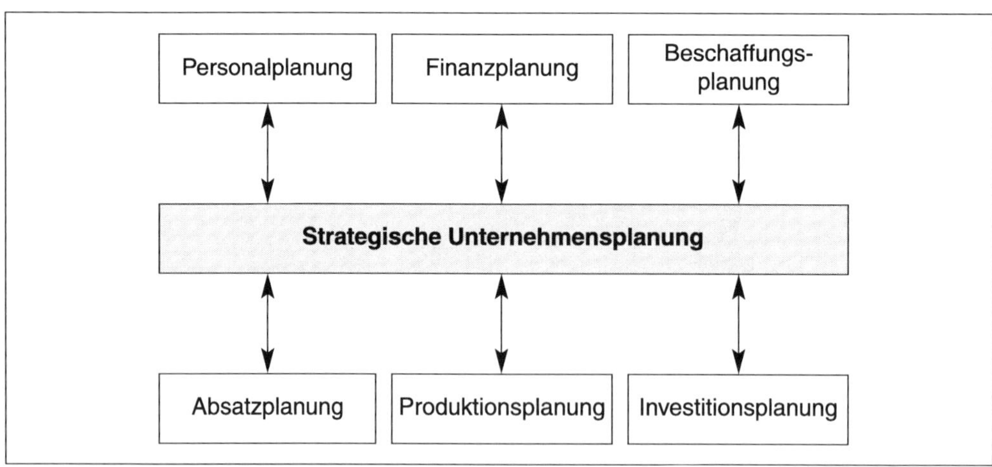

Detailplanung

3.2.3 Personalwirtschaftliche Ziele

Das Personalmanagement kümmert sich um mitarbeiterbezogene Gestaltungs- und Verwaltungsaufgaben, ein Unternehmensbereich, dem immer mehr Bedeutung zukommt, da heute das Humankapital (Mitarbeiter) als einer der wichtigsten Erfolgsfaktoren angesehen wird. Das Personalmanagement versucht, einen Mittelweg zu finden, der sowohl die Interessen des Unternehmens als auch die Wünsche der Mitarbeiter erfüllt.

Wirtschaftliche Ziele

Wirtschaftliche Ziele des Unternehmens orientieren sich an Wirtschaftlichkeit, Rentabilität und Gewinn. Dafür versuchen die Unternehmen, die Kosten zu minimieren und den Gewinn langfristig zu maximieren.

Beispiele für wirtschaftliche Ziele sind:

- Verkauf großer Stückzahlen (Umsatzvolumen)
- Senkung der Fixkosten (Kostenstruktur)
- Rationalisierung der Fertigung (Wirtschaftlichkeit)
- Erzielung eines hohen Gewinns (Rentabilität)
- Erhaltung oder Ausdehnung des Marktanteils
- Ausweitung des Vertriebsnetzes (Absatzwege)
- Sicherung der Zahlungsfähigkeit
- Optimierung der Einkaufskonditionen
- Sicherung der Eigenkapitalbasis (finanzielle Struktur)

Aus diesen unternehmerischen Zielsetzungen ergeben sich Teilziele des Personalmanagements. Das **Humankapital** (menschliche Arbeitskraft) muss effizient eingesetzt werden. Effizienz bezieht sich auch auf die Bereitschaft der Mitarbeiter, den eigenen Leistungsbeitrag zu optimieren.

Ziele müssen ausgewogen sein und miteinander im Einklang stehen. Personalarbeit muss dafür Sorge tragen, dass die Übereinstimmung zwischen wirtschaftlichen, ökologischen und sozialen Zielen möglichst groß ist.

Optimierung der Beschäftigung

Durch einen optimierten Personaleinsatz soll die beste Nutzung aller Personalressourcen sichergestellt werden. Eine umfangreiche Personaleinsatzplanung, ergänzt durch eine Prozessanalyse aller Unternehmensbereiche, ist dazu erforderlich. Durch einen optimalen Beschäftigungsgrad kann eine hohe Wirtschaftlichkeit erreicht werden. Dafür sind Instrumente wie z. B. flexible Arbeitszeit, Altersteilzeit, Kurzarbeit oder Personalleasing denkbar.

Kostenminimierung des Personals

Die Entgeltpolitik eines Unternehmens muss in die Unternehmensstrategie passen. In guten wirtschaftlichen Zeiten ist eine Anpassung nach oben leichter möglich als eine Anpassung nach unten in wirtschaftlich schwierigen Zeiten. Die Kostensituation unter Aspekten der Wirtschaftlichkeit und die Erwartungen der Beschäftigten aufeinander abzustimmen, ist ständiges personalwirtschaftliches Ziel. Dabei gilt es, das Vergütungssystem genau zu durchschauen und zu optimieren. Ein großer Kostentreiber ist die Fluktuation.

Steigerung der Arbeitsleistung

Die Steigerung der Arbeitsleistung schafft einen Mehrwert für ein Unternehmen. Verlängerung der Arbeitszeit, Leistungsanreize bei der Bezahlung (Management by Objectives), Optimierung des Führungsstils und des Personaleinsatzes können wirksame Instrumente hierzu sein.

Nutzung von Kreativität und Erfahrung

Im Rahmen einer Potenzanalyse kann die Kreativität und die Erfahrung aller Beschäftigten erfasst und durch eine Optimierung der Personaleinsatzplanung besser genutzt werden. Auch eine Mehrfachqualifikation durch Personalentwicklungsmaßnahmen fördert die Kreativität.

Ökologische Ziele

Wirtschaftliche Entwicklung und Wohlstand sind von natürlichen Ressourcen abhängig. Aus unternehmerischer Verantwortung sollte der Umgang mit natürlichen Ressourcen auf eine langfristige Nutzung ausgerichtet sein und der Erhalt einer intakten Umwelt hohe Priorität haben.

Ökologische Ziele umfassen die Umweltverträglichkeit und Nachhaltigkeit der Produkte und deren Herstellungsprozess. Im Mittelpunkt steht der schonende Verbrauch von Ressourcen.

Diese Verantwortung gilt nicht allein für das Unternehmen als Ganzes; sie auch jedem einzelnen Mitarbeiter bewusst zu machen, sollte ein Ziel der Personalarbeit sein.

Beispiele für ökologische Ziele sind:

- Begrenzung der Emissionen
- Vermeidung von Lärm
- Recycling von Abfall
- Einhaltung der Umweltschutzgesetze
- Entwicklung und Verwendung umweltfreundlicher Verfahren
- Schonung der natürlichen Ressourcen
- Energiesparende Herstellungsprozesse und Einrichtungen

Ein Zielkonflikt für das Personalmanagement kann z. B. dadurch entstehen, dass ökologische Ziele für hohe Produktionskosten verantwortlich sind, die eine Reduzierung der Personalkosten zur Folge haben, um die Rentabilität zu gewährleisten. Ein solcher Fall könnte zu Personalabbau führen.

Soziale, humanitäre Ziele

Aus der Sicht des Mitarbeiters haben die **sozialen, humanitären Ziele** den höchsten Stellenwert. Soziale Ziele umfassen die Schaffung bestmöglicher Arbeitsbedingungen für die Mitarbeiter bei Sicherheit des Arbeitsplatzes.

Das Personalwesen hat als Dienstleister den bestmöglichen Mittelweg zwischen den Interessen des Unternehmens und den der Mitarbeiter zu finden, die den entscheidenden Produktionsfaktor menschliche Arbeitskraft erbringen.

Marktwirtschaft darf nicht bedeuten, die gesellschaftlichen Interessen und die des einzelnen Mitarbeiters außer Acht zu lassen. Andererseits können nur leistungsfähige, rentable und innovative Unternehmen auch soziale Verpflichtungen übernehmen.

Beispiele für soziale Ziele sind:

- Arbeitsplatzgestaltung
- Flexible Arbeitszeiten
- Altersteilzeit
- Sabbatical (Langzeiturlaub)
- Home office (Telearbeit)
- Teilzeitarbeit und Job Sharing (Arbeitsplatzteilung)
- Kindergarten
- Arbeitszeitkonto
- Work-Life-Balance
- Leistungsgerechte Vergütung
- Arbeitsplatzsicherheit
- Gutes Betriebsklima
- Aufstiegsmöglichkeiten

Wirtschaftliche, soziale und ökologische Ziele stehen in einem ständigen Spannungsfeld kurzfristig fast immer im Gegensatz. Sie sind u. a. abhängig von der Konjunkturlage, dem Arbeitsmarkt und den Wertevorstellungen der Mitarbeiter.

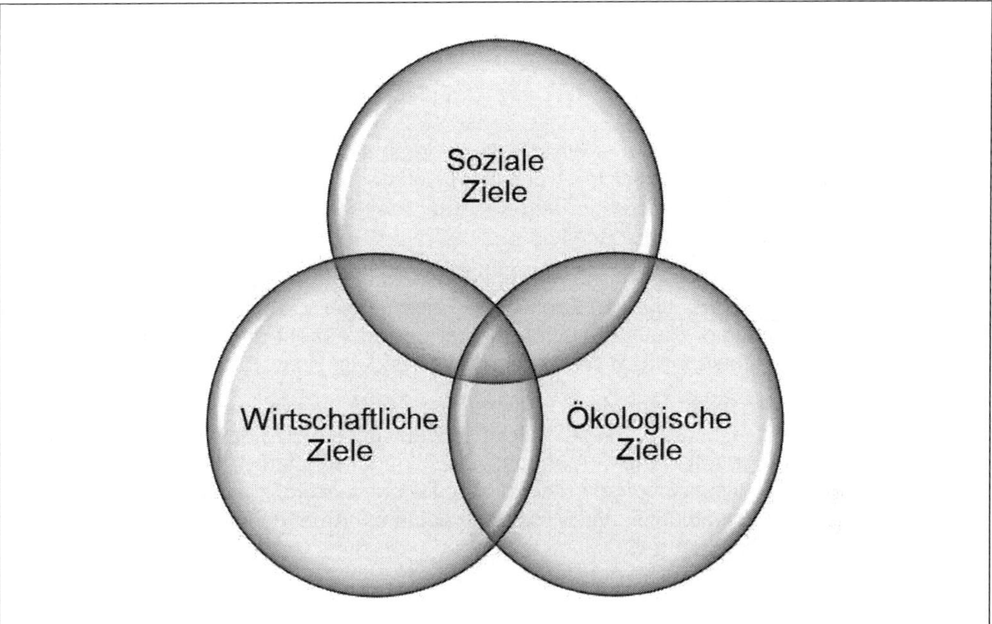

Personalwirtschaftliche Ziele

3.3 Beschäftigungsstrukturen und Personalbedarfe für Produktions- und Dienstleistungsprozesse analysieren und ermitteln

3.3.1 Arbeitsleistung im Unternehmen

Arbeit stellt neben Boden, Kapital und Wissen einen der zentralen Produktionsfaktoren dar. Für die Produktion braucht die menschliche Arbeitskraft Rohstoffe (Holz, Kohle, Erdöl) und bedient sich technischer Hilfsmittel (Werkzeuge, Maschinen). Arbeit wird in Arbeitsstunden gemessen, wobei der Lohn den Preis der Arbeit darstellt.

Die Mitarbeiter mit ihrem Leistungseinsatz, ihrer Motivation und ihren Fähigkeiten prägen entscheidend die Wettbewerbsfähigkeit und den Erfolg eines Unternehmens. Der Grundsatz, den richtigen Mitarbeiter an den richtigen Platz zu setzen, drückt diesen Aspekt anschaulich aus. Nur der Mensch ist befähigt, mit seiner Arbeit Werte zu schaffen und die Umwelt zu gestalten.

Ist Arbeit als Produktionsfaktor am Markt völlig frei handelbar, handelt es sich um einem freien Arbeitsmarkt, wie es z. B. in den USA der Fall ist. In Deutschland wird der Faktor Arbeit stärker reguliert. Es werden Mindestlöhne vorgegeben, Kündigungsschutzregelungen arbeitnehmerfreundlich gestaltet, Arbeitsbedingungen und Entgelte flächendeckend zwischen den Tarifparteien ausgehandelt. Die Mitbestimmungs- und Mitspracherechte der Arbeitnehmer sind im Betriebsverfassungsgesetz gesetzlich geregelt.

3.3.1.1 Arten der Arbeit

Im Verlauf der menschlichen Entwicklung unterlag die menschliche Arbeit vielfachen Wandlungen. Ursprünglich waren die Menschen weitgehend Selbstversorger. Sie stellten die benötigten Güter selbst her. Durch zunehmende Arbeitsteilung, den Einsatz von Maschinen und beschleunigten technischen Wandel wuchsen in entsprechendem Maße die Anforderungen an Ausbildung und Qualifikation der Mitarbeiter.

Die menschliche Arbeitsleistung kann in verschiedene Bereiche eingeteilt werden:

- **selbstständige und unselbstständige Tätigkeiten**
  Hierunter wird der Grad der Abhängigkeit in Form von Weisungsgebundenheit betrachtet.
- **dispositive und operative Tätigkeiten**
  Bei den dispositiven Tätigkeiten handelt es sich im Wesentlichen um planerische und verwaltende Tätigkeiten, während die operative Tätigkeit als die eigentlich wertschöpfende Arbeitsleistung beschrieben werden kann.
- **ausführende und leitende Tätigkeiten**
  Die leitende Tätigkeit ist durch wesentliche Führungsfunktionen gekennzeichnet, wohingegen sich die ausführende Tätigkeit auf die Erfüllung der durch die leitenden Mitarbeiter vorgegebenen Aufgaben beschränkt. Allerdings ist eine exakte Trennung in der Praxis nicht möglich. Leitende Angestellte müssen auch ausführende Arbeiten verrichten, während ausführenden Mitarbeitern oftmals bestimmte Leitungsaufgaben übertragen werden.

3.3.1.2 Bestimmungsfaktoren der Arbeitsleistung

Die Bestimmungsfaktoren der Arbeitsleistung lassen sich in zwei Bereiche einteilen. Im ersten Bereich handelt es sich um die **Motivstruktur,** die die persönlichen Motive und Einstellungen eines Mitarbeiters kennzeichnen. Im zweiten Bereich werden die Bestimmungsfaktoren geprägt durch die **Erwartungshaltung** von Mitarbeitern durch Normen und Wertvorstellungen, die sich in unserer Gesellschaft in Bezug auf die Arbeit entwickelt haben. Eingebunden in diese Aspekte sind die Eignung der Mitarbeiter, die herrschenden Arbeitsbedingungen und die Ausbildung, die ein Mitarbeiter für die Ausführung der Tätigkeit mitbringt.

Innere und äußere Leistungsfaktoren (Können und Wollen)

Innere und äußere Leistungsfaktoren bestimmen die Arbeitsleistung. Die **inneren Leistungsfaktoren** sind vom Einzelnen beeinflussbar und drücken die **Leistungsfähigkeit** aus (Angaben in Klammern als Beispiele):

- Begabung (Un-/Geschicklichkeit)
- Ausbildung (Wissen, Fähigkeiten und Fertigkeiten)
- Erfahrung (Lebens- und Berufserfahrung)
- Lebensalter
- Körperliche Verfassung (Gesundheit und Belastbarkeit)
- Persönliche Fähigkeiten (Koordination, Durchsetzung, Anpassung im Team)

Die **äußeren Leistungsfaktoren** beeinflussen die **Leistungsbereitschaft.** Deshalb fördern viele Unternehmen die Verbesserung der äußeren Leistungsfaktoren, weil sie sich davon eine höhere Produktivität erhoffen. Zu den äußeren Leistungsfaktoren zählen:

- Arbeitsform (körperlich oder geistig)
- Arbeitsplatz (Aufgaben und Gestaltung)
- Arbeitszeit (flexibel oder starr)
- Arbeitsorganisation (Gruppenarbeit, Größe der Gruppe, Betriebsklima)
- Umfeld (Konjunktur, Konkurrenz, Einkommen)
- Entgeltsystem

Arbeitsbewertung

Aufgabe der Arbeitsbewertung ist es, die unterschiedlichen Schwierigkeitsgrade der einzelnen betrieblichen Tätigkeiten zur Festlegung der Löhne zu berücksichtigen. Sie basiert auf exakten Arbeitsplatzbeschreibungen und soll eine angemessene Abstufung der verschiedenen Tätigkeiten gewährleisten. Die individuellen Leistungen der einzelnen Arbeitnehmer sind nicht mit einzubeziehen.

Zur Bewertung der Schwierigkeitsstufen eines Arbeitsplatzes gibt es zwei Möglichkeiten. Es kann eine summarische oder eine analytische Bewertung stattfinden, d. h. die Tätigkeit wird entweder als Ganzes bewertet oder aber durch einzelne Merkmale beschrieben, die getrennt beurteilt und zu einem Wert zusammengefasst werden.

Der relevante Lohn ergibt sich bei den summarischen Verfahren dadurch, dass jeder einzelnen Schwierigkeitsstufe Lohnsätze zugeordnet werden. Die analytischen Bewertungsverfahren benötigen sogenannte Anforderungskataloge, wie z. B. das internationale Genfer Schema (Definition siehe 3.3.2.1), um die verschiedenen Tätigkeiten bewerten zu können.

Leistungsbewertung

Während die Arbeitsbewertung den Arbeitsplatz unabhängig vom Stelleninhaber bewertet, beurteilt die Leistungsbewertung den Stelleninhaber selbst. Es wird darum auch von Persönlichkeitsbeurteilung oder persönlicher Leistungsbeurteilung gesprochen. Die Mitarbeiter werden bei der Leistungsbewertung nach bestimmten Merkmalen beurteilt und eingestuft. Bewertungsmerkmale sind neben der Leistung auch der Arbeitsstil, die Zusammenarbeit und die Führungsqualität.

Die Leistungsbewertung dient der Ermittlung der individuellen, leistungsbezogenen Entgeltanteile. Gegenstand der Leistungsbewertung ist zum einen das beobachtbare Leistungsverhalten (Leistungsfähigkeit und -bereitschaft), zum anderen das feststellbare Ergebnis. Durch ihren eindeutigen Bezug zur leistungsbezogenen Entgeltdifferenzierung kann die Leistungsbewertung gegenüber der Personalbeurteilung abgegrenzt werden.

3.3.2 Instrumente der Personalbedarfsbestimmung

Die **Personalbedarfsbestimmung** ist die Grundlage für die gesamte Personalplanung, da hier der Sollbestand festgelegt wird. Die dazu benötigten Informationen stammen aus den verschiedenen Detailplänen der Unternehmensplanung.

Bei der Personalbedarfsbestimmung sind vier Aspekte zu berücksichtigen:

- Qualitativer Bedarf
- Quantitativer Bedarf
- Räumliche Aufteilung des Bedarfs
- Zeitliche Bestimmung des Bedarfs

Es muss immer der Zusammenhang zwischen den quantitativen, qualitativen, räumlichen und temporären Aspekten betrachtet werden. Es ist ein ständiger Prozess, der sich gegenseitig überlagert und beeinflusst. Die Beeinflussungen erfolgen z. B. durch:

- Konjunkturelle Lage oder die geplante Absatzmenge
- Arbeitsdauer (gesetzliche oder tarifliche Arbeitszeiten)
- Fluktuation und Fehlzeiten
- Form der Betriebsorganisation und der Produktionsverfahren
- Betriebliche Altersstruktur
- Betriebliche Standorte

Die verschiedenen Arten der Personalbedarfsermittlung lassen sich in der Praxis nicht von einander trennen und werden gleichzeitig durchgeführt. Die Personalangaben allein nach Quantität und Qualität sind für die Unternehmung von keinerlei Wert, wenn nicht noch zusätzlich auf die temporären und räumlichen Aspekte Rücksicht genommen wird.

3.3.2.1 Qualitativ

Der qualitative Aspekt befasst sich damit, **welche Qualifikationsmerkmale,** Kenntnisse, Fähigkeiten und Fertigkeiten die Mitarbeiter jetzt und in der Zukunft haben müssen. Zu den bekanntesten Methoden gehört u. a. das **Genfer Schema** von 1950, das dazu dient, Tätigkeitsmerkmale zu bewerten.

Zugrunde liegt eine systematische Gliederung nach Arbeitsanforderungen, nach denen sich der Schwierigkeitsgrad der Arbeit ergibt. Berücksichtigt werden geistige Anforderungen, Belastung, Verantwortung und Arbeitsbedingungen.

Dem werden detailliertere Merkmale zugeordnet und es entstehen Anforderungsprofile für die verschiedenen Stellen im Unternehmen. Der qualitative Personalbedarf ist Teil der Informationsgrundlagen für zukünftige Maßnahmen der Personalentwicklung (PE).

3.3.2.2 Quantitativ

Die quantitative Bedarfsermittlung bezieht sich auf die **Anzahl** der Mitarbeiter, die erforderlich ist, um die gegebenen Unternehmensziele zu erreichen. Bei der Kennzahlenmethode bilden vergangenheitsbasierte Daten die Grundlage. Die Kennzahl drückt aus, **wie viele** Mitarbeiter in der Vergangenheit benötigt wurden, um das Volumen zu bewältigen (vergl. Abschnitt 3.4.1).

Zu den bekanntesten Methoden gehört die **REFA-Methode,** die auf einer zeitlichen Bewertung der einzelnen Arbeitsschritte beruht (vergl. Abschnitt 3.4.1).

3.3.2.3 Räumlich

Räumliche Bedarfsermittlung richtet sich nach den **Einsatzorten** der Mitarbeiter. Dies ist dann von besonderer Bedeutung, wenn ein Unternehmen unterschiedliche Standorte in der Bundesrepublik, im europäischen Raum oder weltweit unterhält. Der räumliche oder auch regionale Aspekt besagt also, **wo** die Arbeitsleistung zur Verfügung stehen soll.

3.3.2.4 Temporär

Die temporäre Bedarfsbestimmung legt die **Zeitpunkte** und die benötigten **Zeitperioden** des Personalbedarfs fest, z. B. bei zeitlich befristeten Arbeitsspitzen oder Saisonbetrieben. Die temporäre Betrachtung trifft also Aussagen darüber, **wann** die Mitarbeiter zur Verfügung stehen sollen.

3.4 Personalbedarfsplanung und Personalentwicklungsplanung durchführen

Die Personalplanung ist eine Metafunktion und umfasst die Planung aller personalwirtschaftlichen Teilfunktionen. Die **Personalbedarfsplanung** dagegen umfasst die Ermittlung des Personalbedarfs für einen zukünftigen Zeitpunkt (Antizipation des Personalbedarfs), die **Personalentwicklungsplanung** die künftigen Anforderungen an die Qualifikation der Mitarbeiter (→ 3.4.5).

Unter dem Personalbedarf eines Betriebes ist die Gesamtheit an Arbeitskräften zu verstehen, die zur Wahrnehmung aller dispositiven und ausführenden Aufgaben benötigt werden (Brutto-Personalbedarf).

Die Planung umfasst auch das Ziel, künftige Entwicklungen, die selbst nicht beeinflussbar sind, vorauszusehen und damit verbundene Risiken abzuschwächen oder möglichst auszuschalten.

Dabei spielen externe und interne Faktoren eine Rolle:

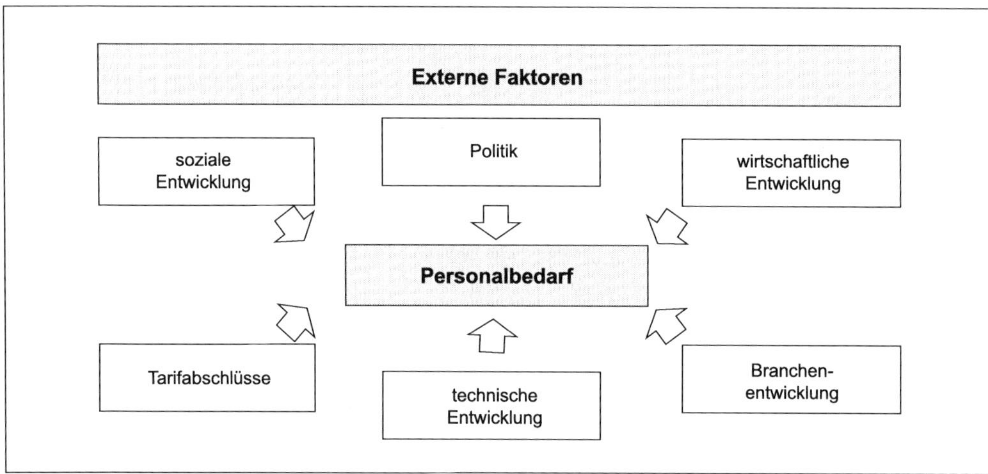

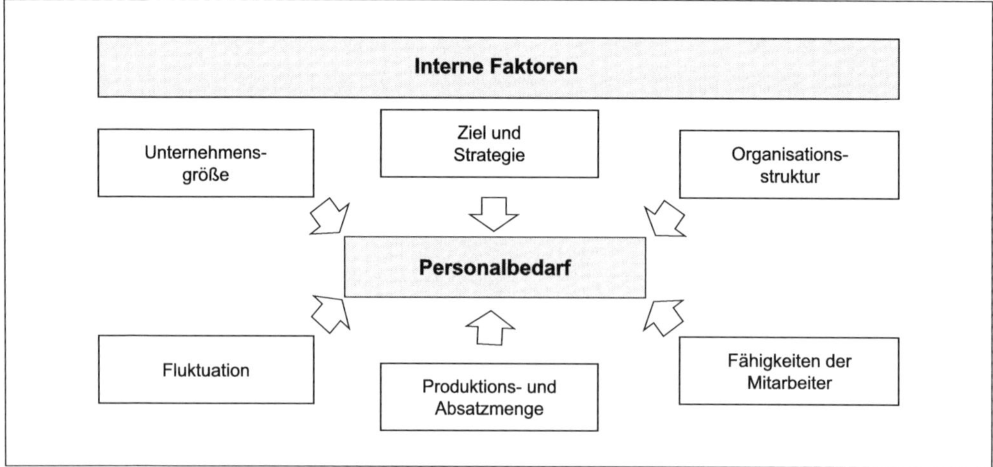

Externe und interne Einwirkungen auf die Personalplanung und den Personalbedarf

3.4.1 Methoden der Personalbedarfsberechnung

Um den Bedarf an Mitarbeitern für eine bestimmte Periode (zukunftsorientiert) zu definieren, können verschiedene Methoden angewandt werden.

Quantitativ
- Vergangenheitsorientierte (globale) Methoden:
  Trendextrapolation
  Analogie-Schlussmethode
  Kennzahlenmethode (z. B. Balanced Scorecard)
- Schätzmethoden:
  Einfach
  Systematisch
- Arbeitswissenschaftliche Methoden:
  Stellenplan-Methode
  REFA-Methode
  MTM-Analyseverfahren
- Zukunftsorientierte Methoden:
  Delphi-Methode
  Szenariotechnik

Qualitativ
- Erfassung der Stellenanforderungen
- Bestimmung der qualitativen Struktur der Mitarbeiter

3.4.1.1 Vergangenheitsorientierte Methoden (Globale Methoden)

Trendextrapolation

Trendextrapolationen schreiben Entwicklungsdaten aus der Vergangenheit in die Zukunft fort. Dabei wird ein bereits beobachteter Trend zugrunde gelegt. Diese Fortschreibung kann durch das Verlängern einer Trendlinie oder durch Analysen erfolgen. Die Sicherheit dieses Verfahrens ist umso größer, je länger und stabiler die abgelaufene Zeitreihe ist. Beispiel: Der Personalbestand ist in den vergangenen sieben Jahren um durchschnittlich fünf Prozent angestiegen. Wir rechnen für das Folgejahr mit der gleichen Höhe.

Das Verfahren kann angewandt werden bei einfachen Sachverhalten, wenn eine Messung möglich ist und Entwicklungssprünge oder starke technologische Änderungen nicht zu erwarten sind. Diese Methode unterstellt, dass Gegebenheiten, die in der Vergangenheit zu einem Trend geführt haben, auch für die Zukunft gelten. Geeignet ist diese Methode, wenn das Unternehmen eine kontinuierliche Produktions- und Absatzentwicklung aufweist.

Analogieschlussmethode

Die Analogieschlussmethode geht davon aus, dass in der Vergangenheit festgestellte Abhängigkeiten zwischen zwei oder mehreren Größen auch in der Zukunft im gleichen Verhältnis gegeben sind, z. B. Anzahl der Arbeitskräfte und der erreichte Umsatz.

Dies kann dann in Form der Bildung von Kennziffern geschehen. Allerdings ist zu beachten, dass Veränderungen der Bestimmungsfaktoren (z. B. der tariflichen Arbeitszeit) berücksichtigt werden.

Kennzahlenmethode

Noch genauer kann die Personalbedarfsplanung mithilfe von Kennzahlen durchgeführt werden. Diese präzise Methode stellt den Personalbedarf in einen Bezug zur Auftragslage und zum Umsatz. Ziel ist es, eine Beziehung herauszufinden und in einer einfachen Kennzahl zu formulieren.

Diese Methode eignet sich gut, wenn die Arbeitsplätze weitgehend von einer Ausbringungsmenge bestimmt sind, weil sich leicht ein Zusammenhang herstellen lässt.
Es können Kennzahlen sein wie:

Umsatz : Anzahl der Mitarbeiter
Umsatz : Personalgesamtkosten
Absatz : Anzahl der Mitarbeiter

Beispiel: Ein Lohn- und Gehaltssachbearbeiter des Unternehmens X hat in der Vergangenheit 400 Mitarbeiter abgerechnet, betreut und entsprechende Bescheinigungen ausgefüllt. Aufgrund der zu erwartenden Umsatzsteigerung wird der Personalbestand auf 600 Mitarbeiter ansteigen.

$\frac{600}{400} = 1{,}5$ Daraus folgt, dass eine zusätzliche Halbtagsstelle eingerichtet werden muss.

3.4.1.2 Schätzmethoden (Schätzverfahren)

Das Schätzverfahren wird nicht als wissenschaftliche Methode angesehen, gleichwohl ist es in der betrieblichen Praxis weit verbreitet. Es wird zwischen einfacher und systematischer Schätzung unterschieden.

Beim einfachen Schätzverfahren schätzen die jeweiligen Führungskräfte aufgrund ihrer Erfahrung und ihres Wissens aus der Vergangenheit die Planzahlen für die Zukunft. Aufwendigere Schätzverfahren bedienen sich der Expertenbefragung und arbeiten mit Simulationstechniken.

Praktische Bedeutung hat diese Methode vor allem in kleineren und mittleren Betrieben. Ihr Hauptvorteil liegt in der leichten Umsetzbarkeit in der betrieblichen Praxis.

3.4.1.3 Arbeitswissenschaftliche Methoden und Berechnungsformeln

Stellenplanmethode

Der sich aus dem Organigramm ergebende Stellenplan wird unter Berücksichtigung neu hinzukommender oder entfallender Stellen in die Zukunft fortgeschrieben. Aus diesem Stellenbesetzungsplan ergibt sich dann der **Netto-Personalbedarf,** d. h. es lässt sich erkennen, ob ein Personalbedarf oder ein Personalüberhang besteht.

Voraussetzung für gute Ergebnisse ist die regelmäßige Aufstellung, Überprüfung und Fortentwicklung der detaillierten Stellenpläne, Stellenbesetzungspläne und Stellenbeschreibungen für alle Hierarchieebenen eines Unternehmens.

- Stellenpläne enthalten alle genehmigten und zur Besetzung freigegebenen Stellen (unabhängig davon, ob sie tatsächlich besetzt sind oder nicht) ausgewiesen. Stellenpläne haben somit Soll-Charakter. Sie können als Organigramme oder in Listenform dargestellt werden.
- Stellenbesetzungspläne umfassen den Namen des jeweiligen Stelleninhabers der jeweiligen Stelle. Häufig enthalten Stellenbesetzungspläne noch ergänzende Angaben wie den Stellvertreter, Vollmachten, Geburtsjahr, Gehaltsgruppe, Eintrittsjahr und dergleichen. Stellenbesetzungspläne haben somit Ist-Charakter.
- Stellenbeschreibungen (Darstellung siehe Abschnitt 3.4.3.2)

REFA-Methode

Bei der REFA-Methode erfolgt eine **Zerlegung des gesamten Arbeitsablaufs** in Arbeitsvorgänge. Die Zeiten für die Vorbereitung (Rüstzeit) und Ausführung (Ausführzeit) der Arbeitsvorgänge werden gemessen. Aus den zusammengerechneten Zeiten ergeben sich dann die Arbeitszeiten, aus denen schließlich der entsprechende Arbeitskräftebedarf errechnet werden kann.

Ziel ist es, Mitarbeiter so auszulasten, dass sie ihre Aufgaben in der verfügbaren Arbeitszeit bewältigen können und dabei unnötige Leerzeiten vermieden werden.

MTM-Analyseverfahren (Methods Time Measurement)

Beim MTM-Analyseverfahren werden die ausgeführten Tätigkeiten auf bestimmte Grundbewegungen zurückgeführt, für die die benötigte Zeit bekannt ist. Manuelle Arbeitsabläufe werden in Bewegungselemente aufgeteilt. Die kleinsten Bewegungselemente sind Greifen, Bringen, Gehen für die (in Zeitlupenaufnahmen ermittelte) Zeiten hinterlegt sind. Es wird davon ausgegangen, dass die per MTM ermittelte Zeit derjenigen entspricht, die von einem durchschnittlich geübten Arbeiter über einen ganzen Arbeitstag hinweg erreicht werden kann. Dies entspricht dem Leistungsgrad von 100 %.

Durch weltweit einheitliche **Codierung der Bewegungselemente**, einheitliche Verfahren und Methoden wird ein einheitlicher Qualitätsstandard und Vergleichbarkeit erreicht.

Delphi-Methode

Bei der Delphi-Methode handelt es sich um eine **systematische Expertenbefragung.** Es werden die betroffenen Führungskräfte mithilfe eines systematisch aufgebauten Fragebogens nach ihren Schätzungen und ihrer Begründung für den künftigen Personalbedarf gefragt. In diese Befragungen eingeschlossen sind ggf. auch Lieferanten und Hersteller oder auch Unternehmensberater, die umfassende Branchenkenntnisse aufweisen.

Die vorliegenden Schätzungen und die Begründungen werden ausgewertet und mit Informationsanalysen seitens der Unternehmensleitung (Konkurrenzsituation auf dem Markt, Marktanteile, Kostensituation auf dem Markt) an die Führungskräfte gemeldet mit der Aufforderung, aufgrund der neuen Information eine weitere Schätzung vorzunehmen.

Diese Methode kann ergänzt werden durch eine endgültige Festlegung der Planungszahlen in gemeinsamen Gesprächsrunden. Sie eignet sich durchaus auch für mittlere Betriebe, die keinen hohen Kostenaufwand für die Personalplanung betreiben können oder wollen.

Szenariotechnik

Bei der Szenariotechnik geht man von **nicht absehbaren dynamischen** sowie **unvorhersehbaren Entwicklungen** (Marktveränderungen) aus. Es wird versucht, aufgrund von Annahmen und möglichen Trends zukünftige Situationen zu beschreiben, in denen sich die Unternehmen bewegen. Man verwendet auch den Begriff Visionen. Aus diesen Szenarien und Visionen werden dann, meistens langfristig, Ableitungen für den künftigen Personalbedarf getroffen.

Um dies etwas plastischer darzustellen, soll der Gründer von Microsoft, Bill Gates, zitiert werden. Er sagte bereits 1986: »In jedem Haushalt weltweit sollte ein PC stehen.«

3.4.2 Methoden zur Ermittlung des Personalbestandes

Die Personalbestandsplanung legt fest, wie viele Mitarbeiter mit bestimmter Qualifikation zum Planungszeitpunkt an welchem Ort zur Verfügung stehen müssen, um das angestrebte Unternehmensziel zu erreichen. Es geht also um das Leistungspotenzial des Unternehmens. Dabei sind die bestehenden Tarifverträge und Gesetze zu beachten. Man geht in drei Schritten vor:

1. **Ermittlung des Bruttopersonalbedarfs**
   In diesem Schritt wird der künftige Arbeitszeitbedarf ermittelt, der erforderlich ist, um die z. B. für einen Produktionsbetrieb im Absatz- und Produktionsplan festgelegten Ziele zu erreichen. Dieser Arbeitszeitbedarf wird in Arbeitskräftebedarf umgerechnet.

   Als **Einsatzbedarf** bezeichnet man die Zahl der Arbeitskräfte, die ständig verfügbar sein müssen. Da dieses aber nur eine theoretische Größe ist, muss darüber hinaus ein **Reservebedarf** ermittelt werden, der abhängig ist von dem zu gewährenden Urlaub, vom durchschnittlichen Krankenstand und von sonstigen Fehlzeiten, wie Erziehungsurlaub, Freistellungen, Schulungen usw. Den Reservebedarf muss das Unternehmen aus eigenen Aufzeichnungen ermitteln.

   Der **Bruttopersonalbedarf** setzt sich zusammen aus Einsatzbedarf und Reservebedarf.

2. **Ermittlung des Personalbestandes**
   Der Bestand wird zum Zeitpunkt der Planerstellung ermittelt. Diese Zahl muss vermindert werden, um die voraussichtlichen Abgänge, wie sie z. B. durch Fluktuation, Pensionierung, Inanspruchnahme von Erziehungsurlaub entstehen können. Hinzugerechnet werden müssen voraussichtliche Zugänge, z. B. Übernahme von Auszubildenden, Rückkehrer aus dem Erziehungsurlaub usw.

3. **Die Differenz zwischen 1. und 2. ergibt den Netto-Personalbedarf**
   Aus der Gegenüberstellung des Brutto-Personalbedarfs mit dem Personalbestand ergibt sich der Netto-Personalbedarf, der entweder einen Beschaffungsbedarf oder einen Personalüberhang ausweist. Daraus ergeben sich die weiteren Konsequenzen.

Die **Abgangs/Zugangs-Tabelle** ist bei permanenter Führung eine weitere Methode zur Ermittlung des zukünftigen Personalbestandes:

Aktueller Ist-Personalbestand
– vorhersehbare und wahrscheinliche Abgänge
+ vorhersehbare und wahrscheinliche Zugänge

= zukünftig erwarteter Ist-Personalbestand zum Planungszeitpunkt

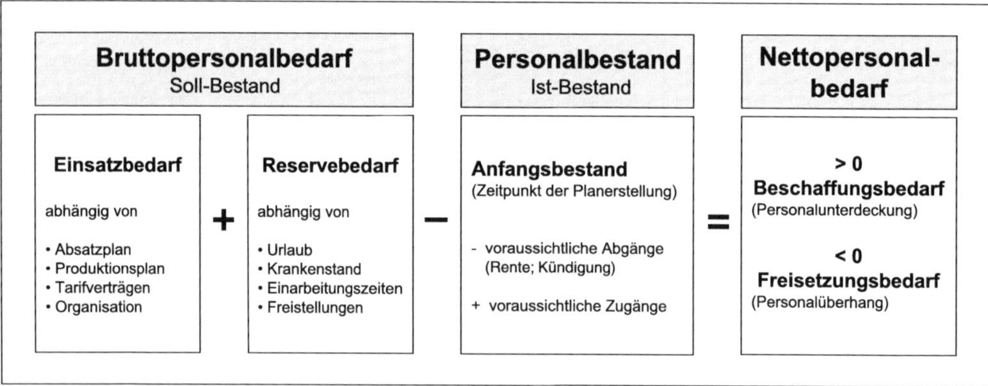

Personalbedarfsrechnung

Bei den Bedarfsarten unterscheidet man außerdem:

- **Ersatzbedarf**
  Ergibt sich durch Mitarbeiter, die während der Planungsperiode ausscheiden (Pensionierung, Kündigung, Todesfälle). Hierzu gehört auch die Inanspruchnahme des Erziehungsurlaubes.

- **Neubedarf**
  Als Folge von Erweiterungen und Stellenzunahmen im Planungszeitraum.

- **Mehrbedarf**
  Anstieg bei gleicher Kapazität und Menge durch gesetzliche und tarifliche Veränderungen, z. B. Veränderung der Arbeitszeit auf tariflicher oder betrieblicher Grundlage und durch die Erfordernis, Spezialisten einstellen zu müssen, z. B. für Arbeitssicherheit oder für Entsorgung.

- **Reservebedarf**
  Für berechenbare Ausfälle und Abwesenheiten (Urlaub, Krankheit usw.). Dieser Reservebedarf muss für jedes Unternehmen aus eigenen Aufzeichnungen ermittelt werden.

  In der Praxis begegnet die Ermittlung des Reservebedarfs besonderen Problemen. Bei manchen Methoden wie Schätzverfahren oder Stellenplanmethoden ist es relativ schwierig, einen Reservebedarf zu ermitteln. Gerade bei der Stellenplanmethode im Dienstleistungs- und Verwaltungsbereich ist häufig kein Reservebedarf vorgesehen, sondern Ausfälle, die durch Urlaub und Krankheit entstehen, werden durch Vertretungsregelungen abgedeckt. Von den Mitarbeitern wird dann erwartet, dass sie ihre Produktivität erhöhen oder dass der bisherige Stelleninhaber nach Wiederaufnahme seiner Tätigkeit seine Aufgaben unter erhöhtem Einsatz nachholt.

  Beispiel für die Ermittlung des Reservebedarfs (Basis 252 Arbeitstage im Jahr):

Tage	(Durchschnitt)	Prozent
30,0	Tarifurlaub	11,9 %
1,0	Unbezahlter Urlaub	0,4 %
0,5	sonstiger Urlaub (z. B. für Schwerbehinderte)	0,2 %
1,0	Mutterschutz, Erziehungsurlaub	0,4 %
1,0	Fortbildung/Bildungsurlaub	0,4 %
15,0	Arbeitsunfähigkeit	6,0 %
5,5	Freistellung für Betriebsräte und Vertrauensleute	2,2 %
= 54,0	Tage Abwesenheit,	der Reservebedarf beträgt 21,5 %

- **Nachholbedarf**
  Das sind die Positionen, die bereits zu Beginn der Planungsperiode unbesetzt waren und jetzt während der laufenden Planungsperiode besetzt werden müssen.

Zeitarbeit (Personalleasing) bietet sich bei kurzfristigen Mehrbedarf an. Zeitarbeit lässt sich als eine Art Dreiecksverhältnis zwischen einem Personaldienstleister, einem Zeitarbeitnehmer (»Leiharbeiter«) und einem Entleihunternehmen beschreiben. Der Arbeitsvertrag wird zwischen dem Zeitarbeitnehmer und dem Personaldienstleister geschlossen, der alle üblichen Arbeitgeberpflichten übernimmt.

Aufgrund eines **Arbeitnehmerüberlassungsvertrages** überlässt der Personaldienstleister gegen eine Vergütung den Zeitarbeitnehmer dem Entleihunternehmen. Zwischen dem Entleihunternehmen und dem Zeitarbeitnehmer existiert kein Vertrag. Das Entleihunternehmen hat aber ein aufgabenbezogenes Weisungsrecht gegenüber dem Zeitarbeitnehmer, dem er zu folgen hat. Gesetzliche Grundlage ist das Arbeitnehmerüberlassungsgesetz (→ 2.1.2.2).

3.4.3 Profile durch Arbeits(platz)bewertung

Arbeits(platz)bewertung bedeutet, den Schwierigkeitsgrad des zu besetzenden Arbeitsplatzes zu ermitteln und mittels eines Punktesystems festzulegen. Die Ergebnisse dienen zur Bestimmung der Leistungsmöglichkeit der einzelnen Abteilungen (→ 2.3.8.4).

Das individuelle Leistungsvermögen eines Mitarbeiters ergibt sich aus seinem individuellen Leistungspotenzial, seiner Leistungsbereitschaft, dem Umfeld und den Leistungsanforderungen des Unternehmens.

Aus den gewonnenen Erkenntnissen lassen sich Rückschlüsse ziehen auf die Fähigkeits- und Eignungsprofile, die künftige Mitarbeiter aufweisen müssen. Im besten Falle stimmen Neigung, Fähigkeiten und Eignung weitgehend mit den Anforderungen des Arbeitsplatzes überein.

3.4.3.1 Fähigkeitsprofil (mitarbeiterbezogen)

Die Personalbeurteilung ist ein wichtiges Hilfsmittel für die Gewinnung von Fähigkeitsprofilen. Durch die Beurteilung einzelner festgelegter Kriterien ist es möglich, fundierte Kenntnisse über die Fähigkeiten eines Mitarbeiters zu erlangen. Fähigkeitsprofile dienen der Einschätzung, ob ein Mitarbeiter für bestimmte Aufgaben infrage kommt.

3.4.3.2 Eignungsprofil (mitarbeiterbezogen)

Unter diesem Begriff wird die Summe aller persönlichen Eignungsmerkmale verstanden, die einen Mitarbeiter befähigen, einen bestimmten Arbeitsplatz erfolgreich auszufüllen oder eine bestimmte Tätigkeit zu erbringen. Individuelle Merkmale seiner Fähigkeiten werden mit den Anforderungen des Arbeitsplatzes verglichen. Als Resultat ergibt sich eine Zusammenfassung der Erkenntnisse, die sich aus der Arbeitsplatzbewertung und der Beurteilung der Mitarbeiterfähigkeiten ergeben haben.

Eingeschlossen werden kann eine Prognose über die persönlichen Entwicklungsmöglichkeiten des Mitarbeiters durch Förderung im Rahmen der Personalentwicklung (Potenzialbeurteilung).

Stellenbeschreibungen

Unter dem Begriff der **Stellenbeschreibung** versteht man die einheitliche und verbindliche Festlegung aller Daten und Anforderungen, die einen bestimmten Arbeitsplatz (Stelle) betreffen. Zu den wesentlichen Inhalten zählen:

- die Bezeichnung der Stelle
- die Stelleneinordnung
  - Unterstellung
  - Überstellung
- die Hauptaufgabe der Stelle
- die Ziele der Stelle
- der Dienstrang/die Einstufung
  - Vollmachten/Befugnisse
  - Kenntnisse
- die Stellvertretung
  - vertritt Stelleninhaber
  - wird vertreten durch
- die Anforderungen
  - Ausbildung
  - Berufserfahrungen

Der Name des Stelleninhabers gehört gewöhnlich nicht in eine Stellenbeschreibung, da die Stelle unabhängig von der Person des Stelleninhabers gesehen wird.

Vorteile

- Die Stellenbeschreibung bietet eine gute Grundlage für die Einarbeitung und das systematische Unterweisen neuer Mitarbeiter.
- Sie bietet eine Vergleichsbasis bei der Personalbeurteilung im Hinblick auf einen eignungsgerechten Personaleinsatz.

Nachteile

- Erheblicher Anpassungsbedarf
- Fehlende Flexibilität
- Gefahr von Dienst nach Vorschrift

<table>
<tr><td colspan="5">FUNKTIONS-/STELLENBESCHREIBUNG</td><td colspan="2">Nummer: 123 gültig ab ...</td></tr>
<tr><td>1.</td><td colspan="6">Eingliederung und Bezeichnung der Stelle</td></tr>
<tr><td>1.1</td><td colspan="3">Geschäftsfeld
Europa</td><td>1.2</td><td colspan="2">Abteilung/Fachabteilung
Human Resources Management</td></tr>
<tr><td>1.3</td><td colspan="3">Stellenbezeichnung
Sachbearbeiter Human Resources</td><td>1.4</td><td colspan="2">Name, Vorname
-N.N.</td></tr>
<tr><td>1.5</td><td>Direkter Vorgesetzter
Manager Human Resources</td><td>1.6</td><td colspan="2">Stellvertretung
Sachbearbeiter</td><td>1.7</td><td>Führung
geführter Mitarbeiter: 0</td></tr>
<tr><td>2.</td><td colspan="6">Zielsetzung der Stelle</td></tr>
<tr><td></td><td colspan="6">= Unterstützung des Managers HR im Tagesgeschäft
= Ansprechpartner für operative Einheiten
= Beratung und Unterstützung der operativen Einheiten bei Personalthemen</td></tr>
<tr><td>3.</td><td colspan="6">Hauptaufgaben</td></tr>
<tr><td></td><td colspan="6">= Bewerbermanagement und Zuarbeit bei der Personalbeschaffung
= Unterstützung bei Personalmessen und Recruitingveranstaltungen
= Erstellung und Pflege von Statistiken
= Vertragserstellung und Fristenmanagement
= Erstellung aller personalrelevanten Unterlagen (Zeugnisse, Bescheinigungen, etc.)
= Unterstützung bei der Umsetzung von Personalentwicklungsmaßnahmen
= Zuarbeit Personalreporting und Personalcontrolling</td></tr>
<tr><td>4.</td><td colspan="6">Anforderungsprofil*</td></tr>
<tr><td>a)</td><td colspan="6">Ausbildung, Schul- bzw. Studienabschluss</td></tr>
<tr><td></td><td colspan="6">= Kaufmännische Ausbildung, vorzugsweise mit personalwirtschaftlichem Schwerpunkt (Personalfachkaufmann/-frau von Vorteil)</td></tr>
<tr><td>b)</td><td colspan="6">Benötigte Kenntnisse/notwendige Berufserfahrung</td></tr>
<tr><td></td><td colspan="6">= Hohe Leistungsbereitschaft und Dienstleistungsorientierung
= Belastbarkeit und Flexiblität
= Versiert in der Anwendung von MS Office (Schwerpunkt Excel, Word, PowerPoint)
= Aktuelles Wissen im Bereich HRM sowie im Arbeitsrecht
= Lösungsorientierte Arbeitsweise
= Überzeugungs- und Umsetzungsvermögen</td></tr>
<tr><td>5.</td><td colspan="6">Unterschriften</td></tr>
<tr><td colspan="4">Stelleninhaber/Datum</td><td colspan="3">Vorgesetzter/Datum</td></tr>
<tr><td colspan="7">* Durch eine Gewichtung der einzelnen Positionen (z. B. durch Prozentanteile) sowohl im Anforderungsprofil der Stellen als auch beim Eignungsprofil der Mitarbeiter, kann das Urteil über die Eignung eines Mitarbeiters bei der Besetzung einer Stelle besser abgesichert werden.</td></tr>
</table>

Beispiel einer Stellenbeschreibung

Anforderungsprofil (stellenbezogen)

Aus den Angaben über die erforderlichen Anforderungen und Qualifikationen wird ein Anforderungsprofil entwickelt (→ 2.6.1.3). Das **Genfer Schema,** Anfang der 1950er-Jahre durch das Internationale Arbeitsamt in Genf entwickelt, unterscheidet vier Grundanforderungen:

- Fachkönnen (geistige und körperliche Anforderungen)
- Belastung (geistig und körperlich)
- Verantwortung
- Arbeitsbedingungen

In der Praxis werden Anforderungen weiter gegliedert, z. B. nach folgendem Schema:

- Gliederung nach Berufsbildern
  Schlosser, Industriekaufmann
- Gliederung nach Berufsgruppen
  Gewerbliche Berufe, technische Angestellte, kaufmännische Angestellte, Auszubildende
- Gliederung nach Qualifikationsgruppen
  Hochschulausbildung mit Betriebserfahrung, Hochschulausbildung ohne Betriebserfahrung, Industriemeisterausbildung, Facharbeiterausbildung mit Berufserfahrung und Zusatzausbildung
- Gliederung nach Tätigkeiten
  Technisch-wissenschaftliche Arbeiten, Verkaufen, Einkaufen, finanz- und kostenwirtschaftliche Arbeiten, Personalverwaltung, Organisieren, repetitive Büro-, Lager- und Versandarbeiten
- Gliederung nach hierarchischer Ebene
  Führungstätigkeiten der obersten und oberen Führungsebene, Führungstätigkeiten der mittleren Ebene, Tätigkeiten der operativen Ebene

3.4.4 Anpassung des Personalbedarfs

Im eigentlichen Wortsinne ist unter Personalanpassung sowohl Personalbeschaffung und Personalentwicklung als auch Personalabbau zu verstehen. Tatsächlich wird der Begriff in der Regel allerdings beschönigend gebraucht, wenn **Personalabbau** gemeint ist.

Ursachen für eine Personalanpassung können u. a. sein:

- Absatz- bzw. Produktionsrückgang
- Standortverlegung
- Betriebsstilllegung
- Unternehmenszusammenschluss
- Saisonale Auftragslage
- Rationalisierung
- Pandemien

Personalanpassung muss nicht gleich betriebsbedingte Kündigung bedeuten. Es gibt Maßnahmen, die einen evtl. nur vorübergehenden Personalüberhang ausgleichen können:

Kurzarbeit ist eine Möglichkeit für Unternehmen, die wirtschaftlichen Folgen von Arbeitsmangel abzufangen. Die Arbeitnehmer erhalten während der Kurzarbeit vom Arbeitgeber nur noch die verkürzte Arbeitszeit ausbezahlt. Die Arbeitsagentur gleicht die finanziellen Einbußen der Arbeitnehmer durch Zahlung des sogenannten Kurzarbeitergeldes aus.

Das Instrument der Kurzarbeit hat sich bei der Überwindung der Wirtschaftskrise 2009 sowie der Corona-Pandemie ab dem Jahr 2020 bewährt.

Schritte zur Einführung von Kurzarbeit

1. Prüfung der Voraussetzungen
2. Vorabklärung mit der Arbeitsagentur
3. Beratung mit dem Betriebsrat und Abschluss einer Betriebsvereinbarung
4. Anzeige bei der Arbeitsagentur
5. Prüfung und Freigabe durch die Arbeitsagentur
6. Beachtung der Ankündigungsfrist (Arbeits- und Tarifverträge prüfen)

Vorteile

- kurzfristige Realisierbarkeit
- wirksame Anpassungsfähigkeit
- kostengünstig bei Gewährung von Kurzarbeitergeld
- Stammbelegschaft kann gehalten werden
- Zumutbarkeit gegenüber den Betroffenen
- relativ einfache Umsetzung

Nachteile

- Imageverlust (Unternehmen gilt als krisenanfällig)
- Gefahr der Abwanderung qualifizierter Mitarbeiter
- erhöhter Verwaltungsaufwand (strenge Vorschriften der Arbeitsagentur)
- eingeschränkte Flexibilität (Zeitraum und Umfang sind starr)

Zur **Kündigung** der Arbeitsverhältnisse (direkte Maßnahme) sollte es erst dann kommen, wenn die benötigten Einsparpotenziale mit indirekten Maßnahmen nicht erreicht werden konnten. Die Kündigung ist immer der letzte Schritt (Ultima Ratio) mit möglicherweise negativen Auswirkungen auf die Motivation der Mitarbeiter, die Qualität der Arbeitsleistung und die Produktivität des Unternehmens.

Wichtig ist, einen Personalabbau strategisch zu planen und eine gewisse **Trennungskultur** im Unternehmen einzuführen. Dazu gehören umfassende Information und ausführliche Beratung der betroffenen Mitarbeiter, insbesondere bei direkten personellen Maßnahmen. Das Aussprechen von Kündigungen gehört zu den Führungsaufgaben, die nicht gerne wahrgenommen werden. Daher liegt es im Interesse des Unternehmens, die Führungskräfte auf diese Gespräche professionell vorzubereiten.

Zunehmend wird den entlassenen Mitarbeitern der Weg in eine neue Beschäftigung durch **Outplacement** (Vermittlung in andere Unternehmen) erleichtert. Der Vorteil ist, dass das Konzept umfassende und praktische Hilfe bieten und genau auf die Situation der Betroffenen abgestimmt werden kann (→ 4.2.3.1).

Mit diesen Maßnahmen soll nicht nur den Betroffenen geholfen werden. Sie ist ein Signal an verbleibende Mitarbeiter, Kunden und Öffentlichkeit: Es wird sicher auch wieder Zeiten geben, in denen neue Mitarbeiter gebraucht werden.

Alle Formen des Personalabbaus bringen rechtliche Konsequenzen mit sich. Zum einen sind Mitbestimmungsrechte der Arbeitnehmervertreter zu berücksichtigen, zum anderen sind die gesetzlichen Regelungen zum Kündigungsschutz zu beachten.

Sind **Entlassungen** bzw. **betriebsbedingte Kündigungen** unvermeidlich, sind die Vorschriften des Kündigungsschutzgesetzes (KSchG) und des Bürgerlichen Gesetzbuches (BGB) zu beachten (→ 2.1.5.2).

Indirekte Maßnahmen			Direkte Maßnahmen
Produktions- und Absatzplanung	**Arbeitszeit**	**Personelle Maßnahmen**	
• Erweiterung der Lagerhaltung • Rücknahme von Fremdaufträgen • interne Reparaturaufgaben • Produktions-diversifikation • verstärkte Marketingaktivitäten	• Flexible Arbeitszeitkonten Überstundenabbau • Arbeitszeitverkürzung Kurzarbeit • Gewährung von Sabbaticals • konsequente Urlaubsplanung • Umwandlung von Voll- in Teilzeitarbeits-verhältnisse	• natürliche Fluktuation nutzen Einstellungsstopp • befristete Verträge nicht verlängern • Personalleasing/ Leiharbeit abbauen • Interne Versetzungen	• Altersteilzeit und Vorruhestand • anbieten von Aufhebungsverträgen • Massenentlassungen • Kündigungen

Maßnahmen zum Ausgleich eines Personalüberhangs

3.4.5 Personalentwicklungsplanung

Eine positive Entwicklung des Unternehmens aus wirtschaftlicher Sicht löst auch einen Personalbedarf in qualitativer Hinsicht aus. Die Personalentwicklungsplanung hat das Ziel, dafür zu sorgen, dass das benötigte Personal mit der erforderlichen Qualifikation auch künftig zur Verfügung zu steht.

Wenn der Personalbedarf und der aktuelle Personalbestand aus qualitativer Sicht voneinander abweichen, können die geforderten Fähigkeiten und Kenntnisse durch Maßnahmen der Personalentwicklung angepasst werden.

Ziele der Personalentwicklungsplanung

Wesentliche Aufgabe der Personalentwicklungsplanung ist es, die Ziele des Unternehmens mit den persönlichen Karriere- und Entwicklungszielen der Mitarbeiter in Einklang zu bringen. Personalentwicklung kann als systematische und zielorientierte Beeinflussung von Qualifikation definiert werden. Sie umfasst alle Maßnahmen, die der qualitativen Steigerung des Humankapitals dienen.

Ziele aus Sicht des **Unternehmens:**

- Reduzierung von Fluktuation
- Sicherung des Fach- und Führungskräftebedarfs
- Erhaltung vorhandener Qualitätsansprüche
- Anpassung an veränderte Tätigkeiten
- Vorbereitung auf höherwertige Tätigkeiten
- Steigerung der Leistungsfähigkeit
- Unabhängigkeit vom externen Arbeitsmarkt

Ziele aus der Sicht der **Mitarbeiter:**

- Sicherung der beruflichen Stellung
- Anpassung der Qualifikationen an sich verändernde Arbeitsplätze
- Steigerung von Position und Ansehen
- Steigerung von Einkommen
- Erhöhung der Mobilität am Arbeitsmarkt

Arten der Personalentwicklungsplanung

Bei der Planung der Personalentwicklung stehen die folgenden Möglichkeiten zur Verfügung:

- Weiterqualifizierung vorhandener Mitarbeiter
- Berufsausbildung nach Berufsbildungsgesetz im Unternehmen
- Einstellung neuer Mitarbeiter mit den erforderlichen Qualifikationen

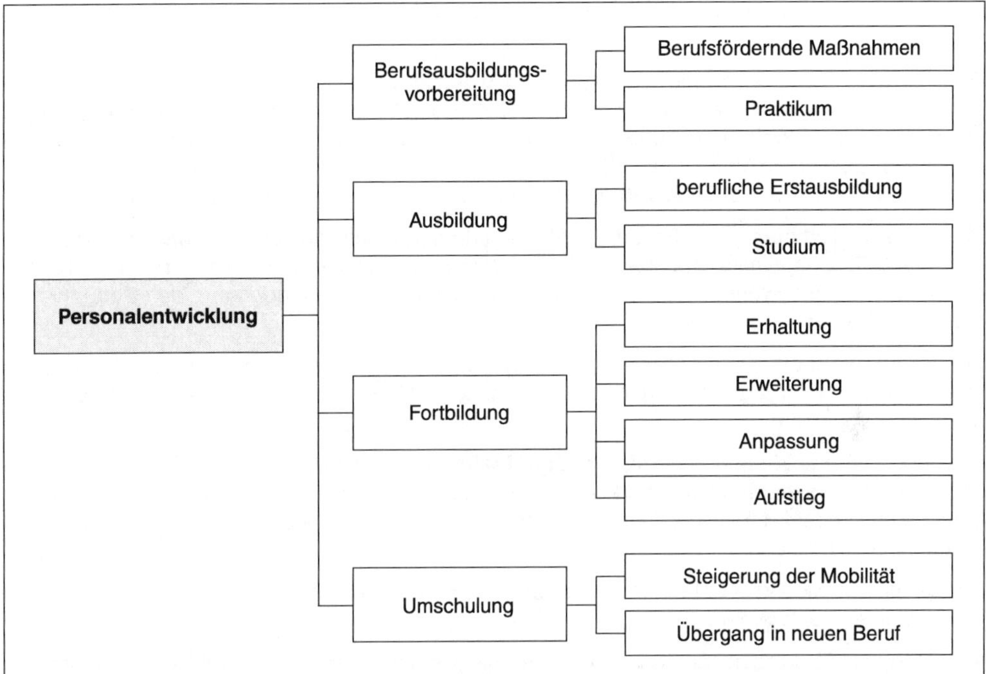

Arten der Personalentwicklung

Die nach dem Berufsbildungsgesetz (BBiG) geregelte Berufsbildung umfasst:

- **Berufsausbildung** mit meist dreijähriger Ausbildungszeit zu einem staatlich anerkannten Ausbildungsberuf (**Erstausbildung**) in Betrieb und Berufsschule (z. B. Industriekaufmann/kauffrau)
- **Berufsfortbildung** zu einem geprüften **Fortbildungsberuf** mit Vorbereitungslehrgängen meist außerhalb des Unternehmens, Prüfung vor der IHK **(z. B. Personalfachkaufmann/kauffrau, Industriemeister/in, Betriebswirt/in IHK).** Zu den durch das BBiG 2020 eingeführten Abschlussbezeichnungen Bachelor Professional, Master Professional → 2.1.7.15.
- **Umschulung** für einen anderen Beruf aus persönlichen (z. B. krankheitsbedingten) Gründen oder als Folge der technologischen Entwicklung. Die Inhalte der Umschulung entsprechen weitgehend denen der Erstausbildung.
- **Berufsausbildungsvorbereitung** für Lernbeeinträchtigte oder sozial benachteiligte Personen in betrieblichen, außerbetrieblichen oder schulischen Lernorten (z. B. **Berufsgrundbildungsjahr**). Möglichkeit zum Erwerb von **Qualifizierungsbausteinen** (Teilbereiche aus dem Berufsbild eines anerkannten Ausbildungsberufes).

Die durch das Berufsbildungsgesetz (BBiG) geregelte Aus- und Weiterbildung einschl. Umschulung wird durch staatlich anerkannte detaillierte Ausbildungs- und Lehrpläne bestimmt, die zu einer Tätigkeit im gewählten Beruf befähigen sollen. Prüfungen finden vor den Industrie- und Handelskammern oder anderen berufsständischen Kammern (z. B. Handwerk, freie Berufe) statt.

Die gesetzlich regulierten Aus- und Fortbildungsgänge bilden ein solides berufliches Fundament und haben den Vorteil eines überregional einheitlichen, allgemein anerkannten Standards, was jedoch andererseits geringere Flexibilität zur Folge hat. Für eine kurzfristige Anpassung an aktuelle technologische oder ökonomische Entwicklungen sowie für eine individuell angepasste Weiterqualifizierung sind sie in der Regel weniger geeignet.

Die akademischen Ausbildungsgänge zum Bachelor und Master sind ebenfalls weitgehend staatlich reguliert; sie beziehen sich jedoch nicht auf einen bestimmten Beruf, sondern auf Fachrichtungen.

Darüber hinaus bestehen **Weiterbildungs- und Qualifizierungsmöglichkeiten freier Träger** in großer Zahl, die sich mehr oder weniger mit den individuellen Vorstellungen (Bedürfnissen) des Mitarbeiters und den Anforderungen des Unternehmens im Rahmen der Personalentwicklungsplanung abstimmen lassen. Die Maßnahmen können intern vom Unternehmen organisiert und durch eigene oder fremde Fachkräfte durchgeführt oder in Form externer Kursveranstaltungen stattfinden.

Mit der gesetzlich geregelten Berufsausbildung und den Möglichkeiten der individuell abstimmbaren Qualifizierungsmaßnahmen stehen dem Unternehmen Instrumente zur Verfügung, die Personalentwicklung sowohl auf längere Sicht als auch kurzfristig zu planen und den Bedürfnissen des Unternehmens anzupassen.

Bei der **Auswahl externer Anbieter und Dozenten** ist besondere Umsicht erforderlich. Sofern keine eigenen Erfahrungen vorliegen, ist eine sehr sorgfältige Prüfung und das Einholen von Referenzen zu empfehlen.

Im weiteren Sinne können auch **planmäßige Maßnahmen zur Einarbeitung** von neuen Mitarbeitern zur Personalentwicklung gerechnet werden. So bieten manche Unternehmen Traineeprogramme für akademisch ausgebildete Berufsanfänger an, um die Theorielastigkeit des klassischen Studiums auszugleichen.

Der Begriff Fortbildung oder Weiterbildung kann entsprechend dem angestrebten Ziel in folgender Weise differenziert werden:

- **Erhaltung:** Es werden Kenntnisse und Fertigkeiten vermittelt, die erforderlich sind, um den beruflichen Standard zu erhalten.
- **Erweiterung:** Zusätzliche Kenntnisse und Fähigkeiten sollen die beruflichen Möglichkeiten erweitern.
- **Anpassung:** Erwerb der durch die technologische und ökonomische Entwicklung erforderlichen zusätzlichen Kenntnisse und Fertigkeiten.
- **Aufstieg:** Durch ausgewählte Fortbildungsmaßnahmen wird eine Qualifizierung für höhere Aufgaben angestrebt, z. B. im Bereich Personalführung. Auch der **Erwerb geprüfter, gesetzlich geschützter Berufsbezeichnungen (gem. BBiG)** gehört hierher (z. B. Personalfachkaufmann/frau, Betriebswirt/wirtin IHK). Das Berufsbildungsgesetz regelt gemäß §§ 53, 53 a bis 53 d die Fortbildungsstufen der höherqualifizierenden Berufsbildung. Es unterscheidet in drei Fortbildungsstufen: Geprüfte/r Berufsspezialist/in (Stufe 1), Bachelor Professional (Stufe 2) und Master Professional (Stufe 3).

Die überlieferte Vorstellung, nach der Ausbildung in seinem Beruf »ausgelernt« zu haben und mit den erworbenen Kenntnissen und Fertigkeiten ein Arbeitsleben lang auszukommen, ist heute mehr denn je überholt. Das Tempo der technologischen, ökonomischen und auch gesellschaftlichen Veränderung zwingt heute Arbeitnehmer, zur Sicherung ihres Arbeitsplatzes eine laufende Aktualisierung und Ergänzung ihres beruflichen Wissens anzustreben, u. U. bis hin zur Umstellung auf völlig neue Aufgaben. So ist die Forderung eines »**lebenslangen oder berufsbegleitenden Lernens**« zu verstehen, die im übertragenen Sinne auch für das gesamte Unternehmen gilt und von existenzieller Bedeutung ist.

Personalentwicklungsplanung		
Schritte	**Maßnahmen**	**Beteiligte**
1. Zukünftige Arbeitsplatzanforderung analysieren	Projektteam, Arbeitswissenschaftliche Verfahren, Interviews (offen strukturiert), Arbeitsplatzbeobachtung	Personalabteilung/-entwicklung Planungsabteilung, Qualitätsmanagement, Betriebsrat
2. Qualifikationen analysieren	Stellen- und Funktionsbeschreibungen, Benchmark mit anderen Unternehmen, Szenariotechniken, Interviews (Gruppe), Mitarbeiterbefragung,	Fachbereiche, Personalabteilung/-entwicklung, externe Berater, Vorgesetzte, Betriebsrat
3. Entwicklungspotenziale analysieren	Mitarbeitergespräche, Assessment Center, Laufbahnplanung	Vorgesetzte, Personalentwicklung, Betriebsrat, externe Berater
4. Entwicklungsbedarf ermitteln	Fehlzeiten, Qualitätsmängel und Betriebsklima analysieren, Interview (Gruppe), Mitarbeitergespräche	Vorgesetzte, Personalabteilung/-entwicklung, Betriebsrat, Mitarbeiter
5. Planung der Maßnahmen	Festlegen von Inhalten und Reihenfolge, Auswahl der Bildungsträger, Auswahl der Trainer, Zeit und Organisation festlegen	Vorgesetzte, Personalabteilung, Betriebsrat, Mitarbeiter
6. Durchführung der Maßnahmen	Trainings und Seminare, training on the job und off the job, job rotation	externe Bildungsträger, Personalentwicklung, Betriebsrat, Fachabteilung
7. Evaluation	erneute Fehlzeiten, Qualitätsmängel und Betriebsklima analysieren, Interview (Gruppe), Leistungsbeurteilung und Tests, Fragebogen	Vorgesetzte, Personalabteilung, Betriebsrat, Fachabteilung

Ablauf einer Personalentwicklungsplanung (Beispiel)

Bildungscontrolling

Personalentwicklungscontrolling (Bildungscontrolling) versucht die Kosten für die Personalentwicklung aufzuzeigen. Dabei werden quantitative und qualitative Aspekte der Personalentwicklungsmaßnahmen berücksichtigt (→ 3.4.1 und 4.4.4).

Quantitative Aspekte können in Form von Kennzahlen ermittelt und dargestellt werden:

- Personalentwicklungsaufwand in % vom Umsatz
- Personalentwicklungsaufwand in % vom Personalaufwand
- Personalentwicklungsaufwand je Mitarbeiter/Führungskraft
- Anzahl Weiterbildungstage je Mitarbeiter

Auch die Inhalte von PE-Maßnahmen müssen einer Erfolgskontrolle unterzogen werden, um die Qualität der **Maßnahmen messen** zu können. Hier gibt es verschiedene Möglichkeiten:

- Befragung der beteiligten Mitarbeiter, Referenten und Vorgesetzten
- innerbetriebliche Tests
- Analyse von Kennziffern wie Fehlzeiten, Kostenentwicklung, Umsatzsteigerung, Qualitätsstandards, Kundenreklamationen
- Leistungsbeurteilungen, Zielvereinbarungen
- Mitarbeitergespräche, Datenauswertung

Auch durch **Benchmarking** können Erkenntnisse gewonnen werden:

- Welche Ziele verfolgen andere Unternehmen durch Personalentwicklungsmaßnahmen?
- Wie wird der Bedarf bei anderen ermittelt?
- Welche Inhalte werden vermittelt?
- Welche Methoden und Instrumente werden eingesetzt?
- Wie hoch ist der Aufwand?
- Wie wird Qualität und Erfolg gemessen?

Durch die Anwendung unterschiedlicher Maßnahmen (Methodenmix) bei der Kontrolle von Personalentwicklungsmaßnahmen lassen sich Erkenntnisse über die Kosten und den Erfolg von Personalentwicklungsmaßnahmen gewinnen, begründen und darstellen. Daraus lassen sich dann die Optimierungsmöglichkeiten für die zukünftige Personalentwicklungsplanung ableiten (→ 1.2.3).

Dabei ist zu berücksichtigen, dass der Nachweis eines Zusammenhanges zwischen Maßnahme und Erfolg nicht immer möglich ist, da der Erfolg auch durch andere Einflussfaktoren erzielt worden sein könnte. Zudem stellt sich der Erfolg oft erst mittelfristig nach der Maßnahme ein und ist somit nicht unmittelbar danach messbar. Die Weiterbildungsmaßnahmen werden von den Teilnehmern subjektiv wahrgenommen und können durchaus unterschiedliche Wirkungen erzeugen.

3.4.5.1 Zusammenhang zwischen Personalbedarfs- und Personalentwicklungsplanung

Ein guter **Ansatz für die Planung** der Personalentwicklung kann aus folgenden, im Betrieb zur Verfügung stehenden Datengrundlagen gewonnen werden:

- Qualifizierungsnachweise der Personalakten
- Leistungsbeurteilungen über Mitarbeiter/Mitarbeiterinnen
- Potenzialbeurteilungen, die entweder gesondert durchgeführt werden oder sich aus den Leistungsbeurteilungen ergeben
- Informationen über zusätzlich erworbene Qualifikationen, auch außerhalb eines Betriebes
- Anforderungsprofile, die gesondert zu ermitteln sind oder sich aus Stellenbeschreibungen ergeben

Bei der **Zielbestimmung** werden die Entwicklungsziele festgelegt, die mit den Personalentwicklungsmaßnahmen erreicht werden sollen. Sie stehen in engem Zusammenhang mit den Zielen der Personalbedarfsplanung.

- Soll die Leistungsfähigkeit der Mitarbeiter allgemein angehoben werden?
- Sollen Potenziale gefördert werden?
- Sollen die Mitarbeiter für jetzige oder zukünftige Ausübung der Tätigkeiten qualifiziert werden?
- Soll die Zusammenarbeit (Teamfähigkeit) entwickelt oder verbessert werden?
- Sollen künftige Führungskräfte ausgebildet werden?

Die **Entwicklungsbedarfsermittlung** definiert den Entwicklungsbedarf einer Planungsperiode. Dieser ist vorhanden, wenn

- Mitarbeiter den derzeitigen Anforderungen ihrer Aufgaben nicht gerecht werden,
- zukünftig neue Arbeitsanforderungen entstehen werden,
- Mitarbeiter intern auf eine vorhandene oder neu geschaffene Stelle umgesetzt werden sollen,
- neue Mitarbeiter angelernt werden müssen,
- das Betriebsklima verbessert werden soll,
- die Produktivität absinkt,
- gesetzliche oder tarifvertragliche Änderungen erfüllt werden müssen.

Bei der Planung der **Entwicklungsbedarfsdeckung** werden die PE-Maßnahmen festgelegt sowie die sich daraus ergebenden personellen, zeitlichen und organisatorischen Voraussetzungen bestimmt. Folgende Fragen sind dabei zu beantworten:

- Welche finanziellen Mittel stehen zur Verfügung?
- Welche Lernziele und Lerninhalte ergeben sich aus den Entwicklungszielen?
- Durch welche Methoden können die gewünschten Lernziele erreicht werden?
- Welche Maßnahmen sind nötig, um die skizzierten Ziele zu erreichen?
- Welche Ziele können intern erreicht werden, für welche müssen externe Trainer beauftragt werden?
- Welche Dauer soll die einzelne Maßnahme haben und wie häufig soll sie durchgeführt werden?
- Zu welchem Zeitpunkt sollen alle Maßnahmen abgeschlossen sein?
- Welche räumlichen Ressourcen sind vorhanden und welche Arbeitsmittel, Lernmittel und Lernmedien stehen bereit?

Die **Zielerreichungskontrolle** prüft, ob die angepeilten Entwicklungsziele durch die durchgeführten Maßnahmen erreicht worden sind. Als Instrumente der Zielkontrolle stehen die **Ergebniskontrolle** und die **Verhaltenskontrolle** zur Verfügung. Dazu ist eine Zusammenarbeit mit den Fachbereichen erforderlich.

3.4.5.2 Karriere- und Laufbahnplanung als Element der Personalentwicklungsplanung

Die Laufbahn ist eine zeitliche Abfolge von der ersten bis zur aktuellen Tätigkeit. Häufig wird der vertikale Aufstieg als Laufbahn angesehen, aber auch Positionen auf der gleichen hierarchischen Ebene (horizontal) zählen zur Laufbahn. Die **Laufbahnplanung** kann von zwei Gesichtspunkten aus betrachtet werden: Dem Potenzial des einzelnen Mitarbeiters und der Positionen im Unternehmen (→ 2.6.2.5).

- **Karriereplanung:** Bei der potenzialorientierten Laufbahnplanung (Karriereplanung) soll die Weiterentwicklung des Mitarbeiters geplant werden. Sie umfasst mehrere Schritte und ist langfristig angelegt. Dabei wird eine Abfolge von Stellen dargestellt, die der Mitarbeiter durchlaufen soll. Flankierend werden benötigte Qualifikationen und vom Mitarbeiter zu erbringende Leistungen definiert, die erfüllt sein müssen, um die nächste Stelle der Karriereleiter zu erreichen. Dabei ist die Planung auf den Mitarbeiter individuell zugeschnitten.

- **Nachfolgeplanung:** Bei der positionsorientierten Laufbahnplanung (Nachfolgeplanung) sollen Mitarbeiter auf zukünftige Führungspositionen vorbereitet werden, die in der Zukunft vakant werden. Dabei werden zunächst die Schlüsselpositionen im Unternehmen benannt. Dann werden die Mitarbeiter (Talente) identifiziert, die eine solche Position ausfüllen könnten. Diese werden dann mit gezielten PE-Maßnahmen auf diese Positionen vorbereitet, wodurch ein **Nachwuchspool** (Förderkartei) an qualifizierten Mitarbeitern entsteht.

Moderne Ansätze der Karriere- und Nachfolgeplanung werden heute auch unter dem Begriff **Talent Management** zusammengefasst.

Die Personalentwicklungsplanung ist eng mit der Organisationsentwicklung von Unternehmen verbunden. Ohne eine zielgerichtete Personalentwicklungsplanung im Vorfeld, haben Personalentwicklungsmaßnahmen nicht den gewünschten Erfolg und es kommt zum sogenannten Gießkannenprinzip (hier ein bisschen und da ein bisschen). Dieses Vorgehen schadet der Organisation durch Unzufriedenheit bei den Mitarbeitern und ist zudem teuer.

Mitbestimmungsrechte des Betriebsrates

Bei jeglicher Art der Personalplanung sind die Rechte der Arbeitnehmervertretung zu berücksichtigen. Gemäß § 92 BetrVG hat der Betriebsrat ein **Informations- und Beratungsrecht** sowie ein **Vorschlagsrecht.**

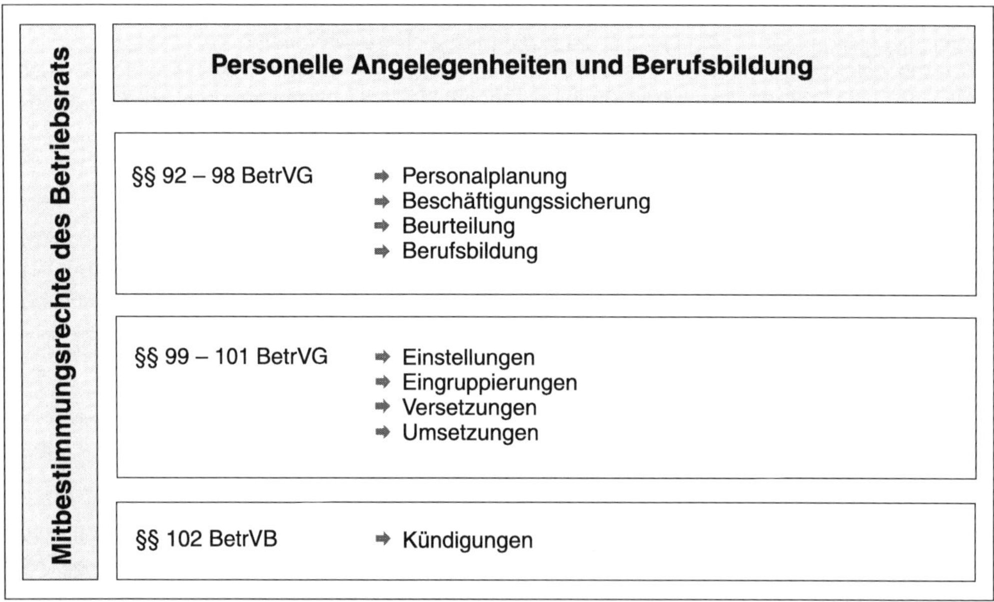

Mitbestimmungsrechte des Betriebsrates

3.5 Personalcontrolling gestalten und umsetzen

3.5.1 Ziele des Personalcontrollings

Die stetig wachsende Bedeutung des Personalcontrollings und daraus resultierender Maßnahmen wird verständlich, wenn man den überwiegenden Anteil der Personalkosten am Gesamtaufwand des Unternehmens bedenkt und sich andererseits die hohe Wertschöpfung des Faktors Arbeit und die Steigerungsmöglichkeiten durch eine gezielte Steuerung vor Augen hält.

Ziele des Personalcontrollings sind also sowohl die Reduzierung der Personalkosten als auch die Verbesserung der Effizienz der Arbeitsleistung.

Um einem weitverbreiteten Missverständnis vorzubeugen: Der aus dem Englischen stammende Begriff Controlling ist nicht einfach nur mit dem deutschen Wort Kontrolle zu übersetzen, sondern vielmehr im Sinne von Steuern, Regeln zu verstehen.

3.5.1.1 Grundlage für Entscheidungen

Personalcontrolling hat die Aufgabe, Informationen über Mitarbeiter zu erfassen und aufzubereiten, die für die Steuerung des Faktors Arbeit als Grundlage dienen. Personalcontrolling kann durch Planung, Steuerung und Kontrolle personalwirtschaftlicher Prozesse dazu beitragen, den wirtschaftlichen Erfolg des Unternehmens zu sichern.

Typische Tätigkeitsbereiche des Personalcontrollings sind:

- Mitarbeiterzahlen
- Kostenstrukturen
- Personalplanung
- Kennziffernermittlung
- Bildungsbedarfsanalyse
- Stellenpläne

Das Personalcontrolling ist eine spezielle Form des Controllings, deren Ausmaß abhängig ist von der Größe eines Unternehmens. Organisatorisch kann es dem Personalbereich wie auch dem eigentlichen Controllingbereich zugeordnet sein. Personalcontrolling ist Teil des gesamten Steuerungsinstrumentariums eines Unternehmens und damit in unterschiedliche Planungs- und Steuerungswerke eingebettet.

Sinnvoll betriebenes Personalcontrolling bringt auch insofern einen Gewinn für das Unternehmen, als eine große Datenmenge ausgewertet und aufbereitet wird. Personalcontrolling hat als Frühwarnsystem dafür zu sorgen, dass die Bedeutung der Informationen erkannt und bei der Unternehmensstrategie beachtet wird. Das entscheidende Erfolgskriterium für Frühwarnsysteme ist nicht das Aufdecken von bestehenden Problemen im Bereich der Humanressourcen, sondern das Verhindern von deren Entstehung.

3.5.1.2 Chancen und Risiken

Effizientes Personalcontrolling eröffnet die Chance, dass unternehmerische Prozesse in einem Unternehmen besser erkannt, bewertet und daraus Handlungsalternativen abgeleitet werden können. Gerade in Change Management-Prozessen kann das Personalcontrolling zukunftsgeleitete Orientierungen und Perspektiven für ein Unternehmen liefern.

Das Risiko besteht darin, dass sich im Unternehmen eine Planungsmentalität entwickelt, die unbedingt am Plan festhält. Dadurch kann auf kurzfristige Entwicklungen nicht in der erforderlichen Schnelligkeit reagiert werden, wenn der Plan von der Wirklichkeit überholt wird. Deswegen ist es Aufgabe des Managements, die gewonnenen Informationen aus den unterschiedlichen Controllingbereichen ständig mit der Wirklichkeit abzugleichen.

Besonders problematisch für das Personalcontrolling ist, dass viele personalwirtschaftliche Faktoren nur schwer gemessen werden können. Das sind beispielsweise die Motivation der Mitarbeiter, die Eigeninitiative oder das Betriebsklima.

3.5.2 Aufgaben des Personalcontrollings

Die Aufgaben des Controllers lassen sich aus dem Managementregelkreis ableiten:

3.5.2.1 Zielcontrolling

Die Führungskräfte der Abteilungen sind im Rahmen der Budgetierungsphase an der Zielfindung beteiligt. Die Ziele für das Unternehmen werden gemeinsam ausgewählt und präzise definiert. Es werden dann die Kriterien festgelegt, wie die Zielerreichung gemessen werden kann. Die Auswahl der Messkriterien (z. B. bestimmte Kennzahlen) ist davon abhängig, ob die Zielerreichung direkt messbar ist, wie beispielsweise eine Umsatzsteigerung, oder sich nur indirekt messen lässt, wie z. B. die Reduzierung von Reklamationen.

3.5.2.2 Planungscontrolling

Hier sind Handlungsalternativen zu ermitteln und zu bewerten, wie die Ziele erreicht werden können. Die Controller koordinieren hierbei die geeigneten Alternativen.

3.5.2.3 Aktivitätscontrolling

Beim Aktivitätscontrolling werden durch Milestones (Meilensteine) die Teilziele definiert und durch die Controller überwacht. Das Controlling erstellt zu Berichtszwecken meist ein sogenanntes Reporting.

3.5.2.4 Erfolgscontrolling

Erfolgscontrolling hat die Aufgabe, ein aussagekräftiges Informationssystems einzurichten. Die Daten werden Soll-Ist-Vergleichen zugrunde gelegt. Hier werden Zielabweichungen erkannt, und es kann gegengesteuert werden.

Operatives und strategisches Controlling

Im Personalcontrolling wird zwischen dem operativen und dem strategischen Controlling unterschieden.

Das **operative Personalcontrolling** ist vergangenheitsorientiert und befasst sich überwiegend mit Kosten und Nutzen von Maßnahmen, wie z. B. Analyse der Personalkosten, Fehlzeitenauswertungen, Arbeitsproduktivität oder Personalstatistiken. Es ist eine kurz- bis mittelfristige Betrachtung, wobei hier die Koordination der Kosten und des Personalbedarfs im Mittelpunkt stehen.

Das **strategische Personalcontrolling** ist zukunftsorientiert und zeigt Chancen und Risiken auf. Beispiele sind Fortschreibungen oder Hochrechnungen von Kennzahlen als Frühwarnsystem oder Benchmarking. Es beschäftigt sich mit weichen Faktoren, z. B. der Motivation und Leistungsfähigkeit der Mitarbeiter. Beim strategischen Personalcontrolling handelt es sich um langfristige Betrachtungen und Personalplanungen. Ziel ist das frühzeitige Erkennen von Entwicklungen, die gezielte Maßnahmen zum Erhalt eines Wettbewerbsvorteils ermöglichen.

	Operatives Controlling	**Strategisches Controlling**
Objekte	Quantitative Größen	Qualitative Größen
Dimension	Ertrag/Aufwand, Kosten/Leistung	Chancen/Risiken, Stärken/Schwächen
Blickrichtung	Unternehmensorientiert, nach innen	Umweltorientiert, nach außen
Zeitlich	Kurz- bis mittelfristig	Langfristig
Verantwortung	Mitarbeiter, Abteilungsleiter	Obere Führungsebene
Ziel	Budgetierung, Kosten- und Wirtschaftlichkeitscontrolling	Personal in Unternehmensplanung integrieren

Arten des Personalcontrollings

Personalkostenrechnung

Bei der Personalkostenrechnung werden durch eine Tätigkeitsanalyse die Kostentreiber identifiziert. Es werden die Personalkosten im Unternehmen, sowohl insgesamt als auch einzelner Bereiche, ermittelt. Damit wird aufgedeckt, wo Kapazitäten angepasst werden müssen und wie die Effizienz durch Kostenreduzierung gesteigert werden kann. Folgende Beispiele sind typische Berechnungen:

$$\textbf{Durchschnittliche Personalkosten pro Mitarbeiter} = \frac{\text{Personalkosten, gesamt}}{\text{Gesamtzahl der Mitarbeiter}}$$

$$\textbf{Personalkosten für unterschiedliche Mitarbeitergruppen} = \frac{\text{Personalkosten Angestellte}}{\text{Personalkosten Gesamt}}$$

$$\textbf{Personalkosten in Beziehung zu verschiedenen Mitarbeitergruppen} = \frac{\text{Personalkosten Angestellte}}{\text{Personalkosten Arbeiter}}$$

Personalwirtschaftliche Kennzahlenvergleiche bieten Unternehmen die Möglichkeit, ihre Werte und Quoten mit denen anderer Unternehmen zu vergleichen. Hieraus können mögliche

Handlungserfordernisse abgeleitet werden. Das Resultat dieses Vergleichs, als **Best Practice** bezeichnet, kann oftmals mit entsprechenden Anpassungen übernommen werden und somit schnell im eigenen Unternehmen zu Verbesserungen führen. Gerade in der Personalwirtschaft gibt es viele branchenspezifische Fragestellungen. Aufgrund dessen bieten sich betriebsübergreifende Benchmarkings an.

Benchmarking

Alle Daten und Aussagen, die aus den verschiedenen Analysearten gewonnen werden, eignen sich auch für das Benchmarking. Unter Benchmarking versteht man den Vergleich von Leistungen, Methoden und Prozessen des eigenen Unternehmens mit denen anderer Unternehmen. Vergleichsunternehmen sollen eine gewisse Ähnlichkeit mit dem eigenen Unternehmen aufweisen und anerkanntermaßen zu den Besten der Branche gehören (→ 1.2.3).

Ablauf des Benchmarkings

1. Bildung einer Projektgruppe zur Planung und Durchführung
   Es gelten die gängigen Spielregeln für die Zusammensetzung von Gruppen
2. Stärken-Schwäche-Analyse und Festlegung des Benchmarkingobjektes
   Themen des Benchmarking, z. B. Arbeitgeber-Image, Anzeigen, Internetauftritte
3. Ermittlung des Benchmarking-Partners (best-in-class)
   Identifikation von Unternehmen, die zumindest eine »good practice« vorweisen können
4. Ursachenforschung und Datenerhebung
   Vergleich anhand von Kennzahlen und qualitativen Untersuchungen
5. Umsetzung im eigenen Unternehmen
   Festlegen von Zielen und Aktionsplänen. Definition von Meilensteinen, Überprüfung der Verbesserung
6. Benchlearning
   Optimierung von Prozessen und Entwicklung von Kompetenz bei Benchmarkingprojekten

Balanced Scorecard Personal

Mit dem Konzept der Balanced Scorecard (BSC) soll die einseitige Ausrichtung der traditionellen Kennzahlensysteme erweitert werden. Eine kundenspezifische Perspektive, eine interne Prozessperspektive und eine Lern- und Entwicklungsperspektive werden ergänzt.

Die BSC-Personal ist ein Kennzahlensystem, das speziell auf das Personalmanagement zugeschnitten ist. Die Personalverantwortlichen müssen eine Personalstrategie entwickeln und aus dieser geeignete Aktionen ableiten. Die Arbeit mit der BSC-Personal erleichtert die strategische Neuausrichtung der Personalarbeit. Die Personalarbeit wird messbar und dadurch der Wertbeitrag der Personalabteilung deutlich.

Die Idee der verschiedenen Perspektiven der BSC besteht darin, dass für den Unternehmenserfolg nicht nur finanzielle Messgrößen entscheidend sind. Insbesondere soll die interne und externe Betrachtung gleich gewichtet werden. Es werden nicht nur kostenmäßige Aspekte erfasst, sondern auch sogenannte weiche Faktoren (soft skills) berücksichtigt. Die Bewertung von Fehlzeiten und Fluktuationskennzahlen sowie der Grad der Weiterbildung im Unternehmen werden einbezogen (→ 4.4.4).

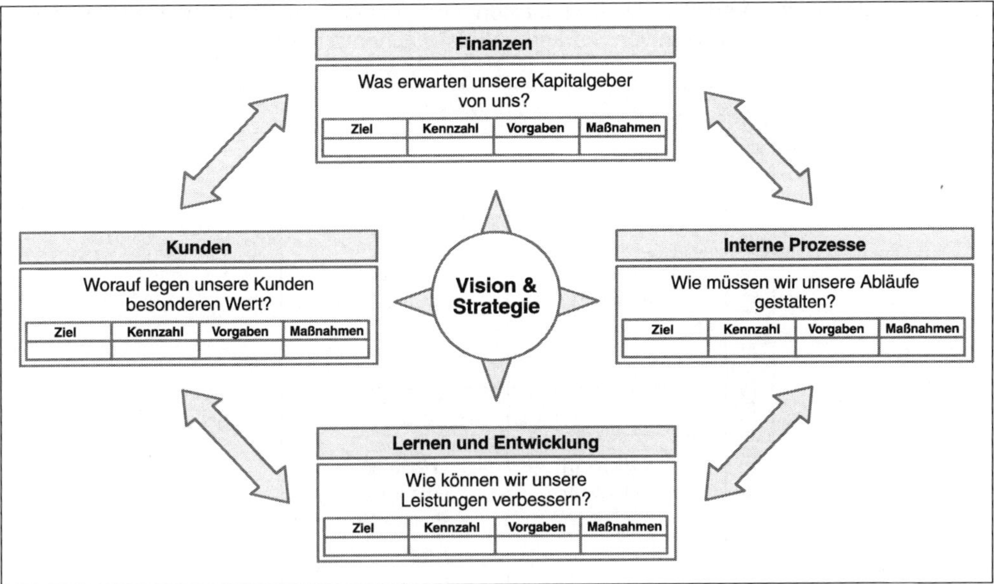

Anwendung der Balanced Scorecard

Personalportfolio

Das Personalportfolio ist eine spezifische Anwendung der Portfolio-Analyse auf das Personalmanagement. Sie kommt als Visualisierungstool im strategischen Personalcontrolling zum Einsatz. Durch die visuelle Darstellung wird der personalstrategische Handlungsbedarf klar. Personalportfolio wird häufig zur Einschätzung der Personalqualität im Unternehmen verwendet.

Am bekanntesten ist das Personalportfolio nach Odiorne, wo die Mitarbeiter in einer zweidimensionalen Matrix entsprechend ihrer Leistung und ihres Potenzials für zukünftige Aufgaben eingeordnet werden. Sie können aufgrund ihrer Position im Portfolio optimal eingesetzt oder zielgerichtet qualifiziert werden.

Workhorses sind Mitarbeiter, die stark an das Unternehmen gebunden sind, aber geringes Entwicklungspotenzial (z.B. ältere Mitarbeiter) haben. Sie benötigen eine individuelle Führung, um nicht in den leistungsschwachen Bereich abzurutschen. Die Mitarbeiter der Kategorie **Deadwood** haben eine geringe Entwicklungsmotivation und werden auf unbedeutende Stellen versetzt. Mitarbeiter, die im Feld **Problem Employees** platziert sind, werden zur Verbesserung ihres Leistungsverhaltens angehalten. **Stars** sind die hoch motivierten, leistungsstarken Mitarbeiter, in die investiert werden sollte, um sie besonders zu fördern und zu halten.

Es lassen sich die folgenden Strategien ableiten:

- **Wachstumsstrategie:** Erhöhung der Personalquantität und -qualität im angestammten Tätigkeitsbereich
- **Diversifikationsstrategie:** Aufbau eines Personalstamms in einem neuen Tätigkeitsfeld
- **Konsolidierungsstrategie:** Halten der Personalqualität bei gleichzeitiger Nutzung von Rationalisierungspotenzialen
- **Eliminierungsstrategie:** Abbau von Personal

Das Personalportfolio unterstützt das Personalcontrolling vor allem in der Planungsfunktion, weil es eine rechtzeitige Identifikation von Stärken und Schwächen ermöglicht.

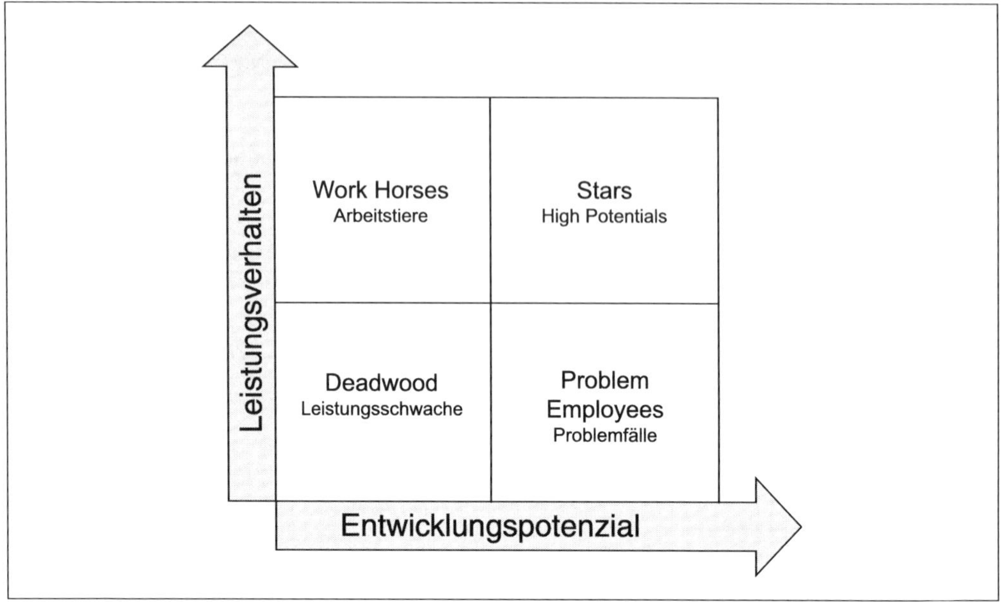

Personalportfolio nach Odiorne

Humanvermögensrechnung

Die Humanvermögensrechnung bewertet die Mitarbeiter, um den Wert des Personals bilanziell erfassen zu können. Es ist entscheidend, ob das Personal bedarfsgerecht und zukunftsorientiert qualifiziert und motiviert ist und ob hierfür solide Personalarbeit geleistet wurde. Zur Bewertung gibt es verschiedene Prinzipien:

Anschaffungskosten: Das Humanvermögen wird mit den tatsächlich angefallenen Anschaffungskosten bewertet und abgeschrieben. Diese Methode ist vergangenheitsorientiert.

Opportunitätskosten: Das sind entgangene Erlöse, die dadurch entstehen, dass Human Ressourcen nicht genutzt werden. Um den Wert der Mitarbeiter feststellen zu können, werden bei diesem Verfahren nur die Mitarbeiter bewertet, die als knappe Ressource gesehen werden. Mitarbeiter, die ohne Schwierigkeiten ersetzt werden können, werden nicht bewertet.

Wiederbeschaffungskosten: Der Wert des Humanvermögens wird erfasst, indem die Kosten ermittelt werden, die entstehen würden, wenn Mitarbeiter ihre Stellen verlassen und durch neue gleichwertige Mitarbeiter ersetzt werden müssen.

Wird heute noch bei Personalabbau die erzielte Kostenreduzierung weitgehend als positiv beurteilt, werden zukünftig Kapitalgeber erst einmal nach der damit einhergegangenen Wertminderung des Humankapitals fragen.

3.5.3 Personalinformationssystem (PIS)

Das Personalcontrolling nutzt als wesentliches Hilfsmittel die vorhandenen EDV-Systeme im Unternehmen. Dies sind insbesondere die Personalabrechungssysteme und Personalinformationssysteme, in denen üblicherweise die Stammdaten der Mitarbeiter (z. B. Name, Alter, Eintrittsdatum) vorhanden sind (→ 1.5.2). Dazu kommen abrechnungstechnische Daten wie etwa die Zugehörigkeit zu den Sozialversicherungsträgern und der Steuerklasse.

In Personalinformationssystemen sind weiterhin auch Daten wie Ausbildung, ausgeführte Tätigkeiten, besondere Kenntnisse, Einsatzmöglichkeiten und Weiterbildungsmaßnahmen gespeichert. Allerdings helfen die besten Systeme nichts, wenn die Daten nicht aktuell und vollständig sind.

Personalinformationssysteme sind in vielen Unternehmen in unterschiedlicher Qualität und Ausprägung vorhanden.

Datengrundlagen

Basis für jedes Personalcontrolling ist ein geeigneter Datenbestand für die Herstellung von aussagekräftigen Personalstatistiken. Bereits gruppierte oder summierte Datenbestände sind ungeeignet.

Personalcontrolling bedeutet mehr als nur die Erstellung einer Personalstatistik. Verschiedene Instrumente ermöglichen es, die erwarteten Zustände vorherzusagen. Die Genauigkeit dieser Vorhersagen ist vor allem abhängig von der Qualität der Basisdaten. Dabei können Unterscheidungen gemacht werden:

Ist-Daten sind aktuelle personenbezogene Daten (z. B. persönliche Daten von Mitarbeitern) und organisationsbezogene Daten (z. B. Planstellen und organisatorische Einheiten).

Vorausschau-Daten sind zukünftige personenbezogene Daten, die sehr wahrscheinlich eintreten werden und bereits im System erfasst sind (z. B. zukünftige Ein- und Austritte).

Prognose-Daten sind zukünftige, ungesicherte Daten, die sich aus Hochrechnungen oder Fortschreibungen (z. B. Fluktuation, erwartete Mutterschutzzeiten) ergeben.

Quantitative Daten sind in allen Sparten des Controllings vorhanden (z. B. Personalkosten, Mitarbeiterzahlen).

Qualitative Daten sind eine Besonderheit des Personalcontrollings, die durch Mitarbeiterbefragungen (Mitarbeiterzufriedenheit, Leistungsbereitschaft) gewonnen werden können.

3.5.4 Elemente des Personalcontrollings

Wenn die Aufgaben des Personalcontrollings definiert sind, müssen die Methoden festgelegt werden, mit denen die gewünschten Auswertungen geliefert werden können.

Kennzahlen

Die Bildung von Kennzahlen ist die gebräuchlichste Methode im Personalcontrolling. Kennzahlen eignen sich zur Erfüllung unterschiedlichster Zielsetzungen. Es können Gliederungs- oder Strukturzahlen, Beziehungs- oder Verhältniszahlen gebildet werden.

Gliederungszahlen (Strukturzahlen):
Wenn man mehrere Teile einer Gesamtmasse an der Gesamtmasse misst, spricht man von Gliederungszahlen. Es wird z. B. ein Monatsumsatz in % des Jahresumsatzes ausgedrückt. Gliederungszahlen beziehen sich immer auf den gleichen Zeitpunkt oder Zeitraum und dienen dazu, die Struktur sichtbar zu machen.

Verhältniszahlen (Beziehungszahlen):
Es kann schwierig sein, aus absoluten Zahlen Schlüsse zu ziehen, weil sie keine Aussage erlauben. Wenn man z. B. angibt, dass ein Unternehmen 500 Mio. Euro Umsatz gemacht hat, dann besitzt diese Aussage nur geringen Informationsgehalt. Ist dieser Umsatz normal, gering oder groß? Erst wenn diese Größe zu anderen Größen (z. B. von Vorjahren) in Beziehung gesetzt wird, erhält sie Aussagekraft.

Beispiele:

Die Beziehungen zwischen der Anzahl der Beschäftigten und dem Umsatz oder dem Betriebsergebnis (Gewinn) des Unternehmens sind von Bedeutung für die Beurteilung der Produktivität der Mitarbeiter.

$$\textbf{Umsatz pro Mitarbeiter} = \frac{\text{Umsatz}}{\text{Mitarbeiterzahl}}$$

$$\textbf{Gewinn pro Mitarbeiter} = \frac{\text{Betriebsergebnis}}{\text{Mitarbeiterzahl}}$$

Die Entwicklung der Personalkosten kann durch Beobachten des Lohn/Gehaltsniveaus verfolgt werden.

$$\textbf{Lohnniveau} = \frac{\text{Personalaufwand}}{\text{Mitarbeiterzahl}}$$

Die Fluktuation kann als Maß für die Arbeitszufriedenheit und das Betriebsklima herangezogen werden. Mithilfe der Fluktuationsrate können auch die Fluktuationskosten ermittelt werden.

$$\textbf{Fluktuationsrate} \text{ in \%} = \frac{\text{freiwillig ausgeschiedene Beschäftigte} \cdot 100}{\text{durchschnittlicher Personalbestand}}$$

Fehlzeiten sind ein bedeutender Kostenfaktor im Unternehmen und können somit für die Beurteilung der Führungsarbeit herangezogen werden.

$$\textbf{Fehlzeitenquote} \text{ in \%} = \frac{\text{Fehlzeiten} \cdot 100}{\text{Sollarbeitszeit}}$$

Der Weiterbildungsaufwand pro Mitarbeiter wird häufig herangezogen, um gegenüber Dritten oder der Belegschaft nachzuweisen, welchen Stellenwert die Weiterbildung im Unternehmen hat.

$$\textbf{PE-Kosten pro MA} = \frac{\text{Weiterbildungsaufwand}}{\text{Gesamtzahl Mitarbeiter}}$$

Eine Reihe weiterer Analyseansätze, jeweils mit einer Anzahl von Kennzahlen, bieten Möglichkeiten, alle Aspekte des Personalcontrollings in vergleichbaren Daten darzustellen.

Je nach Betrachtungsweise im Einzelfall sind vielerlei Varianten möglich. Bei Vergleichen mit früheren oder außerbetrieblichen Kennzahlen ist sorgfältig auf eine Übereinstimmung der Ausgangswerte zu achten. Auch in der Literatur sind die Definitionen teilweise nicht völlig übereinstimmend.

3.5.4.1 Zustandsanalysen

Zustandsanalysen werden bei der Personalbestandsberechnung eingesetzt, um die aktuelle Situation des Personals zu einem bestimmten Zeitpunkt festzustellen. Es sind auch qualitative Analysen mithilfe von Mitarbeiterbefragungen möglich, die ein zeitpunktbezogenes Bild der Personalsituation widerspiegeln. Unter Zustandsanalysen fallen alle Daten, die eine Situation zu einem bestimmten Zeitpunkt beschreiben. Dies können **Mengen, Strukturen** oder **Ereignisse** sein, z. B.:

- Anzahl der Aushilfen
- Altersstruktur
- Kranken- der Fehlzeitenquote
- Fluktuationsrate

3.5.4.2 Nutzenanalysen

Die Nutzenanalyse stellt die anfallenden Kosten einer Maßnahme dem zu erwartenden Nutzen gegenüber. Es wird bereits bei der Planung geprüft, ob die Maßnahmen im Verhältnis zum erwarteten Nutzen stehen. Sie dient als wichtige, frühe Entscheidungshilfe, da sie Aufschluss darüber gibt, inwieweit Investitionen für das Unternehmen Erfolg versprechend sind. Eine Form der Nutzenanalyse ist die Berechnung des **Return on Investment (ROI).** Diese Methode dient zur Berechnung der Rendite einer unternehmerischen Tätigkeit, gemessen am Gewinn im Verhältnis zum eingesetzten Kapital. Mögliche Auswertungen sind maßnahmen- oder projektbezogen und können z. B. bei folgenden Themen nötig sein:

- Einrichtung eines Betriebssportraums zur Gesundheitsprävention
- Amortisationsdauer einer Seminarreihe für bestimmte Mitarbeitergruppen
- Einführung einer Qualitätsprämie im Produktionsbereich

3.5.4.3 Vorgangsanalysen

Bei der Vorgangsanalyse liegt der Fokus auf der **Prozessoptimierung** im Unternehmen. Sie dient der Verbesserung von betrieblichen Abläufen. Aufgrund der Ergebnisse können Aussagen über die Notwendigkeit einzelner Teile eines Ablaufs und deren sinnvolle Abfolge getroffen werden. Es können beispielsweise die einzelnen Schritte des Personalbeschaffungsprozesses unter zeitlichen und kostenmäßigen Aspekten betrachtet und optimiert werden.

Kontrollfragen

95. Was bezeichnet man als Individualbedarf und was als Kollektivbedarf? Geben Sie fünf Beispiele für den Kollektivbedarf an!
96. Warum sind in einer marktwirtschaftlich orientierten Wirtschaft Eingriffe des Staates unabdingbar?
97. Erläutern Sie das Modell des einfachen und das Modell des erweiterten Wirtschaftskreislaufs!
98. Welche Vorteile und welche Nachteile erkennen Sie im fortschreitenden Konzentrationsprozess in der Wirtschaft?
99. Mit welchen Gesetzen und Verordnungen versucht der Staat, wirtschaftliche Macht zu begrenzen?
100. Beschreiben Sie die Auswirkungen der Konjunkturphasen auf den Arbeitsmarkt.
101. Welches sind die Bestimmungsgrößen des magischen Vierecks?
102. Wie entstehen friktionelle, strukturelle, konjunkturelle und saisonale Arbeitslosigkeit?
103. Welche Beeinflussungsmittel stehen der monetären Konjunkturpolitik zur Verfügung?
104. Welche Mittel stehen der Fiskalpolitik zur Verfügung?
105. Erläutern Sie den Begriff und die Ziele der Personalplanung.
106. Nennen Sie die unterschiedlichen Arten der Personalplanung.
107. Erläutern Sie Verfahren zur Personalbedarfsermittlung.
108. Welche Faktoren müssen Sie bei der Analyse des Reservebedarfs berücksichtigen?
109. Nennen Sie Vor- und Nachteile bei der internen Beschaffung.
110. Nennen Sie Vor- und Nachteile bei der externen Beschaffung.
111. Erläutern Sie den Begriff der Personaleinsatzplanung.
112. Welche Möglichkeiten stehen Ihnen bei einer indirekten Personalanpassung zur Verfügung?
113. Welche Möglichkeiten sehen Sie bei der direkten Personalanpassung?
114. Erläutern Sie die Auswirkungen bei Personalanpassungsmaßnahmen auf die Arbeitnehmer und auf das Unternehmen.
115. Wodurch kann Personalentwicklungsbedarf entstehen?
116. Welche Ausgangsdaten sind für Sie unverzichtbar, um eine Planung zur Personalentwicklung zu betreiben?
117. Welche internen Faktoren können Ihre Personalkostenplanung beeinflussen?
118. Welche externen Faktoren müssen Sie bei der Personalkostenplanung berücksichtigen?
119. Nennen Sie zwei Teilbereiche der Unternehmensplanung, die unmittelbare Auswirkung auf die Personalplanung haben.
120. Nennen Sie das Ziel der Personalplanung.

121. Nennen Sie fünf mögliche Teilbereiche der Personalplanung und geben Sie jeweils ein Beispiel.

122. Erläutern Sie drei Instrumente, die Ihnen neben dem Stellenplan, dem Stellenbesetzungsplan und der Stellenbeschreibung für die Personalplanung zur Verfügung stehen.

123. Erläutern Sie vier Informationsgrundlagen für ein erfolgreiches Personalmarketing.

124. Nennen Sie Möglichkeiten der Produktionsplanung, um auf einen Personalminderbedarf zu reagieren.

125. Nennen Sie direkte und indirekte Maßnahmen zum Personalabbau.

126. Erläutern Sie sechs Schritte der Personalentwicklungsplanung.

127. Beschreiben Sie vier Kenngrößen, mit denen der Erfolg der Personalbeschaffung bzw. des Personalmarketings überprüft werden kann.

128. Welche Zielsetzung verfolgt ein Personalmarketing?

129. Erläutern Sie je zwei Vorteile und zwei Nachteile von Kurzarbeit.

130. Nennen Sie fünf Fähigkeiten, die kennzeichnend sind für eine überwiegend dispositive Arbeit.

131. Erläutern Sie mit je drei Beispielen die zwei Bestimmungsfaktoren der Arbeitsleistung.

132. Beschreiben Sie vier Möglichkeiten, die Inhalte einer Erfolgskontrolle von betrieblichen Weiterbildungsmaßnahmen sein können.

133. Stellen Sie mithilfe einer Grafik die verschiedenen Konjunkturphasen dar und nennen Sie hierzu die verwendeten Begriffe.

134. Erläutern Sie drei Konjunkturindikatoren, die eine Änderung des Personalplanungsprozesses veranlassen.

135. Beschreiben Sie drei Zeiträume der Personalbedarfsplanung.

136. Erläutern Sie drei Dimensionen, die für die Personalbedarfsplanung zu betrachten sind.

137. Welche fünf Einflussfaktoren sollten bei der Bestimmung des Bruttopersonalbedarfs berücksichtigt werden?

138. Nennen Sie drei qualitative Instrumente des Personalcontrollings.

139. Nennen Sie drei quantitative Instrumente des Personalcontrollings.

140. Erläutern Sie jeweils zwei Kennzahlen zur Qualität der Personalarbeit in Bezug auf Arbeitnehmerbeschaffung, Personalentwicklung und Personalfreisetzung.

141. Nennen Sie jeweils vier ökonomische und vier nicht ökonomische personalwirtschaftliche Ziele.

Handlungsbereich

Personal- und Organisationsentwicklung steuern | 4

Im Handlungsbereich »Personal- und Organisationsentwicklung steuern« soll der Prüfungsteilnehmer nachweisen, dass er den Aufbau von fachlichen, sozialen und methodischen Kompetenzen im Unternehmen unterstützen, an entsprechenden Personalentwicklungsprojekten mitarbeiten, Zusammenarbeit und Führungsqualität fördern und betriebliche Veränderungsprozesse mitgestalten kann.

4.1 Mitarbeiter beurteilen, deren Potentiale erkennen und fördern

Unsere Arbeitswelt unterliegt einem ständigen Wandel, der durch eine Vielzahl von Faktoren vorangetrieben wird. Die rasante Entwicklung neuer Technologien wie künstliche Intelligenz, Automatisierung und digitale Kommunikationsmöglichkeiten erfordern eine Anpassung von Arbeitsweisen. Neue Berufe entstehen, während andere obsolet werden. Anforderungen an Mitarbeiter, aber auch Möglichkeiten verändern sich. Mobiles Arbeiten und flexible Arbeitsmodelle werden immer häufiger. So können viele Tätigkeiten mittlerweile von überall aus erledigt werden, was wiederum neue Herausforderungen in Bezug auf Zusammenarbeit und Mitarbeiterführung mit sich bringt.

Durch die Globalisierung entstehen multikulturelle und diverse Arbeitsumgebungen, Migration und Internationalisierung von Unternehmen führen zu einer immer vielfältigeren Arbeitswelt. Aber auch der demografische Wandel, d. h. die Veränderung der Bevölkerungsstruktur, beeinflusst den Arbeitsmarkt. Die Überalterung der Gesellschaft, bedingt durch eine zunehmende Lebenserwartung und niedrigere Geburtenraten, hat weitreichende Auswirkungen auf verschiedene Bereiche wie Wirtschaft, Gesundheitssystem und Sozialversicherungswesen.

Aufgrund des vorherrschenden Fachkräftemangels konkurrieren Unternehmen zunehmend um die Gewinnung qualifizierter Mitarbeiter sowie die Motivierung und Bindung von Leistungs- und Know-How-Trägern. Es bedarf daher einer verstärkten Investition in Ausbildung und Weiterentwicklung von Mitarbeitern.

Der ständige Wandel in der Arbeitswelt stellt Unternehmen vor große Herausforderungen, woraus sich notwendige Schwerpunkte für die Personal- und Organisationsentwicklung ergeben. Es liegt aber nicht nur im Interesse des Unternehmens, sich jederzeit auf neue Anforderungen einstellen zu können, um dem Wettbewerbsdruck standhalten und konkurrenzfähig bleiben zu können. Auch Arbeitnehmer sind gefordert, ihre Handlungskompetenz zu erhalten und den sich verändernden Bedingungen anzupassen.

Der Aufbau und Erhalt von Handlungskompetenz ist daher eine wesentliche strategische Aufgabe der Personalentwicklung. Dazu gehört auch die Mitarbeiterbeurteilung, von der sowohl das Unternehmen als auch dessen Mitarbeiter profitieren.

4.1.1 Mitarbeiterbeurteilung

Die Bewertung der Leistung und des Verhaltens von Mitarbeitern ist ein wichtiges Instrument der Unternehmensführung. Das Ziel einer solchen Bewertung ist es, sowohl den aktuellen Leistungsstand als auch das Entwicklungspotential der Mitarbeiter zu erkennen, um die Arbeitsleistung zu optimieren. Es handelt sich somit um eine qualifizierte Standortbestimmung, die als Ausgangspunkt für eine zielgerichtete Entwicklung und Förderung dient. Mitarbeiterbeurteilung spielt aus vielerlei Gründen eine entscheidende Rolle für den Erfolg eines Unternehmens:

- Leistungssteigerung: Durch regelmäßige Mitarbeiterbeurteilungen können Leistungsziele gesetzt, Fortschritte überwacht und entsprechende Rückmeldungen gegeben werden. Indem Mitarbeiter wissen, dass ihre Leistung bewertet wird, sind sie motivierter, ihre Ziele zu erreichen und ihre Leistung zu steigern.
- Identifizierung von Entwicklungsbereichen: Mitarbeiterbeurteilungen helfen dabei, Stärken und Schwächen der Mitarbeiter zu identifizieren. Durch die Bewertung von Fähigkeiten, Kenntnissen und Verhaltensweisen können Entwicklungsbereiche erkannt werden, die durch Schulungen, Coaching oder Weiterbildungsmaßnahmen verbessert werden können.

- Karriereentwicklung und Mitarbeiterbindung: Mitarbeiterbeurteilungen bieten die Möglichkeit, Entwicklungsperspektiven zu besprechen und Karriereziele zu erreichen. Indem Mitarbeiter ihre beruflichen Ziele und Entwicklungswünsche mit ihren Vorgesetzten diskutieren können, fühlen sie sich unterstützt und engagiert, was die Mitarbeiterbindung und -motivation erhöht.
- Feedback und Kommunikation: Mitarbeiterbeurteilungen fördern eine offene Kommunikation zwischen Mitarbeitern und ihren Vorgesetzten. Durch konstruktives Feedback können Mitarbeiter verstehen, wie ihre Leistung wahrgenommen wird, und erhalten klare Erwartungen und Ziele für die Zukunft.
- Leistungsorientierte Vergütung und Belohnung: Mitarbeiterbeurteilungen können als Grundlage für leistungsorientierte Vergütungsmodelle und Belohnungssysteme dienen. Mitarbeiter, die herausragende Leistungen erbringen, können entsprechend belohnt werden, während Leistungsdefizite identifiziert und angegangen werden können.

Insgesamt trägt eine effektive Mitarbeiterbeurteilung dazu bei, die Leistung und Produktivität der Mitarbeiter zu steigern, die Entwicklung und Bindung von Mitarbeitern zu fördern und somit letztlich den Erfolg und die Wettbewerbsfähigkeit des Unternehmens zu unterstützen.

Maßgeblich für die Beurteilung sind die Erkenntnisse, die in Beurteilungsgesprächen gewonnen wurden. Wenn diese Beurteilung in regelmäßigen Abständen und anhand standardisierter Verfahren erfolgt, spricht man von einem **Beurteilungssystem** (→ 4.1.1.2). Es gibt zahlreiche Gründe, die für die Einführung eines solchen Systems sprechen. Oft werden auch mehrere Ziele miteinander verknüpft.

Gründe und Ziele für Unternehmen

- Erleichterung der Personaleinsatzplanung
- Identifikation von Leitungsträgern (»High Potentials«)
- Sicherung des Bedarfs an Fach- und Führungskräften
- Grundlage für Personalentwicklungs-Maßnahmen
- Erleichterte Nachfolge- und Laufbahnplanung
- Maßstab für leistungsbezogene Entgeltfestlegung (Zielvereinbarung)
- Basis für Vergabe für Boni, Prämien, Gehaltserhöhungen
- Entscheidungshilfe für Beförderung/Versetzung
- Grundlage für Zeugniserstellung

Nutzen und Vorteile für Mitarbeiter

- Kenntnis der Einschätzung und Erwartung der Führungskraft
- Erkennen der eigenen Stärken und Schwächen
- Information über Verbesserungs- bzw. Entwicklungsmöglichkeiten
- Hilfestellung zum Ausgleich von Defiziten
- Wertschätzung und Anerkennung
- Kompetenzerweiterung
- Zufriedenheit, Motivation

Datenschutz

Da Arbeitgeber ein besonderes Interesse an der Beurteilung ihrer Mitarbeiter haben, ist es zulässig, diese hinsichtlich ihrer fachlichen Leistungen zu beurteilen. Die entsprechende Dokumentation hierzu kann in die Personalakte aufgenommen werden. Eine Bestätigung oder Unterschrift durch den Mitarbeiter ist nicht notwendig. Auf Verlangen muss der Arbeitgeber Mitarbeitern allerdings Einsicht in ihre Personalakte gewähren und dessen Beurteilungen begründen.

Die **Rechte des Arbeitgebers** sind im Bundesdatenschutzgesetz (BDSG) sowie in der Datenschutzgrundverordnung (DSGVO) gesetzlich verankert:

- Art. 6 DSGVO: Rechtmäßigkeit der Verarbeitung
- Art. 7 DSGVO Bedingungen für die Einwilligung
- § 26 BDSG: Datenverarbeitung für Zwecke des Beschäftigungsverhältnisses
- Art. 88 DSGVO: Datenverarbeitung im Beschäftigungskontext

Arbeitgeber sind jedoch gemäß § 32 und § 33 BDSG bzw. Art. 13 und Art. 14 DSGVO verpflichtet, ihre Mitarbeiter über die Erhebung von personenbezogenen Daten zu informieren. Es ist empfehlenswert, Mitarbeiter bereits bei Abschluss des Arbeitsvertrages entsprechend zu informieren.

Die **Rechte von Mitarbeitern** sind ebenfalls gesetzlich geregelt:

- § 34 BDSG bzw. Art. 15 DSGVO: Auskunftsrecht
- Art. 16 DSGVO: Recht auf Berichtigung
- § 35 BDSG bzw. Art. 17 DSGVO: Recht auf Löschung
- Art. 18 DSGVO: Recht auf Einschränkung der Verarbeitung
- Art. 20 DSGVO: Recht auf Datenübertragbarkeit
- § 36 BDSG bzw. Art. 21 DSGVO: Widerspruchsrecht

4.1.1.1 Mitarbeiter-/Personalgespräche

Aufgrund der steigenden Anforderungen in der heutigen Arbeitswelt gewinnt das Personalgespräch zunehmend an Bedeutung. Führungskräfte sollen nicht nur konstruktive Kritik äußern, sondern auch das Potenzial von Mitarbeitern erkennen und fördern, um diese angemessen im Sinne der Unternehmensziele zu motivieren und führen. Die Kommunikation zwischen Führungskraft und Mitarbeiter ist daher von außerordentlicher Bedeutung.

Neben der Übermittlung von Arbeitsanweisungen im Rahmen des alltäglichen Arbeitsgeschehens werden im Personalgespräch grundsätzliche Themen der Zusammenarbeit besprochen sowie Probleme und Defizite aufgedeckt. Der Dialog zwischen Führungskraft und Mitarbeiter steht hierbei im Zentrum. In einer vertrauensvollen Atmosphäre sollen die beidseitigen Sichtweisen ausgetauscht werden.

Auch besondere Ereignisse können Anlass für ein Personalgespräch sein, so z. B. das Ende der Probezeit, eine Beförderung oder Versetzung, ein Vorgesetzten- bzw. Abteilungswechsel, die Rückkehr nach längerer Krankheit, Elternzeit oder einem Sabbatical, die Durchführung von Disziplinarmaßnahmen (Ermahnung, Abmahnung) sowie das bevorstehende Ausscheiden eines Mitarbeiters.

Personalgespräche im Rahmen der Mitarbeiterbeurteilung sollten regelmäßig in bestimmten Abständen stattfinden. Es bietet sich an, ein solches Gespräch jährlich zu führen, zum Beispiel am Anfang oder Ende eines Kalenderjahres. Man spricht daher auch von einem **Jahresgespräch**. Solch jährlich stattfindende Mitarbeitergespräche sind regelmäßig Bestandteil von Tarifverträgen und Betriebsvereinbarungen.

Personalgespräche haben vielfältige Ziele und Nutzen. So dienen sie nicht nur der Beurteilung der Arbeitsleistung, sondern stärken auch die persönliche Beziehung zwischen Führungskraft und Mitarbeiter und tragen auf diese Weise zu einer guten Zusammenarbeit bei. Durch Wertschätzung und Anerkennung tragen sie zur Mitarbeitermotivation bei (»Man nimmt sich Zeit für mich«) und erhöhen somit das Arbeitsklima und die Produktivität. Schließlich dienen sie als eine Art »Frühwarnsystem«, um positive wie negative Entwicklungen frühzeitig zu erkennen und ggf. ein Gegensteuern zu ermöglichen.

Eine schlechte Kommunikation zwischen Führungskraft und Mitarbeiter kann sich bspw. in Verwirrung bzgl. Erwartungen, Zielsetzungen und Prioritäten, Misstrauen und Unsicherheit aufgrund mangelnder Transparenz oder Frustration aufgrund von stagnierender beruflicher Entwicklung niederschlagen. Dies kann schließlich zu Demotivation, Konflikten, einem schlechten Arbeitsklima, ineffizientem Arbeiten und einer erhöhten Mitarbeiterfluktuation führen.

Eine klare, offene und effektive Kommunikation ist daher entscheidend für den Erfolg des Unternehmens und das Wohlergehen von Mitarbeitern. **Voraussetzungen** für erfolgreiche Personalgespräche sind eine offene Kommunikationskultur, die auf Vertrauen und Respekt basiert und von allen Führungskräften entsprechend gelebt und praktiziert wird. Um die Sozial- und Kommunikationskompetenzen der Führungskräfte entsprechend zu entwickeln und zu fördern, können professionelle Schulungen notwendig sein, in der die Grundsätze von Gesprächsführung im Arbeitskontext und objektiver Leistungsbeurteilung vermittelt werden.

Rahmenbedingungen

Die Planung und Durchführung des Gesprächs sollten nach billigem Ermessen erfolgen, d. h. der Arbeitgeber muss dabei nicht nur seine eigenen, sondern auch die Interessen des Arbeitnehmers angemessen berücksichtigen. Dazu gehört auch die Rücksicht auf Verhinderungen, z. B. durch Schichtdienst oder Arbeitsunfähigkeit. Außerdem sollte dem Arbeitnehmer eine angemessene Bedenk- und Reaktionszeit eingeräumt werden.

Ein Personalgespräch sollte in der Regel ein Vier-Augen-Gespräch sein. In einer vertrauensvollen Atmosphäre soll sich ein offener Dialog entwickeln, in dem auch der Mitarbeiter ohne Scheu seine eigenen Ansichten und Wünsche, aber auch Kritik äußern kann. Während des Gesprächs ist es wichtig, sich auf Ergebnisse zu konzentrieren, damit gemeinsame Ziele festgelegt werden können, deren Erreichung dann in einem Folgegespräch überprüft wird.

Es ist ratsam, sich an die folgenden **Grundsätze** zu halten:

- Rechtzeitige Terminierung, ggf. Raum reservieren, Mitarbeiter einladen
- Vorbereitung z. B. mittels Personalakte, Aufzeichnungen des letzten Gesprächs oder Zielvereinbarungen
- Information zum Thema des Gesprächs
- Störungsquellen (z. B. Telefon) möglichst eliminieren
- Dauer ca. 30 bis 90 Minuten
- Dialog, kein Monolog oder Vortrag
- Positives wie Negatives ansprechen (»Sandwich-Taktik«)
- Sachlich bleiben, nicht emotional werden
- Kritik immer konstruktiv, nicht destruktiv
- Konkretes ansprechen, Verallgemeinerungen und Pauschalisierungen vermeiden
- Nur Veränderbares ansprechen

Ablauf (Beispiel):

- Begrüßung, Smalltalk
- Überblick zu Ablauf und Inhalt des Gesprächs
- Rückblick und Bewertung der Ist-Situation bzw. des aktuellen Themas
- Stellungnahme des Mitarbeiters, Dialog
- (ggf.) Festlegung von Maßnahmen/Zielen
- Ausblick, Festlegung des nächsten Termins
- Abschluss, Verabschiedung

Mitwirkung der Personalabteilung

Bei kritischen Gesprächsanlässen oder wenn ein bereits geführtes Gespräch zwischen Führungskraft und Mitarbeiter nicht zum gewünschten Erfolg geführt hat, kann die Personalabteilung hinzugezogen werden. Diese kann als neutraler Vermittler fungieren, aber auch einer erhöhten Dringlichkeit Ausdruck verleihen. Die Personalabteilung kann auch als nächste Eskalationsstufe vor der

Einleitung weiterer disziplinarischer Konsequenzen wie Ermahnung, Abmahnung oder gar dem Ausspruch einer Kündigung eingeschaltet werden.

Weitere mögliche Anlässe für die Beteiligung der Personalabteilung sind Gespräche zu Themen wie Suchterkrankungen, hoher Krankheitsquote, Betrieblichem Eingliederungsmanagement (BEM), vorliegende Pfändungen, etc.

Dokumentation

Es ist empfehlenswert, das Gespräch sowie vereinbarte Ziele und Maßnahmen zu dokumentieren, um dadurch Entwicklung und Fortschritt kontrollieren zu können. Diese Unterlagen können in die Personalakte aufgenommen werden. Während der Mitarbeiter einen Anspruch auf Einsicht in die Personalakte und somit auch in die Aufzeichnungen und Dokumentation hinsichtlich der geführten Gespräche hat, ist das Aufzeichnen von Personalgesprächen (Bild/Ton) hingegen nicht gestattet. Zeichnet der Mitarbeiter ein Gespräch dennoch heimlich auf, so würde dies sowohl eine verhaltensbedingte, ggf. sogar außerordentliche fristlose Kündigung rechtfertigen, da hierdurch das Persönlichkeitsrecht verletzt würde. Gleiches gilt für den Arbeitgeber – auch er darf Personalgespräche nicht aufzeichnen.

Zwischen den jährlichen Mitarbeiter-/Beurteilungsgesprächen bieten sich regelmäßige, z. B. quartalsweise **Reflexionsgespräche** an, die ebenfalls dokumentiert und in er Personalakte festgehalten werden können. Hierdurch können Mitarbeiter zeitnahe Rückmeldungen zu ihren Leistungen erhalten, was ihnen ermöglicht, schneller zu reagieren, um geänderten Anforderungen gerecht zu werden. Diese Vorgehensweise fördert zudem eine kontinuierliche Lern- und Entwicklungsmentalität, da Erfolge, Herausforderungen und Lernbereiche fortlaufend identifiziert werden können. Außerdem wird so die Gefahr eines Auseinanderdriftens von Selbst- und Fremdbild und daraus resultierenden Konfliktpotenzials möglichst geringgehalten. Nicht zuletzt stärken diese regelmäßigen Gespräche eine offenen Feedbackkultur und tragen so auch zur Mitarbeiterzufriedenheit (und -bindung) bei.

Rechtsgrundlage

Die Teilnahmepflicht des Mitarbeiters an einem Personalgespräch leitet sich aus dem in § 106 Gewerbeordnung (GewO) verankerten Weisungs- bzw. Direktionsrecht des Arbeitgebers ab, wonach der Arbeitgeber Ort, Zeit und inhaltliche Durchführung der Arbeitstätigkeit festlegen kann. Es handelt es sich um eine der Nebenpflichten aus dem Arbeitsvertrag gem. § 241 BGB (→ 2.1.2.3) und somit um einen Teil der zu erbringenden Arbeitsleistung. Diese wiederum ist höchstpersönlich zu erbringen (§ 613 BGB), so dass der Mitarbeiter sich nicht durch andere Personen vertreten lassen darf.

Personalgespräche finden in der Regel am üblichen Arbeitsort und während der üblichen Arbeitszeit des Mitarbeiters statt. Wenn der Arbeitnehmer im Home Office oder Außendienst tätig ist, so kann der Arbeitgeber zum Personalgespräch an seinem Sitz auffordern.

Widersetzt sich der Arbeitnehmer der Weisung zur Teilnahme an einem Personalgespräch, kann es zum Ausspruch einer Abmahnung kommen. Einzig wenn es um eine Änderung des Arbeitslohns, der Arbeitszeiten oder gar der Aufhebung des Arbeitsverhältnisses selbst gehen soll, darf der Arbeitnehmer die Teilnahme verweigern. Er ist nicht dazu verpflichtet, mit dem Arbeitgeber im Rahmen eines Mitarbeitergesprächs Vertragsverhandlungen zu führen.

Außerhalb der Arbeitszeit darf der Arbeitgeber ein Mitarbeitergespräch nur in besonderen Notfällen anberaumen oder wenn die Voraussetzungen für die Anordnung von Überstunden vorliegen. Die Teilnahme an einem Personalgespräch während der Erkrankung des Arbeitnehmers kann ebenfalls nur in Ausnahmefällen angewiesen werden, dies ist auf dringende betriebliche Anlässe beschränkt. Das Gespräch muss hierzu unaufschiebbar und dem Arbeitnehmer zumutbar sein.

Der Arbeitnehmer darf ohne Zustimmung des Arbeitgebers keinen Rechtsanwalt hinzuziehen. Eine Ausnahme besteht lediglich unter dem Aspekt der »Waffengleichheit«, also wenn der Arbeitgeber ebenfalls betriebsfremde Personen, wie einen Rechtsanwalt oder Vertreter von Arbeitgeberverbänden, zu einem Personalgespräch hinzuzieht. Ähnlich sieht es aus bei der Anhörung zu einer Verdachtskündigung: Steht gegen den Arbeitnehmer der Verdacht einer Straftat im Raum und soll er wegen dieses Verdachts gekündigt werden, so ist ihm die Gelegenheit zur Stellungnahme zu geben. Hier darf der Arbeitnehmer seinen Rechtsanwalt hinzuziehen.

4.1.1.2 Beurteilungssysteme

Ein Beurteilungssystem ist ein regelmäßig angewandtes strukturiertes und standardisiertes Verfahren oder System zur Beurteilung von Leistung, Fähigkeiten und Entwicklung von Mitarbeitern eines Unternehmens. Es umfasst typischerweise Methoden zur Leistungsbeurteilung, Feedbackmechanismen und Entwicklungsgespräche, Zielvereinbarungen, etc. um die Leistung der Mitarbeiter zu messen, ihre Entwicklung zu fördern und die Entscheidungsfindung im Zusammenhang mit Belohnungen, Beförderungen und Weiterbildung zu unterstützen. Beurteilungssysteme sollten sich an den Ansprüchen und Zielen des Unternehmens orientieren und entsprechend entwickelt und konzipiert werden. Die Anwendbarkeit der Erkenntnisse und deren Umsetzung sollten vom Unternehmen unterstützt und konsequent verfolgt werden.

Man kann zwischen offenen und geschlossenen Beurteilungssystemen unterscheiden.

Bei einem **offenen Beurteilungssystem** gibt es keine oder nur wenige Regeln, welche Kriterien mit welchem Maßstab bewertet werden. Die Führungskraft bewertet den Mitarbeiter individuell, was jedoch den Nachteil einer gewissen Subjektivität birgt und die Vergleichbarkeit der Beobachtungen erschwert. Eine sorgfältige Auswertung der Ergebnisse erfordert daher erhöhten Aufwand. Es ist wichtig, dass die beurteilende Führungskraft möglichst objektiv und präzise formuliert und auf Beurteilungsfehler sensibilisiert ist.

Das **geschlossene Beurteilungssystem** hingegen weist klar formulierte Kriterien und standardisierte Skalierungen auf, anhand derer die Führungskraft den Mitarbeiter beurteilt. Dadurch sind die einzelnen Ergebnisse gut miteinander vergleichbar. Allerdings besteht hierbei nur wenig Raum für Individualität, weswegen diese Systeme oft mit offenen Fragen und der Möglichkeit für Ergänzungen kombiniert werden.

Des Weiteren kann man differenzieren zwischen merkmalsorientierten und zielorientierten Verfahren:

Bei **merkmalsorientierten** Verfahren verwendet die Führungskraft vom Unternehmen vorgegebene und fest definierte Kriterien, um den Mitarbeiter zu beurteilen. Sie konzentrieren sich meist auf die Bewertung von persönlichen Fähigkeiten und Verhaltensweisen der Mitarbeiter und bieten daher eine breitere Palette von Bewertungskriterien, die es ermöglichen, verschiedene Aspekte der Leistung eines Mitarbeiters zu bewerten. Sie erleichtern so eine umfassendere Diskussion über die Stärken und Entwicklungsbereiche eines Mitarbeiters. Es besteht jedoch die Möglichkeit, dass die Subjektivität eine Fehlerquelle darstellt. Die Beurteilung, was als »gut« oder »schlecht« zu bewerten ist oder was eine »normale« Leistung darstellt, kann von den Führungskräften unterschiedlich wahrgenommen und dementsprechend bewertet werden.

Name des Mitarbeiters	Personalnummer	Eintritt
Positionsbezeichnung	Abteilung	Vorgesetzter

	sehr gut	gut	befriedigend	ausreichend	mangelhaft
Arbeitsqualität					
Fachkenntnisse					
Sorgfalt					
Beherrschung Arbeitsinstrumente / Gerätschaften					
Verwendbarkeit der Arbeitsergebnisse					
Einhaltung von Terminen und Fristen					
Umgang mit Arbeitsmaterialien					
Arbeitstempo					
Fehlerquote					
Kommunikation					
Kommunikation mit Vorgesetzten					
Kommunikation mit Kollegen					
Kommunikation mit Kunden					
Stellt nötige Rückfragen					
Kritikfähigkeit					
Rechtzeitige Kommunikation von Verzögerungen					
Engagement					
Einsatbereitschaft					
Bereitschaft zu Überstunden / Mehrarbeit					
Eigeninitiative					
Lernbereitschaft					
Betriebliche Zusammenarbeit					
Bereitschaft zur Zusammenarbeit					
Hilfsbereitschaft					
Vernetzung mit anderen Abteilungen					
Soziales					
Auffassungsgabe					
Belastbarkeit, Stressresistenz					
Priorisierungsvermögen					
Einhaltung von Vorschriften, Richtlinien					
Führungsqualität					

Ergänzungen / Bemerkungen

Datum der Beurteilung	Beurteiler	Unterschrift

Beispiel eines Beurteilungsbogens

Bei **zielorientierten** Verfahren erfolgt die Beurteilung anhand zuvor festgelegter Ziele und deren Erreichungsgrad. Die Ziele werden von der Führungskraft in Absprache mit dem Mitarbeiter vereinbart (→ 4.5.2.1 **»Management by Objectives«**). Das Ergebnis der Beurteilung hängt vom Grad der Zielerreichung ab und kann sich im Gehalt, aber auch in einer Bonus- oder Prämienausschüttung niederschlagen. Zielorientierte Verfahren bieten den Vorteil der Verknüpfung zwischen den individuellen Zielen eines Mitarbeiters und den übergeordneten Unternehmenszielen. Nachteilig ist jedoch, dass einige Tätigkeiten nicht »quantifizierbar« sind und das Erreichen somit oft nicht eindeutig nachweisbar ist, beispielsweise im kaufmännischen Bereich.

Im Wesentlichen legen merkmalsorientierte Beurteilungssysteme den Schwerpunkt auf die Bewertung von Kompetenzen und Verhaltensweisen, während zielorientierte Beurteilungssysteme sich auf die Messung der Zielerreichung konzentrieren. Beide Ansätze haben ihre Vor- und Nachteile, und die Wahl zwischen ihnen hängt von den spezifischen Anforderungen und Zielen der Organisation ab. Manchmal werden auch hybride Beurteilungssysteme verwendet, die Merkmals- und Zielorientierung kombinieren.

Eine besonders ausgereifte Art der Mitarbeiterbeurteilung stellt das sogenannte **360° Feedback** dar. Es handelt sich um ein Bewertungsinstrument, bei dem die Beurteilung von Kompetenzen und Leistungen aus verschiedenen Perspektiven (z. B. Kollegen, Vorgesetzte, unterstellte Mitarbeiter, ggf. auch Kunden) geschieht. Auf diese Weise wird versucht, ein möglichst umfassendes Bild der individuellen Leistung und Fähigkeiten des Feedbackempfängers zu erhalten und diesem somit zu ermöglichen, seine Stärken zu identifizieren und Entwicklungsbereiche zu erkennen. Die Beurteilung erfolgt i. d. R. anonymisiert.

Beurteilungskriterien

Beurteilungskriterien können je nach Kontext variieren, in dem sie angewendet werden. Sie können quantitativ (Zahlen oder Messungen) oder qualitativ (Merkmale oder Eigenschaften) sein und helfen dabei, objektive und konsistente Bewertungen vorzunehmen und klare Erwartungen zu kommunizieren.

Zu beurteilende Kriterien können in verschiedene Bereiche unterteilt werden:

- Arbeitsverhalten (z. B. Tempo, Sorgfalt, Initiative)
- Sozialverhalten (z. B. Teamfähigkeit, Hilfsbereitschaft, Kommunikationsfähigkeit)
- Führungsverhalten (z. B. Motivationsfähigkeit, Delegationsfähigkeit)

Eine andere Möglichkeit, die zu beurteilenden Kriterien einzuteilen, sind die verschiedenen **Kompetenzbereiche** (→ 4.2), also Fach-, Methoden- und Sozialkompetenz sowie ggf. Führungskompetenz.

Beurteilungsprinzipien

Um faire, aussagekräftige und möglichst objektive Bewertungen zu gewährleisten, sind grundlegende Prinzipien bei der Durchführung von Beurteilungen sinnvoll. Diese dienen als Grundlage für einen effektiven und gerechten Bewertungsprozess, der dazu beiträgt, die Leistung und Entwicklung der Mitarbeiter zu fördern und die organisatorischen Ziele zu erreichen. Beurteilungen sollen grundsätzlich nach den folgenden Prinzipien stattfinden:

- **Vollständigkeit**
  Alle wesentlichen Anforderungen an den Mitarbeiter
- **Eindeutigkeit**
  Klare Formulierung, Abgrenzbarkeit einzelner Kriterien
- **Ganzheitlichkeit**
  Keine selektive Wahrnehmung, Betrachtung des Gesamtbilds

- **Praktikabilität**
  Beobachtbare und repräsentative Kriterien

Beurteilungsskala

Erst durch Abstufungen ergibt sich eine Vergleichbarkeit von Beurteilungen. So können nicht nur die Leistungen verschiedener Mitarbeiter, sondern auch die Entwicklung eines einzelnen Mitarbeiters im Laufe der Zeit betrachtet und miteinander verglichen werden.

Folgende Abstufungen sind sinnvoll:

- ... trifft überhaupt nicht zu ☐ teilweise zu ☐ eher zu ☐ überwiegend zu ☐ sehr zu ☐
- ... erfüllt die Anforderungen nicht ☐ mit Einschränkungen ☐ überwiegend ☐ gut ☐ überdurchschnittlich ☐

Im Rahmen der Zielvereinbarung eines Vertriebsmitarbeiters könnte bspw. eine Umsatzsteigerung mit der folgenden Skalierung beurteilt werden:

< 1 % ☐
1,0 – 1,5 % ☐
1,5 – 2,0 % ☐
>2 % ☐

Beurteilungssysteme können sich auch einer Punktevergabe oder Benotung bedienen, um eine bessere Vergleichbarkeit und die Bildung eines Durchschnittswerts zu erreichen. Ratsam ist hier eine ungerade Anzahl von Abstufungen, da auf diese Weise ein Mittelwert sowie die Möglichkeit einer gleichmäßigen positiven wie negativen Abweichung ermöglicht wird. Beispiele sind Schulnoten, die von 1 (»sehr gut«) bis 5 (»mangelhaft«) reichen, der Prozentwert (0–100 %) oder Buchstaben, wie bspw. A bis E. Bei mehr als sieben Abstufungen ist die Trennschärfe zu gering, was die Beurteilung und wiederum die Vergleichbarkeit der Ergebnisse unnötig erschwert.

Schließlich muss geklärt werden, ob alle Kriterien gleich gewichtet werden oder ob besonders relevante Kriterien höher gewichtet werden sollen. So sollte beispielsweise die Fehler- oder Ausschussquote bei Mitarbeitern in der Produktion eine höhere Gewichtung erhalten als Fremdsprachenkenntnisse.

Dokumentation

Oft werden Leitfäden oder Formulare zur Vorbereitung und/oder Durchführung von Personalgesprächen verwendet. Hier können Inhalt und Gesprächsverlauf ebenso aufgezeichnet werden wie festgelegte Ziele und getroffene Vereinbarungen, z. B. über Personalentwicklungs-Maßnahmen. Eine solche Dokumentation erleichtert die Nachvollziehbarkeit des Fortschritts und eine Kontrolle der Umsetzung vereinbarter Ziele und Maßnahmen. Auch bei einer Zeugniserteilung ist dies hilfreich. Die Dokumentation, welche im Rahmen einer Mitarbeiterbeurteilung angefertigt wird, kann Teil der Personalakte werden. Genehmigte Entwicklungsmaßnahmen sollten ebenfalls Bestandteil der Personalakte sein.

Im Falle eines Vorgesetztenwechsels oder einer Versetzung wäre zu klären, ob frühere Beurteilungen eingesehen werden dürfen. Eine Möglichkeit wäre, die Beurteilung und das Feedback des Mitarbeiters getrennt voneinander zu behandeln. Dadurch kann der Wunsch des Mitarbeiters nach Vertraulichkeit bei bestimmten Aussagen berücksichtigt werden.

Einführung eines Beurteilungssystems

Im Gegensatz zur Beurteilung einzelner Mitarbeiter, besteht bei der grundsätzlichen Planung und Durchführung von Mitarbeiterbewertungen ein Mitbestimmungsrecht des Betriebsrats, da es sich um eine kollektive Maßnahme handelt. So bedarf bspw. die Aufstellung allgemeiner Beurteilungsgrundsätze gem. § 94 Abs. 2 BetrVG der Zustimmung des Betriebsrats.

Hat ein Unternehmen entschieden, ein Beurteilungssystem einzuführen, bietet es sich an, eine Projektgruppe zu bilden. Diese Gruppe sollte aus Führungskräften, Vertretern des Betriebsrats, dem Datenschutzbeauftragten sowie Mitarbeitern der Personalabteilung bestehen. Zunächst sollten die Ziele und Anforderungen des Systems festgelegt werden, also Schwerpunkte oder abzudeckende Bereiche. Bei der Konzeption des Systems müssen dann weitergehende Grundsätze festgelegt werden.

- Zielgruppe
- Anzahl und Art der Kriterien
- Verwendete Skalierung
- Zeitrahmen für die Durchführung der Beurteilung
- Häufigkeit/Regelmäßigkeit der Beurteilung
- IT-basierte oder manuelle Durchführung
- Vorhandenes Budget

Als nächstes wird das System den betroffenen Mitarbeitern sowie den (beurteilenden) Führungskräften vorgestellt. Insbesondere sollten Mitarbeiter im Vorfeld über Inhalt, Anwendung und Auswertung des Systems sowie die Möglichkeiten der Personalentwicklung im Unternehmen informiert werden.

Die **Rolle des Beurteilers** ist von großer Bedeutung, da dieser möglicherweise über das berufliche Fortkommen des Mitarbeiters mitentscheidet. Eine professionelle und objektive Beurteilung ist daher unerlässlich. Vor der Beurteilung sollten daher die Kriterien und ihre Skalierung klar definiert werden. Aber auch Grundsätze und Regeln der Gesprächsführung (→ 1.6.3) sowie Konfliktmanagement (→ 1.6.2) sind wichtige Aspekte, um schwierigen Situationen zu begegnen.

Zur Vorbereitung der Beurteiler gehören außerdem die Abstimmung mit der Geschäftsleitung, die regelmäßige Überprüfung der Fachkompetenz des Beurteilers sowie nötigenfalls entsprechende Schulungen. Auch der Erfahrungsaustausch mit anderen Führungskräften ist sinnvoll. Zudem muss die Beurteilung von Leistung und Verhaltens eines Mitarbeiters klar von der Persönlichkeitsbeurteilung abgegrenzt werden.

Beurteiler sollten insbesondere auf mögliche **Beobachtungs- und Beurteilungsfehler** sensibilisiert werden. Einige der häufigsten Beurteilungsfehler sind:

- Primacy Effect (Der erste Eindruck bzw. die erste Beurteilung werden stärker im Gedächtnis verankert)
- Halo Effect (Ein einziges positives/negatives Ereignis »überstrahlt« die gesamte Beurteilung)
- Prägung durch die jeweils vorherige Beurteilung
- Tendenz zur Milde
- Tendenz zur Strenge
- Tendenz zur Mitte
- Projektion (Übertragung eigener Persönlichkeitseigenschaften auf die zu beurteilende Person)
- Selektive Wahrnehmung (Vorurteile)
- Identifikation/soziale Ähnlichkeit
- Zu kurzer Beobachtungszeitraum
- Zeitliche Nähe zum Ereignis

Nach einer Testphase des neuen Beurteilungssystems können Korrekturen vorgenommen werden, um eventuelle Fehler zu beseitigen und das System zu optimieren.

Qualitätssicherung

Beurteilungssysteme werden oft mit viel Zeit und Engagement konzipiert und eingeführt. Leider entfalten sie nicht immer die gewünschte Wirkung, so dass das System schnell sich selbst überlassen bleibt. Zur Qualitätssicherung gehört daher die regelmäßige Überprüfung der Bewertungen, insbesondere im Hinblick auf Aktualität und Vollständigkeit der Kriterien. Auch eine regelmäßige

Überprüfung des Beurteilungsniveaus ist sinnvoll, um eine schleichende und unbemerkte Verbesserung oder Verschlechterung der Beurteilungen von Jahr zu Jahr zu vermeiden.

Neben der einheitlichen Durchführung von Mitarbeiterbeurteilungen ist deren Akzeptanz bei Mitarbeitern und Führungskräften Voraussetzung für das Gelingen. Anregungen, Ideen und Wünsche beider Seiten sollten daher nach Möglichkeit bei der Konzipierung eines solchen Systems berücksichtigt werden.

Schließlich bietet das Personalcontrolling (→ 3.5) eine gute Möglichkeit, Kosten und Nutzen eines Beurteilungssystems gegeneinander abzuwägen und gegebenenfalls zu optimieren.

4.1.1.3 Methoden der Leistungsmessung

Nicht immer sind Erfassung und Bewertung von Arbeitsleistungen eindeutig möglich. Das gilt insbesondere für komplexe und anspruchsvolle Aufgaben wie bspw. in Führungspositionen oder bei ausschließlich kaufmännischen Tätigkeiten. Solche Tätigkeiten sind nicht oder nur sehr schwer quantifizierbar.

Da die Arbeits(platz)bewertung (→ 2.3.8.4) lediglich die Anforderungen einer Stelle (Arbeitsplatz) beschreibt und nicht die individuelle Leistung des Stelleninhabers, kann diese somit nicht (allein) als geeignete Grundlage für die Leistungsmessung herangezogen werden. Dennoch stehen Instrumente und Verfahren zur Bewertung von Arbeitsleistungen zur Verfügung:

So kann man, ausgehend von der Stellenbeschreibung, die konkreten Anforderungen einer Stelle (benötigte Qualifikationen, Kenntnisse und Eigenschaften), mit den tatsächlich vorhandenen Eigenschaften und erbrachten Leistungen des Stelleninhabers abgleichen und somit einen Soll-Ist-Vergleich schaffen. Dies geschieht z. B. durch Beobachtung am Arbeitsplatz, mittels Checklisten, fachspezifischer Tests, Arbeitsproben, aber auch durch strukturierte Interviews oder Fragebögen, in denen entweder die Führungskraft oder der Mitarbeiter sich selbst einschätzt.

Des weiteren kann überprüft werden, inwieweit der Mitarbeiter die Ziele erreicht hat, die im Rahmen einer mit ihm getroffenen Zielvereinbarung festgelegt wurden (→ 4.5.1).

Eine andere Quelle sind unternehmensspezifische Kennzahlen, insbesondere im Zeitvergleich. Steigen z. B. Fehlerquoten, Krankenstände oder Fehlzeiten im Zeitverlauf an oder sinkt die Produktivität, so sind dies Indikatoren mit Signalwirkung, die auf eine nachlassende Leistungsfähigkeit hinweisen.

4.1.2 Potenzialanalyse

Während die Leistungsbeurteilung das Verhalten und die bisherige Leistung von Mitarbeitern bewertet, also in die Vergangenheit blickt, ist die Potenzialanalyse auf die Zukunft ausgerichtet. Sicherlich lässt die Leistungsbeurteilung bei gleichbleibenden Aufgaben eine gewisse Prognose über die zukünftige Leistung eines Mitarbeiters zu. Wie sieht es aber bei Aufgaben aus, die sich von den bisherigen unterscheiden?

Hier liefert die Potenzialanalyse ein wichtiges Instrument der **strategischen Personalentwicklung,** um die Ressourcen des Mitarbeiters – insbesondere die unentdeckten oder bisher ungenutzten – zu erkennen und Aussagen über das zukünftig zu erwartende (Leistungs-)Verhalten des Mitarbeiters zu treffen. Es soll also eine Prognose über die Leistungsbereitschaft (»Wollen«) und Leistungsfähigkeit (»Können«) erstellt werden. Dies kann langfristig und auf gleichbleibender Ebene erfolgen (horizontal) oder sich auf die nächste Hierarchieebene beziehen (vertikal), weshalb dieses Verfahren häufig bei Nachwuchsführungskräften eingesetzt wird.

Ähnlich wie bei der Leistungsbeurteilung gibt es verschiedene Möglichkeiten, das Potenzial eines Mitarbeiters einzuschätzen. Je nach Arbeitsumfeld und Tätigkeit eignen sich die folgenden Verfahren:

- Arbeitsproben
- Beobachtung am Arbeitsplatz
- Einschätzung der Führungskraft
- Förder-/Entwicklungsgespräch
- Vorgesetztenkonferenz
- Fragebögen, strukturierte Interviews
- Tests (IQ, Persönlichkeit, Leistung)
- Projektmitarbeit
- Leitungs-/Sonderaufgaben, z. B. »Probe-Führen«
- Stärken-Schwächen-Analyse
- Workshops
- 360° Feedback
- Assessment-Center

Assessment Center

Das Assessment Center (im Folgenden »AC«) (assessment, engl. = Beurteilung) ist ein systematisch aufgebautes Beurteilungsinstrument mit spezifischen, auch gruppenbezogenen Aufgaben. Es handelt sich um ein mehrstufiges (Auswahl-) Verfahren, bei dem in der Regel mehrere Teilnehmer in verschiedenen praxisbezogenen Situationen von mehreren Beobachtern beurteilt werden. Dabei werden in der Regel die verschiedenen Kompetenzbereiche wie Fach-, Methoden-, Sozialkompetenz und ggf. Führungskompetenz bewertet.

Handelt es sich um eine Stellenbesetzung, bei der eine interne Ausschreibung nicht gewünscht ist, wird ein AC mit externen Teilnehmern durchgeführt. Ein internes AC kann hingegen eine sinnvolle Maßnahme bei der Nachfolgeplanung sein oder zur Identifizierung notwendiger Personalentwicklungsmaßnahmen.

Die Durchführung eines AC kann sowohl durch eigene Mitarbeiter der Personalabteilung (z. B. aus dem Bereich der Personalentwicklung) als auch durch externe Anbieter erfolgen. Letztere haben den Vorteil, dass sie über ausreichende Kompetenzen und Erfahrungswerte sowie die notwendige Distanz und Neutralität gegenüber den Teilnehmern verfügen. Wird ein AC von einem professionellen Anbieter durchgeführt, erfolgt die Beobachtung in der Regel durch eigene, entsprechend geschulte Fach- und Führungskräfte, was die spätere Akzeptanz der getroffenen Entscheidungen erhöht.

Ein AC ist ein zeitintensives Verfahren, das sich nicht selten über einen oder mehrere Tage erstreckt. Es besteht in der Regel aus mehreren, teilweise aufeinander aufbauenden Modulen, so dass unterschiedliche Eigenschaften der Teilnehmer beobachtet werden können. Beispiele für typische Module und die hierdurch gewonnenen Erkenntnisse über die Fähigkeiten und Eigenschaften der Teilnehmer sind:

- **Gruppendiskussionen** → Lösungsorientierung, Durchsetzungsfähigkeit, Sozialkompetenz, aktives Zuhören
- **Rollenspiele** → Empathie, Spontanität, Improvisationstalent
- **Präsentationsübung** → Rhetorik, Didaktik, Fachkenntnisse, Medieneinsatz
- **Selbstpräsentation** → Selbstsicherheit, Spontanität, Bezug zur zu besetzenden Stelle
- **Postkorbübung** → Priorisierungs- und Delegationsfähigkeit
- **Tests** → Fachkenntnisse, Persönlichkeit, Intelligenz
- **Strukturierte Interviews** → praxisbezogene und fachliche Kenntnisse

Insbesondere bei unternehmensinternen Beobachtern ist darauf zu achten, dass diese entsprechend geschult sind, da sie mit ihrem Urteil Entscheidungen über die berufliche Zukunft der Teilnehmer treffen. Die Schulung der Beobachter sollte daher neben der Vorstellung der Übungen und des Ablaufs des AC unbedingt auch die Sensibilisierung für mögliche Beobachtungsfehler (→ 4.1.1.2) sowie einiger erforderlicher Verhaltensgrundsätze beinhalten. So sollen die Beobachter zwar einerseits die Teilnehmer nicht beeinflussen bzw. nicht eingreifen, andererseits jedoch die Zeitvorgaben einhalten und somit den geordneten Ablauf des AC sicherstellen.

Ein großer **Vorteil eines AC** ist die Effizienz, da mehrere Teilnehmer gleichzeitig beobachtet und ihre Leistungen bewertet werden. Während die Teilnehmer getestet werden, erhalten sie auch Informationen über das Unternehmen und die zukünftige Position. Ein weiterer positiver Effekt ist die verhältnismäßig hohe Beurteilungs- bzw. Entscheidungssicherheit, da immer mehrere Beobachter die Teilnehmer beurteilen (Objektivität) und in der Regel nicht nur eine, sondern mehrere, zum Teil aufeinander aufbauende Aufgaben gestellt werden (Validität). Das Risiko einer Fehleinschätzung wird dadurch deutlich minimiert. Im Vergleich zu herkömmlichen Interviews ermöglicht das AC somit ein wesentlich umfassenderes Kennenlernen des einzelnen Teilnehmers.

Nachteilig ist vor allem der sehr hohe Zeit- und Kostenaufwand für die Konzeption, Vor- und Nachbereitung des AC. Da die Übungen teilweise parallel stattfinden, werden mehrere Räume und Materialien benötigt, weshalb vor allem Hotels oder Schulungs- bzw. Tagungszentren für die Durchführung in Frage kommen. Zudem kann es insbesondere bei internen AC Verfahren zur Demotivation nicht eingeladener Mitarbeiter kommen. Ebenso können mangelnde Ernsthaftigkeit sowie die Stressbelastung bei einigen Teilnehmern zu einer Verfälschung der Ergebnisse führen. Insbesondere bei internen AC kann die fehlende Distanz zwischen Beobachtern und Teilnehmern, die Gefahr von Beobachtungsfehlern bergen.

Ablauf

- Vorbereitung: Wichtig ist die Definition der Anforderungen der zu besetzenden Stelle (Stellenbeschreibung) und hieraus abgeleiteten Fähigkeiten, Kenntnisse und Eigenschaften der Teilnehmer. Je präziser die Anforderungen formuliert sind, desto aussagekräftiger ist die Bewertung und damit auch die Entscheidungsgrundlage. In dieser Phase werden Übungen konzipiert, Beobachtungsmedien entworfen, Beobachter ausgewählt und ggf. geschult sowie die Teilnehmer ausgewählt und eingeladen.
- Durchführung: Begrüßung der Teilnehmer und Vorstellung des AC, ggf. Einteilung in Gruppen, anschließend Durchführung der Übungen und deren Bewertung in parallelen Sitzungen, Zusammenführung der Ergebnisse in einer Beobachterkonferenz, Erstellung einer Gesamtbewertung pro Teilnehmer, abschließend Entscheidung und Mitteilung an die Teilnehmer.
- Nachbereitung: Bearbeitung der Unterlagen (bei internen AC ggf. Ablage in der Personalakte), Reflexion des Systems und ggf. Verbesserung für zukünftige Verfahren.

4.1.2.1 Qualifikationsstand

Vor dem Hintergrund wachsender und sich ständig verändernder Anforderungen sollte der Qualifikationsstand von Mitarbeitern regelmäßig überprüft und gegebenenfalls angepasst werden. Auch Mitarbeiter, die in der Vergangenheit stets gute Leistungen gezeigt haben, sind vor Veränderungen und Neuerungen nicht gefeit. Basis für die Entwicklung eines Mitarbeiters ist zunächst die Feststellung seines Qualifikationsstands, meist im Rahmen eines Beurteilungsgesprächs (→ 4.1.1). Manche Unternehmen verbinden dies mit der Einschätzung des Potenzials und ordnen ihre Mitarbeiter in verschiedene Potenzialgruppen ein (z. B. Personalportfolio nach Odiorne, s. Abb.). Entsprechend ihrer Zuordnung lassen sich einzelne Mitarbeiter gezielt fördern und auf weitere Aufgaben vorbereiten.

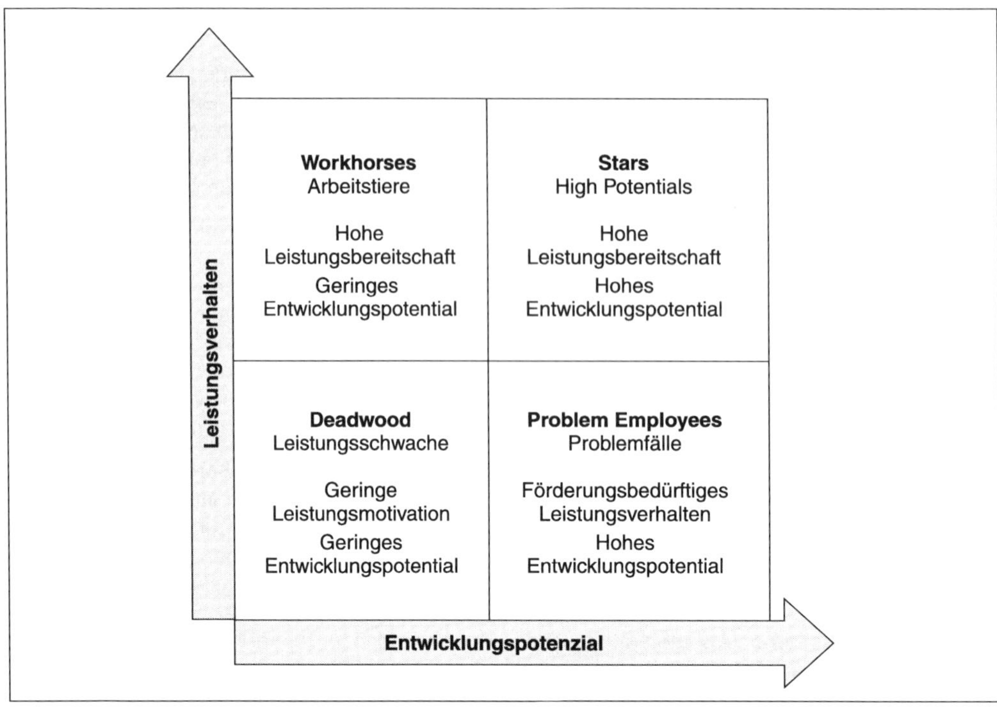

Personalportfolio nach Odiorne

4.1.2.2 Qualifizierungsgespräche

Um notwendige Entwicklungsmaßnahmen für aktuelle oder zukünftige Aufgaben abzuleiten, sind regelmäßig Qualifizierungsgespräche zu führen. Mögliche Anlässe für Qualifizierungsgespräche sind:

- Hohe Fehlerquote aufgrund von Defiziten
- Expansion des Unternehmens
- Neu geschaffene Positionen
- Führungspotenzial
- Nachbesetzung von Schlüsselpositionen
- Nachfolge- bzw. Laufbahnplanung
- Vorbeugung von Fluktuation

Auf der Grundlage von Leistungsbeurteilung (Vergangenheit) und Potenzialeinschätzung (Zukunft) bespricht die Führungskraft mit dem Mitarbeiter seine Stärken, Schwächen und Potenziale. Neben der Identifizierung von Verbesserungsbedarf werden Ziele vereinbart und geeignete Maßnahmen festgelegt. Diese können sich auf die Bewältigung der Anforderungen der aktuellen Stelle beziehen, aber auch auf zukünftige, weiterführende Aufgaben, z. B. eine Führungsposition.

Sinnvolle Fragen für im Zusammenhang mit Qualifizierungsgesprächen sind:

- Wird der Mitarbeiter entsprechend seiner Qualifikation eingesetzt?
- Welche stellenbezogenen Anforderungen gibt es?
- Welche Veränderungen/Herausforderungen kommen auf den Mitarbeiter zu?
- Über welche Qualifikationen verfügt der Mitarbeiter bereits?

- Welche Qualifikationen braucht der Mitarbeiter noch?
- Welchen Entwicklungs-/Weiterbildungsbedarf hat der Mitarbeiter?
- Welche Maßnahmen sind geeignet, um die angestrebte Entwicklung zu erreichen?
- Welche Ziele sind vereinbart?

Qualifizierungs- bzw. Entwicklungsgespräche können im Rahmen des Jahresgesprächs geführt werden. Einige Unternehmen trennen jedoch den (vergangenheitsorientierten) Beurteilungsprozess vom (zukunftsorientierten) Qualifizierungsgespräch.

Qualifizierungsgespräche können auch zielgruppenorientiert geführt werden, z. B. mit Frauen, jüngeren oder älteren Beschäftigten, rentennahen Beschäftigten, Beschäftigten mit besonderen Qualifikationen (High Potentials), Führungskräften, Vertriebsmitarbeitern, technischen Mitarbeitern etc.

Ziele der Personalentwicklung für das Unternehmen

- Optimierung des Personaleinsatzes
- Bestandssicherung Fach- und Führungskräfte
- Anpassung an notwendige Veränderungen
- Wettbewerbsfähigkeit, Konkurrenz-Vorsprung
- Nachwuchsförderung aus den eigenen Reihen
- Mitarbeiter-Motivation
- Mitarbeiter-Bindung
- Positives Personalmarketing, Steigerung der Arbeitgeber-Attraktivität

Personalentwicklungsziele für die Mitarbeiter

- Erhalt und Erweiterung der Qualifikationen
- Vermeidung von Überforderung
- Arbeitsplatzsicherheit
- Aufstiegsmöglichkeit, evtl. höheres Einkommen
- Flexibilität auf dem Arbeitsmarkt
- Motivation, Zufriedenheit
- Effiziente Arbeitsweise

Um die **Akzeptanz** für Qualifizierungsgespräche und daraus abgeleitete Maßnahmen bei Mitarbeitern zu erhöhen, sollte auf Vorteile und Nutzen hingewiesen werden, bspw. indem betont wird, dass diese Gespräche dazu dienen, die berufliche Entwicklung zu unterstützen und individuelle Ziele zu erreichen.

4.1.2.3 Stärken/Schwächen

Die Stärken-Schwächen-Analyse ist ein Prozess, bei dem die individuellen Stärken und Schwächen eines Mitarbeiters identifiziert und bewertet werden. Ähnlich wie bei der SWOT-Analyse für Unternehmen zielt die Stärken-Schwächen-Analyse von Mitarbeitern darauf ab, sowohl die positiven als auch die herausfordernden Aspekte der individuellen Arbeitsleistung zu erfassen. Weiterhin geht es um die Identifizierung bislang ungenutzter Ressourcen sowie Verbesserungsbereiche des Mitarbeiters. Auf diese Weise können die individuelle Leistung und Entwicklung des Mitarbeiters gefördert und zum Nutzen des Unternehmens eingesetzt werden.

Die Analyse umfasst in der Regel die folgenden Schritte:

- Selbstbewertung: Der Mitarbeiter reflektiert über seine eigenen Stärken und Schwächen, basierend auf seiner Erfahrung, seinem Wissen, seinen Fähigkeiten und seiner Leistung in der aktuellen Rolle oder Position.

- Feedback von Vorgesetzten und Kollegen: Der Mitarbeiter erhält Feedback von Vorgesetzten, Kollegen und anderen relevanten Stakeholdern, um eine externe Perspektive auf seine Stärken und Schwächen zu erhalten. Dies kann in Form von Leistungsbeurteilungen, 360-Grad-Feedbacks oder informellem Feedback erfolgen.
- Identifizierung von Stärken: Die Stärken des Mitarbeiters werden identifiziert und bewertet. Dies können Fähigkeiten, Kenntnisse, Persönlichkeitsmerkmale, Erfahrungen oder andere positive Attribute sein, die dazu beitragen, dass der Mitarbeiter in seiner Rolle erfolgreich ist.
- Identifizierung von Schwächen: Die Schwächen des Mitarbeiters werden ebenfalls identifiziert und bewertet. Dies können Bereiche sein, in denen der Mitarbeiter Entwicklungspotenzial hat oder in denen zusätzliche Unterstützung, Schulung oder Ressourcen benötigt werden, um die Leistung zu verbessern.
- Entwicklung von Maßnahmen: Basierend auf der Analyse der Stärken und Schwächen werden Maßnahmen zur Weiterentwicklung des Mitarbeiters entwickelt. Dies können Schulungen, Coaching, Mentoring, berufliche Entwicklungsmöglichkeiten oder andere gezielte Maßnahmen sein, um die Stärken zu stärken und die Schwächen zu adressieren.

Um eine Überforderung zu vermeiden, sollte regelmäßig überprüft werden, ob die Aufgaben einer Stelle den Stärken des Mitarbeiters entsprechen. Manchmal ändern sich die Aufgaben und Anforderungen einer Stelle so schnell, dass sie sich von den Stärken des Mitarbeiters zu entfernen drohen. Hier muss das Unternehmen rechtzeitig reagieren. Werden Schwächen oder Diskrepanzen zwischen dem Anforderungsprofil der Stelle (Soll) und der Qualifikation des Mitarbeiters (Ist) festgestellt, sollten diese durch Entwicklungsmaßnahmen geschlossen werden.

Natürlich spielt auch die Personalkostenplanung eine Rolle – so wäre es z. B. für den Mitarbeiter sehr enttäuschend, wenn eine zugesagte Entwicklungsmaßnahme aufgrund einer Budgetüberschreitung wieder zurückgenommen werden muss. Insofern empfiehlt es sich, vor der Vereinbarung einer Maßnahme im Qualifizierungsgespräch den finanziellen Rahmen zu klären.

Die im Rahmen des stattgefundenen Qualifizierungsgesprächs gewonnenen Erkenntnisse und die hieraus abgeleiteten und besprochenen Maßnahmen werden in einem Qualifizierungsplan festgehalten. In der Regel erarbeiten Führungskraft und Mitarbeiter diesen Plan gemeinsam. Wünsche und Bedürfnisse des Mitarbeiters sollten hierbei nach Möglichkeit berücksichtigt werden, um die intrinsische Motivation des Mitarbeiters zu steigern. Der Qualifizierungsplan kann auch in eine Zielvereinbarung (→ 4.5) einfließen.

Mögliche **Inhalte eines Qualifizierungsplans** sind

- Lernziele
- Vereinbarte Maßnahmen
- Verantwortlichkeit
- Meilensteine/Fortschritte des Mitarbeiters
- Lernerfolgskontrolle (Wann und wie wird Erfolg gemessen?)
- Feedbackgespräch

Der Führungskraft kommt dabei eine zentrale Rolle zu: Zum einen soll sie den Mitarbeiter durch gezielte Einflussnahme führen und motivieren, die gemeinsam vereinbarten Ziele zu erreichen. Andererseits ist die Führungskraft wohl auch der »Personalentwickler« des Mitarbeiters. Sie kennt die Stärken und Schwächen des einzelnen Mitarbeiters vermutlich am besten, ist daher auch für die Erstellung des Qualifizierungsplans, die Verfolgung der Maßnahmen und deren Fortschritt verantwortlich. Die Führungskraft trägt somit eine Mitverantwortung für das Ergebnis.

Regelmäßige Reflexionsgespräche (z. B. vierteljährlich oder nach Abschluss einer Maßnahme) bieten sich an, um den Entwicklungsfortschritt zu besprechen und den Qualifizierungsplan gegebenenfalls anzupassen.

Planung einer Personalentwicklungsmaßnahme

Zunächst werden die (zukünftigen) Anforderungen einer Stelle ermittelt. Dies kann über eine Stellenbeschreibung, ein Anforderungsprofil oder eine Arbeits(platz)bewertung erfolgen. Hieraus ergibt sich dann der Soll-Zustand. Die Qualifikationen des Mitarbeiters, also das, was der Mitarbeiter mitbringt, was er kann und was er noch nicht kann, bilden den Ist-Zustand. Dieser kann auf unterschiedliche Weise ermittelt werden: Beobachtungen am Arbeitsplatz, Interviews, Tests, Gespräche usw. (→ 4.1.1.3)

Aus dem **Soll-Ist-Vergleich,** d. h. dem Abgleich der Anforderungen der Stelle mit der Qualifikation des Mitarbeiters, ergibt sich der Entwicklungsbedarf. Zentrale Fragen sind hier: Was genau soll erreicht werden, welcher Bildungsbedarf besteht bzw. welche »Lücke« soll durch Qualifizierungsmaßnahme(n) geschlossen werden und welche Maßnahmen sind dafür geeignet? Auch das Potenzial des Mitarbeiters sollte in die Planung zukünftiger Maßnahmen einbezogen werden. Die Potenzialanalyse bedient sich dabei verschiedener Verfahren (→ 4.1.2).

Auf der Grundlage dieser Erkenntnisse kann dann der Qualifizierungsplan erarbeitet und vereinbart werden. Nach Planung und Durchführung der Maßnahme erfolgt eine Evaluation, um den Erfolg zu überprüfen, also ob die angestrebten Ziele erreicht wurden. Wichtige Stichworte in diesem Zusammenhang sind **Lerntransfer** und **Lernerfolgskontrolle** (→ 4.2.2).

Auch das Bildungscontrolling (→ 3.4.5) spielt eine Rolle und hat Aussagekraft über den Erfolg von Maßnahmen.

4.2 Konzepte für die Kompetenzentwicklung der Mitarbeiter sowie Qualifikationsanalysen und Qualifizierungsprogramme entwerfen und umsetzen

Die bestmögliche Besetzung aller Stellen ist eine wesentliche Voraussetzung für den Unternehmenserfolg. Ein effizientes Kompetenzmanagement sichert den nachhaltigen Unternehmenserfolg, indem es sicherstellt, dass Mitarbeiter gezielt gefördert werden, sich gemäß ihren individuellen Bedürfnissen weiterentwickeln und neue Kompetenzen erwerben können, die für die Wahrnehmung ihrer Aufgaben erforderlich sind.

Die zentrale Aufgabe der Personalentwicklung besteht daher in der Qualifizierung der Mitarbeiter für aktuelle und künftige Anforderungen des Arbeitsplatzes (Stelle). Auch bei der Neubesetzung von Stellen oder internen Rekrutierungsmaßnahmen (z. B. für eine Führungsposition) spielt Kompetenzentwicklung eine wichtige Rolle.

Ergeben sich beim Abgleich des Anforderungsprofils einer Stelle mit dem Qualifikationsprofil des (vorgesehenen) Mitarbeiters Diskrepanzen, sind diese durch Qualifizierungs- bzw. Personalentwicklungsmaßnahmen zu schließen. Alternativ können sich andere Einsatz- oder Karrieremöglichkeiten ergeben, die für die Personaleinsatzplanung relevant sein können.

Das Qualifizierungsangebot des Unternehmens umfasst die Gesamtheit der systematisch durchgeführten und kontrollierten Bildungsmaßnahmen.

4.2.1 Stellenwert der Kompetenzentwicklung

Unternehmen sind zunehmend nicht mehr in der Lage, ihren Mitarbeitern eine Garantie dafür zu geben, dass sie die Tätigkeit, für die sie eingestellt wurden, künftig in dieser Form oder überhaupt noch ausüben können. Der technologische Fortschritt und die Digitalisierung bewirken eine ständige Veränderung von Aufgabenbereichen und Tätigkeiten, sodass sich die beruflichen und fachlichen Anforderungen kontinuierlich wandeln.

Die Beschäftigungsfähigkeit der Mitarbeiter ist genauso wichtig wie die Wettbewerbsfähigkeit des Unternehmens. Letztere muss insbesondere in Zeiten des Wandels erhalten bzw. für künftige Anforderungen ausgebaut werden. Die Kompetenzentwicklung spielt daher eine entscheidende Rolle für den langfristigen Erfolg von Unternehmen, indem sie zur Wettbewerbsfähigkeit, Anpassungsfähigkeit, Innovationskraft, Mitarbeiterbindung und Kundenorientierung beiträgt.

Die kontinuierliche Kompetenzentwicklung stellt daher ein zentrales Element der Personalentwicklung dar und besitzt einen hohen Stellenwert in der strategischen Unternehmensführung. Ein erfolgreiches Kompetenzmanagement steigert zudem die Zufriedenheit und Motivation der Mitarbeiter und somit die Effizienz des Unternehmens.

Zusammenfassend zielt Kompetenzentwicklung im Sinne des Unternehmens also auf die Erhaltung, Anpassung, Optimierung und Erweiterung der fachlichen, methodischen, sozialen und persönlichen Qualifikationen der Mitarbeiter ab.

Bedeutung der Kompetenzentwicklung für das Unternehmen:

- Bewältigung aktueller und künftiger Herausforderungen
- Erhalt der Mitarbeiterqualifikation und Anpassung an Veränderungen
- Sicherung des notwendigen Bestands an Fach- und Führungskräften
- Bindung von qualifizierten Mitarbeitern an das Unternehmen
- Besetzung höherwertiger Positionen durch Potenzialträger (High Potentials)
- Flexibilisierung der Einsatzmöglichkeiten von Mitarbeitern
- Erhalt und Steigerung der Mitarbeiterzufriedenheit und Motivation
- Steigerung der Effizienz und Produktivität
- Wettbewerbsvorteil, Konkurrenzvorsprung
- Unabhängigkeit vom externen Arbeitsmarkt
- Positives Personalmarketing

Vorteile für Mitarbeiter:

- Bewältigung gegenwärtiger und künftiger Aufgaben
- Erhalt der Beschäftigungsfähigkeit
- Arbeitsplatzsicherheit
- Aufstiegsmöglichkeit
- Steigerung der Mobilität und Flexibilität am Arbeitsmarkt
- Erhalt der Arbeitszufriedenheit und Motivation
- Zugang zu anspruchsvolleren Aufgaben

4.2.1.1 Kompetenzbegriff und Qualifikationsbegriff

Der Begriff Kompetenz hat mehrere Bedeutungen: Einerseits sind damit die Befugnisse, also die fachliche Zuständigkeit eines Mitarbeiters, für einen bestimmten Arbeitsbereich gemeint, andererseits aber auch dessen berufliche Handlungskompetenz.

Im Kontext der Personalentwicklung wird Kompetenz in der Regel als Fähigkeit beschrieben, auftretende Situationen selbstorganisiert zu bewältigen. Dies ist nicht auf konkrete einzelne Fragestellungen beschränkt, sondern als eine ganzheitliche Eigenschaft der Person zu verstehen.

Die berufliche Handlungskompetenz umfasst die drei fachübergreifenden folgenden Kompetenzbereiche

• **Methodenkompetenz**	Methoden und Techniken zur Bewältigung von Arbeitsaufgaben
• **Sozialkompetenz**	Umgang und Interaktion mit Anderen
• **Selbstkompetenz**	Persönliches Verhalten in unterschiedlichen Situationen

und wird ergänzt durch die (fachbezogene)

• **Fachkompetenz**	Gesamtheit der fachbezogenen Fertigkeiten und Kenntnisse

Vereinfacht lässt sich sagen, Kompetenz stellt die Frage *»Was benötigt die Person?«*

Im Unterschied hierzu sind **Qualifikationen** die zur Ausführung bestimmter beruflicher Tätigkeiten notwendigen *Fähigkeiten, Kenntnisse und Fertigkeiten,* um konkrete Aufgabenstellungen zu lösen.

Die entsprechende Frage lautet also *»Was braucht die Aufgabe?«*.

Zusammengefasst kann man also sagen:

Schlüsselqualifikationen + Fachkompetenz = Handlungskompetenz.

Durch die Globalisierung der Märkte und Internationalisierung der Unternehmen gewinnt die interkulturelle Kompetenz als Teil der Sozialkompetenz zunehmend an Bedeutung. Interkulturelle Kompetenz bezieht sich auf die Fähigkeit einer Person, effektiv mit Menschen verschiedener kultureller Hintergründe zu interagieren und zu kommunizieren, indem sie Verständnis, Empathie und Sensibilität für kulturelle Unterschiede zeigt und diese in zwischenmenschlichen Beziehungen und beruflichen Kontexten berücksichtigt. Kenntnisse über die Besonderheiten anderer Kulturen sowie Sensibilität für die Wirkung eigener, kulturell geprägter Verhaltensweisen ermöglichen es, Missverständnisse zu vermeiden und den beruflichen Dialog zu erleichtern.

Kulturelle Unterschiede bestehen beispielsweise hinsichtlich:

- Einstellung zur Gemeinschaft
- Stellung der Frau in der Gesellschaft
- Einstellung zu Zeit und Pünktlichkeit
- Gehorsam gegenüber Führungskräften
- (Nicht-)Äußerung von Emotionen
- Körperkontakt

Es ist daher wichtig, sich der kulturellen Unterschiede im persönlichen Kontakt bewusst zu sein und auf abweichende Werte und Verhaltensmuster der Gesprächspartner Rücksicht zu nehmen.

4.2.1.2 Schlüsselqualifikationen

Der Begriff »Schlüsselqualifikationen« umfasst die drei Kompetenzbereiche Methoden-, Sozial- und Selbstkompetenz. Es handelt sich um fach- und berufsübergreifende Fähigkeiten, Kenntnisse und Fertigkeiten, die zur Bewältigung wechselnder Aufgaben und Situationen des (Arbeits-) Lebens unentbehrlich sind. Man spricht in diesem Zusammenhang auch von sogenannten **»Soft Skills«**. Diese können nicht isoliert gelernt oder eingeübt werden, sondern müssen in komplexen Situationen ganzheitlich entwickelt werden. Sie erleichtern und ermöglichen die Aneignung von Spezialwissen und bestimmtem Know-how.

Schlüsselqualifikationen gewinnen immer mehr an Bedeutung, da sie in Zeiten permanenter Veränderung von beruflichen Anforderungen eine verlässliche Grundlage für die Aufrechterhaltung der Handlungskompetenz von Mitarbeitern bilden.

Beispiele für Schlüsselqualifikationen:

- **Methodenkompetenz:** Planungsfähigkeit, Problemlösefähigkeit, Kreativität, Lern- und Arbeitsmethoden, Rhetorik, abstraktes Denken
- **Sozialkompetenz:** Teamfähigkeit, Interaktionsfähigkeit, Empathie, Führungsfähigkeit, Konfliktfähigkeit, Kooperationsfähigkeit
- **Selbstkompetenz:** Zuverlässigkeit, Verantwortungsbewusstsein, Selbstmotivation, Ausdauer, Resilienz, Lern-/Leistungsbereitschaft, Anpassungsfähigkeit

---

*) Grundsätzliche Aspekte der Lernpsychologie werden im Eingangskapitel des Buches dargestellt (⟶ 0.1 und 0.2). Die folgenden Aussagen beziehen sich auf das Lernen im und für den Beruf.

4.2.1.3 Zusammenhang Kompetenz-, Qualifikations- und Unternehmensentwicklung

Der Erfolg eines Unternehmens ist eng mit der Kompetenzentwicklung seiner Mitarbeiter verbunden. Der Erhalt und Aufbau der beruflichen Handlungskompetenz von Mitarbeitern erleichtert/ermöglicht dem Unternehmen, sich im Wettbewerbsumfeld zu behaupten und sich schneller an Veränderungen anzupassen. Unternehmen, die in die Entwicklung ihrer Mitarbeiter investieren, zeigen zudem Wertschätzung für deren Beitrag und fördern auf diese Weise das Engagement und die Loyalität der Mitarbeiter.

Insgesamt trägt die Kompetenzentwicklung der Mitarbeiter wesentlich zum langfristigen Erfolg eines Unternehmens bei, indem sie die Leistungsfähigkeit, Innovationskraft, Wettbewerbsfähigkeit und Kundenzufriedenheit verbessert und zur Mitarbeiterbindung und -entwicklung beiträgt.

In diesem Zusammenhang stellt sich die Frage, welche Qualifizierungsmaßnahmen das Unternehmen im Rahmen von Personalentwicklungsmaßnahmen bereitstellen sollte, um die Kompetenzen seiner Mitarbeiter zu entwickeln und somit zum wirtschaftlichen Erfolg des Unternehmens beizutragen. Entsprechende Maßnahmen müssen daher an der Strategie und den Zielen des Unternehmens ausgerichtet werden. Eine regelmäßige Kontrolle der Übereinstimmung zwischen Unternehmenszielen und der Wirksamkeit von Förderungs- und Entwicklungs-maßnahmen ist daher erforderlich.

4.2.2 Lernen

Menschen lernen aus unterschiedlichen Gründen. Einerseits zur Erweiterung von Kompetenzen und der persönlichen Entwicklung, aber auch zur Vermeidung möglicher Konsequenzen des »Nicht-Lernens«. Niemand kann heutzutage mehr das gesamte Berufsleben mit dem in der Ausbildung erlernten Basiswissen erfolgreich bestreiten. Vielmehr müssen Mitarbeiter in der heutigen sich ständig verändernden Arbeitswelt ständig ihr Wissen aktualisieren und neue Fähigkeiten erlernen, um beruflich erfolgreich zu sein und mit den sich entwickelnden Technologien, Branchentrends und Arbeitsmethoden Schritt zu halten.

Lernen ist jedoch weitaus mehr als die Anhäufung und Wiedergabe von Wissen. Es beinhaltet auch die Fähigkeit, das Erlernte in Handlungen umzusetzen und auf andere Sachverhalte zu übertragen **(Lerntransfer)**. Dies geschieht z. B. durch Informationsaufnahme, Einübung, Nachahmung oder Trainieren. Lernen ist demnach als lebenslanger Prozess der Auseinandersetzung mit der Umwelt zu betrachten, der eine permanente Anpassung an sich wandelnde (Arbeits-)Bedingungen bewirkt.

Lehr- und Lernmethoden

Die **Didaktik** beschäftigt sich mit der Planung, Organisation und Durchführung des Lehr- und Lernprozesses. Dies beinhaltet die Gestaltung von Lehrmaterialien und -inhalten sowie die Entwicklung von Lehrplänen und Evaluationsverfahren, um den Lernprozess effektiv zu gestalten.

Die **Methodik** hingegen widmet sich der Durchführung und Art der Wissensvermittlung und bezieht sich daher auf die Lehr- und Lernmethoden und konkret anzuwendenden Techniken und Verfahren. Dies beinhaltet z. B. Gruppenarbeit, Diskussionen, praktischen Übungen, Multimedia-Ressourcen, etc.

Vereinfacht ausgedrückt: **Didaktik behandelt das »Was«, die Methodik das »Wie«.**

Didaktik, Methodik und die hieraus abgeleiteten Lehr- und Lernmethoden sind wesentliche Faktoren, um einen möglichst nachhaltigen Lerneffekt zu erzielen. Dabei sind neben den zu vermittelnden Inhalten auch die Zielgruppe sowie die unterschiedlichen Lerntypen zu berücksichtigen. Im beruflichen Kontext ist bei der Auswahl der Lehr- und Lernmethoden insbesondere auf die **Handlungs- bzw. Praxisorientierung** zu achten.

Insgesamt fördern praxisorientierte Lehr- und Lernmethoden die Anwendung von Wissen in realen beruflichen Situationen, unterstützen die Entwicklung von praktischen Fähigkeiten und Erfahrungen und bereiten die Lernenden besser auf die Anforderungen des Arbeitsmarktes vor. Sie tragen dazu bei, die Lücke zwischen Theorie und Praxis zu überbrücken und eine effektive berufliche Entwicklung zu fördern. Eine hierdurch zum Nutzen des Betriebes erreichte Verhaltensänderung trägt zum Lerntransfer und somit zum Erfolg einer Maßnahme bei.

4.2.2.1 Lernfähigkeit und Lernbereitschaft

Die Basis erfolgreichen Lernens bildet die **Lernfähigkeit** und die **Lernbereitschaft**.

Die Lernfähigkeit ist die Fähigkeit einer Person, neue Informationen aufzunehmen, zu verarbeiten und gezielt in ihr Verhalten zu übernehmen. Dies beinhaltet nicht allein den Intellekt, sondern auch kognitive Fähigkeiten wie Wahrnehmung, Gedächtnis, Konzentration und Selbstregulierung. Die Lernfähigkeit wird daher auch als »**Können**« bezeichnet.

Die Lernbereitschaft hingegen ist die Bereitschaft oder Motivation einer Person, zu lernen und sich weiterzuentwickeln. Es beschreibt die positive Einstellung und den Willen, sich neuen Herausforderungen zu stellen und sich kontinuierlich weiterzuentwickeln. Lernbereitschaft beinhaltet Offenheit für neue Erfahrungen, Neugierde, Engagement und die Entschlossenheit, sich aktiv mit Lerninhalten auseinanderzusetzen und von ihnen zu profitieren. Man kann sie daher auch als »**Wollen**« bezeichnen.

Lernfähigkeit und Lernbereitschaft sind grundlegende Voraussetzungen für einen erfolgreichen Lernprozess und können durch günstige **Rahmenbedingungen** und Maßnahmen positiv beeinflusst werden. So sollten Lerninhalte entsprechend der individuellen Lernfähigkeit der Mitarbeiter aufbereitet werden. Zudem ist es wichtig, motivierende und teilnehmerorientierte Lernmethoden zu gestalten. Die Auswahl der Lehrenden sollte dabei nach didaktisch-methodischen Gesichtspunkten erfolgen.

In der betrieblichen Weiterbildung legt man besonderen Wert darauf, dass zu vermittelnden Inhalte möglichst **handlungs- und praxisorientiert** dargeboten werden. So sollen Teilnehmer Inhalte möglichst eigenständig erarbeiten und eigene Lösungswege finden. Eine zielgruppenorientierte Abstimmung sowie ein enger Bezug der Inhalte zur Erfahrungswelt der Teilnehmer schaffen ein motivierendes Lernklima und ermöglichen zudem einen ganzheitlichen und nachhaltigen Lernprozess.

Lernbereiche

Es werden drei Lernbereiche unterschieden:

- **Kognitiver Bereich**
  Erwerb von Wissen und intellektuellen Fähigkeiten
- **Affektiver Bereich**
  Veränderung von Werten und Einstellungen
- **Psychomotorischer Bereich**
  Manuelle und motorische Fähigkeiten

Lerninhalte sollten möglichst auf allen drei Lernebenen vermittelt werden.

Lerntypen

Es gibt verschiedene Lerntypen, die sich durch ihre bevorzugte Lernaktivität unterscheiden. Die effektivste Lerntechnik ist diejenige, die zum jeweiligen Lerntyp passt und den bevorzugten Wahrnehmungskanal anspricht. Auch Mischformen sind möglich.

- Der **auditive** Lerntyp lernt vorwiegend über das Hören gesprochener Worte. Geeignete Methoden sind (Fach-)Vorträge, Vorlesungen, Lern-CDs, Podcasts.
- Beim **visuellen** Lerntyp steht das Sehen im Vordergrund. Er nimmt Informationen besser über Bilder auf. Geeignete Methoden sind daher Abbildungen, Grafiken, Skizzen, Notizen, Karteikarten.
- Der **kommunikative** Lerntyp lernt am besten im Austausch und in der Kommunikation mit Anderen. Geeignete Methoden sind Diskussionen, Lerngruppen und das Halten von Vorträgen.
- Beim **haptischen** (oder **motorischen**) Lerntyp steht die Praxiserfahrung im Mittelpunkt. Er legt gerne Hand an und lernt nach dem Motto »Learning by Doing«. Geeignet sind alle Methoden, bei denen die Hände bzw. der Körper zum Einsatz kommen, also Rollenspiele oder das Nachmachen von Tätigkeiten.

4.2.2.2 Formales und informelles Lernen

Formales Lernen ist ein Lernprozess, der von außen erkennbar ist. Es handelt sich um Maßnahmen der geplanten und organisierten Wissensvermittlung, die in institutionellen Umgebungen stattfinden und häufig durch Lehrpläne und Lehrkräfte gesteuert werden.

Informelles Lernen hingegen ist ein viel weiter gefasster Begriff und geschieht meist ungeplant, manchmal sogar zufällig. Es findet eher spontan und alltäglich statt, durch Erfahrungen im täglichen Leben sowie durch Beobachtung, Imitation und informelle Interaktionen.

In formalen Lernprozessen findet immer auch ein gewisser Anteil informellen Lernens statt. Dabei ist darauf zu achten, dass die beiden Lernerfahrungen übereinstimmen und sich nicht widersprechen. Ein Negativbeispiel wäre, wenn Mitarbeiter in Kreativitätstechniken geschult werden, ihre neuen Vorschläge jedoch in der nächsten Mitarbeiterbesprechung unbeachtet bleiben.

4.2.2.3 Learning on the Job, near the Job, off the Job

Die Begriffe »Learning on the Job«, »Learning off the Job« und »Learning near the Job« beziehen sich auf den Lernort, an denen die jeweiligen Lernprozesse bzw. Maßnahmen der Personalentwicklung stattfinden. »Learning on the Job«-Maßnahmen werden am Arbeitsplatz und während der gewöhnlichen Tätigkeit durchgeführt. »Learning off the Job« ist abstrakter und findet abseits vom Arbeitsplatz statt. Bei »Learning near the Job«-Maßnahmen wird eine möglichst nahe Verbindung zwischen Lernort und Arbeitsplatz angestrebt.

Learning on the Job

Bei Personalentwicklungsmaßnahmen des »Learning on the Job« handelt es sich in der Regel um Maßnahmen für einzelne Mitarbeiter. Diese konzentrieren sich auf die praxisorientierte Vermittlung oder Vertiefung von Kenntnissen und Fertigkeiten. Die Individualität der Maßnahmen ermöglicht eine zielgerichtete Weiterentwicklung des Mitarbeiters. Zudem wird seine Eigenaktivität gefördert und durch die ganzheitliche Vermittlung (Verknüpfung von Theorie und Praxis) der Lerntransfer unterstützt.

Beispiele für Learning on the Job:

- **Job Rotation** → befristeter und systematischer Aufgaben- und Arbeitsplatzwechsel zur Erweiterung von Kenntnissen und Fertigkeiten
- **Job Coaching** → personenbezogener Beratungs- und Begleitungsprozess zur Förderung der Selbstreflexion des Mitarbeiters, z. B. vor der Übernahme einer Führungsaufgabe
- **Job Enlargement** → quantitative Ausweitung der Aufgaben (horizontal), mehr Arbeit
- **Job Enrichment** → qualitative Ausweitung der Aufgaben (vertikal), mehr Verantwortung
- **Praktika, Projektarbeit**
- **Auslandseinsatz**
- **Einarbeitung, betriebliche Aus- und Weiterbildung**

Ausschlaggebend für ein erfolgreiches »Learning on the Job« sind geeignete Rahmenbedingungen (Zeit, Technik, Arbeitsmittel). Eine Überforderung ist möglichst zu vermeiden und der Zusammenhang zwischen Lernen und Arbeit sollte transparent sein. Die Führungskraft unterstützt hierbei als Lernbegleiter und fördert den Prozess durch Mitarbeitergespräche und entsprechendes Feedback.

Learning off the Job

Die klassische Form von Maßnahmen des »Learning off the Job« ist das Seminar, in dem Mitarbeiter mit gleichem Qualifikationsstand und Entwicklungsbedarf zu einer Lerngruppe zusammengefasst werden, denen gemeinsam fachliche Inhalte vermittelt werden. Da die Umsetzung des Gelernten erst wieder am Arbeitsplatz stattfindet, ist eine Praxis- und Handlungsorientierung bei der Vermittlung der Inhalte besonders wichtig. Der Zusammenhang mit dem Arbeitsplatz kann auch über ergänzende oder anschließende Workshops, Vertiefungsseminare u. ä., hergestellt werden. Der Lerntransfer sollte möglichst von der Führungskraft begleitet werden.

Learning near the Job

Maßnahmen »near the Job« finden zwar nicht direkt am Arbeitsplatz statt, sind jedoch durch große Praxisnähe mit diesem eng verbunden. Manche Unternehmen richten speziell für diesen Zweck Lerninseln oder Lernstätten ein, in denen praxisnahes und handlungsorientiertes Lernen gewährleistet wird. Beispiele hierfür sind Förderkreise, Qualitätszirkel, Junior Boards oder Gruppen zum Erfahrungsaustausch. Auch hier sollte besonderes Augenmerk auf den Lerntransfer gelegt werden.

Learning into the Job

Unter diesem Begriff werden alle Maßnahmen zusammengefasst, die der Heranführung an eine neue Stelle dienen, z. B. bei Eintritt ins Unternehmen oder einem Stellenwechsel. Hierzu zählen Einarbeitungs- oder Traineeprogramme, in denen unternehmens-, produkt-, oder tätigkeitsspezifische Inhalte und Prozesse vermittelt werden. Der Begriff **»Traineeprogramm«** wurde ursprünglich für die Einarbeitung von Hochschulabsolventen in die künftige Tätigkeit verwendet, wird jedoch zunehmend von Unternehmen für alle Arten der Einarbeitung neuer Mitarbeiter verwendet.

Weitere Beispiele sind berufsvorbereitende Bildungsmaßnahmen (BvB), Praktika sowie das freiwillige soziale/ökologische Jahr. Hospitationen in anderen Abteilungen dienen dem Kennenlernen wichtiger innerbetrieblicher Schnittstellen und erleichtern die Vernetzung des neuen Mitarbeiters.

Learning out of the Job

Mitarbeiter oder Führungskräfte, die einen hohen Anteil ihrer Lebenszeit in den Dienst des Unternehmens gestellt haben, empfinden ihr Ausscheiden häufig als belastend und fallen in ein »Loch«. Dem wird versucht, durch Maßnahmen »out of the Job« vorzubeugen. Der Ursprung dieser Programme liegt in der Vorbereitung von Militärangehörigen auf den Wiedereinstieg ins Zivilleben nach Dienstende. Aber auch als Vorbereitung auf den Ruhestand oder als Outplacement-Beratung bei Ausscheiden aus dem Unternehmen werden Out of the Job-Programme angeboten.

4.2.2.4 E-Learning

Unter E-Learning versteht man alle Lernprozesse, bei denen mit Hilfe elektronischer Medien Lerninhalte aufbereitet und vermittelt sowie Lernprozesse initiiert werden. Die Möglichkeiten des Lernens am Computer haben sich durch das Internet sowie durch die technische Entwicklung und Verfügbarkeit der Medien und Instrumente (PC, Laptop, Tablets, Smartphones, etc.) deutlich verändert. Einschränkungen hinsichtlich Verfügbarkeit, Systemstabilität, Speicherkapazität und Prozessgeschwindigkeit sind nahezu verschwunden.

Das Computer Based Training (CBT) wurde praktisch vollständig durch das Web Based Training (WBT) abgelöst. Hierbei handelt es sich um interaktive und webbasierte Lernprogramme, bei denen die zu vermittelnde Inhalte nicht mehr nur auf Datenträgern wie CD-ROMs, DVDs u. a. gespeichert und abgerufen werden, sondern auf firmeninternen Servern (»Intranet«) oder in der Cloud zur Verfügung gestellt werden. Zusätzlich besteht die Möglichkeit eines Austauschs via Email, in Chats oder Foren. Dieses Konzept ermöglicht Lernenden, den Zeitpunkt, Ort und die Geschwindigkeit des Lernens selbst zu bestimmen.

Die Möglichkeiten des E-Learning ergänzen traditionelle Lernformen, müssen jedoch konzeptionell in das Bildungssystem des Unternehmens eingebunden werden. Geeignete Lerninhalte sind beispielsweise Fachthemen, Fremdsprachen, technische Inhalte und Produktkenntnisse. Gute E-Learning-Programme beinhalten auch Lernerfolgskontrollen und schließen mit einem Abschlusstest ab. Ein gemeinsames Verständnis und Klarheit über Ziele und Inhalte sind weitere wichtige Voraussetzungen für die Einführung eines solchen Systems.

Essenziell sind natürlich auch die Schaffung der erforderlichen technischen Umgebung sowie ein verfügbares Budget für Anschaffung und Durchführung. Die Kosten im Zusammenhang mit der Einführung und den Betrieb von E-Learning-Systemen sind jedoch durch die nahezu vollständige Web-Verfügbarkeit verhältnismäßig gering. Auch die Unterstützung durch die Führungskräfte ist wichtig. Eine praxisnahe Ausrichtung der Lerninhalte begünstigt die Transfermöglichkeiten in den Arbeitsalltag und steigert Akzeptanz und Motivation der Lernenden.

Vor- und Nachteile von E-Learning

Vorteile	Nachteile
• Interaktives Lernen • Zeit- und ortsunabhängiges Lernen • Individuelles Lerntempo und Aufteilung in Abschnitte • Hohe Aktualität der Lerninhalte (z. B. durch Updates) • Selbstständige Lernkontrolle • Weniger Ausfallzeiten als bei Präsenzveranstaltungen	• Bestimmte Inhalte sind besser persönlich zu vermitteln (z. B. Kommunikationstraining) • Risiko der Monotonie und Übermüdung • Geringere Austauschmöglichkeiten • Lerntransfer evtl. schwierig • IT-Einschränkungen, z. B. Verfügbarkeit, Speicherkapazität, Leitungsgeschwindigkeit • Datensicherheits- und Datenschutz-Risiken • Regelungsbedarf hinsichtlich Arbeitszeit und Zugriffsrechte

Vor- und Nachteile von Präsenzlernen

Vorteile	Nachteile
• Sozialer Kontakt mit Teilnehmern • Dozent und Teilnehmer kennen sich • Direkte Reaktion des Dozenten auf Fragen und Probleme • Gegenseitige Unterstützung der Teilnehmer • Diskusionen und Synergieeffekte • Networking	• Alle Teilnehmer müssen gleichzeitig anwesend sein • Gleiches Vorwissen ist erforderlich • Kein bzw. kaum individuelles Lerntempo möglich • Zeitaufwand und Kosten (Anreise, Ausfallzeiten Unterbringung, Verpflegung)

Blended Learning

Wenn die Vorteile des modernen, interaktiven E-Learnings mit denen des traditionellen Präsenzlernens verbunden werden, spricht man von »Blended Learning«. Es handelt sich um eine didaktisch sinnvolle Verknüpfung der sozialen Aspekte des gemeinsamen Lernens in Präsenzveranstaltungen (direktes Feedback und Interaktion mit dem Lehrer und den Mitlernenden) mit der Effektivität und Flexibilität elektronischer Lernformen (Flexibilität, Zugänglichkeit und individualisiertes Lernen).

So kann beispielsweise vor einer Präsenzveranstaltung durch die Bereitstellung von entsprechenden Materialien ein einheitlicher fachlicher Wissensstand aller Teilnehmer durch Online-Medien hergestellt werden. Auf dieser Basis kann dann im Präsenztraining der Schwerpunkt auf Gruppendiskussionen, praktische Übungen oder die Vertiefung komplexer Themen gelegt werden.

Beispiel: Im Fall einer Verkaufsschulung für technische Produkte werden zunächst die Produktspezifikationen online in einer interaktiven Präsentation zur Verfügung gestellt, die mit einem Wissenstest abschließt. Im folgenden Workshop kann der Fokus dann auf Gesprächsführung und verkäuferische Aspekte gelegt werden.

4.2.2.5 Qualifizierungsprogramme

Die Lücken, die beim Abgleich des Anforderungsprofils einer Stelle mit den tatsächlich vorhandenen Qualifikationen und Kompetenzen des derzeitigen oder künftigen Stelleninhabers identifiziert werden, müssen mittels Qualifizierungsmaßnahmen geschlossen werden. Diese können sowohl intern als auch extern durchgeführt werden.

Die Basis für das Qualifizierungsangebot eines Unternehmens bilden alle bewusst geplanten, systematisch durchgeführten und kontrollierten Bildungsmaßnahmen, organisiert in verschiedenen Lernformen. Zusammengefasst spricht man von **Qualifizierungsprogrammen**. Hierzu zählen beispielsweise der betriebliche Ausbildungsplan für Auszubildende, Seminare und Schulungen zur Vermittlung von Spezialwissen sowie Maßnahmen wie Coaching und Outplacement.

Stichworte zum Vertiefen sind in diesem Zusammenhang sind Potenzialanalyse (→ 4.1.2), Qualifizierungsgespräche (→ 4.1.2.2), Qualifizierungspläne (→ 4.1.2.3), Qualifikationsanalyse (→ 4.2.3.2), Qualifizierungsmaßnahmen und zielgruppenspezifische Förderprogramme (→ 4.3).

4.2.3 Betriebliche Weiterbildung

Die Berufsbildung in Deutschland wird im Berufsbildungsgesetz (BBiG) geregelt und umfasst die Berufsausbildung, die berufliche Fortbildung, Umschulungen sowie die Berufsausbildungsvorbereitung. Bei der höherqualifizierenden Berufsbildung, den sogenannten »Aufstiegsfortbildungen«, wird die während einer Berufsausbildung erworbene berufliche Handlungsfähigkeit durch eine Fortbildung erweitert. Diese Fortbildungen, die oft auf dem gleichen Niveau sind wie ein Studium, sind der Weg zum beruflichen Aufstieg.

Im Gegensatz hierzu wird die **betriebliche Weiterbildung** allein von den Anforderungen des Unternehmens bestimmt und unterliegt somit keiner gesetzlichen Regelung. Entsprechende Maßnahmen werden überwiegend vom Unternehmen für die eigene Belegschaft geplant, durchgeführt und kontrolliert.

Natürlich kann sich das Unternehmen hierbei auch des vielfältigen Angebots im externen Bildungsmarkt bedienen. Hier kommen auch die **Anpassungsfortbildung** (§ 53e BBiG) und die **Aufstiegsfortbildung** (§§ 53 bis 53d BBiG) in Betracht (→ 4.2.3.3).

Die betriebliche Weiterbildung stellt ein wesentliches Fundament der Personalentwicklung dar. Die Hauptaufgabe besteht in der Qualifizierung der Mitarbeiter für aktuelle und künftige Aufgaben im Unternehmen. Darüber hinaus stellt sie ein wesentliches Motivations- und Bindungsinstrument des Unternehmens dar, mit dessen Hilfe qualifizierte Mitarbeiter dauerhaft an das Unternehmen gebunden werden können.

Übersicht über die Arten der beruflichen Weiterbildung

	Betriebliche Weiterbildung	Anpassungsfortbildung nach BBiG	Aufstiegsfortbildung nach BBiG
Ziel	Anpassung an geänderte Abläufe, Verfahren, Techniken	Anpassung an sich ändernde Anforderungen der derzeitigen Stelle	Qualifikation für künftige (ggf. höhere) Aufgaben/ Positionen
Initiative	Unternehmen	Unternehmen und/oder Mitarbeiter	meist Mitarbeiter
Umfang	Stunden/Tage/Wochen	Tage/Wochen	Monate/Jahre; berufsbegleitend oder Vollzeit
Inhalte	Betriebliche Anforderungen	Spezifische Lerninhalte, praxisorientiert	Basiswissen, grundsätzliche, anspruchsvolle Inhalte
Anbieter	Interner/Externer Trainer	Interne Trainer oder externe Bildungsanbieter Berufsverbände, Kammern	externe Bildungsanbieter Fachschulen, Akademien, Kammern
Kostenträger	Unternehmen	Unternehmen	Teilnehmer, ggf. Beteiligung durch das Unternehmen*
Abschluss	evtl. Teilnahmebestätigung	Teilnahmebestätigung Zertifikat	Prüfung mit geschütztem Berufstitel
Gesetzliche Grundlage	·/.	§ 53e BBiG	§§ 53 bis 53d BBiG
Beispiele	Interne Schulung zu neuer Software oder gändertem Produktionsverfahren	Seminar zu geänderten rechtlichen Bedingungen	Fortbildung zur Personalfachkauffrau/-mann, zum Industriemeister (IHK), zum Handwerksmeister (HK)

* Eine Kostenübernahme durch das Unternehmen bei externer Weiterbildung kann Konsequenzen für Lohnsteuer und Sozialversicherung haben (geldwerter Vorteil). Eine Bindungsklausel des Mitarbeiters muss gem. Rechtsprechung nach Abschluss und Rückzahlungsverpflichtungen bei vorzeitigen Ausscheiden zumutbar und verhältnismäßig sein. Eine (teilweise) Kostenübernahme durch die Agentur für Arbeit ist jedoch bei drohender Arbeitslosigkeit und nach dem Aufstiegsfortbildungsförderungsgesetzes (AFBG) möglich.

4.2.3.1 Fachlicher und persönlicher Weiterbildungsbedarf

Die Ermittlung des individuellen Weiterbildungsbedarfs bildet die Grundlage für gezielte Qualifizierungsmaßnahmen des Unternehmens. Der fachliche Weiterbildungsbedarf ergibt sich aus dem Abgleich zwischen den Anforderungen der Stelle und den Qualifikationen des Mitarbeiters. Daneben spielen auch persönliche Bedürfnisse und selbst gesteckte Ziele des Mitarbeiters eine Rolle, wie bspw. Selbstständigkeit, Aufgabenerweiterung, Arbeitsplatzsicherheit, Erfolg und Aufstieg, aber auch das finanzielle Fortkommen. Die Berücksichtigung dieser Bedürfnisse trägt zur Steigerung der Mitarbeitermotivation und -zufriedenheit und somit zur Produktivität bei.

Zur Ermittlung des individuellen Weiterbildungsbedarfs bieten sich verschiedene Möglichkeiten, z. B.:

- **Beurteilungs-/Personalentwicklungsgespräch**
  In einem möglichst jährlich geführten Mitarbeitergespräch (→ 4.1.1.1) besprechen Führungskraft und Mitarbeiter den individuellen Qualifizierungsbedarf des Mitarbeiters, idealerweise sowohl aus Unternehmens- als auch aus Mitarbeitersicht. Die Initiative für dieses Gespräch geht von der Führungskraft bzw. vom Unternehmen aus, es kann jedoch auch vom Mitarbeiter eingefordert werden, z. B. in betrieblichen Angelegenheiten, die seine Person betreffen (§§ 81 und 82 BetrVG).
- **Beratung durch die Abteilung für Personalentwicklung**
  Ist ein Mitarbeiter an einer Stelle interessiert, die höhere Anforderungen stellt als seine bisherige, bietet sich eine Entwicklungsberatung durch die Abteilung für Personalentwicklung an. Diese besitzt Informationen über die Anforderungsprofile aller Stellen sowie über entsprechende Maßnahmen zur Qualifizierung. Der Mitarbeiter hat so die Möglichkeit, sein Interesse an einer Qualifizierung und dem damit verbundenen beruflichen Fortkommen zu äußern, z. B., wenn er sich durch seine direkte Führungskraft dabei nicht ausreichend unterstützt fühlt.
- **Potenzialanalyseverfahren**
  Im Potenzialanalyseverfahren wird das Qualifikationsprofil des Mitarbeiters dem Anforderungsprofil der jeweiligen Stelle gegenübergestellt. Aus der Abweichung (Stärken-Schwächen-Analyse) ergibt sich, welche Qualifizierungsmaßnahmen zur Verbesserung der gegenwärtigen Leistung oder für die Bewältigung künftiger Aufgaben angebracht sind. (→ 4.1.2) Strukturierte Potenzialanalysen werden aber auch durchgeführt, um Nachwuchskräfte für Fach-, Führungs- oder Projektaufgaben im Unternehmen zu identifizieren oder um für Mitarbeiter nach Ausbildungsabschluss einen geeigneten Einsatz- bzw. Aufgabenbereich zu finden.
- **Mitarbeiterbefragung, Beobachtung am Arbeitsplatz**
  Auch durch eine Mitarbeiterbefragung, sei es im Einzelgespräch oder mittels Fragebogen, sowie durch Beobachtung am Arbeitsplatz kann der Weiterbildungsbedarf einzelner Mitarbeiter ermittelt werden.

Nicht alle Qualifikationsdefizite können durch Personalentwicklungsmaßnahmen behoben werden, z. B., wenn keine Ressourcen zur Verfügung stehen, der Mitarbeiter eine Aufgabenänderung ablehnt oder diese seine Leistungsgrenze schlichtweg übersteigt. Als Alternativen kommt dann die Versetzung an einen anderen Arbeitsplatz mit passenderen Anforderungen in Frage oder die Anpassung des Aufgabenprofils an die Qualifikation des Mitarbeiters. Ist auch dies nicht möglich, so bleibt letztlich nur die Trennung vom Mitarbeiter.

Outplacement Beratung

Um die Trennung von einem Mitarbeiter – sei es aus persönlichen, wirtschaftlichen oder betrieblichen Gründen – möglichst einvernehmlich und sozial verträglich zu gestalten, kann dem Betroffenen bspw. im Rahmen einer Aufhebungsvereinbarung eine Outplacement Beratung angeboten werden. Ziel hierbei ist es, betroffenen Mitarbeitern bei der Bewältigung des Verlusts ihrer Arbeitsstelle zu helfen, ihre beruflichen Fähigkeiten zu stärken, ihre Karriereziele zu klären und ihnen so bei der beruflichen Neuorientierung und der Suche nach einer neuen Beschäftigung zu unterstützen.

Das Unternehmen oder der Mitarbeiter selbst wählt einen entsprechenden Dienstleister aus – meist ein hierauf spezialisiertes Beratungsunternehmen – das den Mitarbeiter durch gezielte und auf die individuelle Situation zugeschnittene Maßnahmen unterstützt. Hierzu gehören u. a. eine persönliche Standortbestimmung, die Erstellung professioneller Bewerbungsunterlagen zur neuen Positionierung am Arbeitsmarkt, Interviewtraining und Kenntnisse über Vertragsgestaltung.

Ursprünglich waren solche Beratungsleistungen eher Führungskräften vorbehalten, mittlerweile werden sie auch Spezialisten und anderen, z. B. langjährigen Mitarbeitern geboten.

4.2.3.2 Qualifikationsanalysen

Ausgehend von den derzeitigen oder künftigen Anforderungen einer Stelle ist der Weiterbildungsbedarf eines Mitarbeiters in Fach-, Methoden- und Sozialkompetenz zu ermitteln. Abgeleitet bspw. von der Stellenbeschreibung, werden einem **Anforderungsprofil** die benötigten Kompetenzen und Qualifikationen des Mitarbeiters festgelegt. Das Anforderungsprofil ist immer stellenbezogen. Das **Qualifikationsprofil** hingegen umfasst alle Kompetenzen und Qualifikationen des Mitarbeiters und ist somit mitarbeiterbezogen.

Die **Qualifikationsanalyse** gleicht dann das Anforderungsprofil der Stelle mit dem Qualifikationsprofil des Mitarbeiters ab und führt einen Soll-Ist-Vergleich durch. Dabei wird festgestellt, welcher konkrete Weiterbildungsbedarf besteht, und welches Potenzial der Mitarbeiter besitzt. Sollten sich aus dieser Analyse Lücken im Qualifikationsprofil des Mitarbeiters ergeben, ist zunächst zu klären, ob diese durch Personalentwicklungsmaßnahmen geschlossen werden können. Dann gilt es, diese Lücken mittels konkreter Maßnahmen der zielgerichteten Qualifizierung bzw. Personalentwicklung möglichst zu schließen.

4.2.3.3 Weiterbildungsmaßnahmen und Abschlüsse

Die Abteilung für Personalentwicklung ist für die Planung, Durchführung und Kontrolle der Entwicklungsmaßnahmen eines Unternehmens zuständig. Hierzu gehören u. a.:

- Feststellung des Weiterbildungsbedarfs
- Beratung zur Qualifizierung von Mitarbeitern
- Konzeption eines internen Weiterbildungsangebots
- Auswahl geeigneter externer Maßnahmen
- Organisation und Durchführung von Weiterbildungsmaßnahmen
- Qualitätssicherung und Erfolgskontrolle
- Beratung der Führungskräfte
- Kosten- und Budgetverantwortung
- Bildungscontrolling

Die Auswahl der geeigneten Weiterbildungsform erfolgt anhand der Lerninhalte, der Zielgruppe sowie des finanziellen und zeitlichen Rahmens. Auch bei unvorhergesehenem Schulungsbedarf, beispielsweise aufgrund geänderter rechtlicher Bedingungen, sollte das Unternehmen in der Lage sein, angemessen zu reagieren. Zur Erfolgskontrolle und Qualitätssicherung der ausgewählten Maßnahme sollten ein Praxisbezug und der Lerntransfer sichergestellt werden.

Weiterbildungsabschlüsse

Maßnahmen der betrieblichen Weiterbildung, die entweder vom Unternehmen selbst oder von externen Anbietern durchgeführt werden, enden in der Regel ohne Abschluss. In manchen Fällen wird zumindest eine Teilnahmebestätigung ausgestellt.

Im Gegensatz hierzu wird die Teilnahme an einer durch das BBiG geregelten **Anpassungsfortbildung** (§ 53e) in der Regel mit einer Prüfung beendet und einer entsprechenden Dokumentation, in der der betreffende Fortbildungsabschluss bezeichnet wird.

Die bestandene Prüfung in den Lehrgängen der Aufstiegsfortbildung gemäß §§ 53–53d BBiG berechtigt zur Führung einer gesetzlich geschützten Berufsbezeichnung. Hierbei unterscheidet das BBiG (in der aktuellen Fassung von 2020) drei Stufen der Aufstiegsfortbildung mit unterschiedlichen Anforderungen und Abschlussbezeichnungen:

1. »Geprüfter Berufsspezialist«
2. »Bachelor Professional«
3. »Master Professional«

Die vollständige Bezeichnung des Fortbildungsabschlusses wird in der jeweiligen Prüfungsverordnung festgelegt.

Kosten der Weiterbildung

Bei der Kostenbetrachtung ist grundsätzlich zwischen Maßnahmen zu unterscheiden, die Ausgaben verursachen, und solchen, die zwar Aufwand darstellen, aber keine unmittelbaren Ausgaben verursachen. Oft wird lediglich der ausgabenwirksame Kostenblock berücksichtigt. Der Aufwand interner Mitarbeiter, z. B. bei der Seminarorganisation und -durchführung, geht dabei oft unter, ebenso wie der Aufwand, der durch die Abwesenheit des Mitarbeiters vom Arbeitsplatz entsteht (Lohnkosten, Arbeitsausfall). Für eine Beurteilung der Weiterbildung als Investition ist daher eine Gesamtkostenbetrachtung erforderlich.

Kosten der Betrieblichen Weiterbildung (Beispiele)	
Direkte Kosten	**Indirekte Kosten**
• Seminargebühren, Honorar externer Trainer/ Dozent	• Arbeitszeit interner Trainer/Dozent (Vor- und Nachbereitung)
• Mietkosten (externe Räumlichkeiten)	• Kosten und Arbeitszeit der Mitarbeiter in der Personalentwicklungsabteilung
• Anschaffung oder Miete für Arbeitsmittel und Technik	• Abnutzung von Arbeitsmitteln und Technik
• Reisekosten der Teilnehmer	• Ausfallzeiten der Teilnehmer
• Kosten für Material, Unterlagenerstellung	• Überstundenvergütung bei Vertretung der teilnehmenden Mitarbeiter
• Verpflegung, Übernachtung der Teilnehmer	

Die Höhe des **Bildungsbudgets** kann auf unterschiedliche Art und anhand verschiedener Kriterien festgelegt werden. Einige Beispiele:

- Prozentualer Anteil des Gehalts (bezogen auf einzelne Mitarbeiter, die Abteilung oder das Gesamtunternehmen)
- Pauschalbetrag pro Mitarbeiter
- Pauschalbetrag pro Abteilung oder Team

- Orientierung am jährlichen Gewinn des Unternehmens
- Konkret vorliegender Bildungsbedarf im Einzelfall

Die Erfassung der Kosten von Weiterbildungsmaßnahmen bietet mehrere Vorteile. So gibt sie einen Überblick über Art und Umfang der Maßnahmen und die Möglichkeit der zeitnahen Kontrolle, um ggf. gegensteuern zu können. Auch eine Zuordnung zu einzelnen Kostenstellen und eine Budgetierung von Maßnahmen werden hierdurch erst möglich. Letztlich wird auch eine Vergleichsbasis geschaffen, um mittels Kennzahlen und Reports ein Controlling der Investitionen für die betriebliche Bildung zu ermöglichen.

Es gibt unterschiedliche Verrechnungsformen für betriebliche Kosten:

- **Zentrale Erfassung:** Kosten werden auf eine gemeinsame Kostenstelle gebucht
- **Zuordnung zu Abteilungen/Kostenstellen:** Erhöhte Transparenz, Bewusstsein und Verantwortung, jedoch auch Risiko der Ablehnung von Maßnahmen aus reinen Kostengründen
- **Outsourcing:** Externe Dienstleister erstellen eine Rechnung, die dann intern verbucht wird
- **Profit Center:** Die Abteilung für Personalentwicklung ist interner Kunde des Profit Centers; Kosten werden auf die Kostenstellen der Mitarbeiter verrechnet

Bildungscontrolling

Maßnahmen zur betrieblichen Weiterbildung stellen Investitionen des Unternehmens dar, die gut überlegt und geplant werden müssen. Wie alle Investitionen des Unternehmens, wird auch die betriebliche Weiterbildung geplant, budgetiert, überwacht und einem Controlling unterzogen. Das Ziel von Bildungscontrolling ist, zu prüfen, ob die geplante Wirkung und der gewünschte Nutzen einer Maßnahme eingetreten sind. So können aus Fehlern gelernt und die künftige Personalentwicklungsstrategie angepasst werden.

Eine nützliche Kennzahl ist der ROI (»Return on Investment«) einer Maßnahme. Dieser gibt an, welchen Mehrwert die Investition in die durchgeführte Maßnahme für das Unternehmen erbracht hat. Auch ein Kennziffernvergleich kann hilfreich sein, wie beispielsweise das Verhältnis von Ausschussartikeln zur Produktionsmenge oder die Anzahl von Kundenreklamationen zu Aufträgen jeweils vor und nach einer Bildungsmaßnahme.

Bildungscontrolling verbindet die ökonomischen mit den pädagogischen Aspekten einer Bildungs- bzw. Entwicklungsmaßnahme:

Der **ökonomische Ansatz** betrachtet die **quantitativen** Aspekte, also das Verhältnis zwischen Kosten und Nutzen. Die objektive Messbarkeit der Ergebnisse ist allerdings nur begrenzt möglich. So stellt sich der Erfolg von Personalentwicklungsmaßnahmen oft meist erst mittel- bis langfristig ein. Zudem kann der Erfolg einer Maßnahme auch durch andere Faktoren beeinflusst werden. Nicht zuletzt wird Erfolg subjektiv unterschiedlich wahrgenommen und beurteilt.

Der **pädagogische Ansatz** hingegen betrachtet die **qualitativen** Aspekte, also was gelernt wurde und wie das Gelernte im Arbeitsalltag angewendet wird. Man spricht daher auch von **Lerntransfer** (→ 4.2.2 und → 4.2.3.3). Dieser Effekt sollte insbesondere in der Zeit unmittelbar nach einer Bildungsmaßnahme unterstützt und kontrolliert werden. Wichtig ist ferner, das Ziel einer Maßnahme schon vor Durchführung festzulegen.

Ein weiterer Ansatz des Bildungscontrolling ist das sogenannte **Benchmarking**. Hierbei werden die Aktivitäten des eigenen Unternehmens (z. B. Personalentwicklung) mit Maßnahmen erfolgreicher Wettbewerber verglichen, um Verbesserungsbereiche aufzuspüren. Benchmarking kann auch intern betrieben werden, indem verschiedene Betriebsteile bzw. deren Bildungsmaßnahmen miteinander verglichen werden. Dabei können die folgenden Fragestellungen untersucht werden:

- Wie ermitteln andere Unternehmen den Erfolg einer Personalentwicklungsmaßnahme?
- Welche Inhalte haben die Personalentwicklungsmaßnahmen anderer Unternehmen?
- Welche Ziele verfolgen diese?
- Welche Trainer oder Bildungsträger werden dort eingesetzt?
- Wie sind deren Budgets?

Für die Beurteilung einer Maßnahme sind folgende Leitfragen relevant:

- Was wird tatsächlich gelernt?
- Wieviel des Gelernten wird behalten?
- Was davon wird in die Praxis umgesetzt?
- Wie zufrieden sind die Teilnehmer?
- Sind weitere Maßnahmen oder Auffrischungen nötig?

Weitere Informationen zum Bildungscontrolling in Kapitel 3.4.5.

Lerntransfer

Der Erfolg einer betrieblichen Bildungsmaßnahme bemisst sich nicht allein an Lernergebnissen, sondern vielmehr daran, inwieweit das Erlernte in der betrieblichen Praxis angewendet werden kann und zur Verbesserung der Arbeitsergebnisse und zum Unternehmenserfolg beiträgt.

Für das Gelingen des Lerntransfers sind alle Beteiligten mitverantwortlich: Die Geschäftsführung formuliert Unternehmensziele und gibt Rahmenbedingungen vor. Die Abteilung für Personalentwicklung entwickelt geeignete Instrumente zur Evaluation und Qualitätssicherung durchgeführter Maßnahmen. Diese Instrumente wenden Führungskräfte im Gespräch und der Interaktion mit Mitarbeitern an. Der Mitarbeiter selbst verwirklicht schließlich die Unternehmensziele durch seine Arbeitsleistung.

Die methodisch-didaktische Gestaltung der Maßnahme (→ 4.2.2) sowie Lernbereitschaft und Lernfähigkeit der Teilnehmer (→ 4.2.2.1) spielen eine große Rolle beim Lerntransfer. Aber auch weitere Faktoren haben einen Einfluss auf den Lerntransfer:

- **Relevanz des Lerninhalts:** Je relevanter und anwendbar der Lerninhalt für die Arbeitsaufgaben ist, desto wahrscheinlicher ist ein erfolgreicher Transfer. Mitarbeiter sind motivierter, das Gelernte umzusetzen, wenn es direkt mit ihren beruflichen Anforderungen zusammenhängt.
- **Lernmethoden und -umgebung:** Die Effektivität der Lernmethoden und die Qualität der Lernumgebung spielen eine wichtige Rolle. Interaktive und praxisorientierte Lernmethoden sowie eine unterstützende Lernumgebung fördern den Transfer, indem sie den Lernenden ermöglichen, das Gelernte besser zu verstehen und zu internalisieren.
- **Unterstützung durch Vorgesetzte und Kollegen:** Die Unterstützung durch Vorgesetzte und Kollegen ist entscheidend für den Lerntransfer. Ein unterstützendes Arbeitsumfeld, in dem Mitarbeiter das Gelernte anwenden und weiterentwickeln können, trägt dazu bei, den Transfer zu erleichtern.
- Regelmäßiges **Feedback und Reflexion** über den Lernprozess und die Anwendung des Gelernten fördern den Transfer, indem sie den Lernenden helfen, ihre Fortschritte zu erkennen, Schwierigkeiten zu überwinden und ihre Fähigkeiten zu verbessern.
- Aber auch eine angemessene **organisatorische Unterstützung** spielt eine wichtige Rolle. Hierzu gehört nicht nur die Bereitstellung von Ressourcen, sondern auch die Förderung von Lernmöglichkeiten und eine Kultur der kontinuierlichen Verbesserung ohne Angst, Fehler zu machen.

Diese Faktoren interagieren miteinander und beeinflussen den Transfer auf komplexe Weise. Indem Unternehmen diese Faktoren berücksichtigen und gezielt fördern, können sie den Lerntransfer ihrer Mitarbeiter verbessern und sicherstellen, dass das Gelernte effektiv in die Arbeitspraxis integriert wird.

Wichtig für die Transfersicherung ist zudem, dass die Maßnahme Vorstellungen und Erwartungen der Mitarbeiter bzw. Teilnehmer berücksichtigt. Ein aktives Mitsteuern durch die Teilnehmer – sofern möglich – steigert nicht nur die Motivation, sondern auch die Beteiligung sowie die künftige Anwendbarkeit des Erlernten. Außerdem sollte eine gemeinsame Nachbesprechung mit den Führungskräften eingeplant werden oder ein Erfahrungsaustausch zwischen Trainern und Teilnehmern, um noch offene Fragen zu klären.

Um den Lerntransfer auch nach einer Lernmaßnahme sicherzustellen, bieten sich folgende Maßnahmen an:

- **Praktische Anwendungsübungen:** Gelegenheiten, das Gelernte in der Praxis anzuwenden, können konkrete Aufgaben, Projekte oder Simulationen sein, die Mitarbeiter dazu ermutigen, ihre neuen Fähigkeiten und Kenntnisse aktiv einzusetzen. Aber auch unternehmensseitig können z. B. Arbeitsanweisungen angepasst werden, neue Tools oder Verfahren eingeführt werden, um sicherzustellen, dass das Gelernte praktisch angewendet wird.
- **Follow up:** Workshops, in denen die Mitarbeiter die Möglichkeit haben, Fragen zu stellen, Herausforderungen zu besprechen und zusätzliche Unterstützung zu erhalten, können dazu beitragen, den Lernprozess zu vertiefen und den Transfer zu festigen.
- **Peer-to-Peer-Lernen:** Lernaktivitäten bei denen Mitarbeiter ihr Wissen und ihre Erfahrungen miteinander teilen können, können in Form von informellen Diskussionsgruppen, Mentoring oder Coaching erfolgen. Dies unterstützt nicht nur den Lerntransfer, sondern fördert auch die Zusammenarbeit.
- **Feedback-Mechanismen:** Regelmäßige Rückmeldungen über Fortschritte können in Form von Mitarbeitergesprächen, Online-Umfragen oder anderen Feedbackinstrumenten erfolgen, um den Lernprozess zu unterstützen und Verbesserungsbereiche zu identifizieren.
- **Langfristige Unterstützung:** Die Bereitstellung von Weiterbildungsmöglichkeiten, Zugang zu Online-Ressourcen oder die Teilnahme an Fachkonferenzen können dazu beitragen, die beruflichen Fähigkeiten kontinuierlich zu verbessern.

Zur Evaluierung des Lerntransfers eignen sich verschiedene Methoden, darunter der Erfahrungsaustausch der Teilnehmer, das Feedback durch Teilnehmer oder Führungskräfte, Wissenstests und der Vergleich von Kennzahlen vor und nach der Maßnahme.

Durch Beobachtung der folgenden Kriterien kann festgestellt werden, ob ein erfolgreicher Lerntransfer stattgefunden hat:

- Effizienz, mit der Probleme seitdem bewältigt werden
- Unmittelbare Umsetzung des Erlernten in die Praxis
- Motivation, mit der Arbeitssituationen angegangen werden
- Kooperation mit anderen Mitarbeitern oder Abteilungen
- Kommunikationsqualität, ggf. Teambuilding
- Qualität der Lösungen bzw. Lösungsvorschläge
- Positive Veränderung der Kennzahlen (z. B. Produktivität, Fehlerquote)

Lerntransferkreislauf

Ablaufschema von Personalentwicklungsmaßnahmen

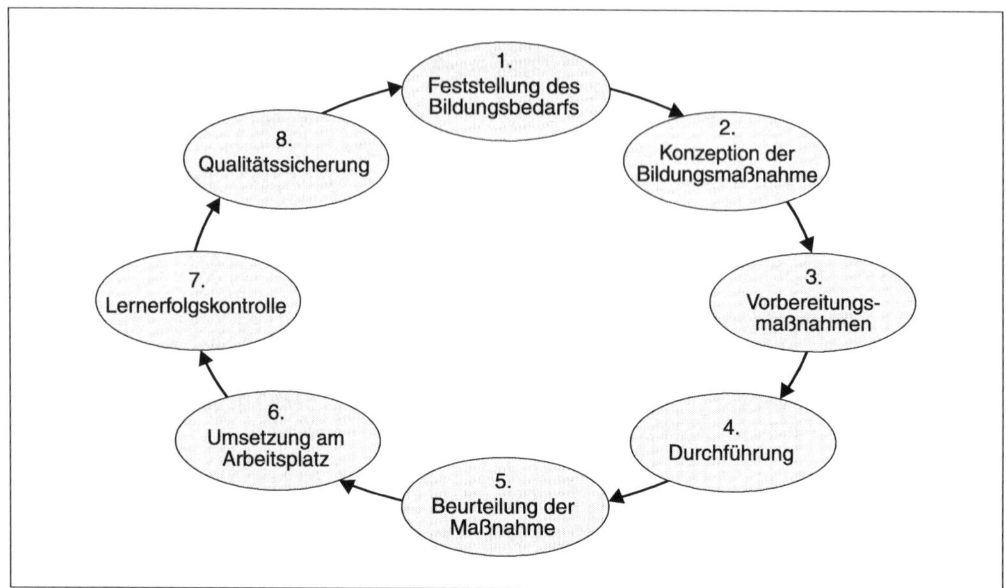

1. **Feststellung des Bildungsbedarfs**
   Schriftliche Befragungen, Workshops, Assessment Center, Beobachtungen am Arbeitsplatz, Eigenmeldung von Mitarbeitern, Benchmarking, Beurteilungsgespräche

2. **Konzeption der Bildungsmaßnahme**
   Inhalt, Zielgruppe, Erwartungen, Zeit- und Raumplanung, Medien, Methoden, Materialien, Erfolgskontrolle

3. **Vorbereitungsmaßnahmen**
   Lernzieldefinition zwischen Mitarbeiter und Führungskraft, Information der Mitarbeiter, Einholen von Angeboten, Aufsetzen des Vertrags, Reservierung der Räumlichkeiten, ggf. Organisation der An- und Abreise sowie Unterbringung und Verpflegung der Mitarbeiter

4. **Durchführung**
   Motivierende, praxisorientierte Lernformen, Sicherstellen des Lerntransfers

5. **Beurteilung der Maßnahme**
   Feedback der Teilnehmer und des Dozenten, z. B. durch Einzelgespräche, über Fragebögen, Tests, Beobachtungen am Arbeitsplatz, moderierte Gruppengespräche, Kartenabfrage

6. **Umsetzung am Arbeitsplatz**
   Projekte, Sonderaufgaben, Beobachtungen am Arbeitsplatz, etc. Eine zeitnahe Anwendung sowie eine Theorie-Praxis Verknüpfung ist ebenso wichtig wie die Unterstützung der Führungskraft

7. **Lernerfolgskontrolle**
   Tests, Auswertung der Projekte, Beobachtung am Arbeitsplatz, Austausch mit Dozenten, Patensysteme

8. **Qualitätssicherung**
   Optimierung der Transfersicherung, z. B. durch Aufbau- oder Vertiefungsseminar, regelmäßige Anwendung, Fachliteratur, Austausch

Corporate University

Einige Unternehmen haben den Gedanken des Profit Centers (→ 1.2.1.1) weiterentwickelt und Teile der Personalentwicklung, die sich mit der Weiterbildung und Qualifizierung beschäftigten, in ein separates Unternehmen ausgegliedert oder zumindest organisatorisch getrennt. Diese Einheiten tragen häufig den Namen des Unternehmens, ergänzt durch den Begriff Consulting (engl. = Beratung) oder Corporate University. Bei einer rechtlichen Trennung vom ursprünglichen Unternehmen bieten diese neuen Organisationen in der Regel ihre Leistungen auch am freien Bildungs- und Beratungsmarkt an.

4.2.3.4 Externe Bildungsdienstleistungen

Die Inanspruchnahme externer Bildungsangebote bietet einige Vorteile. So verfügen diese über spezielles Know-How, z. B. Im Hinblick auf Technik und Medien, und meist auch über eigene Räumlichkeiten, in denen die Maßnahme durchgeführt und je nach Inhalt auch eingeübt werden kann. Ein weiterer Vorteil externer Anbieter ist, dass Mitarbeiter neue Sichtweisen und den berühmten »Blick über den Tellerrand« erhalten.

Externe Dozenten haben häufig eine höhere Akzeptanz im Zusammenhang mit Bildungsmaßnahmen als ein Mitglied des Unternehmens. Insbesondere bei schwierigen Themen bietet sich ein externer Dienstleister an, so dass umstrittene Entscheidungen und Sachverhalte nicht mit einem Kollegen oder Vorgesetzten in Verbindung gebracht werden.

Während interne Trainer eher für die Vermittlung von Basiswissen wie Produktkenntnisse, IT-Systeme, unternehmensinterne Vorgaben und Richtlinien in Betracht kommen, werden externe Bildungsanbieter vorwiegend für Führungstrainings, Seminare zur Persönlichkeitsentwicklung, Gruppendynamik-Trainings und Fachseminare für Spezialisten eingesetzt.

Vorteile externer Bildungsmaßnahmen	Nachteile externer Bildungsmaßnahmen
• Blick über den Tellerrand, unternehmensübergreifender Austausch und Themen • Mitarbeitermotivation durch Abwechslung • Passgenauigkeit durch zielgerichtete Auswahl • Geschützter Raum für Teilnehmer	• Wenig Abstimmung auf unternehmensspezifische Inhalte • Demotivation durch An- und Abfahrt, Reisekosten, u.a. • Geringe Individualität • Mangelnde bzw. geringere Transfermöglichkeit

Der Markt für externe Bildungsanbieter ist groß. Es ist Aufgabe der zuständigen Abteilung für Personalentwicklung, ein Portfolio von Anbietern für die verschiedenen und ggf. wiederkehrenden Lernbedarfe zu erstellen, um eine zielgerichtete Auswahl zu erleichtern. Hierbei sind folgende Gesichtspunkte zu beachten:

- Spezialist oder »Allrounder«
- Referenzen (am Markt oder aus eigenen Erfahrungen)
- Preis-Leistungs-Verhältnis
- Informationen aus Verbänden
- Empfehlungen anderer Unternehmen
- Information während Erstkontakt
- Kundenorientierung und Individualität bzw. Flexibilität
- Transparenz und möglichst beispielhafte Inhalte des Angebots

Bei der Entscheidung für einen externen Anbieter sind die Qualität des Angebots hinsichtlich Service, Beratung, Lernort, Lernqualität (Methoden, Medien, Dozenten) sowie der Möglichkeiten einer

Erfolgskontrolle einer kritischen Prüfung zu unterziehen. Des Weiteren sind die Qualität der Einrichtung (Image, Seriosität, Beschwerdemanagement, Erreichbarkeit) sowie die Vertragsgestaltung (Anmeldeformular, Kostenumfang, Zahlungsweise, Rücktrittsbedingungen, Flexibilität) zu berücksichtigen.

4.2.3.5 Modelle lebenslangen Lernens

Der Gedanke, eine Lern- oder Lehrzeit zu Beginn der Berufstätigkeit reiche aus, um ein ganzes Arbeitsleben erfolgreich bestreiten zu können, entspricht schon lange nicht mehr der Realität der heutigen Arbeitswelt.

Aufgabenstellungen, Berufsbilder, Technologien und rechtliche Rahmenbedingungen ändern sich ständig. Um den Anforderungen des Arbeitsmarktes gerecht zu werden, ist daher eine permanente Anpassung der Qualifikationen an die vorherrschenden und künftigen Arbeitsbedingungen und Anforderungen erforderlich.

Auch organisatorische Veränderungen wie Betriebsübergänge und -verlagerungen, Fusion oder Expansion eines Unternehmens erfordern Anpassungen. Zudem spielen die persönlichen Umstände und Abwesenheiten von Mitarbeitern, wie bspw. durch Elternzeit, Auszeiten (»Sabbatical«) oder Wohnortwechsel eine Rolle, die eine Neuorientierung und hiermit verbundene Lernprozesse erforderlich machen.

Im beruflichen Kontext bezeichnet lebenslanges Lernen die fortlaufende Entwicklung von Fähigkeiten, Kenntnissen und Fertigkeiten, die für den Erfolg im Arbeitsleben erforderlich sind. Dies kann bedeuten, dass man neue Technologien, Arbeitsmethoden oder branchenspezifische Kenntnisse und Methoden erlernt, um mit den sich ändernden Anforderungen des Arbeitsmarktes Schritt zu halten. Darüber hinaus umfasst lebenslanges Lernen auch die Entwicklung von sogenannten »weichen« Fähigkeiten wie Kommunikation, Teamarbeit und Führung, die für die berufliche Weiterentwicklung und das Erreichen langfristiger Karriereziele von entscheidender Bedeutung sind. Man spricht daher von »soft skills«.

Es liegt daher im Interesse eines jeden Arbeitnehmers, seine Qualifikation permanent auf einem aktuellen Stand zu halten und im Hinblick auf künftige Anforderungen laufend zu erweitern, um seine Beschäftigungsfähigkeit (»Employability«) aufrechtzuerhalten. Ebenso liegt es im Interesse des Unternehmens, insbesondere in Zeiten des Wandels qualifizierte und motivierte Mitarbeiter dauerhaft an sich zu binden.

Modelle des lebenslangen Lernens setzen den qualifizierenden Bildungsabschluss durch einen permanenten Lernprozess fort, der das gesamte Berufsleben andauert. Für die Personalentwicklung eines Unternehmens stellen sich in diesem Zusammenhang folgende Fragen:

- Wie gelingt es Mitarbeitern, sich auf die laufend sich verändernden Arbeitsanforderungen einzustellen?
- Wie sind die dafür notwendigen Lernprozesse im Unternehmen zielgruppengerecht zu organisieren?
- Wie gelingt es, Raum und Motivation für das Lernen in einer zunehmend komplexeren Arbeitswelt zu schaffen?

Eine lernende Organisation ist eine Organisation, die kontinuierlich und systematisch Lernen fördert, um sich an veränderte Umstände anzupassen, Innovationen voranzutreiben und langfristigen Erfolg zu sichern. In einer lernenden Organisation wird Lernen auf allen Ebenen gefördert, sowohl individuell als auch kollektiv, und es herrscht eine Kultur des offenen Austauschs, der Reflexion und des Experimentierens. Mitarbeiter werden ermutigt, ihr Wissen zu teilen, Best Practices zu identifizieren und kontinuierlich nach Verbesserungsmöglichkeiten zu suchen. Durch diesen Prozess wird eine Organisation flexibler, anpassungsfähiger und innovationsfähiger, was ihr ermöglicht, sich erfolgreich in einem sich ständig wandelnden Umfeld zu behaupten.

4.3 Zielgruppenspezifische Förderprogramme erarbeiten und umsetzen

Die stetigen Veränderungen der Arbeitsbedingungen und die daraus resultierenden Anforderungen am Arbeitsplatz erfordern eine kontinuierliche Anpassung. Die Personalentwicklung eines Unternehmens kann durch spezielle Qualifizierungs- und Förderprogramme, ausgerichtet an den Unternehmenszielen, einen strategischen Wettbewerbsvorteil bieten. Förderung und Entwicklung von Mitarbeitern wird oft unter dem Begriff **»Talent Management«** zusammengefasst.

Anders als Personalentwicklungsmaßnahmen, die einen konkreten und aktuellen Bildungsbedarf decken sollen, bestehen Förderprogramme meist aus mehreren systematisch miteinander verbundenen Qualifizierungseinheiten, die sich über einen längeren Zeitraum erstrecken – meist zwischen 6 und 24 Monate.

Solche Programme umfassen häufig Inhalte aus den Bereichen der Fach-, Methoden- und Sozialkompetenz und nutzen sowohl Lernformen »on-the-job« als auch »off-the-job«. Aufgrund ihrer Dauer und ihres modularen Aufbaus können Lern- und Praxisphasen miteinander verbunden werden, um eine möglichst praxisorientierte und nachhaltige Umsetzung der Inhalte zu erzielen.

Die Effektivität dieser meist aufwendig konzipierten Programme wird mittels Bildungscontrolling *(Wurden die Lernziele erreicht? Rechtfertigt der Erfolg die Kosten?)* und Evaluierung des Lerntransfers *(Konnte das Gelernte in den Arbeitsalltag übertragen und angewendet werden?)* überwacht.

4.3.1 Zielgruppen für Förderprogramme

Förderprogramme können sich gezielt an einzelne Mitarbeiter oder an Mitarbeitergruppen richten, deren Förderung für das Unternehmen eine besondere Rolle im Rahmen der künftigen Unternehmens- und Personalstrategie spielt.

Beispiele für Zielgruppen:

- Mitarbeiternachwuchs (z. B. nach der Berufsausbildung)
- Einsteiger nach Hochschulabschluss (»Trainees«)
- Potenzialträger nach Ausbildungsende (»High Potentials«)
- Bestimmte Mitarbeitergruppen, z. B. aus Vertrieb, Techniker, IT
- Identifizierte Kandidaten für Schlüsselpositionen (Nachfolgeplanung)
- Mitarbeiter nach längerer Pause, z. B. Elternzeit, langer Krankheit (Wiedereingliederung)
- Führungskräftenachwuchs
- Weibliche Mitarbeiter
- Mitarbeiter über 55 Jahren

Die Einbindung der Führungskraft hat im Rahmen planmäßiger Förderprogramme große Bedeutung. Führungskräfte kennen die Stärken, Schwächen und Potentiale der Teilnehmer und können sie als Coach während des Programms begleiten und durch sinnvolle Aufgabenstellungen »on-the-job« oder durch Einbindung in Projekte unterstützen.

4.3.2 Individuelle und gruppenbezogene Förderprogramme

Individuelle Förderprogramme, die auf die Bedürfnisse eines einzelnen Mitarbeiters zugeschnitten sind, ermöglichen eine sehr zielgerichtete Entwicklung. Diese Programme haben in der Regel die Aufgabe, Potenzialträger an das Unternehmen zu binden, indem attraktive und konkrete Entwicklungsperspektiven aufgezeigt werden. Individuelle Programme sind kostenintensiv und aufgrund des persönlichen Zuschnitts auf die Bedürfnisse eines Mitarbeiters aufwendig in der Konzeption und somit nur bedingt für andere Mitarbeiter verwendbar.

Vorteile einer solchen individuellen Förderung sind u. a. die passgenaue Förderung des jeweiligen Mitarbeiters und die Praxisnähe der Inhalte. Diese Art der individuellen Förderung steht häufig im Zusammenhang mit der Nachfolgeplanung bei vorhersehbarem Ausscheiden eines Mitarbeiters mit einer Schlüsselposition, z. B. als Vorbereitung auf eine zukünftige Führungsposition.

Gruppenbezogene Förderprogramme sind wesentlich effizienter, da sich der Aufwand für die Konzeption auf mehrere Teilnehmer erstreckt und das Programm voraussichtlich mehrfach durchgeführt werden kann. Zudem bieten sich Vorteile durch das Lernen in der Gruppe und die Entwicklung von Team- und Kooperationsfähigkeit. Die individuelle Förderung einzelner Mitarbeiter ist bei Gruppenprogrammen hingegen eingeschränkt. Das lässt sich aber durch individuelle Maßnahmen wie Einzelcoaching, Mentoring oder bestimmte Seminare und Workshops als Ergänzung des standardisierten Ablaufs kompensieren.

Gruppenbezogene Förderung kann auch als latente Nachfolgeplanung eingesetzt werden, um auf vorhersehbare Personalbedarfe, beispielsweise durch Fluktuation oder altersbedingtem Ausscheiden, vorbereitet zu sein.

Beispiele für gruppenorientierte Förderprogramme:

- Bindung von »High Potentials« nach Ausbildungsende: Durch die gezielte Förderung von Potenzialträgern nach Abschluss ihrer Ausbildung können Potenzialträger zu Schlüsselpersonen werden, die das Unternehmen langfristig voranbringen.
- Teamwork Workshops: Diese Workshops konzentrieren sich darauf, die Teamarbeit und Zusammenarbeit innerhalb von Arbeitsgruppen zu stärken. Sie können Übungen, Gruppendiskussionen und Teamaktivitäten umfassen, um die Kommunikation zu verbessern und Konflikte zu lösen.
- Leadership Entwicklungsprogramme: Diese Programme zielen darauf ab, Führungskräfte innerhalb der Organisation zu entwickeln und zu fördern. Dies beinhaltet meist Schulungen, Coaching und Mentoring, um Führungskompetenzen wie Kommunikation, Entscheidungsfindung und Konfliktlösung zu stärken.
- Diversity- und Inklusions-Initiativen: Diese Programme haben das Ziel, die Vielfalt innerhalb der Belegschaft anzuerkennen und zu fördern sowie eine inklusive Arbeitsumgebung zu schaffen. Sie können Schulungen zur Sensibilisierung für Vielfalt, Mentoring-Programme für unterrepräsentierte Gruppen und Maßnahmen zur Förderung von Chancengleichheit umfassen.
- Gesundheits- und Wellness-Programme: Diese Programme konzentrieren sich darauf, das Wohlbefinden der Mitarbeiter zu verbessern und Stress am Arbeitsplatz zu reduzieren. Sie können Aktivitäten wie Fitnesskurse, Stressbewältigungsworkshops und Gesundheitsberatung anbieten.

4.3.2.1 Betriebliche Förderprogramme

Betriebliche Förderprogramme können auch themenorientiert konzipiert und umgesetzt werden. Im Gegensatz zu zielgruppenorientierten Förderprogrammen steht hierbei ein bestimmtes Thema im Mittelpunkt, das für das Unternehmen von besonderer Bedeutung ist. Neben dem Kosten-Nutzen-Verhältnis ist zu beachten, dass die Lernziele im Mittelpunkt stehen. Dies umfasst die Auswahl geeigneter Maßnahmen, die Entscheidung über interne oder externe Trainer und natürlich auch den Planungshorizont *(Bis wann muss die Maßnahme abgeschlossen sein?)*.

Im Folgenden werden einige Beispiele betrieblicher Förderprogramme beschrieben.

Betriebliche Gesundheitsförderung:

Unternehmensinternes Programm zum dauerhaften Erhalt der Gesundheits- und Leistungsfähigkeit von Mitarbeitern:

- Mitarbeitergespräche zur Wiedereingliederung nach Krankheit oder sonstiger Abwesenheit
- Seminarangebote zu Themen wie Work-Life-Balance, Stressbewältigung, Arbeits- und Zeitmanagement, Resilienz, Suchtprävention, u. a.
- Gesundheitsangebote, z. B. Rückenschule, Entspannungstechniken, Yoga, Ernährungsberatung
- Gesundheitstage für Mitarbeiter und ggf. ihren Familien
- Angebote für (befristete) Teilzeit oder Auszeiten
- Ergonomische Ausgestaltung von Arbeitsplätzen
- Gesunde Ernährung in Kantinen und bei Tagesverpflegungen
- Betriebsärztliche und sozialpsychologische Angebote
- Erste Hilfe-Auffrischungskurs für Ersthelfer und interessierte Mitarbeiter

Mit Hilfe eines Kennzahlenvergleichs (z. B. Anzahl der Fehltage vor und nach einer Maßnahme) oder Mitarbeiterbefragungen können Anhaltspunkte zum Erfolg der Maßnahmen gewonnen werden.

Beispiel **Traineeprogramm:**

Hochschulabsolventen werden durch ein spezielles Förderprogramm mit aufeinander abgestimmten Inhalten und Modulen systematisch auf ihren Einsatz als Fach- und Führungskräfte im Unternehmen vorbereitet.

- Ziele:
  - Gewinnung/Bindung von »High Potentials«
  - Bindung qualifizierter Nachwuchskräfte
  - Ausbildung und Integration neuer Mitarbeiter
  - Identifikation mit dem Unternehmen
  - Netzwerkbildung
- Struktur/Ablauf:
  - Gesamtdauer ca. 15 bis 18 Monate
  - Verschiedene Bausteine mit Praxis-Einsätzen in unterschiedlichen Werken/Niederlassungen (Mitarbeit im Tagesgeschäft und Projekten, ggf. Auslandseinsatz) → on the job
  - Workshops, Seminare → off the job
  - Individuelles Coaching → near/off the job
  - Unternehmensinternes Netzwerk

Eine erfahrene Führungskraft steht als **Mentor** beratend zur Seite, gibt Tipps und Feedback, stellt Kontakte innerhalb des Unternehmens her.

In einigen Branchen – wie etwa bei Banken und Versicherungen – stellt der Einstieg von Hochschulabsolventen über ein Traineeprogramm den Regelfall dar. Jedoch auch bereits im Unternehmen vorhandene Mitarbeiter oder solche ohne Hochschulabschluss können mittels spezieller Förderprogramme auf ihren künftigen Einsatz vorbereitet werden.

Beispiel **Programm für Nachwuchs(führungs)kräfte:**

Mögliche Zielgruppen sind Fachexperten, Mitarbeiter mit Erfahrung im Projektmanagement, übernommene Werksstudenten und Auszubildende, Mitarbeiter mit Auslandserfahrung oder besonderen Sprachkenntnissen. Die Identifizierung geeigneter Kandidaten (High Potentials) kann durch Förder-/Beurteilungsgespräche geschehen bzw. durch eine Beurteilung der Führungskräfte oder der Personalabteilung, durch eine Potenzialanalyse oder die Durchführung eines Assessment Centers.

- Ziele:
  - Identifizierung von künftigen Fach- und Führungskräften
  - Know-How Sicherung
  - Mitarbeiter-Motivation
  - Identifikation mit dem Unternehmen
  - Interne Netzwerkbildung
  - Förderung der Arbeitgeber-Attraktivität, positives Personalmarketing
- Struktur:
  - Verschiedene Module: Kick-Off, Seminare, Workshops, Vorträge, Diskussionen, Gruppenarbeit, Rollenspiele, Coaching, Abschluss-Workshop
  - Operative Mitarbeit in verschiedenen Abteilungen
  - Befristete Übertragung von Führungsverantwortung
  - Einbindung in Projekte
  - Feedback, Coaching und Mentoring (z. B. zur Förderung von Schlüsselqualifikationen)
  - Speziell erforderliche Schulungsinhalte (z. B. Sprachen, Produktkunde)
  - Soziale Aktivitäten zur Netzwerkbildung

Themen und Inhalte, die auf den Einsatz als Fach- und Führungskräfte vorbereiten, sind z. B.:

- Fachliches Know-How, Kenntnisse über Produkte und Dienstleistungen
- Arbeitsrecht, Datenschutzrecht, Sozialversicherungsrecht
- Sozialkompetenz (z. B. aktives Zuhören, Empathie, Motivationsfähigkeit)
- Methodenkompetenz (z. B. Zeitmanagement, Priorisierung, Delegation)
- Führungsgrundlagen, Führungsinstrumente, unternehmensspezifische Führungsleitlinien u. a.
- Kommunikation (Wahrnehmung, Feedback, Gesprächsführung, Deeskalation)
- Umgang mit Veränderungsprozessen (»Change Management«)
- Interkulturelle Kompetenzen, kulturelle Besonderheiten
- Präsentations- und Vortragstechniken

Führungskräfte-Qualifizierung bei Fusion und Expansion:

Insbesondere bei Veränderungsprozessen wie Expansion oder Fusion ist eine frühzeitige Ausrichtung wichtig. Netzwerke sind frühzeitig aufzubauen, etwa durch gemeinsame und regelmäßige Veranstaltungen der fusionierenden Einheiten. Gemeinsame Veranstaltungen bedeuten eine Kostenreduzierung, können Synergien bei der künftigen Ausrichtung bewirken und die Bildung einer neuen gemeinsamen Unternehmensstrategie unterstützen.

Es bietet sich zudem die Einschaltung eines externen und neutralen Beraters an, oft als »Change Agent« bezeichnet. Durch seine Neutralität schafft er mehr Akzeptanz unter den Mitarbeitern für die erforderlichen Maßnahmen. Er kommuniziert auf Augenhöhe mit dem Management und ist ein neutraler Übermittler von Informationen und Ankündigungen. Ein Change Agent besitzt Erfahrungen in ähnlichen Situationen und ein entsprechendes Repertoire an Methoden- und Sozialkompetenzen.

Fusion/Expansion ins Ausland:

Bei einer Expansion ins Ausland oder einer Fusion mit ausländischen Unternehmen kommt der interkulturellen Kompetenz eine besondere Bedeutung zu. Sie zählt zu den Schlüsselqualifikationen, auch »Soft Skills« genannt, und bezeichnet die Fähigkeit, mit Menschen anderer Kulturen und Herkunft erfolgreich und angemessen zu kommunizieren und zu interagieren. Auch durch Globalisierung und Einwanderung wird diese überfachliche Fähigkeit immer wichtiger: Die Welt ist vernetzt, viele Unternehmen sind international tätig. Interkulturelle Kompetenz lässt Unternehmen auf dem internationalen Markt professionell auftreten und erhöht die Chancen auf wirtschaftlichen Erfolg.

Die Grundvoraussetzungen für interkulturelle Kompetenz sind Aufmerksamkeit, Interesse sowie Bereitschaft und Sensibilität für verbale und nonverbale Kommunikation. Mögliche Inhalte und Themen, die im Rahmen eines Programms zur Förderung der interkulturellen Kompetenz vermittelt werden, sind:

- Länderspezifische Verhaltensregeln
- Geschlechtsspezifische Besonderheiten
- Tisch-/Essensgewohnheiten, allgemeine Etikette
- Rechtliche Bestimmungen des Landes
- Behördliche Regelungen
- Mentalität, Kultur, Religion
- Sprachkenntnisse
- Geografie, Natur, Klima
- Infrastruktur, Logistik

Der zeitliche Zusammenhang zwischen Training und einem evtl. Auslandsaufenthalt ist wichtig für den Lerntransfer. Ein Pate, der im Ausland als Berater zur Verfügung gestellt wird und u. a. behilflich ist bei der Netzwerkbildung, ist die ideale Ergänzung einer solchen Qualifizierungsmaßname.

Einfluss des Unternehmens

Das Unternehmen hat einen maßgeblichen Einfluss auf den Erfolg dieser speziellen Förderprogramme. Dabei spielen verschiedene Kriterien und Ansätze eine Rolle:

- Unternehmensgröße
- Einstellung zum Wert von (Weiter-) Bildung
- Bildungsbudget
- Führungsstil und Führungsgrundsätze
- Bewusstsein und Kenntnis seitens der Geschäftsführung
- Innovationsintensität
- Planungshorizont
- Lernförderliche Arbeitsgestaltung

4.3.2.2 Staatliche Förderprogramme

Neben betrieblichen Förderprogrammen, bei denen das Unternehmen Lernziele, Teilnehmer und Maßnahmen bestimmt und die Kosten trägt, existieren staatliche Förderprogramme. Diese sollen Ausbildungs- und Arbeitssuchenden die (Wieder-)Aufnahme einer beruflichen Tätigkeit erleichtern, bzw. die Weiterbeschäftigung von Mitarbeitern gewährleisten, die von Arbeitslosigkeit bedroht sind.

Die Durchführung der entsprechenden Maßnahmen erfolgt überwiegend durch öffentliche oder privatwirtschaftliche Bildungsträger.

Aktivierung und berufliche Eingliederung

Grundlage für die staatlichen Förderprogramme ist **§ 45 Sozialgesetzbuch III** (Maßnahmen zur Aktivierung und beruflichen Eingliederung). Hiernach können Arbeitslose, von Arbeitslosigkeit bedrohte Arbeitnehmer sowie Ausbildungssuchende bei der Teilnahme an Maßnahmen, die ihre berufliche Eingliederung unterstützen, gefördert werden. Dies kann geschehen durch

- Heranführung an den Ausbildungs- und Arbeitsmarkt
- Feststellung, Verringerung oder Beseitigung von Vermittlungshemmnissen
- Vermittlung in eine versicherungspflichtige Beschäftigung
- Heranführung an eine selbständige Tätigkeit
- Stabilisierung einer Beschäftigungsaufnahme

Nach intensiver Beratung durch die Agentur für Arbeit wird eine Maßnahme bestimmt, die den in § 45 SGB III (1) genannten Zielen entspricht. Die Kosten der Teilnahme werden von der Agentur für Arbeit übernommen. Die individuelle Förderung kann auch (nur) auf die Weiterleistung von Arbeitslosengeld beschränkt werden.

Die Maßnahmen werden von einem Bildungsträger durchgeführt, der von der Agentur für Arbeit bestimmt wird. Die Durchführung kann (zeitlich begrenzt) auch bei einem Arbeitgeber erfolgen. Die Berechtigung zur Förderung kann durch einen Aktivierungs- und Vermittlungsgutschein belegt werden, der zur Auswahl eines geeigneten Bildungsträgers berechtigt.

Zur Eingliederung behinderter Menschen können Arbeitgebern die Kosten für eine befristete Probebeschäftigung für die Dauer bis zu drei Monaten erstattet sowie Zuschüsse für eine behindertengerechte Ausgestaltung des Arbeitsplatzes gezahlt werden (§ 46 SGB III).

Job-AQTIV-Gesetz

Das Job-AQTIV-Gesetz reformierte im Jahr 2001 das Arbeitsförderungsrecht, indem es zahlreiche Aspekte der staatlichen Arbeitsförderung (neu) regelte. Die Abkürzung AQTIV steht hierbei für **A**ktivieren, **Q**ualifizieren, **T**rainieren, **I**nvestieren und **V**ermitteln. Es entstand im Umfeld des Bündnisses für Arbeit, Ausbildung und Wettbewerbsfähigkeit und stellt einen unmittelbaren Vorläufer der sog. Hartz-Gesetze dar. Das Gesetz änderte zahlreiche Rechtsnormen aus dem SGB III, IV, V, VI, IX und XI sowie dem Arbeitnehmerüberlassungsgesetz, dem Betriebsverfassungsgesetz und dem Arbeitsgerichtsgesetz.

Es wurden einerseits Fördermaßnahmen geregelt (z. B. durch Zuschüsse zu Kosten von Betriebspraktika, Aktivierung Jugendlicher u. a.), andererseits aber auch eine Intensivierung der Meldepflicht bei drohender Arbeitslosigkeit und eine Verschärfung der Zumutbarkeitsklausel bei Arbeitsangeboten der Agentur für Arbeit. Begleitet werden diese Maßnahmen von einer Erhöhung der Beratungsintensität zur Wiederbeschäftigung bei Arbeitslosigkeit, z. B. durch Zulassung privater Arbeitsvermittler.

Bei dem Job-AQTIV-Gesetz stand also noch stärker eine aktive staatliche Arbeitsmarktpolitik im Vordergrund, während sich der Schwerpunkt der nachfolgenden Hartz-Gesetze (2003–2005) vollständig auf die aktivierende Arbeitsmarktpolitik verschob (»Fordern und Fördern«).

Aufstiegsfortbildungsförderungsgesetz (AFBG)

Das Aufstiegsfortbildungsförderungsgesetz (AFBG) sieht eine Förderung von Teilnehmern an Maßnahmen der beruflichen Aufstiegsfortbildung (§§ 53 bis 53d BBiG) vor. Diese Förderung umfasst die Beteiligung an den Kosten der Maßnahme sowie bei Vollzeitunterricht auch die Beteiligung am Lebensunterhalt. Darüber hinaus haben die Teilnehmer Anspruch auf einen Bildungskredit in Form eines zinslosen Darlehens.

Die Förderung erstreckt sich auf die Teilnahme an Fortbildungen öffentlicher und privater Träger in Voll- und Teilzeit, welche die Teilnehmer auf öffentlich-rechtliche Prüfungen nach dem Berufsbildungsgesetz, der Handwerksordnung oder auf gleichwertige Abschlüsse nach Bundes- oder Landesrecht vorbereiten. Dies sind neben den Abschlüssen der Berufsausbildung mehr als 700 Fortbildungsabschlüsse wie Meister/-in, Fachwirt/-in, Techniker/-in, Erzieher/-in oder Betriebswirt/-in.

Das AFBG stellt umfangreiche Anforderungen an den förderungswürdigen Personenkreis sowie an die zugelassenen Bildungsmaßnahmen bzgl. Inhalt, Umfang, Anbieter und der Anerkennung von Abschlüssen.

Bundesausbildungsförderungsgesetz (BAföG)

Das Bundesausbildungsförderungsgesetz (BAföG) definiert die Voraussetzungen für den Bezug von Ausbildungsförderung. Demnach besteht ein Anspruch auf Ausbildungsförderung für Schüler und Studierende, denen die für den Lebensunterhalt und die Ausbildung erforderlichen Mittel anderweitig nicht zur Verfügung stehen und die nicht mehr bei ihren Eltern wohnen.

Die Ausbildungsförderung wird für den Besuch von öffentlichen Einrichtungen wie weiterführenden allgemeinbildenden Schulen und Berufsfachschulen, Abendschulen, höheren Fachschulen und Hochschulen sowie damit verbundene Praktika geleistet. Die Förderung erfolgt entweder als Zuschuss oder als Darlehen.

Weitere Förderprogramme

Neben der in den genannten Gesetzen beschriebenen staatlichen Förderung existieren Programme, die sich beispielsweise der Förderung bestimmter Zielgruppen (Jugendliche, Menschen mit Behinderung) oder bestimmter Maßnahmen (Ausbildungskooperationen für Kleinbetriebe u. Ä.) widmen und diese finanziell unterstützen. Neben staatlichen Trägern (Land, Bund, EU) treten hier auch private Träger (Unternehmen, Stiftungen) auf.

Bildungsurlaub

In Deutschland gibt es bis heute keine bundeseinheitliche Regelung des Anspruchs auf Bildungsurlaub. Die überwiegende Anzahl der Bundesländer sehen jedoch in ihren Landesgesetzen einen Anspruch auf eine Anzahl bezahlter Tage zur Förderung von Arbeitnehmern vor (z. B. fünf Arbeitstage pro Kalenderjahr). Der Freistellungsanspruch ist hierbei meist auf Themen der politischen und beruflichen Bildung beschränkt. Je nach Bundesland gibt es verschiedene Bildungsprogramme und zahlreiche Anbieter.

4.4 Qualitätsmanagement in der Personal- und Organisationsentwicklung einsetzen

Qualifizierte und motivierte Mitarbeiter sind der Schlüssel für eine hohe Qualität von Produkten und Dienstleistungen. Qualitätsmanagement in der Personalentwicklung bezieht sich daher auf die Planung, Steuerung und Überwachung der Mitarbeiterqualifizierung mit dem Ziel der Verbesserung der Arbeitsqualität. Kunden- und Mitarbeiterorientierung stehen hierbei gleichermaßen im Mittelpunkt. Darüber hinaus werden die Kosten von Qualifizierungsmaßnahmen beachtet, denen ein angemessener ROI (Return on Investment) gegenüberstehen soll.

Total Quality Management (TQM) ist eine ganzheitliche Managementmethode zur Verbesserung von Arbeitsabläufen, um Qualität dauerhaft sicherzustellen. Es handelt sich dabei weniger um ein einzelnes Ziel als um einen dauerhaften Prozess. Nicht mehr nur der Output, also das Produkt oder die Dienstleistung, sondern die Arbeitsbedingungen und die Qualität der Leistungserstellung stehen im Fokus.

4.4.1 Qualitätsstrategien

Qualitätsmanagementsysteme nutzen zur Abbildung der unterschiedlichen Aufgabenbereiche häufig den **PDSA-Regelkreis.** Er beschreibt die Grundlagen eines Verbesserungsprozesses:

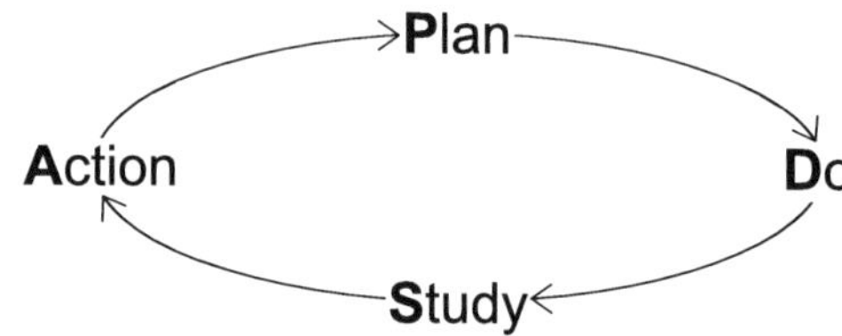

In der Planungsphase **(Plan)** werden Ist- und Soll-Zustand definiert. Außerdem werden die Qualifikationsziele und überprüfbare Kriterien zur Zielerreichung festgelegt. In der Umsetzungsphase **(Do)** werden die konkreten Maßnahmen zur Erreichung des Soll-Zustands durchgeführt. In der Überprüfungsphase **(Study)** werden die erzielten Ergebnisse ausgewertet (z. B. über Feedback der Teilnehmer oder durch Tests), während dann in der Verbesserungsphase **(Action)** notwendige Veränderungen zur Optimierung der Maßnahmen abgeleitet werden.

Dieser strukturierte Ansatz zeichnet sich durch seine systematische Herangehensweise aus, denn das iterative Vorgehen, d. h. das schrittweise und wiederholte Durchlaufen des Kreises, ergibt einen **kontinuierlichen Verbesserungsprozess** (KVP), bei dem nicht nur die Maßnahme selbst, sondern auch die Abstimmung mit den Unternehmenszielen sowie den Bedürfnissen der Mitarbeiter fortwährend optimiert werden.

Durch die zyklische Auswertung des Kreislaufs können Verbesserungen schrittweise eingeführt und getestet werden, wodurch das Risiko von Fehlern und unerwünschten Auswirkungen minimiert wird. Außerdem fördert die regelmäßige Anwendung der Methode eine Kultur der kontinuierlichen Verbesserung, in der Veränderung und Innovation gefördert werden.

4.4.2 Qualitätsnormen/Zertifizierung

Das Deutsche Institut für Normung (DIN) ist verantwortlich für die Erarbeitung sogenannter **DIN-Normen**, d. h. freiwillige Standards, die meist auf Anregung bzw. durch die Initiative der deutschen Wirtschaft erarbeitet werden. Die Gesamtheit aller DIN-Normen bezeichnet man als deutsches Normenwerk. Auf internationaler Ebene erarbeitete Standards sind z. B. die **ISO-Normen** oder die europäischen **EN-Normen**.

Qualitätsnormen und Zertifizierungen sind bereits länger im Bereich der Produktion verbreitet (DIN-Normen, TÜV-Zertifikate, etc.). Diese Normen und Zertifikate bieten Käufern und Nutzern die Gewähr für die Einhaltung definierter Standards bezüglich Herstellung, Ausführung und Sicherheit von Produkten und Konsumgütern.

Die Verbreitung im Bereich der Personalentwicklung hingegen ist relativ neu. Die Entscheidung eines Unternehmens, seine Angebote aus dem Bereich der Personalentwicklung zertifizieren zu lassen, ist nicht leicht zu treffen, denn Zertifizierungsprozess und die anschließenden regelmäßigen Rezertifizierungen sind zeit- und kostenintensiv.

Bei freien Bildungsanbietern hingegen spielen Zertifizierungen eine wesentlich größere Rolle, da immer mehr Unternehmen zertifizierten Anbietern den Vorrang geben – einige staatliche Organisationen beauftragen z. B. ausschließlich zertifizierte Bildungsanbieter. Zudem wird eine stetige Zunahme von branchenspezifischen Standards für QM-Systeme verzeichnet. So verlangen manche Kunden, z. B. aus dem Automobilsektor, von ihren Zulieferern ebenfalls ein QM-Zertifikat. Pflegeeinrichtungen sind sogar gesetzlich verpflichtet, über ein solches zu verfügen (§§ 112, 113 SGB XI).

Auditierungen

QM-Systeme werden durch Audits überprüft. Hierbei wird untersucht, ob Prozesse, Anforderungen und Richtlinien die geforderten Standards erfüllen. Ein solches Untersuchungsverfahren wird von einem speziell hierfür geschulten unabhängigen Auditor durchgeführt.

Vorab werden jedoch in der Regel unternehmensinterne (Prozess-)Audits (→ 1.3.3.3) durchgeführt, in denen ausgewählte Mitarbeiter des Unternehmens (QM-Beauftragte) die Einhaltung der Ziele und Strategien des Qualitätsmanagements überprüfen. Hierzu wird zunächst die Aufbau- und Ablauforganisation detailliert beschrieben, daraus dann ein QM-Handbuch abgeleitet, welches sodann einer internen Prüfung unterzogen wird. Schließlich kommt es zum externen Audit.

Der Begriff »Audit« (von lat. audire = hören) wurde in diesem Sinne ursprünglich im Personalwesen angewandt. Heute werden in fast allen Unternehmensbereichen Audits durchgeführt: Finanzwesen, Informationsmanagement, Datenschutz, Produktion, Kundenmanagement, Qualitätsmanagement, Umwelt, Management, etc.

Man kann Audits auch nach dem Status des Auditors unterscheiden:

- **Internes Audit** (1st Party) → Auditor ist Mitarbeiter des Unternehmens
- **Lieferantenaudit** (2nd Party) → Auditor ist Managementsystem- oder QM-Beauftragter des Kunden
- **Zertifizierungsaudit** (3rd Party) → unabhängiger Auditor einer Zertifizierungsstelle, z. B. DQS, TÜV Cert, SGS Institut Fresenius

Je nach Bereich wird bei einem Audit der Ist-Zustand analysiert bzw. ein Vergleich zwischen der ursprünglichen Zielsetzung und den tatsächlich erreichten Zielen angestellt. Oft soll ein Audit auch dazu dienen, allgemeinen Verbesserungsbedarf zu identifizieren bzw. konkrete Probleme aufzuspüren, damit diese beseitigt werden können. Nachdem entsprechende Verbesserungsmaßnahmen eingeleitet wurden, müssen diese anhand von Dokumentationen nachgewiesen werden.

Ablauf eines Zertifizierungsprozesses

- Aufbereitung der zu zertifizierenden Prozesse inkl. Kosten-Nutzen-Analyse der Zertifizierung
- Entscheidung zur Zertifizierung und den sich hieraus ergebenden Konsequenzen und Kosten
- Bildung einer Projektgruppe zur Planung und Durchführung des Zertifizierungsprozesses
- Parallel: Identifizierung geeigneter externer Partner zur Zertifizierung
- Analyse und Beschreibung der zu zertifizierenden Prozesse
- Dokumentation der Prozesse und Erstellung eines QM-Handbuchs
- Auswahl und Schulung interner Auditoren, Durchführung des ersten internen Audits
- Umsetzung des QM-Systems und der definierten Prozesse
- Externes Audit/Zertifizierung
- Information des Managements und der Mitarbeiter über die Ergebnisse des Audits
- Ggf. Kommunikation der Zertifizierung an Partner und Kunden
- Regelmäßige interne und/oder externe Rezertifizierung nach definiertem Rhythmus

Die DIN EN ISO 19011 bildet den Leitfaden zur Auditierung von Managementsystemen. Diese Norm ist anwendbar auf alle Organisationen, die interne oder externe Audits von Managementsystemen durchführen oder für das Management eines Auditprogramms verantwortlich sind.

Qualitätsnormen

Die Normenreihe DIN EN ISO 9000 ff. dokumentiert einheitliche nationale und internationale Grundsätze für Maßnahmen zum Qualitätsmanagement. Eine Auditierung nach DIN EN ISO kann als QM-Gütesiegel angesehen werden. In den Einzelnormen werden folgende Bereiche definiert:

DIN ISO 9000 → Definition der Grundlagen und Begriffe des Qualitätsmanagements

DIN ISO 9001 → Mindestanforderungen an QM-Systeme, z. B. Kundenorientierung, Prozesorientierung, kontinuierliche Verbesserung, Einbeziehung beteiligter Personen

DIN ISO 9004 → Leitfaden zur Umsetzung des Qualitätsmanagements und Ausrichtung hinsichtlich Total Quality Managements (TQM)

DIN ISO 9011 → Leitfaden zur Auditierung von Managementsystmenen

European Foundation for Quality Management (EFQM)

Die EFQM ist eine Stiftung europäischer Unternehmen, die 1988 mit Unterstützung der Europäischen Kommission gegründet wurde, um einen europaweit gültigen Rahmen für das Qualitätsmanagement zu schaffen. Das EFQM-Modell ist ein weltweit anerkanntes Qualitätsmanagement-System des Total Quality Management (TQM) und dient der ganzheitlichen Unternehmensführung, indem es Organisationen dabei unterstützt, Veränderungen zu managen und die Leistung zu verbessern.

Um dauerhaft exzellente Ergebnisse zu erzielen, werden alle Mitarbeiter in einen kontinuierlichen Verbesserungsprozess eingebunden. Durch die permanente Beachtung aller Prozesse werden Informationen über den aktuellen Stand, die kontinuierliche Verbesserung und künftige Trends erarbeitet. Es soll helfen, eigene Stärken, Schwächen und Verbesserungspotenziale zu erkennen und die Unternehmensstrategie darauf auszurichten.

Zunächst war das EFQM-Modell ein einfaches Bewertungsinstrument und basierte auf den drei Säulen des TQM: Menschen, Prozesse und Ergebnisse. 2019 wurde das EFQM-Modell überarbeitet und von einem einfachen Bewertungsinstrument zu einem Instrument, das einen wichtigen Rahmen und eine Methodik bietet, um bei Veränderungen und Transformationen zu helfen, denen Einzelpersonen und Organisationen tagtäglich ausgesetzt sind.

Es basiert seither auf den folgenden Hauptkriterien:

- Ausrichtung
  - Zweck, Vision & Strategie
  - Organisationskultur & Organisationsführung
- Realisierung
  - Interessengruppen einbinden
  - Nachhaltigen Nutzen schaffen
  - Leistungsfähigkeit & Transformation vorantrieben
- Ergebnisse
  - Wahrnehmung der Interessengruppen
  - Strategie- & Leistungsbezogene Ergebnisse

Auf Basis des EFQM-Modells werden zahlreiche Qualitätspreise vergeben, u. a. der europäische Qualitätspreis »EFQM Excellence Award« oder die deutsche Variante »Ludwig Erhard Preis«.

4.4.3 Kosten-Nutzen-Analyse

Die Kosten-Nutzen-Analyse von Personalentwicklungsmaßnahmen ist – ähnlich wie bei Marketingmaßnahmen – nicht leicht durchzuführen. Die Kosten sind hierbei jedenfalls wesentlich leichter zu ermitteln als der Nutzen, der oft nur schwer nachweisbar ist *(Was genau hat z. B. die Motivation des Mitarbeiters gesteigert?)* und sich meist erst mittel- bis langfristig einstellt. Der Erfolg der Maßnahmen ist zudem nur eingeschränkt oder gar nicht objektiv messbar.

Dennoch hat Personalentwicklung die Aufgabe, aus Kosten und Aufwand auch einen entsprechenden Nutzen ROI (Return on Investment), zu generieren.

Das gesamte Bildungs-Angebot eines Unternehmens wird einer Kosten-Nutzen-Analyse unterzogen. Die Motivations- und Bindungswirkung einzelner Entwicklungsangebote kann z. B. durch Mitarbeiterbefragungen beurteilt werden. Auch bestimmte Kennzahlen bieten Anhaltspunkte, z. B. die Investition in Vertriebsschulungen und die Absatz-Entwicklung im Vergleich zur Marktentwicklung oder der Zusammenhang zwischen der Investition in Gesundheitsschulungen und die anschließende Entwicklung der Krankheitsquote.

Eine isolierte Betrachtung einzelner Kennzahlen ist allerdings hinsichtlich der Qualität von Personalentwicklungsmaßnahmen nur wenig aussagekräftig. Die Beobachtung solcher und ähnlicher Kennzahlen bietet jedoch bei Abweichungen im Zeitverlauf Hinweise zu einer vertiefenden Ursachenanalyse.

Einen Hinweis auf den wirtschaftlichen Nutzen von unternehmensinternen Personalentwicklungsmaßnahmen eine Vergleichskostenrechnung bieten, bei der die internen Kosten (z. B pro Mitarbeiter) für Aufwand und Ausgaben mit qualitativ gleichwertigen Angeboten des freien Bildungsmarktes verglichen werden.

4.4.4 Qualitätssichernde Maßnahmen in der Personalentwicklung

Erhaltung und Steigerung der Effizienz von betrieblicher Weiterbildung ist ein wichtiger Beitrag zur Wertschöpfung des Unternehmens. Für die Überprüfung der Qualität von Bildungsmaßnahmen gibt es eine Reihe von Evaluierungsinstrumenten:

- Mitarbeitergespräche (anlassbezogen oder jährlich)
- Beurteilung durch die Führungskraft
- Beobachtung am Arbeitsplatz
- Wissens- oder Leistungstests
- Kennziffern-Vergleich (z. B. Fehlerquote, Produktivität)
- Überprüfung von Zielvereinbarungen
- Feedback-Fragebogen bzw. Feedback-Gespräch
- Beschwerdemanagement, Kundenfeedback
- Transfer-Workshop

Bildungscontrolling

Personalentwicklung stellt einen erheblichen Kostenfaktor für das Unternehmen dar, dementsprechend kommt dem **Bildungscontrolling** (→ 3.4.5 und → 4.2) ein hoher Stellenwert zu. Ziel ist es, zu überprüfen, ob der erzielte Nutzen einer Maßnahme einen wirklichen Mehrwert bietet und zu den entstandenen Kosten in einem angemessenen Verhältnis steht. Ist dem nicht so, sollte die künftige Strategie für betriebliche Bildung angepasst werden.

Es ist zwischen quantitativen und qualitativen Zielen zu unterscheiden, die jeweils mehr oder weniger eindeutig mit Kennzahlen belegbar sind.

Quantitative Kennzahlen:

- Krankenquote
- Fehlzeiten
- Produktivität
- Überstunden
- Fehlerquote
- Arbeitsunfälle

Qualitative Kennzahlen:

- Mitarbeiterzufriedenheit, Motivation
- Kundenorientierung
- Fachliche Qualifizierung
- Arbeitsverhalten, Arbeitsklima
- der Zusammenarbeit, Kooperationsfähigkeit

Nach KIRKPATRICK werden im Bildungscontrolling vier Ebenen unterschieden. Der Erfolg auf der einen Stufe ist dabei jeweils Voraussetzung für einen Erfolg auf einer höheren Stufe.

① **Teilnehmerzufriedenheit** → Zufriedenheit der Teilnehmer steigert die Motivation (Befragung der Teilnehmer, Führungskräfte oder Trainer durch Gespräch oder Fragebogen)

② **Lernerfolg** → Welches Wissen wurde erlernt, welche Fähigkeiten wurden entwickelt? (Befragung, Rollenspiele, Planspiele, Tests)

③ **Transfererfolg** → Umsetzung des Gelernten im Arbeitsalltag (Folgeseminar, Beobachtung am Arbeitsplatz, Beurteilung durch die Führungskraft)

④ **Unternehmenserfolg** → Auswirkungen auf Produktivität oder Umsatz des Unternehmens (Kunden-Befragung, Kennzahlen, z. B. Reklamationen, Fehlzeiten)

Balanced Scorecard (BSC)

Eine weitere Möglichkeit der Qualitätssicherung in der Personalentwicklung bietet die **Balanced Scorecard (BSC)** (→ 3.5.2). Die sonst oft einseitige Betrachtung der **finanziellen** Perspektive wird hierbei durch die Perspektiven **Prozesse, Mitarbeiter** und **Kunden** ergänzt. Für alle vier Perspektiven werden Ziele und Messgrößen definiert. Die so entstehenden Ziele sind mehr oder weniger gut miteinander vereinbar.

- Finanzielle Perspektive → Kosten der Personalentwicklung im Unternehmen
- Prozessperspektive → Abläufe, Schnittstellen, Durchlaufzeiten
- Mitarbeiterperspektive → Kompetenzen, Qualifikationen, Potenziale
- Kundenperspektive → Bedürfnisse unterschiedlicher Kunden(gruppen)

Der Ansatz der BSC geht davon aus, dass eine ausgewogene (balanced) Verfolgung der Ziele in allen vier Teilbereichen auf Dauer Erfolg für das Unternehmen bringt (→ 3.5.2).

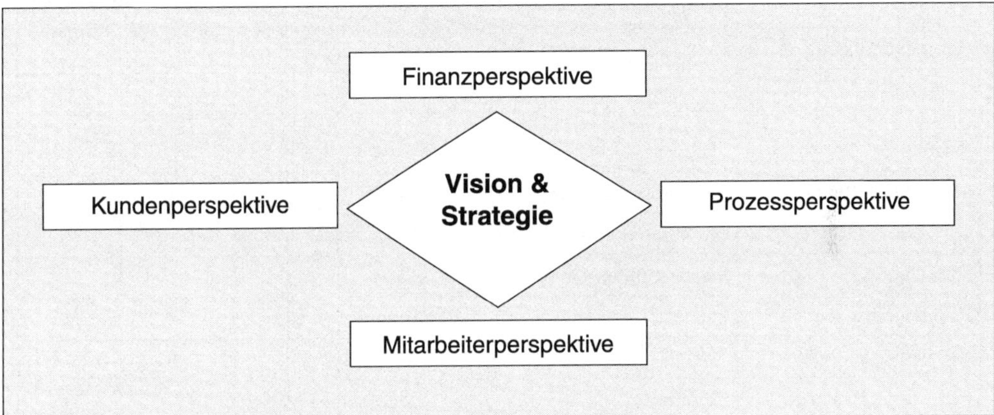

Neben diesen konkreten Instrumenten gibt es weitere Maßnahmen zur Qualitätssicherung in der Personalentwicklung. Dabei sind folgende Hinweise zu beachten:

- Ziele vor jeder Maßnahme in Anlehnung an die Unternehmensziele festlegen
- Konkrete Kriterien für den Erfolg definieren
- Wichtige Fragen vor Beginn der Maßnahme klären
- Kenntnisse über die Teilnehmer berücksichtigen (Qualifikationsprofil, Entwicklungspotenzial)
- Erwartungen und Bedürfnisse der Teilnehmer möglichst berücksichtigen
- Teilnehmer über Art und Umfang der Maßnahme informieren (abgeleitet aus dem Anforderungsprofil oder der Stellenbeschreibung)
- Vor, während und nach der Maßnahme mit den Teilnehmern sprechen (Pädagogischer Ansatz)
- Förderung der Motivation der Teilnehmer, z. B. Involvierung, Abbau hemmender Faktoren (Titel, Hierarchie), Regelung der Kostenübernahme, Zeitregelung
- Feedback und Klärung offener Fragen nach der Maßnahme (Gespräch, Fragebogen)
- Transfermöglichkeiten schaffen (Follow up, Vertiefung), Lernerfolgskontrolle
- Schaffung lernförderlicher Arbeitsgestaltung (Job Rotation, regelmäßige Besprechungen, abwechslungsreiche Aufgaben, Gruppenarbeit)
- Kundenbefragungen, Implementierung eines Beschwerdemanagements
- Coaching von Führungskräften (z. B. hinsichtlich der Personalentwicklungs-Angebote des Unternehmens)
- Einarbeitungskonzepte für neue Mitarbeiter (Einarbeitungsplan, Handbuch)
- Durchführung von Benchmarking als Instrument des Bildungscontrolling
- Jährliche Beurteilungsgespräche

GJ **Balanced Scorecard** **Nr:** ________

Verteiler: ______________________________ **Datum:** ________

Ziel	Messgröße	Einheit	1.Q	2.Q	3.Q	4.Q	Ziel Jahr
Finanzen							
Umsatzsteigerung	Nettoumsatz						
Gewinn	Brutto-Betriebsergebnis						
Rentabilität	Return on Sales	%					
Kapitalverzinsung	ROI	%					
Liquidität	Free Cash Flow						
Kunden							
Marktdurchdringung	Marktanteil absolut	Faktor					
	Marktanteil relativ	%					
Kundentreue	Stammkunden-Quote	%					
Kundenzufriedenheit	Index	Punkte					
Kundenverlässlichkeit	Stornos	Anzahl					
Fehlerfreie Produkte	Retouren	Stück					
Lernen und Entwicklung							
Neue Produkte	Umsatz Neu- zu Gesamt	%					
Designqualität	Änderungen, Nachbesserungen	Zahl					
Kontinuierliche Verbesserung	Weiterbildungskosten / Mitarbeiter	%					
Talent zum Wandel	Anteil Mitarbeiter in Projekten	%					
Interne Prozesse							
Steuerungskompetenz	Produktionsdurchlaufzeit	Tage					
Prozessqualität	Ausschussanteil	%					
Produkteffizienz	Anlagenverfügbarkeit pro Fehlzeitquote	Tage					
Verkaufseffizienz	Deckungsbeitrag I	Faktor					

Erstellt: ______________ **Unterschrift:** ________________

Beispiel einer Balanced Scorecard

Quelle: Jobs: Grundwissen Qualitätsmanagement, FELDHAUS VERLAG

4.5 Führungsmodelle und Führungsinstrumente anwenden, Führungskräfte beraten

Mitarbeiterführung ist einer der zentralen Erfolgsfaktoren von Unternehmen. Die Führungskräfte sind der verlängerte Arm der Unternehmensleitung, indem sie die Mitarbeiter und deren Arbeitsprozesse im Sinne des Unternehmens steuern. Sie spielen somit eine wesentliche Rolle für den wirtschaftlichen Erfolg eines Unternehmens.

Es gibt zahlreiche Definitionen von Führung. Eine treffende Formulierung lautet:

> *»Führung ist die bewusste, absichtliche und zielgerichtete Einflussnahme auf das Verhalten der Mitarbeiter zur Erfüllung einer gemeinsamen Arbeitsaufgabe in einer strukturierten Arbeitsumgebung.«*

Man kann Führung in die Bereiche »Steuerung« (Management) und in »echte« Führung im Sinne von persönlicher Einflussnahme auf die Mitarbeiter einteilen. Bei vielen Unternehmen unterliegt die (strategische) Steuerung dem Management und findet i. d. R. über Zahlen, Daten, Fakten sowie Regelwerke statt. Führungskräfte dagegen erfüllen ihre Führungsaufgaben überwiegend im sozialen Kontakt und durch Kommunikation mit Mitarbeitern.

Eine rein fachliche Führung reicht schon lange nicht mehr. Der Ausspruch »Nicht gemeckert ist gelobt genug« passt nicht mehr in die heutige Zeit. In der modernen Arbeitswelt und insbesondere vor dem Hintergrund des vorherrschenden Fachkräftemangels rückt Mitarbeiterzufriedenheit immer stärker in den Fokus. Auf dem Arbeitsmarkt herrschen gute Wechselmöglichkeiten und es winken attraktive Angebote der Konkurrenz, so dass Unternehmen ständig dem Risiko ausgesetzt sind, qualifizierte Mitarbeiter zu verlieren. Eine Vielzahl wechselbereiter Mitarbeiter nennt ihren Vorgesetzten als Hauptgrund für die Wechselmotivation. Eine gute Führung im Unternehmen ist daher ein wichtiger Faktor, um Fluktuation vorzubeugen.

Schlecht geführte Mitarbeiter arbeiten weniger motiviert und sind weniger loyal. Der Anspruch an die Führungskräfte im Hinblick auf Methoden- und Sozialkompetenz nimmt daher stetig zu. Einige Persönlichkeitsmerkmale sind für eine erfolgreiche Ausübung der Führungsaufgabe von Bedeutung, z. B. Entscheidungsfähigkeit, emotionale Stabilität, Delegationsfähigkeit, Kommunikationsstärke, Konfliktfähigkeit – um nur einige zu nennen. Eine unsichere, kontaktscheue oder cholerische Person wird sicher Schwierigkeiten bei der Führung von Mitarbeitern haben.

Fehler im Führungsverhalten

- Unpassender Führungsstil
- Unangemessener Tonfall (laut, grob, verletzend, überheblich)
- Mangelhafte Informationen (fehlende, unpassende, unvollständige, unklare, falsche, zu wenig)
- Ungleichbehandlung
- Falsche Adressaten
- Ungünstige Aufgabenverteilung/mangelhaftes Delegieren
- Unrealistische Ziele und Aufgabenstellungen
- Fehlender Hinweis auf mögliche Konsequenzen
- Unnötiges, zu frühes oder zu spätes Eingreifen der Führungskraft
- Keine oder zu wenig Wertschätzung und Anerkennung

4.5.1 Führungsmodelle

In der Fachliteratur werden verschiedene Führungsmodelle (»Management by ...«) definiert. Diese Konzepte wurden in den USA entwickelt und beschreiben Art und Weise der Führungsaktivitäten im Unternehmen, wobei Mischformen häufig in der Praxis vorkommen. Unter der Vielzahl verschiedener Modelle sind die folgenden am weitesten verbreitet.

Management by Delegation (MbD)

Dies ist die »klassische« Führung. Die Führungskraft delegiert Aufgaben sowie Kompetenzen und bestimmte Entscheidungsbefugnisse an die ihr zugeordneten Mitarbeiter. Diesen wird ein möglichst großer Handlungs- und Gestaltungsspielraum eingeräumt, was ihre Motivation steigert und gleichzeitig Genehmigungswege und Durchlaufzeiten von Prozessen verkürzt. Voraussetzung hierfür ist neben qualifizierten Mitarbeitern eine hierarchische Unternehmensstruktur mit klarer fachlicher und disziplinarischer Zuordnung.

Die Bereitschaft und Fähigkeit zum Delegieren spielen bei Führungskräften eine wichtige Rolle, ebenso wie Führungsleitlinien des Unternehmens, an denen sie sich orientieren können.

Seitens Mitarbeiter sind Eigeninitiative und Proaktivität sowie die Bereitschaft, die übertragenen Kompetenzen wahrzunehmen, ausschlaggebend, ebenso wie die richtige Wahl der Arbeitsmethoden und die Strukturierung der Arbeit.

Wichtige Instrumente beim »Management by Delegation« Modell sind Stellenbeschreibungen, Aufgabenbeschreibungen sowie das Organigramm des Unternehmens.

Management by Objectives (MbO)

Bei diesem Führungsmodell legen Führungskraft und Mitarbeiter (meist gemeinsam) Ziele (»objectives«) fest. Diese Ziele werden von den Unternehmenszielen abgeleitet, während die Strukturierung der Arbeit sowie die Wahl der Arbeitsmethoden zur Erreichung der Ziele dem Mitarbeiter obliegt. Fortschritte werden regelmäßig überprüft und gemessen, um sicherzustellen, dass die Ziele erreicht werden.

Management by Exceptions (MbE)

Ähnlich wie beim »Management by Objectives« Modell überträgt die Führungskraft dem Mitarbeiter komplexe Aufgaben, greift jedoch nur in Ausnahmefällen ein. Es gibt für den Mitarbeiter also einen fest gelegten Rahmen, innerhalb dessen er arbeitet und entscheidet. Da er hierbei überwiegend auf sich allein gestellt ist, spielen Eigenmotivation und Initiative eine wichtige Rolle. Daher ist eine klare Regelung des Entscheidungsspielraums von großer Bedeutung.

Management by Motivation (MbM)

Dieses Modell geht davon aus, dass durch weitgehende Berücksichtigung der Mitarbeiterbedürfnisse deren Leistungsbereitschaft gesteigert und erhalten werden kann – wirkungsvoller als Anweisungen, Verbote oder monetäre Anreize. Auf diese Weise ergeben sich Möglichkeiten, Mitarbeiter anzuregen, motiviert und im Sinne des Unternehmens zu handeln. Motivierend in diesem Sinne erweisen sich z. B. Teilhabe an Entscheidungen und Verantwortung, Erweiterung des Aufgabenbereichs, Anerkennung der Leistung, Spielraum für eigene Arbeitsgestaltung. (→ 4.5.2.3).

4.5.1.1 Ziele und Aufgaben von Führungskräften

Eine der zentralen Aufgaben von Führungskräften ist die Organisation der Arbeit und Aufgaben innerhalb der ihr zugeordneten Organisationseinheit (Abteilung/Bereich). Kriterien wie Effizienz, Produktivität und Kostenreduzierung sind zu beachten, um dem Unternehmen durch die Führung der unterstellten Mitarbeiter zur Erreichung der Unternehmensziele zu verhelfen. Nur wenige Führungskräfte beschäftigen sich jedoch ausschließlich mit der Führung von Mitarbeitern und der Steuerung ihres Bereichs. Je nach Anzahl der ihnen zugeordneten Mitarbeiter variiert der Anteil von Führungsaufgaben; oft haben Führungskräfte auch eigene operative Aufgaben. Insbesondere wenn sie vorher im selben Bereich tätig waren und somit die Führungsposition und die neue Rolle des Vorgesetzten erst kurze Zeit innehaben, können Führungskräfte manchmal die gewohnten operativen Aufgaben nur schwer an die ihnen unterstellten Mitarbeiter delegieren.

In Übereinstimmung mit der Entwicklung des Unternehmens – und damit einhergehend der notwendigen Entwicklung der Belegschaft – hat die Führungskraft viele wichtige Aufgaben:

- Mitarbeiter informieren
- Aufgaben und Verantwortungen delegieren
- Zusammenarbeit ermöglichen (auch in Teams und Gruppen)
- Ziele vereinbaren und deren Erreichung kontrollieren
- Qualifizierung der Mitarbeiter fördern
- Impulse geben
- Regelmäßige Gespräche führen
- Beurteilen und Feedback geben
- Erhalt und Steigerung der Mitarbeitermotivation
- Coaching

Ein wichtiges Ziel von Führungsarbeit ist es, qualifizierte Mitarbeiter und Leistungsträger an das Unternehmen zu binden, um so die Fluktuation gering zu halten und die Wettbewerbsfähigkeit des Unternehmens zu erhalten. Dazu gehört Unterstützung und Entwicklung der Mitarbeiter, z. B. durch Entwicklungsgespräche, Trainings und gezielte Weiterbildungsmaßnahmen.

Die Führungskraft ist also weitaus mehr als nur der »Anführer« eines bestimmten Mitarbeiterkreises. Sie ist Organisator, Koordinator, Gestalter, Potenzial- und Persönlichkeitsentwickler, Ideengeber, Motivator, Entscheider, Macher, Prozessbegleiter und vieles mehr.

Die Grundfunktionen von Führung lassen sich im sogenannten Managementkreislauf darstellen.

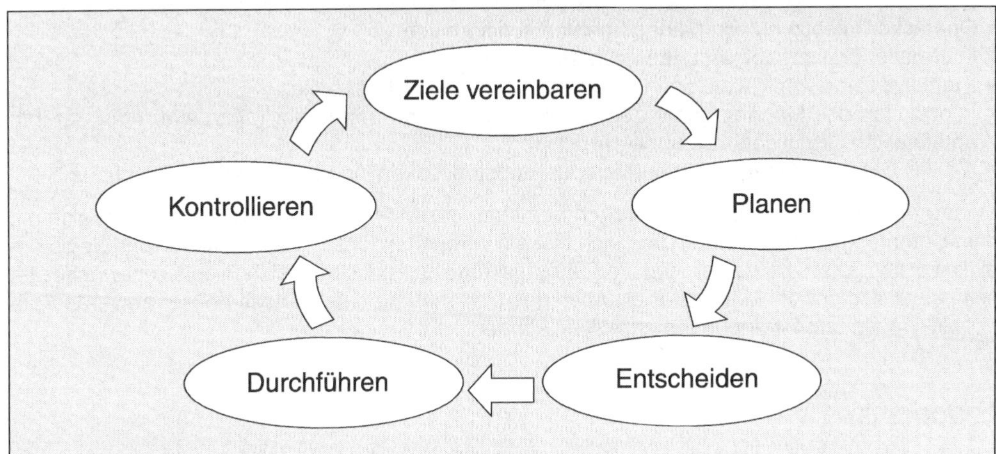

Ziele vereinbaren:

In Anlehnung an die Unternehmensziele definiert die Führungskraft die Ziele ihres Verantwortungsbereichs. Wirtschaftliche Risiken und Schäden gilt es zu vermeiden. Je konkreter die Ziele beschrieben werden, desto genauer kann kontrolliert werden, ob sie erreicht worden sind. Die wirtschaftlichen Ziele des Unternehmens sollten hierbei möglichst im Einklang mit den sozialen Zielen des Mitarbeiters stehen.

Planen:

Das Planen von Aufgaben und Ressourcen ist eine Kernaufgabe der Führungskraft. Kriterien wie Effizienz, Produktivität, Kostenreduzierung, etc. gilt es zu beachten. Die sorgfältige Planung und Organisation von Aufgaben schaffen Stabilität und Sicherheit für die Mitarbeiter.

Entscheiden:

Operative und strategische Entscheidungen werden von der Führungskraft getroffen. Den unterstellten Mitarbeitern kann im operativen Tagesgeschäft ein gewisser Handlungsspielraum eingeräumt werden. Strategische Entscheidungen und Aufgaben hingegen können nicht delegiert werden können – diese muss die Führungskraft selbst übernehmen.

Durchführen:

Die Durchführung der jeweiligen Aufgaben und Maßnahmen gelingt umso besser, je höher die Akzeptanz der gesetzten Ziele ist. Dies ist der Fall, wenn diese mit den persönlichen und sozialen Bedürfnissen der Mitarbeiter in Einklang stehen.

Kontrollieren:

Die vereinbarten Ziele werden kontrolliert. Dies ist nicht nur zur Überprüfung der Erreichung der Ziele wichtig, sondern auch, um bei Abweichungen rechtzeitig eingreifen und gegensteuern zu können.

Die Führungskraft als Teil des Managements

Führungskräfte haben neben der Führung eines bestimmten Mitarbeiterkreises auch Aufgaben und Verantwortungen als Mitglied des Managements des Unternehmens. Hierzu zählen u. a.

- Operative Umsetzung von Managemententscheidungen
- Informationsweitergabe an unterstellte Mitarbeiter
- Proaktive Entwicklung von Ideen im eigenen Verantwortungsbereich
- Information des Managements über Entwicklungen im Bereich der Mitarbeiter oder der ihm unterstellten Organisationseinheit(en)
- Aktives Change Management bei Veränderungsprozessen innerhalb des Unternehmens

Moderne Management-Techniken tragen dazu bei, dass Mitarbeiter motiviert arbeiten, sich mit dem Unternehmen identifizieren und sich diesem verbunden fühlen. Eigeninitiative und Selbständigkeit sollen gefördert werden, um die Führungskräfte zu entlasten. Schließlich soll gewährleistet sein, dass sich sowohl Mitarbeiter als auch das Unternehmen als Ganzes besser an veränderte Entwicklungen und Bedingungen anpassen können.

Leadership

Sofern mit Führung nicht nur die Steuerung und Kontrolle der Arbeit und Aufgabenerfüllung gemeint sein soll, hat sich die Bezeichnung »Leadership« etabliert. Mit diesem Begriff wird das Gegenmodell zum klassischen (und oft einseitig verstandenen) Managementbegriff bezeichnet.

Die Führungskraft wird hier nicht als Organisator und Kontrolleur von Arbeitsabläufen und Zielerreichung verstanden, sondern vielmehr als ein schöpferischer und inspirierender Visionär – einer meist charismatischen Person, der Mitarbeiter aufgrund ihrer natürlichen Autorität folgen.

Der Begriff geht zurück auf Harvard-Professor JOHN P. KOTTER, der den Unterschied zum Management – dem Organisieren, Planen und Kontrollieren – wie folgt definierte:

> *»Leadership bedeutet, die Geführten mit Visionen zu inspirieren und zu motivieren. Es schafft Kreativität, Innovation, Sinnerfüllung und Wandel.«*

Beim Leadership kommt es in erster Linie auf die Persönlichkeit der Führungskraft an – im Gegensatz zum klassischen Management-Ansatz mit dem Schwerpunkt auf funktionaler Führung.

Bei einer Mehrfachunterstellung, wenn also Mitarbeiter sowohl einen fachlichen als auch disziplinarischen Vorgesetzten haben, ist die Abstimmung dieser beiden Führungskräfte miteinander äußerst wichtig. So müssen Ziele, Beurteilungen und disziplinarische Maßnahmen gemeinsam abgesprochen und operationalisiert werden, da sie den betroffenen Mitarbeiter aus unterschiedlichen Perspektiven und Situationen kennen. Aber auch bei organisatorischen und praktischen Fragen wie z. B. Urlaubsvertretung müssen beide Führungskräfte einbezogen werden.

4.5.1.2 Führungsstile

Das Führungsverhalten wird einerseits maßgeblich durch die Persönlichkeit der Führungskraft, andererseits durch die Management- bzw. Führungskultur des Unternehmens beeinflusst. Die folgenden Definitionen der unterschiedlichen Führungsstile erläutern, welche Handlungsaspekte bei der Führungskraft jeweils im Vordergrund stehen. Kein Führungsstil ist jedoch universal für jeden Mitarbeiter und bei jeder Gelegenheit geeignet. Der jeweilige Führungsstil sollte daher immer situativ angewendet werden.

Eindimensionale Führungsstile

LEWIN nennt drei eindimensionale Führungsstile, die sich dahingehend unterscheiden, in welchem Maße sich die Führungskraft an den Bedürfnissen und Persönlichkeitseigenschaften der Mitarbeiter orientiert. Hierdurch ergeben sich unterschiedliche Partizipationsgrade der Mitarbeiter.

Laissez-faire-Führungsstil

Die Führungskraft macht wenige oder nur vage Aussagen zu Aufgaben und Zielen, es besteht also ein großer Handlungsspielraum für die Mitarbeiter. Motiviert werden sie hauptsächlich durch die Möglichkeit der Selbstkontrolle und eine hierdurch empfundene Freiheit. Laissez-faire ist kein »richtiges« Führen und findet sich eher bei wissenschaftlicher (Mit)Arbeit, Forschung und Entwicklung. Es besteht die Gefahr von Ineffizienz und Orientierungslosigkeit unter den Mitarbeitern.

Kooperativer oder demokratischer Führungsstil:

Mitarbeiter nehmen aktiv am Führungsprozess teil und werden in Entscheidungsprozesse einbezogen, es kommt zu einem Zusammenwirken zwischen Führungskräften und Mitarbeitern. In der Regel besteht ein ähnliches Bildungsniveau. Der kooperative Führungsstil zeichnet sich aus durch eine hohe Delegationsquote sowie Freiraum für individuelle Gestaltung durch die Mitarbeiter. Meinungen und Vorschläge der Mitarbeiter werden akzeptiert. Die Führungskraft ist eher Lenker und Moderator als Anweiser und Kontrolleur. Es besteht oft eine hohe immaterielle Motivation bei Mitarbeitern.

Autoritärer Führungsstil:

Die Führungskraft gestaltet die betrieblichen Abläufe und gibt klare Anweisungen. Meist herrschen ein Bildungsgefälle sowie eine starke Hierarchie und hierdurch Distanz zwischen Mitarbeitern und Führungskräften. Mitarbeiter sind kaum oder nicht an der Aufgabengestaltung beteiligt und vorwiegend materiell motiviert. Dieser Führungsstil wird überwiegend bei routineabhängigen Arbeitsabläufen wie z. B. in der Produktion, am Fließband u. a. angewendet.

TANNENBAUM/SCHMIDT sehen den autoritären und kooperativen Führungsstil als gegensätzliche Extreme, die in unterschiedlichen Kombinationen auftreten, eingeteilt in sieben Stufen:

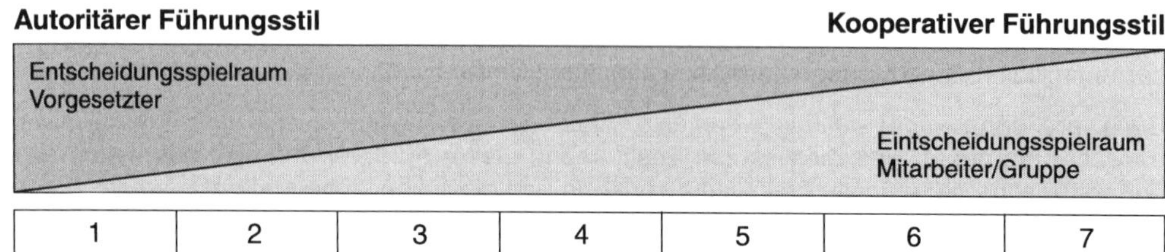

Oft wird noch von einem **bürokratischen Führungsstil** gesprochen. Dieser findet sich oft in Behörden und Ämtern und ist gekennzeichnet durch Vorschriften, schriftliche Dienstanweisungen und Richtlinien. Vorgesetzte haben daher kaum Einfluss auf die Arbeitsinhalte, denn jeder Mitarbeiter handelt nach einheitlichen Arbeitsabläufen und eigene Ideen sind nicht wirklich erwünscht. Dieser »Dienst nach Vorschrift« ist für die Mehrheit der Mitarbeiter wenig motivationsfördernd.

Zweidimensionale Führungsstile

BLAKE/MOUTON betrachten Führungsstile in einem zweidimensionalen Gitter und ordnen diese anhand der **Aufgabenorientierung** sowie der **Mitarbeiterorientierung**. Hieraus ergeben sich unterschiedliche Führungsstile.

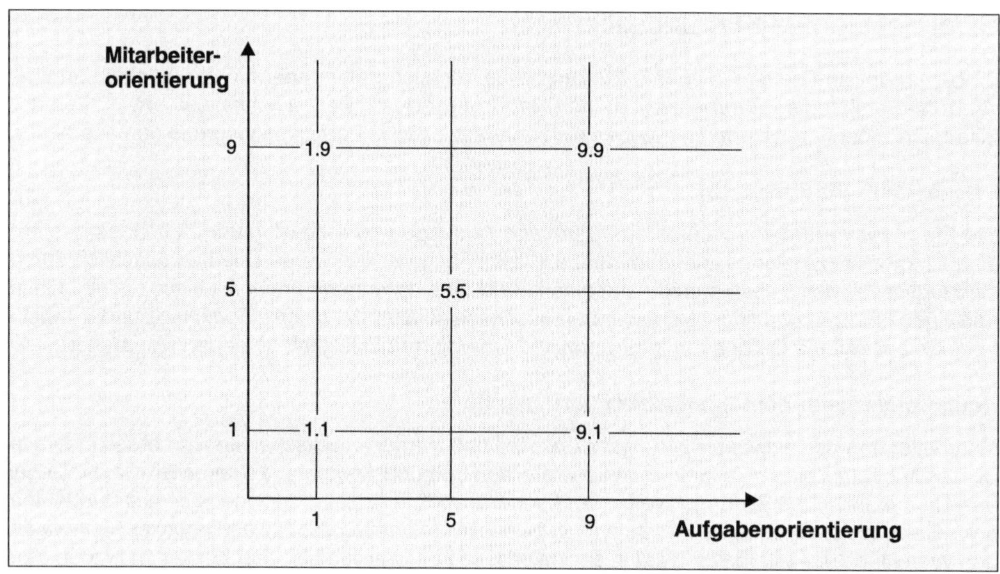

Aus der Betrachtung der Aufgaben- und Mitarbeiterorientierung ergeben sich zwei extreme Gegenpole (in der Grafik die Punkte 1.9 und 9.1):

Eine zu starke Aufgabenorientierung (Punkt 9.1) bedeutet viel Arbeit ohne Rücksicht auf zwischenmenschliche Beziehungen, eine zu starke Mitarbeiterorientierung (Punkt 1.9) schafft hingegen zwar vielleicht eine angenehme Arbeitsatmosphäre, ist jedoch verbunden mit dem Risiko geringer Leistung. Beides zu vereinen scheint daher der beste Ansatz zu sein, um motivierte Mitarbeitern mit einer hohen Arbeitsleistung zu erreichen (Punkt 9.9).

Situativer Führungsstil

Ausgehend von der Erkenntnis, dass es den einen optimalen und universalen Führungsstil nicht gibt, ist eine situative Führung wohl am erfolgversprechendsten. Die Führungskraft entscheidet in der jeweiligen Situation sowie orientiert am betreffenden Mitarbeiter, welcher Stil jeweils angemessen ist. Das setzt bei Führungskräften eine hohe Sozial- und Kommunikationskompetenz sowie eine gewisse Führungserfahrung.

Im Modell der situativen Führung nach HERSEY/BLANCHARD orientiert sich der Führungsstil am **Reifegrad** des Mitarbeiters, bezogen auf die Aufgabenstellung.

Reifegrade	Fähigkeiten des Mitarbeiters	Motivation des Mitarbeiters	Führung
1	gering	gering	Vorgeben
2	gering	hoch	Argumentieren
3	hoch	gering	Partizipieren
4	hoch	hoch	Delegieren

Reifegrad 1 Geringe Fähigkeiten, geringe Motivation (bzw. hohe Unsicherheit)
stark aufgabenbezogene Führung erforderlich

Reifegrad 2 Geringe Fähigkeiten, hohe Motivation
aufgaben- und mitarbeiterbezogene Führung erforderlich, Mitarbeiter einbeziehen und informieren

Reifegrad 3 Hohe Fähigkeiten, geringe Motivation (bzw. hohe Unsicherheit)
stark mitarbeiterbezogene Führung erforderlich, Motivation durch Beteiligung

Reifegrad 4 Hohe Fähigkeiten, hohe Motivation
Mitarbeiter selbständig arbeiten lassen, Delegieren

4.5.1.3 Zusammenhang zwischen Führungsmodell und Organisationsentwicklung

Die Führungsstile und -modelle, an denen sich Führungskräfte orientieren, hängen zum einen von deren Persönlichkeitseigenschaften bzw. persönlichen Präferenzen ab, zum anderen von der Führungskultur des Unternehmens. Letztere bildet den Rahmen und die Grenzen des möglichen Führungshandelns einzelner Führungskräfte und ist häufig in sogenannten Führungsleitlinien verbindlich festgelegt.

Unterschiede in der Unternehmenskultur ergeben sich häufig aus der Geschichte des Unternehmens. So weisen z. B. Unternehmen mit einer starken Gründerpersönlichkeit eher zentrale

(→ 1.1.5.1) und patriarchale Führungsstrukturen auf. Im Gegensatz dazu findet man in Unternehmen, die aus verschiedenen Einheiten zusammengewachsen sind (z. B. eine Holding), häufig dezentrale (→ 1.1.5.2) oder divisionale Strukturen.

Führungsmodelle sind daher ebenso wie Unternehmenskulturen nicht statisch, sondern müssen sich den Veränderungen anpassen, die das Unternehmen durchläuft. Insbesondere bei Expansion, Fusion, Betriebsübergang, Umstrukturierung, aber auch bei der Änderung von Arbeitsformen (Projekt- oder Gruppenarbeit, Telearbeit, u. a.) wird diese Notwendigkeit deutlich.

Als »Gewohnheitstier« steht der Mensch Veränderungen meist skeptisch gegenüber. Veränderungen sind mit Unsicherheit verbunden und können als Gefahr wahrgenommen werden. Je stärker die Sicherheit, desto größer dagegen die Bereitschaft zur Veränderung. Wenn diese Bereitschaft nicht existiert oder nicht erzeugt wird, können Widerstände aus der Belegschaft jedes Projekt zum Scheitern bringen. Je professioneller ein Veränderungsprozess gesteuert wird, desto größer ist die Chance auf eine erfolgreiche Umsetzung und desto geringer ist das Risiko des Scheiterns oder Verzögerns.

Risiken bei Veränderungsprozessen sind zum Beispiel:

- Überforderung
- Motivationsverlust
- Blockieren oder Ignorieren von Entscheidungen
- Anstieg der Fluktuation durch Eigenkündigungen
- Mangelnde Identifikation der Mitarbeiter mit dem Unternehmen
- Nachlassen des Qualitäts-/Pflichtbewusstseins
- Sinkende Produktivität

Die Führungs- und Unternehmenskultur sollte sich im Sinne einer »lernenden Organisation« (→ 4.2.3.5) an neue Gegebenheiten anpassen, indem ein offener Austausch, Reflexion und kontinuierliche Verbesserungsprozesse gefördert werden. Mitarbeiter sollen ihr Wissen und ihre Erfahrungen mit Anderen teilen, offen sein für das Erlernen neuer Fähigkeiten, Konzepte und Techniken, aber auch konstruktives Feedback suchen, um sich kontinuierlich zu verbessern. Innovationsbereitschaft und Experimentierfreude und tragen dazu bei, innovative Lösungen zu entwickeln, um die Organisation voranzubringen.

Indem Mitarbeiter sich auf diese Weise verhalten, wird eine Organisation flexibler, anpassungsfähiger und innovationsfähiger, was ihr ermöglicht, sich erfolgreich in einem sich ständig wandelnden Umfeld zu behaupten.

Grundlegende Veränderungsprozesse müssen durch frühzeitige Kommunikation und Einbeziehung der vom Management gestaltet und begleitet werden. Geeignete Maßnahmen bei organisatorischen sind:

- Ausführliche und rechtzeitige Kommunikation und Information
- Erstellung eines Kommunikationskonzepts
- Qualifizierung der Führungskräfte zum Thema »Change Management«
- Ggf. Hinzuziehung eines externen Beraters
- Beteiligung aller unmittelbar Betroffenen
- Gruppen-, aber auch Einzelgespräche bzw. Coachings

Führungsleitlinien

Manche Unternehmen verfügen über Führungsgrundsätze oder Leitlinien, in denen festgelegt ist, welches Führungsverhalten von den Führungskräften erwartet wird. Führungsleitlinien werden i. d. R. gemeinsam unter Einbeziehung der Mitarbeiter erarbeitet und bilden einen wesentlichen Teil der allgemeinen Unternehmensgrundsätze.

Angestrebt wird ein von allen Führungskräften geteiltes Verständnis der Rolle und Aufgabe von »Führung« innerhalb des Unternehmens zur gemeinsamen Erfüllung des Führungsauftrags.

Mögliche Inhalte von Führungsleitlinien:

- Grundaussagen zu Führungsstil, Führungsinstrumenten
- Zielabstimmung zur Sicherung der Qualitätsstandards
- Grundaussagen zur Personalentwicklung und -förderung
- Regelung der Informations- und Kommunikationspolitik
- Aussagen zum Umgang mit kultureller Vielfalt innerhalb der Belegschaft

Führungsleitlinien sind häufig Bestandteil allgemeiner Richtlinien für die Zusammenarbeit im Unternehmen. Sie werden im Zusammenhang mit strukturellen Veränderungen oder der Neuausrichtung des Unternehmens und der daraus resultierenden Notwendigkeit eines gemeinsamen Führungsverständnisses in der Regel überarbeitet oder neu formuliert.

Führungsgrundsätze, die das Verhalten zwischen Führungskräften und Mitarbeitern regeln, machen nicht nur die Rolle von Führungskräften deutlich, sondern sind auch ein Instrument, das Verhalten in bestimmten Führungs- oder Arbeitssituationen zu standardisieren.

Das Aufstellen von Verhaltens- und Führungsrichtlinien kann allerdings auch Nachteile haben:

- Mangelnde Umsetzbarkeit in konkretes Verhalten aufgrund abstrakter Aussagen
- Diskrepanz zwischen Soll- und Ist-Zustand im Verhalten der Führungskräfte
- Fehlende Konsequenzen für Führungskräfte, die sich entgegen den Leitlinien verhalten

Zur Etablierung der Leitlinien sowie der praxis- und realitätsnahen Umsetzung bieten sich Instrumente der Personalentwicklung, insbesondere der Führungskräfteentwicklung (z. B. Workshops) an.

Für Führungsleitlinien gelten folgenden Kriterien:

- Verständlichkeit
- Anpassungsfähigkeit, Flexibilität
- Realisierbarkeit (ohne besondere Hilfe)
- Schlüssigkeit
- Leistungsmessung

4.5.2 Führungsinstrumente

Führungsinstrumente sollen einerseits die Führungskräfte entlasten, damit sich diese ihren eigenen operativen Aufgaben widmen können. Andererseits sollen mittels Führungsinstrumenten die Mitarbeiter zum selbstständigen Arbeiten motiviert werden.

Der Umsetzung von allgemeinen Führungsgrundsätzen in die Unternehmenspraxis und den Arbeitsalltag dienen verschiedene Führungsinstrumente, die eine gemeinsame Grundlage haben: Kommunikation. Neben der täglichen Kommunikation zwischen Führungskraft und Mitarbeiter, u. a. zum Zwecke der Anweisung oder Kontrolle von Arbeitsaufgaben, des (Informations-) Austauschs oder der Aussprache von Lob und Kritik, gibt es Führungsinstrumente, die turnusmäßig in regelmäßigen Abständen angewendet werden:

- Zielvereinbarungsgespräche
- Beurteilungs-/Mitarbeitergespräche
- Teambesprechungen

Situativ richtig angewandt, können Führungsinstrumente auch zur Mitarbeiterbindung beitragen. Einige Bespiele:

- Entlohnungs- und Anreizsystem
  Zielvereinbarungen, Beteiligung am Unternehmenserfolg, betriebliches Vorschlagswesen, Betriebsrente, Beförderung
- Personalentwicklung
  Investitionen in den Mitarbeiter (Weiterbildung), höhere Herausforderungen und deren Bewältigung steigern das Selbstwertgefühl
- Delegation (erweiterter Arbeitsbereich, mehr Verantwortung)
  erhöht die Identifikation mit dem Unternehmen, steigert die Zufriedenheit mit den eigenen Arbeitsaufgaben
- Mitarbeiter-Veranstaltungen
  steigern das Zusammengehörigkeitsgefühl und den freundlichen Umgang mit Kollegen
- Betriebssport
  weckt den Ehrgeiz und stärkt das Wir-Gefühl
- Informations- und Kommunikationskanäle
  Mitarbeiter-Zeitung, Intranet, Newsletter, Versammlungen: Mitarbeiter fühlen sich ernst genommen und können Zusammenhänge besser verstehen

Führungskräfte sollen die verschiedenen Führungsinstrumente mit Gespür für die jeweilige Situation und Persönlichkeit des betroffenen Mitarbeiters einsetzen, was ein hohes Maß an Know-How, Führungserfahrung und Sensibilität voraussetzt.

Aktives Führen

In der Praxis wird Führung häufig vorwiegend reaktiv ausgeübt, also nur wenn der Mitarbeiter oder die Situation es erfordern. So erfährt die Mehrheit der Mitarbeiter oft nur wenig oder gar keine Führung, da das Tagesgeschäft hierfür oft nur wenig Anlass bietet. Langfristig drohen Demotivation und Leistungsabfall aufgrund mangelnden Feedbacks der Führungskraft. Im schlimmsten Fall ist eine »innere Kündigung« bei Mitarbeitern die Folge.

Die Führungskraft dagegen, die Führung aktiv ausübt,

- versteht Führung als permanente, umfassende Aufgabe,
- erkennt und nutzt organisatorische Möglichkeiten und technologische Methoden der Leistungsverbesserung und Arbeitserleichterung,
- ist bemüht Unzufriedenheit und Konfliktsituationen frühzeitig zu erkennen und zu beseitigen,
- nimmt Defizite einzelner Mitarbeiter oder der Gruppe sowie Mängel der Gesamtleistung wahr und sorgt für Abhilfe,
- identifiziert Potentialträger und kümmert sich um ihre gezielte Förderung,
- setzt Ziele, wirkt inspirierend und motivierend,
- entscheidet vorausschauend und nachhaltig.

Aktive Führung ist investierend, vorsorgend und bewirkt, dass Störungen gar nicht erst entstehen, sondern schon im Ansatz erkannt und behandelt werden – umso weniger muss die Führungskraft reaktiv und korrigierend handeln. Die konsequente Anwendung des Prinzips des aktiven Führens reduziert reaktive Führungssituationen und gewährleistet somit eine permanente und nachhaltige Führung.

4.5.2.1 Zielvereinbarungsprozesse

Führen mit Zielen (»Management by Objectives« → 4.5.1) ist ein häufig angewendetes Führungsmodell. Abgeleitet von Unternehmens-, Bereichs- oder Abteilungszielen, definiert die Führungskraft Ziele für einzelne Mitarbeiter bzw. Mitarbeitergruppen. Die Erfüllung dieser Einzelziele dient dem Erreichen der Unternehmensziele. Das bedeutet, dass die Definition und Vereinbarung von Zielen nicht frei wählbar ist. Die Wege und Mittel, um das Ziel zu erreichen, können hingegen zwischen Führungskraft und Mitarbeiter vereinbart werden. Damit keine Konflikte entstehen und das Erreichen eindeutig überprüft werden kann, ist auf eine klare Formulierung der Ziele zu achten.

Als Faustregel dient die SMART-Formel. Ziele sollten demnach den folgenden Anforderungen entsprechen:

- **S**pezifisch
- **M**essbar
- **A**kzeptiert
- **R**ealistisch und
- **T**erminiert

Das Erreichen des Ziels kann mit einem Bonus für den Mitarbeiter verbunden werden, dessen Höhe bspw. auch davon abhängig gemacht werden kann, ob das Ziel vollkommen oder nur teilweise erreicht wurde. Allerdings ist die Frage, inwieweit das gesteckte Ziel erreicht wurde, bei qualitativen Arbeiten, die sich nicht auf exakt messbare Werte, wie Umsatz, Ertrag, Bearbeitungszeit o. ä. beziehen, nicht ohne Weiteres zu beantworten. Schon bei der Definition der Ziele sollte daher eine grundsätzliche Verständigung darüber erfolgen, wie festgestellt werden kann, ob und in welchem Maße das vereinbarte Ziel erreicht worden ist.

Die Einschätzung dazu sollte von Führungskräften regelmäßig überprüft werden (Zur Problematik von Zielen → 4.1.1.3).

Jahresziele

Jahresziele werden meist im Rahmen des jährlichen Mitarbeitergesprächs formuliert und für das folgende Jahr festgelegt. Die Verfolgung der vereinbarten Ziele sollte sowohl inhaltlich als auch zeitlich einen wesentlichen Anteil an der Arbeit des Mitarbeiters umfassen und überprüfbar sein. In der Regel werden vier bis fünf Jahresziele pro Mitarbeiter vereinbart.

Je nach Qualifikation des Mitarbeiters und dessen Erfahrung mit Zielvereinbarungen beteiligt sich die Führungskraft bei der Definition der Ziele mehr oder weniger stark, nur beratend oder gar nicht. Maßnahmen, die der Mitarbeiter selbst definiert und für zielführend hält, wird er i. d. R. mit größerer Motivation verfolgen als solche, die vom Unternehmen oder der Führungskraft vorgegeben wurden.

4.5.2.2 Informations- und Kommunikationsprozesse

Mitarbeiterführung und Information findet nahezu ausschließlich über Kommunikation statt – sei es schriftlich oder mündlich, einzeln oder in Gruppen. Dem Kommunikationswissenschaftler PAUL WATZLAWICK zufolge kann man nicht »nicht kommunizieren«. Kommunikation ist die Grundlage für jede Zusammenarbeit. Allerdings wird die tägliche Kommunikation zwischen Führungskraft und Mitarbeitern häufig nicht als Führungsaufgabe wahrgenommen.

Die Formen der Kommunikation zwischen Führungskraft und Mitarbeiter können verschiedene Zwecke verfolgen:

- Informationsaustausch
- Einweisungen, Anweisungen, Unterweisungen
- Kontrolle von Arbeitsaufgaben
- Zielvereinbarungen
- Beurteilung
- Delegieren, Beteiligen
- Team- oder Mitarbeiter-Besprechungen
- Feedback/konstruktive Kritik
- Lob, Wertschätzung und Anerkennung

Die Auswirkungen fehlender oder ungenügender Kommunikation werden recht schnell deutlich. Stellt die Führungskraft dem Mitarbeiter nicht alle für seine Arbeit erforderlichen Informationen zur Verfügung, können sich schwerwiegende Folgen ergeben: Fehlleistungen, Demotivation, sinkende Produktivität und im schlimmsten Fall die »innere Kündigung« des Mitarbeiters. Eine aktive, professionelle Mitarbeiterkommunikation und -information ist somit ein äußerst wichtiges Führungsinstrument – sowohl gegenüber dem einzelnen Mitarbeiter als auch für das gesamte Unternehmen. Sie weckt das Verständnis für Entscheidungen, kann Fehlentscheidungen und Fluktuation vorbeugen und helfen, Gerüchte, Angst und Konflikte zu vermeiden.

Insbesondere bei großen Veränderungen der Organisation spielt die aktive Information der Mitarbeiter eine große Rolle und stellt eine wichtige Orientierungshilfe dar.

4.5.2.3 Motivation

Die Erhaltung bzw. Steigerung der Mitarbeitermotivation ist eine zentrale Aufgabe von Führungskräften. Diese Auffassung beruht auf der Vorstellung, dass mit der Erfüllung von Arbeitsaufgaben bestimmte Bedürfnisse der Mitarbeiter (Anerkennung, Selbstverwirklichung, Sicherheit u. a.) befriedigt werden, und sie dadurch motiviert werden, bessere Arbeit zu leisten.

Stark vereinfacht kann die Rolle der Motivation und deren Anteil an einer Leistung mit folgender Formel dargestellt werden:

Leistung = Wollen + Können + Dürfen

Das **Wollen** beruht auf der Motivation des Mitarbeiters.

Das **Können** (Know-How) ergibt sich aus den Qualifikationen und Kompetenzen sowie den Persönlichkeitsmerkmalen des Mitarbeiters.

Das **Dürfen** hängt in erster Linie von der Führungskraft ab, die dem Mitarbeiter Aufgaben und Kompetenzen überträgt, sowie von den durch das Unternehmen vorgegebenen Rahmenbedingungen (Arbeitsmittel, Räumlichkeiten, Budget, etc.).

Intrinsische und Extrinsische Motivation

Intrinsische Motivation entsteht aus sich selbst heraus, weil die Aufgabe an sich Freude macht, sinnvoll oder herausfordernd ist und der inneren Überzeugung entspricht. Intrinsisch motivierte Tätigkeiten werden um ihrer selbst willen durchgeführt und nicht, um eine Belohnung zu erlangen oder eine Bestrafung zu vermeiden.

Extrinsische Motivation hingegen wird durch äußere Anreize hervorgerufen. Dies können Belohnungen (Prämie, Lob, Beförderung) oder Vermeidung von Sanktionen (Kürzungen, Kritik, Versetzung) sein. Im Unterschied zur intrinsischen Motivation werden Aufgaben also nicht um ihrer selbst

Willen oder aus eigenem Antrieb ausgeführt, sondern wegen der Aussicht auf Geld, Anerkennung oder der Vermeidung von negativen Konsequenzen.

Dabei schließen sich intrinsische und extrinsische Motive nicht zwangsläufig aus. Ein Angestellter kann z. B. seiner Tätigkeit sowohl aus Interesse an der Arbeit als auch wegen der Aussicht auf bessere Bezahlung, Erfolg und Macht nachgehen. Viele Handlungen werden aufgrund einer solchen Kombination aus intrinsischer und extrinsischer Motivation durchgeführt. Die Antwort auf die Frage, was Tätigkeiten motivierend macht, ist daher von hohem praktischen Nutzen für die Personal- und Unternehmensführung. So können Arbeitsaufgaben derart gestaltet werden, dass die Mitarbeitermotivation optimal angesprochen wird.

XY-Theorie nach McGREGOR

Theorie X: Menschen meiden Arbeit und Verantwortung. Dabei suchen sie Sicherheit, besitzen aber wenig Eigenantrieb. Daraus ergibt sich die Notwendigkeit, Mitarbeiter extrinsisch, also durch Anreize oder Strafen, zu motivieren, die ihnen übertragenen Aufgaben zu verfolgen.

Folgende Aspekte sind allerdings kritisch zu betrachten:

- Der Mitarbeiter wird nicht durch die Leistung an sich motiviert, sondern durch Belohnung bzw. Vermeidung von Sanktionen.
- Die Belohnung bzw. Androhung von Sanktionen muss aufrechterhalten, ggf. sogar intensiviert werden, damit die Leistung nicht wieder absinkt.
- Die Möglichkeit einer (finanziellen) Belohnung motiviert manche Mitarbeiter nicht, kaum oder nur für einen kurzen Zeitraum.

Theorie Y: Menschen sind motiviert zu arbeiten und haben ein Interesse daran, durch ihre Leistung zum Unternehmenserfolg beizutragen. Sie besitzen Initiative und sind bereit, Verantwortung zu übernehmen. Hier wird also von einer intrinsischen Motivation ausgegangen, d. h. der Mitarbeiter hat bestimmte Lebens- und Arbeitsmotive, die er mit seiner beruflichen Tätigkeit erfüllen möchte. Diese Motive beruhen auf seiner Persönlichkeit und der sich daraus ergebenden Wertestruktur, können also von außen so gut wie nicht beeinflusst werden.

Die Aufgabe der Führungskraft besteht darin, positive Rahmenbedingungen zu schaffen, damit die vorhandene Motivation der Mitarbeiter sich frei entfalten kann.

Bedürfnispyramide nach MASLOW

MASLOW hat die menschlichen Bedürfnisse in seiner Motivationstheorie in strukturierter Form beschrieben, die in Form einer Pyramide dargestellt werden kann. Die Theorie besagt, dass die Bedürfnisse einer Stufe erst befriedigt sein müssen, bevor Bedürfnisse der nächsthöheren Stufe befriedigt werden können (→ 1.2.1.3).

Zwei-Faktoren-Theorie nach HERZBERG

Herzberg hat die Theorie von MASLOW weiterentwickelt und gibt zwei Faktoren an als Eckpunkte für menschliches Verhalten und Motivation. Diese treten insbesondere bei der (Un-)Zufriedenheit im Arbeitsalltag in Erscheinung:

Motivatoren (z. B. Verantwortung, Arbeitsinhalte, Anerkennung, Erfolg)

Hygienefaktoren (z. B. Entgelt, soziale Beziehungen, äußere Arbeitsbedingungen).

Das Vorhandensein von **Motivatoren** löst zwar Zufriedenheit aus, ihr Fehlen erzeugt jedoch noch keine Unzufriedenheit – lediglich das Fehlen von Zufriedenheit.

Das Vorhandensein von **Hygienefaktoren** hingegen wird als normal und selbstverständlich empfunden, erzeugt daher keine besondere Zufriedenheit – ihre Abwesenheit hingegen löst Unzufriedenheit aus.

Für Mitarbeiterführung bedeutet dies in der Praxis, dass z. B. eine angemessene Bezahlung und angenehme Arbeitsumgebung zwar als selbstverständliche Grundvoraussetzungen empfunden werden, jedoch noch keine besondere Zufriedenheit bei Mitarbeitern hervorrufen. Auch die Beseitigung einer eventuellen Unzufriedenheit durch Verbesserung dieser Voraussetzungen bewirkt noch keine Zufriedenheit.

Für die Verbesserung der Arbeitszufriedenheit und der Anregung der Eigenaktivität von Mitarbeitern sind nach Herzberg allein die Motivatoren ausschlaggebend – sie gilt es daher zu fördern, um Mitarbeiter zu motivieren.

Lebensmotive nach STEVEN REISS

Alle Menschen besitzen die folgenden sechzehn Lebensmotive in unterschiedlicher Ausprägung und Intensität:

- Macht
- Unabhängigkeit
- Neugierde
- Anerkennung
- Ordnung
- Sparen
- Ehre
- Idealismus
- Beziehungen
- Familie
- Status
- Rache
- Eros
- Essen
- körperliche Arbeit
- Ruhe

Die Lebensmotive, die bei der täglichen Arbeit eine Rolle spielen, gilt es bei Mitarbeitern zu erkennen, um die Arbeitsbedingungen im Rahmen der betrieblichen Möglichkeiten motivationsfördernd zu gestalten. Ein Mitarbeiter mit einer hohen Motivation für Unabhängigkeit beispielsweise sollte eher frei und eigenverantwortlich arbeiten können, ein Mitarbeiter mit einem stark ausgeprägten Macht-Motiv arbeitet gut, wenn er (mit)entscheiden und bestimmen kann. Die Führungskraft sollte die verschiedenen Motive der Mitarbeiter erkennen und diese in den Arbeitsalltag einbinden, ohne sie zu behindern oder einzuschränken.

Gestaltung motivierender Arbeitssituationen

Neben der individuellen Arbeitseinstellung des Mitarbeiters sowie dem Einfluss der Führungskraft, sind auch die Arbeitsbedingungen für die Motivation der Mitarbeiter von Bedeutung.

- Erleben der Konsequenzen des eigenen Handelns und dessen Auswirkung auf die Gesamtleistung des Unternehmens. Die Informations- und Kommunikationspolitik des Unternehmens ist hierbei ebenso wichtig wie ein angemessenes Feedback der Führungskräfte
- (Heraus-)fordernde, aber nicht überfordernde Aufgabenstellungen, um die Gefahr von Demotivation durch Rückschläge und Niederlagen zu minimieren
- Anwendung des **Delegationsprinzips:** Möglichst vollständige und dauerhafte Übertragung von Kompetenzen, Befugnissen und Verantwortung durch die Führungskraft
- Gemeinschaftliche Arbeitserfahrungen, z. B. Gruppen-/Teamarbeit, Seminare, Workshops, Projektarbeit. Diese Formen der Zusammenarbeit fördern die Kooperation untereinander, das Wir-Gefühl (»Kohäsion«) sowie meist auch die Effizienz.

Die Vorteile dieser motivierenden Arbeitsbedingungen liegen auf der Hand:

Der Mitarbeiter fühlt sich als Fachmann anerkannt, wodurch seine intrinsische Motivation gesteigert wird. Er wird gefördert und gefordert, was das Selbstvertrauen durch eigenverantwortliches Arbeiten stärkt. Nicht zuletzt wird auch das Vertrauen in die Führungskraft und somit die Beziehungsebene zwischen Führungskraft und Mitarbeiter positiv beeinflusst. Es gilt jedoch auch, sogenannte Motivationskiller zu identifizieren und zu beseitigen, die sich oft unbemerkt einschleichen und zu folgenschweren Konsequenzen führen können.

Dazu zählen u. a.:

- Überforderung oder Unterforderung
- Ungleichbehandlung
- mangelhafte Kommunikation
- schwierige Arbeitsbedingungen, z. B. ungünstige Arbeitszeiten

Jeder Mitarbeiter verfügt über eine individuelle Motivations- und Bedürfnisstruktur, basierend auf unterschiedlichen Persönlichkeitsprofilen und Wertevorstellungen. Die Arbeitssituation sollte daher möglichst entsprechend diesen Bedürfnissen gestaltet werden, um die Gefahr einer Demotivation und damit einhergehender Schlechtleistung oder Fluktuation gering zu halten.

4.5.2.4 Teamprozesse

Aufgrund der zunehmenden Komplexität von Aufgabenstellungen nimmt die Bedeutung von Teamarbeit stetig zu. Indem die Perspektiven und Fähigkeiten verschiedener Mitarbeiter zusammengebracht werden, können Teammitglieder voneinander lernen und neue Fähigkeiten entwickeln, indem sie unterschiedliche Rollen und Aufgaben übernehmen und sich gegenseitig unterstützen. Gruppen können komplexe Probleme besser identifizieren, gründlicher analysieren und fundiertere Lösungen entwickeln, da sie das kollektive Wissen und die Kreativität ihrer Mitglieder nutzen können.

Außerdem stärkt Teamarbeit das Gefühl der Zugehörigkeit, was zu höherer Zufriedenheit und geringerer Fluktuation führt. Flexibilität und Anpassungsfähigkeit sind durch flexiblere Herangehensweisen höher. Dies macht sie widerstandsfähiger gegenüber unerwarteten Herausforderungen.

Die Rolle der Führungskraft im Rahmen von Teamarbeit besteht zunächst darin zu entscheiden, welche Aufgabe besser im Team zu lösen ist. Im nächsten Schritt sind die Teammitglieder auszuwählen, so dass die benötigten unterschiedlichen Kompetenzen innerhalb des Teams vertreten sind. Dann wird die Teamarbeit von der Führungskraft aktiv in Gang gesetzt und gesteuert.

Voraussetzungen für erfolgreiche Teamarbeit sind:

- Es gibt eine gemeinsame Vorstellung von Aufgabe und Ziel
- Die Mitglieder ergänzen sich in ihren Kompetenzen
- Es herrschen effiziente Arbeitsmethoden innerhalb des Teams
- Konflikte werden offen angesprochen und lösungsorientiert bearbeitet
- Alle Mitglieder tragen zur Leistung bei
- Jedes Mitglied wird geschätzt
- Auch unkonventionelle Ansichten und Methoden sind erlaubt

Neben projektgebundener Teamarbeit, die zeitlich begrenzt ist, gibt es auch Teams, die permanent zusammenarbeiten und Aufgaben verfolgen, die einer ständigen Weiterentwicklung bedürfen, z. B. zur kontinuierlichen Verbesserung der Qualität.

Phasen der Teamentwicklung

Das folgende Modell beschreibt die vier Phasen der Teamentwicklung und die jeweiligen Aufgaben der Führungskraft. Die Phasen verlaufen nicht zwangsläufig einmalig nacheinander, sondern können z. B. bei einem Wechsel von Mitgliedern erneut durchlaufen werden.

Forming (Orientierungsphase)

Die Teammitglieder lernen einander kennen und einzuschätzen. Meist herrschen eine Aufbruchsstimmung und die Bereitschaft, sich auf das Neue einzulassen. Die Teamleistung ist noch gering entwickelt. Die Aufgabe der Führungskraft besteht zu diesem Zeitpunkt darin, die Teammitglieder miteinander in Kontakt zu bringen, das Ziel der gemeinsamen Arbeit sowie die entsprechenden Rahmenbedingungen festzulegen und mit den Teilnehmern zu besprechen. Hierdurch gibt sie den einzelnen Teammitgliedern Orientierung und Sicherheit.

Storming (Frustrationsphase)

Die erste Begeisterung weicht im betrieblichen Alltag einer gewissen Ernüchterung. Es entstehen erste Konflikte innerhalb des Teams sowie zwischen Mitarbeitern und Führungskraft. Eigene Interessen werden wichtiger genommen und jedes Teammitglied versucht seinen Platz innerhalb der Gruppe zu finden. Ein Konkurrenzkampf beginnt, es entstehen Diskussionen und ggf. Cliquenbildung. Die Führungskraft muss diese Konflikte aktiv angehen und möglichst kooperativ klären. In der Regel sinkt in dieser Phase die Leistung, da viel Zeit und Energie in vorherrschende Konflikte und deren Klärung investiert werden. Es wäre allerdings ein Fehler, diese Phase zu unterdrücken oder die Konflikte zu übergehen – die Konflikte würden sich höchstens in die Zukunft verschieben.

Norming (Aufbruchphase)

Nach der Klärung von Konflikten und der Definition von Zielen, Schnittstellen und Teambeziehungen werden formelle Regelungen und Absprachen getroffen sowie Verhaltensregeln und die Organisation innerhalb des Teams. In dieser Phase entwickelt das Team ein Wir-Gefühl, welches sich auch durch eine Abgrenzung von anderen Teams zeigen kann. Die Kommunikation innerhalb des Teams nimmt zu und auftretende Konflikte werden möglichst zeitnah geklärt. Gleichzeitig steigt die Leistung des Teams aufgrund der abgesprochenen und auch eingehaltenen Verhaltensweisen.

Die Führungskraft zieht sich in dieser Phase aus der operativen Arbeit weitestgehend zurück. Sie fördert die Zusammenarbeit der Teammitglieder untereinander durch (korrigierendes) Feedback und das Überwachen getroffener Vereinbarungen und Absprachen.

Performing (Produktionsphase)

Das Team beginnt optimal zu arbeiten. Es herrscht eine kooperative Zusammenarbeit, sowohl innerhalb der Gruppe als auch in Teilgruppen. Der Einzelne kann sich entsprechend seiner Potenziale entfalten. Es entsteht ein gewisser Stolz auf das Team und deren Leistung. Da die Beziehungen der Mitglieder untereinander geklärt sind und abgesprochene Regelungen eingehalten werden, kann die Energie ganz für die Teamleistung verwendet werden. Jedes Teammitglied hat seinen Platz in der Gruppe gefunden und wird als zugehörig anerkannt. Je nach Situation und Kompetenzverteilung übernehmen einzelne Mitglieder die Führung und Verantwortung für einzelne Bereiche/Themen.

Führung und Steuerung des Teams

Zur Führung und Steuerung eines Teams kommen u. a. folgende Führungsinstrumente in Betracht:

- Regelmäßige Teambesprechungen
- Workshops
- Teamauszeiten
- Offsite-Meetings (außerhalb des regulären Arbeitsplatzes)
- Soziale Anlässe (Rituale z. B. gemeinsames Mittagessen)

Anlässe sind beispielsweise: Das Eintreten einer neuen Führungskraft, die Reorganisation bzw. Umstrukturierung des Unternehmens oder Teamkonflikte. Wie bei allen Führungsinstrumenten ist eine regelmäßige Reflexion empfehlenswert. Je nach Anlass kann ein (externer) Berater, Trainer oder Coach dabei unterstützen, z. B. bei größeren Restrukturierungsmaßnahmen.

Neben konkreten und operativen Inhalten gibt es auch (regelmäßige) Team-Workshops ohne vorgegebene Agenda. Hierbei werden i. d. R. zu Beginn gemeinsam die Themen gesammelt und im Laufe des Workshops dann abgearbeitet. Das Ende des Workshops kann die Präsentation der Ergebnisse bilden und die Vereinbarung über das weitere Vorgehen. Bei Teamentwicklungs-Workshops geht es auch immer um das weitere Zusammenwachsen und Festigen des Teams sowie die Verbesserung des Arbeitsklimas. Daher sind häufig auch gemeinsame Aktivitäten eingeplant und Zeiten zum bewussten Kennenlernen der Mitglieder untereinander.

Teamkonflikte

Wo Menschen zusammenarbeiten, treffen unterschiedliche Meinungen, Vorstellungen und Werte aufeinander. Die hieraus entstehenden Konflikte werden häufig als ein Argument gegen Teamarbeit verwendet.

Teamkonflikte können in folgenden Formen auftreten:

- Rollenkonflikte (Wer hat welche Rolle/Funktion)
- Zielkonflikte (Wohin/was wollen wir)
- Wahrnehmungskonflikte (Wer nimmt etwas wie wahr)
- Umsetzungskonflikte (Auf welchem Weg/wie)
- Wertekonflikte (Was ist wem wichtig)
- Beziehungskonflikte (Sympathie und Antipathie)
- Verteilungskonflikte (Wer erhält welche Ressourcen)

Einvernehmlich gelöst, können Konflikte ein Team bei der Bewältigung einer Aufgabe jedoch voranbringen und sollten daher als Chance betrachtet werden. Sie machen unterschiedliche Sichtweisen und mögliche Handlungsalternativen sichtbar, verhindern Stagnation und festgefahrene Routine und eröffnen nicht selten durch eine konstruktive Auseinandersetzung neue Lösungsansätze.

Die Aufgabe der Führungskraft besteht darin, Konflikte rechtzeitig zu erkennen und so zu steuern, dass positive Veränderungen möglich sind und die beteiligten Mitarbeiter gestärkt aus der Konfliktsituation herausgehen.

4.5.2.5 Innovationsprozesse

Ein effektiver Innovationsprozess erfordert eine unterstützende Unternehmenskultur, die Kreativität, Risikobereitschaft und Zusammenarbeit fördert. In dem Zusammenhang werden oft Begriffe wie **Total Quality Management** (TQM) und **Kontinuierlicher Verbesserungsprozess** (KVP) genannt. Beide fördern eine Innovationskultur und streben an, die Qualität von Produkten, Dienstleistungen und Prozessen durch innovative Lösungen kontinuierlich zu verbessern. Hierdurch können Unternehmen sicherstellen, dass ihre Innovationsprozesse strukturiert, effizient und qualitätsorientiert sind und gleichzeitig ein hoher Qualitätsstandard aufrechterhalten wird.

Die Aufgaben einer Führungskraft im Zusammenhang mit Innovationsprozessen im Unternehmen sind vielfältig und entscheidend für den Erfolg und die Nachhaltigkeit von Innovationen. So wird die aktive Suche nach Innovationen und Handlungsalternativen zur Prozessoptimierung und der Verbesserung von Arbeitsabläufen als grundsätzliche Einstellung vorausgesetzt. Führungskräfte sollen Mitarbeiter dazu ermutigen, neue Ideen einzubringen und kontinuierlich an der Verbesserung von Produkten und Prozessen zu arbeiten.

Dies kann durch folgende Maßnahmen geschehen:

- Regelmäßige Innovationsworkshops
- Vision und Strategie entwickeln
- Kultur der Kreativität und Experimentierfreude fördern
- Schaffung von interdisziplinären Teams
- Fehlertoleranz etablieren
- Ressourcen bereitstellen (Finanzielle Mittel, Zeit und Personal)
- Mitarbeiter- Partizipation fördern
- Anerkennung und Wertschätzung äußern
- Strukturen und Prozesse schaffen
- Kooperation und Kommunikation fördern
- Technologie und Werkzeuge nutzen
- Marktorientierung und Kundenbedürfnisse verstehen
- Nachhaltigkeit und soziale Verantwortung fördern

Durch die Erfüllung dieser Aufgaben können Führungskräfte sicherstellen, dass Innovationsprozesse effektiv und effizient ablaufen, die Innovationskultur im Unternehmen gestärkt wird und langfristig erfolgreiche Innovationen hervorgebracht werden.

4.5.3 Beraten der Führungskräfte

Führungskräfte werden in ihrer Führungsarbeit mit unterschiedlichen Fragestellungen konfrontiert, zu denen sie nicht immer sofort eine Antwort haben. In vielen Bereichen können Mitarbeiter der Personalabteilung Hilfe leisten. Führungskräfteberatung dient dem Ziel, Führung im Unternehmen so auszuüben, dass Potentiale erkannt und gefördert werden, sowie Motivation, Leistungsbereitschaft und Leistungsfähigkeit der Mitarbeiter gestärkt und nach Möglichkeit dauerhaft erhalten bleiben.

Mögliche Inhalte sind:

- Allgemeine Fragen zur Gehaltsabrechnung
- Arbeitsrechtliche oder sozialversicherungsrechtliche Aspekte (Probezeit, Rente)
- Innerbetriebliche Regelungen (Arbeitszeit, Überstunden, Urlaub)
- Anwendung von Führungsinstrumenten (Mitarbeiterbeurteilung, Bonus-/Prämiensystem)
- Disziplinarische Maßnahmen (Abmahnung, Kündigung)
- Umgang mit schwierigen Situationen (Suchterkrankungen, Lohnpfändungen, Mobbing)
- Personalentwicklungsmöglichkeiten innerhalb des Unternehmens
- Veränderungs- oder Teamentwicklungsprozesse

In bestimmten Fällen müssen auch externe Fachleute konsultiert werden (Rechtsanwalt, Steuerberater, Arbeitsmediziner) oder Kollegen aus anderen Fachabteilungen (Buchhaltung, Controlling).

Neben individueller Beratung der Führungskräfte und Hilfestellung bei konkreten Fragen bietet die Personalabteilung auch Seminare und Workshops an, um Führungskräfte z. B. mit neuen Führungsinstrumenten, -leitlinien o. a. vertraut zu machen und deren Führungsrepertoire zu erweitern.

4.5.3.1 Berater-/Coach-Rolle

Während sich der Experte eher als fachlicher Berater mit einem hohen Maß an Fach- und Methodenkompetenz sieht, versteht sich der Coach mehr als ein Berater hinsichtlich von Strukturen und Prozessen. Er unterstützt Führungskräfte und Mitarbeiter methodisch in der Reflexion und der Definition eigener Lösungen. Dabei handelt es sich in erster Linie um eine arbeitsbezogene Selbstreflexion, die jedoch stark personen-, also mitarbeiterorientiert abläuft.

Der Coach leistet demnach für seinen Klienten (Coachee) vor allem Hilfe zur Selbsthilfe. Freiwilligkeit und Vertraulichkeit bilden wichtige Grundlagen, für den Erfolg einer Coaching-Maßnahme. Als Coach können sowohl Mitarbeiter der Personalentwicklung als auch Führungskräfte fungieren. Oft kommt auch ein externer Coach zum Einsatz.

Gründe für den Einsatz eines externen Coachs:

- Fachliche Qualifikation und einschlägige (Berufs-) Erfahrung
- Offenheit, Unvoreingenommenheit, Neutralität gegenüber Mitarbeitern
- Repertoire an Techniken
- Schweigepflicht, Diskretion
- Unabhängigkeit von Unternehmen (im Gegensatz zu Mitarbeitern/Kollegen)

Anforderungen und Kriterien, die bei einem externen Coach von Bedeutung sind:

- Persönliche Akzeptanz beim Mitarbeiter
- Branchenkenntnisse
- Lebens- und Berufserfahrung
- Ein gutes Netzwerk
- Methodenkompetenz

4.5.3.2 Beratungskonzepte und -prozesse

Coaching

Es gibt zahlreiche Definitionen zum Thema Coaching – allen Gemeinsam ist die Beschreibung der Ausgangssituation: Ein Ratsuchender (Coachee, Klient) wird individuell und intensiv durch einen Berater (Coach) bei der Bewältigung von Schwierigkeiten/Problemen in bestimmten Situationen begleitet und unterstützt. Im Fokus steht hierbei die Persönlichkeit und die Stärkung der Fähigkeit zur Selbstreflexion/-steuerung.

Coaching soll eine Entwicklung in Gang setzen, die sowohl die Aufgabenreife (Methodenkompetenz) als auch die psychologische Reife (Selbstkompetenz, Sozialkompetenz) des Einzelnen betrifft. Es fördert die Lösungskompetenz der Mitarbeiter, die sich so der eigenen Gestaltungsmöglichkeiten bewusst werden und dadurch ihr Vertrauen in die eigenen Fähigkeiten stärken. Verdeckte Ressourcen werden so sicht- und nutzbar gemacht.

Ein Coaching-Prozess läuft i. d. R. in folgenden Schritten ab:

- Erstgespräch
  Kennenlernen, Klärung des Ziels/Auftrags und gegenseitiger Erwartungen, ggf. Einbeziehung der Führungskraft
- Coaching Termine
  Beschreibung der Ist-Situation, Entwicklung von Handlungsalternativen, Interventionen des Coachs (z. B. durch Feedback), Reflexion der (Zwischen-) Ergebnisse, Umsetzung der Maßnahmen durch den Coachee
- Abschlussgespräch
  Empfehlungen für weitere Schritte und gegenseitiges Feedback, ggf. erneute Einbeziehung der Führungskraft

Mentoring

Im Gegensatz zum Coaching – ein zielgerichteter und eher kurzfristiger Prozess, um spezifische berufliche oder persönliche Ziele zu erreichen – ist Mentoring hingegen eine langfristige Beziehung, bei der ein erfahrener Mentor sein Wissen und seine Erfahrungen teilt, um einen sogenannten »Mentee« in seiner beruflichen und persönlichen Entwicklung zu unterstützen.

Eine erfahrene Führungskraft betreut einen neuen Mitarbeiter und steht als Ansprechpartner zur Verfügung. Dieses Konzept verbindet fachliche Beratung mit Aspekten eines Coachings. Der Mentor steht dem »Mentee« aufgrund seiner größeren Erfahrung im Unternehmen und mit seiner Rolle als Führungskraft beratend zur Seite. In der Regel wird das Verhältnis zwischen Mentor und Mentee zeitlich begrenzt (z. B. sechs Monate oder ein Jahr). Ähnlich wie beim Coaching sind Freiwilligkeit und Vertraulichkeit von hoher Bedeutung.

Führungskräfte-/Fachkonferenz

Selbstorganisierte Gruppen, z. B. von Führungskräften, treffen sich regelmäßig zur Abstimmung und Beratung anlässlich aktueller Fälle aus der Unternehmenspraxis. Hierzu können externe Experten, Trainer oder Coaches eingeladen werden, was einen Erfahrungsaustausch, auch über die kollegiale Kommunikation hinaus, unterstützt.

Buddy-/Patensystem

Insbesondere bei neuen Mitarbeitern, aber auch bei erstmaliger Übernahme einer (Führungs-) Position werden Kollegen auf gleicher Verantwortungsebene als Paten oder sogenannte »Buddies« eingesetzt, um den Einstieg in das Unternehmen oder den neuen Bereich zu erleichtern. Das Patensystem gleicht in vieler Hinsicht dem Mentoring. Alltägliche Fragen können so viel schneller und leichter geklärt werden und die Einarbeitung funktioniert effizienter.

4.6 Betriebliche Arbeitsformen mitgestalten, Grundsätze moderner Arbeits- und Lernorganisation umsetzen

Früher wurde die Arbeitswelt vornehmlich durch den **Taylorismus** (→ 1.1.4) geprägt – also hohe Arbeitsleistung in kürzester Zeit, Standardisierung, repetitive Arbeitsschritte und Lohn als primäre Motivation der Mitarbeiter. Doch das passt nicht mehr zur modernen, flexiblen und dynamischen Arbeitswelt. Mittlerweile stehen die Arbeitsbedingungen, die Bedürfnisse der Mitarbeiter und deren Persönlichkeitsförderung zunehmend im Vordergrund.

Mittlerweile hat sich die Erkenntnis etabliert, dass die Zufriedenheit der Mitarbeiter und eine hieraus resultierende (intrinsische) Motivation und Identifikation mit dem Unternehmen strategisch wichtige Faktoren für den Erfolg des Unternehmens, zur Reduzierung der Fluktuation und zur Bindung qualifizierter Mitarbeiter sind. Die wirtschaftlichen Ziele des Unternehmens sollen daher möglichst mit den sozialen Bedürfnissen der Mitarbeiter in Einklang gebracht werden.

Dem entspricht das Konzept des **Lean Management** (lean = engl. schlank) – ein Ansatz zur kontinuierlichen Verbesserung von Prozessen in Unternehmen mit dem Ziel, Ressourcen effizienter zu nutzen und jegliche Art der Verschwendung wie überflüssige Aktivitäten zu minimieren bzw. zu vermeiden. Weniger die Menge und der Output der Arbeitsleistung zählt, sondern die Bedingungen, unter denen diese erbracht wird. Mitarbeiter werden ermutigt, Verbesserungsvorschläge zu machen und werden in Entscheidungsprozesse eingebunden, was wiederum zu einer höheren Arbeitszufriedenheit führt. Der Ursprung des Lean Managements liegt in den Produktionsmethoden des Toyota-Produktionssystems, das in den 1950er Jahren entwickelt wurde.

Weitere Stichworte dazu sind **Kaizen, Kanban, Just-in-Time** und **Total Quality Management** (→1.1.4 und 4.4).

Zentrale Fragestellungen in diesem Zusammenhang:

Wie werden wir in Zukunft arbeiten?

Digitalisierung und neue Technologien prägen die heutige Arbeitswelt. Die Covid-19 Pandemie hat gezeigt, dass viele Aufgaben auch remote, d. h. außerhalb des Büros, erledigt werden können. Unternehmen setzen verstärkt auf hybride Modelle, bei denen Mitarbeiter sowohl im Büro als auch fern des üblichen Arbeitsplatzes arbeiten können. Kurzfristige, projektbasierte Arbeit nimmt zu, Firmen ohne physische Büros werden häufiger, was eine vollständige Dezentralisierung der Arbeit ermöglicht.

Ebenso steigt die Bedeutsamkeit von flexiblen Arbeitszeiten und Teilzeitarbeit, um eine bessere Vereinbarkeit von Beruf und Privatleben zu ermöglichen (»Work-Life-Balance«). Mitarbeiter erwarten mehr Autonomie und Flexibilität in der Gestaltung ihrer Arbeitszeit und Arbeitsweise.

Was bedeutet dies für die Organisation betrieblicher Arbeit und Mitarbeiterführung?

Unternehmen müssen agil und anpassungsfähig sein, um schnell auf Veränderungen reagieren zu können. Eine robuste digitale Infrastruktur ist unerlässlich, um mobile und hybride Arbeitsmodelle zu unterstützen. Führungskräfte müssen ein hohes Maß an Vertrauen in ihre Mitarbeiter haben. Anstatt Anwesenheiten zu kontrollieren, wird der Fokus mehr auf die Zielerreichung gelegt.

Automatisierung, Künstliche Intelligenz (KI) und andere digitale Tools übernehmen immer mehr Aufgaben, so dass sich der Anteil von Routinearbeiten reduziert und mehr Raum für kreative und strategische Tätigkeiten bleibt. Kontinuierliche Weiterbildung und Anpassung der Fähigkeiten von Mitarbeitern werden umso wichtiger, um mit den technologischen und organisatorischen Veränderungen Schritt zu halten.

Weitere ökonomische, soziodemografische und politische Aspekte, die Einfluss auf betriebliche Arbeitsformen haben:

- Globalisierung und Internationalisierung des Waren- und Dienstleistungsverkehrs: Verlagerung von Produktionsstätten und Dienstleistungen in Länder mit niedrigeren Löhnen.
- Der Aufstieg der digitalen Wirtschaft hat neue Arbeitsbereiche und Berufe geschaffen, insbesondere im Bereich IT, Datenanalyse und E-Commerce.
- Demografischer Wandel: Veränderungen in der Bevölkerungsstruktur, z. B. Lebensalter, Geburten- und Sterberaten sowie Migration, bringen verschiedene Herausforderungen wie die Verlängerung der Lebensarbeitszeit, Fachkräftemangel, Zuwanderung und Integration von Fachkräften.
- Veränderung der Absatzmärkte: Wachstum in Schwellenländern wie China und Indien, Stagnation in Europa.
- Politische Instabilität: Handelskonflikt zwischen den USA und China, Unsicherheiten in den Handelsbeziehungen zwischen dem Vereinigten Königreich und der EU aufgrund des Brexits, Kriminalität und Korruption in Lateinamerika, Afrika und Osteuropa.

Diese Trends und Entwicklungen stellen konkrete Anforderungen an die Unternehmens- und Arbeitsorganisation sowie an die personalwirtschaftlichen Dienstleistungen des Unternehmens, insbesondere den Bereich der Personalentwicklung, um wettbewerbsfähig und attraktiv für Talente zu bleiben.

Da sich die Anforderungen an die Arbeitskräfte schnell ändern, wird kontinuierliches Lernen und die Anpassung an neue Technologien entscheidend sein. Bildungssysteme und Unternehmen müssen verstärkt in Weiterbildung und Umschulung investieren. Die Trends deuten darauf hin, dass Flexibilität, kontinuierliches Lernen und Anpassungsfähigkeit Schlüsselkompetenzen für die Zukunft sein werden.

4.6.1 Moderne Arbeitsorganisation

Die beschriebenen Entwicklungen treffen bei vielen Mitarbeitern zusätzlich auf eine sich verändernde Wertestruktur und Arbeitshaltung. So rückt die Vereinbarkeit von Beruf und Familie immer mehr in den Mittelpunkt. Mitarbeiter suchen in ihrer Arbeit vermehrt nach Sinnhaftigkeit, Partizipation und Selbstverwirklichung, während der reine Geldverdienst eher in den Hintergrund tritt. Folglich werden erhöhte Ansprüche an Arbeitsgestaltung sowie an Unternehmens- und Personalführung gestellt.

Vielen Mitarbeitern kommt es auf ein ausgeglichenes Verhältnis von Arbeitstätigkeit und sonstigen Aktivitäten (Familie, Freizeit, Hobbies) an, der sogenannten »**Work Life Balance**«. Es gibt verschiedene Möglichkeiten der Arbeitsgestaltung, die dies unterstützen:

- Flexible Arbeitszeiten: Gleitzeitmodelle ermöglichen es den Mitarbeitern, ihre Arbeitszeiten an persönliche Bedürfnisse und Verpflichtungen anzupassen.
- Home Office/Mobiles Arbeiten: Die Möglichkeit, von zu Hause oder von einem anderen Ort aus zu arbeiten, reduziert Pendelzeiten und bietet mehr Flexibilität im Arbeitsalltag.
- Teilzeitarbeit und Jobsharing: Diese Modelle bieten die Möglichkeit, die Arbeitszeit zu reduzieren und die Aufgaben mit einem Kollegen zu teilen, was mehr Freizeit und eine bessere Vereinbarkeit von Beruf und Privatleben ermöglicht.

- Sabbaticals und unbezahlter Urlaub: Längere unbezahlte Beurlaubungen geben Mitarbeitern Zeit für persönliche Projekte, Weiterbildung oder Erholung.
- Arbeitszeitkonten: Mit einem Arbeitszeitkonto können Mitarbeiter aufgelaufene Überstunden als Freizeit nehmen oder früher in den Ruhestand gehen.
- Gesundheitsfördernde Maßnahmen: Angebote wie Sport, Gesundheitschecks und eine ergonomische Arbeitsplatzgestaltung fördern das Wohlbefinden der Mitarbeiter.
- Kinderbetreuung: Betriebseigene oder betrieblich unterstützte Kinderbetreuungsangebote erleichtern es Eltern, den Beruf und die Familie zu vereinbaren.
- Pausen und Erholungszeiten: Regelmäßige Pausen und die Förderung von Erholungszeiten sind wichtig, um Überarbeitung zu vermeiden und die Produktivität zu erhalten.
- Technologie zur Unterstützung der Arbeit: Der Einsatz von Technologien, die die Arbeit effizienter machen und Routineaufgaben automatisieren, kann die Arbeitsbelastung reduzieren.
- Teamevents und soziale Aktivitäten: Gemeinsame Aktivitäten stärken den Teamgeist und bieten eine willkommene Abwechslung zum Arbeitsalltag.

4.6.1.1 Gruppen-/Teamarbeit, Inselkonzepte

Teamarbeit als Arbeitsorganisation ist in der Regel die **temporäre** und thematisch begrenzte Zusammenarbeit mehrerer Mitarbeiter aus verschiedenen Unternehmensbereichen, beispielsweise in Qualitätszirkeln, Task Forces und Projektteams. Diese Teams arbeiten nicht täglich zusammen und ihre Mitglieder sind neben der Teamarbeit weiterhin in ihrer Hauptaufgabe tätig. Eine übergeordnete Fragestellung benötigt jedoch zeitweise diese Kooperation/Zusammenarbeit.

Gruppenarbeit bedeutet, eine umfangreiche Aufgabenstellung **dauerhaft** an eine Gruppe zu übergeben, die den Arbeitsprozess dann selbstständig plant, durchführt und kontrolliert. Diese muss sich dabei lediglich an vorgegebene Budgetvorgaben halten, verantwortet jedoch gemeinsam das Ergebnis. Einzelne Tätigkeiten wie Durchführung, Steuerung, Kontrolle usw. werden in gegenseitiger Abstimmung wahrgenommen. Eine formale Führung ist meist nicht vorgesehen, die Vertretung nach außen obliegt einem Koordinator. Diese Form der Arbeitsorganisation erfordert sehr reife Gruppenmitglieder, bei denen eine gemeinsame Ziel- und Wertevorstellung sowie ein hohes Engagement herrscht.

Eine spezielle Form der Gruppenarbeit stellen **Inselkonzepte** dar, die meist in der Produktion zum Einsatz kommen. Hier wird die traditionelle Fertigung, bei der jeder Mitarbeiter einen bestimmten Handgriff durchführt, durch die Zusammenfassung mehrerer Arbeitsschritte in einer Fertigungsinsel ersetzt. Die Gruppe erhält z. B. für eine Montageaufgabe alle Teile und Werkzeuge und plant die Ausführung eigenständig. Dabei können die einzelnen Teilaufgaben im Wechsel wahrgenommen werden, so dass die Arbeit weniger monoton ist und die Mitarbeiter Kompetenzen in unterschiedlichen Arbeits- und Steuerungsvorgängen entwickeln. Diese Arbeitsform bringt zwar einen erhöhten Bedarf an Abstimmung und Kommunikation mit sich, gleichzeitig aber auch einen geringeren Führungsbedarf sowie eine Flexibilisierung des Arbeitsprozesses.

Nutzen und Vorteile der Gruppen- und Teamarbeit:

- Erschließung bisher ungenutzter Ressourcen
- Selbstorganisation und Selbstoptimierung
- Ausweitung des Gestaltungs- und Verantwortungsspielraums
- Kompetenzerweiterung der einzelnen Mitarbeiter

- Stärkere Einbindung in betriebliche Planungs- und Entscheidungsprozesse
- Erkennen von (Wissens-)Defiziten
- Höhere Problemlösungsbereitschaft und -fähigkeit
- Verbesserte Information und Kommunikation
- Optimierung der Arbeitsabläufe, Zeitersparnis
- Zufriedenheit der Mitarbeiter

Mögliche Nachteile:

- Hoher Zeit- und Kostenaufwand
- Konformitätsdruck unter den Mitarbeitern
- Extreme Entscheidungen

Der Erfolg einer Gruppe wird von verschiedenen Faktoren beeinflusst. Hierzu zählen die Größe und Zusammensetzung der Gruppe, der Prozess der Zielbildung (selbst- oder fremdbestimmt), die Klarheit der Aufgabenstellung, die Art und Weise der Führung, der Führungsstil sowie die eingesetzten Führungsinstrumente. Außerdem spielen Anreize für eine Gruppe eine wichtige Rolle, die sowohl materieller (wie Vergütung und Bonus) als auch immaterieller Natur (wie Lob und Anerkennung) sein können. Regelmäßige Sitzungen in separaten Räumlichkeiten sind ebenfalls wichtig. Diese Sitzungen sollten vergütet werden und von einem Moderator geleitet werden, um den Gruppenprozess zu unterstützen.

4.6.1.2 Remote Working

Der veraltete Begriff »Telearbeit« wird zunehmend ersetzt durch oder »Mobiles Arbeiten« oder »Remote Working« (Engl. »fern, abgelegen«). Hierbei befindet sich der Mitarbeiter nicht (dauerhaft) am Standort des Arbeitgebers, Kommunikation findet mittels moderner Kommunikationsmittel (Laptop, Tablet, Internet, Mobiltelefon) statt. Spätestens seit der Covid-19 Pandemie wissen wir, dass viele Tätigkeiten und Aufgaben auch außerhalb des Büros erfolgreich erledigt werden können.

Viele Unternehmen waren 2020 gezwungen, Remote Working einzuführen bzw. auszubauen, um den Betrieb aufrechtzuerhalten. So wurde verstärkt in technologische Infrastruktur wie Tools zur virtuellen Zusammenarbeit, Cloud-Technologien sowie in die IT-Sicherheit investiert, um die Arbeitsfähigkeit der Mitarbeiter von zu Hause aus sicherzustellen. Dies hat selbst in Branchen, die zuvor skeptisch waren, zu einer beschleunigten Akzeptanz und Umsetzung von Remote-Work-Modellen geführt.

Das Ergebnis ist eine wesentlich flexiblere Arbeitskultur, die es Mitarbeitern auch nach der Pandemie ermöglicht hat, teilweise oder vollständig ortsunabhängig zu arbeiten. Dies hat einen erheblichen Einfluss auf die Work-Life-Balance und Lebensqualität der Mitarbeiter hat, was schließlich zu einer höheren Arbeitszufriedenheit und Motivation führt. Es bleibt abzuwarten, wie sich diese Entwicklungen langfristig auf die Arbeitswelt auswirken werden.

Telearbeit kann in verschiedenen Formen und mit unterschiedlichen Arbeitsmodellen stattfinden:

- **Home-Office:** Arbeiten von zu Hause aus, oft mit flexiblen Arbeitszeiten und der Nutzung digitaler Kommunikations- und Informationstechnologien. Dies kann entweder als reine Heimarbeit oder abwechselnd mit Präsenz im Unternehmen (hybrides Modell) geschehen.

- **Mobile Telearbeit:** Arbeiten von verschiedenen Orten aus, z. B. im Zug, in Cafés oder an anderen Orten mit Internetzugang. Dieses Modell kommt typischerweise im Außendienst oder auf Dienstreisen zum Tragen.

- **Alternierende Telearbeit:** Ein hybrides Modell, bei dem Präsenzarbeit und Remote Working kombiniert werden. Mitarbeiter arbeiten innerhalb eines definierten zeitlichen Rahmens von zu Hause aus oder einem Ort seiner Wahl. Die restliche Arbeitszeit verbringt er im Unternehmen und nutzt diese insbesondere für Meetings, Projektsitzungen und Rücksprachen mit Führungskräften und Kollegen.
- **Kollektive Telearbeit:** Dezentrale Büros, in denen Mitarbeiter eines Unternehmens gemeinsam arbeiten.
- **Co-Working/Shared Office:** Mitarbeiter verschiedener Unternehmen oder Selbstständige nutzen gemeinsam Büroflächen und -einrichtungen. Dies ist eine flexible und kostengünstige Alternative zu traditionellen Büros, insbesondere für Start-ups, kleine Unternehmen und Freelancer.
- **Virtuelle Teams:** Zusammenarbeit in Teams, deren Mitglieder geografisch verteilt sind und vollständig über digitale Kommunikationsmittel interagieren, ohne sich physisch am selben Ort zu befinden.
- **»Workation«:** Ein aus den englischen Worten »work« und »vacation« zusammengesetzter Begriff, das eine Arbeitsform beschreibt, bei der Menschen ihre beruflichen Tätigkeiten an ihrem Urlaubsort ausüben, oft vor oder nach dem eigentlichen Urlaub. Dieses Arbeitsmodell erfreut sich insbesondere bei digitalen Nomaden, Freelancern und Unternehmen, die flexible Arbeitsmodelle unterstützen, zunehmender Beliebtheit.

Die Digitalisierung und der rasante technologische Fortschritt lassen Grenzen hinsichtlich der technischen Ausstattung (Hardware, Software, mobile Endgeräte, Internet) sowie Anschaffungs- und Betriebskosten in den Hintergrund rücken. Allerdings ergeben sich bei mobilem Arbeiten vermehrt Themen wie Datenschutz und Datensicherheit sowie soziale und arbeitsrechtliche Fragestellungen. Außerdem können die Grenzen zwischen Arbeit und Privatleben verwischen, was zu neuen Herausforderungen führt.

Um den Nutzen dieser modernen Arbeitsform zu gewährleisten und keine gegenläufigen Effekte zu erzeugen, sind bei der Einführung von Telearbeit im Unternehmen einige Aspekte kritisch zu betrachten:

Wichtig ist in jedem Fall, dass die Form der angestrebten Telearbeit auch angemessen und passend in den Betrieb eingebunden wird. Außerdem ist eine klare Regelung bzgl. Arbeits- und Wegezeiten ebenso angeraten wie Maßnahmen zum Gesundheitsschutz (Arbeitsplatz-Ergonomie). Eine weitere Rolle spielt die soziale Einbindung der Mitarbeiter, denn allzu oft besteht die Gefahr, dass Mitarbeiter, die dem Betrieb häufig fernbleiben, den Anschluss an das Kollegium oder ihre Führungskräfte verlieren.

Themen wie Datenschutz und der Datensicherheit ist besondere Aufmerksamkeit zu widmen; Risiken sollte unbedingt vorgebeugt und das Unternehmen rechtlich abgesichert werden. Hier bietet insbesondere der Datenschutzbeauftragte Hilfestellung hinsichtlich der notwendigen Vorkehrungsmaßnahmen.

Nutzen von Telearbeit	Gefahren von Telearbeit
• Keine lokale Beschränkung bei Einstellungen	• Instabile Internetverbindung je nach Wohnlage/ Aufenthaltsort
• Reduzierte Umweltbelastung durch Berufsverkehr	• Schwierige Trennung von Beruflichem und Privatem, Ablenkungen
• Anpassung an soziale Bedürfnisse der Mitarbeiter (Freizeit)	• Fehlen von sozialen Kontakten und Austausch mit den Kollegen
• Vereinbarkeit von Arbeit und Familie	• Erhöhte Aufwendungen für Datenschutz und Datensicherheit
• Berücksichtigung des individuellen Biorhythmus/ Leistungskurve	• Führungsprobleme (durch mangelnde persönliche Kommunikation)
• Kostenreduzierung für das Unternehmen (Raummiete, Betriebskosten)	• Informations-Defizite durch Abwesenheit
• Höhere Zufriedenheit und Motivation durch Selbstbestimmung und Flexibilität	• Soziale Isolation, mangelnde Interaktion mit Kollegen
• Höhere Produktivität	• Geringere Produktivität

4.6.1.3 Agile Arbeitsformen

Unternehmen werden niemals ganzheitlich durchgeplant und optimiert werden können. Ein Grund ist der Faktor Mensch, der unbekannte Variablen und daraus resultierende Probleme in Geschäftsprozesse einbringt – sei es durch Wünsche und Erwartungen, fehlende Kenntnis, Veränderungen der Anforderungen oder mangelnde Ressourcen. Ein zu starres Prozessmanagement ist daher zum Scheitern verurteilt. Kleine unvorhersehbare Veränderungen können zu Schwierigkeiten im gesamten Prozessablauf führen und die Unternehmensziele in Gefahr bringen.

Hier kommt das Konzept der Agilität ins Spiel, denn agile Methoden und Prozesse sind adaptiv und reagieren schneller auf Veränderungen.

Der Ursprung liegt in der Softwareentwicklung und wurden offiziell durch das »Agile Manifesto« im Jahr 2001 von einer Gruppe von 17 Softwareentwicklern eingeführt, um bessere Methoden für die Softwareentwicklung zu diskutieren. Seitdem haben agile Arbeitsformen an Popularität gewonnen, immer mehr Unternehmen wenden diese auch auf Projekte oder Tätigkeiten außerhalb der IT an.

Es handelt sich dabei um Methoden und Prinzipien der Zusammenarbeit, die das traditionelle Projektmanagement auf den Kopf stellen: Die Kontrolle und Verantwortung für das Erreichen der Ziele wird den Mitarbeitern überlassen, die sich in der Regel in Teams organisieren. Hierbei bedienen sie sich Techniken wie Visualisierung, Retrospektiven, Scrum Boards, Workshops, etc.

Agile Arbeitsmethoden beruhen auf folgenden Eckpfeilern:

- Regelmäßige und transparente Kommunikation
- Feedback zu Fortschritten und Problemen
- Für alle sichtbare Aufgaben und Abläufe
- Klare und einfache Regeln

Agilität wird als Gegenteil von schwerfällig, träge und umständlich begriffen. In einer Arbeitsumgebung mit unsicherem oder nur kurzfristigem Prognosehorizont wird versucht, neue Informationen möglichst schnell in den Arbeitsprozess einzubauen. Dabei werden langfristige Planungsprozesse durch kurze »Sprints« abgelöst und die Entwicklung z. B. mit Hilfe von sogenannten iterativen Prozessen, d. h. sich schrittweise in mehreren Runden dem richtigen Ergebnis nähernd, vollzogen.

Mittels agiler Arbeitsformen soll Arbeit in der sogenannten VUKA-Welt organisiert werden. VUKA steht hierbei für volatil, unsicher, komplex und ambivalent und ist ein Konzept, das die Herausforderungen und Eigenschaften der modernen, dynamischen Welt beschreibt. Die VUKA-Welt erfordert von Unternehmen und Führungskräften ein hohes Maß an Flexibilität, Lernbereitschaft und die Fähigkeit, in einem ständig wandelnden Umfeld zu navigieren.

Volatilität: Unbeständigkeit oder Schwankung. Marktbedingungen, Technologien, Kundenanforderungen und äußere Einflüsse ändern sich schnell und unvorhersehbar, z. B. Finanzmärkte oder technologischer Fortschritt.

Unsicherheit: Unklarheit über die Zukunft und die Schwierigkeit, präzise Vorhersagen zu treffen. Informationen sind oft unvollständig oder widersprüchlich, was eine Entscheidungsfindung erschwert. Unsicherheit kann durch neue Wettbewerber, unerwartete politische Entscheidungen oder plötzliche Marktveränderungen entstehen.

Komplexität: Vielzahl und Vernetzung von Variablen und Faktoren, die Unternehmen beeinflussen. In einer komplexen Umgebung gibt es unzählige Einflussfaktoren und Ursache-Wirkungs-Beziehungen sind oft nur schwer zu erkennen. Beispiele sind globale Lieferketten oder die Entwicklung von High-Tech-Produkten.

Ambiguität: Mehrdeutigkeit und die Existenz mehrerer Interpretationsmöglichkeiten von Situationen und Informationen. Klare, eindeutige Antworten werden seltener, z. B. bei neuen Geschäftsmodellen oder in kulturell vielfältigen Teams.

Ein weiteres Stichwort in diesem Zusammenhang ist **Scrum** (engl. = Gedränge), eine Ableitung aus dem Lean Management für Projektarbeit, die traditionelle Vorgehensmodelle ablöst. Das Prinzip setzt auf hohe Transparenz, regelmäßige Überprüfung und kontinuierliche Verbesserungsprozesse. So entstehen neue Stellen wie der Scrum Master oder der Product Owner, welche Steuerungs- und Koordinationsaufgaben übernehmen, die bisher Führungsaufgaben waren. Mittelfristig führt das zu einer Neudefinition von Führungsaufgaben in agilen Arbeitsumgebungen.

Kritiker sehen aber teilweise schon eine Übertreibung der Agilität als Modeerscheinung, da manche Prozesse, die durchaus planbar, wenig komplex, aber sicher sind, unnötigerweise mit agilen Methoden bearbeitet werden.

4.6.2 Lernförderliche Arbeitsgestaltung

Auf die verschiedenen Lernbereiche und Arten des Lernens sowie die Notwendigkeit des lebenslangen Lernens und den hierfür unabdingbaren Voraussetzungen der Lernfähigkeit und Lernbereitschaft wurde bereits eingegangen (→ 4.2).

Arbeits- und Lernprozesse sind immer weniger getrennt voneinander darstellbar, ihre Grenzen verschwimmen zunehmend. Grund ist die fortgesetzte Veränderung von Prozessen, die eine nahezu permanente Anpassung des Arbeitsverhaltens durch Lernen notwendig macht. Moderne Lernformen wie E-Learning und »Blended Learning« (→ 4.2.2.4) ermöglichen eine Verbindung von Arbeits- und Lernort.

Bei der lernförderlichen Gestaltung von Arbeit sind verschiedene Faktoren von Bedeutung:

- Ergonomie (Arbeitsumgebung, Klima, Lärm, Beleuchtung)
- Organisation der Arbeit (Selbständigkeit, Kooperation, Freiräume)
- Arbeitsformen (Gruppen-, Team-, Projektarbeit)
- Sinnhaftigkeit in Prozessen und Abläufen

Um eine lernförderliche Arbeitsgestaltung zu schaffen, ist es erforderlich, den Mitarbeitern die Möglichkeit zu geben, neue Dinge auszuprobieren, wobei auch Fehler gemacht werden dürfen. Dazu muss den Mitarbeitern ein gewisser Freiraum gewährt werden und ihnen der Rückhalt ihrer Führungskräfte gewiss sein. Durch die Definition von Lernzielen und die regelmäßige Reflexion von Arbeits- und Lernprozessen können Führungskräfte das arbeitsbegleitende Lernen fördern und motivieren.

4.6.2.1 Arbeits- und Lernbedürfnisse der Beschäftigten

Die Arbeits- und Lernbedürfnisse der Mitarbeiter werden meist im Rahmen eines Personal- bzw. Jahresgesprächs erfasst. Hieraus können sowohl die Gestaltung der Arbeit als auch Lern- und Personalentwicklungsmaßnahmen abgeleitet werden. Um diesen Prozess strukturiert anzugehen, können folgende Fragen helfen:

- Welche Lernbedürfnisse werden in den Bereichen Fach-, Methoden- und Sozialkompetenz gesehen?
- Welche künftigen Anforderungen an die Arbeit lösen welche Lernbedürfnisse der Mitarbeiter aus?
- Wie müssen sich die Arbeitsprozesse verändern, damit diese erfolgreich gemeistert werden können?

4.6.2.2 Lernchancen am Arbeitsplatz

Mitarbeiter und Führungskräfte, die die Lernchancen in der täglichen Arbeit erkennen, nehmen sich Zeit zur Reflexion. Ein Lerntagebuch, in dem die alltäglichen Lernschritte fixiert werden, kann diesen Prozess unterstützen.

Umfassend dargestellte Arbeitsaufgaben – also vom Auftrag, über Planung und Durchführung bis zur Kontrolle – sind sinnvoll, weil so die Bedeutung der eigenen Arbeit und Ergebnisse nachvollziehbar werden und somit ein Beurteilen und Optimieren besser möglich ist. Mitarbeiter sollen eine gewisse Selbständigkeit sowie einen angemessenen Gestaltungsspielraum erhalten und an der Aufgabenverteilung bzw. der Vergabe von Ressourcen beteiligt werden. Hierdurch werden Selbstkontrolle und die kontinuierliche Reflexion und Optimierung der eigenen Arbeit erleichtert.

Für das Lernen am Arbeitsplatz besteht i. d. R. eine hohe Grundmotivation, da einerseits die Notwendigkeit des Lernens aus der anstehenden Aufgabe offensichtlich ist und andererseits das Erlernte sofort erfolgreich in praktisches Handeln umgesetzt werden kann. Führungskräfte können diesen Effekt nutzen, indem sie die Tätigkeit des Mitarbeiters mit Aufgaben oder Arbeitssituationen anreichern, die Lernmöglichkeiten eröffnen, so zum Beispiel:

- **Job Enlargement:** Mehr Aufgaben, gleiches Anforderungsniveau (Aufgabenerweiterung, horizontal)
- **Job Enrichment:** Anspruchsvollere Aufgaben, Höherqualifizierung (Kompetenzerweiterung, vertikal)

4.6.3 Moderne Lernorganisation

Weiterbildungsangebote von Unternehmen waren in der Vergangenheit eher angebotsorientiert, d. h. aus einem bereitgestellten internen oder externen Bildungsangebot, welches nach Zielgruppen aufgebaut war, konnten entsprechende Schulungsmaßnahmen ausgewählt werden. Diese Angebotsorientierung der Weiterbildung ist in den vergangenen Jahren immer mehr einer Nachfragorientierung gewichen.

Weiterbildungsmaßnahmen werden zunehmend zu Maßanfertigungen, mit deren Hilfe auch kurzfristig auftretende Schulungsbedarfe bedient werden können. Gleichzeitig werden Schulungszeiten und die damit einhergehenden betrieblichen Fehlzeiten durch den Einsatz von E-Learning und Trainings »on the job« tendenziell reduziert. Der Kosten-Nutzen-Aspekt von Bildungsmaßnahmen wird außerdem zunehmend kritisch betrachtet und bei der Auswahl geeigneter und effizienter Formen berücksichtigt (Bildungscontrolling → 3.4.5 und → 4.4.4).

Die Personalentwicklung muss diesen Entwicklungen in ihrer personellen Aufstellung und mit ihrem inhaltlichen Angebot Rechnung tragen, indem sie neue Lernformen etabliert und sich zu einem Experten für Lern- und Veränderungsprozesse (z. B. bei Expansion, Fusion, Restrukturierung) entwickelt.

4.6.3.1 Lernprozesse

Betriebliche Lernprozesse finden auf drei Ebenen statt:

- **Individuelles Lernen** → Neu erlernte Fach-, Methoden- oder Sozialkompetenzen einzelner Mitarbeiter
- **Teamlernen** → Gemeinsames Lernen in einer Gruppe
- **Organisationales Lernen** → Geänderte Zusammenarbeit zwischen Betriebsteilen oder Abteilungen

Die Lernebenen sind miteinander verbunden und der Lernerfolg hängt häufig davon ab, ob und inwieweit das Erlernte auf die jeweils anderen Ebenen übertragen wird. Der Wandel einer Unternehmenskultur oder neu geschaffene Strukturen müssen schließlich auch auf die einzelnen Abteilungen bzw. die Führungskräfte und Mitarbeiter übertragen und im Arbeitsalltag gelebt werden.

Anpassungs- und Veränderungslernen

Beim **Anpassungslernen** stellen wir uns die Frage »Tun wir die Dinge richtig?«. Wir setzen Maßnahmen ein, um ein bestimmtes Ziel zu erreichen. Gelingt es uns, erscheinen uns die Maßnahmen als richtig gewählt; verfehlen wir es, intensivieren wir die Maßnahmen oder ersetzen sie durch andere Vorgehensweisen. Das Ziel bleibt hingegen außer Frage.

Veränderungslernen beschäftigt sich mit der Frage »Tun wir die richtigen Dinge?«. Tritt das gewünschte Ergebnis nicht ein – auch nachdem wir es auf unterschiedlichen Wegen und mit wachsender Intensität verfolgt haben – wird das Ziel an sich hinterfragt.

Anpassungs- und Veränderungslernen können miteinander einhergehen oder nacheinander ablaufen. Ein Beispiel: Ein Mitarbeiter soll qualifiziert werden, um künftig eine Führungsaufgabe zu übernehmen, da bei ihm das entsprechende Potenzial identifiziert wurde. Der Mitarbeiter wird mittels Entwicklungs- und Qualifizierungsmaßnahmen gefördert, steigert jedoch seine Leistung nicht und scheut sich davor, Verantwortung zu übernehmen.

- **Anpassungslernen:** Andere Maßnahmen und Instrumente zur Personalentwicklung anwenden, um das gewünschte und angestrebte Ziel zu erreichen
- **Veränderungslernen:** Das Ziel wird in Frage gestellt oder geändert oder die Förderung des Mitarbeiters wird beendet, da die Potenzialeinschätzung falsch war

4.6.3.2 Zentrales und dezentrales Lernen

Zentral organisiertes Lernen findet meist in Gruppen und »off the job« statt. Es ist eine effiziente Form der vorwiegend kognitiven Wissensvermittlung durch eine Fachperson an mehrere Teilnehmer derselben Zielgruppe (Frontalunterricht). Die klassische Form ist das Seminar im Bildungszentrum.

Dezentrales Lernen findet meist individuell oder in kleinen Gruppen statt und ist mit der Arbeit eng verbunden (»on the job«). Der Lernprozess liegt mehr in der Verantwortung der Lernenden und wird im Gegensatz zur reinen Wissensvermittlung durch Dozenten von einem erfahrenen Kollegen, einer Führungskraft oder einem internen Trainer begleitet und nötigenfalls überwacht und korrigiert. Die Lerninhalte sind dabei stark an der praktischen Umsetzung orientiert.

4.6.3.3 Überbetriebliches und betriebliches Lernen

Während betriebliches Lernen den unternehmerischen Abläufen folgt und sich am betrieblichen Nutzen orientiert, dient das überbetriebliche Lernen dem Erlernen grundlegender und nicht firmenspezifischer Inhalte. Beispiele sind das Lernen in der Berufsschule im Rahmen der dualen Berufsausbildung oder Fort- und Weiterbildungen bei Bildungsanbietern. Diese Qualifizierungen vermitteln Grundlagenkenntnisse eines Berufsbildes oder einer Spezialisierung und schließen in der Regel mit einer Prüfung und einem staatlich anerkannten Zertifikat ab.

Überbetriebliche Fort- und Weiterbildungen bilden die Voraussetzungen im sogenannten zweiten Bildungsweg, über den in Deutschland grundsätzlich dieselben Abschlüsse erworben werden können wie über den ersten Bildungsweg. Hier gilt das bildungspolitische Prinzip der Gleichwertigkeit der allgemeinen und der beruflichen Weiterbildung.

Das Duale System der Berufsausbildung

Das System wird als dual bezeichnet, weil die Ausbildung an zwei Lernorten stattfindet: im **Betrieb** und in der **Berufsschule**.

Der Betrieb ist als Ausbilder der Vertragspartner des Auszubildenden und für den erfolgreichen Verlauf und die Organisation der Berufsausbildung primär verantwortlich. Schwerpunkt der betrieblichen Berufsausbildung ist die Vermittlung von beruflichen Fertigkeiten, Kenntnissen und Fähigkeiten (berufliche Handlungsfähigkeit) sowie der erforderlichen Berufserfahrungen, die dem Auszubildenden die Ausübung einer qualifizierten beruflichen Tätigkeit in einem anerkannten Ausbildungsberuf ermöglichen.

Die Berufsschule vermittelt das theoretische Know-How des Ausbildungsberufs, jedoch unabhängig von den Erfordernissen des Ausbildungsbetriebs. Der Unterricht an der Berufsschule kann an einzelnen Wochentagen (Teilzeitform) oder wochen-/monatsweise (Blockunterricht) organisiert werden. Die beiden Lernorte kooperieren und die Lehrpläne der Berufsschule werden auf die praktischen Lerninhalte des Ausbildungsrahmenplans abgestimmt.

Wesentliche Rechtsgrundlage für die Berufsausbildung ist das **Berufsbildungsgesetz** (BBiG). Ergänzend sind weitere Gesetze wie z. B. das Jugendarbeitsschutzgesetz (JArbSchG) zu beachten.

Das BBiG enthält im Wesentlichen folgende Regelungen:

- Anerkennung von Ausbildungsberufen
- Erlass von Ausbildungsordnungen
- Das Ausbildungsverhältnis, Rechte und Pflichten
- Eignung von Ausbildungsstätte und -personal
- Prüfungswesen

Damit werden Fragen beantwortet wie: Wer darf ausbilden, welche Ausbildungsberufe sind anerkannt, welche Rechte und Pflichten hat der Auszubildende, wie hat ein geeigneter Ausbildungsbetrieb auszusehen, wie werden Prüfungen durchgeführt, usw.

Für jeden Beruf wird eine **Ausbildungsordnung** erlassen. Sie werden für die einzelnen Ausbildungsberufe von Vertretern der Gewerkschaft, Unternehmen und Fachverbänden gemeinsam erarbeitet und vom Bundeswirtschaftsministerium (BMWi) erlassen.

Die jeweilige Ausbildungsordnung regelt Einzelheiten wie die staatliche Anerkennung und Berufsbezeichnung, das Berufsbild, die Ausbildungsdauer und die Prüfungsanforderungen. Sie enthält insbesondere den **Ausbildungsrahmenplan**, der ein vollständiges Verzeichnis aller für die Ausbildung in dem betreffenden Beruf verbindlich vorgeschrieben Kenntnisse, Fertigkeiten und Fähigkeiten umfasst sowie die zeitliche Abfolge derer Vermittlung.

Aus dem Ausbildungsrahmenplan entwickelt der Ausbildungsbetrieb dann den **betrieblichen Ausbildungsplan,** in dem der zeitliche Ablauf in begrenztem Maße den betrieblichen Gegebenheiten angepasst werden kann.

Eine besondere Rolle kommt laut BBiG der **zuständigen Stelle** (i. d. R. die Kammer, z. B. Industrie- und Handelskammer (IHK), Handwerkskammer (HWK), etc.) im Rahmen der Berufsausbildung zu. Die zuständigen Stellen haben im Wesentlichen folgende Aufgaben:

- Feststellung und Überwachung der Ausbildungseignung eines Betriebs
- Erbringen von Beratungsleistungen für Auszubildende und Ausbildungsbetriebe
- Führen des Verzeichnisses der Berufsausbildungsverhältnisse
- Erlassen von Prüfungsordnungen und Errichtung von Prüfungsausschüssen
- Durchführung von Zwischen- und Abschlussprüfungen
- Durchführen von Ausbilderprüfungen

Außerdem fungieren die Kammern bzw. zuständigen Stellen als Schlichtungsausschuss zur Beilegung von Streitigkeiten zwischen Auszubildenden und Ausbildenden.

In den letzten Jahren hat sich das duale System der Berufsausbildung weiterentwickelt, wobei verschiedene Reformen und Initiativen eingeführt wurden, um die Ausbildung an die sich verändernden Anforderungen der modernen Arbeitswelt anzupassen. So werden Ausbildungsordnungen kontinuierlich überarbeitet und aktualisiert, z. B. durch die Integration neuer Technologien und Kompetenzen in die Ausbildung sowie die Vermittlung von Kenntnissen zu IT-Sicherheit und digitaler Kommunikation.

Ebenso erfolgt die Einführung von flexibleren Ausbildungszeiten und -modellen, z. B. das Teilzeitausbildungsmodell. Darüber hinaus wurden Maßnahmen wie die Einführung von Förderprogrammen, Berufsorientierungsmaßnahmen und Ausbildungsgarantien ergriffen, um benachteiligten Jugendlichen und jungen Erwachsenen den Weg in eine erfolgreiche Berufsausbildung zu ermöglichen.

Außerdem wurde 2020 die Mindestausbildungsvergütung eingeführt, die sich seitdem jährlich erhöht. Dies setzt dort an, wo es keine Tarifbindung gibt und Auszubildende bislang eine niedrige Vergütung erhielten. Zudem wird hierdurch Transparenz geschaffen und die Attraktivität der Berufsausbildung gesteigert, was insbesondere in Bereichen wichtig ist, in denen Fachkräftenachwuchs gesucht wird.

4.6.3.4 Möglichkeiten des Wissensmanagements

Mitarbeiter besitzen fachliches Wissen sowie spezielles Wissen über konkrete Verfahren und Prozesse. Jedoch nur ein geringer Teil davon ist dokumentiert und verfügbar **(explizites Wissen)**. Der weitaus größere Teil ist nicht dokumentiert und befindet sich in den Köpfen der Mitarbeiter **(implizites Wissen)**. Hieraus ergibt sich für Unternehmen die Notwendigkeit, durch Wissensmanagement für die dauerhafte Verfügbarkeit des vorhandenen, aber nicht allgemein zugänglichen Wissens zu sorgen.

Die Nutzung früherer Erfahrungen und bereits gefundener Lösungen in künftigen Arbeitssituationen ist ein sehr effizienter Weg für nachhaltigen Erfolg. Für Unternehmen stellen sich in diesem Zusammenhang die folgenden Fragen:

- Wie kann vorhandenes Wissen für Alle nutzbar gemacht werden?
- Wie kann das Wissen einzelner Mitarbeiter vernetzt werden?
- Wie können Mitarbeiter motiviert werden, ihr Wissen zu teilen?

Das Wissensmanagement versucht diese Fragen zu beantworten, indem es Wissen als eine unternehmerische Ressource ansieht, die – analog zu anderen betrieblichen Ressourcen – ebenso »gemanaged« werden muss.

Die häufigsten Ziele, die mittels Wissensmanagement erreicht werden sollen, sind:

- Optimierung des Zugriffs und Nutzen von Wissen
- Archivierung von Wissen für künftige Bedarfe
- Erfahrungsgewinn für alle Mitarbeiter
- Transfer von Wissen innerhalb oder zwischen verschiedenen Fachbereichen
- Verbesserung der Problemlösekompetenz des Unternehmens, eines Bereichs, einer Abteilung oder eines einzelnen Mitarbeiters

Häufig wird eine **Wissensdatenbank** eingerichtet, also eine Sammlung von Informationen innerhalb des Unternehmens, um diese allen Mitarbeitern verfügbar zu machen. Es kann sich um einmal erhobene Basisdaten, Lösungen für wiederkehrende Fragestellungen, erfolgreiche Vorgehensweisen und Methoden handeln, aber auch um sogenannte Best Practices, erfolgreiche Prozesse oder Benutzerhandbücher (z. B. das QM-Handbuch). Wichtig ist die Kontextualisierung, also eine Strukturierung nach Schlüsselwörtern, um das Auffinden von Inhalten innerhalb der Wissensdatenbank und die Einpflege zu erleichtern.

Solche Datenbanken können in Form eines Fragenkatalogs oder nach Themenbereichen aufgebaut werden. Einige Unternehmen etablieren sogar ein eigenes »Unternehmens-Wiki« nach dem Vorbild der internetbasierten Enzyklopädie »Wikipedia«. Denkbar ist auch ein Unternehmens-Blog als Diskussionsplattform oder eine Mitarbeiter-Zeitung bzw. ein Newsletter.

Bei der Implementierung von Wissensmanagement-Systemen können verschiedene Probleme auftreten. Dazu gehören fehlendes Bewusstsein für die Notwendigkeit solcher Systeme, Vorbehalte oder die Weigerung der Mitarbeiter, ihr Wissen zu teilen, sowie Zeitknappheit. Weitere Herausforderungen sind die fehlerhafte oder unvollständige Weitergabe von Wissen und der Verlust von Know-how beim Ausscheiden einzelner Mitarbeiter, insbesondere bei Schlüsselpositionen.

Zudem können ungenügende technische Voraussetzungen die erfolgreiche Implementierung behindern.

Folgende Aspekte sollen bei der Einführung einer Wissensdatenbank betrachtet werden:

- Inhalt: Welches Wissen wollen wir verfügbar machen
- Struktur: Wie bauen wir die Datenbank auf
- Aufbau/Erhalt: Wie motivieren wir Mitarbeiter, ihr Wissen zu teilen
- Pflege/Qualitätssicherung: Wie bleibt das Wissen in der Datenbank aktuell

Insbesondere der letzte Punkt stellt in der Praxis eine große Herausforderung dar. Zahlreiche Wissensmanagement-Systeme, die mit gutem Vorsatz geschaffen werden, bleiben leider leer und ungenutzt. In diesem Zusammenhang ist es förderlich, dass Wissensmanagement auch vom Unternehmen anerkannt wird und entsprechende Voraussetzungen sowie Verantwortlichkeiten zu schaffen.

Der Prozess zum Wissenserhalt bei Ausscheiden eines Mitarbeiters muss zudem klar definiert sein, um entsprechend vorbeugen bzw. reagieren zu können. Eine strukturierte Klassifizierung und Formatierung ist die Grundvoraussetzung für das Wiederfinden von Informationen. Der regelmäßige und effektive Austausch der Mitarbeiter untereinander bildet die notwendige Basis, um die Datenbank permanent auf dem aktuellen Stand zu halten. Schließlich sollen Regelungen und Zugriffsrechte geschaffen werden, um Risiken von Fehlinformationen und andere Fehlerquellen möglichst gering zu halten.

Mögliche Gründe für eine Verweigerungshaltung von Mitarbeitern:

- Unsicherheit bzgl. Relevanz und Richtigkeit des Wissens
- Zeitaufwand für das Eingeben in die Datenbank
- Befürchteter Verlust von Macht oder Sonderstatus (Know-How Träger)
- Konfrontation mit möglicher Ersetzbarkeit
- Hierarchiedenken und Abteilungs-Egoismen
- Konfliktscheue bei neuen Ideen
- Einzelkämpferdenken

Talentmanagement

Das Ziel von Talentmanagement ist, die für den Unternehmenserfolg wichtigen Positionen (»Schlüsselpositionen«) dauerhaft mit den richtigen Mitarbeitern zu besetzen bzw. die Mitarbeiter so einzusetzen, dass sie mit ihren Fähigkeiten und ihrem Wissen bestmöglich zum Unternehmenserfolg beitragen.

Angesichts des Fachkräftemangels ist es wichtig, dass das Talentmanagementsystem eines Unternehmens auf die veränderten Bedingungen der Arbeitswelt reagieren. Dies kann durch die Gewinnung qualifizierter externer Talente, aber auch durch gezielte Entwicklung (und Bindung) interner Talente geschehen. Hierzu müssen zunächst Potenzialträger erkannt und entsprechend den Bedürfnissen des Unternehmens gefördert werden, um sie danach an der richtigen Stelle zu platzieren, z. B. für eine Führungsaufgabe.

Ein erfolgreiches Talentmanagement setzt eine entsprechende Unternehmenskultur voraus, die das »Managen« von Wissen und Talent als zentralen Faktor im Hinblick auf die Wettbewerbsfähigkeit erkennt. Hierzu ist auch die entsprechende Grundhaltung von Führungskräften vonnöten:

- Offenheit und Bewusstsein der Notwendigkeit von Talentmanagement
- Strategisch zukunftsorientierte Ausrichtung
- Zielgerichtete Förderung der Mitarbeiter
- Bereitschaft zur ggf. erforderlichen Freistellung der Mitarbeiter zur Qualifizierung

Auch die Nachfolgeplanung (→ 2.6.2.4) und die Laufbahnplanung (→ 2.6.2.5) sind in diesem Zusammenhang wichtige Instrumente zur langfristigen Absicherung von Schlüsselpositionen. Die Nachfolgeplanung ist stellenbezogen, die Laufbahnplanung hingegen mitarbeiterbezogen.

4.6.3.5 Möglichkeiten von Internet/Intranet

Der freie und relativ kostengünstige Zugang zu Informationen im Internet hat mittlerweile auch die Arbeits- und Lernorganisation revolutioniert. Die Verfügbarkeit von Wissen ist heute aktueller und umfassender möglich als je zuvor. Die Nutzung des Internets als Vertriebskanal und Informationsquelle ist zu einer Selbstverständlichkeit geworden.

Aber auch für die betriebliche Personalentwicklung bietet das Internet viele Möglichkeiten und Vorteile:

- Transparenz für Mitarbeiter über vorhandene Bildungsangebote
- E-Learning-Plattformen, Online-Kurse und Webinare
- Individualität von Zeit, Ort und Tempo von Lernaktivitäten
- Austausch und Unterstützung durch Foren, Chats, Videokonferenzen
- Moderne Telekommunikation und mobiles Arbeiten
- Interaktive Workshops
- Wissensdatenbank

In diesem Zusammenhang ergeben sich jedoch auch neue Fragestellungen an Unternehmen:

- Wie wird die Sicherheit bei der Nutzung des Internets gewährleistet?
- Welche Medienkompetenzen müssen Mitarbeiter für die effiziente Nutzung der neuen Medien besitzen bzw. welche noch erlernen?
- Wie wird das Surfen im Internet während der Arbeitszeit geregelt?
- Wie wird die Grenze zwischen privater und betrieblicher Nutzung von Internet definiert?

Zahlreiche Unternehmen verfügen über ein internes Internet, das sogenannte Intranet, mit dem Informationen veröffentlicht, Dokumente bereitgestellt und Handbücher, Prozesse und betriebliche Anweisungen verfügbar gemacht werden können. Ein großer Vorteil hiervon ist neben der schnelleren Verfügbarkeit die einfachere Pflege und Sicherstellung der Aktualität.

Jedoch können die nahezu unbegrenzten Verteilungs- und Speichermöglichkeiten dazu führen, dass zahllose Informationen unstrukturiert eingestellt werden und die Mitarbeiter mit Informationen überflutet werden. Hier gilt es Regeln für Einstellung von Informationen und die Nutzung des Intranets im Unternehmen zu vereinbaren, die diesen Gefahren entgegenwirken.

Kontrollfragen

142. Nennen Sie Ziele von Mitarbeiterbeurteilung für das Unternehmen sowie Vorteile für Mitarbeiter.
143. Nennen Sie Rahmenbedingungen für Mitarbeitergespräche.
144. Was unterscheidet offene von geschlossenen Beurteilungssystemen?
145. Nennen Sie die vier Beurteilungsprinzipien.
146. Nennen Sie Beobachtungs-/Beurteilungsfehler.
147. Worin besteht der Unterschied zwischen Potenzialanalyse und Leistungsbeurteilung?
148. Nennen Sie einige Verfahren zur Potenzialanalyse.
149. Erklären Sie den Begriff »Assessment Center« und nennen Sie verschiedene Übungen.
150. Nennen Sie Ziele von Personalentwicklung für Unternehmen und Mitarbeiter.
151. Grenzen Sie die Begriffe »Kompetenz« vs. »Qualifikation« voneinander ab.
152. Definieren Sie die berufliche Handlungskompetenz.
153. Definieren Sie und nennen Sie Beispiele für Methodenkompetenz, Sozialkompetenz und Selbstkompetenz.
154. Erläutern Sie den Begriff »Schlüsselkompetenzen«.
155. Nennen/Beschreiben Sie die 3 Lernbereiche.
156. Nennen und beschreiben Sie mindestens drei verschiedene Lerntypen.
157. Erklären Sie die Begriffe »Learning on the job«, »Learning off the job«, »Learning near the job«.
158. Nennen Sie Beispiele für »Learning on the job« und erklären diese.
159. Nennen Sie die Vor- und Nachteile von E-Learning.
160. Unterscheiden Sie die Begriffe Anpassungsfortbildung, Aufstiegsfortbildung sowie berufliche Weiterbildung und nennen Sie je ein Beispiel.
161. Nennen Sie jeweils drei direkte und drei indirekte Kosten der beruflichen Weiterbildung.
162. Nennen Sie unterschiedliche Verrechnungsformen der beruflichen Weiterbildung.
163. Nennen und erklären Sie die beiden Ansätze des Bildungscontrolling.
164. Beschreiben Sie den Begriff »Lerntransfer« und nennen Sie Möglichkeiten zur Förderung und Sicherung des Lerntransfers.
165. Nennen Sie Faktoren, die Einfluss auf den Lerntransfer haben.
166. Nennen Sie die Schritte des Lerntransferkreislaufs.
167. Nennen Sie jeweils drei Vor- und Nachteile externer Bildungsmaßnahmen.
168. Ordnen Sie den Begriff des »lebenslangen Lernens« in den betrieblichen Kontext ein.
169. Nennen Sie Zielgruppen für betriebliche Förderprogramme.
170. Nennen Sie Beispiele für gruppenorientierte Förderprogramme.

171. Erläutern Sie die Bedeutung von Qualitätsmanagement in der Personalentwicklung.
172. Beschreiben Sie die 4 Phasen des PDSA Regelkreises.
173. Nennen Sie qualitätssichernde Maßnahmen in der Personalentwicklung.
174. Nennen Sie Möglichkeiten zur Überprüfung der Qualität von Bildungsmaßnahmen.
175. Nennen Sie die Ziele von Bildungscontrolling.
176. Nennen Sie quantitative sowie qualitative Kennzahlen.
177. Nennen Sie die 4 Ebenen von Bildungscontrolling nach Kirkpatrick und jeweils eine Möglichkeit der Evaluierung.
178. Nennen Sie die 4 Perspektiven der Balanced Scorecard in der Personalentwicklung sowie jeweils ein Beispiel.
179. Nennen und beschreiben Sie drei Führungsmodelle.
180. Nennen Sie drei Führungsstile.
181. Was unterscheidet den autoritären vom kooperativen Führungsstil?
182. Was unterscheidet zweidimensionale von eindimensionalen Führungsstilen?
183. Erläutern Sie den Begriff »Führungsleitlinien« und nennen Sie mögliche Inhalte.
184. Nennen Sie Anforderungen an vereinbarte Ziele.
185. Nennen Sie die Schritte des Managementkreislaufs.
186. Worin besteht der Unterschied zwischen intrinsischer und extrinsischer Motivation?
187. Wie können motivierende Arbeitssituationen geschaffen werden?
188. Nennen und beschreiben Sie die 4 Phasen der Teamentwicklung.
189. Nennen Sie mindestens 4 Arten von Teamkonflikten.
190. Nennen Sie Faktoren, die Einfluss auf die Gestaltung betrieblicher Arbeitsformen haben.
191. Nennen Sie Möglichkeiten zur Steigerung der »Work-Life Balance«.
192. Erläutern Sie verschiedene Möglichkeiten von »Remote Working«.
193. Nennen Sie jeweils drei Chancen und Risiken von mobilem Arbeiten.
194. Nennen Sie Aufgaben der beiden Lernorte im Dualen System der Berufsausbildung.
195. Welche Inhalte hat die Ausbildungsordnung?
196. Nennen Sie die Inhalte eines Ausbildungsrahmenplans.
197. Nennen Sie die Ziele von Wissensmanagement.
198. Nennen Sie mögliche Gründe für eine Verweigerungshaltung von Mitarbeitern bei der Erstellung einer Wissensdatenbank.

Antworten zu den Kontrollfragen

1 Personalarbeit organisieren und durchführen

1. Mit der Personalarbeit werden wirtschaftliche und soziale Ziele verfolgt:
Wirtschaftliche Ziele sind diejenigen, die von dem Begriff der Wirtschaftlichkeit geprägt sind: kostengünstige Produktion, kostengünstige Dienstleistung, geringe Personalkosten, hohe Ausbringungsmengen.
Soziale Ziele sind die Ziele, die den Mitarbeitern und Mitarbeiterinnen zugemessen werden; es geht darum, sich »als Mensch zu verwirklichen«, einen sicheren Arbeitsplatz zu haben, ein gesichertes Einkommen zu haben, sich bei der Arbeit wohlzufühlen, kommunizieren zu können, Anerkennung zu finden.
Diese beiden Ziele stehen oft in einem nicht aufhebbaren Gegensatz zueinander. Personalarbeit bedeutet, dass ein ständiger Kompromiss zwischen diesen beiden auseinanderdriftenden Zielen erreicht werden muss.

2. Bei der Linienfunktion hat die Personalarbeit eine gestaltende, entscheidende Funktion. Es ist eine »operative Aufgabe«. Im Rahmen der Linienfunktion wird in der Personalabteilung innerhalb der Aufgaben entschieden, die zugewiesen sind. Der Grundgedanke des Liniensystems ist, dass untergeordnete Stellen jeweils nur von einer Stelle Anordnungen und Weisungen erhalten. Diese kommen von der Unternehmensspitze und gehen über mehrere Leitungsebenen bis zu jeder Stelle. In der grafischen Darstellung einer Linienorganisation ist die Überstellung sehr gut sichtbar. Ein weiteres Prinzip einer Linienorganisation ist es, dass kein Vorgesetzter in den Zuständigkeitsbereich anderer Abteilungen hineinregieren oder Instanzen überspringen kann. Der »Dienstweg« führt über eine gemeinsame Leitung.

   Das Liniensystem hat folgende Vorteile:

   - einfacher Unternehmensaufbau
   - klare Weisungsbefugnisse
   - Festlegung der Kompetenz
   - Kontrolle ist möglich.

   Es gibt aber auch Nachteile:

   - Die obersten Leitungsstellen sind häufig fachlich überfordert.
   - Die Leitungsstellen können zeitlich überlastet sein.
   - Der »Dienstweg« dauert sehr lange und ist nicht flexibel.

   Aus dem Grunde hat man dem ursprünglichen Liniensystem Stäbe zugeordnet. Stäbe sind Leitungsebenen zugeordnet und haben die Aufgabe, diese Ebenen zu beraten. Sie dürfen nicht in die Leitungswege eingreifen. Durch diese Arbeitsteilung soll das Liniensystem schneller und flexibler werden.
   Vorteile: Die Verantwortung und die Weisungsbefugnis sind durch den Aufbau festgelegt, durch die Tätigkeit der Stäbe werden die Entscheidungssicherheit und die Schnelligkeit des »Dienstweges« gesichert.
   Nachteile: Zwischen Linie und Stab kann es »Konkurrenz« geben oder die Abgrenzung ist nicht eindeutig, und die Stäbe greifen auch in die Leitung ein.

3. Stabsfunktion der Personalarbeit heißt, dass sich die Tätigkeit der Personalarbeit überwiegend auf Beratungsfunktionen erstreckt. Linienaufgaben, d. h. also direkte Eingriffe in Abläufe, Entscheidungen zu treffen, werden nicht durchgeführt, vielmehr wird bei einer »reinen« Stabsfunktion die Personalarbeit von den jeweiligen Linienvorgesetzten durchgeführt.

4. In der Matrixorganisation gibt es neben der Funktionshierarchie eine zweite Führungsebene, die der Produkt- oder Projektmanager, die sozusagen darüber gelegt ist. Dadurch hat ein Unternehmen im Rahmen eines Matrixsystems zwei Kompetenzsysteme. Deswegen wird diese Organisationsform auch als Matrix vorgestellt. In der funktionsorientierten Ebene konzentrieren sich die Mitarbeiter auf die Erledigung ihrer Teilaufgabe. Sie haben ihre Tätigkeit ordnungsgemäß zu erbringen, sie sollen nicht ein Produkt oder ein Projekt im Auge haben. Für die Produktorientierung oder Projektorientierung sind die jeweiligen Produkt- oder Projektmanager verantwortlich. Für die Mitarbeiter bedeutet das, dass sie Anweisungen von ihrem»Abteilungsleiter« und zusätzlich von dem zuständigen Produkt- oder Projektleiter erhalten.
   Nachteil: Problem der Kompetenzabgrenzung.
   Vorteil: Die Funktions- und Projekt- oder Produktebene arbeiten zugleich an der Aufgabe. Damit vervielfältigen sich die Zielenergien, ein schnelleres Reagieren ist möglich.
5. Beim Begriff der Unternehmensorganisation handelt es sich um die Zuordnung von Menschen und Sachmitteln zum Zweck eines geregelten Arbeitsablaufes, um die vorgegebenen Ziele zu realisieren. Der Begriff der Organisation umfasst drei Unterpunkte:
   - Organisation als eine Tätigkeit
   - Organisation als ein Ergebnis und
   - Organisation als ein Sozialgebilde, in dem Menschen zueinander in Beziehung treten.

   Elemente der Organisation sind Menschen, Sachmittel, Aufgaben und Informationen.
6. Interne Kundengruppen können beispielsweise sein: Geschäftsführung, Mitarbeiter, Betriebsrat, Auszubildende.
7. Der Kunde hat einen gerechtfertigten Anspruch auf hohe Qualität, bezogen auf die von Mitarbeitern im Personalbereich zu erbringende Dienstleistung. Der Kunde misst die Qualität nach unterschiedlichen Kriterien. Diese können z. B. Vertrauen, Service, Erreichbarkeit, Umfang des Dienstleistungsangebotes etc. sein.
8. Unter Ablauforganisation versteht die Organisationslehre die Gestaltung (Organisation) der Prozesse, die innerhalb eines Systems ablaufen. Sie ist damit Gegenpol zur Aufbauorganisation, die die grundlegende (statische) Struktur der einzelnen Systemkomponenten beschreibt. Die Ablauforganisation ist verantwortlich für die zeitliche, räumliche und inhaltliche Aufgabenkoordination.
   Informations- und Entscheidungswege und Produktionsabläufe gehören zur Ablauforganisation. Dabei ist in Unternehmen die Arbeitsanweisung die kleinste organisatorische Einheit. Im Grunde behandelt die Ablauforganisation also die Frage nach dem »Wer macht was, wann, wo und wie?« einer Organisation, während die Aufbauorganisation beschreibt, »wer und was« zur Verfügung stehen.
9. Ein Prozess ist die zielgerichtete Erstellung einer Leistung als Folge eines geordneten Ablaufes von logisch zusammenhängenden Aktivitäten, die innerhalb einer bestimmten Zeit nach vorher bestimmten Regeln durchgeführt werden. Ein Prozess hat immer eine bestimmte tätigkeitsorientierte Aufgabe und ein ergebnisorientiertes Ziel. Der Prozess wird durch einen Input in Gang gesetzt und in einen Output transformiert. Prozessaktivitäten erfordern Ressourcen wie menschliche Leistungen, Sachmittel, Informationen und Methoden. Prozesse sind immer zeitlich befristet, die Durchlaufzeit ist der Zeitraum vom Prozessstart bis zum Prozessende.
10. Modelle der Prozessgestaltung sind: Vier-Stufen-Modell, Drei-Stufen-Modell, Sechs-Stufen-Modell.
11. Ein Projekt ist ein einmaliges Vorhaben, bezogen auf eine Aufgabenausführung. Einmaligkeit einer Aufgabe ist ein kennzeichnendes Merkmal dieser Organisationsform. Projektorganisationsformen können dann sinnvoll angewandt werden, wenn ein definiertes Projekt einen Anfang und ein Ende hat. Für Daueraufgaben eignet sich die Projektorganisation weniger. Die Projektorganisation hat in den letzten Jahren deswegen sehr an Bedeutung gewonnen, weil viele Aufgaben in Unternehmen und Betrieben in dieser Form »abgearbeitet« werden können

(Beispiele: Einführen eines neuen EDV-Systems, Entwerfen eines Marketingkonzeptes, Umsetzen eines Controllinginstrumentariums).
Bei komplexen Projekten gibt es die reine Projektorganisation. Diese Projektorganisation wird aus Mitarbeitern gebildet, die im Unternehmen aus ihren bisherigen Positionen herausgenommen und in die Projektorganisation integriert werden. Die disziplinarische »Gewalt« liegt dann beim Projektleiter. Unterhalb dieser reinen Form gibt es eine Mischform: Mitarbeiter/Mitarbeiterinnen werden aus ihrer bisherigen Aufgabe herausgenommen und arbeiten in einem Projekt. Diese werden fallweise unterstützt durch externe Mitarbeiter. Die einfachere Form einer Projektorganisation ist, dass die Mitarbeiter/Mitarbeiterinnen in ihren alten Abteilungen und Bereichen bleiben, auch die Disziplinargewalt bleibt bei den »alten Vorgesetzten«, sie nehmen nur fallweise an Arbeiten teil, die das Projekt erfordert.

12. Das Projektteam besteht aus dem Projektleiter und den Projektmitarbeitern. Wie sich aus den unterschiedlichen Organisationsmöglichkeiten ergibt, können diese Mitarbeiter dem Projekt fest zugeordnet sein oder nur für kurze Zeit abgestellt werden. Es hat sich in der Praxis bewährt, dass die Projektmitarbeiter der gleichen hierarchischen Ebene zugeordnet werden, interne Mitarbeiter genauso wie externe. Für abgrenzbare Teilaufgaben, in denen besondere Fachkompetenzen erforderlich sind, werden Spezialisten benötigt. Innerhalb eines Projektteams können sich Untergruppen bilden, um Teilaufgaben abzuarbeiten, sogenannte Teilprojektteams.

13. Der EDV-Einsatz innerhalb von Personalabteilungen bezieht sich im Wesentlichen auf zu verarbeitende Massendaten. Dies sind insbesondere Daten, die sich innerhalb der Personalverwaltung ergeben und bei der Lohn- und Gehaltsabrechnung benötigt werden. Auch eine Zeiterfassung über EDV-Systeme ist möglich, darüber hinaus existieren Personalinformationssysteme, die in einem Dialogbetrieb arbeiten. Einige Unternehmen erstellen auch eine Personaldatenbank.

14. Für die Verarbeitung von Daten gibt es unterschiedliche Sicherungssysteme: Speicherkontrolle mit einem Benutzerpasswort oder Dateipasswort (Benutzerkontrolle). Dies kann gewährleistet werden durch ein Programm: Zugriff über Terminalschlüssel, Codekarten, Passwörter und ein Benutzerprotokoll.
Als Zugriffskontrolle wäre denkbar: Zu einer Datei haben nur Benutzungsberechtigte Zugang. Dieser Zugang kann gesichert werden über Passwörter, über unterschiedliche Zugangsklassen von Dateien und Datenfelder, durch das Führen eines Zugriffsprotokolls und eine Beschränkung auf bestimmte Terminals.
Darüber hinaus hat eine Organisationskontrolle stattzufinden, d. h. dass die betriebliche Organisation auf den besonderen Schutz der Personaldaten abzustimmen ist. Das kann geregelt werden durch eindeutige Aufgabentrennung, eine lückenlose Dokumentation, Aufklärung über das Bundesdatenschutzgesetz mit den relevanten Bestimmungen und Hinweisen auf Missbrauchsfolgen.

15. Für die Auswahl der Software gilt, dass nicht die beste, sondern die passendste Lösung zu suchen ist. Dazu sind angemessene und praktische Auswahlkriterien festzulegen und zu berücksichtigen.
Hierzu zählen Größe des Unternehmens, Branche des Unternehmens, benötigte Fachgebiete des Systems, Systemtechnik, Anzahl der User, Anschaffungskosten, Folgekosten, Preis-Leistungsverhältnis, Erfahrungen des Anbieters/Herstellers bzw. mit einem Anbieter/Hersteller, Referenzen des Anbieters/Herstellers, Testergebnisse in Fachzeitschriften, Anschaffungsart, Benutzerfreundlichkeit, Anwendbarkeit, Nachvollziehbarkeit, Verständlichkeit, Vorhandensein von Such- und Hilfsfunktionen, Anpassungsfähigkeit des Systems, Vorhandensein von Schnittstellen, technische Voraussetzungen des Systems, Kompatibilität, Ergonomie.

16. Die Datenschutz-Grundverordnung (DSGVO) gilt auch für Unternehmen und Betriebe im privatwirtschaftlichen Bereich und gewährleistet, dass Mitarbeiter/Mitarbeiterinnen im Umgang mit den personenbezogenen Daten in ihren Persönlichkeitsrechten geschützt werden.

Die Datenschutz-Grundverordnung definiert und konkretisiert Begriffe, die sich im Zusammenhang mit der maschinellen Verarbeitung von Daten ergeben. Es gilt für die Erhebung, Verarbeitung und Nutzung personenbezogener Daten und definiert, was personenbezogene Daten sind: Einzelangaben über persönliche oder sachliche Verhältnisse einer natürlichen Person. Darüber hinaus regelt sie die Zulässigkeit und Grenzen der Datenverarbeitung.
Die DSGVO bestimmt, dass Mitarbeiter, die Daten verarbeiten, verpflichtet werden, Daten zu schützen (Verpflichtungserklärung). Sie regelt Rechte von betroffenen Mitarbeitern und Mitarbeiterinnen durch mögliche Berichtigung, Sperrung und Löschung von Daten. Des Weiteren regelt die Verordnung die Bestellung einer/eines Datenschutzbeauftragten in einem Unternehmen. Die Aufgaben der Datenschutzbeauftragten sind in der Verordnung definiert. Verschiedene Datensicherungssysteme sind vorgeschrieben.

17. Als interne Nutzer kommen die Unternehmensleitung/Geschäftsführung, die Abteilung Personal- und Sozialwesen, die Führungskräfte/Abteilungsleiter und Arbeitnehmervertretungen infrage.

18. Externe Nutzer sind Behörden, Institutionen, Verbände, Kammern, Sozialversicherungsträger, Dienstleister (z. B. Steuerberater, Rechenzentren), andere Unternehmen, Stellenbewerber u. a.

19. Ursachen für Konflikte sind u. a.:
Überforderung, Unterforderung, Ungleichbehandlung, Enttäuschung, mangelnde Kommunikationsfähigkeit, Missverständnisse, Desinteresse, Imponiergehabe einzelner Personen.

20. Als Feedback bezeichnet man die Rückmeldung an eine andere Person, ob und wie deren persönliches Handeln und Verhalten von anderen wahrgenommen und verstanden wurde. Es handelt sich um einen Kommunikations-Rückkopplungsprozess. Feedback ist dementsprechend eine Rückmeldung bzw. die damit verbundene Reflexion vorangegangener Beobachtungen, Gefühle, Aussagen, Eindrücke oder Erfahrungen.

21. Regeln für den Feedback-Geber:
    - Fragen Sie um Erlaubnis für ein Feedback, es bringt wenig, Feedback zu erzwingen.
    - Zunächst Verhalten beschreiben, möglichst konkret, nachvollziehbar und wertneutral, erst dann die Wirkung ansprechen und bewerten.
    - Die eigene Subjektivität durch klare »Ich-Botschaften« deutlich machen. Es geht immer darum: »Ich sage dir, wie dein Verhalten auf mich wirkt!«
    - Nur Veränderbares ansprechen.
    - Verallgemeinerungen vermeiden.
    - Eigene Beobachtungen der Nachprüfbarkeit durch andere unterwerfen.
    - Verhaltensempfehlungen nur auf Anfrage geben.
    - Aussagen über positiv und negativ erlebte Verhaltensweisen sollen in einfacher und verständlicher Form zusammengefasst werden.
    - Feedback soll beispielhaft gegeben werden und sowohl das gezeigte Verhalten als auch die notwendige Veränderung beinhalten. Dabei sind praktische Beispiele hilfreich.
    - Es sollte konkret argumentiert werden.
    - Einmal besprochene Veränderungen sollten nicht ständig aufgegriffen werden.
    - In einer Gruppe sollen keine Wiederholungen bekannter Kritikpunkte vorgenommen werden.
    - Beachten: Lob macht den anderen bereit, mir zuzuhören.
    - Trennung von Sache und Person. Würdigen Sie die Person, auch wenn Sie ihr Verhalten kritisieren wollen.
    - Trennung von Absicht und Verhalten.
    - Feedback geben heißt nicht automatisch beurteilen oder benoten.
    - Beim Feedback geht es nicht nur um Negatives, sondern auch um Positives.
    - Das oft genutzte Smiley-Schema, welches nur die Auswahl »Positiv«, »Neutral« oder »Negativ« zulässt, ist wenig ergiebig. Es bleibt i.d.R. an der Oberfläche.

- Kritik, wenn möglich oder angebracht, nur unter vier Augen.
- Seien Sie sensibel. Stellen Sie sich darauf ein, wie ihre Kritik und die Art, wie Sie diese darbieten, auf den Empfänger wirkt (Empathie).
- Feedback nur in angemessener Form geben.
- Sprechen Sie direkt zum Feedback-Empfänger, nicht über ihn.
- Feedback nur in zeitlicher Nähe zur Kritikursache geben.
- Kritikpunkte ggf. schriftlich festhalten (Dokumentation).
- Zeit für Feedback nehmen.
- Feedback nie im Erregungszustand geben.
- Kritik muss aufbauend (konstruktiv) sein und zur Fehlerkorrektur führen!

Regeln für den Feedback-Empfänger:

- Der Feedback-Empfänger soll zum Feedback geben ermuntern, den Nutzen des Feedbacks den Beteiligten aufzeigen und die Feedback-Regeln ggf. erläutern.
- Es gilt zu bedenken: Andere sehen uns i.d.R. objektiver als wir uns selbst, d. h. Offenheit zeigen.
- Es liegt in unserer Entscheidung als Empfänger, ob wir das Feedback als Information oder Veränderungsappell aufnehmen oder nicht.
- Je konkreter man fragt, desto größer ist die Chance auf eine konkrete Antwort.
- Eine Rechtfertigung des eigenen Verhaltens ist nicht notwendig.
- Es gilt, Verbesserungsvorschläge vom Feedback-Geber zu erbitten.
- Man hat sich abschließend für das Feedback zu bedanken.

22. Konstruktive Kritik ist ein Hilfsmittel, mit dem man, richtig geäußert und umgesetzt, eine Menge anfangen kann. Mit konstruktiver Kritik will man der kritisierten Person als Feedbackgeber letztlich helfen. Sie hat nichts mit Belehrung oder Besserwisserei zu tun. Im Gegenteil: Sie bietet Hilfe zur Selbsthilfe und kann als Form extrinsischer Motivation wirken.

23. Vorteile beim Einsatz eines Beamers sind: brillante Bildqualität, wirkt modern, professionell, hoher Wirkungsgrad. Beamerpräsentation ist wiederverwendbar und veränderbar, Multimedia ist möglich.

24. Ein professioneller Moderator setzt gezielt die Fragetechnik ein, besitzt eine gute Rhetorik, ist geduldig, ist flexibel, besitzt Empathie, verfügt über Erfahrung, besitzt ein gutes Zeitmanagement, arbeitet zielorientiert.

25. Von Gruppenarbeit in Projektteams, Qualitätszirkeln oder anderen neuen Formen der Zusammenarbeit wird erwartet, dass mehr Leistung herauskommt als es die Beteiligten einzeln schaffen könnten (TEAM = Together Everyone Achives More). Gruppenarbeit bzw. Arbeitsteilung ist somit als Mittel zum Zweck, nicht als Selbstzweck zu betrachten!

26. Die Entwicklungsphasen einer Gruppe sind i.d.R.:
    1. Phase: Forming (Formende Phase/Formierungsphase)
    Ziel: Aus den einzelnen Personen gilt es, ein gemeinsames soziales System zu bilden. Hierzu zählen vor allem: die erste Orientierung über Ziele, Wege und Widerstände, kennenlernen der Gruppenmitglieder, höflicher Umgangston, freundliches Miteinander, gegenseitiges »Beschnuppern«.
    2. Phase: Storming (Stürmische Phase/Konfliktphase)
    Ziel: Klärung der Rollen und Verantwortungsbereiche in der Gruppe. Es wird versucht, das soziale System handlungs- und arbeitsfähig zu gestalten. Dabei kann es zu Machtkämpfen, Cliquenbildung oder Konflikten zwischen den Gruppenmitgliedern und auch zu emotional bedingten Widerständen bei Freiheitseinschränkungen kommen.
    3. Phase: Norming (Zusammenhalts-/Orientierungs-/Normierungsphase)
    Ziel: Entwicklung von akzeptierten Spielregeln und Methoden für die weitere gemeinsame Arbeit, damit aufgabenbezogen und zielorientiert kooperativ zusammengearbeitet werden kann. Es entwickelt sich ein Gruppenzusammenhalt. Jedes Gruppenmitglied hat nun seine Rolle(n) gefunden. Es kann losgehen!

4. Phase: Performing (Vollzugs-/Arbeitsphase)
Es gilt, eine Ziel- und Ergebnisorientierung für eine erfolgreiche, zielorientierte und leistungsfähige Zusammenarbeit in der Gruppe zu erreichen und zu stabilisieren. Die Gruppenziele und konkreten Aufgaben werden in Angriff genommen. Rollen, Positionen und Normen sind bekannt und festigen sich.

27. Die ALPEN-Methode (sie geht auf den Zeitforscher Lothar Seiwert zurück) dient zur Erstellung eines Tagesplans. Leitendes Prinzip ist die Schriftform. Die fünf Buchstaben können als eine »Eselsbrücke« verstanden werden:
A steht für Aufgaben, Aktivitäten und Termine zusammenstellen und aufschreiben.
L steht dafür, die Länge der Tätigkeiten einzuschätzen.
P steht für Pufferzeiten und für die zeitliche Reservierung von Unvorhergesehenem.
E steht für Entscheidungen über Prioritäten.
N steht für Nachkontrolle.

28. Während sich der Verantwortungsbereich der Personalabteilung um die Kooperation mit dem Betriebsrat, Serviceleistungen wie Personalbetreuung und -beratung, Entgeltabrechnung, Personalverwaltung, Personalstatistik und das Personalcontrolling kümmert, zählen zu den Aufgaben der Führungskräfte der Mitarbeitereinsatz, die Mitarbeiterführung, die Motivation, die Beurteilung und die Aufgabendelegation. Darüber hinaus gibt es einen gemeinschaftlichen Verantwortungsbereich. Hierzu zählen die Personalbedarfsplanung, die Personalauswahl und die Personalentwicklung.

29. Vermeiden, durchsetzen, nachgeben, Kompromiss schließen und kooperieren.

30. Auf Grundlage der DSGVO zählt zu den Aufgaben des Datenschutzbeauftragten die Überwachung der Einhaltung aller gesetzlichen Schutzbestimmungen, Schulung von Mitarbeitern zum Thema Datenschutz, Überwachung bei der Einführung neuer Maßnahmen, Prüfung ob Benachrichtigungspflichten bestehen, Prüfung von Datensicherungsmaßnahmen, Informationspflichten bei Datenschutzpannen, Beratung zu allen Datenschutzthemen, Überwachung der Datenverarbeitungsprogramme.

2 Personalarbeit auf Grundlage rechtlicher Bestimmungen durchführen

31. Der Unterschied liegt in den Bezugspersonen:
Individuelles Arbeitsrecht: Rechtsbeziehungen zwischen dem einzelnen Arbeitgeber und dem einzelnen Arbeitnehmer, z. B. Kündigungsschutz-, Mutterschutzgesetz, Individualarbeitsvertrag.
Kollektives Arbeitsrecht: Regelungen, von denen die Arbeitnehmer als Gruppe (Kollektiv) betroffen sind, z. B. Tarifvertragsgesetz, Betriebsverfassungsgesetz, Tarifvertrag, Betriebsvereinbarung, Arbeitsvertrag gemäß Tarifrecht.

32. Pflichten des Arbeitgebers: Vergütungspflicht als Hauptpflicht nach § 611 BGB, Beschäftigungspflicht, Fürsorgepflicht, Gleichbehandlungspflicht, Informations- und Anhörungspflicht, Zeugniserteilungspflicht, Gewährung von Erholungsurlaub, Schutz von Leben und Gesundheit. Nach Kündigung des Arbeitsverhältnisses Gewähren einer angemessenen Zeit zum Aufsuchen eines neuen Arbeitsplatzes gemäß § 629 BGB.

33. Pflichten des Arbeitnehmers: persönliche Arbeitspflicht, Weisungsbefolgungspflicht, Treuepflicht (Verschwiegenheitspflicht, Schmiergeldverbot, Wettbewerbsverbot), Schadensersatzpflicht gemäß §§ 280, 276 BGB. Bei Beendigung des Arbeitsverhältnisses Herausgabe- und Rechenschaftspflichten.

34. Das Arbeitsverhältnis kann beendet werden durch Zeitablauf oder Zweckerreichung des Vertrages, durch Aufhebungsvertrag, mit dem Tod des Arbeitnehmers und durch Kündigung. Wegen Irrtum oder Täuschung/Drohung kann der Arbeitsvertrag gemäß §§ 119, 123 BGB durch Anfechtung rückwirkend rechtsunwirksam werden.

35. Sozial ungerechtfertigt ist eine Kündigung gemäß Kündigungsschutzgesetz § 1 Absatz 2, wenn sie nicht durch Gründe, die in der Person oder in dem Verhalten des Arbeitnehmers liegen, oder durch dringende betriebliche Erfordernisse, die einer Weiterbeschäftigung des Arbeitnehmers in diesem Betrieb entgegenstehen, bedingt ist.

36. Wird der Betriebsrat nicht bei jeder Kündigung vorher gehört oder wurde er nicht ausreichend informiert, ist die Kündigung gemäß § 102 Absatz 1 BetrVG rechtsunwirksam. Hat der Betriebsrat frist- und ordnungsgemäß widersprochen und der Arbeitnehmer Kündigungsschutzklage erhoben (§ 4 KSchG), muss der Arbeitnehmer bis zum rechtskräftigen Abschluss des Arbeitsgerichtsverfahrens bei unveränderten Arbeitsbedingungen weiterbeschäftigt werden (§ 102 Absatz 5 BetrVG).

37. Besonderer Kündigungsschutz besteht gemäß Mutterschutzgesetz (§ 17), für Betriebsräte und Mitglieder der JAV (KSchG § 15), für Schwerbehinderte (SGB IX §§ 168–175) und für Auszubildende nach der Probezeit (BBiG § 22 Absatz 2).

38. Leiharbeitsverhältnisse: Ein Arbeitgeber (Verleiher) leiht einem anderen Arbeitgeber (Entleiher) eine Arbeitskraft aus und unterstellt ihn dessen Weisungsrecht (Arbeitnehmerüberlassungsvertrag gemäß AÜG). Die Pflicht zur Entgeltzahlung bleibt beim Verleiher.

39. Rechtsgrundlagen des Gesundheits- und des Unfallschutzes sind in der Hauptsache zu finden in der Gewerbeordnung, der Arbeitsstättenverordnung, in den Unfallverhütungsvorschriften der Berufsgenossenschaften und im Arbeitsschutzgesetz.

40. Besonderer Arbeitszeitschutz gilt für jugendliche Beschäftigte, für beschäftigte werdende Mütter und Wöchnerinnen sowie für Schwerbehinderte.

41. Werdende und stillende Mütter dürfen gemäß §§ 4–6 MuSchG nicht mit Mehrarbeit, mit Nachtarbeit und nicht an Sonn- und Feiertagen beschäftigt werden und grundsätzlich keine schwere körperliche oder gesundheitsgefährdende Arbeit verrichten (§ 9). Beschäftigungsverbot besteht sechs Wochen vor und acht Wochen nach der Entbindung (bei Mehrfach- und Frühgeburten 12 Wochen).

42. Maximale Arbeitszeit § 8, Pausenregelung § 11, Ruhepause § 13, Wochenendbeschäftigung §§ 16 und 17, Nachtarbeit § 14, Berufsschule § 9 JArbSchG.

43. Tarifverträge sind Vereinbarungen zwischen den Interessenvertretungen der Arbeitnehmer und der Arbeitgeber, die eine Schutz-, eine Ordnungs- und eine Friedensfunktion erfüllen.
Schutzfunktion: Die Vertragsinhalte sind Mindestbedingungen.
Ordnungsfunktion: Sie regeln im Entgelttarifvertrag die Bezahlung, im Rahmentarifvertrag die übrigen Beschäftigungsbedingungen des Arbeitsvertrages.
Friedensfunktion: Das Tarifvertragsgesetz regelt die Einleitung und Durchführung von Arbeitskampfmaßnahmen und schreibt während der Vertragslaufzeit Friedenspflicht vor.

44. Betriebsvereinbarungen sind gemeinsame Entscheidungen zwischen Arbeitgeber und Betriebsrat über Inhalte, die im Betriebsverfassungsgesetz als Aufgaben des Betriebsrates gekennzeichnet sind. Sie werden schriftlich festgelegt. Eine erzwingbare Betriebsvereinbarung kann von einer Seite über die Einigungsstelle durchgesetzt werden.

45. Organe der Betriebsverfassung sind der Betriebsrat, die Betriebsversammlung (§§ 42 bis 46 BetrVG) und die Jugend- und Auszubildendenvertretung (§§ 60 bis 71 BetrVG).

46. Aktives Wahlrecht besitzen alle volljährigen Arbeitnehmer (AN im Sinne des Betriebsverfassungsgesetzes sind Arbeiter und Angestellte und Auszubildende), (§§ 7 und 5 BetrVG).
Passives Wahlrecht besitzen alle Wahlberechtigten mit mindestens sechs Monaten Betriebszugehörigkeit (§ 8 BetrVG).

47. Der Betriebsrat besitzt folgende Stufen der Beteiligung an betrieblichen Entscheidungen:
Informationsrecht: Der Betriebsrat hat ein Fragerecht, der Arbeitgeber eine Erläuterungspflicht (§ 90 BetrVG).

Mitspracherecht: Der Betriebsrat hat ein Anhörungsrecht, der Arbeitgeber eine Erörterungspflicht (§ 92 BetrVG).

Widerspruchsrecht bei personellen Einzelmaßnahmen führt zur Nachprüfung durch das Arbeitsgericht (§ 99 BetrVG).
Mitbestimmungsrecht: Initiativrecht des Betriebsrates, gemeinsame Entscheidung durch Betriebsrat und Arbeitgeber (§§ 87, 91, 98 BetrVG).

48. Beteiligungsrechte des Arbeitnehmers auf der Ebene des Arbeitsplatzes:
    - Recht auf Unterrichtung über seine Aufgaben und die damit verbundene Verantwortung sowie über die Einordnung seiner Tätigkeit in den betrieblichen Arbeitsablauf
    - Recht auf Unterrichtung über Unfall- und Gesundheitsgefahren am Arbeitsplatz sowie über Maßnahmen und Einrichtungen zur Abwendung dieser Gefahren
    - Recht auf Anhörung in betrieblichen Angelegenheiten, die seine Person betreffen
    - Recht auf Erörterung der Beurteilung seiner Leistungen
    - Recht auf Einsicht in seine Personalakte
    - Recht auf Beschwerde, wenn er sich benachteiligt oder ungerecht behandelt fühlt

49. Der Wirtschaftsausschuss (Betriebe mit mehr als 100 ständig beschäftigten Arbeitnehmern) berät wirtschaftliche Angelegenheiten mit dem Unternehmer und unterrichtet den Betriebsrat. Was »wirtschaftliche Angelegenheiten« sind, ist in § 106 Absatz 3 BetrVG aufgezählt. Der Wirtschaftsausschuss soll monatlich einmal zusammentreten (§ 108 BetrVG).

50. Die Einigungsstelle dient der Beilegung von Meinungsverschiedenheiten zwischen Arbeitgeber und Betriebsrat. Die Mitglieder werden jeweils in gleicher Anzahl vom Arbeitgeber und dem Betriebsrat bestellt, dazu ein unparteiischer Vorsitzender, auf den sich beide Stellen einigen müssen. Der Spruch der Einigungsstelle gilt in der Regel als Betriebsvereinbarung.

51. Bei Betriebsänderungen kann der Betriebsrat mit dem Unternehmer zur Minderung der wirtschaftlichen Nachteile für Arbeitnehmer einen Sozialplan vereinbaren (§ 112 BetrVG).

52. Das Arbeitsgericht ist zuständig für
    - bürgerlich-rechtliche Streitigkeiten zwischen Arbeitnehmer und Arbeitgeber aus dem Arbeitsvertrag
    - bürgerlich-rechtliche Streitigkeiten zwischen Tarifvertragsparteien aus dem Tarifvertrag
    - betriebsverfassungsrechtliche Streitigkeiten (§ 2 Absatz 1 ArbGG).

53. Die Sozialversicherung umfasst folgende Zweige:
    - Krankenversicherung: AOK oder Ersatzkasse, Betriebs-, Innungskrankenkassen
    - Pflegeversicherung: Pflegekassen bei den Krankenkassen
    - Rentenversicherung: Deutsche Rentenversicherung Bund, Knappschaft Bahn-See, 16 Regionalträger (= frühere Landesversicherungsanstalten)
    - Arbeitslosenversicherung: Bundesagentur für Arbeit
    - Unfallversicherung: Berufsgenossenschaften.

54. Selbstverwaltung in der Renten- und Unfallversicherung durch Vertreterversammlung und Vorstand
    Selbstverwaltung in der Krankenversicherung durch Verwaltungsrat und Vorstand.
    Die Vertreterversammlung (60 Personen) und der Verwaltungsrat (30 Personen) werden je zur Hälfte von Arbeitnehmern und Arbeitgebern gewählt, Neuwahl alle sechs Jahre (Sozialwahlen).

55. Sozialversicherungsausweis ist vorgeschrieben, um Missbräuche zu verhindern. Ausgabe durch Träger der Rentenversicherung.

56. Versicherungspflicht besteht:
    - bei der Krankenversicherung: alle Arbeitnehmer mit einem Einkommen bis zur Versicherungspflichtgrenze (Jahresarbeitsentgeltgrenze). Diese entspricht 75 % der Beitragsbemessungsgrenze in der Rentenversicherung.
    - bei der Pflegeversicherung: alle gesetzlich und freiwillig Versicherten in der gesetzlichen Krankenversicherung, alle privat Krankenversicherten.

- bei der Renten-, der Arbeitslosen- und der Unfallversicherung: grds. alle Arbeitnehmer, unabhängig vom Verdienst.

57. Streitfälle in der Sozialgerichtsbarkeit werden zunächst in einem Vorverfahren bei der Behörde entschieden. Nur bei Entscheidung zu Ungunsten des Widerspruchsberechtigten kommt es zum Verfahren beim Sozialgericht. Dort gilt der Amtsermittlungsgrundsatz: Im Gegensatz zum Arbeitsgerichtsverfahren hat das Gericht von Amts wegen den Sachverhalt zu ermitteln; das Verfahren ist kostenfrei.

58. In der Praxis werden im Wesentlichen die drei folgenden Prinzipien zur Entgeltfindung eingesetzt: die leistungsabhängige, die soziale und die erfolgsabhängige Entgeltfindung, wobei auch Mischformen üblich sind. Bei der leistungsabhängigen Entgeltfindung ist die tatsächlich vom Arbeitnehmer erbrachte Leistung (qualitativ und quantitativ) heranzuziehen. Das Entgelt muss dieser Leistung entsprechen und ergibt damit einen Anreiz zur individuellen Leistungserbringung, es kann aber auch eine Gruppenleistung vorgegeben werden. Bei der sozialen Entgeltfindung werden unterschiedliche soziale Aspekte berücksichtigt, wie z. B. Lebensalter, Familienstand, Zahl der Kinder. Diese Form kommt heute im Wesentlichen bei der Beamtenbesoldung und in Teilen des Öffentlichen Dienstes vor. Im Gegensatz zur Leistungsabhängigkeit der Bezahlung orientiert sich die erfolgsabhängige Bezahlung nicht an der messbaren Leistung des Einzelnen, sondern am wirtschaftlichen Gesamterfolg eines Betriebes oder Unternehmens. Als Erfolg können unterschiedliche Bezugsgrößen definiert werden, z. B. der Periodengewinn des Unternehmens, der Umsatz, Absatzziele, Kostenersparnis oder die Wertschöpfung.

59. Leistungsbeteiligungen knüpfen direkt am Arbeitsergebnis an. Je nach Erreichen der gesetzten oder vereinbarten Ziele oder auch Überschreiten dieser Ziele erhalten die Mitarbeiter Erfolgsanteile zugesprochen, die auch nach dem Grad der Zielerreichung gestaffelt sein können. Folgende Bereiche lassen sich unterscheiden:
    - Beteiligung am Produktionsvolumen
    - Beteiligung an der Produktivität
    - Beteiligung an Kosteneinsparungen

    In den letzten Jahren ist zu beobachten, dass sich die Entgelte in feste und variable Bestandteile aufsplitten, z. B. 80 % des Entgeltes ist fest, 20 % variabel, die durch eigene Leistung beeinflusst werden. Die variablen Teile dürfen nicht zu gering sein, sonst besteht kein Leistungsanreiz, sie dürfen auf der anderen Seite nicht zu groß sein, da sie zu erheblich unterschiedlichen Einkommenshöhen führen. Dies mag bei den oberen Entgeltbereichen weniger von Bedeutung sein als bei den unteren.

60. Es gibt gesetzliche Personalzusatzkosten (z. B. die arbeitgeberseitigen Anteile an den Sozialversicherungsbeiträgen, die Beiträge zu den Berufsgenossenschaften oder Kosten für die Entgeltfortzahlung im Krankheitsfall), tarifliche Personalzusatzkosten (z. B. das 13. Gehalt, längere Entgeltzahlungszeiten, Zahlung eines zusätzlichen Urlaubsgelds) und freiwillige Zusatzleistungen, die aufgrund von einzelvertraglichen Zusagen über den Arbeitsvertrag oder aufgrund von Betriebsvereinbarungen mit dem Betriebsrat gewährt werden. Beispiele für derartige Leistungen sind betriebliche Altersversorgung, Essensgeldzuschüsse, Dienstwagen oder Kinderbetreuung.

61. Unbezahlter Urlaub: Vorteile sind hohe Flexibilität, häufig kurzfristig zu organisieren und mit flexibler Dauer. Nachteil ist, dass der Mitarbeiter für den Zeitraum kein Gehalt bezieht, sich für den Zeitraum selbst krankenversichern muss und Ausfallzeiten in der Rentenversicherung entstehen.

    Zeitwertkonto: Positiv ist hierbei, dass durch die Inanspruchnahme angesparter Urlaubstage bzw. Überstunden keine Gehaltseinbußen entstehen und der Mitarbeiter weiterhin kranken- und rentenversichert ist. Nachteilig sind gesetzliche Beschränkungen für Mindesturlaub und Höchstarbeitszeitgrenzen, die die Flexibilität und Dauer des Sabbaticals einschränken und eine lange Vorlaufsplanung erfordern.

Teilzeitvertrag mit befristetem Gehaltsverzicht: Vorteile sind weiter laufende Gehaltszahlungen während des Sabbaticals sowie die Weiterzahlung zur Renten- und Krankenversicherung. Nachteile sind ein geringeres Entgelt über den Gesamtzeitraum des Teilzeitvertrags, geringere Rentenansprüche und im Regelfall eine längere Vorlaufzeit.

62. Folgende Motive können Arbeitgeber bewegen, betriebliche Sozialleistungen zu gewähren:
- Imageförderung und Public Relations
- Vorteile bei Gewinnung neuer Arbeitskräfte
- steuerliche und finanzielle Vorteile
- Betriebsklima erhalten und fördern
- Senken von Fluktuation und Fehlzeiten
- Reduktion von Arbeitsunfällen
- humanes Anliegen eines Arbeitgebers
- Einwirken auf die Zufriedenheit der Mitarbeiter und Mitarbeiterinnen

Ziel der betrieblichen Sozialpolitik ist, einen Ausgleich zwischen den sozialen Ansprüchen der Mitarbeiter und den wirtschaftlichen Notwendigkeiten der Unternehmensführung herbeizuführen und dabei zu versuchen, Spannungen, die in unserer Wirtschaftsordnung angelegt sind, zu verringern. Dies ist immer nur in Form eines Kompromisses möglich.
Teilziele: Leistungen, die zur Ergänzung der Grundsicherung dienen (z. B. betriebliche Altersversorgung), Hilfe in Notsituationen (Hilfe bei Unfällen, Naturkatastrophen usw.), Unterstützung von Eigeninitiativen (z. B. Gewährung von Darlehen zum Wohnungsbau).

63. Das Ziel der Gewährung von Fahrgeld oder Fahrtkostenzuschüssen ist, Kosten, die im Zusammenhang mit dem Erreichen des Arbeitsplatzes entstehen, zu minimieren oder den Individualverkehr (Pkw-Nutzung) einzuschränken zugunsten des öffentlichen Personennahverkehrs.

64. Faktoren, die die Gewährung von betrieblichen Sozialleistungen bestimmen, sind:

Interne Faktoren:
- ethische Grundhaltung des Arbeitgebers
- wirtschaftliche Leistungsfähigkeit eines Unternehmens
- Unternehmenskultur
- Betriebsklima
- Eintreten der Mitarbeiter für das Unternehmen in der Öffentlichkeit

Externe Faktoren:
- Umfang und Leistung der staatlichen Sozialpolitik
- tarifvertragliche Regelungen
- Konkurrenzsituation
- Entwicklung am Arbeitsmarkt

65. Umgangssprachlich werden unter dem Begriff von Sozialleistungen häufig die gesetzlichen Sozialleistungen, so z. B. die Leistungen der Sozialversicherung, gesehen, weiterhin tarifvertraglich vereinbarte Sozialleistungen, z. B. die häufig in Tarifverträgen vereinbarte Weihnachtsgratifikation. Die betrieblichen Sozialleistungen sind diejenigen Leistungen, die ein Betrieb auf freiwilliger Grundlage gewährt. Die anderen Sozialleistungen sind durch den Arbeitgeber nur begrenzt zu beeinflussen und zu steuern.

66. Einrichtungen, die der Gewährung von Sozialleistungen dienen, und die eine eigene Organisationsform oder gar einen eigenen Rechtscharakter haben, sind z. B. Kantinen, Unterstützungs- oder Pensionskassen zur betrieblichen Altersversorgung, sportliche Einrichtungen oder Kindergärten, die einem Unternehmen gehören oder die in betriebseigenen Räumlichkeiten stattfinden.

67. Pensionszusage: Bei dieser Form sagt der Arbeitgeber unmittelbar eine betriebliche Altersversorgung zu. Das Unternehmen erbringt auch später die Rentenleistung, finanziert wird diese Form durch vorgeschriebene Rückstellungen. Es besteht ein Rechtsanspruch auf die Leistungen. Eine Beitragsbeteiligung der Arbeitnehmer ist nicht möglich, es existiert Mitbestimmung des Betriebsrates nach § 87 Absatz 1 Ziffer 10 BetrVG.
Unterstützungskasse: Diese Form eignet sich ab mittleren Unternehmensklassen, sie ist eine rechtlich selbstständige Form. Sie wird betrieben in Form einer GmbH, e.V. oder seltener als

Stiftung. Sie tritt organisatorisch neben das Unternehmen. Ein Arbeitgeber zahlt in die Unterstützungskasse Beiträge, die Unterstützungskasse zahlt dann später die Renten an die Rentenempfänger aus. Dies ist die einzige Form, die aus steuerrechtlichen Gründen keinen Rechtsanspruch auf die Leistungen gewährt. Jedoch ist dieser fehlende Rechtsanspruch – arbeitsrechtlich – nicht von großer Bedeutung, weil aus dem Grundsatz der Gleichbehandlung und der betrieblichen Übung ein Rechtsanspruch erwächst. Beitragsbeteiligungen der Arbeitnehmer sind bei dieser Form nicht möglich. Die Mitbestimmung des Betriebsrates besteht nach § 87 Absatz 1 Ziffer 8 BetrVG.

Pensionskasse: Nach der Definition des Gesetzes zur Verbesserung der betrieblichen Altersversorgung sind Pensionskassen rechtsfähige Versorgungseinrichtungen, die den Arbeitnehmern oder ihren Hinterbliebenen einen Rechtsanspruch auf Leistungen der Altersversorgung einräumen. Bei der Pensionskasse sind Beitragsbeteiligungen der Arbeitnehmer möglich. Der Arbeitgeber zahlt Zuschüsse an die Pensionskasse, die Pensionskasse zahlt später die Renten an die Empfänger. Bei dieser Form besteht ein Rechtsanspruch auf die Leistungen. Der Betriebsrat hat Mitbestimmungsrecht nach § 87 Absatz 1 Ziffer 8 BetrVG.

Direktversicherung: Ein Arbeitgeber schließt zugunsten seiner Arbeitnehmer eine Lebensversicherung bei einem Lebensversicherungsunternehmen ab. Dies kann in Form einer Kapitallebensversicherung (einmalige Auszahlung) oder als Rentenzahlungsform gewählt werden. Voraussetzung ist, dass die Lebensversicherungsbeträge länger als 12 Jahre laufen und frühestens auf ein Abschlussalter vom 60. Lebensjahr an abgeschlossen werden, Verträge ab 2013 können frühestens ab dem 62. Lebensjahr abgerufen werden. Es besteht die Möglichkeit, diese Form im Rahmen einer steuerlichen Vergünstigung (Gehaltsumwandlung) zu nutzen. Beitragsbeteiligungen der Arbeitnehmer sind hierbei möglich. Soweit der Anspruch dem Arbeitnehmer zugesagt ist, besteht ein Rechtsanspruch auf die Leistungen. Der Betriebsrat ist zu beteiligen nach § 87 Absatz 1 Ziffer 10 BetrVG.

Pensionsfonds: Hier handelt es sich um die Möglichkeit für Arbeitgeber, die betriebliche Altersversorgung über einen Pensionsfond abzuleisten. Er unterliegt auch der Regelung des Pensionssicherungsvereins. Pensionsfonds dürfen mehr Geld in Aktien anlegen, dadurch kann eine höhere Rendite erreicht werden. Es gibt zwar ein höheres Risiko, Garantieleistungen müssen aber gewährleistet sein.

68. Das Gesetz zur Verbesserung der betrieblichen Altersversorgung (BetrAVG) regelt insbesondere folgende Bedingungen:

Unverfallbarkeit: Die Unverfallbarkeit von Versorgungsanwartschaften soll den Arbeitnehmer vor dem Risiko schützen, seine Ansprüche an die betriebliche Altersversorgung im Falle der Kündigung oder des Ausscheidens aus dem Betrieb zu verlieren. Das BetrAVG bestimmt hierzu, dass diese Ansprüche unter bestimmten Umständen unverfallbar werden. Ab 2001 erteilte Zusagen werden nach fünfjähriger Betriebszugehörigkeit unverfallbar, wenn der Mitarbeiter bei Ausscheiden mindestens das 30. Lebensjahr vollendet hat. Zusagen, die ab 2009 erteilt wurden, sind nach fünfjähriger Betriebszugehörigkeit nicht verfallbar, wenn der Mitabeiter das 25. Lebensjahr vollendet hat. Die sofortige Unverfallbarkeit tritt ein, wenn die betriebliche Altersversorgung durch arbeitnehmerfinanzierte Entgeltumwandlung erfolgt.

Anpassung: Ein Arbeitgeber hat die Pflicht – gemäß Rechtsprechung des Bundesarbeitsgerichts – alle drei Jahre die laufenden Leistungen einer betrieblichen Altersversorgung an den Inflationsausgleich anzupassen. Diese Anpassung kann nur dann geringer ausfallen, wenn in einem Zeitraum von drei Jahren die Entgelte der tätigen Mitarbeiter unterhalb der Inflationsrate angestiegen sind oder das Unternehmen sich in derartigen wirtschaftlichen Schwierigkeiten befindet, dass eine Anpassung nicht erfolgen kann (§ 16 BetrAVG).

Insolvenzsicherung: bei der Unterstützungskasse und bei der Direktzusage. Bei den Direktversicherungen und bei widerruflichem Bezugsrecht ist ein Arbeitgeber, der eine betriebliche Altersversorgung in der skizzierten Form unterhält, verpflichtet, dem Pensionssicherungsverein Beiträge zu leisten, damit im Falle einer Insolvenz Leistungen aus dem Pensionssicherungsverein erbracht werden können. Im Falle einer Insolvenz übernimmt der Pensionssicherungsverein die Anwartschaften und die laufenden Leistungen aus der zugesagten betrieblichen Altersversorgung (§ 7 BetrAVG).

69. Sinnvolle Beratungsangebote im Rahmen betrieblicher Sozialleistungen sind u. a.:
    - Rentenberatung
    - Schuldnerberatung
    - Sozialberatung

70. Das Betriebsrentenstärkungsgesetz (BRSG) gilt seit 1. Januar 2018 und schafft ergänzende, neue Rahmenbedingungen im Steuer- und Sozialversicherungsrecht. Es ermöglicht darüber hinaus ein neues Sozial- bzw. Tarifpartnermodell.
    Im Steuerrecht werden die Steuerfreibeträge von 4 % auf 8 % der Beitragsbemessungsgrenze (West) der Rentenversicherung (BBGrR) erhöht. Darüber hinaus werden die Arbeitgeber für Neuverträge ab 1. Januar 2019 und für Altverträge ab 1. Januar 2022 – bei Entgeltumwandlung in eine Direktversicherung, eine Pensionskasse oder einen Pensionsfonds – zu einem Zuschuss von 15 % des umgewandelten Entgelts verpflichtet, sofern der Arbeitgeber durch die Entgeltumwandlung Sozialversicherungsbeiträge einspart.
    Außerdem erhalten die Tarifvertragsparteien die Möglichkeit, eine neue Zusageart, die »reine Beitragszusage«, zu vereinbaren (§§ 19 ff BetrAVG). In diesem Sozial- oder Tarifpartnermodell leistet der Arbeitgeber einen vereinbarten Beitrag an eine Direktversicherung, Pensionskasse oder Pensionsfonds. Hierbei wird eine Zielrente angepeilt, Mindest- oder Garantiezusagen für den Arbeitnehmer finden keine Anwendung. Dieses Sozialpartnermodell kann auch von nicht tarifgebundenen Arbeitgebern übernommen werden; eine gesetzliche Verpflichtung hierzu besteht jedoch nicht.

71. »Cafeteria-System«: Aus einem Angebot von unterschiedlichen betrieblichen Sozialleistungen kann ein Mitarbeiter Leistungen auswählen. Die Bezeichnung stammt aus dem Bereich der Betriebsverpflegung, bei der man sein persönliches Essensmenü aus verschiedenen Angeboten und Komponenten nach den individuellen Vorlieben und Bedürfnissen zusammenstellen kann. Meistens wird für betriebliche Sozialleistungen ein Geldwert festgelegt, der dann in Form von Bargeld oder Zuschlägen, aber auch in Form von zusätzlichen Urlaubstagen, Freizeitzuschüssen zu Bildungsmaßnahmen, betriebliche Altersvorsorge usw. gewährt werden kann. Mit diesem System ist es Mitarbeitern möglich, sich nach individuellen Wünschen und Ansprüchen ihr persönliches betriebliches Sozialleistungspaket zusammenzustellen.
    Die Vorteile des Cafeteria-Modells liegen in der individuellen, optimalen Gestaltung der Sozialleistungen für den einzelnen Arbeitnehmer. Mögliche Nachteile können sein, dass bei rechtlichen Änderungen das Angebotsportfolio regelmäßig angepasst werden muss und nicht alle individuell gewünschten Leistungsvarianten angeboten werden können.

72. Bei der Arbeitsplatzbewertung unterscheidet man die summarischen und die analytischen Methoden. Bei den summarischen Methoden differenziert man zwischen dem Rangfolgeverfahren und dem Lohngruppenverfahren. Das Rangfolgeverfahren beginnt mit der Auflistung sämtlicher im Betrieb vorkommenden Arbeiten. Dann wird jede einzelne Arbeit mit den anderen Arbeiten verglichen. Danach wird eine Rangfolge nach dem Schwierigkeitsgrad der Arbeiten für den Gesamtbetrieb erstellt. Diese aufgestellte Rangfolge bildet die Grundlage für die Festsetzung der Personalentgelte. Das Rangfolgeverfahren ist einfach handbar, kostengünstig und leicht verständlich. Nachteile sind, dass die Abstimmung der einzelnen Ränge nicht bekannt, die Anforderungsarten nicht gewichtet und die Bewertung subjektiv ist. Das Lohngruppenverfahren bildet mehrere Lohn- oder Gehaltsgruppen, die die unterschiedlichen Schwierigkeitsgrade abbilden. Das Lohngruppenverfahren ist leicht verständlich und einfach zu handhaben. Als Nachteile werden genannt die Gefahr der Schematisierung und mangelnde Berücksichtigung von individuellen Gegebenheiten sowie von technischen Entwicklungen.
    Bei der analytischen Arbeitsplatzbewertung unterscheidet man die Rangreihenmethode und die Stufenwertzahlmethode. Bei der Rangreihenmethode wird getrennt nach jeder Anforderungsart eine Einordnung von der einfachen bis zur schwierigen Verrichtung – für jede Anfor-

derungsart getrennt – vorgenommen. Die niedrigst bewertete Arbeitsverrichtung wird mit 0 %, die am höchsten bewertete Arbeitsverrichtung mit 100 % angesetzt. Ferner kann die Rangreihenmethode mit getrennter Gewichtung oder gebundener Gewichtung durchgeführt werden. Bei der Stufenwertzahlmethode wird für jede einzelne Anforderungsart eine Punktwertreihe aufgestellt. Jede Bewertungsstufe dieser Punktwertreihe wird definiert und anhand von einzelnen Arbeitsbeispielen erläutert. Auch bei der Stufenwertzahlmethode unterscheidet man eine getrennte und eine gebundene Gewichtung.

73. Die wesentlichen Inhalte einer Stellenbeschreibung sind:
    - Bezeichnung der Stelle
    - Ziele der Stelle
    - Hauptaufgaben
    - Anforderung an den Stelleninhaber
    - Verantwortlichkeit
    - Beschäftigungsumfang
    - Arbeitszeit (in Übereinstimmung oder Abweichung zu Betriebsvereinbarung)
    - Eingliederung in die Organisation
    - Unter- und Überstellung
    - Weisungskompetenz/Weisungsgebundenheit
    - Befugnisse/Vollmachten
    - Stellvertretung
    - Beziehungen zu anderen Arbeitsplätzen
    - besondere Anforderungen an den Inhaber des Arbeitsplatzes.

74. Hauptsächlich werden zur externeren Mitarbeiterbeschaffung folgende Wege genutzt:
    - Stellenanzeigen
    - Anschlagtafeln, Stelltafeln
    - Mitarbeiterhinweise
    - Agentur für Arbeit
    - Private Arbeitsvermittlung
    - Personalberater
    - Initiativbewerbungen
    - Auswerten von Stellengesuchen und Active Sourcing
    - Internetauftritt des Betriebs oder Online-Jobportale
    - Arbeitnehmerüberlassung
    - Recruiting-Messen

    Der zunehmende Arbeitgeberwettbewerb nach Fachkräften wird künftig neben diesen bekannten Instrumenten sicherlich auch neue, außergewöhnliche Wege erforderlich machen.

75. Eine Laufbahnplanung für Mitarbeiter orientiert sich im Regelfall an der Aufbauorganisation in einem Betrieb. Sie soll dem Mitarbeiter aufzeigen, welche Entwicklungsperspektive er hat und welche Ziele er bei Erfüllung der definierten Voraussetzungen (z. B. Leistung, Weiterbildung, Beurteilungen) erreichen kann. Grundsätzlich sind folgende Laufbahntypen möglich: Fachlaufbahn, Führungslaufbahn und Projektlaufbahn. Orientieren Sie sich bei der grafischen Darstellung an der Übersicht in Kapitel 2.6.2.5.
    Die Fachlaufbahn bietet sich für Mitarbeiter an, die in ihrer Tätigkeit hohe Kompetenz besitzen, aber kein Interesse an einer Führungsaufgabe (mit Personalverantwortung) mitbringen oder hierzu nicht geeignet sind. In der Fachlaufbahn werden sie motiviert, da sie als Experte oder Berater erkennbar werden. Führungskräfte bringen nicht zwingend das notwendige Expertenwissen ein. Mit der Fachlaufbahn erreicht der Betrieb beide Ziele: notwendiges Fachwissen und eine Einbindung in die Hierarchie.

76. Bei der Personalbeschaffung ist auf die Einhaltung des Allgemeinen Gleichbehandlungsgesetzes (AGG) zu achten. Das bedeutet: eine Ausschreibung darf sich weder an
    - der Rasse,
    - der ethnischen Herkunft,
    - dem Geschlecht,
    - der Religion,
    - der Weltanschauung,
    - einer Behinderung,
    - dem Alter noch
    - der sexuellen Identität

    der (potenziellen) Bewerber/innen orientieren.

77. Bei den Arbeitslöhnen unterscheidet man Zeitlohn, Akkordlohn und Prämienlohn. Im Gegensatz zum Zeitlohn sind Akkord- und Prämienlöhne leistungsbezogen. Der reine Zeitlohn wird ohne Berücksichtigung der Leistung gezahlt. Der Zeitlohn tritt in den verschiedensten Formen auf. Es kann sich hierbei um einen Stundenlohn, Schichtlohn, Tageslohn, Wochenlohn oder Monatslohn handeln. Der Zeitlohn findet häufig Anwendung bei hoher Anforderung an die Arbeitsqualität, bei Unfallgefahr, bei kontinuierlichem Ablauf der Arbeit, bei nicht vorhersehbarer Arbeit, bei quantitativ nicht messbarer Arbeit und bei kreativer Arbeit.

Der Akkordlohn ist eine leistungsabhängige Lohnform. Bei Anwendung eines Akkordlohns müssen Akkordfähigkeit, Akkordreife und Beeinflussbarkeit gegeben sein. Bei den Akkordlohnformen werden ferner der Stückakkord, der Zeitakkord sowie der Einzel- und Gruppenakkord unterschieden.
Während bei der Akkordentlohnung der gesamte Lohn leistungsbezogen ist, ist bei den Prämienlohnformen nur die Prämie leistungsbezogen. Der Prämienlohn unterteilt sich in den leistungsunabhängigen Grundlohn und die leistungsabhängige Prämie. Bei den Prämienarten unterscheidet man Mengenleistungsprämien, Qualitätsprämien, Ersparnisprämien, Nutzungsgradprämien und Terminprämien.

78. Die Abgrenzung zwischen einem Arbeitnehmer und einem selbstständig Tätigen ist nicht immer leicht vorzunehmen. Ein Arbeitnehmerverhältnis liegt vor, wenn der Beschäftigte seine Arbeitskraft schuldet. Dies ist der Fall, wenn die tätige Person unter der Leitung des Arbeitgebers steht und dessen geschäftlichem Willen im Rahmen des geschäftlichen Organismus des Arbeitgebers zu folgen verpflichtet ist. Folgende Merkmale sprechen insbesondere für die Annahme einer Arbeitnehmereigenschaft: persönliche Abhängigkeit; Weisungsgebundenheit bezüglich Ort, Zeit und Inhalt der Tätigkeit; feste Arbeitszeiten; feste Bezüge; Urlaubsanspruch; Anspruch auf sonstige Sozialleistungen; Fortzahlung der Bezüge im Krankheitsfall; Überstundenvergütung; zeitlicher Umfang der Dienstleistung; Unselbstständigkeit in Organisation und Durchführung der Tätigkeit; kein Unternehmerrisiko; keine Unternehmerinitiative; kein Kapitaleinsatz; keine Pflicht zur Beschaffung von Arbeitsmitteln; Eingliederung in den Betrieb; Schulden der Arbeitskraft und nicht eines Arbeitserfolges.

79. Ab 1.1.1999 wurde die steuerliche Begünstigung von Jubiläumszuwendungen aufgehoben. Eine Jubiläumszuwendung ist eine Sonderzahlung, die vom Arbeitgeber anlässlich eines Firmen- oder Dienstjubiläums gezahlt wird. Nach § 19 Abs. 1 Nr. 1 EStG gelten Jubiläumszuwendungen als Arbeitslohn und sind damit steuerpflichtig. Allerdings kann eine Zuwendung anlässlich einer mehrjährigen Betriebszugehörigkeit ermäßigt – unter Anwendung der Fünftelregelung – besteuert werden. Geldzuwendungen aufgrund eines Firmenjubiläums unterliegen ebenfalls der Steuerpflicht.
Für Veranstaltungen, die aus Anlass eines Jubiläums durchgeführt werden, gilt ein Freibetrag von 110 € pro Arbeitnehmer wie bei sonstigen Betriebsveranstaltungen. Es ist möglich, bei Überschreiten dieses Freibetrags eine Pauschalversteuerung mit 25 Prozent vorzunehmen. Erhält der Arbeitnehmer eine Aufmerksamkeit anlässlich seines Dienstjubiläums, gilt hier eine Freigrenze von 60 €.

80. Die früher nach § 3 EStG bestehende Steuerfreiheit von Abfindungen wurde aufgehoben. Abfindungen sind in vollem Umfang der Lohn- bzw. Einkommensteuer zu unterwerfen. Die Steuerpflicht kann unter bestimmten Umständen durch die sogenannte Fünftelregelung gemindert werden. Dazu wird der voraussichtliche Jahresarbeitslohn um ein Fünftel der Abfindung erhöht und die Lohnsteuer für diesen Betrag ermittelt. Die Differenz zum Steuerbetrag auf das Jahresentgelt ohne Abfindung ist mit fünf zu multiplizieren. Das Ergebnis ist die auf die Abfindung entfallende Lohn-/Einkommensteuer (§ 34 EStG) Abfindungen sind sozialversicherungsfrei, sofern es sich um »echte« Abfindungen handelt und nicht um eine verschleierte Form von Arbeitsentgelt.

81. Nach § 8 Abs. 1 EStG sind Einnahmen alle Güter, die in Geld oder Geldeswert bestehen und dem Steuerpflichtigen im Rahmen seiner nicht selbstständigen Arbeit zufließen. § 8 Abs. 2 EStG regelt, wie Einnahmen, die nicht in Geld bestehen, zu bewerten sind. Zu den Sachbezügen gehören u. a. Kleidung, Wohnung, Unterkunft, Kost (Frühstück, Mittagessen, Abendessen), Waren und Dienstleistungen sowie Deputate. Die Bewertung dieser Sachbezüge ist in § 8 Abs. 2 und 3 EStG sowie in der Sachbezugsverordnung geregelt. Handelt es sich um Bezug von Waren und Dienstleistungen, die vom Arbeitgeber nicht überwiegend für den Bedarf seiner Arbeitnehmer hergestellt, vertrieben oder erbracht werden, so werden diese Leistungen mit den üblichen Endpreisen am Abgabeort als Sachbezug besteuert. Hierbei kann von den üblichen Preisen ein Abzug von 4 % vorgenommen werden. Die sich nach Abzug der vom Arbeitnehmer gezahlten Entgelte ergebenden Vorteile sind der Steuer zu unterwerfen, soweit sie einen Betrag von insgesamt 1 080 € im Kalenderjahr übersteigen.

82. Unter geldwertem Vorteil verstehen die Finanzämter Aufwendungen, die Arbeitnehmern zufließen und private Aufwendungen ersparen. Das ist zum Beispiel:
    - Ausüben von sportlichen Betätigungen, die vom Arbeitgeber finanziell unterstützt werden
    - wenn ein Kredit gewährt wird, werden Zinsaufwendungen erspart oder (gemessen an Bankzinsen) minimiert

    Von den Finanzämtern werden diese ersparten Summen fiktiv dem Bruttoentgelt zugeschlagen, um sie damit der Lohnsteuer zu unterwerfen.

83. Die Märzklausel (§ 23a SGB IV) betrifft einmalige Zuwendungen, die dem Arbeitsentgelt zuzurechnen sind und nicht für die Arbeit in einem einzelnen Entgeltabrechnungszeitraum gezahlt werden, z. B. Leistungsprämien für ein Arbeitsjahr. Werden diese Zahlungen nicht im laufenden Jahr, sondern im Zeitraum vom 1. Januar bis 31. März des Folgejahres ausgezahlt, kommt die sogenannte Märzklausel zur Anwendung, nach der diese Zahlungen sozialversicherungsrechtlich dem Vorjahr zuzuordnen sind, wenn dadurch, zusammen mit dem laufenden Arbeitsentgelt, die anteilige Beitragsbemessungsgrenze überschritten würde und die einmalige Zuwendung damit (teilweise) beitragsfrei bliebe. Ist die Jahresmeldung für das Vorjahr bereits erfolgt (Abgabetermin 15.2.), ist die Zahlung gesondert nachzumelden.

84. Das Verfahren mit Elektronischen Lohnsteuerabzugsmerkmalen wird kurz als ELStAM bezeichnet. ELStAM ist eine beim Bundeszentralamt für Steuern geführte Datenbank, die durch die Finanzämter (Übermittlung der im Lohnsteuer-Ermäßigungsverfahren beantragten Freibeträge) sowie durch die Meldebehörden (Änderung von Personenstandsdaten, z. B. Geburt eines Kindes oder Heirat des Arbeitnehmers) fortlaufend aktualisiert wird.
    Rechte und Pflichten des Arbeitnehmers: Der Arbeitnehmer ist verpflichtet, dem Arbeitgeber zum Abruf der ELStAM-Daten folgende Informationen mitzuteilen:
    - seine Steueridentifikationsnummer
    - Tag der Geburt und
    - ob es sich um das erste oder ein weiteres Dienstverhältnis handelt.

    Teilt der Mitarbeiter dem Arbeitgeber diese Daten nicht mit, so muss er nach Steuerklasse VI veranlagt werden. Der Arbeitnehmer kann seinem Wohnsitzfinanzamt mitteilen, welcher Arbeitgeber zum Abruf seiner Daten berechtigt ist (Positivliste) und welcher nicht (Negativliste).
    Arbeitgeberpflichten: Der Arbeitgeber ist verpflichtet, zum Dienstbeginn eines Mitarbeiters die ELStAM-Daten beim Bundeszentralamt für Steuern abzurufen und in das Gehaltskonto zu übernehmen. Für diesen Datenabruf muss der Arbeitgeber folgende Informationen mitteilen:
    - Authentifizierung durch die Steuernummer der lohnsteuerlichen Betriebsstätte
    - Identifikationsnummer des Mitarbeiters
    - Tag der Geburt des Mitarbeiters
    - Tag des Beginns des Dienstverhältnisses
    - Angabe, ob es sich um das erste oder ein weiteres Dienstverhältnis handelt

    Der Arbeitgeber ist verpflichtet, die ELStAM-Daten monatlich zur Gehaltsabrechnung abzurufen und diese in der Gehaltsabrechnung auszuweisen.

85. Das System der Sozialversicherung in Deutschland besteht aus den Zweigen
    - Krankenversicherung,
    - Pflegeversicherung,
    - Rentenversicherung,
    - Arbeitslosenversicherung,
    - Unfallversicherung.

86. § 108 Gewerbeordnung, insbesondere Abs. 3, Satz 1. Erforderliche Angaben sind u. a.: Persönliche Daten des Arbeitnehmers, Angaben zum Arbeitgeber, Abrechnungszeitraum, Steueridentifikationsnummer, Sozialversicherungsnummer, Anzahl der Steuer- und Sozialversicherungstage, Angaben zum Brutto- und Nettoarbeitsentgelt, Angaben zu den gesetzlichen Abzügen und Beitragszuschlag in der Pflegeversicherung.

87. Arbeitnehmer werden je nach Familienstand in verschiedene Steuerklassen eingeteilt (§ 38 b EStG).
    Steuerklasse I: Steuerpflichtige Arbeitnehmer, die ledig, verwitwet, oder geschieden sind oder dauerhaft getrennt leben
    Steuerklasse II: Alleinerziehende
    Steuerklasse III: Verheiratete bzw. verpartnerte Arbeitnehmer
    Steuerklasse IV: Arbeitnehmer, die verheiratet bzw. verpartnert sind, wenn beide Ehegatten/Partner unbeschränkt einkommensteuerpflichtig sind und nicht dauernd getrennt leben und der Ehegatte/Partner des Arbeitnehmers ebenfalls Arbeitslohn bezieht
    Steuerklasse V: Verheiratete/verpartnerte Arbeitnehmer, deren Ehegatten ebenfalls Arbeitslohn beziehen und auf deren Lohnsteuerkarte die Lohnsteuerklasse III eingetragen ist
    Lohnsteuerklasse VI: Arbeitnehmer, die nebeneinander von mehreren Arbeitgebern Arbeitslohn beziehen

88. Leistungen der gesetzlichen Krankenversicherung umfassen im Wesentlichen:
    - Förderung der Gesundheit
    - Verhütung von Krankheiten
    - Früherkennung von Krankheiten
    - Behandlung von Krankheiten
    - Schwangerschaft und Mutterschaft
    - Arbeitsunfähigkeit (Krankengeld)

89. Die Jahresarbeitsentgeltgrenze ist wichtig für die Feststellung, ob ein Arbeitnehmer wegen deren Überschreitung von der Versicherungspflicht in der Krankenversicherung befreit ist.

90. Leistungen der gesetzlichen Pflegeversicherung:
    - Leistungen zur häuslichen Pflege
    - Leistungen zur stationären Pflege

    Die Pflegeversicherung zahlt darüber hinaus Rentenversicherungsbeiträge für diejenigen, die Pflegebedürftige zu Hause pflegen, wenn diese Pflege nicht gewerbsmäßig ausgeübt wird.

91. Leistungen der gesetzlichen Rentenversicherung:
    - Heilbehandlung
    - Berufsförderung
    - Leistungen, die der Besserung und Wiederherstellung der Erwerbsfähigkeit dienen
    - Renten wegen Alters
    - Renten wegen verminderter Erwerbsfähigkeit oder Berufsunfähigkeit
    - Renten wegen eines Todesfalles
    - Renten für Witwen, Witwer
    - Zuschüsse zu den Aufwendungen für die Krankenversicherung und Pflegeversicherung
    - Leistungen, die der Kindererziehung dienen (Waisenrenten)

92. Leistungen der gesetzlichen Arbeitslosenversicherung:
    - Arbeitsvermittlung und Arbeitsberatung
    - Berufsberatung
    - Förderung der beruflichen Bildung
    - Leistungen zur Förderung der Arbeitsaufnahme und zur Aufnahme einer selbstständigen Tätigkeit
    - berufsfördernde Leistungen zur Rehabilitation
    - Gewährung von Arbeitslosengeld und Altersübergangsgeld bei Arbeitslosigkeit durch die Bundesagentur für Arbeit

93. Die gesetzliche Unfallversicherung wird für die Privatwirtschaft durch nach Branchen organisierte Berufsgenossenschaften ausgeübt. Sie sichert die Folgen ab, die durch einen Arbeitsunfall entstehen können. Unter Arbeitsunfall wird der Unfall im Zusammenhang mit der versicherten Tätigkeit, der Wegeunfall und die Berufskrankheit verstanden. Die gesetzliche Unfallversicherung hat die Aufgabe, für eine medizinische Rehabilitation zu sorgen, für eine berufliche Rehabilitation (Wiedereingliederung, Umschulung usw.) und, falls die Folgen eines eingetretenen Arbeitsunfalles nicht vollständig durch Rehabilitationsmaßnahmen aufgehoben werden können, dafür, Renten zu gewähren, sowohl an den betroffenen Mitarbeiter als auch an die Angehörigen.

94. Eine Sozialbilanz ist das Instrument gesellschaftsbezogener Rechnungslegung eines Unternehmens. Sie ist gesetzlich nicht vorgeschrieben.
    Inhalte einer Sozialbilanz können sein:
    - die gewährten freiwilligen betrieblichen Sozialleistungen
    - Förderung von Einrichtungen außerhalb eines Unternehmens, z. B. Zuschüsse für kulturelle und soziale Einrichtungen
    - Maßnahmen, die der Verbesserung des Umweltschutzes dienen
    - Steuern, die ein Unternehmen abführt und die zur Finanzierung gesellschaftlicher Aufgaben dienen, z. B. Steuern, die an die unmittelbar umliegenden Kommunen (Gewerbesteuer) abzuführen sind

    Die Sozialbilanz gliedert sich allgemein in drei Bestandteile:
    - die Wertschöpfungsrechnung
    - die Sozialrechnung
    - den Sozialbericht

    Die Veröffentlichung von Sozialbilanzen dient mehrfachen Zwecken: Die Mitarbeiter sollen Informationen über die für sie erbrachten zusätzlichen Leistungen erhalten. Zugleich ist die Sozialbilanz ein Instrument zur Öffentlichkeitsarbeit.

3 Personalplanung, Personalmarketing und Personalcontrolling gestalten und umsetzen

95. Als Bedarf bezeichnet man die mit Kaufkraft ausgestatteten Bedürfnisse. Der Individualbedarf liegt in der körperlichen, geistigen und seelischen Eigenart des Einzelnen begründet. Der Kollektivbedarf ergibt sich aus dem Zusammenleben der Gesellschaft. Zum Kollektivbedarf gehören der Ausbau von Bildungseinrichtungen, die Verbesserung der Verkehrsanbindung, die Errichtung von Krankenhäusern, die Gestaltung des sozialen Netzes, die Gewährleistung der Sicherheit.

96. Unabhängigkeit und Entfaltungsmöglichkeiten des Einzelnen sind erst dann optimiert, wenn Eigentum breit gestreut ist. Nur durch Eingriffe der staatlichen Ordnung in den Markt kann der Unterlegenheit des schwächeren Marktpartners entgegengewirkt werden.

97. Das einfache Wirtschaftskreislaufmodell kennt nur Haushalte und Unternehmen. Das Einkommen der Haushalte wird voll konsumiert, die Kapazität der Unternehmen bleibt gleich. Der Güterkreislauf besteht aus den Faktorleistungen der Haushalte und der Güterbereitstellung durch die Unternehmen (Güterströme oder Realströme) – der Geldkreislauf bewegt sich gegenüber dem Güterkreislauf gegenläufig und umfasst die Einkommen und Konsumausgaben der Haushalte, die zu Erlösen der Unternehmen werden.
    Das erweiterte Wirtschaftskreislaufmodell bezieht Sparen (der Haushalte) und Investitionen (der Unternehmen) ein, wie auch außenwirtschaftliche Beziehungen und steuerliche Aktivitäten auf der Einnahmen- und auf der Ausgabenseite der Budgets der öffentlichen Hände.

98. Vorteile: bessere Marktübersicht, Preisstabilisierung durch Mengenrabatte und durch kostengünstige Produktion.
    Nachteile: zu große Marktmacht, Verringerung von Wettbewerb und Einschränkung der Produktvariabilität.

99. Gesetz gegen den unlauteren Wettbewerb, Gesetz gegen Wettbewerbsbeschränkungen, PreisangabenVO, Produkthaftungsgesetz.

100. Auswirkungen der Konjunkturphasen auf den Arbeitsmarkt:
    Aufschwung: Durch zunehmende Nachfrage und bessere Auslastung der Kapazitäten ergibt sich eine Entlastung des Arbeitsmarktes.
    Boom: Arbeitskräftemangel, und annähernde Vollbeschäftigung.

Abschwung: Freisetzung von Arbeitskräften durch Nachfragerückgang auf den Investitions- und Konsumgütermärkten und Zunahme von Unternehmenszusammenbrüchen.
Depression: Ausgelöst durch zunehmende Arbeitslosigkeit ergibt sich eine Verringerung der Kaufkraft und zunehmende Kostenunterdeckung bei den Unternehmen.

101. Bestimmungsgrößen des »magischen Vierecks«:
- stetiges angemessenes Wirtschaftswachstum, gemessen am realen Bruttoinlandsprodukt
- Stabilität der Währung, gemessen am Preisindex für die Lebenshaltung
- hoher Beschäftigungsstand, gemessen an der Arbeitslosenquote
- außenwirtschaftliches Gleichgewicht, gemessen an der Leistungsbilanz

102 . Friktionelle Arbeitslosigkeit ist eine kurzfristige Arbeitslosigkeit als Folge mangelnder Übersicht über den Arbeitsmarkt (Sucharbeitslosigkeit).
Saisonale Arbeitslosigkeit ist eine Folge jahreszeitlicher Produktions- und Nachfrageschwankungen.
Konjunkturelle Arbeitslosigkeit liegt vor bei Rückgang der gesamtwirtschaftlichen Güternachfrage und Güterproduktion.
Strukturelle Arbeitslosigkeit bedeutet Ungleichgewichte auf Teilarbeitsmärkten zwischen angebotenen und nachgefragten Arbeitsleistungen. Diese Arbeitslosigkeit ist in der Regel langfristig.

103. Geldpreispolitik und Geldmengenpolitik. Mit Einführung des Euro ist die Europäische Zentralbank (EZB) in Frankfurt am Main für die Sicherung der Währungsstabilität in den Euro-Ländern verantwortlich. Ihr Leitungsgremium, der Europäische Zentralbankrat, setzt sich aus den Zentralbankgouverneuren aller Mitgliedstaaten zusammen.

104. Über den öffentlichen Haushalt werden die Ausgaben (Investitionen), die ordentlichen Einnahmen (Steuern) und der Kapitalmarkt (Nettokreditaufnahme) beeinflusst. Eine Ausweitung der Ausgaben durch öffentliche Investitionen erzwingt gleichzeitig ein Zurückführen anderer Ausgaben oder eine Erhöhung der Steuern oder/und eine Erhöhung der Kreditnachfrage der öffentlichen Hand.

105. Planung bedeutet das Projizieren eines gedachten und gewollten Tuns in die Zukunft. Grundsätzliches Ziel von Personalplanungen ist es, dass erforderliche Personal für die Erfüllung jetziger und künftiger Aufgaben in einem Betrieb/Unternehmen zur Verfügung zu stellen
- mit den erforderlichen Qualifikationen
- in der richtigen Anzahl
- zum richtigen Zeitpunkt
- am richtigen Ort.

106.
- Personalbedarfsplanung
- Personalbeschaffungsplanung
- Personaleinsatzplanung
- Personalanpassungsplanung
- Personalentwicklungsplanung
- Personalkostenplanung

107.
- Schätzverfahren
  Für kleinere und mittlere Betriebe zur kurz- und mittelfristigen Bedarfsermittlung. Dieses Verfahren ist unbestimmt, setzt Erfahrung voraus und die Kenntnis anderer Unternehmenspläne.
- Globale Bedarfsprognose
  Ist geeignet für Mittel- und Großbetriebe, in überwiegend produzierendem Gewerbe. Es werden bestimmte Größen aus der Vergangenheit ermittelt und bestimmt. Aus daraus vermuteten Zusammenhängen werden Kennzahlen gebildet, diese Kennzahlen werden durch entsprechende Rechenoperationen (Trendextrapolation, Regressionsrechnung) in die Zukunft projektiert.

- Kennzahlenmethode
  Geeignet für Betriebe in allen Größenklassen, wenn bestimmte Betriebsteile oder Gruppen von Arbeitsplätzen betrachtet werden. Hier werden Kennzahlen im Zusammenhang mit der Arbeitsproduktivität oder anderer messbarer Zahlen gebildet. Auch hier wird im Wege von Rechenoperationen (ebenfalls Trendextrapolation, Regressionsrechnung) ein Zukunftsbezug hergestellt.
- Arbeitswissenschaftliche Methoden
  Geeignet für Betriebe, die arbeitswissenschaftliche Methoden anwenden können (REFA, MTM). Es wird der Zeitbedarf pro Arbeitseinheit oder Arbeitsmenge festgestellt. Daraus kann der nötige Personalbedarf errechnet werden.
- Stellenplanmethode
  Geeignet für alle Betriebe, wenn die organisatorischen Voraussetzungen erfüllt sind (Stellenpläne, Stellenbesetzungspläne sind vorhanden). Grundlage für die Planung ist die gegenwärtige und zukünftige Organisationsstruktur.

108.
- Fehlzeiten (Urlaub, Krankheit)
- Fluktuation
- Schulungsbedarf
- Prognose der zukünftigen Arbeitszeit

109. Interne Beschaffung:
Vorteile:
- Die Versetzung durch eigene Mitarbeiter vermindert das Risiko einer Fehlbesetzung (Beurteilung ist leichter möglich). Interne Bewerber/innen kennen das Unternehmen und die Struktur.
- Motivatorische Elemente werden durch Eröffnung von Aufstiegschancen im Unternehmen erhöht.
- Eine schnellere Besetzung ist meistens möglich.
- Beschaffungskosten werden gespart.

Nachteile:
- begrenzte Auswahlmöglichkeit
- fehlende »Frischblutzufuhr«
- Entstehung von »Frust« bei abgelehnten Bewerbern möglich
- mangelnde Akzeptanz »aufgestiegener Mitarbeiter/innen«
- Verlagerung der Beschaffungsproblematik auf andere frei werdende Stellen (»Kettenbesetzung«)

110. Die externe Beschaffung ist im Grundsatz die Umkehrung der Vor- und Nachteile bei der internen Beschaffung.

Vorteile:
- größere Auswahlmöglichkeit
- »Frischblutzufuhr«
- qualifiziertere Besetzung häufig möglich
- weniger Akzeptanzprobleme

Nachteile:
- Beschaffungskosten
- Beschaffungszeitpunkt
- keine optimalen Beurteilungsmöglichkeiten Gefahr von Fehlbesetzung

111. Personaleinsatzplanung heißt, die jeweilige Personalbesetzung muss den kurz- und mittelfristigen tatsächlichen Arbeitsanfall angepasst werden. Alle verfügbaren Mitarbeiter/innen sind so einzusetzen, dass ein Optimum an Arbeitsproduktivität und Arbeitsqualität bei möglichst geringen Kosten erzielt werden kann.

112. Möglichkeiten einer indirekten Personalanpassung:
- Abbau von Überstunden
- gezielte Urlaubsplanung
- Umwandlung von Voll- in Teilzeitstellen
- Einstellungsstopp
- Auslaufen von Zeitverträgen
- Auslaufen von Arbeitnehmerüberlassungsverträgen
- Umsetzungen und Versetzungen

- Flexibilisierung der Arbeitszeit (Verkürzung, Einführung von Jahresarbeitszeitkonten)
- Kurzarbeit

113. Zur direkten Personalanpassung stehen folgende Möglichkeiten zur Verfügung:
    - Aufhebungsverträge
    - Eigenkündigungen
    - »Parken« bei befreundeten Firmen
    - Hilfestellung beim »Selbstständig machen«
    - vorzeitiger Ruhestand
    - Altersteilzeit
    - betriebsbedingte Kündigung

114. Auswirkungen auf Unternehmen und Arbeitnehmer bei Personalanpassungsmaßnahmen:
    - Einstellungsstopp
      Bei längerer Handhabung kann es zur Überalterung der Belegschaft, zu wenig mobilem Personal und zu Überlastung und Qualifikationsengpässen führen.
    - Auslaufen befristeter Verträge
      Für die betreffenden Arbeitnehmer nachteilig, für das Unternehmen sinnvolles Mittel.
    - Abbau von Leiharbeit:
      Für die betreffenden Mitarbeiter nachteilig, für Unternehmen sinnvolles Mittel.
    - Arbeitszeitgestaltung (Überstunden, Teilzeitarbeit, gezielte Urlaubsplanung)
      Bei sinnvoller Regelung (sozial zumutbar), wirksames Instrument für die Personalanpassung.
    - Vorzeitiger Ruhestand
      Sehr kostenaufwendiges Instrument, aber wirksam. Problematisch bei bestimmten Beschäftigungsgruppen (z. B. wenn Spezialisten, die nicht ohne Weiteres ersetzt werden können, ein Unternehmen durch den vorzeitigen Ruhestand verlassen).
    - Aufhebungsvertrag
      Im Einzelfall wirksame Maßnahme, da häufig Abfindungen gezahlt werden, unter Umständen kostenaufwendig.
    - Betriebsbedingte Kündigungen
      Birgt für Arbeitnehmer und Arbeitgeber große Risiken, sollte deswegen nur als äußerstes Mittel angewandt werden.

115. Personalentwicklungsbedarf kann entstehen, wenn
    - die derzeitigen Anforderungen an die Tätigkeiten nicht mehr erfüllt werden können
    - mangelnde Ausführungen der Tätigkeiten festgestellt werden
    - neue Arbeitsanforderungen entstehen
    - Stellen wegfallen und daher Umsetzungen oder Umschulungen erforderlich werden
    - neue Techniken eingeführt werden
    - die Organisation verändert wird
    - externe Änderungen vorliegen, z. B. durch Änderung tarifvertraglicher oder gesetzgeberischer Regelungen.

116. Unverzichtbar für die Planung der Personalentwicklung sind u. a. Qualifizierungsnachweise aus den Personalunterlagen:
    - Leistungsbeurteilungen
    - Potenzialbeurteilungen
    - Kenntnisse über zusätzliche Qualifikationen
    - Nachfolgepläne

117. Folgende interne Faktoren beeinflussen die Personalkostenplanung:
    - Personalbestand
    - Personalstruktur
    - Personalkosten je Mitarbeiter

118. Externe Faktoren, die bei der Personalkostenplanung berücksichtigt werden müssen:
    - Änderung von Tarifverträgen
    - Gestaltung von Arbeitszeiten
    - Vorruhestandsregelungen
    - die gesamte Arbeitssituation und
    - die gesamtwirtschaftliche Entwicklung

119. Folgende Unternehmensplanungen stehen mit der Personalplanung in unmittelbarer Beziehung:
   - Produktionsplanung
   - Absatzplanung
   - Investitionsplanung
   - Finanzplanung
   - Gewinnplanung
   - Kostenplanung
   - Beschaffungsplanung

120. Das Ziel der Personalplanung ist, das notwendige Personal zur richtigen Zelt, am richtigen Ort, in der richtigen Qualität und in der richtigen Quantität zur Verfügung zu stellen.

121. Es werden grundsätzlich sechs Personalplanungsarten unterschieden.
   - Personalbedarfsplanung:
     Die Personalbedarfsplanung soll ermitteln, welche und wie viele Mitarbeiter/-innen zu einem künftigen Zeitpunkt wo benötigt werden und welche und wie viele Mitarbeiter/-innen zu welchem Zeitpunkt beschäftigt sind. Hilfsmittel wären hier z. B. das Berechnungsschema zur Ermittlung des Nettopersonalbedarfes und die globalen und differenzierten Verfahren zur Prognose des Personalbedarfes. Z. B.: Fortschreibung des heutigen Personalbedarfes in die Zukunft mithilfe einer Abgangs-Zugangs-Tabelle
   - Personalbeschaffungsplanung:
     Beschaffungsplanung heißt, interne und externe Möglichkeiten zu nutzen. Die externe Beschaffungsplanung beantwortet die Frage, woher, wie und wann die benötigten Mitarbeiter/-innen beschafft und ausgewählt werden. – Die interne Beschaffungsplanung beantwortet die Frage, welche und wie viele Mitarbeiter/-innen wann und für welchen Zeitraum auf welche Arbeitsplätze versetzt und/oder befördert werden sollen. Z. B.: Aushang am Schwarzen Brett, Festlegung der Medien für die externe Personalrekrutierung, konkrete Anzeigen in Printmedien, Jobbörsen, eigene Homepage
   - Personalabbauplanung/-anpassungsplanung:
     Personalabbau-/anpassungsplanung befasst sich mit dem Thema, welche und wie viele Mitarbeiter/-innen zu welchem Zeitpunkt eingespart werden sollen und welche »möglichst sozialverträglichen« Maßnahmen hierfür zu ergreifen sind. Z. B.: Aufstellen von Regelungen zur Altersteilzeit
   - Personaleinsatzplanung:
     Sie regelt, wie viele und welche Mitarbeiter wann an welchem Arbeitsplatz eingesetzt werden. Z. B.: Aufstellen von Schicht- und Dienstplänen
   - Personalentwicklungsplanung:
     Die Personalentwicklungsplanung stellt fest. welche und wie viele Entwicklungsmaßnahmen erforderlich sind, um beschaffte oder vorhandene Mitarbeiter für veränderte oder neue Aufgaben zu qualifizieren. Z. B.: Festlegung von Methoden zur Ermittlung des Bildungsbedarfes
   - Personalkostenplanung:
     Die Personalkostenplanung ermittelt, welche Kosten sich aus den geplanten Maßnahmen ergeben, z. B. Festlegung des Budgets für die Personalabteilung oder Prognose des Personalzusatzkostenanteiles

122. Neben Stellenplan, Stellenbesetzungsplan und Stellenbeschreibung stehen zur Personalplanung noch folgende Instrumente zur Verfügung:
   - Personalakte:
     In einer Personalakte werden alle Daten/Schriftstücke über jeden Mitarbeiter geordnet gesammelt. »Schattenakten« sind unzulässig! Die Personalakte kann in Papierform oder elektronisch geführt werden. Die Personalakte kann gegliedert sein in:
     - Bewerbungsunterlagen
     - Beurteilungen
     - Aus-, Weiter- und Fortbildung
     - Sonstiges

     Aus der Personalakte können Informationen über die Qualifikation und den beruflichen Werdegang entnommen werden. Rechtliche Vorschrift zur Führung von Personalakten besteht nicht.

- Mitarbeiterbeurteilungen:
  Das summarische Verfahren zur Leistungsbeurteilung als freie, schriftliche Beurteilung oder die analytischen Verfahren zur Leistungsbeurteilung:
  – nach bestimmten, festgelegten Kriterien
  – nach den Leistungen in den Hauptaufgaben, entsprechend der Stellenbeschreibung
  – oder im Konzept der Führung nach Zielvorgaben (MbO)
  Die Verfahren zur Mitarbeiterpotenzialbeurteilung:
  – Beurteilung im Assessment-Center
  – Beurteilung auf der Basis von Anforderungen
  Die Beurteilungen spiegeln den Leistungsstand wider und lassen Potenziale erkennen.
- Laufbahnpläne:
  Laufbahnpläne zeigen den Mitarbeitern, welche Stellen sie grundsätzlich erreichen können, wenn sie durch die vorangegangene Laufbahn, bei entsprechender Beurteilung, die entsprechenden Fertigkeiten erworben und Erfahrungen erlangt haben.
- Nachfolgepläne:
  Nachfolgepläne können in Form von Listen oder Grafiken dargestellt werden. Eine Nachfolgeplanung kann in drei Schritten erfolgen:
  – Ermittlung der Veränderung (z. B. Austritte, Versetzungen u. dgl.)
  – Ermittlung von Alternativen (z. B. Ausbildung, Erfahrungen u. dgl.)
  – Entscheidung über mögliche Besetzungen
  Nachfolgepläne weisen auf Positionen hin, auf die Mitarbeiter im Rahmen einer Nachfolge qualifiziert werden können.
- Personalstatistiken:
  Die Personalstatistik macht die Gesamtbelegschaft oder Belegschaftsgruppen des Unternehmens vergleichbar.
  Der Personalplanung können z. B. folgende Statistiken dienlich sein:
  – Personalstruktur
  – Personalaufwand/-kostenentwicklung
  – Fehlzeiten
  – Fluktuation und dgl.
  Personalstatistiken führen zu Erkenntnissen, die in Handlungen umzusetzen sind, z. B. Steuerung der Fehlzeitenentwicklung.

123. Informationsgrundlagen für das Personalmarketing sind:
   - Arbeitsmarkt: Wie viele Ingenieure der gewünschten Fachrichtung werden in den nächsten Jahren ihre Ausbildung abschließen? (Anfrage bei Universitäten, Fachhochschulen)
   - Arbeitgeberimage: Wie attraktiv ist das eigene Unternehmen für externe Bewerber? Warum sollten sich Bewerber für uns entscheiden?
   - Konkurrenzanalyse: Worin liegen unsere Wettbewerbsvorteile im Vergleich zum Wettbewerb?
   - Mitarbeiterbefragung: Was bieten wir unseren Mitarbeitern? Gibt es Möglichkeiten/Bereitschaft zur Weiterqualifizierung eigener Mitarbeiter/-innen in die gewünschte Fachrichtung?

124. Möglichkeiten der Produktionsplanung, auf einen Personalminderbedarf zu reagieren:
   - vorübergehende Produktion auf Lager
   - Rücknahme von fremdvergebenen Aufträgen/Durchführung mit eigenem Personal
   - Übernahme von Aufträgen für andere Firmen
   - Vorziehen von Wartungs- und Reparaturarbeiten

125. Direkte Maßnahmen des Personalabbaus:
   - Aufhebungsverträge
   - Vorruhestand
   - Altersteilzeit
   - betriebsbedingte Kündigung
   - Einstellungsstopp
   - Auslaufenlassen der Zeitverträge

   Indirekte Maßnahmen des Personalabbaus:
   - Abbau von Mehrarbeit
   - Kurzarbeit
   - Umwandlung von Vollzeit- und Teilzeitstellen
   - Verkürzung von Arbeitszeiten
   - Zwangsurlaub
   - Versetzung von Mitarbeitern

126. Sechs Schritte der Personalentwicklungsplanung:
    1. künftige Anforderung an die Arbeitsplätze analysieren
    2. aufgrund von Marktanalysen und technologischen Entwicklungen vorhandene Qualifikationen und künftige Qualifikationen ermitteln
    3. aus Potenzialanalysen und Personalakten Entwicklungsbedarf ermitteln in quantitativer und qualitativer Hinsicht unter Beachtung der zeitlichen Folge, Planung der Maßnahmen (Zeit und Kosten)
    4. Durchführung der Maßnahmen, intern, extern, »on-the-job, off-the-job«
    5. Erfolgskontrolle, Kostenbetrachtung, Entwicklung des Führungserfolges, Befragung der Beteiligten
    6. Benchmarking

127. Kenngrößen des Erfolgs von Personalmarketingmaßnahmen:
    - Bewerbungseingang
      Diese Kennzahl bringt die Ergiebigkeit nach Rekrutierungswegen (Anzeigen in Printmedien, Internetanzeigen, Messeauftritte, Tag der offenen Tür) zum Ausdruck und ermöglicht deren gezielten Einsatz.
    - Initiativbewerbungen
      Initiativbewerbungen beinhalten Hinweise auf die Bekanntheit und Attraktivität des Unternehmens als Arbeitgeber.
    - Interne Bewerbungen
      Sie drücken die Einschätzung der Entwicklungsmöglichkeiten durch die Mitarbeiter im Unternehmen aus.
    - Erforderliche mehrmalige Stellenausschreibungen
      sind ein Anzeichen für Probleme bei der Personalbeschaffung, z. B. schlechte Anzeigengestaltung, mangelnde Zielgruppenorientierung, falsches Medium.

128. Zielsetzung des Personalmarketings:
    - zielgruppenorientierte Gewinnung und Erhaltung von Mitarbeitern
    - Erarbeitung von Anforderungsprofilen für jede Zielgruppe und Gestaltung von Entwicklungsplänen
    - Positionenmix
    - Konditionenmix
    - Kommunikationsmix
    - verbessertes Firmenimage am Arbeitsmarkt

129. Für Kurzarbeit kann sprechen:
    - kurzfristige Realisierbarkeit
    - wirksame Anpassungsfähigkeit
    - kostengünstig bei Gewährung von Kurzarbeitergeld
    - Der Belegschaftsbestand kann gehalten werden.
    - Zumutbarkeit gegenüber den Betroffenen
    - relativ einfache Umsetzung
    - Zeitgewinn für das Unternehmen, um andere Maßnahmen zu treffen

    Demgegenüber können sich auch Nachteile einstellen, insbesondere:
    - Imageverlust, weil der Betrieb als krisenanfällig gilt
    - Gefahr der Abwanderung qualifizierter Mitarbeiter
    - erhöhter Verwaltungsaufwand, da die Vorschriften der Arbeitsverwaltung streng sind
    - Die Handhabungsmöglichkeiten sind wegen der Mindestanforderungen hinsichtlich Zeitraum und Umfang des Arbeitsausfalles sowie der Zahl der betroffenen Mitarbeiter begrenzt.

130. Kennzeichnend für dispositive Arbeit sind folgende Fähigkeiten:
    - geistiges Erfassen von betrieblichen Zusammenhängen
    - selbstständiges geistiges Durchdringen von Zusammenhängen

- eigenständiges Vergleichen von betrieblichen Tatbeständen
- selbstständiges Beurteilen von betrieblichen Strukturen
- Erkennen und Schlussfolgerungen zu komplexen Tatbeständen

131. Bestimmungsfaktoren für Arbeitsleistung sind:

Innere Leistungsfaktoren
- aufgabenbezogene Elemente, wie Ausbildung, Wissen, Fähigkeiten, Fertigkeiten, Erfahrungen
- persönlichkeitsbezogene Elemente, wie Gesundheit, Belastbarkeit, Anpassungsfähigkeit, Teamfähigkeit, Koordinationsfähigkeit, Konfliktfähigkeit, Durchsetzungsfähigkeit
- Leistungsbereitschaft, wie Initiative, innere Motivation, Leistungswille, Selbstverpflichtung

Äußere Leistungsfaktoren
- Arbeitssituation, wie Betriebsmittel, Arbeitsaufgaben, Arbeitsverfahren, Arbeitsplatz
- Gruppensituation, wie Struktur der Arbeitsgruppe, Verhalten der Gruppe, Bewusstsein der Gruppe, Zusammenhalt der Gruppe, Mitgliederzahl der Gruppe
- Umfeldsituation, wie Konjunktur, Konkurrenz, Preise, Einkommen, Stand der Technik

132. Möglichkeiten der Erfolgskontrolle von betrieblichen Weiterbildungsmaßnahmen:
- Befragung der beteiligten Mitarbeiter, Referenten und Vorgesetzten
- innerbetriebliche Klausuren, Prüfungen und Tests
- Analyse von Kennziffern wie Fehlzeiten, Kostenentwicklung, Umsatzsteigerung, Qualitätsstandards, Kundenreklamationen
- Leistungsbeurteilungen, Zielvereinbarungen
- Mitarbeitergespräche, Datenauswertung

133. Konjunkturphasen sind:

- Aufschwung (Expansion)
  Produktion und Absatz steigen
- Hochkonjunktur (Boom)
  Löhne und Preise steigen
  Aktienkurse steigen
  Vollbeschäftigung
- Abschwung (Rezession)
  Produktion und Absatz sinken
- Tiefstand (Depression)

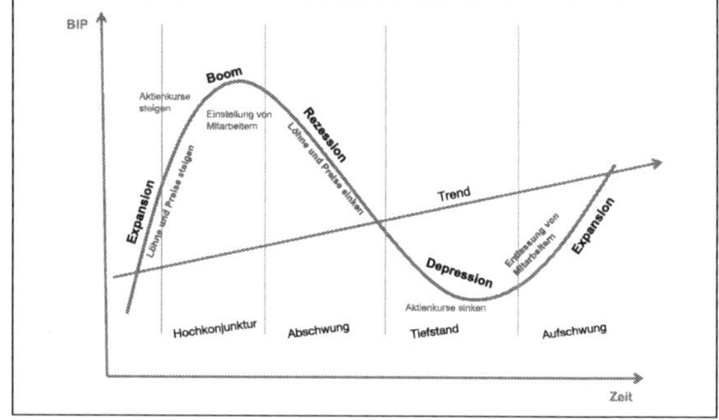

134. Konjunkturindikationen, die eine Änderung des Personalplanungsprozesses bewirken können:
- Auftragseingang
  Es werden die Auftragseingänge ermittelt. Aus den Bestellungen lässt sich auf die künftige Entwicklung der Produktion und damit auf den Personalbedarf schließen.
- Investitionen
  Aus der Summe der Investitionsvorhaben lässt sich ableiten, ob mit einer Zunahme der Beschäftigung gerechnet werden kann.
- Insolvenzen
  Die Zahl der Anträge auf Eröffnung eines Insolvenzverfahrens gibt Auskunft darüber, wie viele Firmen sich in Zahlungsschwierigkeiten befinden und deshalb deren Arbeitsplätze bedroht sind.

135. Kurzfristige Planung: Sie betrachtet die operative Planung bis zu einem Jahr.

Mittelfristige Planung: Sie beinhaltet einen Zeitraum von 1–3 Jahren. Es geht z. B. um die Nachfolgeplanung von Schlüsselpositionen.

Langfristige Planung: Beschäftigt sich mit der strategischen Planung von bis zu fünf Jahren. Es geht um langfristige Ansätze wie z. B. die Altersstruktur durch gezielte Personalveränderungen zu verringern.

136. Die qualitative Dimension betrachtet die Qualifikation der vorhandenen Mitarbeiter. Hier wird geprüft, welche Weiterbildungen für die Zukunft des Unternehmens wichtig sind.

Die räumliche Dimension klärt, in welchen Abteilungen und Filialen genau, wie viel Personal gebraucht wird.

Die quantitative Dimension beschäftigt sich mit der Frage, ob eine Über- oder Unterdeckung besteht und wann wie viel Personal benötigt wird.

137. Arbeitszeitmodelle, Gruppenarbeit, Flexible Organisation, Fertigungstiefe und -breite, Pläne für Outsourcing oder Insourcing.

138. Assessment-Center, Mitarbeitergespräche, Befragungen, SWOT-Analyse.

139. Kennzahlen, Soll-Ist-Vergleiche, Personalinformationssysteme (PIS), Personalkostenamanagement,

140. Personalbeschaffung: Anzahl der Bewerbungen pro Ausbildungsplatz oder ausgeschriebene Stelle. Beschaffungskosten je besetzter Stelle.

Personalentwicklung: Übernahmequote der Auszubildenden, Anteil der PE Kosten an den gesamten Personalkosten.

Personalfreisetzung: Aufwendungen für Abfindungen oder der arbeitsrechtlichen Streitigkeiten.

141. Ökonomische personalwirtschaftliche Ziele:

- Optimierung der Beschäftigung
- Kostenminimierung der Beschäftigung
- Steigerung der Arbeitsleistung
- qualifikationsbezogener Einsatz der Mitarbeiter

Nichtökonomische personalwirtschaftliche Ziele:

- Nutzung der Kreativität und Erfahrung
- soziale humanitäre Ziele
- Gestaltung des Arbeitsplatzes sicher und ergonomisch
- Schaffung eines guten Betriebsklimas

4 Personal- und Organisationsentwicklung steuern

142. Ziele der Mitarbeiterbeurteilung und Nutzen für Mitarbeiter
Ziele für Unternehmen: Erleichterte Personalbedarfsplanung, Identifikation von »High Potentials«, Bestandssicherung an Fach- und Führungskräften, Erleichterte Nachfolge- und Laufplanplanung, Basis für Zielvereinbarung, Bonus, Beförderung
Vorteile für Mitarbeiter: Erkennen der eigenen Stärken und Schwächen, Information über Entwicklungsmöglichkeiten, Kompetenzerweiterung, Anerkennung und Wertschätzung

143.
- Rechtzeitige Terminierung, ggf. Raum reservieren, Mitarbeiter einladen
- Bedenk-/Vorbereitungszeit einräumen
- Interessen des Mitarbeiters berücksichtigen (Urlaub, Arbeitsunfähigkeit, Schichtdienst)
- Vorbereitung z. B. mittels Personalakte, Aufzeichnungen des letzten Gesprächs oder Zielvereinbarungen
- Information zum Thema des Gesprächs
- Störungsquellen (z. B. Telefon) möglichst eliminieren
- Dauer ca. 30 bis 90 Minuten
- Dialog, kein Monolog oder Vortrag

- Positives wie Negatives ansprechen (»Sandwich-Taktik«)
- Vier-Augen-Gespräch (i.d.R.)
- Sachlich bleiben, nicht emotional werden
- Kritik immer konstruktiv, nicht destruktiv
- Konkretes ansprechen, Verallgemeinerungen und Pauschalisierungen vermeiden
- Nur Veränderbares ansprechen
- Ggf. Festlegung gemeinsamer Ziele
- Ggf. Terminierung eines Folgegesprächs

144. **Offenes Beurteilungssystem:**
- Es gibt keine oder nur wenige Regeln, welche Kriterien mit welchem Maßstab bewertet werden.
- Die Führungskraft bewertet den Mitarbeiter individuell.
- Nachteile: Subjektivität; erschwerte Vergleichbarkeit der Beobachtungen
- Die sorgfältige Auswertung der Ergebnisse erfordert erhöhten Aufwand.
- Es ist wichtig, dass die beurteilende Führungskraft möglichst objektiv und präzise formuliert und auf Beurteilungsfehler sensibilisiert ist.

Geschlossenes Beurteilungssystem:
- Klar formulierte Kriterien und standardisierte Skalierungen
- Einzelne Ergebnisse sind gut miteinander vergleichbar.
- Nachteile: Nur wenig Raum für Individualität
- Oft Ergänzung durch offene Fragen und Möglichkeit für Ergänzungen

145.
- Vollständigkeit: Alle wesentlichen Anforderungen an den Mitarbeiter
- Eindeutigkeit: Klare Formulierung, Abgrenzbarkeit einzelner Kriterien
- Ganzheitlichkeit: Keine selektive Wahrnehmung, Betrachtung des Gesamtbilds
- Praktikabilität: Beobachtbare und repräsentative Kriterien

146. Beobachtungs-/Beurteilungsfehler bei der Mitarbeiterbeurteilung
Primacy Effect, Halo Effect, Tendenz zur Mitte, Tendenz zur Strenge, Tendenz zur Milde, Projektion, Selektive Wahrnehmung, Identifikation, zu kurzer Beobachtungszeitraum

147. Unterschied zwischen Potenzialanalyse und Leistungsbeurteilung
Die Potenzialanalyse versucht Aussagen über das künftig zu erwartende (Arbeits-) Verhalten eines Mitarbeiters zu machen, also über seine künftige Leistungsbereitschaft und Leistungsfähigkeit. Die Leistungsbeurteilung hingegen beurteilt lediglich in der Vergangenheit liegendes Verhalten und Leistungen des Mitarbeiters.

148. Verfahren zur Potenzialanalyse
Arbeitsproben, Beobachtung am Arbeitsplatz, Einschätzung der Führungskraft, Tests, Entwicklungsgespräch, Projektmitarbeit

149. Der Begriff Assessment Center und die Übungen
Das Assessment Center ist ein systematisches Beurteilungsverfahren mit spezifischen, auch gruppenbezogenen Aufgaben. Es handelt sich um ein stufenweise aufgebautes Verfahren, mit dem mehrere Teilnehmer in unterschiedlichen Praxissituationen durch mehrere Beobachter beurteilt werden.
Mögliche Übungen: Gruppendiskussion, Rollenspiel, Postkorb-Übung, Präsentation, Tests, strukturiertes Interview

150. Ziele der Personalentwicklung für Unternehmen und Mitarbeiter
Ziele für Unternehmen: Optimierung des Personaleinsatzes, Bestandssicherung an Fach- und Führungskräften, Anpassung an notwendige Veränderungen, Wettbewerbsvorteil, Konkurrenzvorsprung, Mitarbeitermotivation
Ziele für Mitarbeiter: Erhalt/Erweiterung der Qualifikation, Arbeitsplatzsicherheit, Aufstiegsmöglichkeit, Flexibilität auf dem Arbeitsmarkt, Zufriedenheit und Motivation

151. Unterscheidung der Begriffe Kompetenz gegenüber Qualifikation
Kompetenz: Einerseits Befugnisse, also fachliche Zuständigkeit eines Mitarbeiters. Andererseits berufliche Handlungskompetenz, also die Fähigkeit, auftretende Arbeitssituationen eigenständig zu bewältigen. Dies ist als fachübergreifend, also als ganzheitliche Eigenschaften einer Person zu verstehen.
Qualifikation: Die zur Ausführung beruflicher Tätigkeiten konkret notwendigen Fähigkeiten, Kenntnisse und Fertigkeiten, um Arbeitsaufgaben zu bewältigen.

152. Berufliche Handlungskompetenz (Definition)
Die berufliche Handlungsfähigkeit besteht aus den fachübergreifenden Kompetenzbereichen Methoden-, Sozial- und Selbstkompetenz (zusammengefasst auch »Schlüsselqualifikationen« genannt) und wird ergänzt um die Fachkompetenz.

153. Methodenkompetenz, Sozialkompetenz und Selbstkompetenz (Definition mit Beispielen)
Methodenkompetenz: Methoden und Techniken zur Bewältigung von Arbeitsaufgaben, z. B. Planungsfähigkeit, Lern- und Arbeitsmethoden, Rhetorik
Sozialkompetenz: Umgang und Interaktion mit anderen Menschen, z. B. Teamfähigkeit, Konfliktfähigkeit, Führungsverhalten
Selbstkompetenz: Persönliches Verhalten in unterschiedlichen Situationen, z. B. Zuverlässigkeit, Ausdauer, Lernbereitschaft, Anpassungsfähigkeit

154. Der Begriff »Schlüsselqualifikationen« umfasst die drei Kompetenzbereiche Methoden-, Sozial- und Selbstkompetenz. Es handelt sich um fach- und berufsübergreifende Fähigkeiten, Kenntnisse und Fertigkeiten, die zur Bewältigung wechselnder Aufgaben und Situationen des (Arbeits-)Lebens unentbehrlich sind. Man spricht in diesem Zusammenhang auch von sogenannten »Soft Skills«. Diese können nicht isoliert gelernt oder eingeübt werden, sondern müssen in komplexen Situationen ganzheitlich entwickelt werden. Sie erleichtern und ermöglichen die Aneignung von Spezialwissen und bestimmtem Know-how.
Schlüsselqualifikationen gewinnen immer mehr an Bedeutung, da sie in Zeiten permanenter Veränderung von beruflichen Anforderungen eine verlässliche Grundlage für die Aufrechterhaltung der Handlungskompetenz von Mitarbeitern bilden.

155. Drei Lernbereiche
Kognitiver Lernbereich: Erwerb von Wissen und intellektuellen Fähigkeiten
Affektiver Lernbereich: Veränderung von Werten und persönlichen Einstellungen
Motorischer Lernbereich: Erwerb von manuellen und motorischen Fähigkeiten

156. Die verschiedenen Lerntypen
Auditiv: Lernen vorwiegend über das Hören und Aufnehmen gesprochener Worte
Visuell: Informationsaufnahme über Abbildungen, Grafiken, Skizzen
Kommunikativ: Lernen im Austausch und der Kommunikation mit Anderen
Haptisch/motorisch: Hände und Körper kommen zum Einsatz, Nachahmen von Tätigkeiten

157. Learning on, off, near the job
Learning on the job: Praxisnahe Vermittlung/Vertiefung von Kenntnissen und Fertigkeiten
Learning off the job: Wissensvermittlung abseits des Arbeitsplatzes, z. B. externes Seminar
Learning near the job: Maßnahmen in Nähe des Arbeitsortes, z. B. in Form von Lerninseln oder Lernstätten, Übungsfirmen, Junior Boards oder Gruppen zum Erfahrungsaustausch

158. Beispiele für Learning on the Job
Job Enlargment: Quantitative Aufgabenerweiterung, also mehr Arbeit
Job Enrichment: Qualitative Aufgabenerweiterung, also i.d.R. mehr Verantwortung
Job Rotation: Zeitlich befristeter Aufgaben-/Arbeitsplatzwechsel

159. Vor- und Nachteile von E-Learning
Vorteile: Zeit- und ortsunabhängiges Lernen, Individuelles Lerntempo kann berücksichtigt werden, Hohe Aktualität der Lerninhalte, selbständige Lernkontrolle

Nachteile: Nicht passend für alle Lerninhalte, Risiko der Monotonie und Übermüdung, IT- Einschränkungen, Datenschutz- und Datensicherheits-Risiken

160. Erklärung der Begriffe und Beispiele
Anpassungsfortbildung: Anpassung an geänderte Anforderungen der derzeitigen Stelle (z. B. rechtliche Änderungen)
Aufstiegsfortbildung: Qualifikation für künftige, ggf. höherqualifizierende Stelle (z. B. Führungsposition)
Berufliche Weiterbildung: Anpassung an geänderte Abläufe und Verfahren des Unternehmens (z. B. neues Produktionsverfahren)

161. Direkte und indirekte Kosten der beruflichen Weiterbildung
Direkte Kosten: Seminargebühr, Anschaffungskosten für Lehrmittel, Reisekosten, Verpflegung und Unterbringung der Teilnehmer
Indirekte Kosten: Ausfallzeiten der Mitarbeiter, Personalkosten und Arbeitszeit der Mitarbeiter in der Personalentwicklungsabteilung, Überstunden, Personalkosten der vertretenden Mitarbeiter

162. Verrechnungsformen der Kosten der beruflichen Weiterbildung
Zentrale Erfassung, Zuordnung zu Abteilungen / Kostenstellen, Profit Center, externe Dienstleister (Rechnung)

163. **Ökonomischer Ansatz:**
betrachtet die quantitativen Aspekte, also das Verhältnis zwischen Kosten und Nutzen. Die objektive Messbarkeit der Ergebnisse ist allerdings nur begrenzt möglich. So stellt sich der Erfolg von Personalentwicklungsmaßnahmen oft meist erst mittel- bis langfristig ein. Zudem kann der Erfolg einer Maßnahme auch durch andere Faktoren beeinflusst werden. Nicht zuletzt wird Erfolg subjektiv unterschiedlich wahrgenommen und beurteilt.

Pädagogischer Ansatz:
betrachtet die qualitativen Aspekte, also was gelernt wurde und wie das Gelernte im Arbeitsalltag angewendet wird (Lerntransfer). Dieser Effekt sollte insbesondere in der Zeit unmittelbar nach einer Bildungsmaßnahme unterstützt und kontrolliert werden. Wichtig ist ferner, das Ziel einer Maßnahme schon vor Durchführung festzulegen.

164. Der Begriff Lerntransfer und die Möglichkeiten zur Förderung und Sicherung
Der Erfolg einer Bildungsmaßnahme bemisst sich daran, inwieweit das Erlernte in der betrieblichen Praxis angewendet wird.
Erfahrungsaustausch der Teilnehmer, Einzelcoaching, Feedback der Teilnehmer oder Führungskräfte, Tests, Kennzahlenvergleich

165. Die methodisch-didaktische Gestaltung der Maßnahme (→ 4.2.2) sowie Lernbereitschaft und Lernfähigkeit der Teilnehmer (→ 4.2.2.1) spielen eine große Rolle beim Lerntransfer. Aber auch weitere Faktoren haben einen Einfluss auf den Lerntransfer:

- **Relevanz des Lerninhalts:** Je relevanter und anwendbarer der Lerninhalt für die Arbeitsaufgaben ist, desto wahrscheinlicher ist ein erfolgreicher Transfer. Mitarbeiter sind motivierter, das Gelernte umzusetzen, wenn es direkt mit ihren beruflichen Anforderungen zusammenhängt.
- **Lernmethoden und -umgebung:** Die Effektivität der Lernmethoden und die Qualität der Lernumgebung spielen eine wichtige Rolle. Interaktive und praxisorientierte Lernmethoden sowie eine unterstützende Lernumgebung fördern den Transfer, indem sie den Lernenden ermöglichen, das Gelernte besser zu verstehen und zu internalisieren.
- **Unterstützung durch Vorgesetzte und Kollegen:** Die Unterstützung durch Vorgesetzte und Kollegen ist entscheidend für den Lerntransfer. Ein unterstützendes Arbeitsumfeld, in dem Mitarbeiter das Gelernte anwenden und weiterentwickeln können, trägt dazu bei, den Transfer zu erleichtern.

- Regelmäßiges **Feedback und Reflexion** über den Lernprozess und die Anwendung des Gelernten fördern den Transfer, indem sie den Lernenden helfen, ihre Fortschritte zu erkennen, Schwierigkeiten zu überwinden und ihre Fähigkeiten zu verbessern.
- Aber auch eine angemessene **organisatorische Unterstützung** spielt eine wichtige Rolle. Hierzu gehört nicht nur die Bereitstellung von Ressourcen, sondern auch die Förderung von Lernmöglichkeiten und eine Kultur der kontinuierlichen Verbesserung ohne Angst, Fehler zu machen.

166. Die Schritte des Lerntransferkreislaufs
Feststellung des Bildungsbedarfs, Konzeption der Bildungsmaßnahme, Vorbereitung, Durchführung der Bildungsmaßnahme, Beurteilung der Maßnahme, Umsetzung am Arbeitsplatz, Lernerfolgskontrolle, Qualitätssicherung

167. Vor- und Nachteile externer Bildungsmaßnahmen
Vorteile: Unternehmensübergreifender Austausch (»Blick über den Tellerrand«), Mitarbeitermotivation durch Abwechslung, Passgenauigkeit der Lerninhalte
Nachteile: Demotivation durch An- und Abreise, geringe Individualität, evt. mangelnde Transfermöglichkeit der Lerninhalte ins Unternehmen

168. Im beruflichen Kontext bezeichnet lebenslanges Lernen die fortlaufende Entwicklung von Fähigkeiten, Kenntnissen und Fertigkeiten, die für den Erfolg im Arbeitsleben erforderlich sind. Dies kann bedeuten, dass man neue Technologien, Arbeitsmethoden oder branchenspezifische Kenntnisse und Methoden erlernt, um mit den sich ändernden Anforderungen des Arbeitsmarktes Schritt zu halten. Darüber hinaus umfasst lebenslanges Lernen auch die Entwicklung von sogenannten »weichen« Fähigkeiten wie Kommunikation, Teamarbeit und Führung, die für die berufliche Weiterentwicklung und das Erreichen langfristiger Karriereziele von entscheidender Bedeutung sind. Man spricht daher von »soft skills«.
Es liegt daher im Interesse eines jeden Arbeitnehmers, seine Qualifikation permanent auf einem aktuellen Stand zu halten und im Hinblick auf künftige Anforderungen laufend zu erweitern, um seine Beschäftigungsfähigkeit (»Employability«) aufrechtzuerhalten. Ebenso liegt es im Interesse des Unternehmens, insbesondere in Zeiten des Wandels, qualifizierte und motivierte Mitarbeiter dauerhaft an sich zu binden.

169. Mitarbeiternachwuchs (z. B. nach der Berufsausbildung)
    - Einsteiger nach Hochschulabschluss (»Trainees«)
    - Potenzialträger nach Ausbildungsende (»High Potentials«)
    - Bestimmte Mitarbeitergruppen, z. B. aus Vertrieb, Techniker, IT
    - Identifizierte Kandidaten für Schlüsselpositionen (Nachfolgeplanung)
    - Mitarbeiter nach längerer Pause, z. B. Elternzeit, langer Krankheit (Wiedereingliederung)
    - Führungskräftenachwuchs
    - Weibliche Mitarbeiter
    - Mitarbeiter über 55 Jahren

170. - Bindung von »High Potentials« nach Ausbildungsende: Durch die gezielte Förderung von Potenzialträgern nach Abschluss ihrer Ausbildung können Potenzialträger zu Schlüsselpersonen werden, die das Unternehmen langfristig voranbringen.
    - Teamwork Workshops: Diese Workshops konzentrieren sich darauf, die Teamarbeit und Zusammenarbeit innerhalb von Arbeitsgruppen zu stärken. Sie können Übungen, Gruppendiskussionen und Teamaktivitäten umfassen, um die Kommunikation zu verbessern und Konflikte zu lösen.
    - Leadership Entwicklungsprogramme: Diese Programme zielen darauf ab, Führungskräfte innerhalb der Organisation zu entwickeln und zu fördern. Dies beinhaltet meist Schulungen, Coaching und Mentoring, um Führungskompetenzen wie Kommunikation, Entscheidungsfindung und Konfliktlösung zu stärken.
    - Diversity- und Inklusions-Initiativen: Diese Programme haben das Ziel, die Vielfalt innerhalb der Belegschaft anzuerkennen und zu fördern sowie eine inklusive Arbeitsumge-

bung zu schaffen. Sie können Schulungen zur Sensibilisierung für Vielfalt, Mentoring-Programme für unterrepräsentierte Gruppen und Maßnahmen zur Förderung von Chancengleichheit umfassen.
- Gesundheits- und Wellness-Programme: Diese Programme konzentrieren sich darauf, das Wohlbefinden der Mitarbeiter zu verbessern und Stress am Arbeitsplatz zu reduzieren. Sie können Aktivitäten wie Fitnesskurse, Stressbewältigungsworkshops und Gesundheitsberatung anbieten.

171. Qualitätsmanagement in der Personalentwicklung
Planung, Steuerung und Überwachung der Mitarbeiterqualifizierung mit dem Ziel der Verbesserung der Arbeitsqualität.

172. Die vier Phasen des PDSA Regelkreises
Plan (Planungsphase): Definition von Ist- und Soll-Zustand, Festlegung der Qualifikationsziele und Kriterien zur Überprüfung
Do (Umsetzungsphase): Umsetzung der Maßnahme(n) zur Erreichung des Soll-Zustands
Study (Überprüfungsphase): Auswertung der Ergebnisse
Action (Verbesserungsphase): Ableitung notwendiger Veränderungen zur Optimierung der Maßnahme

173.
- Mitarbeitergespräche (anlassbezogen oder jährlich)
- Beurteilung durch die Führungskraft
- Beobachtung am Arbeitsplatz
- Wissens- oder Leistungstests
- Kennziffern-Vergleich (z. B. Fehlerquote, Produktivität)
- Überprüfung von Zielvereinbarungen
- Feedback-Fragebogen bzw. Feedback-Gespräch
- Beschwerdemanagement, Kundenfeedback
- Transfer-Workshop

174. Möglichkeiten zur Überprüfung der Qualität von Bildungsmaßnahmen
Mitarbeitergespräch, Beurteilung durch die Führungskraft, Beobachtung am Arbeitsplatz, Tests, Kennziffernvergleich, Überprüfung von Zielvereinbarungen

175. Ziele von Bildungscontrolling
Überwachung der Kosten von Personalentwicklungsmaßnahmen zur Identifikation von Möglichkeiten der Effizienzsteigerung. Überprüfung, ob die angefallenen Kosten in angemessenem Verhältnis zum Nutzen der Maßnahmen stehen. Nötigenfalls Anpassung der Bildungsstrategie des Unternehmens.

176. Quantitative und qualitative Kennzahlen zum Bildungscontrolling
Quantitative Kennzahlen: Fehlzeiten, Fehlerquote, Produktivität, Überstunden, Arbeitsunfälle
Qualitative Kennzahlen: Mitarbeiterzufriedenheit, Kundenorientierung, Arbeitsklima

177. Die vier Ebenen von Bildungscontrolling nach Kirkpatrick und jeweils eine Möglichkeit der Evaluierung
Teilnehmerzufriedenheit (Befragung)
Lernerfolg (Tests)
Transfererfolg (Beobachtung am Arbeitsplatz)
Unternehmenserfolg (Kennzahlenvergleich)

178.
- Die vier Perspektiven der Balanced Scorecard in der Personalentwicklung mit Beispielen
- Finanzen (Kosten der Personalentwicklung)
- Prozesse (Ablauf der Entwicklungsmaßnahme)
- Mitarbeiter (Kompetenzerweiterung)
- Kunden (Bedürfnisse unterschiedlicher Kundengruppen)

179. Drei Führungsmodelle (management by-Modelle)
    - Management by Objectives (MbO): Führung erfolgt über die Definition von Zielen (Objectives). Der Mitarbeiter gestaltet seine Arbeit und die Wahl der Arbeitsmethoden eigenverantwortlich.
    - Management by Exceptions (MbE): Die Führungskraft überträgt dem Mitarbeiter komplexe Aufgaben und greift nur in Ausnahmefällen ein. Der Mitarbeiter arbeitet und entscheidet innerhalb eines festgelegten Entscheidungsspielraums.
    - Management by Motivation (MbM): Die Bedürfnisse des Mitarbeiters werden zur Motivations- und Leistungssteigerung berücksichtigt, z. B. durch Teilhabe an Entscheidungen, Erweiterung des Aufgabenbereichs oder Spielraum für die eigene Arbeitsgestaltung.

180. **Laissez-faire-Führungsstil:**
Die Führungskraft macht wenige oder nur vage Aussagen zu Aufgaben und Zielen, es besteht also ein großer Handlungsspielraum für die Mitarbeiter. Motiviert werden sie hauptsächlich durch die Möglichkeit der Selbstkontrolle und eine hierdurch empfundene Freiheit. Laissez-faire ist kein »richtiges« Führen und findet sich eher bei wissenschaftlicher (Mit)Arbeit, Forschung und Entwicklung. Es besteht die Gefahr von Ineffizienz und Orientierungslosigkeit unter den Mitarbeitern.

Kooperativer oder demokratischer Führungsstil:
Mitarbeiter nehmen aktiv am Führungsprozess teil und werden in Entscheidungsprozesse einbezogen, es kommt zu einem Zusammenwirken zwischen Führungskräften und Mitarbeitern. In der Regel besteht ein ähnliches Bildungsniveau. Der kooperative Führungsstil zeichnet sich aus durch eine hohe Delegationsquote sowie Freiraum für individuelle Gestaltung durch die Mitarbeiter. Meinungen und Vorschläge der Mitarbeiter werden akzeptiert. Die Führungskraft ist eher Lenker und Moderator als Anweiser und Kontrolleur. Es besteht oft eine hohe immaterielle Motivation bei Mitarbeitern.

Autoritärer Führungsstil:
Die Führungskraft gestaltet die betrieblichen Abläufe und gibt klare Anweisungen. Meist herrschen ein Bildungsgefälle sowie eine starke Hierarchie und hierdurch Distanz zwischen Mitarbeitern und Führungskräften. Mitarbeiter sind kaum oder nicht an der Aufgabengestaltung beteiligt und vorwiegend materiell motiviert. Dieser Führungsstil wird überwiegend bei routineabhängigen Arbeitsabläufen wie z. B. in der Produktion, am Fließband u. a. angewendet.

Oft wird noch von einem **bürokratischen Führungsstil** gesprochen. Dieser findet sich oft in Behörden und Ämtern und ist gekennzeichnet durch Vorschriften, schriftliche Dienstanweisungen, und Richtlinien. Vorgesetzte haben daher kaum Einfluss auf die Arbeitsinhalte, denn jeder Mitarbeiter handelt nach einheitlichen Arbeitsabläufen und eigene Ideen sind nicht wirklich erwünscht. Dieser »Dienst nach Vorschrift« ist für die Mehrheit der Mitarbeiter wenig motivationsfördernd.

181. Autoritärer und kooperativer Führungsstil
Beim autoritären Führungsstil gestaltet die Führungskraft die betrieblichen Abläufe und gibt Arbeitsanweisungen. Mitarbeiter sind kaum oder nicht an der Arbeitsgestaltung beteiligt und werden vorwiegend materiell motiviert. Beim kooperativen, auch demokratischen Führungsstil hingegen nehmen die Mitarbeiter aktiv am Führungsprozess teil und werden in Entscheidungen mit einbezogen. Die Führungskraft delegiert Aufgaben an den Mitarbeiter, er erhält jedoch i.d.R. einen gewissen Gestaltungsspieltraum. Dessen Motivation ist hierbei häufig immateriell.

182. **Eindimensionale** Führungsstile orientieren sich an den Persönlichkeitseigenschaften der Mitarbeiter, wodurch sich unterschiedliche Partizipationsgrade der Mitarbeiter ergeben. **Zweidimensionale** Führungsstile besitzen eine Aufgabenorientierung sowie eine Mitarbeiterorientierung

183. Manche Unternehmen verfügen über Führungsgrundsätze oder Leitlinien, in denen festgelegt ist, welches Führungsverhalten von den Führungskräften erwartet wird. Führungsleitlinien werden i.d.R. gemeinsam unter Einbeziehung der Mitarbeiter erarbeitet und bilden einen wesentlichen Teil der allgemeinen Unternehmensgrundsätze. Angestrebt wird ein von allen Führungskräften geteiltes Verständnis der Rolle und Aufgabe von »Führung« innerhalb des Unternehmens zur gemeinsamen Erfüllung des Führungsauftrags.
Mögliche Inhalte von Führungsleitlinien:
- Grundaussagen zu Führungsstil, Führungsinstrumenten
- Zielabstimmung zur Sicherung der Qualitätsstandards
- Grundaussagen zur Personalentwicklung und -förderung
- Regelung der Informations- und Kommunikationspolitik
- Aussagen zum Umgang mit kultureller Vielfalt innerhalb der Belegschaft

184.
- **S** pezifisch
- **M** essbar
- **A** kzeptiert
- **R** ealistisch
- **T** erminiert

185. Die Schritte des Managementkreislaufs
Ziele vereinbaren, Planen, Entscheiden, Durchführen, Kontrollieren

186. Der Unterschied zwischen intrinsischer und extrinsischer Motivation
Die intrinsische Motivation entsteht aus sich selbst heraus, weil die Aufgabe an sich Freude bereitet oder den eigenen Bedürfnissen bzw. der eigenen Überzeugung entspricht. Belohnung und Bestrafung spielen hierbei keine große Rolle. Extrinsische Motivation wird hingegen durch äußere Reize ausgelöst, also der Aussicht auf Belohnung oder der Vermeidung von Sanktionen und negativen Konsequenzen.

187.
- Individuelle Arbeitseinstellung des Mitarbeiters
- Arbeitsbedingungen
- Erleben der Konsequenzen des eigenen Handelns und dessen Auswirkung auf die Gesamtleistung des Unternehmens. Die Informations- und Kommunikationspolitik des Unternehmens ist hierbei ebenso wichtig wie ein angemessenes Feedback der Führungskräfte
- (Heraus-)fordernde, aber nicht überfordernde Aufgabenstellungen, um die Gefahr von Demotivation durch Rückschläge und Niederlagen zu minimieren
- Anwendung des Delegationsprinzips: Möglichst vollständige und dauerhafte Übertragung von Kompetenzen, Befugnissen und Verantwortung durch die Führungskraft
- Gemeinschaftliche Arbeitserfahrungen, z. B. Gruppen-/Teamarbeit, Seminare, Workshops, Projektarbeit. Diese Formen der Zusammenarbeit fördern die Kooperation untereinander, das Wir-Gefühl (»Kohäsion«) sowie meist auch die Effizienz.

188. Die vier Phasen der Teamentwicklung
Forming (Orientierungsphase): Gegenseitiges Kennenlernen der Teammitglieder. Geringe Teamleistung, die Führungskraft legt das Ziel fest und bringt die Teammitglieder miteinander in Kontakt
Storming (Frustrationsphase): Erste Konflikte entstehen, die Teammitglieder versuchen ihren Platz im Team zu finden. Die Teamleistung sinkt, die Führungskraft soll die Konflikte konstruktiv und kooperativ klären.
Norming (Aufbruchphase): Absprachen, Verhaltensregelungen und Organisation innerhalb des Teams werden getroffen. Das Team entwickelt ein Wir-Gefühl. Kommunikation und Leistung des Teams steigt. Die Führungskraft überwacht lediglich die Einhaltung getroffener Absprachen und zieht sich aus der operativen Teamarbeit weitestgehend zurück.
Performing (Produktionsphase): Das Team beginnt optimal zu arbeiten, da Konflikte geklärt und Regeln geschaffen wurden und die Energie somit ganz für die kooperative Zusammenarbeit verwendet wird.

189. Verschiedene Arten von Teamkonflikten
Rollenkonflikt, Zielkonflikt, Wahrnehmungskonflikt, Wertekonflikt, Beziehungskonflikt

190.
- Globalisierung und Internationalisierung des Waren- und Dienstleistungsverkehrs: Verlagerung von Produktionsstätten und Dienstleistungen in Länder mit niedrigeren Löhnen
- Der Aufstieg der digitalen Wirtschaft hat neue Arbeitsbereiche und Berufe geschaffen, insbesondere im Bereich IT, Datenanalyse und E-Commerce.
- Demografischer Wandel: Veränderungen in der Bevölkerungsstruktur, z. B. Lebensalter, Geburten- und Sterberaten sowie Migration, bringen verschiedene Herausforderungen wie die Verlängerung der Lebensarbeitszeit, Fachkräftemangel, Zuwanderung und Integration von Fachkräften
- Veränderung der Absatzmärkte: Wachstum in Schwellenländern wie China und Indien, Stagnation in Europa
- Politische Instabilität: Handelskonflikt zwischen den USA und China, Unsicherheiten in den Handelsbeziehungen zwischen dem Vereinigten Königreich und der EU aufgrund des Brexits, Kriminalität und Korruption in Lateinamerika, Afrika und Osteuropa

191.
- Flexible Arbeitszeiten: Gleitzeitmodelle ermöglichen es den Mitarbeitern, ihre Arbeitszeiten an persönliche Bedürfnisse und Verpflichtungen anzupassen.
- Home Office/Mobiles Arbeiten: Die Möglichkeit, von zu Hause oder von einem anderen Ort aus zu arbeiten, reduziert Pendelzeiten und bietet mehr Flexibilität im Arbeitsalltag.
- Teilzeitarbeit und Jobsharing: Diese Modelle bieten die Möglichkeit, die Arbeitszeit zu reduzieren und die Aufgaben mit einem Kollegen zu teilen, was mehr Freizeit und eine bessere Vereinbarkeit von Beruf und Privatleben ermöglicht.
- Sabbaticals und unbezahlter Urlaub: Längere unbezahlte Beurlaubungen geben Mitarbeitern Zeit für persönliche Projekte, Weiterbildung oder Erholung.
- Arbeitszeitkonten: Mit einem Arbeitszeitkonto können Mitarbeiter aufgelaufene Überstunden als Freizeit nehmen oder früher in den Ruhestand gehen.
- Gesundheitsfördernde Maßnahmen: Angebote wie Sport, Gesundheitschecks und eine ergonomische Arbeitsplatzgestaltung fördern das Wohlbefinden der Mitarbeiter.
- Kinderbetreuung: Betriebseigene oder betrieblich unterstützte Kinderbetreuungsangebote erleichtern es Eltern, den Beruf und die Familie zu vereinbaren.
- Pausen und Erholungszeiten: Regelmäßige Pausen und die Förderung von Erholungszeiten sind wichtig, um Überarbeitung zu vermeiden und die Produktivität zu erhalten.
- Technologie zur Unterstützung der Arbeit: Der Einsatz von Technologien, die die Arbeit effizienter machen und Routineaufgaben automatisieren, kann die Arbeitsbelastung reduzieren.
- Teamevents und soziale Aktivitäten: Gemeinsame Aktivitäten stärken den Teamgeist und bieten eine willkommene Abwechslung zum Arbeitsalltag.

192.
- **Home-Office:** Arbeiten von zu Hause aus, oft mit flexiblen Arbeitszeiten und der Nutzung digitaler Kommunikations- und Informationstechnologien – entweder als reine Heimarbeit oder abwechselnd mit Präsenz im Unternehmen (hybrides Modell).
- **Mobile Telearbeit:** Arbeiten von verschiedenen Orten aus, z. B. im Zug, in Cafés oder an anderen Orten mit Internetzugang, typischerweise im Außendienst oder auf Dienstreisen.
- **Alternierende Telearbeit:** Ein hybrides Modell, bei dem Präsenzarbeit und Remote Working kombiniert werden.
- **Kollektive Telearbeit:** Dezentrale Büros, in denen Mitarbeiter eines Unternehmens gemeinsam arbeiten.
- **Co-Working/Shared Office:** Mitarbeiter verschiedener Unternehmen oder Selbstständige nutzen gemeinsam Büroflächen und -einrichtungen.

- **Virtuelle Teams:** Zusammenarbeit in Teams, deren Mitglieder geografisch verteilt sind und vollständig über digitale Kommunikationsmittel interagieren, ohne sich physisch am selben Ort zu befinden.
- **»Workation«:** Ein aus den englischen Worten »work« und »vacation« zusammengesetzter Begriff, das eine Arbeitsform beschreibt, bei der Menschen ihre beruflichen Tätigkeiten an ihrem Urlaubsort ausüben, oft vor oder nach dem eigentlichen Urlaub.

193.

Nutzen von Telearbeit	Gefahren von Telearbeit
• Keine lokale Beschränkung bei Einstellungen	• Instabile Internetverbindung je nach Wohnlage / Aufenthaltsort
• Reduzierte Umweltbelastung durch Berufsverkehr	• Schwierige Trennung von Beruflichem und Privatem, Ablenkungen
• Anpassung an soziale Bedürfnisse der Mitarbeiter (Freizeit)	• Fehlen von sozialen Kontakten und Austausch mit den Kollegen
• Vereinbarkeit von Arbeit und Familie	• Erhöhte Aufwendungen für Datenschutz und Datensicherheit
• Berücksichtigung des individuellen Biorhythmus / Leistungskurve	• Führungsprobleme (durch mangelnde persönliche Kommunikation)
• Kostenreduzierung für das Unternehmen (Raummiete, Betriebskosten)	• Informations-Defizite durch Abwesenheit
• Höhere Zufriedenheit und Motivation durch Selbstbestimmung und Flexibilität	• Soziale Isolation, mangelnde Interaktion mit Kollegen
• Höhere Produktivität	• Geringere Produktivität

194. Die Aufgaben der Lernorte im Dualen System der Berufsausbildung
Der Betrieb ist Vertragspartner des Auszubildenden und verantwortlich für die Vermittlung von beruflichen Fertigkeiten, Kenntnissen und Fähigkeiten (berufliche Handlungsfähigkeit), die das Ausüben der beruflichen Tätigkeit ermöglichen.
Die Berufsschule vermittelt das theoretische Know-How des Ausbildungsberufs unabhängig von den betrieblichen Erfordernissen des jeweiligen Ausbildungsbetriebs. Der Lehrplan der Berufsschule wird auf die Lehrinhalte des Ausbildungsrahmenplans abgestimmt.

195. Inhalt der Ausbildungsordnung
Staatliche Anerkennung, Berufsbezeichnung, Berufsbild, Ausbildungsdauer, Prüfungsanforderungen, Ausbildungsrahmenplan

196. Inhalt eines Ausbildungsrahmenplans
Vollständiges Verzeichnis und Vorschriften zur zeitlichen Abfolge der Vermittlung aller Fertigkeiten, Kenntnisse und Fähigkeiten, die für die Ausbildung im betreffenden Beruf vorgeschrieben sind.

197. Ziele von Wissensmanagement
Optimierung des Zugriffs und Nutzen von Wissen, Archivierung von Wissen für künftigen Bedarf, Erfahrungsgewinn für Mitarbeiter, Transfer von Wissen innerhalb des Unternehmens und zwischen den Abteilungen, Verbesserung der Problemlösekompetenz einzelner Mitarbeiter, Abteilungen oder des Unternehmens

198. Gründe für eine Verweigerungshaltung von Mitarbeitern bei Erstellung einer Wissensdatenbank
Unsicherheit bzgl. Relevanz und Richtigkeit des Wissens, Zeitaufwand für das Eingeben in die Datenbank, befürchteter Verlust von Macht oder Sonderstatus, Konfrontation mit möglicher Ersetzbarkeit, Hierarchiedenken, Abteilungs-Egoismen, Konfliktscheue bei neuen Ideen, Einzelkämpferdenken

Die Prüfung vor der Industrie- und Handelskammer

Verordnung über die Prüfung zum anerkannten Abschluss Geprüfter Personalfachkaufmann/ Geprüfte Personalfachkauffrau (PersFachkPrV)

Ausfertigungsdatum: 11.02.2002

Auf Grund des § 46 Abs. 2 des Berufsbildungsgesetzes vom 14. August 1969 (BGBl. I S. 1112), der zuletzt durch Artikel 212 Nr. 4 der Verordnung vom 29. Oktober 2001 (BGBl. I S. 2785) geändert worden ist, verordnet das Bundesministerium für Bildung und Forschung nach Anhörung des Ständigen Ausschusses des Bundesinstituts für Berufsbildung im Einvernehmen mit dem Bundesministerium für Wirtschaft und Technologie:

§ 1 Ziel der Prüfung und Bezeichnung des Abschlusses

(1) Zum Nachweis von Kenntnissen, Fertigkeiten und Erfahrungen, die durch die berufliche Fortbildung zum Geprüften Personalfachkaufmann/zur Geprüften Personalfachkauffrau erworben worden sind, kann die zuständige Stelle Prüfungen nach den §§ 2 bis 8 durchführen.

(2) Durch die Prüfung ist festzustellen, ob die zu prüfende Person die notwendigen Kenntnisse, Fertigkeiten und Erfahrungen besitzt, um verantwortliche Funktionen in der Personalwirtschaft eines Unternehmens, in der Personalberatung sowie bei Projekten der Personal- und Organisationsentwicklung wahrzunehmen. Der Personalkaufmann oder die Personalkauffrau soll qualifiziert beraten und Prozesse begleiten können. Insbesondere soll der Personalkaufmann oder die Personalkauffrau die operativen und administrativen Aufgaben der Personalarbeit beherrschen und die Entscheidungen in den Bereichen Personalpolitik, Personalplanung und Personalmarketing verantwortlich mitgestalten. Der Personalkaufmann oder die Personalkauffrau übernimmt verantwortliche Funktionen in der Aus- und Weiterbildung und zeichnet sich durch fachspezifische Kommunikations- und Managementkompetenzen aus.

(3) Die erfolgreich abgelegte Prüfung führt zum anerkannten Abschluss Geprüfter Personalfachkaufmann/Geprüfte Personalfachkauffrau.

§ 2 Zulassungsvoraussetzungen

(1) Zur Prüfung ist zuzulassen, wer

1. eine mit Erfolg abgelegte Abschlussprüfung in einem dreijährigen anerkannten Ausbildungsberuf der Personaldienstleistungswirtschaft und danach eine mindestens einjährige Berufspraxis oder
2. eine mit Erfolg abgelegte Abschlussprüfung in einem anerkannten kaufmännischen oder verwaltenden Ausbildungsberuf und danach eine mindestens zweijährige Berufspraxis oder
3. eine mit Erfolg abgelegte Abschlussprüfung in einem anderen anerkannten Ausbildungsberuf und danach eine mindestens dreijährige Berufspraxis oder
4. eine mindestens fünfjährige Berufspraxis

nachweist.

(2) Bis zum Ablegen der letzten Prüfungsleistung ist der Nachweis der berufs- und arbeitspädagogischen Kenntnisse gemäß der nach dem Berufsbildungsgesetz erlassenen Ausbilder-Eignungsverordnung oder aufgrund einer anderen öffentlich-rechtlichen Regelung, wenn die nachgewiesenen Kenntnisse den Anforderungen den §§ 2 bis 4 der Ausbilder-Eignungsverordnung gleichwertig sind, zu erbringen.

(3) Die Berufspraxis gemäß Absatz 1 muss inhaltlich wesentliche Bezüge zu den in § 1 Abs. 2 genannten Funktionen haben.

(4) Abweichend von Absatz 1 kann zur Prüfung auch zugelassen werden, wer durch Vorlage von Zeugnissen oder auf andere Weise glaubhaft macht, dass er/sie Kenntnisse, Fertigkeiten und Erfahrungen erworben hat, die die Zulassung zur Prüfung rechtfertigen.

§ 3 Gliederung und Durchführung der Prüfung

(1) Die Prüfung gliedert sich in folgende Handlungsbereiche:

1. Personalarbeit organisieren und durchführen,
2. Personalarbeit auf Grundlage rechtlicher Bestimmungen durchführen,
3. Personalplanung, -marketing und -controlling gestalten und umsetzen,
4. Personal- und Organisationsentwicklung steuern.

(2) Die Prüfung ist schriftlich und in Form eines situationsbezogenen Fachgesprächs durchzuführen.

(3) In einer schriftlichen Prüfung werden je Handlungsbereich komplexe Situationsaufgaben unter Aufsicht bearbeitet. Die Dauer der schriftlichen Prüfung des Handlungsbereichs gemäß Absatz 1 Nr. 1 soll mindestens 100 Minuten und höchstens 120 Minuten betragen. Die Gesamtbearbeitungszeit der schriftlichen Prüfung der Handlungsbereiche gemäß Absatz 1 Nr. 2 bis 4 soll mindestens 420 Minuten betragen. Je Handlungsbereich gemäß Absatz 1 Nr. 2 bis 4 beträgt die Dauer der schriftlichen Prüfung höchstens 160 Minuten.

(4) Hat der die zu prüfende Person in nicht mehr als einer schriftlichen Prüfungsleistung gemäß Absatz 3 eine mangelhafte Prüfungsleistung erbracht, ist ihr in diesem Handlungsbereich eine mündliche Ergänzungsprüfung anzubieten. Bei einer oder mehrerer ungenügender schriftlicher Prüfungsleistungen besteht diese Möglichkeit nicht. Die Ergänzungsprüfung soll in der Regel nicht länger als 20 Minuten dauern. Die Bewertung der schriftlichen Prüfungsleistung und die der mündlichen Ergänzungsprüfung werden zu einer Note zusammengefasst. Dabei wird die Bewertung der schriftlichen Prüfungsleistung doppelt gewichtet.

(5) Das situationsbezogene Fachgespräch geht von einem betrieblichen Beratungsauftrag aus. Der betriebliche Beratungsauftrag wird als Vorlage für die Geschäftsleitung verstanden, in dem die zu prüfende Person der Geschäftsleitung einen personalpolitischen Entscheidungsvorschlag vorlegt und präsentiert. Der Prüfungsausschuss stellt 14 Kalendertage vor der Prüfung das Thema, wobei die Themenvorschläge der zu prüfenden Person berücksichtigt werden sollen. Dazu soll die zu prüfende Person zwei Themenvorschläge mit einer Grobgliederung einreichen. Der Prüfungsausschuss soll den Umfang des Themas begrenzen. Insgesamt soll das situationsbezogene Fachgespräch höchstens 30 Minuten dauern. In etwa zehn Minuten stellt die zu prüfende Person mit geeigneten Medien ihre Lösungsvorschläge dem Prüfungsausschuss vor. Davon ausgehend führt der Prüfungsausschuss in der verbleibenden Zeit ein Prüfungsgespräch.

§ 4 Anforderungen und Inhalte der Prüfung

(1) Im Handlungsbereich »Personalarbeit organisieren und durchführen« soll die zu prüfende Person nachweisen, dass sie die Personalarbeit eines Unternehmens unter den Aspekten Wirtschaftlichkeit, Qualität und Kundenorientierung organisatorisch gestalten und in diesem Rahmen mit ihren Partnern innerhalb und außerhalb der Organisation zielgerecht kommunizieren und kooperieren kann. In diesem Rahmen können folgende Qualifikationsschwerpunkte geprüft werden:

1. Personalbereich in die Gesamtorganisation des Unternehmens einbinden,
2. Personalwirtschaftliches Dienstleistungsangebot gestalten,
3. Prozesse im Personalwesen gestalten,
4. Projekte planen und durchführen,
5. Informationstechnologie im Personalbereich nutzen,
6. Beraten und Fachgespräche führen,
7. Präsentations- und Moderationstechniken einsetzen,
8. Arbeitstechniken und Zeitmanagement anwenden.

(2) Im Handlungsbereich »Personalarbeit auf Grundlage rechtlicher Bestimmungen durchführen« soll die zu prüfende Person nachweisen, dass sie die Mitarbeiter, Führungskräfte und Unternehmensleitung in allen Phasen der Personalbeschaffung, der Vertragsgestaltung und der Beendigung von Arbeitsverhältnissen kompetent und verantwortlich beraten und damit eine effiziente Personalbewirtschaftung gewährleisten kann. In diesem Rahmen können folgende Qualifikationsschwerpunkte geprüft werden:

1. Individuelles und kollektives Arbeitsrecht anwenden,
2. Rechtswege kennen und das Prozessrisiko einschätzen,
3. Einkommens- und Vergütungssysteme umsetzen,
4. Sozialversicherungsrecht anwenden,
5. Sozialleistungen des Betriebes gestalten,
6. Personalbeschaffung durchführen,
7. Administrative Aufgaben einschließlich der Entgeltabrechnung bearbeiten.

(3) Im Handlungsbereich »Personalplanung, -marketing und -controlling gestalten und umsetzen« soll die zu prüfende Person nachweisen, dass sie zusammen mit Führungskräften, Unternehmensleitung und in Abstimmung mit den Mitarbeitervertretungen eine strategieorientierte Personalplanung betreiben und durch geeignete Marketingverfahren und Controllinginstrumente deren zielgerichtete Umsetzung sicherstellen kann. Sie muss die

betriebs- und volkswirtschaftlichen Einflüsse auf die Personalwirtschaft einschätzen können. In diesem Rahmen können folgende Qualifikationsschwerpunkte geprüft werden:

1. Konjunktur- und Beschäftigungspolitik bei der Personalplanung und beim Personalmarketing berücksichtigen,
2. Personalwirtschaftliche Ziele aus der strategischen Unternehmensplanung ableiten,
3. Beschäftigungsstrukturen und Personalbedarfe für Produktions- und Dienstleistungsprozesse analysieren und ermitteln,
4. Personalbedarfs- und Entwicklungsplanung durchführen,
5. Personalcontrolling gestalten und umsetzen.

(4) Im Handlungsbereich »Personal- und Organisationsentwicklung steuern« soll die zu prüfende Person nachweisen, dass sie den Aufbau von fachlichen, sozialen und methodischen Kompetenzen im Unternehmen unterstützen, an entsprechenden Personalentwicklungsprojekten mitarbeiten, Zusammenarbeit und Führungsqualität fördern und betriebliche Veränderungsprozesse mitgestalten kann. In diesem Rahmen können folgende Qualifikationsschwerpunkte geprüft werden:

1. Mitarbeiter beurteilen, deren Potenziale erkennen und fördern,
2. Konzepte für die Kompetenzentwicklung der Mitarbeiter sowie Qualifikationsanalysen und Qualifizierungsprogramme entwerfen und umsetzen,
3. Zielgruppenspezifische Förderprogramme erarbeiten und umsetzen,
4. Qualitätsmanagement in der Personal- und Organisationsentwicklung einsetzen,
5. Führungsmodelle und Führungsinstrumente anwenden, Führungskräfte beraten,
6. Betriebliche Arbeitsformen mitgestalten, Grundsätze moderner Arbeits- und Lernorganisation umsetzen.

(5) Im situationsbezogenen Fachgespräch soll die zu prüfende Person nachweisen, dass sie in der Lage ist, ihr Berufswissen in betriebstypischen Situationen anzuwenden und sachgerechte Lösungen vorzuschlagen. Insbesondere soll sie nachweisen, dass sie angemessen mit Gesprächspartnern innerhalb und außerhalb des Unternehmens oder der Organisation sprachlich kommunizieren kann und dabei argumentations- und präsentationstechnische Instrumente sach- und personenorientiert einzusetzen versteht.

§ 5 Befreiung von einzelnen Prüfungsbestandteilen

Wird die zu prüfende Person nach § 56 Absatz 2 des Berufsbildungsgesetzes von der Ablegung einzelner Prüfungsbestandteile befreit, bleiben diese Prüfungsbestandteile für die Anwendung der §§ 6 und 7 außer Betracht. Für die übrigen Prüfungsbestandteile erhöhen sich die Anteile nach § 7 Absatz 3 entsprechend ihrem Verhältnis zueinander. Allein diese Prüfungsbestandteile sind den Entscheidungen des Prüfungsausschusses zugrunde zu legen.

§ 6 Bewerten der Prüfungsleistungen

(1) Jede Prüfungsleistung ist nach Maßgabe der Anlage 1 mit Punkten zu bewerten.

(2) Die Prüfungsleistungen in den vier Handlungsbereichen der schriftlichen Prüfung nach § 3 Absatz 1 sind einzeln zu bewerten.

(3) Das Fachgespräch nach § 3 Absatz 5 ist als Prüfungsleistung zu bewerten.

§ 7 Bestehen der Prüfung, Gesamtnote

(1) Die Prüfung ist bestanden, wenn in den folgenden Prüfungsleistungen jeweils mindestens 50 Punkte erreicht worden sind:

1. in allen Prüfungsleistungen in den Handlungsbereichen der schriftlichen Prüfung und
2. im Fachgespräch.

(2) Ist die Prüfung bestanden, ist die Bewertung in dem Handlungsbereich, in dem eine schriftliche Ergänzungsprüfung durchgeführt wurde, kaufmännisch auf eine ganze Zahl zu runden.

(3) Den Bewertungen für die Prüfungsleistungen in den Handlungsbereichen der schriftlichen Prüfung und der Bewertung des Fachgesprächs ist nach Anlage 1 die jeweilige Note als Dezimalzahl zuzuordnen.

(4) Für die Bildung einer Gesamtnote ist als Gesamtpunktzahl das arithmetische Mittel aus den Bewertungen für die einzelnen Prüfungsleistungen in der schriftlichen Prüfung und der Bewertung des Fachgesprächs zu berechnen. Die Gesamtpunktzahl ist kaufmännisch auf eine ganze Zahl zu runden. Der gerundeten Gesamtpunktzahl ist nach Anlage 1 die Note als Dezimalzahl und die Note in Worten zuzuordnen. Die zugeordnete Note ist die Gesamtnote.

§ 8 Zeugnisse

(1) Wer die Prüfung nach § 7 Absatz 1 bestanden hat, erhält von der zuständigen Stelle zwei Zeugnisse nach Maßgabe der Anlage 2 Teil A und B.

(2) Auf dem Zeugnis mit den Inhalten nach Anlage 2 Teil B sind die Noten als Dezimalzahlen mit einer Nachkommastelle und die Gesamtnote als Dezimalzahl mit einer Nachkommastelle und in Worten anzugeben. Jede Befreiung nach § 5 ist mit Ort, Datum und der Bezeichnung des Prüfungsgremiums der anderen vergleichbaren Prüfung anzugeben.

(3) Die Zeugnisse können zusätzliche nicht amtliche Bemerkungen zur Information (Bemerkungen) enthalten, insbesondere

1. über den erworbenen Abschluss oder
2. auf Antrag der geprüften Person über während oder anlässlich der Fortbildung erworbene besondere oder zusätzliche Fertigkeiten, Kenntnisse und Fähigkeiten.

§ 9 Wiederholung der Prüfung

(1) Ist die Prüfung nicht bestanden, kann sie zweimal wiederholt werden.

(2) Mit dem Antrag auf Wiederholung der Prüfung wird die zu prüfende Person von einzelnen Prüfungsleistungen befreit, wenn sie mit ihren Leistungen darin in einer vorangegangenen Prüfung mindestens ausreichende Leistungen erzielt hat und sie sich innerhalb von zwei Jahren, gerechnet vom Tage der Beendigung der nicht bestandenen Prüfung an, zur Wiederholungsprüfung angemeldet hat. Die zu prüfende Person kann beantragen, auch bestandene Prüfungsleistungen zu wiederholen. In diesem Fall gilt das Ergebnis der letzten Prüfung.

§ 10 Übergangsvorschrift

Die bis zum Ablauf des 31. August 2009 begonnenen Prüfungsverfahren können nach den bisherigen Vorschriften zu Ende geführt werden.

§ 11 Inkrafttreten

Diese Verordnung tritt am 1. Juni 2002 in Kraft.

Ablauf der Prüfung vor der IHK

Die schriftliche Prüfung

Die Prüfung wird bundeseinheitlich im Herbst und Frühjahr durchgeführt und dauert zwei Tage. Die schriftliche Prüfung erstreckt sich auf die in § 3 der Prüfungsverordnung bestimmten Handlungsbereiche:

Am ersten Prüfungstag:

1. **Personalarbeit organisieren und durchführen** Bearbeitungszeit 120 min
2. **Personalarbeit auf Grundlage rechtlicher Bestimmungen durchführen** 150 min

Am zweiten Prüfungstag:

3. **Personalplanung, -marketing und -controlling gestalten und umsetzen** 150 min
4. **Personal- und Organisationsentwicklung steuern** 150 min

Zu jedem der Handlungsfelder werden etwa fünf bis acht komplexe Situationsaufgaben gestellt, die in der vorgesehenen Zeit zu bearbeiten sind.

Die Prüfungsunterlagen enthalten die Beschreibung eines fiktiven Unternehmens in besonderen Situationen, die einen bestimmten Handlungsbedarf hervorrufen, von den die Prüfungsfragen abgeleitet werden. Die Kenntnis der fachlichen Grundlagen und die Fähigkeit der praktischen Anwendung sollen auf diese Weise nachgewiesen werden.

Als Hilfsmittel sind in der Regel ein netzunabhängiger, nicht kommunikationsfähiger Taschenrechner sowie für den zweiten Handlungsbereich bestimmte Gesetzestexte zugelassen, insbesondere Sozialgesetze und Arbeitsgesetze in unkommentierter Form auch als Bestandteil von Gesetzessammlungen. Sie werden in einer Hilfsmittelliste genannt, die den Prüfungsunterlagen vorangestellt ist.

In jedem Handlungsbereich sind bis zu 100 Punkte erreichbar.

Prüfungsthemen der schriftlichen Prüfung

Die Bereiche des personalwirtschaftlichen Fachwissens, die die Grundlagen zur Beantwortung der Prüfungsfragen in den vergangenen Jahren bildeten, sind in einer Liste zusammengestellt, die einige Seiten weiter, hinter den Ausführungen zur Präsentation, zu finden ist.

Die mündliche Prüfung

Die mündliche Prüfung findet nach Abschluss der schriftlichen Prüfung statt und besteht aus einem **Beratungsauftrag,** den der Prüfling der Geschäftsleitung eines fiktiven Unternehmens – hier dem Prüfungsausschuss – vortragen und präsentieren muss. Davon ausgehend erfolgt im Anschluss ein **situationsbezogenes Fachgespräch.**

Für die mündliche Prüfung mit **Präsentation** und **Fachgespräch** gelten besondere Kriterien, die über das reine Fachwissen hinausgehen. Deshalb sind diesem Prüfungsteil auf den folgenden Seiten Hinweise, Tipps und ein komplettes Präsentationsbeispiel gewidmet. Zur Form der Einreichung der Themenvorschläge wird ebenfalls auf das nächste Kapitel verwiesen.

Situationsbezogenes Fachgespräch und Präsentation

Grundlage für das situationsbezogene Fachgespräch und der damit verbundenen Präsentation als Bestandteil der Prüfung ist die »Verordnung über die Prüfung zum Abschluss Geprüfter Personalfachkaufmann/Geprüfte Personalfachkauffrau«.

§ 3 (5): Das situationsbezogene Fachgespräch geht von einem betrieblichen Beratungsauftrag aus. Der betriebliche Beratungsauftrag wird als Vorlage für die Geschäftsleitung verstanden, in dem der Prüfungsteilnehmer/die Prüfungsteilnehmerin der Geschäftsleitung einen personalpolitischen Entscheidungsvorschlag vorlegt und präsentiert.

Der Prüfungsausschuss stellt 14 Kalendertage vor der Prüfung das Thema, wobei die Themenvorschläge des Prüfungsteilnehmers/der Prüfungsteilnehmerin berücksichtigt werden sollen. Dazu soll der Prüfungsteilnehmer/die Prüfungsteilnehmerin zwei Themenvorschläge mit einer Grobgliederung einreichen. Der Prüfungsausschuss soll den Umfang des Themas begrenzen. Insgesamt soll das situationsbezogene Fachgespräch höchstens 30 Minuten dauern. In etwa 10 Minuten stellt der Prüfungsteilnehmer/die Prüfungsteilnehmerin mit geeigneten Medien seine/ihre Lösungsvorschläge dem Prüfungsausschuss vor. Davon ausgehend führt der Prüfungsausschuss in der verbleibenden Zeit ein Prüfungsgespräch.

§ 4 (5): Im situationsbezogenen Fachgespräch soll der Prüfungsteilnehmer/die Prüfungsteilnehmerin nachweisen, dass er/sie in der Lage ist, sein/ihr Berufswissen in betriebstypischen Situationen anzuwenden und sachgerechte Lösungen vorzuschlagen. Insbesondere soll er/sie nachweisen, dass er/sie angemessen mit Gesprächspartnern innerhalb und außerhalb des Unternehmens oder der Organisation sprachlich kommunizieren kann und dabei argumentations- und präsentationstechnische Instrumente sach- und personalorientiert einzusetzen versteht.

§ 6 (1): Jede Prüfungsleistung ist nach Maßgabe der Anlage 1 mit Punkten zu bewerten.

§ 7 (1): Die Prüfung ist bestanden, wenn in den folgenden Prüfungsleistungen jeweils mindestens 50 Punkte erreicht worden sind:

1. *in allen Prüfungsleistungen in den Handlungsbereichen der schriftlichen Prüfung und*
2. *im Fachgespräch.*

Nach Aufforderung durch die IHK werden vom Prüfungsteilnehmer **zwei Themenvorschläge** für das Fachgespräch eingereicht, gemäß § 3 der Verordnung im Sinne eines betrieblichen Beratungsauftrags der Personalabteilung an die Geschäftsleitung eines gedachten Unternehmens.

Die Einreichung der Vorschläge erfolgt auf standardisierten Vordrucken der jeweiligen Kammer.

Bei der IHK Frankfurt beispielsweise ist die Benennung des Themas, die Schilderung der betrieblichen Ausgangssituation und eine Grobgliederung einzureichen, wobei die Beschreibung des fiktiven Unternehmens für beide Vorschläge identisch sein kann.

Der erste Themenvorschlag soll dem Erstwunsch des Prüfungsteilnehmers entsprechen. Um den Erstwunsch »durchzukriegen«, kann taktieren (Einreichung eines weniger interessanten zweiten Themenvorschlags) nicht schaden.

Die Unterschrift darf nicht fehlen und der Abgabetermin ist einzuhalten. Zu empfehlen ist, die Bogen digital auszufüllen.

In der Regel erfährt der Prüfungsteilnehmer das Thema für das situationsbezogene Fachgespräch vierzehn Kalendertage vor dem Prüfungstermin, der meist nach Korrektur der schriftlichen Prüfung angesetzt wird.

Die Einreichung eines Themenvorschlags (Beispiel)

Thema:
Einführung einer Prämie für unfallfreies Fahren bei Servicefahrern

Betriebliche Ausgangssituation:

Die Hygienia-Service GmbH ist ein modernes, mittelständisches Dienstleistungsunternehmen, das über 30.000 Kunden Spendersysteme für Waschraumhygiene zur Verfügung stellt. International zählt Hygienia mit den europäischen Tochtergesellschaften in Belgien, Österreich, Polen und Frankreich zu den Marktführern. Das Vertriebsnetz erstreckt sich über das gesamte Bundesgebiet und das europäische Ausland. Aktuell beschäftigt das Unternehmen deutschlandweit 250 Mitarbeiter und europaweit 350 Mitarbeiter. Es besteht ein Betriebsrat.

Hygienia verfügt in Deutschland derzeit über 50 eigene Sprinter, mit denen die Kunden beliefert werden. Da es immer wieder zu selbst verschuldeten Unfällen der Fahrer kommt, haben sich die Reparaturkosten in den letzten Jahren erheblich gesteigert. Bei diesen Unfällen sind teilweise auch andere Fahrzeuge beteiligt; die Schäden hierfür reguliert die Versicherung. Aufgrund der steigenden Zahl der Unfälle kündigte die Versicherung eine deutliche Steigerung der Versicherungsbeiträge an. Neue Fahrzeuge will die Versicherung nicht mehr aufnehmen. Als ein Baustein der Unfallverhütung plant die Personalabteilung die Einführung einer Prämie für unfallfreies Fahren für die Fahrer. Die Prämie soll Anreize für die Angestellten schaffen, ihren Fahrstil anzupassen. Die Prämie wird zunächst in Deutschland eingeführt und soll langfristig in ganz Europa Anwendung finden.

Grobgliederung:

1. Ist-Situation
2. Ursachen
3. Soll-Situation
4. Maßnahmen
5. Kosten-Nutzen-Vergleich
6. Rechtliche Rahmenbedingen/Rolle des Betriebsrats
7. Zeitplan
8. Evaluierung
9. Entscheidungsvorlage

Weitere Beispiele für geeignete Themenvorschläge

- Einführung eines betrieblichen Vorschlagswesen (BVW)
- Personalabbau in Form von Outplacement
- Konzept zur Reduzierung krankheitsbedingter Abwesenheitszeiten
- Umwandlung der Akkordentlohnung in der Produktion zur Prämienentlohnung
- Zusätzliche Einführung einer mobilen Zeiterfassung
- Einführung eins »Employer Self Service« zum bestehenden Personalinformationssystem
- Wiedereingliederung der ausgelagerten Lohn- und Gehaltsbuchhaltung
- Konzeption eines Mitarbeiterjahresgesprächs für die Führungskräfteebene
- Einführung von »E-Recruiting« zur Optimierung der Bewerberverwaltung
- Einführung eines Girls-Day in einem IT-Unternehmen
- Implementierung eines einheitlichen Personalinformationssystems
- Einführung eines Assessment-Centers für die Einstellung von Vertriebsmitarbeitern
- Einführung eines Firmenwagenmodells über Entgeltumwandlung für AT-Mitarbeiter
- Einführung von Vertrauensarbeitszeit für AT-Mitarbeiter
- Einführung einer Betriebsvereinbarung über Mobbing
- Sprachdefizite im multikulturellen Unternehmen – Einführung von Englisch als Firmensprache
- Umsetzung eines Gesundheitsmanagements – Einführung eines Corporate Health Center
- Aufbau eines studentischen Talent-Pools zur Nachwuchssicherung im Exportbereich.
- Organisation eines Home-Office-Modells für das Unternehmen.

Das im obigen Beispiel angewendete **Gliederungskonzept** bietet sich auch für die meisten anderen Themenvorschläge an. Wo angebracht, lassen sich noch folgende Gliederungspunkte einbauen:

- Chancen/Risiken
- Bildung einer Projektgruppe
- Gegenüberstellung von Alternativen (mittels einer Nutzwertanalyse)

Ablauf der Präsentation

Für manchen Prüfling mag die Aussicht, eine Präsentation vor dem Prüfungsausschuss vorzuführen, einschüchternd sein. Letztlich birgt diese Form der Prüfung durch die Einreichung von zwei Themen aber die Möglichkeit, zumindest einen wesentlichen Teil der Prüfung selbst gestalten zu können.

Bei der zehnminütigen Präsentation, die dem Fachgespräch vorangeht, kommt es darauf an, dem Prüfungsausschuss eine Idee, eine Leistung, ein Konzept und die eigene Persönlichkeit als Präsentierende/Präsentierender zu »verkaufen«.

Das Thema muss professionell dargestellt werden, da die Präsentation einen wesentlichen Bewertungsaspekt der Prüfer darstellt. Präsentieren heißt deshalb nicht nur die Vermittlung von Wissen oder die Weitergabe von bloßer Information. Präsentieren heißt hier, die Prüfer für die Idee und die damit verbundene Umsetzung zu begeistern und zu überzeugen. Für die Präsentation gilt das Prinzip der Ein-Wege-Kommunikation, daher unterbrechen die Prüfer in der Regel nicht.

Das Wesentliche, die Vorzüge und der Nutzen des vorgestellten Konzepts, muss verständlich, überzeugend, strukturiert, anschaulich und zielorientiert den Prüfern (sie repräsentieren die Geschäftsleitung) dargestellt werden.

- Die Präsentation ist somit in erster Linie eine Überzeugungsleistung und erst in zweiter Linie eine faktische Darstellung. Sie lebt von der Kommunikation, Lebendigkeit und Visualisierung des Präsentierenden.
- Eine Präsentation muss deshalb frei – mit Medienunterstützung – vorgetragen werden.

Präsentationsziele sind dementsprechend:

- Information
- Reibungsloser Ablauf
- Beratung (über die Konsequenzen alternativer Entscheidungen)
- Konsens (Überzeugung/Motivation für eine bestimmte Entscheidung)
- Herstellung/Erhaltung einer geeigneten Kooperationsbasis
- Beeindruckung/Überzeugung

Wird eines dieser Ziele unprofessionell dargestellt, leidet darunter die Präsentation als Ganzes.

Die folgenden Gesichtspunkte wirken bei einer Präsentation zusammen:

- Mündlicher Vortrag, freies Sprechen
- Persönliches Auftreten
- Visualisierung/Medieneinsatz
- Schriftliches Begleitmaterial
- Anschließende Diskussion im Fachgespräch

Beurteilungskriterien (Prüfung IHK) und Gewichtung (Beispiel)*	
Aufbau und inhaltliche Struktur Zielorientierung, sachliche Gliederung, zeitliche Gliederung, Logik	Gewichtung 10%
Präsentationstechnik Medieneinsatz, Visualisierung, Körpersprache	Gewichtung 15%
Kommunikative Kompetenz Sprachstil, Ausdrucksweise, Überzeugungsfähigkeit	Gewichtung 20%
Vollständigkeit und fachliche Kompetenz Fachhintergrund, Verwendung von Fachbegriffen, Argumentation, thematische Darstellung	Gewichtung 55%

* Jede Kammer hat eigene Bewertungsmaßstäbe

Visualisierung der Präsentation

Wie bei einem Geschenk soll ein guter Inhalt auch eine gute Verpackung haben. Es kommt nicht nur darauf an, was man sagt, sondern auch wie man es sagt und wie es visualisiert wird. Ob man mit der Präsentation Zustimmung findet oder auf Ablehnung stößt, hängt nicht allein davon ab, was man präsentiert, sondern ebenso, wie man präsentiert und visualisiert.

Gestaltungsgrundsätze

- Wahl des effektivsten Mediums
- Medienalternativen bedenken
- Freie Sicht für alle Prüfer ermöglichen
- Informationen erfassbar machen
- Wichtige Punkte hervorheben
- Schriftgröße beachten
- Wesentliches verdeutlichen
- Gesagtes erweitern oder ergänzen
- Behaltensquote erhöhen
- Ausreichend Zeit geben, das Visualisierte zu erfassen und zu verarbeiten
- Bezugspunkt für Stellungnahmen bieten

Prinzipien für Folien, Charts und Plakate

- Medienaskese:

Die Wirkung verpufft, wenn man zu viele Medien oder zu viele ähnliche Medien hintereinander einsetzt, sie zu kurz vorführt oder während der Darbietung dauernd redet und keine Zeit zum Betrachten und Verarbeiten lässt.

- Farbe und Bilder:

Farben beleben und orientieren. Farbigkeit (nicht Buntheit) erhöht die Wirkung der Folien und Plakate. Die Farbwahl soll System erkennen lassen. Gleiches sollte gleichfarbig sein (Farbkategorien bilden). Mehr als drei Farben sind selten sinnvoll (auf unterscheidbare, gut sichtbare Farbkontraste achten).

Ordnungselemente

- Einheitliche Struktur bieten
- Querformat der Charts
- Überschriften
- Nummerierung/Seitenzahlen
- Spiegelstriche einfügen
- Einrückungen vornehmen
- Unterstreichungen
- Verschiedene Schriftgrößen oder -arten
- Blöcke
- Überlegte Farbwahl
- Firmenlogo einfügen

Ein guter Präsentator

- strukturiert den Ablauf und die Argumente,
- schafft eine positive, mindestens aber eine sachliche Atmosphäre,
- vermittelt den Adressaten seine Wertschätzung,
- besitzt Selbstsicherheit, Souveränität und Flexibilität.

Präsentationsfehler

- Mangelhafte Vorbereitung
- Fehler beim Medieneinsatz
- Zu viel Inhalt in zu kurzer Zeit
- Unpräzise, umständliche, zu pauschale Darstellung
- Unverständliche sprachliche Darstellung
- »Störlaute«, wie »Äh«
- Unpassende Körpersprache
- Überheblichkeit
- Über-/Unterforderung der Adressaten
- Zu geringe Berücksichtigung von Rahmenbedingungen und Problemfeldern
- Mangelnde Flexibilität und fehlende Alternativen
- Hektik bzw. übertriebene Langsamkeit
- Nicht auf den »Punkt kommen«

Weitere Vorschläge, Anregungen und Tipps für die Präsentation und das Handout

- Die Gliederung der Präsentation auf einem Flipchart auflisten.
- Als Einstieg dient ein Poster mit der Gliederung der nachfolgenden Präsentation.
- Pinnwand und Flipcharthalter sind im Prüfungsraum vorhanden. Vorbereitete Folien, Poster oder Flipchartbögen bilden einen »roten Faden«, an dem entlang eine freie Präsentation folgen sollte.
- Ausgangspunkt der Präsentation sollte die Schilderung des Arbeitsfeldes (des Betriebes, dessen Betätigungsfeldes, dessen Größe, dessen Personalbestand, Marktsituation usw.) sein.
- Danach sollten die Motive für die Themenwahl und die mit der Umsetzung verfolgten Ziele dargelegt werden. Zur Visualisierung bietet sich die Projektion von »Thesen« oder einer »Ist-Zustand/Soll-Zustand«-Gegenüberstellung an.
- Anschließend sollte der Verlauf der Umsetzung dargestellt werden, wobei prägnante Abbildungen und Tabellen zum Thema verwendet werden sollen.
- Als Abrundung sollten ein Fazit und ein Entscheidungsvorschlag folgen.
- Die Präsentation sollte ziemlich genau 10 Minuten dauern. Diese Zeitvorgabe soll nicht überschritten werden.
- Keinesfalls sollte umfangreich und wörtlich aus dem Konzept zitiert oder gar das gesamte Konzept vorgelesen werden. I.d.R. reicht man den Prüfern ein Handout. Dieses besteht aus den Inhalten (Charts) der Präsentation und evtl. aus Anhängen.
- Die Präsentation sollte insgesamt so angelegt sein, dass ein anschließender Dialog mit dem Prüfungsausschuss bzw. der Geschäftsführung in Gang kommen kann.
- Für dieses Gespräch (ca. 20 Minuten) sollte man auf Detail- und Alternativfragen vorbereitet sein.
- Eine »lebendige« Vorstellung wird durchaus gerne gesehen. Es ist daher nicht notwendig, dass man auf seinem Stuhl »klebt« und passiv ist. Besser ist es im Stehen zu präsentieren.
- Fachbegriffe verwenden und ggf. erklären können.
- Keine Redundanzen (überflüssige Wiederholungen) bringen.
- Auf Kürze und Prägnanz achten (Kurze Sätze, langer Sinn).
- Killerphrasen vermeiden (»Das haben wir schon immer so gemacht!«).
- Laut und deutlich reden.
- Aktive statt passive Satzkonstruktionen verwenden.

- Natürlich, bewusst und überlegt sprechen.
- Sprechpausen machen, nachdenken, aber nicht zu lange Pausen einlegen.
- »Ich-Botschaften« senden (so wie Kennedy: »Ich bin ein Berliner!«).
- Ggf. persönliche(es) Erlebnis(se) nennen/einbauen.
- Stand/Haltung: Offen, beidbeinig stehen.
- Nicht nur die Kostenseite betrachten. Ein Unternehmen ist auch ein soziales Gebilde.
- Der Medieneinsatz/wechsel muss reibungslos funktionieren und in Ruhe (ohne Hektik) erfolgen. Den Medieneinsatz im Vorfeld intensiv üben.
- Angemessene Visualisierung/Medien gezielt einsetzen.
- Schärfe der Projektion aus Sicht der Prüfer testen.
- Auf die Erwartungen/Bedürfnisse der Prüfer bzw. Unternehmensleitung eingehen.
- Den konkreten Beratungsauftrag in den Mittelpunkt stellen.
- Angemessene Informationsdichte vermitteln.
- Beamer nach der Präsentation abschalten.
- Zusätzliche Stimulanzen (Farbe, Beispiele, Visualisierung, Zeiger) einbauen.
- Statistik(en) einbauen (z. B.: Einsparpotenziale, Erfahrungswerte) in Euro und % nennen.
- Fakten auf den Tisch bringen.
- Immer Alternativen mitbedenken.
- Kosten- und Nutzen abwägen.
- Datenschutz (Bundesdatenschutzgesetz, DSGVO) bedenken.
- Rolle des Betriebsrates (Informations-, Mitwirkungs- und Mitbestimmungsrechte) bedenken. Die relevanten Paragrafen kennen.
- Aufmerksamkeit demonstrieren.
- Nicht mit den Händen herumhantieren, sondern eine bewusste und ruhige Haltung annehmen.
- Die Hände sollten nur der Gestik, der Betonung und der Medienbedienung dienen. Rastlose Bewegungen vermeiden. Hände nicht in die Hosentaschen stecken.
- Verständnisfragen jederzeit ausdrücklich zulassen.
- Falls man kritisiert wird, sich nicht irritieren lassen, nicht verstummen.
- Blickkontakt zum Prüfungsausschuss (suchen und halten). Der Blickkontakt hilft, die Stimmung der Prüfer einzuschätzen.

Einstiegstipps und Leitfragen zur Präsentation

- Technik überprüfen
- Mentale Einstimmung für sich finden
- Begrüßung der Prüfer bzw. Geschäftsleitung
- Schaffung eines persönlichen Kontakts
- Kurze Vorstellung der eigenen Person
- Interesse wecken/Zuhörer motivieren
- Orientierung geben/Vorgehen darstellen/ Roten Faden darlegen
- Ziele darstellen/Thema eingrenzen
- Ggf. Eröffnungsposter einsetzen
- Nicht zu langer Einstieg
- Rhetorische/provozierende Frage einwerfen
- Bezug zu den Adressaten aufzeigen
- Sich in die Rolle der Zuhörer versetzen
- Wenn sinnvoll: Humorvolle Anmerkung, Zitat oder passende Anekdote einbringen
- Aktuelles Ereignis erwähnen
- Unterlagen/Handout austeilen

»Todsünden« zum Beginn

- »Eigentlich bin ich gar nicht vorbereitet!«
- Wie viel Zeit habe ich eigentlich?
- Schlechte Witze erzählen.
- Bevor ich beginne...
- Eigentlich vertrete ich nur...
- Es ist mir eine übergroße Freude, eine Ehre für Prüfer/Fachleute wie Sie...
- Ich hoffe, das nun folgende Thema interessiert Sie auch
- Gar keine Einleitung

Zum gelungenen Abschluss der Präsentation

- Knappe Zusammenfassung machen.
- Handlungsaufforderung geben.
- Kein Zeitdruck aufkommen lassen.
- Passendes Zitat einsetzen.
- Rückkehr zur Einleitung, Kreis schließen.
- Vorsichtige Prognose geben.
- Ausblick geben.

»Todsünden« zum Ende der Präsentation

- Ende zu lange vorher ankündigen, aber nicht zum Ende kommen.
- Gegen Ende noch völlig neue Infos oder Gesichtspunkte einbringen.
- Kein erkennbares Ende setzen, es ausplätschern lassen oder gar unvermittelt aufhören.
- Übertrieben lange Zusammenfassung machen.
- Keine Zeit mehr für Fragen/Diskussion haben.
- Prüfer mit einem Appell überfordern.

Checkliste zur Präsentation

- ☐ Kläre und definiere ich eindeutig das Problem/die Fragestellung/die Ausgangssituation/den Beratungsauftrag/das Ziel der Präsentation?
- ☐ Gliedere ich die Präsentation übersichtlich und einleuchtend?
- ☐ Verdeutliche ich den Prüfern bzw. der Unternehmensleitung die Ziele klar?
- ☐ Behalte ich selbst die Ziele während der Präsentation im Auge?
- ☐ Informiere ich mich über die Erwartungen der Prüfer bzw. der Unternehmensleitung?
- ☐ Wenn ich Maßnahmen vorschlage: Kläre ich, wie sich diese auswirken? Empfehle ich Alternativen?
- ☐ Unterziehe ich alle Inhalte meiner Präsentation dem »Warum-Test«?
- ☐ Visualisiere ich die Informationen angemessen?
- ☐ Mache ich eine »Generalprobe«, die den geplanten Ablauf exakt simuliert?
- ☐ Probiere ich die technischen Hilfsmittel (Beamer) aus?
- ☐ Beobachte ich die Prüfer bzw. Geschäftsleitung? Verwerte ich deren Reaktionen flexibel?
- ☐ Fühle ich mich durch Fragen angegriffen?
- ☐ Wiederhole ich entscheidende Aussagen in der Zusammenfassung?
- ☐ Besteht bei mir Rechtssicherheit zum Thema?

Beispiel für ein gelungenes Präsentationskonzept

Die einzelnen Folien werden hier stark verkleinert wiedergegeben. Originalgröße ist DIN A4, quer. Wichtig ist, die Schrift in einer Größe zu wählen, die bei einer Projektion gut lesbar ist. Möglichst eine Probe machen.

Einführung einer Prämie für unfallfreies Fahren bei Servicefahrern

1. Ist-Zustand

- 50 eigene Fahrzeuge, davon 20 in Firmenzentrale
- Ø Reparaturkosten pro Jahr in Höhe von 88.846,92 €
- Stetig steigende Versicherungsbeiträge
- Versicherung plant Beiträge um 3,9 % zu erhöhen.
- Beitragssatz = 200 %
- Versicherung nimmt keine neuen Fahrzeuge auf.

2. Ursachen und Folgen

- Zeitdruck der Fahrer
- Unachtsamkeit der Fahrer
- ø Gesamt Regulierungskosten: 126.293,86 €/Jahr
- ø 1,62 selbstverschuldete Unfälle/Fahrer im Jahr

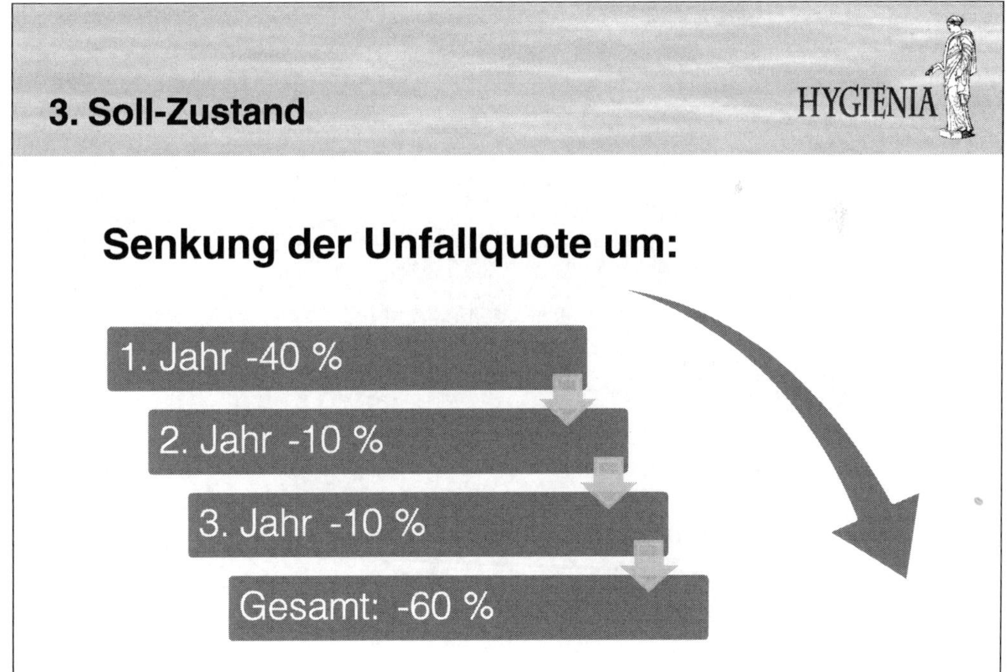

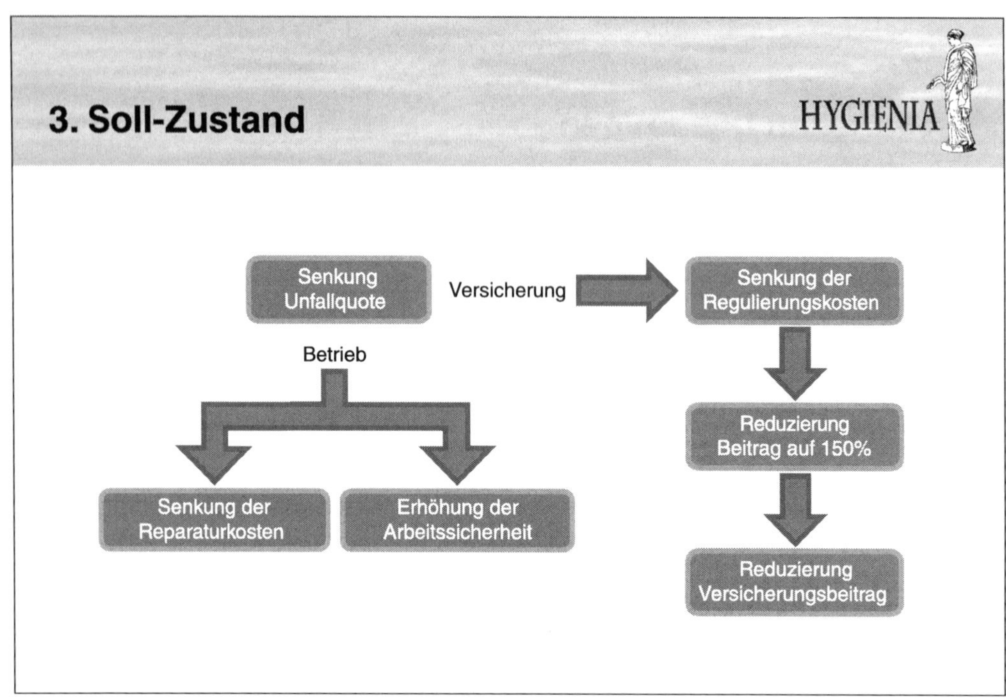
3. Soll-Zustand
HYGIENIA
Senkung Unfallquote
Versicherung
Senkung der Regulierungskosten
Betrieb
Reduzierung Beitrag auf 150%
Senkung der Reparaturkosten
Erhöhung der Arbeitssicherheit
Reduzierung Versicherungsbeitrag

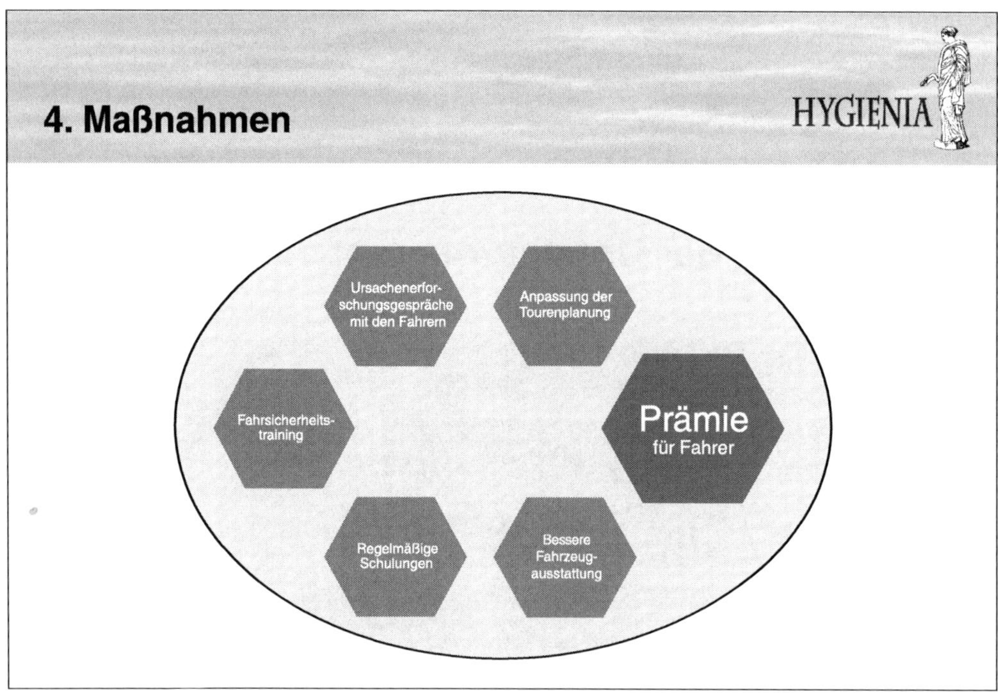
4. Maßnahmen
HYGIENIA
Ursachenerforschungsgespräche mit den Fahrern
Anpassung der Tourenplanung
Fahrsicherheitstraining
Prämie für Fahrer
Regelmäßige Schulungen
Bessere Fahrzeugausstattung

5. Maßnahmen

Prämienstaffelung

Mindestanstellungszeit: Ein volles Berechnungsjahr (01.01.– 31.12.)

Berechnungszeitraum: 01.01. – 31.12. des Vorjahres bzw. der letzten 3 Jahre

Unfallfreie Jahre	Prämie
Ein Jahr	500 €
Zwei Jahre	750 €
Drei Jahre oder mehr	1.000 €

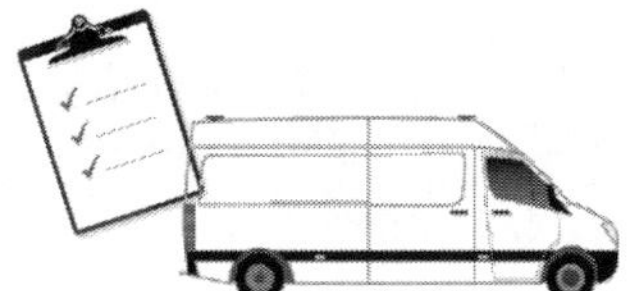

6. Kosten-Nutzen Vergleich

Aktuelle Kosten

Alle Kosten sind Durchschnittswerte und beziehen sich auf ein Jahr pro Fahrer

Instandhaltung	
Reparaturkosten	1.767,55 €
Kosten für Gutachten	73,23 €
Gesamtkosten	1.840,78 €

Versicherung	
Aktueller Beitrag	1.565,00 €
Gutachten Fremdfahrzeuge	31,80 €
Gesamtkosten	1.596,80 €

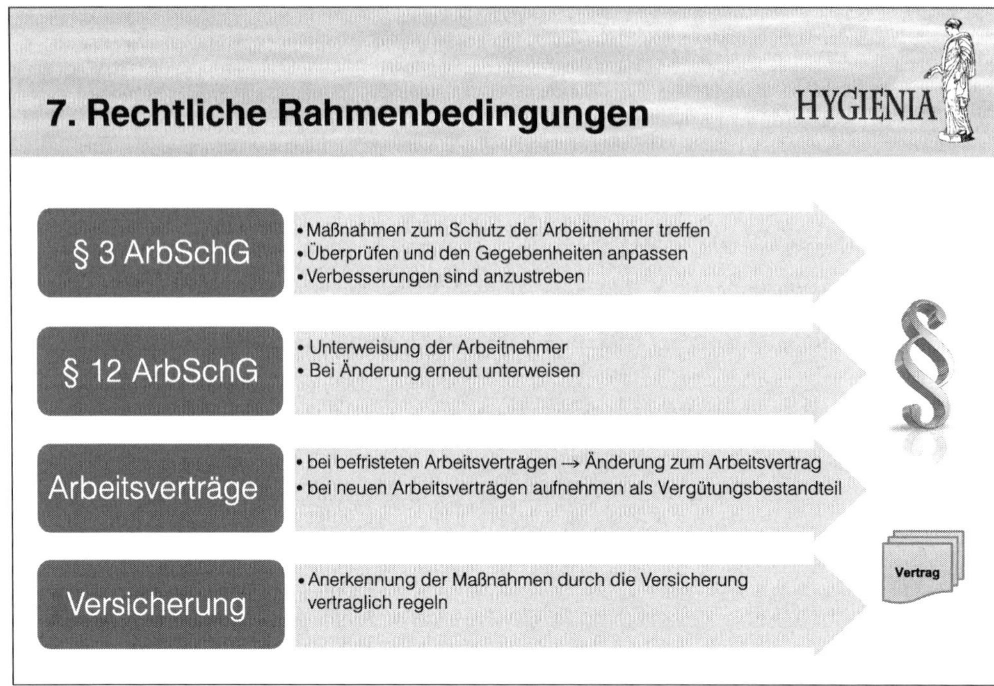
7. Rechtliche Rahmenbedingungen
HYGIENIA
§ 3 ArbSchG
• Maßnahmen zum Schutz der Arbeitnehmer treffen
• Überprüfen und den Gegebenheiten anpassen
• Verbesserungen sind anzustreben
§ 12 ArbSchG
• Unterweisung der Arbeitnehmer
• Bei Änderung erneut unterweisen
Arbeitsverträge
• bei befristeten Arbeitsverträgen → Änderung zum Arbeitsvertrag
• bei neuen Arbeitsverträgen aufnehmen als Vergütungsbestandteil
Versicherung
• Anerkennung der Maßnahmen durch die Versicherung vertraglich regeln
Vertrag

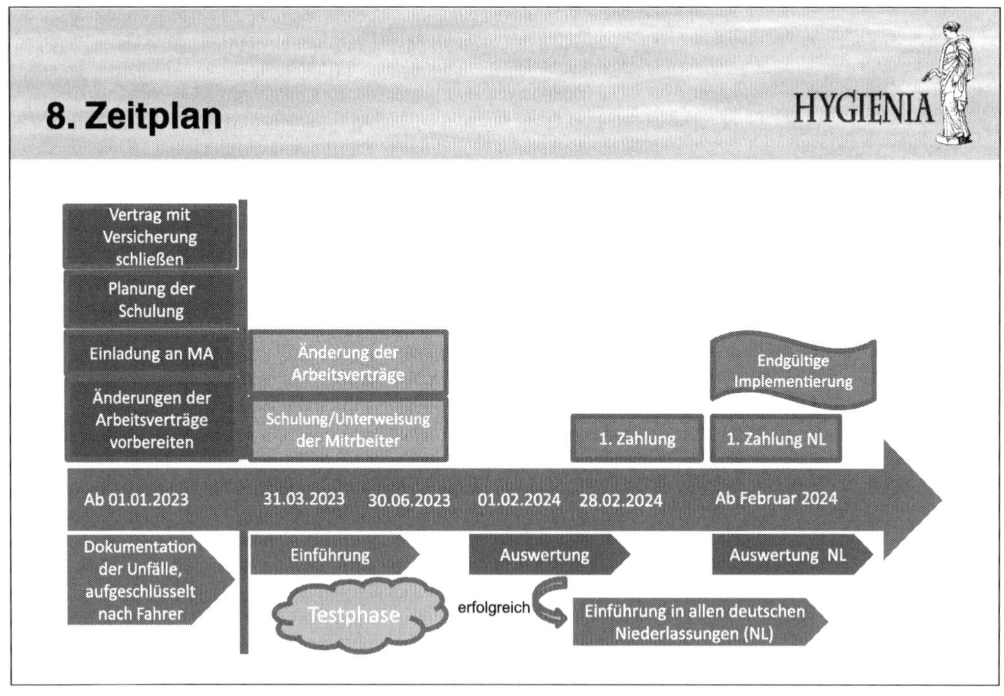
8. Zeitplan
HYGIENIA
Vertrag mit Versicherung schließen
Planung der Schulung
Einladung an MA
Änderungen der Arbeitsverträge vorbereiten
Änderung der Arbeitsverträge
Schulung/Unterweisung der Mitrbeiter
1. Zahlung
Endgültige Implementierung
1. Zahlung NL
Ab 01.01.2023
31.03.2023
30.06.2023
01.02.2024
28.02.2024
Ab Februar 2024
Dokumentation der Unfälle, aufgeschlüsselt nach Fahrer
Einführung
Auswertung
Auswertung NL
Testphase
erfolgreich
Einführung in allen deutschen Niederlassungen (NL)

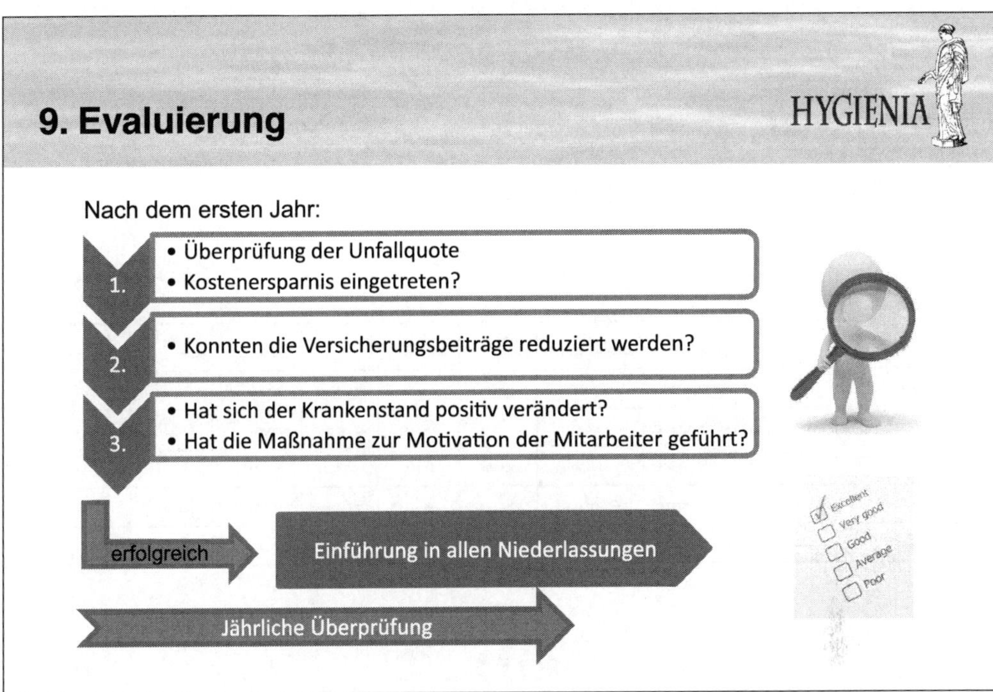
9. Evaluierung
HYGIENIA
Nach dem ersten Jahr:
1.
• Überprüfung der Unfallquote
• Kostenersparnis eingetreten?
2.
• Konnten die Versicherungsbeiträge reduziert werden?
3.
• Hat sich der Krankenstand positiv verändert?
• Hat die Maßnahme zur Motivation der Mitarbeiter geführt?
erfolgreich
Einführung in allen Niederlassungen
Jährliche Überprüfung
Excellent
Very good
Good
Average
Poor

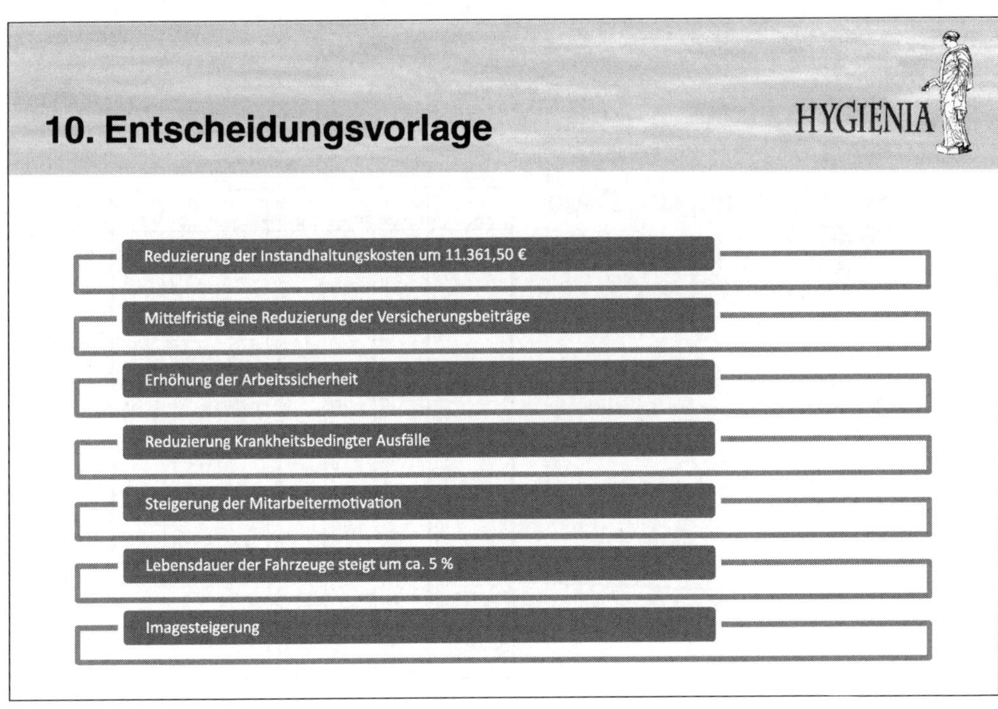
10. Entscheidungsvorlage
HYGIENIA
Reduzierung der Instandhaltungskosten um 11.361,50 €
Mittelfristig eine Reduzierung der Versicherungsbeiträge
Erhöhung der Arbeitssicherheit
Reduzierung Krankheitsbedingter Ausfälle
Steigerung der Mitarbeitermotivation
Lebensdauer der Fahrzeuge steigt um ca. 5 %
Imagesteigerung

11. Anhang

11.1 Berechnungsgrundlage Kosten

	Fahrzeuge	Unfälle	Unfälle/KFZ	Reparaturkosten gesamt	Reparaturkosten/KFZ	Gutachten gesamt	Gutachten/KFZ	Regulierung gesamt	Regulierung/KFZ	Gutachten gesamt	Gutachten/KFZ
2021	52	82	1,58	84.089,59 €	1.617,11 €	4.341,50 €	83,49 €	137.927,92 €	2.652,46 €	1.194,00 €	22,96 €
2022	50	85	1,70	93.016,50 €	1.860,33 €	3.762,59 €	75,25 €	141.197,50 €	2.823,95 €	1.979,00 €	39,58 €
2023	49	78	1,59	89.434,68 €	1.825,20 €	2.986,45 €	60,95 €	99.756,17 €	2.035,84 €	1.610,00 €	32,86 €
Gesamt			4,87	266.540,77 €	5.302,64 €	11.090,54 €	219,69 €	378.881,59 €	7.512,25 €	4.783,00 €	95,40 €
Durchschnitt			1,62	88.846,92 €	1.767,55 €	3.696,85 €	73,23 €	126.293,86 €	2.504,08 €	1.594,33 €	31,80 €

11. Anhang

11.2 Berechnungsgrundlage Prämien

Fahrer	Unfälle 1. Jahr	Prämie	Unfälle 2. Jahr	Prämie	Unfälle 3. Jahr	Prämie	Summe Prämien
1	2	0	1	0	0	500	500
2	1	0	1	0	0	500	500
3	0	500	0	750	2	0	1250
4	2	0	2	0	2	0	0
5	1	0	2	0	1	0	0
6	0	500	0	750	0	1000	2250
7	2	0	2	0	1	0	0
8	1	0	2	0	1	0	0
9	0	500	0	750	0	1000	2250
10	1	0	0	500	0	750	1250
11	1	0	2	0	1	0	0
12	2	0	2	0	1	0	0
13	1	0	0	500	0	750	1250
14	0	500	0	750	0	1000	2250
15	0	500	1	0	2	0	500
16	1	0	0	500	1	0	500
17	1	0	1	0	0	500	500
18	3	0	1	0	1	0	0
19	0	500	0	750	2	0	1250
20	0	500	0	750	0	1000	2250
Gesamt	19	3500	17	6000	15	7000	16500
Durchschnitt	0,95	175	0,85	300,00	0,75	350,00	275,00

11. Anhang

11.3 Arbeitsschutzgesetz

§ 3 Grundpflichten des Arbeitgebers
(1) Der Arbeitgeber ist verpflichtet, die erforderlichen Maßnahmen des Arbeitsschutzes unter Berücksichtigung der Umstände zu treffen, die Sicherheit und Gesundheit der Beschäftigten bei der Arbeit beeinflussen. Er hat die Maßnahmen auf ihre Wirksamkeit zu überprüfen und erforderlichenfalls sich ändernden Gegebenheiten anzupassen.
Dabei hat er eine Verbesserung von Sicherheit und Gesundheitsschutz der Beschäftigten anzustreben.
[.....]

§ 12 Unterweisung
(1) Der Arbeitgeber hat die Beschäftigten über Sicherheit und Gesundheitsschutz bei der Arbeit während ihrer Arbeitszeit ausreichend und angemessen zu unterweisen. Die Unterweisung umfasst Anweisungen und Erläuterungen, die eigens auf den Arbeitsplatz oder den Aufgabenbereich der Beschäftigten ausgerichtet sind. Die Unterweisung muss bei der Einstellung, bei Veränderungen im Aufgabenbereich, der Einführung neuer Arbeitsmittel oder einer neuen Technologie vor Aufnahme der Tätigkeit der Beschäftigten erfolgen. Die Unterweisung muß an die Gefährdungsentwicklung angepaßt sein und erforderlichenfalls regelmäßig wiederholt werden.
[.....]

§ 15 Pflichten der Beschäftigten
(1) Die Beschäftigten sind verpflichtet, nach ihren Möglichkeiten sowie gemäß der Unterweisung und Weisung des Arbeitgebers für ihre Sicherheit und Gesundheit bei der Arbeit Sorge zu tragen. Entsprechend Satz 1 haben die Beschäftigten auch für die Sicherheit und Gesundheit der Personen zu sorgen, die von ihren Handlungen oder Unterlassungen bei der Arbeit betroffen sind.
(2) Im Rahmen des Absatzes 1 haben die Beschäftigten insbesondere Maschinen, Geräte, Werkzeuge, Arbeitsstoffe, Transportmittel und sonstige Arbeitsmittel sowie Schutzvorrichtungen und die ihnen zur Verfügung gestellte persönliche Schutzausrüstung bestimmungsgemäß zu verwenden.
[.....]

11. Anhang

11.4 Betriebsverfassungsgesetz

§ 87 Mitbestimmungsrechte
(1) Der Betriebsrat hat, soweit eine gesetzliche oder tarifliche Regelung nicht besteht, in folgenden Angelegenheiten mitzubestimmen:
1. Fragen der Ordnung des Betriebs und des Verhaltens der Arbeitnehmer im Betrieb;
2. Beginn und Ende der täglichen Arbeitszeit einschließlich der Pausen sowie Verteilung der Arbeitszeit auf die einzelnen Wochentage;
3. vorübergehende Verkürzung oder Verlängerung der betriebsüblichen Arbeitszeit;
4. Zeit, Ort und Art der Auszahlung der Arbeitsentgelte;
5. Aufstellung allgemeiner Urlaubsgrundsätze und des Urlaubsplans sowie die Festsetzung der zeitlichen Lage des Urlaubs für einzelne Arbeitnehmer, wenn zwischen dem Arbeitgeber und den beteiligten Arbeitnehmern kein Einverständnis erzielt wird; [.....]
7. Regelungen über die Verhütung von Arbeitsunfällen und Berufskrankheiten sowie über den Gesundheitsschutz im Rahmen der gesetzlichen Vorschriften oder der Unfallverhütungsvorschriften; [.....]
10. Fragen der betrieblichen Lohngestaltung, insbesondere die Aufstellung von Entlohnungsgrundsätzen und die Einführung und Anwendung von neuen Entlohnungsmethoden sowie deren Änderung;
11. Festsetzung der Akkord- und Prämiensätze und vergleichbarer leistungsbezogener Entgelte, einschließlich der Geldfaktoren; [.....]

§ 77 Durchführung gemeinsamer Beschlüsse, Betriebsvereinbarungen
(1) Vereinbarungen zwischen Betriebsrat und Arbeitgeber, auch soweit sie auf einem Spruch der Einigungsstelle beruhen, führt der Arbeitgeber durch, es sei denn, dass im Einzelfall etwas anderes vereinbart ist. Der Betriebsrat darf nicht durch einseitige Handlungen in die Leitung des Betriebs eingreifen.
(2) Betriebsvereinbarungen sind von Betriebsrat und Arbeitgeber gemeinsam zu beschließen und schriftlich niederzulegen. Sie sind von beiden Seiten zu unterzeichnen; dies gilt nicht, soweit Betriebsvereinbarungen auf einem Spruch der Einigungsstelle beruhen. Der Arbeitgeber hat die Betriebsvereinbarungen an geeigneter Stelle im Betrieb auszulegen.
(3) Arbeitsentgelte und sonstige Arbeitsbedingungen, die durch Tarifvertrag geregelt sind oder üblicherweise geregelt werden, können nicht Gegenstand einer Betriebsvereinbarung sein. Dies gilt nicht, wenn ein Tarifvertrag den Abschluss ergänzender Betriebsvereinbarungen ausdrücklich zulässt.
[.....]

§98 Durchführung betrieblicher Bildungsmaßnahmen
(1) Der Betriebsrat hat bei der Durchführung von Maßnahmen der betrieblichen Berufsbildung mitzubestimmen.
[.....]

Aus Gründen der Platzersparnis sind auf diesen beiden Folien die einschlägigen gesetzlichen Bestimmungen nicht vollständig wiedergegeben, sondern werden nach den ersten Zeilen abgebrochen. Im Original muss selbstverständlich der auf den Fall zutreffende Gesetzestext in der erforderlichen Länge aufgenommen werden. Im vorliegenden Beispiel war dazu jeweils eine weitere Folie erforderlich.

Das Fachgespräch im Anschluss an die Präsentation

Das Fachgespräch wird unmittelbar nach der Präsentation geführt und dauert ca. 20 Minuten. Es bezieht sich auf die Präsentation und auf Fragen, die sich daraus ergeben.

Deshalb sollte man bereits bei Vorbereitung der Präsentation folgende Überlegungen anstellen:

1. Wohin führe ich mit meinem Thema und dessen Gliederung die Prüfer?
   - Ist der betriebliche Vorschlag realistisch?
   - Wurde eine logische und sinnvolle Gliederung erarbeitet?
   - Welchen Handlungsbedarf erkennen die Prüfer?
   - Wieso fiel die Wahl auf dieses Thema?

2. Welche Fragen ergeben sich aus meiner Präsentation für das Prüfungsgespräch?
   - Ist das Thema aktuell und von Bedeutung?
   - Wo stecken Lücken, Ungereimtheiten, Schwächen oder Ansatzpunkte in der Präsentation, die nachgefragt werden bzw. geklärt werden müssen?
   - Fehlt ggf. eine »perfekte« Lösungsanleitung, ein Lösungsansatz bzw. ein Ergebnis?

3. Welche weiteren Handlungsfelder meiner praktischen Tätigkeit bzw. meines theoretischen Wissens können mögliche Gesprächsinhalte sein?
   - Jedes Thema bietet vielseitige Ansatzpunkte, um auch in andere Handlungsbereiche hinein zu fragen. Man darf sich davon nicht aus dem Konzept bringen lassen. Fragen können hier über »den Tellerrand« gehen.

4. Welche Fragen können sich aus meiner Vortragsweise, den Inhalten sowie dem Medieneinsatz ergeben?
   - Fragen zu Medienwahl und -einsatz (warum bspw. ein Poster oder PowerPoint gewählt wurden), Vortragsweise (Körpersprache, genuschelt, unruhiger Stand, feste Stimme usw.).

Prüfungsfragen im Rahmen des Fachgespräches

Die Fragen orientieren sich in der Regel am Thema der Präsentation, doch finden geübte Prüfer leicht Ansatzpunkte, um das Thema auszuweiten oder auf andere Bahnen zu lenken. Die folgenden Fragen können dafür als Beispiel dienen. Das Gespräch dauert mit 20 Minuten etwa doppelt so lange wie die Präsentation.

- »Sie sprachen vorhin davon, dass es eine hohe Fluktuationsrate unter den Fahrern gibt. Was verstehen Sie unter Fluktuationsrate? Bitte erklären Sie mir den Begriff.«
- »Welche Rolle spielt der Betriebsrat bei Ihrem Vorhaben?«
  Hier unbedingt die Paragrafen kennen und nennen. Je nach Thematik handelt sich meist um Mitwirkungs- oder Mitbestimmungsrechte des BetrVG wie §§ 77, 81, 87, 88, 90, 92, 98 und 99.
- »Das von Ihnen vorgeschlagene Prämiensystem für unfallfreies Fahren erfordert die Speicherung und Verarbeitung zusätzlicher persönlicher Daten der Fahrer. Ist das überhaupt zulässig?«
- »Eine Prämie für unfallfreies Fahren ist sicher eine wirkungsvolle Motivation für mehr Aufmerksamkeit. Aber reicht das? Können Sie sich noch weitere Maßnahmen vorstellen, um dieses Ziel zu erreichen?« Der Prüfling kann auf Folie 4 verweisen und die Maßnahmen erläutern.
- »Erläutern Sie bitte den Posten ›Gesamt Regulierungskosten‹ (Folie 2.) etwas genauer.«
  (Der Prüfling verweist auf Folie 11.1) Darauf der Prüfer: »Haben Sie die Kosten der Lohnfortzahlung bei Krankheit infolge eines Unfalls berechnet?« Was antworten Sie als Prüfungsteilnehmer?

Tipps zur Prüfungssituation

In Hinblick auf Prüfungen ist es wichtig, sich nicht nur inhaltlich, sondern auch methodisch/organisatorisch vorzubereiten.

- Trainieren Sie die Prüfung daheim mit Freunden oder Kollegen.
- Vergessen Sie keine Dinge mitzunehmen, die Sie brauchen (z B. Unterlagen, Einladung und Ausweis).
- Kleider machen Leute! Fühlen Sie sich wohl in der Kleidung, seien Sie aber angemessen gekleidet.
- Rechnen Sie eine Zeitreserve bei der Anreise ein.
- Seien Sie etwas früher am Prüfungsort. Evtl. bekommen Sie noch Tipps von den »Vorgängern«.
- Gehen Sie entspannt in die Prüfung. Verkrampfen Sie nicht schon am Vorabend.
- Reden Sie sich auf keinen Fall Schwächen ein. Denken Sie positiv und stärken Sie ihr Selbstwertgefühl.
- Setzen Sie sich selber Belohnungen aus.
- Auch wenn die Prüfung nicht optimal verläuft, vergessen Sie nicht, dass Sie aus jeder Prüfung für die nächste Prüfung lernen können.
- Denken Sie daran: Sollte alles nach Plan laufen, bekommen Sie am Ende ihrer Prüfung die Urkunde und die ganze »Plackerei« hat ein Ende.

Viel Erfolg!

Bewertung nach der Prüfungsordnung für die Durchführung von Fortbildungsprüfungen:

Eine Leistung, die den Anforderungen in besonderem Maß entspricht
= 100 bis 92 Punkte = Note 1 = Sehr gut

Eine Leistung, die den Anforderungen voll entspricht
= unter 92 bis 81 Punkte = Note 2 = Gut

Eine Leistung, die den Anforderungen im Allgemeinen entspricht
= unter 81 bis 67 Punkte = Note 3 = Befriedigend

Eine Leistung, die zwar Mängel aufweist, aber im Ganzen den Anforderungen noch entspricht
= unter 67 bis 50 Punkte = Note 4 = Ausreichend

Eine Leistung, die den Anforderungen nicht entspricht, jedoch erkennen lässt, dass gewisse Grundkenntnisse noch vorhanden sind
= unter 50 bis 30 Punkte = Note 5 = Mangelhaft

Eine Leistung, die den Anforderungen nicht entspricht und bei der selbst Grundkenntnisse fehlen
= unter 30 bis 0 Punkte = Note 6 = Ungenügend

Prüfungsthemen der schriftlichen Prüfung

Der Satz Prüfungsaufgaben, der am Prüfungstag den Teilnehmern ausgehändigt wird, umfasst für jeden Handlungsbereich die detaillierte Beschreibung eines erdachten Unternehmens. Die einzelnen Aufgaben und Fragen leiten sich von Schilderungen besonderer Situationen ab, denen sich das fiktive Unternehmen gegenübersieht. Die nachstehende Liste enthält nicht die Prüfungsaufgaben*) selbst, sondern benennt die Wissensbereiche, die zur Beantwortung der Fragen in den Prüfungen der letzten Jahre vorausgesetzt wurden.

1. Personalarbeit organisieren und durchführen

2019

- Konzept für die personalwirtschaftliche Organisation eines Unternehmens
  Organisatorische Aufgaben des Personalwesens hinsichtlich einer bestehenden Integration des Unternehmens
- Personalwirtschaftliche Dienstleistungsangebote zur Mitarbeiterbindung
  Kernprozesse des Personalwesens
  Vorteile strukturierter und standardisierte Prozessabläufe
- Zusammensetzung einer Projektgruppe zur Integration
  Kompetenzen eines guten Projektleiters
  Organisationsformen von Projekten
- Argumente für ein IT-gestütztes Vorschlagswesen und rechtliche Aspekte bei Einführung
- Erläuterung von Selbst- und Fremdwahrnehmung anhand des Johari-Fensters
- Phasen der Teambildung
  Negative Auswirkung von bestimmten Rollen, die Teammitglieder einnehmen
- Regeln der Kommunikation
  Inhalte einer Nachricht nach dem Kommunikationsmodell von Schulz von Thum
- Konzept zur Sicherstellung der personalwirtschaftlichen Aufgaben bei personellem Engpass
- Personalwirtschaftliche Aufgabengebiete, die ausgelagert werden können/nicht ausgelagert werden sollten
- Kennzahlen des Personalgewinnungsprozess
- Anforderungsprofil für die Funktion eines Projektleiters mit Bewertungsmöglichkeit
- Zieldefinition zum Rekrutierungsprozess nach der SMART-Regel
  Inhalte eines Projektauftrags
  Maßnahmen zur Steuerung und Durchführung des Projektes
  Aktivitäten zum Abschluss eines Projektes
- Erläuterung des Begriffs E-Learning / Vorteile und Grenzen des E-Learnings
- Erläuterung des Begriffs Mediation / Ablauf eines Mediationsgespräches
- Formen der Protokollierung von Besprechungen und Workshops
  Erläuterung des Begriffs Prognose, Gründe für Prognosefehler
  Prognosetechniken zur Umsatzprognose

2020

- Entgeltabrechnung durch einen Dienstleister – Vor- und Nachteile
- SWOT-Matrix (Stärken, Schwächen, Chancen, Risiken) des Insourcing der Entgeltabrechnung darstellen
- Verrechnungssatz zum Prozess der Entgeltabrechnung ermitteln
- IT bei der Integration der Entgeltabrechnung in bestehende Prozessabläufe
- Entwickeln eines Feedback-Pogens mit sechs Fragen zur Projektarbeit
- Beratungsansatz der Systemtechnik. Beschreibung und Fragestellungen
- Argumente für Workshops zur Integration neuer Vertriebsstandorte
- Kreativitätstechniken und Einstiegsfragen bei Workshops
- Gruppentypisches Verhalten und Spielregeln bei der Gruppenarbeit

*) Die Original-Prüfungsaufgaben werden etwa sechs Monate nach Prüfungstermin zusammen mit Lösungsvorschlägen und Bewertung von der DIHK-Gesellschaft für berufliche Bildung GmbH, Bonn veröffentlicht.

- Zentrale und dezentrale Anbindung des Personalwesens bei mehreren Niederlassungen (Vorteile, Nachteile) Begriff »Shared Service«
- Management-Regelkreis, Anwendung
- Kennzahlen des Personalwesens, Altersstruktur
- Merkmale eines Projektes zur Neuausrichtung des Personalwesens
- E-Learning-Plattform, Aufgaben des Datenschutzbeauftragten, Anforderungen
- Feedback, www-Feedback
- Merkmale der Präsentation eines Projektes
- Zeitmanagement, Zeitdiebe und Zeitfresser

2021
- Mitarbeiterzahl im Personalbereich im Verhältnis zur Gesamtbelegschaft
- Auslagerung personalwirtschaftlicher Funktionen
- Mittelfristig anzustrebende wirtschaftliche und soziale Ziele
- Maßnahmen zur Verbesserung der internen Kommunikation
- Notwendige Ressourcen für Durchführung eines Projektes
  Qualitative sowie quantitative Voraussetzungen
- Vor- und Nachteile des E-Learnings
- Gründe für Ängste und Befürchtungen der Mitarbeiter vor betriebl. Umstellungen, Maßnahmen des Changemanagements
- Prognosetechniken
- Zeitmanagementtechniken, Stufen der ALPEN-Methode
- IT-Anwendungen im Personalbereich
- Überlegungen und Planungsschwerpunkte zu einer Mitarbeiterbefragung
- Prozess der Personalbeschaffung
- Arten der Projektorganisation
- »Shared Services«, Vorteile im Personalbereich
- Outsourcing personalwirtschaftlicher Funktionen
- Aufgabenverteilung und Verantwortung zwischen Bereich Personal und direkten Vorgesetzten
- Phasen eines Mitarbeitergespräches
- Merkmale einer gelungenen Präsentation

2022
- Arbeitsprinzipien und Konsequenzen der Lean-Organisation, Qualitätszirkel
- Vereinheitlichung der Führungskultur
- Grafische Darstellung des EFQM-Modells, Ausgangsfragen dazu
- Digitale Ausrichtung des Bewerbermanagements, Projektauftrag dazu, Aufgabe der Initialisierungsphase
- Digitale Ausrichtung der Personalarbeit
- Phasen der Gesprächsführung, Ziele, Inhalte, Gesprächstechniken
- Digitalisierung der Personalakten
- Protokollierung von Projektsitzungen
- Personalmanagementaufgaben der Führungskraft
- Gemeinsame Verantwortung von Führungskraft und Personalbereich
- Service-Level-Agreements (SLAs)
- Prozess der Mitarbeiter-Einstellung
- Strukturiertes Personalbeurteilungssystem
- Personaldatensystem für die Gehaltsabrechnung
- Employee Self Service (ESS)
- Einsatz und Vorgehen eines Mediators
- Präsentationstechniken und -standards
- ALPEN-Methode, Pareto-Prinzip

2023
- Verbesserung der Zusammenarbeit im Personalbereich mit externen Standorten
- Organigramm der Aufbauorganisation der Personalabteilung
- Vor- und Nachteile zentraler Personalarbeit
- Kundenorientierung und Servicequalität der Personalarbeit
- Erwartungen interner Kunden an die Personalabteilung
- Grundsätze des Prozessdesigns

- Projektsteckbrief
- Aspekte zum Thema »Gestaltung der Homeoffice-Arbeit«
- Rollen, Aufgaben und Befugnisse im Projektteam
- Mitarbeiterportal, Anwendungsmöglichkeiten
- Führung der Mitarbeiter im Homeoffice
- Rahmenbedingungen für virtuelle Workshops

2. Personalarbeit auf Grundlage rechtlicher Bestimmungen durchführen

2019

- Gesetzliche Grundlagen für befristete Arbeitsverhältnisse, Verlängerung der Befristung, Auswirkung von Vertragsänderungen, z. B. durch Entgelterhöhung, auf ein befristetes Arbeitsverhältnis
  Zusammensetzung der Kammern von Arbeits- und Landesarbeitsgerichten
- Datenschutzrechtliche Grundlagen für Fotos von Mitarbeitern auf der Internetseite des Unternehmens
- Rechtliche Rahmenbedingungen bei befristeter Einstellung mit/ohne Sachgrund und bei Beschäftigung von Zeitarbeitskräften
  Zustimmung des Betriebsrates, Voraussetzungen für eine ordentliche Kündigung
- Finanzielle Absicherung eines Arbeitnehmers bei einem Arbeitsunfall am dritten Tag seiner Anstellung, rechtliche Besonderheiten bei einer Kündigung aufgrund dieses Arbeitsunfalls
- Unterschiede zwischen Zeitentgelt, Akkordentgelt und Prämienentgelt
  Anwendung der Vergütungsformen für verschiedene Arten von Beschäftigung
  Rechte des Betriebsrats hinsichtlich der Entgeltform
- Zuständige Stelle für den Antrag auf Anerkennung als Mensch mit Behinderung
  Feststellungen, die die zuständige Stelle treffen kann (Grad der Behinderung)
  Zuständige Stelle für den Antrag auf Erwerbsminderungsrente
  Rechtswege zur Anfechtung der Entscheidung über Erwerbsminderungsrente
  Auswirkungen einer Schwerbehinderung auf das Arbeitsverhältnis
- Betriebliche Sozialleistungen: Zuwendungsarten, Beispiele, Vorteile
- Möglichkeiten für externe Beschaffung von Mitarbeitern
- Datenschutz bei Umstellung auf elektronische Personalaktenführung
- Rechtliche Grundlagen der Schutzrechte bei Beschäftigung von schwangeren Frauen
  Urlaubsanspruch nach Rückkehr aus der 24-monatigen Elternzeit
- Unterrichtungsrecht, Überwachungspflicht und Mitbestimmungsrecht des Betriebsrates bei Einführung eines Zielvereinbarungssystems
  Rechtsnorm für den Fall mangelnder Einigung der Sozialpartner über die Einführung von Zielvereinbarungen
- Voraussetzungen einer ordentlichen Kündigung für befristet eingestellte Arbeitnehmer
  Entgeltabrechnung bei dauerhafter Erkrankung eines befristet eingestellten Arbeitnehmers
  Voraussetzungen für eine außerordentliche Kündigung bei beträchtlichem Alkoholgenuss während der Arbeitszeit
  Finanzielle Auswirkungen bei Unfällen unter Alkoholeinfluss
- Erklärungen für die Begriffe Akkordfähigkeit, Akkordreife, Zeitakkord, Geldakkord
  Vorteile bei Umstellung auf Zeitakkord
- Hilfestellungen des Unternehmens bei Suchterkrankungen unter den Mitarbeitern
  Beteiligungsrechte des Betriebsrates
- Assessment-Center-Übungen für die Auswahl von Auszubildenden und dabei zu beobachtende Eignungs- oder Verhaltenskriterien
- Erläuterung des Begriffs Personalhandbuch
  Inhalt (Kapitel) des Personalhandbuches

2020

- Entgelt-Sicherung bei langer Krankheit aufgrund eines Unfalls und Kündigungsmöglichkeit
- Kündigung aus betriebsbedingten Gründen
- Mitwirkung des Betriebsrats zur Einführung eines Gebäude-Schließsystems sowie Datenschutz und Betr. VG
- Steuer- und Sozialversicherung bei Zahlung von Geldprämien und Sachleistungen

- Zweige der gesetzl. Sozialversicherung, Beschreibung und Leistungen
- Präventive gesundheitliche Maßnahmen des Betriebes. Beteiligung des Betriebsrats
- Auswahlkriterien bei Arbeitnehmer-Verleihformen
- Kündigung und Kündigungsschutzklage, Rechtslage, formale Voraussetzungen, Fristen, Termine
- Außerordentliche und ordentliche Kündigung, Voraussetzungen
- Arbeitsverträge, Versetzungsklausel, Widerrufs- und Freiwilligkeitsvorbehalt bei Gehaltszulagen
- Beteiligung des Betriebsrates bei Einstellungen
- Jahresarbeitsentgeltgrenze, Berechnung, Überschreitung
- Nutzung des Intranets bei der Personalbeschaffung, Vor- und Nachteile
- Betriebliche Sozialleistungen
- Vergütungssystem, Zeit-, Akkord-, Prämienentgelt, Beteiligung des Betriebsrats

2021

- Voraussetzungen für Weiterbeschäftigung nach Kündigungsschutzklage
- Sozialverträglicher Personalabbau
- Erfolgsaussichten einer Kündigungsschutzklage, gesetzl. Bestimmungen
- Versetzung der Mitarbeiter/-innen an einen anderen Standort, Beteiligung der Betriebsräte
- Möglichkeiten, sich gegen eine Änderungskündigung zu wehren
- Long Term Incentive, Begriff, Gestaltung, Vorteile
- Sozialversicherungsrechtliche Beurteilung der Einstellung von befristeten Fachkräften und Aushilfskräften mit weiterer Beschäftigung
- Beratung bei Suchterkrankungen, Beteiligungsrechte des Betriebsrats
- Auswahl von Verleihformen für Leiharbeitnehmer
- Entgelt während der Schutzfristen bei Schwangerschaft, Steuer- und Sozialversicherungspflicht
- Die fünf Sozialversicherungsträger und ihre Leistungen
- Kündigungsmöglichkeit bei schwerer Verletzung aufgrund eines Autounfalls in der Freizeit unter Alkoholeinfluss, gesetzliche Bestimmungen zur Einkommenssicherung
- Rechtliche Bestimmungen zur Versetzung in eine andere Betriebsstätte
- Rechtmäßigkeit einer Kündigung wegen Verdacht auf Diebstahl oder Unterschlagung
- Möglichkeiten des Arbeitgebers eine Mitarbeiterin mit zwei Kindern zu unterstützen
- Entwurf eines Online-Bewerbungsformulars, Inhalte des Formular, Datenschutz
- Prinzipien, Aspekte, interne und externe Kriterien der Entgeltfindung

2022

- Befristungsmöglichkeiten für Arbeitsverträge, gesetzliche Grundlagen
- Arbeitnehmerüberlassung, Rechtsgrundlagen
- Scheinselbstständigkeit, Folgen
- Erstattungsansprüche gegen Mitarbeiter wegen schwerer fachlicher Fehler, Erfolgsaussichten
- Analytische und Summarische Arbeitsbewertung
- Leistungen der Agentur für Arbeit
- Betriebliche Leistungen, rechtliche Aspekte
- Vorteile und Nachteile des Internets und Social Media bei der Personalbeschaffung, Datenschutzaspekte
- Zusammensetzung der Arbeitsgerichte und Landesarbeitsgerichte
- Möglichkeiten der Verringerung des Personalbestandes. Beteiligung des Betriebsrates
- Voraussetzungen für betriebsbedingte Kündigungen
- Berechtigung einer Kündigung wegen Arbeitszeitbetrug
- Beteiligung des Integrationsamtes, Einhaltung von Fristen
- Erfolgsaussichten einer Kündigungsschutzklage
- Beschäftigungspflicht es Arbeitgebers von Schwerbehinderten, Ausgleichsabgabe
- Bestandteile eines Vergütungssystem. Kostenflexible Bestandteile
- Sozialversicherung, Abweichungen vom Prinzip der hälftigen Übernahme der Beiträge
- Der »Cafeteria-Ansatz« zu Entgelt-Bestandteilen. Vorteile für Arbeitgeber und Arbeitnehmer
- Stellenbeschreibung für Mitarbeiter zur Entgeltabrechnung
- Pfändbare Entgeltbestandteile

2023

- Krankheitsbedingte Kündigung, Rechtslage
- Installierung eines Betriebsrats. Rechtliche Grundlagen zur Aussetzung einer Betriebsratswahl
- Einkommenssicherung bei schwerem Wegeunfall durch wen und in welcher Höhe? Schadenersatzansprüche

- Zuständigkeit von Arbeitsgericht und Sozialgericht
- Leiharbeitnehmer als Vertretung, Meinungsverschiedenheit zwischen Betriebsrat und Arbeitgeber
- Rahmenbedingungen zur Einführung eines leistungsorientierten Prämiensystems für die Entgeltzahlung
- Möglichkeiten einer betrieblichen Kinderbetreuung
- Übungen eines Assessment-Centers zur Auswahl von Auszubildenden mit Zuordnung von Eignungs- und Verhaltenskriterien
- Dokumente die in der Personalakte aufbewahrt werden dürfen und welche nicht?
- Rechte des Arbeitnehmers hinsichtlich seiner Personalakte
- Rechte des Betriebsrates bei Einführung der elektronischen Personalakte

3. Personalplanung, -marketing und -controlling gestalten und umsetzen

2019

- Ziele der Personalplanung und des Personalmarketings
  Personalwirtschaftliche Probleme bei Eingliederung eines ausländischen Start-up-Unternehmens
- Aspekte der strategischen, taktischen und operativen Personalplanung
  Gründe für die Einführung einer strategischen Personalplanung
- Möglichkeiten zur Stärkung der Leistungsbereitschaft
  Bedürfnispyramide nach Maslow / Extrinsische und intrinsische Motivation
  Gestaltung motivierender Arbeitsaufgaben
- Sozialverträgliche Maßnahmen zur Reduzierung der Personalkapazität ohne/mit Verlust des Arbeitsplatzes und daraus resultierende Probleme
- Beschreibung des Instruments Mitarbeiterbefragung
  Fragestellungen zu Themen wie Arbeitsbedingungen, Zusammenarbeit, Personalentwicklung
  Auswertung und Aufarbeitung der Ergebnisse
- Ziele des Personalmarketings
  Möglichkeiten im Bereich Hochschulmarketing
  Vorteile des internen Personalmarketings
- Erläuterung der Begriffe strategische Unternehmensplanung und Personalplanung
  Ökonomische und nichtökonomische Ziele der Personalwirtschaft
- Quantitative und qualitative Personalbedarfsplanung
  Fragestellungen der räumlichen und temporären Personalbedarfsplanung
  Bestimmungsfaktoren der menschlichen Arbeitsleistung
  Formulierung von Zielen zum Erreichen guter Leistungen der Mitarbeiter
- Grundlage und Probleme der Anwendung arbeitswissenschaftlicher Methoden bei der Einsatz- und Arbeitsplanung
  Ermittlung der Daten bei Verfahren der Personalbemessung
- Ermittlung des Netto-Personalbedarfs
- Erläuterung der Begriffe Zielcontrolling, Planungscontrolling, Aktivitätscontrolling, Erfolgscontrolling sowie des Begriffs Balanced Scorecard und der vier Perspektiven

2020

- Instrumente des externen Personalmarketings
- Auswirkungen der demografischen Entwicklung auf den Standort und das Unternehmen.
  Lösungsansätze für das Unternehmen
- Erklärung des Begriffs Personalplanung
- Beispiele für Unsicherheiten, Vorteile, Grenzen der Personalbedarfsplanung aus Sicht des Unternehmens und der Mitarbeiter
- Elementarfaktoren und dispositive Faktoren beim Einsatz der Mittel für die Produktion
- Ablauf einer Personalentwicklungsplanung
- Methoden und Ziel der Personalbedarfsplanung
- Beschreiben der Begriffe Controlling und Kontrolle, Unterscheidung
- Instrumente und Aufgaben des Controllings
- Unternehmensleitbild, Orientierungen und Aussagen
- Zusammenhang zwischen Untenehmensplanung und Personalpolitik
- Personalwirtschaftliche Ziele, Umsetzung

- Bestimmung des Personalbedarfs
- Pro und Contra einer Standortübergreifenden Jobrotation
- Personalreduzierung und Personalabbau
- Personalkontrolle und Personalcontrolling, Unterschiede, Aufgaben

2021
- Planungsbereiche und Teilplanungen der Personalplanung
- Fragestellungen für die Personalabteilung bei Planung strategischer Weiterentwicklung des Unternehmens
- Soziale und Ökonomische Ziele der Personalwirtschaft. IT-Einsatz zur Realisierung sozialer und humaner Ziele der Belegschaft
- Herausforderungen für die Ermittlung des Personalbedarfs bei Veränderungen des Unternehmens und der ganzen Branche hinsichtlich Planung, der Mitarbeiter, der Arbeitsprozesse und der Zukunftsaussichten
- Möglichkeiten zur Bestimmung des Personalbedarfs
- Schritte des Ablaufs einer mittelfristigen Personalbedarfsplanung
- Maßnahmen zur Vorbereitung junger Nachwuchskräfte auf die Aufgaben als Facharbeiter und als Führungskraft
- Entscheidungskriterien zur Einführung eines Personalinformationssystems
- Acht Schritte für einen zeitgemäßen, digitalen Recruiting-Prozess
- Handlungsfelder strategisch orientierten Personalarbeit
- Handlungskompetenzen für eine Leitungsposition
- Unterschied »Qualifikation« und »Kompetenz«
- Leistungsdeterminanten der Arbeitsleistung, Leistungsverhalten
- Innerbetriebliche Einflussfaktoren auf den Bruttopersonalbedarf
- Instrumente für eine detaillierte, systematische Personalplanung
- Ermitteln des Nettopersonalbedarfs
- Kennzahlen der Personalwirtschaft

2022
- Konjunkturzyklen, die wirtschaftlichen Auswirkungen Bruttoinlandsprodukt und Bruttonationaleinkommen
- Quantitative und qualitative Personalbedarfsplanung
- Räumliche und zeitliche Personalbedarfsplanung
- Berechnung des Nettopersonalbedarfs
- Kennzahlen des Quantitativen Mitarbeitercontrollings
- Arten der Personalplanung
- Employer Branding
- SWOT-Analyse
- Informationsquellen zur Ermittlung des Personalbestandes
- Rechengrößen bei der Personalbedarfsplanung
- Leistungsbeurteilung und Potentialanalyse
- Ermittlung des Nettopersonalbedarfs
- Personalentwicklungsplanung, -programm
- Berechnung des quantitativen Bruttopersonalbedarf: Vergangenheitsorientierte Verfahren, Schätzverfahren, arbeitswissenschaftliche Methoden
- Personalcontrolling, Kennzahlen für externe Partner und interne Zwecke
- Kosten durch Fluktuation, Erfassung

2023
- Planungszeiträume für die Personalplanung
- Fragestellungen und Instrumente der Personalplanung. Begründung
- Qualifizierte, quantifizierte, räumliche und temporäre Bestimmung des Personalbedarfs
- Objektive und subjektive Bestimmungsfaktoren der Arbeitsleistung
- MTM-Verfahren (methods-time-measurement) und das REFA-Verfahren zur Optimierung der Proktionszeiten
- Einführung von Kurzarbeit
- Die Arten der Fortbildung
- Statistiken des Personalcontrolling
- Auswirkungen gesetzlicher, demografischer, technologischer und volkswirtschaftlicher Entwicklungen auf das Personalcontrolling des Unternehmens

4. Personal- und Organisationsentwicklung steuern

2019

- Beschreibung der Begriffe Exit-Gespräch und Potenzialanalyse
  Zweck eines Qualifizierungsgespräches
  Maßnahmen, die Motivation der Mitarbeiter zu verbessern
- Ziel und Zweck von Qualifikationsanalysen, Qualifizierungs- und Fördergesprächen beschreiben
  Inhalte eines Qualifizierungsplans
- Aspekte/Ziele und Themenbereiche eines funktionsübergreifenden Trainingsprogramms
  Personalentwicklungsmethoden in einem funktionsübergreifenden Trainingsprogramm
- Gesichtspunkte zur Prüfung der Qualität externer Weiterbildungsanbieter
  Evaluierung der Qualität, Kennziffern zur Wirksamkeitskontrolle von Weiterbildungsmaßnahmen
- Erläuterung der Methode Führen mit Zielvereinbarung sowie weiterer Führungstechniken
  Bedeutung der SMART-Formel
  Formulierung von W-Fragen zu Zielvereinbarungen
- Nennung/Beschreibung der Arten von Teamkonflikten und der Einflussfaktoren für den Erfolg der Teamarbeit
- Methoden der Mitarbeiterbewertung, Personalportfolio nach Odiorne
  Darstellung der Ausprägungen Leistung und Entwicklungspotenzial in einem Portfolio
  Bewertungs- bzw. Beurteilungsfehler
- Wichtige Kompetenzbereiche im Rahmen der betrieblichen Weiterbildung
- Aspekte der Zusammensetzung von Trainingsprogrammen für Führungskräfte, auch mit Teilnehmern aus verschiedenen Ländern
  Themenschwerpunkte des Führungskräfte-Trainingsprogramms in unterschiedlichen Situationen, z. B. bei Übernahme durch einen (ausländischen) Konzern
  Personalentwicklungsmethoden für ein Trainingsprogramm für Führungskräfte der ersten Führungsebene
- Qualitätsmerkmale des Qualitätsmanagement im Personalbereich
- Merkmale/Vorteile des Instruments Management by Objektives (MbO) und seine praktische Umsetzung zwischen Geschäftsleitung und Führungskräften
  Risiken bei Einführung von Teamzielen, auch mit finanziellen Anreizen
- Wissensmanagement, personalwirtschaftliche Bedingungen

2020

- Indikatoren, Methoden und Aspekte der Potentialerkennung
- Begriff, Rahmenbedingungen, Notwendigkeit des informellen Lernens
- Nachteile von E-Learning
- Argumente, Gründe, Inhalt von Förderungsmaßnahmen der Potenzialträger zur Führungskraft
- Notwendigkeit, Qualität und Leitfragen zur betrieblichen Weiterbildung
- Ableitungsprozess von Unternehmensziel zu Mitarbeiterziel
- Bottom-up-Prozess zur Übereinstimmung von Zielen
- Anforderungen bei globaler Einführung eines Zielvereinbarungssystems
- Erklärung und Einsatz von Single-Loop-Learning
- Mitarbeiterbeurteilungssystem, Nutzen, Anforderungen, Mitarbeitergespräche
- Qualifikation und Kompetenz, Changemanagement-Kompetenz
- Traineeprogramm, Inhalt, Dauer, Methode
- Personalentwicklungsmaßnahme, Ziele, Online-Test, Transfererfolg
- Auswahl externer Anbieter für Bildungsmaßnahmen

2020

- Nutzen des Mitarbeiterbeurteilungssystems Anforderungen an die Validität der Ergebnisse von Mitarbeitergesprächen
- Unterschied Mitarbeitergespräch gegenüber Potentialgespräch
- Verhalten der Führungskräfte, Führungsstil bei Widerstand der Beschäftigten gegen Veränderungen
- Teilarbeit, mögliche Formen

2021

- Mitarbeiterbeurteilung und Zielvereinbarungssystem, Bewertungsformen und Potenziale
- »Learning on Demand«-Aufgaben an Führungskräfte und Mitarbeiter durch Internationalität
- Argumente für die Durchführung eines Onboarding-Programms für externe Fachkräfte und Gestaltung des Programms
- Erfolgskriterien für eine Mitarbeiterqualifizierung, Erfolgskontrollen, Befragungen

- Risiken einer länderübergreifenden Personalführung
- Wissensformen, Wissensmanagement
- Vor- und Nachteile einer standardisierten Mitarbeiterbeurteilung
- Potentialanalyse
- Unterschied zwischen Beurteilungs- und Potentialgespräch
- Methodenkompetenz, »On the job«, »Off the job«
- Module für ein Qualifizierungsprogramm
- Kennzahlen zur Messung eines durchgeführten Qualifizierungsprogramms
- Demotivation der Mitarbeiter/-innen, intrinsische Motivation
- Zentrale und dezentrale Lernorte

2022
- Anforderungen an Führungspersonal
- Verfahren zur Feststellung von Führungspersonal
- Feststellung des Weiterbildungsbedarf der Beschäftigten
- Förderprogramm für Führungsnachwuchskräfte
- Transfererfolg von Qualifizierungsmaßnahmen
- Konfliktbewältigung, Konfliktlosungsgespräch
- Homeoffice und mobiles Arbeiten
- Beurteilungssystem, Feedbackkultur, Qualifizierungsmaßnahmen
- Beurteilung durch Führungskräfte
- Individuelle Personalentwicklungspläne
- Weiterbildungsinhalte »on the job« und »off the job«
- Chancen und Risiken beim Einsatz von E-Learning
- Seminarangebote zur Qualifizierung der Führungskräfte
- Begleitende Maßnahmen zum Qualifizierungsprogramm
- Kontinuierlicher Verbesserungsprozess anhand des PDCA-Zyklus
- Mitarbeiterführung, situative Führung, Managementtechnik, Führungsgrundsätze
- Wissensdatenbank, Bereitschaft der Mitarbeiter ihr Wissen zu teilen

2023
- Inhaltliche Grundlagen für die Durchführung von Mitarbeitergesprächen
- Kriterien für die Beurteilung von Mitarbeitern
- Anlässe für Mitarbeitergespräche
- Expliziertes und impliziertes Wissen
- Übertragung von impliziertem in expliziertes Wissen durch erfahrene Mitarbeiter und Trainer
- Konzept für ein Führungskräfteförderprogramm Auswahl der Teilnehmer
- Voraussetzungen für Qualitätsmanagement
- Mitarbeitergespräche zur Evaluierung von Bildungsmaßnahmen innerhalb des Qualitätsmanagement
- Fehler im Führungsverhalten von Führungskräften
- Führungsinstrumente, die positive Auswirkungen auf die Mitarbeiterbindung haben
- Chancen und Risiken der Teamarbeit
- Überlegungen und Maßnahmen zur Einführung von Teamarbeit

Stichwortverzeichnis

Literaturverzeichnis

Allen, D. B./Allen, D. W.: Lob und Kritik in Balance, Gabal, Offenbach

Arbeitsgesetze, Beck, München

Bea, F. X./Scheurer, S./Hesselmann, S.: Projektmanagement, UVK Lucius, Konstanz

Becker, F. G.: Lexikon des Personalmanagements, Beck, München

Becker, J.: Prozessmanagement, Ein Leitfaden zur prozessorientierten Organisationsgestaltung, Springer Gabler, Heidelberg

Becker, M.: Personalentwicklung, Schäffer-Poeschel, Stuttgart

Berkel, K.: Führungsethik, Windmühle, Hamburg

Berkel, K.: Konflikttraining, Windmühle, Hamburg

Bischoff, A./Stein, H.: Berufliche Weiterbildung – Richtig vorbereitet zum Erfolg, Feldhaus, Hamburg

Bischoff, A./Stein, H.: Berufsausbildung – Richtig vorbereitet zum Erfolg, Feldhaus, Hamburg

Bitzer, B: Kommunikation macht gesund, Windmühle, Hamburg

Bohinc, T.: Grundlagen des Projektmanagements, Gabal, Offenbach

Bohlander, H./Hölbling, G./Stößel, D.: Bildungscontrolling, wbv, Bielefeld

Braun, O./Raab, G./Sauerland, M.: Gesundheit, Freiheit, Ausgewogenheit – Trends in der Personal- und Organisationsentwicklung, Windmühle, Hamburg

Breisig, T.: Grundsätze und Verfahren der Personalbeurteilung, Bund, Frankfurt am Main

Brenner, D./Brenner, F.: Assessment Center, Gabal, Offenbach

Brinkmann, R. D.: Mobbing, Bullying, Bossing, Windmühle, Hamburg

Brinkmann, R. D.: Techniken der Personalentwicklung, Windmühle, Hamburg

Bühner, R.: Personalmanagement, Oldenbourg, Berlin

Bullinger, H.-J./Spath, D./Warnecke, H.-J./Westkämper, E. (Hrsg.): Handbuch Unternehmensorganisation, Springer, Heidelberg

Cramer, G./Dietl, S./Schmidt, H./Wittwer, W. (Hrsg.): Ausbilder-Handbuch, Wolters Kluwer, Köln

Creusen, U./Bock, R./Thiele, C.: Führung ist dreidimensional, Windmühle, Hamburg

Creusen, U./Eschemann, N.-R./Kellner, R.: Psychologie in der Führung, Windmühle, Hamburg

Crisand, E./Rahn, H. J.: Das Mitarbeitergespräch als Führungsinstrument, Windmühle, Hamburg

Crisand, E./Rahn, H. J.: Personalbeurteilungssysteme, Windmühle, Hamburg

Crisand, E./Rahn, H. J.: Psychologie der Auszubildenden, Windmühle, Hamburg

Däubler, W./Klebe, T./Wedde, P./Weichert, T.: Bundesdatenschutzgesetz, Bund, Frankfurt am Main

Däubler, W.: Arbeitsrecht, Bund, Frankfurt am Main

DIHK-Gesellschaft für berufliche Bildung: Geprüfte Personalfachkaufleute (Prüfungsaufgaben mit Lösungshinweisen)

Disselkamp, M./Eyer, E./Rohde, S./Stoppkotte, E.-M. (Hrsg.): Wirtschaftsmediation: Verhandeln in Konflikten, Bund, Frankfurt am Main

Dülfer, E./Jöstingmeier, B.: Internationales Management in unterschiedlichen Kulturbereichen, Oldenbourg, Berlin

Enderes, A.: Das Einmaleins der Entgeltabrechnung, DataKontext, Frechen

Engelkamp, P./Sell, F. L.: Einführung in die Volkswirtschaftslehre, Springer Gabler, Heidelberg

European Foundation for Quality Management: EFQM-Modell

Falk, S.: Personalentwicklung, Wissensmanagement und Lernende Organisation in der Praxis, Hampp, Mering

Fersch, J. M.: Erfolgsorientierte Gesprächsführung, Springer Gabler, Heidelberg

Festing, M./Dowling, P./Weber, W./Engle, A. D.: Personalmanagement, Springer Gabler, Heidelberg

Fischer-Epe, M.: Coaching: Miteinander Ziele erreichen, Rowohlt, Reinbek

Francis, D./Young, D.: Mehr Erfolg im Team, Windmühle, Hamburg

Freimuth, J./Zirkler, M.: Lizenz zum Führen – 360 Grad-Feedback in Personal- und Organisationsentwicklung, Windmühle, Hamburg

Frey H./Pulte, P.: Betriebsvereinbarungen in der Praxis, Beck, München

Fuchs, H./Huber, A.: Die 16 Lebensmotive, dtv, München

Fürstenberg, F.: Kooperative Arbeitsorganisation, Hampp, Mering

Gäde, E. G./Listing, T.: Gruppen erfolgreich leiten, Schwaben, Ostfildern
Gärtner, J.: Führen, Verhandeln, Überzeugen, Windmühle, Hamburg
Gaugler, E. (Hrsg.): Handwörterbuch des Personalwesens, Schäffer-Poeschel, Stuttgart
Grill, W./Reip, H./Reip, S.: Einführung in das Arbeits- und Sozialrecht, Bildungsverlag EINS, Köln
Hahne, A. (Hrsg.): Kreative Methoden in der Personal- und Organisationsentwicklung, Hampp, Mering
Hanen, B.: Die Bedeutung der Personalentwicklung für das Turnaround, Hampp, Mering
Hentze, J. u. a.: Personalwirtschaftslehre (2 Bände), Haupt, Bern
Heyd, R./Meffle, G.: Das Rechnungswesen der Unternehmung als Entscheidungsinstrument (2 Bände), de Gruyter Oldenbourg, Berlin
Honey, P./Mumford, A.: The Manual of Learning Styles. Maidenhead 1992
Hromadka, W.: Arbeitsrecht für Vorgesetzte, Beck, München
Jank, W./Meyer, H.: Didaktische Modelle. Frankfurt 1994.
Jobs, Günter: Grundwissen Qualitätsmanagement, Feldhaus Hamburg
Jochem, R./Mertins, K./Knothe, T. (Hrsg.): Prozessmanagement, Symposion, Düsseldorf
Jung, M./Oppermann, A.: 100 Fragen und Antworten zum Fernstudium, Feldhaus, Hamburg
Kahlert, J.: Ganzheitlich Lernen mit allen Sinnen? Abschied von unergiebigen Begriffen.
Kerschbaumer, J./Perveng, M.: Die neue betriebliche Altersvorsorge, Bund, Frankfurt am Main
Kiefer, B.-U./Knebel, H.: Taschenbuch Personalbeurteilung, Windmühle, Hamburg
Kissel, K./Tschinkel, W.: Das Prinzip der minimalen Führung, Windmühle, Hamburg
Kittner, M.: Arbeits- und Sozialordnung, Bund, Frankfurt am Main
Klebert, K./Schrader, E./Straub, W. G.: ModerationsMethode, Windmühle, Hamburg
Kluge, M./Buckert, A.: Der Ausbilder als Coach, Wolters Kluwer, Köln
Klutmann, B./Hofmann, L. M. (Hrsg.): Ich bin dann mal im Seminar – Der Weg zur Führungskraft in der Personalentwicklung, Windmühle, Hamburg
Knebel, H./Schneider, H.: Die Stellenbeschreibung, Windmühle, Hamburg
Knebel, H./Westermann, F.: Das Vorstellungsgespräch, Windmühle, Hamburg
Kobi, J.-M.: Personalrisikomanagement, Springer Gabler, Heidelberg
Kolb, M.: Personalmanagement, Springer Gabler, Heidelberg
Krieger, M./Dubsky, A./Hilbert, P.: Professionelle Mitarbeiterqualifizierung, DSV, Stuttgart
Küntzel, U./Schrader, E,: Kündigungsgespräche, Windmühle, Hamburg
Küper, W./Mendizábal, A.. Die Ausbilder-Eignung, Feldhaus, Hamburg
Lagemann, W./Rambatz, W.: Wirtschaftsmathematik und Statistik, Feldhaus, Hamburg
Lagemann, W.: Mathematik und Statistik, Feldhaus, Hamburg
Lau, Viktor: Personalentwicklung, Grundlage, Prozesse, Outsourcing, Steinbeis, Stuttgart
Laufer, H.: Grundlagen erfolgreicher Mitarbeiterführung, Gabal, Offenbach
Leiter, Reinhard F.: Presentation Excellence, Windmühle, Hamburg
Litzke, S./Schuh, H./Pletke, M.: Stress, Mobbing und Burn-Out am Arbeitsplatz, Springer, Heidelberg
Loibl, S.: Kompetenz: Weiterbildung, Feldhaus, Hamburg
Looss, W.: Unter vier Augen: Coaching für Manager, EHP, Bergisch Gladbach
Malik, F.: Führen, Leisten, Leben, Campus, Frankfurt
Maslow, A. H.: Motivation und Persönlichkeit, Rowohlt, Reinbek
Meinhardt, K./Weber, H.: Erfolg durch Coaching, Windmühle, Hamburg
Mentzel, W.: Personalentwicklung: Wie Sie Ihre Mitarbeiter fördern und weiterbilden, dtv, München
Müller, M.: Die Institution Betriebsrat aus personalwirtschaftlicher Sicht, Hampp, Mering
Neuberger, O.: Personalentwicklung, Lucius & Lucius, Stuttgart
Nienhüser, W./Krins, C.: Betriebliche Personalforschung, Hampp, Mering
Oetting, M.: Erfolgsfaktor Problemlösung, Effiziente Steuerung von Gruppen, Windmühle, Hamburg
Olfert, K./Rahn, H. J.: Einführung in die Betriebswirtschaftslehre, Kiehl, Ludwigshafen
Olfert, K.: Personalwirtschaft, Kiehl, Ludwigshafen
Piekenbrock, D.: Gabler Kompakt-Lexikon Wirtschaft, Springer Gabler, Heidelberg
Pieper, R.: Arbeitsschutzrecht, Bund, Frankfurt am Main
Pohl, M./Witt, J.: Innovative Teamarbeit, Windmühle, Hamburg
Prollius, G.: Das Personalhandbuch für die betriebliche Praxis, expert, Renningen
Rahn, H. J.: Erfolgreiche Teamführung, Windmühle, Hamburg

Rahn, H. J.: Gestaltung personalwirtschaftlicher Prozesse, Windmühle, Hamburg
Rahn, H. J.: Prozessorientiertes Personalwesen, Windmühle, Hamburg
Rahn, H. J.: Rhetorik und Präsentation, Windmühle, Hamburg
Rauen, C.: Coaching, Hogrefe, Göttingen
Revers, A.: Wie Menschen ticken – Psychologie für Manager, Windmühle, Hamburg
Riekhof, H.: Strategien der Personalentwicklung, Springer Gabler, Heidelberg
Rischar, K./Titze, C.: Auszubildende objektiv beurteilen, Feldhaus, Hamburg
Rischar, K./Titze, C.: Auszubildende richtig auswählen, Feldhaus, Hamburg
Rischar, K.: Erfolgreiche Mitarbeiterführung, Feldhaus, Hamburg
Rischar, K.: Schwierige Mitarbeitergespräche, Windmühle, Hamburg
Rüttinger, R.: Organizing Talent, Windmühle, Hamburg
Rüttinger, R.: Talent Management, Windmühle, Hamburg
Sauerland, M./Braun, O. (Hrsg.): Aktuelle Trends in der Personal- und Organisationsentwicklung, Windmühle, Hamburg
Sauerland, M./Müller, G. F.: Selbstmotivierung und kompetente Mitarbeiterführung, Windmühle, Hamburg
Schlather, C./Erbrich, W.: Beck'sches Personalhandbuch II, Beck, München
Schlotthauer, H./Eiling, A.: Handlungsfeld Ausbildung, Feldhaus, Hamburg
Schmidt, E.-H.: Der Wirtschaftsfachwirt, Feldhaus, Hamburg
Schmidt, E.-H. u. a.: Der Industriemeister, Feldhaus, Hamburg
Schmidt, E.-H. u. a.: Der Technische Betriebswirt, Feldhaus, Hamburg
Schmidt, E.-H./Glockauer, J.: Wirtschaftsbezogene Qualifikationen, Feldhaus, Hamburg
Schmidt, E.-H./Seyd, W./Wilhelm, W.: Der Aus- und Weiterbildungspädagoge, Feldhaus, Hamburg
Schmidt, W.: Führen mit Autorität – aber nicht autoritär, Windmühle, Hamburg
Schulte, C.: Personal-Controlling mit Kennzahlen, Vahlen, München
Schulz von Thun, Friedemann: Miteinander reden (3 Bände), Rowolth, Reinbek
Schwarz, G.: Konfliktmanagement, Springer Gabler, Heidelberg
Schwuchow, K./Gutmann, J. (Hrsg.): Jahrbuch Personalentwicklung, Wolters Kluwer, Köln
Seidel, H./Temmen, R.: Grundlagen der Betriebswirtschaftslehre, Bildungsverlag EINS, Köln
Seidel, H./Temmen, R.: Grundlagen der Volkswirtschaftslehre, Bildungsverlag EINS, Köln
Seiwert, L.: Das neue 1x1 des Zeitmanagement, Gräfe und Unzer, München
Seyd, W./Schaper, R.-H./Schreiber, R.: Der Berufsausbilder, Feldhaus, Hamburg
Simon, F. B.: Einführung in die Systemtheorie des Konflikts, Carl Auer, Heidelberg
Speck, P. (Hrsg): Employability – Strategische Personalentwicklung, Springer Gabler, Heidelberg
Spiegelhalter, H. J. u. a.: Beck'sches Personalhandbuch I: Arbeitsrechtlexikon, Beck, München
Sprenger, R.: Mythos Motivation, Campus, Frankfurt am Main
Stock-Homburg, R.: Personalmanagement, Springer Gabler, Heidelberg
Stopp, U./Kirschten, U.: Betriebliche Personalwirtschaft, expert, Renningen
Stroebe, A./Stroebe, R.: Motivation durch Zielvereinbarungen, Windmühle, Hamburg
Stroebe, R.: Arbeitsmethodik – Energie-, Zeit- und Stressmanagement, Windmühle, Hamburg
Stroebe, R.: Besprechungen zielorientiert führen, Windmühle, Hamburg
Stroebe, R./Stroebe, A.: Grundlagen der Führung, Windmühle, Hamburg
Stumpf, S./Thomas, A. (Hrsg.): Teamarbeit und Teamentwicklung, Hogrefe, Göttingen
Uckermann, S./Fuhrmanns, A./Ostermayer, F./Doetsch, P. (Hrsg.): Das Recht der betrieblichen Altersversorgung, Beck, München
Vollmer, G. R.: Mit Leib und Seele bei der Arbeit, Windmühle, Hamburg
Wächter, M.: Datenschutz im Unternehmen, Beck, München
Wald, P. (Hrsg): Neue Herausforderungen im Personalmanagement, Springer Gabler, Heidelberg
Werner, T.: Praktische Lohnabrechnung, Dr. F. Weiss, München
Wildenmann, B.: Die Persönlichkeit das Managers, Hogrefe, Göttingen
Wilhelm, W.: Betriebliche Beurteilung von Auszubildenden, Feldhaus, Hamburg
Wilhelm, W.: Der Ausbilder vor Ort, Feldhaus, Hamburg
Wunderer, R.: Führung und Zusammenarbeit, Wolters Kluwer, Köln
Zaugg, R. J.: Nachhaltiges Personalmanagement, Springer Gabler, Heidelberg

Über die Autoren

Dr. Jan Glockauer ist Hauptgeschäftsführer der IHK Trier und war zuvor Geschäftsführer im Bereich Aus- und Weiterbildung der IHK Hochrhein-Bodensee in Konstanz. Erste Berufserfahrungen sammelte er als Schifffahrtskaufmann und nach seinem Jurastudium in einer Berliner Rechtsanwaltskanzlei. Nebenberuflich engagiert er sich seit vielen Jahren als Dozent in der Erwachsenenbildung in den Bereichen Arbeits- und Sozialrecht.

Wolfram Küper ist Diplom-Handelslehrer und gelernter Industriekaufmann. Er war langjähriger Mitarbeiter am Institut für Berufs- und Wirtschaftspädagogik der Goethe-Universität Frankfurt und Fachbereichsleiter »Personal- und Arbeitsrecht« beim Deutschen Institut für Betriebswirtschaft. Seit 2001 ist er als Trainer mit »Ausbildung für Ausbilder« in den Bereichen Ausbildung und Personalmanagement selbstständig (www.ausbildungfuerausbilder.de). Zu den Kooperationspartnern zählen IKEA, Logwin, Mainmetall, Matrix 42, das BBZ Marburg und der Speditions- und Logistikverband Hessen-Thüringen. Wolfram Küper ist Lehrbeauftragter an der Hochschule Fulda und der Frankfurt University Of Applied Sciences und hat im FELDHAUS-Verlag mit der »Ausbilder-Eignung« und der »Gesetzestext-Sammlung für Ausbilder/innen und die Ausbildereignungsprüfung« zwei weitere Werke veröffentlicht. Im Bereich Personalfachkaufmann/-kauffrau ist er als Dozent und Prüfer aktiv. Zudem schreibt der Frankfurter für die Musikzeitschrift Rock Hard.

Ute Lampert studierte Gymnasiallehramt Germanistik und Sport. Nach dem Studium schlug sie einen anderen Weg ein und wandte sich Wirtschaftsunternehmen mit dem Schwerpunkt Erwachsenenbildung zu. Seit Mai 2023 ist sie bei der Landesgeschäftsstelle der Diakonie Hessen beschäftigt. Dort ist sie die zuständige interne Personalentwicklerin. Unter anderem begleitet sie dort diverse strategische Entwicklungsprojekte.

Seit 2007 ist sie Geprüfte Personalfachkauffrau und Dozentin für Personalfachkaufleute, Handelsfachwirte, Logistikfachwirte und Bilanzbuchhalter mit dem Themenschwerpunkt Kommunikation, Führung und Personalmanagement.

Claudia Eichler studierte Psychologie und ist geprüfte Psychologische Beraterin. Nach einigen Stationen, unter anderem als Führungskraft im Bereich Kundenservice und Vertrieb, verschlug es sie nach Frankfurt am Main, wo sie 2018 die Prüfung zur Personalfachkauffrau mit Bestnoten ablegte. Frau Eichler verfügt über umfangreiche Berufserfahrung, unter anderem als HR Generalistin, HR Business Partnerin und Personalleiterin und besitzt somit eine langjährige fachliche Expertise, insbesondere in den Bereichen Recruiting, Mitarbeiterbeurteilung, Rechtsberatung, Organisations-, Personal- und Führungskräfteentwicklung, aber auch im Change Management und der Reorganisation von Unternehmen. Frau Eichler ist eine engagierte Praktikerin mit breit gefächertem Fachwissen und Einsicht in viele Branchen und Geschäftsbereiche.

Dr. Elke Schmidt-Wessel ist Wirtschaftswissenschaftlerin und promovierte Erwachsenenpädagogin. In ihrer hauptberuflichen Tätigkeit in der Erwachsenenbildung, zuletzt als Leiterin einer norddeutschen Volkshochschule, stand die berufliche Bildung im Vordergrund. Heute arbeitet sie freiberuflich als Fachautorin und ist für mehrere FELDHAUS-Lehrwerke als Mit- oder Alleinverfasserin verantwortlich. Sie engagiert sich seit vielen Jahren ehrenamtlich im Prüfungswesen der Industrie- und Handelskammer.

Martina Zink ist Diplom-Psychologin und zertifizierte Personalentwicklerin. Nach dem Studium war sie mehrere Jahre als Dozentin in der Erwachsenenbildung tätig. Danach erfolgte der Wechsel in die Kammerorganisation, sie beschäftigte sich zunächst mit den Themen Fachkräftesicherung sowie Weiterbildung und leitet nun den Personalbereich der IHK Trier.

Karin Beck-Sprotte ist Diplom Betriebswirtin (VWA) und gelernte Industriekauffrau. Sie ist geprüfte Personalfachkauffrau IHK und seit 1991 im Personalmanagement tätig. Als Direktorin (ppa.) in einem führenden internationalen Unternehmen für Personaldienstleistungen entwickelte sie ihre HR Karriere fort. Ab dem Jahr 2004 etablierte sie sich unter dem Markenzeichen beck2you® als Management Coach im deutschsprachigen Markt. Ihre Kunden kommen aus Industrie, Handel, Gesundheitswesen und öffentlichem Dienst.